D1920843

Thermische Solarenergie

Robert Stieglitz • Volker Heinzel

Thermische Solarenergie

Grundlagen, Technologie, Anwendungen

Springer Vieweg

Robert Stieglitz
Institut für Neutronenphysik und
Reaktortechnik (INR)
Karlsruher Institut für Technologie
Eggenstein-Leopoldshafen
Deutschland

Volker Heinzel
Institut für Neutronenphysik und
Reaktortechnik (INR)
Karlsruher Institut für Technologie
Eggenstein-Leopoldshafen
Deutschland

ISBN 978-3-642-29474-7
ISBN 978-3-642-29475-4 (eBook)
DOI 10.1007/978-3-642-29475-4

Die Deutsche Nationalbibliothek verzeichnet diese Publikation in der Deutschen Nationalbibliografie; detaillierte bibliografische Daten sind im Internet über http://dnb.d-nb.de abrufbar.

Springer Vieweg
© Springer-Verlag Berlin Heidelberg 2012
Das Werk einschließlich aller seiner Teile ist urheberrechtlich geschützt. Jede Verwertung, die nicht ausdrücklich vom Urheberrechtsgesetz zugelassen ist, bedarf der vorherigen Zustimmung des Verlags. Das gilt insbesondere für Vervielfältigungen, Bearbeitungen, Übersetzungen, Mikroverfilmungen und die Einspeicherung und Verarbeitung in elektronischen Systemen.

Die Wiedergabe von Gebrauchsnamen, Handelsnamen, Warenbezeichnungen usw. in diesem Werk berechtigt auch ohne besondere Kennzeichnung nicht zu der Annahme, dass solche Namen im Sinne der Warenzeichen- und Markenschutz-Gesetzgebung als frei zu betrachten wären und daher von jedermann benutzt werden dürften.

Gedruckt auf säurefreiem und chlorfrei gebleichtem Papier

Springer Vieweg ist eine Marke von Springer DE.
Springer DE ist Teil der Fachverlagsgruppe Springer Science+Business Media
www.springer-vieweg.de

Zusammenfassung

Dieses Buch wendet sich an Ingenieurstudenten im Masterbereich ihres Studiums. Am Anfang steht eine Analyse des Wärme- und Strombedarfs in Deutschland und anderen Staaten. Kapitel zwei widmet sich zunächst der solaren Einstrahlung, deren Intensität und Einstrahlungsrichtung. Kapitel drei behandelt den Aspekt der Konzentration solarer Strahlung und die daraus ableitbaren Konsequenzen für den Wirkungsgrad und den Kollektoraufbau. Im Kapitel vier werden die wesentlichen passiven Aspekte bei der Nutzung solarer Strahlung diskutiert. Dies beinhaltet Verlustmechanismen wie Wärmeleitung in Festkörpern und Gasen, den Strahlungsaustausch zwischen Körpern sowie die elektrodynamische Behandlung des Lichttransports an sowie durch Grenzflächen. Aus dem optischen Strahlungstransport ergeben sich unmittelbar Konsequenzen für die Wärmedämmung und die Randbedingungen zur Herstellung selektiver Absorptionselemente, die die solare Einstrahlung erst nutzbar machen. Kapitel fünf beleuchtet den Energie- und Impulstransport in solarthermischen Systemen, einen der wichtigsten Transfermechanismen. Dieser Transport kann sowohl ein- als auch mehrphasig erfolgen, so dass die wichtigsten Kennzahlen und deren Bedeutung erläutert werden. Den Hauptgegenstand des Kapitels sechs bildet aktive Nutzung solarthermischer Niedertemperatursysteme. Da aktive Systeme im Verbund mehrerer Elemente arbeiten, wird eine Systemsimulation zur Bestimmung der Effizienz erforderlich. Die hierfür erforderlichen Grundgedanken und Modelle werden skizziert. Des Weiteren werden die in den Kapiteln drei und vier erarbeiteten Erkenntnisse auf Niedertemperaturkollektortypen angewandt und diskutiert. Einen weiteren Nutzungsaspekt bildet die kraftwerkstechnische Umsetzung der Solarthermie, in der mehrere Optionen denkbar sind. Technisch bisher realisierte Konzepte, Spezifika und Ankopplung an einen Kraftwerkszyklus sind Gegenstand von Kapitel sieben. Da diese Kraftwerksnutzung auch die Speicherung von Energie beinhaltet, erfolgt in Kapitel acht Kapitels eine Diskussion potenzieller Speicherverfahren bezüglich ihres physikalischen oder elektrochemischen Wirkprinzips und ihrer Leistungsfähigkeit. Da die Solarthermie als Antriebquelle auch für Kühlprozesse immer interessanter wird, beleuchtet Kapitel neun diesen Themenbereich etwas näher.

Das Buch ist so angelegt, dass es auch als Nachschlagewerk genutzt werden kann. Insbesondere sind die einzelnen Kapitel so verfasst, dass sie weitestgehend in sich abgeschlossen sind und nur wenig hin- und hergeblättert werden muss. Dennoch ist eine physikalisch-technische Grundausbildung zum Verständnis der aufgeführten Argumentationsketten und Gedankengänge sinnvoll.

Die Autoren
KIT Karlsruhe, den 4. April 2012

Vorwort

Mitte der 80er Jahre ging das Interesse der Studenten an der Vorlesung Reaktortechnik zurück. Im Kontakt mit Diplomanden wurde häufig der Wunsch an mich herangetragen, dass doch jemand eine Vorlesung über Reaktortechnik und Erneuerbare Energietechniken sozusagen beides aus einer Hand halten möge. Ich leitete den Wunsch an Herrn Prof. Dieter Smidt, dem damaligen Leiter des Instituts für Reaktorentwicklung im früheren Kernforschungszentrum, weiter. Er arbeitete daraufhin die Vorlesung „Energiesysteme“ aus, die im ersten Semester „Erneuerbare Energien“ und im zweiten Semester „Reaktortechnik“ mit einem starken Anteil über Reaktorsicherheit behandelte. Bei der Ausarbeitung des Manuskriptes war ich eingebunden. Ebenso wurde mir die Betreuung von Studien- und Diplomarbeiten im Bereich der „Erneuerbaren Energien“ übertragen. Die Vorlesung fand bei den Studenten sofort großen Anklang.

Die Kombination meiner bisherigen Tätigkeit, des Umfeldes im Institut und die Beobachtung der Aktivitäten und des Marktes für „thermische Solarenergie“ führten zur Entscheidung, die Dampferzeugung mittels Solarkollektoren zu untersuchen. Der Einsatzbereich bezüglich Leistung, Kollektorgröße und Temperatur wurde eingeschränkt, da die Kollektoranlagen in Kalifornien und auch einer deutschen Firma den Großindustriellen Einsatz abdecken konnten.

Die Kenntnis der Strömungsinstabilitäten von Zwei-Phasen-Strömungen in Kernkraftwerken sollte den Einstieg erleichtern. Die bekannten Instabilitäten traten nicht auf, jedoch andere Typen stellten sich ein und verhinderten die gleichmäßige Dampfabgabe. In der Folge entstanden zahlreiche Diplom- und Studienarbeiten mit wertvollen wissenschaftlichen Ergebnissen und technischen Lösungen. Zusammen mit eigenen Arbeiten flossen die Erkenntnisse in die Vorlesung schließlich auch in das vorliegende Buch ein. Den Studenten bin ich sehr dankbar für ihre engagierten Mitarbeiten. Sie brachten oft Material mit, das in das Vorlesungsmanuskript eingearbeitet wurde. Dem Forschungszentrum bin für die großzügige Unterstützung von Sachmittel für die experimentellen Arbeiten zu Dank verpflichtet.

Nach der Emeritierung von Prof. Smidt hielt ich die Vorlesung „Energiesysteme I – Regenerative Energien“ bis zu meinem Wechsel in das Forschungszentrum. Danach konzentrierte sich der Inhalt meiner Vorlesung auf die „Thermische Solarenergie“. Mit meinem

Ausscheiden ging die Vorlesung an Herrn Dr. Ihli und schließlich an Herrn Prof. Dr. Robert Stieglitz über.

Roberts Entschluss, mit dem Vorlesungsmaterial als Start ein Buch zu schreiben und seinen großen Einsatz dabei schätze ich mit großem Respekt.

Volker Heinzel

Inhalt

Über die Autoren

Volker Heinzel begann seinen beruflichen Werdegang mit dem Studium des allgemeinen Maschinenbaus mit der Vertiefungsrichtung Kerntechnik an der Universität Karlsruhe (TH). Seine Arbeiten in den folgenden Jahren konzentrierten sich auf die Auslegung von Forschungsreaktoren. In einem Spezialbereich ergab sich die Möglichkeit zur Promotion.

Mit den Kenntnissen zur Zwei-Phasen-Strömung ergab sich der Wechsel zur Direktverdampfung und Erzeugung von Prozessdampf mittels Solarkollektoren. Die Aufgabenstellung beinhaltete konstruktive Systemlösungen in Verbindung mit Kenntnissen in der Strömungs- und Mechanik so wie der Messtechnik. Thermische Solarenergie war das Thema seiner Habilitation.

Die genannte Kombination findet sich wieder im jetzigen, auch nach dem Übergang in den Ruhestand, Arbeitsgebiet, der Auslegung einer Neutronenquelle für die Materialentwicklung für die Kernfusion.

Während der langjährigen Tätigkeit an der Universität und Forschungszentrum Karlsruhe – heute im „Karlsruhe Institut für Technologie“ vereint – war er stets in die Lehre an der Universität und Ausbildungskurse eingebunden.

Robert Stieglitz studierte allgemeinen Maschinenbau mit dem Fokus thermische Turbomaschinen und Thermohydraulik an der Universität Karlsruhe und begann seine berufliche Karriere als Projektingenieur bei einer Ingenieurgesellschaft. Im Rahmen seiner Tätigkeit ergab sich die Möglichkeit zu einer Promotion im Bereich der Fusionstechnologie, deren Schwerpunkt neben der Thermohydraulik, die Messtechnik und Elektrodynamik war. Danach übernahm er am damaligen Forschungszentrum Karlsruhe zunächst die Leitung einer Grundlagenforschungsgruppe, bevor ihm die Leitung des Karlsruher Flüssigmetalllabors KALLA übertragen wurde. Auf der Basis seiner Erfahrung, die auch die Materialforschung beinhaltete, fokussierte er sich unter anderem auf die Wärmeabfuhr thermisch hochbelasteter Oberflächen, die die Schnittmenge zur Solarthermie darstellte. Darüber hinaus konzentriert sich seine wissenschaftliche Tätigkeit auf die Erarbeitung konstruktiver Elemente wie auch systemdynamischer Studien für Energiekonversionssysteme, Flüssigmetall- und Beschleunigeranwendungen. Gegenwärtig leitet er das Institut für Neutronenphysik und Reaktortechnik und hat einen Lehrstuhl am Institut für Fusions- und Reaktortechnik der Fakultät Maschinenbau des Karlsruher Instituts für Technologie (KIT).

Energiebedarf 1

Regenerative Energien treffen auf einen Energiemarkt, der durch einen Energiebedarf oder besser gesagt einen Exergiebedarf, eine Versorgung durch Energieträger und Entsorgung von Endprodukten wie z. B. CO_2 gekennzeichnet ist. Das Potential der regenerativen Energien hängt damit essentiell von ihren Eigenschaften ab, mit denen sie den Marktcharakteristiken begegnen können. Das Profil der Energieanforderung, ihre Folge- und Gestehungskosten sowie die Randbedingungen bestimmen den Energiemarkt und zeichnen damit die Rahmenbedingungen für die Entwicklung regenerativer Energieträger vor, die künftig mehr und mehr den Aspekten Nachhaltigkeit und Ressourceneffizienz genügen müssen. Dieses Kapitel beleuchtet die angesprochenen Aspekte, führt zentrale Begriffe ein und diskutiert insbesondere das deutsche Umfeld des Energiemarktes in Europa, in dem sich die thermische Solarenergie bewegt.

1.1 Weltweite Entwicklung des Energiebedarfs, Energieressourcen

Eine Bevölkerungsdichte wie in der Bundesrepublik Deutschland bedingt zur Versorgungssicherung den Einsatz von Mineraldünger und Energie in der Landwirtschaft. Weiterhin baut unser Wohlstand auf einem hohen Bruttosozialprodukt auf und dieses setzt die Bereitstellung von großen Energiemengen voraus. Andererseits geben der Wohlstand, oder das große Bruttosozialprodukt bzw. die daraus abzweigbaren Kapitalmengen, die Möglichkeiten für eine effektive Energienutzung. Den Zusammenhang Bruttosozialprodukt und effektive Energienutzung, jeweils pro Kopf oder Einwohner bezogen, demonstriert die Abb. 1.1.

Die durchgezogene Linie ist ein geschätzter Mittelwert, für die es keinen zwingenden funktionalen Zusammenhang gibt. Es lässt sich jedoch aus der Abbildung ableiten, dass es Länder gibt, deren Volkswirtschaft effektiver mit einem Primärenergieträger wie Öl umgeht und andere, die zum Erreichen des gleichen Bruttosozialprodukts mehr Primärenergie einsetzen. Für einen direkten Vergleich müssten noch die Zusammensetzung des

R. Stieglitz, V. Heinzel, *Thermische Solarenergie*,
DOI 10.1007/978-3-642-29475-4_1, © Springer-Verlag Berlin Heidelberg 2012

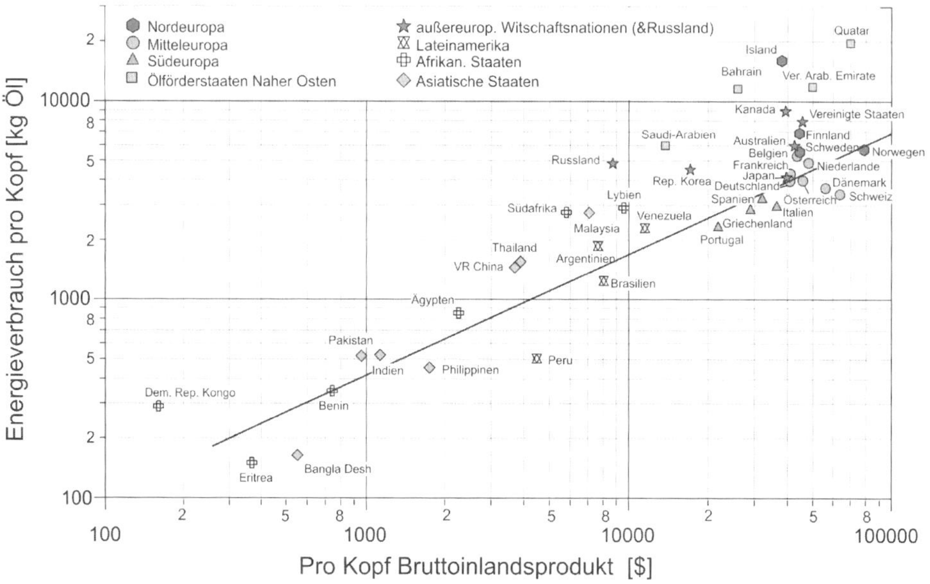

Abb. 1.1 Jährlicher pro Kopf Energieverbrauch in Kilogramm Öl als Funktion des Bruttosozialprodukts pro Kopf und Jahr in US-Dollar (US $) für verschiedene Länder (Weltbank 2009). Je weiter *rechts* von der *Mittellinie* ein Land eingetragen ist, umso effektiver wird die Energie eingesetzt

Bruttosozialproduktes, die geographische Struktur der Länder, Witterungsbedingung und ganz wesentlich der Grad der Industrialisierung betrachtet werden, deren Erörterung nicht Gegenstand dieses Werks ist. Doch benötigt die Volkswirtschaft der USA im Vergleich zu Deutschland, beides ähnlich hoch industrialisierte Länder, nahezu die doppelte Primärenergiemenge zur Erreichung eines vergleichbaren Bruttosozialprodukts. Sehr unwirtschaftlich gehen die Schwellenländer mit ihrem Energieverbrauch um. Dort fehlt meist das erforderliche Kapital. Der Kapitalbedarf zur rationellen Energienutzung steht also in Konkurrenz zum Kapitaleinsatz zur Verbesserung oder Vergrößerung der Produktion.

Die Energienutzung ist ein Bestandteil aller Herstellungsprozesse von Wirtschaftsgütern und Dienstleistung, so dass Energie für die industrialisierten Länder einer der wichtigsten Rohstoffe ist. Der weltweite Energiebedarf wird im Wesentlichen durch die fossilen Energieträger, Öl, Erdgas und Kohle so wie die Kernenergie gedeckt. Den jährlichen Verbrauchszahlen stehen Reserven gegenüber, aus denen sich bei Fortschreibung der derzeitigen Verbrauchsniveaus eine Reichweite errechnen lässt. Jährlicher Verbrauch, Reserven und Reichweite sind in Tab. 1.1 zusammengestellt und um die Ressourcen nach geologischen Schätzungen ergänzt. Die Reichweite der heute wesentlich genutzten Energieträger zeigt die Tab. 1.1 (Weltalmanach 2006). Bei der Erstellung der Tab. 1.1 wurde von folgenden Eckdaten ausgegangen.

1. Derzeitiger mittlerer Verbrauch weltweit von 2.1 t-SKE pro Kopf und Jahr;
2. bei einem weltweiten Verbrauch von 5.6 Mrd. Einwohnern wie derzeit in der BRD mit 6.7 t-SKE pro Kopf pro Jahr.

Tab. 1.1 Reichweite der wesentlichen heute genutzten Energieträger. (Weltalmanach 2006)

Energieträger	Reserven (Mrd. t-SKE[a])	Verbrauch/Jahr weltweit (Mrd. t-SKE)	Reichweite [Jahre]	Vermutete Reserven [Jahre]
Steinkohle	2603	3.9	661	3434
Braunkohle	214	0.25	846	1059
Erdöl	214	5.28	40	
Erdgas	160	2.8	58	
Ölsande/-schiefer	20			
Summe fossile Brennstoffe	3211	7.2	446[b] 141[c]	
Uran (Mio-t)	$3.52 \cdot 10^6$	$4.14 \cdot 10^4$	85 5117[d]	$3.63 \cdot 10^6$

[a] Umrechnung in Steinkohleeinheiten für: Steinkohle 1 kg = 1.016 kg-SKE, Braunkohle 1 kg = 0.287 kg-SKE Erdöl 1 kg = 1.454 kg-SKE, Erdgas 1 m^3 = 1.083 kg-SKE
[b] Pro Kopf Verbrauch weltweit 1.9 t-SKE
[c] Umrechnung auf den Pro-Kopf-Verbrauch in Deutschland mit 6 t-SKE
[d] Nutzung im Schnellen Brutreaktor mit 60facher Brennstoffnutzung

3. Uran sei mit einem Preis von US $ 80/kg-Uran gewinnbar.
4. Die elektrische Endenergie wird in Billion t-SKE bzw. Mrd. t-SKE/a berechnet.
5. Die Nutzung im Leichtwasserreaktor (LWR) nimmt einen Wirkungsgrad von $\eta = 33\,\%$, bei einem Abbrand von 0.9 MW Tag/g-Uran-235 ohne Wiederaufbereitung an.
6. Bei der Nutzung des Spaltmaterials in einem Schnellen-Brutreaktor (SNR) wird eine 60fache Brennstoffnutzung angenommen.
7. Bei der Kernfusion wurden die Annahmen entsprechend der sicheren und wahrscheinlichen Lithiumvorkommen unter Annahme eines thermischen Wirkungsgrades $\eta = 33\,\%$ getroffen.

Die Uranreserven werden nach Förderpreisen kategorisiert. Mit den bis US $ 80/kg-Uran abbauwürdigen Vorkommen ließe sich bei Verwendung in Leicht-Wasser-Reaktoren der jetzige Bedarf über 47 Jahre decken. Durch eine Verteuerung der fossilen Brennstoffe werden Uranvorkommen mit höheren Abbaukosten wirtschaftlich. Die Reichweite des Urans bei Einsatz der heutigen Reaktortypen ist daher keine fixe Größe. Jedoch durch die Technik des Schnellen-Brut-Reaktors würde der heutige Leistungsumfang der Kernkraftwerke über mehrere 100 Jahre gesichert werden.

1.2 Auswirkungen des Energiebedarfs

Würden allen Erdbewohnern ein Energieverbrauch entsprechend dem Pro-Kopf-Verbrauch der Bundesbürger Stand 2008 zukommen, wären die Reserven der fossilen Energieträger nach ca. 50 Jahren aufgezehrt. Dieser im Wesentlichen durch thermische Nutzung fossiler Energieträger erhöhte Bedarf führt zu einem Anwachsen der CO_2 Konzentration in der Atmosphäre wie in der Abb. 1.2 dargestellt.

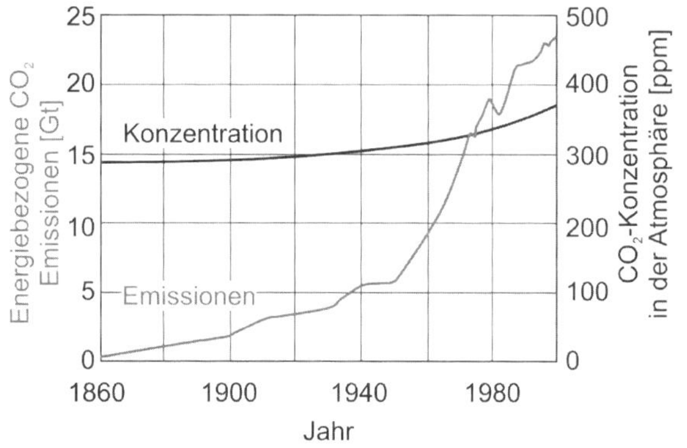

Abb. 1.2 Anstieg der CO_2 Konzentration in der Atmosphäre als Funktion der Zeit in Abhängigkeit der energiebedingten CO_2-Emissionen. (Quaschning 2003)

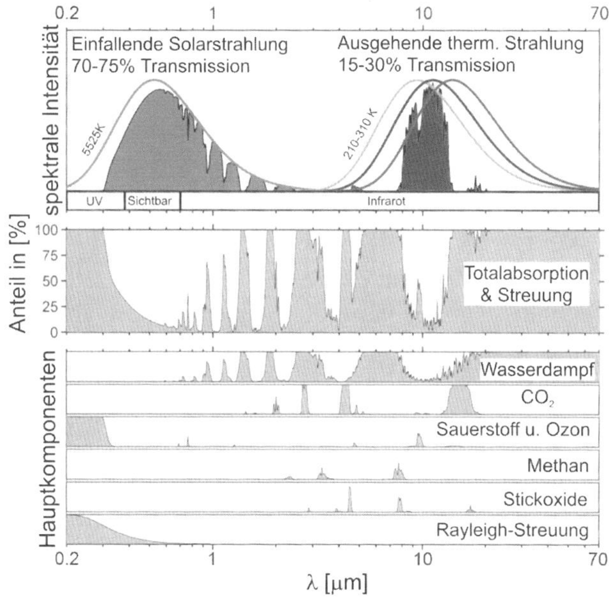

Abb. 1.3 Absorption und Transparenz der Atmosphäre im Spektralbereich der Wärmestrahlung der Atmosphäre

Außer der Begrenzung der Reserven von fossilen Brennstoffen ist die Begrenzung am Ende des Brennstoffkreislaufs, d. h. die Freisetzung von CO_2 in die Atmosphäre zu beachten. Der Gehalt von CO_2 in der Atmosphäre ist seit der Industrialisierung von 280 ppm auf ca. 370 ppm angestiegen. CO_2 in der Atmosphäre absorbiert im Spektralbereich der Wärmestrahlung der Erde (s. Abb. 1.3). Durch die Absorption von CO_2 in einem sonst transparenten Wellenbereich wird die Wärmeabstrahlung in den Weltraum vermindert und es kommt zur Erwärmung. Die Erdatmosphäre besteht zu ca. 78 % aus Stickstoff, zu ca. 21 % aus Sauerstoff und zu ca. 1 % aus Argon. Der CO_2-Anteil beträgt ca. 0.038 %.

Das wirksamste sogenannte Treibhausgas in der Atmosphäre ist der Wasserdampf. Weit dahinter folgen Treibhausgase wie CO_2, Methan (CH_4), Ozon (O_3) und Stickoxide (NO_x), welche nur noch in Spuren in der Atmosphäre vertreten sind. Die Hauptbestandteile der Luft Stickstoff (N_2) und Sauerstoff (O_2) (99 % Anteil) absorbieren keine Infrarot (IR)-Strahlung. Diese Gase sind für IR-Strahlung weitgehend transparent. Nur die in Spuren vertretenen sogenannten Treibhausgase sind in der Lage IR-Strahlung zu absorbieren. Diese Gase absorbieren auch nicht über den ganzen IR-Bereich, sondern nur bei diskreten Wellenlängen (Absorptions-Linien/-Banden).

Die Erde strahlt die aufgenommene Wärme der Sonne in einem Wellenlängenbereich zwischen 3 und 100 µm wieder ab (IR-Strahlung, die blaue Kurve, Abb. 1.3 rechts oben). Nur in einem schmalen Bereich eines Strahlungsfenster zwischen 8 to 13 µm ist eine nahezu ungehinderte Ausstrahlung möglich (der blau gekennzeichnete Bereich, rechts oben im Bild). Durch das sogenannte Strahlungsfenster im Wellenlängenbereich zwischen 8 to 13 µm blicken auch die IR-Wettersatelliten. Hier kann die Wärmestrahlung der Erde nahezu ungehindert entweichen. Das ermöglicht einen direkten Blick bis auf die untere Wolkendecke und Erdoberfläche. Vor allem der Wasserdampf in der Atmosphäre ist für die Eingrenzung auf dieses Strahlungsfenster verantwortlich. Er absorbiert den Großteil der Strahlungsenergie und grenzt die Durchlässigkeit des Fensters auf 8–17 µm ein.

CO_2 kommt als Treibhausgas an zweiter Stelle. Es grenzt das Strahlungsfenster vor allem im Bereich von Wellenlängen zwischen 13 und 17 µm ein. (Die maximale Absorption liegt bei 15 µm). Über das 1.25 µm (J-Band), das 2.2 µm (K-Band) und das 4.7 µm (M-Band) lässt sich beispielsweise von der Erde aus der Mars beobachten. Dabei kann man im IR sogar durch die Marsatmosphäre, die zu fast 100 % aus CO_2 besteht, bis auf die Marsoberfläche blicken. Mit einer handelsüblichen IR-Kamera, die im Bereich von 7.5–13 µm misst, kann man ebenfalls den Sternenhimmel betrachten. Ein Blick auf den Mond ist problemlos möglich.

Diese Beobachtungen sind möglich, da man in Wellenlängenbereichen durch die Atmosphäre schaut, die nicht oder nur geringfügig durch die Absorptions-Linien/-Banden der Treibhausgase beeinträchtigt werden. Geht man in den Bereich der Absorptionslinien/-banden der Treibhausgase, so wird die Atmosphäre für Wärmestrahlung undurchlässig und damit undurchsichtig.

Es gibt noch weitere durch anthropogene Effekte in der Atmosphäre anzutreffende Gase wie beispielsweise Methan mit klimarelevanten Absorptionsbanden im infraroten Wellenlängenbereich. Der Anstieg des Methangehalts in der Atmosphäre korreliert mit dem Anstieg der Weltbevölkerung und der damit einhergehenden Industrialisierung, wie die Abb. 1.4 illustriert. Die klimatische Wirksamkeit des Methans ist in etwa 30–40-mal höher als die des Kohlendioxids (CO_2), da die Absorption von Methan noch nicht die Sättigung erreicht hat. Die anthropogene Methanfreisetzung wird unter anderem durch die Nutzung von Erdgas sowie die Massentierhaltung verursacht.

Die einzelnen Beiträge der Spurengase zum Treibhauseffekt sind der Tab. 1.2 zu entnehmen. Die Tabelle zeigt auch die mittlere Verweildauer der Treibhausgase sowie deren spezifischen Temperatureffekt in Höhe der Konzentration. Insbesondere Kohlendioxid (CO_2), Stickoxide (NO_x) wie auch Methan (CH_4) weisen eine erhebliche Verweildauer

Abb. 1.4 Anstieg der Methankonzentration in der Atmosphäre seit Beginn der Industrialisierung einhergehend mit dem Anstieg der Weltbevölkerung. (IPCC 2007)

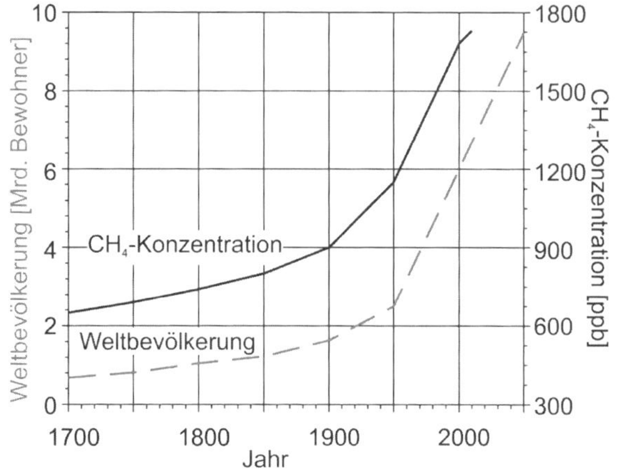

in der Atmosphäre auf, so dass ihr Effekt auf das Klima langfristiger Natur ist. Ihre Bedeutung hinsichtlich der klimatischen Folgeerscheinungen ist durchaus von der Größenordnung der chlorierten Fluor-Chlor-Kohlenwasserstoffe (FCKW), deren Verwendung in vielen technischen Anwendungen untersagt wurde.

Die Freisetzung von CO_2 ließe sich verringern, wenn es aus den Abgasen der Kraftwerken aufgefangen, separiert und in etwa abgebauten Erdgasreservoirs oder Kohlengruben eingelagert werden würde (Sequestrierung). Weiterhin müsste der Kraftfahrzeugverkehr auf Wasserstoff, der zuvor in den zuvor genannten Kraftwerken erzeugt wurde, umgestellt werden. Einhergehend mit beiden Umstellungen wäre eine Verminderung des Nutzungsgrades und damit die Erhöhung der Reichweite von fossilen Energieträgern. Dem Ende der Reichweite geht eine Phase der allgemeinen Verknappung voraus. Wie die jüngste Vergangenheit zeigte, geben solche Situationen Anlässe zu kriegerischen Auseinandersetzungen. Es ist somit ratsam, frühzeitig Alternativen zum Einsatz- und Marktreife zu bringen. Nach derzeitigem Kenntnisstand sind nur die Kerntechnik einschließlich langfristig der Fusion und die regenerativen Energien in der Lage, die Energieprobleme der wachsenden Bevölkerung der Erde für die Zukunft zu lösen.

Tab. 1.2 Beiträge der klimarelevanten Spurengase zum Treibhauseffekt, deren Verweilzeit in der Atmosphäre und des Temperatureffektes aus. (Hippler 2005)

Gas	Konzentration (ppm)	Verweilzeit (Jahre)	Temperatureffekt	Beitrag zum Treibhauseffekt (%)
H_2O	$2.0 \cdot 10^4$	9–10 Tage	Höhenabhängig	62
CO_2	350	5–10	0.01 K/ppm	22
O_3	0.05 Troposphäre; 0.5 Stratosphäre	Monate	20 K/ppm (Troposphäre)	7
N_2O	0.32	150	1 K/ppm	4
CH_4	$1.7 \cdot 10^{-3}$	10	0.22 K/ppm	2.5
FCKW	$0.72 \cdot 10^{-3}$	60–120	0.15 K/ppm	<2

Tab. 1.3 Übersicht über die Umwandlungssysteme regenerativer Energie

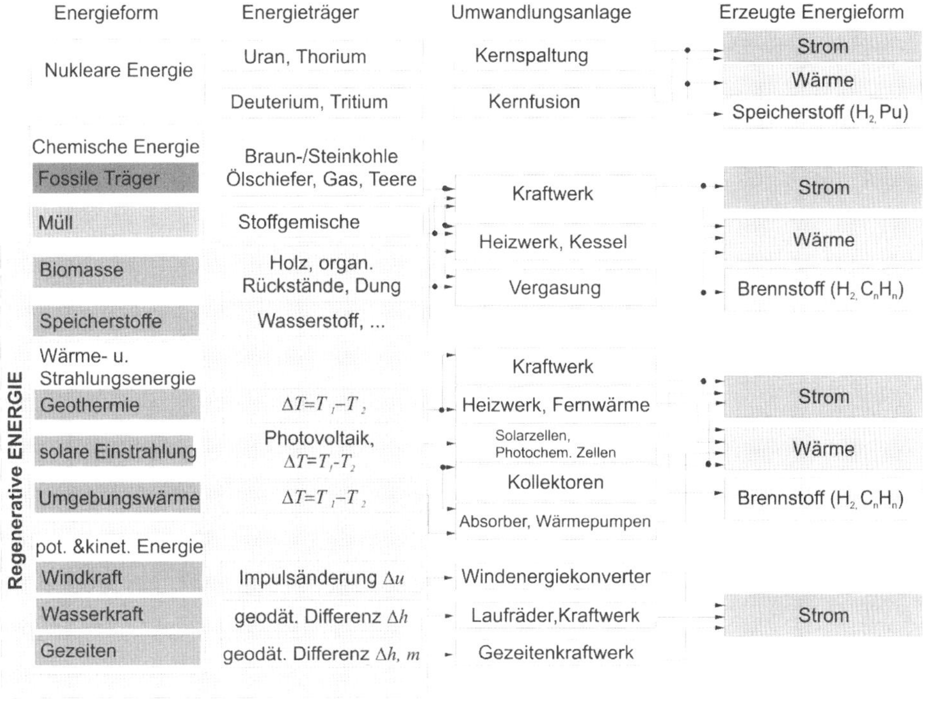

1.3 Energieformen, -träger und -umwandlungsprozesse, Exergie-Anergie

Unter dem Begriff Energie lassen sich vier Primärenergieträgerformen unterscheiden, nukleare Energie, chemische Energie, Wärme- und Strahlungsenergie, sowie potentielle und kinetische Energie. Alle Energieformen beinhalten unterschiedliche Energieträgerarten. Die Energieträgerart bestimmt den Umwandlungsprozess zur Nutzbarmachung der Primärenergieträger in eine für den Endverbrauch geeigneten Darreichungsform. Die Tab. 1.3 illustriert die Kette von der Energieform mit dem verwendeten Primärenergieträger zur erzeugten Energieform und die potenziell zur Verfügung stehenden Umwandlungsoptionen.

Als regenerativ werden Energieformen und -träger bezeichnet, deren Verfügbarkeit entweder ständig vorhanden oder bis zu einem Zeitraum einer Menschheitsgeneration (ca. 30–40 Jahre) erneuerbar ist. Der Begriff regenerativen Energien umfasst ebenfalls eine ganze Palette von Energieträgern. Sie haben ebenso eine unterschiedliche lokale und temporäre Verfügbarkeit und Exergien. Eine Liste mit Ausgangsangebot, Umwandlungsprozessen und Anwendungsformen ist ebenfalls in der Tab. 1.3 zusammengestellt.

Abb. 1.5 Aufteilung der Wärme in Exergie und Anergie nach. (von Cube 1981)

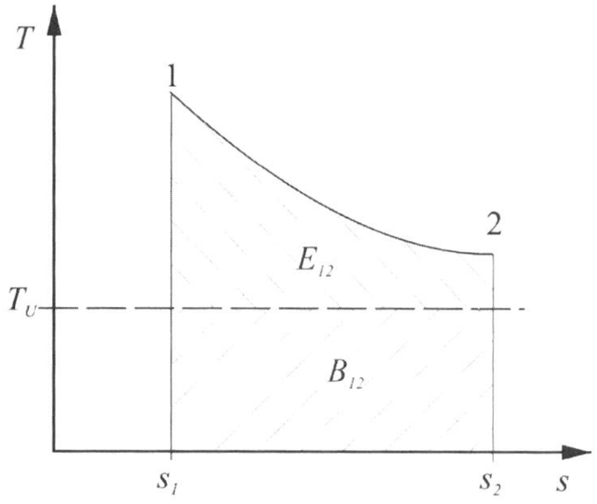

Der allgemeine und bisher auch hier verwendete Brauch, von einem Energieproblem zu sprechen, ist streng genommen nicht richtig. Energie ist auf der Welt in praktisch unbegrenzter Menge vorhanden, wenn man beispielsweise nur an den Wärmeinhalt der Weltmeere denkt. Dies hat aber zunächst nicht mit der lokalen und für den Endverbraucher nutzungsfähigen Energie zu tun.

Diese Herangehensweise erfordert eine eindeutige Definition des Begriffs der Energie. Was allgemein benötigt wird und teilweise knapp ist, ist vielmehr Exergie E. Als Exergie E bezeichnet man diejenige Wärme, die in mechanische Arbeit umwandelbar ist. Dies ist im Fall der Wärme der Wärmeinhalt, der über dem Temperaturniveau der jeweiligen Umgebung T_U liegt. Die Abb. 1.5 veranschaulicht die Aufteilung der Wärme in Exergie und dem nicht zur Erzeugung mechanischer Arbeit verwendbaren Anteil B, der auch als Anergie bezeichnet wird.

Betrachtet man die Wärme Q_{12}, die bei einem vom Punkt 1 zum Punkt 2 führenden Prozess über die Systemgrenze tritt, so muss man die oberhalb der Umgebungstemperatur T_U liegende Energie E_{12} von der unter der Umgebungstemperatur liegenden Energie B_{12} unterscheiden. Da im T-s-Diagramm die Energiemengen den Flächen unter den jeweiligen Kurven proportional sind, ergeben sich die folgenden Beziehungen:

$$Q_{12} = \int_1^2 T\,ds \tag{1.1}$$

$$Q_{12} = E_{12} + B_{12} \tag{1.2}$$

$$B_{12} = T_U \int_1^2 ds \quad \text{mit} \quad ds = \frac{dQ}{T} \tag{1.3}$$

$$E_{12} = \int_1^2 (T - T_U)ds = \int_1^2 \left(1 - \frac{T_U}{T}\right) dQ \tag{1.4}$$

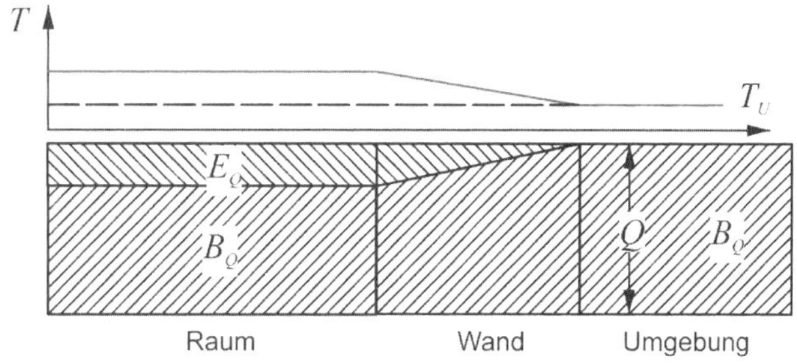

Abb. 1.6 Exergie (E) und Anergie (B) am Beispiel eines Wärmestroms aus einem Raum durch eine Wand in die Umgebung mit der Temperatur T_U

$$E_{12} = Q_{12} - T_U \int_2^1 \frac{dQ}{T} \qquad (1.5)$$

s beschreibt darin die spezifische Entropie. Man erkennt aus Gleichung (1.3), dass der Bruchteil der Gesamtwärme, der als Exergie über dem Niveau der Umgebungstemperatur T_U liegt, durch einen dem Carnotschen Wirkungsgrad entsprechenden Faktor bestimmt ist.

In der hier verwendeten Sprechweise hat der erste Hauptsatz der Thermodynamik die Formulierung:

In einem abgeschlossenen System bleibt die Summe aus Exergie und Anergie konstant.

Entsprechend kann der zweite Hauptsatz formuliert werden:

1. *Bei irreversiblen Prozessen eines abgeschlossenen Systems wird Exergie in Anergie umgewandelt.*
2. *Bei reversiblen Prozessen bleibt die Exergie konstant.*
3. *Anergie kann nicht in Exergie umgewandelt werden.*

Sobald Energie in mechanische Arbeit umgewandelt werden soll, ist unmittelbar klar, dass lediglich nur Exergie Verwendung finden kann. Auch zum reinen Wärmebedarf wie etwa für Heizzwecke wird Exergie benötigt. Hier allerdings kann der tatsächliche Energieeinsatz minimiert werden. Die Abb. 1.6 stellt das Problem dar.

Innerhalb des beheizten Raumes links, der sich über dem Niveau der als Umgebungstemperatur betrachteten Außentemperatur befindet, ist Wärmeenergie als Exergie (E_Q) und als Anergie (B_Q) gegeben. Durch die Wärmeleitung in der Außenwand erreicht die ausfließende Wärme das Niveau der Außentemperatur und ist jetzt nur noch Anergie (B_Q). Würde man wie in Abb. 1.7 für den Raum eine elektrische Widerstandsheizung verwenden, so würde man die elektrische Energie, die reine Exergie (E_{el}) ist, im Widerstand zum Teil in Exergie (E_Q) und zum Teil in Anergie (B_Q) verwandeln. Hier sind die später zu behandelnden Wärmepumpen günstiger, die nur zum Teil Exergie, im Übrigen aber Anergie zur Heizung zur Verfügung stellen.

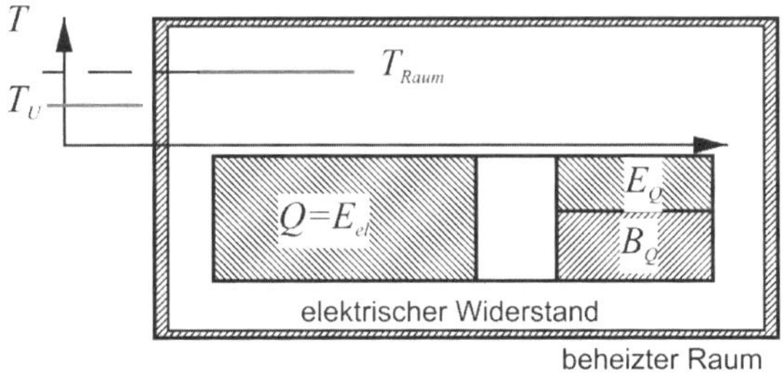

Abb. 1.7 Aufteilung des Exergie- und Anergieanteil bei elektrischer Widerstandsheizung eines Raumes

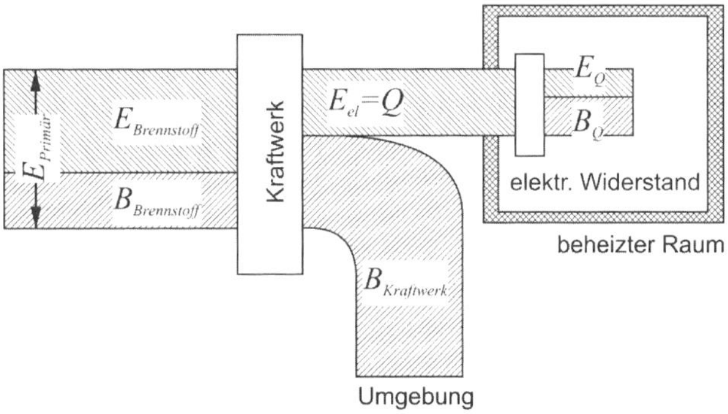

Abb. 1.8 Energieflussbild eines gekoppelten Brennstoff-Kraftwerk-elektrische Widerstandsheizungssystems mit Aufteilung in Anergie (B) und Exergie (E)

Die Abb. 1.8 zeigt den Heizprozess des beheizten Raumes unter zusätzlichem Einschluss des Kraftwerks. Bereits im Kreisprozess des Kraftwerks geht ein Teil der vom Brennstoff gelieferten Energie ($E_{primär}$) als Anergie (aufgeteilt in $B_{Brennstoff}$ und $B_{Kraftwerk}$) an die Umgebung verloren. Den größten Teil stellt die Abwärme an die Umgebung dar, die sich am anschaulichsten im *T-s* Diagramm darstellen lässt.

Aus den vorausgegangen Betrachtungen geht hervor, dass der Ausgangspunkt des Energieflusses der Primärenergieträger ist. Durch Bereitstellungsmaßnahmen kommt dessen Energieinhalt nur zu einem Teil als Endenergie bei den Endverbrauchern an. Über Umwandlungsprozesse werden sie in die eigentliche Nutzenergie überführt.

Der mittlere Energieverbrauch in Deutschland beträgt pro Bundesbürger in Steinkohleeinheiten bzw. kWh pro Jahr:

$$6.6 \text{ t-SKE/Jahr} = 53300 \text{ kWh/Jahr als Primärenergie,}$$

hiervon werden

$$4.3 \text{ t-SKE/Jahr} = 34700 \text{ kWh/Jahr als Endenergie}$$

und darin enthalten

$$0.75 \text{ t-SKE/Jahr} = 6100 \text{ kWh/Jahr in Form von Strom}$$

genutzt (1 SKE = 8.13 kWh = 29300 kJ).

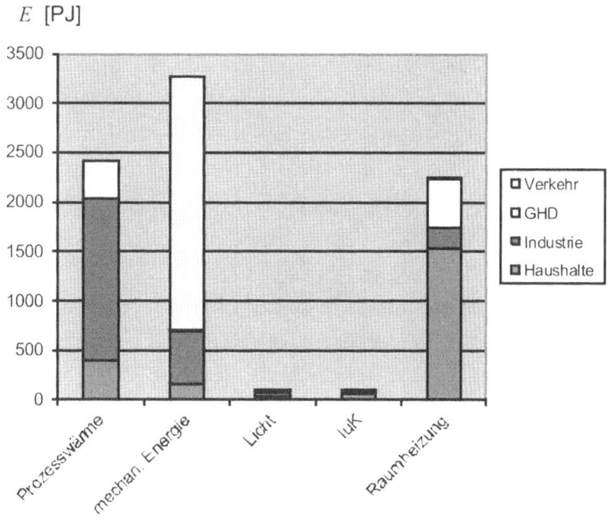

Abb. 1.9 Primärenergieverbrauch in Deutschland nach Verbraucher und Verbrauchsarten; GHD = Gewerbe, Handel Dienstleistungen, IuK = Information und Kommunikation aus. (Tzscheutschler et al. 2009)

1.4 Bedarfsdiagramme Deutschland- wirtschaftliche Überlegungen

Eine Unterteilung des Energieverbrauchs in Deutschland nach Verbraucher und Verbrauchsarten zeigt die Abb. 1.9. Möchte man danach Energie nennenswert einsparen oder ersetzten, so betrifft dies vorrangig die größten Anteile. Hiervon ist an erster Stelle die Raumheizung und begleitend die Warmwasserbereitstellung (‚die im Haushalt als Prozesswärme gewertet wird,) anzuführen.

Ziel dieses Buches ist die Thermische Solarenergienutzung. Die Aufgabe besteht also darin, das solare Energieangebot und die verschiedenen Umwandlungsformen bzw. Dargebotsformen (s. Tab. 1.3) kennen zu lernen, Prozesse zu behandeln, in denen diese Energie möglichst weitgehend in eine brauchbare Form von Exergie bei gleichzeitig rationeller Verwendung beim Endverbraucher umgewandelt wird.

Die Fluktuation des solaren Angebots ist ausführlich zu behandeln. Stimmt das solare Angebot nicht mit dem zeitlichen Energiebedarf überein, müssen Speicher im System bereitgestellt oder Ersatzenergieträger vorgehalten werden. Im zweiten Fall kann die Energiekostenrechnung für die Regenerative Energieerzeugung nicht auf einer Einsparung der ursprünglichen Energiequelle aufbauen, vielmehr muss der Ansatz ausschließlich von der Nutzungsweise im Brennstoffersparnisbetrieb ausgehen.

Wird die Solarenergie zur Erzeugung eines Produktes wie beispielsweise Trinkwasser eingesetzt, kann die Speicherung auch in Form des Endproduktes erfolgen. Dann verschiebt sich jedoch der Kostenaufwand für die Bereitstellung der Energieerzeugungsanlage zu Lasten einer nur teilweise nutzbaren und damit überdimensionierten Produktionsanlage. Im Bereich der industriellen Produktion muss aus ökonomischen Gründen der Produktwertstrom erheblich höher sein als der der eingesetzten Energie. Zur reinen Energiekostenrechnung aus Aufwand (für die solare Anlage und Wartung) sowie Energie- (Exergie-)ertrag addiert sich ein weiterer Aspekt. Die Wettbewerbsfähigkeit in Dienstleistung und Produktion erfordert eine Versorgungssicherheit.

Die Aussage, Solarenergie ist kostenlos, ist somit nicht mehr zutreffend, da das nutzergerechte Dargebot als Wärme, Strom oder Brennstoff über technische oder bauliche Einrichtung und Arbeit (mittlere Spalte) erst verfügbar gemacht werden muss. Im betriebswirtschaftlichen Sinn wird durch den Einsatz der Technik aus dem „freien Gut" der solaren Einstrahlung ein „Wirtschaftsgut".

Sowohl der Strom- als auch der Wärmemarkt sind durch Energieträger abgedeckt. Sollen regenerative Energieträger in diesen Markt eindringen, müssen sie diesen gleichwertig sein oder Vorteile aufweisen hinsichtlich

- Wirtschaftlichkeit
- Versorgungssicherheit und
- Umweltschutz.

Umweltschutzforderungen können die Marktsituation in der Zukunft verschieben. Dieser auf gesellschaftlichem Konsens basierende Aspekt soll hier nicht Gegenstand sein. Wenn regenerative Energien den beiden ersten Bedingungen den allgemeinen Marktforderungen ohne Förderinstrumente derzeit nicht gerecht werden, so bieten sich dennoch Marktnischen an, über deren Abdeckung eine Weiterentwicklung möglich und lohnenswert ist.

Konventionelle Heizungen einschließlich der Feuerungen wurden über mehrere Dekaden optimiert, Kraftwerke über 150 Jahre. Die demgegenüber junge Solartechnik kann daher nur bedingt konkurrieren. Subventionen zur Markteinführung sind daher gerechtfertigt, wenn die langfristige Vorsorge gegen Verknappungen und Abhängigkeiten von fossilen Brennstoffen angestrebt wird. Die Aufwendungen stehen jedoch in Konkurrenz zu anderen Bedürfnissen der Volkswirtschaft und sollten sich in einer wettbewerbsorientierten Gesellschaft am damit erzielten Erkenntnisgewinn orientieren und nicht auf die bloße Bereitstellung abzielen.

Zur Behandlung der solaren Einstrahlung und der Vorstellung geeigneter Systeme gehört auch eine Wirtschaftlichkeitsbetrachtung im Sinne der Kostenoptimierung. Hierbei gibt es erhebliche Schwankungen zwischen dem der Tageskurve des elektrischen Bedarfs eines Haushaltes an Strom und Heizwärme und der solaren Einstrahlung. Die Abb. 1.10 zeigt die Leistungsanforderung an Strom, Heizung und Trinkwarmwasser eines mittleren Haushaltes mit 2.5 Personen an einem mittleren bewölkten Werktages in der Übergangszeit April im Laufe eines Tages an. Dieser sogenannte Tagesgang formuliert den Bedarf, der durch die bereitzustellende Energie zu decken ist. Die schwarze Kurve gibt die von der Sonne global brutto bereitgestellte Einstrahlungsleistung pro Quadratmeter an. Es kommt in diesem Zusammenhang nicht darauf an, welche Energiemenge bereitgestellt wird, vielmehr ist entscheidend, dass sich der Tagesgang des Bedarfs und der der poten-

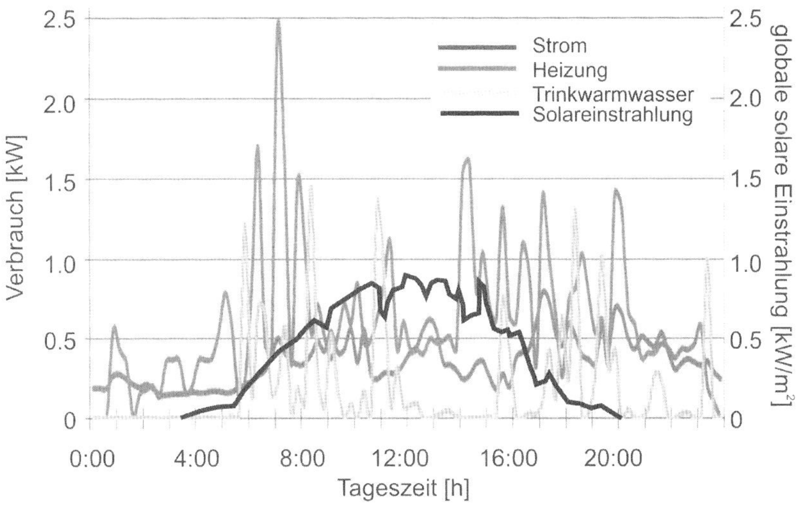

Abb. 1.10 Leistungsanforderung an Strom, Heizwärme und Trinkwarmwasser eines Normhaushaltes (2.5 Personen) im Lauf eines Tages im Vergleich mit der mittleren flächenspezifischen Bruttosonneneinstrahlungsleistung. (Beck 2007)

ziellen Bereitstellung unterscheiden. Beispielsweise macht ein Unterschreiten der Kurve bereitgestellte Solarleistung und angeforderte Heizleistung klar, dass in der Solarthermie Energiespeicher und systemanalytische Betrachtungen von essentieller Bedeutung sind. Hierbei ist auch das Argument der Flächenvergrößerung nicht zielführend, da eine Heizanforderung auch in Absenz der solaren Einstrahlung erfolgen kann.

Diese Betrachtungen gelten jedoch nicht nur für den Tagesablauf sondern spielen auch im Jahreslauf eine zentrale Rolle. Hierzu zeigt die Abb. 1.11 den Warmwasserbedarf einer Wohneinheit in Dresden im Vergleich mit dem jährlichen Mittel der Temperatur und der globalen Bruttosonneneinstrahlung. Hierbei wird deutlich ersichtlich, dass in den Wintermonaten eine deutliche Unterdeckung durch die von der Sonne zur Verfügung gestellten Energie und dem Bedarf steht, während in den Sommermonaten eine Überdeckung (Kapazitätsüberschuss) vorhanden ist. Durch die Wahl der Skalierung ist aus Abb. 1.11 ersichtlich, dass in den Übergangsmonaten des Frühlings und des Herbstes die beste Kongruenz im Monatsintegral zu erzielen ist.

Doch nicht nur im wohnungsbaulichem Umfeld sondern auch bei der industriellen Verwertung von Wärmeenergie spielt die Höhe des bereitgestellten Temperaturniveaus eine entscheidende Rolle. Als weiteres Beispiel für eine solare Anpassungsfrage ist der industrielle Energiebedarf in Abb. 1.12 nach 100 K-Temperaturblöcken angeführt. Die thermisch zu erzeugende Energie muss zur Gewährleistung eines sinnvollen Wettbewerbs mit dem Bedarfsprofil der unterschiedlichen Branchen und deren zeitlicher Anforderung der Prozesswärme korrelieren.

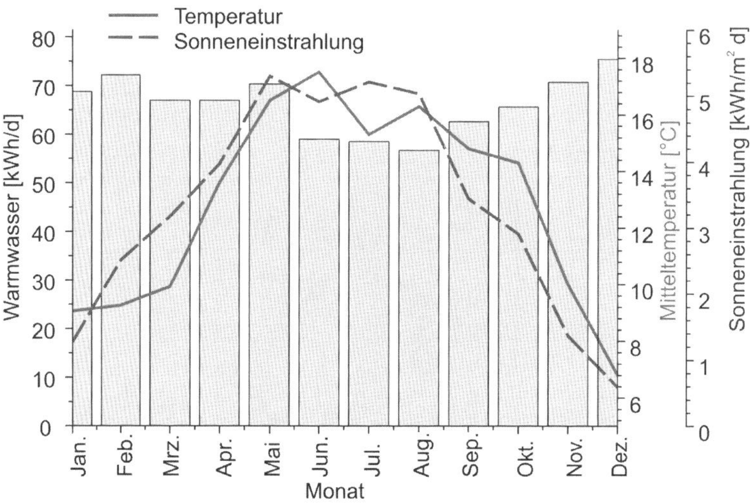

Abb. 1.11 Jahreslauf an monat. Warmwasserenergie eines Normhaushaltes (2½ Personen) 2002 in Dresden im Vergleich mit der Mitteltemperatur (°C) und der Sonneneinstrahlung (kWh/m²·d). (Aufbereitet aus Daten von Dittmann und Gassel 1998)

Abb. 1.12 Endenergieverbrauch nach Prozesswärmezwecken in der verarbeitenden Industrie in 100 °C-Schritten. (Portugal 1986; Gesamtendenergieeinsatz 134PJ; modifiziert nach Schreitmüller 1987)

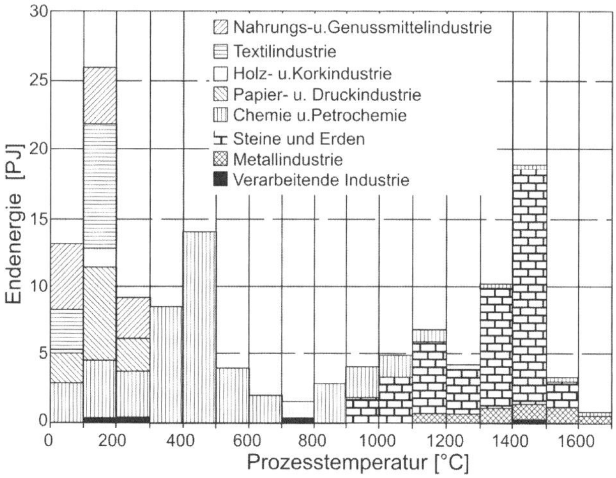

Für die solare Energiebereitstellung sind die Bereiche bis ca. 300 °C interessant. Im oberen Temperaturniveau entspricht dies gleichzeitig den Erfordernissen für die thermische Stromerzeugung. Hierfür müssen von der erzielbaren Temperatur als auch der Anlagengröße her andere Systeme als im Hausbereich eingesetzt werden.

Unter Vorwegnahme der folgenden Kapitel sind dazu konzentrierende Kollektoren erforderlich. Es kann aber günstiger sein, die Niedertemperatur Vorwärmung mit der So-

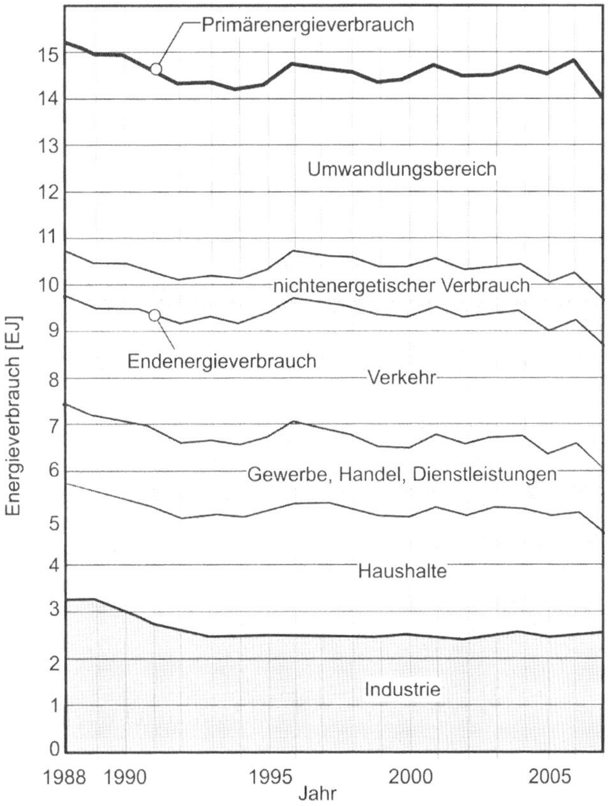

Abb. 1.13 Zeitlicher Verlauf des deutschen Energieverbrauchs aufgeschlüsselt nach Sparten. (Tzscheutschler et al. 2009)

laranlage zu betreiben und die Spitzentemperatur mir einer fossilen Zusatzfeuerung zu erreichen. Diese kann dann auch solare Leistungsfluktuationen abdecken. In begrenztem Maß können solare Einstrahlungsschwankungen beispielsweise auch durch ein Übermaß an Konzentrationsfläche ausgeglichen werden.

Die Solartechnik bietet also eine Reihe von Möglichkeiten zur Optimierung, die im Laufe der folgenden Kapitel beleuchtet werden.

Der Primärenergieverbrauch der BRD ist in den letzten Jahren leicht rückläufig, wie die Abb. 1.13 zeigt. Ebenso nimmt der Einsatz fester Brennstoffe als Energie- und Wärmeträger in Deutschland ab. Dieser Effekt ist im Wesentlichen auf der Substitution der Braunkohle durch Steinkohle und Erdgas zurückzuführen. Man sollte dabei jedoch immer bedenken, dass entsprechend der Tab. 1.1 die Ressourcenreichweite von Kohle deutlich höher ist als die von Gas und Öl und damit lediglich eine zeitliche Verschiebung stattgefunden hat. Alleine aus dem absoluten Verbrauch lässt sich nicht ablesen, in welchem Umfang welche Art von Primärenergieträger ökologisch sinnvoll, ressourcenschonend und im Wettbewerb preislich kompetitiv ist. Hierzu ist eine weitere Aufschlüsselung erforderlich.

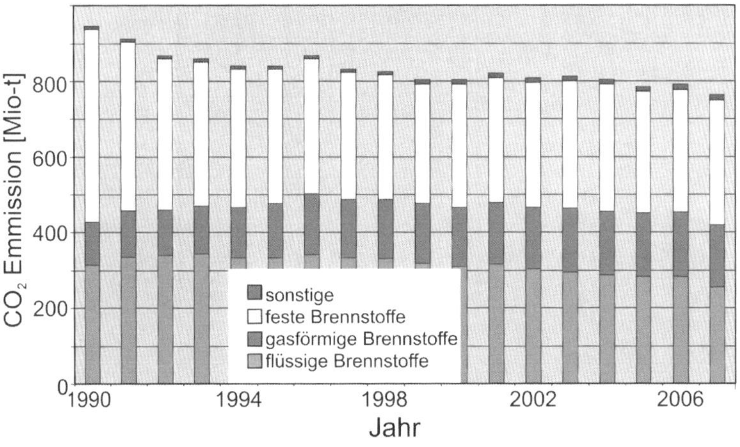

Abb. 1.14 Entwicklung der CO_2 Emissionen in Deutschland in Millionen Tonnen seit 1990 aufgeschlüsselt nach Brennstofftypen. (Tzscheutschler et al. 2009)

Durch die Modernisierung der Kohletechnologie in Ostdeutschland kam es zunächst zu einer Reduktion des CO_2 Ausstoßes in Deutschland, wie die Abb. 1.14 illustriert. Aber seit 2007 verringern sich die Emissionen kaum mehr. Obwohl die Energieeffizienz aller Erzeugungsarten zugenommen hat, sind die Ursachen unter anderem in einem höheren Anteil der Kohleverfeuerung und einer geringeren Nutzung der Kernkraft zu sehen. Zum zweiten stieg der Stromverbrauch in den letzten 10 Jahren monoton an, so dass die Effizienzsteigerungen bei der Stromerzeugung durch den erhöhten Verbrauch kompensiert wurden.

Ungefähr 60 % der verbrauchten Endenergie werden in Deutschland zur Wärmeerzeugung verwendet (vergl. Abb. 1.1 mit Abb. 1.15a). In der Industrie ist dies zu einem großen Teil Prozesswärme mit Temperaturen über 300 °C. Die Erzeugung eines derartigen Temperaturniveaus mit Hilfe solarthermischer Verfahren erfordert aufwändige Prozesse mit konzentrierenden Systemen und damit einen nicht unerheblichen Raumbedarf. In Haushalten hingegen werden ca. 83 % der Endenergie für Wärme verwendet. Dies unterteilt sich in zwei weitere Teilbereiche. Einen Niedertemperaturteil, der hauptsächlich die Raumheizung bedeutet, und ein Prozesswärmesegment. Als Prozesswärme in Haushalten wird hier im wesentlichen Kochen bzw. Kühlen (Kühl- und Gefrierschrank) bezeichnet, die einen zweifachen Energieumwandlungsvorgang beinhalten. Sowohl durch Energiesparmaßnahmen wie eine effiziente Wärmedämmung aber auch mit Hilfe der Niedertemperatursolarthermie lässt sich eine Reduktion des Primärenergieverbrauchs bei gleichzeitiger Deckung des Wärmebedarfs nachhaltig erzielen. Dies ist deshalb möglich, da ein größerer Teil der Niedertemperaturwärme nicht durch elektrische Heizung erzeugt wird, wie die Abb. 1.15b mit der Struktur des Stromverbrauchs in Deutschland zeigt. Dies kann in Ländern wie beispielsweise Frankreich ein anderes Bild sein.

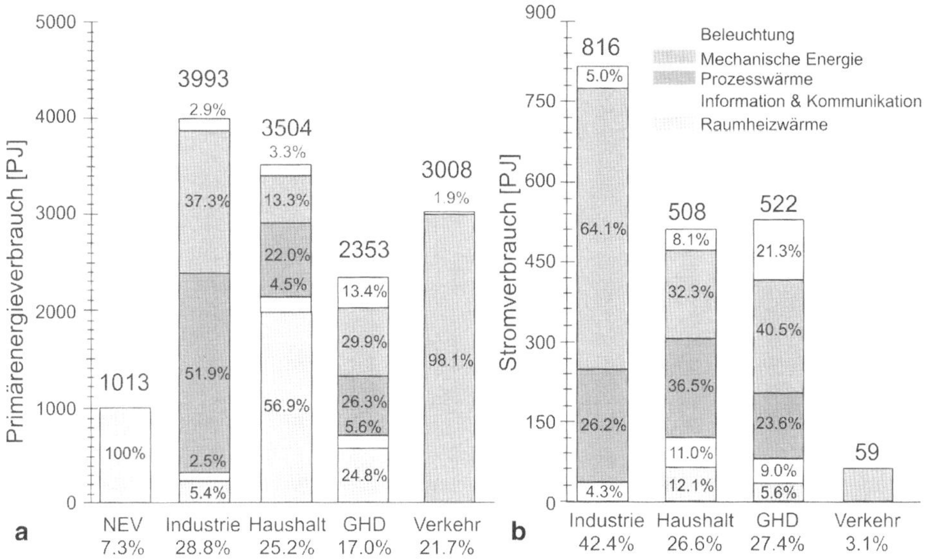

Abb. 1.15 Struktur des Primärenergieverbrauchs. **a** und des Stromverbrauchs. **b** in Deutschland nach Verbraucherarten und Einsatztypen (Tzscheutschler et al. 2009). *GHD* Gewerbe, Handel, Dienstleistungen, *NEV* nichtenergetischer Verbrauch

1.5 Energiepreise, Erneuerbare Energiengesetz (EEG), Kyoto-Protokoll, Emissionshandel

Das deutsche Gesetz für den Vorrang Erneuerbarer Energien, in der geläufigen Kurzfassung Erneuerbare-Energien-Gesetz (EEG) genannt, soll den Ausbau von Strom- und Wärmeerzeugung aus erneuerbaren Quellen fördern. Es dient vorrangig dem Klimaschutz und gehört zu einer ganzen Reihe gesetzlicher Maßnahmen, mit denen die Abhängigkeit von fossilen Energieträgern wie Erdöl, Erdgas oder Kohle verringert werden soll. Das deutsche EEG gilt als Erfolgsgeschichte der Einspeisevergütung und wurde von 47 Staaten übernommen.

Die Sinnhaftigkeit einer Einspeisevergütung für durch erneuerbare Energien erzeugte elektrische Arbeit bei gleichzeitigem weltweitem Kohlendioxid-Zertifikatehandel ist jedoch umstritten. Eine vom deutschen Bundestag am 6. Juni 2008 beschlossene novellierte Fassung ist am 1. Januar 2009 (Bundesgesetzblatt 2008) in Kraft getreten. Grundgedanke ist, dass den Betreibern der zu fördernden Anlagen über einen bestimmten Zeitraum ein fester Vergütungssatz für den erzeugten Strom gewährt wird, der sich an den Erzeugungskosten der jeweiligen Erzeugungsart orientiert, um so einen wirtschaftlichen Betrieb der Anlagen zu ermöglichen. Der für neu installierte Anlagen festgelegte Satz sinkt jährlich

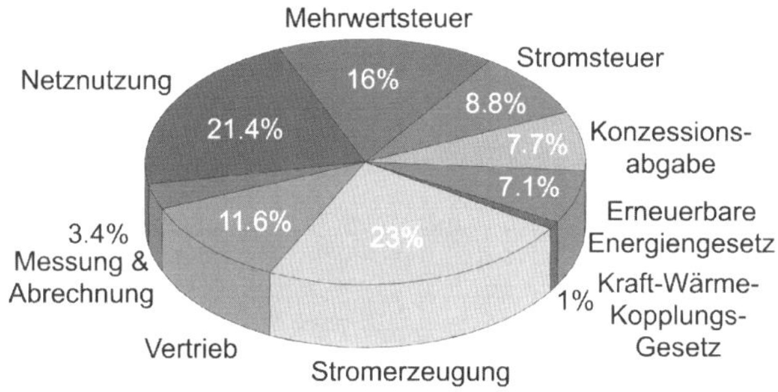

Abb. 1.16 Zusammensetzung des Strompreises für private Haushalte in Deutschland (Ende 2008). (Quelle: Bundesnetzagentur 2012)

um einen bestimmten Prozentsatz (Degression), um einen Anreiz für Kostensenkungen zu schaffen. Gefördert wird die Erzeugung von Strom aus:

- Wasserkraft,
- Deponiegas, Klärgas und Grubengas,
- Biomasse,
- Geothermie,
- Windenergie,
- solarer Strahlungsenergie.

Der zuständige Netzbetreiber ist aufgrund eines sogenannten gesetzlichen Schuldverhältnisses zum Anschluss der Anlage und zur Zahlung der festgelegten Vergütung verpflichtet. Eines Vertrages mit dem Anlagenbetreiber bedarf es nicht. Die entstandenen Mehrkosten, d. h. die Differenz zwischen Vergütungssatz und Marktpreis des Stroms, werden unter den Energieversorgungsunternehmen (EVU) gleichmäßig aufgeteilt (bundesweite Ausgleichsregelung) und fließen somit als zusätzlicher Kostenfaktor in Form der sogenannten EEG-Umlage in die Kalkulation und Abrechnung der Endverbraucherpreise ein. Der mittlere Nettostrompreis für Haushalte mittlerer Größe liegt im EU-27 Durchschnitt bei 12.11 ct/kWh, in Frankreich bei 9.14 ct/kWh, im Vereinigten Königreich bei 13.94 ct/kWh und Deutschland 13.12 ct/kWh (Werte Stand 2008, Statistik 2009).

Der Strompreis in Deutschland setzt sich aus sechs Komponenten zusammen den Steuern aus Kraft-Wärmekopplungs- (KWK- Förderung der Stromerzeugung aus Anlagen mit Kraft-Wärme-Kopplung) sowie Erneuerbare Energiengesetz (EEG- Förderung der Energieerzeugung aus erneuerbaren Energien), der Ökosteuer, der Mehrwertsteuer, der Konzessionsabgabe (Entgelt für die Einräumung von Wegerechten durch die Kommunen), des Netznutzungsentgeltes und den Stromerzeugungskosten, die lediglich weniger als ein Viertel des Endpreises ausmachen, wie die Abb. 1.16 zeigt.

Das Erneuerbare-Energien-Wärmegesetz (EEWärmeG) ist ein deutsches Bundesgesetz, das neben dem die Stromerzeugung betreffenden Erneuerbare-Energien-Gesetz (EEG) und dem die Verwendung von erneuerbaren Energien im Bereich der Kraftstoffe regelnden Biokraftstoffquotengesetz den Ausbau erneuerbarer Energien im Wärme- und Kältesektor bei der energetischen Gebäudeversorgung vorantreiben soll. Es ist seit dem 1. Januar 2009 in Kraft. Das Gesetz ist Teil des von der Bundesregierung 2007 beschlossenen

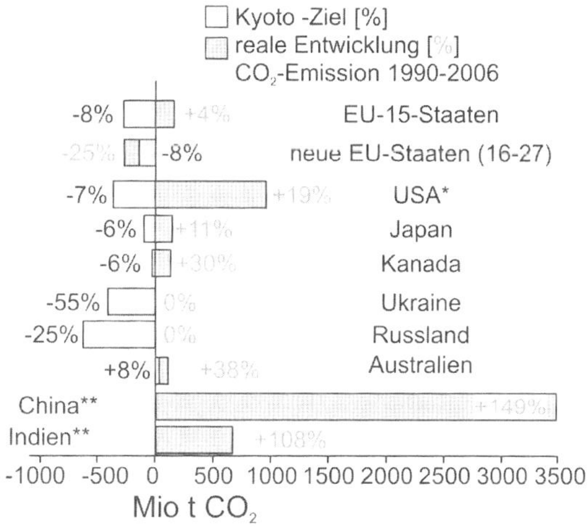

* Vertrag nicht ratifiziert;
** keine Kyoto Verpflichtung.

Abb. 1.17 Darstellung der im Kyoto-Protokoll völkerrechtlich festgelegten CO_2 Reduktionsziele (in Prozent und absoluter Menge) und deren tatsächlicher Entwicklung seit 1990. (IEA 2008)

Integrierten Energie- und Klimaprogramms (IEKP) und führt bundesweit eine Pflicht zur Verwendung erneuerbarer Energien beim Gebäudeneubau ein (so genannte Nutzungspflicht gem. § 3 Abs. 1 EEWärmeG). Das Gesetz hängt mit der Richtlinie der EU von 2009 zusammen, die neben der Einführung einer Nutzungspflicht für erneuerbare Energien bei der Wärme- und Kälteerzeugung auch deren Anwendung in neuen wie auch unter bestimmten Voraussetzungen für alte Gebäude bis Ende 2014 den Mitgliedsstaaten auferlegt (Art. 13 Abs. 4).

Vor dem Hintergrund dieser Klimaveränderung mit ihrem weit reichenden Bedrohungspotenzial hat sich die Weltgemeinschaft 1997 in Kyoto (Japan) auf eine Reduzierung der Treibhausgase verständigt. Seit dem Inkrafttreten des Protokolls von Kyoto besteht für die Industriestaaten eine völkerrechtlich verbindliche Verpflichtung, ihre Treibhausgas-Emissionen im Zeitraum 2008–2012 um 5 % gegenüber dem Niveau von 1990 zu reduzieren. Einige Staaten sind dabei höhere Minderungsverpflichtungen eingegangen als andere. Für die gesamte EU lautet das Reduktionsziel 8 %, Deutschland hat sich im europäischen Rahmen sogar auf eine Minderung um 21 % verpflichtet. Für die Reduktion der Emissionen aus Kraftwerken und energieintensiven Industrieanlagen – jene aus privaten Haushalten und Verkehr sind nicht betroffen – steht mit dem Emissionshandel ein gleichermaßen ökologisch wirksames wie ökonomisch effizientes Instrument zur Verfügung. Länder wie China und Indien sind explizit aus dem Kyoto-Prozess ausgenommen. Wie der Abb. 1.17 zu entnehmen ist, klafft jedoch eine zum Teil erhebliche Lücke zwischen dem vereinbarten Ziel und der realen Entwicklung.

Die europäische Emissionshandelsrichtlinie 2003/87/EG (2003/87/EG 2003) ist in deutsches Recht umgesetzt. Es gibt damit weitere deutsche Rechtsvorschriften wie das Zuteilungsgesetz (ZuG) und die Zuteilungsverordnung (ZuV), den Handel mit Emissionsberechtigungen im europäischen System für Deutschland. Die Gesetze gelten jeweils für eine Handelsperiode. Das Zuteilungsgesetz 2012 legt fest, wie viel CO_2 die vom Emissionshandel erfassten Anlagen ab 2008 insgesamt ausstoßen dürfen und nach welchen Regeln

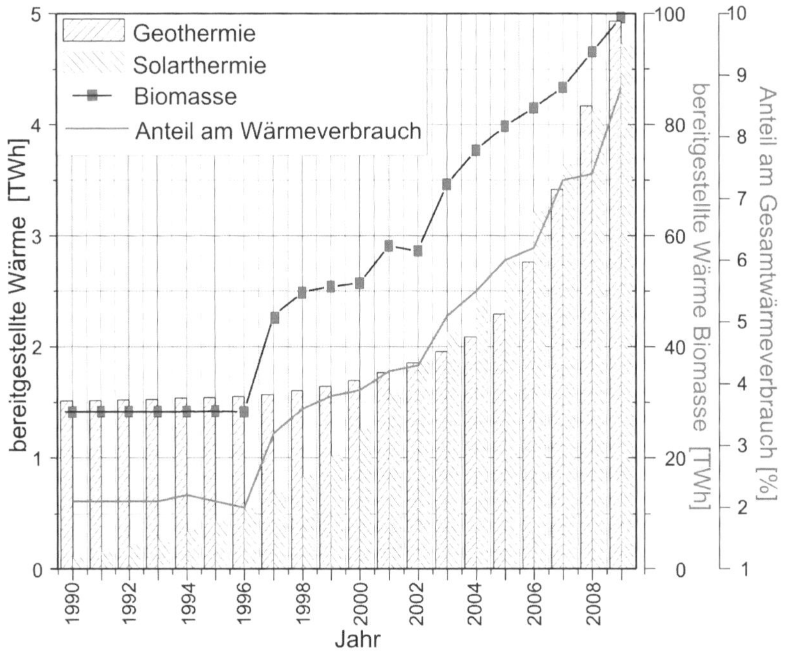

Abb. 1.18 Beitrag der erneuerbaren Energiequellen an der Wärmebereitstellung in Deutschland von 1990 bis 2009. (Bundesministerium für Umwelt 2010)

diese Gesamtemissionsmenge auf die einzelnen Anlagen verteilt wird. Kraftwerken sowie bestimmten energieintensiven Industrieanlagen wird nach Abschluss des Zuteilungsverfahrens von der Deutschen Emissionshandelsstelle (DEHSt) noch im selben Jahr eine bestimmte Menge an CO_2-Emissionszertifikaten zugeteilt. Basis für diese Zuteilungen ist bei Energie- wie auch für Industrieanlagen die durchschnittliche CO_2-Emission, die von der jeweiligen Anlage zwischen 2000 und 2005 emittiert wurde. Gibt eine Anlage in der laufenden Handelsperiode mehr CO_2 ab, als kostenlos zugeteilt wurde, so muss der Betreiber für die zusätzliche Menge Emissionszertifikate zukaufen, etwa von einem Unternehmen, das seine Anlage modernisiert und so den CO_2-Ausstoß reduziert hat. Der Preis pro erzeugter Tonne Kohlendioxid richtet sich dabei nach dem Marktprinzip. Ziel ist es, eine Verringerung des CO_2 Ausstoßes zu erreichen. Kreative Unternehmen, die ein kostenloses Zertifikat erhalten, können aber diese weiterveräußern und beispielsweise in nichtteilnehmenden Staaten abwandern!

1.6 Erneuerbare Energien (EE) in Deutschland

Die nationalstaatlichen Fördermaßnahmen wie auch die internationalen Abkommen haben zu einer deutlichen Steigerung der Energiegewinnung aus erneuerbaren Energieträgern geführt. Im Jahr 2009 betrug der Anteil der erneuerbaren Energien 10.3 % am gesamten Endenergieverbrauch von 9423PJ, wobei der Anteil der Biomasse mit 5.9 % am größten ist. Der Wasserkraft bzw. Windkraftanteil betrug 0.8 % bzw. 1.7 % am Gesamtendenergieverbrauch. Bezogen auf den Primärenergieverbrauch beträgt der Anteil der erneuerbaren Energie (EE) bereits 9.1 %. An der gesamten Wärmeenergiebereitstellung in Deutschland beträgt der Anteil der EE 8.8 % (Bundesministerium für Umwelt 2010). Der Anteil erneuerbarer Energieträger an der Wärmebereitstellung hat sich in den letzten 20 Jahren mehr als vervierfacht.

Die Gesamtenergiemenge, die die einzelnen Quellen bereitstellen illustriert die Abb. 1.18. Die eingesparte CO_2-Menge betrug nach Angaben des Bundesministeriums für Umwelt im Kalenderjahr 2009 110 Mio. t. Die Kollektorfläche solarthermischer Anlagen wuchs von 1990 bis 2006 von 0.34 Mio m^2 auf 8.61 Mio m^2 und damit um den Faktor 25.

Literatur

Beck H-P (2007) Statusseminar des Forschungsverbund Energie Niedersachsen (S. 36). 18–19. Juni Goslar

Bundesgesetzblatt 2008 I (2008) Gesetz zur Neuregelung des Rechts der Enereuerbaren Energien im Strombereich und zur Änderung der damit zusammenhängenden Vorschriften. Bundestag, Bonn

Bundesministerium für Umwelt N (2010) Erneuerbare Energie in Zahlen. Naturschutz und Reaktorsicherheit (BMU) Referat Öffentlichkeitsarbeit, Berlin

Bundesnetzagentur (2012) Wie setzt sich der Strompreis zusammen

Dittmann A, Gassel A (1998) Meßtechnische Überwachung der Solar- und Haustechnik im Wohngebiet Freiberger Straße in Oederan. Abschlußbericht, Institut für Thermodynamik und Technische Gebäudeausrüstung. Technische Universität Dresden, Dresden

IEA (2008) Energy Policies of IEA Countries—2008 Review. (OECD, Hrsg) IEA – International Energy Agency

IPCC (2007) Climate change working group I: the science of climate change. Technical summary

Schreitmüller K (1987) Stand und Perspektiven der solaren Prozesswärmebereitung unter besonderer Berücksichtigung der Prozesswärmebereitung unter besonderer Berücksichtigung derProzesswärmebereitung der Aspekte von Entwicklungsländern. DFVLR Deutschland. Institut für technische Thermodynamik, Stuttgart

Statistik E (2009) Strompreise nach Art des Benutzers. http://epp.eurostat.ec.europa.eu: Online

Tzscheutschler P, Nickel M, Wernicke I, Buttermann H (2009) Energieverbrauch in Deutschland. (VDI, Hrsg) BWK-Brennstoff Wärme Kraft, S 6–14

Quaschning V (2003) Globales Klimaexperiment. Brennstoff Wärme Kraft 5:38–41

von Cube H (1981) Lehrbuch der Kältetechnik I/II. C.F. Müller, Heidelberg

Weltalmanach (2006) Fischer Weltalmanach 2006. Fischer, Frankfurt

Weltbank (2009) Jahresbericht 2009. http://go.worldbank.org/

2003/87/EG E-R (2003) System für den Handel mit Treibhausgasemissionszertifikaten in der Gemeinschaft und zur Änderung der Richtlinie 96/61/EG des Rates. Amtsblatt der Europäischen Union

2 Sonne

Unabhängig ob die solare Strahlung als thermische Energie genutzt oder elektrischer Strom erzeugt wird, die primäre Energiequelle ist die Sonne. Hierzu wird zunächst die Art der Energiefreisetzung in der Sonne behandelt. Im Rahmen der ingenieurmäßigen Behandlung der Sonne als Quelle genügt eine Betrachtung der Sonne als Strahlungsquelle, deren technisch nutzbare Größe von mehreren Faktoren abhängt.

Die solare Strahlung besitzt ein Spektrum, das vom ultravioletten über den sichtbaren bis zum infraroten Anteil reicht, um bei etwa 3 μm vernachlässigbar kleine Werte anzunehmen. Im Unterschied haben die thermischen Strahler Spektren, deren Intensität im Wesentlichen unterhalb von 3 μm mit Maxima um etwa 7–10 μm zu suchen ist. Die Wellenlängen abhängigen Beeinflussungen beim Durchtritt durch die Atmosphäre werden aufgezeigt. Die Wellenlängen abhängigen optischen Eigenschaften von technischen Oberflächen werden in einem späteren Kapitel behandelt.

Die direkt von der Sonne kommende Strahlung ist gerichtet. An einem terrestrischen Standort ergeben sich daher Winkelabhängigkeiten der Einstrahlungsrichtung als Folge des Ortes, der Drehung der Erde um die Sonne und um sich selbst. Auf dem Weg der Strahlung durch die Atmosphäre zu einem beliebigen terrestrischen Standort wird die Strahlung durch Absorptionen und Streuung geschwächt. Die gestreute Strahlung ist nicht verloren. Zum Teil erreicht sie als diffuse Strahlung die Erdoberfläche und addiert sich dort zu der direkt von der Sonne kommenden Einstrahlung. Während die direkte Strahlung mit der Richtung Erde/Sonne auftrifft, kommt die diffuse Strahlung mehr oder minder aus allen Himmelsrichtungen an. Diese offensichtlichen Abhängigkeiten der Winkelverteilungen von den Tages- und Jahreszeiten sind heraus zu arbeiten.

Die Abhängigkeiten der Einstrahlungsleistungen von Witterungseinflüssen müssen statistisch behandelt werden. Zusammen mit den Winkelfunktionen ergibt sich daraus die Möglichkeit, Einstrahlungssummen über bestimmte Zeitabschnitte oder zum Beispiel als Jahressumme abzuschätzen. Den Abschluss dieses Abschnittes bildet eine Beschreibung der Energiebilanz der Erde aufgeteilt in die kurzwellige Einstrahlung von der Sonne ausgehend und in die langwelligen Bilanzanteile von der Erde ausgehend.

R. Stieglitz, V. Heinzel, *Thermische Solarenergie*,
DOI 10.1007/978-3-642-29475-4_2, © Springer-Verlag Berlin Heidelberg 2012

Tab. 2.1 Einige Eckdaten der Sonne aus. (McCracken und Scott 2005)

	Phys. Einheit	Wert
Durchmesser	m	$1.392 \cdot 10^9$
Oberfläche	m^2	$6.088 \cdot 10^{18}$
Massenverteilung	H_2	0.75
	He	0.23
	Sonstige	0.02
Masse	kg	$3.3 \cdot 10^6\ m_{Erde} = 1.99 \cdot 10^{30}$
Mittlere Dichte	kg/m^3	1.41
Kerntemperatur	°K	$1.6 \cdot 10^7$
Oberflächentemperatur	°K	5776
Druck im Kern	$bar = 10^5$ Pas	$4 \cdot 10^{11}$

Tab. 2.2 Einige Eckdaten der Sonne aus. (McCracken und Scott 2005)

	Phys. Einheit	Wert
Rotation der Pole	Tage	34
Rotation des Äquators	Tage	25.4
Lebensalter	Jahre	$4.6 \cdot 10^9$
Lebenszeit (Voraussichtl. ½ Brenndauer)	Jahre	$5 \cdot 10^{10}$
Brennstoffverbrauch H_2	Mt/s	600
Heliumerzeugung	Mt/s	596
Massendifferenz	Mt/s	4.3

2.1 Einleitung Sonne

Die Tab. 2.1 und 2.2 listen einige charakteristische Daten der Sonne auf. Aus dem sekündlichen Massenverlust der Sonne ergibt sich über das Äquivalenzkriterium von Energie und Masse nach Einstein 1905 die von ihr erzeugte Leistung.

$$P_{Fusion,Sonne} = \Delta \dot{m} \cdot c^2, \tag{2.1}$$

wobei Δm der Massenverlust und c die Lichtgeschwindigkeit ($c = 2.997 \cdot 10^8$ m/s) ist. Zu der Massenverlustleistung addieren sich weitere Nuklearreaktionen, die im folgenden Abschnitt behandelt werden.

2.2 Fusionsreaktion in der Sonne – Sonne als Energiequelle

Die Sonne schöpft ihre Energie aus der Fusion von Wasserstoffkernen, die als Plasma im inneren Kern der Sonne vorliegen. Im Plasmazustand liegen die Wasserstoffatome als Protonen (p) vor. Durch die enormen Druckkräfte und Gravitationskraft der Sonne erfolgt im Kern der Sonne ein mehrstufiger Fusionsprozess von Wasserstoff zu Helium. Ausgangspunkt ist der zeitbestimmende Protonenstoßprozess ($p={}^1H$), der zur Erzeugung eines Deuterons ($D={}^2H$) führt.

$$p + p \rightarrow D + e^+ + \nu + 0.42\ MeV. \tag{2.2}$$

Hierbei ist e^+ ein Positron und ν einen Elektronenneutrino. Die Energieeinheit der neutronenphysikalischen Prozesse ist Elektronenvolt eV. Ein Elektronenvolt ist eine Energie von 1 eV = $1.602 \cdot 10^{-19}$ J, und diese wiederum kann in ein Temperaturäquivalent umgerechnet werden, wobei 1 eV = 11604.967 K entspricht. Diese Energie entspricht der eines Elektrons, wenn es ein Spannungsfeld von 1 V durchfliegt.

Wie alle neutronenphysikalischen Prozesse ist auch der Stoßprozess der Protonen ein statistischer Vorgang, in der der effektive Stoßquerschnitt der beiden Partner, der sogenannte Wirkungsquerschnitt (gemessen in Barn = 10^{-24} cm^{-2}), die Dichte der Reaktionspartner und deren Geschwindigkeit eine Rolle spielen. Der Reaktionsquerschnittsquerschnitt eines Protons ist vergleichsweise klein und beträgt 10^{-55}barn (!!). Das entstandene Positron e^+ annihiliert mit einem Elektron e^- aus dem Plasma, das heißt, beide werden vollständig in Energie umgewandelt. Die Masse beider Partner wird in Form von zwei Gammaquanten γ als Energie frei.

$$e^+ + e^- \rightarrow 2\gamma + 1.022\ MeV. \tag{2.3}$$

Das entstandene Deuterium kann anschließend mit einem weiteren Proton reagieren, wobei das leichte Helium-Isotop ^3He entsteht:

$$D + p \rightarrow {}^3He + \gamma + 5.49\,MeV. \tag{2.4}$$

Es fusionieren zwei leichte Heliumkerne ^3He zu eine ^4He-Kern (α-Teilchen), wobei zwei Protonen frei werden. Diese stehen für eine erneute Fusion zur Verfügung.

$$^3He + {}^3He \rightarrow {}^4He + p + p + 12.86\,MeV. \tag{2.5}$$

Den vollständigen Ablauf des Fusionsprozesses in seinen Einzelschritten stellt die Abb. 2.1 dar. In der Massenbilanz ergibt sich für die Wasserstoff-Helium Fusion folgende Auswertung:

$$\begin{aligned} & 4p \equiv 4 \cdot 1.00727647\ u \\ & {}^4He - 4.0015060883\ u \\ & \underline{2e^+ - 2 \cdot 0.00054858\ u} \\ & \quad 0.02650263\ u \end{aligned}, \qquad \Delta m = 4.4 \cdot 10^{-29}\ kg \tag{2.6}$$

darin ist u die Masse eines Neutrons mit $1.6748 \cdot 10^{-27}$ kg. Mit der Einsteinformel (2.1) ergibt sich durch den Massendefekt eine Energie von $3.955 \cdot 10^{-12}$ J = 24.68 MeV. Hinzu kommt die Energie aus der Positron -Elektron Reaktion mit 1.022 MeV. Eine Summation der Energien aus den Gln. 2.2–2.5 ([2 · (0.42 MeV + 1.022 MeV + 5.49 MeV) + 12.86 MeV])

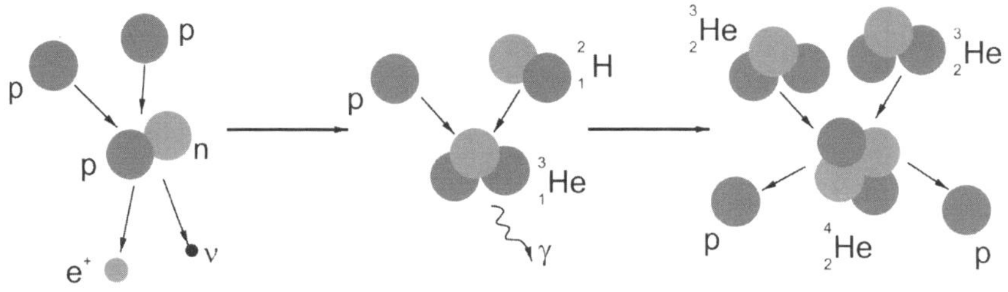

Abb. 2.1 Einzelschritte bei der Wasserstofffusion zu Helium. (Gerthsen et al. 1995)

liefert für die Wasserstoff-Helium (*H-He*)-Kernfusion einen Betrag von 26.7 MeV. (Exakt ist es etwas weniger, da die beiden Neutrinos je eine Energie von 0.26 MeV mitnehmen, so dass $E_{H\text{-}He}$ = 26.204 MeV).

2.3 Aufbau der Sonne

Das Alter unserer Sonne wird auf ca. 5 Mrd. Jahre geschätzt. In dieser Zeit hat die Wasserstoffkonzentration auf ca. 92 % abgenommen und die Heliumhäufigkeit ca. 8 % erreicht. Der Wasserstoffvorrat reicht jedoch aus, dass die jetzige Leistung noch über 10 Mrd Jahre abgegeben werden kann. Die Sonne strahlt mit $4 \cdot 10^{26}$ W in den Raum, von denen $2 \cdot 10^{17}$ W die Erde treffen. Zum Vergleich, der Energieverbrauch weltweit beträgt derzeit $1.13 \cdot 10^{13}$ W. Die Sonne hat in ihrem Innern eine Temperatur von ca. 10^7 K. Die mittlere thermische Energie der Teilchen beträgt dann 1–10 keV bei einer Dichte von 10^5 kg/m^3. Damit sind die Bedingungen für den Ablauf der Fusionsprozesse gegeben. Neunzig Prozent der Energie werden im Zentrum bis etwa 0.23 *R*, mit *R* dem Sonnenradius, erzeugt. Der Kern ist infolge des hohen Druckes fest und hat eine mittlere Dichte von 10^5 kg/m^3 (100 g/cm^3), das etwa der achtfachen Dichte von Blei entspricht. Die Temperatur steigt im Zentrum auf 40 Mio Grad Kelvin an. Obwohl der Kern lediglich 15 % des Volumens ausmacht, enthält er ca. 35–40 % der Sonnenmasse. Aus dem Innern kann der Energietransport nur durch Strahlung erfolgen. Doch die Absorption ist bei der großen Dichte so stark, dass die Strahlung, die wir sehen, vor ca. 1–2 Mio. Jahren in der Nähe des Sonnenzentrums erzeugt wurde.

Schneller geht der Transport in der Konvektionszone ab etwa 0.7 *R* bis zum Rand vonstatten. Es existieren dort Konvektionszellen, die von außen als Granulen zu erkennen sind. Die Lebensdauer solcher Zellen beträgt einige Minuten. Es handelt sich dabei nicht um Bénard-Zellen, die durch temperaturbedingte Dichteunterschiede angetrieben werden, vielmehr verursachen unterschiedliche Ionisationsgrade die Bewegung. Die Dichte beträgt dort etwa 70 kg/m^3 und die mittlere Temperatur ca. 130000 K.

An die Konvektionszone schließt die Photosphäre an. Die Temperatur beträgt am Rand circa 5000 K. In der Photosphäre übernimmt die Strahlung den Wärmetransport. Sie ist der Ursprung der von der Sonne abgegebenen Strahlungsenergie. In der Photosphäre, die

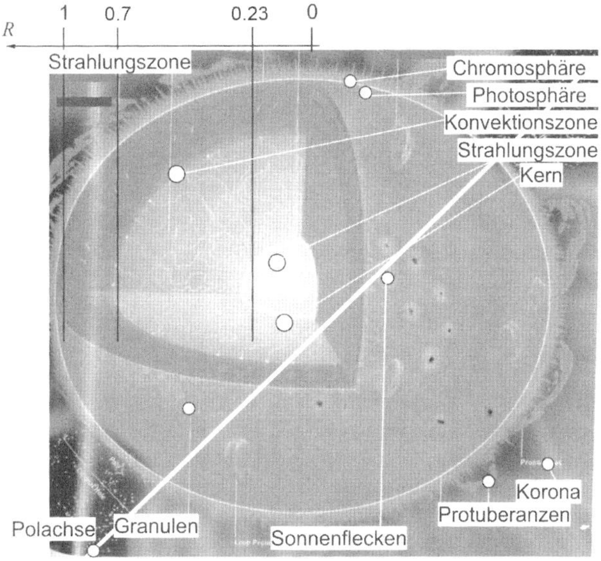

Abb. 2.2 Schematischer Aufbau der Sonne aus. (Duffie und Beckman 1991)

auch als Umkehrschicht bezeichnet wird, steigen die Temperaturen nach außen auf ca. 7000 K an. Ihre Dicke beträgt schätzungsweise 400–500 km und die Dichte variiert zwischen 10^{-7} g/cm^3 bis 10^{-8} g/cm^3.

Über der Photosphäre liegt die Chromosphäre, die etwa 8000–10000 km dick ist und eine Dichte von 10^{-11} g/cm^3 bis 10^{-15} g/cm^3 aufweist. Die Temperatur nimmt in der Chromosphäre von innen 5776 K nach außen auf ca. $3 \cdot 10^5$ K zu.

Noch weiter außerhalb liegt die Corona, in der durch magnetische Heizung die Temperatur auf 10^6 K ansteigt. Die Abb. 2.2 zeigt schematisch diesen Schalenaufbau der Sonne.

Die Sonne ist kein starrer Rotationskörper. Mit einer Umlaufzeit von 27 Tagen am Äquator und 30 Tagen an den Polen werden die Vorgänge in der Konvektionszone komplex. Neben den Granulen machen sich daher noch weitere Konvektionseffekte wie z. B. die Sonnenflecken bemerkbar. Ein großer Sonnenfleck kann eine Abstrahlung um das $2 \cdot 10^4$-fache größer als die Energie, welche auf die Erde trifft, abschirmen. Daraus resultierenden Schwankungen der Energieabgabe oder des Spektrums der Solarstrahlung sind Ziel intensiver Forschungen. Sie wurden seit der Existenz von Satelliten stark gefördert (Pecker 1994).

2.3.1 Blickwinkel der Sonne, Leuchtdichtenverteilung über der Sonnenscheibe

Aus den geometrischen Beziehungen zwischen Sonnendurchmesser und dem Abstand von Erde und Sonne ergibt sich aus geometrischen Beziehungen, dass die Sonne auf der Erde unter einem Winkel von ±0.133° oder 32 min gesehen wird. Dies illustriert die Abb. 2.3.

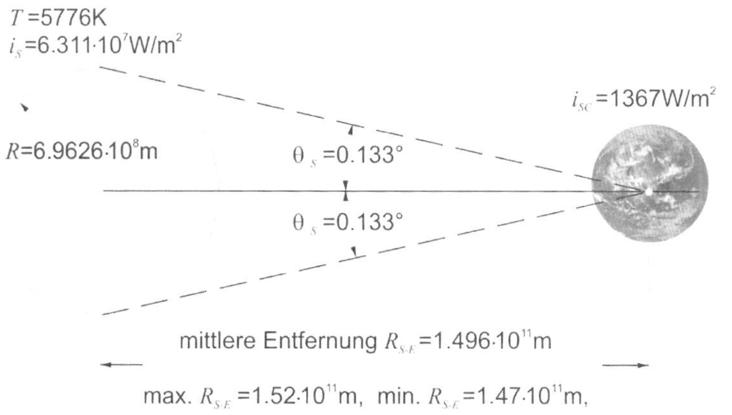

Abb. 2.3 Ableitung der Intensität i_S der solaren Strahlung als Funktion des Abstandes Sonne-Erde $R_{S\text{-}E}$

Durch die Absorption in den äußeren Schichten der Sonne (s. Abb. 2.2) ist leicht einzusehen, dass die Leuchtkraft von der Mitte der Sonnenscheibe nach außen um etwa das Zweieinhalbfache abnimmt. Wegen der Unempfindlichkeit des Auges gegenüber Helligkeitsunterschieden lässt sich dies nicht unmittelbar feststellen. Für die meisten terrestrischen Anwendungsfälle gilt, dass die Annahme einer gleichmäßigen Strahlungsdichte über der gesamten Sonnenscheibe genügt.

2.3.2 Solarkonstante, Globalstrahlung, direkte und diffuse Einstrahlung

Die Solarkonstante i_{SC} beschreibt eine spezifische über alle Wellenlängen integrierte langjährig gemittelte extraterrestrische Sonnenbestrahlungsstärke, die bei mittlerem Abstand zwischen Erde und Sonne ohne den Einfluss der Atmosphäre senkrecht auf die Erde je Quadratmeter auftrifft. Der Mittelwert der Solarkonstante wurde 1982 von der Weltorganisation für Meteorologie in Genf festgelegt (s. Wagemann/Eschrich, Grundlagen der photovoltaischen Energiewandlung, Stuttgart, 1994); er beträgt:

$$i_{SC} = 1367\ W/m^2 \pm 1\%. \tag{2.7}$$

Die Größenordnung der Solarkonstante lässt sich mit Hilfe des Stefan-Boltzmann-Gesetzes abschätzen. Duffie und Beckman (1991) haben ebenso wie das World Radiation Center (WRC) als Solarkonstante i_{SC} = 1367 W/m² anhand von Messwerten verschiedener Autoren vorgeschlagen. Dies liegt um etwa 1 % über dem früher verwendeten Wert von i_{SC} = 1353 W/m². Fröhlich (1993) hatte diese Angaben überprüft und veröffentlichte nach mehrjährigen extraterrestrischen Messungen 1993 einen Wert von 1373 W/m² mit einer Unsicherheit von 1 bis 2 %. Näheres über die Periodizität und den Zusammenhang der Schwankungen mit der Aktivität der Sonnenflecken finden sich bei Pecker (1994) und

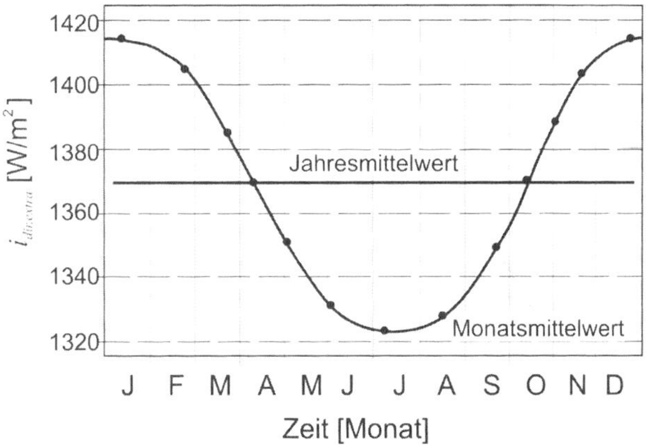

Abb. 2.4 Extraterrestrische Intensität der solaren Strahlung $i_{dir,\ extra}$ auf eine Fläche mit 1m^2 senkrecht zur Einstrahlungsrichtung bzw. zur Richtung Sonne/Erde als Funktion der Jahreszeit

Fröhlich et al. (1992). Aus diesen Berichten geht hervor, dass in Zeitabschnitten von etwa 1 Jahr die solare Intensität um weniger als ± 0.1 % variiert. Im UV-Bereich mit Wellenlängen kleiner 170 nm kann die Strahlung dabei um einen Faktor 2 variieren. Im Röntgenbereich bei 0.2 bis 3 nm ändert sich die Strahlungsleistung um bis zu 2 Größenordnungen.

Größere Bedeutung besitzen die Schwankungen der extraterrestrischen Strahlung in Folge der elliptischen Umlaufbahn der Erde um die Sonne. Infolge der Bahnexzentrizität schwankt der Abstand zwischen Sonne und Erde jahresperiodisch zwischen $1.471 \cdot 10^{11}$ m und $1.521 \cdot 10^{11}$ m. Der sich dadurch periodisch ändernde Abstand lässt die Einstrahlung auf eine Einheitsfläche eines Quadratmeters senkrecht zur Einstrahlungsrichtung um ± 3.3 % schwanken; es ergibt sich damit eine tagesabhängige extraterrestrische Solarkonstante $i_{dir,\ extra}$. Sie lässt sich für den n-ten Tag im Jahr nach Gl. (2.8) berechnen

$$i_{dir,extra} = i_{sc} \cdot \left(1 + 0.033 \cos\left(\frac{360}{365} \cdot n\right)\right), \tag{2.8}$$

in der $i_{dir,extra}$ die extraterrestrische Intensität der solaren Strahlung in Watt auf eine Fläche mit 1 m^2 senkrecht zur Einstrahlungsrichtung bzw. zur Richtung Sonne/Erde ist. Die Abb. 2.4 zeigt den Jahresgang der extraterrestrischen solaren Strahlungsintensität bezogen auf einen Quadratmeter als Funktion der Jahreszeit.

Aus der Solarkonstanten lässt sich die Strahlungsleistung Φ der Sonne berechnen, indem man sie mit der Oberfläche A jener Hüllkugel um die Sonne multipliziert, die den Radius des mittleren Abstands von Erde zur Sonne mit $R_{S\text{-}E} = 1.496 \cdot 10^{11}$ m hat. Mit Hilfe der Gl. (2.9) erhält man die solare Strahlungsleistung Φ zu:

$$\Phi = i_{SC} \cdot A = i_{SC} \cdot 4\pi \cdot R_{S-E}^2 = 3.845 \cdot 10^{26}\ W. \tag{2.9}$$

Die Leistung pro Quadratmeter bezieht sich immer auf eine Fläche, die senkrecht zur Strahlung steht. Wenn die Sonne nicht senkrecht über der bestrahlten Oberfläche steht, beträgt die Strahlungsleistung bezüglich der bestrahlten Fläche ($\Phi \cdot \cos\theta$), wobei θ der Winkel zwischen der Flächennormalen und der Richtung zur Sonne ist.

Auf dem Weg durch die Atmosphäre wird die Strahlung teilweise absorbiert und gestreut. Die Streuprozesse reduzieren die direkt aus der Richtung der Sonne auf den Boden treffende Strahlung. Die gestreute Strahlung erreicht zum Teil als diffuse Strahlung den Boden. Beide Anteile addieren sich zur globalen Einstrahlung i_{glob}:

$$i_{glob} = i_{dir} + i_{diff}. \tag{2.10}$$

Hierbei bezeichnet i_{glob} die globale Einstrahlung pro Quadratmeter (m^2), i_{dir} die direkte Einstrahlung pro m^2 aus der Richtung der Sonne und i_{diff} die flächenspezifische diffuse Einstrahlung.

Absorption und Streuung hängen stark von der atmosphärischen Situation und damit der Wetterlage ab. Die daraus resultierenden Schwankungen der terrestrischen Strahlungsdichte übertreffen die Schwankungen der extraterrestrischen Einstrahlung bei weitem. Für ingenieurmäßige Auslegungsrechnungen genügt es daher vollkommen, die extraterrestrische Einstrahlung als zeitunabhängigen Wert anzusetzen.

Aufgrund des atmosphärischen Einflusses ist die tatsächlich auf die Erdoberfläche eintretende Strahlungsleistung geringer als die Solarkonstante. In Mitteleuropa werden maximale Werte um 1000 W/m^2 erreicht. Die Jahressumme der Globalstrahlung liegt in Deutschland zwischen 900 kWh/m^2 im Norden und etwa 1200 kWh/m^2 im Südwesten. Im äquatorialen Sonnengürtel werden dagegen Werte bis 2500 kWh/m^2 erreicht (vergleiche hierzu Abbildungen Abb. 2.46 und 2.48).

2.3.3 Spektrum der extraterrestrischen Strahlung

Bei einem mittleren Abstand der Erde von der Sonne mit $R_{S\rightarrow E} = 1.496 \cdot 10^{11}$ m und der Solarkonstanten nach Gl. (2.7) mit $i_{SC} = 1.367$ kW/m^2 lässt sich die Gesamtstrahlungsleistung mit der Gl. (2.9) ermitteln. Damit ergibt sich eine mittlere Strahlungsdichte der Sonne von $i_{Sonne} = \Phi/(4 \cdot \pi \cdot R^2) = 6.311 \cdot 10^7$ W/m^2, wobei R der Sonnenradius mit $R = 6.9626 \cdot 10^9$ m ist.

Unter Nutzung des Stefan-Boltzmann-Gesetzes, das in der Gl. (2.11) formuliert ist, kann man angeben, welche Strahlungsleistung Φ ein „schwarzer Körper" der Fläche A und der absoluten Temperatur T emittiert. Bei Kenntnis der Strahlungsleistung Φ der Sonne aus Gl. (2.9) kann man daher unter Annahme, dass die Sonne ein „schwarzer Strahler" ist, deren Oberflächentemperatur angeben.

$$\Phi = \sigma \cdot A \cdot T^4, \tag{2.11}$$

wobei σ die Stefan Boltzmann-Konstante ist mit $\sigma = 5.6704 \cdot 10^{-8}$ W/(m^2K^4). Es ergibt sich für die Sonnenoberflächentemperatur ein Wert von $T_{Sonne} = 5776$ K.

Das zuvor dargestellte, vereinfachte Bild des Sonnenaufbaus genügt bereits, um zu erklären, dass sich die von der Sonne in den Weltraum emittierte Strahlung aus mehreren Komponenten zusammensetzt. Dies bedeutet die Solarstrahlung verfügt über ein Spektrum, das nur annähernd dem eines „schwarzen Strahlers" mit einer Temperatur von

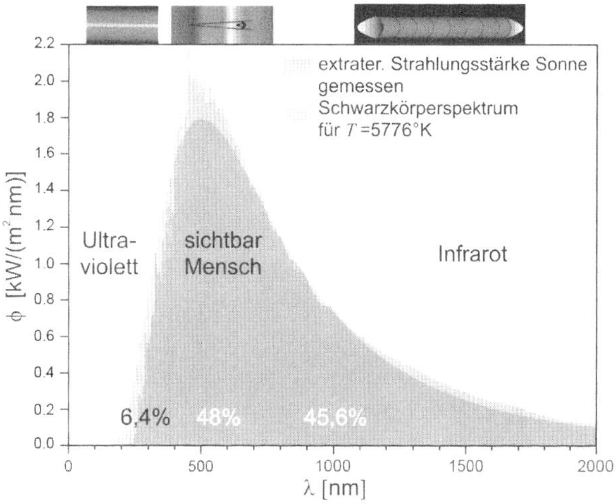

Abb. 2.5 Spektrum der Solarstrahlung ϕ als Funktion der Wellenlänge λ extraterrestrisch aus Messungen und zum Vergleich das Spektrum eines schwarzen Strahlers mit 5776 K, beide über der Wellenlänge aufgetragen. Die Intensität des schwarzen Strahlers wurde um den Faktor $(r_{Sonne}/r_{S\to E})^2 = 2.165 \cdot 10^{-5}$ reduziert. Der sichtbare Bereich liegt zwischen den Wellenlängen $\lambda = 0.38\ \mu m$ und $\lambda = 0.78\ \mu m$

$T = 5776$ K entsprechen kann. Das reale extraterrestrisch auf die Erde treffende Spektrum der solaren Einstrahlung zeigt die Abb. 2.5. Es überdeckt folgende Wellenlängenbereiche:

- ultraviolett mit $\lambda < 380$ nm mit einem Energieanteil von 6.4 %
- sichtbar mit $380 < \lambda < 780$ nm mit einem Energieanteil von 48 %
- infrarot mit $\lambda > 780$ nm mit einem Energieanteil von 45.6 %.

Der sichtbare Teil erklärt sich mit der spektralen Empfindlichkeit des menschlichen Auges. Die Integration der spezifischen spektralen Einstrahlungsdichte über die einzelnen Wellenlängen liefert den Energieinhalt der einzelnen Anteile. *Im Ergebnis ist damit für eine solarthermische Nutzung der infrarote Anteil der Solarstrahlung von gleicher energetischer Bedeutung wie der Bereich des sichtbaren Lichts.*

Das solare Strahlungsangebot besitzt nach Gl. (2.4) ein hohes Exergieangebot. Es muss also ein Bestreben sein, die Solarenergie bei möglichst hoher Temperatur einzusetzen. Dem steht entgegen, dass die Leistungsdichte extraterrestrisch mit ca. 1.37 kW/m² nicht sonderlich hoch ist. Vielmehr entspricht sie einem schwarzen Strahler (Stefan-Boltzmann-Gesetz) mit bereits $T \approx 121$ °C (394.2 K) und einem Emissionskoeffizienten von $\varepsilon = 1$.

Das Stefan-Boltzmann-Gesetz macht eine Aussage über die von einem schwarzen Körper auf allen Frequenzen insgesamt abgegebene Strahlungsleistung. Die Aufteilung auf einzelne Frequenzen (bzw. Wellenlängen) wird vom Planck'schen Strahlungsgesetz beschrieben. Ein realer Körper kann bei keiner Wellenlänge mehr thermische Strahlung emittieren als ein „schwarzer" Körper, der daher eine ideale thermische Strahlungsquelle darstellt. Da das Spektrum des schwarzen Körpers außerdem von keinen anderen Parametern als der Temperatur abhängt, insbesondere von keinen Materialeigenschaften, stellt er eine für zahlreiche Zwecke nützliche Referenzquelle dar.

2.3.3.1 Planck'sches Gesetz und Wiensches Verschiebungsgesetz

Planck nahm bei seiner zunächst empirisch gefundenen Formel an, dass Licht nicht kontinuierlich, sondern nur diskret in *Quanten* (heute spricht man von Photonen) aufgenommen und abgegeben wird. Danach kann die elektromagnetische Strahlung der Frequenz ν nur in Energiepaketen der Größe $E=h\cdot\nu$ emittiert und absorbiert werden. Das Wirkungsquantum h ist eine Proportionalitätskonstante, deren Größe sich aus der Anpassung an die experimentell ermittelten Werte der Hohlraumstrahlung ergibt und den Wert $h=6.6261\cdot10^{-34}$ Js (oder $h=4.1357\cdot10^{-15}$ eVs) annimmt.

Die spektrale spezifische Strahlungsstärke $\phi(\lambda,T)$ ist wellenlängen (λ)- und temperaturabhängig (T). $\phi(\lambda,T)$ ist die Strahlungsleistung, die vom Flächenelement dA im Frequenzbereich zwischen ν und $\nu+d\nu$ in den gesamten Halbraum abgestrahlt wird. Sie berechnet sich nach Gl. (2.12) zu:

$$\phi(\lambda,T)=\frac{2\pi hc^2}{\lambda^5}\cdot\frac{1}{e^{\left(\frac{hc}{\lambda k_B T}\right)}-1}, \tag{2.12}$$

worin c die Lichtgeschwindigkeit mit $c=2.998\cdot10^8$ m/s und k_B die Boltzmann-Konstante mit $k_B=1.36\cdot10^{-23}$ J/K ist. Die Beziehung zwischen Wellenlänge (λ) und Frequenz (ν) ergibt sich aus $c=\lambda\cdot\nu$ und die Einheit der spektralen spezifische Strahlungsstärke $\phi(\lambda,T)$ beträgt im SI-System $Wm^{-2}\,\mu m^{-1}$.

Nach dem Planck'schen Gesetz besteht die von einem schwarzen Körper abgegebene Wärmestrahlung aus einem Gemisch elektromagnetischer Wellen aus einem breiten Wellenlängenbereich λ. Das Maximum der Verteilung hängt von der Temperatur ab und wird mit dem Wienschen Verschiebungsgesetz (Gl. 2.13) berechnet.

$$\lambda_{max}=\frac{2897.8\ \mu\text{mK}}{T} \tag{2.13}$$

wobei die Konstante 2897.8 µmK als Lummersche Konstante bezeichnet wird. Eine praktische Anwendung des Wienschen Gesetzes ist der Rückschluss auf die Temperatur mit Hilfe der Farbe; beispielsweise geben Glutfarben Aufschluss über die Temperatur heißer Materialien. Dies gilt streng genommen aber nur bei Temperaturen über ca. 500 °C.

Die Abb. 2.6 zeigt Plancksche Strahlungsspektren für verschiedene Temperaturen als Funktion der Wellenlänge zwischen 300 und 1000 K in linearer Darstellung. Es ergibt sich eine Glockenform mit einem deutlich ausgeprägten Maximum, einem steilen Abfall zu kurzen Wellenlängen und einem länger auslaufenden Abfall zu großen Wellenlängen hin. Die Lage des Strahlungsmaximums verschiebt sich, wie es das Wiensche Verschiebungsgesetz (Gl. 2.13) verlangt, mit zunehmender Temperatur zu kürzeren Wellenlängen. Gleichzeitig nimmt nach dem Stefan-Boltzmann-Gesetz (Gl. 2.11) die gesamte spezifische Abstrahlung mit der vierten Potenz der absoluten Temperatur zu.

Dieses überproportionale Anwachsen der Strahlungsintensität mit steigender Temperatur macht es schwierig, Kurven über einen größeren Temperaturbereich in einem Diagramm darzustellen. In Abb. 2.7 ist daher eine doppellogarithmische Teilung gewählt. Bei

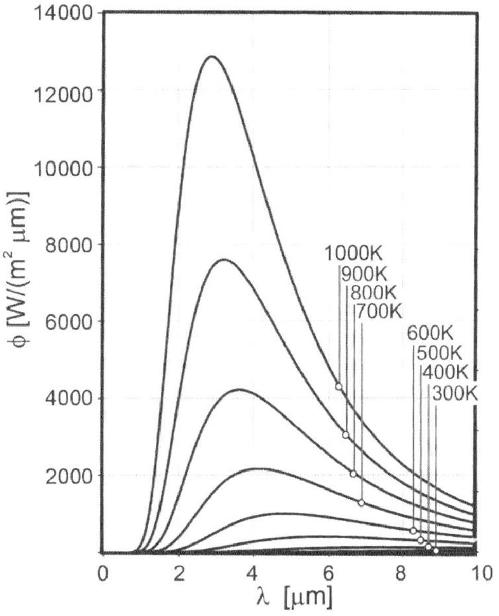

Abb. 2.6 Plancksches Strahlungsspektrum eines „schwarzen" Strahlers bei verschiedenen Temperaturen als Funktion der Wellenlänge λ [μm]

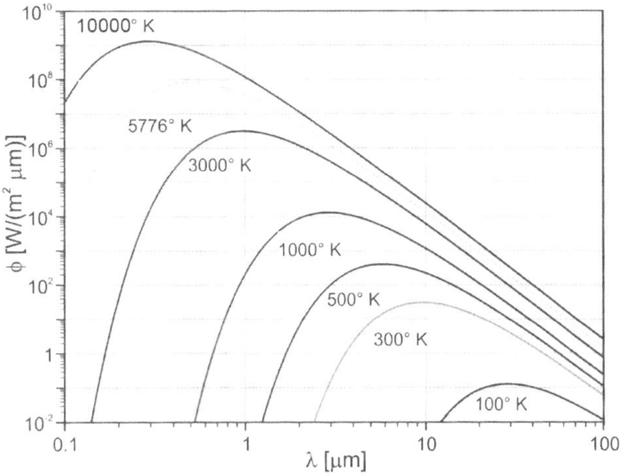

Abb. 2.7 Plancksche Strahlungsspektren als Funktion der Wellenlänge λ für verschiedene Temperaturen in doppeltlogarithmischer Auftragung

300 K (≈ Umgebungstemperatur) liegt das Maximum dieser Kurve bei $\lambda = 10$ μm. Dies bedeutet der Strahlungsaustausch von Objekten auf Raumtemperatur findet im langwelligen Infrarot statt. Typische Infrarotthermometer und Thermografiekameras arbeiten in diesem Bereich. Die Kurve für 3000 K entspricht dem typischen Strahlungsspektrum einer Glühlampe. Nun wird bereits ein Teil der emittierten Strahlung nach Abb. 2.7 im sichtbaren Spektralbereich abgegeben. Bei der Effektivtemperatur der Sonne von $T = 5776°$ K liegt das Strahlungsmaximum mitten im sichtbaren Spektralbereich.

Ein wichtiger Aspekt des Strahlungsspektrums sollte im Hinblick auf die Entwicklung Solarstrahlung einsammelnder Absorber nicht vergessen werden. Mit steigender Temperatur des Absorbermaterials steigt inhärent dessen Wärmeabstrahlung in den Außenraum zurück. Ein Teil der zuvor absorbierten Leistung wird damit schon in einem Wellenlängenbereich emittiert, der dem der Quelle entspricht. Daher müssen bei hohen Absorbertemperaturen konstruktive Maßnahmen ergriffen werden, um diese unerwünschte Wärmeabstrahlung im infraroten Spektrum zu reduzieren.

2.3.4 Schwächungsmechanismen in der Atmosphäre

Die direkte Einstrahlung wird auf dem Weg durch die Atmosphäre geschwächt durch

- Absorption und
- Streuung.

Als Streumechanismen treten prinzipiell zwei verschiedene Typen auf, die Rayleigh-Streuung und die Mie-Streuung.

Die Abb. 2.8 zeigt nochmals das extraterrestrische Spektrum als Funktion der Wellenlänge λ in [nm]. Zum Vergleich ist jetzt aber auch das Spektrum nach dem Durchgang durch die Atmosphäre als Linie eingezeichnet. Deutlich zu erkennen ist, dass ein großer Teil der extraterrestrischen Strahlung die Atmosphäre im nahen infraroten (IR) Bereich nicht durchdringt. Die Strahlungsbilanz wird also maßgeblich durch Absorptions- und Streuprozesse beeinflusst. Hier muss zwischen einzelnen Prozessen unterschieden werden, die im Anschluss detaillierter erklärt werden:

Absorptionen Die Abb. 2.8 zeigt die direkte normale Einstrahlung als Funktion der Wellenlänge unter Einbeziehung der Atmosphäre. Durch die in der Atmosphäre vorhandenen Gase CO_2, O_2 und Ozon (O_3) sowie Wasserdampf erfolgt eine Absorption. Die Absorption von Ozon im ultravioletten Bereich fällt energetisch nicht ins Gewicht, ist jedoch für das Leben auf der Erde von großer Bedeutung. Deutlich treten Verluste im infraroten Bereich durch Absorptionen an Wasserdampf bei Wellenlängen von 930, 1120, 1400 und 1850 nm auf. In klimatischen Zonen mit hohem Wasserdampfgehalt in der Atmosphäre muss dies berücksichtigt werden. Im Weiteren gibt es auch Absorptionen durch Sauerstoff und Ozon im Infrarotbereich. Während der Anteil des extraterrestrischen Spektrums für Wellenlängen $\lambda > 2.5$ µm bei 5 % liegt, sinkt er durch die Absorption an Wasserdampf und CO_2 auf sehr kleine Werte. Die Abschwächung der Strahlung durch Absorption wird durch einen Transmissionsfaktor D_{AB}^{AM} beschrieben (AM-Air Mass-Faktor = Luftmassenkörper).

Streuung Die Rayleigh-Streuung findet an Molekülen der Atmosphäre statt. Sie bewirkt die Blaufärbung des Himmels und erfolgt an Teilchen, die sehr viel kleiner als die Lichtwellenlänge sind. Die Streuintensität ist wellenlängenabhängig und skaliert mit:

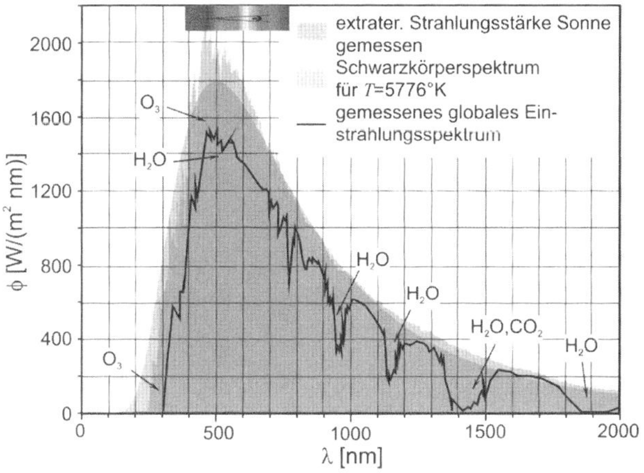

Abb. 2.8 Beispiel für Spektrumsänderung durch Rayleigh-Streuung und Gasabsorption beim Durchgang durch die Atmosphäre gegenüber der extraterrestrischen Strahlung. Insbesondere sei auf die Absorption von Wasserdampf im infraroten Bereich ($\lambda > 780$ nm) hingewiesen. Den Einfluss der Wellenlängenabhängigkeit zeigt sich in der von Iqbal (1983) übernommene Darstellung. Der relative Luftmassenfaktor (*AM*) beträgt $AM = 1$, d. h senkrechter Durchgang. Der Wasserdampf in der Atmosphäre wurde mit einer kondensierbaren Menge von 2 cm angenommen

$$\approx \frac{1}{\lambda^4}. \tag{2.14}$$

Dies bedeutet, je kleiner die Wellenlänge ist desto größer ist die Streuung des Lichts. Die direkte Strahlung erleidet eine geringe Rotverschiebung, die bei langen Wegen durch die Atmosphäre auch mit dem Auge erkennbar ist. Dementsprechend besitzt das Spektrum der diffusen Strahlung an klaren Tagen eine Verschiebung zu kleineren Wellenlängen verglichen mit der direkten Strahlung. Der hier gültige Transmissionsfaktor ist D_{RS}^{AM}.

Die Mie-Streuung in der Atmosphäre erfolgt an Aerosolen. Die Größe der Streukörper oder Teilchen ist größer oder entspricht in etwa der Wellenlänge λ des Lichts. Die Streuintensität der Mie-Streuung skaliert annähernd mit $1/\lambda$. Meist wird sie aber vereinfachend als unabhängig von der Wellenlänge λ angenommen. Diffuses Licht nach der Mie-Streuung ist daher weiß. Der Transmissionsfaktor der Atmosphäre gegenüber der Mie-Streuung ist D_{AE}^{AM}.

Beide Aspekte werden im Detail in den nachfolgenden Abschnitten näher beleuchtet.

2.3.4.1 Absorption in der Atmosphäre

Bei der Absorption handelt es sich um eine Dissipation einer Welle in einem Körper, die einen Intensitätsverlust bedeutet. Die Absorption von Wellen pro Wegeinheit in einem absorbierenden, homogenen Material ist eine Wahrscheinlichkeitsfunktion und damit in jeder Eindringtiefe gleich.

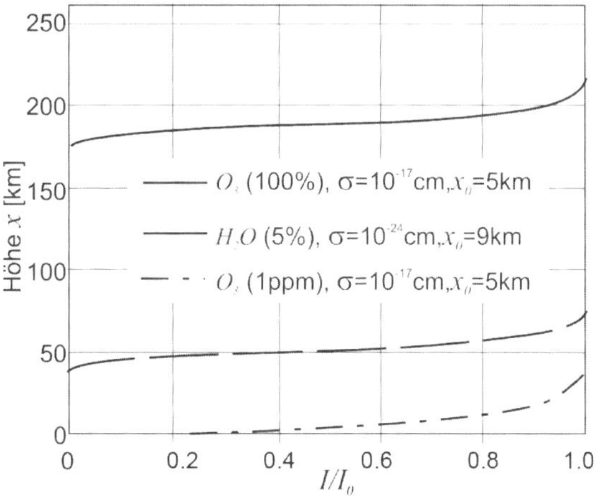

Abb. 2.9 Relative Intensitätsänderung I/I_0 als Funktion der Höhe x für verschiedenen Gaskonzentrationen und Spezies. (Hippler 2005)

Das Absorptionsgesetz für Photonenstrahlung hat die gleiche exponentielle Form wie das nukleare Zerfallsgesetz. Die Intensität der in einer dünnen Schicht der Dicke *dx* bei der Eindringtiefe *x* absorbierten Intensität ist proportional der dort noch vorhandenen Intensität *I(x)* der Strahlung. Es ist daher:

$$\frac{dI}{dx} = -\mu I(x) \rightarrow I(x) = I_0 \cdot e^{-\mu \cdot x}. \tag{2.15}$$

Hierbei ist μ der vom Material abhängige Absorptionskoeffizient.

Der Absorptionskoeffizient hängt von der Dichte des Materials (und damit der Anzahl der Teilchen *N*) und dem Absorptionsquerschnitt (σ) ab. Bei konstanter Dichte des Materials fasst man dies im Lambert-Beer Gesetz, das die Gl. (2.16) beschreibt, zusammen.

$$I(x) = I_0 \cdot e^{-N \cdot \sigma \cdot x} = I_0 \cdot e^{-\tau(x)}, \tag{2.16}$$

in der das Produkt $N\sigma x$ als optische Dicke $\tau(x)$ bezeichnet wird.

Mit zunehmender Höhe nimmt die Dichte der Atmosphäre und damit die sich in einem Kontrollvolumen befindliche Anzahl der Teilchen ab. Diese Teilchendichteabnahme erfolgt entsprechend der barometrischen Höhenformel ebenfalls negativ exponentiell, wie die nachfolgende Gleichung zeigt.

$$N(z) = N_0 \cdot e^{-x/x_0}, \tag{2.17}$$

worin *N* die Anzahl der Atmosphärenmoleküle als Funktion der Höhe *x* bezogen auf eine Referenzhöhe x_0 ist. Ein Einsetzen der Gl. (2.17) in die Gl. (2.16) liefert eine Beziehung für die höhenabhängige Intensität $I(z)$, die als Chapmann-Funktion bekannt ist:

$$I(z) = I_0 \cdot e^{-\tau(x)} = I_0 \cdot e^{-N_0 \cdot \sigma \cdot x_0 \cdot e^{-x/x_0}}. \tag{2.18}$$

Setzt man einige ausgewählte Stoffe wie Ozon oder Wasserdampf ein, so erkennt man aus Abb. 2.9, dass schon kleine Ozonkonzentrationen zu einer starken Minderung der Intensi-

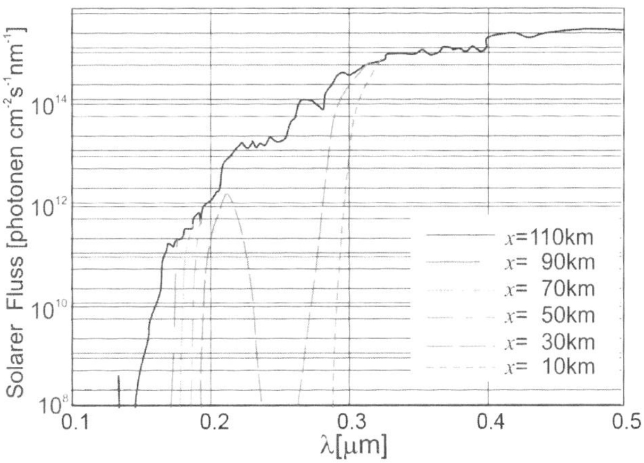

Abb. 2.10 Änderung der Solaren Flussdichte als Funktion der Lichtwellenlänge λ in verschiedenen Höhen. (Hippler 2005)

tät führen. Einen kleineren Einfluss hat die Höhe. Nicht nur Ozon sondern auch Wasserdampf kann schon in kleinen Mengen abhängig von der Höhe zu großen Intensitätsverlusten führen.

Aus Abb. 2.10 wird ersichtlich, dass die Absorption mit zunehmender Dichte der Atmosphäre deutlich ansteigt. Man beachte, dass es eine dramatische Dämpfung für Wellenlängen von kleiner als 300 nm gibt, die im Wesentlichen auf der Ozonabsorption beruht.

Die Lichtabsorption an Oberflächen oder beim Durchqueren von Materie ist material- und frequenzabhängig. In Abhängigkeit von der möglichen Bandstruktur der Moleküle können verschiedene Frequenzbereiche des Lichts unterschiedlich absorbiert werden. Dies bedeutet, je nach Farbe ist die Absorption unterschiedlich stark. Benachbarte Frequenzanteile werden abhängig vom Material und dem Lichteinfallswinkel entweder reflektiert oder transmittiert. Wird beispielsweise eine gelb erscheinende Oberfläche mit weißem Licht bestrahlt, wird das grüne und rote Licht reflektiert/transmittiert und blaues Licht absorbiert. Bei der Absorption von Licht wird die aufgenommene Energie nicht nur in Wärme umgewandelt, sondern kann auch durch andere Mechanismen wie Fluoreszenz oder durch Streuung an Aerosolen verlorengehen.

2.3.4.2 Streuung in der Atmosphäre

Streuung äußert sich in einer Umverteilung eines Teils der Strahlung auf andere Raumrichtungen, das heißt, die Strahlung wird abgelenkt und es findet keine Energieumwandlung wie bei der Absorption statt. Aus der einfallenden Strahlung wird durch die Teilchen (oftmals einfach Streuer genannt) Strahlung herausgestreut und damit auf andere Richtungen verteilt. Als Folge nimmt die Energie der Primärstrahlung in Strahlrichtung ab und es ergibt sich ein Gewinn an Strahldichte aus anderen Richtungen des Raumes.

Streuer in der Atmosphäre sind Luftmoleküle, Aerosolteilchen, Wolken- und Regentröpfchen. Diese Streuer beeinflussen alle Arten der Strahlung; die Sonnenstrahlung, die Wärmestrahlung, Mikrowellen und Radar. Die Streuung kann ebenfalls über das Lambert-Beer Gesetz (Gl. 2.16) formuliert werden aber das Ergebnis jeder Streutheorie ist neben

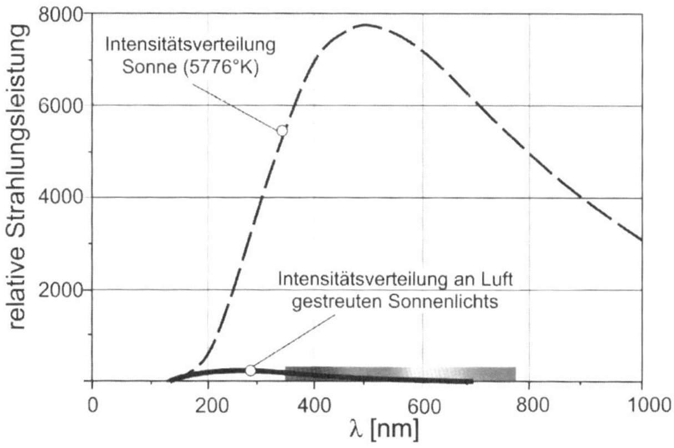

Abb. 2.11 Spektrale Leistungsverteilung der Sonneneinstrahlung durch Rayleigh-Streuung

dem Streukoeffizienten (analog zum Absorptionskoeffizienten), der die Schwächung in Strahlrichtung durch die Streuung beschreibt, auch eine Streufunktion (Streuindikatrix, Phasenfunktion). Die letztere beschreibt die Verteilung der gestreuten Strahlung auf die einzelnen Richtungen des Raumes.

Rayleigh-Streuung Die Rayleigh-Streuung beschreibt die Streuung des Lichts in einer Sphäre, die nur streuende Teilchen mit einem Durchmesser d enthält, deren Größe sehr viel kleiner als die Wellenlänge λ ist. Die typische Größenbedingung der Teilchen für elastische Rayleigh-Streuung lautet; $d \ll 100 \cdot \lambda$, mit λ der Wellenlänge. Die Intensität unpolarisierten Lichts I der Wellenlänge λ, das an einem kleinen Streuteilchen mit dem Durchmesser d bei der Rayleigh-Streuung gestreut wird, errechnet sich zu:

$$I = I_0 \cdot \frac{1+\cos^2\theta}{2R^2} \cdot \left(\frac{2\pi}{\lambda}\right)^4 \cdot \left(\frac{n^2-1}{n^2+1}\right)^2 \cdot \left(\frac{d}{2}\right)^6 \propto \frac{1}{\lambda^4}, \tag{2.19}$$

worin I_0 die Intensität der einfallenden Welle, θ der Streuwinkel, R der Abstand zum Teilchen und n die Brechzahl des Teilchens wiedergeben. Der Intensitätsverlust durch Rayleigh-Streuung skaliert damit umgekehrt proportional zur vierten Potenz der Lichtwellenlänge.

Die Rayleigh-Streuung erklärt, warum der Himmel blau erscheint. Die Frequenz von blauem Licht ω_{blau} ist rund doppelt so groß wie die des rote Lichts ω_{rot}. Damit ergibt sich für das Verhältnis der Wirkungsquerschnitte $\sigma_{blau}/\sigma_{rot}$:

$$\frac{\sigma_{blau}}{\sigma_{rot}} = \left(\frac{\omega_{blau}}{\omega_{rot}}\right)^4 = \left(\frac{\lambda_{blau}}{\lambda_{rot}}\right)^4 \approx 2^4 = 16. \tag{2.20}$$

Blaues Licht wird also rund 16-mal stärker in der Atmosphäre gestreut als rotes Licht. Das Maximum der von der Sonne abgestrahlten Leistung liegt nach dem Planckschen Strahlungsgesetz bei grün (ca. 550 nm), wie die Abb. 2.11 illustriert. Durch die Rayleigh-Streuung verschiebt sich die Leistungsverteilung des Streulichtes, entsprechend der Gl. (2.19) mit λ^{-4}. Dadurch wandert das Maximum in den UV-Bereich, wie die Kurve der Intensitätsverteilung des an der Luft gestreuten Sonnenlichts zeigt in Abb. 2.11 zeigt.

Am Tag, wenn die Sonne hoch am Himmel steht, legt das Licht nur eine kurze Strecke durch die Atmosphäre zurück. Dabei wird nur wenig blaues Licht in andere Richtungen gestreut. Deshalb erscheint die Sonne gelb. Von hochfliegenden Flugzeugen aus erscheint die Sonne „weißer", weil weniger blaue Lichtanteile fehlen. Die Summe allen Streulichtes lässt den Himmel aus allen anderen Richtungen blau erscheinen. Auf dem Mond, wo eine dichte Atmosphäre fehlt, erscheint der Himmel dagegen auch tagsüber schwarz. Bei niedrigem Sonnenstand ist die Strecke des Sonnenlichts durch die Erdatmosphäre viel länger. Dadurch wird ein Großteil der hochfrequenten Lichtanteile (blau) seitlich weggestreut, es bleibt überwiegend Licht mit langen Wellenlängen übrig und der Farbeindruck der Sonne verschiebt sich in Richtung rot. Dieser Effekt wird durch zusätzliche Partikel in der Luft (z. B. Staub, Sand) weiter verstärkt.

Um zu berechnen, wie viel Licht die Erdatmosphäre aufgrund der Rayleigh-Streuung passieren lässt, muss man bei der Intensitätsformel (Gl. 2.19) zunächst über den Streuwinkel und den Abstand vom streuenden Teilchen integrieren. Anschließend erfolgt eine Betrachtung der Gesamtzahl der Streuer pro Fläche. Paetzold (1952) gibt für die Lichtschwächung, die sogenannte Extinktion, für den Extinktionskoeffizienten k_{ex} folgendes Ergebnis an:

$$k_{ex} = \frac{160}{3} \cdot \pi^3 \cdot \frac{(n_0 - 1)^2}{\ln 100} \cdot \frac{H}{N_0} \cdot \frac{1}{\lambda^4}. \tag{2.21}$$

In Gl. (2.21) beschreibt n_0 den Brechungsindex der Luft unter Normalbedingungen, H die effektive Dicke der Atmosphäre und N_0 die Teilchendichte der Luft unter Normalbedingungen. Da die Teilchendichte der Atmosphäre näherungsweise exponentiell mit der Höhe abfällt (s. barometrische Höhenformel, Gl. 2.17), kann die wahre Lufthülle durch eine homogene Schicht ersetzt werden, deren Dicke gleich der Skalenhöhe und deren Teilchendichte gleich der Teilchendichte am Boden ist. Aus dem Extinktionskoeffizienten folgt wiederum die Transmission T. Die Transmission beschreibt das Verhältnis der von der streuenden Schicht durchgelassenen Intensität zur einfallenden Intensität. In der Praxis wird auch folgende Form benutzt:

$$T = e^{-\tau} \rightarrow k_{ex} = 1.086 \cdot \tau. \tag{2.22}$$

Der Extinktionskoeffizient τ wird oft auch als optische Tiefe bezeichnet und es gilt die in Gl. (2.22) angegebene einfache Umrechnung. Der Extinktionskoeffizient beschreibt die Lichtschwächung bei senkrechtem Einfall. Bei schrägem Einfall unter einem Winkel θ gegen die Senkrechte ergibt sich näherungsweise folgende effektive Schichtdicke $H(\theta)$:

$$H(\theta) = \frac{H(\theta = 0)}{\cos(\theta)}, \tag{2.23}$$

sofern eine planparallele Schichtung angenommen wird. Der Extinktionskoeffizient muss dann entsprechend korrigiert werden. Stöcker (1994) gibt für n_0 den Wert $n_0 = 1.000292$ an. Ein Einsetzen liefert:

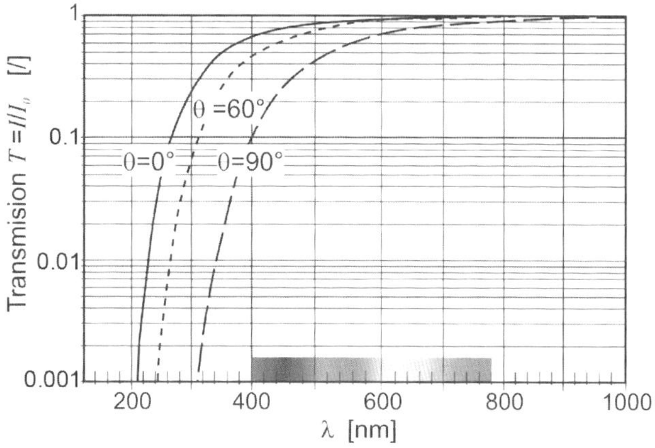

Abb. 2.12 Transmission T der Rayleigh-Streuung in Abhängigkeit vom Einfallswinkel θ gegenüber dem senkrechten Einfall ($\theta = 0°$) nach. (Stöcker 1994)

$$\tau = \frac{8.345 \cdot 10^9}{\cos(\theta) \cdot \lambda^4}, \tag{2.24}$$

wobei λ die Wellenlänge darstellt, bei der λ in Nanometern zu verwenden ist. Die Abb. 2.12 zeigt die Transmission in Abhängigkeit vom Einfallswinkel θ gegenüber der Senkrechten. Der Grafik ist deutlich zu entnehmen, das beispielsweise bereits bei einer Wellenlänge von 400 nm die Transmission bei einer Winkeländerung von $\theta = 0°$ auf $\theta = 60°$ signifikant abnimmt. Bei einer flachen Sonneneinstrahlung also großen Einfallswinkeln θ ($\theta \gg 0°$) sinkt die Intensität schnell. Für Solarkollektoren bedeutet dies, dass selbst bei einer dreidimensionalen Nachführung eines Absorbers die erzielbaren solaren Gewinne in den Abend- und Morgenstunden schnell abnehmen.

Die Streufunktion γ der Rayleigh-Streuung für unpolarisierte einfallende Strahlung liefert folgenden Zusammenhang:

$$\gamma = C \cdot (1 + \cos^2 \varphi), \tag{2.25}$$

wobei φ der Winkel zwischen der Flächennormalen und dem Einfallsstrahl ist. Für den Streukoeffizienten $\beta_{\lambda R}$ ergibt sich aus der Rayleigh Theorie folgender funktionale Zusammenhang:

$$\beta_{\lambda R} = \frac{8\pi^2 \left(n^2 - 1\right)^2}{3 N_A^4 \lambda^4} \sim \frac{1}{\lambda^4} \quad \left[\frac{1}{m}\right], \tag{2.26}$$

wobei n der Brechungsindex ist und N_A die Avogadro-Zahl ($N_A = 6.022 \cdot 10^{23}$/mol). Das Integral des Brechungsindexes über der Höhe x der Atmosphäre liefert die optische Dicke $\tau_{\lambda R}$ einer Rayleigh Atmosphäre.

$$\tau_{\lambda R} = \int_{z=0}^{z \to \infty} \beta_{\lambda R} dz \quad [/]. \tag{2.27}$$

Tab. 2.3 Abhängigkeit des Streukoeffizienten von der Wellenlänge nach Gl. (2.26)

Wellenlänge λ (nm)	Streukoeffizient $\beta_{\lambda R}$ (1/m)
300	$147.9 \cdot 10^{-6}$
400	$43.6 \cdot 10^{-6}$
800	$2.6 \cdot 10^{-6}$
1000	$1.1 \cdot 10^{-6}$
2000	$0.07 \cdot 10^{-6}$

Die Tab. 2.3 stellt die Streukoeffizienten einer Rayleigh Atmosphäre in Abhängigkeit der Wellenlänge dar. Wie der Tabelle zu entnehmen ist, verringert sich der Streukoeffizient erheblich mit steigender Wellenlänge.

Mie-Streuung Die Mie-Streuung tritt bei Teilchen auf, deren Abmessungen d in etwa der Wellenlänge der Strahlung entspricht. Streng genommen gilt die Mie-Theorie nur für kugelförmige Teilchen, wie zum Beispiel Wassertropfen oder hygroskopische Aerosole. Andere Aerosole sind oft nichtsphärisch (z. B. Wüstenaerosol). Die Berechnung der Intensitätsschwächung erfordert die Lösung der elektromagnetischen Wellengleichung, die aus den Maxwellschen Gleichungen folgen, für die es frei verfügbare Rechenwerkzeuge aus dem Internet gibt (http://omlc.ogi.edu/software/mie/).

Bei der Mie- Streuung wird mit zunehmender Teilchengröße ein größerer Teil der Strahlung nach vorne gestreut. Der Streukoeffizienten berechnet sich in der Mie-Theorie in Abhängigkeit von der Wellenlänge λ wie dem Teilchendurchmesser d. Die Wellenlängenabhängigkeit des Streukoeffizienten β ist geringer als im Fall der Rayleigh-Streuung; der Streukoeffizient skaliert mit $\beta \sim \lambda^{-\mu(\lambda,d)}$. Als grobe erste Faustregel kann $\beta \sim \lambda^{-1}$ angenommen werden.

2.3.5 Technische Berechnung der Schwächung in der Atmosphäre

Die Abschwächung ist außerdem vom Weg durch die Atmosphäre abhängig und damit vom Winkel abhängig, was mit der Gl. (2.28) beschrieben werden kann. Für diesen wird der Ausdruck des „Air-Mass-Faktor" (AM) als Exponent eingesetzt. Er ist über den Sonnenhöhenwinkel h (s. Abb. 2.13) definiert:

$$AM \approx \frac{1}{\sin(h + 5°)}. \tag{2.28}$$

Die Korrektur von 5° ist hinzugefügt, damit der Ausdruck auch in Horizontnähe gültig bleibt. Die gesamte Transmission ist das Produkt aus den drei Transmissionsfaktoren. Man kann stattdessen auch den Rayleigh-Transmissionsfaktor D_{RS} mit einem Trübungsfaktor

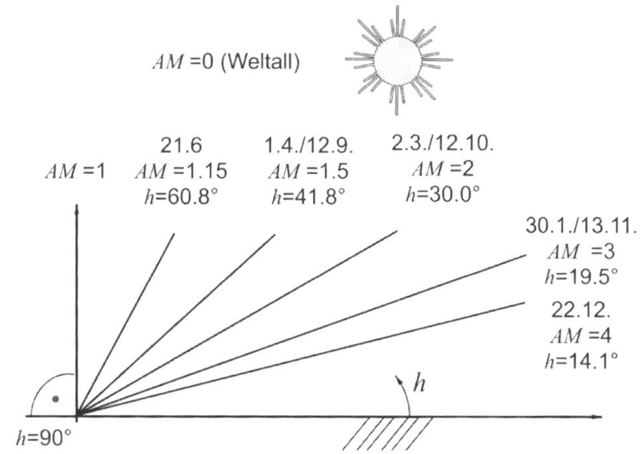

Abb. 2.13 Abhängigkeit des Air-Mass-Faktors (*AM*) vom Sonnenhöhenwinkel *h* in Berlin an verschiedenen Tagen des Jahres

T^{AM} und dem Air-Mass-Faktor als Exponenten multiplizieren. Die Definition für den Trübungsfaktor ergibt sich nach der folgenden Gl. (2.29) zu:

$$(D_{RS}) \cdot T^{AM} = D_{AB}^{AM} \cdot D_{RS}^{AM} \cdot D_{AE}^{AM}. \tag{2.29}$$

Die Tab. 2.4 und 2.5 geben Transmissionsfaktoren und Trübungswerte für verschiedene Geländesituationen an. Den Tabellen ist zu entnehmen, dass zwischen städtischen Gebieten und dem Hochgebirge insbesondere bei niedrigen Sonnenständen erhebliche Unterschiede auftreten. Auch die Jahreszeiten führen zu einer Variation der Trübung; so führen die erhöhten Temperaturen im Sommer zu einem höheren Wasserdampfgehalt in der Luft und in der Folge zu einer größeren Trübung. Beide Aspekte sind bei der Auslegung solarthermischer Systeme zu berücksichtigen.

Eine andere Methode zur Berechnung der Transmission beinhaltet die Definition, in der die Intensität der direkten Einstrahlung mit dem Air-Mass-Faktor und dem Absorptionskoeffizienten der Atmosphäre σ verknüpft wird (Gl. 2.30). Hierbei ist zu beachten, dass der Absorptionskoeffizient der Atmosphäre von der Wellenlänge λ abhängt.

$$i_{dir} = i_s e^{-\sigma \mathrm{AM}}. \tag{2.30}$$

Auch hier ist wieder *AM* der Air-Mass-Faktor. Dieser entspricht bei $AM=1$ einem senkrechten Durchgang der Strahlung durch die Atmosphäre. Er wächst mit zunehmendem Zenitwinkel θ_z an. Der Zenitwinkel θ_z und der Höhenwinkel *h* sind Komplimentärwinkel, für die ($\theta_z=90°-h$) gilt (vergleiche auch Abb. 2.15). Die Abb. 2.13 illustriert den geometrischen Zusammenhang. Gegenüber der Gl. (2.28) wird hier die Korrektur von 5° nicht verwendet:

$$AM = \frac{1}{\cos\theta_z} = \frac{1}{\sin h} \rightarrow \begin{array}{l} AM = 1 \text{ für} \theta_z = 0° \\ AM = 2 \text{ für} \theta_z = 60° \end{array} \tag{2.31}$$

Die Gl. (2.31) gilt für eine ebene Atmosphäre. Der Fehler bleibt bis $h>20°$ kleiner als 1 %. Unterschreitet die Sonnenhöhe 5° macht sich die Lichtbrechung in der Atmosphäre

Tab. 2.4 Transmissionsfaktoren und Jahresdurchschnittswerte der Trübungsfaktoren als Funktion der Sonnenhöhe h

	Trübungs-faktoren	Sonnenhöhe h [°]				
		90°	60°	30°	10°	5°
Ideale Atmosphäre$(D_{RS})^m$		0.906	0.895	0.837	0.681	0.573
Gasabsorption$(D_{AB})^m$	1.9	0.91	0.91	0.89	0.88	0.81
Aerosole im Hochgebirge$(D_{AE})^m$	2.75	1	0.99	0.96	0.85	0.75
Flachland$(D_{AE})^m$	3.75	0.93	0.91	0.82	0.61	0.67
Stadt$(D_{AE})^m$	5.0	0.84	0.81	0.69	0.42	0.27
Industriegebiet$(D_{AE})^m$	5.0					

Tab. 2.5 Monatsmittelwerte der Trübungsfaktoren in verschiedenen Siedlungsformen als Funktion des Monats

Monat	I	II	III	IV	V	VI	VII	VIII	IX	X	XI	XII
Großstadt	3.1	3.2	3.5	3.9	4.1	4.2	4.3	4.2	3.9	3.6	3.3	3.1
Land	2.1	2.2	2.5	2.9	3.2	3.4	3.5	3.3	2.9	2.6	2.3	2.3
Gebirge	1.8	1.9	2.1	2.2	2.4	2.7	2.7	2.7	2.5	2.1	1.9	1.8

bemerkbar. Kasten und Young schlagen (1989) die folgende Korrekturformel (Gl. 2.33) vor:

$$AM = \frac{1}{\sin(h) + 0.50572\,(6.07995^\circ + h)^{-1,6364}}. \tag{2.32}$$

Abbildung 2.8 aber zeigt, dass in einer klaren Atmosphäre die Schwächung im Wesentlichen durch Wasserdampf im nahen infraroten Wellenlängenbereich bewirkt wird. Die Abschwächung der Strahlungsintensität bei einem Air-Mass-Faktor von $AM = 1$ entspricht der Intensitätsschwächung von Licht bei einem Durchtritt einer Wasserschicht von ungefähr 22 mm. Die Auswirkung ansteigender Air-Mass-Faktoren als Funktion der Wellenlänge λ auf die spektrale Strahlungsleistung illustriert die Abb. 2.14. Beim Übergang von einem $AM = 0$ auf $AM = 10$ sinkt die mittlere Strahlungsintensität bereits um den Faktor fünf (!).

Alle individuellen Absorptions- und Streuprozesse sind unterschiedlich und unabhängig voneinander. Zur Gesamtschwächung tragen sie daher mit unterschiedlichen Transmissionskoeffizienten bei (Iqbal 1983): Die direkte spezifische Strahlungsleistung ergibt sich aus dem Produkt der Transmissionskoeffizienten aller Bestandteile der Atmosphäre τ_i in folgender Weise.

$$i_{dir} = i_{SC} \cdot (\tau_{Rayleigh}\, \tau_{Ozon}\, \tau_{Gase}\, \tau_{Wasserdampf}\, \tau_{Aerosol}\, \tau_{hoheCirrus-Wolken}). \tag{2.33}$$

Die einzelnen Transmissionskoeffizienten sind wieder mit einer Exponentialfunktion definiert, die durch die Gl. (2.34) beschrieben wird:

$$\tau_i = e^{-\sigma_i AM}. \tag{2.34}$$

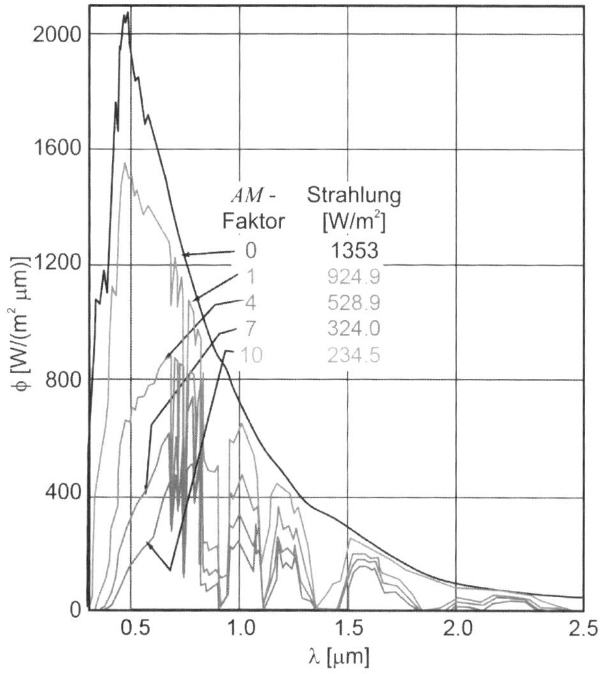

Abb. 2.14 Spektrum der solaren Direktstrahlung für verschiedene Luftmassenkörper *AM* von *AM* = 0–10 als Funktion der Wellenlänge in μm, wobei eine klare Atmosphäre mit Wasserdampf entsprechend einer Niederschlagsmenge von 20 mm und 3.4 mm Ozon angenommen wurde

2.3.6 Räumliche und zeitliche Variation der Solarstrahlung

2.3.6.1 Einstrahlungsrichtung der Direktstrahlung

Die Intensität der Einstrahlung der Sonne auf eine Fläche und damit die gewinnbare Energie hängt maßgeblich von der Einstrahlrichtung des Energieemittenten (Sonne) und der Ausrichtung des Energieabsorbers (Kollektors) ab. Hierbei spielen viele Faktoren eine Rolle, die im folgenden Abschnitt erläutert werden und sich mit Hilfe geometrischer Beziehungen algebraisch ausdrücken lassen. Es sind dies:

- die elliptische Umlaufbahn der Erde um die Sonne, die sogenannte Ekliptik,
- die Deklination der Erde, d. h. die Neigung der Nord-Südpolachse der Erde zur Ekliptik(Jahreszeiteneinfluss).
- Die Eigenrotation der Erde (Tageszeiteneinfluss).
- Die Abhängigkeit des Sonnenstandes von der geographischen Breite Φ und
- der Einfluss kurzfristiger klimatischer Aspekte (Wetter).

Die Einstrahlungsrichtung der solaren Direktstrahlung auf eine beliebig orientierte, ebene Fläche *A* ergibt sich aus Winkelbeziehungen. Die Abb. 2.15 gibt die verschiedenen Winkel einer derartigen Konfiguration an. Als Basis wird angenommen, dass die Fläche des terrestrischen Standort horizontal ist. Gemäß Abb. 2.15

Abb. 2.15 Geometrische Anordnung der Winkel zur Berechnung der Einfallsrichtung der Direktstrahlung auf eine beliebig zur Erde orientierten Fläche der Größe A

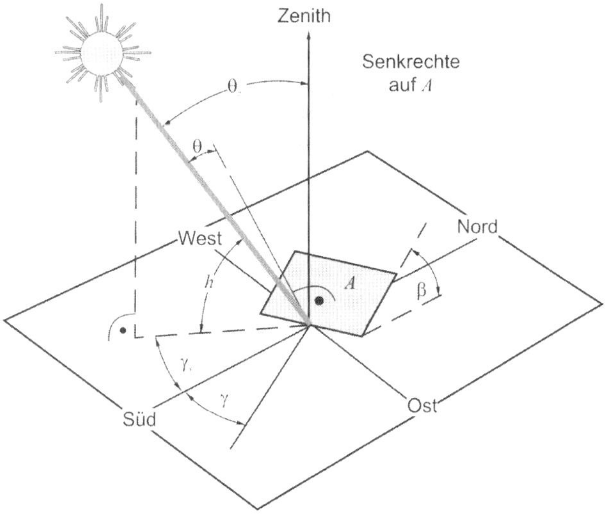

- schließt θ den Winkel zwischen der Einstrahlungsrichtung und der Normalen einer beliebig orientierten Fläche A ein.
- ist θ_z der Zenitwinkel. Es ist dies der Winkel zwischen der Sonne und der Normalen auf der horizontalen Ebene, auf der sich die Fläche A befindet.
- ist Φ der Winkel der geographischen Breite (z. B. München 48°) und beträgt am Äquator 0° und an den Polen 90°.
- ist h der Sonnenhöhenwinkel (vergl. Abb. 2.13). Es gilt: $h + \theta_z = 90°$.
- ist δ die Deklination der Erde und beschreibt den Winkel zwischen dem Sonnenhöchststand und dem Äquator und schwankt zwischen –23.5° und +23.5°.
- ist γ der Azimutwinkel der Flächennormalen von A. Er beschreibt die Differenz der horizontalen Projektion der Flächennormalen von der Südrichtung.
- ist γ_s der Azimutwinkel der Einstrahlungsrichtung. Er gibt die Abweichung der horizontalen Projektion der Einstrahlungsrichtung von der Südrichtung an.
- ist ω der Stundenwinkel: (in einfachen Fällen $1\ h \mathrel{\hat{=}} 15°$; vormittags $\omega < 0$ und nachmittags $\omega > 0$).

Der Auftreffwinkel, der Winkel zwischen der Einstrahlungsrichtung der Solarstrahlung und der Normalen auf die Fläche A, oder die Position der Sonne relativ zur Fläche ergibt sich aus der folgenden Winkelbeziehung:

$$\begin{aligned}\cos\theta = {} & \sin\delta\sin\Phi\cos\beta \\ & - \sin\delta\cos\Phi\sin\beta\cos\gamma \\ & + \cos\delta\cos\Phi\cos\beta\cos\omega \\ & + \cos\delta\sin\Phi\sin\beta\cos\gamma\cos\omega \\ & + \cos\delta\sin\beta\sin\gamma\sin\omega,\end{aligned} \tag{2.35}$$

worin der Stundenwinkel ω wie auch alle anderen Winkel in Grad berechnet werden.

Der Stundenwinkel ω entspricht hierbei der wahren Sonnenzeit in Winkelgraden (um 12 Uhr Mittagszeit $\omega=0°$; vormittags ist $\omega<0$ und negativ, während nachmittags ω positiv ist). Innerhalb eines Tages kann der Stundenwinkel mit einer Genauigkeit von ± 10 Sekunden bei einer täglichen Korrektur jeweils um die Mittagszeit mit $\omega=0$ mit Hilfe der Gl. (2.36) angegeben werden.

$$\omega = \frac{360}{24}(12 - t_{lok}) \quad [°]. \tag{2.36}$$

t_{lok} ist in Gl. (2.36) die lokale wahre Sonnenzeit, die im Falle der Sommerzeit um die gesetzliche Zeitverschiebung korrigiert werden muss. t_{lok} wird von 0 bis 24 h gezählt.

In die Beziehung für die wahre Sonnenzeit t_{lok} muss auch eine Korrektur k_L für den geographischen Längengrad L_{LST} eingearbeitet werden. Die längengradabhängige Korrektur k_L ergibt sich aus der Differenz des Längengrads der lokalen Zeitzone des Standortes L_{LST} und dem Längengrad der gesetzlichen Uhrzeit L. Für k_L ergibt sich damit folgender Zusammenhang:

$$k_L = \frac{24}{360}(L_{LST} - L) \quad [h]. \tag{2.37}$$

Die genannten täglichen Zeitdifferenzen summieren sich auf und ergeben Abweichungen des Mittags der wahren Sonnenzeit vom Mittag der mittleren Sonnenzeit von bis zu 15 min. Ursachen sind die elliptische Umlaufbahn um die Sonne und die Neigung der Erdachse zur Ekliptik. Nach einer oder mehreren Umdrehungen wird die Sonne wegen des Umlaufs um diese in einem anderen Blickwinkel gesehen. Dadurch braucht die Erde mehr oder weniger als 24 h um der Sonne wieder die gleiche Seite zuzukehren. Um die lokale wahre Sonnenzeit t_{lok} zu erhalten, wird daher zusätzlich eine sogenannte Zeitgleichung benötigt, die die Differenz der wahren zur mittleren Sonnenzeit in Abhängigkeit von der Jahreszeit beschreibt. Diese Zeitgleichung *ET* (engl. Equation of Time) wird durch die Gl. (2.38) beschrieben.

$$\begin{aligned} ET &= \sum_{k=1}^{3} \left[a_k \cos(k \cdot J) + b_k \sin(k \cdot J)\right] \quad [h], \\ J &= \frac{2\pi}{365.25} \cdot n, \end{aligned} \tag{2.38}$$

wobei n die Nummer des Tages im Jahr ist beginnend mit 1, dem 1.Januar und a_k und b_k Konstanten sind mit den Werten $a_1=0.0072$, $a_2=-0.0528$, $a_3=-0.0012$, $b_1=-0.1229$, $b_2=-0.1565$ und $b_3=-0.0041$. Der maximale Fehler der Gl. (2.38) beträgt 0.8 s. Das Ergebnis der *ET*-Gleichung ist in Abb. 2.16 als Kurvenverlauf über ein Jahr dargestellt.

Die Gl. (2.38) (*ET*) ist wichtig, sofern ein konzentrierender Spiegel mit einem Akzeptanzwinkel $\theta_A<4°$ mit dem Computer nachgeführt werden soll. Auch hier entspricht 1 h in etwa 15°. Nach allen Korrekturen über Jahreszeit, gesetzlicher Zeit und Längengrad ergibt sich die lokale wahre Sonnenzeit aus der Gl. (2.40).

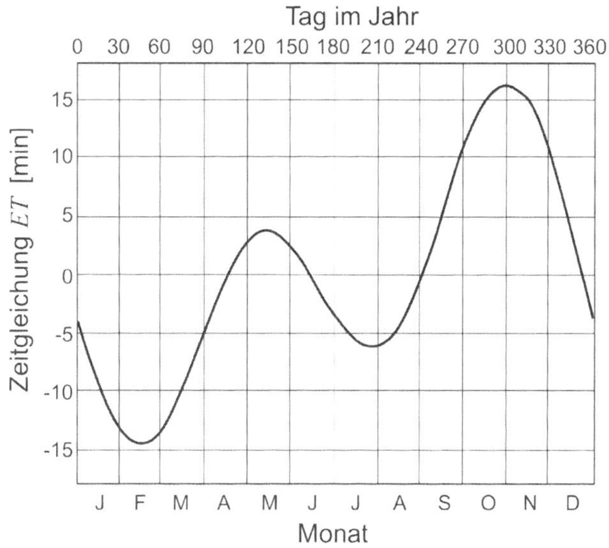

Abb. 2.16 Zeitkorrektur *ET* aus Gl. (2.38) der wahren Sonnenzeit infolge der Variation der Erdumdrehung über das Jahr

$$t_{lokal} = LST - 12 + \frac{24}{360}(L_{LST} - L) + ET \quad [h], \tag{2.39}$$

worin *LST* die Zeit der lokalen Zeitzone (von 0–24 Uhr) ist, L_{LST} die geographische Länge der lokalen Zeitzone und *ET* die Zeitgleichung nach Gl. (2.38) in Stunden beschreibt.

Die Deklination δ schwankt infolge der Neigung der Erdachse zur Ekliptik. Die Deklination der Erde gegenüber der Sonne lässt sich mit Hilfe der Gl. (2.41) für jeden Tag n des Jahres ermitteln.

$$\begin{aligned} \delta &= \arcsin\left[0.398 \cdot \sin\left(2\pi\frac{n - Eq}{365.25}\right)\right] + \Delta\,[°], \\ \Delta &= 0.026 \cdot \sin\left(2\pi\frac{n - 173}{365.25}\right) \qquad \text{für } 173 < n < 365, \\ \Delta &= 0 \qquad \text{für } n \le 173, \end{aligned} \tag{2.40}$$

wobei *Eq* die Tagundnachtgleiche im Frühling (lat. equinox) angibt. Der Wert von *Eq* schwankt zwischen 79 und 79.75 (Schaltjahr: 79, Schaltjahre + 1: 79.25, Schaltjahre + 2: 79.5, Schaltjahre + 3: 79.75). Die Deklination beträgt zur Tagundnachtgleiche den Wert Null, zur Sommersonnenwende + 23.45° und zur Wintersonnenwende –23.45°, wie die Abb. 2.17 zeigt.

Die Approximation der Gl. (2.40) liefert die Deklination δ mit einem maximalen Fehler von 0.2°. Eine vereinfachte Beziehung stellt die folgende Gleichung dar:

$$\delta = 23.45 \cdot \sin\left(360\frac{284 + n}{365}\right). \tag{2.41}$$

Die vor- und nachlaufende Zeit gegenüber der mittleren heißt Zeitgleichung (*ET*). Trägt man sie gegenüber dem Winkelabstand der Sonne vom Himmelsäquator auf, so erhält

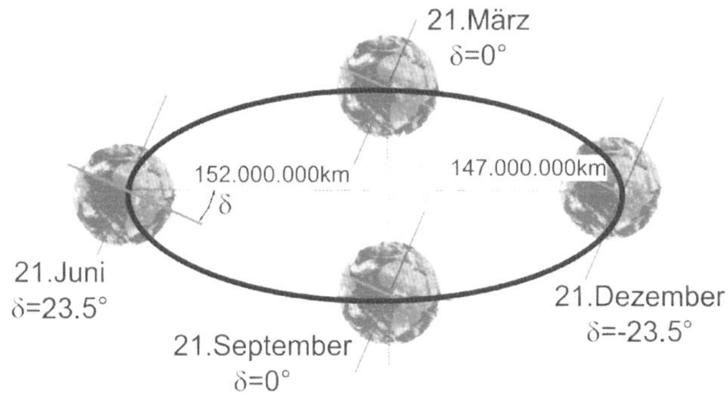

Abb. 2.17 Deklination als Funktion der Jahreszeit

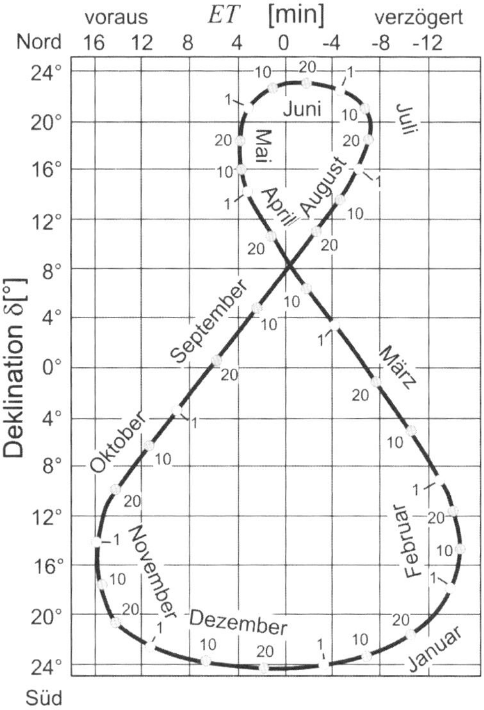

Abb. 2.18 Die Analemma zeigt die Deklination und die Zeitgleichung für jeden Tag im Jahr

man die Form einer Acht, ein so genanntes Analemma, das die Abb. 2.18 illustriert. Um sich nicht auf einen besonderen Standort festlegen zu müssen, wird aber meist die Zeitgleichung in Abhängigkeit von der Deklination δ der Sonne gezeigt.

2.3.6.2 Einstrahlungsrichtung auf eine horizontale Fläche

Bei der Einstrahlung auf eine horizontale Fläche sind die beiden Winkel $\beta = 0°$ und $\gamma = 0°$. Der Winkel zur Flächennormalen θ geht über in den Zenitwinkel θ_z. Damit vereinfacht sich die Gl. (2.35) zu:

$$\cos\theta_Z = \sin\Phi\sin\delta + \cos\Phi\cos\delta\cos\omega. \tag{2.42}$$

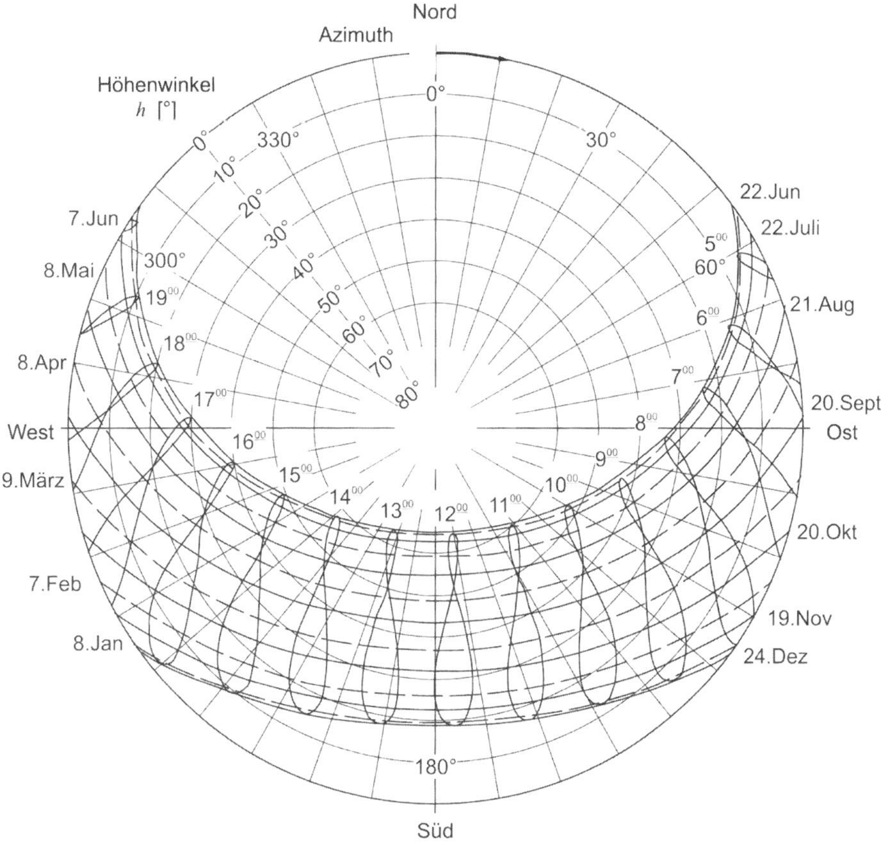

Abb. 2.19 Sonnenhöhenwinkel h bzw. Zenitwinkel θ_z als Funktion des Azimutwinkels γ, der Tageszeit und der Deklination für den Standort München, geographische Breite $\Phi = 48°10'$ und 11°30' östliche Länge; die Kurven zu den vollen Stunden beinhalten die Zeitverschiebungen nach Gl. (2.38)

Zur Darstellung der Gl. (2.42) wurde der Kosinus-Satz angewendet, für den gilt: $\cos(\alpha \pm \beta) = \cos\alpha \cos\beta -/+ \sin\alpha \sin\beta)$. Der Sonnenhöhenwinkel h ist mit dem Zenitwinkel θ_Z in folgender Weise verknüpft $h + \theta_Z = 90°$; wie es auch die Abb. 2.15 zeigt. Damit ergibt sich:

$$\cos\theta_Z = \sin(h). \tag{2.43}$$

Bezieht man die Zeitgleichung (2.38) für ET in die Berechnung des Sonnenhöhenwinkels ein, so erhält man für jeden Tag des Jahres die Sonnenhöhe als Funktion der Zeit. Die graphische Darstellung zeigt, dass sich für jeden Tag eine schleifenförmige Form des Sonnenhöhenwinkels ergibt. Die Abb. 2.19 zeigt das Ergebnis der Gl. (2.42) mit dem Zenitwinkel θ_Z oder dem Sonnenhöhenwinkel h als Funktion des Azimutwinkels γ, der Deklination δ bzw. Jahreszeit und der Tageszeit. Eine Analyse der Abb. 2.19 zeigt, dass im Sommer die Sonne nördlich der Ost-West-Achse aufgeht. Dies bedeutet, ein exakt nach Süden aus-

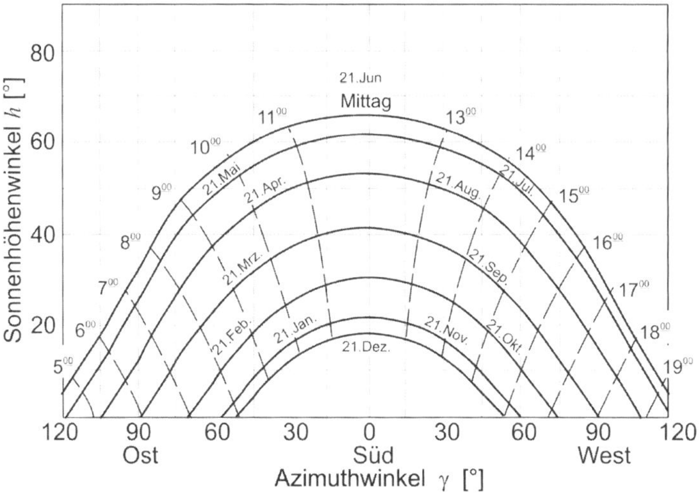

Abb. 2.20 Sonnenhöhenwinkel h als Funktion des Azimutwinkels γ, der Tageszeit und der Deklination δ (hier in Form der Tagesangabe im Jahr)

gerichteter Kollektor ohne jegliche Nachführung sieht die Sonne auf der Frontseite nur zwischen 8 und 16 Uhr und damit nur 8 h (!!). Ein gleicher mit polar ausgerichteter und nachgeführter Kollektor ist in der Lage, mehr als 15 h solare Strahlung zu empfangen (s. Kap. 2.3.9).

Die Abb. 2.20 zeigt für den gleichen Standort den Sonnenhöhenwinkel h als Funktion des Azimutwinkels γ, der Tageszeit und der Deklination δ (hier in Form der Tagesangabe im Jahr). In einfacheren Darstellungen sind die Stundenwerte als einfache Linien ohne Berücksichtigung der Zeitgleichung eingetragen.

2.3.6.3 Einstrahlungsrichtung auf eine senkrechte Fläche

Bei einer senkrechten Fläche entsteht mit $\beta = 90°$ und $\gamma = 0°$ aus der Gl. (2.35) die folgende Winkelbeziehung:

$$\begin{aligned}\cos\theta_Z = &-\sin\delta\cos\Phi\cos\gamma\\ &+\cos\delta\sin\Phi\cos\gamma\cos\omega\\ &+\cos\delta\sin\gamma\sin\omega.\end{aligned} \tag{2.44}$$

Die Auftreffwinkel von nach Süden oder Norden ausgerichteten Flächen können bei einem Azimutwinkel von $\gamma = 0°$ mit der Differenz $(\Phi - \beta)$ dargestellt werden. Die Abb. 2.21 zeigt diese Abhängigkeit schematisch. Die Gl. (2.35) ändert sich damit für die Nordhalbkugel zu:

$$\cos\theta_Z = \sin(\Phi - \beta)\sin\delta + \cos(\Phi - \beta)\cos\delta\cos\omega. \quad \text{(Nordhalbkugel)} \tag{2.45}$$

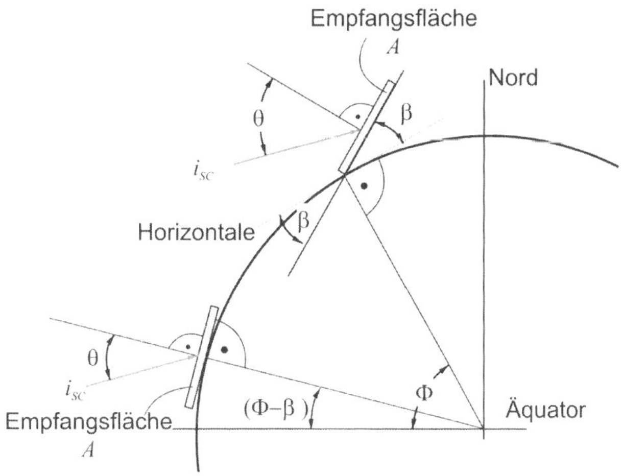

Abb. 2.21 Schemaskizze zur Berechnung des Strahlungsflusses auf eine geneigte Fläche A, die exakt in Süd-Nord-Richtung ausgerichtet ist ($\gamma = 0°$)

Für die Südhalbkugel ist $(\Phi + \delta)$ erhält man bei Einhalten der Vorzeichenkonvention von Φ und δ folgende Beziehung:

$$\cos\theta_Z = \sin(\Phi + \beta)\sin\delta + \cos(\Phi + \beta)\cos\delta\cos\omega. \quad \text{(Südhalbkugel)} \qquad (2.46)$$

2.3.6.4 Sonnenauf- und -untergangszeit

Die Gl. (2.42) lässt sich auch nach dem Stundenwinkel ω auflösen werden. Beim Sonnenauf- und -untergang beträgt der Zenitwinkel $\theta_Z = 90°$. Gibt man den Stundenwinkel des Sonnenaufgangs mit ω_A respektive den des Sonnenuntergangs ω_U an und setzt für den Stundenwinkel einer Stunde $\omega = 15°$ ($\hat{=}$ 1 h), erhält man die exakten Sonnenaufgangs- und –untergangszeiten $\omega_{A/U}$. Das Resultat ist die Gl. (2.48):

$$\cos\omega_{A/U} = -\frac{\sin\Phi\sin\delta}{\cos\Phi\cos\delta} = -\tan\Phi\tan\delta. \qquad (2.47)$$

Die astronomische Sonnenscheindauer S_0 ist die Zeitdifferenz zwischen den Auf- und Untergangszeiten:

$$S_0 = 2\cdot\frac{24}{360}\left|\omega_{A/U}\right|. \qquad (2.48)$$

Der tägliche Sonnenhöchststand h ergibt sich nach der geographischen Breite Φ und der Deklination δ entsprechend dem Zusammenhang in Gl. (2.49):

$$\theta_z = \Phi \pm \delta \quad \text{bzw.} \quad h_{\max} = 90° - \Phi \pm \delta. \qquad (2.49)$$

2.3.7 Direktstrahlung auf horizontale oder geneigte Flächen

Je weiter die Einstrahlungsrichtung von der Normalen einer Fläche abweicht, umso geringer ist die flächenbezogene Strahlungsdichte, wie die Abb. 2.22 schematisch skizziert. Dies

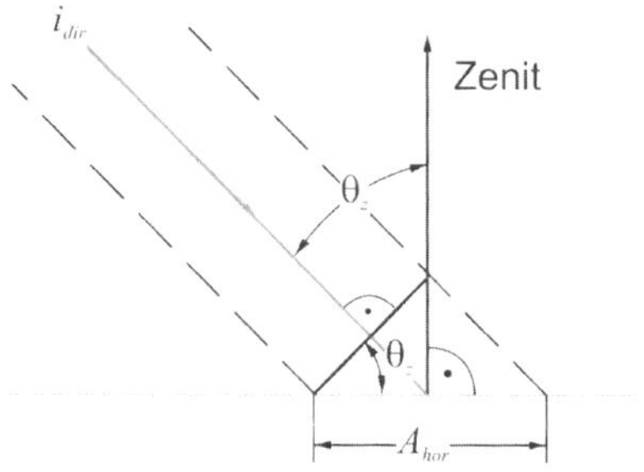

Abb. 2.22 Schemaskizze zur Direktstrahlung einer Strahlungsdichte i_{dir} auf eine horizontale Fläche A_{hor}

wird mit Hilfe des Winkels cos θ_Z aus Gl. (2.42) für eine horizontale Fläche A_{hor} berücksichtigt. Die Strahlungsintensität $i_{dir,h}$ ergibt sich aus dem Produkt der Solarkonstante i_{sc} mit dem Raumwinkel der Einstrahlung θ_z zu:

$$i_{dir,h} = i_{SC} \cdot \cos\theta_z, \tag{2.50}$$

in der der Index *h* den Horizontalanteil angibt.

Bei einer beliebig gegenüber der Sonne orientierten Fläche *A* muss hingegen der Kosinus des Winkels θ aus der Einstrahlungsrichtung und der Normalen einer beliebig orientierten Fläche *A* aus Gl. (2.35) verwendet werden. Es ergibt sich

$$i_{dir,g} = i_{SC} \cdot \cos\theta, \tag{2.51}$$

worin das Subskript *g* für geneigt steht.

Häufig liegen Einstrahlungsdaten nur von horizontalen Flächen vor. Die Umrechnung einer horizontalen Fläche A_{hor} auf eine beliebig orientierte Fläche erfolgt mit Hilfe der Gl. (2.52). Der Wert Ψ gibt das Verhältnis der Strahlung auf eine geneigte Fläche gegenüber einer horizontalen wieder.

$$\Psi = \frac{i_{dir,g}}{i_{dir,h}} = \frac{\cos\theta}{\cos\theta_Z}. \tag{2.52}$$

Dies soll anhand zweier Beispiele illustriert werden.

- An einem Sommertag trifft die Sonne unter einem Höhenwinkel $h=60°$ auf eine ebene Fläche ($\beta=0°$) $\rightarrow \theta_Z=30°$ auf. Dabei wird eine Direktstrahlung auf die horizontale Fläche $i_{dir,\,h}$ mit einem Wert von $i_{dir,\,h}=650$ W/m^2 gemessen. Wenn am selben Ort die Einstrahlungsfläche um $\beta=30°$ geneigt ist, ergibt sich ein Einstrahlungswinkel von $\theta=0°$. Aus Gl. (2.52) ergibt sich ein Ψ-Wert von $\Psi=\cos 0°/\cos 30°=1.15$. Damit beträgt für die geneigte Fläche der Direktstrahlungsanteil $i_{dir,\,g}=\Psi \cdot i_{dir,\,h} \approx 750$ W/m^2.
- An einem Wintertag betrage der Höhenwinkel $h=30°$ und es wird ein $i_{dir,\,h}$ von 150 W/m^2 gemessen. Bei einer um $\beta=30°$ gleich geneigten Fläche ergibt sich dann $\theta=30°$ und $\theta_Z=60°$. Der Ψ-Wert nimmt dann einen Wert von $\Psi=1.732$ an und die Direktstrahlungskomponente auf die geneigte Fläche beträgt dann $i_{dir,\,g} \approx 260$ W/m^2 (!!).

Dieses Verhältnis ist für die spätere Umrechnung von Horizontalstrahlungswerten noch von Bedeutung. Mit Hilfe dieser geometrischen Beziehungen lassen sich aus der Solarkonstanten Tages- und Jahresgangverläufe der solaren Strahlung außerhalb der Atmosphäre relativ schnell berechnen. Sie zeigen den Einfluss bei der Variation unterschiedlicher Parameter, wie Ausrichtung oder Aufstellungsort der Kollektorfläche auf die Leistungsdichte der Strahlung. Da die solare Strahlung durch das Vorhandensein der Atmosphäre sowohl in ihrer Leistungsdichte als auch in ihrer Spektralverteilung verändert wird, sind derartige Aussagen für eine terrestrische Nutzung der Sonnenstrahlung noch nicht ausreichend.

2.3.8 Tages-, Jahressummen der extraterrestrischen Einstrahlung auf unterschiedlich ausgerichtete Flächen

Den Zeitpunkt des Sonnenaufgangs und –untergangs und damit die Sonneneinstrahlungsdauer wurden in Gl. (2.47) abgeleitet. Im Weiteren wird der Stundenwinkel ω wieder zu $\omega = 15° \mathrel{\hat{=}} 1$ h angenommen und für die Sonnenaufgangs- bzw. –untergangswinkel ω_A und ω_U folgender Zusammenhang angesetzt $\omega_A = -\omega_U$.

Unter diesen Voraussetzungen lässt sich die Tagessumme der extraterrestrischen Strahlung E aus dem Integral von Sonnenaufgang bis Sonnenuntergang über die Zeit errechnen. Hierbei ist zu berücksichtigen, dass die Einstrahlung unter dem Winkel θ auf die Fläche auftrifft. Die Leistungsdichte vermindert sich damit nach Gl. (2.50) um $\cos\theta$. Der entsprechende funktionale Zusammenhang lautet

$$E = i_S \cdot \frac{24}{2\pi} \int_{\omega_A}^{\omega_U} \cos(\theta) dt. \tag{2.53}$$

Bei einer horizontalen Fläche mit $\beta = 0°$ und $\gamma = 0°$ kann als Einstrahlungswinkel die Gl. (2.42) eingesetzt werden ($\cos\theta_Z = \sin\Phi \sin\delta + \cos\Phi \cos\delta \cos\omega$). Unter Kenntnis der geographischen Breite Φ und der Deklination δ kann man folgende Vereinfachung anwenden.

$$\cos\theta_Z = a + a\cos\omega. \tag{2.54}$$

Damit ergibt sich als Tagessumme der extraterrestrischen Einstrahlung E auf eine horizontale Fläche zu:

$$\begin{aligned} E &= \frac{24 \cdot i_S}{\pi} \cdot a\omega_U + \frac{24 \cdot i_S}{\pi} b \sin\omega_U \\ &= \frac{24 \cdot i_S}{\pi}(a\omega_U + b\sin\omega_U), \end{aligned} \tag{2.55}$$

wobei ω in Radiant einzusetzen ist ($1\ \text{rad} = 180°/\pi$).

Die Tab. 2.6 listet die Werte der Gl. (2.55) für einen Standort mit $\Phi = 48°$ nördlicher Breite. Die maximale Intensität der extraterrestrischen Einstrahlung erhält man um die Mittagszeit, wenn $\omega = 0°$ ist.

Tab. 2.6 Stundenwinkel für Sonnenauf- und -untergang, die mittlere monatliche Tagesdauer so wie die mittlere Deklination $\bar{\delta}$ für die betreffenden Monate in der letzten Spalte für einen Standort mit $\Phi = 48°$ nördliche Breite (München)

Monat	ω_A (°)	Dauer (h)	$\bar{\delta}$ (°)
Januar	−64.2	8.6	−21.4
Februar	−74.4	9.9	−13.4
März	−86.8	11.6	−2.9
April	−93.2	12.4	9.3
Mai	−112.2	15.0	18.8
Juni	−118.7	15.8	23.4
Juli	−116.1	15.5	21.6
August	−105.9	14.1	13.4
September	−92.6	12.3	2.3
Oktober	−79.3	10.6	−9.5
November	−67.1	8.9	−19.3
Dezember	−61.6	8.2	−23.4

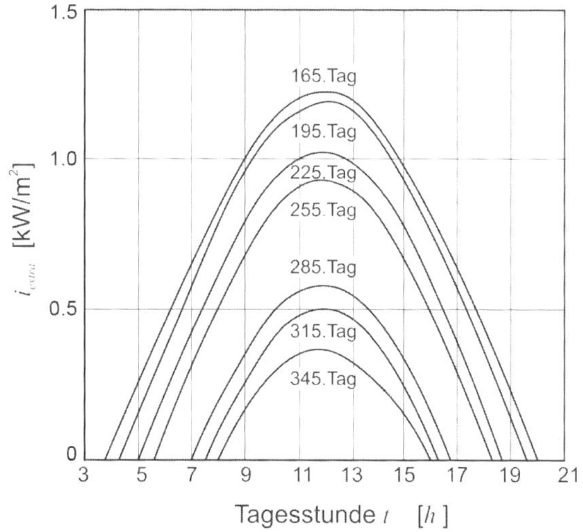

Abb. 2.23 Tagesverlauf der Intensität der extraterrestrischen Sonnenstrahlung i_{extra} in kW/m² als Funktion der Tageszeit t in Stunden [h] an verschiedenen Tagen des Jahres für die geographische Breite von $\Phi = 51°$ N (Köln); Neigungswinkel: $\beta = 0°$ (horizontal)

Die folgenden Abbildungen verdeutlichen die Auswirkungen der Winkelbeziehungen auf die maximale Intensität bzw. die maximalen Tagessummen der extraterrestrischen Strahlung je nach Neigung einer Fläche zur Horizontalen (β) oder dem Aufstellungsort (geographischen Breite Φ).

Die Abb. 2.23 zeigt den Tagesgang der auf eine ebene horizontale Fläche ($\beta = 0$) einfallenden extraterrestrischen Einstrahlung bei einer geographischen Breite von $\Phi = 51°$Nord. Naturgemäß ergibt sich im Sommer (165.Tag) eine nahezu doppelt so lange Einstrahlungsdauer als im Winter und auf Grund des größeren Sonnenhöhenwinkels h (vergleiche Abb. 2.20) zudem eine höhere direkte Einstrahlintensität.

Steile Empfängerflächen, die durch einen großen Neigungswinkel β charakterisiert werden sind im Winter günstiger. Im Sommer hingegen sind flachere Anstellwinkel (kleines β)

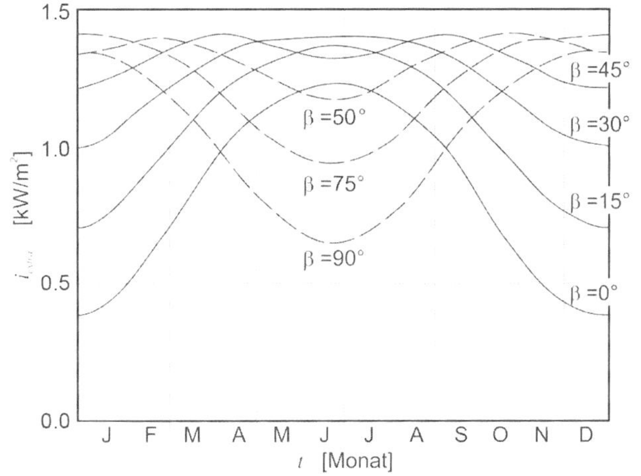

Abb. 2.24 Jahresgang der täglichen maximalen Intensitäten der extraterrestrischen Sonnenstrahlung i_{extra} in kW/m² für die geographische Breite von $\Phi=51°$ *Nord* (Köln) für verschiedene Neigungswinkel β; Aufstellrichtung: Süden

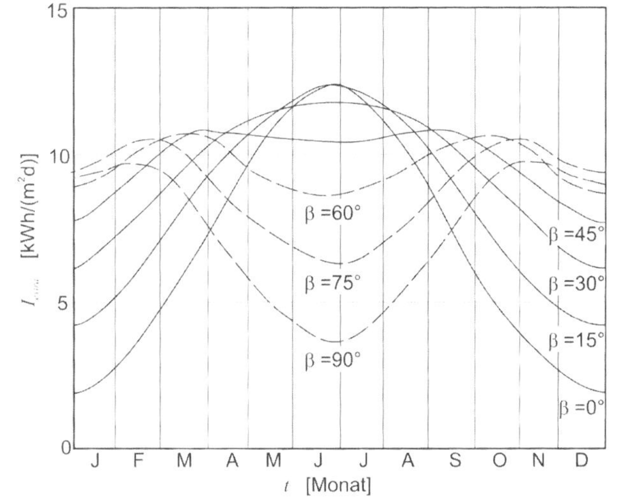

Abb. 2.25 Jahresgang der Tagessummen der extraterrestrischen Sonnenstrahlung I_{extra} für die geographische Breite von Köln ($\Phi=51°$) für verschiedene Neigungswinkel β; Aufstellrichtung: Süden

vorteilhafter, wie die Abb. 2.24 zeigt. Dazwischen liegen Aufstellungswinkel β, die insbesondere während der Zwischenjahreszeiten durch ihre „Höckerkurven"-Form zu höheren Intensitäten und damit Tagessummen führen.

Gleichmäßige Tagessummen über einen möglichst langen Zeitbereich, die durch spezielle Anforderungen an die Lastkurve eines Verbrauchers bestimmt werden, können ebenfalls bestimmte Ausrichtungen des Kollektors verlangen. Die Abb. 2.25 zeigt dies anhand des Beispiels Köln. Bei einer ebenen horizontalen Ausrichtung ($\beta=0°$) beträgt das Verhältnis der integrierten Energie pro Quadratmeter von Sommer zu Winter nahezu den Faktor vier, während bei einer um 45° angestellten Fläche das Verhältnis Sommer zu Winter lediglich eine Wert von 1.5 annimmt.

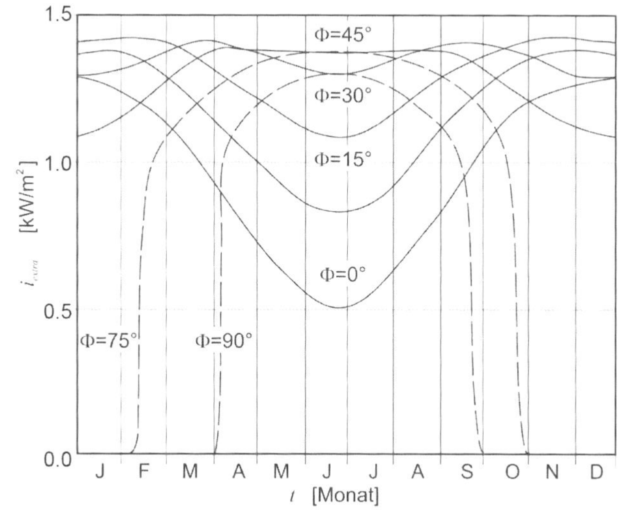

Abb. 2.26 Jahresgang der täglichen maximalen Intensität der extraterrestrischen Sonnenstrahlung i_{extra} in kW/m^2 für verschiedene geographische Breiten Φ; Aufstellrichtung: Süden; Neigungswinkel: $\beta=45°$

Bei der technischen Auslegung eines Kollektors spielt der Maximalwert der Einstrahlungsleistung eine ausgezeichnete Rolle. Je höher dieser Wert ist, desto mehr steigt die Temperatur des Kollektors und damit die gewinnbare Exergie (vgl. Kap. 1 Gl. 1.5). Auch der erzielbare Wirkungsgrad einer thermischen Nutzung wächst. Gleichzeitig erhöhen sich mit steigenden Temperaturen der apparative Aufwand und die Wärmeverluste in den nachgeschalteten Komponenten, so dass sich automatisch ein Optimierungsproblem ergibt.

Die Abb. 2.26 zeigt die extraterrestrische Einstrahlungsleistung einer um $\beta=45°$ geneigten Empfängerfläche für verschiedene geographische Breiten **Φ** der Nordhalbkugel. Am Äquator (**Φ**=0°) ergeben sich im Winter Maximalwerte der Einstrahlungsintensität während sich an den Polkappen die solare Einstrahlungsleistung nur auf den Sommer beschränkt. Im polaren Winter der Nordhalbkugel ist auf Grund der Polarnacht keine Einstrahlung vorhanden und die Einstrahlungsleistung geht gegen null.

Dies schlägt sich auch in den erzielbaren Jahresgang der Tagessummen nieder, den die Abb. 2.27 zeigt. Bemerkenswert ist, dass die Tagesumme bei einer Neigung von $\beta=45°$ ohne Nachführung bei einer geographischen Breite von **Φ**=45° nur wenig variiert. Zudem sind die jahreszeitlich bedingten Schwankungen der Tagessummen dort erheblich geringer als beispielsweise nahe des Äquators.

In der Abb. 2.28 ist der Jahresgang der Tagessummen der Intensität der extraterrestrischen Sonnenstrahlung für die geographischen Breiten **Φ**=38° (Athen) und **Φ**=51° (Köln) für den Fall dargestellt, dass die Kollektorfläche sowohl in Aufstellrichtung und auch dem Neigungswinkel β immer dem erreichbaren Intensitätsmaximalwert nachgeführt wird. Ein Vergleich der Tagessumme aus Abb. 2.28 mit der eines starren Kollektors (vergl. Abb. 2.25) zeigt, dass eine erhebliche Verbesserung vor allem im Winter zu erzielen ist. Hier lassen sich bis zu einem Faktor vier (!) höhere Erntewerte erzielen. Im Sommer ist der Unterschied geringer aber mit einem Faktor zwei gegenüber einem starren Kollektor immer noch beachtlich.

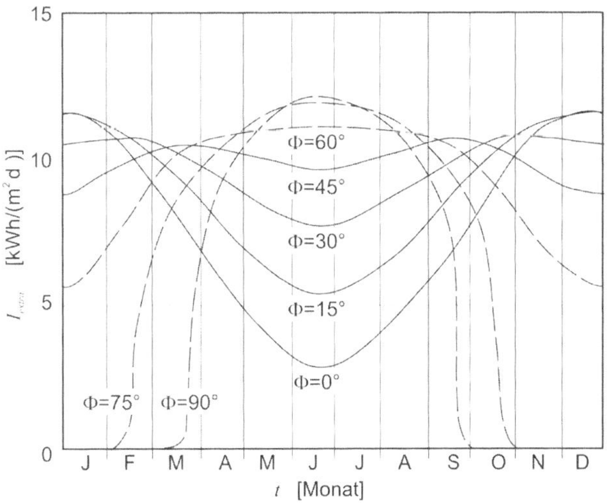

Abb. 2.27 Jahresgang der Tagessummen der extraterrestrischer Sonnenstrahlung in Abhängigkeit von der geographischen Breite Φ, Aufstellrichtung: *Süden*; Neigungswinkel $\beta = 45°$

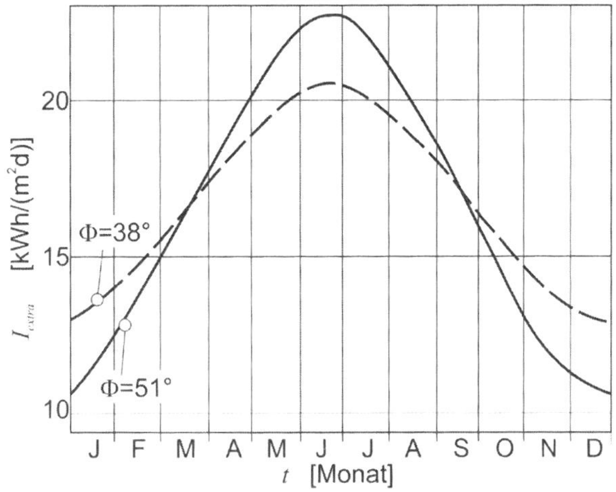

Abb. 2.28 Jahresgang der Tagessummen der Intensität der extraterrestrischen Sonnenstrahlung für die geographischen Breiten Φ = 38° (Athen) und Φ = 51° (Köln); Nachführung bezüglich der maximal erreichbaren Einstrahlleistung in Aufstellrichtung und Neigungswinkel β

Die Abb. 2.28 macht aber auch den Einfluss der Tageslänge deutlich. Darin sind die Tagessummen der Einstrahlung auf eine zweiachsig nachgeführte Fläche berechnet. In Gl. (2.53) wird hierzu $\cos\theta = 1$ gesetzt und über die Tageslänge integriert. Das Ergebnis zeigt, dass obwohl Köln weiter nördlich als Athen liegt, die Tagessumme der Einstrahlung im Sommer diejenige Athens übersteigt. Hinsichtlich des Energieertrags eines Kollektors wirkt sich dies aber eben nur bei einer zweiachsigen Nachführung aus.

So treten auch vergleichsweise hohen maximale Tagessummen am Nordpol auf, wie Abb. 2.29 zeigt. Eine Integration Tagessummen über das Jahr zeigt wie erwartet die höchsten Erträge in Äquatornähe. Ursache hierfür ist die Neigung der Erdachse von 23.5° zur Ekliptik und damit die über das ganze Jahr auftretende Einstrahlung.

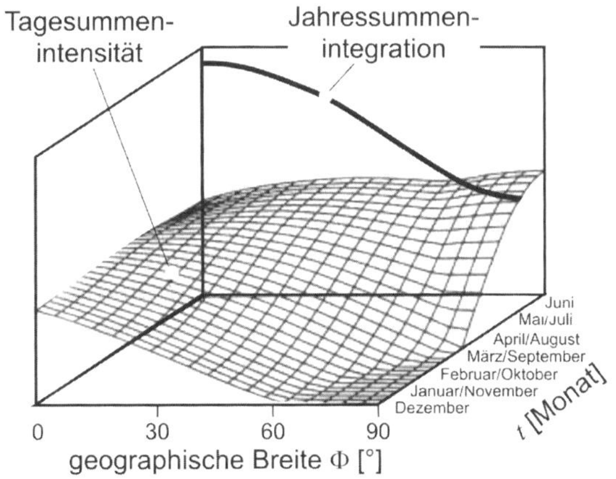

Abb. 2.29 Tagessummenintensität und zeitintegrierte Jahreseinstrahlung auf eine ebene horizontale Fläche als Funktion des Breitengrades Φ, Ekliptikschiefe 23°. (Gerthsen et al. 1995)

2.3.9 Einstrahlungsrichtung auf nachgeführte Flächen

Entsprechend der Abb. 2.15 sinkt die Einstrahlungsleistung auf eine Fläche mit zunehmendem Auftreffwinkel θ_Z. Für die technische Nutzung der Solarenergie kann es daher vorteilhaft sein, die Kollektorfläche dem veränderlichen Sonnenstand nachzuführen. Bei idealer zweiachsiger Nachführung trifft die Strahlung stets senkrecht auf den Kollektor auf und es ergibt sich für den Auftreffwinkel θ_Z stets:

$$\cos(\theta_Z) = 1. \tag{2.56}$$

Allerdings ist eine zweiachsige Nachführung technisch sehr aufwendig. Daher werden in der Regel Solarkollektoren zumeist nur einachsig nachgeführt. Die bevorzugten Nachführachsen verlaufen in Nord/Süd- oder Ost/West-Richtung. Eine dritte Variante ist die polare Nachführung mit einer Achse parallel zur Erdachse. Eine detaillierte Analyse der Abb. 2.19 lässt erste Abschätzungen zu einer sinnvollen Steuerung des Nachführwinkels zu.

In diesem Zusammenhang muss für die Auslegung einer thermischen Solaranlage der Bedarf an Exergie (z. B. Prozesswärme) mit dem Bedarf des angeschlossenen Arbeitsprozesses in Bezug auf seine Nutzungszeit beispielsweise der täglichen Betriebszeit verknüpft werden. Dies erfordert eine Nachführung nur innerhalb des Zeitraums, in dem der Bedarf abgefragt wird, und begrenzt den Nachführaufwand nicht unerheblich. Bei einer permanenten Nachführung um die Ost/West-Achse trifft die Direktstrahlung auf den Kollektor mit dem Winkel $\theta_{O/W}$:

$$\cos\theta_{O/W} = (1 - \cos^2\delta \sin^2\omega)^{1/2}. \tag{2.57}$$

Die einzustellende Neigung der Kollektorfläche $\beta_{O/W}$ ergibt sich damit aus Gl. (2.58):

$$\tan\beta_{O/W} = \tan(\theta_Z) \cdot |\cos\gamma_S|, \tag{2.58}$$

in der der Azimutwinkel der Sonne γ_S enthalten ist. Für den Azimutwinkel γ_S gilt:

$$ctg\gamma_S = \frac{\sin\Phi\cos\omega - \cos\Phi\tan\delta}{\sin\omega} \quad \text{oder} \quad \sin\gamma_S = \frac{\cos\delta\sin\omega}{\sin\theta_Z}. \tag{2.59}$$

Für eine Ost/West ausgerichtete Ebene, die einmal am Tag zur Mittagszeit so justiert wird, dass die Einstrahlung senkrecht auftrifft, ist die der Auftreffwinkel θ vom Stundenwinkel ω abhängig. Es ergibt sich folgende Beziehung.

$$\cos\theta = \sin^2\delta + \cos^2\delta\cos\omega. \tag{2.60}$$

Der Neigungswinkel der Ebene β entspricht dem Zenitwinkel θ_Z zur Mittagszeit:

$$\beta = |\theta_Z| = |\Phi - \delta|, \tag{2.61}$$

worin Φ die geographische Breite und δ die Deklination ist.

Im Fall einer Ebene, die sich um eine Nord/Süd-Achse dreht, ergibt sich bei kontinuierlicher Nachführung der Auftreffwinkel $\theta_{N/S}$ aus der Gl. (2.62)

$$\cos\theta_{N/S} = (\cos^2\theta_Z + \cos^2\delta\sin^2\omega)^{1/2} \tag{2.62}$$

und der Neigungswinkel $\beta_{N/S}$ errechnet sich aus der Beziehung

$$\tan\beta_{N/S} = \tan\theta_Z\,|\cos(\gamma - \gamma_S)|. \tag{2.63}$$

Bei einer Konstellation, in der die Ebene kontinuierlich polar nachgeführt wird, variiert der Auftreffwinkel θ_{pol} nur im Bereich der Deklination δ:

$$\cos\theta_{pol} = \cos\delta. \tag{2.64}$$

Die Verluste, die bei einer einachsigen polaren Nachführung durch die Abweichung von der senkrechten Einstrahlungsrichtung entstehen, betragen nach Gl. (2.51) maximal $\cos\delta = \cos(23.45°) = 0.92$, also lediglich ca. 8 %. Die Drehung um die polare Achse entspricht dem Stundenwinkel ω. Weiterführende Betrachtungen zu Nachführwinkel sind in (Duffie und Beckman 1991) zu finden. Sie können aber auch leicht selbst unter Anwendung der trigonometrischen Funktionen hergeleitet werden, wenn man über der Winkelverteilung einen Quader anordnet, wie ihn die Abb. 2.30 skizziert. Die Abbildung erlaubt mit Hilfe der Projektionen auf die Flächen des Würfels die Berechnung von Nachführwinkeln unter Nutzung der Kosinus- und Sinus-Sätze. Für den Einfallswinkel der Nord-Süd-Korrektur θ_{NSK} ergibt sich:

$$\cos\theta_{NSK} = (\cos^2\theta_Z + \cos^2\beta\sin^2\theta_Z)^{1/2}, \tag{2.65}$$

und respektive für den Nachführwinkel folgt:

$$\tan\theta'_{NSK} = \tan\theta_Z\sin\gamma_S. \tag{2.66}$$

Es ergeben sich große Unterschiede bei der Einstrahlungsintensität zwischen einer horizontalen Fläche und einer nachgeführten Fläche. An wolkenlosen Tagen lassen sich in einer geografische Breite von $\Phi = 49°$ (Karlsruhe) durch eine Nachführung auch im Sommer bis zu 30 % höhere Strahlungsleistungsdichten bezogen auf die Kollektorfläche erzielen, wie die Abb. 2.31 zeigt. Im Winter kann dies sogar um Faktoren unterschiedlich sein. Integriert über ein Jahr sind in Deutschland durch eine gezielte Nachführung der Kollektorfläche in etwa 30 % mehr Strahlungsenergie pro Quadratmeter und Jahr erreichbar.

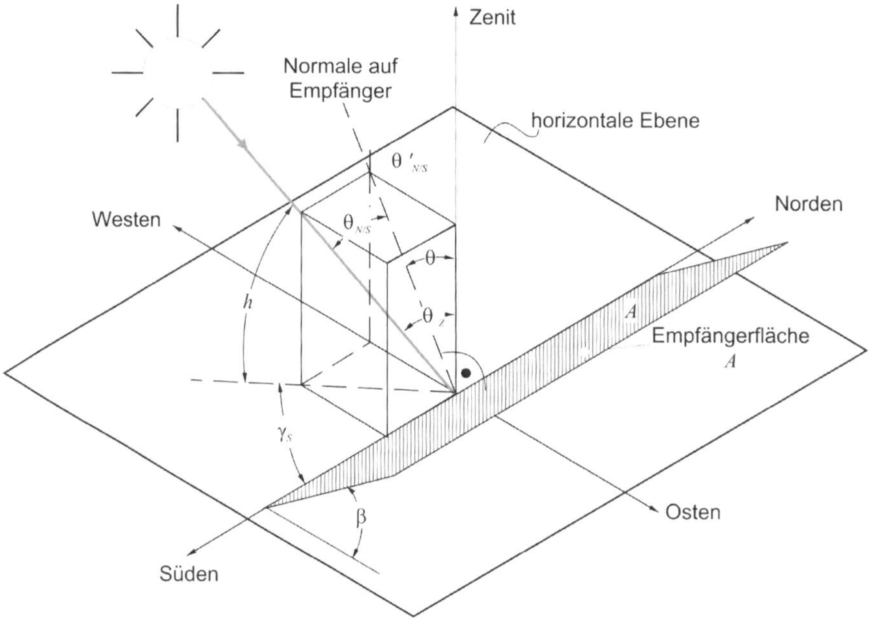

Abb. 2.30 Winkelanordnung zur Umrechnung der Einstrahlungsintensität auf beliebig orientierte Flächen

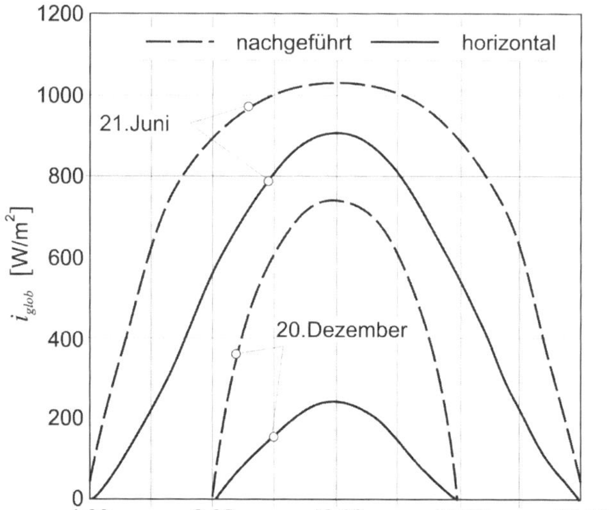

Abb. 2.31 Globalstrahlungsintensität i_{glob} [W/m^2] als Funktion der Tageszeit auf einer horizontalen Fläche A_{hor} im Vergleich mit einer nachgeführten Fläche bei einer geographischen Breite $\Phi = 50°$ an einem wolkenlosen Tag

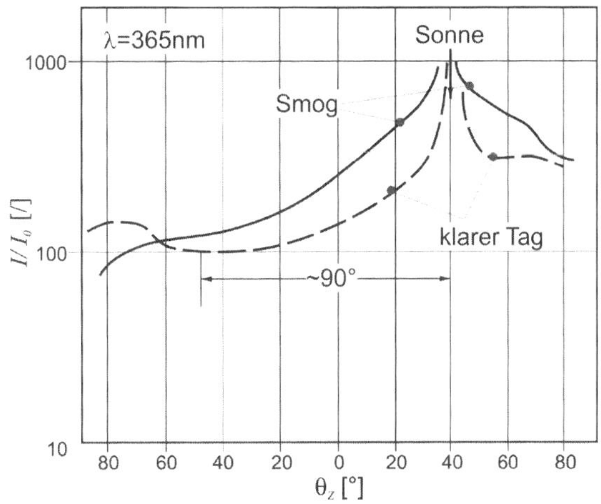

Abb. 2.32 Relative Intensität I/I_0 der solaren Strahlung (bei $\lambda = 0.365$ µm) als Funktion des Zenitwinkels θ_z in einer Ebene, in der die Sonne liegt, für Los Angeles an einem klaren Tag und an einem Tag mit Smog

2.3.10 Einstrahlungsrichtung der diffusen Strahlung

Ergänzend zu den in den Kap. 2.3.4 und 2.3.5 angesprochenen Effekten treten weitere Mechanismen beim Durchtritt der extraterrestrischen Strahlung durch die Atmosphäre auf. Dies sind zum Beispiel Wolken und Staubpartikel. Diese durch die Teilchenexistenz hervorgerufenen Streuvorgänge beeinflussen nun nicht nur direkten Streuungsanteil der einfallenden Strahlung sondern auch den diffusen Lichtanteil und wirken im Gegensatzsatz zum direkten Anteil der Strahlung nicht nur schwächend. Erneut treten auch die Mechanismen der

- Rayleigh-Streuung an Molekülen und die
- Mie-Streuung an Aerosolen in der Atmosphäre.

auf.

Je nach atmosphärischen Bedingungen ergeben sich unterschiedliche Richtungsverteilungen der Strahlungsintensität I. Dies wird aus der Auftragung der normierten Intensität als Funktion des Zenitwinkes θ_z für klares und trübes Wetter, den die Abb. 2.32 zeigt, ersichtlich. Bei klarem Himmel kommt die diffuse Himmelsstrahlung zu ca. 75 % mit gleicher Intensität aus allen Richtungen des Firmaments und in etwa 25 % kommen aus der Richtung der Sonne. Dieser Anteil wird für Simulationsberechnungen von Solarsystemen häufig als.

Circum: Solar der Direktstrahlung zugeschlagen. Dies ist deshalb zulässig, weil Direktstrahlungsmessgeräte ohnehin einen Öffnungswinkel von ca. 5° besitzen (dies erfordert weniger Nachführung). Die Abnahme der diffusen Strahlung in einem Winkelbereich etwa 90° vom Sonnenstand entfernt bei einem klaren Tag, die in der Abb. 2.32 dargestellt

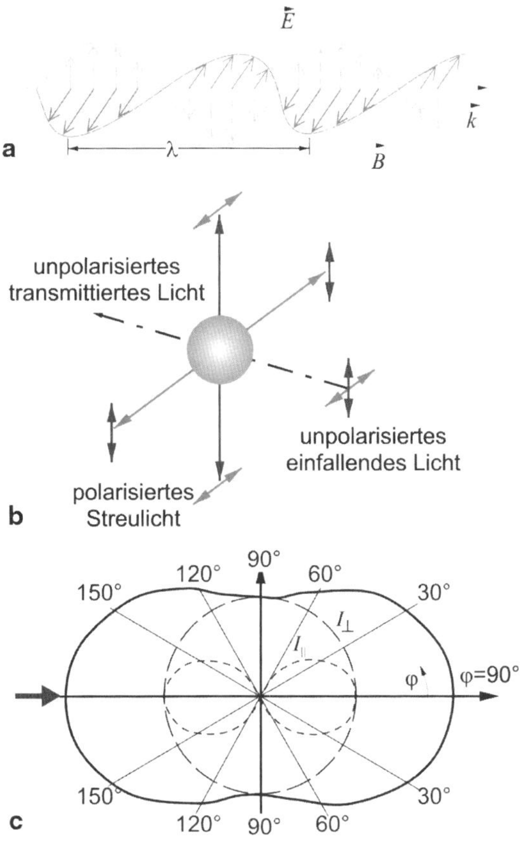

Abb. 2.33 **a** Schemaskizze zur Ausbreitung einer elektromagnetischen Welle, Wellenvektor $\vec{k}$, elektrisches Feld $\vec{E}$ und Magnetfeld $\vec{B}$. **b** Streuprozesse polarisieren das Licht. Hierbei strahlen Dipole entlang ihrer Achse polarisiertes Licht ab. **c** Intensitätsverteilung der zur Sichtebene senkrechten Komponente $I_\perp$ und der sichtebenenparallelen Ebene $I_{||}$ des einfallenden unpolarisierten Lichts als Funktion des Einfallswinkels φ

ist, erklärt sich aus dem Dipolverhalten der Moleküle, an denen eine Rayleigh-Streuung der Materie erfolgt. Bei klarem Wetter überwiegt die Rayleigh-Streuung an Luftmolekülen.

Das Sonnenlicht ist wie jedes mit Hilfe einer thermischen Lichtquelle erzeugten Lichts (auch Glühlampe) unpolarisiert, das heißt, es besteht aus einer inkohärenten Überlagerung vieler Einzelwellen, deren Polarisationszustände statistisch verteilt sind. Mit anderen Worten, die Polarisationszustände ändern sich so schnell, dass jeder einzelne Polarisationszustand unerkennbar wird. Zur Beurteilung des Einflusses beider Mechanismen auf die diffuse Streuung in der Atmosphäre müssen sie in diesem Zusammenhang erneut betrachtet werden.

2.3.10.1 Diffuse Rayleigh-Streuung in der Atmosphäre

Das Licht kann als elektromagnetische Transversalwelle, wie in Abb. 2.33a abgebildet, betrachtet werden, in der der Wellenvektor $\vec{k}$ in Ausbreitungsrichtung zeigt. Senkrecht zu ihm stehen der Feldvektor des elektrischen Feldes $\vec{E}$ und der des Magnetfeldes $\vec{B}$, die ihrerseits wieder senkrecht zueinander sind ($\vec{E} \perp \vec{B}$). Dies erlaubt im dreidimensionalen Raum einen Rotationsfreiheitsgrad, den der Rotation um den Wellenvektor (mit der

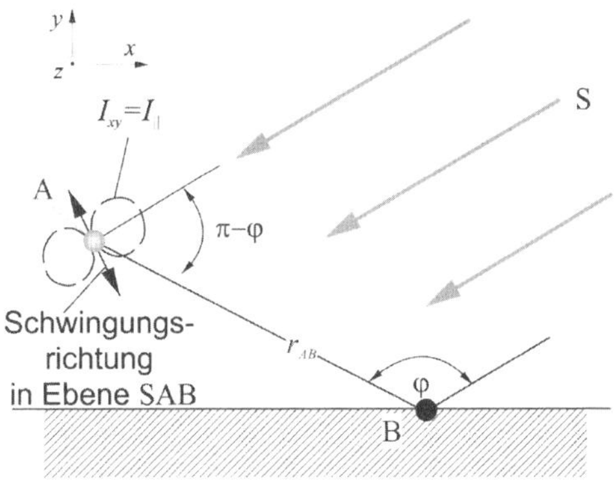

Abb. 2.34 In einem Luftmolekül A erregt der in der Ebene SAB polarisierte Anteil des Sonnenlichts eine Dipolschwingung. Die Amplitude, die dem Beobachter B zu gestrahlt wird, ist proportional zu $\cos\varphi/r_{AB}$, die Intensität $I_{\|} \sim \cos^2\varphi/r^2_{AB}$. Für die Polarisationsrichtung senkrecht zu SAB(x-y-Ebene) gilt $I_{\perp} \sim 1/r^2_{AB}$, denn hier schwingt der Dipol senkrecht zu AB in die Fläche hinein

Zeit). Durch die Streuung an Molekülen erfolgt eine (Teil-)Polarisation des Lichts, wie die Abb. 2.33b zeigt. Hierbei strahlen Dipole entlang ihrer Achse polarisiertes Licht ab. Damit bleibt bei der Rayleigh-Streuung an kleinen Streukörpern ($r<\lambda$) die Intensität der Komponente senkrecht zur Sichtebene $I_{\perp}$ konstant, während die Intensität parallel zur Sichtebene nur mit $\cos^2\varphi$ strahlt.

Im Folgenden wird ein Molekül betrachtet, das für den Beobachter B in Richtung φ schwebt, wie es die Abb. 2.34 skizziert. Sein Dipol schwingt gleich häufig senkrecht zur Richtung AS in der von den Punkten SAB aufgespannten Ebene (Dipol 1, $I_{\|}$) und senkrecht hierzu (Dipol 2, $I_{\perp}$). Ein Dipol strahlt maximal senkrecht zu seiner Schwingungsrichtung, wobei sich die Intensität in der Schwingungsrichtung nicht ändert. Der Dipol 2 strahlt also in Richtung auf B mit maximaler Stärke. Dipol 1 strahlt nur mit der Intensität $\cos^2\varphi$. Die Gesamthelligkeit des Himmels ändert sich daher mit φ entsprechend mit $(1+\cos^2\varphi$. Um 90° von der Sonne entfernt ist er am dunkelsten. Dem Auge fällt dieser geringe Unterschied kaum auf, besonders weil das Blendlicht der direkten Sonne und das immer blassere Blau gegen den Horizont ihn verdecken. Durch einen Polarisationsfilter sieht man das aber sehr gut.

Die Polarisation des Himmellichtes ist ein Indikator für die Dunstanreicherung der Atmosphäre mit Aerosolen. Hierzu wird der Polarisationsgrad P des Lichts vor allem in der Dämmerung ermittelt. Die Abweichung von den Werten der reinen Rayleigh Atmosphäre gibt den Dunstgrad in der Atmosphäre an, wie in der Abb. 2.35 dargestellt.

Bei einem Zenitwinkel von $\theta_Z=90°$ ergibt sich in der Rayleigh-Atmosphäre die größte Polarisation. Atmosphären mit einem höheren Dunstanteil sind trüber und weisen eine kleinere Polarisation auf. Ein hoher Staubanteil bewirkt zunächst eine deutlich verminderte Polarisation des Lichts. Darüber hinaus führt er zu einer Verschiebung der Polarisation hin zu größeren Zenitwinkeln.

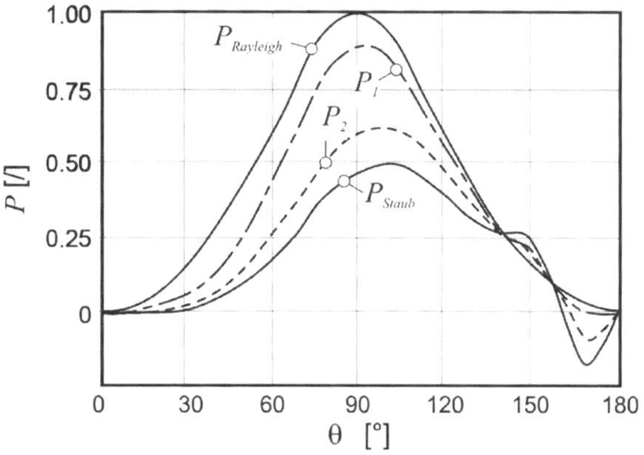

Abb. 2.35 Polarisationsgrad als Funktion des Zenitwinkels θ_z in einer Rayleigh Atmosphäre und einer Staubatmosphäre. Hier ist der Dunstanteil in $P_2 \gg P_1$ (Faktor 60)

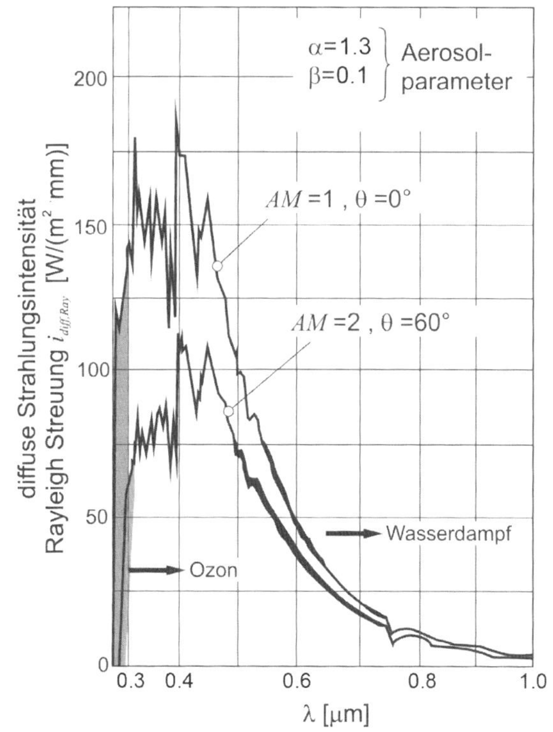

Abb. 2.36 Durch Mehrfachstreuung an Luftmolekülen erzeugte diffuse Rayleigh-Streuung

Durch die Vielzahl kleiner Moleküle in der Atmosphäre kommt es zu Mehrfachstreuungen, die sich ähnlich wellenlängenselektiv verhalten wie der Lichtdurchtritt durch die Atmosphäre. In der Summe erhält man eine wellenlängen- *und* winkelabhängige diffuse Rayleigh-Streuung, wie sie die Abb. 2.36 zeigt. Sie weist erneut einen molekülabhängigen diffusen Anteil auf.

Abb. 2.37 Diffuse Strahlungsintensität durch Mie-Streuung $i_{dif,\,Mie}$ als Funktion der Wellenlänge λ bei verschiedenen Sonnenständen (Air-Mass-Faktoren = *AM*)

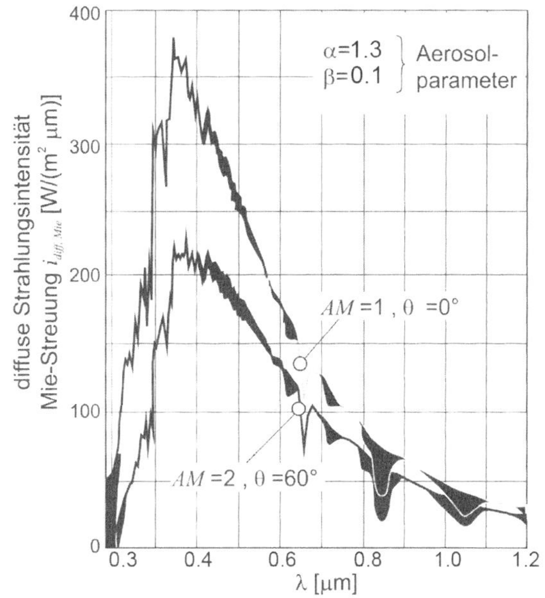

2.3.10.2 Diffuse Mie-Streuung in der Atmosphäre

Prinzipiell verhält sich die diffuse Mie-Streuung in der Atmosphäre ähnlich wie die Rayleigh-Streuung. Sie zeigt ebenso ein spektrales (also wellenlängenabhängiges) Verhalten und wird in der Fachliteratur oft als Aerosolstreuung bezeichnet. Dadurch, dass der Partikeldurchmesser *d* bei der Mie-Streuung von der Größenordnung der Wellenlänge λ ist, ergibt sich ein größerer Effekt. Die durch Aerosolstreuung hervorgerufene spektrale diffuse Bestrahlungsstärke $i_{dif,\,Mie}$ ist um den Faktor zwei größer als die diffuse Stärke der diffusen Rayleigh-Streuung $i_{dif,\,Ray}$ bei gleichem Air-Mass-Faktor (*AM*), wie ein Vergleich der Abb. 2.37 mit der Abb. 2.36 zeigt.

Beide Streumechanismen treten nie singulär auf, vielmehr ergeben sich zwangsläufig Wechselwirkungen in Form von Mehrfachreflexionen zwischen Rayleigh- und Mie-Streuung an unterschiedlichen Partikeln und Molekülen, die ebenfalls zur diffusen Streuung beitragen.

Das Gesamtbild der diffusen Strahlungsintensität besteht somit aus Rayleigh-, Aerosolstreuung (Mie-Streuung) plus Diffusstreuung aus Mehrfachreflexionen. Die Abb. 2.38 zeigt die Größenordnung dieser Einzelkomponenten als Funktion der Wellenlänge λ. Die Addition aller Streuanteile kann einen erheblichen Wert an der Gesamtstrahlungsstärke einnehmen und spielt insbesondere bei der Betrachtung nicht konzentrierender Solarthermischer Kollektoren eine wichtige Rolle.

2.3.10.3 Intensitätsschwächung durch Streuprozesse

Alle Streuprozesse können in ihrer Form mit dem Lambert-Beer Gesetz (vergl. Gl. (2.16)) beschrieben werden. Die Änderung der von der Wellenlänge abhängigen Intensitätsdichte

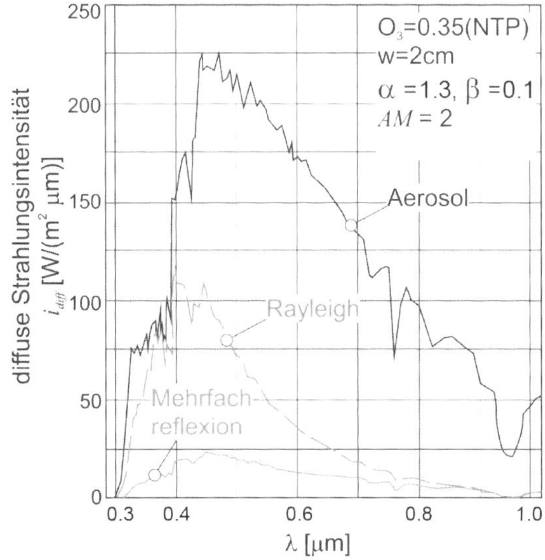

Abb. 2.38 Diffuse Strahlungsintensität i_{diff} der Aerosol, Rayleigh-Streuung und durch Mehrfachreflektionsprozesse bei einem $AM = 2$

$i(\lambda)$ beim Durchtritt der Strahlung durch ein infinitesimales Segment der Dicke dx ergibt sich zu:

$$di(\lambda) = -\beta_\lambda \cdot i_\lambda \cdot dx, \tag{2.67}$$

worin β_λ der Volumenstreukoeffizient [1/m] ist, der sich aus

$$\beta_\lambda = \sigma_\lambda \cdot \pi \cdot r^2 \cdot N, \tag{2.68}$$

berechnet. In Gl. (2.68) ist σ_λ der wellenlängenabhängige Streuquerschnitt r der Teilchenradius und N die die Anzahl aller Teilchen. Das Produkt $(\sigma_\lambda \cdot \pi \cdot r^2)$ wird oft als totaler Wirkungsquerschnitt bezeichnet. Der gesamte Volumenstreukoeffizient β_λ ergibt sich aus dem Integral aller am Streuprozess beteiligten Teilchen inklusive der Mehrfachstreuung zu:

$$\beta_\lambda = \int_{r=r_1}^{r=r_2} \sigma_\lambda(r) \cdot \pi \cdot r^2 \cdot \frac{dN}{dr} dr. \tag{2.69}$$

Man kann auch alle Streuprozesse zusammenfassen, in dem man den Volumenstreukoeffizienten mit einem globalen Streuquerschnitt σ_λ verknüpft, wie in der Gl. (2.70).

$$\beta_\lambda = S \cdot \sigma_\lambda \quad wobei \quad S = N \cdot \pi \cdot r^2, \tag{2.70}$$

in dem S der geometrische Schattenquerschnitt aller Teilchen ist.

Die Abb. 2.39 zeigt den Streuquerschnitt σ_λ als Funktion der Wellenzahl $\kappa = (2 \cdot \pi \cdot r/\lambda)$. Der Bereich der Rayleigh-Streuung tritt demnach bei Wellenzahlen $\kappa < 1$ auf während die Gesetzmäßigkeiten der geometrischen Optik erst für Wellenzahlen $\kappa \gg 1$ gelten. Die Streuquerschnitte der Mie-Streuung variieren erheblich, wie die Abb. 2.39 zeigt.

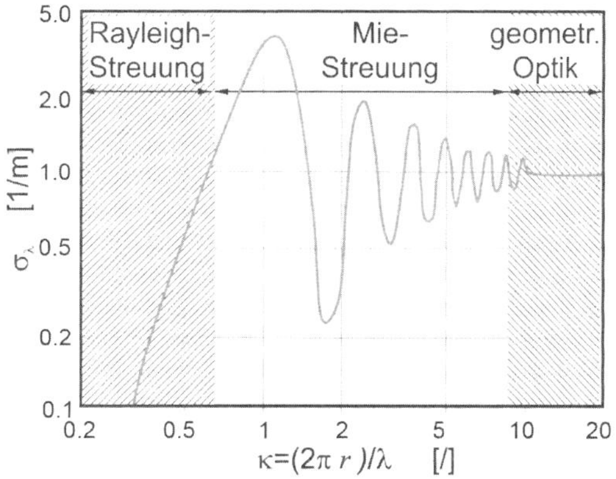

Abb. 2.39 Streuquerschnitt σ_λ als Funktion der Wellenzahl $\kappa = (2 \cdot \pi \cdot r/\lambda)$ und Grenzen der unterschiedlichen Streuprozesse

Tab. 2.7 Wellenzahl κ und Größenordnung typischer Bestandteile der Luft

	Größe r	Wellenlänge λ	Wellenzahl $\kappa = (2 \cdot \pi \cdot r/\lambda)$
Molekül	10^{-9}–10^{-10} m	550 nm	0.01–0.001
Aerosol	10^{-7} m	550 nm	1.2
Regentropfen	10^{-3} m	10^{-3}–10^{-1} m	0.06–6

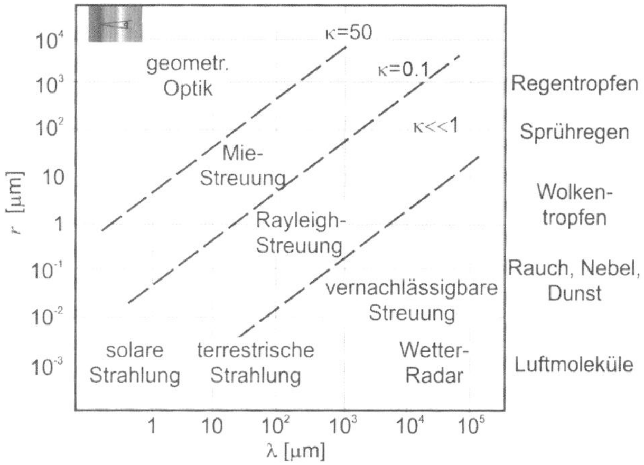

Abb. 2.40 Bereiche der geometrischen Optik, der Mie- und der Rayleigh-Streuung als Funktion des Teilchenradius r und der Wellenlänge λ sowie einige typische Teilchenvertreter

In der Tab. 2.7 sind die Wellenzahlen, Partikelgrößen und Wellenlängen für einige Bestandteile der Luft angegeben. Insbesondere die Teilchengröße legt dabei die Art des Streuprozesses fest.

Die Abb. 2.40 zeigt in doppelt-logarithmischer Auftragung die Bereiche der geometrischen Optik, der Mie- und der Rayleigh-Streuung als Funktion des Teilchenradius r und der Wellenlänge λ.

2.3.10.4 Diffuse, direkte und globale Strahlung

Der Anteil der diffusen Einstrahlung hängt auch bei klarem Himmel von der Länge des Weges durch die Atmosphäre ab. Die Abb. 2.41 zeigt diese Abhängigkeit in Form der An-

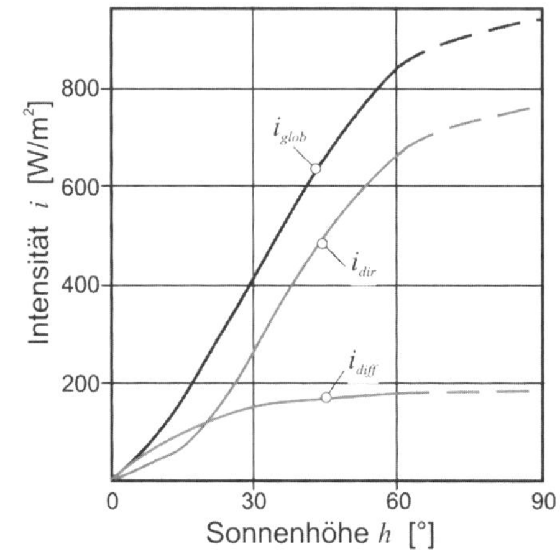

Abb. 2.41 Solare Einstrahlungsdichte an einem wolkenlosen Tag (16.7.1969) bei Sutton Bonington ($\Phi = 53\,°$N, $1\,°$W); i_{glob} = totale Einstrahlung; i_{dir} = direkte Einstrahlung auf eine horizontale Fläche; i_{diff} = diffuse Einstrahlung; Messwerte ausgezogene Kurven, gestrichelte Linien sind extrapoliert

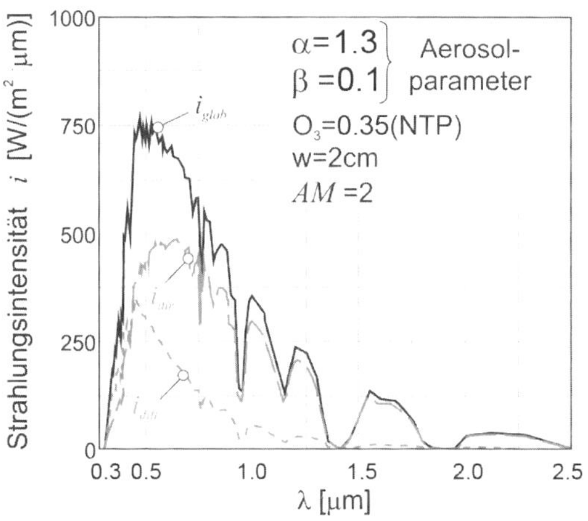

Abb. 2.42 Globaler, direkter und diffuser Anteil der Strahlung als Funktion der Wellenlänge λ bei den angegebenen Atmosphärenparametern am gleichen Standort (Φ=53 °N, 1 °W)

teile der totalen Strahlung i_{glob}, der direkten Strahlung i_{dir} sowie der diffusen Strahlung i_{diff} als Funktion des Sonnenhöhenwinkels h. Hierbei ändert sich der diffuse Anteil bei Sonnenhöhen $h > 40°$ kaum, während der Direktstrahlungsanteil signifikant zunimmt. Bei kleinen Sonnenhöhenwinkeln ($h < 20°$) wird die Intensität durch den diffusen Anteil bestimmt. Auch bei klarem Himmel und senkrechter Einstrahlung ($h = 90°$) beträgt der diffuse Anteil der Strahlung etwa 25 % an der Gesamteinstrahlungsintensität. Geringere Werte sind in Mitteleuropa eher als Ausnahme anzusehen. Sie treten beispielsweise beim Aufklaren nach starkem Regen auf sowie bei geringen Temperaturen, in denen die Luftfeuchtigkeit klein ist.

Ein weiterer Aspekt ist, dass die Gesamtstrahlung i_{glob} wellenlängenabhängig ist. Beispielsweise beschränkt sich der größte Anteil der diffusen Intensität i_{diff} auf den sichtbaren Wellenlängenbereich, während sie bei großen Wellenlängen einen vernachlässigbaren Einfluss auf die Gesamtstrahlungsintensität i_{glob} hat, wie die Abb. 2.42 am gleichen Standort

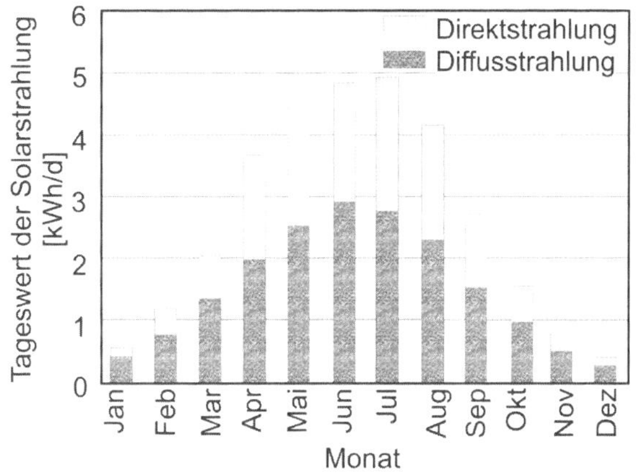

Abb. 2.43 Jahresgang der Globalstrahlung als Summe von Diffusstrahlungsanteil und Direktstrahlungsanteil für einen typischen süddeutschen Standort in der Bundesrepublik. Angegeben sind die über einen Monat gemittelten Tageswerte auf die Horizontale

zeigt. Die direkte Strahlungsintensität i_{dir} hingegen ist sowohl im sichtbaren wie im nahen infraroten Wellenlängenbereich vertreten.

Die Summe beider Komponenten Diffusstrahlung (i_{diff}) und Direktstrahlung (i_{dir}) wird als Globalstrahlung (i_{glob}) bezeichnet. Da die Verteilung zwischen diffuser und direkter Strahlungsintensität vom Höhenstand abhängt, ist sie auch vom Jahresgang abhängig. Die Abb. 2.43 gibt den typischen Jahresgang der Globalstrahlung in Form der mittleren Tageswerte für einen Standort in der Bundesrepublik wieder. In Mitteleuropa überwiegt der diffuse Anteil. Im Jahresmittel liegt das Verhältnis von diffuser zu direkter Strahlung bei etwa 60:40. Lediglich in den Sommermonaten halten sich beide Komponenten größenordnungsmäßig in etwa die Waage. Auf die Nutzungsmöglichkeiten beider Komponenten wird im folgenden Kapitel näher eingegangen.

Für die meisten Berechnungsfälle genügt es, die Strahlungsdichte der diffusen Strahlung eine über alle Richtungen isotrope Verteilung anzunehmen. Der Teil der diffusen Strahlung, der eine um den Winkel β zur Horizontalen geneigten Fläche erreicht, beträgt:

$$i_{diff,g} = i_{diff,h} \frac{1 + \cos\beta}{2} = i_{diff,h} \cdot \cos^2 \frac{\beta}{2}, \qquad (2.71)$$

wobei der Index *h* die horizontale Richtung angibt und *g* für geneigt steht.

2.3.10.5 Einfluss von Wetter und Umgebung auf die Strahlungsintensität

Die Abb. 2.44 zeigt den Einfluss verschiedener Wolkentypen auf die Streuung in der Atmosphäre. Naturgemäß führen Kumuluswolken mit ihrem hohen Feuchteanteil zu einer hohen Streuung und reduzieren den Anteil der Strahlung, die den Kollektor erreicht.

Auch hier kommt es mit abnehmenden Sonnenhöhenwinkeln zu einer erhöhten Streuung und in der Folge verringert sich die am Boden ankommende Strahlungsintensität deutlich.

Kollektoren verfügen im Regelfall auf der Rückseite eine nicht transparente thermische Isolierung. Ein geneigter Kollektor kann daher die diffuse Strahlung auch nur teilweise empfangen. Dafür kann er einen Teil der vom Boden reflektierten Globalstrahlung $i_{refl,\,g}$

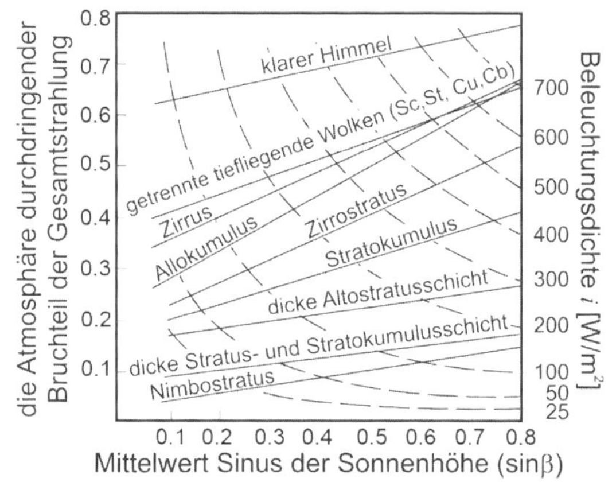

Abb. 2.44 Einfluss verschiedener Wolkentypen. Die Geraden repräsentieren empirische Relationen zwischen solarer Strahlung und Sonnenhöhe für verschiedene Wolkentypen nach Messungen in Nordatlantik (52 °N, 20 °W). Die Kurven stellen Isopleten der Beleuchtungsdichten (nach Lumb) dar. *Sc* Stratokumulus, *St* Stratus, *Cu* Cumulus, *Cb* Kumulonimbus

nutzen. Der Boden reflektiert entsprechend dem Reflexionskoeffizienten ρ_{Boden}. Der Anteil, der den Kollektor erreicht, ergibt sich aus der Globalstrahlungsintensität i_{glob}, dem Reflexionskoeffizienten des Bodens ρ_{Boden} und der Neigung des Kollektors gegenüber der Horizontalen β. Es ist:

$$i_{refl,g} = i_{glob}\,\rho_{Boden} \cdot \left(\frac{1-\cos\beta}{2}\right). \tag{2.72}$$

Weiterhin wird am Boden die Globalstrahlung diffus mit ρ_{Boden} reflektiert. Die reflektierte Strahlung kann nur auf der transparenten Frontseite genutzt werden. Entsprechend dem Neigungswinkel des Kollektors trifft auf diese der Anteil (1-cosβ)/2 (s. Gl. (2.64)). Die Globalstrahlung i_{glob} auf eine Kollektorfläche folgt dann als Summe unter Verwendung der Gl. (2.52), (2.62) und (2.64):

$$i_{glob} = \frac{\cos\theta}{\cos\theta_Z} i_{dir,h} + \frac{1+\cos\beta}{2} i_{diff,h} + \rho_B \frac{1-\cos\beta}{2} i_{glob,h}. \tag{2.73}$$

Die diffuse Strahlung wird hierbei als isotrop im oberen Halbraum angesehen. Die Winkelabhängigkeit, wie sie in Abb. 2.32 angesprochen wurde, wird hier vernachlässigt.

Das Reflexionsvermögen verschiedener Bodenoberflächen ist der Tab. 2.8 angegeben. Diese Reflexionsvermögen wird oft auch als Albedo (lateinisch *albus*=„weiß“) bezeichnet und ist ein Maß für das Rückstrahlvermögen von diffus reflektierenden (nicht selbst leuchtenden Oberflächen). Das Albedo ist der Quotient aus reflektierter zu einfallender Lichtmenge und daher liegt sein Wert zwischen 0 und 1. Es ist vor allem in der Meteorologie bedeutsam, da es Aussagen darüber ermöglicht, wie stark sich Luft über verschiedenen Oberflächen erwärmt. Die Eis-Albedo-Rückkopplung beeinflusst den Strahlungsantrieb und damit die Strahlungsbilanz der Erde. Selbst unterschiedliche Schneesorten weisen einen zum Teil erheblich unterschiedlichen aber hohen Reflexionsgrad auf, während der des Wassers nahezu vernachlässigbar ist.

Tab. 2.8 Reflexionsgrade ρ_{Boden} für Solarstrahlung

Bodenart	ρ_{Boden} [/]
Neuschnee	0.75–0.95
Altschnee	0.40–0.70
Sandboden	0.15–0.40
Asphalt	0.15
Wiesen und Felder	0.12–0.30
Straßen und Häuser	0.15–0.25
Wälder	0.05–0.20
dunkler Fußboden	0.07–0.10
Wasser (abhängig vom Einfallswinkel der Einstrahlung, Verschmutzung, Algengehalt, …)	0.03–0.22

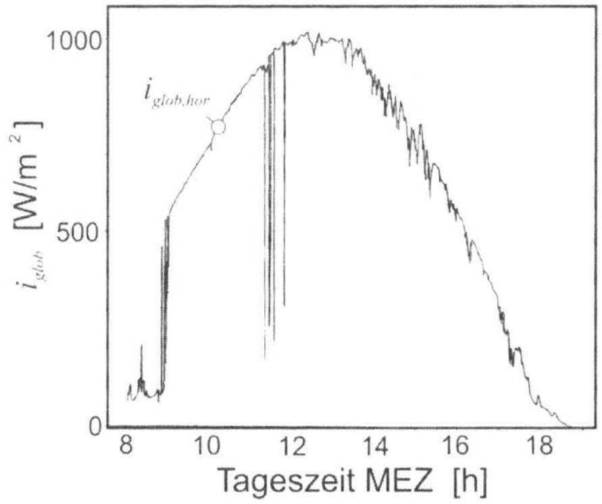

Abb. 2.45 Globale Einstrahlung auf eine horizontale Fläche in Karlsruhe (Forschungszentrum Karlsruhe) am 30. 8. 1989; nach einigen Abschattungen durch benachbarte Bäume am Vormittag zeichnete sich ein Tag mit schönem Wetter ab; die linienartigen Absenkungen um ca. 11.30–12.00 Uhr wurden durch Abschattungen des Messgerätes bewirkt und demonstrierten mit dem unteren Wert den diffusen Anteil der Einstrahlung; eine der Linien hatte sich durch einen Kondensstreifen eines Flugzeuges ergeben

2.3.11 Typische Werte der Globalstrahlung

Streuung und Absorption reduzieren die Einstrahlung gegenüber der extraterrestrischen Leistungsdichte an einem Standort wie Karlsruhe mit 49° nördlicher Breite so, dass die Globalstrahlung auf eine horizontale Fläche selbst an einem klaren Tag zur Mittagszeit im Sommer selten den Wert von 1000 W/m^2 übersteigt.

Der in Abb. 2.45 aufgezeichnete Tagesverlauf der globalen Strahlung auf eine horizontale Fläche zeigt mit einem kosinusähnlichen Verlauf die Auswirkung der Winkelbeziehungen (Gl. 2.44, 2.50 und 2.51). Am Nachmittag lassen sich trotz der nach wie vor hohen Einstrahlung häufig anzutreffende Feinstrukturen mit Schwankungen der Leistungsdichte um ±5 % erkennen. Als Vorwegnahme zur Betrachtung über den Wirkungsgrad thermischer Solarkollektoren sei hier darauf hingewiesen, dass ein Kollektor mit einer Mindesteinstrahlung zunächst die Wärmeverluste an die Umgebung abdecken muss. Erst bei darüber hinaus gehender Einstrahlung kann eine Nutzleistung abgeführt werden. Die genannte Feinstruktur des täglich verfügbaren Solarstrahlungsangebots bekommt dann einen viel größeren Anteil an der Nutzleistung.

Der Kollektor und alle nachgeschalteten Einrichtungen müssen mit solchen Schwankungen fertig werden oder es müssen Speicher in das Gesamtsystem eingebunden sein.

Photovoltaische Zellen haben dagegen einen Wirkungsgrad annähernd proportional zur Einstrahlung. Sie können auch bei kleinen Einstrahlungen Leistung abgeben. Tage mit geringen Einstrahlungsleistungen sind aber solche mit starker Bewölkung, die wiederum starke Leistungsschwankungen aufweisen. Hohe und schnelle Leistungsschwankungen werden auch durch die zuvor erwähnten Reflexionen an Wolken bewirkt. Dementsprechend stellen sich Anforderungen an die nachgeschalteten elektrischen Systeme. Die Gesamtstrahlung an einem Standort wird also durch die jahreszeitlichen Schwankungen aber auch durch die Einflüsse auf Grund der Wetterlage bestimmt. Als langjähriger Jahresmittelwert der Einstrahlung auf eine horizontale Fläche gilt für Karlsruhe etwa 1100 kWh pro Quadratmeter und Jahr. Dies sind in etwa nur 45 % der extraterrestrisch auf eine horizontale Fläche treffenden Solarstrahlung.

Einen Überblick über die Verteilung der jährlichen Globalstrahlung auf Deutschland, Europa und auf der Erde geben die Abb. 2.46, 2.47 und 2.48. Danach variiert die mittlere jährliche Einstrahlung um bis zu 25 % allein in Deutschland. Weltweit gibt es Gebiete, in denen etwa das Doppelte der maximal in Deutschland verfügbaren jährlichen Einstrahlung vorhanden ist. Von hoch gelegenen Standorten in Nordamerika liegen Messwerte bis 2800 kWh/m^2a vor. Genauere Wetter- oder Einstrahlungsdaten, wie sie für die Vorausberechnung von Kollektorleistungen benötigt werden, können inzwischen weltweit von vielen Wetterämtern bezogen werden. In Deutschland ist dies beispielsweise der Deutsche Wetterdienst (Wetterdienst 2011). Zum Überblick sind hier nochmals einige typische Einstrahlungswerte zusammengestellt: Typische Maximalwerte der Globalstrahlung bei Sonnenhöchststand am Standort Karlsruhe sind etwa $i_{global} = 800$ bis 1000 W/m^2 (höhere Werte treten nur auf, wenn Wolken zusätzlich Einstrahlung an den Standort reflektieren) während an einem wolkenverhangenen Wintertag auch zur Mittagszeit nur $i_{global} = 100\ W/m^2$ gemessen werden können.

Über ein Jahr aufsummiert erreicht die Einstrahlung in:

	$kWh/(m^2 \cdot a)$
Karlsruhe	1100
Freiburg	1200
Sahara	2200
Kalifornien	2800

2.3.12 Einstrahlung bei Bewölkung – Statistische Verfahren

Während die Intensität bzw. Tagessummen der extraterrestrischen Strahlung mittels der zuvor angegebenen Winkelbeziehungen berechnet werden können, müssen witterungsbe-

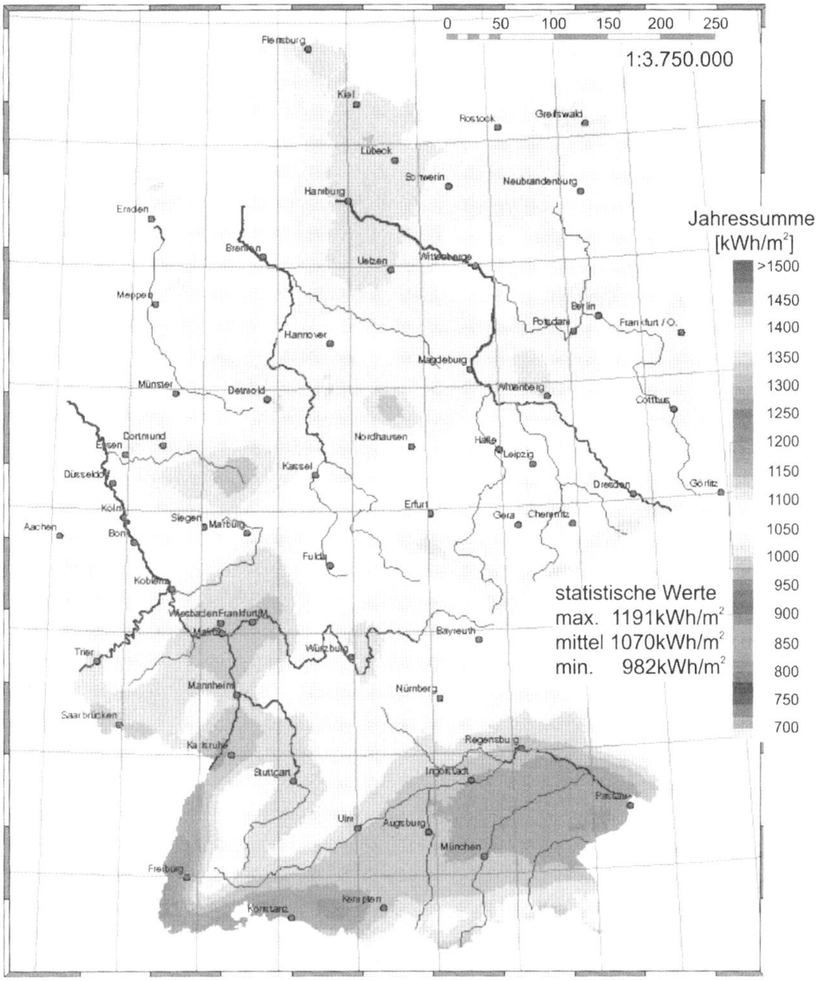

Abb. 2.46 Jahressumme der regionalen jährlichen Einstrahlung in Deutschland auf eine horizontale Flächen kWh/m². Quelle Deutscher Wetterdienst. (Wetterdienst 2011)

haftete Werte der Globalstrahlung am terrestrischen Standort aus Messwerten von Wetterstationen als statistische Mittelwerte abgeleitet werden. Für Karlsruhe reichen die mittleren monatlichen Tagessummen der Globalstrahlung von 0.85 kWh/(m²d) im Winter bis zu 8.6 kWh/(m²d) im Sommer (s. Tab. 2.9).

Neben diesen Tagessummen der Globalstrahlung ist in der Tab. 2.9 in der zweiten Zeile das Verhältnis $\bar{K}_T$ zur mittleren monatlichen Tagessumme der extraterrestrischen Einstrahlung auf eine horizontale Fläche angegeben. Der K_T Wert beschreibt das Verhältnis der Globalstrahlung zur extraterrestrischen Einstrahlung.

$$K_T = \frac{\dot{i}_{glob}}{\dot{i}_{extra}} \quad \text{Atmosphäre} \cdot \text{Transparenz (clearness factor)}, \tag{2.74}$$

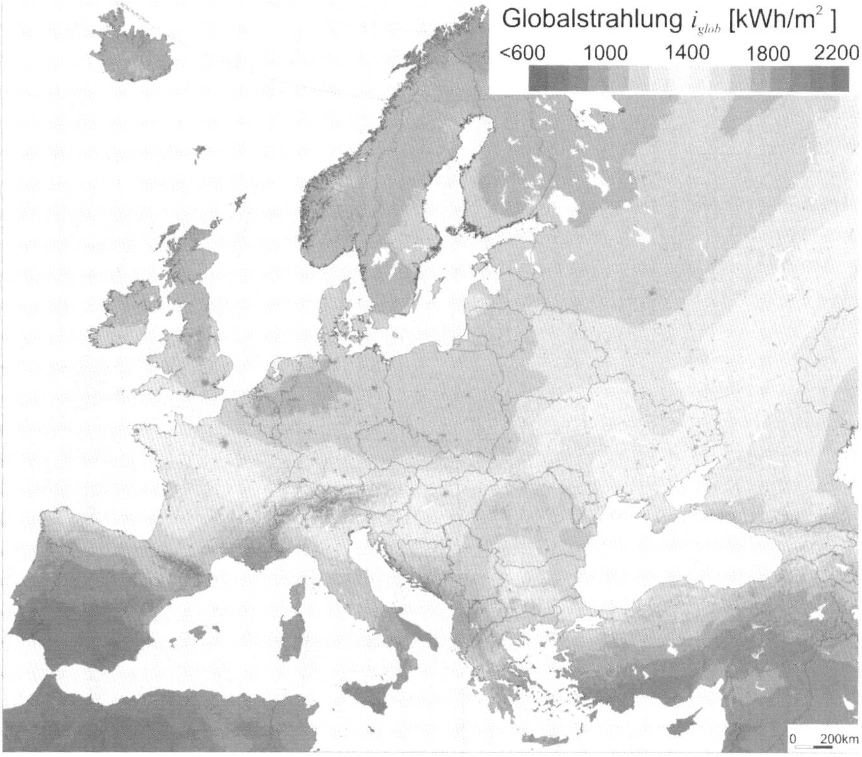

Abb. 2.47 Verteilung der Jahressumme der Globalstrahlung auf eine horizontale optimal nach Süden ausgerichtete Fläche in Europa kWh/m^2. (Europäische Kommission 2006)

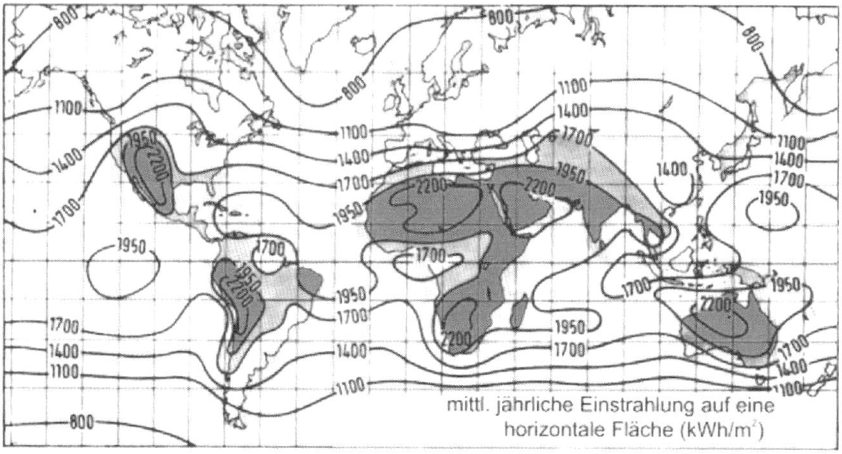

Abb. 2.48 Mittlere Jahressumme der Globalstrahlung der Erde auf eine horizontale Fläche in kWh/m^2. (Fasholz et al. 1987)

Tab. 2.9 Monatliche Mittelwerte der Einstrahlung $\bar{I}_{gl}$, der $\bar{K}_T$-Werte, Temperatur $\bar{T}_U$ und Gradtage für einige Städte in der Bundesrepublik Deutschland

	Jan.	Feb.	März.	April	Mai	Juni	Juli	Aug.	Sept.	Okt.	Nov.	Dez.
Bochum (51.17°)												
$\bar{I}_{gl}$ (MJ/m²)	2.29	4.81	9.56	16.14	18.84	20.95	19.07	17.02	12.03	6.81	3.05	1.76
$\bar{K}_T$	0.274	0.356	0.441	0.524	0.497	0.510	0.484	0.510	0.498	0.428	0.321	0.255
$\bar{T}_U$ (°C)	1.7	2.5	4.9	8.3	13.1	15.7	17.2	16.5	13.9	9.6	5.1	2.7
GT (Kd)	536	462	437	321	60	0	0	0	14	291	417	505
Hamburg (53.63°)												
$\bar{I}_{gl}$ (MJ/m²)	2.99	5.99	11.56	18.66	24.18	25.35	23.59	19.83	14.96	8.04	3.23	1.94
$\bar{K}_T$	0.432	0.497	0.569	0.625	0.645	0.619	0.602	0.607	0.636	0.556	0.402	0.351
$\bar{T}_U$ (°C)	0.3	1.0	3.5	7.5	13.3	15.4	17.1	16.2	13.6	8.8	4.2	1.6
GT (Kd)	580	504	481	345	56	0	0	0	35	316	444	539
Hannover (52.47°)												
$\bar{I}_{gl}$ (MJ/m²)	2.64	6.45	11.27	18.89	22.59	23.30	21.83	19.78	13.91	10.15	3.76	2.29
$\bar{K}_T$	0.348	0.506	0.538	0.624	0.600	0.568	0.556	0.599	0.577	0.670	0.431	0.372
$\bar{T}_U$ (°C)	0.7	1.3	4.0	7.8	12.8	15.7	17.2	16.4	13.5	8.9	4.5	1.9
GT (Kd)	567	496	465	336	77	0	0	0	42	313	435	530
Karlsruhe (49.02°)												
$\bar{I}_{gl}$ (kWh/m²)	1.11	2.41	3.91	5.58	8.18	8.40	8.56	6.03	4.92	3.29	1.13	0.85
$\bar{K}_T$	0.414	0.586	0.618	0.636	0.771	0.738	0.777	0.639	0.670	0.691	0.376	0.374
$\bar{T}_U$ (°C)	1.0	2.4	5.6	9.6	14.3	17.4	19.1	18.1	14.5	9.6	5.0	2.2
GT (Kd)	558	465	415	282	7	0	0	0	0	291	420	521

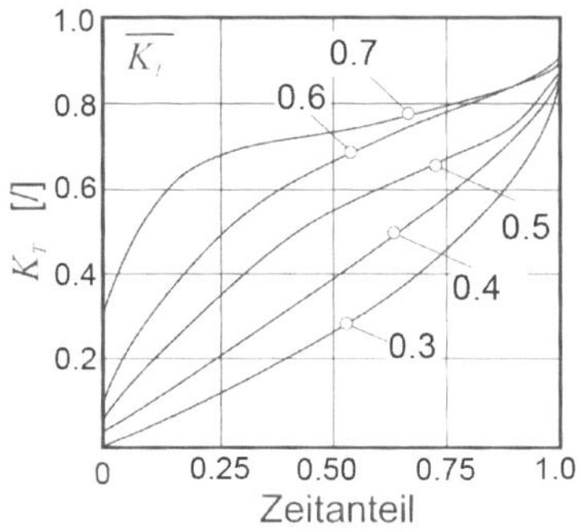

Abb. 2.49 Tagesmittelwerte $K_T = i_{glob}/i_{extra}$ über den monatlichen Zeitanteil als Funktion der monatlichen, mittleren, gemessenen Tagessummen $\bar{I}$ bezogen auf die monatliche, mittlere, extraterrestrische Tagessumme I_0 auf eine horizontale Fläche $\bar{K}_T = \bar{I}/I_0$ (auch auf stündliche Mittelwerte anwendbar). (Duffie und Beckman 1991)

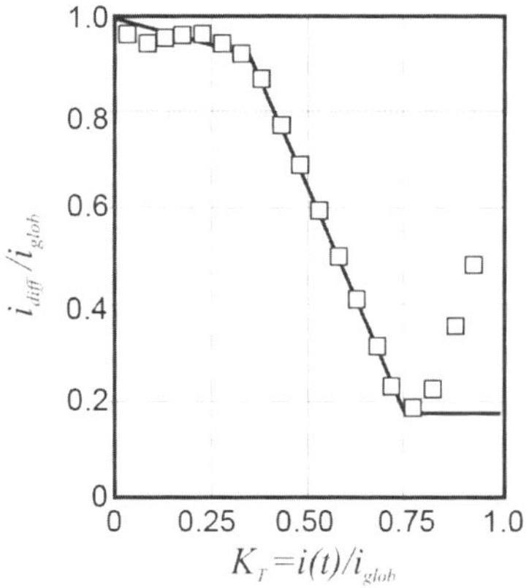

Abb. 2.50 Diffuser Strahlungsanteil i_{diff} als Funktion der Globalstrahlung bezogen auf die extraterrestrische Strahlung auf eine horizontale Fläche jeweils als stündlicher Mittelwert. (Duffie und Beckman 1991)

Damit entspricht er der atmosphärischen Transparenz oder dem „clearness factor". K_T-Werte können aus Momentanwerten, mittleren Stundenwerten oder mittleren Tagessummen gebildet werden. Mittels Auswertung von Aufzeichnungen zahlreicher Messstationen in USA wurde eine Kurvenschar ermittelt, mit der aus den Monatsmittelwerten $\bar{K}_T$ eine statistische Verteilung von $\bar{K}_T$-Werten für Einzeltage oder Untermengen eines Monats angegeben werden können (z. B. für $\bar{K}_T = 0.7$ haben 7 Tage (25 %) einen Tageswert mit $\bar{K}_T \approx 0.55$; $2 \cdot 7$ Tage ($2 \cdot 25$ %) kommen auf ein Verhältnis $\bar{K}_T \approx 0.7$ und die restlichen 25 % erreichen $\bar{K}_T \approx 0.85$.) Die Abb. 2.49 zeigt die K_T-Werte als Funktion des Zeitanteils. Es hat sich gezeigt, dass die gleiche Kurvenschar auch verwendet werden kann, um aus Tageswerten $\bar{K}_T$ Stundenwerte von K_T abzuleiten.

Das Verfahren wurde mit Daten von Standorten außerhalb der USA verglichen und eine weitgehende Übereinstimmung gefunden. Starke Abweichungen wurden nur für Orte in großen Höhenlagen festgestellt. Gleichfalls aus statistischen Untersuchungen wurde ein Zusammenhang zwischen dem diffusen Anteil an der Globalstrahlung in Abhängigkeit vom K_T-Wert erstellt, der in der Abb. 2.50 dargestellt ist. Die Kurven in Abb. 2.49 und Abb. 2.50 können auch als mathematische Beziehungen angegeben werden.

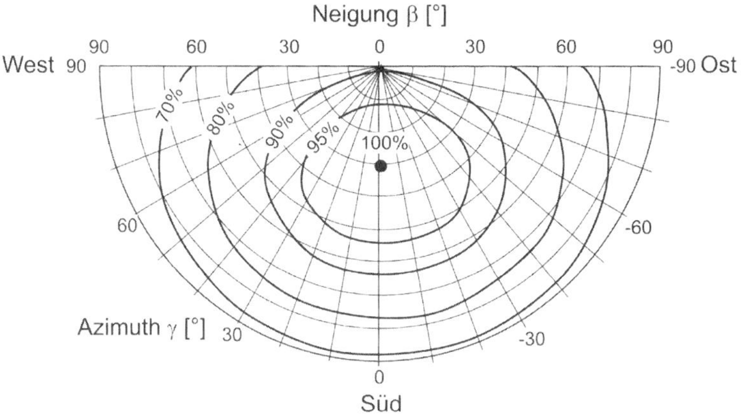

Abb. 2.51 Relative Einstrahlungen auf geneigte Flächen in Trier Einstrahlung auf geneigte Flächen (Trier, Perez-Modell, Bodenreflektivität $\rho_{Boden}=0.2$). 100 % = 1143 kWh/(m²·Jahr). (Nast 1994)

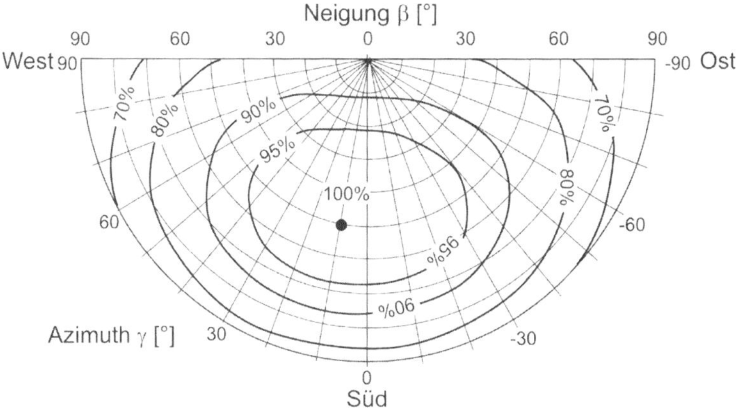

Abb. 2.52 Relative Systemausbeuten einer typischen solaren Warmwasseranlage in Abhängigkeit von der Kollektorausrichtung in Trier. (Trier Perez-Modell, Bodenreflektivität $\rho_{Boden}=0.2$, Warmwasserbedarf 200 Liter/Tag). 100 % = 272 kWh/(m²·Jahr). (Nast 1994)

Die Einstrahlung auf eine beliebig orientierte Fläche kann nach diesem Verfahren dann als Summe von Stundenwerten für die direkte und diffuse Strahlung getrennt über einen größeren Zeitraum, beispielsweise als Jahressumme berechnet werden. Die Stundenwerte mit dem Wirkungsgrad eines Solarsystems, der dann auch abhängig von der Einstrahlungsleistung (s. nächster Abschnitt) sein kann, können dann als Jahresenergieertrag eines Kollektorsystems numerisch ermittelt werden. Dies ist für den Standort Trier in den Abb. 2.51 und 2.52 für ein Kollektorsystem zur Brauchwassererwärmung graphisch dargestellt. Die Graphen zeigen dabei den Einfluss des Neigungswinkels und der Orientierung der Kollektoraufstellung. Wenn man nur auf wenige Prozent der Jahresleistung verzichtet

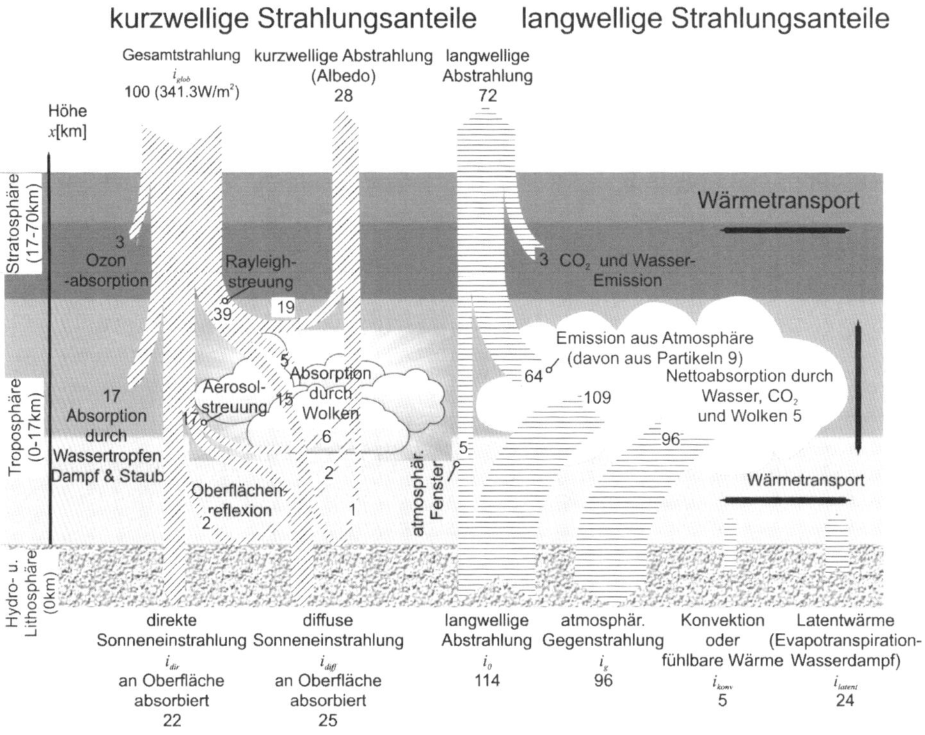

Abb. 2.53 Schema der Strahlungsbilanz für das System Erde plus Atmosphäre. Die Zahlen geben den prozentualen Anteil der einfallenden Gesamtstrahlung mit 341.3 W/m²·Jahren. (Kleemann und Melíß 1988)

zeigen die Graphen, dass es einen großen Spielraum bezüglich der Kollektororientierung gibt.

2.4 Terrestrisch nutzbare Solarstrahlung, Strahlungsbilanz der Erde

Die extraterrestrische Strahlung wird vor allem durch folgende Einflüsse in der Intensität und im Spektralverlauf beeinträchtigt, bevor sie auf die Erdoberfläche trifft.

- Reflexion an der Atmosphäre und der Erdoberfläche (sog. Albedo, ca. 30 %).
- Streuung an Bestandteilen der Atmosphäre.
- Absorption durch die Atmosphäre.

Die Abb. 2.53 zeigt schematisch die Strahlungsbilanz für das System Erde plus Atmosphäre. Aus der Grafik geht deutlich hervor, dass in der Stratosphäre (17–70 km Höhe) lediglich die Absorption durch Ozon die einfallende Gesamtstrahlung i_{glob} schwächt. Ein Albedo

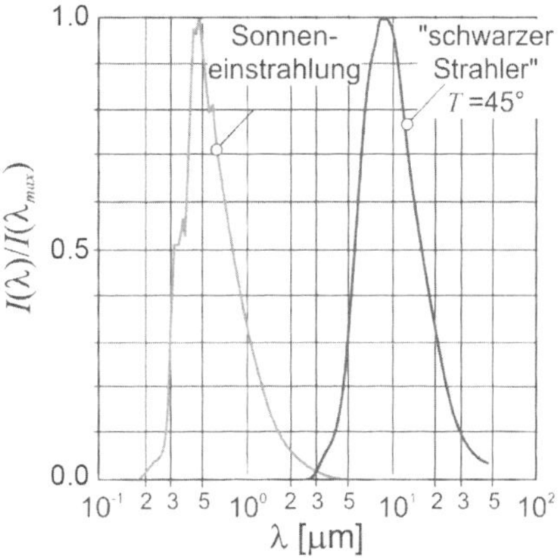

Abb. 2.54 Extraterrestrisches Solarspektrum der Gesamtleistung $I = 1.35$ W/m² bezogen auf den Maximalwert von $I_{max} = 2074$ Wm⁻²μm⁻¹; *rechte Kurve*: Spektrum eines schwarzen Strahlers der Temperatur von 45 °C und eine Gesamtstrahlungsleistung von 600 W/m² bezogen auf den Maximalwert des Spektrums mit $I_{max} = 43$ Wm⁻² μm⁻¹

(Rückstrahlung) tritt praktisch nicht auf. In der Troposphäre zwischen 0 und 17 km Höhe hingegen kommt es durch Absorption zu vielfältigen Absorptions- und Streuprozessen, deren prozentualer Anteil im kurzwelligen Bereich zum Teil erheblich ist. Diese deutliche Unterscheidung zwischen der kurzwelligen solaren Einstrahlung und langwelligen thermischen Abstrahlung erleichtert die Bilanzierung erheblich.

Um die Begriffe kurz- und langwellig, solare Strahlung und Wärmestrahlung zu verdeutlichen, sind die Spektren der Sonne und eines schwarzen Strahlers bei 45 °C schematisch in Abb. 2.54 dargestellt. Sie verdeutlicht die vernachlässigbare Überschneidung beider Spektren zwischen einer Wellenlänge von 3–5 μm. Die letztendlich auf die Erdoberfläche auftretende kurzwellige Strahlung kann in zwei Komponenten aufgeteilt werden:

- Direkte Strahlung i_{dir};
- diffuse Himmelsstrahlung i_{diff}.

Der Strahlungshaushalt der Erde ist der wichtigste Bestandteil des Energiehaushalts der Erde. Er bestimmt in welchem Maße sich das globale und lokale Klima verändert. Über den Teilbereich der Strahlungsbilanz werden dabei die verschiedenen Haushaltsgrößen in einer Gleichung rechnerisch bilanziert. Hierbei unterscheidet man zwischen dem kurzwelligen Bereich und dem langwelligen.

Im Strahlungshaushalt hingegen werden auch die Wechselbeziehungen zwischen beiden Bestandteilen dargestellt. Die einfallende Sonnenstrahlungsleistungsdichte ist vom Spektrum her kurzwellig, deshalb wird dieser Zusammenhang auch als kurzwellige Strahlungsbilanz (i_k) bezeichnet. Es ergibt sich.

$$i_k = i_{glob} - r = i_{dir} + i_{diff} - r = (1 - \rho_{boden}) \cdot i_{glob}, \tag{2.75}$$

worin i_{dir} und i_{diff} die direkte und die diffuse Strahlungsintensität darstellen und r die Reflexionsintensität. ρ_{Boden} ist das Albedo oder der Reflexionskoeffizient und i_{glob} die Globalstrahlungsintensität. Aus Abb. 2.53 erkennt man, dass im globalen Mittel nur etwa 47 %

der Sonnenstrahlung als direkte oder diffuse Strahlung auf die Erdoberfläche gelangt. Dies entspricht im Mittel in etwa 700 W/m^2. Das globale Mittel zwischen direkter und diffuser Einstrahlung ist 25:22, also 53 % beträgt die Direktstrahlung während der diffuse Anteil 47 % ausmacht. Zum Vergleich im Mittel der Bundesrepublik beträgt das Verhältnis direkt zu diffus 60:40.

Die Erdoberfläche emittiert Wärmestrahlung (infrarot). Da diese Strahlung langwellig ist, wird diese Formel auch als langwellige Strahlungsbilanz (i_l) bezeichnet:

$$i_l = i_e = i_0 - i_g. \tag{2.76}$$

Darin bezeichnet i_e die effektive Ausstrahlungsintensität, i_0 die Intensität der Ausstrahlung der Erdoberfläche, der sogenannten terrestrischen Strahlung, und i_g die Gegenstrahlung der Atmosphäre, die durch den Einfluss von Atmosphärengasen, Aerosolen und Wolken bestimmt wird. Die langwellige Temperaturausstrahlung der Erde und die atmosphärische Gegenstrahlung sind entsprechend der Abb. 2.53 von gleicher Größenordnung wie die solare Einstrahlung. Hierdurch wird die Bedeutung des Absorptions- bzw. Emissionsverhaltens der Atmosphäre auf den Energiehaushalt der Erde deutlich. Wegen des geringen Exergiegehalts dieser langwelligen Strahlungsarten können sie jedoch nicht (oder nur kaum) genutzt werden. Unser Wetter wird vor allem durch die langwelligen Strahlungsprozesse beeinflusst. Durch die langwellige Abstrahlung und die atmosphärische Gegenstrahlung werden große Energiemengen zwischen Erdoberfläche und Atmosphäre ausgetauscht. Als Nettoeffekt bleibt eine Abstrahlung von der Erdoberfläche in der Größenordnung von ca. 18 % der Solarkonstanten. Die langwellige Abstrahlung von der Erdoberfläche entspricht physikalisch der Schwarzkörperstrahlung eines Körpers mit der Temperatur der Erdoberfläche. Auch die atmosphärische Gegenstrahlung ist auf dieses Phänomen zurückzuführen.

Aus den beiden Gl. (2.75) und (2.76) für die Strahlungsaufnahme (einfallende Strahlung) und die Strahlungsabgabe (Emission), also für Gewinn und Verlust, lässt sich nun ermitteln, wie viel insgesamt zur Verfügung steht. Diese Gesamtstrahlungsintensität i_{tot} ergibt sich zu:

$$i_{tot} = i_k + i_l = i_{glob} - r - i_e. \tag{2.77}$$

Wie die Abb. 2.53 zeigt, ergibt sich in jeder Höhe ein Gleichgewichtszustand, in dem der Nettostrahlungsfluss null ist. Im Gleichgewichtsfalle muss daher gelten:

$$\underbrace{i_{dir} + i_{diff}}_{\text{kurzwellig}} + \underbrace{i_g}_{\text{langwellig}} = \underbrace{i_0 + i_{konv} + i_{latent}}_{\text{langwellig}}, \tag{2.78}$$

in der i_{konv} der konvektive normal zur Erde gehende Wärmetransport ist und i_{latent} die Wärme durch in die Atmosphäre verdampfendes Wasser wiedergibt. Eine unausgeglichene Strahlungsbilanz würde zwangsläufig zu einer Aufheizung oder Auskühlung der Erde führen.

Die in der Abb. 2.53 aus Kleemann und Meliß (1988) dargestellte Strahlungsbilanz der Erde verdeutlicht die Gesamtstrahlungsbilanz. Dies bedeutet die gesamte Einstrahlung entspricht der kurzwelligen Abstrahlung (Albedo) plus der langwelligen Abstrahlung

(Gl. 2.78). Die Zahlenangaben in Abb. 2.53 geben auf die gesamte Erde bezogene Mittelwerte wieder und sind auf die Globalstrahlung außerhalb der Erdatmosphäre (Solarkonstante, 100 %) bezogen.

Die zur Erde kommende Sonnenenergie wird durch Wolken, Luft und Boden (hier besonders von Schnee) zu 30 % wieder in den Weltraum reflektiert (das heißt die Albedo der gesamten Erde beträgt im Mittel $\rho_{Boden} \approx 0.30$). Die restlichen 70 % werden absorbiert; hierbei ca. 20 % von der Atmosphäre und ungefähr 50 % vom Erdboden (vergleiche Abb. 2.53). Letztere werden durch Wärmestrahlung und Konvektion wieder an die Lufthülle abgegeben. Würde nur diese Energie wieder vollständig in den Weltraum abgestrahlt werden, so läge die mittlere Lufttemperatur bei −18 °C, während sie tatsächlich um 15 °C beträgt. Die Differenz erklärt sich aus dem natürlichen Treibhauseffekt der Atmosphäre. Die sogenannten Treibhausgase in der erwärmten Atmosphäre (vor allem Wasserdampf und Kohlendioxid) emittieren Infrarotstrahlung – auch in Richtung Erde. Der Nachschub für die abgestrahlte Energie erfolgt durch Konvektion und Absorption (ein Teil der Abstrahlung von der Erdoberfläche im Infraroten wird absorbiert).

Die von der Atmosphäre emittierte Infrarotstrahlung führt zu einer Erwärmung der Erdoberfläche um durchschnittlich 33 °C. Diese Zahlen gelten nur für die Erde als Ganzes. Lokal und regional hängen die Verhältnisse von zahlreichen Faktoren ab:

- von der Albedo der Erdoberfläche, die vom 30 %-Mittel stark abweichen kann (beispielsweise Schnee 40–90 %, Wüste 20–45 %, Wald 5–20 %),
- vom oben erwähnten Einfallswinkel der Sonnenstrahlen und der Dauer ihrer Einwirkung,
- von Bewölkung und Luftfeuchtigkeit,
- vom Wärmetransport durch Wind, von Luftschichtungen usw.

Prinzipiell sind alle Faktoren weitgehend modellierbar. Doch Details wie beispielsweise Staueffekten an Gebirgen, unregelmäßige Bewegung von Tiefdruckgebieten sowie mikroskopische Turbulenz- und Austauscheffekte, die sich zum Teil erheblich auf das globale Gesamtsystem auswirken sind nicht in allen Details bekannt. Für gute Vorhersagen benötigt die Meteorologie außer enormen Rechenkapazitäten auch ein weltweit dichtes Raster von Messdaten über alle Luftschichten, was in der Praxis an Grenzen stößt.

Literatur

Duffie JA, Beckman WA (1991) Solar Engineering of Thermal Processes. Wiley-Interscience, New York

Europäische Komission (2006) Photovoltaic Solar electricity potential in european countries, Institute for Environment and Sustainability-IES, Abrufbar unter http://re.jrc.ec.europa.eu/pvgis/cmaps/eur.htm

Fröhlich C, Foukal PV, Hickey JR, Hudson HS, Willson RC (1992) Solar Irradiance Variability from Modern Measurements. In Sun in Time. (3rd Ausg.). Univ. of Arizona Press, Tucson

Fröhlich C (1993) Relationship between solar activity and luminosity. Advances Space Res 13(9):429–437
Gerthsen C, Kneser HO, Vogel H (1995) Physik. Ein Lehrbuch zum Gebrauch neben Vorlesungen. 17. Aufl. (Ausg.), Springer-Verlag GmbH, Berlin
Hippler R (2005). Atmosphärenphysik. Universität Greifswald (Institut für Physik): Greifswald
Iqbal M (1983). An introduction to solar radiation. Academic Press Inc, New York
Kasten F, Young AT (1989) Revised optical air mass tables and approximation formula. Appl Opt 28(22):4735–4738
Kleemann M, Meliß M (1988) Regenerative Energiequellen. Springer-Verlag, Berlin.
McCracken G, Scott P (2005) Fusion-The Energy of the Universe. Elsevier Academic Press, Burlington MA
Nast M (1994) Dachorientierung- Auswirkungen auf die Kollektorausbeute. Sonnenergie, Heft 5, Seite 18ff. Herausgeber: Deutsche Gesellschaft für Sonnenenergie e.V.
Pecker J-C (1994) The sun: A synoptic view. Vistas Astron 38:111–164
Stöcker H (1994) Taschenbuch der Physik. Harry Deutsch, Frankfurt/M
Wetterdienst Deutscher (2011) Klimadaten. Offenbach abrufbar unter www.dwd.de

3 Einfluss der Konzentration auf solarthermische Systeme

Die solare Einstrahlung gleicht der eines schwarzen Strahlers mit 5576 K und besitzt eine hohe Exergie. Die Leistungsdichte dagegen entspricht einem Strahler mit 121 °C. Für viele Anwendungen ist dies zu wenig, um eine ausreichende Betriebstemperatur (oder Exergie) sowie eine wirtschaftliche Flächennutzung zu erreichen. Mittels konzentrierender Spiegel wird die Leistungsdichte am Empfänger erhöht. Das Konzentrationsverhältnis aus Spiegel- und Empfängerfläche ist jedoch begrenzt. Die theoretische Begrenzung wird im Folgenden mittels des 2. Hauptsatzes der Thermodynamik abgeleitet. Wichtiger sind jedoch Einschränkungen durch die technischen oder physikalischen Eigenschaften der Spiegel oder Konzentratoren und den Empfänger oder Absorber. Den Zusammenhang von deren Qualität und Anwendungsfällen werden aufgezeigt.

3.1 Abgrenzung zwischen aktiver und passiver Solarthermie

Die Wirkungsgrade oder auch Nutzleistungen der anschließend betrachteten technischen Lösungen zur Nutzung der Solarenergie ergeben sich aus der energetischen Bilanzierung von Einstrahlungs- und Verlustleistungen. Diese werden durch

- den baulichen Aufwand (Systemtechnik und Instrumentierung),
- ihr Komponentenverhalten sowie
- die Werkstoffeigenschaften bestimmt.

Dieser Gesamtkomplex bestimmt über die Effizienz im Wettbewerb mit anderen Systemen. Mit den Komponenten- oder Systempreisen sowie den Energieerträgen über beispielsweise ein Jahr lassen sich schließlich Energiegestehungskosten angeben.

Die thermische Nutzung von Solarenergie zielt auf die Bereitstellung von Prozesswärme für industrielle Aufgaben und auf Anwendungen im Gebäudebereich. Bei der Nutzung im Gebäudebereich unterscheidet man zwischen aktiven und passiven Nutzungsweisen.

R. Stieglitz, V. Heinzel, *Thermische Solarenergie*,
DOI 10.1007/978-3-642-29475-4_3, © Springer-Verlag Berlin Heidelberg 2012

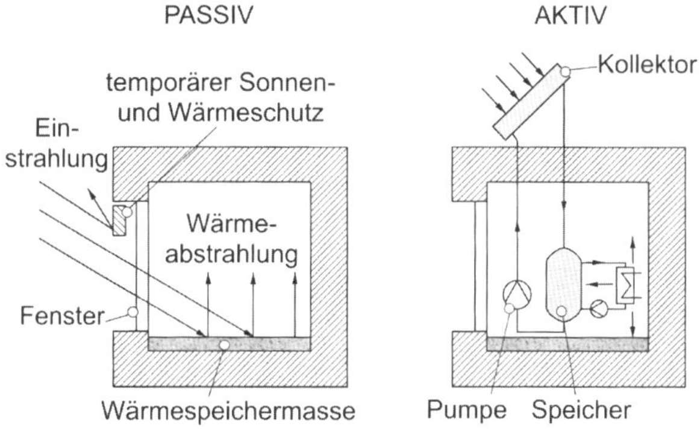

Abb. 3.1 Schemaskizze zur Definition einer passiven respektive aktiven Nutzung der Sonnenenergie

Als aktive Systeme werden Gesamtkomplexe bezeichnet, die aus maschinentechnischen Komponenten aufgebaut sind. Sie beinhalten einen Wärmetransport mittels eines Wärmeträgers von der Stelle der Energieaufnahme, der als Kollektor bezeichnet wird, zur Energieabgabestelle, dem eigentlichen Exergienutzer. Um Schwankungen in der Bereitstellung der Exergie durch den Kollektor auszugleichen, werden oftmals Speicher zwischengeschaltet. Diese Verknüpfung von Maschinenelementen zwischen dem Kollektor und dem Exergienutzer (in Form von Wärme oder Kälte) bedingt Rohrleitungsnetze (Druckverluste, Wärmeverluste), Umwälzpumpen (Verbrauch elektrischer Exergie), Speicher (naturkonvektiver Wärmeaustausch und Mischungsverluste), Wärmetauscher (Übertragungsverluste bei unterschiedlichen Medien) sowie Regel- und/oder Steuereinrichtungen (Zeitverhalten und elektr. Exergieverbrauch). Sofern keine Naturkonvektion oder integrierten Kollektor-Speicher-Systeme eingesetzt werden (können), macht die Umwälzung des Wärmeträgers einen nicht zu vernachlässigenden Energie- und damit gleichbedeutend Exergieaufwand erforderlich. Hier ist eine detaillierte Systemberechnung aller Einzelkomponenten bis hin zum Exergienutzer erforderlich, damit ein effizientes System adaptiert an das Nutzungsverhalten ermittelt werden kann.

Die passive Nutzung von Sonnenenergie bezieht sich ausschließlich auf Gebäude, wobei lediglich bauliche Mittel zur Solarenergienutzung verwendet werden. Das Prinzip ist die

- Sammlung der Sonnenenergie durch entsprechend orientierte Fenster oder „transparente Wärmedämmungen“ (abgekürzt TWD), verbunden mit einem temporären Wärmeschutz, sowie
- Ausnutzung der Gebäudemassen als Wärmespeicher.

Sieht man von Abschattungseinrichtungen als Überhitzungsschutz im Sommer ab, ist Hilfsenergie zum Betrieb solcher Systeme meist nicht notwendig. In unserem Klima ist ein baulich exzellenter Wärmeschutz Voraussetzung für eine sinnvolle „passive“ wie auch „aktive“ Nutzung von Sonnenenergie (Fisch et al. 1984). Die Abb. 3.1 skizziert schematisch den Unterschied zwischen einer aktiven und einer passiven Nutzung der Sonnenenergie entsprechend der im vorangegangenen definierten Grundsätze.

Bei den aktiven Systemen unterscheidet man weiterhin in solche mit und ohne Konzentration. Die Konzentration erhöht durch Spiegel die Einstrahlungsleistung am Strahlungsempfänger, dem sogenannten Absorber. Es können so höhere flächenspezifische Wärmeverluste am Absorber abgedeckt werden. Mit anderen Worten der Absorber kann mit höheren Temperaturen betrieben werden.

In der Solartechnik ist ein Solarabsorber, kurz auch einfach Absorber, ein Bestandteil eines thermischen Sonnenkollektors. Er dient zur Aufnahme (Absorption) der Energie verschiedener Strahlungsanteile der Sonne. Die in Sonnenkollektoren enthaltenen Solarabsorber bestehen im Regelfall aus einem oder mehreren Absorberblechen aus Aluminium oder Kupfer. Unterstützt durch eine selektive Beschichtung erwärmt sich dieser Absorber im Sonnenlicht; diese Wärme wird durch eine den Absorber in Röhren durchströmende „Solarflüssigkeit" aufgenommen und so zu einer Nutzeinrichtung bzw. einem Wärmespeicher transportiert. Der Rest des Solarkollektors dient zur Wärmeisolation des Absorbers (mittels Vakuum oder mittels geeigneter Isoliermaterialien), um Wärmeverluste zu vermeiden und eine höhere Arbeitstemperatur zu ermöglichen.

Anwendungen im Gebäudebereich verlangen in der Regel die Bereitstellung der Energie bei Temperaturen, die sich nur wenig von den Umgebungstemperaturen unterscheiden. Diese Systeme kommen daher zumeist ohne Konzentration aus.

Die Erzeugung von industrieller Prozesswärme mit höheren Prozesstemperaturen ist dagegen nur mit konzentrierenden Kollektorsystemen zu erreichen. Mit wachsender Temperaturanforderung steigt die Spiegelfläche im Verhältnis zum Absorber, das heißt, es wächst das Konzentrationsverhältnis.

Hochkonzentrierende Kollektoren werden häufig auch zur Stromerzeugung eingesetzt. Bezüglich der Kollektorkonstruktion kann dann nicht mehr zwischen thermischer und thermisch/mechanischer Solarenergienutzung unterschieden werden.

3.2 Kollektoren

3.2.1 Kollektorarten und typische Einsatztemperaturen

Den Zusammenhang zwischen Konzentrationsverhältnis und Temperatur verdeutlicht die in Abb. 3.2 skizzierte schematische Darstellung unterschiedlicher Kollektorsysteme, in der typische Einsatztemperaturen und Konzentrationsverhältnisse angegeben sind.

Mit steigender Leistungsdichte und Temperatur am Absorber wachsen die Ansprüche an die Kollektorkonstruktionen. Bei hohen Konzentrationsverhältnissen wird die zweiachsige Nachführung sinnvoll. Sie erhöht nicht nur die Einstrahlung durch eine bessere Einstellung der Spiegel, sondern sorgt für ein gleichmäßiges Niveau der Leistungserzeugung über einen längeren Zeitraum.

Die einfachste Bauform ist der Schlauchmattenabsorber, in dem nahezu drucklos Wasser oder Luft umgewälzt wird. Bei dieser Bauform wird die einfallende Strahlung nicht

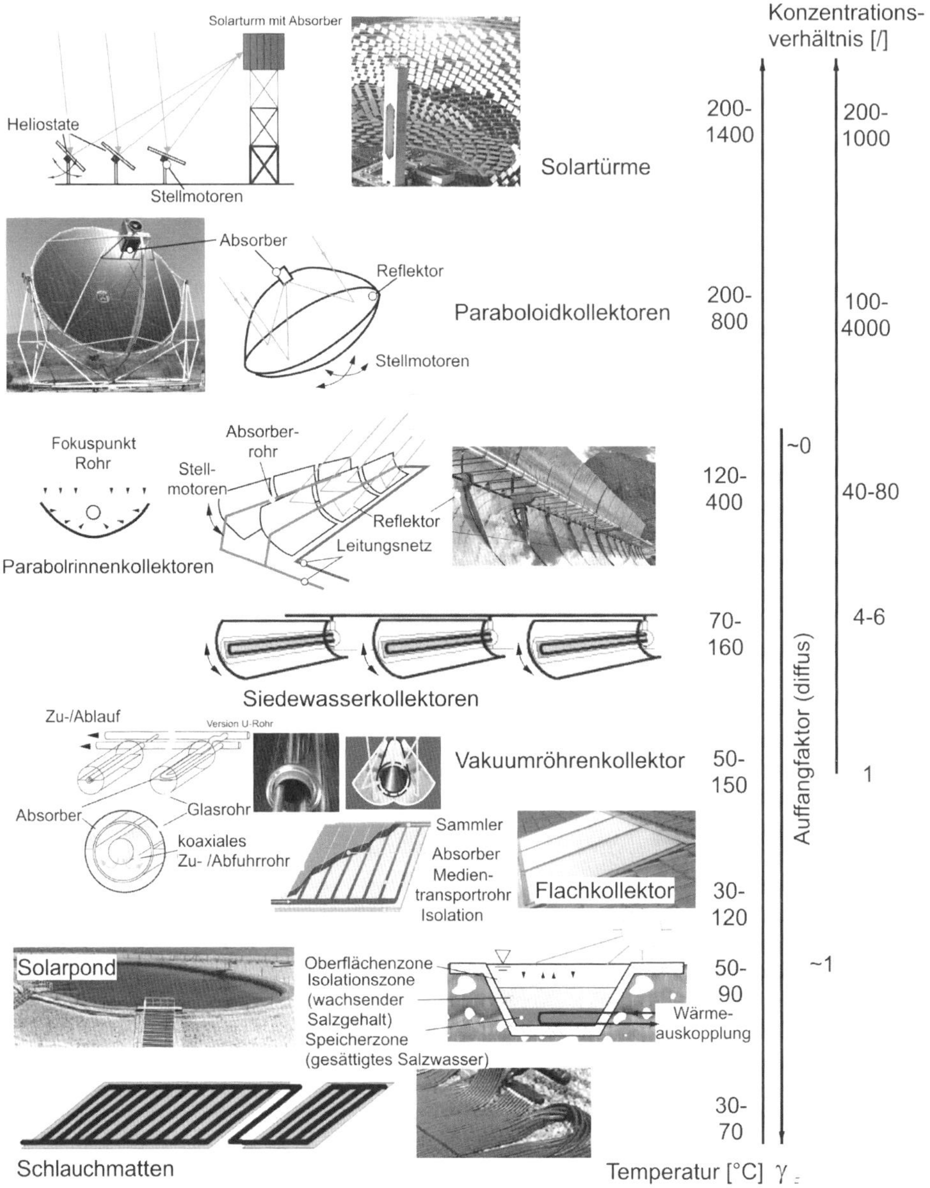

Abb. 3.2 Schemaskizze zu den einzelnen Kollektortypen und dem entsprechenden Zusammenhang von Temperaturanforderungen und Konzentrationsverhältnis der Sonneneinstrahlung

konzentriert und durch die im Absorber über die Medienerwärmung – meist Wasser ohne Zusätze -entstehenden Dichteunterschiede erfolgt der Medientransport. Die Matten werden sinnvoll im Temperaturbereich von ca. 30 bis 70 °C betrieben. Bei großen Flächen oder ungeeigneten Höhenanordnungen werden auch Umwälzpumpen eingesetzt.

Ebenfalls ohne konzentrierende Systeme operiert das Solarpondkonzept. Durch Nutzung einer Salzlösung ergibt sich ein Konzentrationsgradient in Schwerefeldrichtung mit einer hohen Salzkonzentration am Boden (große Dichte) und einer geringe an der Oberfläche (geringe Dichte). Daher kann das Fluid, auch wenn sich die Bodenschicht aufheizt, nicht durch Naturkonvektion aufsteigen (und sich dort abkühlen), während das Sonnenlicht in die Bodenschicht vordringen kann und diese erwärmt. Die darüber liegende Schichten isolieren und verhindern den Energieverlust. Am Boden des Solarponds kann die Energie in der untersten Schicht abgegriffen werden. Da dieses Prinzip im Wesentlichen stabil nur in aquatischen Systemen abläuft und der entgegen der Schwerkraft gerichtete Dichtegradient (durch Erwärmung) nur durch den Konzentrationsgradienten der Salzlösung kompensiert wird, ist der Einsatzbereich in der unteren Wärmeentnahmeschicht auf weniger als 100 °C beschränkt. In der darüber liegende Isolationsschicht nimmt die Temperatur so weit ab, dass die Temperatur an der Oberseite der dritten, obersten Schicht ausreichend klein ist, um die Wärmeverluste durch Abstrahlung und Verdunstung zu begrenzen. Zur Reduktion der konvektiven Verluste durch Wind verhindern transparente Kunststoffbahnen die Wellenbildung.

In einem Flachkollektor wird der Absorber in einer Art Vitrine eingeschlossen. Im Flachkollektor wird der Absorber, durch den das Wasser zirkuliert, von einer Glasscheibe abdeckt. Durch das Glas kann die Sonnenstrahlung den Absorber mit dem darin zirkulierenden Wasser ohne größere Verluste erreichen. Die Wärmeverluste durch Konvektion werden jedoch stark verringert, da die Luft den Absorber nicht mehr frei umströmen kann. Die Glasabdeckung reduziert auch die Wärmerückstrahlung des Absorbers, da diese langwelliger ist als die Einstrahlung und deshalb vom Glas in umgekehrter Richtung nur wenig durchgelassen wird. Der Flachkollektor wird auf der Rückseite durch eine gute Wärmedämmung gegen Abstrahl- und konvektive Verluste geschützt. Seine Wärmeverluste lassen sich weiter verringern, wenn man an der Frontseite eine zweite oder gar eine dritte Glasscheibe anbringt, aber damit verringern sich auch die Lichtdurchlässigkeit und der solare Strahlungsgewinn am Absorber. Eine doppelte Verglasung bewirkt also nicht notwendig eine Verbesserung des Wirkungsgrads. Vorteilhafter ist eine sogenannte transparente Wärmedämmung (TWD): Sie besteht aus wabenförmigen Kunststoffröhrchen, die das Sonnenlicht durch Mehrfachreflexionen auf den Absorber lenken. Zugleich schützt dieses transparente Material den Kollektor vor Wärmeverlusten. Allerdings kann es bei sehr hohen Temperaturen schmelzen, weshalb es in der Praxis nur für die Dämmung von Speicherkollektoren verwendet wird. Der typische Einsatzbereich dieses nicht konzentrierenden Systems beträgt ca. 30–120 °C.

Der Absorptionseffekt im Flachkollektor und im Röhrenkollektor ist grundsätzlich identisch. Deutliche Unterschiede bestehen bei der Wärmedämmung. Beim Röhrenkollektor ist der Absorber ähnlich wie bei einer Thermoskanne in eine evakuierte Glasröhre eingebaut. Das Vakuum besitzt gute Wärmedämmeigenschaften. Die Wärmeverluste sind daher vor allem in den Temperaturbereichen, die zur Gebäudeerwärmung oder Klimatisierung benötigt werden, geringer als bei Flachkollektoren. Bei Vakuum-Röhrenkollektoren unterscheidet man zwischen den Bauformen mit direkter Durchströmung und der „Heat-Pipe-Technik". Beide Varianten können mit innen oder außen liegenden Reflektorflächen zur Erhöhung der Energieausbeute ausgestattet sein. Häufig handelt es sich um CPC Konzentratoren mit Konzentrationsverhältnissen kleiner als 2. Vakuumröhrenkollektoren arbeiten bei erhöhtem Betriebsdruck, so dass hier Temperaturen bis ca. 150–160 °C bei guten Wirkungsgraden erzielt werden können.

Parabolrinnenkollektoren bestehen aus gewölbten Spiegeln, die das Sonnenlicht auf ein in der Fokuslinie verlaufendes Absorberrohr bündeln. Die Länge solcher Kollektoren kann je nach Bautyp zwischen 20 und 150 m liegen. In den Absorberrohren wird die konzentrierte Sonnenstrahlung in Wärme umgesetzt und an ein zirkulierendes Wärmeträgermedium abgegeben. Parabolrinnensysteme werden aus Kostengründen meist nur einachsig der Sonne nachgeführt. Sie sind deshalb in Nord-Süd-Richtung angeordnet und werden der Sonne im Tagesverlauf von Ost nach West nachgeführt. In höheren geographischen Breiten liefern Ost-West-Ausrichtungen bessere Erträge. Technisch werden im Regelfall Konzentrationsverhältnisse bis ca. 100 erzielt. Als Wärmeträgermedien kommen Wasser, Salze oder Thermoöle zum Einsatz. Letztere disproportionieren bei höheren Temperaturen, so dass auch unter Druck Temperaturen von 400 °C oft nicht überschritten werden. Fresnelkollektoren sind linienkonzentrierende Kollektoren, die nach einem ähnlichen Prinzip wie Parabolrinnensysteme arbeiten. Bezüglich der Ausrichtung und Nachführung treten daher bei beiden ähnliche Anforderungsprofile auf.

Paraboloidkollektoren bestehen aus einem rotationssymmetrischen parabolisch gekrümmten Konzentratorspiegel, der drehbar auf einem Gestell montiert wird und kontinuierlich zweiachsig der Sonne nachgeführt. Es handelt sich bei ihnen um punktkonzentrierende Systeme. Im Brennpunkt befindet sich ein Empfänger (oder Receiver), der die Strahlung absorbiert und als Hochtemperaturwärme an einen nachgeschalteten Prozess beispielsweise einen Stirling-Motor abführt. Das erzielbare Konzentrationsverhältnis bis 10^3 erlaubt hohe Receivertemperaturen stellt aber an den Empfänger wie auch die Nachführeinheiten hohe technische Anforderungen.

In einer Solarturmanlage richten Stellmotoren hunderte bis tausende positionierbare Spiegel, sogenannte Heliostaten, die Solarstrahlung so aus, dass das einfallende Sonnenlicht auf den zentralen Absorber, dem Receiver (Empfänger), fokussiert wird. Durch die starke Konzentration der Einstrahlung entstehen an der Spitze des Turms Temperaturen bis zu mehreren 1000 °C. Die technisch sinnvoll handhabbaren Temperaturen liegen bei rund 1400 °C. Die Konzentrationsverhältnisse können bis zu 10^3 betragen.

In Abhängigkeit von der Betriebstemperatur werden in den Kollektoren verschiedene Wärmeträgermedien eingesetzt werden. In den Schlauchmatten kann Wasser nur drucklos umgewälzt werden. Bei den Solarteichen (Solarponds) kann die Salzlösung ebenfalls direkt ohne druckführende Leitungen umgepumpt werden. Kollektorsysteme verwenden Wasser bis 150 °C, wobei über 100 °C die Kreislaufauslegung höhere Betriebsdrücke zulassen muss. In frostgefährdeten Gebieten und ganzjährigem Betrieb müssen Frostschutzmittel zugesetzt werden. Bis einige 10 °C über der Umgebungstemperatur kommt auch Luft als Wärmeträger in Betracht, sofern lediglich kleine Wärmedichten benötigt werden. Verdampfendes Wasser wurde im Wesentlichen bisher nur in Experimentieranlagen genutzt. Thermoölen, Salzschmelzen, flüssiges Metallen oder Inertgase erlauben den Betrieb bei Temperaturen über 150 °C. Die Begrenzungen bei konzentrierenden Systemen werden hauptsächlich durch drei Aspekte bestimmt:

- den apparativen Aufwand,
- der chemischen Integrität des Wärmeübertragungsmediums (z. B. Wärmedissoziation von Ölen und Salzen bei Temperaturüberschreitung und
- dem Werkstoffverhalten bei Lastzyklen (Temperaturwechselbeanspruchung, Kriechen, Ermüden).

3.3 Prinzipieller Aufbau eines Kollektors

Die Abb. 3.3 zeigt den prinzipiellen Aufbau eines solarthermischen Flachkollektors zur Wärmegewinnung. Prinzipiell besteht ein derartiger Kollektor aus:

- einer optisch transparenten Abdeckung, die der Sonne zugewandt ist. Sie gewährleistet die Transmission des Lichts zum Kollektor. Neben ihrer hohen Transparenz muss die Abdeckung die Wärmeverluste an die Umgebung klein halten.
- einer meist selektiv beschichteten Absorber- oder Empfängerplatine, die die Einstrahlung absorbiert,
- einem Wärmeabfuhrsystem, das die Wärme vom Absorber aufnimmt und aus dem Kollektor transportiert,
- einer thermischen Isolierung an den nicht Exergie aufnehmenden Seiten des Kollektors und
- einer Umschließung, in die die optisch transparente Abdeckung integriert ist. Ihre Aufgabe besteht zum einen in der Reduktion der konvektiven Wärmeübertragung im Kollektor und der Wärmeverluste an die Umgebung. Zum anderen soll sie einen Schutz gegen Verschmutzung und mechanische Beanspruchung bieten und die Fixierung des Kollektors sowie der damit verbundenen Komponenten sichern.

Die Umschließung ist beim Flachkollektor ein Kasten, der auf der Frontseite durch eine Glasscheibe abgedeckt ist. Flachkollektoren nutzen als Wärmeträgermedium zum Transport der Wärme aus dem Kollektor zumeist Wasser (je nach Region mit oder ohne Frostschutzmittel) oder Luft. Hierzu sind Kanäle oder Rohre am Absorber angebracht, die die im Kollektor aufgefangene Wärme an das Wärmeträgermedium transferieren. Häufig handelt es sich um mehrere parallele Rohre, die durch Verteiler- und Sammelleitungen mit dem externen Rohrleitungsnetz (z. B. Heizkreislauf oder Nachbarkollektor) verbunden sind (eine detailliertere Beschreibung erfolgt in Kap. 6.2.2).

Ein Röhrenkollektor besteht aus einer evakuierten Glasröhre, in deren Inneren sich entweder mit dem Wärmeträgerfluid gefüllte Absorberrohre (vgl. Abb. 3.4) oder streifenförmige Absorberplatinen mit daran befestigten Rohren zur Wärmeabfuhr befinden.

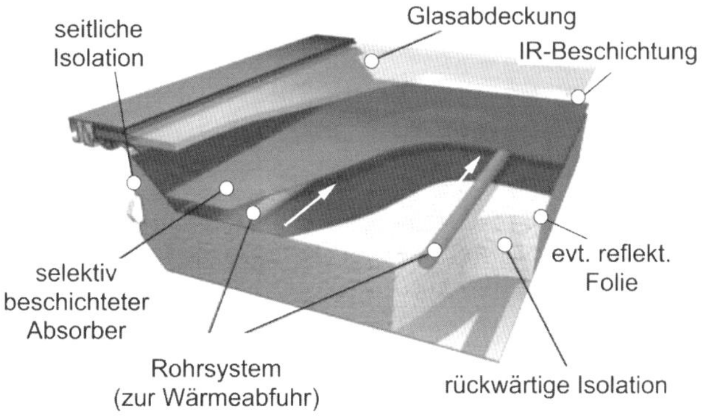

Abb. 3.3 Schematische Darstellung des Aufbaus eines Flachkollektors mit den wichtigsten Komponenten

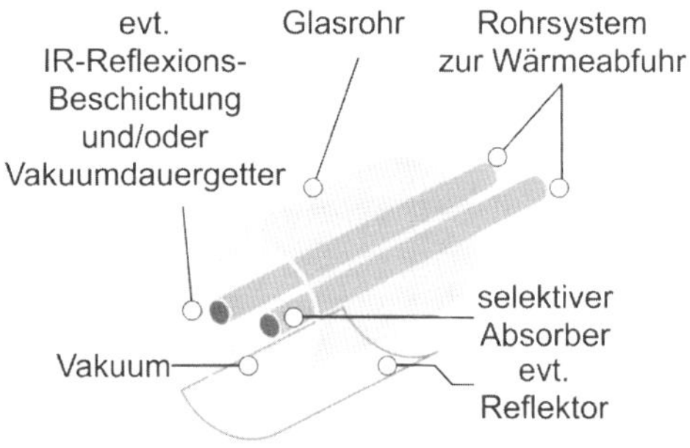

Abb. 3.4 Schematische Darstellung des Aufbaus eines Röhrenkollektors und seiner zentralen Bauelemente

Andere Systeme verfügen auch über konzentrisch zum Glasrohr angeordnete Absorberrohre, in deren Inneren die Wärmeabfuhrrohre entweder als U-Rohr oder „heat pipe" angeordnet sind.

Mit einer vakuumdichten Verbindung zwischen den Metallrohren und dem umschließenden Glasrohr kann das Innere der Glasröhre evakuiert werden. Das Vakuum isoliert den Absorber thermisch gegen das Glasrohr. Eine langjährig vakuumdichte Verbindung zwischen dem Glasrohr und dem metallischen Absorber ist eine der zentralen Herausforderungen. Gelegentlich enthalten die Glasrohre einen Getter. Dieser kann induktiv von außen erhitzt werden, um so im Laufe der Standzeit das Vakuum wieder herstellen zu können. Eine weitere Lösung ist ein doppeltes Glasrohr mit dem Vakuum im Zwischenbereich ähnlich dem Prinzip einer Thermoskanne. Der Absorber befindet sich innerhalb des inneren Glasrohres. Der Absorberquerschnitt ist deutlich kleiner als das äußere Glasrohr, so dass die nutzbare, absorbierende Fläche deutlich kleiner als die Kollektorfläche ist. Das doppelte Glasrohr reduziert allerdings den optischen Wirkungsgrad.

Unabhängig vom Kollektorkonzept können mit Hilfe konzentrierender Spiegel, die auf die Absorberfläche gerichtet sind die Einstrahlungsleistung gegenüber der unmittelbar auf den Absorber eines Kollektor treffenden Strahlung erhöhen (vgl. Abschn. 2.3.10.4).

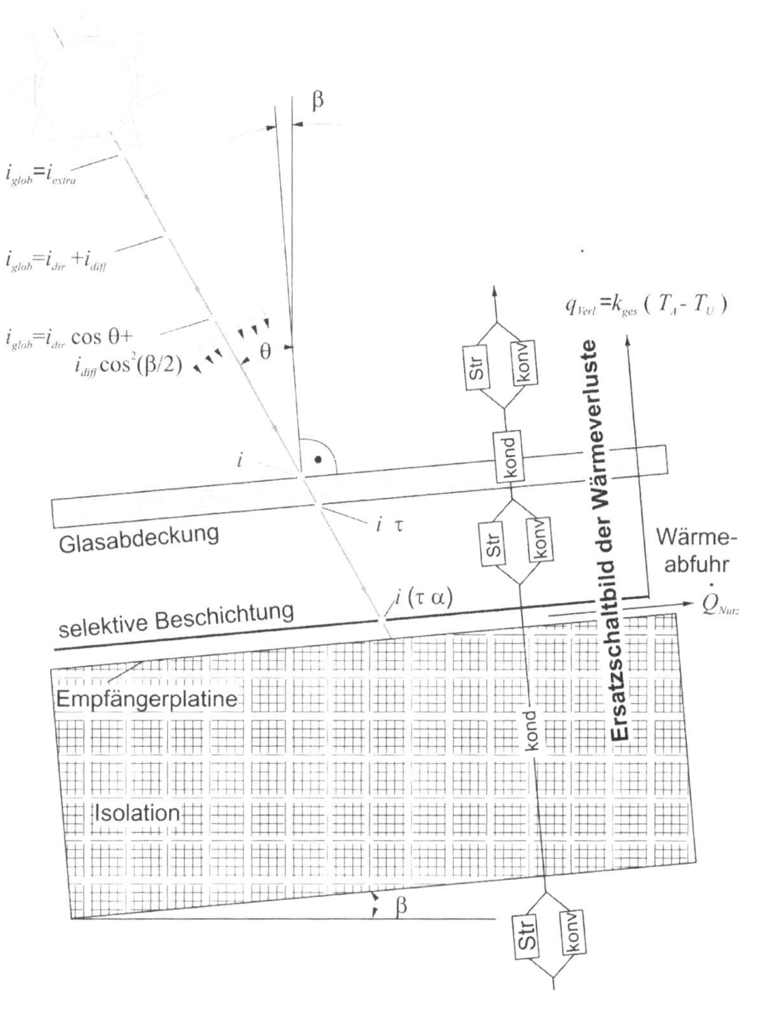

Abb. 3.5 Schemaskizze eines Flachkollektors mit Glasabdeckung, einer Absorber- (oder Empfänger-) platine und dem daran befestigten Wärmeabfuhrrohr; die Wärmeverluste lassen sich als Anteile der Verluste durch Strahlung (*Str*), Wärmeleitung (*kond*), Konvektion (*konv*) mit Hilfe eines elektrischen Ersatzschaltbildes darstellen

3.4 Wirkungsgrad nichtkonzentrierender Solarkollektoren

Die Nutzleistung $\dot{q}_N$ und damit der zugehörige Wirkungsgrad η eines Solarkollektors ergibt sich aus einer Wärmebilanz. Zur Erstellung einer vollständigen Wärmebilanz dient die Abb. 3.5. Die flächenbezogene Nutzleistung $\dot{q}_N$ auf einen geneigten Flachkollektor ergibt sich damit aus der Bilanz der spezifischen Einstrahlung i (in [W/m^2]) abzüglich der optischen Verluste durch Transmission (τ) und Absorption (α) und der thermischen Verluste,

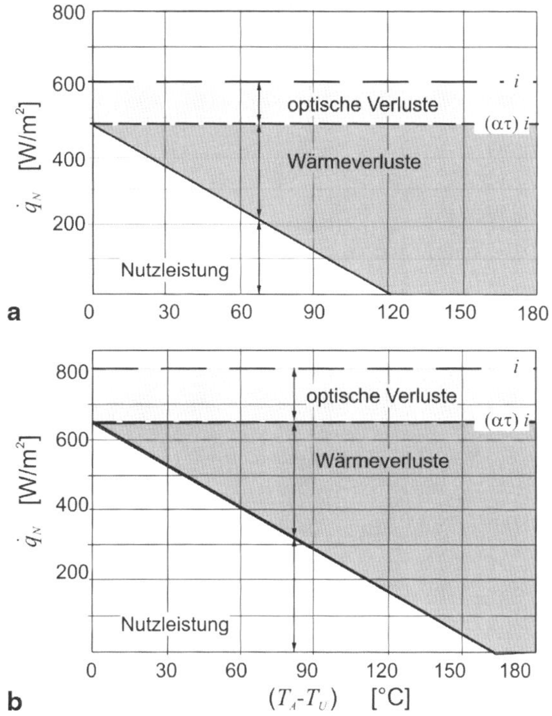

Abb. 3.6 Nutzleistungen eines Flachkollektors nach Gl. 3.1 mit $\alpha = 0.9$, $\tau = 0.9$ und $k_{ges} = 4.0$ W/(m²K) für die Einstrahlungsleistungen $i = 600$ W/m² **a** und $i = 800$ W/m², **b** über der Temperaturdifferenz $(T_A - T_U)$

die durch den Zusammenhang $(k_{ges} \cdot (T_A - T_U))$ im einfachsten Fall beschrieben werden. Die Bilanz ergibt für die spezifische Nutzleistung folgenden Zusammenhang:

$$\dot{q}_N = i \cdot \alpha \cdot \tau - k_{ges} \cdot (T_A - T_U). \tag{3.1}$$

Die spezifische Einstrahlung ergibt sich beim Flachkollektor aus der Summe der direkten und diffusen Einstrahlung aus Gl. (2.11), wobei bei geneigten Systemen $i_{dif,\,geneigt}$ aus Gl. (2.72) eingesetzt wird. Der Koeffizient $(\alpha\tau)$ gibt die durch die Abdeckung durchtretende und vom Kollektor aufgenommene Intensität wieder, die sich aus dem Produkt des Absorptionskoeffizienten α des Absorbers und dem Transmissionskoeffizienten τ der Abdeckung zusammensetzt. Hierbei sind zur Berechnung von $(\alpha\tau)$ einige Aspekte zu betrachten, auf die im Abschn. 6.1 näher eingegangen werden soll. k_{ges} stellt den Gesamtwärmeübertragungskoeffizienten in [W/(m² K)] dar und $(T_A - T_U)$ ist die Temperaturdifferenz zwischen der Absorberplatine (T_A) und der Umgebung (T_U).

Setzt man als Zahlenwerte folgende Daten für die Absorption $\alpha = 0.9$, und die Transmission $\tau = 0.9$ sowie für den Wärmeleitkoeffizienten $k_{ges} = 4.0$ W/(m² K) ein, so ergeben sich für die spezifischen Einstrahlungsleistungen von $i = 600$ W/m² und $i = 800$ W/m² die in der Abb. 3.6a, b dargestellten Nutzleistungen $\dot{q}_N$ als Funktion der Temperaturdifferenz $(T_A - T_U)$.

Wie der Abb. 3.5 zu entnehmen ist, müssen von der zur Verfügung gestellten Einstrahlung zunächst die optischen Verluste und dann die Wärmeverluste abgezogen werden, ehe eine Nutzleistung abgezogen werden kann. Die Auswertung der Nutzleistung als Funktion der Temperaturdifferenz $(T_A - T_U)$ zeigt ebenfalls, dass es eine kritische Temperaturdifferenz gibt, oberhalb derer der Kollektor keine Nutzleistung mehr abgibt, diese Temperaturdifferenz wird als Stillstandsdifferenz bezeichnet. Physikalisch kommt die Stillstandsdifferenz deshalb zustande, dass mit steigender Temperaturdifferenz die Wärmeverluste immer mehr ansteigen. Beispielsweise sind die Wärmeverluste bei einer Temperaturdifferenz $(T_A - T_U) > 120$ K bei einer kleinen Einstrahlung von $i = 600\ \mathrm{W/m^2}$ so groß, dass keine Nutzleistung erzeugt werden kann. Entsprechend heißt die Absorbertemperatur, bei der die Nutzleistung zu Null wird, Stillstandstemperatur.

Aus der Division der Gl. (3.1) mit der Einstrahlungsleistung i ergibt sich unmittelbar den Wirkungsgrad η des Kollektors zu:

$$\eta = \frac{\dot{q}_N}{i} = \underbrace{\alpha\tau}_{\substack{\text{optische}\\ \text{Konversion}}} - \underbrace{k_{ges} \cdot \frac{T_A - T_U}{i}}_{\text{Wärmeverluste}}. \tag{3.2}$$

worin i die auf die Einstrahlungsfläche, die oft als Aperturfläche bezeichnet wird, bezogene solare Einstrahlungsleistungsdichte auf der Frontseite des Kollektors ist. α ist darin der Absorptionskoeffizient im Wellenlängenbereich der solaren Einstrahlung und τ der Transmissionskoeffizient der frontseitigen Kollektorabdeckung. In der von Hottel und Whillièr bereits 1955 (Hottel und Whillier 1955) aufgestellten Formel (3.2) steigt der Wirkungsgrad η mit wachsender solarer Einstrahlung an. $(\alpha\tau)$ stellt die optische Konversion an der Glasabdeckung und bei der Absorption am Absorber dar. Der Faktor k_{ges} beschreibt den Wärmeübergangsfaktor der Absorberplatine an die Umgebung. Bei einem Flachkollektor beinhaltet er die Summe der Wärmeverluste über die Kastenrück- ($k_{Rückwand}$) und Seitenwände ($k_{Seitenwand}$) sowie die Wärmeverluste über die Frontseite (k_{Front}).

$$k_{ges} = k_{Rückwand} + k_{Seitenwand} + k_{Front}. \tag{3.3}$$

Die beiden erstgenannten Faktoren in Gl. (3.3) können durch Isolationsschichten klein gehalten werden. Die Frontseite verlangt dagegen eine Optimierung hinsichtlich hoher optischer Durchlässigkeit der einfallenden Strahlung und andererseits hoher thermischer Isolation, um die konvektiven Verluste zur Umgebung gering zu halten.

Ähnlich einer elektrischen Schaltung addiert sich der frontseitige Wärmeübergangsfaktor k_{Front} reziprok entsprechend der Gl. (3.4) aus den Wärmeübergängen zwischen dem Absorber und der Glasabdeckung k_{A-Gl} der Wärmeleitung durch die Glasscheibe (mit der Dicke δ_{Gl} und deren Wärmeleitfähigkeit λ_{Gl}) sowie dem Wärmeübergang vom Glas an die Umgebung k_{Gl-U}:

$$\begin{aligned}\frac{1}{k_{Front}} &= \frac{1}{k_{A-Gl}} + \frac{\delta_{Gl}}{\lambda_{Gl}} + \frac{1}{k_{Gl-U}}\\ &= \frac{1}{(k_{kon} + k_{Konv} + k_{Str})_{A-Gl}} + \frac{\delta_{Gl}}{\lambda_{Gl}} + \frac{1}{(k_{Konv} + k_{Str})_{Gl-U}}.\end{aligned} \tag{3.4}$$

worin k_{Front} der frontseitige Gesamtwärmeübergangskoeffizient ist, k_{A-Gl} der Wärmeübergangskoeffizient zwischen Absorber und Glas und k_{Gl-U} der Wärmeübergangskoeffizient Glas zur Umgebung. δ_{Gl} ist die Dicke der transparenten Abdeckung (Glasscheibe) und λ_{Gl} deren spezifische Wärmeleitfähigkeit.

Bei der reziproken Addition in Gl. (3.4) bestimmt der kleinste Wert den der Summe – hier meist – der Wärmeübergang zwischen Absorber und Glasplatte. Dieser setzt sich aus dem Wärmeübergang durch Konvektion ($k_{konv,\,A-Gl}$) und/oder Wärmeleitung im Gas ($k_{kond,\,A-Gl}$), d. h. im Luftspalt zwischen Absorber und Glas sowie aus der Wärmestrahlung ($k_{Str,\,A-Gl}$) zusammen. Der Gesamtwärmedurchgangskoeffizient k_{A-Gl} ergibt sich damit zu:

$$k_{A-Gl} = k_{kond,A-Gl} + k_{konv,A-Gl} + k_{Str,A-Gl}. \tag{3.5}$$

Der konduktive und der konvektive Wärmeübergang lassen sich mit einer linearen Beziehung des Wärmestroms in der Art $\dot{q} = \alpha_H \Delta T = \alpha_H (T_A - T_U)$ beschreiben. Der Wärmeübergang durch Strahlung vom Absorber an das Glas hingegen erfordert die Einbeziehung des Stefan-Boltzmann-Gesetzes (Gl. 2.12). Hierbei beschreibt α_H den Wärmeübergangskoeffizienten in W/(m^{2}K). Das Stefan Boltzmann-Gesetz, das den Strahlungsaustausch zwischen Körpern wiedergibt, lautet für den einfachsten Fall des Austausches zwischen zwei ebenen Platten:

$$\dot{q}_{Str,A-Gl} = \frac{\sigma}{\frac{1}{\varepsilon_A} + \frac{1}{\varepsilon_{Gl}} - 1} \cdot \left(T_A^4 - T_{Gl}^4\right) \tag{3.6}$$

worin T_A die Absorbertemperatur und T_{Gl} die der Glasplatte darstellen; ε_A sowie ε_{Gl} geben deren Emissionskoeffizienten wieder und σ ist die Stefan-Boltzmann-Konstante, deren Wert $\sigma = 5.67 \cdot 10^{-8}$ W/(m^{2}K^4) beträgt. Der Klammerausdruck lässt sich mathematisch mit Hilfe der Beziehung $(T_A^4 - T_{Gl}^4) = (T_A^2 + T_{Gl}^2)(T_A + T_{Gl}) \cdot (T_A - T_{Gl})$ umformen und es ergibt sich:

$$k_{Str,A-Gl} = \frac{\dot{q}_{Str}}{(T_A - T_{Gl})} = \frac{\sigma}{\frac{1}{\varepsilon_A} + \frac{1}{\varepsilon_{Gl}} - 1} \cdot \left(T_A^2 + T_{Gl}^2\right)(T_A + T_{Gl}) \tag{3.7}$$

In einem eng begrenzten Temperaturbereich ändern sich die Summen aus den absoluten Temperaturen T_A und T_{Gl} oder deren Quadrate in der Gl. (3.7) nur wenig, so dass ein nahezu temperaturunabhängiger Wärmeübergangskoeffizient $k_{Str,\,A-Gl}$ angenommen werden kann. Der Wärmeübergang Absorber-Glas addiert sich dann, wie in der Gl. (3.8) dargestellt, einfach aus den Einzelbeträgen durch Leitung, und/oder Konvektion und Strahlung in folgender Form:

$$k_{A-Gl} = \left(\frac{\lambda_{Gas}}{\delta_{A-Gl}}\right) + \alpha_{konv,A-Gl} + k_{Str,A/Gl}. \tag{3.8}$$

Hierbei wird für die Wärmeleitung im Gas ($k_{kond,A-Gl} = \lambda_{Gas}/\delta_{A-Gl}$) durch den Spalt der Dicke δ_{A-Gl} zwischen Glas- und Absorberplatte mit λ_{Gas} ein Wärmeleitungskoeffizient angesetzt. Als Gasfüllung tritt hier meist Luft auf. Für den konvektiven Wärmeübergang wird

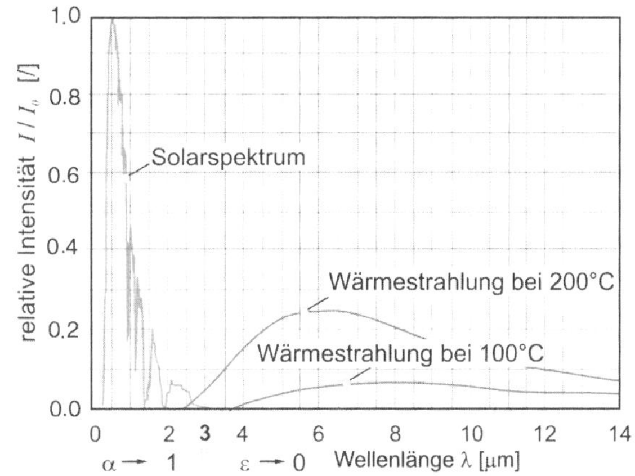

Abb. 3.7 Schematische Darstellung des Spektrums der solaren Einstrahlung (*linke Kurve*) und eines schwarzen Strahlers mit $T = 473$ K (200 °C) und $T = 373$ K (100 °C). Die Spektren sind auf den Maximalwert des solaren Spektrums mit dem Air-Mass-Faktor $AM = 2$ (Trübung entsprechend der doppelten Atmosphäre) mit $i_{max} = 1215$ Wm^{-2} μm^{-1} bezogen

der Wärmeübergangskoeffizient bei Konvektion $k_{konv,\,A-Gl} = \alpha_{konv,\,A-Gl}$ in Gl. (3.8) angesetzt. Nähere Details zur Berechnung des konduktiven und konvektiven Wärmetransports werden in den Kap. 4 beziehungsweise 5 diskutiert.

Trifft die Annahme kleiner Temperaturdifferenzen $(T_A - T_U)$ nicht mehr zu (, die zu Gl. (3.5) und weiterhin zur Bedingung $k_{A-U} \neq f(T_A - T_U)$ führt), wird der Wirkungsgradausdruck üblicherweise um einen quadratischen Verlustterm erweitert, wie es in der Gl. (3.9) dargestellt ist (Frei et al. 1995):

$$\eta = \alpha\tau - \frac{1}{i}[k^*_{ges} \cdot (T_A - T_U) + k_1(T_A - T_U)^2]. \tag{3.9}$$

Hierbei wird meist noch die Konstante c_0 an Stelle von $\alpha\tau$ eingeführt. Damit steigt der Wirkungsgrad mit der Intensität der Einstrahlung auf den Absorber und sinkt mit wachsender Temperaturdifferenz $(T_A - T_U)$.

Der Wärmeaustausch bzw. die Wärmeverluste durch Strahlung zwischen dem Absorber und der Glasplatte sinken mit den Emissionskoeffizienten ε (s. Gln. (3.6) bzw. (3.7)). Für Glas gilt jedoch $\varepsilon_{Gl} \approx 1$. Folglich muss der Emissionskoeffizient der Absorberoberfläche im Bereich der langwelligen Wärmestrahlung klein gehalten werden. Die gleiche Oberfläche absorbiert die solare Strahlung. Sie muss daher gegenüber der kurzwelligen Solarstrahlung ein hohes Absorptionsvermögen aufweisen.

Die Abb. 3.7 zeigt die spektralen Verteilungen der solaren Strahlung und der Wärmestrahlung eines schwarzen Strahlers bei 100 °C bzw. 200 °C. Die beiden Spektren überdecken im Wesentlichen unterschiedliche Bereiche. Daraus erklärt sich die Zuordnung in einen kurzwelligen, solaren Bereich und in einen langwelligen Bereich der Wärmestrahlung. Im kurzwelligen Bereich der Solarstrahlung, das heißt im sichtbaren und nahem infrarot bis ca. 3–5 μm, sollte das Absorptionsvermögen des Absorbers α gegen eins gehen $(\alpha \rightarrow 1)$, um die einfallende Strahlung möglichst effizient aufzufangen. Die gleiche Absorberfläche sollte gleichzeitig aber eine geringe Wärmeabstrahlung (Emission ε) aufweisen, das heißt $\varepsilon \rightarrow 0$. Eine Oberfläche mit diesem Verhalten wird als „optisch selektiv" bezeichnet. Es muss jedoch ein Übergang von $\alpha \rightarrow 1$ nach $\varepsilon \rightarrow 0$ geben. Dieser sollte im optimalen Fall mit dem Schnittpunkt des solaren Spektrums und dem des Wärmestrahlers zusammenfallen. Wie aus Abb. 3.7 zu ersehen, hängt der Schnittpunkt von der Temperatur des Wärmestrahlers ab. Die selektive Beschichtung eines Absorbers muss daher auf die vorgesehenen Einsatztemperaturen zugeschnitten sein, was bei Niedertemperatursystemen im Regelfall durch eine geeignete Materialkombinationsauswahl lösbar ist.

Steigen die Absorberoberflächentemperaturen auf sehr hohe Werte beispielsweise 1000 K, so liegt nach dem Plankschen Gesetz das Maximum der Wärmeabstrahlung bei einer Wellenlänge von 3 μm (vgl. Abb. 2.6, 2.7) und damit im eigentlich verwertbaren Bereich. Insbesondere bei der Verwertung der Solarthermie im kraftwerkstechnischen Bereich durch Konzentration der Solarstrahlung auf Flächen oder Linien sind Absorberoberflächentemperaturen von mehr als 600 K unvermeidbar. Bei diesen Oberflächentemperaturen können Wärmeabstrahlungsverluste physikalisch nicht mehr verhindert werden. Damit diese dem System nicht verloren gehen, werden geeignete Schichten, die in diesem Infrarotwellenlängenbereich reflektieren auf kalten den Absorber umgebenden Flächen eingesetzt oder es müssen andere geeignete konstruktive Maßnahmen ergriffen werden.

In diesem Zusammenhang muss auf das Kirchhoffschen Gesetz hingewiesen werden, das besagt, dass der Absorptionskoeffizient α im thermodynamischen Gleichgewicht dem Emissionskoeffizienten ε bei jeder Wellenlänge λ_i entspricht. Das Kirchhoffsche Gesetz, das von zentraler Bedeutung für den Strahlungsaustausch zwischen Körpern ist, wird im Kap. 4.4.2 im Detail diskutiert. Vorweg sei hier jedoch angemerkt, dass das Kirchhoffsche Gesetz nur unter der Bedingung gilt, dass $\alpha(\lambda_i) = \varepsilon(\lambda_i)$ gilt. Für einen selektiven Absorber trifft gerade diese Annahme des Kirchhoffschen Gesetzes nicht zu.

Die Abb. 3.8a–h sowie die Abb. 3.9a–e zeigen schematisch die wesentlichen Bauarten von Kollektoren für den Einsatz beispielsweise als Schwimmbadbeheizung, Gebäudeheizung, in der Brauchwassererwärmung und/oder der Nutzung als Niedertemperaturprozesswärme. Die Bauweisen reichen von den einfachen Schlauchmatten bis zu mit Vakuum isolierten Röhren. Bei den Flachkollektoren gibt es konstruktive Sonderlösungen, sofern die Kollektoren unmittelbar in die Dächer oder Wände integriert sind.

Betrachten wir hiervon die beiden „so zu sagen" extremen Vertreter zum einen die Schlauchmattenkollektoren und zum anderen die Vakuumröhrenkollektoren für den Einsatz in Niedertemperatursystemen.

- Schlauchmattenkollektoren fehlt jegliche optisch transparente Abdeckung. Damit entfallen die Transparenzverluste in Gl. (3.2), da $\tau = 1$ ist. Bei kleinen Temperaturdifferenzen ist daher der Wirkungsgrad der Schlauchmattenkollektoren größer als der Kollektoren, die über eine transparente Abdeckung verfügen. Mit steigender Temperaturdifferenz zwischen Absorberoberfläche und Umgebung $(T_A - T_U)$ wachsen die konvektiven Wärmeverluste schnell an und bestimmen den Gesamtwärmeverlust. Eine selektive Beschichtung macht damit bei Schlauchmattenkollektoren nur wenig Sinn und kann entfallen. Da die konvektiven Wärmeverluste bei hohen Temperaturdifferenzen $(T_A - T_U)$ dominant sind, spielt der Korrekturterm der Wärmeabstrahlung k_l in Gl. (3.9)

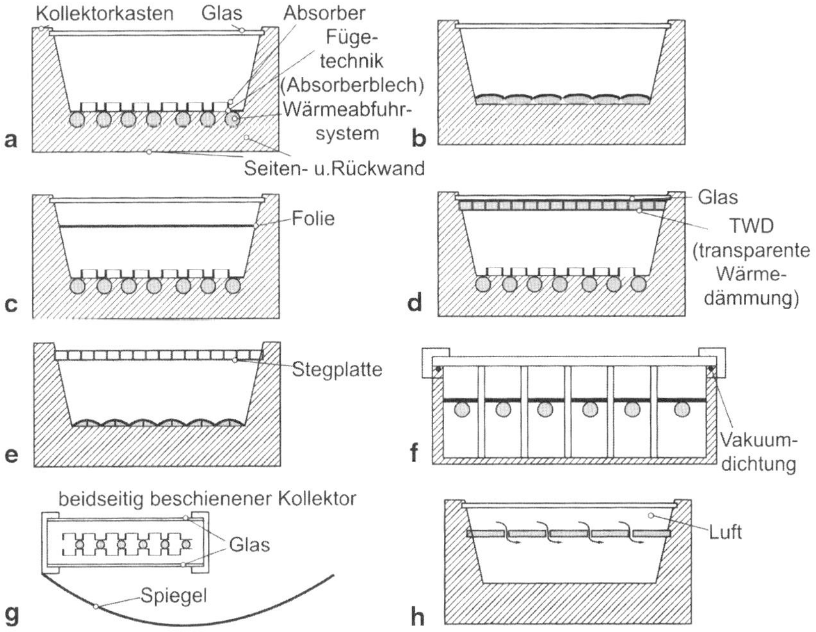

Abb. 3.8 Schematische Darstellung unterschiedlicher Bauweisen von Flachkollektoren für den Niedertemperaturbereich

Abb. 3.9 Schematische Darstellung flexibler thermischer Solarkollektorbauweisen für den Niedertemperaturbereich

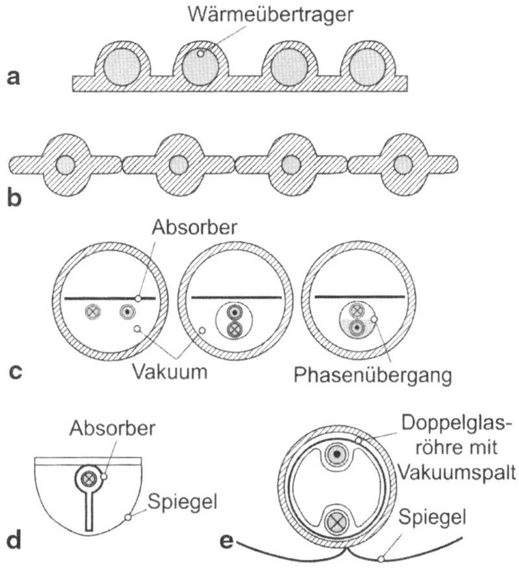

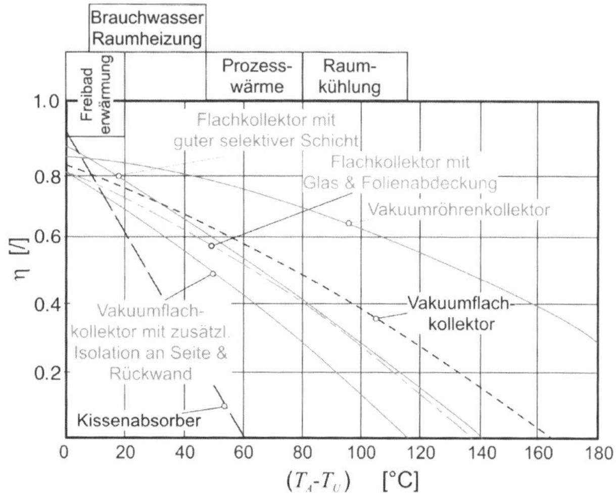

Abb. 3.10 Wirkungsgrad η verschiedener Kollektortypen als Funktion der Temperaturdifferenz $(T_A - T_U)$; auf Grund der unterschiedlichen Abhängigkeit des Wirkungsgrades von der Temperaturdifferenz $(T_A - T_U)$ eignen sich Kollektoren bevorzugt für bestimmte Verwendungszwecke; die verwendeten Wirkungsgradbeziehungen entsprechen aus Messungen entnommenen Werten

eine geringe Rolle und strebt gegen null ($k_1 \rightarrow 0$). In der einer Auftragung des Wirkungsgrades η über der Temperaturdifferenz $(T_A - T_U)$, den die Abb. 3.10 für verschiedene Kollektortypen zeigt, beginnt der Wirkungsgrad bei kleinen Temperaturdifferenzen mit einem hohen Anfangswert. Der Verlauf ist durch eine lineare Abnahme mit der Temperaturdifferenz gekennzeichnet. Mit wachsender Temperaturdifferenz $(T_A - T_U)$ erreicht er jedoch bald den Punkt mit $\eta = 0$ und damit die Stillstandstemperatur.

- Vakuumröhren weisen einen etwas geringeren Transmissionskoeffizienten τ als den einer ebenen Glasplatte auf. Dies hängt mit dem abnehmenden Auftreffwinkel der Einstrahlung in den Randbereichen der Glasröhren zusammen; die exakten Details des Strahlungstransports in transparenten Stoffen und der damit verbundenen Verluste, insbesondere Dielektrika wie Gläsern sind Gegenstand des Kap. 4.5. Das Vakuum in den Glasröhren unterdrückt den Wärmeübergang durch Konvektion und Wärmeleitung. Unter dem Schutz des Vakuums in den Röhren kann eine bezüglich der Wellenlänge hochselektive Beschichtung auf der Absorberoberfläche aufgebracht werden. Der Wärmeverlust in Vakuumröhrenkollektoren zwischen dem Absorber- und Glasrohr reduziert sich im Wesentlichen auf den Strahlungswärmeaustausch. Durch Aufbringen einer Beschichtung auf der Glasinnenseite, die im infraroten Wellenlängenbereich reflektiert, kann der Strahlungsverlust weiter reduziert werden, allerdings muss das Licht auch erst diese dünne Schicht passieren, was zu einer Reduktion der Lichtintensität führt. Der Gewinn durch Reduktion der Abstrahlungsverluste zum Verlust durch Einbuße bei der Lichttransmission ist damit ein Optimierungsproblem. Als Konsequenz des Aufbaus eines Vakuumröhrenkollektors ist wegen der optischen Verluste der Wirkungsgrad η bei kleinen $(T_A - T_U)$ geringer als der eines Schlauchmattenkollektors, wie die Abb. 3.10 illustriert. Infolge der geringen Wärmeverluste sind Wärmeübergangskoeffizienten k_{ges} und damit der Koeffizient k^*_{ges} klein. Es ergibt sich eine nur wenig mit wachsender Temperaturdifferenz $(T_A - T_U)$ abnehmende Wirkungsgradkurve. Le-

Tab. 3.1 Typische Wirkungsgradbeziehungen als Funktion der Temperaturdifferenz zwischen Absorber und der Umgebung $(T_A - T_U)$

Kurve Nr.	Kollektortyp	Wirkungsgradbeziehung η nach Gl. (3.9)
1	Kissenabsorber	$\eta = 0.91 - 12 \cdot \frac{(T_A - T_U)}{i}$
2	Flachkollektor mit guter selektiver Schicht	$\eta = 0.8634 - 4.04 \cdot \frac{(T_A - T_U)}{i} - 0.006 \cdot i\left(\frac{(T_A - T_U)}{i}\right)^2$
3	Vakuumröhren	$\eta = 0.836 - 0.79 \cdot \frac{(T_A - T_U)}{i} - 0.009 \cdot i\left(\frac{(T_A - T_U)}{i}\right)^2$
4	Vakuumflachkollektor	$\eta = 0.8099 - 2.61 \cdot \frac{(T_A - T_U)}{i} - 0.008 \cdot i\left(\frac{(T_A - T_U)}{i}\right)^2$
5	Vakuumflachkollektor mit seitlicher und rückwärtiger Isolierung	$\eta = 0.7901 - 4.17 \cdot \frac{(T_A - T_U)}{i} - 0.011 \cdot i\left(\frac{(T_A - T_U)}{i}\right)^2$
6	Flachkollektor mit Glas-Folien-Abdeckung	$\eta = 0.7851 - 2.78 \cdot \frac{(T_A - T_U)}{i} - 0.013 \cdot i\left(\frac{(T_A - T_U)}{i}\right)^2$

diglich bei Temperaturdifferenzen größer als 100 K ist der nichtlinear ansteigende Wärmeverlust durch Strahlung unvermeidbar, sodass dort der Wirkungsgrad schnell vom linearen Verhalten abweicht und gegen null strebt. Die Stillstandstemperaturdifferenzen können bei Vakuumröhrenkollektoren 300 °C schnell übersteigen. Demgegenüber erreichen die Schlauchmattenkollektoren nur etwa Werte von $(T_A - T_U) \approx 60$ °C.

Abhängig vom konzeptionellen Aufbau der individuellen Kollektortypen können unterschiedliche Wirkungsgradgleichungen für die einzelnen Kollektortypen aufgestellt werden, von denen einige mit typischen Werten in der Tab. 3.1 aufgeführt sind. Entsprechend dieser Wirkungsgradgleichungen lassen sich die Wirkungsgradkurven der in Abb. 3.8 bzw. Abb. 3.9 dargestellten Kollektorbauarten als Funktion der Temperaturdifferenz $(T_A - T_U)$ darstellen. Dies Art der Wirkungsgraddarstellung erlaubt es, für die einzelnen Kollektortypen bevorzugte Einsatzgebiete zuzuweisen, in denen sie einen optimalen Wirkungsgrad haben und damit den Verbrauchertemperaturanforderungen in geeigneter Weise Rechnung tragen.

Die Abb. 3.10 zeigt den Wirkungsgrad sechs unterschiedlicher Kollektortypen als Funktion der Temperaturdifferenz $(T_A - T_U)$ und den typischen Temperatureinsatzbereich. Gemäß dieser Darstellung ist zur Freibadwassererwärmung und zur Brauchwassererwärmung mit geringen Temperaturdifferenzen ein mit geringen Investitionskosten verbundener Einsatz von Schlauchmattensystem oder einfacher Flachkollektoren in vielen Fällen effizienter als ein hochkomplexer Röhrenkollektor.

Die Wirkungsgrade der Flachkollektoren finden sich zwischen den zuvor benutzten Beispielen. Maßnahmen zur Reduktion der frontseitigen Wärmeverluste durch Folien oder transparente Wärmedämmmaterialien (TWD) heben den Wirkungsgrad bei größeren Temperaturdifferenzen $(T_A - T_U)$ an. Damit kann die Auswahl der in der Anschaffung kapitalintensiveren Vakuumröhrenkollektoren zu größeren Temperaturdifferenzen hinausgeschoben werden.

Verschiedene Aspekte, wie der selektiven Transmission und Absorption, der Einsatz von Folien und besonderer konstruktiver Lösungen bzw. materialspezifischer Auswahl im Bereich der Isolation können den Wirkungsgradverlauf signifikant ändern. Die Diskussion der Größenordnung der einzelnen Maßnahmen im Hinblick auf den Wärmetransport und die auftretenden Verluste sind Gegenstand der folgenden Kapitel. Auf der Basis der im Lauf des Skripts erworbenen Erkenntnisse erfolgt im Kap. 6.2 erneut eine detaillierte Bewertung der einzelnen Kollektorsysteme.

3.5 Konzentrierende Systeme

In konzentrierenden Kollektoren erfolgt eine Bündelung der solaren Einstrahlungsleistung auf den Absorber mit Hilfe von Spiegeln und/oder von Linsen. Damit entspricht die Fokussierung mit Hilfe eines Spiegels der Abbildung einer Linse. Der abgebildete Gegenstand ist die Sonne und der Fokus der Linse entspricht dem Bild. Eine Abbildung ist aber nur mit einem gerichteten Strahlengang möglich. Eine unmittelbare Konsequenz ist, dass fokussierende Systeme lediglich in der Lage sind, die direkte Strahlungskomponente i_{dir} zu nutzen, nicht aber den diffusen Strahlungsanteil, der in Deutschland ca. 40 % der einfallenden Strahlung ausmacht (s. Kap. 2.4). Im Sonnengürtel um den Äquator liegt dagegen der Anteil der direkten Strahlung zwischen 70 und 80 %.

Mit Hilfe von Spiegeln lassen sich mehrere konzentrierende Arten der Abbildungen realisieren. Die Konturierung erlaubt in rotationssymmetrischen Geometrien die Fokussierung auf einen Punkt, wie beispielsweise in einem Paraboloid, und somit sehr hohe Konzentrationen der Solarstrahlung. Mit gekrümmten Spiegeln, die auch segmentiert sein können, lassen sich linien- oder flächenförmige Abbildungen mit einer geringeren Fokussierungsintensität realisieren.

In diesem Zusammenhang wird lediglich auf die Grundgedanken der Konzentration, der wichtigsten Begriffe sowie deren limitierender Aspekte eingegangen. Da die Bündelung der Solarstrahlung auf ein Absorberelement ein Schlüsselfaktor insbesondere bei der Gewinnung elektrischer Energie mit Hilfe hochtemperatursolarthermischer Anlagen ist, werden in diesem Abschnitt die Grundbegriffe erarbeitet. Im Kap. 7 Solarthermische Hochtemperatursysteme erfolgt eine weitere Vertiefung hinsichtlich der Berechnungsverfahren und der Auslegung für Kraftwerksanwendungen.

Den auf der geometrischen Optik basierenden Grundgedanken der Konzentration einfallender Lichtstrahlung skizziert die Abb. 3.12. Hierbei wird die Lichtquelle als Sender („Emitter") einer planparallelen Einstrahlung auf einen Konzentrator der Öffnungsfläche F_E (E = Apertur) und der normal zur Strahlung einfallenden Aperturlänge D_E betrachtet. Im Konzentrator wird die einfallende Strahlung auf einen Empfänger (typischerweise einen Absorber) der Fläche F_A und der normal zur Strahlung liegenden Abmessung D gebündelt (Abb. 3.11).

Den einfachsten Fall eines Konzentrators stellt im zwei-dimensionalen Raum eine Parabel der Brennweite f dar. Die parallel zur y-Achse einfallenden Lichtstrahlen werden durch die Parabelkontur auf den Brennpunkt F der Parabel fokussiert, wie dies die Abb. 3.12

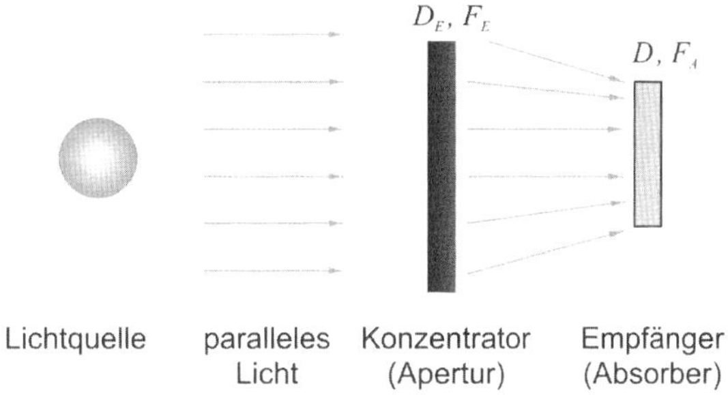

Abb. 3.11 Prinzipskizze zur Wirkungsweise eines Konzentrators

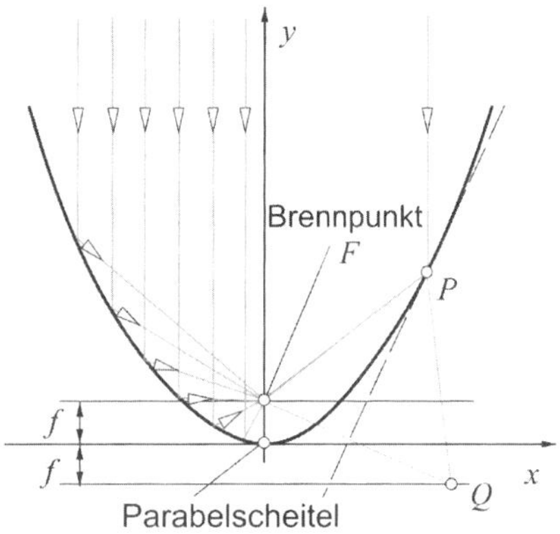

Abb. 3.12 Konzentration einfallender Strahlung in einem Parabelkonzentrator mit der Brennweite f

darstellt. Sofern die Linien FP und PQ gleich lang sind, liegt die Tangente immer richtig, um alle senkrechten Strahlen in den Brennpunkt F zu fokussieren. Entsprechend der geometrischen Algebra erhält man folgende Beziehung für die Konturform der Parabel:

$$y + f = \sqrt{x^2 + (y - f)^2} \rightarrow y = \frac{1}{4f}x^2. \tag{3.10}$$

Das Ergebnis dieser einfachen Betrachtung ist, dass mit wachsender Brennweite f der Parabel, eine flachere Parabel zur punktförmigen Fokussierung des Lichts erforderlich wird. In der Praxis bedeutet dies bei gleichbleibender Spiegelbreite (wie später zu sehen sein wird, gleichbleibendem Konzentrationsverhältnis) eine geringere Konturlänge und damit Materialbedarf. Andererseits wächst der Abstand zum Brennpunkt, so dass sich Spiegelfehler stärker auswirken.

Zwar erlauben moderne Fertigungsmaschinen die Herstellung parabolischer Konturen, dennoch ist es technisch einfacher präzise Kreissegmente herzustellen. Unter bestimmten Voraussetzungen kann die Parabel durch ein Kreissegment ersetzt werden. Aus der Kreisgleichung ergibt sich folgender Zusammenhang:

$$x^2 + (y - R)^2 = R^2 \rightarrow y = R \pm R\sqrt{1 - \left(\frac{x}{R}\right)^2}, \tag{3.11}$$

worin R der Radius des Kreises ist und x, y die Koordinaten aus Abb. 3.13 darstellen.

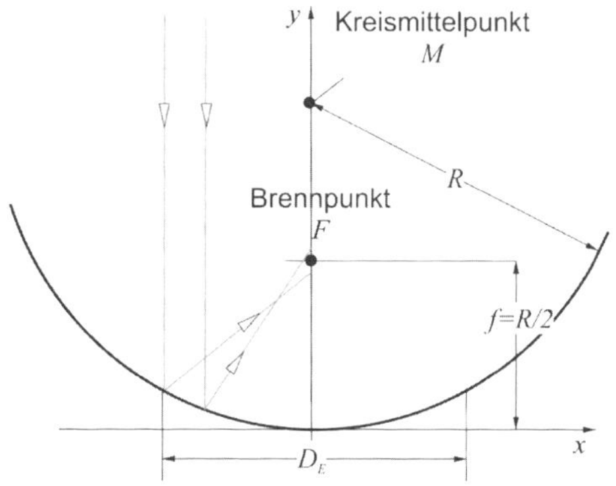

Abb. 3.13 Betrachtung der Brennweite eines Kreissegmentes als Ersatz einer parabelförmigen Kontur

Wenn das Oberflächensegment D_E klein im Vergleich zum Radius R ist ($D_E/R \ll 1$), so gilt auch für alle Koordinatenverhältnisse x/R, dass diese sehr viel kleiner als eins sind ($x^2/R^2 \ll 1$). In diesem Fall liefert eine Taylorreihenentwicklung des Wurzelausdruckes in Gl. (3.11) folgendes Ergebnis:

$$\sqrt{1-\left(\frac{x}{R}\right)^2} = 1 - \frac{1}{2}\cdot\left(\frac{x}{R}\right)^2 - \frac{1}{8}\left(\frac{x}{R}\right)^4 - \frac{1}{16}\left(\frac{x}{R}\right)^6 - \ldots \approx 1 - \frac{1}{2}\cdot\left(\frac{x}{R}\right)^2. \tag{3.12}$$

Ein Einsetzen des Ergebnisses in Gl. (3.11) führt auf:

$$y = \frac{1}{2}\cdot\left(\frac{x}{R}\right)^2. \tag{3.13}$$

Damit beträgt die Brennweite f eines Kreissegments $f = R/2$.

3.5.1 Kollektorwirkungsgrad konzentrierender Systeme

Durch Konzentration der solaren Einstrahlung ändert sich die über den Absorber als Empfänger dem System zur Verfügung stehende Nutzleistung $\dot{q}_N$ und damit ergibt sich eine geänderte Formulierung des Wirkungsgrades η für einen konzentrierenden Kollektor.

Zur Ableitung dieser Beziehung wird ein parabelförmiger Konzentrator betrachtet, dessen Innenseite aus einem eindimensional konzentrierenden Spiegel besteht (Abb. 3.14). Der Absorber soll aus einem Rohr bestehen, das von einem Glashüllrohr umgeben ist. Die Bezugsfläche des Kollektors F_E ist die zur Sonne hingewandte Öffnungsfläche. Diese Fläche F_E wird als Apertur des Spiegels bezeichnet. Zur Vereinfachung kann über den Spiegel nur die direkte Einstrahlung auf den Absorber gelenkt werden, während auf den Absorber mit der Projektionsfläche F_A sowohl die direkte als auch die diffuse Einstrahlung trifft.

Die Abb. 3.15 zeigt graphisch, in welcher Form die Energiebilanzierung für dieses einfache konzentrierende Kollektorsystem durchzuführen ist. Die auf die Aperturfläche des Kollektors F_E bezogene Nutzleistung $\dot{q}_N$ ergibt sich aus der Summe

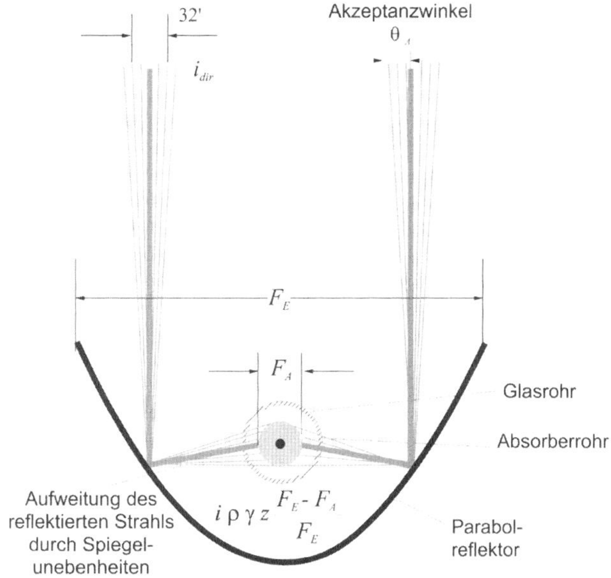

Abb. 3.14 Kollektor mit einachsig, parabolisch gekrümmtem Reflektor der Aperturfläche F_E und einem rundem Absorber (oder Empfänger) mit der projizierten Querschnittsfläche F_A in einem Glashüllrohr

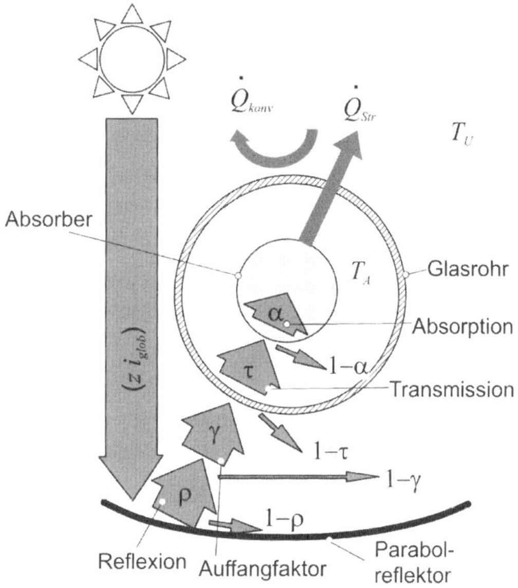

Abb. 3.15 Schemaskizze zur Energiebilanz an einem konzentrierenden Kollektor

- der auf den Querschnitt des Absorbers treffenden Einstrahlungsleistung i, vermindert um die Transmissionsverluste am Hüllrohr (τ) und abzüglich der Absorptionsverlusten am Absorber (α);
- des Direktstrahlungsanteils z, der auf die Aperturfläche F_E fällt (abzüglich der Projektionsfläche F_A des Absorbers). Dieser verringert sich weiter um die Reflexions- (ρ) oder Streuverluste (γ) sowie die Verluste durch die Transmission und Absorption;
- hinzu kommen die Wärmeverluste über den Umfang des Absorberrohres.

Aus dieser Bilanzierung folgt die Gl. (3.14), in der Verluste durch Wärmestrahlung nicht berücksichtigt sind.

$$\dot{q}_N = \frac{\dot{Q}_N}{F_E} = \underbrace{\frac{F_A}{F_E}\alpha\,\tau\,i_{glob}}_{\text{Direkte Einstrahlung auf Absorber}} + \underbrace{\frac{F_E - F_A}{F_E}\alpha\tau\gamma\rho z i_{glob}}_{\text{Einstrahlung auf Aperturfläche mit Reduktion durch Streuung und Reflexion}} \underbrace{-\pi\frac{F_A}{F_E}k_{ges}(T_A - T_U)}_{\text{Wärmeverluste}}. \tag{3.14}$$

Darin gibt γ den Auffangfaktor an. Er beschreibt den Anteil der reflektierten Strahlung an, der tatsächlich den Absorber trifft. ρ ist der Reflexionskoeffizient des konzentrierenden Spiegels und z der Anteil der Direktstrahlung an der Globalstrahlung i_{glob}.

Hier ist es zweckmäßig ein Konzentrationsverhältnis k einzuführen, das als Flächenverhältnis der Einstrahlungsfläche F_E zur Absorberfläche F_A definiert ist. Es ist:

$$k = \frac{\text{Aperturfläche}}{\text{Fläche Sonnenbild in Brennebene}} = \frac{F_E}{F_A}. \tag{3.15}$$

Eine Division der Nutzleistungsbeziehung (3.14) mit der auf die Aperturfläche F_E auftreffenden Globalstrahlung i_{glob} führt unter Einbeziehung des Konzentrationsverhältnisses k auf den Wirkungsgrad η eines konzentrierenden Kollektors. Es ergibt sich:

$$\eta = \alpha\tau\frac{1}{k} + \left(1 - \frac{1}{k}\right)\alpha\tau\gamma\rho - c_g\frac{1}{k}k_{ges}\cdot\frac{(T_A - T_U)}{i_{glob}}. \tag{3.16}$$

worin effektive Gesamtwärmeübergangskoeffizient k_{ges} wie auch beim nicht konzentrierenden Kollektor (vgl. Gln. (3.2) bzw. (3.9)) auch eine Funktion der Temperaturdifferenz zwischen Absorber- und Umgebungstemperatur $(T_A - T_U)$ ist, das heißt $k_{ges} = f(T_A - T_U)$. Der letzte Term auf der rechten Seite der Gl. (3.16) beschreibt den Wärmeverlust. In diesem taucht ein Geometriefaktor c_g auf. Dieser Faktor wird erforderlich, wenn sich die Projektionsfläche des Absorbers F_A von der Fläche unterscheidet, über die der Absorber seine Wärme verliert. Betrachtet man beispielsweise einen zylindrischen Absorber, so beträgt dessen Projektionsfläche $F_A = D \cdot L$, während die Fläche, über die das Absorberrohr die Wärme verliert der Fläche $F_{Rohr} = \pi \cdot D \cdot L = \pi \cdot F_E$ entspricht. Der Geometriefaktor c_g beträgt also für einen rohrförmigen Absorber $c_g = F_{Rohr}/F_A = \pi$ und bezeichnet damit ein Flächenverhältnis von Wärmeverlust- zur Projektionsfläche.

Eine Analyse der Gl. (3.16) zeigt, dass mit steigendem Konzentrationsverhältnis der Einfluss der direkten Einstrahlung auf die Absorbereinheit abnimmt. Damit nimmt auch der Anteil der nutzbaren diffusen Einstrahlung ab. In einem viel höheren Maße aber sinken die thermischen Verluste, wenn diese auf die gesamte Aperturfläche bezogen werden. Werden darüber hinaus bei Kollektoren mit hochqualifizierten Spiegeln und damit möglichen hohen Konzentrationsfaktoren beispielsweise $k = 80$ aufwändige Absorber (unter Umständen mit Vakuumisolierung) eingesetzt, können hohe Betriebstemperaturen von bis zu 400 °C bei gutem Wirkungsgrad erzielt werden. Eine weitere wesentliche Erkenntnis

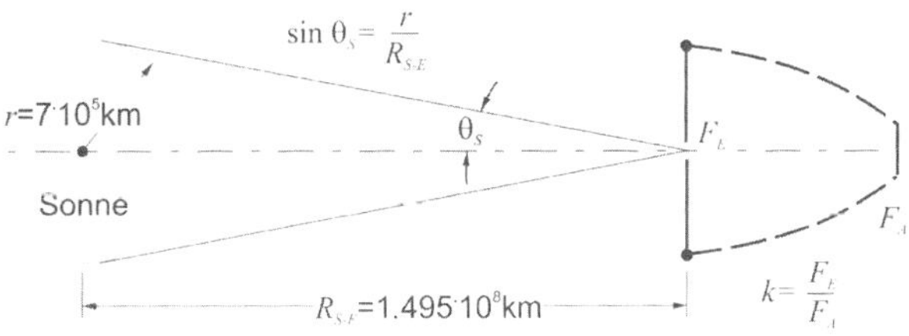

Abb. 3.16 Skizze zur Ableitung der Winkelverteilung der Solarstrahlung

der Gl. (3.16) ist, dass das Konzentrationsverhältnis k die Bedeutung des optischen Verlustterms $(\alpha \cdot \tau)$ nicht verändert.

3.5.2 Bedeutung und Grenzen des Konzentrationsverhältnisses

Das Konzentrationsverhältnis k bestimmt die Absorbertemperatur und damit auch nachhaltig die Leistungsfähigkeit des solarthermischen Systems. Durch einfache Überlegungen lässt sich leicht ermitteln, dass dem Konzentrationsverhältnis einige Grenzen gesetzt sind. Es sind dies:

- Divergenz der Sonnenstrahlung,
- Technische Gestaltung der Abbildungsoptik (Brennpunkt oder Brennflächendesign),
- Präzision der Abb. (Qualität der Oberfläche, Sauberkeit, Temperatur, …).

Hinzu kommen im Weiteren materialtechnische Fragestellungen der Spiegel sowie der Art der Nachführung und deren Qualität.

Die Solarstrahlung hat in der von der Erde aus beobachtbaren Sonnenscheibe eine Winkelverteilung, die als Divergenz bezeichnet wird (vgl. Kap. 2.3.2). Mit Hilfe der Abb. 3.16 soll nun der Blickwinkel der Sonnenscheibe θ_S abgeleitet werden. Hierin ist ein zweidimensionaler, perfekt konzentrierender Spiegel skizziert, der die auftreffende Strahlung mit einer kreisförmigen Apertur der Fläche F_E auf einen Empfänger (oder Absorber) der Fläche F_A konzentriert. Gleichzeitig sollen beide Flächen ideal senkrecht zur Einstrahlungsrichtung sein. Entsprechend der Skizze fällt auf die Apertur und weiter auf den Empfänger die in der Gl. (3.17) angegebene solare Strahlungsleistung Q_{S-E}.

$$Q_{S-E} = F_E \frac{r^2}{R_{S-E}^2} \sigma T_S^4. \tag{3.17}$$

in der F_E die Aperturfläche, R_{S-E} der mittlere Abstand der Erde von der Sonne mit $R_{S-E} = 1.495 \cdot 10^8$ km, r der Radius der Sonne mit $r = 7 \cdot 10^5$ km und σ die Stefan-Boltzmann-Konstante ($\sigma = 5.67 \cdot 10^{-8}$ Wm^{-2}K^{-4}) ist. T_S beschreibt die Oberflächentemperatur der Sonne. Damit ergibt sich unmittelbar der Blickwinkel der Sonne θ_S zu:

$$\sin \theta_S = \frac{r}{R_{S-E}} \text{ mit } \theta_s = 0.27^\circ = 16'. \tag{3.18}$$

Unter Annahme dass der Empfänger ein „schwarzer Strahler" ist, ergibt sich folgende Beziehung für die Strahlungsleistung des Absorbers (Empfängers) in Richtung der Sonne Q_{A-S}:

$$Q_{A-S} = F_A \sigma T_A^4 \varepsilon_{A-S}. \tag{3.19}$$

In Gl. (3.19) beschreibt T_A die Temperatur des Absorbers (Empfängers). ε_{A-S} ist der Emissionskoeffizient zwischen Absorber und Sonne gibt den Strahlungsaustausch zwischen dem Empfänger und der Sonne wieder. Die Emission kann dabei maximal den Wert eines schwarzen Strahlers annehmen und damit beträgt der maximale Emissionskoeffizient $\varepsilon_{A-S} = 1$. Nach dem zweiten Hauptsatz der Thermodynamik kann im Grenzfall die Empfängertemperatur (T_A) höchstens der Strahlungstemperatur der Sonne entsprechen, das heißt im Grenzfall gilt: $T_A = T_S$. Daraus folgt unmittelbar:

$$Q_{S-E} = Q_{A-S} \rightarrow F_A \cdot T_A^4 = F_E \cdot \left(\frac{r}{R_{S-E}}\right)^2 T_S^4. \tag{3.20}$$

Mit dem Ergebnis der Blickwinkelbetrachtungen, die in Gl. (3.20) resultieren, erhält man ein maximal mögliches Konzentrationsverhältnis für k für den zweidimensionalen Fall von:

$$k_{\max,2-\dim} = \frac{F_E}{F_A} = \frac{{R_{S-E}}^2}{r^2} = \frac{1}{\sin^2\theta_S}. \tag{3.21}$$

Bei Annahme des maximalen Winkels auf die Apertur von $\theta_S \approx 0.27° = 16'$ ergibt sich als größtmögliches Konzentrationsverhältnis eines zweidimensionalen Konzentrators $k_{max,2\text{-}dim}$:

$$k_{\max,2-\dim} \approx 45613. \tag{3.22}$$

Für ein linear konzentrierendes Spiegelsystem, das eindimensional ist, lässt sich mit Hilfe ähnlicher Betrachtungen zeigen, dass das maximal erreichbare eindimensionale Konzentrationsverhältnis $k_{max,1\text{-}dim}$ auf folgenden Wert begrenzt ist:

$$k_{\max,1-\dim} = \frac{1}{\sin\theta_S} \approx 213. \tag{3.23}$$

In der Praxis sind derartige Werte jedoch aufgrund von Oberflächenfehlern und Einstellfehlern der Spiegel nicht erreichbar. Mit kugelsymmetrischen Spiegeln lassen sich höhere Konzentrationsverhältnisse als mit zylindersymmetrischen erreichen. Es wurden mit hohem Aufwand Paraboloide mit einem k-Wert von $k = 5 \cdot 10^3 - 8 \cdot 10^3$ realisiert; im Regelfall betragen die Werte aber um $k \approx 10^3$. Bei linienfokussierenden Systemen werden technisch Werte um 100 erreicht.

Eine weitere wichtige Größe bei konzentrierenden Solarsystemen ist der sogenannte Akzeptanzwinkel θ_A. Bei einem realen Solarempfänger ändert sich durch den Tagesgang der Sonne sowohl der Sonnenstand und damit der Sonnenhöhenwinkel h als auch die Einstrahlungsrichtung und damit der Azimutwinkel γ (vgl. Kap. 2.3.6.1). Als Akzeptanzwinkel θ_A wird nun der Winkel bezeichnet, in dem die Solarstrahlung gerade noch geometrisch in der Lage ist, auf den Absorber zu treffen. (Diese Annahme beinhaltet, dass eine vollständige Reflexion auf der Konturfläche erfolgt ($\rho = 1$) und die Sonne eine Punktquelle ist, was ebenfalls idealisiert ist.) Tatsächlich wird die Sonnenscheibe auf der Erde in einem Winkel von $2\theta_S \approx 0.54°$ gesehen (vgl. Abb. 3.16).

Unterschreitet nun der Akzeptanzwinkel θ_A den Blickwinkel der Sonnenscheibe θ_S, so kann die von der Sonne emittierte Strahlungsleistung nicht mehr vollständig genutzt werden hätte. Dieser Effekt wird als Einstrahlungsverlust bezeichnet. Entspricht der Akzeptanzwinkel dem Sonnenblickwinkel ($\theta_A = \theta_S$), so erfolgt eine maximale Nutzung der Einstrahlungsleistung. Daraus lässt sich ein maximal mögliches geometrisches Konzentrationsverhältnis k ableiten, wie es von Kreider (Kreider 1979) erstmals formuliert wird. Durch geometrische Betrachtungen kann man sich leicht überlegen, dass mit kleiner werdenden Absorberabmessungen der Akzeptanzwinkel eines Kollektors ebenfalls monoton abnimmt. Ein fallender Akzeptanzwinkel bedeutet jedoch bei idealer gegenüber der Sonne eingestelltem Kollektor ein steigendes Konzentrationsverhältnis und damit steigende Absorbertemperaturen.

3.5.3 Maximale Absorbertemperatur

Wie man aus Brennspiegelexperimenten entnehmen kann, steigt die Temperatur auf der Abbildungsfläche mit wachsendem Konzentrationsverhältnis. Zur Ableitung der maximalen Absorbertemperatur wird daher zunächst der Energieeinfall auf den Absorber bestimmt, der sich aus dem Produkt der Aperturfläche F_E und der Strahlungsleistung auf die Apertur ergibt (Q_{S-E}). Setzt man in Gl. (3.17) die Beziehung (3.21) ein, so ergibt sich für die auf die Apertur einfallende Strahlungsleistung Q_{S-E}:

$$Q_{S-E} = F_E \sigma T_S^4 \frac{1}{k_{\max,2-\dim}}. \tag{3.24}$$

Da mit steigendem Konzentrationsverhältnis auch die Absorbertemperaturen wachsen, nehmen die Strahlungsverluste einen immer größer werdenden Anteil an den Gesamtverlusten an und dominieren bei hohen Temperaturen den Verlustanteil. Wenn als Verluste nur Strahlungsverluste des Absorbers betrachtet werden, so ergeben sich die größten Verluste, wenn der Absorber ein Schwarzkörperstrahler ist, das heißt der Emissionskoeffizient $\varepsilon_{A\text{-}S} = 1$. Damit ergibt sich als Verlustleistung Q_{A-S} die Gl. (3.19).

Die höchsten Absorbertemperaturen $T_{A,max}$ ergeben sich dann, wenn die Gewinne der Einstrahlung denen der Verluste nach außen entsprechen, d. h. $Q_{S\text{-}E} = Q_{A-S}$. Eine Gleichsetzung der Gewinne mit den Verlusten bedeutet physikalisch, dass der Wirkungsgrad des Kollektors null ist. Die höchstmögliche Absorbertemperatur $T_{A,max}$ beträgt damit:

$$T_{A,\max} = T_S \cdot \sqrt[4]{\frac{k}{k_{\max,2-\dim}}}. \tag{3.25}$$

$T_{A,max}$ bezeichnet in diesem Sinn die Stillstandtemperatur eines konzentrierenden Systems.

Abb. 3.17 Theoretisch erreichbare Empfängertemperatur (Absorbertemperatur, $T_{A,max}$) als Funktion des Konzentrationsverhältnisses k aus Gl. (3.25)

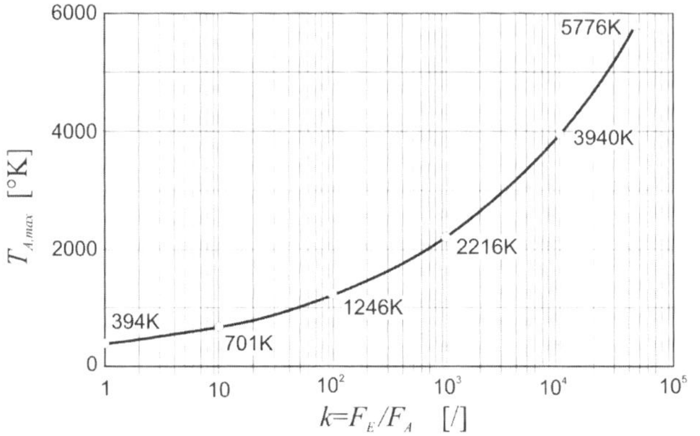

Abb. 3.18 Wirkungsgrad η eines konzentrierenden Kollektors als Funktion der Absorbertemperatur T_A bei unterschiedlichen Konzentrationsverhältnissen k

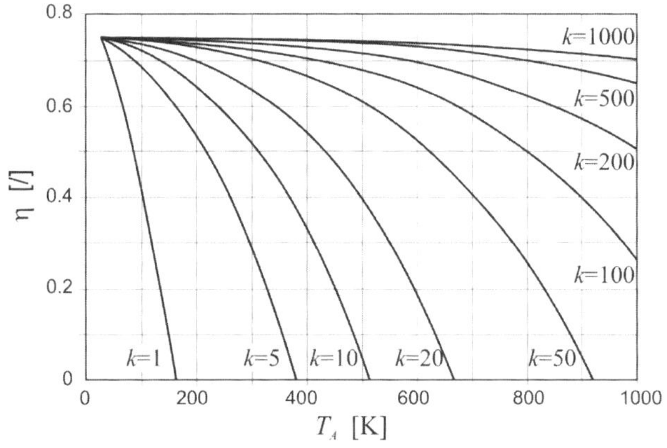

Die Abb. 3.17 zeigt die theoretische erreichbare Absorbertemperatur ($T_{A,max}$) als Funktion des Konzentrationsverhältnisses k. Bereits bei kleinen Konzentrationsverhältnissen lassen sich relativ hohe theoretische Absorbertemperaturen erreichen. Erreichen die k-Werte die Größenordnung von $k = 100$, ergeben sich theoretische Absorbertemperaturen von ca. 1000° C, die an die potentiellen Absorbermaterialien erhebliche Anforderungen stellen.

Die Abb. 3.18 zeigt den Kollektorwirkungsgrad η als Funktion der Absorbertemperatur T_A für verschiedene Konzentrationsverhältnisse k. Wie bereits in Abschn. 3.4 diskutiert, ergibt sich bei $k = 1$ auf Grund der hohen Wärmeverluste schon bei geringen Absorbertemperaturen ein Kollektorstillstand, in dem die Wärmeverluste den Nutzen übersteigen. Mit zunehmender Konzentration kann eine steigende Absorbertemperatur erzielt werden, dies bedeutet der Wirkungsgrad steigt mit zunehmendem Konzentrationsverhältnis an. Der Grund liegt darin, dass mit steigendem k die konvektiven Wärmeverluste stärker abnehmen (weil die Empfängerfläche relativ gesehen kleiner ist) als die Strahlungsverluste (, die anwachsen, weil die Absorbertemperatur steigt).

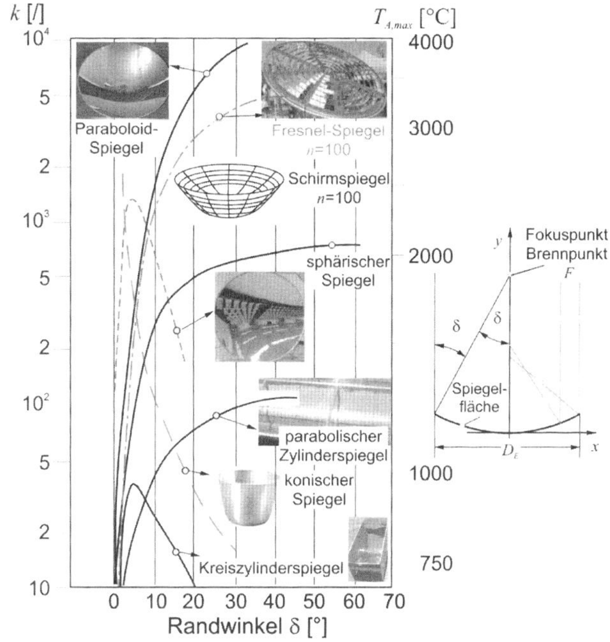

Abb. 3.19 Konzentrationsverhältnis *k* verschiedener Spiegelgeometrien und theoretische Absorbertemperatur $T_{A,max}$ als Funktion des Randwinkels *δ*. Der Randwinkel ist der maximale Winkel, den ein am Spiegel in den Fokus des Spiegels reflektierter Strahl zur optischen Achse einnimmt (vgl. Skizze *unten rechts*). *n* gibt die Anzahl der Segmente wieder

Die theoretische Maximaltemperatur und auch das Konzentrationsverhältnis hängen natürlich auch vom Randwinkel δ ab. Die Abb. 3.19 zeigt diese Abhängigkeiten vom Randwinkel für verschiedene Spiegelsysteme.

Es zeigt sich, dass rotationssymmetrische Geometrien höhere Konzentrationsverhältnisse und damit höhere Temperaturen erreichen als translationssymmetrische Anordnungen. Ebenso verhält es sich mit parabolischen und sphärischen Geometrien. Der Schirmspiegel besteht aus einer Reihe von Segmenten, die parabolisch gekrümmt sind. Sein Konzentrationsverhältnis liegt daher zwischen dem des rein sphärischen Spiegel und dem eines Paraboloids. Außerdem nimmt bei den sphärischen Geometrien das Konzentrationsverhältnis mit zunehmendem Randwinkel ab, da dann die in Gl. (3.12) formulierte Bedingung einer im Vergleich zum Krümmungsradius kleinen Aperturbreite ($D_E/R \ll 1$) nicht mehr gültig ist. Bei parabolischen Geometrien dagegen steigt das Konzentrationsverhältnis monoton mit zunehmendem Randwinkel an. In der Praxis werden diese aufgrund der rein geometrisch berechneten Idealwerte für das Konzentrationsverhältnis und die Stillstandstemperatur wegen verschiedener Verlustfaktoren nicht erreicht. Die wesentlichen Verlustfaktoren sind dabei:

- Spiegelfehler (unvollständige Reflexion und Oberflächenfehler),
- Absorberverluste (Reflexion, Abstrahlung, Konvektion),
- Orientierungsfehler (Nachführungsmechanik, Justierung des Absorbers, Schwingung aufgrund von Windlasten).

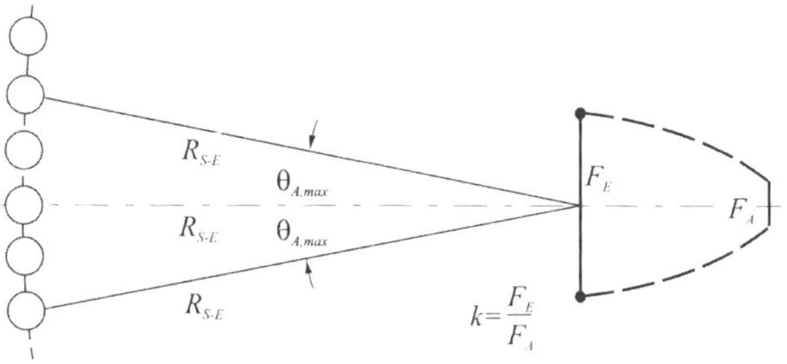

Abb. 3.20 Schematische Darstellung des maximalen Nachführwinkels bei maximalem Akzeptanzwinkel $\theta_{A,max}$

3.5.4 Geometrische Nachführungsaspekte

Konzentrierende Kollektoren müssen dem Sonnenstand nachgeführt werden, da bei Einstrahlwinkeln größer als dem Akzeptanzwinkel θ_A keine akzeptablen Werte der Konzentration erzielt werden und die Aufnahme der Einstrahlung am Absorber dramatisch abnimmt. In der Regel erfolgt die Nachführung nicht kontinuierlich sondern schrittweise. Die Zahl der Nachführschritte bestimmt den Aufwand der Nachführmaßnahmen. Eine große Anzahl von Nachführschritten bedeutet daher auch einen entsprechend großen mechanischen und regelungstechnischen Aufwand. Während der Zeitspanne ohne Spiegelnachführung darf der Sonnenstand nur innerhalb des Akzeptanzwinkels θ_A variieren. Die Häufigkeit der Nachführung (n_N = Anzahl der Nachführungen) bestimmt so den Akzeptanzwinkel des Kollektors und (‚da auch hierfür die Gln. (3.21) bzw. (3.23) angewendet werden dürfen') damit auch das maximale Konzentrationsverhältnis des jeweiligen Kollektors, d. h. $n_N = f(\theta_A)$.

Umgekehrt ergibt sich eine Mindestnachführhäufigkeit je nach gewähltem Konzentrationsverhältnis *k*. Eindimensional- (oder linien-) konzentrierende Spiegel werden durch eine Drehung um eine horizontale Achse in Nord/Süd- oder Ost/West-Richtung oder um eine polare Achse, das heißt, parallel zur Erdachse nachgeführt. Wenn beispielsweise ein polar ausgerichteter Kollektor am Tag der Tagundnachtgleiche (Equinox) über 2 Stunden (, d. h. ±1 h über die Mittagszeit,) ohne Nachführung auskommen soll, so verlangt die Änderung des Sonnenstandes in dieser Zeit einen Akzeptanzwinkel von $2 \cdot \theta_{max} = 15°$. Dies illustriert die Abb. 3.20.

Das gleiche würde für einen Kollektor in Nord/Süd-Ausrichtung am Äquator zutreffen. (Der Blickwinkel der Sonnenscheibe mit ihrem Winkel von 32' wird in dieser Betrachtung vernachlässigt.) Im Ergebnis muss daher für den Konzentrationsfaktor folgendes gelten, $k \leq 1/(\sin 15°) = 3.86$. Das bedeutet, dass selbst bei kleinen Konzentrationsfaktoren eine Nord/Süd-Ausrichtung der Kollektorachse bereits mehrere Nachführungen pro Tag verlangt.

Dagegen kommt eine Ost/West-Ausrichtung mit einem erheblich geringeren Nachführaufwand aus, da der Sonnenstand in einer Nord/Süd-Ebene die geringere Winkelvarianz aufweist. Die vorgesehene Zeitspanne ohne Nachführung führt über die Differenz der Schattenwinkel zum erforderlichen Akzeptanzwinkel oder dem maximalen Konzentrationsfaktor des Kollektors. Die Abb. 3.21 illustriert die einzelnen geometrischen Raum-

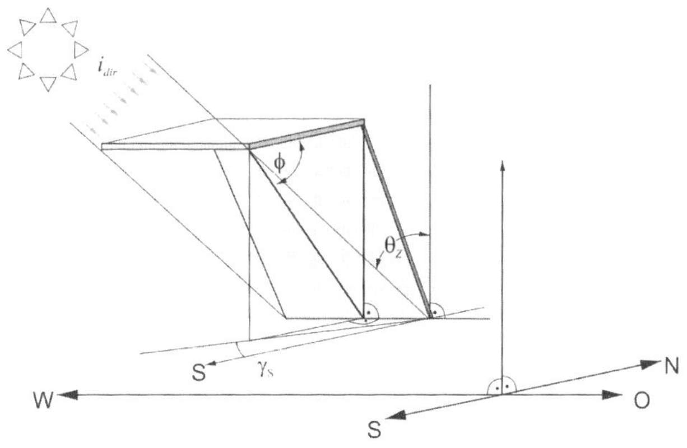

Abb. 3.21 Schattenwinkel ϕ ist der Winkel zwischen der Horizontalen und der Projektion des Schattens von einer horizontalen Kante auf eine senkrechte Ebene in Nord/Süd-Richtung

winkel. Der Schattenwinkel ϕ in der Abb. 3.21 ist dabei der Winkel zwischen der Horizontalen und der Projektion des Schattens von einer horizontalen Kante auf eine senkrechte Ebene in Nord/Süd-Richtung. Aus geometrischen Überlegungen entsprechend der Winkelbeziehung für die Einstrahlungsrichtung θ_Z ergibt sich für den Schattenwinkel folgende Beziehung:

$$\tan\phi = \frac{ctg\theta_Z}{\cos\gamma_S}. \tag{3.26}$$

wobei γ_S den Azimutwinkel der Sonne bezeichnet und θ_Z den Zenitwinkel ist (vgl. hierzu auch Kap. 2.3.6.1).

Durch Verwendung des maximalen Akzeptanzwinkels $\theta_{A,max}$ als die zulässige Differenz des Schattenwinkels $\Delta\phi = 2\cdot\theta_{A,max}$ kann aus der obigen Gl. (3.26) sowie den Winkelbeziehungen in Gl. (2.43) und Gl. (2.57) die maximale Zeit zwischen zwei Nachführschritten abgeleitet werden. Wird der nach Süden ausgerichtete Kollektor so justiert, dass zur Mittagszeit die Einstrahlungsrichtung um den Akzeptanzwinkel von der Normalen der Apertur abweicht, ergibt sich die maximale tägliche Betriebszeit ohne Nachführung mit $2t_A$ zu:

$$t_A = \arccos\frac{\frac{\tan\delta}{\tan\left(\theta_{A,\max}\frac{\delta}{|\delta|}\right)} + \Phi - \beta}{15} \tag{3.27}$$

wobei β der Neigungswinkel des Kollektors zur Horizontalen ist, Φ die geographische Breite und δ die Deklination.

Wenn die Differenz $\Phi - \beta$ unabhängig vom Standort festgelegt wird, verschwindet in der Gl. (3.27) die Abhängigkeit von der geographischen Breite Φ. Rabl konnte dies in seinem Bericht 1976 (Rabl 1976a) aufzeigen. Daraus resultiert der in Tab. 3.2 dargestellten Zusammenhang zwischen Nachführhäufigkeiten und Konzentrationsfaktors (oder Akzeptanzwinkels) bei idealen Spiegeln unter den Annahmen die Sonne sei eine Punktquelle und die Kollektorachse in Ost/West-Richtung ausgerichtet. Aus der Tab. 3.2 wird deutlich, dass eine Konzentration $k > 10$ während bestimmter Teile des Jahres tägliche Nachführun-

Tab. 3.2 Akzeptanzwinkel θ_A und Nachführhäufigkeit bei Ost/West-Ausrichtung der Kollektorachse unter der Annahme idealer Konzentration und perfekter Spiegel bei punktförmiger Sonne

Halber Akzeptanzwinkel $\theta_{A,max}$ (°), Konzentrationsverhältnis k (/)	Mittlere Betriebszeit pro Tag (h/Tag)	Nachführungen pro Jahr	Kürzeste Periode ohne Nachführung (Tage)	Mittlere Betriebszeit bei täglicher Nachführung (h/Tag)
19.5 (3.0)	9.22	2	180	10.72
14 (4.13)	8.76	4	35	10.04
11 (5.24)	8.60	6	35	9.52
9 (6.39)	8.38	10	24	9.08
8 (7.19)	8.22	14	16	8.82
7 (8.21)	8.04	20	13	8.54
6.5 (8.83)	7.96	26	9	8.36
6 (9.57)	7.78	80	1	8.18
5.5 (10.43)	7.60	84	1	8.00

gen verlangt, wenn die Betriebszeit des Kollektors 8 h nicht unterschreiten soll. Bereits eine sechsfache Konzentration ($k \approx 6$) erfordert eine etwa monatliche Justierung des Kollektors, wobei eine tägliche Einstellung des Kollektors die erzielbare mögliche Betriebszeit im Mittel nur um etwa 30 min verlängern kann. Wenn man einen täglichen Betrieb von mindestens 8 h ohne jegliche Nachführung erreichen möchte, ergibt sich ein Mindestakzeptanzwinkel von $2\theta_{A,min} = 82°$ und damit auch ein maximal erreichbares Konzentrationsverhältnis $k_{max} = 1.48$. Weitere Werte zeigt die Tab. 3.2.

3.5.5 Nicht-abbildende Konzentratoren

Konzentrationsverhältnisse entsprechend des idealen Konzentrators erreichen die von Winston (Winston 1974) vorgeschlagenen Compound-Parabolic Concentrators, die oftmals als CPC in der Fachliteratur abgekürzt werden. Rabl untersucht 1976 (Rabl 1976b) verschiedene Absorbergeometrien mit dazu angepassten CPC-Konturen und vergleicht sie mit Parabolrinnen-Konzentratoren (Parabolic-Trough-Concentrators, PTC).

In Verbindung mit einem flachen Absorber setzt sich die Kontur eines CPC's aus zwei Parabelästen zusammen, deren Brennpunkte sich an den gegenüberliegenden Enden des Absorberstreifens befinden. Die Parabelachsen verlaufen parallel zu den Schattenlinien, die von den Konturenden ausgehen und auf die gegenüberliegenden Absorberenden treffen. Der Winkel zwischen diesen beiden Schattenlinien ergibt den doppelten Akzeptanzwinkel. Die Abb. 3.22 zeigt schematisch den geometrischen Aufbau eines Compound-Parabolic Concentrators (CPC), dessen Kontur sich aus zwei Parabelästen zusammensetzt.

Bei einem runden Absorber berühren die Schattenlinien von den oberen Konturenden den Absorber als Tangente, wie die Abb. 3.23 skizziert. Unter dem Absorber zwischen den Auftreffpunkten der Schattenlinien besitzt die Kontur die Gestalt von zwei Evolventen. Über den Auftreffpunkten setzt sie sich zusammen aus einer Folge von Schnittpunkten

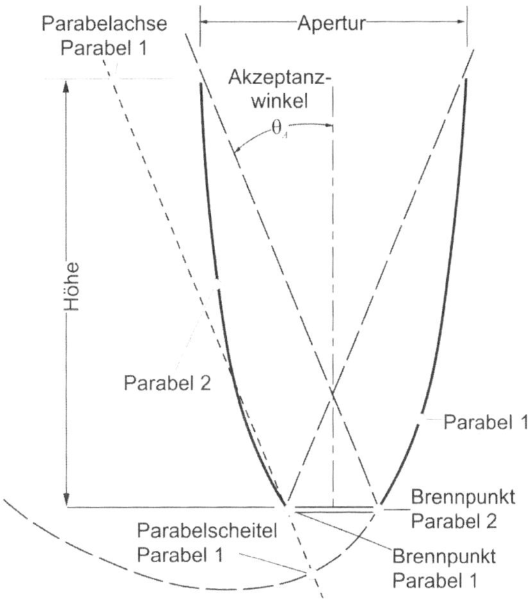

Abb. 3.22 Schemaskizze der Kontur eines Compound-Parabolic Concentrators (CPC) mit einem ebenen Absorberstreifen; dessen Spiegelkontur sich aus zwei Parabelästen zusammensetzt

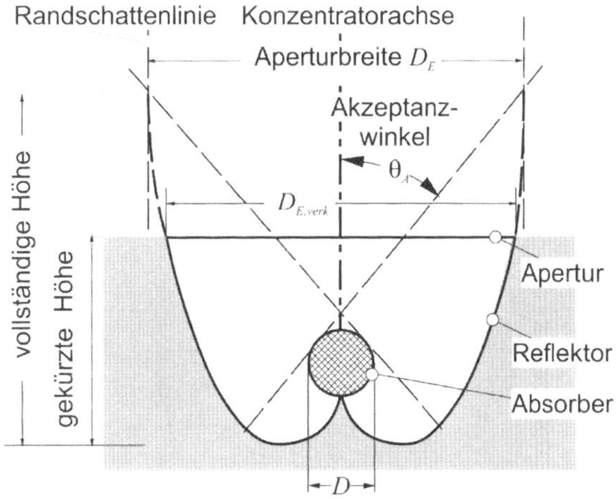

Abb. 3.23 Schemaskizze der Kontourgeometrie eines Compound-Parabolic Concentrators (CPC's) mit rundem Absorberrohr bei voller bzw. gekürzter Höhe

von Parallelen zu den Schattenlinien und Tangenten an den Absorber. Weitere Kombinationen von Absorbergeometrien und CPC-Konturen sind bei Rabl (Rabl 1976b) sowie Kreith und Kreider (Kreith und Kreider 1978) beschrieben.

Die Abb. 3.24 zeigt das Verhältnis von Reflektorkonturlänge zur Aperturbreite D_E als Funktion des Konzentrationsverhältnisses k bei verschiedenen vorgegebenen Akzeptanzwinkeln θ_A. Der Graph verdeutlicht zwei Nachteile von CPC-Konzentratoren (hier für flache Absorber gezeigt). Mit größer werdendem Konzentrationsverhältnis k wächst die Konturlänge schneller an als die Aperturbreite D_E. Dies würde zu sehr großen Reflektorhöhen führen und daher werden im Allgemeinen Kollektoren vom CPC-Typ nur mit einer

Abb. 3.24 Verhältnis der Reflektorkonturlänge zur Aperturbreite D_A als Funktion des Konzentrationsverhältnisses k bei vorgegebenem Akzeptanzwinkel θ_A in (°) für CPC-Kollektortypen mit voller und reduzierter Höhe

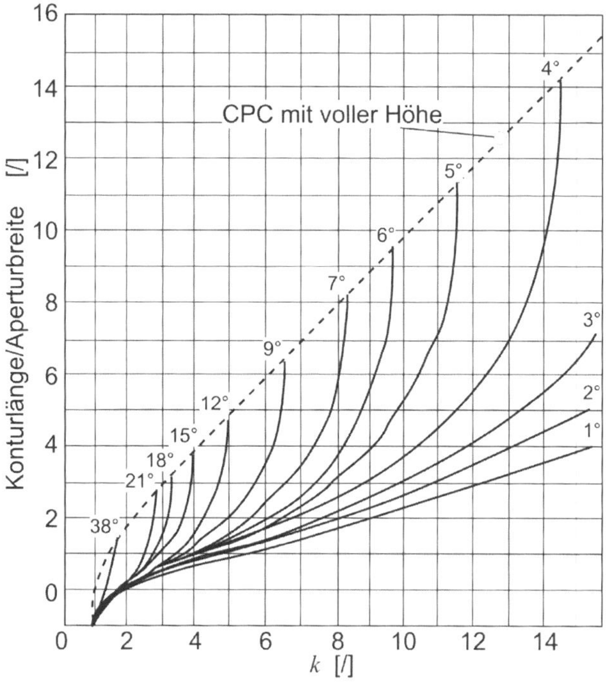

verkürzten Höhe gebaut. Darüber hinaus sinkt bei großen Konzentrationsverhältnissen k der CPC-Spiegel der Akzeptanzwinkel θ_A durch die große Höhe sehr rasch. Dies erfordert dann wiederum eine große Anzahl von Nachführschritten, um ein hohe tägliche Betriebsdauer zu ermöglichen.

Der Aufbau von CPC-Reflektoren mit voller Höhe führt bei großen Konzentrationsverhältnissen zu komplexen Mehrfachreflexionen auf der Spiegelfläche. Die Abb. 3.25 zeigt die mittlere Anzahl der Reflektionen n_ρ als Funktion des Konzentrationsverhältnisses k bei verschiedenen vorgegebenen Akzeptanzwinkeln θ_A. Diese Abbildung zeigt, dass die mittlere Anzahl der Reflexionen bis die Strahlung aus den Reflektorrandbereichen den Absorber erreicht mit wachsendem Konzentrationsverhältnis k ansteigt. Da der Reflexionskoeffizient $\rho < 1$ ist, sinkt der optische Wirkungsgrad mit der Anzahl der Reflexionen proportional mit ρ^n.

Die meisten Anwendungen von CPC-Konzentratoren beschränken sich daher auf kleine Konzentrationsverhältnisse, typischerweise $k \leq 2$. Am Markt gibt es eine Reihe von Kollektoren mit fixen CPC-Konzentratoren als Hinterlegung von Vakuumröhren oder sie sind in solche Röhren eingebaut. Andererseits demonstrierten Niemann und Schreitmüller (Niemann und Schreitmüller 1993), dass zweifach konzentrierende CPC's in Kombination mit guten Vakuumröhren bei Betriebstemperaturen von 200 °C und $\Delta T/i = 0.1$ K/(Wm^{-2}) Wirkungsgrade η von $\eta \approx 50$ % bieten.

Im Konzentrationsbereich von $k \leq 2$ stehen CPC-Kollektoren ökonomisch in Konkurrenz zu anderen nichtabbildenden, fertigungstechnisch einfacher herzustellenden Kon-

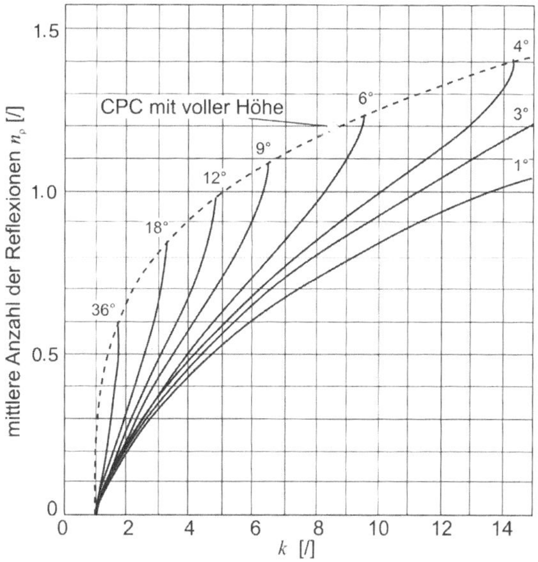

Abb. 3.25 Mittlere Anzahl von Reflexionen n_ρ (*rechts*) in Abhängigkeit vom Konzentrationsverhältnis k bei vorgegebenem Akzeptanzwinkel θ_A für CPC-Kollektortypen mit voller und reduzierter Höhe

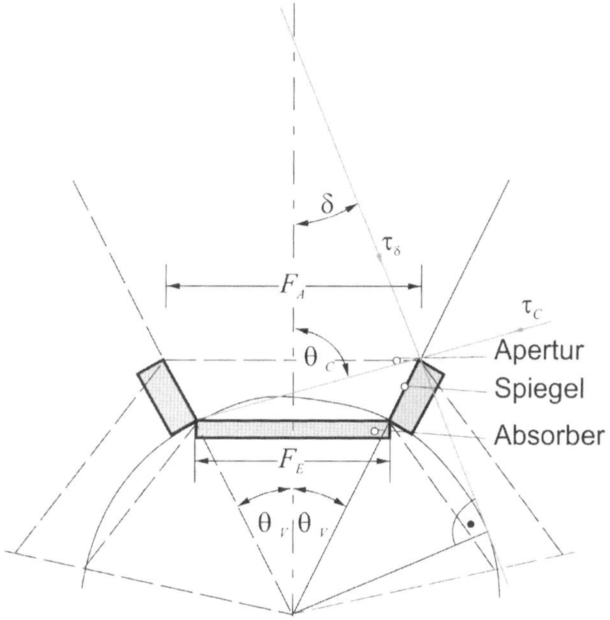

Abb. 3.26 V-Rinne mit einem flachen Absorber und zwei planen, seitlichen Spiegeln; bis zu einer Winkelabweichung δ^* zwischen der Einstrahlungsrichtung und der Normalen erreicht die gesamte Einstrahlung, die auf die Aperturfläche trifft, den Absorber; bei Winkelabweichungen größer θ_C trifft überhaupt keine Strahlung mehr auf den Absorber

zentratoren. Dazu gehören beispielsweise V-Rinnen mit ebenen Spiegeln zu beiden Seiten des Absorbers, deren Reflektorquerschnitt eine V-Form bildet. Die Abb. 3.26 zeigt schematisch den geometrischen Aufbau einer V-Rinne. Rabl (Rabl 1976a) zeigt anhand von Gleichungen der linearen Algebra, dass bis zu einer Winkelabweichung von δ^* zwischen der Einstrahlungsrichtung und der Normalen die gesamte Einstrahlung, die auf die Aperturfläche trifft, zum Absorber kommt. Bei Winkelabweichungen größer θ_C erreicht überhaupt keine Strahlung mehr den Absorber. Der Grenzwinkel θ_C ist damit die Summe aus dem Winkel in der Spitze der V-Rinne mit $2\theta_V$ und δ^*:

$$\theta_C = 2\theta_V + \delta^*. \tag{3.28}$$

Zwischen θ_C und δ^* nimmt der Anteil der aufgefangenen Einstrahlung in etwa linear mit dem Winkel ab. Mit dieser Näherung kann das mögliche Konzentrationsverhältnis k_V angegeben werden:

$$k_V = \frac{1}{\sin(\delta^* + \theta_V)}. \tag{3.29}$$

Ein Vergleich zwischen CPC und V-Rinne lässt sich schwer ziehen, da mehrere Größen zu beachten sind. Rabl (1976a; 1976b) stellt Beispiele gegenüber, bei denen die mittlere Zahl von Reflexionen gleich ist. Für den Fall, dass diese Zahl 0.75 ist und der Akzeptanzwinkel $\theta_A = 19.5°$ beträgt, erreicht ein gekürzter CPC eine Konzentration von $k_{CPC} = 2.9$. Demgegenüber kommt die V-Rinne mit dem halben Rinnenwinkel $\theta_V = 11°$ auf eine Konzentration von $k_V = 2$. Das Verhältnis Spiegellänge zu Empfängerbreite beträgt beim CPC 2.8 und bei der V-Rinne 2.5. Nur bei kleinen k und Rinnenwinkeln von $\theta_V \leq 20°$ erreichen beide Konzentratortypen vergleichbare Werte. Für Direktverdampfungsversuche von Wasser wurden Flachkollektoren mit einem V-Rinnen-Konzentrator (Standort Karlsruhe, $\Phi = 49°$) verwendet, an denen die Kollektorspiegel an den Längsseiten schwenkbar angebracht wurden. Die Längsseiten und damit auch die Drehachsen der Spiegel standen in Ost/West-Richtung. Auf eine Nachführung des Kollektors wurde verzichtet, um konstruktiv aufwändige flexible Dampfleitungen zu vermeiden, und ein Gestänge verband die Spiegelenden. Dadurch genügte eine Arretierung zur simultanen Einstellung beider Spiegel bei der Nachführung.

Die in Abb. 3.27 in Anlehnung an eine Idee von Black und Schoenhals (Black und Schoenhals 1968) gewählte Konfiguration einer V-Rinnen-Geometrie mit einem V-Rinnen-Winkel $2\theta_V = 40°$, ergibt eine Konzentration von $k_V = 2.53$. Im Versuch wurde eine Spiegellänge L_{Sp} von $L_{Sp} = 2.24$ m verwendet. Die Abbildungstechnik verwendet die imaginären Abbilder des Absorbers oder des gegenüberliegenden Spiegels, um das Auftreffen des reflektierten Strahles am Kollektor und den Auftreffwinkel zu bestimmen. Das Verfahren erlaubt es, die Abweichungen von der korrekten Form der V-Rinne durch den starr installierten Kollektor und die gemeinsame Verstellung der beiden Spiegel zu berücksichtigen. Die zuvor genannte Spiegelauslegung beinhaltet die Forderungen, dass keine Zweifachreflexionen auftreten und die Nachstellung der Spiegel etwa wöchentlich stattfinden. Das angegebene Konzentrationsverhältnis gilt weiterhin für eine senkrecht auf den Kollektor auftreffende Strahlung. Weicht der Schattenwinkel ϕ (Gl. 3.26) von der Kollektornormalen um den Winkel δ ab, so ändert sich das Konzentrationsverhältnis entsprechend mit:

$$k_V = \frac{1 + 2L_{Sp}\sin\theta_V}{\cos\delta}. \tag{3.30}$$

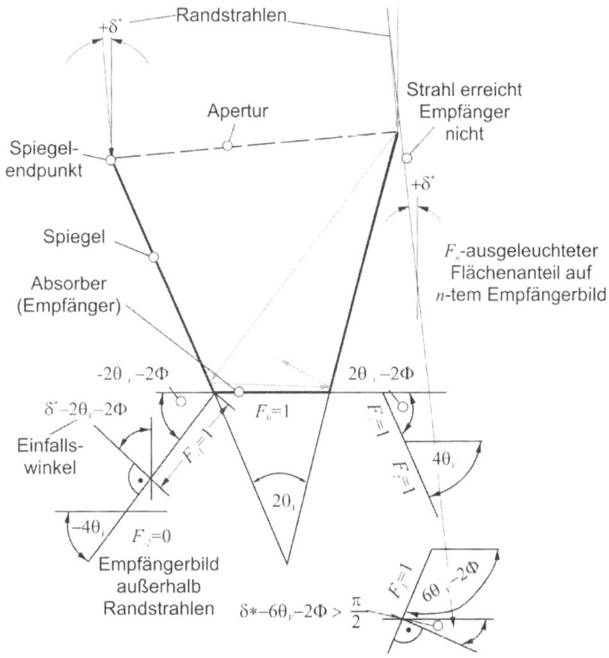

Abb. 3.27 Schema des Flachkollektors mit nichtsymmetrisch nachgeführten Spiegeln; die imaginären Bilder der Kollektoroberfläche sind hinter den Spiegeln eingezeichnet

Jede Reflexion reduziert die am Absorber ankommende Strahlung entsprechend dem Reflexionskoeffizienten ρ.

Für den Fall mit n Reflexionen beträgt der Anteil der auf den Kollektor treffenden Direktstrahlung $i_{dir,\,Kollektor}$ bei einer Einstrahlung aus südlicher Richtung, aber bei einem um δ^* von der Kollektornormalen abweichenden Schattenwinkel (Aigner 1980), und Wadle (Wadle 1981):

$$i_{dir,Kollektor} = i_{dir} \cdot \sum_n F_n \cos\left[\delta^* + n \cdot \theta_V - 2\Phi \left|\sin\left(n \cdot \frac{\pi}{2}\right)\right|\right] \cdot \rho^n. \tag{3.31}$$

wobei i_{dir} den Direktstrahlungsanteil bezeichnet, n die Anzahl der Reflexionen, F_n den Strahlungsanteil der nach der n-ten Reflexion den Kollektor erreicht, ρ den Reflexionskoeffizienten der Spiegel und δ^* die Abweichung der Einstrahlungsrichtung von der Kollektornormalen bei einem Azimutwinkel von $\gamma_S = 0$. Φ ist die Korrektur infolge der nichtsymmetrischen Spiegeleinstellung und letztlich $2\theta_V$ der V-Rinnenöffnungswinkel.

Boettcher et al. (1982) schlägt Konzentratoren mit einer Kontur aus zwei Kreissegmenten vor. Die Spiegel werden hierbei unter einem Flachkollektor angebracht, der beidseitig, oben und unten, eine transparente Glasabdeckung und einen beidseitig beschichteten Absorber besitzt. Das System kam später mit Vakuumröhren zum Einsatz, die einen streifenförmigen, beidseitig selektiv beschichteten Absorber aufwiesen.

Stehen nur einseitig selektiv beschichtete Absorbern zur Verfügung, werden diese mit einem zweifach konzentrierenden CPC ausgestattet werden. Gegenüber dem Schemabild

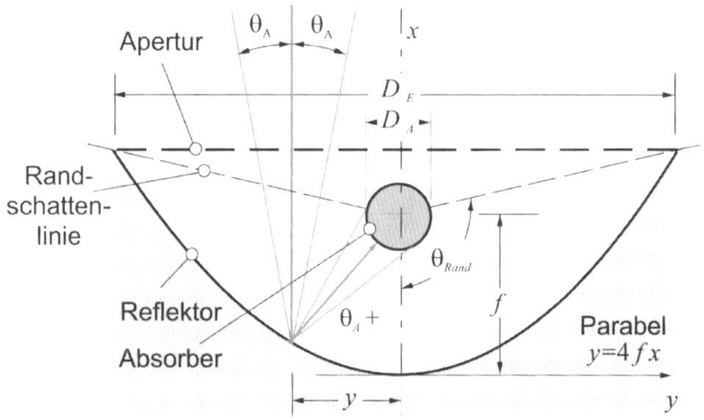

Abb. 3.28 Querschnittsgeometrie eines Parabolrinnenkonzentrators

in Abb. 3.15 umschließt das Glashüllrohr zur Vakuumhaltung den Absorberstreifen, so dass der CPC-Spiegel nicht bis zum Absorber reicht. Es entsteht ein Spalt, durch den Strahlung verloren geht. Kreider und Keith (1978) berücksichtigen dies in der Formel für den Wirkungsgrad η für einen Röhrenkollektor mit CPC-Konzentrator mit Hilfe der Gl. (3.32):

$$\eta = \eta_{opt} \cdot \delta \rho^{\bar{n}} - \frac{2k_{ges}}{k_{CPC}} \frac{(T_A - T_U)}{i_A}. \tag{3.32}$$

Die Spaltverluste werden unter Definition eines Faktors δ ermittelt, der wie folgt definiert ist:

$$\delta = \left\{1 - \frac{d_{Spalt}}{D_{Abs}}\left[1 - \sin\left(\frac{\pi}{4} - \frac{\theta_{\max}}{2}\right)\right]\right\} \frac{i_{dir,A} + \frac{1}{k_{CPC}} i_{dif,A}}{i_A}. \tag{3.33}$$

In den Gleichungen (3.32) und (3.33) ist ρ der Reflexionskoeffizient, $\bar{n}$ die mittlere Anzahl der Reflexionen, $2k_{ges}$ der Wärmeübergangskoeffizient mit einem Faktor 2, da die Absorberplatine nach zwei Seiten Wärme verliert, k_{CPC} das Konzentrationsverhältnis des CPC-Spiegels, wenn kein Spalt vorhanden wäre, $i_{dir/dif,A}$ die auf die Apertur auftreffende direkte oder diffuse Strahlung, D_A die Absorberbreite und d_{Spalt} die Spaltweite. In Experimenten zeigten sich die Wirkungsgrade infolge der hohen optischen Verluste als unbefriedigend. Dieses Konzept ist auch hinsichtlich der Thermoschockprobleme bei Vakuumröhren problematisch.

3.5.6 Linear-abbildende Konzentratoren – Parabolrinnen

Die Abb. 3.28 zeigt schematisch den Querschnitt eines Parabolrinnen-Konzentrators (Parabolic-Trough-Collector, PTC).

Beim PTC werden alle parallel in Richtung der Parabelachse einfallenden Strahlen vom Spiegel auf den Brennpunkt reflektiert, an dem sich der Absorber befindet. Eine Abweichung der Einstrahlungsrichtung von der achsenparallelen Richtung hat eine Richtungsänderung des reflektierten Strahles um den gleichen Winkel zur Folge. Die Distanz des abweichenden Strahles vom idealen Strahlengang an der Absorberposition wächst mit

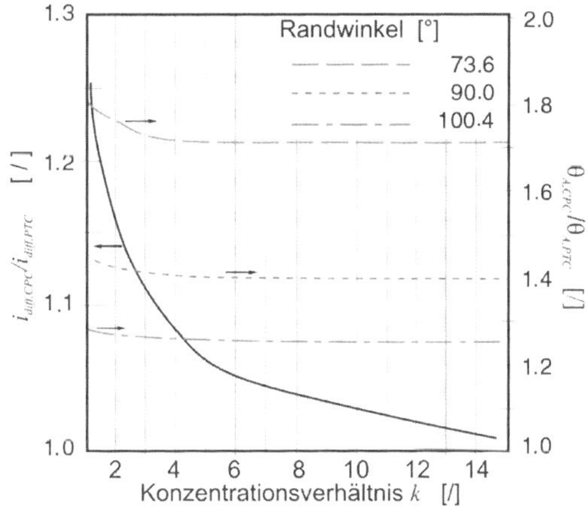

Abb. 3.29 Vergleich von CPC- und PTC-Konzentratoren als Funktion des Konzentrationsverhältnisses *k*; rechte Skala: Vergleich der Akzeptanzwinkel; linke Skala: Auffangvermögen für die diffuse Einstrahlung (isotrope Verteilung der diffusen Strahlung angenommen). (Aus Prapas et al. 1987)

dem Abstand zwischen Absorber und Reflektor. Er kann schließlich die Absorberbreite überschreiten, so dass der Strahl am Absorber vorbei zielt. Damit hängt der zulässige Akzeptanzwinkel θ_A auch vom Abstand zwischen Absorber und Reflektor ab. Bei der Parabelkontur ist dieser am Rand am größten. Der Mittelwert über das gesamte Kontursegment einer Parabolrinne erreicht ein Minimum, wenn der Randwinkel der Parabel 120° beträgt. Die Parabel nimmt dann jedoch eine starke Krümmung im Scheitel an, die zu Problemen bei der Herstellung führen kann. Weiterhin kann der Abstand am Scheitel zu eng für die Installation des Glashüllrohres oder die Spiegelreinigung werden. Daher werden meist Parabeln mit kleineren Randwinkeln gewählt.

Prapas et al. (1987) veröffentlichten 1987 eine Strahlenganganalyse von CPC- und PTC-Konzentratoren. Sie führen den Einfluss des Randwinkels auf den Akzeptanzwinkel in einem Vergleich von CPC und PTC als Funktion des Konzentrationsverhältnisses *k* vor, wie es in der Abb. 3.29 dargestellt ist. Der CPC für den Vergleich wurde soweit gekürzt, dass das Konzentrationsverhältnis noch 30 % des ursprünglichen Wertes betrug. Bei Konzentrationen $k > 5$ übertrifft der Akzeptanzwinkel θ_A des CPC's (rechte Skala) denjenigen einer Parabolrinne mit einem Randwinkel von $\theta_{Rand} = 100°$ um 25 %. Gegenüber einem PTC mit $\theta_{Rand} = 73.6°$ schneidet der CPC um 70 % besser ab. Für $k < 3$ wächst das Akzeptanzverhältnis deutlich zu Gunsten des CPC's. Der größere Akzeptanzwinkel bei kleineren Konzentrationen und dann vor allem des CPC's erklärt auch sein Vermögen größere Anteile i_{diff} der diffusen Einstrahlung einfangen zu können (linke Skala).

3.5.7 Reflektorbedingte Grenzen des Konzentrationsverhältnisses

Akzeptanzwinkel und Nachführhäufigkeit der in Tab. 3.2 vorgestellten Ergebnisse gelten für ideale Konzentratoren und mit der Annahme, dass die Sonne punktförmig abstrahlt. Auch die Strahlenganganalyse der Ergebnisse von Prapas et al. (1987, vgl. Abb. 3.29) geht von fehlerfreien Konzentratoren aus. Praktische Ausführungen der Spiegel werden jedoch

Toleranzen in den Konturen (Rauigkeiten Radienwelligkeit), der Nachführung oder der Verschmutzung der Oberflächen aufweisen.

Kreider (1979) schlägt dazu vor, für die Strahlungsverteilung der Sonne von einer Gauß-Verteilung auszugehen. Tatsächlich ist die Sonne in der Mitte der Sonnenscheibe etwa um den Faktor 2.5 heller als am Rand (Giovanelli und Beck 1987). Die Fehler des Konzentrators fächern den in Richtung des Absorbers reflektierten Strahl weiter auf. Mit Standardverteilungen σ_i der individuellen Fehler (aus geometrischen Welligkeiten, Abbildung, Justierung und Nachführung) bilden deren Summe den optischen Gesamtfehler σ_{opt} des Reflektors.

$$\sigma_{opt}^2 = 4\sigma_{Geometrie}^2 + \sigma_{Abbildung}^2 + \sigma_{Justierung}^2 + \sigma_{Nachführung}^2. \quad (3.34)$$

Dieser ergibt mit der angenommenen Strahlungsverteilung der Sonne die Standardabweichung des reflektierten Strahles, den die Gl. (3.35) darstellt.

$$\sigma_{tot}^2 = \sigma_{opt}^2 + \sigma_{Sonne}^2. \quad (3.35)$$

Prapas et al. (1987) führten eine entsprechende Aufweitung des reflektierten Strahles in ihre Strahlenganganalyse für Röhrenkollektoren mit Parabolrinnen ein. Sie definieren einen optischen Wirkungsgrad η_{opt} in folgender Weise:

$$\eta_{opt} = \frac{\alpha\tau\rho\gamma(\beta_{dir} \cdot i_{dir,A} + \beta_{diff} \cdot g_{dif} \cdot i_{diff})}{i_A}, \quad (3.36)$$

wobei α der Absorptionskoeffizient des Absorbers, τ der Transmissionskoeffizient des Glashüllrohres, ρ der Reflexionskoeffizient des Parabolspiegels und γ der Auffangfaktor, der den Anteil der Strahlung beschreibt, der den Absorber erreicht, ist. Mit dem Faktor β berücksichtigt man korrektiv, dass ein Teil der Einstrahlung direkt den Empfänger trifft und keinen Reflexionsverlusten unterliegt. g_{diff} ist der nutzbare Anteil der diffusen Strahlung und i_A die Gesamteinstrahlung auf die Aperturfläche F_E. Hierbei ist β in Gl. (3.36) wie folgt definiert:

$$\beta = 1 + \frac{1}{k}\left(\frac{1}{\rho} - 1\right). \quad (3.37)$$

in der k das Konzentrationsverhältnis darstellt.

Bei kleinen Konzentrationsfaktoren wirken sich die Fehler am Konzentrator nur gering aus. Jedoch geht der optische Wirkungsgrad zurück, wenn mit steigender Konzentration der nutzbare Anteil an der diffusen Strahlung abnimmt. Die Abb. 3.30 zeigt die Auswirkung von Fehlern des Konzentrators auf den optischen Wirkungsgrad von Röhrenkollektoren mit Parabolrinnen als Funktion des Konzentrationsverhältnisses k. Bei Konzentrationen etwa $k>5$ werden die Auswirkungen der Toleranzen deutlich. Die Abbildung zeigt die Ergebnisse für

- $\sigma_{tot} = 0$, was den Idealfall darstellt,
- $\sigma_{tot} = 10^{-2}$ rad, was einem Spiegel hoher Qualität gleicht,
- $\sigma_{tot} = 1.5 \cdot 10^{-2}$ rad und
- $\sigma_{tot} = 2.5 \cdot 10^{-2}$ rad.

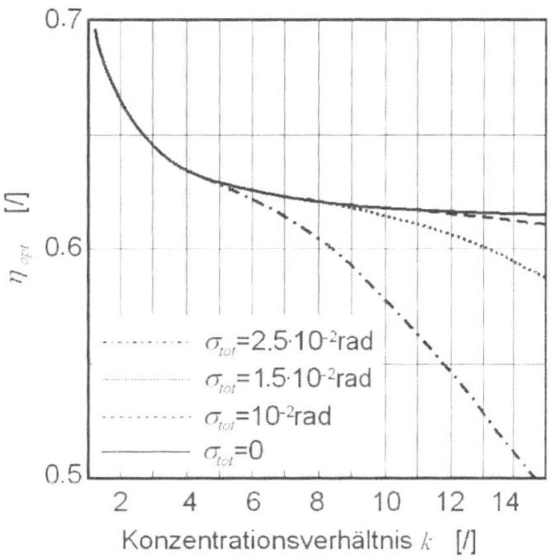

Abb. 3.30 Auswirkung von Fehlern des Konzentrators auf den optischen Wirkungsgrad von Röhrenkollektoren mit Parabolrinnen. (Aus Prapas et al. 1987)

Mathematisch gilt für die Umrechnung zwischen Radiant und Grad $180°/\pi = 1$ rad. (Ein Winkel von $\beta = 45°$ ist damit $\beta = 45° \cdot \pi/180° = \pi/4$, der Wert 1 in Radiant entspricht damit ungefähr 57°17′44″). Die letzten beiden Fälle entsprechen Spiegeln mittlerer Qualität.

Die Auftragung über dem Konzentrationsverhältnis verdeutlicht damit die wachsende Anforderung an die Spiegel bei zunehmendem Konzentrationsfaktor. Bei vorgegebenen Reflektorqualitäten sollten entsprechende Konzentrationsverhältnisse nicht überschritten werden sollten s. Heinzel et al. (1994). Mit Hilfe von Messungen kann man eine analytische Beziehung unter der Annahme ableiten, dass die Standardabweichung linear vom Konzentrationsfaktor k abhängt. Damit ergibt sich eine Exponentialfunktion für das Produkt aus dem Auffangfaktor γ und dem Reflexionskoeffizienten ρ in folgender Weise:

$$\gamma \cdot \rho = c \cdot e^{-b(k-1)^2}. \tag{3.38}$$

worin b und c Konstanten sind, die anhand von Messwerten an Parabolrinnenkollektoren ermittelt wurden.

Hierzu wurden in einem Experiment Parabolspiegel aus eloxiertem Aluminiumblech mit normalem Verschmutzungsgrad eingesetzt und das empfangende Absorberrohr wurde lediglich von einem Glasrohr ohne Vakuum abgedeckt. Entsprechend dieser Anordnung ergeben sich bereits bei der Betriebstemperatur von 100 °C hohe konvektive Wärmeverluste. Mit Zahlenwerten und mit Hilfe der Beziehung für die Nutzleistung $\dot{q}_N$ aus Gl. (3.14) erhält man die in der Abb. 3.31 dargestellte Nutzleistungskurve als Funktion des Konzentrationsverhältnisses k bei verschiedenen Einstrahlungsintensitäten i_{glob} für ein gegebenes Material. Die Grafik zeigt, dass mit den verwendeten Materialien eine optimale Konzentration für den Faktor $k \approx 6$–7 gegeben ist. Hierbei sind die Reserven für eine schrittweise Nachführung nicht berücksichtigt worden.

Eine Weiterentwicklung der Parabolrinnen sind so genannte Fresnel-Spiegel-Kollektoren. Bei ihnen wird das Sonnenlicht über mehrere zu ebener Erde angeordneten parallele,

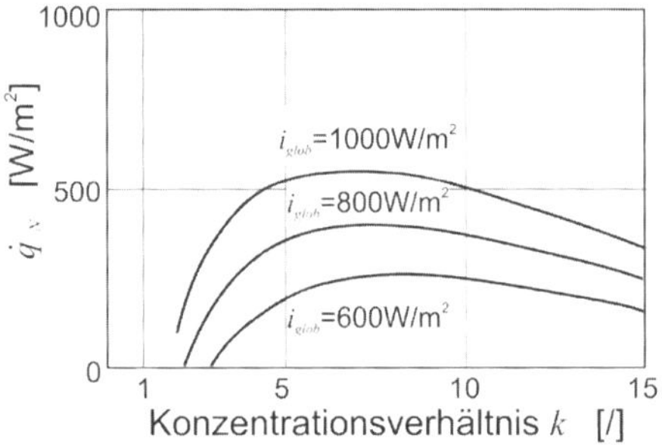

Abb. 3.31 Spezifische Nutzleistung $\dot{q}_N$ von Kollektoren mit Parabolrinnen aus eloxiertem Aluminium und Glashüllrohren ohne Vakuum als Funktion des Konzentrationsverhältnisses k; Kurven wurden mit dem Produkt aus $(\rho \cdot \gamma)$ aus Gl. (3.38) und Konstanten aus Messwerten berechnet. (Heinzel et al. 1994)

ungewölbte Spiegelfacetten (nach dem Prinzip einer Fresnel-Linse) auf ein Absorberrohr gebündelt (nähere Details in Kap. 7.4 bzw. Kap. 7.5). Ein zusätzlicher Sekundärspiegel hinter dem Rohr lenkt die Strahlung auf die Brennlinie. Auch wenn die Energie-Erträge deutlich geringer ausfallen, liegt doch im einfachen Aufbau des Fresnel-Kollektors und in der Möglichkeit, den Raum unter dem Kollektor zu nutzen, ein interessantes Potenzial für weitere Kostensenkungen.

3.5.8 Konzentrationsbedingte technische Nutzungsfelder

Die nachfolgende Einteilung von Kollektoren hinsichtlich ihres Konzentrationsverhältnisses in Verbindung mit einem spezifischen Verwendungsbereich hat eher einen empfehlenden Charakter; spezifische Anwendungen erfordern im Einzelfall eine andere Einteilung. Dies liegt daran, dass sich der Konzentrationsfaktor k, der Akzeptanzwinkel θ_A, die Nachführung sowie die Reflektorqualität und -geometrie gegenseitig beeinflussen. Sie machen die Eigenschaften eines Konzentrators als Ganzes aus und ermöglichen eine Vielzahl von konstruktiven Lösungen. Zuverlässige Detailvergleiche müssen auf Simulationsrechnungen oder experimentellen Untersuchungen aufbauen.

Bereich $k < 2$

- Spiegelfolien erlauben die Herstellung von Konzentratoren mit engen Krümmungen. Damit können CPC's für Röhrenkollektoren hergestellt werden, die bei Ost/West-Ausrichtung ohne Nachführung auskommen.
- Flachkollektoren für Einzelanlagen mit manueller Bedienung können mit planen Spiegeln ausgerüstet werden, die dann nachts als Abdeckung dienen.

Bereich k>2

- Die CPC-Kontur wird meist gekürzt, damit die Höhe nicht übermäßig ansteigt. Der daraus resultierende kleinere Akzeptanzwinkel θ_A macht eine Nachführung des Kollektors erforderlich. Die Nachführung bleibt auf mehrere Male im Jahr beschränkt und kann manuell vorgenommen werden.
- Bei einem Absorber mit rundem Querschnitt in einem Röhrenkollektor muss nur der Konzentrator gedreht werden.
- Ein streifenförmiger Absorber muss mit dem Konzentrator nachgeführt werden und verlangt eine aufwendigere Aufhängung.
- Bedeutsamer sind jedoch die Verluste durch den Spalt δ, der durch das Glasrohr zwischen Spiegel und Absorber entsteht.

Bereich k>3 Die Parabolrinnen kommen mit kleineren Konturlängen aus, so dass sie CPC-Konzentratoren vorgezogen werden. Außerdem vermeiden sie Mehrfachreflexionen. Die Konzentratoren können mit großen Toleranzen und aus Spiegelfolien von Standardproduktionen gefertigt werden. Je nach Standort genügen bei Ost/West ausgerichteten Nachführachsen und täglichen Betriebszeiten von etwa ±4 h um die Mittagszeit manuelle Nachführung in größeren Abständen, etwa wöchentlich. Die Spiegeljustierung kann mit Schattenrändern an Markierungen oder durch Überdeckung von Spiegelbildern vorgenommen werden (vgl. Abb. 3.21).

- Mit runden Absorbern entfallen die flexiblen Rohranschlüsse, die im Regelfall höhere Wärmeverluste aufweisen als starre Anschlüsse. Bei konvektivem Wärmeübergang zwischen dem Absorber und dem umschließenden Glasrohr führt der runde Absorber zu größeren Wärmeübergangsflächen und damit höheren Wärmeverlusten. Die Nachführung bei Nord/Süd-Achse lässt sich mit elektronischen Schaltungen und Synchronmotoren bewerkstelligen, vgl. Heinzel und Schröder (1986).

Bereich k>10

- Die Konzentratoren müssen entsprechend der Abb. 3.30 eine gute Qualität aufweisen.
- Bei derart hohen Konzentrationsverhältnissen sind auch bei Ost/West-Ausrichtung der Nachführachse tägliche Nachführungen des Kollektors notwendig.
- Mit ausreichend kleinen Nachführintervallen kommen Nord/Süd- oder polar ausgerichtete Nachführachsen in Frage. Nord/Süd- oder polare Nachführungen bieten über den Tag gleichmäßigere Leistungsverteilungen.
- Die Verwendung von Parabeln mit großen Brennweiten ergeben geringere Krümmungen am Scheitel. Sie ermöglichen die Verwendung von Glasspiegeln. Mit einem geringeren Akzeptanzwinkel θ_A verlangen sie jedoch höhere Spiegelqualitäten und Nachführgenauigkeiten.
- Eine PC-angesteuerte Nachführung über eine Berechnung der Nachführwinkel müsste die Gln. (2.36) bis (2.39) mit hoher Genauigkeit umsetzen. Zuverlässiger und besser justierbar sind elektronische Schaltungen mit optischen Vergleichselementen. Diese

unterscheiden die Lichtintensität zu beiden Seiten eines Steges, der sich in einer Ebene parallel zur Parabelachse mit dem Kollektor dreht.

Literatur

Aigner M (1980) Entwurf eines Solarkollektors zur Konservierung von Lebensmitteln. Diplomarbeit, (Institut für Reaktortechnik, Maschinenbau) Universität Karlsruhe, Karlsruhe

Black WZ, Schoenhals RJ (1968) A study of directional radiation properties of specially prepared V-groove cavities. J Heat Transfer 90:420–428

Boettcher A, Heybutzki H, Krug W (1982) Solare Hochvakuum-Kollektoren mit optimierten Spiegel-Boostern. 4. Internationales Sonnenforum. DGS-Sonnenenergie. S 355–361

Fisch N, Murder J, Hahne E (1984) Untersuchungen über Maßnahmen zur Reduzierung des Wärmebedarfs eines Wohngebäudes. Bauphysik, Ausgabe 6(2): 55–62

Frei U, Häuselmann T, Flückinger F, Frey R (1995) Leistungsdaten thermischer Sonnenkollektoren. Solarenergie Prüf- und Forschungsstelle, Technikum Rapperswil. Infoenergie Brugg, Brugg

Giovanelli R, Beck R (1987) Geheimnisvolle Sonne. VCH Verlagsgesellschaft, Weinheim

Heinzel V, Holzinger J, Simon M (1994) Flow patterns in horizontal and tilted tubes of direct evaporating solar. In: Proc. of the ISES Solar World Congress, HE Soc 4:135–140

Heinzel V, Schröder J (1986) Schaltungen zur Nachführung von Kollektoren und Solarzellenträgern. Sonnenenergie 2:23 ff

Hottel HC, Whillier A (1955) Evaluation of Flat-Plate Solar Collector Performance. In: Arizona UP (Hrsg) Trans. of the Conference on the Use of Solar Energy—The Scientific Basis, S 74–104

Kreider JF (1979) Medium and high temperature solar processes. Academic, New York

Kreith F, Kreider JF (1978) Principles of solar engineering. Hemisphere Publishing. Corporation, Washington

Niemann M, Schreitmüller KR (1993) Investigations on high efficiency collectors for industrial process heat generation up to 200 °C. Proc. of ISES World Congress Budapest, Hungary

Prapas DE, Norton B, Probert SD (1987) Optics of parabolic-trough, solar-energy collectors, possessing small concentration ratios. Sol Energy 39(6):541–550

Rabl A (1976a) Comparison of solar concentrators. Sol Energy 18:93–111

Rabl A (1976b) Optical and thermal properties of compound parabolic concentrators. Sol Energy 18(6):497–511

Wadle M (1981) Entwurf eines Teststandes für einen Sonnenkollektor mit einem Konzentrationsfaktor von 2 und dessen Kühlkreislauf mit Naturkonvektion. Diplomarbeit, Institut für Reaktortechnik, Maschinenbau, Karlsruhe

Winston R (1974) Principles of solar concentrators of a novel design. Sol Energy 16(2):89–95

4 Passive Mechanismen in der Solarenergie

Der Begriff passive Nutzung oder passive Maßnahmen spielt in der modernen Solarthermie eine zentrale Schlüsselrolle, ohne die ein effizienter Einsatz dieser Technologie undenkbar wäre.

Zu den passiven Elementen der effizienten Nutzung zählen alle Vorgänge der molekularen Wärmeleitung im stationären wie auch zeitlich veränderlichen Bereich. Sie bestimmen den Wärmeverlust über die Systemgrenzen hinaus wie auch die auftretenden Oberflächentemperaturen.

Da jeder Körper oberhalb des absoluten Nullpunktes Wärme abstrahlt, gehört auch der Wärmestrahlungsaustausch zu den passiven Übertragungsprozessen. Für die Solarthermie ist daher die Absorption der solaren Einstrahlung von zentraler Bedeutung. Die Aufnahme der solaren Einstrahlung bedingt aber unmittelbar, dass die eingesammelte Energie nicht sofort wieder abgestrahlt wird. Aus diesem Grund wird ein selektiver Absorber erforderlich, der mit Hilfe geeigneter Verfahren ressourcenschonend erzeugt werden muss. Auch sichtbares Licht als elektromagnetische Strahlung und nicht unerheblicher Energieträger erfährt an Grenzflächen eine Änderung seiner Transporteigenschaften.

Dieses Kapitel beleuchtet alle vorgenannten als „passiv" bezeichneten Transportprozesse bezüglich ihrer physikalischen Gesetzmäßigkeiten. Der Begriff „passiv" umfasst hierbei Austausch- und Transferprozesse, die auf molekularer Ebene stattfinden, beziehungsweise durch elektromagnetische Strahlung erfolgen. Basierend darauf erfolgt eine Diskussion der Auswirkung hinsichtlich der Effekte bei der gebäudetechnischen Nutzung, aber auch der Gestaltung von Kollektoren sowohl für den Nieder- wie auch den Hochtemperaturbereich. Zusätzlich werden einige potentielle Herstellungsverfahren aufgezeigt.

R. Stieglitz, V. Heinzel, *Thermische Solarenergie*,
DOI 10.1007/978-3-642-29475-4_4, © Springer-Verlag Berlin Heidelberg 2012

4.1 Passive Transportvorgänge und Anwendung in der Solarthermie

Der Begriff der passiven thermischen Nutzung der Sonnenenergie bezieht sich in diesem Abschnitt ausschließlich auf Gebäude, wobei lediglich bauliche Mittel zur Solarenergienutzung betrachtet werden. Aktive Systeme wie beispielsweise Pumpen, Nachführeinrichtungen werden hier explizit ausgeschlossen.

Infolge des geringen apparativen Aufwandes findet die passive Solarthermie zumeist im privaten Bereich vorrangig im Rahmen der Gebäudeheizung und -klimatisierung eine große Verbreitung. In Verbindung mit einer guten Wärmedämmung lässt sich der Bedarf an zusätzlicher Heizenergie, die über fossile Energieträger oder Fernwärmenetze bereitgestellt werden muss, signifikant reduzieren. Mit Hilfe einer durchdachten passiven Nutzung der Sonnenenergie kann man es auch in Mitteleuropa erreichen, dass eine aktive Heizungsanlage nicht mehr erforderlich ist. Eine seit Jahrhunderten bekannte Form der Nutzung passiver Solarthermie stellen das Frühbeet, das klassische Gewächshaus oder der Wintergarten dar.

Mit Hilfe gezielter architektonischer Gestaltungsmaßnahmen in Verbindung mit einer selektiven Werkstoffauswahl und unter Beachtung der Sonneneinstrahlung (Geometrie) lässt sich eine deutlich gesteigerte Energieeffizienz erzielen. Dieses als Solararchitektur bezeichnete Feld zielt im Wesentlichen darauf ab, die Gebäude sind im Sommer angenehm kühl zu halten, während im Winter eine wohlige Wärme bereitgestellt werden soll. Hierbei erfolgt die Bausequenz bei der Erstellung eines Passivhauses in zwei Sequenzen, siehe (Kiraly 1987) oder (Karweger 2008).

- Zunächst wird das Gebäude so entworfen, dass solare Wärmegewinne optimiert werden. Dazu wird das Gebäude zur Sonne hin orientiert, auf der Südseite werden ausreichend große Glasflächen geplant, optimaler Weise sollte eine Verschattung mit Steuerung vorgesehen werden.
- Der zweite Schritt sind Maßnahmen zur Vermeidung von Wärmeverlusten. Dazu gehören eine kompakte Bauform in Form eines angepassten Oberflächen- zu Volumenverhältnisses, eine entsprechende Dachneigung und eine lückenlose Wärmedämmung mit einer dichten Gebäudehülle, die zur Vermeidung von Wärmebrücken und damit Wärmeverlusten dient.
- Ergänzt werden diese Maßnahmen durch den Einsatz einer individuellen den Verbrauchsmaßstäben angepassten Haustechnik sowie durch die Auswahl geeignet dimensionierter Wärmeübertrager und einer kontrollierten Wohnungslüftung.

Zusammengefasst beruht das Prinzip der passiven Solarenergienutzung auf einem gezielten Sammeln der einfallenden Sonnenenergie durch entsprechend orientierte Fenster oder „transparente Wärmedämmungen“, verbunden mit einem temporären Wärmeschutz unter Ausnutzung der Gebäudemassen als Wärmespeicher. Sieht man von Abschattungseinrichtungen als Überhitzungsschutz im Sommer ab, ist Hilfsenergie zum Betrieb solcher Systeme zumeist nicht erforderlich.

Als Beispiele der praktischen Anwendung der „passiven Nutzung“ der Solarthermie sind unter anderem auch die nachstehenden Maßnahmen.

- Mit Hilfe eines gezielt dimensionierten Dachüberstandes über großen isolierverglasten Südfenstern kann im Sommer das Eindringen von Sonnenstrahlung und damit auch Wärme verhindert werden. Der Effekt lässt sich verstärken, wenn die Fenster oben nach außen geneigt werden (siehe dazu winkelabhängige Transparenz von Glas, Kap. 4.5.3). Im Winter hingegen fällt die Sonne tiefer ein und damit kann die Wärmestrahlung durch den niedrigeren Sonnenstand ungehindert durch das Fenster einfallen und trägt zur Raumheizung bei.
- Ein ähnlicher Effekt lässt sich durch Absorberwandflächen erreichen, an denen das Sonnenlicht hinter einer „transparenten“ Dämmmaterialschicht auf einer schwarzen Absorberfläche auftrifft und somit die dahinterliegende Wand heizt.
- Große Bürogebäude in Großstädten verfügen oft über vollverglaste Außenfassaden. Dabei ergibt sich im Sommer ein Überschuss an Sonnenwärme. Mittels eines Einsatzes von Spezialgläsern, die im Sommer bei hochstehender Mittagssonne die Strahlen reflektieren, aber bei einem niedrigen Sonnenstand, wie er im Winter und auch im Sommer außerhalb der Mittagszeiten auftritt, transparent sind, können sie ein entsprechendes Temperaturumfeld erzeugen. Solche Spezialgläser können auch selektiv elektrisch angesteuert werden. Oft wird auch ein über mehrere Stockwerke reichendes Atrium mit Springbrunnen verwendet. Dies erlaubt, über konvektive Transportprozesse eine kühlende natürliche Thermik aufrecht zu erhalten.

Im Rahmen der Gebäudetechnik ergibt sich die Klassifizierung kollektorbasierter solarthermischer Systeme als „aktive“ Technologie aufgrund des Einsatzes aktiver, also meistens elektrisch betriebener Umwälzpumpen innerhalb des Wärmekreislaufes.

Allerdings ist auch ein passiver Einsatz denkbar, etwa bei Aufdachanlagen in frostfreien Klimazonen, die nach dem Thermosiphon-Prinzip funktionieren. Das Thermosiphonprinzip ist deshalb als passiv einzustufen, da lediglich durch die Aufheizung des Fluides durch die Sonneneinstrahlung einen Dichteunterschied im Wärmeträgermedium erzeugt wird, der zu einer Umwälzung des Arbeitsfluids (Wasser, Luft, Öl) führt. Nach dem gleichen Prinzip operieren oft auch Kollektoren in Kleinanlagen, wie beispielsweise Kissenabsorber zur Erwärmung des Wassers für Außenduschen in Schwimmbädern. Die Abb. 4.1a zeigt das Funktionsprinzip eines Thermosiphons und die Abb. 4.1b stellt ein kommerzielles erhältliches Thermosiphonsystem dar.

Bei der Bauplanung unter dem Aspekt einer passiven Solarenergienutzung können folgende Punkte berücksichtigt werden:

- Eine konsequente Südausrichtung von Wohn- und Aufenthaltsbereichen, bei Minimierung der Fensterflächen nach Norden.
- Einplanung versetzter Wohnebenen. Dies erlaubt ein potentielles Eindringen von Sonnenenergie bis tief in das Gebäude hinein.

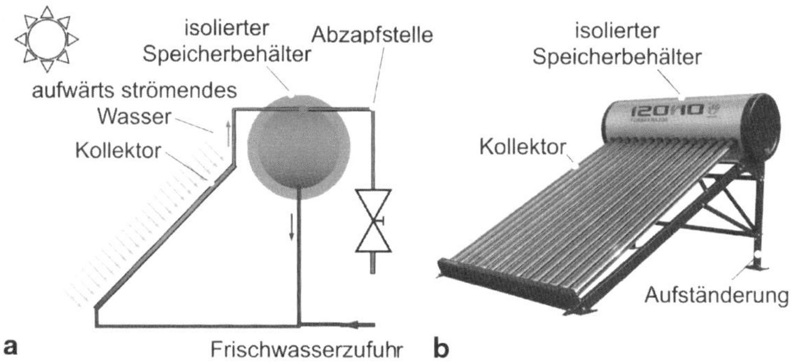

Abb. 4.1 **a** Funktionsprinzip eines Thermosiphons als passive Solarthermienutzung, **b** Beispiel einer technische Ausführung eines Solarwasserheizers (Wanshou Industry Zone 2011)

- Verwendung energieeffizienter Fenstersysteme, gegenwärtig betragen im „Niedrigenergiehaus-Standard" die Wärmeübertragungswerte von Fenstern $k = 1.3\ \mathrm{W/(m^2\,K)}$, beim Passivhaus-Standard wird ein Wärmeübertragungswert der Fenster von $k = 0.8\ \mathrm{W/(m^2\,K)}$ angesetzt.
- Realisation einer kompakten Bauweise mit einem kleinen Oberflächen (A) zu Volumenverhältnis ($A/V \ll 1$)
- Nutzung der thermischen Trägheit. Hierbei sollte eine große Masse und Wärmekapazität der Bauteile in Sonnenrichtung bei einem gleichzeitigen kleinen Wärmeübergangskoeffizienten an den Außenflächen gewählt werden.

Zusammenfassend ist im mitteleuropäischen Bereich ein sehr guter Wärmeschutz die essentielle Voraussetzung für eine sinnvolle „passive" wie auch „aktive" Nutzung der Sonnenenergie. Ein wesentlicher Aspekt der technisch adäquaten Nutzung der Sonnenenergie stellt, wie die obigen Betrachtungen illustrieren sollten, das Grundverständnis der Wärmeübertragungsarten dar. Bereits im Abschn. 3 wurde festgestellt, dass selbst bei konzentrierenden Systemen dieser Aspekt von herausragender Bedeutung ist, so dass im Folgenden die Wärmeübertragungsarten näher betrachtet werden.

4.2 Arten der Wärmeübertragung

In der vereinfachten Betrachtung des Wirkungsgrades nicht konzentrierender Systeme (Kap. 3.4) wurde deutlich, dass die Wärmeverluste des Kollektors den solaren Wirkungsgrad nachhaltig bestimmen. Wie die Analyse zeigte, müssen alle Wärmeübergänge beginnend am Absorber über die verschiedenen Kollektoreinbauten und den Kollektorkasten zur Umgebung möglichst klein gehalten werden, damit der Kollektor nicht vorzeitig die Stillstandstemperatur erreicht.

Die Wärmeverluste im Kollektor hängen maßgeblich von der treibenden Temperaturdifferenz zwischen dem Absorber und der Umgebung (T_A-T_U) ab. Wenn jedoch die Verbrauchertemperatur vorgegeben ist, müssen alle Temperaturdifferenzen, die für den Wärmetransport vom Absorber zum Verbraucher benötigt werden, möglichst klein sein. Dementsprechend ist hierzu ein angepasster Wärmeträgerkreislauf mit günstigen Wärmeübergängen auszulegen.

Alle im System Sender (oder solare Quelle)-Empfänger (Absorber)-Umgebung auftretenden Wärmeübergänge beeinflussen somit die Wärmebilanz und legen nachhaltig den Wirkungsgrad des Gesamtkomplexes fest. Der Wärmetransport in allen Systemen wird durch

- Wärmeleitungsvorgänge,
- Wärmestrahlungsprozesse oder
- Konvektive Abläufe, die entweder durch Dichte-, Konzentrations- oder Druckgradienten getrieben werden,

bestimmt.

In den folgenden Abschnitten werden zunächst die Grundbegriffe und Mechanismen der Wärmeübertragung in Feststoffen, Flüssigkeiten und Gasen eingeführt. Auf dieser Basis werden die zentralen Gesetzmäßigkeiten des Wärmeverlustes in passiven Solarsystemen beschrieben. Eine ähnliche Vorgehensweise wird bei der Behandlung der Wärmestrahlung wie auch des Strahlungstransports in Medien wie Gläsern oder Absorbern verwendet, ohne die die Solarthermie nicht denkbar ist.

Bei konvektiven Transportvorgängen ist die Grenze zwischen aktiven und passiven Transport nur schwer zu ziehen. Beispielsweise werden durch Temperaturunterschiede Dichtegradienten erzeugt und diese sind in der Lage eine Strömung anzutreiben. In diesem Buch erfolgt die Zuordnung des konvektiven Wärmetransports in Fluiden im Kap. 5.

In der Thermodynamik bezeichnet man die Energie, die die Systemgrenze überschreitet, als Wärme, wenn der Energietransport lediglich durch einen Temperaturunterschied zwischen dem System und seiner Umgebung bewirkt wird. Nach dem zweiten Hauptsatz der Thermodynamik fließt dabei Wärme stets in Richtung abnehmender thermodynamischer Temperatur über die Systemgrenzen. Die Thermodynamik befasst sich mit den Endzuständen von Prozessen. Mit anderen Worten, das Ergebnis der thermodynamischen Beschreibung ist ein Gleichgewichtszustand. Die Gesetzmäßigkeiten der Wärmeübertragung gehen dagegen auf die Art und Weise des Wärmetransports sowie des zeitlichen Ablaufs ein. Sie beschreiben Verlauf des Transports und die damit verbundene Dynamik.

In Solarkollektoren treten alle drei der in der Abb. 4.2 schematisch skizzierten Wärmeübertragungsarten auf:

- Die Wärmeleitung in einem stationären Fluid oder einem Festkörper. Beispiele wären die Wärmeleitung über einen Fluid gefüllten Spalt oder durch eine Wand;

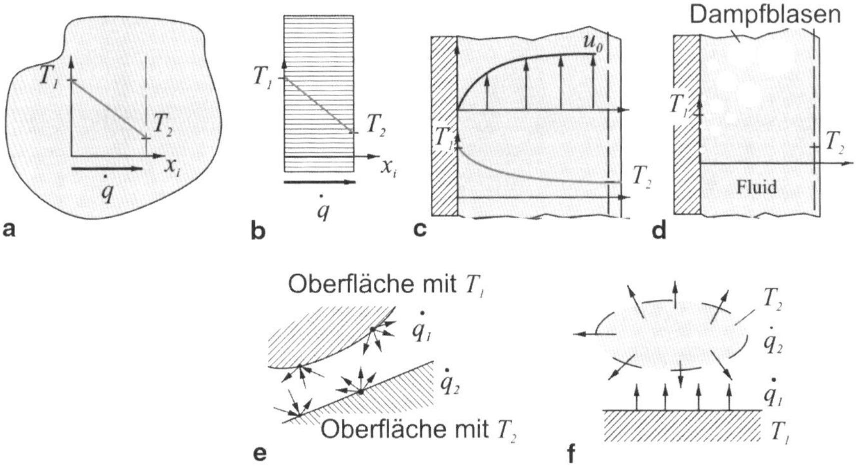

Abb. 4.2 Skizzen zum Wärmetransport durch Konduktion (Wärmeleitung) **a**,**b**, durch Konvektion **c**, mit deren Sonderform des Siedens **d**, und durch Radiation (Strahlung) **e**, sowie deren Sonderform, dass ein Körper transparent ist **f**

- Die Wärmestrahlung ist elektromagnetischer Natur wie das Licht. Sie ermöglicht die Abgabe von Wärme in das Vakuum. Alle Körper senden Wärmestrahlung entsprechend ihrer Temperatur und ihren Strahlungseigenschaften aus. Für eine Energiebilanz ist die Gegenstrahlung und reflektierte Rückstrahlung der Umgebung wichtig. Der Wärmetransport durch Strahlung zwischen verschiedenen Körpern beschreibt einen Nettowärmeaustausch.
- Der konvektive Wärmeübergang setzt eine makroskopische Bewegung eines Fluids voraus. Mit dem Fluid wird sensitive oder latente Wärme transportiert. Im Kontakt mit einer Wand kann Wärme an das Fluid oder von diesem an die Wand übertragen werden. Liegt die Wandtemperatur deutlich über oder unter der Siedetemperatur des Fluids, kommt es zu Verdampfungs- oder Kondensationsprozessen an der Wand.

Im Gegensatz zur Thermodynamik, die vorzugsweise mit ausgedehnten homogenen Systemen, den Phasen, operiert, ist die Wärmeübertragung eine Kontinuumstheorie, in der räumlich ausgedehnte Felder auftreten, die darüber hinaus von der Zeit abhängen können. Meist spielen bei den Wärmeübergängen die treibenden Temperaturdifferenzen die dominante Rolle. Man verwendet daher Temperaturen ΔT, die gegenüber der thermodynamischen Temperatur T um eine Bezugstemperatur T_0 verschoben sind:

$$\Delta T = T - T_0. \tag{4.1}$$

Mit der Bezugstemperatur $T_0 = 273.15$ K stimmt ΔT mit der Celsiustemperatur überein. Temperaturdifferenzen sind von der Bezugstemperatur unabhängig, so dass deren Spezifikation in der Regel entfallen kann.

4.3 Wärmeleitung in Fluiden und Festkörpern

In einem homogenen Kontinuum erfolgt ein Wärmefluss entsprechend des zweiten Hauptsatzes der Thermodynamik von einem höheren zu einem niedrigeren Temperaturniveau.

Bei einem Wärmetransport mittels Wärmeleitung geschieht dies durch Stöße zwischen benachbarten Molekülen entweder durch den Austausch von Phononen oder durch die Bewegung von Elektronen entlang der Temperaturdifferenz dT über ein Wegelement dx. In einfachsten Fall einer ebenen, homogenen Wand, (oder eines Spaltes, der homogen mit einem ruhenden Kontinuum ausgefüllt ist,) in der die Temperatur nur in eine Richtung (x-Richtung) durch die Wand einen Gradienten dT/dx besitzt, fließt ein Wärmestrom entsprechend

$$\dot{Q}_x = A \cdot \dot{q}_x, \tag{4.2}$$

worin $\dot{q}_x$ die Wärmestromdichte normal bezogen auf die Fläche A darstellt. Der Wärmestrom entlang des infinitesimalen Wegelementes dx ist proportional zur spezifischen Wärmeleitfähigkeit des Mediums λ und somit ergibt sich das 1. Fouriersche Gesetz in eindimensionaler Form zu:

$$\dot{q}_x = -\lambda \cdot \frac{dT}{dx}, \tag{4.3}$$

in dem d/dx die totale Ableitung darstellt. Das Minuszeichen drückt aus, dass die Wärme in Richtung abnehmender Temperatur fließt. Im Regelfall liegen in einem Kontinuum dreidimensionale Temperaturfelder vor und damit wird der Wärmestrom durch ein Vektorfeld, in folgender Form

$$\dot{q} = q(\vec{x}, t) \tag{4.4}$$

beschrieben, in der $\vec{x}$ der Raumvektor ist und t die Zeit darstellt. Damit fließt durch ein Flächenelement dA der Dicke dx ein Wärmestrom $\dot{q}$:

$$d\dot{Q} = \dot{q}(\vec{x}, t)\vec{n}dA = |\dot{q}|\cos(\beta)dA. \tag{4.5}$$

Hierbei ist $\vec{n}$ der Einheitsvektor in Richtung der Flächennormalen. Er bildet mit $|\dot{q}|$ den Winkel β. Das entsprechende Temperaturfeld T ist ein Skalar damit ebenfalls eine Funktion vom Ort $\vec{x}$ und der Zeit t und wird durch.

$$T = T(\vec{x}, t), \tag{4.6}$$

Beschrieben bei einem stationären Vorgang ($\partial/\partial t = 0$) verschwindet die Zeitabhängigkeit von t. Alle Punkte eines Körpers mit derselben Temperatur kann man sich durch eine Fläche verbunden denken. Diese Fläche wird als Isotherme bezeichnet. Die größte Temperaturänderung erfolgt normal zu den Isothermen und ist durch den Temperaturgradienten ∇T gegeben.

$$\nabla T = \frac{\partial T}{\partial x} + \frac{\partial T}{\partial y} + \frac{\partial T}{\partial z}, \tag{4.7}$$

wobei ∇ der dreidimensionale Nabla-Operator in den Raumkoordinaten des Einheitsvektors e_x, e_y und e_z der drei Koordinatenrichtungen in x, y und z-Richtung ist. Mit dem Temperaturgradienten als Ursache für die Wärmeströme ergibt sich für die Wärmestromdichte folgender Zusammenhang:

$$\dot{q} = -\lambda \nabla T. \tag{4.8}$$

Die Gl. (4.8) beschreibt das 1822 von Fourier aufgestellte Grundgesetz der Wärmeleitung in allgemeiner Form. Ein Einsetzen der Gl. (4.8) in Gl. (4.5) liefert für den stationären Wärmestrom durch ein beliebig orientiertes Flächenelement dA

$$d\dot{Q} = -\lambda \nabla T(\vec{n} dA) = -\lambda \cdot dA \cdot \left(\frac{\partial T}{\partial n}\right). \tag{4.9}$$

4.3.1 Stationäre Wärmeleitung in Fluiden und Festkörpern

Im Kap. 3.4 wurden die Wärmeverluste des Kollektors, in denen molekulare Wärmeübergänge durch Wärmeleitung angesprochen wurden, ohne eine detaillierte Analyse diskutiert. Bei dem dort angesprochenen Flachkollektor wurden Wärmeverluste durch Wärmeleitung in den seitlichen und rückwärtigen Kastenbereichen sowie durch die Glasplatte als eine der Quellen identifiziert, die den Einsatzbereich des Kollektors nachhaltig beeinflussen. Hierzu wurden einige vereinfachende Annahmen getroffen.

- Behandlung des Spalts zwischen Absorber und Glasplatte: Eine lineare Abhängigkeit des Wärmeübergangskoeffizienten mit (T_A-T_U) ergibt sich dort nur, wenn der Spalt schmal ist oder der Druck soweit abgesenkt wird, dass kein konvektiver Wärmeübergang auftritt.
- Die Flächen normal zum konvektiven Wärmfluss wurden als soweit ausgedehnt betrachtet, dass die Geometrien als ebene Wände betrachtet werden können. Damit ergibt sich kein mehrdimensionaler Wärmestromvektor. Dieser Fall trifft auch auf röhrenförmige oder runde Absorber zu, deren Längen (l) zu Durchmesserverhältnis (D_A) sehr viel größer als eins ist, d. h. $l/D_A \gg 1$. Damit spielt bei engen Spalten und kleinen konvektiven Strömungsgeschwindigkeiten der molekulare Wärmetransport in axialer Richtung eine untergeordnete Rolle. Es dominieren die Wärmeleitvorgänge in radialer Richtung. Somit handelt es sich dabei um ein eindimensionales Wärmeleitungsproblem.

Im stationären Fall einer eindimensionalen Wärmeleitung hängt das Temperaturfeld lediglich von einer Ortskoordinate ab. Ähnliches gilt auch für eine Hohlkugel, die daher in den folgenden Betrachtungen der Vollständigkeit halber mitgeführt wird. (Solarkollektoren in Kugelform wurden nur in einem Fall bekannt. Es handelte sich einen Speicherkollektor mit einem kugelförmigen Wasserspeicher und einer Umhüllung aus einer transparenten Kunststoffschale. Dieser Kollektortyp ist zur Brauchwassererwärmung in Klimazonen mit hohen Umgebungstemperaturen und hohen Tageswerten der Einstrahlung einsetzbar.)

Bei der Betrachtung der eindimensionalen Wärmeleitung sei als Ortskoordinate r gegeben, wobei an der Stelle r die Temperatur $T = T(r)$ auftritt und es für jedes $r = \text{const}$ eine isotherme Fläche gibt. Bei $r = r_1$ besitze das Kontinuum die Temperatur $T = T_{W1}$, respektive soll sie bei $r = r_2$ die Temperatur $T = T_{W2}$ annehmen. Ist $T_{W1} > T_{W2}$, so fließt eine Wärmemenge $\dot{Q}$ durch Wärmeleitung (Konduktion) von r_1 über die Fläche A_1 nach r_2 in die Fläche A_2. Nach dem Fourierschen Gesetz (Gl. 4.8) ist der Wärmestrom $\dot{q}$ in (W/m^2) durch eine Fläche A in folgender Weise gegeben:

$$\dot{Q} = \dot{q}(r)A(r) = -\lambda(T)\frac{dT}{dr}A(r), \tag{4.10}$$

oder mit

$$-\lambda(T)dT = \dot{Q}\frac{dr}{A(r)}. \tag{4.11}$$

Die Integration der Gl. (4.11) über die Wandstärke δ von r_1 nach r_2 ($d = r_2 - r_1$) führt zu

$$-\int_{T=T_{W1}}^{T=T_{W2}} \lambda(T)dT = \dot{Q}\int_{r=r_1}^{r=r_2} \frac{dr}{A(r)}, \tag{4.12}$$

und mit dem Mittelwertsatz der Integralrechnung erhält man:

$$-\lambda_m(T_{W2} - T_{W1}) = \dot{Q}\frac{\delta}{A_m}, \tag{4.13}$$

oder

$$\dot{Q} = \frac{\lambda_m}{\delta}A_m(T_{W1} - T_{W2}). \tag{4.14}$$

In dieser Form entspricht die Lösung der Wärmeleitungsgleichung der der Strom-Spannungs-Beziehung an einem Ohmschen Widerstand. Der Temperaturunterschied kommt einer Spannungsdifferenz gleich, während der Wärmestrom $\dot{Q}$ dem elektrischen Strom entspricht. Der Ausdruck $\lambda_m A_m/\delta$ entspricht dem Wärmeleitwert G und sein Kehrwert dem Wärmeleitwiderstand R_{WL}:

$$R_{WL} = \frac{\delta}{\lambda_m A_m} = \frac{1}{G}\left[\frac{K}{W}\right]. \tag{4.15}$$

G wird in (W/K) gemessen. In Analogie zum Ohmschen Gesetz der Elektrizitätslehre ergibt sich dann,

$$\dot{Q} = \frac{(T_{W2} - T_{W2})}{R_{WL}}. \tag{4.16}$$

Diese Analogie erlaubt die Nutzung weiterer Verfahren aus der Elektrotechnik. Die mittlere Wärmeleitfähigkeit λ_m ergibt sich zu:

$$\lambda_m = \frac{1}{(T_{W2} - T_{W1})} \int_{T=T_{W1}}^{T=T_{W2}} \lambda(T)dT, \tag{4.17}$$

und lässt sich meist vereinfachen. Im betrachteten Temperaturintervall führt eine vernachlässigbare Abhängigkeit der Wärmeleitfähigkeit von der Temperatur zu einer konstanten Wärmeleitfähigkeit $\lambda_m = \lambda$. Sofern die Wärmeleitfähigkeit linear von der Temperatur abhängig ist, erhält man:

$$\lambda_m = \frac{1}{2}[\lambda(T_{W1}) + \lambda(T_{W2})]. \tag{4.18}$$

Bei einer ebenen Wand ändert sich Fläche A normal zum Wärmestrom nicht mit der Ortskoordinate r; es gilt $A \neq A(r)$. Bei einem Hohlzylinder oder einer Hohlkugel ist dies anders und man erhält für die Fläche A:

$$A(r) = \begin{cases} A_1 = A_2 & \text{für die ebene Wand} \\ 2\pi Lr & \text{für den Hohlzylinder der Länge L} \\ 4\pi r^2 & \text{für die Hohlkugel} \end{cases}. \tag{4.19}$$

Entsprechend ergeben sich für die mittlere Fläche A_m in der Gl. (4.13) folgende Zusammenhänge:

$$A_m = \begin{cases} A_1 = A_2 = \frac{1}{2}(A_1 + A_2) & \text{für die ebene Wand} \\ \frac{(A_2 - A_1)}{\ln(A_2/A_1)} & \text{für den Hohlzylinder} \\ \sqrt{A_1 A_2} & \text{für die Hohlkugel} \end{cases}. \tag{4.20}$$

Mit einer konstanten temperaturunabhängigen spezifischen Wärmeleitfähigkeit $\lambda = \text{konst.}$ erhält man aus:

$$-dT = \frac{\dot{Q}}{\lambda} \frac{dr}{A(r)} \tag{4.21}$$

und nach Integration für den Verlauf der dimensionslosen Temperatur die in den Gl. (4.22) angegebenen Beziehungen.

$$\frac{T(r) - T_{W2}}{T_{W1} - T_{W2}} = \begin{cases} \frac{r_2 - r}{r_2 - r_1} & \text{für die ebene Wand} \\ \frac{\ln(r_2/r)}{\ln(r_2/r_1)} & \text{für den Hohlzylinder} \\ \frac{1/r - 1/r_2}{1/r_1 - 1/r_2} & \text{für die Hohlkugel} \end{cases} \tag{4.22}$$

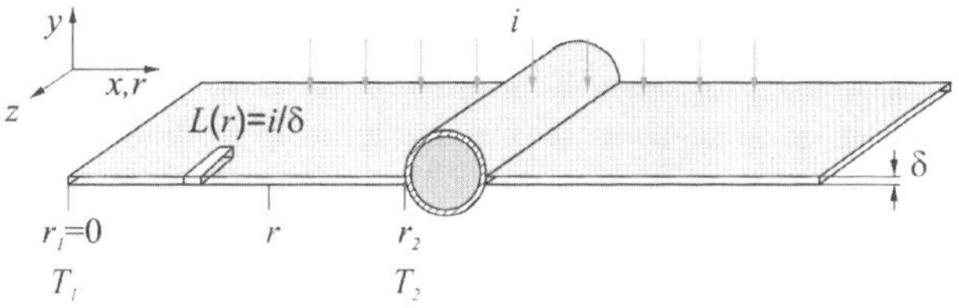

Abb. 4.3 Schemaskizze einer „volumetrischen" Wärmefreisetzung in einem Absorberstreifen und dem konduktiven Wärmetransport zum Wärmeträger

Für λ = konst. lautet die Quintessenz der Relation (4.22):

- In einer ebenen Wand ändert sich der Verlauf der dimensionslosen Wandtemperatur linear mit der Dicke r.
- In einem Hohlzylinder ändert sich die Temperatur logarithmisch mit dem Zylinderradius r.
- Im und in der Wand einer Hohlkugel ist Temperatur hyperbolisch abhängig von der Koordinate r.

4.3.1.1 Praktische Anwendung für einen einfachen Absorber.

Gegeben sei ein wie in der Abb. 4.3. dargestellter Absorberstreifen, der über die gesamte obere Fläche die solare Einstrahlung i in (W/m^2) absorbiert und die Wärme einem Rohr zuleitet, in dem sich das Wärmeträgerfluid befindet. Durch Division der Einstrahlungsleistung mit der Dicke des Absorberstreifens δ ergibt sich eine volumetrische Leistung $L(x, y, z)$ in (W/m^3). Zumeist sind die Absorberplatten so dünn, dass der Temperaturunterschied normal zur Platte vernachlässigt werden kann ($\partial/\partial y \approx 0$). Ebenso soll die Wärmeleitung parallel zu den Wärmeträgerrohren vernachlässigt werden ($\partial/\partial z \approx 0$). Damit ergibt sich in erster Näherung ein eindimensionaler Fall mit einer volumetrischen Quelle $L = L(r)$. Die Wärmeleitung mit interner Wärmequelle tritt auch in den Glasabdeckungen auf, fällt betragsmäßig aber nur bei konzentrierenden Systemen ins Gewicht, in denen große Temperaturunterschiede auftreten können. Unter Anwendung der Fourierschen Wärmeleitgleichung (Gl. 4.8) erhält man durch eine Wärmebilanz an einem Volumenelement folgende Beziehung

$$\nabla(\lambda \nabla T) + L(r) = c_p \rho \frac{dT}{dt}, \tag{4.23}$$

wobei c_p die spezifische Wärmekapazität der Platte ist (J/(kg·K)) und ρ die spezifische Dichte in (kg/m^3).

Bei der Absorberplatte müsste die Einstrahlungsdichte auf den Querschnitt des Absorberstreifens umgerechnet werden, damit sie einer Leistungsdichte gleichkommt. Wenn die Wärmeleitfähigkeit λ = konstant ist, wird aus dem Quadrat des Nabla-Operators der Laplace-Operator Δ und es ergibt sich:

$$\lambda \Delta T + L(r) = c_p \rho \frac{dT}{dt}. \tag{4.24}$$

Tab. 4.1 Mathematische Formen Laplace-Operator für verschiedene Koordinatensysteme

Ebene Wand	Kartesisch	Zylinder	Kugel
$\frac{d^2}{dx^2}$	$\frac{d^2}{dx^2}+\frac{d^2}{dy^2}+\frac{d^2}{dz^2}$	$\frac{d^2}{dr^2}+\frac{1}{r}\frac{d}{dr}+\frac{d^2}{dz^2}$	$\frac{d^2}{dr^2}+\frac{1}{r}\frac{d}{dr}$

Der Laplace-Operator hat je nach Formulierung des geometrischen Problems eine andere Form. Die entsprechenden Formen listet die Tab. 4.1 auf.

Behält man für die ebene Wand wie im vorangegangenen Fall die Ortskoordinate r bei, so wird aus Gl. (4.24):

$$\lambda\frac{d^2T}{dr^2}+L(r)=c_p\rho\frac{dT}{dt}. \tag{4.25}$$

Oftmals wird auch eine Temperaturleitfähigkeit (oder Temperaturleitzahl) a eingeführt, wobei a definiert ist als $a=\lambda/(\rho\cdot c_p)$ und in (m^2/s) angegeben ist. Damit schreibt sich Gl. 4.25 wie folgt:

$$a\frac{d^2T}{dr^2}+\frac{L(r)}{c_p\rho}=\frac{dT}{dt}. \tag{4.26}$$

Im stationären Fall ($\partial/\partial t=0$) vereinfacht sich die Gl. (4.26) erheblich und man erhält:

$$\frac{d^2T}{dr^2}+\frac{L(r)}{\lambda}=0. \tag{4.27}$$

Die allgemeine Lösung mit einer von r unabhängigen Leistungsdichte ist damit gegeben:

$$T=-\frac{L}{2\lambda}r^2+C_1r+C_2, \tag{4.28}$$

worin C_1 und C_2 Integrationskonstanten sind. Ihr Wert richtet sich nach der jeweiligen Randbedingung, das heißt, ob zum Beispiel die Absorberstreifen ein- oder beidseitig an ein Wärmeträgerrohr angrenzen. Bei einem nur einseitig an einem Wärmeträgerrohr befestigten Streifen und der maximalen Temperatur $T_1(r_1=0)$ am freien Ende, wie es die Abb. 4.3 skizziert, erhält man für den Temperaturverlauf:

$$T(r)=T_1-\frac{L}{2\lambda}\cdot r^2. \tag{4.29}$$

Die Temperatur nimmt danach mit wachsendem r_2 ab. Die mittlere Temperatur des Absorberstreifens lässt sich berechnen, wenn r_2 die Übergangsstelle zum Wärmeträgerrohr ist und $r_1=0$ gesetzt wird:

$$\overline{T}=\frac{\int_{r=r_1}^{r=r_2}T(r)dr}{\int_{r=r_1}^{r=r_2}dr}\quad\text{und}\quad\text{mit}\quad r_1=0\rightarrow\bar{T}=T_1-\frac{1}{3}\frac{1}{2}\frac{L}{\lambda}r_2^2. \tag{4.30}$$

Damit unterscheidet sich die mittlere Temperatur von der maximalen Temperatur am freien Ende um ein Drittel (1/3) der Temperaturdifferenz zwischen beiden Grenzen des Streifens $\Delta T = T_2 - T_1$:

$$\overline{T} = T_1 - \frac{1}{3}\Delta T. \tag{4.31}$$

Im Falle eines Zylinders nimmt die stationäre Wärmeleitgleichung bei wieder angenommener konstanter Wärmeleitfähigkeit $\lambda = \text{konst.}$ und einer von der Koordinate r unabhängigen Leistungsdichte L folgende Form an:

$$\frac{1}{r}\frac{d}{dr}\left(r\frac{dT}{dr}\right) + \frac{L}{\lambda} = 0. \tag{4.32}$$

Die erste Integration liefert folgenden Zusammenhang:

$$r\frac{dT}{dr} = -\frac{L}{2\lambda}r^2 + C_1, \tag{4.33}$$

und die Lösung lautet:

$$T(r) = -\frac{L}{4\lambda}r^2 + C_1 \cdot \ln(r) + C_2. \tag{4.34}$$

Nimmt man als Beispiel einen Vollzylinder mit $r_1 = 0$ an, lautet die Randbedingung an dieser Stelle

$$\left.\frac{dT}{dr}\right|_{r=r_1=0} = 0. \tag{4.35}$$

$T_{1/2}$ sind die Temperaturen in Zylindermitte bzw. an der Oberfläche. Wegen der Randbedingung in Gl. (4.35) ergibt sich $C_1 = 0$. Mit der Temperatur T_1 an der Stelle $r_1 = 0$ erhält man die zweite Integrationskonstante und damit die Temperaturverteilung $T(r)$:

$$C_2 = T_1 + \frac{L}{4\lambda}r_1^2 \quad \text{und} \quad T(r) = \frac{Lr_1^2}{4\lambda}\left(1 - \frac{r^2}{r_1^2}\right) + T_1. \tag{4.36}$$

Die Temperatur ändert sich auch hier mit r_2.

Bei einem Hohlzylinder mit einem Innenradius $r_1 \neq 0$ und einem Außenradius r_2, sowie der Annahme, dass die Innenseite adiabat ($\partial T/\partial n = 0$) sei, ergibt sich für die Innenseite folgende Randbedingung:

$$\left.\frac{dT}{dr}\right|_{r=r_1} = 0. \tag{4.37}$$

Die Lösung dieses Problems bezüglich der Temperaturverteilung ist damit durch Gl. (4.38) gegeben.

$$T(r) = T_1 - \frac{L}{4\lambda}(r^2 - r_1^2) + \frac{L}{2\lambda} r_1^2 \ln \frac{r}{r_1}. \tag{4.38}$$

Die Gln. (4.30; 4.36)b und (4.38) zeigen, dass die Temperatur essentiell von L und damit vom Verhältnis i_{glob}/δ abhängt. Neben der konduktiven Wärmeleitung im Absorberstreifen wird die Temperatur des Absorbers auch durch dessen Wärmeleitfähigkeit a, seine Emissivität ε und weitere in den folgenden Kapiteln diskutierten Aspekten der Wärmestrahlung und des konvektiven Wärmeübergangs bestimmt, sodass die Temperatur eine Funktion mehrerer Einflussparameter in der Form

$$\Delta T = f(i_{glob}, \varepsilon, a, \delta \ldots), \tag{4.39}$$

darstellt.

4.3.1.2 Anwendung in Gebäudestrukturen mit Auswirkung auf das Raumklima

Aus dem vorangegangenen Abschnitt wurde deutlich, dass für den Wärmedurchgang bei Wärmeleitung das Verhältnis der spezifischen Wärmeleitfähigkeit λ zur Schichtdicke δ, durch den die Wärme transportiert wird, eine herausragende Rolle spielt. Dieses Verhältnis wird in der Thermohydraulik als Wärmedurchgangskoeffizient, kurz k-Wert (in der Gebäudetechnik oft als U-Wert) bezeichnet, dessen Werte in SI-Einheiten in (W/(m^{2}K)) angegeben wird. Der Kehrwert des Wärmedurchgangskoeffizienten U ist der Wärmedurchgangswiderstand R_T, der respektive folgende Einheit (m^2 K/W) besitzt.

$$k = U = \frac{\lambda}{\delta}\left[\frac{W}{m^2 K}\right]; \quad R_T = \frac{1}{k} = \frac{1}{U}\left[\frac{m^2 K}{W}\right]. \tag{4.40}$$

Typische Werte des Wärmedurchgangskoeffizienten k im Bereich der Gebäudetechnik für Dächer, Wände und Fenster gibt die Tab. 4.2 an.

So führt eine hinreichend dicke Isolierung des Dachbereichs zu einer Verringerung des k-Wertes um den Faktor 5. Ein ähnliches Verhalten zeigt eine angepasste Auswahl der Fenster. Einen deutlich größeren Einfluss auf die Wärmeverluste eines Gebäudes hat die Auswahl des Materials der Gebäudehülle, da sie den größten Teil der Fläche einnimmt. Geeignete Dämmmaßnahmen bzw. Kopplungen von Trägerwerkstoff mit Isolationsmaterialien können den Wärmedurchgangskoeffizienten um den Faktor 10 absenken und damit zu einer nachhaltigen Einsparung von Heizkosten führen.

Die Gebäudehülle mit ihren Wärmeleiteigenschaften bestimmt auch das Behaglichkeitsempfinden innerhalb eines Raumes. Dieser wird oft mit Hilfe einer empfundenen Temperatur T_{empf} ermittelt. Die Abb. 4.4 gibt die empfundene Temperatur als Funktion der Raumlufttemperatur T_{Raum} für verschiedenen Bauweisen bei einer Außenlufttemperatur von $T_U = -10$ °C an.

Tab. 4.2 Typische Beispiele für Wärmedurchgangskoeffizienten in der Gebäudetechnik mit einer Bewertung hinsichtlich der zu erwartenden Wärmeverluste (Huber et al. 1996)

Bauteil	Sehr schlecht	Schlecht	Mittel	Gut	Sehr gut
Dach, k (W/(m²K))	≥1.0	0.6	0.3	0.22	≤0.15
	Keine oder max. 4 cm Zwischensparrendämmung	6–10 cm Zwischensparrendämmung	12–16 cm Zwischensparrendämmung oder 9 cm PUR Aufsparrendämmung	18–20 cm Zwischensparrendämmung oder 12 cm PUR Aufsparrendämmung	27–30 cm Zwischensparrendämmung oder 18 cm PUR Aufsparrendämmung
Massivwand, k (W/(m²K))	≥1.5	0.8	0.4	0.3	≤0.15
	24 cm Vollziegelmauerwerk mit Aufputz	36.5 cm Leichthochlochziegelmauerwerk mit Aufputz	36.5 cm Porenbeton mit 600 kg/m³ mit Außenputz und inneren Gipsputz	36.5 cm Porenbeton mit 400 kg/m³ mit Außenputz und inneren Gipsputz	36.5 cm Ziegelmauerwerk mit 13 cm PUR-Dämmung
Fenster, k (W/(m²K))	≥5.0	3.5	1.8	1.4	≤1.2
	Einscheibenglas	Doppelverglasung	Wärmeschutzverglasung	Moderne Wärmeschutzverglasung	Niedrigenergiehausfenster

Mit geringer werdendem Wärmedurchgangskoeffizienten steigt die Wandinnentemperatur zum Raum hin. Bei einer vorgegebenen Raumlufttemperatur ist die Oberflächentemperatur auf der Innenseite zur Wand hin größer je kleiner der k-Wert der Wand ist. Da die Wand langwellig Wärme in den Raum abstrahlt steigt mit zunehmender Wandinnentemperatur unser Behaglichkeitsempfinden. Beispielsweise ergibt sich bei einem konventionellen Hohllochziegelhaus bei einer mittleren Raumlufttemperatur von $T_{Raum} = 22$ °C eine Oberflächentemperatur an der Wandinnenseite von 17 °C. Durch den Wärmeaustausch mit der Wand ergibt sich eine empfundene Temperatur von ca. 19 °C. Ein Passivhaus hat bei gleicher Raumtemperatur ein T_{Wand} von 21.3 °C und die empfundene Temperatur beträgt 21.5 °C (!!) und wird fast schon als unbehaglich warm empfunden. Das in der Abb. 4.4 hinterlegte Feld zeigt den mittleren als behaglich empfundenen Bereich an.

Eine ähnliche Darstellung zeigt die Abb. 4.5. Bei gleicher Wanddicke sind hier verschiedene Gebäudematerialien unterschiedlichen k-Wertes in das Diagramm Raumluft-Wandinnentemperatur eingezeichnet. Deutlich zu erkennen ist, dass bei einer Raumlufttemperatur von 20 °C und $k = 0.3$ W/(m² K) der Raum noch als behaglich empfunden wird, während bereits bei einem $k = 1.5$ W/(m² K) ein unbehagliches Raumgefühl entsteht.

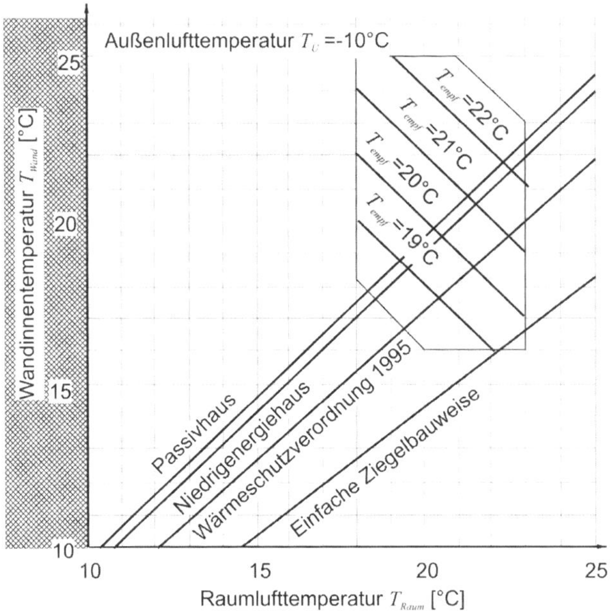

Abb. 4.4 Wandinnentemperatur als Funktion der Raumlufttemperatur bei verschiedenen Bauweisen und einer Außentemperatur $T_U = -10$ °C. Hinterlegt ist das vom Menschen empfundene Behaglichkeitsfeld. Bautypen: Passivhaus (17.5 cm Kalksandsteinverbund (KSV) mit 30 cm EPS (expandiertem Polystyrol = Styropor) $k = 0.12$ W/(m^2 K); Niedrigenergiehaus (NEH; 17.5 cm KSV und 18 cm EPS) $k = 0.2$ W/(m^2 K), Wärmeschutzverordnung 1995 (Porenziegel 36.5 cm) $k = 0.51$ W/(m^2 K), Normalbestand (Hohllochziegel 24 cm) $k = 1.4$ W/(m^2 K)

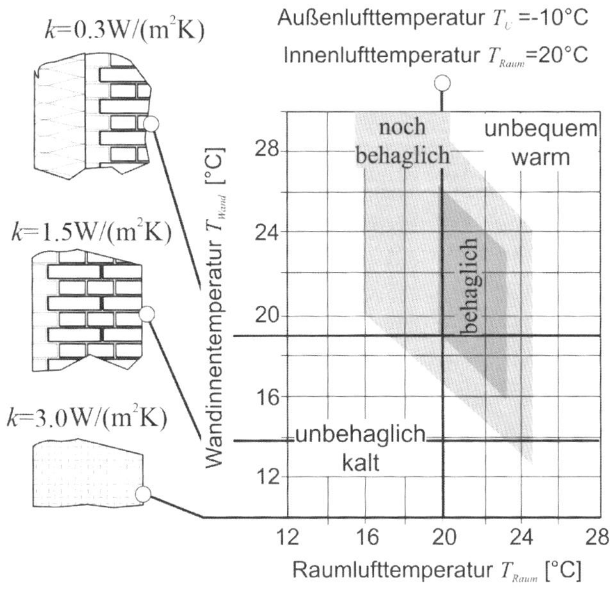

Abb. 4.5 Wandinnentemperatur als Funktion der Raumlufttemperatur bei verschiedenen Bauweisen gleicher Wanddicke und einer Außentemperatur $T_U = -10$ °C. (Huber et al. 1996)

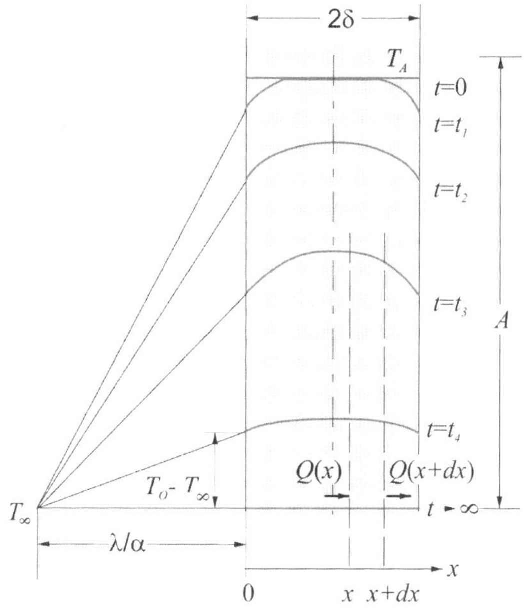

Abb. 4.6 Schemaskizze zur Ableitung der instationären eindimensionalen Wärmeleitung in einer ebenen Platte

4.3.2 Instationäre Wärmeleitung in einem Kontinuum

4.3.2.1 Allgemeine Form der instationären Wärmeleitung

Instationäre Wärmeleitvorgänge unterscheiden sich von stationären dadurch, dass eine lokale Speicherung oder „Entspeicherung" von Wärme in Form innerer Energie beziehungsweise Enthalpie stattfindet.

Als einfachsten Fall soll zunächst ein eindimensionaler, instationärer Wärmeübergang durch eine ebene Platte der Fläche A, der Dicke 2δ und der Wärmeleitfähigkeit λ betrachtet werden, den die Abb. 4.6 darstellt. Die Platte habe eine Anfangstemperatur T_A zum Zeitpunkt $t<0$ und wird zum Zeitpunkt $t=0$ mit einem Fluid tieferer Temperatur T_∞ in Kontakt gebracht. An der Oberfläche der Platte führt das Fluid Wärme ab. Bestimmend für den Wärmestrom von der Oberfläche zum Fluid sind die Wandwärmeübergangszahl α des Fluids und die Temperaturdifferenz zwischen der Oberfläche und dem Fluid (T_O-T_∞). Durch Abkühlen der Oberfläche entsteht in der Platte ein Temperaturgradient und dementsprechend ein Wärmestrom. Die Temperaturverteilung in der Platte ist noch unbekannt. Der schematisch dargestellte Temperaturverlauf zeigt nur, dass die Temperatur von der Plattenmitte zur Oberfläche hin abnimmt, mit der Zeit immer niedriger wird und nach unendlich langer Zeit den Wert von T_∞ erreicht.

Die Änderung des Wärmestromes im betrachteten Volumenelement der Platte wird nur durch die Änderung des Temperaturgradienten bewirkt. Durch den Wärmestrom sinkt mit der Zeit der Wärmeinhalt der Platte und damit die Temperatur des Volumenelementes. Die Tangenten der Temperaturgradienten an der Oberfläche der Platte schneiden die mit der Temperatur T_∞ gebildete Achse in einer Entfernung, die dem Quotienten λ/α entspricht. Bei der Erstellung einer Wärmebilanz erkennt man sofort, dass die Fläche A im ebenen Problem entfällt und man erhält für die Wärmebilanz zwischen einer Stelle x und der Stelle $x+dx$ folgende Gleichung:

$$\underbrace{\dot{q}(x+dx)-\dot{q}(x)}_{\text{aus der Schicht } dx \text{ ausströmende Wärme}} = \underbrace{\underbrace{\rho\cdot c_p\cdot dx}_{\text{Masse der Teilschicht } dx} \cdot \underbrace{(-\partial T/\partial t)}_{\text{zeitl. Temperaturänderung}}}_{\text{Abnahme der Speicherwärme pro Zeit in der Teilschicht } dx} . \tag{4.41}$$

Das für stationäre Probleme angewendete kinetische Gesetz nach Fourier (Gl. 4.8) darf auf den instationären Fall für den Ansatz des örtlich momentanen Wärmestroms übertragen werden. Man erhält damit unter Annahme einer lokal konstanten Wärmeleitfähigkeit ($\lambda \neq \lambda(x)$) an der Stelle $x+dx$ folgenden Ausdruck:

$$\dot{q}(x+dx)=\dot{q}(x)+\frac{\partial\dot{q}(x)}{\partial x}dx=-\lambda\frac{\partial T}{\partial x}-\lambda\frac{\partial^2 T}{\partial x^2}. \tag{4.42}$$

Ein Einsetzen der Gl. (4.42) in Gl. (4.41) liefert die eindimensionale Differentialgleichung der instationären Wärmeübertragung, die oft als zweite Fouriersche Gleichung bezeichnet wird.

$$\frac{\partial T}{\partial t}=\frac{\lambda}{\rho\cdot c_p}\cdot\frac{\partial^2 T}{\partial x^2}=a\cdot\frac{\partial^2 T}{\partial x^2}. \tag{4.43}$$

Der Ausdruck $a=\lambda/(\rho\cdot c_p)$ bezeichnet eine Stoffgrößenkombination, die in der Literatur als Temperaturleitzahl, thermische Diffusivität oder thermischer Diffusionskoeffizient bezeichnet wird. Die thermische Diffusivität hat die Einheit (m^2/s) analog zur dynamischen Viskosität ν. Typische Größen der thermischen Diffusivität einiger Stoffe sind in der Tab. 4.3 aufgeführt. Metalle und Gase besitzen die höchsten Temperaturleitfähigkeiten. Dieses bedeutet, dass der Temperaturausgleich in Metallen und Gasen in etwa gleich schnell erfolgt. Flüssigkeiten und nicht metallische Stoffe verfügen über geringere Temperaturleitfähigkeiten, der Temperaturausgleich läuft dadurch dort langsamer ab.

Aus der 2. Fourierschen Gleichung lassen sich unmittelbar folgende allgemeingültige Aussagen ableiten.

- Für $(\partial^2 T/\partial x^2)>0$ ergibt sich unmittelbar $(\partial T/\partial t)>0$. Mit anderen Worten in Bereichen positiver Krümmung der Temperaturkurve erfolgt ein Anstieg der Temperatur.
- Ist $(\partial^2 T/\partial x^2)<0$, so erhält man $(\partial T/\partial t)<0$. Eine negative Krümmung bedeutet einen Abfall der Temperatur mit zunehmender Zeit.

Insgesamt kann man festhalten, dass der instationäre Einfluss auf eine Begradigung der Temperaturverteilung hinwirkt, denn für $t\to\infty$ muss der lineare Zusammenhang erreicht werden. Die allgemeine dreidimensionale Form der 2. Fourier-Gleichung lautet

Tab. 4.3 Typische Beispiele der Größenordnung der thermischen Diffusivität a einiger Materialien

Stoff	a ($m^2/s \cdot 10^{-6}$)
Metalle	5–10
Glas	0.6–0.8
Stein, Keramik	0.5–1.5
Wasser	0.143
Organ. Flüssigkeiten	0.09–0.1
Luft 20 °C, 1bar	21.4

$$\frac{\partial T}{\partial t} = a \cdot \left(\frac{\partial^2 T}{\partial x^2} + \frac{\partial^2 T}{\partial y^2} + \frac{\partial^2 T}{\partial z^2} \right). \tag{4.44}$$

Die Lösung für ein dreidimensionales Temperaturfeld ist bis auf einige Ausnahmen nur numerisch bestimmbar. Sie können für ein eindimensionales Temperaturfeld auch nur bei einfachen Geometrien angegeben werden; die Lösungen sind Fourier-Reihen. Für die eindimensionale Platte lautet die allgemeine Lösung der Differentialgleichung:

$$T(x,t) = \sum_{n=1}^{\infty} \left[C_1 \cos(B \cdot x) + C_2 \sin(B \cdot x) \right] \cdot \exp^{-C_3 \cdot a \cdot t}. \tag{4.45}$$

Für entsprechende Randbedingungen können die Konstanten B und C_i bestimmt werden. Falls die Wärmeübergangszahl außen unendlich groß ist (d. h., die äußere Wandtemperatur ist gleich der Temperatur des umgebenden Fluids), lautet die Lösung in Fall der unendlichen Platte:

$$\frac{T(x,t) - T_\infty}{T_A - T_\infty} = \frac{4}{\pi} \sum_{n=1}^{\infty} \frac{1}{n} \cdot \sin\left(\frac{n \cdot \pi \cdot x}{2 \cdot \delta} \right) \exp^{-\frac{n^2 \pi^2 a t}{4^2}} = \frac{4}{\pi} \sum_{n=1}^{\infty} \frac{1}{n} \cdot \sin\left(\frac{n \cdot \pi \cdot x}{2 \cdot \delta} \right) \exp^{-\frac{n^2 \pi^2 Fo}{4 \delta}}, \tag{4.46}$$

worin n eine Reihe ungeradzahliger Werte mit $n = 1, 3, 5, \ldots, (2n - 1)$ angibt. In der Gl. 4.46 beschreibt *Fo* die Fourier-Zahl. Die Fourier-Zahl ist eine dimensionslose Zeit. Sie beschreibt das Verhältnis des Wärmestromes zur zeitlichen Änderung des Wärmeinhaltes eines Körpers.

Die Form einer Temperaturdifferenz bezogen auf die Anfangstemperaturdifferenz (T_A-T_∞) wird oft mit einer dimensionslosen Temperatur Θ abgekürzt, wobei für Θ gilt: $0 \leq \Theta \leq 1$. Oft wird auch eine Biot-Zahl verwendet, die vom Prinzip her eine dimensionslose Wärmeübergangszahl ist. Sie ist das Verhältnis der Wärmeübergangszahl außen am Körper zu derjenigen im Körper. Hierbei sind die dimensionslose Temperatur Θ, die Fourier-Zahl *Fo* und die Biot-Zahl *Bi* wie folgt definiert:

$$\Theta = \frac{T(x,t) - T_\infty}{T_A - T_\infty}; \quad Fo = \frac{a \cdot t}{\delta}; \quad Bi = \frac{\alpha \cdot \delta}{\lambda}. \tag{4.47}$$

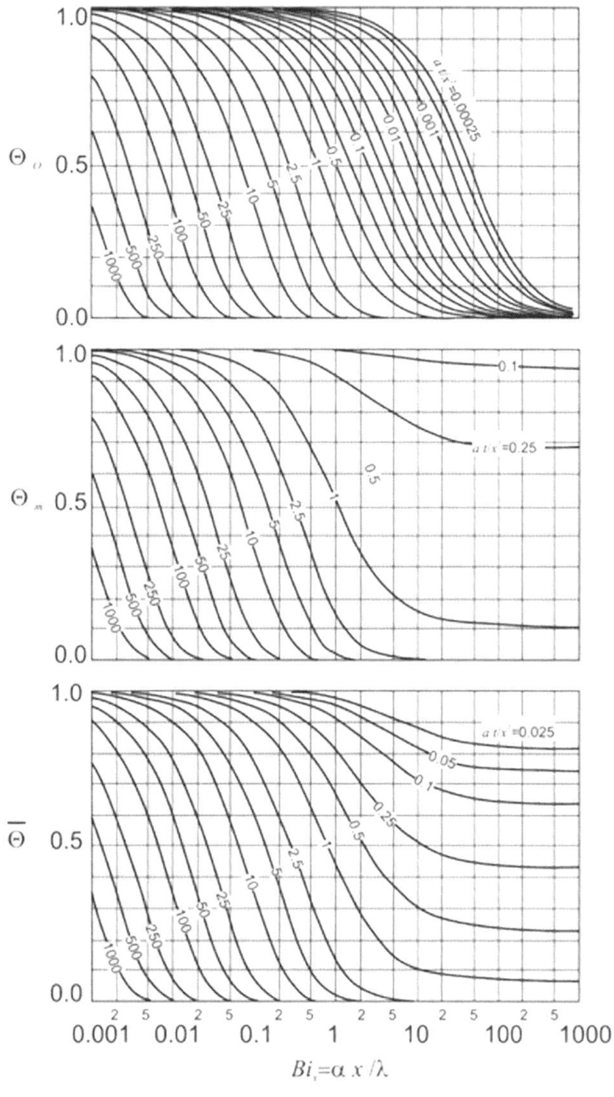

Abb. 4.7 Dimensionsloser Temperaturverlauf auf der Oberfläche Θ_O (*oben*), in der Mitte Θ_m (*mitte*) und mittlere Temperatur $\bar{\Theta}$ (*unten*) bei der instationären Wärmeleitung in einer Platte

In dem Diagramm der Abb. 4.7 ist die dimensionslose Temperatur Θ als eine Funktion der Fourier- und Biot-Zahl angegeben. Der Index „*O*"steht für die Temperatur an der Oberfläche und „*m*" für die Körpermitte. Die dimensionslose mittlere Temperatur $\bar{\Theta}$ ist der integrierte Mittelwert der Temperatur im Körper. In den Diagrammen steht für die halbe Plattendicke die Größe δ. Die nach einer gewissen Zeit entstandene Temperaturänderung kann aus dem Diagramm mit der Fourier- und Biot-Zahl bestimmt werden. Die Zeit *t*, in der eine bestimmte Temperaturänderung eintritt, kann aus der Fourier-Zahl berechnet werden, die mit der dimensionslosen Temperatur und Biot-Zahl aus dem Diagramm ermittelt wird. Die Wärmeübergangszahl α, bei der eine Temperaturänderung in einer bestimmten Zeit *t* erreicht wird, wird mit Hilfe der Biot-Zahl ermittelt, die mit der dimensionslosen

Temperatur und Fourier-Zahl aus dem Diagramm abgelesen werden kann. Weitere Ergebnisse für Zylinder, Kugel und andere Geometrien finden sich beispielsweise in (von Böckh und Wetzel 2009).

Mit der mittleren Temperatur kann die in einer bestimmten Zeit zu- oder abgeführte Wärme berechnet werden. Mit der Anfangs- und der mittleren Temperatur wird die Änderung des Wärmeinhaltes bestimmt. Diese ergibt sich zu:

$$Q = m \cdot c_p \cdot (T_A - \bar{T})\ [W], \tag{4.48}$$

worin $\bar{T}$ die dimensionsbehaftete mittlere Temperatur ist.

4.3.2.2 Spezielle Lösung der instationären Wärmeleitung für kurze Zeiten

Aus der Abb. 4.6 bzw. Abb. 4.7 erkennt man, dass bei kleinen Zeiten (z. B. der Zeit $t = t_1$ in Abb. 4.6) die Temperatur in der Plattenmitte von der Temperaturänderung am Rand noch nicht betroffen ist. In Abb. 4.7 sieht man ebenfalls, dass bei Fourier-Zahlen, für die $Fo \leq 0.01$ ist, in der Körpermitte keine Änderung der Temperatur auftritt. Für diese kurzen Zeiten gilt folgende spezielle Lösung der Differentialgl. (4.43):

$$\Theta = erf(x') + \exp(x'^2) \cdot \exp(x' + Bi')^2 \cdot [1 - erf(x' - Bi')], \tag{4.49}$$

worin *erf* das Gaußsche-Fehlerintegral ist, x' ein dimensionsloser Wandabstand und Bi' eine mit dem dimensionslosen Wandabstand gebildete Biot-Zahl darstellt. x' und Bi sind wie folgt definiert:

$$x' = \frac{x}{2\sqrt{a \cdot t}}; \quad Bi' = \frac{\alpha \cdot \sqrt{a \cdot t}}{\lambda}. \tag{4.50}$$

Das Gaußsche Fehlerintegral ist durch folgende Funktion gegeben:

$$erf(x) = \frac{2}{\sqrt{\pi}} \cdot \int\limits_{x=0}^{z} \exp^{-x^2} dx, \tag{4.51}$$

das in der Regel numerisch gelöst wird. Die Abb. 4.8 zeigt die Auswertung des Gaußschen Fehlerintegrals.

Bei kurzen Zeiten beträgt die Temperatur T_m in der Mitte des Körpers der Anfangstemperatur T_A. Die Temperatur T_O der Oberfläche erhält man bei $x = 0$. Sie beträgt in dimensionsloser Notation:

$$\Theta_O = \exp(Bi'^2) \cdot [1 - erf(Bi')]. \tag{4.52}$$

Für $Bi' > 2$ ergibt sich aus der Gl. (4.52) mit einem Fehler kleiner als 1 % folgende dimensionslose Oberflächentemperatur Θ_O.

$$\Theta_O = \frac{1}{\sqrt{\pi} \cdot Bi}. \tag{4.53}$$

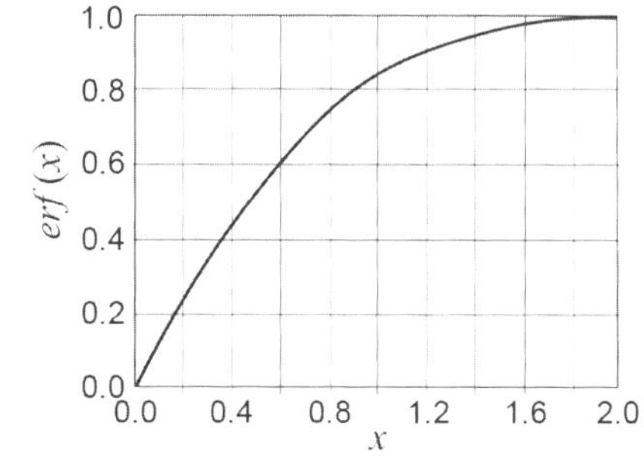

Abb. 4.8 Auswertung des Gaußschen Fehlerintegrals

Für $Bi' \to \infty$ lautet der Grenzwert der Gl. (4.49):

$$\Theta_O = erf(x') = erf\left(\frac{x}{2 \cdot \sqrt{a \cdot t}}\right). \tag{4.54}$$

Damit beträgt an der Oberfläche des Körpers die momentane Wärmestromdichte $\dot{q}_O$:

$$\dot{q}_O = \frac{\lambda}{\sqrt{\pi \cdot a \cdot t}}(T_A - T_O) = \frac{\sqrt{\lambda \cdot \rho \cdot c_p}}{\sqrt{\pi \cdot t}}(T_A - T_O). \tag{4.55}$$

Die innerhalb der Zeitspanne t über die Oberfläche abfließende Wärme Q_O erhält man schließlich mit Hilfe der Integration der Gl. (4.45) vom Zeitpunkt $t=0$ bis t.

$$Q_O = A \cdot \int_{t=0}^{t} \dot{q}_O(t)dt = \frac{2 \cdot A \cdot \lambda \cdot t}{\sqrt{\pi \cdot a \cdot t}}(T_A - T_O). \tag{4.56}$$

Mit der Wärmebilanzgleichung lässt sich die in der Zeit t abgeführte Wärme Q mit Hilfe der Gl. (4.48) bestimmen.

$$Q = V \cdot \rho \cdot c_p \cdot (T_A - \overline{T}), \tag{4.57}$$

worin $\overline{T}$ die mittlere Temperatur ist und V das Volumen des Körpers. Für die mittlere Temperatur erhält man schließlich:

$$(T_A - \overline{T}) = \frac{2 \cdot A \cdot \lambda \cdot t}{V \cdot \rho \cdot c_p \cdot \sqrt{\pi \cdot a \cdot t}}(T_A - T_O) = \frac{2 \cdot A}{V} \cdot \frac{\sqrt{a \cdot t}}{\pi} \cdot (T_A - T_O). \tag{4.58}$$

Das Verhältnis der Oberfläche A zum Volumen V beträgt bei einer Platte $1/\delta$ (, wobei zu beachten ist, dass δ die halbe Plattendicke ist), beim Kreiszylinder $4/\delta$ und bei der Kugel $6/\delta$. Damit kann mit der aus Gl. (4.54) berechneten Oberflächentemperatur die mittlere Temperatur des Körpers bestimmt werden. Die Gln. (4.54) und (4.58) gelten nur dann, wenn die Biot-Zahl Bi sehr groß ist ($Bi \gg 1$). Physikalisch bedeutet diese Annahme, dass die Wärmeübergangszahl α gegen unendlich strebt ($\alpha \to \infty$), also ein perfekter Wärmeübergang vorliegt.

Abb. 4.9 Schemaskizze zur Berührung zweier Körper unterschiedlicher Temperatur

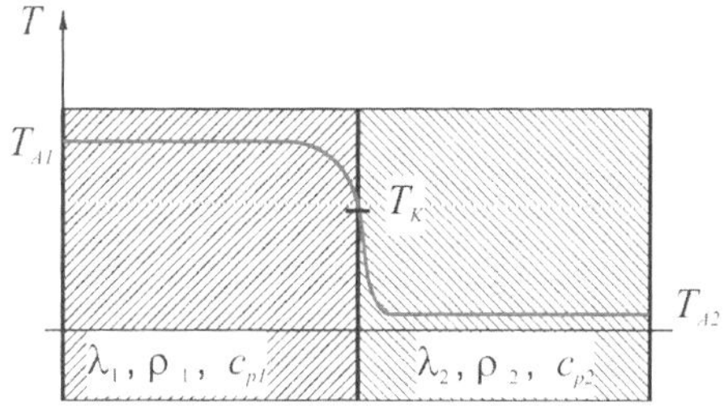

4.3.2.3 Gekoppelte Systeme

Bringt man zwei Körper 1 und 2 unterschiedlicher Temperatur miteinander in Kontakt, wie es die Abb. 4.9 skizziert, so stellt sich nach einer beliebig kurzen Zeit an der Oberfläche beider Körper die Kontakttemperatur T_K ein. Die beiden Körper können unterschiedliche Stoffeigenschaften haben. Da sie die gleiche Fläche für den Wärmetransfer aufweisen, muss der Wärmestrom an der Grenzfläche der beiden Körper gleich groß sein. Diese Bedingung für die Kontinuität des Wärmestroms an der Grenzfläche kann in die Gl. (4.55) eingesetzt werden. Als Ergebnis erhält man folgende Beziehung:

$$\sqrt{\lambda_1 \cdot \rho_1 \cdot c_{p1}}(T_{A1} - T_K) = \sqrt{\lambda_2 \cdot \rho_2 \cdot c_{p2}}(T_K - T_{A2}). \tag{4.59}$$

Die Gl. (4.59) lässt sich nach der Kontakttemperatur T_K auflösen und man erhält:

$$T_K = \frac{\left(T_{A1} + \sqrt{\dfrac{\lambda_2 \cdot \rho_2 \cdot c_{p2}}{\lambda_1 \cdot \rho_1 \cdot c_{p1}}} \cdot T_{A2}\right)}{\left(1 + \sqrt{\dfrac{\lambda_2 \cdot \rho_2 \cdot c_{p2}}{\lambda_1 \cdot \rho_1 \cdot c_{p1}}}\right)} = \frac{\left(T_{A1} + \dfrac{b_2}{b_1} \cdot T_{A2}\right)}{1 + \dfrac{b_2}{b_1}}. \tag{4.60}$$

Mit Hilfe der Gl. (4.60) kann man erklären, warum sich verschiedene Körper unterschiedlich warm anfühlen. Die Kontakttemperaturen werden vom Verhältnis der Größen $\sqrt{\lambda \cdot \rho \cdot c_p}$ der beiden Körper bestimmt. Dieser Wurzelausdruck heißt Wärmeeindringkoeffizient und wird oft mit der Variablen b abgekürzt.

Eine Kupferplatte hat einen wesentlich größeren Wärmeeindringkoeffizienten als die menschliche Hand. Deshalb fühlt man in etwa die Temperatur der Kupferplatte. Bei einer Styroporplatte ist es umgekehrt, hier empfindet man eher die Temperatur der Hand. Solange die Temperaturänderung keine tieferen Schichten des Körpers erreicht, bleibt die Kontakttemperatur konstant. Werden größere Schichten erfasst, kommt es zu einem allmählichen Temperaturausgleich, der vom Wärmeinhalt beider Körper bestimmt wird.

Dieses kann beispielsweise an einer Aluminiumfolie demonstriert werden. Berührt man eine sehr dünne, heiße Alufolie an, entsteht im ersten Moment eine Kontakttemperatur, die etwa der Temperatur der Alufolie entspricht. Da die Folie sehr dünn ist und so nur wenig Masse zum Speichern der Wärme hat, kühlt sie sehr schnell ab. Sie ist nicht in der Lage, die Haut so zu erwärmen, dass die Temperaturerhöhung zu den Nerven gelangt,

Tab. 4.4 Typische Beispiele des Wärmeeindringkoeffizienten b einiger Materialien

Stoff	b (/)
Styropor	23.3
Hand	1.106
Kupfer	35.968

mit denen die Temperatur registriert wird. Als Folge fühlt sich die Folie nur mäßig warm an. Fasst man eine gleich heiße Aluminiumplatte an, verbrennt man sich die Finger. Einige typische Wärmeeindringkoeffizienten zeigt die Tab. 4.4.

4.3.2.4 Sonderfälle bei $Bi = 0$ und $Bi \to \infty$

Geht die Biot-Zahl gegen null ($Bi \to 0$), so bedeutet dies, dass die äußere Wärmeübergangszahl sehr klein bzw. die Wärmeleitfähigkeit des Materials sehr groß ist. In diesem Fall ist die Temperatur im Körper unabhängig vom Ort und daher nur noch von der Zeit abhängig. Bei sehr großen Biot-Zahlen ($Bi \to \infty$), d. h. bei sehr großen äußeren Wärmeübergangszahlen α oder sehr kleiner Wärmeleitfähigkeit der Körpers nähert sich die Oberflächentemperatur T_O der Außentemperatur T_A an. Dieses Verhalten ist in der Abb. 4.10a dargestellt. Die Oberflächentemperatur ist gleich groß wie die Außentemperatur. Die Abb. 4.10c zeigt den Fall für $Bi = 0$. Hier ist die Temperatur im Körper vom Ort unabhängig. Das Bild 4.9b illustriert den Temperaturverlauf bei endlichen Biot-Zahlen. Die Temperatur ist vom Ort *und* der Zeit abhängig.

4.3.2.5 Temperaturänderungen bei kleinen Biot-Zahlen ($Bi \ll 1$)

Bei vielen technischen Prozessen interessiert während der Abkühlung oder Erwärmung nicht die Temperaturverteilung im Körper, sondern die mittlere Temperaturänderung. Wie die Abb. 4.7 zeigen, gibt es bei kleinen Biot-Zahlen (dort ist die äußere Wärmeübergangszahl kleiner als die innerhalb des Körpers) zwischen den Oberflächen lediglich einen kleinen Temperaturunterschied zwischen der mittleren Temperatur und der Temperatur in der Körpermitte (bei $x = \delta$). Sind die Biot-Zahlen kleiner als 0.5, kann man mit recht guter Genauigkeit die Berechnungen so durchführen, dass die Temperatur im ganzen Körper als mittlere Temperatur angenommen wird. Bei Biot-Zahlen, die kleiner als 1 sind, ist für Abschätzungen eine so durchgeführte Berechnung immer noch zulässig.

Wichtig bei der Solarthermie sind drei weitere Grenzfälle:

- Ein kleiner Körper heizt/kühlt sich in einer großen Umgebung mit homogener Temperatur instationär auf bzw. ab. Dies tritt auf wenn sich eine Absorberfolie durch Sonneneinstrahlung schnell erwärmt, aber die Luft im Kollektorkasten noch kalt ist (Gefahr des Thermoschocks!).
- Instationäre Erwärmung bzw. Abkühlung bei Körpern ungefähr gleicher Masse. Der volumetrische Anteil eines Absorbers an einem Kollektor ist relativ klein, aber seine Masse ist im Vergleich mit der ihn umgebenden Luft von ähnlicher Größe (Dichte Luft!).
- Wärmetransfer durch einen strömenden Wärmeträger. Dieser Fall tritt beispielsweise beim Kollektorbetrieb, beim Be- und Entladen thermischer Speicher auf.

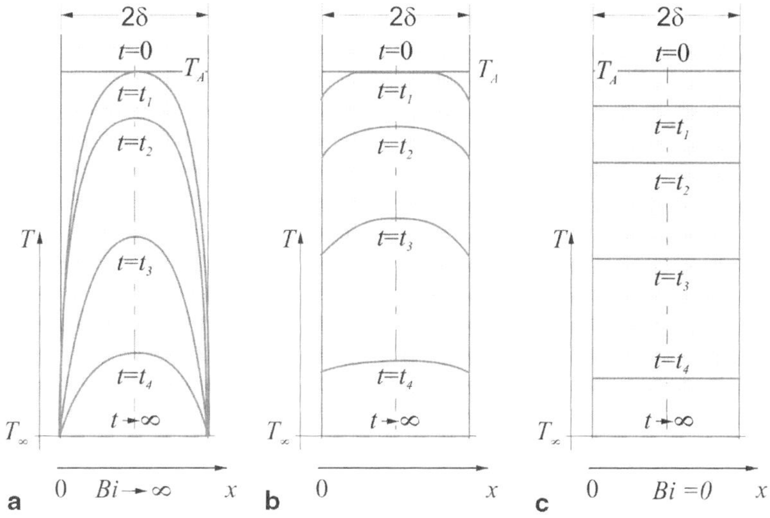

Abb. 4.10 Qualitativer Temperaturverlauf der instationären Wärmeleitung bei $Bi \rightarrow \infty$ **a**, realer Biot-Zahl **b** und $Bi = 0$ **c**

Im Folgenden sollen diese drei Fälle und deren Ergebnisse diskutiert werden.

Ein kleiner Körper taucht in Fluid großer Masse Ein kleiner Körper mit der Masse m_1, der Wärmekapazität c_{p1}, der Fläche A und Temperatur T_{A1} wird in ein Fluid mit der Temperatur T_{A2} eingetaucht, wie es die Abb. 4.11a skizziert. Es sei $T_{A1} > T_{A2}$. Die Masse des Fluids wird als so groß angenommen, dass durch das Eintauchen des Körpers keine Temperaturänderung im Fluid auftritt. An der Oberfläche des Körpers soll die Wärmeübergangszahl α einen bestimmten Wert betragen. Die Wände des Behälters werden nach außen als isoliert betrachtet. Der Wärmestrom, der vom Körper zum Fluid geht, ist durch die zeitliche Änderung des Wärmeinhaltes des Körpers gegeben. Damit ergibt sich:

$$\dot{Q} = -m_1 \cdot c_{p1} \cdot \frac{dT_1}{dt}. \tag{4.61}$$

Der übertragene Wärmestrom wird durch die Wärmeübergangszahl α und die Temperaturdifferenz zwischen dem Fluid und Körper bestimmt (T_1-T_{A2}). Beachtet man, dass bei einer Abkühlung des Körpers seine Temperaturänderung negativ und die Temperaturdifferenz positiv ist, so ergibt sich für den Wärmestrom an der Grenzfläche Körper Fluid:

$$\dot{Q} = \alpha \cdot A \cdot (T_1 - T_{A2}). \tag{4.62}$$

Da die Wärmeströme aus dem Körper dem Wärmestrom in die Flüssigkeit entsprechen müssen, kann man die Gln. (4.61 und 4.62) gleichsetzen. Man erhält eine gewöhnliche Differentialgleichung in der Form:

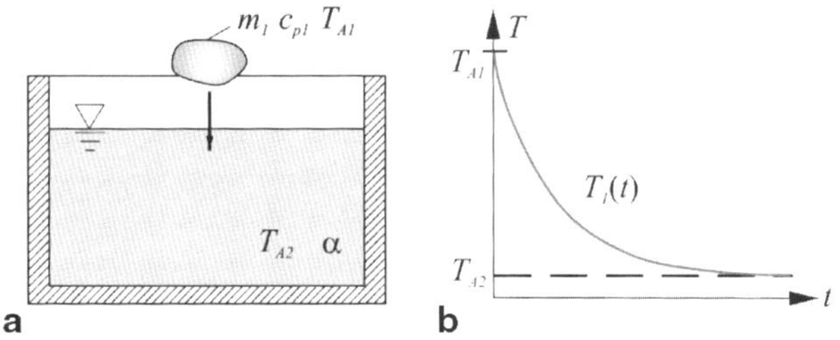

Abb. 4.11 **a** Ein Körper kleiner Masse taucht in einen Fluidbehälter großer Masse ein. **b** Temperaturverlauf bei der Abkühlung eines Körpers kleiner Masse m_1 in einem Fluid pool

$$\frac{dT_1}{dt} = -\frac{\alpha \cdot A}{m_1 \cdot c_{p1}}(T_1 - T_{A2}). \tag{4.63}$$

Ersetzt man die Temperatur T_1 durch die Temperaturdifferenz (T_1-T_{A2}), erhält man nach Separation der Variablen folgenden Ausdruck:

$$\frac{d(T_1 - T_{A2})}{(T_1 - T_{A2})} = -\frac{\alpha \cdot A}{m_1 \cdot c_{p1}} \cdot dt. \tag{4.64}$$

Nimmt man eine konstante Wärmeübergangszahl α und konstante Stoffwerte (c_{p1}) an, so kann man diese Gleichung integrieren und erhält als Ergebnis:

$$(T_1 - T_{A2}) = (T_{A1} - T_{A2}) \cdot \exp\left(-\frac{\alpha \cdot A}{m_1 \cdot c_{p1}} \cdot t\right). \tag{4.65}$$

Die Abb. 4.11b zeigt schematisch den zeitlichen Verlauf der Abkühlung des Körpers. Die Temperatur des kleinenKörpers nähert sich mit zunehmender Zeit der Fluidtemperatur negativ exponentiell asymptotisch an. Zur dimensionslosen Darstellung müssen die dimensionslose Temperatur Θ und dimensionslose Zeit t' folgendermaßen gebildet werden:

$$\Theta = \frac{(T_{A1} - T_1)}{(T_{A1} - T_{A2})} = 1 - \exp(-t') \quad \text{mit} \quad t_0 = \frac{\alpha \cdot A}{m_1 \cdot c_{p1}} \quad \text{und} \quad t' = \frac{t}{t_0}. \tag{4.66}$$

Dabei ist die Zeit t_0 diejenige Zeit, in der der eingetauchte Körper bei 1 °K Temperaturdifferenz zum umgebenden Fluid um 1 °K erwärmt wird. Die dimensionslose Darstellung erlaubt die Repräsentation der Lösung in einer universellen Form, wie es die Abb. 4.12 zeigt.

Ein Körper taucht in ein Fluid mit vergleichbarer Masse In diesem Grenzfall soll das Eintauchen eines Körpers in ein nach außen isoliertes, mit einem Fluid gefülltes Becken mit einer relativ kleinen Fluidmasse betrachtet werden. Die Abb. 4.13a stellt diesen Fall dar. Beim Eintauchen hat der Körper die Temperatur T_{A1} und das Fluid die Anfangstemperatur T_{A2}. Die Masse und die spezifische Wärmekapazität des Körpers haben den Index 1,

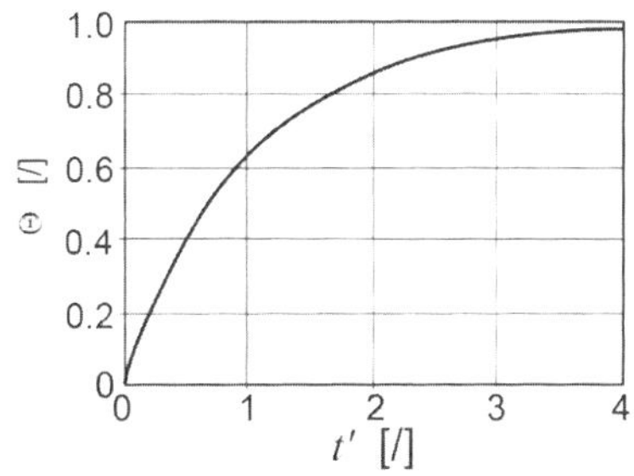

Abb. 4.12 Dimensionsloser Temperaturverlauf Θ als Funktion der dimensionslosen Zeit t' bei Abkühlung eines kleinen Körpers in einem großen Pool

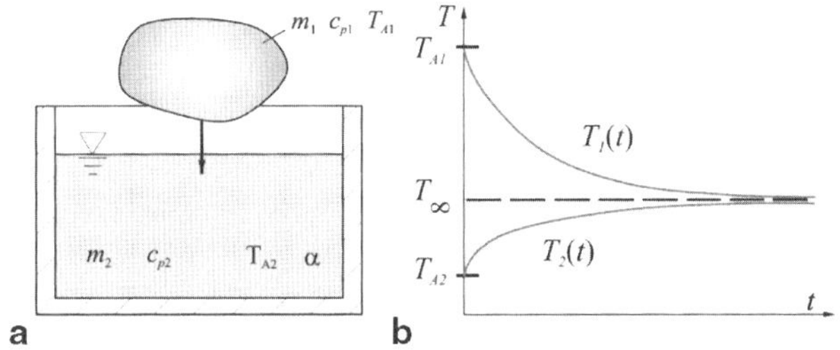

Abb. 4.13 **a** Ein Körper kleiner Masse taucht in ein Fluid mit vergleichbarer Masse ein. **b** Temperaturverlauf bei der Abkühlung eines Körpers mit kleiner Masse m_1 in einem Fluidpool vergleichbarer Masse

respektive die des Fluids den Index 2. Da die Fluidmasse nicht mehr sehr groß ist, wird durch das Eintauchen des Körpers die Temperatur des Fluids verändert. Der vom Körper abgegebene Wärmestrom ist die zeitliche Änderung seines Wärmeinhaltes und kann mit Hilfe der Gl. (4.67) angegeben werden.

$$-\dot{Q} = m_1 \cdot c_{p1} \cdot \frac{dT_1}{dt}. \tag{4.67}$$

Der vom Fluid aufgenommene Wärmestrom muss entgegengesetzt gleich groß sein wie die zeitliche Änderung des Wärmeinhaltes des Fluids (Energieerhaltung) und man erhält:

$$\dot{Q} = m_2 \cdot c_{p2} \cdot \frac{dT_2}{dt}. \tag{4.68}$$

Der Wärmestrom wird von der Wärmeübergangszahl α und der treibenden Temperaturdifferenz zwischen Fluid und Körper ($T_1(t)$-$T_2(t)$) bestimmt. Der Wärmestrom ist damit durch

$$\dot{Q} = \alpha \cdot A \cdot (T_1 - T_2), \tag{4.69}$$

bestimmt. Für die Änderung der Temperaturdifferenz zwischen Fluid und Körper erhält man aus den Gln. (4.68 und 4.69) die Beziehung:

$$d(T_1 - T_2) = -\dot{Q} \cdot \left[\frac{1}{m_1 \cdot c_{p1}} + \frac{1}{m_2 \cdot c_{p2}}\right] dt. \tag{4.70}$$

Der Wärmestrom aus Gl. (4.69) kann damit in Gl. (4.70) eingesetzt werden und es ergibt sich folgende Differentialgleichung:

$$\frac{d(T_1 - T_2)}{(T_1 - T_2)} = \alpha \cdot A \cdot \left[\frac{1}{m_1 \cdot c_{p1}} + \frac{1}{m_2 \cdot c_{p2}}\right] dt. \tag{4.71}$$

Unter der Voraussetzung, dass die Massen m_i, die Wärmeübergangszahl α und die spezifischen Wärmekapazitäten c_{pi} konstant sind, kann die Gl. (4.71) integriert werden. Die Integration erfolgt von der Zeit $t=0$ bis t und von den Anfangstemperaturen T_{A1} und T_{A2} bis zu den Temperaturen T_1 und T_2. Das Resultat lautet:

$$\ln \frac{(T_1 - T_2)}{(T_{A1} - T_{A2})} = -\alpha \cdot A \cdot \left[\frac{1}{m_1 \cdot c_{p1}} + \frac{1}{m_2 \cdot c_{p2}}\right] \cdot t. \tag{4.72}$$

Damit ergibt sich für die Temperaturdifferenz $(T_1 - T_2)$ zwischen dem Körper und Fluid:

$$(T_1 - T_2) = (T_{A1} - T_{A2}) \cdot \exp\left[\alpha \cdot A \cdot \left(\frac{1}{m_1 \cdot c_{p1}} + \frac{1}{m_2 \cdot c_{p2}}\right)\right] \cdot t. \tag{4.73}$$

Mit der Gl. (4.73) kann die Temperaturdifferenz zwischen dem Fluid und Körper, nicht aber die Temperatur des Körpers oder Fluids bestimmt werden. Die Temperatur des Körpers und Fluids können aus den Gln. (4.67 und 4.68) für jede beliebige Zeit ermittelt werden.

Da in den Gleichungen die Massen und spezifischen Wärmekapazitäten konstant sind, kann die in der Zeit t ab- und zugeführte Wärme berechnet werden.

$$Q(t) = m_1 \cdot c_{p1} \cdot (T_{A1} - T_1);$$

$$Q(t) = m_2 \cdot c_{p2} \cdot (T_2 - T_{A2}). \tag{4.74}$$

Die Gl. (4.73) gilt auch für unendlich lange Zeiten, bei der ein Temperaturausgleich zwischen dem Körper und dem Fluid erreicht wird. Die Temperatur nach dem Ausgleich für $t \rightarrow \infty$ errechnet sich mit Hilfe des Gleichgewichts zu:

$$T(t \rightarrow \infty) = T_\infty = \frac{m_1 \cdot c_{p1} \cdot T_{A1} + m_2 \cdot c_{p2} \cdot T_{A2}}{m_1 \cdot c_{p1} + m_2 \cdot c_{p2}}. \tag{4.75}$$

Für die zeitlichen Änderungen der Temperatur erhält man aus den vorangegangenen Gln. (4.74 und 4.75):

$$\frac{T_{A1} - T_1}{T_2 - T_{A2}} = \frac{T_{A1} - T_\infty}{T_\infty - T_{A2}} = \frac{m_2 \cdot c_{p2}}{m_1 \cdot c_{p1}}. \tag{4.76}$$

Abb. 4.14 Erwärmung oder Abkühlung eines Fluids 2 in einem isolierten Behälter durch einen strömenden Wärmeträger 1

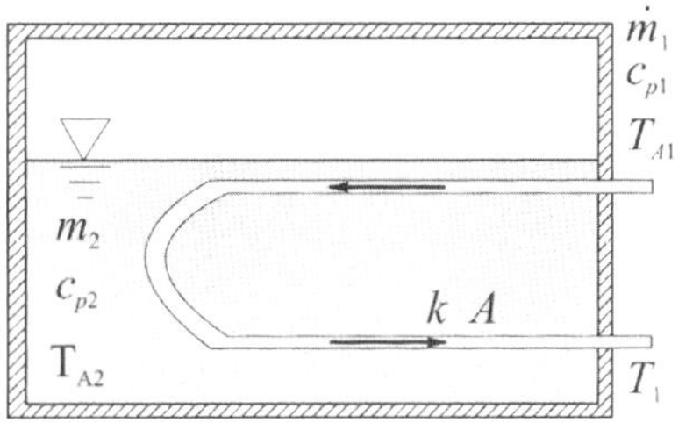

Die Gl. (4.76) kann man nach T_1 oder T_2 auflösen und in Gl. (4.73) einsetzen. Als Ergebnis erhält man die Temperatur des Körpers und Fluids, deren zeitlichen Verlauf die Abb. 4.13a, b schematisch darstellt. Das Ergebnis der sich zeitlich exponentiell ändernden Temperatur der Körper 1 und 2 geben die Gln. 4.77 an.

$$T_1 - T_\infty = (T_{A1} - T_\infty) \cdot \exp\left[-\alpha \cdot A \cdot \left(\frac{1}{m_1 \cdot c_{p1}} + \frac{1}{m_2 \cdot c_{p2}}\right) \cdot t\right];$$
$$T_2 - T_\infty = (T_{A2} - T_\infty) \cdot \exp\left[-\alpha \cdot A \cdot \left(\frac{1}{m_1 \cdot c_{p1}} + \frac{1}{m_2 \cdot c_{p2}}\right) \cdot t\right]. \quad (4.77)$$

Instationärer Wärmetransport durch einen strömenden Wärmeträger: In der Abb. 4.14 ist ein nach außen isolierten Behälter, der mit einem Fluid 2 gefüllt ist, dargestellt. Dieser Behälter wird durch einen mit dem Massenstrom $\dot{m}_1$ strömenden Wärmeträger 1 aufgeheizt oder abgekühlt. Das Fluid 2 im Behälter ist durch eine Wand vom Wärmeträger getrennt. Die Temperatur des Fluids im Behälter betrage zu Beginn der Erwärmung oder Abkühlung T_{A2}. Der Wärmeträger hat am Eintritt die Temperatur T_{A1} und am Austritt T_1. Er wird durch das im Behälter befindliche Fluid 2 gekühlt oder erwärmt. Die Wärmeübertragung erfolge mit einer konstanten Wärmedurchgangszahl k. Nach unendlich langer Zeit nimmt das Fluid die Eintrittstemperatur des Wärmeträgers T_{A1} an, die Wärmeträgertemperatur verändert sich danach nicht mehr.

Unter der Voraussetzung, dass der Massenstrom des Wärmeträgers $\dot{m}_1$, die Wärmedurchgangszahl k, die spezifischen Wärmekapazitäten c_{pi} und örtlichen Fluidtemperaturen konstant sind, können die zeitlichen Temperaturänderungen des Fluids 2 (T_2) und die des Wärmeträgers 1 am Austritt T_1 berechnet werden.

Ohne auf die Herleitung einzugehen, sei hier lediglich das Ergebnis angegeben.

$$T_{A1} - T_2 = (T_{A1} - T_{A2}) \cdot \exp\left[\frac{\dot{m}_1 \cdot c_{p1}}{m_2 \cdot c_{p2}} \cdot \left(\exp\left(\frac{-k \cdot A}{\dot{m}_1 \cdot c_{p1}}\right) - 1\right) \cdot t\right]. \quad (4.78)$$

4.3.3 Anwendung der Wärmeleitung in der Gebäudetechnik

Ausgehend von den Befunden des vorangegangen Kapitels können verschiedene Schlussfolgerungen bezüglich der Anwendung in der Gebäudetechnik und der Kollektorentwicklung getroffen werden. Beispielsweise erfolgt das Aufheizen eines Raumes mit bestimmter Wärmeleistung der Heizeinrichtung umso schneller, je kleiner der Wärmeeindringkoeffizient b der Raumbegrenzungsflächen ist ($b = \sqrt{\lambda \cdot \rho \cdot c_p}$, vergl. Gl. (4.60)). Ein zeitlich schnelles Aufheizen kann aus Gründen der Behaglichkeit im Winter erwünscht sein; dies erfordert eine Ausbreitung eines Temperaturfeldes in einem Stoff also eine große Temperaturleitfähigkeit a (Gl. 4.43). In der Heizperiode kann beispielsweise durch Nachttemperaturabsenkung Heizenergie eingespart werden; hier ist eine hohe Temperaturleitfähigkeit a nachteilig. Die speicherbare Energie wird im Gebäudebereich mit einer Speicherzahl s angegeben, die sich aus dem Produkt der Dichte ρ und der Wärmekapazität des Stoffes c_p ergibt:

$$s = \rho \cdot c_p \left[\frac{J}{m^3 K} \right]. \tag{4.79}$$

Große Speichermassen (hohe Wärmespeicherzahlen s) sind aber für die thermische Trägheit im Sommer erwünscht, dies bedeutet lediglich eine geringe Erwärmung des Gebäudes bei hoher Sonneneinstrahlung. Diese Speichermassen können effizient genutzt werden, wenn eine außenseitige Wärmedämmung mit einer kleinen Wärmeleitfähigkeit vorliegt. Damit wird eine kleine Kontakttemperatur T_K erzeugt und die Gebäudeerwärmung erfolgt deutlich zeitverzögert.

Dieses auf Grund heuristischer Überlegungen erhaltene Ergebnis kann man anhand des zeitlichen Aufheiz- bzw. Abkühlverhaltens typischer Gebäudewände als Funktion der gewählten Baustoffe analysieren. Es soll bei einer Außenlufttemperatur T_{La} von $T_{La} = 5$ °C und einer gegebenen Raumluftinnentemperatur T_{Li} von $T_{Li} = 20$ °C das Aufheiz- bzw. Abkühlverhalten zweier Wände untersucht werden. Die Wand 1 besteht aus 24 cm Porenbeton ($\rho = 500$ kg/m^3) mit einer Wärmeleitfähigkeit $\lambda = 0.16$ W/(mK). Daraus erfolgt nach Gl. (4.15) ein Wärmeleitwiderstand von $R_{WL} = 1.5$ K/W (oder k-Wert von $k = \lambda/s = 0.66$ W/(m^2/K)). Die Wand 2 besitzt eine 6 cm starke Styropor-Schicht (EPS einer Dichte von $\rho = 30$ kg/m^3, $\lambda = 0.04$ W/(mK)) und daran anschließend eine 10 cm dicke Betonwand ($\rho = 2500$ kg/m^3, $\lambda = 2.1$ W/(mK)). Die Wand 2 hat damit einen k-Wert von $k = 0.646$ W/(m^{2}K) und damit nahezu den gleichen Wert der Wand 1. Die Abb. 4.15 zeigen für beide Wände das zeitliche Aufheiz-(links) und Abkühlverhalten (rechts) bei gleicher Luftaußentemperatur T_{La}.

Beide Wände zeigen ein völlig verschiedenes Zeitverhalten der Oberflächentemperatur auf der Wandinnenseite T_{Oi}. Die Wand 1 bietet Vorteile während der Heizperiode, da sich die Wandinnenseitentemperatur T_{Oi} schneller als bei der Wand 2 erhöht. Gleichzeitig zeigt diese Wand aber einen höheren Wärmeverlust nach außen, da der wandnormale Temperaturgradient $\partial T/\partial n$ größer ist (vgl. Gl. 4.8). Diese hohen Wärmeverluste zeigen sich auch bei der Auskühlung des Gebäudes. Die Massivwand 1 verliert deutlich schneller die Wärme als die Wand 2 und es ergibt sich nach einer Winternacht schnell ein unbehagliches Wohngefühl. Umgekehrt heizt sich im Sommer die Innenluft in Wand 1 schnell auf, so dass ein unbehaglich warmes Klima entstehen kann.

In diesem Zusammenhang stellt sich unmittelbar die Frage nach der energetisch sinnvollsten Art der Wärmedämmung einer Wand. Welche Art der Dämmung in einem Haus günstiger ist, hängt selbstverständlich von der Art der Raumnutzung ab.

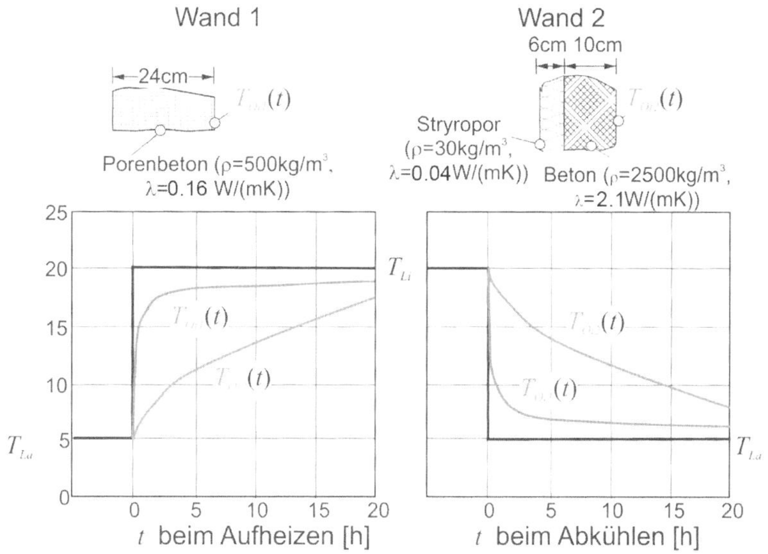

Abb. 4.15 Aufheiz- und Abkühlkurven der Wandinnentemperaturen T_{Oi} zweier unterschiedlicher Wände als Funktion der Zeit bei einer gegebenen Außenlufttemperatur $T_{La} = 5$ °C und einer gegebenen Raumluftinnentemperatur $T_{Li} = 20$ °C

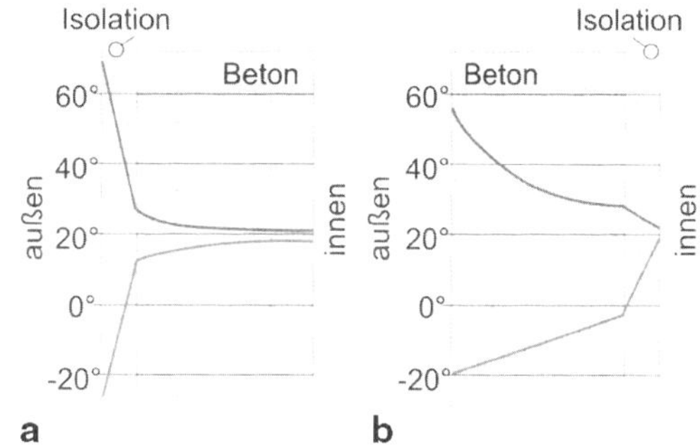

Abb. 4.16 Schematischer Temperaturverlauf bei einer Außendämmung **a** und einer Innendämmung **b** zweier identisch dicker Baumaterialschichten des Betons und des Isolationsstoffes

Die Abb. 4.16 zeigt zwei identisch dicke Porenbetonwände, an denen die Isolation entweder außen oder innen angebracht ist. Bei der Außendämmung (linkes Bild, a) ist der Temperaturgradient innerhalb der Isolationsschicht sehr hoch. Dies bedeutet, dass sich sowohl bei hohen Temperaturen im Sommer bzw. niedrigen Temperaturen im Winter die Gebäudemassentemperatur kaum ändert. Die Speicherwirkung der Betonwände ist damit deutlich erhöht. Nachteilig ist dieser Dämmungstyp im Winter, sofern ein „kaltes Haus" geheizt werden muss. Die Wärmebeladung der massiven Speicherwand durch die Sonneneinstrahlung ist gering und dauert relativ lange an. Bei der Innendämmung erfolgt ein schnelles Aufheizen/Abkühlen der Räume durch die unmittelbare Sonneneinstrahlung, dies ist vorteilhaft bei einer temporären Nutzung des Raums oder einem Intervallbetrieb. Die Speicherwirkung der relativ dicken Betonwand geht jedoch verloren. Eine derartige Art der Isolation ist bei Wohngebäuden wenig sinnvoll.

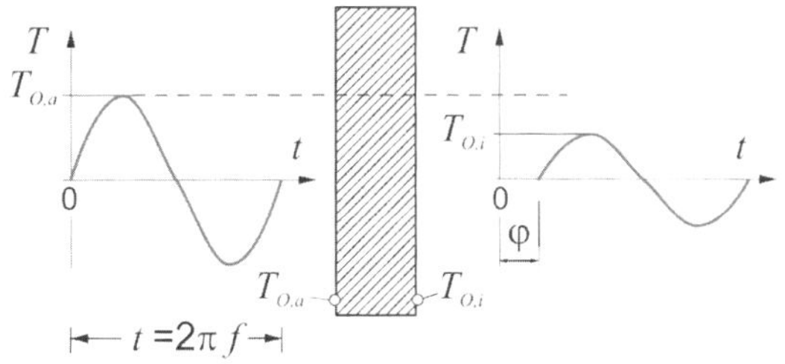

Abb. 4.17 Modulationsverhalten einer Wand bei einer sich oszillatorisch ändernden Außenwandtemperatur T_{Oa} (*links*) und Antwortverhalten der Innenwandtemperatur T_{Oi}

Eine weitere wesentliche Erkenntnis des Zeitverhaltens und der Speicherwirkung der Abb. 4.15 und 4.16 ist, dass sich nicht nur eine zeitabhängige Änderung der Wandinnentemperatur ergibt, sondern auch eine Änderung der Amplitude auftritt.

Treten beispielsweise an der Außenhülle eines Gebäudes an mehreren aufeinander folgenden Sommertagen (24 h-Tageslauf) starke Außentemperaturschwankungen auf, dann läuft täglich eine Wärmewelle durch die Außenbauteile in Richtung des Innenraums. Durch die Wärmeleitung im Baustoff wird die Amplitude der Außentemperaturschwankung verringert. Das Dämpfungsglied, also die Abschwächung der Amplitude, wird durch den Wärmeeindringkoeffizienten b bestimmt. Doch nicht nur die Amplitude der Temperatur ändert sich beim Durchtritt durch die Wand sondern auch das Zeitverhalten. Eine große Speicherzahl s bewirkt ein langsameres Vordringen der Temperaturwelle. Die Temperaturschwankung wird also nicht nur in der Amplitude sondern auch der Phase moduliert. Die Abb. 4.17 skizziert dieses Modulationsverhalten einer wärmeleitenden Wand anhand einer sinusförmigen Wärmewelle, die an der Wandaußenseite aufgebracht wird. Dabei gilt als Faustregel: Je höher die Rohdichte, desto länger die Phasenverschiebung und desto höher die Wärmespeicherzahl. Dämmstoffe auf nachwachsender Rohstoffbasis haben meist eine höhere Dichte und Wärmespeicherkapazität und bieten damit einen besseren sommerlichen Wärmeschutz.

Das Verhältnis der Oberflächenwandtemperaturen außen T_{Oa} zu dem Wert innen T_{Oi} wird als Temperatur-Amplituden-Verhältnis oder *TAV* bezeichnet. Die Phasenverschiebung φ beschreibt die Zeitverzögerung des Auftretens der Maxima an der Außen- und Innenseite infolge der Wärmespeicherung. Die Abb. 4.18 zeigt die Auswirkung des *TAV* auf die Innenlufttemperatur in einem Gebäude mit gleichem k-Wert aber unterschiedlicher Wärmespeicherkapazitäten indiziert als Leichtbauweise und Schwerbauweisen an zehn aufeinander folgenden Sommertagen, die mit Hilfe einer numerischen Simulation ermittelt wurde. Deutlich zu erkennen ist, dass bei der schweren Bauweise das *TAV* deutlich kleiner ist.

Oft wird in der Gebäudetechnik eine Auskühlkennzeit t_{Aus} angegeben. Sie gibt in Stunden an, wie lange es bei konstantem Wärmeentzug dauert, bis ein Bauteil in allen Schichten auf dasselbe Temperaturniveau ausgekühlt ist. Das Wohnklima eines Raumes ist umso angenehmer je größer die Auskühlkennzeiten t_{Aus} der Außenmauern sind. Sie ist zumeist definiert als das Verhältnis der Wärmespeicherzahl s (Gl. 4.79) und der Wärmedurchgangskoeffizienten k und hat als SI Einheit den Wert in Sekunden.

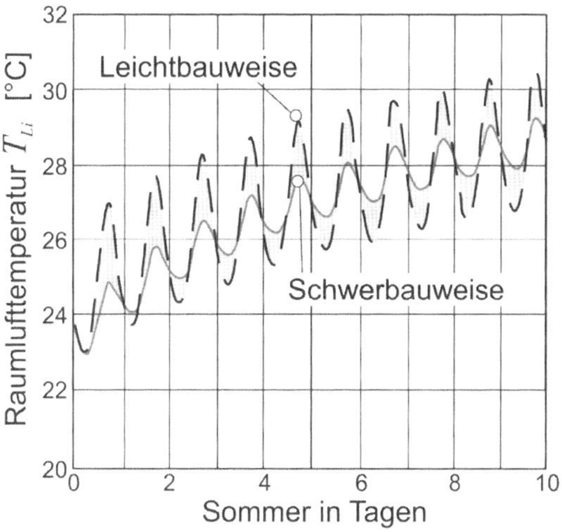

Abb. 4.18 Simuliertes Temperatur-Amplituden-Verhältnis (*TAV*) an 10 aufeinanderfolgenden Tagen bei einer Leichtbauweise und einer schweren Bauweise

$$t_{Aus} = \frac{s}{k} \, [s]. \tag{4.80}$$

Werte für t_{Aus} von mehr als 120 h gelten als sehr gut. Dabei ist die spezifische Wärme (c_p) im Allgemeinen umso geringer je größer die Dichte des Stoffes ist. Bei massiven Baustoffen variiert sie so wenig, dass die Rohdichte eine ausreichende Orientierung für die Wärmespeicherfähigkeit bietet (Dicke *x* Rohdichte = flächenbezogene Masse). Dabei gilt einfach, je mehr Wärme ein Stoff speichern kann, umso träger reagiert er bei Aufheizung und Abkühlung, was oft als sogenannte Amplitudendämpfung bezeichnet wird.

Die Auskühlkennzeit (t_{Aus}) bezeichnet nach der österreichischen Norm B8110-3 (Österreichische Normungsinstitut für Normung e. V. (ON), 1999) die Zeitspanne in Stunden, nach welcher ein einseitig abfließender, spezifischer Wärmeinhalt eines Querschnitts gerade noch einen Restinhalt an Speicherwärme von (1/e), d. h. 36.78 % der ursprünglichen Wärmemenge aufweist. Die Tab. 4.5 zeigt typische Werte einer Massivwand konstanter Stärke von 17.5 cm mit unterschiedlicher Dämmstärke und die daraus resultierenden *k*-Werte. Aus dieser Konstellation ergeben sich verschiedene Auskühlzeiten, Temperatur-Amplituden-Verhältnisse (*TAV*) und Phasenverschiebungen φ.

4.3.4 Molekulare Wärmeleitung

Die molekulare Wärmeleitung in einem Kontinuum kann man sich gedanklich als einen Energieaustauschprozess vorstellen, in dem durch die Wechselwirkung von Teilchen einer höheren Energie mit den Teilchen niedriger Energie ein Transport stattfindet.

In Metallen wird die Wärme ähnlich wie der elektrische Strom durch Leitungselektronen transportiert. Dies erklärt, weshalb die spezifische thermische Leitfähigkeit eines Stoffes λ (W/(mK)) sich ähnlich verhält wie dessen spezifische elektrische Leitfähigkeit σ

Tab. 4.5 Massivwand konstanter Stärke von 17.5 cm aus unterschiedlichen Materialien mit unterschiedlicher Dämmstärke, die daraus resultierenden *k*-Werte. Sich ergebende Auskühlzeiten t_{Aus}, *TAV* und Phasenverschiebungenin (h)

Wandmaterial	Dämmstärke (cm)	*k*-Wert ($W/(m^2 K)$)	Auskühlkenn-Zeit t_{Aus} (h)	*TAV* (/)	Phasenverschiebung φ (h)
Lehm-Wand	0	2.59	11.08	0.492	5.5
	2	1.13	48.58	0.082	8.2
	4	0.72	86.2	0.043	8.5
	8	0.42	161.7	0.022	8.8
	12	0.30	237.8	0.015	9.3
	16	0.23	314	0.011	9.5
Ziegel-Wand	0	3.26	4.2	0.867	2.5
	2	1.14	38.39	0.106	7.5
	4	0.73	68.33	0.057	7.8
	8	0.42	128.5	0.029	8.2
	12	0.30	189.2	0.019	8.7
	16	0.23	250.4	0.014	9.2
Porenbeton-Wand	0	1.23	5.7	0.672	4.1
	2	0.61	25.0	0.161	8.5
	4	0.47	37.3	0.100	9.0
	8	0.32	62.4	0.056	9.6
	12	0.24	87.6	0.039	10.2
	16	0.19	113.8	0.029	10.8
Holzleichtbau-Wand	0	1.59	3.14	0.861	2.5
	2	0.88	6.14	0.597	4.1
	4	0.61	9.31	0.422	5.0
	8	0.36	15.9	0.253	6.0
	12	0.27	22.9	0.176	6.7

(A/(Vm)). Die Gesetzmäßigkeit wird als Wiedemann-Franz Gesetz bezeichnet. Es besagt, dass das Verhältnis von λ/σ in Metallen annähernd konstant ist. Es lautet:

$$\frac{\lambda}{\sigma} = L \cdot T, \tag{4.81}$$

wobei L die Lorenz-Zahl ist ($WV/(AK^2)$) und T die Temperatur. Die Lorenz-Zahl ergibt sich aus der Quantentheorie und kann für Metalle in folgender Weise berechnet werden.

$$L = \frac{\lambda}{\sigma T} = \frac{\pi^2}{3} \cdot \left(\frac{k_B}{e}\right)^2 = 2.44 \cdot 10^{-8} \frac{WV}{AK^2}, \tag{4.82}$$

in der k_B die Boltzmann-Konstante mit $k_B = 1.3806504 \cdot 10^{-23}$ J/K $= 8.617343 \cdot 10^{-5}$ eV/K bezeichnet und e die Elementarladung mit $e = 1.602175 \cdot 10^{-19}$ As ist.

Tab. 4.6 Typische spezifische Wärmeleitfähigkeit in (W/(mK)) einiger Stoffe bei Normdruck (1013 mbar) und -temperatur (25 °C)

Metalle	λ (W/(mK))	Flüssigkeiten	λ (W/(mK))	Feststoffe	λ (W/(mK))	Gase	λ (W/(mK))
Aluminium	221	Benzin	0.14	Beton	2.1	Argon	0.016
Wismut	8.4	Glyzerin	0.286	Glas	0.76	Helium	0.143
Blei	35	Heizöl	0.14	Kalkstein	2.2	CO_2	0.015
Eisen	80.2	Maschinenöl	0.124	Marmor	2.8	Methan	0.034
Gold	314	Eis bei 0°	2.2	Sand	0.58	O_2	0.023
Kalium	135	H_2O (10 °C)	0.58	Sandstein	2.3	N_2	0.02
Kupfer	393	H_2O (60 °C)	0.644	Baustahl	40	H_2	0.18
Messing	120	H_2O (100 °C)	0.679	Edelstahl	15	Vakuum	0.0
Natrium	133			Ziegel	0.5–1.4	Xe	0.0051
Silber	429			Diamant	2.300	Luft	0.0245
Wolfram	167			Silizium	148		
Zink	110			Schwefel	0.269		
Zinn	67						

Das Wiedemann-Franz Gesetz beschreibt, dass in Metallen die Ladungsträger auch Träger von Wärmeenergie sind. Es gilt für sehr tiefe und sehr hohe Temperaturen. Abweichungen ergeben sich bei mittleren Temperaturen (10 K-200 K) (Powell 1965). Das Wiedemann-Franz-Gesetz berücksichtigt nicht die Beiträge zum Transportvorgang, die durch Gitterschwingungen (Phononen) zur Wärmeleitung beitragen. Diese Gitterschwingungen können Wärme transportieren, aber keine elektrischen Ladungsträger. Obwohl es mittlerweile durch physikalische Prozesse möglich ist, in ihrem Verhalten anisotrope Metalle herzustellen, beschreibt das Wiedemann Franz-Gesetz in Feststoffen die Wärmeleitung hinreichend genau. Die Tab. 4.6 zeigt einige typische Wärmeleitfähigkeiten von Feststoffen, wie Metallen, Flüssigkeiten, Kompositen und Gasen. Aus der Tab. 4.6 geht hervor, dass es einen erheblichen Unterschied zwischen den Werten der Feststoffe und insbesondere der Gase gibt.

Interessant ist ein Vergleich der Wärmeleitwerte der Gase mit den Werten von Isolierstoffen und losen Schüttungen, den die Tab. 4.7 zeigt. Beide liegen ungefähr auf einem Niveau und weit unterhalb der Werte eines homogenen Kontinuums. Man kann sich einfach überlegen, dass bei einer geringen Moleküldichte die Anzahl der Grenzflächenkontakte eine Rolle spielt. Bei losen Schüttungen gibt es nur wenige Flächen und zumeist nur Punktberührungen. Diese kleinen Wärmebrücken bewirken einen großen Wärmedurchgangswiderstand und es ergeben sich lange Wege des Wärmetransports durch Leitungsvorgänge im Vergleich zur Schichtdicke des Mediums, wie die Abb. 4.19 illustriert. Bei

Tab. 4.7 Spezifische Wärmeleitfähigkeit λ in (W/(mK)) einiger Isolationsmaterialien und loser Schüttungen

Isoliermaterialien	λ (W/(mK))	Schüttungen	λ (W/(mK))
Expandiertes Polystyrol (EPS)	0.035–0.05	Gasbeton	0.08–0.25
Extrudiertes Polystyrol	0.032–0.04	Poroton	0.08–0.45
Glaswolle	0.035–0.05	Schaumglas Schotter	0.08
Kork	0.035–0.046	Perlit	0.04–0.07
Schaumglas	0.04	Strohballen	0.038–0.07
Wolle	0.035	Sand lose	0.04
Vakuumdämmplatte	0.004–0.006	Holz gepresst	0.1–0.2

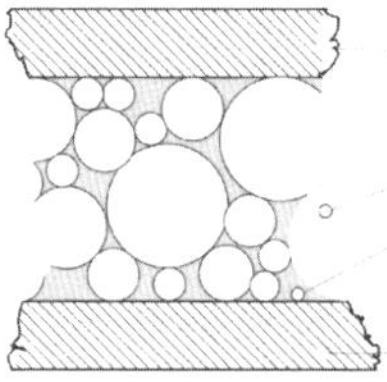

Abb. 4.19 Schemaskizze zur Wärmeleitung in einem inhomogenen Medium

kleinen Feststoffdichten wird damit die Wärmeleitung im Wesentlichen durch die des Trägergases bestimmt.

In Gasen erfolgt der Wärmetransport nicht innerhalb eines festgelegten Gitters, vielmehr treffen in Gasen die Gasatome oder deren Moleküle bei ihren Zufallsbewegungen aufeinander, wobei Energie von Teilchen mit höherer Energie auf solche mit einer geringeren Energie übertragen wird. Die Gasmoleküle können sich sowohl translatorisch als auch rotatorisch bewegen. Damit wird auch der Energietransfer in Gasen durch die Änderungen der Translations- als auch Rotationsenergie beim Aufeinandertreffen der Gasatome bestimmt. Höhere Temperaturen sind gleichbedeutend mit höheren molekularen Energien.

Damit das Gas als Kontinuum aufgefasst werden kann, müssen viele Stöße der Gasatome untereinander erfolgen. Die Forderung nach einer hohen Stoßfrequenz bedingt unmittelbar, dass die mittlere freie Weglänge der Gasatome oder -moleküle zwischen einander klein sein muss im Vergleich zur Dimension des Kontrollraums (Gefäßes oder Spalt, in dem der Wärmeaustausch erfolgen soll). Die mittlere freie Weglänge l der Gasatome zwischen zwei Stößen ergibt sich aus dem Stoßquerschnitt σ_{12} (in cm^2) und der Teilchen- oder Atomdichte n des Gases. Ein Stoß zwischen zwei Teilchen mit den Teilchenradien r_1 und r_2 tritt dann ein, wenn sich die Teilchen auf den Abstand von $(r_1 + r_2)$ annähern. Bei „punktförmigen" Gasatomen würde sich ein Stoß ereignen, wenn eines von zwei Teilchen durch eine Scheibe mit dem Querschnitt $\pi \cdot (r_1 + r_2)^2 = \sigma_{12}$ um das zweite Teilchen fliegt, wie es die Abb. 4.20 skizziert.

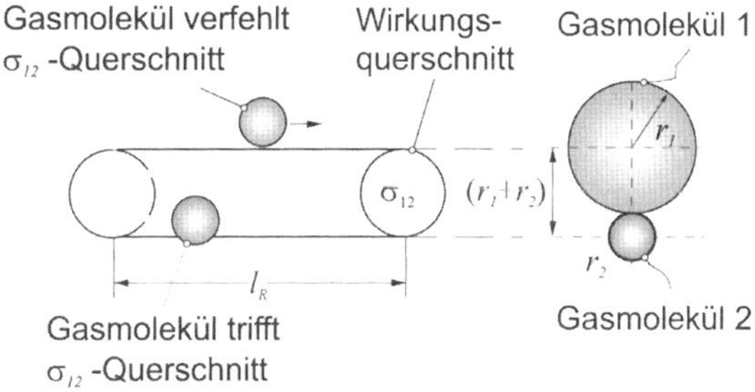

Abb. 4.20 Konzept des Wirkungsquerschnitts σ_{12} beim Stoßvorgang zwischen zwei Gasmolekülen

Stellt man sich einen Teilchenstrom mit der Teilchendichte n_1 vor, der durch ein Volumen mit einer Teilchendichte n_2 fliegt, so reduzieren Stöße auf der Strecke dx den ursprünglichen Teilchenstrom n_1 um dn_1:

$$dn_1 = -n_1 \cdot \sigma_{12} \cdot n_2 \, dx. \tag{4.83}$$

Die Integration entlang des Weges x liefert eine negative Exponentialfunktion für die Abnahme der Teilchendichte n_1 entlang der Wegstrecke x gegenüber der ursprünglichen Teilchendichte n_1 an der Stelle $x=0$. Es ergibt sich.

$$n_1(x) = n_1(x=0) \cdot \exp(-\sigma n_2 x). \tag{4.84}$$

Der mittlere Abstand l zwischen zwei Stößen ist dann gegeben durch:

$$l = \frac{\int\limits_{x=0}^{x\to\infty} x dn_1}{\int\limits_{x=0}^{\infty} dn_1} = \frac{\int\limits_{x=0}^{x\to\infty} x dn_1}{n_1(x=0)}. \tag{4.85}$$

Wichtig ist im Weiteren auch die Anzahl der Stöße, die mit Hilfe der Stoßfrequenz z_{12} zwischen beiden Teilchensorten beschrieben wird. Die Stoßfrequenz ist die Zahl der Stöße pro Zeit, die die einströmenden Teilchen n_1 mit dem im Volumen V befindlichen Teilchen 2 haben. Die Teilchen 1 haben eine mittlere Geschwindigkeit $v_{m,1}$, so dass sich für die Stoßanzahl zwischen den Teilchen 1 und 2 folgender Zusammenhang ergibt:

$$z_{12} = \frac{n_2 \cdot V}{\Delta t} = \frac{\sigma_{12} \cdot l \cdot n_2}{\Delta t} = \sigma_{12} \cdot v_{m,1} \cdot n_2. \tag{4.86}$$

Wenn sich auch die Teilchen der Sorte 2 bewegen, wird die mittlere Geschwindigkeit durch die mittlere Relativgeschwindigkeit beider Teilchen $v_{m,12}$ ersetzt und es ergibt sich eine modifizierte Stoßzahl z_{12}. Die Stoßdichte Z_{12} ergibt sich schließlich aus der Multiplikation der Stoßzahl z_{12} mit der Teilchendichte n_1 der in das Kontrollvolumen V eindringenden Teilchen 1 zu:

$$z_{12} = \sigma_{12} \cdot v_{m,12} \cdot n_2; \quad Z_{12} = \sigma_{12} \cdot v_{m,12} \cdot n_2 \cdot n_1 \, [1/(s\, m^3)]. \tag{4.87}$$

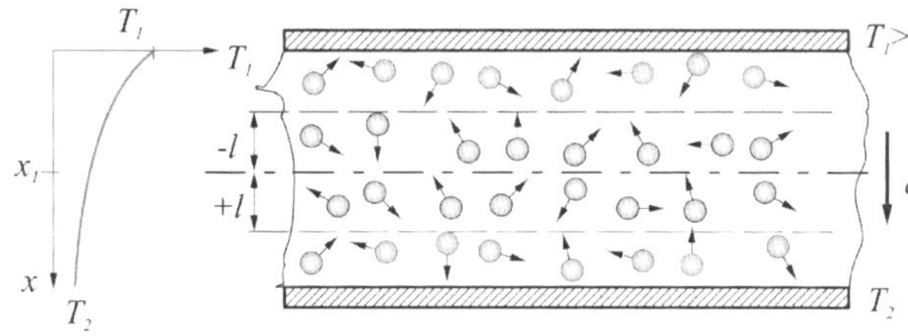

Abb. 4.21 Schemaskizze zur Ableitung der Gaswärmeleitung in einem Spalt

Im Regelfall haben die Gasmoleküle nicht alle die gleiche Geschwindigkeit, vielmehr liegt eine statistische Verteilung der Geschwindigkeiten in beiden Teilchensorten vor, die durch die Boltzmann-Verteilung gegeben ist (Hänel 2004). Der Einfachheit halber soll nun lediglich eine Teilchensorte betrachtet werden, die eine statistische Geschwindigkeitsverteilung hat, und als Ergebnis erhält man für die mittlere freie Weglänge l folgenden Zusammenhang:

$$l = \frac{v_{m,1} \cdot \Delta t}{z_{11} \cdot \Delta t} = \frac{1}{\sqrt{2}} \cdot \frac{1}{\sigma \cdot n_1}. \tag{4.88}$$

In einem ebenen gasgefüllten Spalt mit einer Temperaturdifferenz T_1-$T_2>0$, der in der Abb. 4.21 skizziert ist, erfolge ein Wärmetransport von der heißen zur kalten Seite. Hierzu kann man sich an einer beliebigen Stelle x_1 im Spalt eine Zwischenebene mit der Dicke der freien Weglänge l unterhalb und oberhalb der Ebene $x_1$denken. Betrachtet man zunächst die Anzahl der Teilchen, die über die Grenzflächen bei $x_1 + l$ und $x_1 - l$ tritt, so ergibt sich ein Nettoteilchenfluss ΔN:

$$\Delta N = N(x_1 - l) + N(x_1 + l) = [n(x_1 - l) - n(x_1 + l)] \cdot A \cdot \frac{l}{6}, \tag{4.89}$$

wobei A die Durchtrittsfläche ist.

Der Faktor 1/6 ergibt sich daraus, dass alle sich im Kontrollvolumen befindlichen Teilchen in die drei translatorischen Richtungen (x, y und z) wie auch die drei rotatorischen Richtungen bewegen können. Der Grenzübergang von ΔN zu dN liefert unter Nutzung der Gl. (4.84) folgendes Ergebnis:

$$dN = -2 \cdot A \cdot \frac{l}{6} \cdot l \cdot \frac{\partial n}{\partial x} = \frac{l^2}{3} \cdot A \cdot \frac{\partial n}{\partial x}. \tag{4.90}$$

Damit ist die Anzahl der Teilchen, die über das gedachte Kontrollvolumen ausgetauscht werden, proportional zum Quadrat der mittleren freien Weglänge l und dem Gradienten der Teilchendichte $\partial n/\partial x$. Im Weiteren kann man einen Teilchenstrom in x-Richtung J_x definieren und unter Nutzung von $l = v_m \cdot \Delta t$ ergibt sich (hier Annahme konst. mittlerer Geschwindigkeit):

$$J_x = \frac{dN}{A \cdot dt} = -\underbrace{\frac{l}{3} \cdot v_m}_{Diffusionskonstante} \frac{\partial n(x,t)}{\partial x}. \tag{4.91}$$

Jedes Molekül besitzt eine gewisse Wärmemenge *W*, die durch die Anzahl der Freiheitsgrade *f* seiner Bewegung gegeben ist, und sich dementsprechend zu

$$W = \frac{1}{2} \cdot f \cdot k_B \cdot T, \tag{4.92}$$

berechnet. Darin ist *f* die Zahl der Freiheitsgrade – je nach Molekülart 3 der Translation und 3 der Rotation, k_B die Boltzmann-Konstante und *T* die absolute Temperatur in Kelvin. Der von der heißen zur kalten Seite transportierte Wärmestrom im Spalt ergibt sich dann aus dem Produkt des Teilchenstroms und der in jedem Teilchen gespeicherten Wärme zu:

$$\dot{q} = -\frac{l}{3} \cdot \frac{\partial}{\partial x}\left(v_m \cdot n \cdot \frac{f}{2} \cdot k_B \cdot T\right). \tag{4.93}$$

Drückt man nun die mittlere kinetische Energie der Gasteilchen E_{kin}, die durch $E_{kin} = m/2 \cdot v_m^{\,2}$ gegeben ist, durch die Temperatur *T* des Gases aus, die durch $E_T = 3/2 \cdot k_B \cdot T$ gegeben ist, so erhält man die ideale Gasgleichung.

$$p = n \cdot k_B \cdot T \quad \text{mit} \quad n = \frac{1}{V}, \tag{4.94}$$

worin *n* die Teilchendichte ($1/m^3$) ist. Wenn sich also die Temperatur *T* ändert, aber der Druck *p* konstant bleibt, muss sich nach dem allgemeinen Gasgesetz die Teilchendichte *n* im entgegengesetzten Sinne ändern, so dass das Verhältnis $T/V \sim n \cdot T$ konstant bleibt. Unter Annahme der Gültigkeit des Gasgesetzes kann sich im Term für die Ableitung in Gl. (4.93) nur die mittlere Geschwindigkeit ändern. Damit ergibt sich für den spezifischen Wärmestrom folgende Beziehung:

$$\dot{q} = -\frac{l}{6} \cdot n \cdot f \cdot k_B \cdot T \frac{\partial v_m}{\partial x}. \tag{4.95}$$

Die mittlere Geschwindigkeit hängt aber ebenfalls mit der Temperatur zusammen. Wie bereits im Zusammenhang mit der Wahrscheinlichkeit der Stöße untereinander (Gl. 4.87) gezeigt, existiert in einem Gas eine Häufigkeitsverteilung der Geschwindigkeit, die mit Hilfe der Maxwell-Boltzmann-Verteilung beschrieben wird. Die Verteilung *F* der Gasmoleküle mit der Geschwindigkeit *v* ist darin im eindimensionalen Fall durch

$$F(v) = \sqrt{\frac{m}{2 \cdot \pi \cdot k_B \cdot T}} \cdot \exp\left[-\frac{m \cdot v^2}{2 \cdot k_B \cdot T}\right], \tag{4.96}$$

gegeben, in der *m* die Teilchenmasse in kg ist. Definiert man die mittlere Geschwindigkeit als Summe der einzelnen Geschwindigkeiten der Teilchen und dividiert durch deren Gesamtanzahl *N*, so ergibt sich für die mittlere Geschwindigkeit v_m des Gasmolekülverbunds folgende Gleichung:

$$v_m = \frac{1}{N} \sum_{i=1}^{i \to \infty} v_i = \int_{v=0}^{v \to \infty} v \cdot F(v) dv = \sqrt{\frac{8}{\pi} \cdot \frac{k_B \cdot T}{m}}. \tag{4.97}$$

Tab. 4.8 Spezifische Wärmeleitfähigkeit λ in (W/(mK)) einiger Gase bei Normdruck (1013 mbar) und -temperatur (25 °C)

Gas	λ (W/(mK))	Gas	λ (W/(mK))
Wasserstoff	0.171	Helium	0.144
Methan	0.034	Neon	0.046
Luft	0.02454	Argon	0.016
Kohlendioxid CO_2	0.015	Krypton	0.0088
SO_2	0.0086	Xenon	0.0051

Damit kann man die Ableitung der mittleren Geschwindigkeit in Gl. (4.95) in ein Differential der Temperatur umwandeln.

$$\frac{\partial v_m}{\partial x} = \frac{\partial}{\partial x}\sqrt{\frac{8}{\pi}\cdot\frac{k_B\cdot T}{m}} = \frac{\partial}{\partial T}\sqrt{\frac{8}{\pi}\cdot\frac{k_B\cdot T}{m}}\cdot\frac{\partial T}{\partial x} = \frac{1}{2}\cdot\frac{1}{\sqrt{T}}\sqrt{\frac{8}{\pi}\cdot\frac{k_B}{m}}\cdot\frac{\partial T}{\partial x} = \frac{1}{2}\cdot\frac{v_m}{T}\cdot\frac{\partial T}{\partial x}. \tag{4.98}$$

Dieser Ausdruck für die Änderung der mittleren Geschwindigkeit lässt sich jetzt in die Gl. (4.95) einsetzen und man erhält als Ergebnis für die übertragene Wärmestromdichte.

$$\dot{q} = -\frac{n}{12}\cdot f\cdot k_B\cdot l\cdot v_m\cdot\frac{\partial T}{\partial x}. \tag{4.99}$$

Die Gleichung für den Wärmestrom entspricht der des 1. Fourier-Gesetzes (Gl. 1.3) zu Beginn dieses Kapitels. Durch einen Variablenvergleich erhält man für die Wärmeleitfähigkeit λ_{Gas} eines idealen Gases folgenden Zusammenhang:

$$\lambda_{Gas} = \frac{v_m}{12}\cdot l\cdot n\cdot f\cdot k_B\left[\frac{W}{mK}\right]. \tag{4.100}$$

Damit lässt sich die Wärmeleitfähigkeit des Gases in Abhängigkeit der einzelnen Beiträge analysieren. Betrachtet man die mittlere Geschwindigkeit der Moleküle v_m, so ergibt sich eine höhere Leitfähigkeit der Gase, die mit $\sqrt{T}$ skaliert (aus Gl. 4.97). Je höher die Temperatur ist, desto mehr Stöße erfolgen und damit kann mehr Wärme übertragen werden. Ein weiteres Ergebnis der Molekülgeschwindigkeitsanalyse ist, das die Wärmeleitfähigkeit der Gase mit zunehmender Molekülmasse entsprechend mit $1/\sqrt{m}$ abnimmt. Die Tab. 4.8 gibt bei Standarddruck und Standardtemperatur die Wärmeleitfähigkeit einiger Gase an. Die Abnahme der spezifischen Wärmeleitfähigkeit mit zunehmender Molekülmasse ist besonders gut bei den Edelgasen zu sehen; so beträgt sie für Xenon nur etwa ein Drittel der des Heliums.

In Gl. (4.88) wurde festgestellt, dass sich die mittlere freie Weglänge λ umgekehrt proportional zur Teilchendichte n verhält, damit ist $\lambda \sim 1/n$. (Anhand der idealen Gasgleichung ist die Teilchendichte n direkt proportional zum Druck p, also $p \sim n$.) Setzt man diesen Zusammenhang in die Leitfähigkeitsbeziehung ein, so erhält man als frappierendes Ergebnis, dass die Wärmeleitfähigkeit eines Gases nicht von der Teilchendichte abhängt. Damit ist die Wärmeleitfähigkeit eines Gases auch unabhängig vom Druck (!!); (ebenso lässt sich zeigen, dass die Zähigkeit von Gasen vom Druck unabhängig ist). Diese Aussage ist solange zutreffend, wie die mittlere freie Weglänge l klein gegenüber der Breite des betrachteten

Tab. 4.9 Konstanten zur Ermittlung der mittleren freien Weglänge verschiedener Gase $l_{Gas} \cdot C_1$ gilt für einen Druck von $p_0 = 133$ Pa; für $p_{Gas} \neq p_0$ gilt: $C_1(p_{Gas}) = (p_0/p_{Gas}) \cdot C_1(p_0)$ (VDI 2005)

Gas	$C_1(p_0)$ (μm)	C_2(K)
H_2	105.6	76
N_2	61	112
O_2	68.7	132
He	160	79
Ne	111.9	56
Ar	70.3	169
Kr	59.6	142
Xe	48.7	252
H_2O	95	600
CO	60.2	100
CO_2	57	273

Spaltes oder der Gefäßdimension ist. Daher ist es für eine Berechnung der Gasleitfähigkeit zwingend notwendig, zunächst die mittlere freie Weglänge l_{Gas} der Gasmoleküle bei einem bestimmten Restgasdruck p_{Gas} zu ermitteln. Hierfür kann als Faustformel der Zusammenhang nach Sutherland (Sutherland 1893) benutzt werden:

$$l_{Gas} = \frac{C_1(p_{Gas})}{1 + C_2/T} \text{ [m]}, \tag{4.101}$$

in der T die absolute Temperatur in Kelvin ist und C_1 und C_2 zwei gasspezifischen Konstanten darstellen. Die Tab. 4.9 gibt deren Werte für einige Gase an.

Für Luft bei Normaldruck und Raumtemperatur ist $l_{Gas} \approx 0.6$ μm. Als nächstes sind die Gefäßdimensionen δ zu überprüfen. Dies kann der Abstand der Wände sein, über denen das treibende Temperaturgefälle auftritt. Bei Isoliermaterialien können dies die Dimensionen der Poren oder der Abstand von Folien sein. Bei den meisten Isolationsmaterialien ist $l_{Gas} \gg \delta$. Dies bedeutet, dass die mittlere freie Weglänge l_{Gas} in diesen Stoffen weniger durch Molekül-Molekül-Kollisionen bestimmt wird, sondern vielmehr durch den mittleren Folienabstand δ beschränkt ist. Für die Restgas-Wärmeleitfähigkeit λ_{Gas} gilt dann nach Kaganer (Kaganer 1969) folgende Beziehung:

$$\lambda_{Gas}(p_{Gas}) = \frac{\lambda_0}{1 + 2 \cdot \beta \cdot Kn} \text{ [W/(m} \cdot \text{K)]}. \tag{4.102}$$

In Gl. (4.102) bezeichnet λ_0 die Wärmeleitfähigkeit des Gases bei Normaldruck, β einen Gewichtungsfaktor und Kn die sogenannte Knudsen-Zahl. Der Gewichtungsfaktor β enthält eine Korrekturgröße k sowie den sogenannten Isotropenkoeffizient κ, der sich aus dem Verhältnis der isochoren Wärmekapazität c_V und der isobaren Wärmekapazität c_p ergibt. Der Isotropenkoeffizient eines idealen Gases lautet:

$$\kappa = \frac{c_p}{c_V} = \frac{f + 2}{f} \text{ [/]}, \tag{4.103}$$

Tab. 4.10 Korrekturwerte k (zur spezif. Wärme c_V) zur Berechnung von β aus Gl. (4.104)

	T (°C)						
Gas	−182.6	−78.4	0	100	200	300	400
H_2	2.35	-	2.03	-	2.12	-	2.19
N_2	-	-	1.95	-	-	-	-
O_2	-	-	1.915	-	-	-	-
Luft	-	1.94	1.95	1.945	1.943	-	-
CO	-	-	1.865	-	-	-	-
CO_2	-	1.805	1.67	1.60	1.56	1.55	-
H_2O	-	-	-	1.41	1.395	1.41	1.425
He	-	-	2.43		-	-	-
Ne	-	-	2.50		-	-	-
Ar	-	-	2.49		-	-	-
Kr	-	-	2.49		-	-	-
Xe	-	-	2.54		-	-	-

worin f den Freiheitsgrad des Gases bezeichnet. In den Gewichtungsfaktor β geht weiterhin der Akkommodationskoeffizient α ein, so dass die exakte Formulierung wie folgt lautet:

$$\beta = \frac{2 \cdot k}{\kappa + 1} \cdot \frac{2 - \alpha}{\alpha}. \tag{4.104}$$

Einige Korrekturwerte k zur spezifischen Wärmekapazität c_V für die Berechnung von β in Gl. (4.104) sind in der Tab. 4.10 aufgeführt. Der Akkomodationskoeffizient α ist meistens nur ungenau bekannt. Für die leichten Gase (H_2, He) ist $\alpha \approx 0.3$, für die schweren Gase beispielsweise Stickstoff (N_2) ist α ungefähr eins(Wakao und Vortmeyer 1971). Für Luft beträgt $\beta \approx 1.63$.

Die Knudsen-Zahl Kn gibt das Verhältnis der mittleren freien Weglänge im Gas l_{Gas} zur typischen Spaltbreite δ an und ist demnach wie folgt definiert:

$$Kn = \frac{l_{Gas}}{\delta}. \tag{4.105}$$

Entsprechend der Beziehung nach Kaganer wird die Gaswärmeleitfähigkeit λ_{Gas} klein, sofern man λ_0 möglichst klein wählt, wie zum Beispiel bei Edelgasen, oder eine möglichst große Knudsen-Zahl Kn anstrebt. Die Anwendung von Edelgasen mit ihrer kleinen Leitfähigkeit findet im Bauwesen bei sehr hochwertigen Mehrfachscheibenverglasungen Verwendung. Dort erfolgt zum Teil eine Befüllung des Scheibenzwischenraums mit Krypton oder gar Xenon.

Technisch häufiger genutzt wird der Weg der Druckverringerung, das heißt der Vergrößerung der Knudsen-Zahl. Bei kleinen Drücken hängt dann die Wärmeleitung nur noch von der Teilchenanzahl n ab und nimmt in der Folge proportional mit dem Druck ab. Es erfolgt ein starker Anstieg der freien Weglänge bei Drücken kleiner als 100 Pascal, wie die Abb. 4.22 zeigt. Ein Grobvakuum reicht daher nicht aus, um mit der freien Weglänge die Dimensionen eines makroskopischen Systems zu erreichen.

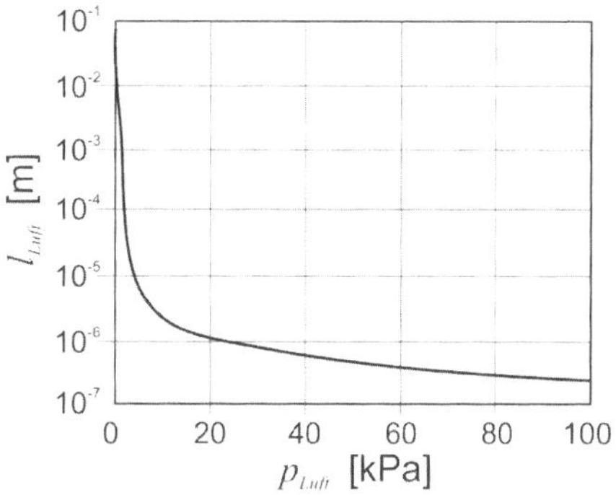

Abb. 4.22 Mittlere freie Weglänge der Gasmoleküle in Luft l_{Luft} als Funktion des Luftdrucks in kPa bei 25 °C

Tab. 4.11 Mittlere freie Weglänge einiger Gase l_{Gas} in (m) als Funktion des Druckes p_0 in Pascal bei Normtemperatur $T = 25$ °C

Gasart	$p_0 = 10^{-6}$ Pas	$p_0 = 10^{-3}$ Pas	$p_0 = 1$ Pas	$p_0 = 10^3$Pas	$p_0 = 10^5$ Pas
Luft	$6.8 \cdot 10^3$	6.8	$6.8 \cdot 10^{-3}$	$6.8 \cdot 10^{-6}$	$6.8 \cdot 10^{-8}$
Argon	$7.2 \cdot 10^3$	7.2	$7.2 \cdot 10^{-3}$	$7.2 \cdot 10^{-6}$	$7.2 \cdot 10^{-8}$
CO_2	$4.5 \cdot 10^3$	4.5	$4.5 \cdot 10^{-3}$	$4.5 \cdot 10^{-6}$	$4.5 \cdot 10^{-8}$
Wasser	$4.2 \cdot 10^3$	4.2	$4.2 \cdot 10^{-3}$	$4.2 \cdot 10^{-6}$	$4.2 \cdot 10^{-8}$
Helium	$19.6 \cdot 10^3$	19.6	$19.6 \cdot 10^{-3}$	$19.6 \cdot 10^{-6}$	$19.6 \cdot 10^{-8}$
Stickstoff N_2	$6.7 \cdot 10^3$	6.7	$6.7 \cdot 10^{-3}$	$6.7 \cdot 10^{-6}$	$6.7 \cdot 10^{-8}$
Neon	$14 \cdot 10^3$	14	$14 \cdot 10^{-3}$	$14 \cdot 10^{-6}$	$14 \cdot 10^{-8}$
O_2	$7.2 \cdot 10^3$	7.2	$7.2 \cdot 10^{-3}$	$7.2 \cdot 10^{-6}$	$7.2 \cdot 10^{-8}$

Da durch die Evakuierung eines Volumens l_{Gas} ansteigt, erhält man umso größere Knudsen-Zahlen (- bzw. umso kleinere λ_{Gas}-Werte), je niedriger der Druck ist. Die mittlere freie Weglänge einiger Gase l_{Gas} als Funktion des Druckes p_0 in Pascal gibt die Tab. 4.11 an. Dieses Verfahren ist bei Thermoskannen oder beispielsweise bei Dewar-Gefäßen in der Kryotechnik seit über 100 Jahren Standard. Im Bauwesen wird es seit langem als Vision verfolgt, aber hier entstehen oft Probleme bei der praktischen Umsetzung im Bereich der Dichtflächen, der mechanischen Stabilität großer Glasflächen und nicht zuletzt der technischen Umsetzung vor Ort auf der Baustelle. Daher gibt es erst seit kurzem Vakuumisolierelemente für den Gebäudeeinsatz. Aus Gl. (4.105) folgt auch, dass man durch Vorgabe sehr kleiner Folien- (oder Wand-) abstände δ oder, wie in Tab. 4.10 beschrieben, durch feinkörnige Schüttungen mit sehr feinen Porendurchmessern δ große Knudsen-Zahlen erzielen kann.

Durch Evakuieren und mittels kleiner δ-Werte gelingt es im technischen Maßstab, die Wärmeleitfähigkeitskomponente λ_{Gas} schließlich völlig zu eliminieren. Üblich für die Vakuumisolation sind Platten, die mit Mineral- oder Polymerschaumkernen gefüllt sind. Die Abb. 4.23 zeigt die Wärmeleitfähigkeit einiger Isolationswerkstoffe als Funktion des Gasdruckes in der Schüttung. Deutlich zu erkennen ist aus dem Bild, dass mit abnehmender Abmessung der Schüttungspartikel (kleineren δ-Werten) die Wärmeleitfähigkeit bei gleichem Druck geringer ist. Darüber hinaus erreicht eine feinkörnige Schüttung schon

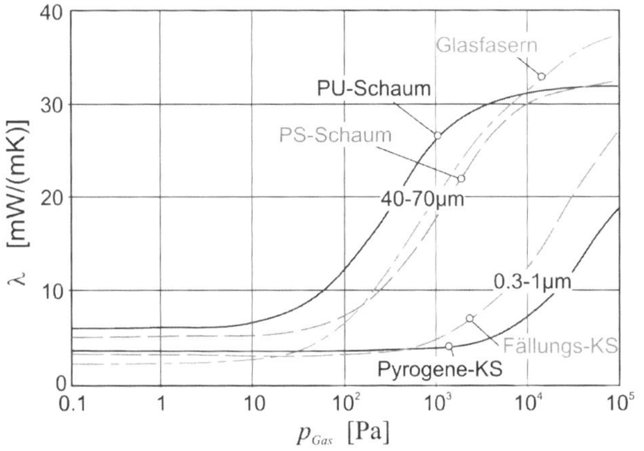

Abb. 4.23 Spezifische Wärmeleitfähigkeit λ mehrerer Hochisolationswerkstoffen in (mW/(mK)) als Funktion des Gasdrucks p_{Gas} in der Schüttung in (Pa) bei einer Temperatur von 20 °C und trockenen Stickstoff sowie Einfluss des mittleren effektiven Porendurchmessers. PU ≡ Polyurethan, PS ≡ Polystyrol, KS ≡ hochdisperse amorphe Kieselsäure (spezif. Oberfläche 300 m^2/g; Sorge, Wolfgang; IfB GmbH 2009)

bei höheren Gasdrücken einen Sättigungswert. Der Sättigungswert ist durch die Kontaktfläche gegeben.

Je besser das Isolationsvermögen bei kleinen Gasdrücken sein soll, desto mehr spielen auch die lokalen Kontaktflächen innerhalb des Isolationsstoffes eine Rolle. Beispielsweise sind sie bei Kugeln kleiner als bei faserartigen Verbünden. Die Abb. 4.24a illustriert dies anhand des Vergleichs einer Glasfaser mit einer Siliziumoxidkugelschüttung. Die Schüttung erreicht schon bei relativ großen Drücken den Wert der thermischen Leitfähigkeit des reinen Materials, während beim Glasfaserverbund je nach Kontaktflächen und Spaltmaßen eine optimale Isolationswirkung erst bei viel kleineren Gasdrücken erreicht wird. Die Leistungsfähigkeit einer derartigen Isolation illustriert die Abb. 4.24b, das den Vergleich einer massiven Polystyrolplatte (PS) mit einer amorphen vakuumisolierten Polystyrolschüttung zeigt. Die massive Struktur baut bei gleichem Wärmedurchgangskoeffizienten 10 mal dicker.

4.4 Strahlungswärmetransport

Der Energieaustausch durch Strahlung ist bereits im Zusammenhang mit der extraterrestrischen Strahlung (vergleiche Kap. 2.3.3) und dem Abschnitt über die Diskussion des Wirkungsgrads von Kollektoren angesprochen worden, ohne jedoch auf die Details und den Ursprung der in diesem Zusammenhang verwendeten Formeln einzugehen. Generell emittiert jeder Köper, dessen Temperatur oberhalb des absoluten Nullpunktes liegt, Wärmestrahlung. Die Wärmestrahlung ist eine elektromagnetische Strahlung, die wellenlängen- und temperaturabhängig ist; das heißt, sie besitzt ein Spektrum. Die spektrale Vertei-

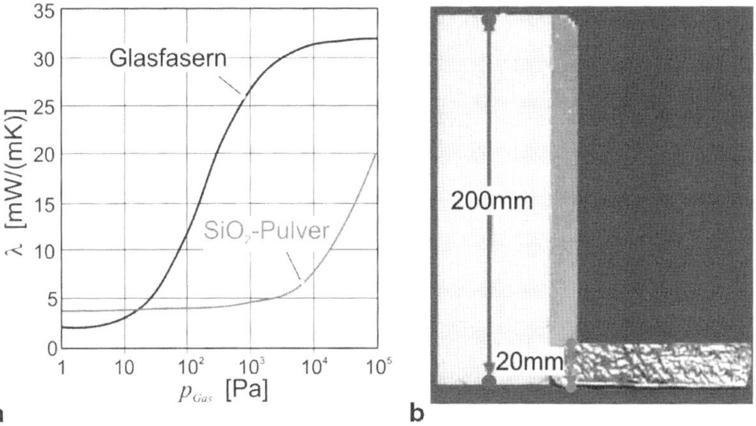

a b

Abb. 4.24 **a** Wärmeleitfähigkeit von Glasfaser und Siliziumoxidpulverschüttung λ in (mW/(mK)) als Funktion des Gasdrucks in Stickstoff bei 25 °C. **b** Dickenvergleich einer massiven Polystyrol (PS)-Platte und einer vakuumisolierten PS-Schüttung mit gleichem Wärmedurchgangskoeffizienten (Ebert 2009)

lung und Leistung der Strahlung hängt neben den genannten Faktoren auch vom Material und dessen Oberflächenbeschaffenheit ab.

Die Wärmestrahlung erlaubt daher einen Wärmetransport von einem Ort zu einem anderen, der nicht von einer Teilchenbewegung abhängig ist, vielmehr geschieht er mittels einer Ausbreitung elektromagnetischer Wellen. Daher tritt der Wärmestrahlungsaustausch im Gegensatz zu den vorangegangenen Prozessen auch im luftleeren Raum auf. Es besteht damit auch im Weltraum die Möglichkeit, beispielsweise mit Hilfe von Jalousien den Temperaturhaushalt von Raumfahrzeugen zu steuern.

4.4.1 Emission, Absorption und Reflexion

Das Plancksche Strahlungsgesetz beschreibt die Intensitätsverteilung der elektromagnetischen Energie und Leistungs- bzw. Dichteverteilung aller Photonen in Abhängigkeit von Wellenlänge und Frequenz, die von einem schwarzen Körper – einer idealen Strahlungsquelle – bei einer bestimmten Temperatur abgestrahlt werden.

Ein Körper, der die maximal mögliche Strahlungsleistung emittiert, wird als „schwarzer Strahler" bezeichnet. Die Strahlung, die ein schwarzer Strahler abgibt, besitzt eine Wellenlängenverteilung. In Ergänzung zur extraterrestrischen Formulierung, in der die Gasdichte keine Rolle spielt, tritt im Regelfall in einem Körper der Brechungsindex n auf und die spezifische spektrale Strahlungsstärke $\phi(\lambda,T)$ in ($\mathrm{Wm^{-2}\,\mu m^{-1}}$) ergibt sich in vollständiger Form zu

$$\phi(\lambda, T) = \frac{2\pi hc^2}{n^2 \cdot \lambda^5} \frac{1}{e^{\left(\frac{hc}{\lambda k_B T}\right)} - 1}, \tag{4.106}$$

worin h das Planck'sche Wirkungsquantum ist ($h=6.6261 \cdot 10^{-34}$ Js), c die Lichtgeschwindigkeit ($c=2.998 \cdot 10^{8}$ m/s) und k_B die Boltzmann-Konstante ($k_B=1.36 \cdot 10^{-23}$ J/K).

Im Folgenden wird ein „schwarzer Körper" betrachtet. Physikalisch ist ein solcher „schwarzer Strahler" ein idealisierter Körper, der auf ihn treffende elektromagnetische Strahlung bei jeder Wellenlänge vollständig absorbiert; er lässt keine Strahlung hindurch und spiegelt oder streut nichts. Gleichzeitig ist das Emissionsvermögen bei allen Wellenlängen maximal. Ein beliebiger realer Körper kann also bei keiner Wellenlänge mehr thermische Strahlung aussenden als ein schwarzer Körper. Er ist die ideale thermische Strahlungsquelle. Sein Spektrum hängt zudem *nur* von seiner *Temperatur* ab. Insbesondere haben Materialeigenschaften keinen Einfluss. Damit ist er für zahlreiche theoretische und praktische Zwecke die Referenzquelle.

Die gesamte von einem schwarzen Strahler pro Einheitsfläche in den Halbraum emittierte Strahlung E_s folgt aus der Integration der Planckschen Beziehung über alle Wellenlängen von $\lambda=0$ bis $\lambda\rightarrow\infty$. Das Ergebnis der Integration ist das Stefan-Boltzmann-Gesetz:

$$E_s = \int_{\lambda=0}^{\lambda\rightarrow\infty} \phi(\lambda, T)d\lambda = \sigma T^4. \tag{4.107}$$

Ein *idealer* schwarzer Körper lässt sich technisch nicht realisieren. Es gibt keine Materialien, die die elektromagnetischen Wellen frequenzunabhängig vollständig absorbieren. Selbst die Herstellung eines Körpers, der dem Ideal des schwarzen Körpers nahe kommt, ist schwierig. Eine berußte Oberfläche besitzt einen Absorptionsgrad α von ca. 0.96 und genügt für einfache Zwecke, amorphes Graphit absorbiert etwa 99 % der ankommenden Strahlung. Für praktische Anwendungen sind nur die Absorptions- und Emissionseigenschaften der Strahlungsquelle von Interesse, nicht jedoch deren Form. Anstelle einer Oberfläche wird deshalb die Öffnung eines Hohlraumstrahlers oder einfach ein langes Sackloch verwendet. Damit lassen sich die idealen Eigenschaften eines schwarzen Strahlers besser darstellen, auch wenn die inneren Oberflächen einen niedrigen Emissionsgrad besitzen.

Die meisten realen Substanzen hingegen reflektieren einen Teil der auftreffenden Strahlung ($\rho>0$) und absorbieren nur einen Anteil, der durch den Absorptionsgrad oder Absorptionskoeffizienten $\alpha<1$ beschrieben wird. Ebenso weicht der Emissionskoeffizient ε von 1 ab.

Ein *grauer* Strahler ist ein Körper, dessen Oberfläche die auftreffende Strahlung nicht vollständig absorbiert und daher auch nicht die volle Strahlung bei einer gegebenen Temperatur in den Raum zurückstrahlt. Der Zahlenwert, wie „grau" die Oberfläche ist, wird durch den Absorptionskoeffizienten α (- in dem entsprechenden Zusammenhang auch als Emissionskoeffizient ε bezeichnet, siehe später Kirchhoff'sches Gesetz-) ausgedrückt. Ein idealer grauer Strahler, den es in der Realität nicht gibt, beschreibt einen Körper, dessen Emissivität ε sich nicht mit der Wellenlänge λ ändert (siehe hierzu auch im folgenden Abschnitt).

Wenn ein Körper transparent ist, wird zudem ein Teil der Strahlung durch ihn hindurch gehen, wie es die Abb. 4.25 skizziert. Der Anteil der auftreffenden Strahlung, der

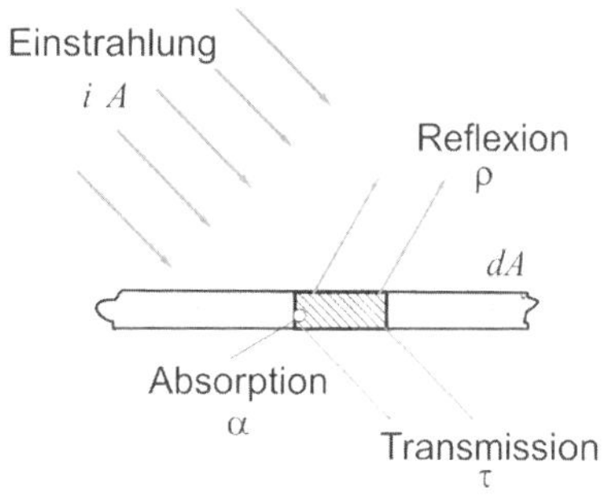

Abb. 4.25 Schematische Darstellung des Reflexionsgrades ρ, des Absorptionsgrades α und der Transparenz τ eines realen Körpers

von der Oberfläche reflektiert wird, ist durch den Reflexionsgrad gegeben. Da lediglich eine gleich hohe oder geringere Intensität zurückgestrahlt werden kann, gilt für den Reflexionskoeffizienten ρ immer $\rho \leq 1$. In transparenten Körpern kann ein Teil der elektromagnetischen (oder Wärmestrahlung) den Körper durchdringen. Diese Transparenz kann mit Hilfe des Transmissionskoeffizienten τ beschrieben werden. τ gibt den Strahlungsanteil an, der den Körper passiert. Eine Energiebilanz des Flächenelements in Abb. 4.25 besagt, dass die auf das Flächenelement einfallende Energie $(i \cdot dA)$ den Anteilen entsprechen muss, die das Flächenelement durch Reflexion und Transmission verlassen und durch Absorption zu einer Erwärmung führen. Geht man von einem thermodynamischen Gleichgewicht aus, führt der erste Hauptsatz der Thermodynamik auf folgende Beziehung:

$$\alpha + \rho + \tau = 1. \tag{4.108}$$

Der Absorptionskoeffizient α gleicht in seinem Verhalten dem Emissionskoeffizienten ε. Beispielsweise absorbiert eine Oberfläche mit einem Emissions- bzw. Absorptionsgrad von $\alpha = 0.5$ die Hälfte der einfallenden Strahlung, emittiert jedoch bei gegebener Temperatur gegenüber einem schwarzen Strahler auch nur die Hälfte der Wärmestrahlung.

Die Wärmeabstrahlung lässt sich durch die Verwendung blanker Metalloberflächen verringern (Beispiele: Metallschichten an Rettungsdecken und Isoliertaschen, Verspiegelung in Thermoskannen und Superisolation). Um die Wärmeabstrahlung eines metallischen Körpers zu erhöhen, der das Licht gut reflektiert, kann man ihn mit einer im relevanten Wellenlängenbereich der Wärmeabstrahlung (Infrarotbereich) „dunklen", matten Beschichtung versehen. Technisch wird dies beispielsweise bei der Lackierung von Heizkörpern mit Farbe (, die im Infrarotbereich gut Strahlung emittiert,) bei der schwarzen Eloxierung von Aluminiumkühlkörpern in Computern und elektrischen Geräten oder bei der Emaillierung von Ofenrohren und Metallöfen genutzt.

Die Relation (4.108) suggeriert, dass es sich bei den Absorptionskoeffizienten α, den Transmissionskoeffizienten τ und dem Reflexionskoeffizienten ρ um Konstanten handelt. Dies ist nicht der Fall. Da es sich bei der Wärmestrahlung um eine elektromagnetische Welle handelt, besitzt die Strahlung ein spektrales Verhalten, das eine Raum-, Wellenlängen- und Temperaturabhängigkeit beinhaltet.

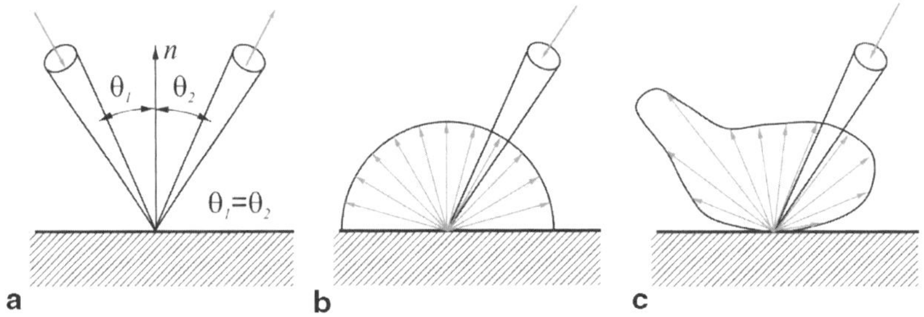

Abb. 4.26 Schematische Darstellung der Reflexion an einer ideal spiegelnden **a**, an einer ideal diffusen **b** und an einer realen, gemischt reflektierenden Oberfläche **c**

Undurchsichtige Körper lassen keine Strahlung durch, so dass für deren Transmissionskoeffizienten $\tau = 0$ gilt. Abhängig vom Körper kann die Strahlung an der Grenzfläche in unterschiedlichem Maß reflektiert werden. Diese Reflexion an der Oberfläche kann spiegelnd oder diffus sein, wie die Abb. 4.26 skizzieren. Wenn der Winkel zwischen Flächennormalen und dem einfallenden Strahl dem Winkel des ausgehenden Strahls und Flächennormalen entspricht (Einfallswinkel = Ausfallswinkel), so handelt es sich um eine spiegelnde Reflexion. Bei einer idealen diffusen Reflexion wird die reflektierte Strahlung isotrop in der Intensität in alle Richtungen im Halbraum über der reflektierenden Fläche verteilt (vergleiche Abb. 4.26b). Reale Oberflächen reflektieren weder ideal spiegelnd noch ideal diffus und es ergibt sich eine raumabhängige Reflexion, wie die Abb. 4.26c illustriert. Gut polierte Oberflächen kommen dem Idealfall mit einem spiegelnden Reflexionsverhalten sehr nahe, während sehr raue Oberflächen zu einer homogenen diffusiven Reflexion tendieren.

4.4.2 Kirchhoff'sches Strahlungsgesetz

Zur Ableitung des Kirchhoffschen Strahlungsgesetzes wird zunächst angenommen, dass sich ein Körper in einem Hohlraum der Temperatur T befindet. Der Körper soll sich im thermischen Gleichgewicht mit dem Hohlraum befinden. Wenn sich die Hohlraumwände nach innen wie ein perfekter schwarzer Strahler verhalten, emittieren sie entsprechend der Gl. (4.107) eine Strahlung E_s in Richtung des schwarzen Körpers. Im Gleichgewichtszustand hat ein schwarzer Körper für $t \to \infty$ die gleiche Temperatur wie die Hohlraumwände. Die auftreffende Strahlung am Ort des schwarzen Körpers mit der Fläche A ist damit $\dot{q} \cdot A$. Der schwarze Körper sendet im Temperaturgleichgewicht eine Strahlung ebenfalls nach Gl. (4.107) aus, die sich aus dem Produkt $E_s \cdot A$ ergibt. Nach Maßgabe der Energieerhaltung muss die Leistung, die der Körper absorbiert, seiner emittierten Leistung entsprechen, so dass gilt:

$$E_s A = \dot{q} \cdot A. \tag{4.109}$$

Betrachtet man nun im gleichen Hohlraum einen realen Körper, so wird er eine um den Absorptionsgrad $\alpha(\alpha<1)$ geringere Strahlungsleistung absorbieren. Weiterhin emittiert der reale Körper eine um den Faktor ε ($\varepsilon<1$) geringere Strahlungsleistung als ein schwarzer Körper. Im Temperaturgleichgewicht muss die absorbierte Strahlung gleich der emittierten sein. Die Bilanz lautet:

$$E \cdot A = \underbrace{\varepsilon \cdot E_s \cdot A}_{\substack{\text{emittierte} \\ \text{Leistung}}} = \underbrace{\alpha \cdot \dot{q}}_{\substack{\text{absobierte} \\ \text{Leistung}}} \cdot A. \tag{4.110}$$

Bis hier wurden noch keinerlei Einschränkungen hinsichtlich des spektralen, räumlichen und des Temperaturverhaltens des Körpers getroffen. Wie schon beim Reflexionskoeffizienten ρ ersichtlich wurde, hängen auch der Emissions- bzw. Absorptionskoeffizient von der Wellenlänge (λ), den Raumwinkeln (φ, θ) und der Temperatur (T) ab.

Damit das thermische Gleichgewicht erhalten bleibt, muss der reale Körper aber jeweils bei denselben Wellenlängen in dieselben Richtungen die absorbierte Energiemenge wieder ausstrahlen, um die dem schwarzen Hohlraum entnommene Energie zu ersetzen. Die Division der Gln. (4.110) mit Gl. (4.109) ergibt damit

$$\frac{E(\theta, \varphi, \lambda, T)}{E_s(\lambda, T)} = \alpha(\theta, \varphi, \lambda, T) = \varepsilon(\theta, \varphi, \lambda, T). \tag{4.111}$$

worin φ, θ die Raumwinkel in Kugel sind. Die Kernaussage des Kirchhoffschen Gesetzes lautet damit: *Im thermischen Gleichgewicht sind für dieselben Frequenzen und Richtungen der gerichtete, spektrale Absorptionsgrad und der gerichtete, spektrale Emissionsgrad gleich.* Technisch bedeutet dies, dass gute Absorber auch gute Emitter sind.

Das Kirchhoffsche Strahlungsgesetz gilt zunächst nur im thermischen Gleichgewicht; zumeist ist es aber auch in guter Näherung für Körper anwendbar, die nicht im thermischen Gleichgewicht mit der Umgebung stehen, solange sich ihre gerichteten spektralen Absorptions- und Emissionsgrade unter diesen Bedingungen nicht verändern.

Die Identität von Absorptions- und Emissionsgrad gilt lediglich für den gerichteten, spektralen Absorptionsgrad und den gerichteten, spektralen Emissionsgrad. Diese Größen, die die explizite Richtungs- und Wellenlängenabhängigkeit der Absorptions- und Emissionsvorgänge beschreiben, sind für viele Materialien nicht bekannt oder verfügbar. Zumeist kennt man für ein spezielles Material den über alle Richtungen des Halbraums integrierten, hemisphärischen, spektralen Emissionskoeffizienten $\varepsilon_\lambda(\lambda, T)$ oder den über alle Wellenlängen integrierten Emissionskoeffizienten $\varepsilon(T)$. Die Gleichheit der integrierten Absorptionskoeffizienten mit den Emissionskoeffizienten gilt nur in wenigen Spezialfällen, da die integrierten Absorptionsgrade auch von der Richtungs- und Wellenlängenverteilung der einfallenden Strahlung abhängen. Das heißt die Absorptionskoeffizienten sind im Gegensatz zu den Emissionskoeffizienten *keine reinen Materialeigenschaften.*

Das Kirchhoffsche Strahlungsgesetz ist in folgenden Fällen gültig:

- bei ideal diffus strahlenden Oberflächen. Hier ist die Emissionskoeffizient richtungsunabhängig und damit gilt (Baehr und Stephan 2008):

$$\alpha(\lambda, T) = \varepsilon(\lambda, T); \tag{4.112}$$

- für ideale graue Körper. Bei idealen grauen Körpern ist $\varepsilon \neq \varepsilon\ (\lambda)$ und es ist:

$$\alpha(\theta, \varphi, T) = \varepsilon(\theta, \varphi, T); \tag{4.113}$$

- für diffus und grau abstrahlende Körper ergibt sich:

$$\alpha(T) = \varepsilon(T). \tag{4.114}$$

Reale Körper sind oft in guter Näherung diffuse Strahler, während die Forderung nach grau strahlender Oberfläche nur schlecht erfüllt werden kann.

Nichtmetalle (d. h. elektrische Isolatoren, Dielektrika) verhalten sich mit wenigen Ausnahmen näherungsweise wie diffuse Strahler. Außerdem ist ihr gerichteter spektraler Emissionsgrad in vielen Fällen für Wellenlängen über ca. 1 bis 3 μm einigermaßen konstant. Für den Strahlungsaustausch im langwelligen Bereich (insbesondere Wärmestrahlung bei nicht zu hohen Temperaturen) können Dielektrika daher oft näherungsweise als diffuse graue Strahler behandelt werden und es gilt die Gl. (4.114).

Bei Metallen hingegen lässt die Richtungsabhängigkeit des Emissionsgrades in der Regel keine Näherung durch einen diffusen Strahler zu. Zudem ist ihr spektraler Emissionsgrad auch bei großen Wellenlängen nicht konstant, so dass sie auch keine grauen Strahler darstellen; damit ist die Gl. (4.114) nicht erfüllt. Oxidschichten oder Verschmutzungen können die Strahlungseigenschaften von Metallen allerdings stark verändern und denen von Dielektrika annähern.

Wichtig für die Gültigkeit des Kirchhoffschen Gesetzes ist die Annahme des thermodynamischen Gleichgewichts sowie die Betrachtung der Strahlungseigenschaften des Körpers. Ist es erfüllt, verringert sich die Strahlungsemission eines diffusen grauen Strahles um den Faktor ε gegenüber einem schwarzen Strahler; es ergibt sich:

$$E_{\varepsilon < 1} = \varepsilon \cdot \sigma T^4. \tag{4.115}$$

Für den Fall eines diffus und grau emittierenden Strahlers wird das Spektrum über alle Wellenlängen um den Faktor ε nach unten verschoben, wie es schematisch die Abb. 4.27 skizziert.

Reale Oberflächen emittieren jedoch nicht nur weniger als ein schwarzer Körper, vielmehr variiert ihr Emissionskoeffizient mit der Wellenlänge. Es ist daher oft notwendig, von den monochromatischen Eigenschaften auszugehen und auf den schwarzen Körper in folgender Weise zu normieren:

$$\varepsilon_\lambda = \frac{E_\lambda}{E_{\lambda,s}}, \tag{4.116}$$

und über alle Wellenlängen zu integrieren.

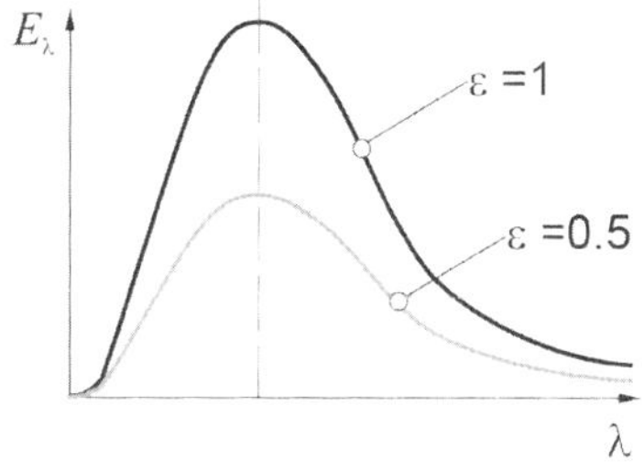

Abb. 4.27 Schematische Darstellung der Abstrahlungsintensität E_λ als Funktion der Wellenlänge λ für einen schwarzen und einen diffus und grauen Strahler ($\varepsilon = 0.5$)

Als Ergebnis erhält man einen sogenannten hemisphärischen Emissionsgrad ε_m, der von der Wellenlänge unabhängig ist.

$$\varepsilon_m = \frac{\int\limits_{\lambda=0}^{\lambda\to\infty} \varepsilon_\lambda E_\lambda d\lambda}{\int\limits_{\lambda=0}^{\lambda\to\infty} E_{\lambda,s} d\lambda} = \frac{\int\limits_{\lambda=0}^{\lambda\to\infty} \varepsilon_\lambda E_\lambda d\lambda}{\sigma T^4}. \tag{4.117}$$

Berechnet man für einen schwarzen Körper nach Stefan-Boltzmann-Gesetz (Gl. 4.107) die Leistung der emittierten Strahlung und setzt für die Temperatur 392.8 K ein, so erhält man für die Solarkonstante einen Wert von $i_{SC} = 1357$ W/m^2, der nahezu dem Wert der Solarkonstanten in Gl. (2.8) entspricht. Ein schwarzer Körper auf einer extraterrestrischen Position mit einer Seite senkrecht zur Sonne zugekehrt und die anderen Flächen ideal isoliert könnte also keine Temperatur über ca. 120 °C erreichen. Es gibt jedoch zwei Wege um die Temperatur zu erhöhen.

Der erste sind konzentrierende Spiegelsysteme, welche die Einstrahlungsleistung auf den Körper erhöhen; der zweite Weg sind selektive Oberflächen, die im Wellenlängenbereich der Solarstrahlung gut absorbieren aber im Wellenlängenbereich der Wärmestrahlung bei Betriebstemperaturen von Solarkollektoren wenig emittieren. Diese werden im Kap. 4.6 ausführlich diskutiert.

4.4.3 Strahlungsaustausch zwischen Körpern

Von der Wärmeleitung und der Konvektion als Wärmetransportmechanismen unterscheidet sich der Strahlungstransport dadurch, dass der beobachtete Nettowärmetransport nicht nur mathematisch in zwei Wärmetransporte aufgeteilt werden kann. Der Nettowärmetransport vom Körper 1 zum Körper 2 ist durch den Wärmetransport von 1 nach 2 abzüglich des Wärmetransports von 2 nach 1 gegeben. Damit transportiert die Wärmestrahlung die Wärme nicht nur in eine Richtung, wie bei einem Kontinuum (dort von *warm* nach *kalt*), sondern gleichzeitig trifft auch die von dem *kälteren* Körper ausgesandte Wärmestrahlung auf den *wärmeren* Körper und kann von diesem absorbiert werden.

Beispiele für diesen komplexen Austauschprozess sind:

- In Feuerungsanlagen gibt die heiße Flamme ihre Wärme großteils durch Flammenstrahlung an ihre Umgebung ab. Da heiße Luft ein schlechter Wärmestrahler ist, kann bei Bedarf durch Wahl geeigneter Verbrennungsbedingungen oder durch Zusatzstoffe die Bildung von Rußpartikeln gefördert werden, die als effiziente schwarze Strahler die Strahlungsabgabe unterstützen.
- Die Wärmemenge, die eine Fassadenoberfläche an die Umgebung verliert, wird durch den Wärmeübergangskoeffizienten bestimmt. Die Wärmeverluste werden durch Luftkonvektion und Wärmeabstrahlung verursacht. Bei Windstille beträgt der konvektive Anteil des Wärmeübergangskoeffizienten im Mittel etwa 4.5 $W/(m^2 K)$, der strahlungsbedingte Anteil aber etwa 6.5 $W/(m^2 K)$, vergl. (Schaube und Werner 1986). Bei geringer Luftbewegung wird also mehr Wärme abgestrahlt als durch die Luft abgeführt.
- Das Behaglichkeitsempfinden in Wohnräumen ist von einem ausgewogenen Strahlungsaustausch der Person mit der Umgebung abhängig. Bei leichter sitzender Tätigkeit erzeugt eine Person infolge ihrer Stoffwechselrate etwa 130 W an Wärme, DIN-7730 (7730, 2005). Sie verliert aber gemäß dem Stefan-Boltzmann-Gesetz etwa 900 W an Strahlungswärme. Sie erfriert deshalb nicht, weil die Umgebung ca. 770 W an Wärme an sie zurückstrahlt. Der Nettowärmeverlust durch beträgt also ca. 130 W und entspricht ungefähr der Stoffwechselrate. Der erhebliche Wärmestrahlungsaustausch wird also deshalb nicht bemerkt, weil in einer behaglichen Umgebung Gewinne und Verluste fast völlig ausgeglichen sind.

Zur näheren Beschreibung des Strahlungswärmeaustauschs soll zunächst ein schwarzer Hohlraum betrachtet werden, dessen Wände isotherm sind. Die emittierte Leistung einer Oberfläche gibt die Gesamtstrahlung in alle Richtungen im Halbraum über der Fläche an. Die Strahlung, die in eine bestimmte Richtung emittiert wird, wird als die Intensität I bezeichnet. Sie ist als die Strahlungsleistung oder der Anteil der gesamten abgegebenen Leistung definiert, die durch eine Fläche dA auf einer Halbkugel um die Fläche dA_0 trifft. dA wird von dA_0 unter dem Winkel $d\theta = dA/r^2$ gesehen, wobei r der Radius der Halbkugel ist. Die Abb. 4.28 veranschaulicht geometrisch die folgende Ableitung. Die Intensität I ist wie folgt definiert:

$$I = \lim_{\substack{dA \to 0 \\ d\theta \to 0}} \frac{dE}{dA d\theta} \left[\frac{W}{m^2}\right]. \tag{4.118}$$

Die in Richtung dA projizierte Fläche von dA_0 ist $dA_0 \cos\theta$ und für die Intensität I' in Richtung $d\theta$ gilt:

$$I' = I dA_0 \cos\theta. \tag{4.119}$$

Die Strahlung, die von der Fläche dA_0 im Zentrum der Kugel ausgeht und die Fläche dA auf der Halbkugel passiert, berechnet sich entsprechend der Abb. 4.28 zu:

$$d\dot{Q} = I \cdot dA_0 \cdot \cos\theta \cdot \frac{dA}{r^2}. \tag{4.120}$$

Abb. 4.28 Schematische Darstellung der Strahlungsemission um eine Fläche dA_0 in einem Halbraum

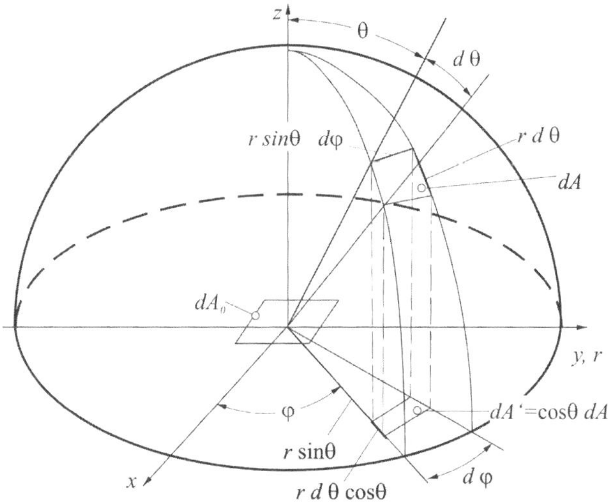

Damit ergibt sich eine Strahlungsdichte:

$$d\dot{q} = \frac{d\dot{Q}}{dA_0} = I \cdot \cos\theta \cdot \frac{dA}{r^2}. \tag{4.121}$$

Die Strahlungsdichte nimmt umgekehrt quadratisch mit dem Radius ab ($\sim 1/r^2$), dies entspricht dem Coulomb-Gesetz zweier sich abstoßender elektrischer Ladungsträger. Die differentielle Fläche dA auf der Halbkugel ergibt sich aus dem Produkt beider Seitenlängen zu $r^2 \sin\theta \, d\theta \, d\varphi$. Durch Integration über die Halbkugel erhält man die Strahlungsdichte:

$$\dot{q} = \int_{\varphi=0}^{\varphi=2\pi} \int_{\theta=0}^{\theta=\pi/2} I \cos\theta \sin\theta d\theta d\varphi. \tag{4.122}$$

Wenn bei einer diffusen Oberfläche die Intensität I in alle Richtungen gleich ist, sie also keine Funktion des Raums ist, ergibt die Integration der Gl. (4.122):

$$\dot{q} = \pi \cdot I_s. \tag{4.123}$$

Da alle schwarzen Strahler diffus emittieren, folgt für Leistungsdichte:

$$E_s = \pi I_s, \tag{4.124}$$

und im Fall einer monochromatischer Strahlung:

$$E_{\lambda,s} = \pi I_{\lambda,s}. \tag{4.125}$$

Die Abstrahlungsintensität einer Fläche dA_0 in Richtung dA und die dort anzutreffende Intensität I stellt die Abb. 4.29 dar.

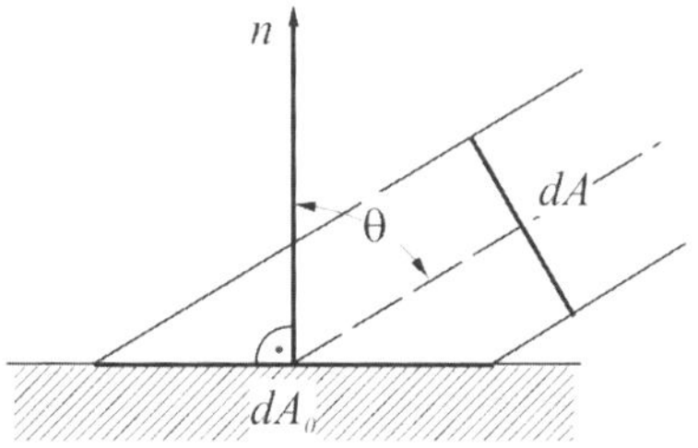

Abb. 4.29 Unabhängigkeit der abgegebenen Strahlungs-(Leucht-)dichte von der Beobachtungsrichtung

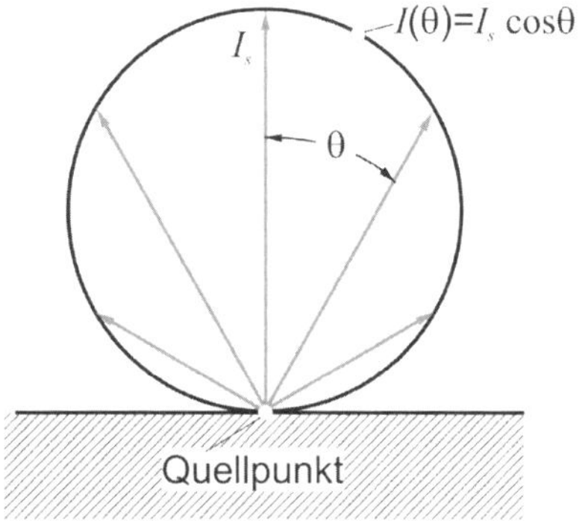

Abb. 4.30 Strahlungsstärke I über einer diffus nach dem Lambertschen Kosinusgesetz strahlenden Oberfläche

Die Intensität an der Fläche dA beim Einheitsradius $r=1$ führt dann zu dem Lambertschen-Kosinusgesetz:

$$I = \frac{dq}{dA} = I_s \cos\theta. \tag{4.126}$$

Geht man von einer ideal diffusen Oberfläche mit einer isotropen Verteilung der Intensität I in alle Richtungen im Halbraum aus und setzt dies in Gl. (4.121) ein, so erhält man das Lambertsche Kosinusgesetz. Die Strahlungsstärken I als entsprechend lange Pfeile über einem Flächenelement eines solchen Strahlers aufgetragen kommen mit ihren Spitzen auf einer Kugel zu liegen, wie die Abb. 4.30 zeigt. Eine gute Näherung für einen Lambert-Strahler ist Papier. Kleine Lufteinschlüsse zwischen den Fasern bilden Streuzentren für das sichtbare Licht. Fehlen sie, zum Beispiel durch Tränken des Papiers mit Wasser, verliert Papier seine Reflexionseigenschaften und wird transparent.

Die Photographien 4.31 veranschaulichen die Aussage des Lambertschen Gesetzes an einem Experiment. Von links strahlt rotes Licht auf einen dünnen Papierstreifen, der senkrecht zur Bildebene steht. Im linken Bild trifft die Strahlung senkrecht auf den Streifen, im mittleren Bild im Winkel von ca. 45° auf den gedrehten Streifen. Im dritten Bild bestrahlt das Licht Transparentpapier im Winkel von $\theta=45°$. Die Streueigenschaften von Papier kommen denen einer Lambert-Fläche recht nahe. Die diffuse Rückstreuung ist in der Richtung senkrecht zum Papierstreifen am größten und unabhängig von der Einstrahlungsrichtung. Dies gilt auch für durchscheinende Streuscheiben, wie zum Beispiel mattes

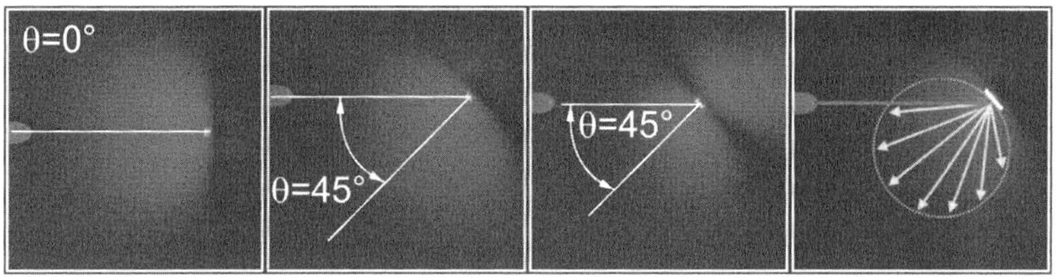

Abb. 4.31 Reflexionsverhalten eines dünnen, senkrecht zur Bildebene stehenden Papierstreifens (*links*); Einstrahlung auf Papier unter θ = 45° (2. von *links*). Bestrahlung eines Transparentpapier-Streifens (3. von *links*) unter θ = 45°. (*Rechts*) Schemaskizze einer kreisförmigen Kosinus-Abhängigkeit der Intensität vom Ausstrahlungswinkel für eine nichttransparente Lambertsche Fläche (Wikipedia 2011)

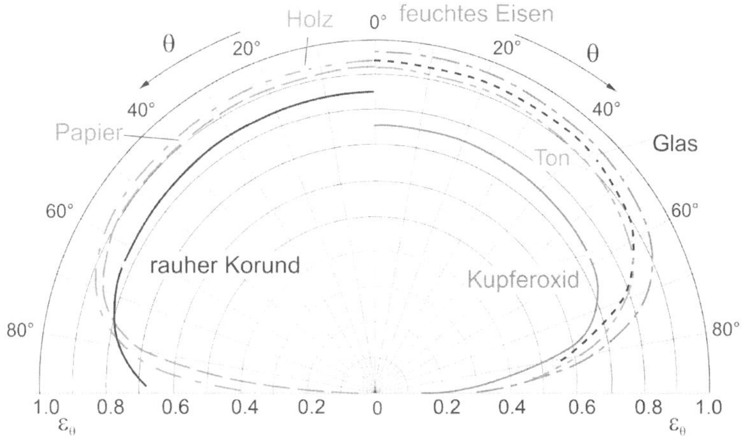

Abb. 4.32 Winkelabhängiger Emissionsgrad ε_θ als Funktion des Raumwinkels θ für verschiedene elektrisch nichtleitende Materialien nach (VDI 2005)

Milchglas und ansatzweise auch für Transparentpapier. Das vierte Teilbild zeigt schematisch die kreisförmige Kosinus-Abhängigkeit der Intensität vom Ausstrahlungswinkel für eine nichttransparente Lambertsche Fläche.

Im Regelfall ist die Strahlungsemission oder das Emissionsverhältnis richtungsabhängig. Die Abb. 4.32 zeigt den winkelabhängigen Emissionsgrad ε_θ als Funktion des Raumwinkels θ für verschiedene elektrisch nichtleitende Materialien. Die Abweichung des Emissionsverhaltens von dem eines Lambertschen Strahlers wird bei den Nichtleitern insbesondere im Bereich großer Abstrahlungswinkel θ deutlich. Wegen der vergleichsweise geringen Abstrahlungsleistung in diesem Winkelbereich bleibt die technische Auswirkung gering. Die Annahme von ideal diffus strahlenden Oberflächen ist daher bei elektrischen Nichtleitern einigermaßen gut erfüllt.

Die Abb. 4.33 illustriert den winkelabhängigen Emissionsgrad ε_θ als Funktion des Raumwinkels θ für verschiedene Metalle. Deutlich zu erkennen ist, dass metallisch blanke

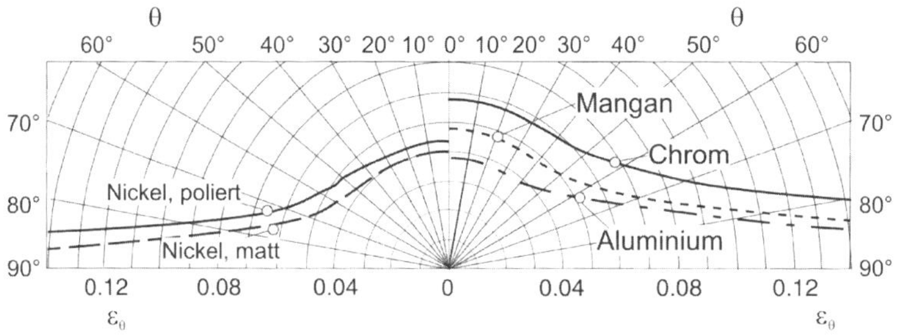

Abb. 4.33 Winkelabhängiger Emissionsgrad ε_θ als Funktion des Raumwinkels θ für verschiedene Metalle nach (VDI 2005)

Oberflächen weit entfernt von einem Lambertschen Strahler sind. Es ergibt sich eine deutliche Winkelabhängigkeit des Emissionsverhaltens.

Wenn aber eine Winkelabhängigkeit, wie in Abb. 4.33 beispielsweise für die Metallen zu sehen ist und zudem im betrachteten Bereich des Spektrums eine Wellenlängenabhängigkeit besteht, so muss zur Berechnung des Gesamtemissionskoeffizienten ε_m über alle Wellenlängen λ, den Polarwinkel φ und den Azimutwinkel θ der Halbkugel wie folgt integriert werden:

$$\varepsilon_m = \frac{\int\limits_{\lambda=0}^{\lambda\to\infty}\int\limits_{\varphi=0}^{\varphi=2\pi}\int\limits_{\theta=0}^{\theta=\pi/2} \varepsilon_\lambda(\cos\theta,\varphi) I_{\lambda,s}(\cos\theta,\varphi)\cos\theta d(\cos\theta) d\varphi d\lambda}{\int\limits_{\lambda=0}^{\lambda\to\infty}\int\limits_{\varphi=0}^{\varphi=2\pi}\int\limits_{\theta=0}^{\theta=\pi/2} I_{\lambda,s}(\cos\theta,\varphi)\cos\theta d(\cos\theta) d\varphi d\lambda}. \qquad (4.127)$$

Der mittlere Absorptionsgrad α_m kann ebenfalls von der Wellenlänge und den Raumwinkeln abhängen und kann folgendermaßen berechnet werden:

$$\alpha_m = \frac{\int\limits_{\lambda=0}^{\lambda\to\infty}\int\limits_{\varphi=0}^{\varphi=2\pi}\int\limits_{\theta=0}^{\theta=\pi/2} \alpha_\lambda(\cos\theta,\varphi) I_{\lambda,s}(\cos\theta,\varphi)\cos\theta d(\cos\theta) d\varphi d\lambda}{\int\limits_{\lambda=0}^{\lambda\to\infty}\int\limits_{\varphi=0}^{\varphi=2\pi}\int\limits_{\theta=0}^{\theta=\pi/2} I_{i,\lambda}(\cos\theta,\varphi)\cos\theta d(\cos\theta) d\varphi d\lambda}. \qquad (4.128)$$

Das Kirchhoffsche Gesetz gilt dort nicht.

Während die Strahlungsemission ($I_{\lambda,S}$) eine Funktion der Oberfläche ist, muss bei der Berechnung der Absorption und der Integration die Intensität der auftreffenden Strahlung ($I_{i,\lambda}$) eingesetzt werden, da diese nicht nur eine Funktion der Oberfläche ist.

Die Reflexion ist eine Funktion von beiden. Die Transparenz eines Körpers wird zum einen durch Oberflächeneffekte und zum andern durch die Absorption in der Tiefe des Körpers bestimmt. Die Oberflächeneffekte sind eine Funktion von der Intensität

Tab. 4.12 Typische Emissionskoeffizienten von Strukturwerkstoffen in Abhängigkeit von der Temperatur aus (VDI 2005)

Oberfläche	*T* (°K)	ε_n	ε
1. Metalle			
Aluminium, hochglanzpoliert	500–850	0.039–0.057	
-, oxidiert bei 872 K	472–872	0.11–0.19	
Aluminiumoxid	550–1100	0.63–0.26	
Kupfer, poliert	293	0.03	
-, schwarz oxidiert	293	0.78	
Eisen und Stahl, hochglanzpoliert	450–500	0.052–0.064	
Eisenblech, Walzhaut	294	0.657	
Gips	294	0.8–0.9	
Keramik, feuerfest, weißes Al_2O_3	366		0.9
Kohlenstoff, nicht oxidiert	298–773		0.81–0.79
Ölfarbe, schwarz	366		0.92
Lack, weiß	373	0.925	

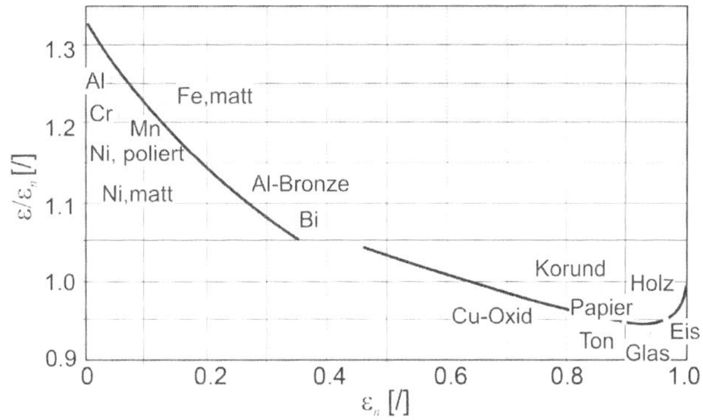

Abb. 4.34 Verhältnis $\varepsilon/\varepsilon_n$ der Gesamtstrahlung zur Strahlung in Richtung der Flächennormalen in Abhängigkeit von ε_n für schlechte elektrische Leiter (*rechte Kurve*) und für Metalle (*linke Kurve*). Die eingetragenen Punkte sind Messwerte

und der Polarisation der ankommenden Strahlung und hängen vom Brechungsindex des Materials ab. Die Tab. 4.12 listet einige Beispiele der Emissionskoeffizienten technischer Oberflächen jeweils mit entsprechenden Temperaturangaben auf. Oft wird auch bei der Angabe des Emissionskoeffizienten das Verhältnis $\varepsilon/\varepsilon_n$ der Gesamtstrahlung zur Strahlung in Richtung der Flächennormalen ε_n angegeben. Ein solches Beispiel zeigt die Abb. 4.34.

Für die Oberfläche eines Absorbers sind solche Materialien auszuwählen, die im Wellenlängenbereich des Sonnenspektrums einen hohen Absorptionskoeffizienten aufweisen. Wesentlich für die Gesamtbilanz eines Solarkollektors ist damit die Abhängigkeit des Absorptionskoeffizienten vom Winkel θ, unter dem die solare Einstrahlung auf die Absorber-

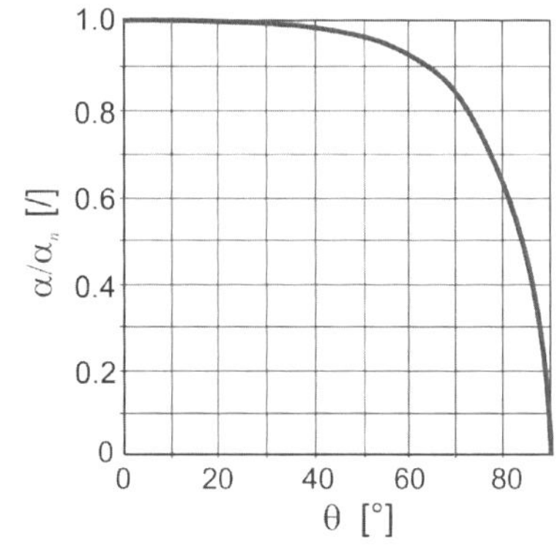

Abb. 4.35 Verhältnis des Absorptionskoeffizienten α zum Absorptionskoeffizienten α_n bei Auftreffen aus der Richtung der Flächennormalen gegenüber Solarstrahlung auf einen schwarzen Absorber als Funktion des Auftreffwinkels θ (Duffie und Beckman 1991)

fläche trifft. Deutlich zu sehen ist, dass bei Auftreffwinkeln größer als 60°, die einen tiefen Sonnenstand bedeuten, die Absorption signifikant abnimmt. Die Abb. 4.35 zeigt diese Abhängigkeit als Funktion des Auftreffwinkels auf einen schwarzen Absorber.

4.4.4 Strahlungsaustausch zwischen grauen, diffus strahlenden unendlichen Flächen

Für die Berechnung der Wärmeübertragung durch Strahlungsaustausch im Bereich der Solarenergie genügt es häufig von grauen Strahlern auszugehen und für die emittierte Strahlung eine Kosinusverteilung anzunehmen. Ebenso wird vorausgesetzt, dass die reflektierte Strahlung die Oberfläche in einer durch das Kosinusgesetz vorgegebenen räumlichen Verteilung verlässt.

Betrachtet man zwei ebene, graue, gleich große parallele Platten 1 und 2, so werden beide eine Wärmestrahlung entsprechend ihrer Temperatur nach Gl. (4.104) und entsprechend ihres Emissionsgrades ε emittieren. Die von der Platte 1 ausgehende Strahlung wird an der Platte 2 zum Teil absorbiert und zum andern Teil reflektiert. Hierbei ist im einfachsten Fall die Intensität des reflektierten Strahls um den Reflexionskoeffizienten $\rho_2 = (1-\varepsilon_2)$ geringer. Der reflektierte Strahlungsanteil trifft wiederum auf die Platte 1, wo er seinerseits teilweise absorbiert und reflektiert wird. Mit jeder weiteren Reflexion wird wieder ein weiterer Strahlungsanteil absorbiert. Die Strahlungsenergie nimmt in der Folge jeweils um $(1-\varepsilon)$ ab. Die Abb. 4.36 skizziert dies schematisch.

Die Summe aller absorbierten Strahlungsanteile ergibt eine geometrische Reihe, mit der sich der folgende Ausdruck für den Strahlungsaustausch $\dot{Q}_{12}$ zwischen den beiden Platten ergibt:

$$\dot{Q}_{12} = \sum_{k=1}^{k\to\infty} \varepsilon_1 \cdot \varepsilon_2 \cdot (1-\varepsilon_1)^k \cdot (1-\varepsilon_2)^k \cdot \sigma \cdot T_1^4. \tag{4.129}$$

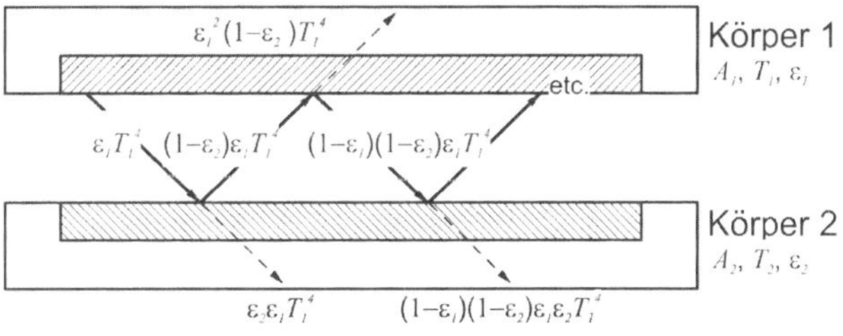

Abb. 4.36 Schemaskizze zur Darstellung des Strahlungsaustausches zwischen zwei ebenen, parallelen, grauen Platten

Sind die Flächen der beiden Platten gleich groß und ist die Längenabmessung (L) erheblich größer als die Spaltweite liefert die Summation der Gl. (4.129) folgendes Ergebnis:

$$\dot{Q}_{12} = A \cdot \sigma \cdot T_1^4 \cdot \frac{1}{\dfrac{1}{\varepsilon_1} + \dfrac{1}{\varepsilon_2} - 1}. \tag{4.130}$$

Umgekehrt gibt es einen Strahlungsfluss vom Körper 2 auf den Körper 1 mit dem Ergebnis:

$$\dot{Q}_{21} = A \cdot \sigma \cdot T_2^4 \cdot \frac{1}{\dfrac{1}{\varepsilon_1} + \dfrac{1}{\varepsilon_2} - 1}. \tag{4.131}$$

Die Netto-Strahlungsbilanz ist die Differenz der von beiden Oberflächen absorbierten Strahlungsintensitäten:

$$\dot{Q}_{21} = A \cdot \sigma \cdot \left(T_1^4 - T_2^4\right) \cdot \frac{1}{\dfrac{1}{\varepsilon_1} + \dfrac{1}{\varepsilon_2} - 1}. \tag{4.132}$$

Durch Division mit der Fläche A ergibt sich der Strahlungsaustausch pro Einheitsfläche in folgender Weise:

$$\dot{q}_{12} = \sigma \cdot \frac{\left(T_1^4 - T_2^4\right)}{\dfrac{1}{\varepsilon_1} + \dfrac{1}{\varepsilon_2} - 1}. \tag{4.133}$$

Beim Strahlungsaustausch zwischen zwei konzentrischen Rohren sind die Austauschflächen unterschiedlich groß, so dass noch ein Geometriefaktor hinzukommt, wenn die axiale Erstreckung der Rohre sehr viel größer als der Spalt zwischen den Rohren ist. Damit wird alle emittierte Strahlung vom Rohr 1 auf das Rohr 2 übertragen und umgekehrt. Hierzu nimmt man an, dass die Fläche des Innenrohres A_1 sei und A_2 die des Mantelrohres ist. In diesem einfachen Fall kann man den Wärmestrom $\dot{q}_{12}$ vom Innenrohr A_1 zum Außenrohr mit der nachstehenden Gleichung angeben, worin der Wärmestrom $\dot{q}_{12}$ auf die Fläche des Innenrohres mit A_1 bezogen wird.

$$\dot{q}_{12} = \frac{\sigma\left(T_1^4 - T_2^4\right)}{\dfrac{1}{\varepsilon_1} + \dfrac{A_1}{A_2}\left(\dfrac{1}{\varepsilon_2} - 1\right)}. \tag{4.134}$$

4.4.5 Strahlungsaustausch zwischen schwarz strahlenden, endlich großen Flächen

Im Normalfall befindet sich ein wärmeemittierender Körper nicht im Halbraum, vielmehr befindet er sich in einer endlichen Umgebung. Wie groß ist nun der Strahlungsaustausch zwischen zwei endlich großen Körpern?

Als ersten Schritt betrachtet man zunächst erneut die Abb. 4.28. Gemäß dieses Bildes beträgt der Wärmestrom, der die Fläche A vom Strahler A_0 erreicht $I \cdot dA = \sigma \cdot T_0^{\,4} \cdot \cos\theta \; dA$. Das Flächenelement dA auf der Halbkugel wird gebildet durch:

$$dA = r \cdot d\varphi \cdot r \cdot \sin\theta \cdot d\theta. \tag{4.135}$$

Man nennt die Winkelgröße $d\varphi \; \sin\theta \; d\theta$ den Raumwinkel und mittels mathematischer Umformungen erhält man den Raumwinkel $d\Omega$

$$d\Omega = \sin\theta \cdot d\theta \cdot d\varphi = \frac{dA}{r^2}, \tag{4.136}$$

der als Steradiant (1 sr = m^2/m^2, engl. Solid angle) bezeichnet wird. Wie aus der Abb. 4.28 auch ersichtlich wird, ergibt sich die Projektion des Flächenelementes dA auf die x-y-Ebene zu $dA' = \cos\theta \; dA$. Die Integration aller Flächenelemente dA von $\theta = 0$ bis $\pi/2$ und von $\varphi = 0$ bis 2π liefert die Fläche der Halbkugel. Damit ergibt sich der gesamte von der Fläche dA_0 emittierte Wärmestrom $d\dot{q}_{A0}$ zu:

$$d\dot{q}_{A0} = \int\limits_{\varphi=0}^{\varphi=2\pi} \int\limits_{\theta=0}^{\theta=\pi/2} \sigma \cdot T_0^4 \cdot \cos\theta \cdot r^2 \sin\theta \cdot d\theta \cdot d\varphi = \sigma \cdot T_0^4 \cdot \underbrace{\pi \cdot r^2}_{\substack{\text{Fläche der} \\ \text{Halbkugel}}}. \tag{4.137}$$

Der Wärmestrom, der das Flächenelement dA erreicht, wird nun durch den gesamten vom Element dA_0 emittierten Wärmestrom dividiert. Dieses dimensionslose Verhältnis, das nur noch von der Geometrie abhängt ist, heißt Sichtfaktor $F_{dA0 \to dA}$ (engl. „view factor" oder „angle factor") und es ergibt sich:

$$F_{dA0 \to dA} = \frac{\cos\theta}{\pi \cdot r^2} \cdot dA. \tag{4.138}$$

Damit lässt sich der Wärmestrom von dA_0 nach dA berechnen und man erhält:

$$d\dot{q}_{dA0 \to dA} = \sigma \cdot T_0^4 \cdot F_{dA0 \to dA} \cdot dA_0. \tag{4.139}$$

Im betrachteten Fall stand die Fläche dA senkrecht auf der Sichtlinienverbindung von dA_0 und dA. Die Abb. 4.37 zeigt den allgemeineren Fall. Wenn dA_1 den Raumwinkel dA_0-dA-dA_1 bezeichnet, muss in der Gl. (4.138) das Flächenelement dA durch $\cos\beta \; dA_1$

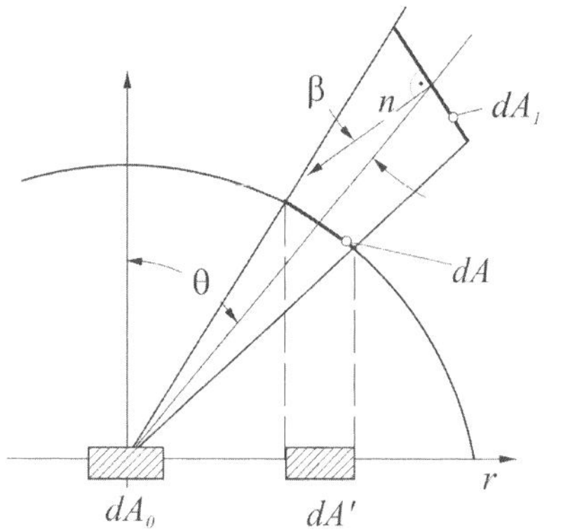

Abb. 4.37 Schemaskizze zur Berechnung des Raumwinkels $d\Omega$ ausgehend von der emittierenden Fläche dA_0 nach dA und nach dA_1

ersetzt werden, was als 2. Lambertsches Gesetz bezeichnet wird. Der Sichtfaktor $F_{dA0 \to dA1}$ ergibt zu:

$$F_{dA0 \to dA1} = \frac{\cos\theta \cdot \cos\beta}{\pi \cdot r^2} \cdot dA_1, \tag{4.140}$$

und entsprechend beträgt der Wärmestrom von dA_0 nach dA_1:

$$d\dot{q}_{dA0 \to dA1} = \sigma \cdot T_0^4 \cdot F_{dA0 \to dA1} \cdot dA_0. \tag{4.141}$$

Aus der Abb. 4.37 wird ersichtlich, dass der Sichtfaktor das Verhältnis der von dA (bzw. dA_1) erst auf die Kugeloberfläche und dann auf den Basiskreis projizierten Fläche dA' zur Fläche des Basiskreises darstellt. Damit ergibt sich für den Sichtfaktor folgende wichtige Relation:

$$F_{dA0 \to dA} = F_{dA0 \to dA1} = \frac{dA'}{\pi \cdot r^2}. \tag{4.142}$$

Der Sichtfaktor vom Flächenelement dA_0 nach dA entspricht dem Sichtfaktor von dA_0 nach dA_1, wobei der Radius der Halbkugel beliebig ist.

Häufig kann jedoch nicht davon ausgegangen werden, dass alle Strahlung, die von einer der beiden Flächen ausgeht, die jeweils andere Fläche erreicht. Um den Anteil, der beispielsweise von A_1 auf A_2 trifft, zu ermitteln, benötigt man den Sichtfaktor. Hierbei muss betont werden, dass nur die Annahme eines grauen oder schwarzen Strahlers den Strahlungswärmeaustausch zwischen beliebig ausgerichteten Flächen auf ein geometrisches Problem reduziert. Dies trifft unter anderem bei diffusen Oberflächen zu.

Selbst für diesen vereinfachten Fall eines grauen diffusen Strahlers ist eine detaillierte Berechnung der Sichtfaktoren unerlässlich. Hierzu sollen zwei Flächen dA_1 und dA_2 betrachtet werden, die den Abstand r_{12} voneinander haben, wie in der Abb. 4.38a skizziert.

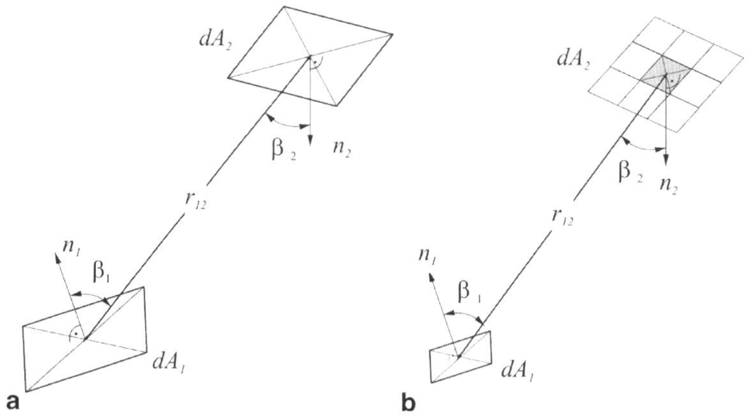

Abb. 4.38 **a** Schemaskizze zur Ableitung der Sichtfaktoren $F_{1\to 2}$ und $F_{2\to 1}$ zweier beliebig im Raum orientierter Flächen dA_1 und dA_2. **b** Die Fläche A_2 bestehe aus mehreren Einzelflächen dA_2

Die Normalen auf die Flächen A_1 und A_2 schließen mit der Sichtverbindung r_{12} die Winkel β_1 und β_2 ein. Die beiden Sichtfaktoren von Fläche 1 nach 2 $F_{1\to 2}$ und umgekehrt $F_{2\to 1}$ ergeben sich in einem solchen Fall zu:

$$F_{dA1\to dA2} = \frac{\cos\beta_1 \cdot \cos\beta_2}{\pi \cdot r_{12}^2} \cdot dA_2 \quad \text{und} \quad F_{dA2\to dA1} = \frac{\cos\beta_2 \cdot \cos\beta_1}{\pi \cdot r_{12}^2} \cdot dA_1. \tag{4.143}$$

Sofern die Fläche A_2 aus mehreren Einzelflächen dA_2(vergl. Abb. 4.38b) besteht, muss zur Ermittlung des Sichtfaktors $F_{1\to 2}$ über die gesamte Fläche A_2 integriert werden, womit sich für den Sichtfaktor folgender Zusammenhang ermitteln lässt:

$$F_{dA1\to dA2} = \int_{A2} dF_{dA1\to dA2} = \int_{A2} \frac{\cos\beta_1 \cdot \cos\beta_2}{\pi \cdot r_{12}^2} \cdot dA_2. \tag{4.144}$$

Ist wie im Realfall üblich auch die Fläche A_1 endlich, so muss Mittelwert über die Fläche A_1 ermittelt werden. Daraus folgt:

$$F_{A1\to A2} = F_{12} = \frac{1}{A_1} \cdot \int_{A1} F_{dA1\to dA2} \cdot dA_1 = \frac{1}{A_1} \cdot \int_{A1} \left(\int_{A2} \frac{\cos\beta_1 \cdot \cos\beta_2}{\pi \cdot r_{12}^2} \cdot dA_2 \right) \cdot dA_1. \tag{4.145}$$

Der emittierte Strahlungswärmestrom der schwarzen Fläche A_1 mit der Temperatur T_1, der die Fläche A_2 erreicht, ergibt sich zu:

$$\dot{Q}_{1\to 2} = \sigma \cdot T_1^4 \cdot F_{12} \cdot A_1. \tag{4.146}$$

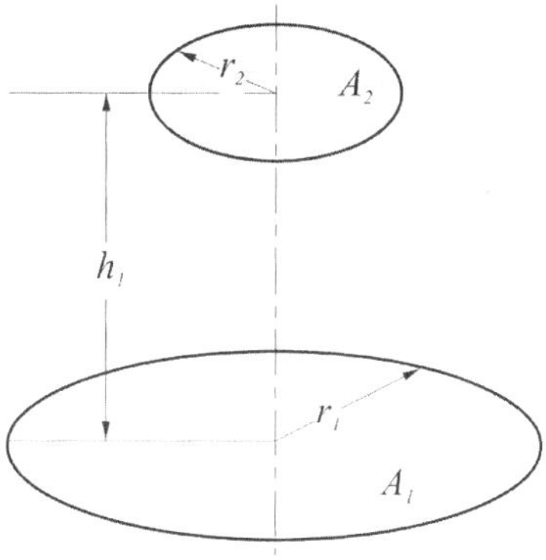

Abb. 4.39 Schemaskizzen zur Berechnung der Sichtfaktoren bei Betrachtung des Strahlungsaustauschs zwischen zwei parallelen Kreisscheiben

Umgekehrt erreicht A_1 von der Fläche A_2 der Wärmestrom:

$$\dot{Q}_{2\to 1} = \sigma \cdot T_2^4 \cdot F_{21} \cdot A_2. \tag{4.147}$$

Sofern keine anderen Wärmeprozesse auftreten, müssen im thermodynamischen Gleichgewicht beide Wärmeströme gleich sein. Das aus der Energieerhaltung folgende Gesetz heißt Reziprozitätsgesetz und lautet zwischen beliebigen Flächen:

$$A_i \cdot F_{ij} = A_j \cdot F_{ji}. \tag{4.148}$$

Da eine Fläche nur 100 % der empfangenen Leistung emittieren kann, muss die Summe der Sichtfaktoren von der Fläche *i* zu allen anderen Flächen *j* eins sein. Es ergibt sich das Summengesetz, das in seiner allgemeinen Form lautet:

$$\sum_j F_{i\to j} = 1. \tag{4.149}$$

Oft werden in technischen Zusammenhängen auch Strahlungsaustauschfaktoren R_{ij} angegeben, die sich aus dem Produkt A_i und F_{ij} in folgender Weise ergeben:

$$R_{ij} = A_i \cdot F_{ij}. \tag{4.150}$$

Zur technischen Berechnung des Sichtfaktors gibt es in zahllosen ingenieurtechnischen Nachschlagewerken Sammlungen, wie beispielsweise (VDI 2005).

Als einfachstes Beispiel eines Strahlungsaustausches zwischen endlichen Flächen soll dennoch das Beispiel des Sichtfaktors für zwei konzentrische Kreisscheiben betrachtet werden, wie es die Abb. 4.39 dargestellt, um den Berechnungsablaufs einer derartigen Berechnung zu skizzieren. Mit den in Abb. 4.39 angegebenen Koordinatenbezeichnungen erhält man:

$$x = \frac{r_1}{h}; y = \frac{r_2}{h} \to z = 1 + \frac{1+y^2}{x^2} \to F_{1\to 2} = \frac{1}{2}\left[z - \sqrt{z^2 - \left(2\frac{y}{x}\right)^2}\right].$$

Es sollen nun die Strahlungsaustauschfaktoren und Temperaturen des in Abb. 4.40 dargestellten Hohlzylinders, dessen Innenflächen schwarz sein sollen, berechnet werden. Seine

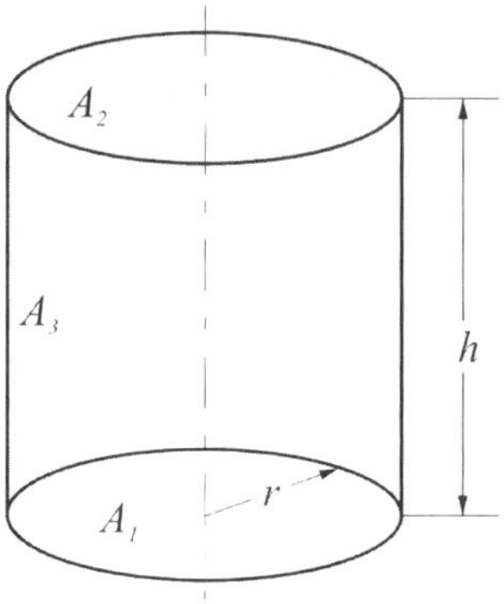

Abb. 4.40 Schemaskizzen zur Ermittlung der Sichtfaktoren in einem geschlossenen Zylinder

Abmessungen seien $r=0.1$ m und seine Höhe betrage $h=0.25$ m. Der Zylinder soll nach außen isolierend sein und es soll keine Wärmeleitung auftreten.

Zuerst müssen die Flächen A_i und die Strahlungsaustauschfaktoren F_{ij} berechnet werden.

- Flächen: Die Flächen des betrachteten Zylinders betragen

$$A_1 = A_2 = \pi \cdot r^2 = 0.031416\, m^2 \quad \text{und} \quad A_3 = 2 \cdot \pi \cdot r \cdot h = 0.15708\, m^2.$$

- Sichtfaktoren: Bei $n=3$ Flächen gibt es $n^2=9$ Sichtfaktoren. Da die Grund und Deckflächen eben sein sollen, können sie sich selbst nicht sehen. Es ergibt sich $F_{11}=F_{22}=0$. Der Sichtfaktor von 1 nach 2 ergibt sich mit $x=0.4$, $y=0.4$ und $z=8.25$ zu $F_{12}=0.123$. Da Symmetrie gilt, ist unmittelbar $F_{12}=F_{21}=0.123$. Der Sichtfaktor F_{31} ergibt sich aus dem Summengesetz, nach dem $F_{11}+F_{12}+F_{13}=1$ sein muss zu $F_{13}=0.877$.
- Auch jetzt ist die Symmetrie anwendbar und es ist $F_{23}=F_{13}=0.877$.
- Die Symmetrie erfordert auch $F_{31}=F_{32}$. Mit Hilfe des Reziprozitätsgesetzes lässt sich jetzt F_{31} ermitteln. Es gilt $A_1 \cdot F_{13}=A_3 \cdot F_{31}$:

$$F_{31} = \frac{A_1}{A_3} \cdot F_{13} = \frac{\pi \cdot r^2}{2 \cdot \pi \cdot r \cdot h} \cdot F_{13} = 0.1754 = F_{32}.$$

- Der Innenmantel des Zylinders sieht sich selbst, damit ist F_{33} nicht (!) null. Jetzt wird das Summengesetz angewendet und es liefert $F_{31}+F_{32}+F_{33}=1$ und damit ist $F_{33}=0.6942$. Damit ist die Sichtfaktormatrix vollständig und sie ergibt sich zu:

$$F_{ij} = \begin{bmatrix} 0 & 0.123 & 0.877 \\ 0.123 & 0 & 0.877 \\ 0.1754 & 0.1754 & 0.6942 \end{bmatrix}.$$

- und entsprechend erhält man für die Strahlungsaustauschfaktoren:

$$R_{ij} = A_i \cdot F_{ij} = \begin{bmatrix} 0 & 0.03864 & 0.02755 \\ 0.03864 & 0 & 0.02755 \\ 0.02755 & 0.02755 & 0.101945 \end{bmatrix}.$$

Die Strahlungsaustauschfaktor-Matrix muss immer symmetrisch sein, sonst liegt ein Rechenfehler vor. Dies ist ein wichtiger Prüfmechanismus für komplexe technische Berechnungen in schwierigen Geometrien. Die Ermittlung der Strahlungsaustauschfaktoren und deren Symmetrieverhalten gelten auch für graue Körper.

Im Weiteren wird angenommen, dass alle drei Flächen voneinander isoliert sind. Die Fläche 1 sei auf $T_1 = 550$ K und die Fläche 2 auf $T_2 = 300$ K. Die Temperatur der Mantelfläche für $t \to \infty$ ergibt sich aus der Wärmebilanz. Es ist dann:

$$\sigma \cdot [R_{31} \cdot (T_1^4 - T_3^4) + R_{32} \cdot (T_2^4 - T_3^4)] = 0.$$

Hieraus ergibt sich nach Auflösen:

$$T_3^4 = \frac{R_{31} \cdot T_1^4 + R_{32} \cdot T_2^4}{R_{31} + R_{32}} = \frac{T_1^4 + T_2^4}{2} \rightarrow T_3 = 472.4\ K$$

Bemerkenswert ist, dass ohne den Einfluss der Konvektion die Temperatur T_3 annähernd auf dem Niveau der heißen Fläche F_1 ist.

4.4.6 Strahlungsaustausch zwischen grau strahlenden, endlich großen Flächen

In den vorangegangenen Abschnitten sind Grenzfälle eines schwarzen Strahlers bzw. eines Hohlraumes betrachtet worden, die in der Realität nur selten auftreten. Es sollen jetzt N Flächen der Größe A_i betrachtet werden, die grau Wärme emittieren, das heißt für die gilt: $\varepsilon_i = \alpha_i$ und $\rho_i = (1 - \alpha_i)$ mit ρ_i dem Reflexionskoeffizienten der Fläche A_i.

In einem solchen Fall müssen alle Absorptionen und Reflexionen unter den N Flächen berücksichtigt werden. Die Abb. 4.41 skizziert dies anhand dreier Flächen i, j und k. Hierzu werden Absorptionsfaktoren definiert. Ein Absorptionsfaktor B_{ij} ist der Quotient aus dem Anteil der Strahlung, der von der Fläche i emittiert wird und nach allen möglichen Reflektionen von der Fläche j absorbiert wird, und der gesamten von der Fläche i emittierten Strahlung. Der gesamte Wärmestrom der Fläche i beträgt $(\varepsilon_i \cdot \sigma \cdot T_i^4)$, aber zur Fläche j gelangt nur $(\varepsilon_i \cdot \sigma \cdot T_i^4 \cdot F_{ij})$ mit F_{ij} dem dimensionslosen Sichtfaktor. Die Fläche j absorbiert also den Anteil $(\alpha_j \cdot F_{ij})$. Dieser Anteil wird primärer Austausch genannt. Von den Emissionen der Fläche i zur Fläche k wird $(\alpha_k \cdot F_{ik})$ von k absorbiert, davon reflektiert die Fläche k erneut $(\rho_k \cdot F_{ik})$, der von der Fläche j $(\rho_k \cdot F_{ik} \cdot B_{kj})$ absorbiert wird. Dieser Anteil, der von

Abb. 4.41 Schemaskizze zum direkten und reflektierten Strahlengang von Körper *i* nach Körper *j*

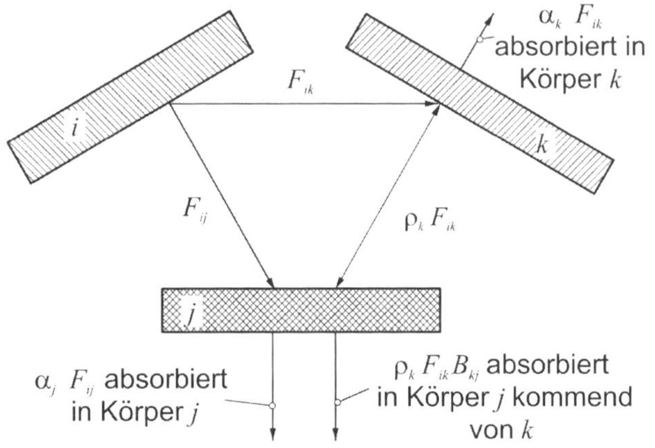

i kommt muss über alle Flächen verfolgt werden und somit lassen sich die Absorptionsfaktoren mathematisch in folgender Weise darstellen.

$$B_{ij} = \alpha_j \cdot F_{ij} + \sum_k \rho_k \cdot F_{ik} \cdot B_{kj}. \tag{4.151}$$

Da $B_{ij} \leq 1$ sein muss, kann die Gl. (4.151) iterativ gelöst werden, das heißt, man beginnt mit $B_{ij}^{(0)} = 0$ und erhält $B_{ij}^{(1)} = \alpha_j \cdot F_{ij}$ als erste Näherung. Die Rechnung wird solange wiederholt, bis die relative Änderung der Absorptionsfaktoren einen vorgegebenen Grenzwert unterschreitet.

Eine andere Möglichkeit besteht darin, $B_{ij} = \delta_{ik} \cdot B_{kj}$ zu setzen, wobei δ_{ik} der Kronecker Tensor ist. Das erlaubt, die Gl. (4.151) in eine Matrixgleichung umzuformen, die

$$\sum_k (\delta_{ij} - \rho_k \cdot F_{ik}) \cdot B_{kj} = \alpha_j \cdot F_{ij}, \tag{4.152}$$

lautet. Die Strahlungsaustauschfaktoren R_{ij} ergeben sich danach aus:

$$R_{ij} = \varepsilon_i \cdot A_i \cdot B_{ij}. \tag{4.153}$$

Es ist offensichtlich, dass für alle $\varepsilon_i = \alpha_i = 1$ und damit wegfallender Reflexion ($\rho_i = 0$) sofort gilt: $B_{ij} = F_{ij}$. und damit die Ergebnisse für den schwarzen Strahler erhalten werden. Aber im Falle der grauen Strahler ergeben sich erweiterte Reziprozitäts- und Summengesetze. Zusammengefasst stellt der Gleichungssatz (4.154) alle Beziehungen dar.

$$\begin{gathered} A_i \cdot F_{ij} = A_j \cdot F_{ji}; \\ \varepsilon_i \cdot A_i \cdot B_{ij} = \varepsilon_j \cdot A_j \cdot B_{ji}; \\ R_{ij} = R_{ji} \quad \text{und} \\ \sum_j F_{ij} = 1; \sum_j B_{ij} = 1 \quad \text{und} \quad \sum_j R_{ij} = \varepsilon_i \cdot A_i. \end{gathered} \tag{4.154}$$

Der Berechnungsablauf erfolgt prinzipiell analog zum Schema im vorangegangenen Abschnitt; es müssen jetzt aber vor Berechnung der Strahlungsaustauschfaktoren R_{ij} die Absorptionsfaktoren B_{ij} (, die ein Tensor sind,) ermittelt werden.

Man kann mit diesem Ansatz nochmals die Gültigkeit der Gleichungen für einen Hohlraum zwischen zwei Flächen betrachten, wobei eine Fläche die andere umschließt. Darin ist der Sichtfaktor $F_{11}=0$ (, ein Rohr sieht sich nicht selbst) und der Sichtfaktor von der Fläche 1 auf die Fläche 2 nimmt den Wert eins an ($F_{12}=1$). Gemäß des Reziprozitätsgesetzes (Gl. 4.148) ergibt sich für den Sichtfaktor $F_{21}=(A_1/A_2)$ und das Summengesetz liefert $F_{12}=1-(A_1/A_2)$. Die Anwendung der Gl. (4.151) für die Absorptionsfaktoren B_{12} und B_{21} ergibt:

$$\begin{aligned} B_{12} &= \alpha_2 \cdot F_{12} + \rho_2 \cdot F_{12} \cdot B_{22}; \\ B_{22} &= \alpha_2 \cdot F_{22} + \rho_2 \cdot F_{22} \cdot B_{22} + \rho_1 \cdot F_{21} \cdot B_{12}. \end{aligned} \tag{4.155}$$

Die Lösung hierfür lautet:

$$\left. \begin{aligned} B_{12} &= \frac{\varepsilon_2 \cdot A_2}{\varepsilon_1 \cdot A_1 + \varepsilon_2 \cdot A_2 + \varepsilon_1 \cdot \varepsilon_2 \cdot A_2}; \\ B_{22} &= \frac{\varepsilon_1 \cdot \varepsilon_2 \cdot A_2 - \varepsilon_2 \cdot A_2}{\varepsilon_1 \cdot \varepsilon_2 \cdot A_1 - \varepsilon_1 \cdot A_1 - \varepsilon_2 \cdot A_2}. \end{aligned} \right. , \tag{4.156}$$

woraus sich die Strahlungsaustauschkoeffizienten R_{12} und R_{21} wie folgt

$$R_{12} = R_{21} = \frac{A_1}{\dfrac{1}{\varepsilon_1} + \dfrac{A_1}{A_2} \cdot \left(\dfrac{1}{\varepsilon_2} - 1 \right)}, \tag{4.157}$$

ergeben. Dies entspricht dem Gleichungszusammenhang (4.134) der beiden Rohre.

Die im vorangegangenen Abschnitt durchgeführte Rechnung für einen schwarzen Zylinder soll nun für einen grauen Zylinder bei gleicher Geometrie und gleichen Abmessungen wiederholt werden (vergl. Abb. 4.40). Es soll nun lediglich für die Zylinderflächen gelten: $\varepsilon_1=1$, $\varepsilon_2=0.1$ und $\varepsilon_3=0.75$. Der Ablauf erfolgt analog zu Kap. 4.4.5 mit der Berechnung:

- der Flächen A_i (bleibt unverändert),
- der Sichtfaktoren F_{ij} (bleibt unverändert),
- jetzt wird eine Ermittlung der Absorptionsfaktoren B_{ij} erforderlich. Die Lösung der Gl. (4.152 und 4.154) liefert.

$$B_{ij} = \begin{bmatrix} 0.0727 & 0.176 & 0.90968 \\ 0.1762 & 0.00479 & 0.8190 \\ 0.2426 & 0.0218454 & 0.7356 \end{bmatrix}.$$

- Damit ergeben sich folgende Strahlungsaustauschfaktoren

$$R_{ij} = \begin{bmatrix} 0.00228 & 0.00554 & 0.028578 \\ 0.00554 & 0.000015 & 0.002573 \\ 0.028578 & 0.002573 & 0.08666 \end{bmatrix}.$$

Wenn die Temperaturen der Fläche 1 weiterhin $T_1 = 550$ K und die der Fläche 2 $T_2 = 300$ K betragen, so ergibt sich nun für die Temperatur der Mantelfläche für $t \to \infty$ aus der Wärmebilanz zu $T_3 = 539.34$ K und somit ca. 69 °C mehr (!!!) als beim Fall der Annahme des schwarzen Strahlers.

Wenn eine Fläche A_1 von einer sehr großen Fläche A_2 umschlossen wird, strebt der Sichtfaktor $F_{12} \to 1$. Die Fläche A_2 aber sieht die Fläche A_1 kaum und empfängt daher von ihr so gut wie keine Wärmestrahlung; damit ergibt sich $F_{21} \to 0$. In diesem Sonderfall ist der Strahlungsaustausch unabhängig von der Oberflächenbeschaffenheit der großen Fläche A_2 und es ergibt sich:

$$\dot{Q}_{1\to 2} = \varepsilon_1 \cdot A_1 \cdot \sigma \cdot (T_2^4 - T_1^4). \tag{4.158}$$

Mit anderen Worten die große Fläche A_2 verhält sich wie ein schwarzer Körper. Dieser Sonderfall entspricht der Situation Kollektor/Himmel. Der Strahlungsaustausch eines Kollektors mit der Fläche $A_K = A_1$ dem Emissionsgrad $\varepsilon_K = \varepsilon_1$ und der Temperatur T_K mit dem Himmel der Temperatur T_H ist damit durch:

$$\dot{Q} = \varepsilon_K A_K \sigma (T_K^4 - T_H^4), \tag{4.159}$$

gegeben. Die Atmosphäre ist jedoch kein schwarzer Körper, denn bei Wellenlängen zwischen 8 und 14 µm ist sie nahezu transparent (vergl. Kap. 2). Bei klarem Himmel liegt die scheinbare Strahlungstemperatur T_H um einige Grad unter der fühlbaren Temperatur der Luft. Bei starker Bewölkung bestimmen die Wolken die Strahlungstemperatur, die dann nur wenig von der Lufttemperatur abweicht. Für die Strahlungstemperatur bei klarem Himmel gibt es mehrere Vorschläge. Duffie und Beckman übernehmen die Beziehung von Berdahl und Martin (Berdahl und Martin 1984) mit:

$$T_H = T_{Luft}[0.711 + 0.0056 \cdot T_{TP} + 0.00004 T_{TP}^2 + 0.013 \cos(15 \cdot t)]^{1/4}, \tag{4.160}$$

worin T_H die Strahlungstemperatur des Himmels in Kelvin ist, T_{Luft} die Lufttemperatur in (K), T_{TP} die Temperatur des Taupunktes in °C und t die Stundenzahl nach Mitternacht. Die Beziehung ist aus Messdaten bei Temperaturen von −20° bis +30 °C abgeleitet. Die Abweichungen der Strahlungstemperaturen des Himmels zur Lufttemperaturen können in heißem und feuchtem Klima 5 °C und unter kalten und trockenen Bedingungen bis zu 30 °C betragen.

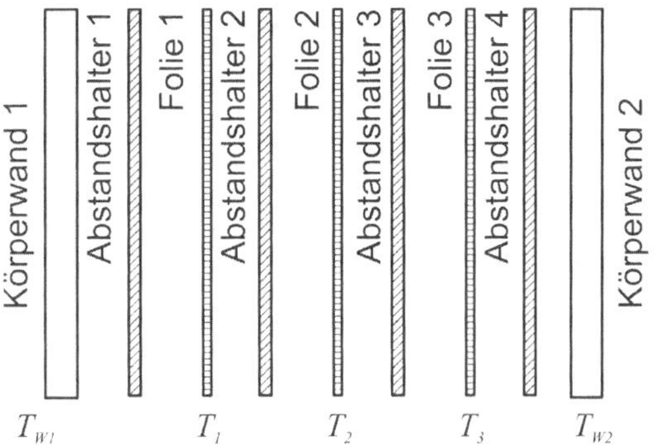

Abb. 4.42 Schemaskizze zur Berechnung der Isolationswirkung in einer Multi-Layer Isolation mit drei Folien und vier Abstandshaltern

Das folgende Beispiel soll die Wirkungsweise eines Strahlungsschutzschirmes demonstrieren. Ordnet man mehrere solcher Schirme, die technisch als zum Beispiel dünne Aluminium- oder Stahlfolien ausgeführt sind, hintereinander an, so spricht man von einer Multi-Layer-Isolation oder kurz MLI. Die Abb. 4.42 skizziert dies schematisch. Zwischen zwei Folien ist zumeist ein Abstandshalter angebracht, damit es zu keiner Berührung der Folien kommt.

Es soll im Folgenden betrachtet werden, wie die Anzahl der Folien die Isolationsleistung erhöht. Die Wände und die Folien sollen ein Emissionsvermögen ε besitzen und die Abstandshalter übertragen die Wärmeströme mittels Wärmeleitung entsprechend $C = k \cdot A$. Bei Gleichheit der Flächen ergibt sich nach Umformen von Gl. (4.157) für $R = \varepsilon \cdot A/(2-\varepsilon) \sim \varepsilon \cdot A/2$. Im stationären Zustand fließt in jedem Zwischenraum der gleiche Wärmestrom, der wie folgt berechnet werden kann:

$$\begin{aligned} \dot{q}_{W1\to T1} &= C\cdot(T_{W1}-T_1)+\sigma\cdot R\cdot(T_{W1}^4-T_1^4)=\dot{q}_{1\to 2};\\ \dot{q}_{1\to 2} &= C\cdot(T_1-T_2)+\sigma\cdot R\cdot(T_1^4-T_2^4)=\dot{q}_{2\to 3};\\ \dot{q}_{2\to 3} &= C\cdot(T_2-T_3)+\sigma\cdot R\cdot(T_2^4-T_3^4)=\dot{q}_{3\to W2};\\ \dot{q}_{3\to W2} &= C\cdot(T_3-T_{W2})+\sigma\cdot R\cdot(T_3^4-T_{W2}^4). \end{aligned}, \quad (4.161)$$

Summiert man die Wärmeströme, so fallen die Temperaturen der Folien heraus und es verbleibt:

$$\dot{q}_{W1\to W2} = \frac{C}{4}\cdot(T_{W1}-T_{W2})+\frac{\sigma\cdot R}{4}\cdot(T_{W1}^4-T_2^4). \quad (4.162)$$

Das wesentliche Ergebnis der MLI-Struktur ist, dass sich die Isolationswirkung, die sich aus Wärmeleitungs- und Strahlungsverlusten zusammensetzt, sich mit jeder Folienlage um den Faktor $(N+1)$ reduziert.

4.4.7 Strahlung in Anwesenheit der Sonne

Beim Strahlungsaustausch außerhalb eines Hohlraums unter Einwirkung der Sonne gilt das Kirchhoffsche Gesetz mit $\varepsilon_i = \alpha_i$ nicht mehr. Der Emissionskoeffizient unterscheidet sich vom Absorptionskoeffizient und es ist $\varepsilon_i \neq \alpha_i$. Der Grund liegt in der Definition des Absorptionskoeffizienten α_i, der auf das Spektrum der Sonne bezogen wird. Der Strahlungswärmestrom von der Sonne beträgt,

$$\dot{q}_{Sonne}(T) = \int_{\lambda=0}^{\lambda\to\infty} \phi(\lambda, T)d\lambda \tag{4.163}$$

(vergl. Gl. 2.13), während das Absorptionsvermögen einer Fläche durch folgende Beziehung gegeben ist:

$$\dot{q}_{Absorption}(T) = \int_{\lambda=0}^{\lambda\to\infty} \alpha(\lambda, T) \cdot \phi(\lambda, T)d\lambda. \tag{4.164}$$

Das Verhältnis der beiden vorigen Gleichungen liefert den temperaturabhängigen Absorptionskoeffizienten in der Form:

$$\alpha(T) = \frac{\int_{\lambda=0}^{\lambda\to\infty} \alpha(\lambda, T) \cdot \phi(\lambda, T)d\lambda}{\int_{\lambda=0}^{\lambda\to\infty} \phi(\lambda, T)d\lambda}. \tag{4.165}$$

Die Gl. (4.165) ist die Grundlage der „passiven" Solarthermie. Lediglich diese Gültigkeit erlaubt es, durch eine gezielte Wahl der Oberflächeneigenschaften ε und α die Flächentemperaturen zu beeinflussen. Dies soll anhand eines Beispiels aufgezeigt werden.

Eine Platte mit der Fläche A schwebe im Raum und ist auf der sonnenabgewandten Seite ideal isoliert ($\partial q/\partial n = 0$). Auf die andere Seite scheine die Sonne mit Solarkonstante $i_{sc} = 1370$ W/m^2. Die Temperatur des Raums sei die des Weltalls $T_{Space} = 0$ K. Gesucht und unbekannt ist jetzt die Plattentemperatur T. Die Platte habe den Strahlungsaustauschfaktor $R = \varepsilon \cdot A$. Die Platte absorbiert die Wärmeleistung $Q = \alpha \cdot A \cdot i_{SC}$. Die von der Platte absorbierte Leistung entspricht der von der Sonne empfangenen Leistung und es ergibt sich:

$$Q = \alpha \cdot A \cdot i_{SC} = \sigma \cdot R \cdot (T^4 - T_{Space}^4). \tag{4.166}$$

Das Auflösen der Gleichung nach der Temperatur liefert schließlich:

$$T = \left(\frac{\alpha \cdot i_{Sc}}{\sigma \cdot \varepsilon}\right)^{\frac{1}{4}}. \tag{4.167}$$

Die Temperatur der Platte hängt hauptsächlich vom Verhältnis α/ε ab.

Tab. 4.13 Temperaturen einer sonnenbeschienenen Platte im Weltraum

Material	α (/)	ε (/)	α/ε (/)	T in (K)	T in (°C)
Gold	0.24	0.03	8	661	387.55
Aluminium	0.13	0.05	2.6	499.08	225.93
Schwarze Farbe	0.97	0.9	1.08	400.46	127.31
Weiße Farbe	0.18	0.85	0.212	366.62	-6.53
SSM	0.08	0.8	0.1	221.02	-52.13

Diese Abhängigkeit von α/ε wird bei sogenannten SSM (Second Surface Mirrors) zum Beispiel bei Radiatoren eingesetzt, um Wärme trotz einfallender Sonnenstrahlung zu emittieren. Hierzu wird auf einem Trägermaterial (z. B. Polyesterfolie) auf der Rückseite ein Metallfilm (beispielsweise Silber oder Aluminium) aufgedampft. Davor befindet sich eine Teflon oder Plastikfolie, die für die Sonnenstrahlung transparent also durchlässig ist. Die Metallschicht reflektiert den größten Teil der Sonnenstrahlung und absorbiert nur wenig ($\alpha = 0.08$–0.14). Die äußere Schicht emittiert mit einem hohen Emissionskoeffizienten ε ($\varepsilon = 0.6$–0.8) und verhindert eine übermäßige Erwärmung. Die Tab. 4.13 zeigt einige Temperaturen verschiedener Materialien entsprechend Gl. (4.167).

4.5 Strahlungstransport in transparenten Medien

4.5.1 Reflexion, Snelliussches-Brechungsgesetz und Totalreflektion

Der Begriff der Reflexion wurde schon beim Strahlungsaustausch zwischen Körpern benutzt; so wird die auf einen Körper einstrahlende Wärmestrahlung teilweise von dem Körper absorbiert, während ein Teil von ihm wieder emittiert also zurückgeworfen wird. Die Reflexion beschreibt damit das Zurückwerfen einer elektromagnetischen Welle an einer Grenzfläche. An dieser Grenzfläche ändert sich der Wellenwiderstand; bei Licht, das ebenfalls eine elektromagnetische Welle ist, wird dies durch den Brechungsindex beschrieben.

Bei glatten Oberflächen gilt das Reflexionsgesetz, das in Abb. 4.26a zeigte, dass an einer ideal spiegelnden Oberfläche der Einfallswinkel dem Ausfallswinkel der Strahlen entspricht. Als glatte Oberflächen werden Flächen bezeichnet, deren Rauigkeitsstrukturen deutlich kleiner sind als die Wellenlänge λ der Strahlung. An ideal rauen Oberflächen wird die Strahlung diffus zurückgestreut und gehorcht dem Kirchhoffschen Gesetz (vergl. Kirchhoff'sches Strahlungsgesetz Kap. 4.4.2) sowie bezüglich der Intensität dem Lambertschen Kosinusgesetz (Kap. 4.4.3).

Normalerweise wird bei der Reflexion nur ein Teil der einfallenden Welle reflektiert, während restliche Anteil der Welle sich im zweiten Medium weiter fortpflanzt. Durch den geänderten Wellenwiderstand im anderen Medium erfährt die Welle eine Richtungsänderung und eine Geschwindigkeitsänderung. Die Richtungsänderung beim Übergang wird durch das Snelliussche Brechungsgesetz beschrieben. Es gibt an, in welche Richtung das

Abb. 4.43 Schemaskizze zum Reflexionsgesetz

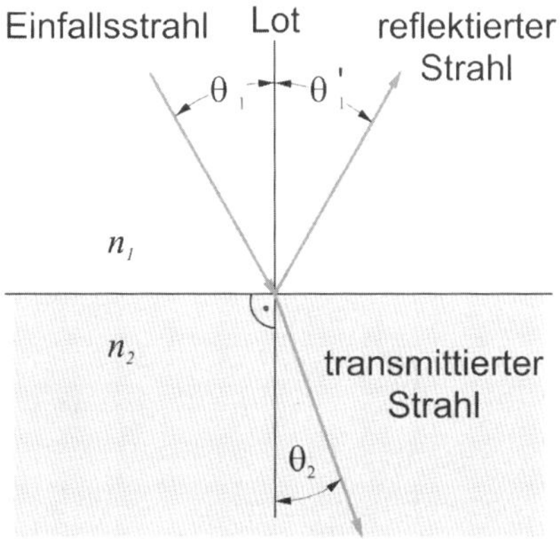

Licht gebrochen wird. Die Anteile der Intensität der reflektierten und transmittierten Welle werden mit Hilfe der Fresnelschen Formeln berechnet, die den Wellenwiderstand und die Polarisation der Welle berücksichtigen.

Ein Spezialfall der Reflexion ist die Totalreflexion. In dieser Konstellation trifft die Welle auf ein Medium mit einem geringeren Wellenwiderstand und wird vollständig an der Grenzfläche reflektiert. Dieser Grenzfall ist ein hypothetischer Grenzfall und beschreibt ein ideal transparentes Medium. Im Realfall wird die Welle in einem bestimmten Wellenlängenbereich (oder Frequenzbereich) absorbiert und damit die Totalreflexion abgeschwächt. Als Folge ändert sich das Reflexionsverhalten in diesem Wellenlängen- oder Frequenzbereich.

Das Reflexionsgesetz besagt zum einen, dass der Einfallswinkel θ_1 eines Lichtstrahls dem Ausfallswinkel (auch Reflexionswinkel) θ_2 entspricht, so dass $\theta_1 = \theta_2$ ist. Ebenso liegen der Einfallsstrahl, das Einfallslot als Flächennormaler und der reflektierte Strahl in einer Ebene (vergl. Abb. 4.43). Für Wellen muss dabei die Wellenlänge λ erheblich größer sein als die Abstände zwischen den Streuzentren (beispielsweise Atome). Andernfalls kann es zur Ausbildung mehrerer „Reflexionsstrahlen“ kommen (Hecht 2005).

Betrachtet man die Reflexion im Sinne der geometrischen Optik, in der die Wellenlängeneigenschaften des Lichts vernachlässigt werden, weil die mit dem Licht wechselwirkenden Strukturen (z. B. Spiegel oder Linsen) und die abgebildeten Objekte groß im Vergleich zur Wellenlänge des Lichts sind, so wird ein Teil der Strahlung an der Grenzfläche reflektiert und der andere Teil transmittiert. Der Reflexionsgrad ρ ist dabei als Verhältnis der reflektierten Intensität $I_{refl.}$ zur einfallenden Intensität I_0 in folgender Art definiert:

$$\rho = \frac{I_{refl.}}{I_0}, \tag{4.168}$$

ρ ist vom Einfallswinkel θ_1, der Polarisation des Lichts sowie von den Eigenschaften der beteiligten Materialien abhängig.

Der Brechungsindex (oft auch Brechzahl genannt) n ist eine Funktion der Wellenlänge. Dies hat zur Folge, dass Wellen unterschiedlicher Wellenlänge unterschiedlich reflektiert

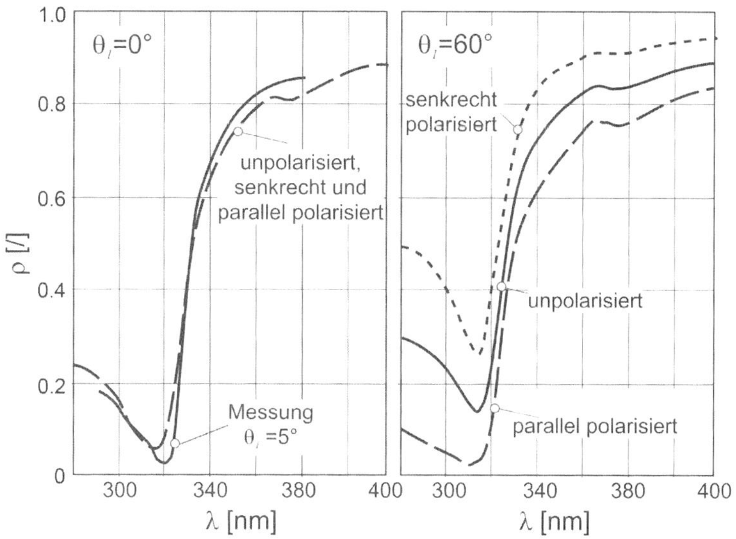

Abb. 4.44 Reflexionsgrad ρ von Silber als Funktion der Wellenlänge λ bei unterschiedlichen Einstrahlwinkel θ und unterschiedlicher Polarisation des Lichts

werden. So besitzen Metalle aufgrund der Absorption durch das Elektronengas einen hohen Extinktionskoeffizienten für elektromagnetische Strahlung im infraroten Wellenlängenbereich und sind dadurch undurchsichtig. In diesem λ-Bereich haben sie daher einen sehr hohen Reflexionskoeffizienten ρ. Der Reflexionsgrad von Metallen kann im sichtbaren und UV-Bereich sehr schnell mit abnehmender Wellenlänge sinken, wie die Abb. 4.44 am Beispiel von Silber zeigt. Die Grafen zeigen ebenfalls, dass der Reflexionskoeffizient vom Einfallswinkel abhängt. Ein Vergleich unterschiedlicher Einfallswinkel θ_1, der in der Abb. 4.44 (*links*) dargestellt ist, macht deutlich, dass bei senkrechtem Einfall der Unterschied zwischen polarisiertem und unpolarisiertem Licht marginal ist, während mit er mit wachsenden Einfallswinkel deutlich variiert. Das Verhalten des Silbers ist deshalb von besonderer Bedeutung, da es als Infrarotreflexionsmaterial wie auch als Spiegelmaterial in der Solarthermie eine ausgezeichnete Rolle spielt. Beispielsweise erfordert das geringe Reflexionsvermögen von Silber im UV-Bereich konzentrierender Spiegel spezielle UV-beständige Haftvermittler zwischen Silber und Trägermaterial, da sonst die Lebensdauer der Spiegel eingeschränkt ist.

Durch den unterschiedlichen Reflexionsgrad in Abhängigkeit der Polarisation des Lichts ändert sich diese bei jeder Reflexion. Das heißt, fällt unpolarisiertes Licht auf eine Grenzfläche, so wird das reflektierte und das gebrochene Licht (für $0° < \theta_1 < 90°$) teilweise polarisiert. Im Sonderfall $\theta_1 + \theta_2 = 90°$ wird der parallel zur Einfallsebene polarisierte Lichtanteil vollständig gebrochen; es erfolgt keine Reflexion. Dieser Winkel wird als Brewster-Winkel bezeichnet. Der reflektierte Anteil ist nach dem Auftreffen auf die Grenzfläche vollständig senkrecht polarisiert und der transmittierte Anteil vollständig parallel pola-

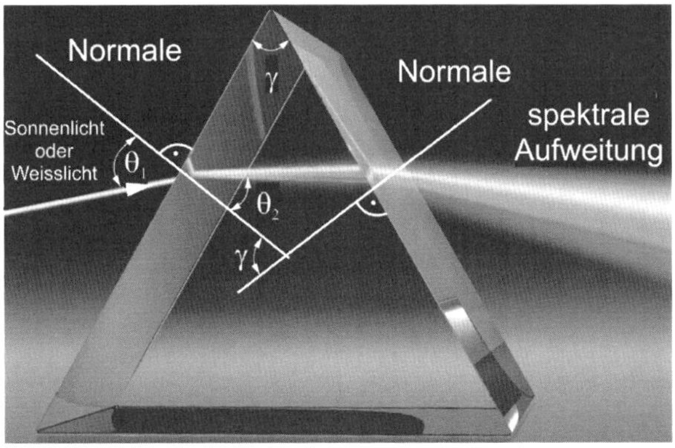

Abb. 4.45 Spektrale Zerlegung polychromatischen Lichts in einem Dispersionsprisma

risiert. Dieser Effekt ermöglicht es, Laserlicht ohne Reflexionsverluste durch ein Fenster durchtreten zu lassen.

Mit Hilfe des Snelliusschen Brechungsgesetz wird der Übergang einer elektromagnetischen Welle an einer Grenzfläche beschrieben, bei denen beide Medien eine unterschiedliche Wellengeschwindigkeit haben. Durch die geänderte Phasengeschwindigkeit erfolgt eine Ablenkung der Welle, also eine Richtungsänderung. Im Bereich der Optik beim Übergang von einem transparenten Medium in das andere bedeutet dies, dass der Lichtstrahl gebrochen wird.

Betrachtet man einen Lichtstrahl, der unter dem Winkel θ_1 aus dem Medium 1 in das Medium 2 einfällt, so läuft der nichtreflektierte Anteil unter dem Winkel θ_2 im Medium 2 gegenüber dem Lot weiter. Das Licht bewegt sich in jedem isotropen Medium mit der von der Brechzahl n_i abhängigen Ausbreitungsgeschwindigkeit, die das Verhältnis der Lichtgeschwindigkeit im Vakuum c_0 zu dem des jeweiligen Mediums (c_i) angibt.

$$n_1 = \frac{c_0}{c_1} \quad \text{und} \quad n_2 = \frac{c_0}{c_2}. \tag{4.169}$$

Hierbei ist die Brechzahl eine von der Wellenlänge abhängige Materialkonstante, die bei der Brechung eine Aufspaltung der unterschiedlichen Wellenlängen des einfallenden Strahls bewirkt. Diese Wellenlängenabhängigkeit erlaubt es, in einem Dispersionsprima ein einfallendes Lichtbündel durch die Brechung an zwei nichtparallelen Flächen von seiner ursprünglichen Ausbreitungsrichtung abzulenken. Da die Stärke der Ablenkung von der Wellenlänge abhängt, ist es möglich, polychromatisches Licht spektral zu zerlegen, wie dies die Abb. 4.45 zeigt. Die Tab. 4.14 zeigt typische Brechungsindizes einiger Flüssigkeiten und Gläser.

Treffen zwei parallel einfallende Lichtstrahlen auf eine ideale Grenzfläche zweier unterschiedlich optisch dichter Medien, so ergibt sich geometrisch für den zweiten Strahl eine zusätzliche Wegstrecke $\lambda_1 = (c_1 t)$ im Medium 1 (, vergl. Abb. 4.46). Der erste Lichtstrahl muss im Medium 2 eine zusätzliche Wegstrecke $\lambda_2 = (c_2 t)$ im Medium 2 zurücklegen. An der Grenzfläche erhält man schließlich über geometrische Beziehungen und unter Nutzung der Gl. (4.169) das Snelliussche Brechungsgesetz.

Tab. 4.14 Brechungsindizes einiger ausgewählter transparenter Flüssigkeiten und Feststoffe

Material	Brechungsindex	Material	Brechungsindex
Trockene Luft (1 bar)	1.000278	Plexiglas (PMMA)	1.49
Eis (−8 °C)	1.309	Opt. Gläser	1.51–1.58
Wasser (0 °C)	1.3346	Quarz	1.544–1.553
Ethanol	1.3614	Saphir/Rubin	1.757–1.779
Äthylglykol	1.4318	Bleiglas	1.805
Tetrachlorkohlenstoff	1.46	kubischer Zirkon	2.17–2.21
Glyzerin	1.47	Zinksulfid	2.37
Benzol	1.49	Diamant	2.419
Epoxidharz	1.55–1.63	Siliziumcarbid	2.65–2.69

Abb. 4.46 Skizze zur Herleitung des Snelliusschen Brechungsgesetzes

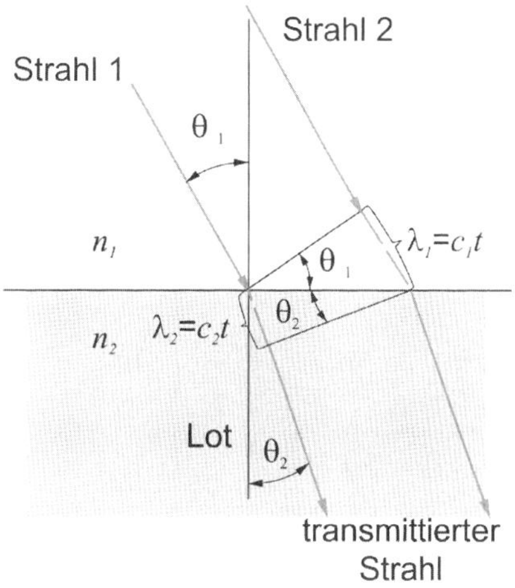

$$\frac{\sin\theta_1}{\sin\theta_2} = \frac{n_2}{n_1} = \frac{c_1 \cdot t}{c_2 \cdot t} = \frac{\lambda_1}{\lambda_2}. \tag{4.170}$$

Die Abb. 4.47 zeigt die Abhängigkeit des Brechungswinkels θ_2 vom Einfallswinkel θ_1 für verschiedene Stoffkombinationen. Mit steigendem Verhältnis des Brechungszahlverhältnisses n_2/n_1 verringert sich der Austrittswinkel θ_2.

Für absorbierende Medien, in denen die Brechzahl n als komplexe Zahl definiert ist, kann man das Brechungsgesetz nicht mehr anwenden; es kann näherungsweise noch eingesetzt werden, sofern der Imaginärteil viel kleiner als der Realteil ist (Fließbach 2008).

Bei der Totalreflexion einer elektromagnetischen Welle wird diese an der Grenzfläche nicht gebrochen, sondern vollständig reflektiert, und somit in das Ausgangsmedium zurückgeworfen. Tritt beispielsweise ein Lichtstrahl aus einem optisch dichteren Medium über eine Grenzfläche in ein dünneres Medium, so wird der Lichtstrahl vom Lot weggebrochen und der Austrittswinkel θ_2 ist deutlich größer als der Einfallswinkel θ_1. Dies ist solange möglich bis der gebrochene Strahl parallel zur Grenzfläche verläuft. Dieser Winkel wird als kritischer Winkel θ_c bezeichnet, für den gilt:

Abb. 4.47 Abhängigkeit des Brechungswinkels θ_2 vom Einfallswinkel θ_1 für verschiedene Stoffkombinationen

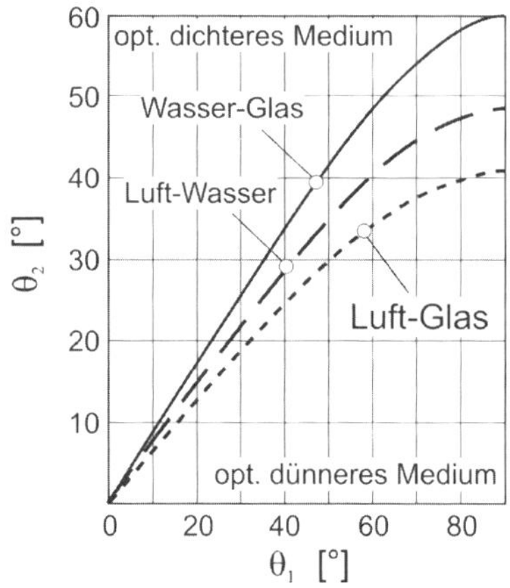

$$\theta_c = \arcsin\left(\frac{n_2}{n_1}\right). \tag{4.171}$$

Der kritische Winkel gilt nur für vollständig transparente Materialien, bei denen der Extinktionskoeffizient null im entsprechenden Wellenlängenbereich ist. Bei Überschreiten des kritischen Winkels ($\theta > \theta_c$) erhält man eine Totalreflexion, in der $\theta_1 = \theta_2$ ist. Das Snelliussche Gesetz besagt lediglich, in welche Richtung eine Welle (oder Lichtstrahl) abgelenkt wird, nicht aber, wie viel von der Welle an dem Übergang zwischen den beiden Medien transmittiert oder reflektiert wird. Bei der Totalreflexion ist das reelle Brechungsgesetz ungültig. Es muss dann komplex gerechnet werden. Welcher Intensitätsanteil des Lichts transmittiert oder reflektiert wird, wird mit Hilfe der Fresnelschen Formeln ermittelt. Die Totalreflexion lässt sich leicht beobachten, wenn man einen Spiegel unter eine Wasseroberfläche hält. Wird der Spiegel zur Wasseroberfläche gedreht, stellt sich ab einem bestimmten Winkel, dem kritischen Winkel ($\theta = \theta_c$), Totalreflexion ein.

4.5.2 Polarisation, Fresnel´sche Formeln und Brewster Winkel

Um die Reflexion an transparenten Medien besser zu verstehen, muss der Wellencharakter des Lichts näher analysiert werden. Eine elektromagnetische Welle, wie zum Beispiel eine Lichtwelle, wird durch den Vektor der elektrischen Feldstärke $\vec{E}$, den Vektor der magnetischen Induktion $\vec{B}$ und den Ausbreitungsvektor $\vec{k}$ beschrieben, die jeweils senkrecht aufeinander stehen. Es gilt hierbei:

$$\vec{E} \perp \vec{B}, \vec{E} \perp \vec{k} \quad \text{und} \quad \vec{k} \perp \vec{B}. \tag{4.172}$$

Die Polarisation des Lichts wird durch die Richtung des elektrischen Feldvektors definiert. Zeigt der elektrische Feldvektor einer Welle immer in die gleiche Richtung senkrecht zur

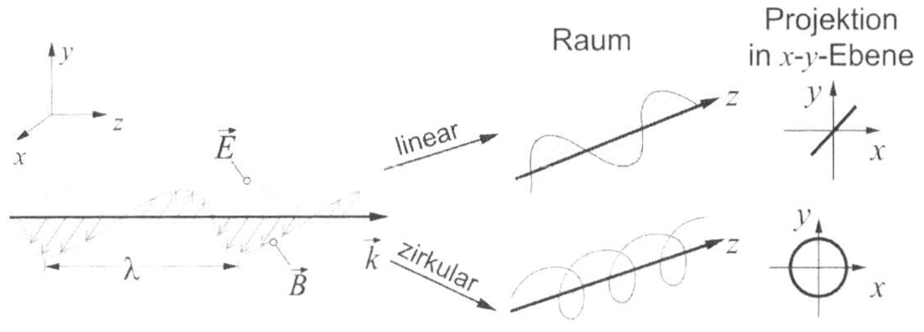

Abb. 4.48 Licht als Elektromagnetische Welle. Polarisation als Form der räumlichen Ausbreitung des elektrischen Feldvektors und der Projektion in die x-y-Ebene einer linear polarisierten Welle (*oben*) und einer zirkular polarisierten Welle (*unten*)

z-Achse (vergl. Abb. 4.48), so heißt die Welle linear polarisiert. Die Welle lässt sich bezüglich des elektrischen Feldvektors in folgender Form darstellen:

$$\vec{E}\,(t,z) = \vec{E}_0 \cdot \cos\,(\omega \cdot t - k \cdot z) \tag{4.173}$$

worin ω die Kreisfrequenz, t die Zeit und $k = 2\pi/\lambda$ die Wellenzahl ist. Eine Projektion der Welle in die x-y-Ebene liefert eine Linie, wie die Abb. 4.48 illustriert.

Breitet sich eine Welle entlang der z-Achse mit $\vec{k} = k \cdot \vec{e}_z$ aus und sind die Beiträge des Wellenvektors $\vec{E}_{0x}$ und $\vec{E}_{0y}$ gleich groß aber um π/2 phasenverschoben, so spricht man von einer zirkular polarisierten Welle. Der elektrische Feldvektor beschreibt eine Spirale und es gilt:

$$\vec{E}_x(t,z) = \vec{E}_{0x} \cdot \cos\,(\omega t - kz) \quad \text{und} \quad \vec{E}_y(t,z) = \vec{E}_{0y} \cdot \cos\left(\omega t - kz - \frac{\pi}{2}\right). \tag{4.174}$$

Beide Formen der Polarisation skizziert die Abb. 4.48.

Es existiert eine Vielzahl von Polarisationsarten.

- Polarisation durch Absorption (Dichroismus)
  Wenn das elektrische Feld einer Mikrowelle entlang eines Drahtes zeigt, kann dieses Feld im Draht Ladungen bewegen und so Energie abgeben. Die Intensität der Welle und damit die Absorption hängen von der Polarisation ab. Ebenso gibt es Moleküle mit Doppelbindungen zwischen den Kohlenstoffatomen von Kunststoffen, bei denen π-Elektronen beweglich sind, die wie Drähte wirken. Werden diese Moleküle orientiert zu einer Folie gemacht, so erhält man eine polarisierende Folie. Bei einer Anordnung von Analysator und Polarisator, wie in der Abb. 4.49 dargestellt, polarisiert der Polarisator das Licht. Der Analysator lässt nur die Projektion des elektrischen Feldes auf seiner Durchlassachse durch.

Für die Amplitude des elektrischen Feldes gilt:

$$E_1 = E_0 \cdot \cos\theta, \tag{4.175}$$

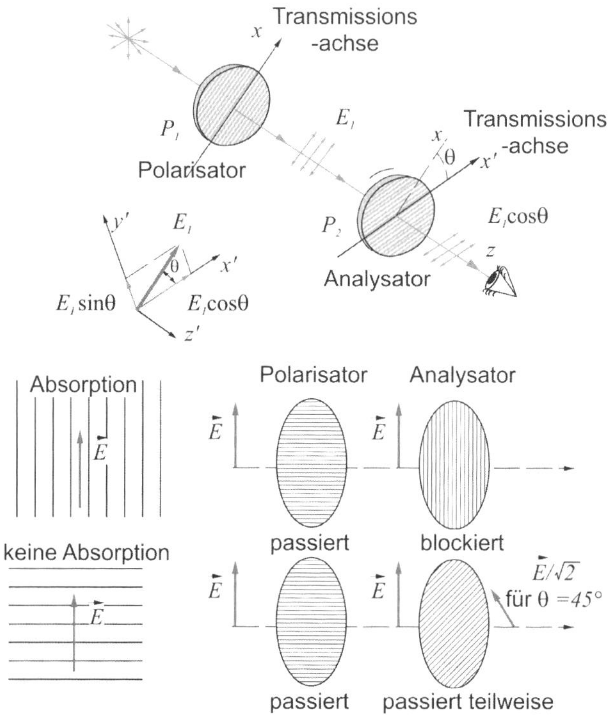

Abb. 4.49 Prinzip der Polarisation durch Absorption (*oben*). Richtung des *E*-Feldes gegenüber der Molekülstruktur, in denen keine oder maximale Absorption durch Polarisation erfolgt (*links unten*). Anordnung von Polarisator und Analysator mit Änderung des E-Feldes

worin θ der Winkel zwischen den Polarisationsrichtungen von Polarisator und Analysator ist. Da die Intensität einer elektromagnetischen Welle proportional zum Quadrat der Amplitude des elektrischen Feldes ist, ergibt sich für die Intensität nach der Polarisation das Malussche Gesetz. Es lautet:

$$I = I_0 \cdot \cos^2 \theta . \tag{4.176}$$

Die Auswirkung der Polarisation durch Absorption (Dichroismus) in einem $NaVO_4Mn$ Kristall zeigt die Abb. 4.50.

- Polarisation durch Streuung an einem Teilchen
  Wenn Licht auf ein streuendes Teilchen, beispielsweise ein Wassertröpfchen fällt, dann kann nur die Komponente des elektrischen Feldes, die senkrecht zur Streurichtung steht, eine Lichtwelle anregen. Die dazu senkrechte Komponente würde eine propagierende, longitudinal polarisierte Welle erzeugen. Propagierende, longitudinale Lichtwellen stehen aber im Widerspruch zu den Maxwellschen Gleichungen der Elektrodynamik und treten deshalb nicht auf. Dieses Verhalten skizziert die Abb. 4.51.
- Polarisation durch Doppelbrechung
  Viele Kristalle sind nicht isotrop, das heißt, es gibt in diesen Kristallen eine Achse, die eine höhere Symmetrie aufweist als die anderen Achsen. Diese Achse wird Hauptachse genannt. Alle physikalischen Eigenschaften eines Kristalls, also auch die optischen Eigenschaften, müssen die Symmetrie des Kristalls haben. Die physikalischen Eigen-

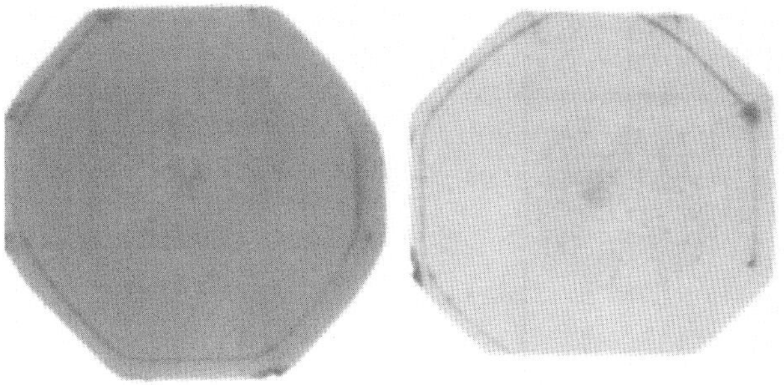

Abb. 4.50 Polarisation durch Absorption (Dichroismus) in einem Kristall von $NaVO_4Mn$ (gezüchtet von A. Lentz, fotographiert von M. Pietralla aus (Marti 2010)

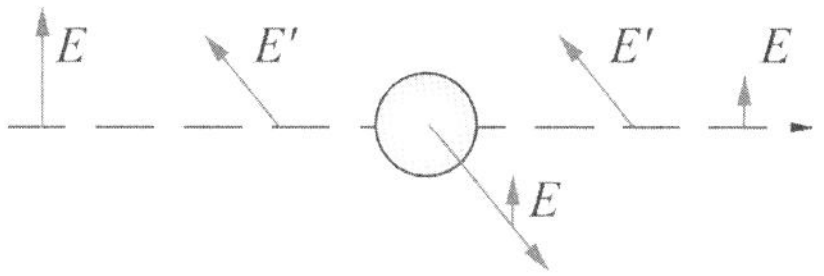

Abb. 4.51 Mechanismus zur Polarisation durch Streuung

schaften und insbesondere die Lichtgeschwindigkeit sind in allen Ebenen senkrecht zur Hauptachse isotrop. Die Lichtgeschwindigkeit ist aber von der Polarisationsrichtung des Lichtes abhängig.

In Richtung der Hauptachse ist die Lichtgeschwindigkeit unabhängig von der Polarisationsrichtung c_O. Licht, das sich senkrecht zur Polarisationsrichtung ausbreitet, bewegt sich ebenfalls mit c_O, wenn der E-Vektor in Richtung der Hauptachse zeigt, die Polarisationsrichtung also senkrecht zur Hauptachse liegt. Dieses Licht heißt ordentliches Licht. Der Lichtstrahl gehorcht dem Snelliusschen Brechungsgesetz und hat einen von der Einstrahlrichtung unabhängigen Wert der Brechzahl n_O; er wird *ordentlicher Strahl (o)*genannt.

Licht mit der anderen Polarisationsrichtung läuft im Kalkspat schneller, und zwar mit $c_{ao} = 1.116 \cdot c_O$. Dieser Lichtstrahl wird entsprechend als *außerordentlicher Strahl (ao)* bezeichnet. Wenn die Einfallsrichtung dazwischen liegt, ist die Geschwindigkeit des ordentlichen Lichts immer noch c_O, die des außerordentlichen Lichts liegt zwischen c_O und c_{ao}. Die Wellenflächen des ordentlichen Lichts stammend von einer punktförmigen Quelle sind also Kugelflächen, während die Wellenflächen des außerordentlichen Lichts Rotationsellipsoide sind, deren Rotationsachse mit der Hauptachse parallel ist. Bei Kalkspat ist das Rotationsellipsoid abgeplattet, das Material wird daher als einachsig negativ bezeichnet. Bei Quarz ist das Rotationsellipsoid länglich (die ordentliche Lichtgeschwindigkeit ist größer als die außerordentliche.). Man nennt Quarz deshalb einachsig positiv. Wenn Licht senkrecht auf eine Fläche fällt, die schräg zur Hauptachse liegt, müssen zwei verschiedene Konstruktionen verwendet werden:

- Kugelflächen beim ordentlichen Licht oder
- Rotationsellipsoide beim außerordentlichen Licht. Die Rotationsachse liegt schief zur Einfallsrichtung.

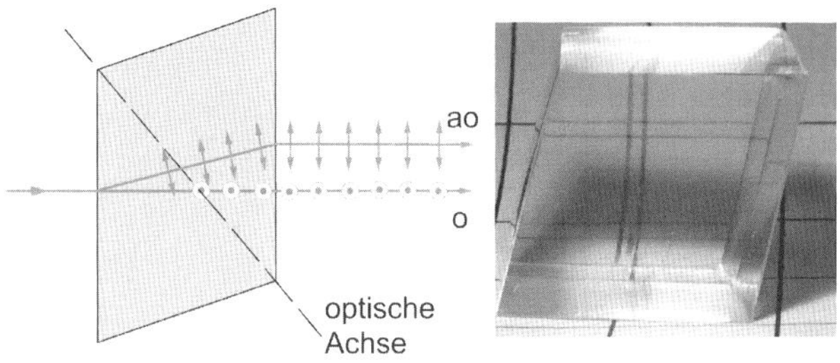

Abb. 4.52 Skizze zur Lichtpolarisation bei der Doppelbrechung zum Beispiel im Kalkspat (*links*) und Beobachtung an einem Kalkspat (*rechts*)

Da die resultierenden Flächen Tangentenflächen sind, bleibt die Richtung des ordentlichen Lichtes senkrecht zur Oberfläche, während das außerordentliche Licht sich schräg weiter ausbreitet. Zur Berechnung des Lichtweges müssen Tensoren verwendet werden.

Die Doppelbrechung kann man beispielsweise bei Kalkspat beobachten. Trifft ein natürlicher Lichtstrahl senkrecht auf eine schräg zur optischen Achse stehende Spaltfläche eines Kalkspatkristalls (vergl. Skizze in Abb. 4.52), so durchsetzt der ordentliche Strahl ungebrochen die Grenzfläche, während der außerordentliche Strahl – entgegen dem Brechungsgesetz – seitlich abgelenkt wird.

- Polarisation durch Reflexion
  Der technisch häufigste Fall der Polarisation ist der durch Reflexion. Der Reflexionsgrad oder die Intensitätsänderung wird mit Hilfe der Fresnelschen Formeln beschrieben. Die Fresnelschen Formeln werden aus den Maxwell-Gleichungen der Elektrodynamik abgeleitet, in denen man Sonderfälle der Randbedingungen elektromagnetischer Wellen an einer ladungs- und stromfreien Grenzschicht eines Dielektrikums nutzt. Gläser sind solche Dielektrika. Als Dielektrikum wird jede elektrisch schwach- oder nichtleitende, nichtmetallische Substanz bezeichnet, deren Ladungsträger nicht frei beweglich sind. Die Randbedingungen an der Grenzfläche des Dielektrikums sind die Stetigkeit der Tangentialkomponente des elektrischen Feldes $\vec{E}$ an der Grenzfläche und die Stetigkeit der Normalkomponente des magnetischen Feldes $\vec{B}$. Dies führt zu:

$$\vec{n} \cdot (\vec{E}_2 - \vec{E}_1) = 0; \quad \vec{n} \cdot (\vec{B}_2 - \vec{B}_1) = 0, \tag{4.177}$$

worin $\vec{n}$ der Normalenvektor auf die Grenzfläche ist.

Abhängig von der Polarisation der einfallenden Welle ergeben sich unterschiedliche Randbedingungen für das Auftreffen einer elektromagnetischen Welle auf die Grenzfläche. Jede beliebig polarisierte elektromagnetische Welle lässt sich als Superposition zweier linear polarisierter Wellen, die senkrecht zueinander schwingen, darstellen. Als Bezugsebene dient die Einfallsebene, die vom Wellenvektor der einfallenden Welle $\vec{k}_e$ und dem Normalenvektor aufgespannt wird. Damit lässt sich eine einfallende, beliebig polarisierte Welle also als Superposition einer parallel (p) und senkrecht (s) zur Einfallsebene polarisierten Welle schreiben, wie es die Abb. 4.53 skizziert.

Zur Berechnung der Reflexions- bzw. Transmissionsgrade werden beide Brechzahlen der beteiligten Medien n_1 und n_2 sowie der Einfalls- (θ_1) und der Brechungswinkel (θ_2) be-

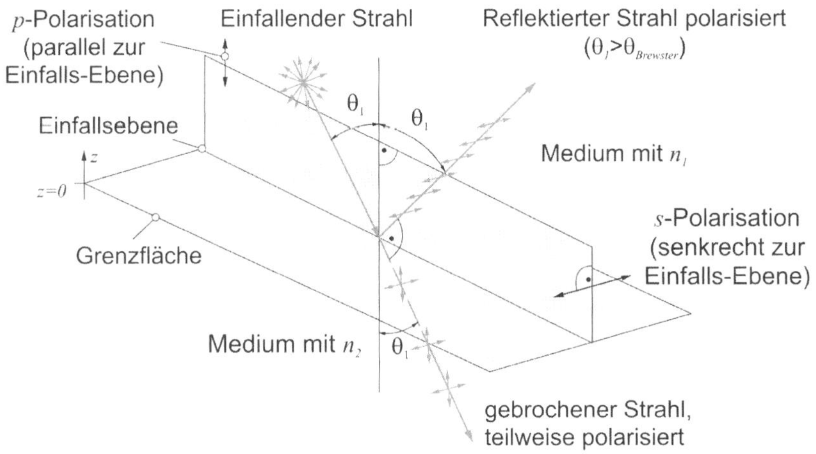

Abb. 4.53 Skizze zur Herleitung der Fresnelschen Formeln

nötigt. Die beiden letzteren sind über das Snelliussche Brechungsgesetz miteinander verknüpft (s. Gl. 4.170). Mit Hilfe Additionstheorems ergibt sich:

$$n_1^2 \cdot \sin^2\theta_1 = n_2^2 \cdot \sin^2\theta_2 = n_2^2(1 - \cos^2\theta_2); \qquad \cos\theta_2 = \frac{\sqrt{n_2^2 - n_1^2 \sin\theta_1}}{n_2}. \tag{4.178}$$

Da sich eine elektromagnetische Welle als Linearkombination eines senkrechten und parallelen Teils darstellen lässt, können auch die einzelnen Komponenten der Amplituden bestimmt werden. Hierzu werden Amplitudentransmissionskoeffizienten t_s, t_p und Amplitudenreflexionskoeffizienten r_s, r_p in senkrechter und in paralleler Richtung definiert, die das Verhältnis der Amplitude des austretenden bzw. reflektierten elektrischen Feldes zur Amplitude der eintretenden Komponente des einfallenden elektrischen Feldes $(E_{0e})_s$ bzw. $(E_{0e})_p$ angeben. Diese Koeffizienten beschreiben damit die Amplitudendämpfung in der jeweiligen Richtung, also in senkrechte oder parallele Richtung. Die Dämpfung der elektromagnetischen Welle hängt von ihrer komplexen Brechzahl ab, in die die elektrischen und magnetischen Permittivitäten der Medien ε_r und μ_r zwischen den Grenzflächen in einer komplexen Form eingehen. Die komplexe Brechzahl N lautet:

$$N = n + i \cdot k. \tag{4.179}$$

Im allgemeinen Fall hat jedes Kontinuum eine bestimmte Permittivität ε_r, die die Durchlässigkeit des Mediums für elektrische Felder angibt. Sie wird relativ zur Permittivität des Vakuums angegeben, die durch $\varepsilon_0 = 1/(\mu_0 \cdot c_0^2) = 8.854 \cdot 10^{-12}$ (As)/(Vm) gegeben ist. Hierbei ist c_0 die Lichtgeschwindigkeit und μ_0 die magnetische Permeabilität des Vakuums. Analog hierzu beschreibt die magnetische Permeabilität μ_r eines Stoffes seine Durchlassfähigkeit bezüglich magnetischer Felder zu denen des Vakuums, die durch μ_0 gegeben ist. Die Fresnel-Gleichungen lassen sich in einer universellen Form für alle Materialien, das heißt für Gläser, Metalle, etc., lösen, in denen dann die Amplitudenverhältnisse t_s, t_p bzw. r_s, r_p als Funktion der komplexen Brechzahl N, der relativen Winkel (θ_1, θ_2) und des magnetischen Permeabilitätsverhältnisses μ_{r1}/μ_{r2} zwischen den Medien gegeben sind, vergleiche beispielsweise (Nolting 2009) oder (Demtröder 2004).

Ein Spezialfall der Fresnel-Gleichungen stellen die dielektrischen Materialien dar, in denen die komplexe Brechzahl k in Gl. (4.179) null ist. Ein dielektrisches Material absorbiert damit auf beiden Seiten der Grenzfläche die elektromagnetische Strahlung nicht und damit reduziert sich die komplexe Brechzahl N_i auf eine reale Zahl, also den Brechungsindex n_i des jeweiligen Mediums. Für diesen Fall der Dielektrika, beispielsweise die Paarung Luft-Glas kann man die Fresnel-Formeln erheblich vereinfachen. Hierzu soll als erstes die Komponente betrachtet werden, die linear senkrecht (Index: s) zur Einfallsebene polarisiert ist. Sie wird in der Literatur auch häufig als transversalelektrische (TE) Komponente bezeichnet. Es ergeben sich für die senkrechte Polarisation folgende Transmissionsamplitudenkoeffizienten t_s und Amplitudenreflexionskoeffizienten r_s:

$$\begin{aligned} t_s &= \left(\frac{E_{0t}}{E_{0e}}\right)_s = \frac{2n_1 \cdot \cos\theta_1}{n_1\cos\theta_1 + n_2\cos\theta_2} = \frac{2\sin\theta_2\cos\theta_1}{\sin(\theta_1+\theta_2)}, \\ r_s &= \left(\frac{E_{0r}}{E_{0e}}\right)_s = \frac{n_1 \cdot \cos\theta_1 - n_2\cos\theta_2}{n_1\cos\theta_1 + n_2\cos\theta_2} = -\frac{\sin(\theta_1-\theta_2)}{\sin(\theta_1+\theta_2)}. \end{aligned} \tag{4.180}$$

Entsprechend lauten für die parallele Polarisation (TM) die Zusammenhänge:

$$\begin{aligned} t_p &= \left(\frac{E_{0t}}{E_{0e}}\right)_p = \frac{2n_1 \cdot \cos\theta_1}{n_2\cos\theta_1 + n_1\cos\theta_2} = \frac{2\sin\theta_2\cos\theta_1}{\sin(\theta_1+\theta_2)\cos(\theta_1-\theta_2)}, \\ r_p &= \left(\frac{E_{0r}}{E_{0e}}\right)_p = \frac{n_2 \cdot \cos\theta_1 - n_1\cos\theta_2}{n_2\cos\theta_1 + n_1\cos\theta_2} = \frac{\tan(\theta_1-\theta_2)}{\tan(\theta_1+\theta_2)}. \end{aligned} \tag{4.181}$$

Bei Erstellung der Gleichungen nach dem zweiten Gleichheitszeichen wurde das Snelliussche Brechungsgesetz und das Additionstheorem genutzt. Die berechneten Amplitudenkoeffizienten r_i, t_i für die Stoffpaarung Licht von Luft in Glas (a) und Licht von Glas in Luft (b) sind in den Abb. 4.54a, b als Funktion des Eintrittswinkels dargestellt.

Betrachtet man den senkrechten Einfall von Licht auf die Grenzfläche zwischen Medien 1 und 2, so ist der Einfallswinkel $\theta_1 = \theta_2$. Für den Amplitudenreflexionskoeffizienten r_s bzw. r_p ergibt sich dann:

$$r_s = \left(\frac{E_{0r}}{E_{0e}}\right)_s = \frac{n_1 - n_2}{n_1 + n_2} = -r_p = \left(\frac{E_{0r}}{E_{0e}}\right)_p . \tag{4.182}$$

Unter Verwendung, dass die Intensität I proportional zum Quadrat der Amplitude des elektrischen Feldes E ist, kann man die Intensität des an der Grenzfläche reflektierten Anteils berechnen. Beim senkrechten Übergang sichtbaren Lichts von Luft ($n_1 = 1$) auf Quarzglas ($n_2 = 1.46$) wird demnach 3.5 % der einfallenden Intensität unabhängig von der Polarisation reflektiert.

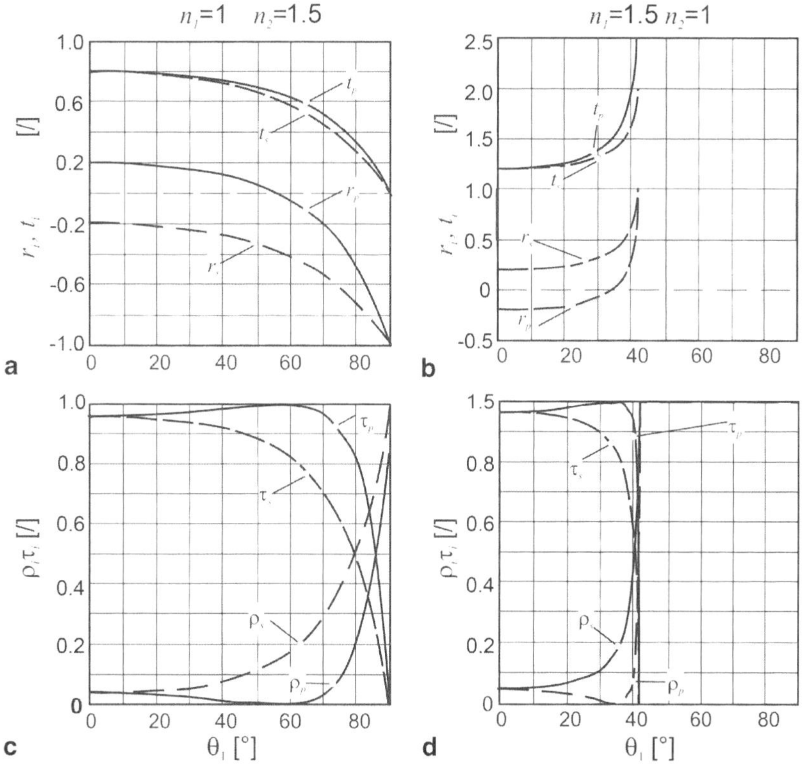

Abb. 4.54 Berechnete Amplitudenverhältnisse r_i, t_i (*oben*) und Reflexions-/Transmissionsvermögen ρ_i, τ_i (*unten*) für die Grenzfläche Luft ($n = 1$) und Glas ($n = 1.5$). Auf Grenzfläche mit dem Winkel θ_1 einfallendes Licht von der Luftseite (**a**, **c**) und von der Glasseite (**b**, **d**).

Aus den Abb. 4.54a und b wird ersichtlich, dass es Amplitudenkoeffizienten für die Transmission wie auch die Reflexion gibt, die ein negatives Vorzeichen haben. Hier tritt physikalisch ein Phasensprung der Welle um 180° auf (180° = π). Der Amplitudenreflexionskoeffizient r_p besitzt einen Nulldurchgang, daher wird das parallel zur Einfallsebene polarisierte Licht vollständig gebrochen und nur der senkrecht zur Einfallsebene polarisierte Anteil wird reflektiert. Eine Analyse der Gl. (4.181b) zeigt, dass für diesen Fall gelten muss:

$$r_p = -\frac{\tan(\theta_1 - \theta_2)}{\tan(\theta_1 + \theta_2)} = 0 \rightarrow \theta_1 + \theta_2 = 90°. \tag{4.183}$$

Das heißt, der unter dem Winkel (θ_2) gebrochene Strahl steht senkrecht auf dem reflektierten Strahl.

Würde auch parallel zur Einfallsebene polarisiertes Licht reflektiert, so ergäbe dies eine longitudinal schwingende Lichtwelle. Auf Grund der Eigenschaften des elektromagnetischen Felds kann eine solche nicht existieren, da zum Beispiel in Richtung der Dipolachse keine Abstrahlung erfolgen kann. Physikalisch bewirkt der eintreffende Lichtstrahl eine

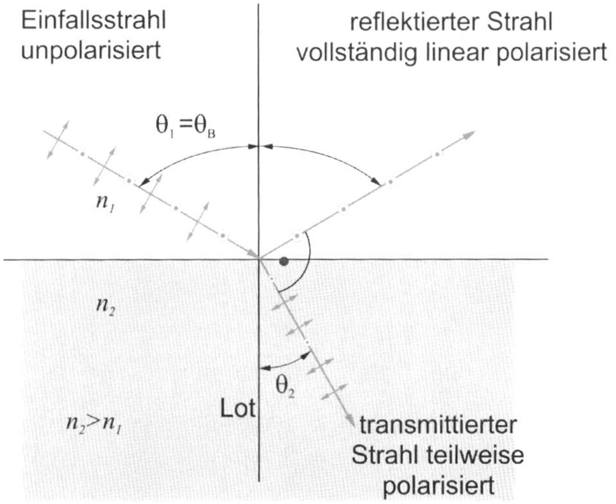

Abb. 4.55 Schemaskizze zur Erklärung des Brewster-Winkels θ_B

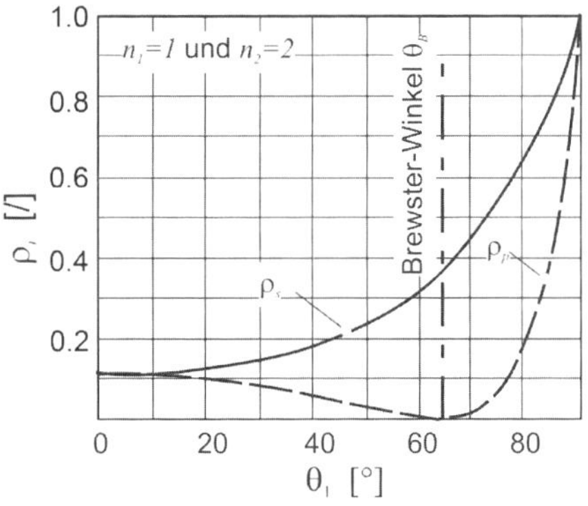

Abb. 4.56 Lage des Brewster-Winkels beim Übergang von einem optisch dünneren ($n_1 = 1$) in ein dichteres Medium ($n_2 = 2$) und berechnetes Reflexionsamplituden als Funktion des Einfallswinkels θ_1

Anregung der Elektronen des Materials, die zu einer Schwingung führt, die als Verschiebungspolarisation bezeichnet wird. Es entsteht dadurch eine Ansammlung von atomaren Dipolen, die in Polarisationsrichtung schwingen und dadurch Sekundärwellen ausstrahlen. Ein Einsetzen des Zusammenhangs (4.183) in das Snelliusche Brechungsgesetz (Gl. 4.170) liefert für den als Brewster-Winkel θ_B bezeichneten Winkel folgende Winkelbeziehung.

$$\theta_B = \arctan\left(\frac{n_2}{n_1}\right). \tag{4.184}$$

Damit ergibt sich für Licht, das parallel zur Einfallsebene polarisiert ist und mit dem Brewster-Winkel θ_B einfällt, dass keine Reflexion auftritt (vergl. auch Abb. 4.55).

Das Licht dringt vollständig durch die Oberfläche. Licht mit senkrechter Polarisation hingegen wird auch teilweise reflektiert, wie der Abb. 4.56 zu entnehmen ist. Das reflektierte Licht ist aber vollständig linear polarisiert.

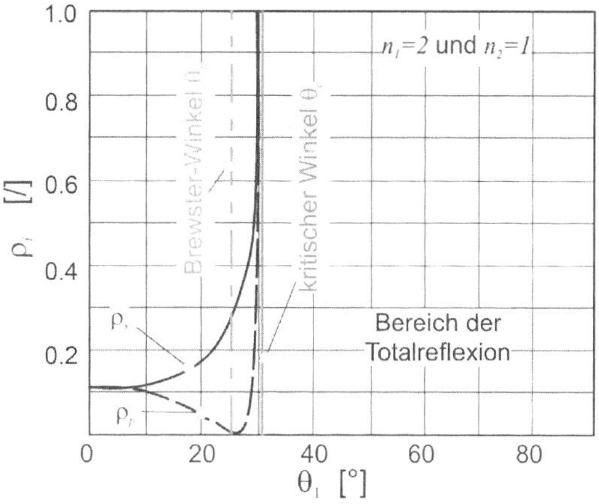

Abb. 4.57 Reflexionsamplituden in beide Richtungen beim Übergang von Licht von einem optisch dichteren Medium ($n_1 = 2$) in ein dünneres ($n_2 = 1$), sowie Lage des Brewster Winkels und des kritischen Winkels

Tritt Licht von einem optisch dichteren Medium in ein optisch dünneres ein, also ist $n_1 > n_2$, so werden ab einem bestimmten Winkel die Amplitudenverhältnisse komplex. Ab diesem kritischen Grenzwinkel θ_c, (vergl. Gl. 4.171), tritt die Totalreflexion auf, vergl. Abbildung 4.57. Für die Paarung Glas ($n_1 = 1.5$)$\rightarrow$ Luft ($n_2 = 1$) beträgt der Brewster Winkel $\theta_B = 33.7°$ und der Winkel für die Totalreflexion beträgt $\theta_c = 41.8°$.

Bisher wurden lediglich Amplitudenkoeffizienten betrachtet. Viel wichtiger ist in der Anwendung die Änderung der relativen Intensität beim Durchtritt durch die Grenzfläche. Die Energie, die die einfallende Strahlung auf eine Grenzfläche einstrahlt I_e sowie die Energiedichte, die von der Grenzfläche reflektiert I_r wird, hängt vom Einfallswinkel entsprechend dem Kosinus des Einfallswinkels ab. Für die Reflexionskoeffizienten bzw. die Transmissionskoeffizienten von Dielektrika, die keinen Absorptionskoeffizienten haben und deren Reflexionsfaktoren reell sind, ergeben sich folgende Gleichungen für die senkrechten bzw. parallelen Komponenten:

$$\rho_i = \left(\frac{E_{0r}}{E_{oe}}\right)_i^2 = r_i^2 \quad \text{und} \quad \tau_i = \frac{n_2 \cdot \cos\theta_2}{n_1 \cdot \cos\theta_1} \cdot \left(\frac{E_{0t}}{E_{oe}}\right)_i^2 = \frac{\tan\theta_1}{\tan\theta_2} \cdot t_i^2, \tag{4.185}$$

worin i für die s- bzw. p-polarisierte Komponente steht. Ohne Absorption gilt folgende Energiestrombilanz für die einzelnen Polarisationsrichtungen:

$$\tau_s + \rho_s = 1 \quad \text{und} \quad \tau_p + \rho_p = 1. \tag{4.186}$$

Entsprechend der Fresnelschen Gleichungen wird unpolarisiertes Licht auf einer glatten Oberfläche beim Übertritt von einem Material mit dem Brechungsindex n_1 zu einem Material mit n_2 teilweise reflektiert. Geht man von diesem unpolarisiertem Licht aus, müssen die einzelnen Bestandteile getrennt nach den Anteilen parallel (p) und senkrecht (s) zur Oberfläche schwingend ermittelt werden. Postuliert man darüber hinaus zusätzlich noch, dass die Größe des senkrechten und parallelen Lichtanteils des einfallenden Strahls iden-

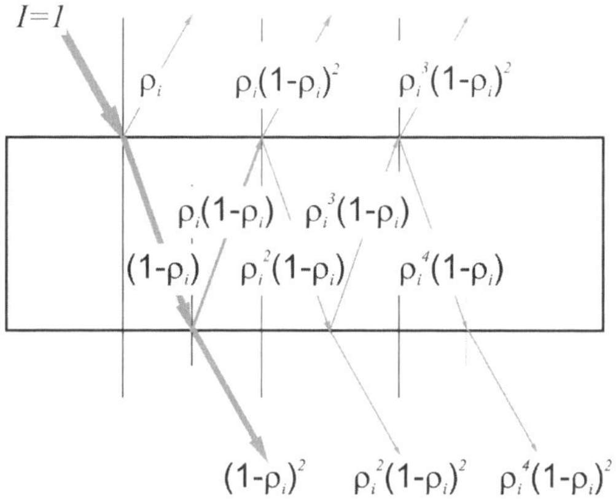

Abb. 4.58 Schemaskizze der Transmission eines Lichtstrahls an den Grenzflächen eines idealen transparenten Mediums, in dem keine Absorption erfolgt

tisch war, das heißt $(E_{0e})_s = (E_{0e})_p$, so ergibt sich für den Gesamtreflexionskoeffizienten ρ folgende Beziehung:

$$\begin{aligned}\rho &= \frac{I_r}{I_e} = \frac{E_r^2}{E_{0e}^2} = \frac{E_{rs}^2 + E_{rp}^2}{E_{0es}^2 + E_{0ep}^2} = \frac{E_{rs}^2 + E_{rs}^2}{2E_{0es}^2} \\ &= \frac{1}{2}(r_s^2 + r_p^2) = \frac{1}{2}\left(\frac{\sin^2(\theta_1 - \theta_2)}{\sin^2(\theta_1 + \theta_2)} + \frac{\tan(\theta_1 - \theta_2)}{\tan(\theta_1 + \theta_2)}\right).\end{aligned} \tag{4.187}$$

Strahlt Licht senkrecht auf eine Platte, womit $\theta_1 = 0°$ ist, so ergibt sich für den Reflexionskoeffizienten ρ der Zusammenhang:

$$\rho(\theta_1 = 0) = \left(\frac{n_1 - n_2}{n_1 + n_2}\right)^2. \tag{4.188}$$

Fällt beispielsweise sichtbares unpolarisiertes Licht senkrecht auf die Grenzfläche Luft ($n_1 = 1$) zu Quarzglas ($n_1 = 1.46$), so wird entsprechend der Gl. (4.188) der Anteil von 3.5 % der einfallenden Intensität unabhängig von der Polarisation reflektiert.

4.5.3 Transmission und Reflexion in transparenten Medien

Beim Übergang eines Lichtstrahls von einem Medium in einen transparenten Körper erfolgt eine Vielzahl von Reflexionen. Darin wird der einfallende Strahl an der oberen Eintrittsgrenzfläche teilweise reflektiert während ein anderer Teil die Scheibe in Richtung der zweiten Grenzfläche durchdringt. Dort am Austritt aus dem transparenten Medium wird der Lichtstrahl erneut an der Grenzfläche teilweise reflektiert. Der an der Grenzfläche nicht reflektierte Teil verlässt die Scheibe. Dieser Vorgang pflanzt sich beliebig oft fort (vergl. Abb. 4.58). Eine Energiebilanz, die eine teilweise Absorption an der Grenzfläche nicht berücksichtigt, liefert an jeder Grenzfläche, dass für die Reflexionen und Transmissionen die Bedingungen der Gln. (4.186) für den parallelen und den senkrechten Einfall erfüllt sein müssen.

Der auf der Plattenunterseite austretende Transmissionskoeffizient τ_i in einer der beiden Richtungen ergibt sich dann als Summe der einzelnen durchtretenden Anteile. Da entsprechend der Gleichungen die Reflexionskoeffizienten ρ_i kleiner als 1 sind, sinkt mit jeder Reflexion der transmittierte Energieanteil. Es ergibt sich für den Transmissionskoeffizienten τ_i folgender Zusammenhang:

$$\tau_i = (1-\rho_i)^2 \sum_{j=0}^{\infty} \rho_i^{2j} = \frac{1-\rho_i}{1+\rho_i}, \tag{4.189}$$

worin i die Variable für den senkrechten (s) und den parallelen (p) Anteil darstellt.

Bei einfallendem unpolarisiertem Licht ergibt sich unter Nutzung von Gl. (4.187) für den Transmissionskoeffizienten τ das nachstehende Ergebnis:

$$\tau = 1-\rho = 1-\frac{1}{2}(r_s^2+r_p^2) = \frac{1}{2}[(1-r_s^2)+(1-r_p^2)] = \frac{1}{2}(t_s^2+t_p^2), \tag{4.190}$$

in der r_s und r_p die Amplitudenreflexionskoeffizienten und t_s beziehungsweise t_p die Amplitudentransmissionskoeffizienten sind. Unter der Annahme einer ursprünglich unpolarisierten Einstrahlung auf die transparente Scheibe ergibt sich für den Gesamttransmissionskoeffizienten, der beide Richtungen beinhaltet:

$$\tau = \frac{1}{2}\left[\frac{1-\rho_p}{1+\rho_p}+\frac{1-\rho_s}{1+\rho_s}\right]. \tag{4.191}$$

Ein fundamentales Ergebnis dieser Betrachtung ist, dass der Durchtritt unpolarisierten Lichts selbst durch eine ideale Glasscheibe ohne jegliche Absorption zu einer winkelabhängigen Intensitätsschwächung führt. Um die Größe dieses Effektes zu illustrieren, soll der Lichtdurchtritt aus der Luft ($n_1=1$) durch eine konventionelle Glasscheibe mit dem Brechungsindex $n_2=1.526$ unter dem Winkel $\theta_1=0°$ (senkrechter Einfall) und dem Winkel $\theta_1=60°$ betrachtet werden. Der Reflexionsgrad an der ersten Luft in Glas Grenzfläche liefert beim senkrechten Einfall entsprechend der Gl. (4.188) das Ergebnis:

$$\rho(\theta_1=0°) = \frac{1}{2}(r_s^2+r_p^2) = \left(\frac{n_1-n_2}{n_1+n_2}\right)^2 = 0.04336. \tag{4.192}$$

Bei einer gegebenen Brechzahl ergibt sich aus Gl. (4.178) der Austrittwinkel $\theta_2=37.57°$; damit können entsprechend der Gln. (4.180)a bzw. (4.181) a die entsprechenden Amplitudenreflexionsamplituden ermittelt werden. Bei einer Einstrahlung unter dem Winkel $\theta_1=60°$ erhält man einen Reflexionskoeffizienten von:

$$\rho(\theta_1=60°) = \frac{1}{2}(r_s^2+r_p^2) = \frac{1}{2}\left[\left(-\frac{\sin(\theta_1-\theta_2)}{\sin(\theta_1+\theta_2)}\right)^2+\left(\frac{\tan(\theta_1-\theta_2)}{\tan(\theta_1+\theta_2)}\right)^2\right] = 0.075523. \tag{4.193}$$

Damit wird bei einem Winkel von $\theta_1 = 60°$ bereits ein Anteil von 7.5 % der einfallenden Strahlungsintensität reflektiert, während nur ungefähr 92 % die Scheibe passieren und für einen Absorber zur Umsetzung in thermische Energie zur Verfügung stehen.

Ein analoges Vorgehen lässt sich auch für den Fall mehrerer parallel zueinander angeordneter Scheiben durchführen. Sofern keine Absorption innerhalb der Scheiben erfolgt, kann man folgende Gleichung ableiten:

$$\tau = \frac{1}{2}\left[\frac{1-\rho_p}{1+(2N-1)\rho_p} + \frac{1-\rho_s}{1+(2N-1)\rho_s}\right]. \tag{4.194}$$

Betrachtet man beispielsweise erneut den senkrechten Einfall von Licht ($\theta_1 = 0°$) aus der Luft auf eine Doppelscheibe, so erhält man für den für den Transmissionskoeffizienten:

$$\tau(\theta = 0) = \frac{1}{2}\left[\frac{1-\rho_p}{1+\rho_p} + \frac{1-\rho_s}{1+(2N-1)\rho_s}\right] = \frac{1}{2}\left[\frac{1-0}{1+0} + \frac{1-\rho_s(\theta = 0)}{1+3\cdot\rho_s(\theta = 0)}\right] = 0.85. \tag{4.195}$$

Die bedeutet bereits einen Intensitätsverlust von ca. 15 % für ein ideales Glas ohne Absorption. Eine Abweichung des Eintrittswinkels vom senkrechten Eintritt führt zu einem weiteren Lichtintensitätsverlust. Bei einem Einfallswinkel von $\theta_2 = 37.57°$ ergibt sich für zwei Scheiben ohne jegliche Absorption nur noch ein Gesamttransmissionskoeffizienten von $\tau(\theta_1 = 60°) = 0.76$. Das Ergebnis der Betrachtung idealer Glasscheiben zeigt, dass die nach einer Glasscheibe verfügbare Intensität sensibel bezüglich des Brechungsindexes und Einfallswinkels ist und selbst ohne Absorption bereits ein deutlicher Intensitätsverlust auftreten kann. Da die Absorption ein passiver Dämpfungsprozess ist müssen Gläser in solarthermischen Systeme eine kleine Absorption aufweisen; gleichzeitig ist auf eine möglichst senkrechte Einstrahlung zu achten. Die Abb. 4.59 stellt den Gesamttransmissionskoeffizienten τ als Funktion des Einfallswinkels θ_1 für eine unterschiedliche Anzahl parallel hintereinander angeordneter idealer absorptionsfreier Scheiben dar. Als Brechungsindex für die Gläser wurde ein Wert von $n_2 = 1.526$ angesetzt.

Im Regelfall erfolgt beim Durchtritt des Lichts durch einen Körper eine teilweise Absorption im transparenten Material selbst, wobei die Intensität des Lichtstrahls reduziert wird. Diese Schwächung (oder Extinktion) der Strahlungsintensität ist eine Funktion der Weglänge, den der Strahl durch das Material zurücklegt. An den Grenzflächen des Materials tritt erneut eine Reflexion und eine Transmission wie im idealen Fall auf. Die im transparenten Körper beim Durchlaufen des Strahls absorbierte Intensität i kann in folgender Weise beschrieben werden:

$$\frac{di}{dx} = -\mu \cdot i(x), \tag{4.196}$$

in der μ der vom Material abhängige Absorptionskoeffizient ist. Der Absorptionskoeffizient wird oft auch als Extinktionskoeffizient bezeichnet. Er hängt wesentlich von der Kon-

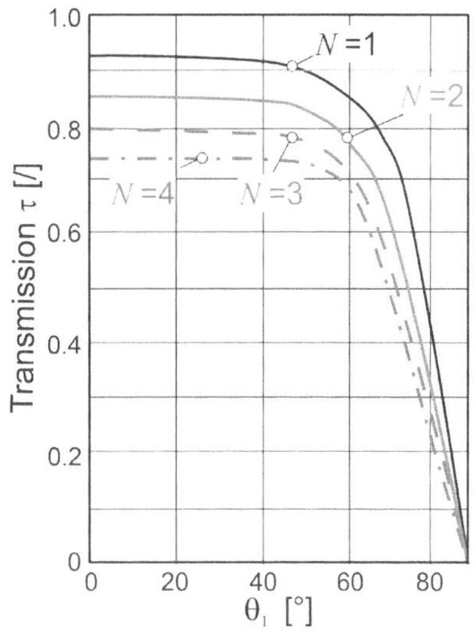

Abb. 4.59 Berechneter idealer Transmissionskoeffizient τ (ohne Absorption $\mu = 0$) als Funktion des Eintrittswinkels θ_1 für eine unterschiedliche Anzahl N parallel angeordneter Scheiben für die Paarung Luft ($n_1 = 1$) und Quarzglas ($n_2 = 1.526$)

zentration der absorbierenden Substanz im transparenten Medium c_k und dem molaren, wellenlängenabhängigen Extinktionskoeffizienten ε_λ aller im transparenten Körper enthaltenen Elemente ab. Damit ist der Extinktionskoeffizient eine Funktion beider Größen und es gilt für $\mu = f(c_k, \varepsilon_\lambda)$.

Im Gegensatz zur Farbdispersion bei der Brechung ist die Abhängigkeit ε_λ von der Wellenlänge nicht durch ein physikalisches Gesetz beschreibbar. Die Abhängigkeit von λ wird durch die molekularen Eigenschaften der absorbierenden Substanz bestimmt. Farbige Substanzen zeigen meist auf der Skala der Wellenlängen ein oder mehrere definierte Absorptionsmaxima. Andere Farbstoffe zeigen eine mit der Wellenlänge im sichtbaren Bereich kontinuierlich zunehmende oder abnehmende Extinktion. Diese Eigenschaften basieren auf der Molekülstruktur (insbesondere der Elektronenkonfigurationen in den Molekülen). Dies wird in der chemischen Analytik genutzt, worin viele Substanzen aufgrund ihrer spezifischen spektralen Extinktionsverläufe direkt identifiziert und quantitativ gemessen werden können, wie beispielsweise Chlorophyll und Hämoglobin. Farblose Substanzen werden einer speziellen Nachweisreaktion ausgesetzt, die zu einer Farbstoffbildung führen, womit der qualitative und quantitative Nachweis der betreffenden Substanz möglich ist. Eine Nutzung erfolgt hier in der Wasseranalytik zur Bestimmungen von Nitrit, Nitrat, Ammonium und Phosphat. Jeder der Nachweise wird bei der Wellenlänge der maximalen spezifischen Extinktion geführt, da hierbei die größte Messempfindlichkeit erzielbar ist.

Zur Quantifizierung der Abschwächung soll zunächst die Abb. 4.60 betrachtet werden. Dort trifft ein Strahl der Intensität i_0 unter einem Eintrittswinkel θ_1 auf eine Glasscheibe. Unter Annahme eines homogenen isotropen transparenten Körpers mit konstantem Extinktionskoeffizienten μ kann die Gl. (4.196) über die Scheibendicke d integriert werden

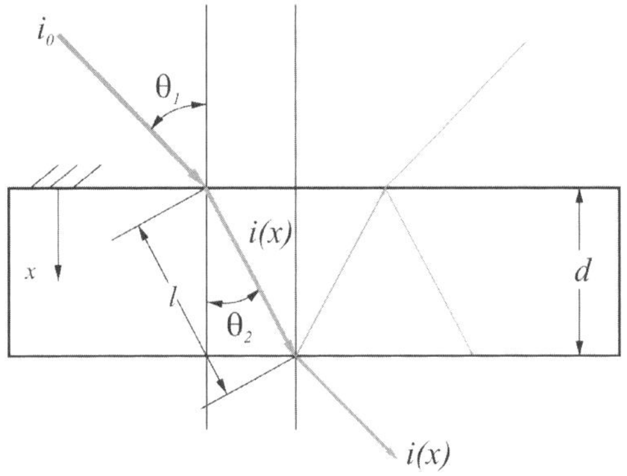

Abb. 4.60 Schemaskizze zur Ableitung der Transmission mit Absorption

und man erhält für den einmaligen Durchlauf des Strahls durch die Platte folgendes Ergebnis für die Intensität:

$$i(x = d) = i_0 \cdot (1 - \rho_i)^2 \cdot \exp\left(-\mu \cdot \frac{d}{\cos\theta_2}\right). \tag{4.197}$$

Der Faktor $(1-\rho_i)^2$ beschreibt den Ein- und Austritt aus dem Material und die Exponentialfunktion die Lichtabsorption entlang des Laufweges. Der Index i steht für die parallele und die senkrechte Reflexion im Material. Da im Material eine Vielzahl von Reflexionen auftreten, ergibt sich die aus der Scheibe austretenden Gesamtintensität i_τ zu:

$$i_\tau(x = d) = i_0 \cdot (1 - \rho_i)^2 \cdot \exp\left(-\mu \cdot \frac{d}{\cos\theta_2}\right) \cdot \sum_{j=1}^{j\to\infty} \left[\rho_i^2 \exp\left(-2\mu \cdot \frac{d}{\cos\theta_2}\right)\right]^j. \tag{4.198}$$

Wenn der transparente Körper nur wenig reflektiert, d. h. ρ_i klein ist ($\rho_i \ll 1$, Achtung ρ_i hängt vom Winkel θ_1 ab), und auch nur gering absorbiert ($\mu \to 0$), strebt der Exponentialausdruck gegen 1. Ist darüber hinaus der senkrechte und der parallele Reflexionskoeffizient ungefähr gleich, was bei unpolarisierter Einstrahlung beispielsweise des Sonnenlichts gegeben ist, d. h. $\rho_s \approx \rho_p$, so erhält man für die Intensität des ausgehenden (transmittierten) Strahls i_τ:

$$i_\tau(x = d) = i_0 \cdot \frac{(1 - \rho)}{(1 + \rho)} \cdot \exp\left(-\mu \cdot \frac{d}{\cos\theta_2}\right). \tag{4.199}$$

Die Lösung der exponentiellen Abschwächung der Intensität gehorcht damit dem Lambert-Beer Gesetz, das bereits im Kap. 2 im Zusammenhang mit der Absorption in der Atmosphäre diskutiert wurde (vergleiche Gl. 2.17). Der Transmissionskoeffizient im Falle der Absorption τ verringert sich gegenüber dem idealen Fall um den Exponentialausdruck $\exp(-2\ \mu d/\cos\theta_2)$. Ein analoges Vorgehen für N parallel hintereinander angeordneter

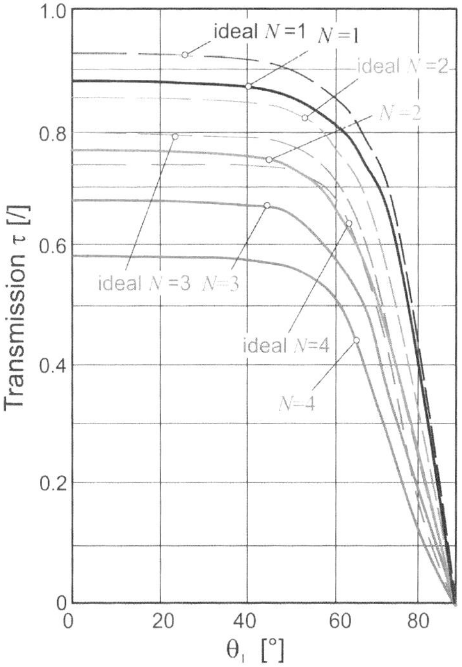

Abb. 4.61 Berechneter Transmissionskoeffizient τ_a als Funktion des Eintrittswinkels θ_1 für eine unterschiedliche Anzahl N parallel hintereinander angeordneter Scheiben Luft-Quarzglas ($n_1 = 1$, $n_2 = 1.526$) unter Annahme einer Absorption $(\mu d) = 0.05$ (1/m). Die jeweiligen Verläufe einer idealen Glasscheibenanordnung $(\mu d) = 0$ zeigen die gestrichelten Linien

Scheiben lässt sich ebenso wie für den Fall ohne Absorptionsverluste durchführen, so dass für τ_a und τ_{aN} folgende Ergebnisse erzielt werden:

$$\tau = \underbrace{\frac{(1-\rho)}{(1+\rho)}}_{\text{Re exion}} \cdot \underbrace{\exp\left(-\mu \cdot \frac{d}{\cos\theta_2}\right)}_{\text{Absorption}} \quad \text{bzw.} \quad \tau_N = \left(\frac{1-\rho}{1+\rho}\right)^N \cdot \exp\left(-N \cdot \mu \cdot \frac{d}{\cos\theta_2}\right). \tag{4.200}$$

Der in Gl. (4.200) definierte Transmissionskoeffizient setzt sich aus einem Reflexionsanteil τ_ρ und einem reinem Absorptionsanteil τ_a zusammen und gilt lediglich für kleine Absorptionskoeffizienten. Oft ist es in der Literatur gebräuchlich beide Terme multiplikativ zu verbinden, damit Absorption von der Reflexion getrennt ist, d. h. $\tau = \tau_\rho \cdot \tau_a$.

Die Absorption im Glas führt zu einer deutlichen Absenkung der Transmissionsintensität. Wählt man beispielsweise erneut die Materialpaarung Luft und Quarzglas ($n_2 = 1.526$) und setzt für die Absorption $(\mu d) = 0.05$ (1/m) an, so reduziert sich die Intensität des Lichts nach dem Durchtritt durch die Scheibe mit Berücksichtigung der Absorption und bei senkrechter Einstrahlung ($\theta_1 = 90°$) von 93 % auf 88 %. Die Abb. 4.61 zeigt diese Reduktion des Transmissionskoeffizienten als Funktion des Eintrittswinkels θ_1 bei mehreren hintereinander platzierten Scheiben für den idealen Fall und unter Berücksichtigung der Absorption. Aus der Abbildung geht deutlich hervor, dass bereits bei zwei hintereinandergeschalteten Scheiben mit Berücksichtigung Absorption von $(\mu d) = 0.05$ die Intensität hinter der

Abb. 4.62 Effektiver mittlerer Auftreffwinkel θ_{i1} der diffusen Einstrahlung auf eine um den Winkel β geneigten Fläche und einer isotrop vom Boden reflektierten Strahlung

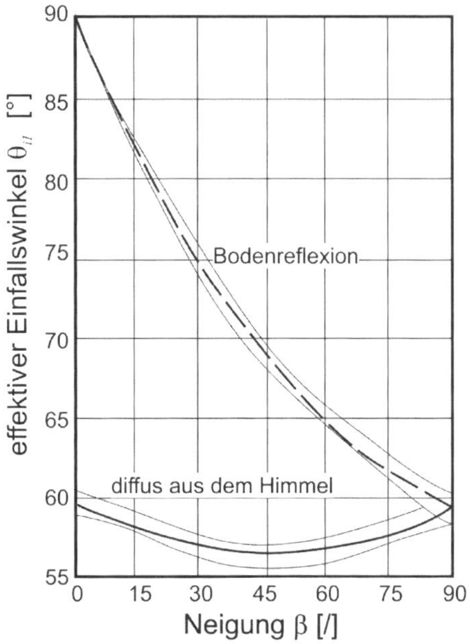

Scheibe einen Wert annimmt, der in der Größenordnung von vier idealen hintereinander angeordneten Glasscheiben entspricht. Dies verdeutlicht, dass selbst ein geringer Anteil an Reflexionen und Absorption zu einem erheblichen Intensitätsverlust führen kann. Dieser Intensitätsverlust steht einem Absorber nicht mehr zur Nutzung zur Verfügung.

Entsprechend der Definition des Absorptionskoeffizienten α, der als Verhältnis der absorbierten Intensität im Vergleich zur gesamten einfallenden Strahlung definiert ist, erhält man die Relation:

$$\alpha = \frac{i_{absorption}}{i_i - i_{\text{Reflexion}}} = \frac{i_0 - i_\tau}{i_0} = 1 - \exp\left(-\mu \cdot \frac{d}{\cos\theta_2}\right) = 1 - \tau_a. \qquad (4.201)$$

worin τ_a der Absorptionskoeffizient ohne Berücksichtigung des Reflexionsanteils ist. Aus dem Energiegleichgewicht ergab sich bereits $\alpha + \tau + \rho = 1$, so dass sich für den Reflexionsgrad folgende Beziehung ergibt:

$$\rho = 1 - \alpha - \tau = \tau_a - \tau = \tau_a(1 - \tau_\rho). \qquad (4.202)$$

Diese Formalismen gelten für die gerichtete Strahlung.

Die Transparenz diffuser Strahlung errechnet sich aus der Integration über alle Raumwinkel. Zur Vereinfachung wird im Regelfall für die Berechnung von Gläsern von einer isotropen, diffusen Strahlung ausgegangen, die unter einem mittleren Einfallswinkel θ_{i1} einfällt und die um den Winkel β gegenüber dem Boden geneigt ist. Die Abb. 4.62 zeigt diesen mittleren effektiven Einfallswinkel θ_{i1} als Funktion des Neigungswinkels β. Hierbei ergeben sich für den mittleren Einfallswinkel aus der diffusen Einstrahlung aus der Luft bzw. für die am Boden reflektierte Strahlung die in den Gl. (4.203) angegebenen approximierten Beziehungen. Die Beziehungen, die gestrichelt dort eingetragen sind, geben die gefüllt dargestellten Messwerte mit hinreichender Genauigkeit wieder.

$$\begin{aligned} \theta_{i\,1} &= 59.7 - 0.1388 \cdot \beta + 0.001497 \cdot \beta^2 \quad \text{(Himmel diffus) [°]} \\ \theta_{i\,1} &= 90 - 0.5788 \cdot \beta + 0.002693 \cdot \beta^2 \quad \text{(Bodenreflexion) [°]} \end{aligned} \,. \tag{4.203}$$

4.5.4 Ursachen der Absorption und Reflexion in transparenten Medien

Im vorangegangenen Abschnitt wurde der Zusammenhang zwischen Absorption, Reflexion und Transmission erarbeitet ohne auf die materialtechnischen Eigenschaften näher einzugehen, die dieses Verhalten maßgeblich bestimmen. In diesem Zusammenhang konnte im Zusammenhang mit der Diskussion des Kirchhoffschen Gesetzes gezeigt werden (Kap. Kirchhoff'sches Strahlungsgesetz 4.4.2 bis 4.4.3), dass Metalle ein hohes Reflexionsvermögen aber ein geringes Absorptionsvermögen besitzen.

Jeder Körper kann elektromagnetische Strahlung absorbieren. Der Absorptionsgrad ist von seiner elektronischen Struktur abhängig. Bei Festkörpern sind die äußeren Elektronen nicht mehr fest an die Atome des Festkörpers gebunden, sondern können sich in Elektronenbändern frei bewegen. Wichtig für die Absorption sind zwei Bänder:

- das Valenzband und
- das Leitungsband.

Die Einteilung von Stoffen in Bändermodelle wird hierin mit Hilfe der Quantenmechanik beschrieben.

Am Temperaturnullpunkt ist das Valenzband das höchste vollständig besetzte Energieband. Energetisch darüber liegende, unbesetzte oder teilweise besetzte Banden werden als Leitungsbanden bezeichnet. Bei Halbleitern und Isolatoren (Dielektrika) liegt zwischen beiden Bändern ein verbotener Bereich, der Bandlücke genannt wird. Die elektrische wie thermische Leitfähigkeit des Feststoffes hängt zum einen davon ab, ob das Leitungsband am Nullpunkt besetzt, teilweise besetzt oder unbesetzt ist, und zum anderen davon, welche Temperatur der Kristall besitzt. Ein voll besetztes Band trägt, genau wie ein unbesetztes Band, nicht zum Ladungstransport bei. Die Ursache dafür ist, dass Elektronen in voll besetzten Bändern keine Energie beispielsweise durch ein elektrisches Feld aufnehmen können, denn es gibt für sie keine unbesetzten Zustände mit etwas höherer Energie. Erst ein teilbesetztes Band ermöglicht im elektrischen Feld einen von Null verschiedenen Nettostrom.

Halbleiter und Isolatoren verfügen über eine Bandlücke. Da ihre Valenzbänder bei 0 K voll besetzt sind, ist kein elektrischer Ladungstransport möglich. Führt man dem Material durch Temperaturerhöhung oder Lichteinstrahlung ausreichend Energie zu, können Elektronen die Bandlücke überwinden und ins Leitungsband angehoben werden. Auf diese

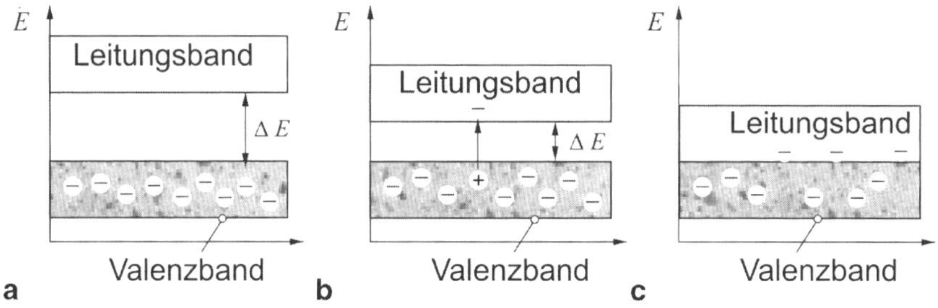

Abb. 4.63 Energiebänder in einem elektrischen Nichtleiter **a**, einem Halbleiter **b** und einem Metall **c**

Weise kann ein unbesetztes Leitungsband teilbesetzt werden. Diese Elektronen und die im Valenzband zurückbleibenden Löcher tragen beide zur Leitfähigkeit des elektrischen Stroms bei.

Entsprechend dieser Vorstellung haben Isolatoren wie Gläser ein unbesetztes Leitungsband und eine sehr große Bandlücke ($\Delta E > 3$ eV, siehe Abb. 4.63a). Bei Raumtemperatur und auch bei deutlich höheren Temperaturen können in ihnen nur wenige Elektronen mit Hilfe thermischer Anregung vom Valenz- ins Leitungsband überführt werden. In der Folge haben sie einen hohen elektrischen Widerstand. Das Leitungsband kann aber teilweise gefüllt werden, indem Elektronen aus dem Valenzband durch Lichtabsorption die Energielücke zwischen Valenz- und Leitungsband überwinden. Dazu ist Licht mit einer Energie notwendig, die eine bestimmte untere Grenze überschreitet, die gerade durch die Größe der Energielücke gegeben ist.

Ähnlich wie bei den Isolatoren liegen die Verhältnisse bei einem Halbleiter, jedoch ist die Bandlücke hier relativ klein, typischerweise ($1\text{eV} < \Delta E < 3\text{eV}$, vergleiche hierzu Abb. 4.63b), so dass diese durch thermische oder optische Energiezufuhr leichter überwunden werden kann. Ein Elektron kann ins Leitungsband angehoben werden und ist hier frei beweglich. Zugleich hinterlässt es im Valenzband eine Lücke, die durch benachbarte Elektronen aufgefüllt werden können. Halbleiter besitzen daher ausgeprägte Absorptionsbanden mit einer scharfen Kante bei einer maximalen Wellenlänge. Aber auch hier gilt: Bildet der Halbleiter mit der Luft eine ideale Grenzfläche, so ist sein Reflexionsvermögen bei solchen Wellenlängen besonders groß, für die er einen großen Absorptionskoeffizienten (Extinktionskoeffizienten) μ besitzt.

Die Abb. 4.64 illustriert diese Abhängigkeit des Absorptionskoeffizienten μ verschiedener Halbleiter von der Wellenlänge λ im sichtbaren und im nahen Infrarotbereich.

Die Abbildung zeigt eine scharfe Abbruchkante des Absorptionskoeffizienten aller Halbleiter bei Überschreitung einer bestimmten Wellenlänge. Um die Reflexion zu vermeiden, darf die Oberfläche nicht ideal sein. Das bedeutet, dass sich der Brechungsindex nicht sprunghaft an der Grenzfläche verändern darf, sondern stetig über eine Strecke der Größenordnung der Wellenlänge des absorbierten Lichts verläuft. Die Oberfläche einer Fotozelle bedarf einer speziellen Behandlung. Wenn die Oberfläche bei Betrachtung rot

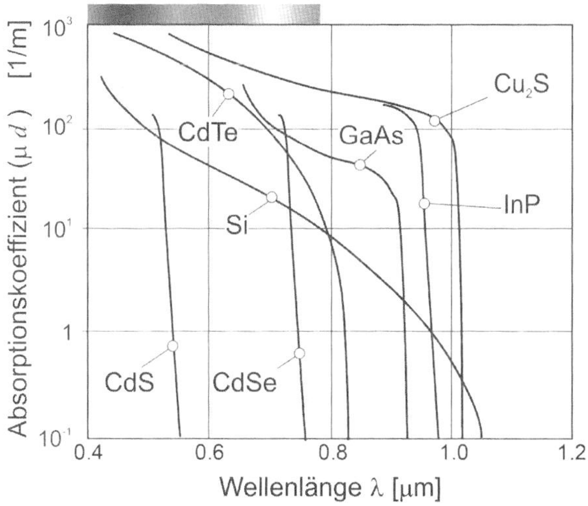

Abb. 4.64 Absorptionsbanden verschiedener Halbleiter im Bereich des sichtbaren Lichts und im nahen Infrarot als Funktion der Wellenlänge λ (McNaught und Wilkinson 1997)

aussieht, dann fehlt diese Behandlung oder sie ist ungenügend. Denn die Zelle reflektiert genau das Licht, das eigentlich absorbiert werden sollte.

In einem Metall spricht man meist nicht von Leitungs- bzw. Valenzband. Bei einwertigen Metallen ist das höchste besetzte Energieband zur Hälfte aufgefüllt, wie die Abb. 4.63c zeigt. Bei mehrwertigen Metallen überlappen sich teilweise die Energiebänder. Elektronen können daher beim Anlegen von kleinen elektrischen Feldstärken in einen höheren Energiezustand wechseln und sich damit quasi frei bewegen und zum elektrischen Stromfluss beitragen. Daher sind Metalle gute elektrische Leiter. Eine Temperaturerhöhung führt zu einer Verringerung der Leitfähigkeit, da die erhöhte Streuung der Elektronen eine niedrigere mittlere Geschwindigkeit bedingt (siehe Wiedemann-Franz-Gesetz Kap. 4.3.4). Elektronen können auch durch Lichtabsorption auf höhere Energiezustände im Leitungsband angehoben werden. Metalle sind daher im Prinzip ideale Lichtabsorber. Wenn sie aber eine ideale Oberfläche besitzen, dann wird dieses Licht an der Oberfläche fast vollständig reflektiert ($\rho \rightarrow 1$) und damit strebt der Absorptionskoeffizient gegen null ($\alpha \rightarrow 0$). Metallische Leiter mit idealen Oberflächen besitzen ein verschwindend kleines Absorptionsvermögen. Dieser Widerspruch wird dadurch aufgelöst, dass die Absorptionseigenschaften eines Körpers durch den Absorptionskoeffizienten gegeben sind, das Absorptionsvermögen aber zusätzlich durch die Eigenschaften der Oberfläche.

Die Wellenlängenabhängigkeit der Transmission ist nicht nur auf die Halbleiter beschränkt, vielmehr betrifft sie nahezu alle Dielektrika. Bei einfachen Kristallformen wie beispielsweise Rubin (Al_2O_3 mit geringen Beimengungen von Chrom) ergeben sich ausgeprägte Absorptionsbreiten, in denen die Transmission reduziert ist, wie die Abb. 4.65 illustriert.

Deutlich uneinheitlicher ist das Transmissionsverhalten konventioneller Gläser, die aus einer Vielzahl chemischer Einzelelemente bestehen. Die spektrale Abhängigkeit der Transmission wird wesentlich von der Zusammensetzung des Glases bestimmt. Bei So-

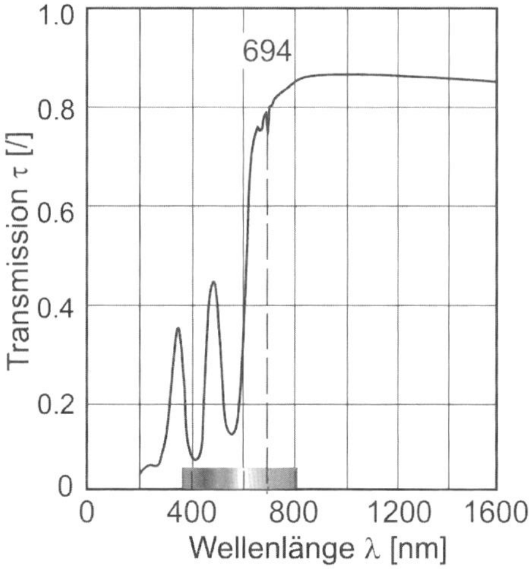

Abb. 4.65 Spektraler Transmissionsgrad von Rubin (McNaught und Wilkinson 1997)

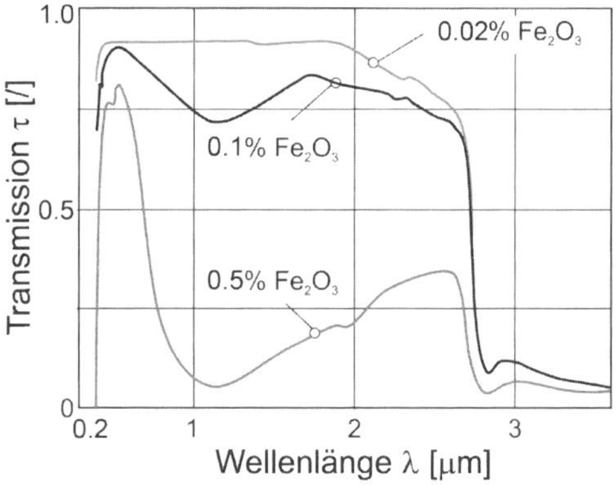

Abb. 4.66 Spektraler Transmissionsgrad von Gläsern unterschiedlichen Eisenoxidgehalts aus (Duffie und Beckman 1991)

larabdeckungen ist insbesondere eine hohe Transmission im sichtbaren Spektrum bis ins nahe Infrarot (ca. 2–3 μm) erforderlich, da in diesem Wellenlängenbereich die Intensität der solaren Einstrahlung verwertet werden muss (vergleiche Kap. 2.3.3). In diesem Wellenlängenbereich beeinflusst im Wesentlichen der Eisenoxidgehalt des Glases den Transmissionskoeffizienten. Die Abb. 4.66 zeigt den spektralen Transmissionsgrad von Gläsern unterschiedlichen Eisenoxidgehaltes. Mit abnehmendem Eisengehalt steigt die Transparenz von Glas vor allem im nahen infraroten Spektrumsteil der solaren Strahlung. Gegenüber der Wärmestrahlung, die den Wellenlängenbereich von 3 μm und darüber besetzt, ist Glas praktisch undurchsichtig. Man kann daher mit einer Infrarotkamera durch ein konventionelles Fenster kein Wärmebild erstellen. Die Abb. 4.66 zeigt, dass für eine optimale Glasabdeckung ein möglichst eisenoxidarmes Glas verwendet werden sollte. Jedoch steigen bei Eisenoxidgehalten von kleiner als 0.1 % die Herstellungskosten der Gläser erheblich an.

Oft werden Fenster nach Glasschäden mit Folien abgedeckt. Die Abb. 4.67 zeigt das spektrale Transmissionsverhalten einer Polyvinyl-Fluorid Tedlar Folie. Diese Folie zeigt

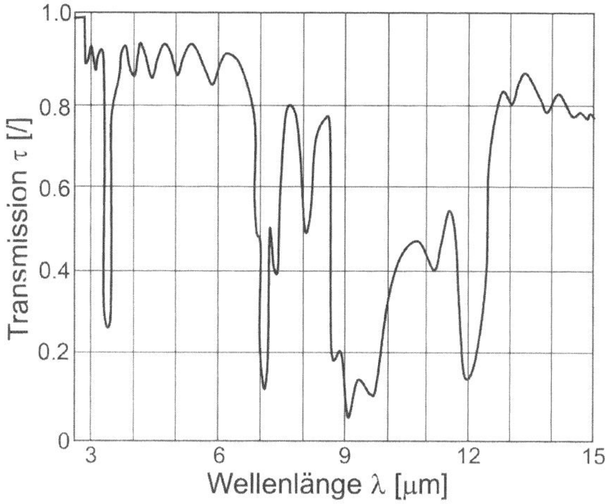

Abb. 4.67 Spektraler Transmissionskoeffizient τ einer Polyvinyl-Fluorid Tedlar Folie (Duffie und Beckman 1991)

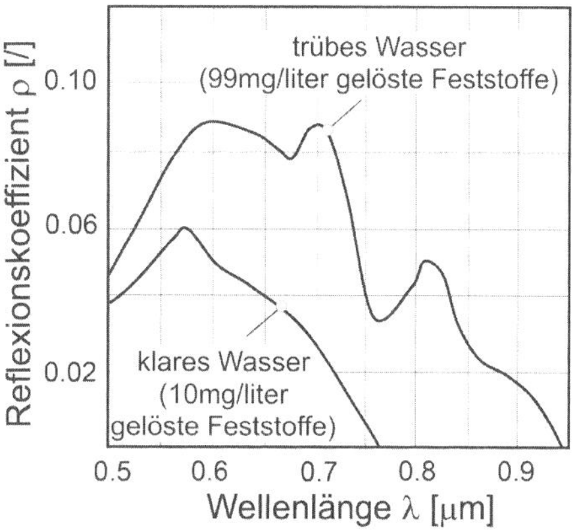

Abb. 4.68 Spektrale Reflexion klaren und trüben Wassers aus (Jarmer et al. 2005)

wie die meisten Kunststofffolien eine beträchtliche Transparenz im langwelligen Infrarotbereich. Diese Transparenz führt insbesondere bei hohen Absorbertemperaturen zu großen Strahlungswärmeverlusten. Als transparente Abdeckung für einen Kollektor ist sie daher nur wenig geeignet. Folien zeigen oft dieses nur wenig wellenlängenselektive Verhalten.

Bei der Nutzung der Solarenergie spielt nicht nur die Glasabdeckung eine Rolle, sondern auch das Umfeld, in dem der Kollektor platziert ist. Beispielsweise sinkt der Reflexionskoeffizient des Wassers monoton mit zunehmender Wellenlänge. Klare und tiefe Gewässer reflektieren nur sichtbares Licht; im Infrarotbereich ist ihr Reflexionsgrad praktisch gleich null. Mit zunehmender Trübung und abnehmender Tiefe steigt jedoch der Reflexionsgrad an, so dass trübe und seichte Gewässer im nahen Infrarot durchaus messbare Reflexionswerte aufweisen, wie die Abb. 4.68 zeigt.

Die spektrale Reflexion wird im Einzelnen durch Vorhandensein und Konzentration gelöster und suspendierter organischer und anorganischer Inhaltsstoffe bestimmt. Suspendierte Feststoffe wirken dabei als Streuer, gelöste Stoffe absorbieren selektiv. Dabei

Abb. 4.69 Spektraler Reflexionsgrad bei unterschiedlichen Chlorophyllgehalten des Wassers aus (Jarmer et al. 2005)

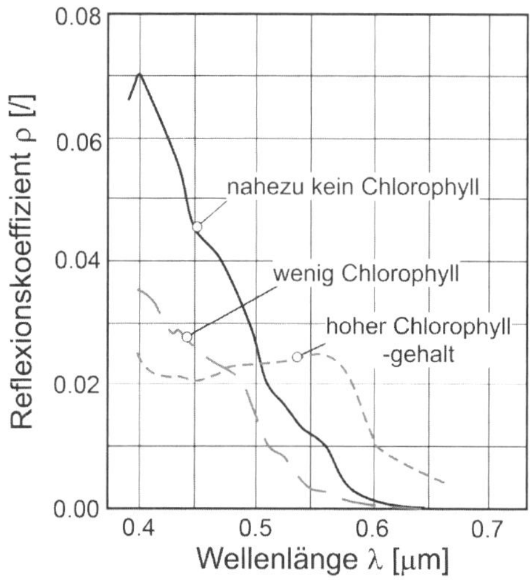

Abb. 4.70 Reflexion unpolarisierten Lichts beim Eindringen in Wasser

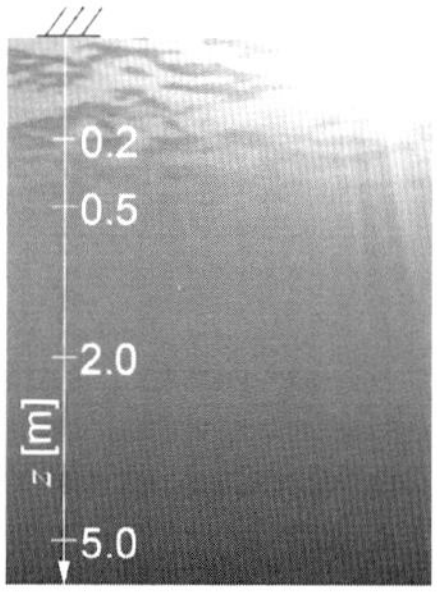

ist der Chlorophyllgehalt ein wichtiger Indikator für den Zustand von Gewässern. Die Abb. 4.69 zeigt den spektralen Reflexionsgradbei verschiedenen Chlorophyllgehalten des Wassers. Bei chlorophyllarmen Gewässern ist bei kleinen Wellenlängen die Reflexion groß und sinkt mit zunehmender Wellenlänge monoton. Ein hoher Chlorophyllgehalt hingegen zeigt eine homogene nahezu konstante Reflexion bis zu einer Wellenlänge von $\lambda \approx 550$ nm (grün) und fällt dann stark ab.

Die Abb. 4.70 zeigt eine Wasseraufnahme bis zu einer Tiefe von ca. 5 m mit einer optischen Verzerrung. Dabei werden in Wasser die längeren Wellenlängen bereits in den obersten 20 cm vom Wasserkörper absorbiert. Es ergibt sich ein relatives Energiemaximum bei 0.5 μm (Grenze blau/grün). Ab einer Tiefe von ca. zwei Metern dringt keine Strahlung mit einer Wellenlänge größer als 0.8 μm in das Wasser ein. Tiefen von ca. 20 Metern werden ausschließlich vom blauen und grünen Spektralbereich erreicht.

Aber auch andere Bodenkonfigurationen zeigen ein spezielles spektrales Verhalten, die die Fernerkundung oft nur schwer zugänglicher Bereiche der Erdoberfläche mit Hilfe von Satelliten erlaubt. Die Abb. 4.71 zeigt das unterschiedliche Spektralverhalten für trockenen Boden, Vegetation und Wasser. Deutlich zu erkennen ist, dass bei Vegetation ein hoher Anteil der einfallenden Strahlung bereits im nahen Infrarot reflektiert wird, während

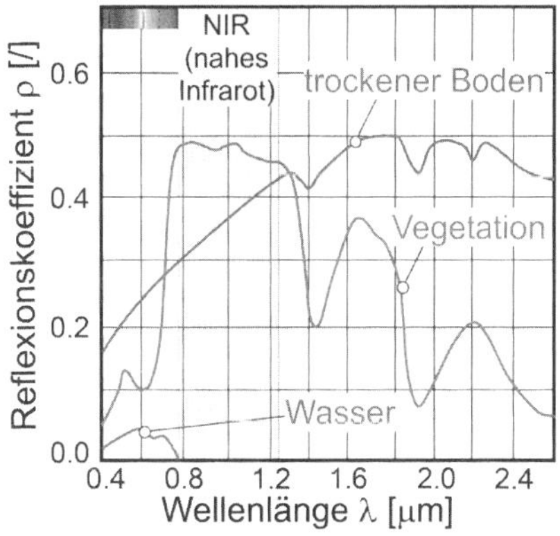

Abb. 4.71 Spektraler Reflexionsgrad unterschiedlicher Bodenformation nach (Thiemann 2000)

bei trockenem Boden das Maximum zu großen Wellenlängen hin verschoben ist. Wasser unterscheidet sich wesentlich von diesem Verhalten und zeigt lediglich ein geringes Reflexionsvermögen.

Welche Bedeutung hat nun die Umgebung auf die technische Nutzung der thermischen Solarenergie? Insbesondere bei niedrigen Sonnenständen ($h < 40°$) spielt die diffuse Streuung und damit die Umgebung bei der Gewinnung solarer Energie ein große Rolle. Durch die Einbeziehung der näheren Kollektorumgebung in eine Effizienzrechnung bei der Auslegung wie auch bei der Ausrichtung des Kollektors kann die Effizienz eines solarthermischen Systems nicht unerheblich verbessert werden.

4.5.5 Technische Manipulation des Strahlungstransports in transparenten Körpern

Beim Übergang elektromagnetischer Wellen durch die Grenzfläche zwischen zwei Medien mit unterschiedlichem Brechungsindex wird in den meisten Fällen ein Teil der Strahlung reflektiert. Für den Übergang $n_1 < n_2$ (mit n_1 als Umgebungsmedium Luft und n_2 als Substratmaterial) gilt, je größer der Brechzahlunterschied und je größer der Einfallswinkel θ_1, desto mehr Strahlung des einfallenden Lichtes wird an der Grenzfläche reflektiert. Wie man an dem Beispiel ohne Absorption gesehen hat, ergibt sich bei einer Paarung $n_2/n_1 = 1.5/1$ bei senkrechter Einstrahlung eine Reflexion bei senkrechtem Einfall ($\theta_1 = 0°$) von 4 % und bei $\theta_1 = 60°$ bereits von 9 %, also ein mehr als doppelt so großer Reflexionsverlust.

Für eine Vielzahl von optischen Systemen ist es wünschenswert die auftretende Reflexion zu verringern. Im Fall des Kollektors sollte die Intensitätsschwächung des einfallenden Strahls durch die Glasabdeckung möglichst gering gehalten werden. Aber auch in anderen Bereichen sind die Reflexionen störend. Mit Hilfe von Antireflexionsschichten können zum Beispiel bei Brillengläsern und Abdeckungen störende Reflexe vermindert werden, wodurch eine Erhöhung der Funktionsfähigkeit erzielt wird. Zur Entspiegelung und somit zur Erhöhung der Transparenz sind verschiedene technische Maßnahmen bekannt, die jeweils unterschiedlichen Einfluss auf die Reflexionseigenschaften an den Grenzflächen nehmen. Diese sollen in diesem Zusammenhang diskutiert werden.

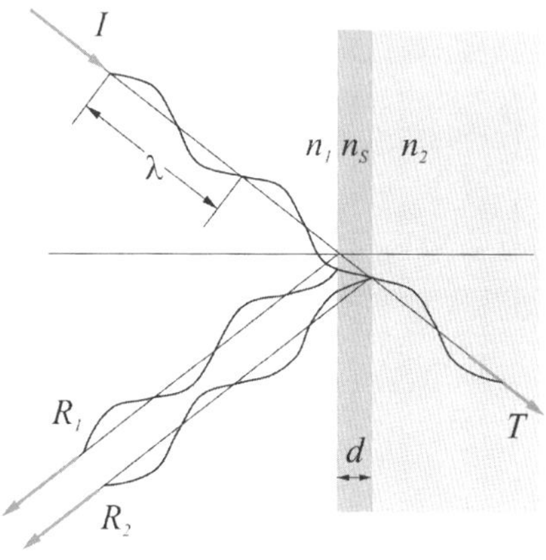

Abb. 4.72 Schemaskizze zur Beschreibung der destruktiven Interferenz mit Hilfe von λ/4 Schichten für $n_1 < n_S < n_2$

Eines der gängigsten Verfahren sind Interferenzschichten. In diesen Schichten erfolgt eine Verminderung des Reflexionsgrades an der vergüteten Fläche mit Hilfe einer destruktiven Interferenz der reflektierten Strahlen.

Die Verwendung dünner Schichten ist heutzutage ein etabliertes Verfahren zur Entspiegelung von Oberflächen. Dabei wird zur Reduktion des reflektierenden Lichtes an der Grenzfläche zweier optischer Medien mit unterschiedlichen Brechungsindizes (n_1, n_S) an dieser Grenzfläche eine optische Schicht aufgebracht, deren Brechzahl (n_S) zwischen dem der beiden optischen Medien liegt, das heißt $n_1 < n_S < n_2$. Die Abb. 4.72 zeigt schematisch den Verlauf einer Lichtwelle beim Durchtritt durch eine dünne transparente Schicht der Dicke *d*. Das Durchdringen des Lichtstrahls führt an jeder Grenzfläche (Luft→Schicht und Schicht→Substrat) dazu, dass ein Teil des einfallenden Lichtes transmittiert und ein anderer Teil reflektiert wird. Die in jedem Teilstrahl verbleibende Intensität wird mit Hilfe der Fresnelschen Formeln berechnet. Zumeist werden bei derartigen Verfahren die innerhalb der dünnen Schicht auftretenden Mehrfachreflexionen wie auch die in ihnen auftretende Absorption vernachlässigt. Die zwei reflektierten Teilwellen R_1 und R_2 kommen von der gleichen Lichtquelle und schwingen deshalb eine gewisse Zeit lang synchron, das heißt sie sind kohärent. Da die an der Grenzfläche Schicht-Substrat reflektierte Welle einen längeren optischen Weg zurücklegt als die an der vorderen Grenzfläche Luft-Schicht reflektierte Welle, haben R_1 und R_2 zueinander einen Phasenunterschied δ. In Abhängigkeit von der optischen Dicke ($n_S \cdot d$) der Schicht und der Richtung des Brechzahlüberganges zum Substrat ($n_S < n_2$, $n_S > n_2$) können sich diese Teilreflexionen nun verstärken oder auslöschen. Die Abhängigkeit der Phasenlage der Teilstrahlen von der Lichtwellenlänge λ sowie der optischen Dicke der Schicht *d* wird bei Annahme eines senkrechten Lichteinfalls durch folgende Gleichung beschrieben

$$\delta = \frac{2 \cdot \pi}{\lambda} \cdot n_S \cdot d, \tag{4.204}$$

worin δ der Gangunterschied ist, *d* die Dicke der Schicht und n_S deren Brechzahl.

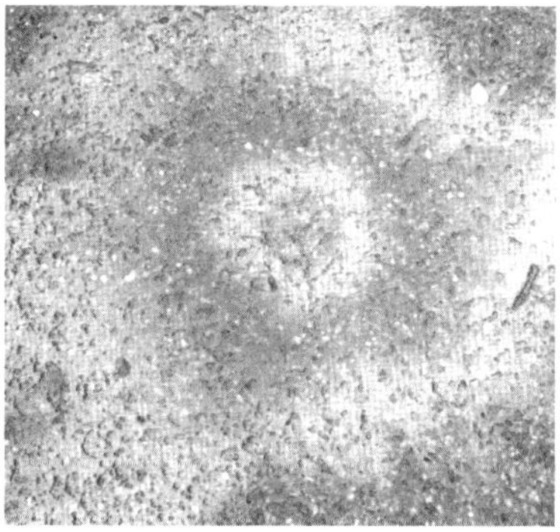

Abb. 4.73 Photographie der Interferenz (Beugung) eines Ölfilms auf Wasser ($n_s = n_{Öl} > n_2 = n_{Wasser}$)

Beträgt die optische Dicke einer niedrigbrechenden Schicht ein Viertel der Lichtwellenlänge (λ/4) oder ein ungeradzahliges Vielfaches von λ/4, so ist die Phasendifferenz zwischen den beiden reflektierten Teilwellen nach Hin- und Rücklauf durch die Schicht π bzw. ein ungeradzahliges Vielfaches von π. Die Gesamtreflexion ergibt sich aus der Summe der beiden reflektierten Wellen. Bei einer optischen Schichtdicke d von λ/4 sind die Teilwellen so verschoben, dass die Vorzeichen der Amplituden entgegengesetzt sind. In ihrer Summe heben sie sich demzufolge teilweise gegeneinander auf (bei $n_1 < n_S < n_2$). Im Falle der Schwächung liegt eine sogenannte destruktive Interferenz vor. Die λ/4-Dicke einer Einzelschicht stellt dabei die Basis für das Design der meisten Interferenzschichtsysteme dar, deren detaillierte Berechnung und Erzeugung in (Willey 2002) beschrieben ist.

Der gegenteilige Effekt wird bei Nutzung einer hochbrechenden Schicht erzielt, wie man ihn bei auf Wasser schwimmenden Ölfilmen sehen kann. Die Brechungsindizes für Luft, Öl und Wasser sind $n_{Luft} = 1$, $n_{Öl} = 1.5$ und $n_{Wasser} = 1.33$. Da Öl dichter ist als Luft, wird das Licht beim Eindringen ins Öl gebrochen und in seine Spektralfarben zerlegt. An der Wasseroberfläche unter dem Öl wird es dann reflektiert, durchdringt das Öl erneut und wird wieder gebrochen. An der Grenze zur Luft wird es erneut reflektiert, ins Öl zurückgeschickt. Ist der Gangunterschied λ/2, so löschen sich bei dieser Brechzahlkombination ($n_{Öl} > n_{Wasser}$) die Wellen aus. Beträgt der Gangunterschied ein Viertel der Lichtwellenlänge (λ/4) oder ein ungeradzahliges Vielfaches von λ/4 so verstärken sich die Amplituden und es lässt sich ein Farbfilm erkennen (vergl. Abb. 4.73). Auch bei Seifenblasen treten bunte Farbeneffekte auf, die auf Interferenz zurückzuführen sind. Wenn die Seifenfilmdicke kleiner als 5 µm ist, interferiert das auf der Innenseite reflektierte Licht mit dem der Außenseite.

Für eine vollständige Entspiegelung der Substratoberfläche ($\rho \rightarrow 0$) muss nicht nur die zuvor beschriebene Phasenbedingung erfüllt sein, sondern auch die Amplitudenbedingung, das heißt die Amplituden beider Teilwellen müssen gleich groß sein (Amplitudenbedingung: $R_1 = R_2$). Diese Anforderung ist nur erfüllbar, wenn für den Brechungsindex der Schicht entsprechend der Fresnel-Formeln folgende Bedingung erfüllt ist:

$$n_S = \sqrt{n_1 \cdot n_2}. \tag{4.205}$$

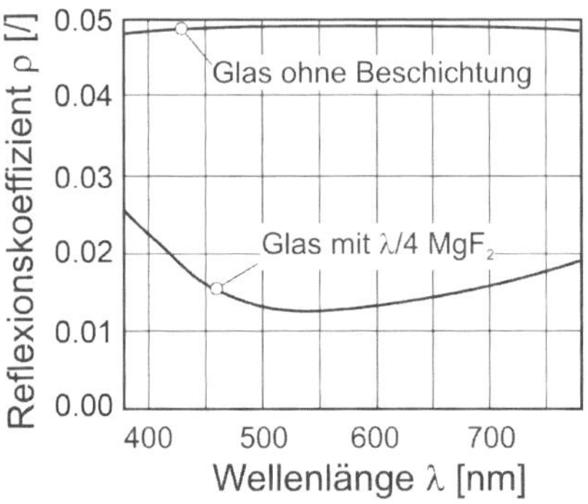

Abb. 4.74 Reflexionsgrad ρ als Funktion der Wellenlänge einmal mit $\lambda/4$ Beschichtung und einmal ohne

Bei einem Übergang von Licht aus Glas ($n_2 = 1.5$) in Luft ($n_1 = 1$) bedeutet dies, dass die Schicht einen Brechungsindex von $n_S \approx 1.22$ aufweisen muss. Diese nach theoretischen Analysen notwendige Brechzahl ist industriell jedoch nicht realisierbar, da dielektrische feste Materialien mit diesem Brechungsindex im sichtbaren Spektralbereich (VIS = Visual spectral range) nicht bekannt sind. Die Substanz Magnesiumfluorid (MgF_2) mit einer Brechzahl von $n \approx 1.38$ kommt diesem Wert relativ nah. Für eine Entspiegelung mit einer Einfachschicht wird deshalb meist eine MgF_2-Schicht verwendet, was Smakula schon 1935 zur industriellen Anwendung brachte und 1957 (Smakula 1957) vollständig publizierte; Details hierzu sind in (Anders 1967) zu finden. Mit einer $\lambda/4$-MgF_2-Schicht kann die Glasoberfläche nur von $\rho = 4\ \%$ auf 1.41 % entspiegelt werden, wie die Abb. 4.74 zeigt. Das Bild zeigt den Reflexionskoeffizienten ρ als Funktion der Wellenlänge λ. Neben der deutlich verringerten Reflexion gegenüber der Glasscheibe ist auch eine Wellenlängenabhängigkeit des Reflexionskoeffizienten zu beobachten.

Wenn der Lichtstrahl nicht senkrecht auf die Grenzfläche trifft sondern unter einem Winkel θ_1, so verändert sich die optische Weglänge in der Beschichtung nach dem Snelliusschen Brechungsgesetz, so dass sich in der Folge eine andere optimale Schichtdicke d ergibt, die sich nach Gl. (4.206) berechnet.

$$d = \frac{\lambda}{4 \cdot n_S} \cdot \sqrt{1 + \left(\frac{n_1}{n_S}\right)^2 \cdot \sin\theta_1}. \tag{4.206}$$

Die Designwellenlänge ist die Wellenlänge, für die die $\lambda/4$-Schicht berechnet wurde. Eine nullprozentige Reflexion ist generell für alle Wellenlängen denkbar. Für eine Entspiegelung im sichtbaren Bereich wird als Designwellenlänge üblicherweise 550 nm angegeben, da diese ungefähr die Mitte des sichtbaren Spektrums darstellt. Damit ergibt sich für $\lambda/4$ bei $\lambda = 550$ nm eine Schichtdicke d von 137.5 nm.

Da mit einer Einzelschicht kein Reflexionsgrad von 0 % möglich ist, bedient man sich der Verwendung von Schichtstapeln. Beim Einsatz von zwei $\lambda/4$-Schichten kann eine effektivere Verminderung der Reflexion bei einer Wellenlänge erreicht werden. Nach Aufbringen

Abb. 4.75 Reflexionsgrad von Gläsern ohne und mit einem V-Coat (2 λ/4-Schichtdicken mit Al_2O_3-n_S = 1.7 und anschließend mit MgF_2-n_S = 1.38)

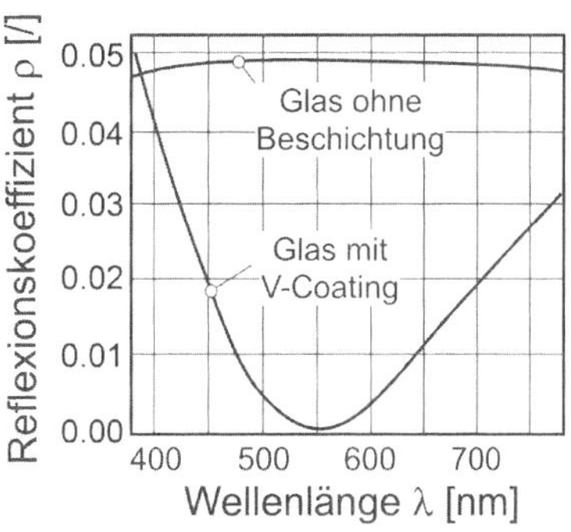

Abb. 4.76 **a** Prinzip des W-Coatings zur Reduktion des Reflexionsgrades. **b** Spektraler Reflexionsgrad ohne Beschichtung und mit einem W-Coating nach (Pulker 1999)

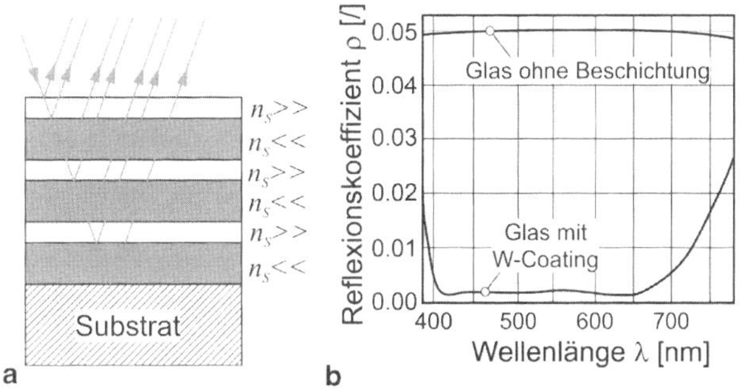

einer mittelbrechenden λ/4-Schicht ($n_S > n_2$) als erste Schicht auf dem Substrat ist es möglich, durch eine weitere λ/4-Schicht mit niedriger Brechzahl eine Reflexion von 0 % bei der Designwellenlänge zu erreichen. Diese Systeme werden aufgrund der Form der spektralen Reflexionskurve auch V-Entspiegelung oder auch V-Coat genannt. Die Abb. 4.75 zeigt dies anhand eines Glases, das mit einer mittelbrechenden λ/4-Schicht Al_2O_3 ($n_S = 1.7$) und anschließend mit einer niedrigbrechenden λ/4-Schicht MgF_2 ($n_S = 1.38$) beschichtet ist. Bei der Designwellenlänge tritt nun nahezu keine Reflexion mehr auf.

Um eine Antireflexwirkung über einen breiteren Wellenlängenbereich zu erhalten, wurden Entspiegelungen mit drei Schichten entwickelt. Durch das Einbringen einer hochbrechenden λ/2-Schicht ($n_S = 2.3$) in die Zweischichtentspiegelung kann die Reflexion an zwei Wellenlängen theoretisch auf Null reduziert werden, weshalb dieses Design auch W-Coat genannt wird, siehe hierzu (Pulker 1999). Die Abb. 4.76a illustriert diese Art der Schichtstapelung. Für sehr breitbandig entspiegelnde Schichtsysteme ist die Verwendung von mindestens 4 bis 6 Schichten (und teilweise noch mehr) notwendig, wodurch sich viel komplexere technische Ausführungen ergeben. Damit lässt sich die Reflexion in nahezu dem gesamten sichtbaren Wellenlängenbereich eliminieren wie die Abb. 4.76b darstellt. Allerdings schränken alle Arten der destruktiven Interferenz auch die Transmission der Lichtintensität ein, so dass es ein gewisses Optimum der Schichtenanzahl gibt.

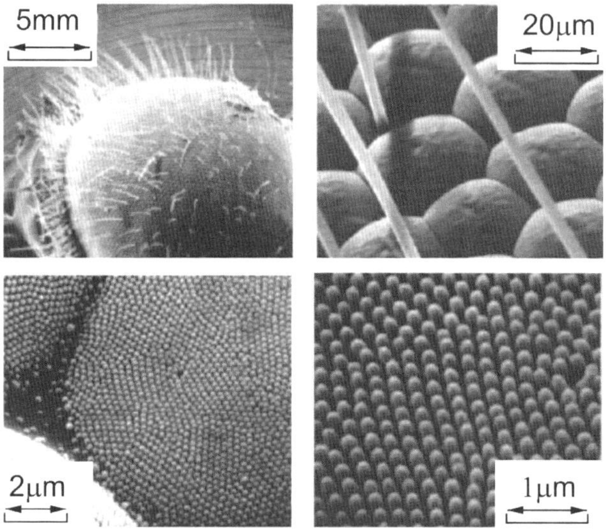

Abb. 4.77 Rasterelektronenmikroskopische Aufnahmen der Oberfläche eines Nachtfalterauges (MacLeod 2001)

Eine Alternative zur Entspiegelung durch Interferenzschichten bietet der Einsatz poröser Beschichtungen wie beispielsweise das Einbringen einer Oberflächenstrukturierung, wie sie von (Gombert und Rommel 1997) beschrieben werden. Wird in einer Größendimension unterhalb der Wellenlänge des Lichtes ein Festkörper mit Luft gemischt, so können sehr niedrige Brechungsindizes erzielt werden. Effektiv verfügen derartige Medien über einen Brechungsindex, der zwischen dem der Luft und dem des Materials liegt. Dieser kann, im Fall von porösen Schichten, über die Volumenanteile verschiedener Medien (z. B. durch Größe oder Dichte von Poren) nach (Bläsi 2000) gezielt beeinflusst werden.

Eine Reflexminderung der Oberfläche kann ebenfalls durch das Einbringen einer geeigneten Mikrostrukturierung realisiert werden, die in Anlehnung an die Oberflächenstruktur von Insektenaugen mit „Mottenaugenstruktur“ bezeichnet wird. Das Vorbild dieses Entspiegelungsprinzips war das Auge nachtaktiver Motten auf deren Cornea (vergleiche Abb. 4.77). Die einzelnen Facettenaugen besitzen Strukturen, die einem periodischen hexagonalen Oberflächenreliefgitter mit Perioden von ≈ 230 nm sehr ähnlich sind. Das Einbringen dieser Struktur führt an der Grenzfläche eines optisch transparenten Mediums zu einem Brechzahlgradienten, der zum Substrat hin kontinuierlich zunimmt (Bläsi et al. 2002).

Man bezeichnet Oberflächen mit „Mottenaugenstrukturen“ auch als periodische Oberflächenprofile, die als optische Gitter beschrieben werden können. Als optische Gitter werden örtlich periodische Strukturen bezeichnet, die auf Amplitude oder Phase der Lichtstrahlung einwirken. Die Gittereigenschaften werden durch die Materialeigenschaften, die Strukturform und Strukturperiode bestimmt. Für eine Klassifizierung lässt sich letztere heranziehen. Man unterteilt in drei Bereiche:

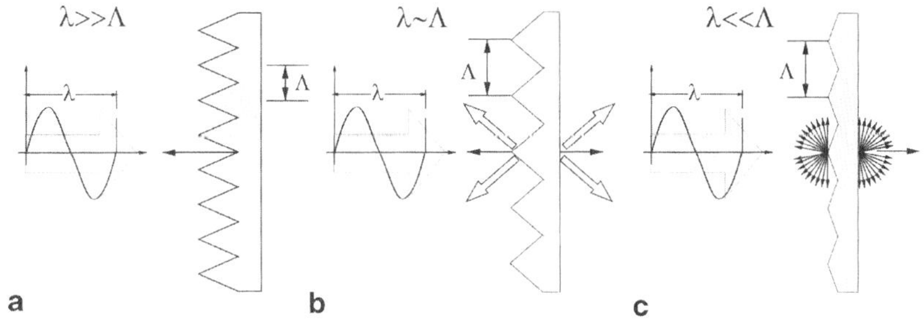

Abb. 4.78 Verhältnis von Gitterperiode Λzur Wellenlänge λ der eingestrahlten elektromagnetischen Welle bestimmt das optische Verhalten des Gitters. **a** λ ≫ Λ, **b** λ~Λ und **c** λ ≪ Λ

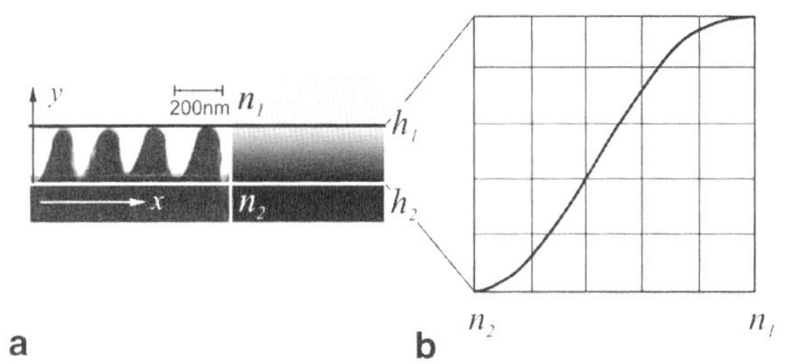

Abb. 4.79 Rasterelektronenmikroskopische Aufnahme eines Schnittes durch die Mottenaugenstruktur auf der Cornea nachtaktiver Insekten nach (Miller et al. 1966) und der dadurch erzeugte Brechzahlverlauf aus Gäbler (Gäbler 2005)

- Strukturperiode Λ kleiner als die Wellenlänge λ der elektromagnetischen Strahlung (a),
- Strukturperiode Λ in etwa gleich der Wellenlänge λ der elektromagnetischen Strahlung (b),
- Strukturperiode Λ größer als die Wellenlänge λ der elektromagnetischen Strahlung (c).

Es ergeben sich unterschiedliche Beugungseffizienzen, die dem Anteil der umverteilten Energie für die jeweiligen Beugungsordnungen entsprechen. Die Abb. 4.78 zeigt schematisch der Strahlverlauf bei unterschiedlichem Verhältnis von Strukturperiode zur Wellenlänge.

Ist die Strukturperiode sehr viel größer als die Wellenlänge (Fall c), sind deutlich mehr Beugungsordnungen ausbreitungsfähig als beim ungefähr gleicher Größenordnung (Fall b). Es kann sich für λ ≫ Λ jeweils nur die nullte Beugungsordnung in Reflexion und Transmission ausbreiten. Das Licht tritt durch die strukturierte Grenzfläche wie durch eine plane Grenzfläche, was bedeutet, dass das Gebiet als optisch homogen betrachtet und mit einer effektiven Brechzahl beschrieben werden kann (Gombert et al. 1999). Die Abb. 4.79a zeigt einen mit einem Rasterelektronenmikroskop erstellten Schnitt durch ein Mottenauge. Über der Höhe *y* des Auges ergibt sich eine kontinuierliche Erhöhung der Materialdichte. Den daraus resultierenden Brechungsindex stellt die Abb. 4.79b dar.

Damit erhält man für $\lambda \gg \Lambda$, d. h. bei großen Wellenlängen, kaum Reflexionen und eine hohe Transmission. Im anderen Extrem (Fall c.) ergeben sich bei kleinen Wellenlängen und großen Strukturen sehr viele Reflexionen und kaum eine Transmission.

Zur Beschreibung der optischen Eigenschaften von Materialmischungen bzw. der Mottenaugenstruktur gibt es mittlerweile eine Vielzahl von Methoden, Modellen und Simulationen, die für die unterschiedlichen Aspekte geeignet erscheinen. So ist beispielsweise die RCW Analyse (Rigoros Coupled Wave) für die Simulation von periodischen Gittern gut geeignet. Zur Beschreibung der Strukturen wird oft auch das Modell des Effektiv-Medien-Ansatzes (EMA) favorisiert, das physikalisch im Wesentlichen eine Materialmischung unter Berücksichtigung zweier Konstituenten heranzieht. Technisch angewandt werden drei Mischmodelle: das Maxwell-Garnett-, das Bruggeman- und das Lorentz-Lorenz-Mischmodell.

4.5.6 Verfahren zur Erzeugung dünner, selektiver Schichten

Aus dem vorangegangenen Abschnitt wurde ersichtlich, dass durch das Aufbringen selektiver Schichten der Reflexions- (ρ) sowie der Transmissionsgrad wesentlich verändert werden kann. Die Bedingungsgleichungen zur destruktiven Interferenz (vergleiche Gln. (4.204 bzw. 4.206) haben ergeben, dass nur geringe Schichtdicken für diesen Effekt erforderlich sind. Bekannte Beispiele aus dem Alltag sind die Regenbogenfarben von dünnen Ölfilmen auf Wasser und bei Seifenblasen sowie die brillanten Farben von Pfaufedern oder Schmetterlingsflügeln, die durch Lichtinterferenz an einzelnen oder mehreren solcher Schichten hervorgerufen werden.

Die typischen Schichtdicken liegen im Mikrometer- und Nanometerbereich, bis hin zu monomolekularen Schichten. Das macht auch den Einsatz teurer Werkstoffe wirtschaftlich, wenn trotz geringer Mengen der gewünschte Effekt erzielt werden kann. Durch die Verwendung der Dünnschichttechnologie lässt sich in geeigneter Weise die Materialeffizienz mit der Energieressourcenschonung verbinden.

Eine dünne Schicht, die auf ein Substrat aufgebracht wird, muss nicht nur vorgegebene optische Eigenschaften (Brechzahl, Absorption) besitzen, sondern auch noch zusätzliche technische Anforderungen erfüllen, damit das Produkt den alltäglichen Belastungsanforderungen gewachsen ist. Hierzu gehören insbesondere durch den Außeneinsatz solarthermischer Anlagen:

- mechanische Belastbarkeit (Haftfestigkeit, Härte, Abriebfestigkeit und Kratzunempfindlichkeit, Zentrieren, Ultraschall),
- thermische Beständigkeit (Kälte, Wärme),
- chemische Resistenz (Lösungsmittel, Reinigungsmittel, Schweiß, UV-Strahlung, Feuchtigkeit).

Der thermische Ausdehnungskoeffizient des Beschichtungsmaterials darf sich in der Regel nicht von dem des Substrats unterscheiden. Zumeist besitzen die Schichten bereits durch

Tab. 4.15 Mittlere Brechzahlen *n* einiger ausgewählter optischer Schichtmaterialien

Material	Summenformel	*n* (/)
Magnesiumfluorid	MgF_2	1.38
Siliciumdioxid	SiO_2	1.46
Aluminiumoxid	Al_2O_3	1.70
Zirkoniumdioxid	ZrO_2	2.05
Praseodym-Titan-Oxid	$PrTiO_3$	2.10
Titanoxid	TiO_2	2.30
Zinksulfid	ZnS	2.30

die Herstellung sehr viel höhere Eigenspannungen als beispielsweise durch Temperaturdifferenzen während des Betriebs entstehen. Ein Abplatzen der Schicht tritt daher (besonders bei dickeren Schichten) dann auf, wenn sich die Eigenspannungen mit der Belastung überlagern oder die Haftung der Schicht auf dem Substrat zu gering ist.

Die Kombination aller oben genannten Anforderungen führt dazu, dass nur wenige Stoffe überhaupt als Schichtmaterialien in Frage kommen. So steht im Bereich der optischen Dünnschichten wegen der geringen Auswahl an Schichtmaterialien nicht jede beliebige Brechzahl *n* zur Verfügung. Die Tab. 4.15 listet die Brechzahl einiger gängiger optischer Schichtmaterialien.

Prinzipiell gibt es mehrere Verfahren für solarthermische Zwecke Dünnschichten herzustellen. Die gängigsten Verfahren sind hierbei:

- Die chemische Gasphasenabscheidung (CVD) ist eine Gasphasenreaktion (meist an oder in der Nähe der Substratoberfläche). Dabei werden die Reaktionsgase gleichzeitig in die Reaktionskammer mit dem zu beschichtenden Substrat geleitet. Die meist vorgeheizten Gase werden durch das beheizte Substrat thermisch aktiviert und reagieren miteinander. Dabei wird das erwünschte Material abgeschieden und chemisch gebunden (Chemisorption). Neben unzähligen CVD-Varianten, die sich in Arbeitsdruck und anderen Prozessparametern unterscheiden und in Tab. 4.16 aufgelistet sind, existieren noch einige Beschichtungsverfahren die mehr oder weniger stark modifizierte CVD-Verfahren darstellen.
- Plasmapolymerisation: Dabei bilden durch ein Plasma angeregte gasförmige Monomere eine hochvernetzte Schicht auf einem Substrat.
- Atomlagenabscheidung (engl. *atomic layer deposition*, ALD): Die Atomlagenabscheidung ist ein stark verändertes CVD-Verfahren, bei der die Reaktion bzw. Sorption an der Oberfläche selbständig nach der vollständigen Belegung der Oberfläche stoppt. Diese selbstbegrenzende Reaktion wird in mehreren Zyklen (mit dazwischenliegenden Spülschritten) durchlaufen, so sind sehr gute Aspektverhältnisse und exakte Schichtdicken erreichbar.

Tab. 4.16 Übersicht über Prozessparameter (Temperatur, Druck) gängiger CVD-Verfahren und deren Anwendungsgebiete

CVD-Verfahren	Temperatur T (°C)	Druck p (mbar)	Aktivierungsenergie	Verwendungszweck
APCVD	400–1300	1000	Thermisch, aktiviert	Poly-Siliziumabscheidung für Leiterbahnen, Gateoxid, Epitaxie von Siliziumwafern
LPCVD	500–1000	0.01–10	Thermisch, aktiviert	Leiterbahnen, Gateoxid SiO_2, Siliziumnitrid Si_3N_4, Polysilizium
HFCVD	150–750	0.01–200	Thermisch, aktiviert	Kohlenstoffbasierte Abscheidung (Diamant, amorpher Kohlenstoff, Kohlenstoffnanoröhrchen), siliziumbasierte Schichten (amorphes/ kristallines Si, Si_3N_4, …
PECVD	200–500	1	thermisch & plasma-aktiviert	SiO_2-Abscheidung →Dielektrikum, Si_3N_4→Passivierung

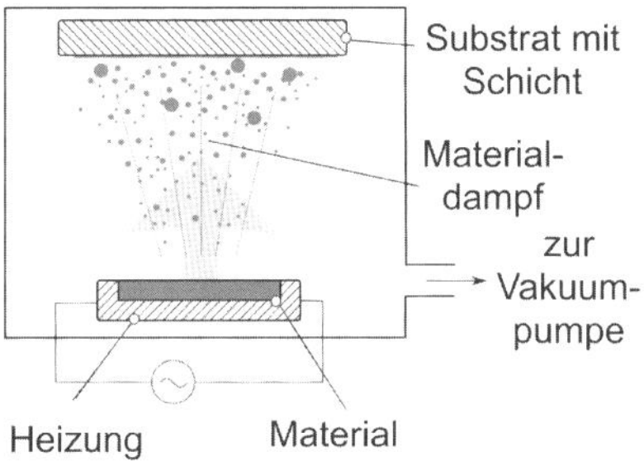

Abb. 4.80 Schematische Darstellung der Oberflächenbeschichtung durch thermischer Verdampfung mittels eines Widerstandsheizers

Die chemischen Grundlagen des CVD-Verfahrens werden unter anderem in Powell et al. (Powell et al. 1966) im Detail erläutert.

- Physikalische Gasphasenabscheidung („Physical Vapour Deposition"- Abkürzung PVD) beruht im Gegensatz zu CVD-Verfahren auf rein physikalischen Prozessen. Das PVD ist ebenfalls ein vakuumbasiertes Beschichtungsverfahren, bei dem im Gegensatz zum CVD-Verfahren die Schicht direkt durch Kondensation eines Materialdampfes auf dem Ausgangsmaterial gebildet wird. Das Verfahren zeichnet sich durch drei aufeinander abfolgende Prozesse aus. Zunächst erfolgt eine Gas- (Dampf-) Erzeugung der schichtbildenden Teilchen; in der zweiten Stufe wird der Dampf zum Substrat transportiert und zuletzt wird der Dampf auf dem Substrat kondensiert, der dann die Schicht bildet.
- Ein weiteres Verfahren ist das thermische Verdampfen (vergl. Abb. 4.80). Beim thermischen Verdampfen wird das Aufdampfmaterial so lange erhitzt bis es mit einer geeigneten Aufdampfrate verdampft. Dabei existieren je nach eingesetzter Verdampferart

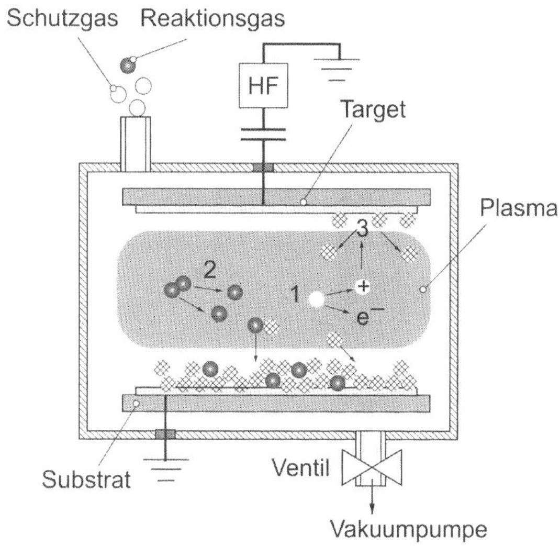

Abb. 4.81 Schema einer Sputterdepositionsanlage (reaktives HF-Sputtern) zur Oberflächenbeschichtung

(möglich sind induktive, resistive oder Elektronenstrahlverdampfer) drei „Unterverfahren". Um die Abscheidung von qualitativ hochwertigen und homogenen Schichten zu gewährleisten, ist es notwendig, den Raum zwischen Verdampfer und Substrat möglichst materiefrei (d. h. Vakuum) zu halten. Die Wechselwirkungen (meist Stöße) der Teilchen mit Restgasatomen können diese binden oder so streuen, dass die Reproduzierbarkeit der Beschichtung nicht gewährleistet werden kann. Zur Messung und Regelung der Aufdampfrate und Schichtdicke werden häufig Schwingquarze verwendet (alternativ auch optisches Monitoring).

- Sputterdeposition: Beim Sputtern (auch Kathodenzerstäuben genannt) werden durch Ionenbeschuss Teilchen von der Oberfläche abgetragen. Durch dieses Verfahren kann die Oberfläche z. B. von Oxiden oder Wasser, die durch die Herstellung, Verarbeitung oder Lagerung in das Material gelangt sind, gereinigt werden. In der Dünnschichttechnik wird dieser physikalische Vorgang auch genutzt, um Material vom Target zu zerstäuben, das heißt, es in die Gasphase zu überführen. Das entstandene gasförmige Material wird anschließend auf das zu beschichtende Substrat geführt und kondensiert dort, wie es die Abb. 4.81 skizziert. Die Sputterdeposition hat gegenüber dem Aufdampfen den Vorteil, auch Legierungen im „gleichen Verhältnis" auf den Wafer zu übertragen. Dabei muss allerdings beachtet werden, dass unterschiedliche Materialien unterschiedliche Sputterkoeffizienten besitzen, sich also unterschiedlich gut zerstäuben lassen. Die Schichtdicke wird oft mit Hilfe einer Zeitabschaltung gesteuert.
- Ionenplattieren (engl. *ion plating*). Das Ionenplattieren ist ein vakuumbasiertes und plasmagestütztes PVD-Verfahren für Metalle und Metallverbindungen. Dabei wird verdampftes Metall (z. B. durch Bogenentladung) in ein Plasma geführt. Dort ionisiert ein Teil der Metalldampfwolke und wird in Richtung des Substrates beschleunigt. Die Metallionen

bilden an der Substratoberfläche eine Schicht aus, die am Anfang zusammen mit dem Substratmaterial durch den ständigen Beschuss durch Metallionen rückgesputtert wird.
- Clusterstrahltechnik (engl. *ionized cluster beam deposition*, ICBD). Bei der Clusterstrahltechnik handelt es sich ebenfalls um ein modifiziertes Aufdampfverfahren. Der zum Verdampfen verwendete Tiegel wird dabei geschlossen gehalten. Das Erhitzen des Verdampfungsmaterials erzeugt einen Überdruck im abgeschlossenen Tiegel. Wird dieser Dampf durch eine Düse abgelassen, so kommt es durch eine adiabatische Expansion zu einer plötzlichen Abkühlung. Es bilden sich neutrale Atomhaufen (Cluster), die sich beim Auftreffen auf der Substratoberfläche teilweise auflösen und über die Oberfläche verteilt abscheiden.
- Molekularstrahlepitaxie (engl. *molecular beam epitaxi*, MBE).
- Elektrochemische Verfahren-Galvanisieren
- Unter Galvanotechnik (auch Elektroplattieren genannt) versteht man die elektrochemische Abscheidung von metallischen Niederschlägen (Überzügen) auf Gegenständen. In der Galvanik wird ein elektrischer Strom durch ein elektrolytisches Bad geschickt. Am Pluspol (Anode) befindet sich das Metall, das aufgebracht werden soll beispielsweise Kupfer oder Nickel, am Minuspol (Kathode) der zu beschichtende Gegenstand. Der elektrische Strom löst dabei Metallionen von der Verbrauchselektrode ab und lagert sie durch Reduktion auf dem Zielgegenstand ab. So wird der zu veredelnde Gegenstand allseitig gleichmäßig mit dem Zielmetall beschichtet. Je länger sich der Gegenstand im Bad befindet und je höher der elektrische Strom ist, desto dicker wird die Metallschicht (z. B. Kupferschicht).
- Anstriche und Tauchverfahren
- Rotationsbeschichtung (Spincoating)
- selbstwachsende Oxidfilme.

Oft werden Mikroschichten mittels kombinierter Prozesse hergestellt.

Eines der bekanntesten ist das Sol-Gel-Verfahren, mit dessen Hilfe mikroporöse Schichten homogener Schichtdicke hergestellt werden. Zur Schichtherstellung müssen die als Beschichtungslösungen verwendeten Sole zunächst auf die Substratoberfläche aufgebracht werden. Hierzu bieten sich grundsätzlich alle Beschichtungsverfahren an, die auch für Lacksysteme verwendet werden können. Die verwendete Beschichtungstechnik hat entscheidenden Einfluss auf die gewünschten Eigenschaften wie Schichtdicke, Homogenität oder niedrige Defektdichte. Bei Sol-Gel-Verfahren ist eine Vielzahl von Prozessparametern zu berücksichtigen, wie Viskosität der Beschichtungslösung, Brennbarkeit des Lösungsmittels, Flüchtigkeit des Lösungsmittels, Geometrie des Substrates (planar, gebogen, zylindrisch, komplexe Formen), Größe der Oberfläche, Flexibilität und Bruchverhalten des Substrates (Flachglas oder Metallband) und viele weiter mehr. Während des gesamten Beschichtungsvorganges und dem Trocknen des Sols werden die Hydrolyse- und Kondensationsreaktionen der verwendeten Vorläufermoleküle (oder Prekursor) weiter fortschreiten, bis die Aggregation der Solteilchen zu einem festen Gelfilm führt. Die Abb. 4.82 veranschaulicht diesen Vorgang.

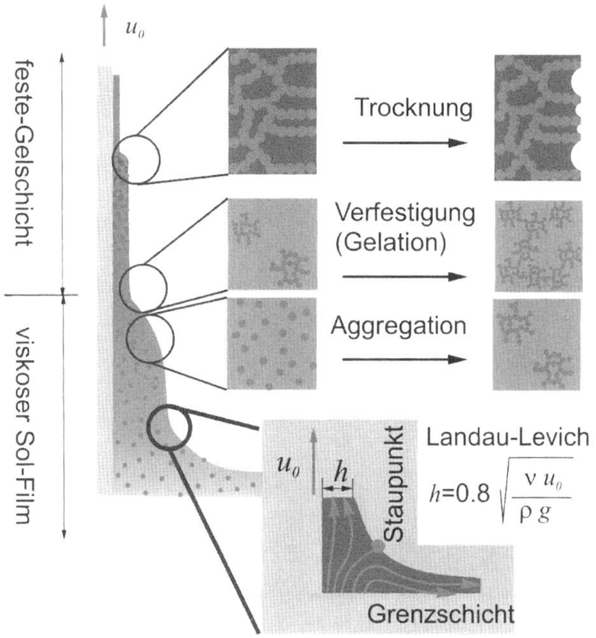

Abb. 4.82 Schematische Darstellung der kontinuierlichen Verfestigung einer dünnen Oberflächenbeschichtung entlang einer vertikalen ebenen Platte im Sol-Gel-Verfahren

Der Vorbehandlung und Reinigung des Substrates kommt eine zentrale Bedeutung zu. So können Kontaminationen zu einer mangelhaften Benetzung mit der Beschichtungslösung führen. Partikuläre Verunreinigungen wie Staub führen ebenfalls oft zu lokalen Defekten. Zur Verbesserung der Schichthaftung werden Metalloberflächen durch kurzzeitiges Erhitzen (Anlassen der Oberfläche) oft mit einer dünnen Oxidschicht ausgestattet. Die einfachste Art eine Oberfläche gleichmäßig mit dem Substrat zu benetzen ist das Eintauchen und Herausziehen mit einer konstanten Geschwindigkeit. Dieses Verfahren wird als sogenannte Tauchbeschichtung (engl. *dip-coating*) bezeichnet und ist in der Abb. 4.83a dargestellt.

Beim *Spin-coating*, das die Abb. 4.83b zeigt, wird die Beschichtungslösung durch schnelle Rotation verteilt, weshalb sich planare oder leicht konvexe Oberflächen besonders gut eignen. Im Vergleich zur Tauchbeschichtung ist die maximale Substratgröße mechanisch stärker begrenzt.

Hybridpolymere Beschichtungsmaterialien können wenig oder gar kein Lösungsmittel enthalten, während der Anteil flüchtiger Komponenten in anorganischen Systemen relativ hoch ist. Generell spielen aber die mikroskopischen Vorgänge während der Trocknung eine wichtige Rolle. Bei der Filmherstellung bildet sich ein Gelnetzwerk, bevor das Lösungsmittel vollständig verdampft ist. Bei der weiteren Trocknung aus dem Gelfilm entstehen Flüssigkeitsmenisken, die Kapillarkräfte auf die Porenwände wirken lassen. Die Höhe dieser Kräfte kann mit Hilfe einer abgewandelten Form der Kelvin-Gleichung beschrieben werden. Die Kräfte nehmen mit sinkendem Meniskenradius stark zu und erreichen für Gelfilme mit typischen Porendurchmessern deutlich unter 100 nm hohe Werte.

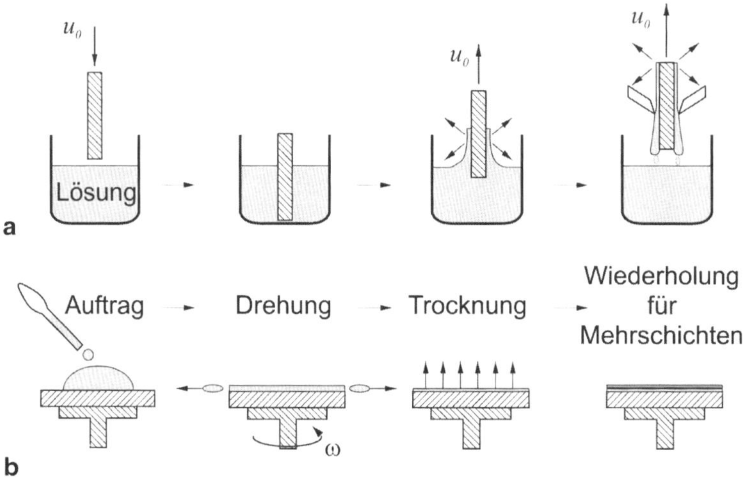

Abb. 4.83 **a** Tauchbeschichtung (*dip-coating*) planarer Substrate und **b** Schleuderbeschichtung (*spin-coating*)

Sakka (Sakka 2005) beschreibt, dass sich die festen Gelschichten bei der Trocknung nur senkrecht zur Substratebene verdichten können. Zudem würde eine ungehinderte Schrumpfung des Films in der Substratebene zu einem „Rückzug“ der Schicht von den Kanten des Substrates und damit zu einer Beschädigung führen. Dieser Tendenz wirkt die Haftung der Schicht an der Oberfläche entgegen. Übersteigen die in der Ebene auftretenden Zugspannungen die innere Stabilität des Gelfilmes, kommt es zu Trocknungsrissen.

Zur Herstellung mikrostrukturierter Oberflächen wird der Einsatz zumeist mehrstufiger komplexerer Verfahren erforderlich. Die Strukturerzeugung kann beispielsweise wie in der Halbleiterfertigung über Masken; Lithographie oder auch Elektronenstrahlbearbeitung erfolgen

Bei der holographischen Lithographie werden zwei aufgeweitete Laserstrahlen unter einem bestimmten Winkel überlagert. Das Interferenzbild dieser Überlagerung ist eine sinusförmige Intensitätsmodulation, mit der ein Photoresist (lichtsensitives Material) belichtet wird. Bei der Entwicklung wird dieser Photoresist abgetragen, es entsteht ein Oberflächengitter, das galvanisch nahezu strukturverlustfrei in Metallen abgeformt werden kann. Diese Abformung wiederum dient als Muster für die Strukturierung von Polymeren, mit denen preisgünstig großflächig entspiegelte, transparente Oberflächen hergestellt werden können.

In diesem Zusammenhang soll noch auf ein speziell in Karlsruhe entwickeltes Verfahren zur Herstellung mikrostrukturierter Oberflächen, das sogenannte LIGA-Verfahren eingegangen werden. Das deutsche Akronym **LIGA** (steht für die Verfahrensschritte: *L*ithographie, *G*alvanik und *A*bformung) bezeichnet ein Verfahren, das auf einer Kombination von Tiefenlithographie, Galvanik und Mikroabformung basiert. Das LIGA-Verfahren wurde Anfang der 1980er Jahre am damaligen Kernforschungszentrum Karlsruhe von einem Team unter Leitung von Becker und Ehrfeld (Becker et al. 1982) im Rahmen

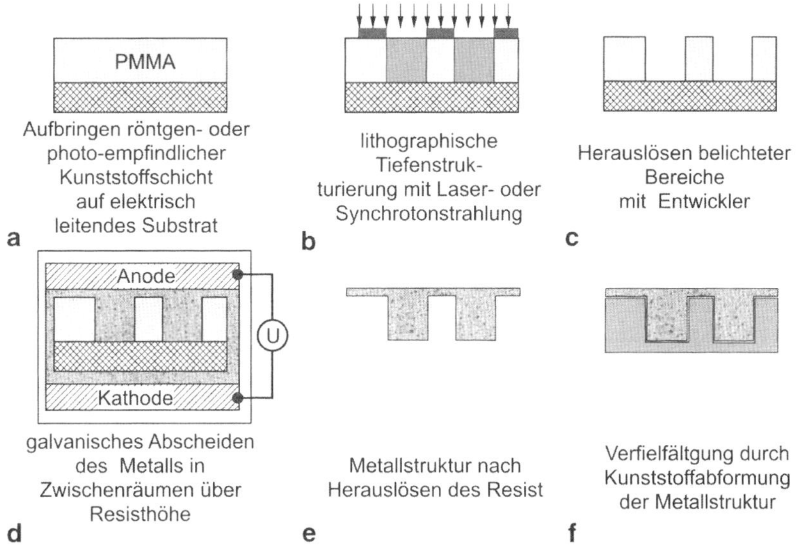

Abb. 4.84 Einzelne Verfahrensschritte des LIGA Verfahrens zur Erzeugung mikrostrukturierter Oberflächen (Becker et al. 1982)

der Entwicklung des Trenndüsenverfahrens zur Urananreicherung entwickelt, um extrem kleine Trenndüsen herstellen zu können.

Der Prozessablauf erfolgt in fünf Schritten:

1. Ausgangsmaterial ist ein ebenes Substrat, zum Beispiel ein Siliziumwafer oder eine polierte Scheibe aus Beryllium, Kupfer, Titan oder anderen Materialien. Das Substrat, soweit nicht schon elektrisch leitend, wird mit einer metallischen „Keimschicht" (engl. *seed layer*) versehen; meist durch Sputterdeposition oder Aufdampfen. Auf die Startschicht wird ein dicker foto- oder röntgenempfindlicher Positivresist (oft PMMA) aufgebracht (Abb. 4.84a).
2. Der Resist wird belichtet (Abb. 4.84b).
3. Nach dem Entwickeln bleibt eine Negativform der Metallstruktur stehen (Abb. 4.84c).
4. In einem galvanischen Verfahren wird ein Metall auf dem Substrat in den Bereichen abgeschieden, in denen der Resist beim Entwickeln entfernt (also die Keimschicht freigelegt) worden ist (Abb. 4.84d).
5. Nach dem Entfernen des Resists bleiben zunächst das Substrat, die Keimschicht und das galvanisch abgeschiedene Metall zurück. Jetzt gibt es verschiedene Möglichkeiten für das weitere Verfahren:

   a. Durch Ätzen der Keimschicht (die jetzt als Opferschicht fungiert) und eventuell des Substrats können direkt (kleine) metallische Bauteile hergestellt werden.
   b. Durch weitere Galvanik („Überwachsen") und anschließendes Entfernen von Substrat und Keimschicht kann aus der lithografisch erzeugten Mikrostruktur ein

Formeinsatz erzeugt werden, der in ein Abformwerkzeug eingebaut wird, mit dem wiederum das letztendlich erwünschte Kunststoffbauteil abgeformt wird, beispielsweise durch Spritzgießen oder Heißprägen (Abb. 4.84e und f).

c. Alternativ kann der Formeinsatz direkt aus dem Substrat mit der lithografisch erzeugten Mikrostruktur herausgeschnitten werden zum Beispiel mit Hilfe von Funkenerosion und in ein Abformwerkzeug eingebaut werden.

Wiederholt man die Schritte Belichten, Entwickeln und Galvanik mehrmals, so dass sich komplexere Strukturen entwickeln, die sich aber zum Substrat (dem Wafer) hin verjüngen müssen, sonst würde sich das Bauteil nicht aus der Form lösen lassen. Dies beschränkt die Komplexität der herzustellenden Struktur. Benutzt man die mittels LIGA erzeugte Form zum Spritzgießen, ergibt sich eine Besonderheit im Gegensatz zur Herstellung makroskopischer Teile. Es müssen keine Bohrungen für das Entweichen der in der Form vorhandenen Luft vorgesehen werden, da beim Herstellen von Bauteilen einiger hundert Mikrometer Größe die Unebenheiten der Kontaktfläche von Form und Gegenstück für das Entweichen der Luft ausreichen. Lediglich die Bohrungen für das Zuführen des zu spritzenden Materials müssen erzeugt werden.

4.5.7 Fenster

Der Gesamtenergiedurchlassgrad oder g-Wert (nach DIN EN 410 (DIN EN 2011) beschreibt für Verglasungen die Summe der Energie, die aus direkter Sonnenstrahlungsleistung und sekundärer Wärmeabgabe (Summe der Strahlung und Wärmeabgabe der inneren Scheibe an den Raum) von außen nach innen transportiert wird. Die Abb. 4.85 skizziert graphisch die Definition des g-Wertes. Die Ermittlung des g-Wertes erfolgt in einer Kombination von Messung (Transmissions- und Reflexionsgrade) und Berechnung (U-Wert). Die Vorgänge im Fenster (Wärmeleitung, Konvektion etc.) sind nicht Gegenstand der Definition, sondern nur die äußeren Wärmeflüsse in Richtung Innenraum. Der g-Wert ist damit folgendermaßen definiert:

$$g = \frac{\dot{q}_{Transmission} + \dot{q}_{Strahlung,FR} + \dot{q}_{Konv.,FR}}{i_{glob}} = \frac{\tau + q_i}{i_{glob}} \tag{4.207}$$

worin, $\dot{q}_{Transmission}$, $\dot{q}_{Strahlung,FR}$, $\dot{q}_{Konv.,FR}$ die Wärmströme durch Lichttransmission, die Wärmeabstrahlung des Glases in Richtung des Innenraums und die konvektive Wärmeabgabe vom Fenster in Richtung des Innenraumes sind. i_{glob} ist die globale Strahlungsintensität.

Der g-Wert beschreibt damit den passiven solaren Energiegewinn. Für ein ideal strahlungsdurchlässiges Fenster beträgt der g-Wert 1.0 oder 100 %. Bei Normalglas liegen die g-Werte zwischen 0.7 und 0.9, während bei Isolierglas die g-Werte ca. 0.75 betragen. Bei Wärmedämmverglasung bewegen sich die g-Werte im Bereich von ca. 0.5–0.6.

Abb. 4.85 Schemaskizze zur Berechnung *g*-Wertes für eine Fensterverglasung (hier für $g=q_i+\tau=0.6$)

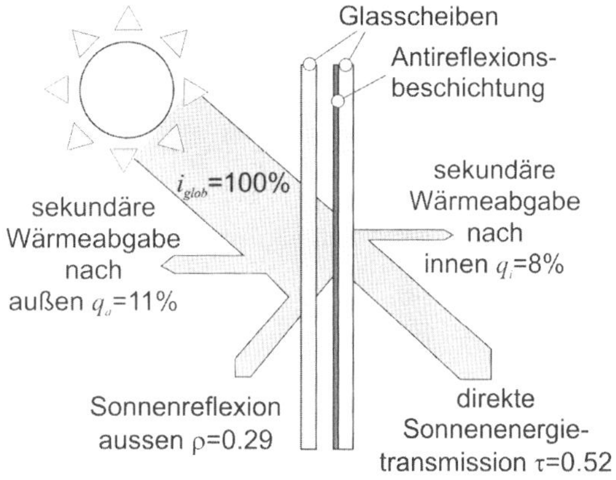

Die Ermittlung des *g*-Werts nach der DIN EN 410 ist allerdings nur eingeschränkt bis gar nicht durchzuführen, wenn die Glasoberflächen bedruckt, emailliert oder in sonstiger Art mit visuell erfassbaren Strukturen beschichtet sind. Die DIN-Berechnung setzt nämlich einen senkrechten Strahlungseinfall bei einem homogenen Aufbau der Glasschichten voraus. Aus diesem Grund sind die *g*-Werte von gekrümmten bzw. gebogenen Scheiben nur schwer zu ermitteln. Ein hoher Gesamtenergiedurchlassgrad bedeutet einen hohen Strahlungsdurchgang durch das Glas und damit verbunden eine hohe Wärmebelastung des Innenraumes. Die einfallenden Sonnenstrahlen werden von den innen liegenden Bauteilen absorbiert und in Form von Wärmestrahlung an den Innenraum abgegeben. Sinnvoll und energetisch nutzbar bleibt dieser Wärmefalleneffekt im Wintermodell; extrem belastend kann er sich im Sommer auswirken. Durch die hohen Strahlungsgewinne heizt sich das Fensterglas so weit auf, dass die Glastemperatur über der Lufttemperatur des Innenraumes liegt und damit ein wirkungsvoller Wärmeaustausch mit der kühleren Außenluft unterbleibt.

Der Gesamtenergiedurchlassgrad *g* unterscheidet sich wesentlich vom Wärmedurchgangskoeffizienten. Durch Verwendung entsprechender metallischer aber optisch transparenter Dünnschichten, die auf der Innenseite einer Doppelverglasung aufgebracht werden, kann die Abstrahlung von Wärme nach außen, die im infraroten Wellenlängenbereich erfolgt, deutlich minimiert werden (vergl. Abb. 4.86).

Der Wärmedurchgangskoeffizient (*k*-Wert in energietechnischen Systemen oder *U*-Wert in bauphysikalischen Betrachtungen) gibt den Wärmestrom an, der bei einer gleich bleibenden Temperaturdifferenz von 1 K zwischen beidseitig angrenzender Luft durch $1\,m^2$ eines Bauteils fließt. Er hat im SI-System die Einheit $W/(m^2\,K)$. Die Energieeinsparverordnung (EnEV 2009), die die Wärmeschutzverordnung von 1995 ersetzt hat, legt in ihren Tabellen die Höchstwerte für den Wärmedurchgangskoeffizienten fest, und zwar bei erstmaligem Einbau, Ersatz sowie bei der Erneuerung von Bauteilen. Basierend auf europäischen Normen wie DIN EN ISO 10077-1 (DIN, EN ISO 10077-1 2010) werden die Dämmwerte eines Fensters nach drei Komponenten berechnet: Rahmen U_f (*f* englisch

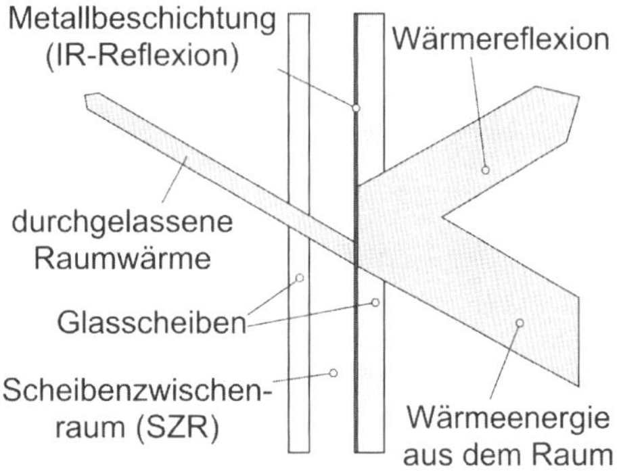

Abb. 4.86 Wärmebilanz an der Fensterscheibe

„frame"), Verglasung U_g (g englisch „glazing") und Glasrand *psi*. Die Werte U_f und U_g werden rechnerisch nach der jeweiligen Fläche berücksichtigt. Der Wärmeübergang am Glasrand *psi* wird dagegen wie eine spezifische Wärmeleitfähigkeit behandelt also auf die Länge bezogen, so dass er in W/(mK) angegeben wird. Die Berechnungsformel für den gesamten Wärmedämmwert U_w (englisch w „window") eines Fensters lautet damit:

$$U_W = \frac{U_f \cdot A_f + U_g \cdot A_g + l \cdot psi}{A_W} \quad \left[\frac{W}{(m^2 K)}\right], \tag{4.208}$$

in dem A die Fläche des jeweiligen Segments darstellt und l die Länge des Glasrahmens ist.

Die jeweils einzuhaltenden U_w-Werte bzw. U_{max}-Werte (maximaler Wärmedurchgangskoeffizient) sind den Tabellen der EnEV zu entnehmen. Je nach Gebäudeklassifizierung werden dabei bezüglich der Fenster und Verglasungen folgende Unterscheidungen getroffen:

- Außen liegende Fenster, Fenstertüren, Dachflächenfenster U_w = 1.7–2.8 W/(m^2 K);
- Verglasungen U_w = 1.5 W/(m^2 K);
- Vorhangfassaden U_w = 1.9–3.0 W/(m^2 K);
- Außen liegende Fenster, Fensterflächen, Dachflächenfenster mit Sonderverglasungen U_w = 2.0–2.8 W/(m^2 K);
- Sonderverglasungen U_w = 1.6 W/(m^2 K);
- Vorhangfassaden mit Sonderverglasungen U_w = 2.3–3.0 W/(m^2 K);
- Zweischeiben-Isolierverglasungen U_w = 1.0–3.3 W/(m^2 K);
- Dreischeiben-Isolierverglasungen U_w = 0.5–2.3 W/(m^2 K).

Beim Sonnenschutz kommen auch farbige Gläser zum Einsatz. Vor allem grüne Gläser übernehmen die Aufgabe Wärmestrahlung zu reduzieren, wie zum Beispiel in Kraftfahrzeugen, um die Aufheizung des Innenraums zu reduzieren. Allerdings führen diese Gläser wegen ihrer Einfärbung zu einer eingeschränkten Farbwiedergabe. Des Weiteren können Sonnenschutzgläser eingebaut werden. Diese sollen die durchgehende Sonneneinstrah-

Tab. 4.17 Auszug aus den gesamten Wärmedurchgangskoeffizienten U_w von Fenstern unterschiedlicher Bauart und Fenstertüren in Abhängigkeit vom Wärmedurchgangskoeffizienten der Verglasung U_g und Rahmen U_f nach EnEV (2009) unter der Annahme eines Fensterrahmenanteils von 30 %

	U_g	U_f (W/(m² K))								
	(W/(m² K))	1.0	1.4	1.8	2.2	2.6	3.0	3.4	3.8	7.0
Einfachglas	5.7	4.3	4.4	4.5	4.6	4.8	4.9	5.0	5.1	6.1
Zweifachisolierglas	3.3	2.7	2.8	2.9	3.1	3.2	3.4	3.5	3.6	4.4
	2.3	2.1	2.2	2.3	2.4	2.6	2.7	2.8	2.9	3.8
	1.7	1.6	1.8	1.9	2.0	2.2	2.3	2.4	2.5	3.3
	1.1	1.2	1.3	1.5	1.6	1.7	1.9	2.0	2.1	2.9
Dreifachisolierglas	2.3	2.0	2.1	2.2	2.4	2.5	2.7	2.8	2.9	3.7
	1.7	1.6	1.7	1.8	1.9	2.1	2.2	2.4	2.5	3.3
	1.1	1.2	1.3	1.5	1.6	1.7	1.9	2.0	2.1	2.9
	0.5	0.8	0.9	1.0	1.2	1.3	1.4	1.6	1.7	2.5

lung reduzieren und gleichzeitig die Lichtdurchlässigkeit nicht einschränken. Dabei handelt es sich um Gläser mit einem niedrigen Gesamtenergiedurchlassgrad (g-Wert) und einem hohen Lichttransmissionsgrad (τ-Wert).

Innerhalb von Gebäuden zeigen Fenster das geringste Dämmniveau aller Außenbauteile auf. Es lassen sich allerdings erhebliche Solargewinne erzielen, so dass bei sinnvoller Fensteranordnung und -orientierung die passiven Solargewinne die Wärmeverluste voll ausgleichen können. Die Wärmedurchgangskoeffizienten U_w der Fenster ergeben sich gemäß DIN EN ISO 10077-1 und sind für Fensterrahmenanteile von 30 % als Auszug aus der EnEV 2009 in der Tab. 4.17 aufgelistet. Für besondere Glasabstandshalter aus Aluminium oder Stahl für Sprossen etc. können Korrekturen ΔU_w des gesamten Wärmedurchgangskoeffizienten erforderlich werden. Diese sind vom Hersteller anzugeben. Aus der Tabelle ist deutlich zu entnehmen, dass Dreifachverglasungen einen deutlich geringeren Wärmedurchgangskoeffizienten aufweisen als Zweifach- bzw. Einfachverglasungen. Mit geringer werdenden Wärmedurchgangskoeffizienten des Glases U_g nimmt auch die Bedeutung des Wärmedurchgangswertes des Rahmens U_f deutlich zu. Bei niedrigen U_g Werten spielt das technische Design des Rahmens eine ausgezeichnete Rolle.

Den Aufbau einer Isolierverglasung zeigt die Abb. 4.87. Der gängige Wert U_w-Wert einer Zweischeibenisolierverglasung mit einfachen Wärmefunktionsschichten beträgt ca. 1.3 W/(m² K)-Stand 2009-. Die Glasscheiben werden an ihrem äußeren Rand durch Abstandshalter, die aus Aluminium, Edelstahl oder Kunststoff gefertigt sind, voneinander getrennt. Die Abstandshalter, meist 10–20 mm dick, erhalten auf ihren Schenkeln einen thermoplastischen Dichtstoff (Isobutylen), der sich durch Verpressen fest mit den Glasoberflächen verbindet. In die Hohlräume der Abstandhalterprofile muss zur Trocknung

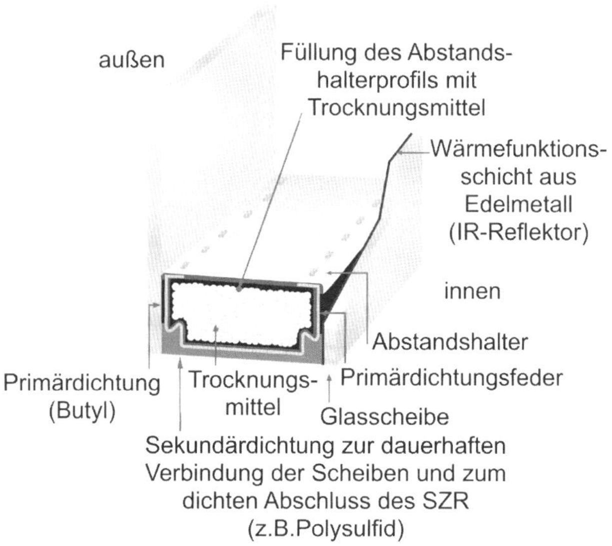

Abb. 4.87 Aufbau einer Isolierwärmeverglasung

der im Scheibenzwischenraum eingeschlossenen Luft ein Trocknungsmittel gefüllt werden. Dies besteht aus Stoffen, die in die Materialfamilie der Silicagele oder Molekularsiebe (Zeolithe) fallen. Sie können Wasser aufnehmen und physikalisch binden. Das verhindert die Bildung von Wasserdampf im Scheibenzwischenraum (SZR) und ein störendes Beschlagen der Scheibe durch Kondensation von Wasserdampf, wenn die Taupunkttemperatur im SZR etwa im Winter unterschritten wird. Moderne Varianten der Abstandhalter beinhalten das Trocknungsmittel jedoch schon, so dass ein nachträgliches Befüllen nicht mehr erforderlich ist.

Seit 1996 gibt es ein Produktionsverfahren, bei dem der Abstandshalter komplett aus einem thermoplastischen Kunststoff besteht (engl. Thermo Plastic Spacer TPS) und direkt auf das Glas aufgetragen wird. Wird ein solcher Randverbund thermisch isolierend ausgeführt, nennt man ihn auch „Warme Kante". Anfangs war der äußere Rand starr und man konnte das Glas wirtschaftlich nur in einem Industriebetrieb fertigen. 1959 brachte Alfred Arnold aus Stuttgart ein neues Fertigungsverfahren auf den Markt, bei dem der starre Rand durch einen geklebten, elastischen Rand ersetzt wurde. Das erlaubte nun auch kleineren Werkstätten, maßgeschneiderte Mehrscheiben-Isolierglaselemente wirtschaftlich herzustellen. Nach der Befüllung mit Luft oder Edelgas (sehr selten) in den Scheibenzwischenraum wird die Randfuge, die durch den Abstandhalter und die beiden Glaskanten gebildet wird, mit einem Dichtstoff aus Polyurethan oder speziellen Polysulfiden abgedichtet (Grimm und Pröbster 2003). Das Isolierglas ist danach hermetisch abgedichtet und besitzt im Scheiben-Zwischenraum die Luftmenge, die sich durch den Luftdruck am Tag der Produktion ergab. Bis jetzt konnte sich das TPS-System aufgrund seiner höheren

Abb. 4.88 Dreifach-Isolierverglasungen im Kunststoff- **a** (Hofegger 2011) und Holzfensterprofil **b** (WELL spol. s.r.o. 2011)

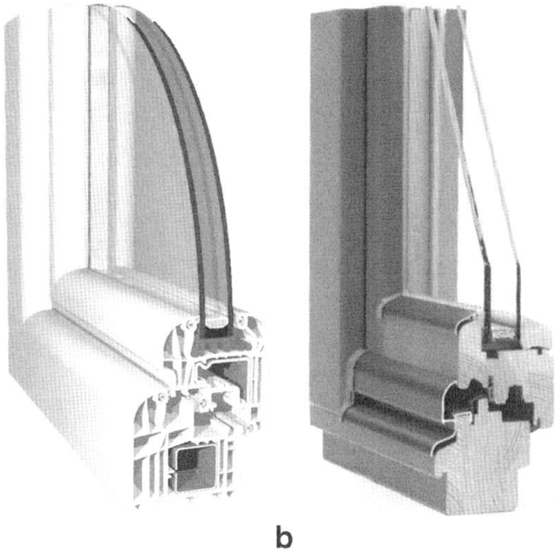

Kosten per Laufmeter (im Vergleich zum klassischen Abstandhalterprofil) im Markt nicht nennenswert durchsetzen.

Metalldampfbeschichtungen moderner „Wärmeschutz"-Verglasungen, die in der Regel auf der inneren von zwei Scheiben zum Zwischenraum hin aufgebracht sind, halten die langwellige Infrarotstrahlung ab, lassen aber kurzwelliges sichtbares Licht durch. Da ein erheblicher Teil der durch beschichtete Verglasungen einfallenden Strahlungsenergie an – vornehmlich dunklen – Oberflächen durch Absorption und Emission in Wärmestrahlung verwandelt wird, diese aber durch die Beschichtung teilweise in den Raum reflektiert wird, fließt den Räumen in der Bilanz Energie zu. Diese Metallbeschichtung reflektiert und dämpft zugleich als Nebeneffekt auch noch langwelligere Funkwellen. Im Frequenzbereich von modernen Mobilfunktelefonen wird somit eine Dämpfung von bis zu 30 dB erreicht, was sich auf den Mobilfunkempfang nachteilig auswirken kann. Das entspricht einer Abschirmung von bis zu 99,9 %. Die Metallbedampfung wird auch für den Spiegeleffekt der Glasfront verwendet und dient somit auch der architektonischen Gestaltung.

Insbesondere bei niedrigen U_g-Werten spielt das Design des Fensters und der Rahmenzarge eine herausragendeRolle. Da die Materialwahl im Hinblick auf die Lebensdauer, Kosten, Verfügbar- und Verarbeitbarkeit limitiert ist, gilt ein hohes Augenmerk dem technischen Design des Gesamtkomplexes. Hierbei müssen Wärmebrücken bei gleichzeitiger Berücksichtigung eines großen Temperaturfeldes vermieden werden. Dies ist von Werkstoff zu Werkstoff unterschiedlich und erfordert damit werkstoffspezifische Lösungen, wie die Ausführungen für Kunststoff und Holz in der Abb. 4.88 zeigen.

Die U_g-Werte der Mehrscheiben-Isolierverglasungen lassen sich mit einer Edelgasfüllung mit Argon- oder Krypton weiter verbessern. Bei gleichem Gesamtenergiedurchlassgrad g von beispielsweise $g = 0.52$ zeigt eine Dreischeibenisolierverglasung mit Krypton einen U_w-Wert von 0.5 W/(m^2 K) während die entsprechende Argongasfüllung einen U_w-Wert von 0.6 W/(m^2 K) besitzt (vergleiche hierzu Wärmeleitfähigkeit Kap. 4.3.4., Tab. 4.6). Umgekehrt beträgt bei gleichem U_w-Wert (z. B. $U_w = 1.0$ W/m^2 K) bei einer Argongasfüllung die Lichtdurchlässigkeit $\tau = 0.8$ und $g = 0.56$, während mit einer Kryptongasfüllung folgende Werte erreicht werden $\tau = 0.81$ und $g = 0.64$.

Gegenwärtig verändert sich die Technik im Bereich der Fenster rasant und es werden unter anderem auch schaltbare „intelligente" Sonnenschutzverglasungen entwickelt. Sie werden als attraktive Alternative zu herkömmlichen Sonnenschutzsystemen wie außen- oder innenliegenden Jalousien, Lamellen betrachtet, bei denen die Glasscheiben die Aufgaben

- des Sonnenschutzes,
- der Blendfreiheit,
- des Wärmeschutzes und
- der Einhaltung der jeweils nach En EV geforderten Energiebilanz usw.

übernehmen.

Diese neuartigen schalt- und regelbaren Sonnenschutzgläser sind nicht zu verwechseln mit den klassischen Sonnenschutzgläsern, die durch Einfärbung und/oder Beschichtungen mit Metalloxid ihre Eigenschaften nicht verändern können. Letztere werden als „statischer" Sonnenschutz bezeichnet. Der Trend geht hin zu dynamischen Gläsern, die in der Lage sind, ihre Eigenschaften bei gezielten Rand- oder Systembedingungen zu verändern. Die Forschung konzentriert sich hier unter anderem auf:

- elektrochrome Gläser: Schaltung von klarer Durchsicht auf dunkelblaue Farbe als Funktion einer vorgegebenen angelegten elektrischen Spannung;
- gasochrome Gläser: Variation der Durchsicht und Farbe, ebenfalls spannungsgeregelt;
- photochrome Gläser: Schaltung von klarer Durchsicht auf grau-braune Farbe (Probleme aktuell großformatige Gläser);
- photoelektrochrome Gläser: Kombination aus elektrochromen Schichten und einer elektrochemischen Solarzelle, Schaltung von klarer Durchsicht auf blaue Farbe;
- thermochromes Glas;
- thermotropes Glas: selbstständige Schaltung auf weiß ohne Erhaltung der Durchsicht;
- PDLC Polymer-Dispersed-Liquid-Crystal, eingeschränkte Transparenz, Produkt hat Marktreife als schaltbarer Sichtschutz im Innenraum, z.B. als zuschaltbare Projektionsfläche;
- SPD Suspended-Particle-Devices, vergleichbar mit PDLC (Prototypen-Stadium);
- HYSWIM Hydrogen Switchable Mirrors (schaltbare Spiegel), Schaltung durch Reflexion (zur Zeit noch Labormuster).

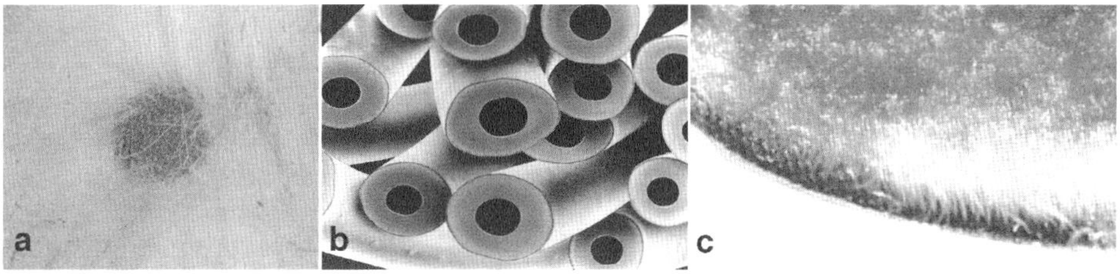

Abb. 4.89 a Eisbärfell mit darunterliegender Epidermis b. REM Aufnahme der Fellhaarstruktur des Eisbären, die als Hohlkammerröhren ausgebildet sind und textile Nachbildung des Eisbärfells c (Stegmeier et al. 2009)

4.5.8 Transparente Wärmedämmung

Transparent gedämmte Wandkonstruktionen (TWD) bezeichnen ein Verfahren, in dem Wärmeabfluss durch Wärmeleitung und Konvektion ein hoher Widerstand durch Dämmung der Wand entgegengesetzt wird und gleichzeitig ein großer Gesamtenergiedurchlass von außen nach innen zur Gewinnung von Solarenergie zu realisiert wird. Details zur Definition finden sich in Schmid (Schmid 1978) und Kerschberger (Kerschberger 1994).

Die transparente Wärmedämmung (TWD) bezeichnet Materialien, die eine gute Wärmedämmung mit einer hohen Lichtdurchlässigkeit verbinden. Zumeist sind diese Materialien aber nicht *bild-* oder *blickdurchlässig*. Oft werden diese Dämmstoffe auch als transluzent bezeichnet. In Abgrenzung zur Transparenz kann man Transluzenz als Lichtdurchlässigkeit beschreiben und Transparenz als Bild- oder Blickdurchlässigkeit. Daher ist eine „transparente Wärmedämmung" zumeist auch transluzent. Ihr Vorbild haben TWD in der Natur zum Beispiel bei Eisbären. Wie die Abb. 4.89a, b zeigen ist das Eisbärfell eine Hohlkammerstruktur, die die Konvektion in Haut nähe weitestgehend unterbindet. Das Fell besteht aus Hohlkammern, die das Licht auf die schwarze Haut, die als Absorberschicht wirkt, leiten. Die Fettschicht unter der Haut ist eine weitere thermische Isolation. Die vom Körper abgestrahlte Wärme (infraroter Wellenlängenbereich) wird an den Faser reflektiert, so dass sich die Wärmeverluste weiter verringern. Ein analoges Verfahren nutzen heute technischen Textilien, wie sie die Abb. 4.89c zeigt.

Die Abb. 4.90a und b zeigen das Prinzip des Energieflusses einer transparent gedämmten Wand im Vergleich mit einer opaken Wand. Die von der Sonne ausgehende Lichtstrahlung dringt durch ein lichtstrahlungsdurchlässiges Wärmedämmmaterial der Gebäudehülle, gelangt auf eine dunkle Absorberfläche und wird dort in Wärmestrahlung umgewandelt. Diese Fläche wirkt also wie ein Wärmeabsorber. Die Waben- oder Kapillarstruktur des Dämmmaterials verhindert die konvektive Wärmeabgabe an die Außenluft und führt dazu, die Wärmeenergie phasenverschoben durch ein massives, speicherfähiges Bauteil in den Innenraum weiterzuleiten. Das TWD-Material selbst muss mindestens einseitig geschlossen sein, um die thermische Konvektion in Längsrichtung der Kapillarröhrchen zu unterbinden. Durch gezielte Materialauswahl beispielsweise infrarotreflektierenden, transluzenten Materials kann der Wärmeverlust durch Wärmestrahlung weiter vermindert werden.

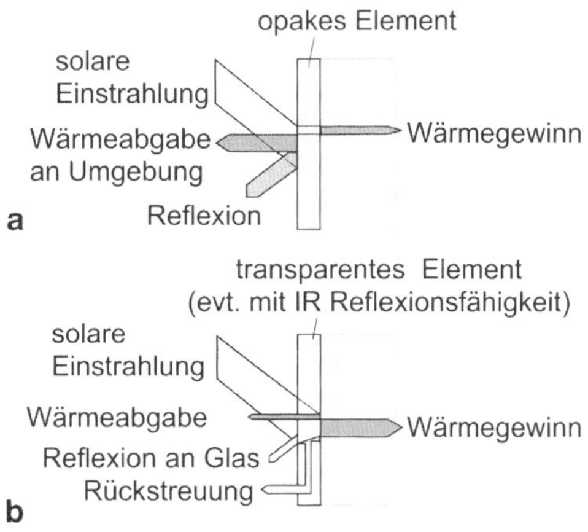

Abb. 4.90 Schematischer Vergleich des Energieflusses einer konventionellen nicht transparenten Wärmedämmung **a** und einer transparenten Wärmedämmung (TWD) **b**

Bei neuen Konstruktionen liegt der Absorber am Kunststoff an, sodass der seitliche Verschluss der Röhrchen konstruktiv einfach möglich ist. Der direkte Kontakt von Absorber und TWD-Material bedeutet aber für den Kunststoff eine latente Überhitzungsgefahr. Ein Luftraum zwischen Absorber und Kunststoff, wie dies bei den ersten TWD-Konstruktionen der Fall war, vermindert diese Gefahr. Die Kapillarröhrchen müssen dann allerdings durch eine anliegende äußere Glasscheibe verschlossen sein. Eine präzise Dimensionierung der Bauteile bringt bei der kompakten Bauweise auch den gewünschten Effekt. Die Temperaturen in der Konstruktion sind über den Absorptionsfaktor des Absorbers und die Wärmeleitfähigkeit der Speicherwand „regelbar". Die Beschattungseinrichtung ist aus Gründen der Wartung außerhalb des Glases intelligenter platziert.

Energietransfer in einer TWD

Solarstrahlung durchdringt die äußere Glasscheibe und die transparente Dämmschicht. Innerhalb der Kapillaren wird sie vorwiegend in Vorwärtsrichtung gestreut. Abhängig vom Einfallswinkel tritt eine Brechung auf. Ungefähr ein Drittel der solaren Einstrahlung wird an der Glasscheibe und im TWD-Material reflektiert oder geht durch langwellige IR-Strahlung verloren. Die Kapillaren leiten das Licht in Richtung des Absorbers (-Nutzeffekt-). Der die TWD-Konstruktion durchdringende Strahlungsanteil erzeugt im dunkel eingefärbten Absorber Wärme, die im Verhältnis der k-Werte der angrenzenden Bauteile abfließt. Ein Beispiel mit Zahlen soll dies illustrieren: Die wirksame Globalstrahlung auf der Oberfläche der Konstruktion soll an einem sonnigen Tag 500 Wm^{-2} betragen. Kommt ein Drittel wegen Reflexion und Wärmeverlusten nicht bis zum Absorber, so beträgt die wirksame Wärmeleistung im Absorber ca. 330 W/m^2. Bei einer zum Absorber energetisch *symmetrischen* Konstruktion übernehmen – durch Wärmeleitung oder Konvektion – die opake Wand und das TWD-Material ungefähr je 160 W/m^2. Im mitteleuropäischen Mittel sind das pro Quadratmeter und Tag 1–1.5 kWh speicherbare Wärme im Absorber also in der Backstein- oder Betonwand. Von diesem „Bruttogewinn" müssen die nach außen wirkenden Wärmeabstrahlungsverluste subtrahiert werden. Insbesondere in der Nacht bei unbewölktem Himmel gibt eine warme TWD-Wand relativ viel Wärme ab. Über eine

Südfassade können je Heizperiode rund 100 kWh Wärme pro m^2 gewonnen werden. Eine Energiebilanz berücksichtigt den (vermiedenen) Wärmeverlust einer opaken (lichtundurchlässigen) Wand mit ca. 20–30 kWh/m^2 und Jahr. Dies führt zu einer kumulierten Energieeinsparung von rund 125 kWh/m^2 und Jahr. Subjektiv wird eine TWD-Wand als großflächiger Niedertemperaturkollektor erfahren. Die Temperaturen auf der raumseitigen Oberfläche der TWD-Konstruktion variieren zwischen 20 °C und 35 °C.

Bei Transparenten Wärmedämmungen sind sechs wichtige Aspekte zu beachten:

- Mit wachsender Wärmeleitfähigkeit (k-Wert) der Wand hinter dem TWD-Material verbessert sich der solare Wirkungsgrad der Fassade. Vollziegelsteine, Kalksandsteine und Beton eignen sich besser als Porenbeton oder andere „leichte" Wände.
- Die besten Resultate erzielen TWD-Wände in kalten und sonnigen Regionen. Mit wachsender Heizsaison steigt der nutzbare Anteil.
- Beste spezifische Energiewerte bringen südorientierte TWD-Anwendungen, aber auch unbeschattete Ost- und Westfassaden weisen positive Energiebilanzen auf.
- Zwischen Strahlungsaufkommen und raumseitiger Wärmenutzung liegen, je nach Material und Bautiefe der Mauer, zwischen 3 und 12 h (siehe auch TAV im Kap. 4.3.2 Instationäre Wärmeleitung). Bei direkter Nutzung von Solarenergie durch Fenster und Türen fehlt oft ein geeigneter Speicher, was zur Überhitzung des Raumes und zu schlechter Ausnutzung des Solargewinnes führen kann. Diesbezüglich schneidet die TWD-Wand besser ab und die Wärme wird zudem relativ zeitpräzise am Abend und in der Nacht angeliefert.
- Mit Kosten von rund 400–700 € pro Quadratmeter – mit Beschattungseinrichtung – ist die transparente Wärmedämmung rund dreimal teurer als eine opake. Aus den Mehrkosten den spezifischen kWh-Preis zu errechnen, ist allerdings eine irrführende Argumentationskette. Eher müsste eine zusätzlich notwendige oder erwünschte Wärmedämmung als Vergleichsbasis herangezogen werden.
- Transparente Wärmedämmungen sind für Do-it-yourself nicht geeignet. Der Grund liegt – unter anderem – an der Überhitzungsproblematik. Bei Temperaturen um 120 °C schmilzt der Kunststoff.

Die Abb. 4.91 zeigt schematisch den Temperaturverlauf am Tag und in der Nacht im Winter bei Nutzung einer transparenten Wärmedämmung. Weitere Verbesserungen lassen sich bei einer geschwärzten Gebäudeaußenhaut erzielen (erhöhte Absorption) und bei einer Infrarotbeschichtung auf der Innenseite der rückwärtigen Glasabdeckung (infrarote Wärmereflexion).

TWD Systeme lassen sich auch als Unterstützung der Hausheizung einsetzen, in dem an der rückwärtigen dem Gebäude zugewandten Seite ein Latentwärmespeicher eingebaut wird. Eine technische Ausführung eines derartigen Systems zeigt die Abb. 4.92.

Eine Parameteranalyse an TWD-gedämmten Wohngebäuden, in der 17 Parameter variiert wurden, errechnete die an der TWD-gedämmten Außenwand Energieeinsparung pro Quadratmeter. Die Simulationen zeigten, dass einzelne Parametern einen sehr großen, andere einen geringen Einfluss auf den TWD-Ertrag haben. Grosse Auswirkungen auf den

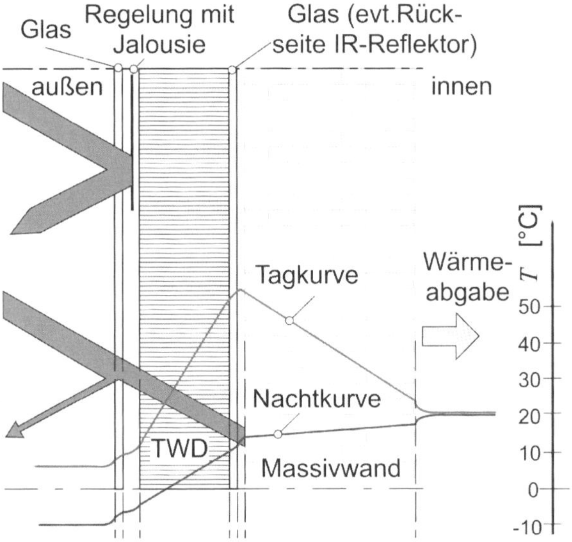

Abb. 4.91 Schnitt durch eine TWD gedämmte Häuserfassade mit der Darstellung des Temperaturverlaufs bei Tag und bei Nacht im Winter

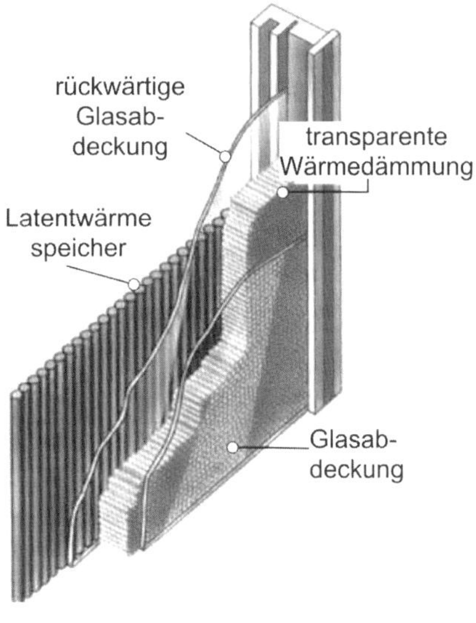

Abb. 4.92 Technische Ausführung einer TWD-Dämmung mit gekoppelten Latentwärmespeicher nach Gedanken von (Hausner 2005)

Ertrag der TWD-Konstruktion haben nach einer von Kerschberger (Kerschberger 1994) durchgeführten Parameteranalyse:

- Rahmenanteil der TWD-Konstruktion;
- Gebäudeorientierung;
- Umgebungsverschattung;
- Standort;

- Interne Wärmequellen;
- Wärmeschutzstandard;
- Rohdichte der Außenwand.

Mittlere Auswirkungen auf den Ertrag zeigen folgende Einflussgrößen:

- Transmission durch das TWD-Material (g-Wert);
- Verschattungssystem;
- Innentemperatur-Profil.

Nur geringe Auswirkungen werden für folgende Parameter ermittelt:

- k-Wert der TWD,
- Flächenanteil der TWD,
- Lüftungsgrenze,
- Außenwandstärke.

Die unterschiedliche Klassierung von g- und k-Wert korreliert mit einer wesentlichen Eigenschaft von TWD-Konstruktionen: Das Einsparpotential durch Strahlungsgewinne ist um den Faktor 4 größer als jenes durch Verminderung der Energieverluste. In diesem Sinne ist die Transparente Wärmedämmung (TWD) eher ein Sonnenkollektor als eine Wärmedämmung. Die Rohdichte der Außenwand hat einen erheblichen Einfluss auf den TWD-Ertrag. Der Grund liegt in der erhöhten Wärmeeindringung und der besseren Speicherfähigkeit schwerer Wandkonstruktionen. Daher müssen bei Verwendung einer TWD schwere Materialien vorgesehen werden, wobei Rohdichten von über $2 \cdot 10^3$ kg/m^3 angestrebt werden sollten. Die opaken Gebäudehüllen sollten dagegen leicht gebaut sein, weil dadurch die Wärmedämmung verbessert wird. Den größten Einfluss auf den Nutzen einer TWD hat naturgemäß der Standort. An Standorten mit hohen Strahlungsgewinnen bei gleichzeitig langen Heizperioden ergeben sich die höchsten TWD-Nutzwerte, weil auch sommerliche Wärmebeiträge verwertet werden können. Am Standort Stuttgart spart ein Quadratmeter TWD-Wand circa 110 kWh ein, in Davos ist es mehr als das doppelte, während in Lerwick auf den Shetland-Inseln ungefähr das Anderthalbfache (ca. 170 kWh/m^2) an Energieeinsparung möglich ist. Die TWD-Simulationen decken sich weitgehend mit den Erfahrungen, die in den letzten Jahren an Häusern mit passiver oder hybrider Sonnenenergienutzung (Fenster und Fensterkollektoren) gemacht wurden.

Zuletzt verbleit als Fragestellung noch, welche innere Struktur die TWD aufweisen sollte. Im makroskopischen Bereich gibt es im Prinzip drei Strukturformen: Waben-, Kapillar und Kammerstrukturen, wie sie die Abb. 4.93a darstellt. Die beiden ersten können absorberparallel oder –senkrecht angeordnet werden. Jede dieser Formen zeigt spezifische Vor- und Nachteile, die kurz diskutiert werden sollen.

Als Typ A werden TWD-Dämmungen bezeichnet, die aus Glasscheiben oder Kunststofffolien bestehen, die parallel zur Absorberfläche stehen, wie die Abb. 4.93b skizziert.

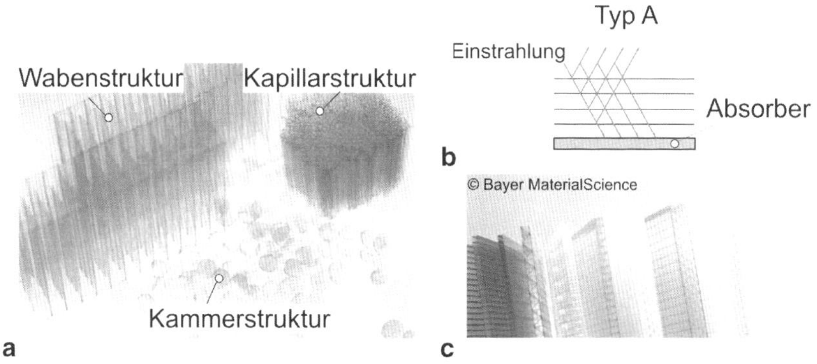

Abb. 4.93 **a** Foto einer Waben-, Kapillar- und Kammerstruktur. **b** Anordnung der Typ A, absorberparalleler transparenter Platten. **c** Photographien verschieden strukturierter Makrolon-Platten der Bayer AG (Bayer AG 2011)

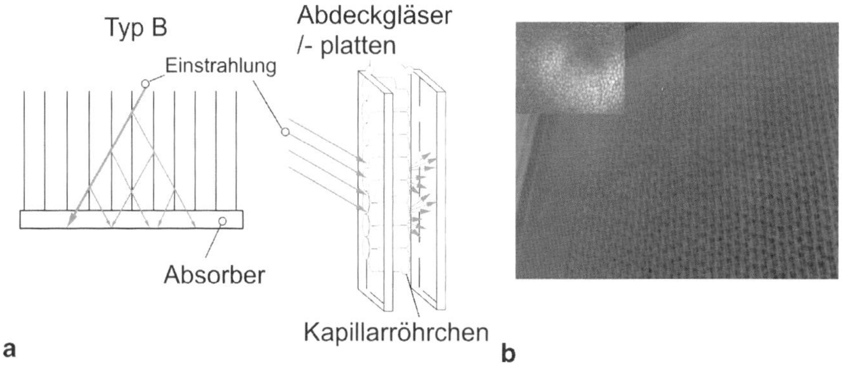

Abb. 4.94 **a** Schemaskizze einer absorbernormalen Dämmung und der Lichttransmission. **b** Technische Ausführung einer absorbernormalen Dämmstruktur mit einer rückwärtigen Beleuchtung (kleines Foto) und Einbau in ein Gebäude

Hierbei reduziert ein geringer Abstand zwischen den Scheiben oder Folien die konvektive Wärmeübertragung nach außen deutlich. Entsprechend der Fresnelschen Formeln verringert sich aber bei dieser Anordnung durch die vielfältigen Oberflächenreflexionen an den Scheiben und Zwischenschichten auch die Transmission der solaren Einstrahlung. Dieser Typus ist unter dem Akronym Makrolon im Handel erhältlich, vergleiche Abb. 4.93c, und wird oft bei Terassenüberdachungen eingesetzt.

Weiter verbreitet und im Hinblick auf Windlasten bzw. Festigkeit robuster sind TWD des Typs B, in denen die Wabenstrukturen senkrecht zur Absorberfläche angeordnet sind, wie in der Abb. 4.94a dargestellt. Sie bieten gegenüber dem Typ A eine deutlich verbesserte Reduktion des konvektiven Wärmeübergangs, in der die aktiven Höhen reduziert sind und

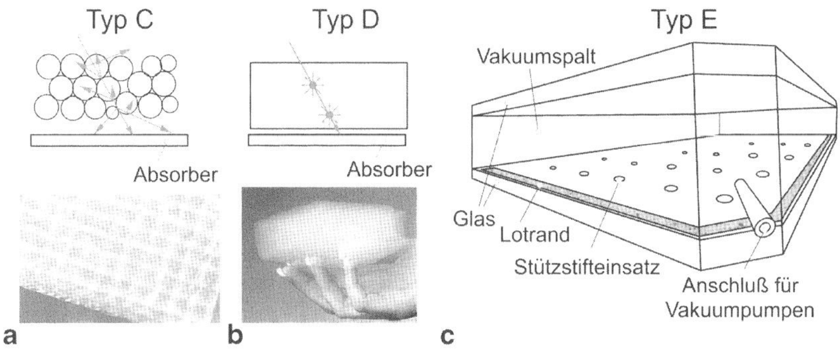

Abb. 4.95 **a** Schemaskizze des Strahlengangs einer Typ C TWD Dämmung und Beispiel einer technischen Umsetzung. **b** Typ D Wärmedämmung in einem Aerogel mit hoher Porosität; **c** Typ E, Vakuum-Isolationsdämmung

sich damit kein großskaliger Wärmeaustauschprozess etablieren kann. Die Lichtreflexionen an den Zellwänden sind stets auf den Absorber gerichtet. Damit wird auch nicht normal auftreffendes Licht zum Absorber weitergeleitet. Als Resultat ergibt sich eine höhere Lichttransmission. Die Abb. 4.94b zeigt einen Ausschnitt eines Einzelelementes und den Einbau in ein Gebäude.

Beim Typ C handelt es sich um Systeme mit Kammerstrukturen, die aus transparenten Schäumen beispielsweise Acrylglasschaum, Well- und Prägefolien oder Glashohlkugeln bestehen. Dieser Typus weist eine relativ hohe Lichtstreuung auf, wie die Abb. 4.95a skizziert. Der Typ C zeigt den geringsten Wärmeverlust durch konvektive Vorgänge, da die Abstände zwischen den Segmenten am kleinsten sind.

Im Bereich der Dämmung bezeichnet der Typ D eine Abart des Typs C, wobei jedoch die Kammerstrukturen von der Größenordnung der Wellenlänge des Lichts sind. Die typischen Porendurchmesser D dieser Silikon-Aerogele beträgt ca. 100 nm. Dieser Typus weist eine hohe Porosität auf und der Brechungsindex beträgt nahezu den Wert eins (1), das heißt, es kommt kaum zu einer Brechung des Lichts und die Verluste bleiben gering. Durch die starke Streuung des Lichts zeigt das hinter dieser Dämmung austretende Licht eine Verschiebung ins Blaue. Die Abb. 4.95b zeigen die Wirkweise dieses Typs.

Der Typ E einer Wärmedämmung ist die Vakuumisolation, in der keine Konvektions- und nur geringe Wärmeleitungsverluste auftreten. Besitzt die äußere Scheibe auf der dem Vakuumspalt zugekehrten Seite eine die Wärmestrahlung reflektierende Beschichtung, so verringern sich die Strahlungsverluste weiter. Mit Hilfe eines Glaslots werden die Scheiben verbunden und am Rand gedichtet, wie die Abb. 4.95c illustriert. Durch die Nutzung von Stützstiften ($d = 0.3$ mm) kann der Scheibenabstand bei größeren Flächen gesichert werden. Problematisch ist die Festigkeit sowie die Variabilität der Verbauung der Vakuumisolation.

4.6 Selektive Absorber

4.6.1 Anforderungen an einen selektiven Absorber

Im Absorber wird die kurzwellige Solarstrahlung in langwellige Wärmestrahlung umgewandelt, deshalb soll das Absorptionsvermögen α möglichst groß sein. Ideal wäre hier ein schwarzer Körper ($\alpha = 1$). Stoffe mit einem großen Absorptionsvermögen haben jedoch wiederum den Nachteil, dass sie auch entsprechend hohe Emissionszahlen ε aufweisen und daher viel Energie an die Umgebung abstrahlen, das heißt der Absorption (α) folgt also auch die Emission (ε). Beide Größen Absorption und Emission sind aber stark wellenlängenabhängig.

Beispielsweise ergeben sich für Fensterglas die in Tab. 4.18 dargestellten Werte der Absorption (α) und Emission (ε) im sichtbaren Bereich (Index „*s*") und im Infrarot-Bereich (Index „*IR*"). Die Transmission der Gläser beträgt im Infrarot nahezu null. Durch gezielte Beschichtung des Glases mit Indium- oder Zinkoxid lässt sich die Reflexion im Infraroten nachhaltig erhöhen. Diese Maßnahme stellt eine konstruktive Option zur Reduktion des Strahlungswärmeverlusts im Verbund Glas und Absorber bei Hochtemperaturanwendungen dar.

In der Realität sind α und ε wellenlängenabhängig. Dies ist jedoch bei den meisten gängigen Materialien wie zum Beispiel bei schwarz lackiertem Blech oder Fensterglas vernachlässigbar und sie sind somit für einen effizienten Absorber denkbar ungeeignet.

Für einen effizienten Absorber müssen daher selektive Absorberschichten entwickelt werden, bei denen man sich diese Wellenlängenabhängigkeit zunutze macht. Sie müssen im sichtbaren Bereich ein hohes Absorptionsvermögen ($\alpha_s \to 1$) besitzen im IR-Bereich jedoch ein geringes Emissionsvermögen ($\varepsilon_{IR} \to 0$). Definiert man einen $\alpha_s/\varepsilon_{IR}$-Koeffizienten (siehe auch Gl. 4.167), dann ist dieser Wert für die genannten selektiven Absorber besonders groß; deshalb werden diese Schichten auch α/ε-Schichten genannt. Es muss nochmals betont werden: *Für einen selektiven Absorber gilt das Kirchhoff'sche Gesetz nicht, da dieses $\alpha = \varepsilon$ fordert.*

Da der zentraler Bestandteil eines jeden Solarkollektors der Empfänger (Receiver) mit einem Absorberrohr ist, das die Solarstrahlung absorbiert und an das durchströmende Wärmeträgermedium – Luft, aber meist Wasser oder aber auch Dampf oder Thermoöl – überträgt, ist hier eine besonders hohe Effizienz erforderlich. Um bei einer möglichst hohen Absorption der Solarstrahlung die Verluste durch Wärmestrahlung zu minimieren, müssen die Absorberrohre selektiv beschichtet werden, damit ein vernünftiger Gesamtwirkungsgrad der solarthermischen Anlage erzielbar ist. Wegen der zunehmenden Überlappung des solaren Spektrums mit dem der Wärmestrahlungsspektren insbesondere mit steigender Absorbertemperatur können α und ε nicht mehr unabhängig voneinander optimiert werden. Bei hohen Konzenrationsverhältnissen (k) muss daher zu Gunsten der Optimierung des Absorptionskoeffizienten α entschieden werden, da sich die Wärmeverluste wegen der verkleinerten Absorberflächen konstruktiv leichter in den Griff bekommen lassen.

Tab. 4.18 Optische Eigenschaften von Fensterglas und IR-Gläsern

Gläser	Sichtbar			Infrarot			
	$\alpha_s = \nu_s$	τ_s	ρ	$\alpha_{IR} = \varepsilon_{IR}$	τ_{IR}	ρ_{IR}	$\alpha_s / \varepsilon_{IR}$
Fensterglas	0.02	0.94	0.04	0.94	0	0.06	0.021
IR-Glas In_2O_3-beschichtet	0.1	0.85	0.05	0.15	0	0.85	0.67
IR-Glas ZnO_2-beschichtet	0.2	0.79	0.01	0.16	0	0.84	1.25

4.6.2 Aufbau selektiver Absorber

Es gibt eine große Anzahl möglicher selektiver Absorberschichten. Nach ihrer Wirkungsweise lassen sie sich in drei Hauptkategorien einteilen: intrinsische Absorber, strukturierte Oberflächen und Tandem-Absorber, wobei letztere nochmals in Halbleiter-Reflektor-Tandem, Multilayer-Schichten, Cermets und IR-Spiegel auf Absorber unterteilt werden können. Die in der Abb. 4.96 illustrierten Abbildungen stellen einen Versuch dar, die unterschiedlichen Absorbertypen hinsichtlich ihres strukturellen Aufbaus zu klassifizieren.

- Intrinsische Absorber
  Intrinsische selektive Absorber bestehen aus einem Material – typischerweise einem Übergangsmetall oder einem Halbleiter – mit intrinsischen optisch selektiven Eigenschaften (vergl. Abb. 4.96a). Diese treten beispielsweise wie Kennedy (Kennedy 2002) beschreibt bei Wolfram (W), Zirkonbromid (ZrB_2) oder Hafniumcarbid (HfC) auf. Zwar sind sie oft sehr stabil, aber die optische Selektivität ist weitaus geringer als bei anderen selektiven Absorbern, so dass sie für konzentrierende Systeme nicht in Frage kommen. Die höchste Selektivität erreicht ZrB_2mit $\alpha = 0.88$ und $\varepsilon(100\ °C) = 0.08$; mit einer zusätzlichen Si_3N_4-Antireflex-Schicht werden sogar Werte von $\alpha = 0.93$ und $\varepsilon(100\ °C) = 0.1$ erreicht (Randich und Pettit 1981).
- Oberflächenstrukturierung
  Absorber dieses Typus erhöhen den Anteil absorbierter Solarstrahlung durch multiple Reflexionen an einer Oberflächenstruktur der Größenordnung der zu absorbierenden Wellenlängen, während sie im längerwelligen IR wie ein glatter Metallspiegel wirken (vergl. Abb. 4.96e). Beispiele sind dendritisches Wolfram oder strukturierte Kupfer-, Nickel- und Edelstahloberflächen (Zhao 2007). Typische Werte für Absorption und Emission liegen bei $\alpha = 0.92$ und $\varepsilon(100\ °C) \approx 0.22$. Ohne den Einsatz des hochtemperaturstabilen Nickels liegt die Emission noch etwas geringer bei ca. $\varepsilon(100\ °C) \approx 0.1$ (Kennedy 2002). Die Leistungsfähigkeit dieses Absorbertypus setzt voraus, dass während der gesamten Betriebsdauer die Integrität der Oberflächenstrukturierung gewährleistet ist. Diese Langzeitstabilität bei gleichzeitiger thermischer Wechselbelastung stellt eine nicht unerhebliche technische Herausforderung dar.

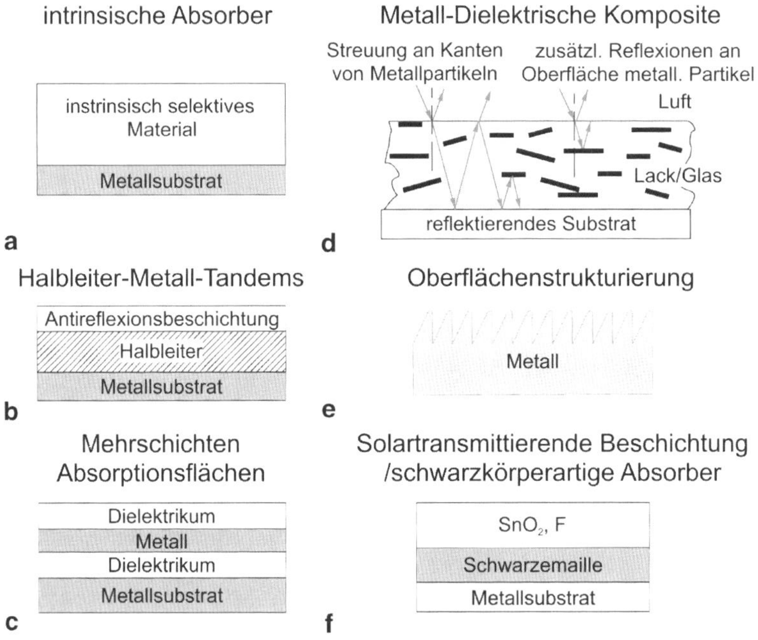

Abb. 4.96 Technische Ausführung verschiedener selektiver Absorberflächentypen aus Kennedy (2002) und Sämann et al. (2006)

- Tandem-Absorber
  Schichten aus einem einzigen Material erreichen oft nicht die gewünschte Selektivität. Mit Hilfe von Mehrschichtsystemen bestehend aus einer Kombination unterschiedlicher Materialien kann die Selektivität deutlich und gezielt erhöht werden. Von diesen als Tandem bezeichneten Systemen gibt es mehrere Arten.
  - Halbleiter/Metall-Tandem-Absorber
    Hierbei bestehen die Absorberschichten aus einem Metall, meist einer dünnen Halbleiterschicht mit Bandlücken zwischen 0.5 eV (Dicke $\approx$ 2.5 µm) und 1.26 eV (Dicke $\approx$ 1.0 µm) und einer zusätzlichen Antireflex-(AR)-Schicht (vergl. Abb. 4.96b). Die Metallschicht oder das Metallsubstrat sichern eine geringe Emission, die Halbleiterschicht dient der Absorption und die AR-Schicht verringert die Reflexionsverluste an der Oberfläche. Als beste Werte für Absorption und Emission werden $\alpha \approx 0.91$ und $\varepsilon(100\,°C) \approx 0.09$ genannt (Kennedy 2002).
  - Mehrschichten oder Multilayer Absorber
    Multilayer Absorber werden auch als Interferenzfilter oder -absorber bezeichnet und bestehen aus dünnen, transparenten, dielektrischen Schichten ($\lambda/4$-Schichten) und dünnen, semitransparenten, reflektierenden Schichten, typischerweise Metalle, die abwechselnd übereinander gestapelt werden (vergl. Abb. 4.96c). Die Interferenzen bewirken eine hohe Absorption im solaren Spektralbereich. Die unterste opake Schicht -eine Metallschicht mit hoher IR-Reflexion-sichert eine geringe Emission.

Der Schichtstapel schließt mit einer dielektrischen Schicht, die wie eine Antireflexions- (AR)- Schicht den absorbierten solaren Spektralbereich noch verbreitert. Ein bekanntes Beispiel ist die Al_2O_3-Mo-Al_2O_3-Beschichtung oder kurz genannt das AMA-Coating. Es erreicht eine Absorption von 92–95 % bei einer Emission von 6–10 % bei 20 °C, (Thornton et al. 1980).

– Metall/Dielektrikum Komposite (Cermets)
  Bei diesem Typus bestehen die Absorber aus einer Metallschicht, einem Cermet (aus dem engl. Ceramics and Metal) und einer AR-Schicht (vergl. Abb. 4.96d). Die Metallschicht mit einer hohen Reflexion im IR sichert erneut eine niedrige Emission. Das absorbierende Cermet besteht aus Metallnanopartikeln in einer keramischen Matrix und ist im IR-Wellenlängenbereich transparent. Die Absorption kann intrinsischer (Interbandübergänge des Metalls) oder geometrischer (Partikelresonanz) Natur sein. Zusätzlich kann die Absorption durch einen Gradienten im Füllfaktor des Cermets oder durch ein zwei- oder dreistufiges Cermet verstärkt werden. Bei beiden Typen verringert sich der Brechungsindex kontinuierlich von einem hohen Wert im Metall zu einem niedrigen in der AR-Schicht. Zugleich bewirken Interferenzen eine erhöhte Absorption. Die AR-Schicht sorgt für eine Entspiegelung an der Oberfläche. Damit ist eine hohe Selektivität mit optischen Werten von $\alpha = 0.95$ und $\varepsilon(100\ °C) = 0.05$ möglich. Als Dielektrikum, das als Oxidations- und Diffusionsbarriere wirkt, kommen SiO_x, AlO_x, ZrO_x, TiO_x und $NiCrO_x$ in Frage. In der Literatur werden Siliziumoxid und Aluminiumoxid als stabilste Barriere beschrieben (Jaworske 1997).

- IR-Spiegel auf Absorber
  Dieses System ist eine Umkehrung der übrigen Tandem-Absorber, bei dem ein dünner semitransparenter Metallspiegel für eine hohe IR-Reflexion auf eine opake absorbierende Schicht abgeschieden wird. Diese Absorber weisen jedoch nur eine begrenzte Selektivität auf.

Bis ca. 1995 wurden im Wesentlichen zwei prinzipiell unterschiedliche Absorberschichttypen hergestellt:

- Die eine als „Schwarz-Chrom" bezeichnete Absorberschicht erweist sich als dauerhaft bei gleichzeitig relativ hohen Wirkungsgraden. Aber ihre Herstellung ist energieintensiv und umweltbelastend. Die Schicht wird durch ein galvanisches Badverfahren aufgebracht, das inhärent in Zusammenhang mit Chrom schwermetallhaltige Abwässer bedeutet. Die Schichtdicke einer Schwarz-Chromschicht beträgt ca. 5–10 μm muss für Recycling von gebrauchten Absorbern entfernt werden.
- Der zweite Schichttyp ist ein „Nickel-pigmentiertes-Aluminiumoxid": Die Lebensdauer dieses Typs ist allerdings bei erhöhter Feuchtebelastung relativ beschränkt (!). Darüber hinaus ist die energetische Leistungsfähigkeit bescheiden. Die Herstellung dieser Schichten ist aber weniger energieintensiv und umweltbelastend.

Die damalige TiNOX GmbH führte 1995 als erstes Unternehmen eine neu entwickelte hochselektive Absorberbeschichtung für solarthermische Kollektoren auf dem Markt ein,

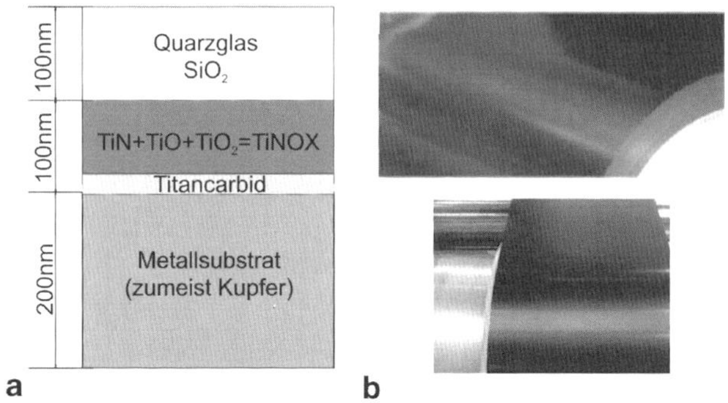

Abb. 4.97 **a** Größenordnung und Aufbau der selektiven Absorberschicht TINOX. **b** Farbeindruck einer TINOX Beschichtung, die durch Lichtreflexion entsteht. (Almeco-TiNOX GmbH 2011)

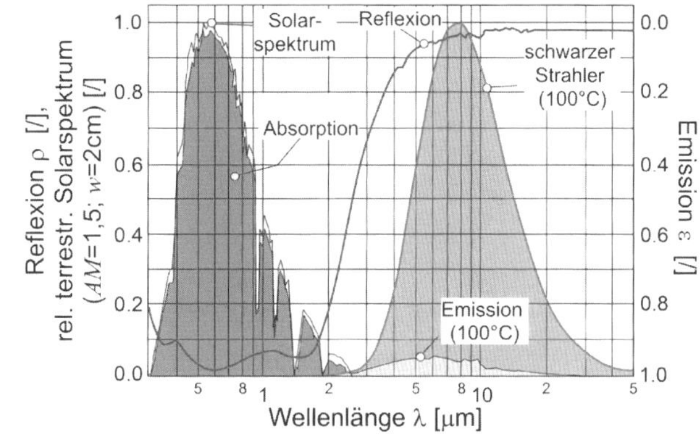

Abb. 4.98 Wellenlängenselektives Absorptions-, Reflexions- und Emissionsspektrum einer TiNOX Absorberschicht. (Almeco-TiNOX GmbH 2011)

die dem Mehrschichttypus angehört. Die TiNOX Absorberschicht ist aus mehreren Funktionsschichten aufgebaut: Als Trägermaterial dient ein Metallsubstrat mit guter Reflexion und Wärmeleitung. Eine dünne Titancarbidverbindung dient als Haftvermittlungsschicht und Diffusionsbarriere. Die Absorberschicht besteht aus einer Titanverbindung mit Sauerstoff und Stickstoff. Diese patentierte Titanoxidnitridverbindung gab der Firma „TiNOX" ihren Namen. Auf der Absorberschicht befindet sich zusätzlich eine Antireflex- und Schutzschicht aus Quarzglas. Durch die Minimierung der Oberflächenreflexion wird die Absorption der Solarstrahlung noch weiter optimiert. Den Aufbau einer TiNOX Schicht zeigt die Abb. 4.97a. Die Farbe der TiNOX Schicht (Almeco-TiNOX GmbH 2011), die in Abb. 4.97b dargestellt ist, entsteht durch Mehrfachreflexion des einfallenden Lichtes in der Quarzglasschicht. Abhängig von der Dicke der Antireflexschicht werden bestimmte Wellenlängen reflektiert und bestimmen den Farbeindruck. Im Falle von TiNOX classic werden geringe Mengen des blauen Lichtanteils reflektiert, die Schicht erscheint damit „blau".

Den selektiven Charakter einer TiNOX-Schicht bei niedrigen Wellenlängen eine hohe Absorption zu erzielen und im infraroten Bereich eine geringe Emission aufzuweisen, zeigt die Abb. 4.98 im Vergleich mit einem schwarzen Strahler. Darüber hinaus ist die Reflexion im sichtbaren Wellenlängenspektrum gering, weist aber zugleich im fernen Infrarotbereich relativ hohe Werte auf.

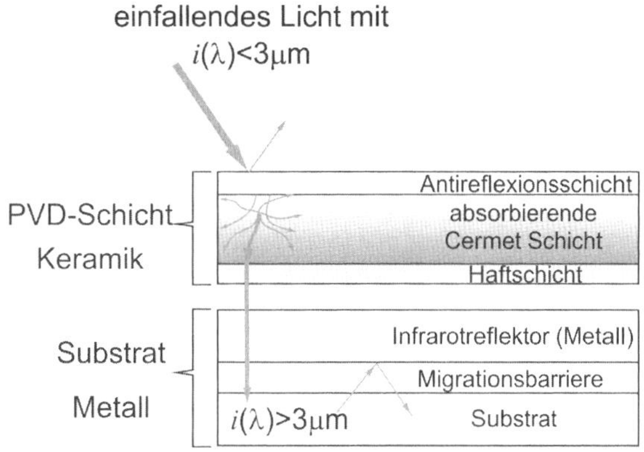

Abb. 4.99 Schematischer Aufbau von Cermet-Schichten für Absorberanwendungen

Zu den am meisten hergestellten Absorberschichten gehören Cermet-Absorber, da mit ihnen sehr hohe Selektivitäten bei etwas geringeren Fabrikationskosten erreicht werden können. Diese Multilayer-Absober sind die in der Literatur am häufigsten behandelten Absorbertypen. Die Abb. 4.99 zeigt den prinzipiellen Aufbau und ihre prinzipielle Funktionsweise.

Die oberste Schicht bildet eine Antireflexionsschicht. Darunter befindet sich die Cermetschicht, die einen hohen optischen Brechungsindex aufweist und eine hohe frontseitige Oberflächenreflexion verursacht. Mit zunehmender Wellenlänge im infraroten Bereich erhöht sich die Transparenz der Cermetschicht. Eine optimale spektrale Selektivität für die solare Einstahlung ergibt sich, wenn der Metallgehalt der Cermetschicht kontinuierlich von der Antireflexionsschicht bis zu dem unter einer Haftschicht befindlichen metallischem Infrarotreflektor zunimmt. Die Dicke des Haftvermittlers sollte so gering als möglich ausfallen. Unter dem IR-Reflektor befindet sich das Metallsubstrat, in dem die Wärmeabfuhr mit dem jeweiligen Wärmetransferfluid erfolgt. Bei Hochtemperaturanwendungen ($T > 400$ °C) wird oft eine Migrationsbarriereschicht erforderlich, die zum einen die Diffusion des Substratmaterials in den IR Reflektor und damit eine Verschlechterung seiner Eigenschaften verhindert und zum anderen ein Fügen (mittels Löten oder Schweißen) des selektiven Absorbers auf das Substratmaterial ermöglicht.

Die unterschiedliche Leistungsfähigkeit der einzelnen selektiven Absorberschichten, das dabei verwendete Material, deren spezifischen Herstellungsprozesse, Ursprung und Produktionsverfahren können der Tab. 4.19 entnommen werden. Bei den Herstellerangaben ist immer darauf zu achten, dass die Angaben für die Absorption und die Emission für einen spezifizierten Standardfall, zumeist bei einer Temperatur von 100 °C angegeben werden. Bei konzentrierenden Systemen mit hohen Konzentrationsverhältnissen können die erzielbaren Werte bei höheren Absorbertemperaturen erheblich über denen des genormten Standardfalls mit 100 °C liegen. Dies trifft vor allem auf Systeme zu, in denen sich der Absorber im Vakuum befindet. Auch wenn sich die Absorberschicht an der Umgebungsluft befindet, können sich durch Feuchte und Oxidationsprozesse im Laufe der Lebensdauer erhebliche Veränderungen vollziehen, die auf die Absorptions- und Emissionseigenschaften einen wesentlichen Einfluss nehmen können.

Tab. 4.19 Unterschiedliche moderne selektive Absorberbeschichtungen und deren spezifische Charakteristika

Produkt	TiNOX	Sunselect	Diamanta	Sunstrip	Gibo
Funktionsschicht	TiN_xO_y	Cermet		Ni-NiO (Schwarznickel)	Cr-CrO (Schwarzchrom)
Substrat	Cu	Cu	Cu (Al, Edelstahl)	Al	Cu
α_s (/)	0.95	0.95	0.9–0.96	0.92–0.96	0.96
ε_{IR} (/)	0.05	0.05	0.05 + 0.02	0.1	0.10
$\alpha_s/\varepsilon_{IR}$ (/)	19	19	12.85–19.2	9.2–9.6	9.6
Produktionsverfahren	PVD	Sputtern	Kombiniertes Sputtern-CVD	Sputtern	Sputtern oder Galvanik

Entscheidend für die Auswahl einer der Anwendung angepassten Absorberschicht ist daher die Berechnung der Absorbertemperatur bei der zu erwartenden maximalen Einstrahlung, die sich aus dem Einsatzort (lokale Gegebenheit, Dachneigung, …), dem Kollektortyp (Flach-, Röhren- Speicherkollektor) und dem Einsatzzweck (Prozesswärme oder Leistungseinsatz) ergibt. Hierbei ist zwischen Nieder- und Hochtemperaturanwendungen zu unterscheiden, wobei in den Fachbüchern keine klare Abgrenzung zwischen beiden Bereichen gegeben ist. In der Fachliteratur wird zumeist eine imaginäre Grenze bei ca. 400 °C angesetzt, siehe beispielsweise Kennedy (2002), ab der man vom mittleren Temperaturbereich spricht und ab ca. 650 °C entsprechend vom Hochtemperaturbereich.

Für die Absorberschichten ist der Temperaturbereich deshalb von essentieller Bedeutung, da die Schichten über andere thermophysikalische Eigenschaften als das Substratmaterial verfügen. Wegen ihrer geringen Dicke führen hohe Temperaturspreizungen über der Schicht zu einer erheblichen Reduktion der Lebensdauer. Ein weiterer wichtiger die Lebensdauer betreffender Aspekt ist die Atmosphäre, in der sich der Absorber befindet; hier ist sowohl Vakuum als auch Luft möglich.

4.6.3 Absorberschichten für die Anwendung im Vakuum

Bei hoch konzentrierenden Systemen wie beispielsweise Parabolrinnenkraftwerke gibt es gegenwärtig nur wenige kommerzielle Anbieter von Receivern. Die heute verfügbaren Absorberschichten sind im Vakuum bis zu ca. 400 °C stabil, und das Absorberrohr aus Edelstahl ist deshalb – und zur Minimierung der Wärmeverluste – von einem evakuierten Glashüllrohr umgeben.

Lanxner und Elgat (Lanxner und Elgat 1990) beschreiben die Herstellung der Absorberrohre, in der polierte Edelstahlrohre im Vakuum durch zehnminütiges Heizen auf 600 °C gereinigt werden, bevor die Beschichtungslagen bestehend aus einer Al_2O_3-Diffusionsbarriere, einem Mo-IR-Spiegel, dem Mo/Al_2O_3-Cermet und der SiO_2-AR-Schicht (AR = Antireflex) aufgebracht werden. Experimente zeigten, dass dieses Absorbermaterial im Vakuum bei 600 °C einen Monat stabil ist, aber an der Luft bei gleichen Bedingungen degradiert. Diese Schicht erreicht eine Absorption von 96 % und eine Emission (bei 350 °C) von 17 %.

In den letzten Jahren gelang es ein neues Schichtsystem zu entwickeln, das mit einer Absorption von 97 % und einer Emission von 10 % (bei 400 °C) deutlich verbesserte Kennwerte aufweist (Siemens Concentrated Solar Power, Ltd 2011). Messungen an zwei dieser Absorberschichten ergaben optische Werte von $\alpha_s = 0.94–0.95$ bei einer Emission von 13–15 % (Kennedy und Price 2005). Dabei wird ein W/Al_2O_3-Cermet verwendet. In der Literatur sind eine Vielzahl anderer möglicher Absorbersysteme beschrieben, die in der Tab. 4.20 aufgeführt sind. Zwei interessante Ansätze seien hier herausgegriffen.

- Blickensderfer et al. (1977) untersuchten reaktiv gesputtertes TiN, ZrN oder ZrCN als Absorber auf einem Ag-IR-Spiegel auf Glas oder Edelstahl. Sie erreichten eine Absorption von 80–88 % bei einer Emission (bezogen auf einen Planckstrahler bei 327 °C) von 3–8 %. Während die Schichten an Luft durch die Oxidation der Nitride schon bei Temperaturen um 200 °C nachließen, so waren sie im Vakuum bis 350 °C stabil. Bei noch höheren Temperaturen führt die Agglomeration oder Diffusion des Silbers ins Substrat ebenfalls zu einer Verschlechterung. Mit Hilfe einer zusätzlichen Barriereschicht unter dem Ag-IR-Spiegel, die sie durch eine 10 minütige Oxidation des unbeschichteten Edelstahls bei 500 °C realisierten, konnten sie die Alterung im Vakuum zwischen 400–600 °C über 500 h signifikant reduzieren.
- Eine gute Stabilität im Vakuum bis 350–500 °C und gute optische Werte versprechen Cermets aus Edelstahl, Wolfram oder Molybdän in Aluminiumnitrid, in Verbindung mit einem Al oder Cu-IR-Spiegel und einer AlN-AR-Schicht auf Glas (Zhang 2000; Zhang und Shen 2004).

Ein Ende Dezember 2005 veröffentlichtes Patent von ENEA (Antonaia et al. 2005) beschreibt eine DC gesputterte Absorberschicht aus einem 500 nm dicken W oder ZrN IR-Spiegel, einem Cermet aus TiN_x, ZrN_x oder HfN_x in AlN mit einer AlN- oder Al_2O_3-AR-Schicht, die im Vakuum bis 580 °C stabil ist und angeblich ein $\alpha > 0.95$ und $\varepsilon < 0.12$ erreicht. Sie wird bisher nur in ihrem eigenen Parabolrinnenkollektor mit Salzschmelze als Wärmeträgermedium eingesetzt.

4.6.4 Nieder- u. Mitteltemperaturabsorberschichten in Luft/Vakuum

Für die Hochtemperaturanwendung an Luft sind momentan keine kommerziellen Absorberschichten verfügbar. Das weit verbreitete Schwarzchrom degradiert an Luft ab ca. 350 °C (Kennedy 2002). Die Tab. 4.20 zeigt unterschiedliche Absorberschichtsysteme für den mittleren Temperaturbereich für den Betrieb in einer Vakuum- und Luftumgebung. Neben den Herstellungsverfahren sind auch die bisher erreichten Temperaturgrenzen sowie die Leistungsfähigkeit in Bezug auf Absorption und Emission in der Tabelle aufgeführt.

Eines der stabilsten Materialien für luft- oder vakuumstabile Absorberschichten ist Platin. Es wird von verschiedenen Autoren als stabiler IR-Spiegel, sowie in Al_2O_3 eingebettet

Tab. 4.20 Unterschiedliche Absorberschichtsysteme für den mittleren Temperaturbereich beim Betrieb in Vakuum und Luft modifiziert nach (Kennedy 2002). TSSS = Dickensensible spektral selektive Schicht, SS = Edelstahl („stainless steel")

Material	Substrat	Herstellung	Absorption	Emission	Stabilität (°C)		Produkt
			α_s (/)	ε(100 °C) (/)	Vakuum	Luft	
TSSS	Al	gestrichen	0.92	< 0.015		< 135	Solarisselect
PbS	Al	Evaporation Pyrolyse	0.93–0.99	0.21–0.10		~200	
$NiCrO_x$	SS	Sputtern	0.8	0.14		< 200	
	Al		0.92–0.93	0.06		< 200	
	Polyamid						
Gefärbter SS	SS	Chem. Konvektion	0.62–0.93	0.1		< 200	SEL, INCO
Schwarznickel Nis-ZnS	Stahl Stahl Ni- beschichtet	Elektro- deposition	0.88–0.96	0.03–0.10		< 200	Maxorb
NiSn	Cu	Sol-Gel	0.92–0.98	0.08–0.25		300	Black Crystal
Graphitfilme							
a-C:H/Cr	Cu	MF-Pulse	0.92	0.025		250	
a-C:H	Al	PVD/ PEVD	0.876	0.061		250	
Ge in Sizium	Cu oder SS	gestrichen	0.91	0.7		300	
Si			0.83	0.7			
PbS			0.96	0.7			
Ag dieelektrisch	Al	Sol-gel				300	
Schwarzkupfer, $Cu\text{-}Cu_2O\text{:}Cu$	Cu	Elektro- deposition	0.97–0.98	0.02	370	250	
Schwarzchrom	Ni-Cu	Elektro-					MTI,
$Cr\text{-}Cr_2O_3$	Cu	deposition	0.97	0.09	400	350	ChromeCoat
Mo/Cr_2O_3	Stahl		0.95	< 0.30		425	Energie Solaire
TiN_xO_y	Cu	ARE	0.92	0.06	400		
$CuFeMnO_4$/, Silizium	Glas, Si	Sol-gel	0.6	0.29–0.39			
Cr, Fe, Mo, SS, Ta, Ti, W Silikate	Cu	DC reaktives Sputtern	0.76–0.82 0.81–0.86	0.02–0.3		400 250	
Cr, Fe, Mo, SS, Ta, Ti, W Carbide	Cu	DC reaktives Sputtern	0.76–0.81 0.84–0.90	0.02 0.035–0.06		400 250	
$Ni\text{-}NiO_x$	Al	reaktives Sputtern	0.96	0.10		300	Sunstrip
Ni-pigmentier- tes Al_2O_3	Al	Anodenpass	0.85–0.97	0.08–0.21		400	Showa

als stabiles Cermet beschrieben; am frühesten wird dies in (Kokoropoulos et al. 1959) beschrieben und später bei (Thornton und Lamb 1982; Craighead 1983; Vien et al. 1985; Lafait et al. 1986) sowie (Sella et al. 1989).

Die umfangreichsten Untersuchungen stammen von Thornton und Lamb (1982), in denen sie den Einfluss verschiedener Prozessparameter auf die Stabilität einer Absorberschicht aus einem Pt-IR-Spiegel, einem Pt/ Al_2O_3-Cermet und einer Al_2O_3-Deckschicht auf Glas bzw. Edelstahl (dann mit Al_2O_3-Diffusionsbarriere unter dem IR-Spiegel) beschreiben. Danach sind hochfrequenzgesputterte (rf-gesputtert) Proben stabiler als DC gesputterte und bei höheren Substrattemperaturen (≈ 350 °C) beschichtete Proben stabiler (bis 600 °C an Luft) als Proben bei niedrigen Substrattemperaturen (ohne Substratheizung). Nach ihren Angaben zeigen Proben mit Substratvorheizung eine niedrigere Emission als ohne und zwar unabhängig davon ob sie rf oder DC gesputtert sind.

Zusätzlich wurde die Eignung von Cr, Mo, Ni und Ta als IR-Spiegel untersucht. Mit Ausnahme von Chrom, das einer Selbstpassivierung unterliegt und bei dem die Oxidation nach einer gewissen Anzahl von Stunden nicht weiter fortschreitet, oxidieren alle Materialien, bis sie transparent werden. Lediglich Platin liegt bei Temperaturen von 350 °C an Luft nach 1000 h unverändert vor. Eine rf-gesputterte Al_2O_3-Schicht von 65 nm, die auf den jeweiligen IR-Spiegel aufgebracht wird, kann die Oxidation der Metalle bei 350 °C verhindern, bei Chrom ist sogar eine DC gesputterte Schicht ausreichend. Als dünne Metallschicht eingebettet in Al_2O_3-Schichten als Absorber (Multilayer-Absober) auf einem IR-Spiegel eignen sich neben Pt in Al_2O_3 (als einzige Absorberschicht als Cermet gesputtert) auch Ni und Mo. Mit Cr oder Ta findet eine langsame Degradation statt (jeweils Alterung von 1000 h bei 350 °C an Luft). Als wahrscheinlicher Degradationsmechanismus wird die Sauerstoffdiffusion durch Al_2O_3-Schichten mit anschließender Oxidation der dünnen Metallschichten des Multilayers genannt. Da Pt nicht oxidiert, ist bei diesem Schichtsystem auch keine Degradation feststellbar. Ein weiteres Argument für diesen Degradationsmechanismus ist die Stabilität aller Schichten im Vakuum.

Als Infrarot-Reflektor im kompletten Absorberschichtsystem sind Cr, Mo, Ta und W mehrere hundert Stunden bei 400 °C an Luft stabil, obwohl sie als Einzelschichten oxidieren. ZrB_2 als IR-Reflektor im Schichtsystem ist 1200 h bei 500 °C, aber auch als Einzelschicht bei 400 °C an Luft stabil.

(Vien et al. 1985) untersuchen rf-gesputterte Pt- Al_2O_3-Cermets auf Edelstahl und hochlegierten Stählen (z. B. Nicral und IN100 aus dem Kraftwerksbau für Anwendungen bis zu 1100 °C). Als IR-Reflektor diente W oder Mo, als AR-Schicht Al_2O_3. Während die Schichten auf den hochlegierten Stählen an Luft 36 h bei 500 °C und in Wasserstoff 50 h bei 600 °C stabil sind und erst bei 700 °C degradieren, setzt auf Edelstahl die Degradation schon bei 400–600 °C durch Diffusion von Elementen aus dem Substrat in die Schicht und die dortige Oxidation ein. Über längere Heizzeiten liegen keine Ergebnisse vor; in nachfolgenden Veröffentlichungen wird trotzdem von stabilen Schichten gesprochen. Es konnte eine Absorption von größer als 95 % bei einer Emission von 14 % (keine Angabe der Temperatur, daher wahrscheinlich Raumtemperatur) erzielt werden.

Schön et al. (1994) produzieren rf-gesputterte Pt- Al_2O_3-Multilayer Absorber mit Pt-IR-Spiegel und einer Al_2O_3-AR-Schicht. Auf Quarzglas sinkt die Absorption bei 700 °C innerhalb von 300 h von 92 % auf 90 %, während auf Fe-Cr-Al Legierungen die Schichten bereits ab 640 °C deutlich schneller nachlassen. Dies begründen sie mit der Diffusion von Metallatomen des Substrats in den Multilayer-Aufbau. Außerdem untersuchen sie die Eignung von $MoSi_2$ als Cermet-Bestandteil in einer Al_2O_3-Matrix und als IR-Spiegel in verschiedenen Phasenzuständen. Die besten Schichten aus $MoSi_2$ zeigen auf Quarz nach 300 h bei 550 °C annähernd konstante Absorptionswerte, ab 640 °C degradieren sie ebenfalls deutlich. Zudem ist die Degradation vom Substratmaterial abhängig. Auf Quarz entstehen ab 700 °C durch unterschiedliche Ausdehnungskoeffizienten der Substrat- und Schichtmaterialien Risse, während hingegen auf hochlegierten Stählen die Diffusion von Substratatomen in die Schicht der dominierende Degradationsmechanismus ist. Die Emission von Absorbern mit $MoSi_2$ als IR-Spiegel ist mit 17 % relativ recht hoch.

(Fan 1978) beschreibt rf-gesputterte MgO-Au und Cr_2O_3-Cr Cermets auf Mo beschichtetem Edelstahl, die 64 h bei 400 °C an Luft stabil sind und bei 500 °C durch unterschiedliche Ausdehnungskoeffizienten Risse bilden. (Sathiaraj et al. 1991) veröffentlichen Ergebnisse eines rf-gesputterten Absorberschichtsystems auf einem vernickelten Edelstahl mit einem Mo-IR-Spiegel, einem Ni/ Al_2O_3-Cermet sowie einer SiO_2-AR-Schicht, die 1000 h bei 500 °C stabil ist und bei 100 °C optische Werte von 94 % Absorption und 7 % Emission erreicht.

Silber (Ag) ist das am meisten in der Literatur untersuchte Infrarotspiegelmaterial, da Silber ein exzellenter IR-Reflektor ist und als Edelmetall eine geringe Oxidationsneigung aufweist. Der Hauptdegradationsmechanismus ist die Bildung von Ag_2S durch Reaktion mit Schwefelwasserstoff (H_2S) aus der Luft (Graedel 1992). Bei Anwesenheit von Sauerstoff und Temperaturen über 200 °C unterliegen dünne Ag-Schichten außerdem einer starken Agglomeration (Hollingsworth Smith und Gurev 1977). Um eine Degradation zu vermeiden, werden zum einen Deckschichten benötigt, die eine Barriere zwischen Silber und der Umgebung darstellen und zum anderen Schichten, die den Silberspiegel in seiner Position stabilisieren. (Seraphin 1976) gelingt es, Ag-IR-Spiegel durch eine Cr_2O_3-Schicht zu stabilisieren. Für die Absorption sorgt eine dicke Siliziumschicht, als AR-Schichten finden Si_3N_4 und SiO_2-Verwendung. Die mittels CVD beschichteten Absorber zeigen keine optische Degradation nach 1000 Zyklen bei 500 °C, büßen aber nach 1000 h bei 500 °C ca. 2.5 % IR-Reflexion ein. Mit dem reinen Si-Absorber wird jedoch nur eine Absorption von 75–79 % bei einer Emission von 6–11 % bei 500–775 °C erreicht.

(Gurev et al. 1977; Hollingsworth Smith und Gurev 1977) identifizieren SiO_2 als beste Barriereschicht sofern sie sich in einem Verbund aus Cr_2O_3, Al_2O_3, CrO_x und SiO_2 zur Stabilisierung eines Ag-IR-Spiegels befindet. Umgekehrt zeigen der Absorber ohne SiO_2-Barriere eine verheerende Degradation bereits nach 2 h bei 550 °C (Gurev 1977).

Die Notwendigkeit der Stabilisierung wurde als entscheidender Nachteil gesehen, weshalb weitere Studien Mo und W als IR-Spiegel verfolgen und schließlich hauptsächlich Black Molybdenum für die Anwendung im Vakuum bis 500 °C weiterverfolgt wird.

Mit Black Molybdenum und einer Siliziumnitrid-AR-Schicht wurde eine Absorption von 91 % und eine Emission von 11 % (bezogen auf einen Schwarzkörperstrahler von 500 °C) nachgewiesen (Chain et al. 1980).

4.6.5 Absorberschichten für Hochtemperaturanwendungen

Fast alle der an Luft bei 400–600 °C stabilen Absorberschichten verwenden Platin (oder auch Wolfram und Molybdän) als Infrarotspiegel und Pt in Al_2O_3als Cermet. Diese Schichten weisen den Nachteil auf, dass erstens Platin ein extrem teures Material ist und zweitens die Barriereschichten zumeist hochfrequenzgesputtert werden müssen. Ein Hochfrequenzsputterprozess macht einen kommerziellen Produktionsprozess wegen der niedrigen Sputterraten sehr langsam und dadurch teuer. Das HF-Sputtern erfordert zumeist eine Substratvorheizung, die mit der dazugehörigen Kühlung einen Produktionsprozess mit entsprechender thermischer Masse der Absorberedelstahlrohre zusätzlich zeit- und kostenintensiv gestaltet.

Ein künftiges Ziel der technischen Entwicklung muss es sein, Absorberschichten herzustellen, die ohne diese aufwändigen, teuren Verfahren und Materialien auskommen. Für ein preisgünstiges Verfahren sollten die Schichten mit einem DC Sputterprozess (die dielektrischen Schichten werden dabei reaktiv gesputtert) hergestellt werden, der ohne eine Substratvorheizung auskommt. Als Substratmaterialien werden ausschließlich Edelstahlrohre verwendet und der Einsatz von Platin sollte vermieden werden.

Die Tab. 4.21 gibt ohne Anspruch auf Vollständigkeit einen Überblick der im Hochtemperaturbereich an Luft und Vakuum betriebenen Absorberschichten, der verwendeten Herstellungsverfahren sowie der erreichten Absorption wie Emission. Darüber hinaus werden die bisher experimentell ermittelten Temperaturgrenzen angegeben.

In Simulationen konnte bestimmt werden, dass ein Einsatz von Silber als IR-Spiegel für ein Schichtsystem im Vakuum eine deutliche Reduktion der Emission gegenüber Molybdän oder Kupfer erreicht. Dadurch wird der Übergang zu höheren Temperaturen bis 500 °C im Kollektorkreislauf bei ungefähr konstant bleibenden Wärmeverlusten ermöglicht. Als Konsequenz ist schließlich eine Steigerung des Wirkungsgrads beispielsweise in Parabolrinnenkraftwerken möglich.

Bei hohen Temperaturen agglomeriert Silber im Vakuum. Mittels Variationen der Prozess- und Schichtparameter eines Schichtstapels konnte ein System entwickelt werden, das 1200 h bei 500 °C im Vakuum stabil ist. Auf die vakuumseitige Barriereschicht auf dem Silber kann verzichtet werden, da das Cermet selbst die Barrierefunktion übernimmt. In Optimierungen der Schichtdicken und Cermetfüllfaktoren wurde eine Absorption von 94 % bei einer Emission von 6–9 % (bezogen auf einen Planckstrahler bei 380 °C bzw. 500 °C) nachgewiesen. In Simulationen des Deutschen Zentrums für Luft- und Raumfahrt (DLR) konnte gezeigt werden, dass der Jahresstromertrag eines Parabolrinnenkraftwerks durch den Einsatz dieses neuen Beschichtungstyps im Vergleich zum bestehenden um 2 % gesteigert werden kann.

Für den Einsatz bei hohen Temperaturen an Luft sind kommerziell keine selektiven Absorberschichten erhältlich. An Luft findet die Agglomeration von Silber noch weitaus schneller statt als im Vakuum, da die Anwesenheit von Sauerstoff die Reaktion deutlich beschleunigt. Eine Barriereschicht aus SiO_x auf dem Ag-IR-Spiegel soll den direkten Kontakt von Silber mit der Luft verhindern und damit die Agglomeration unterdrücken. Eine starke Degradation, die für einen blanken Ag-IR-Spiegel auf voroxidiertem Edelstahl nach nur

Tab. 4.21 Gängige Absorberschichtsysteme für den Hochtemperaturanwendung in Luft und Vakuum modifiziert nach (Kennedy 2002); TSSS Dickensensible spektral selektive Schicht, SS = Edelstahl („stainless steel“)

Material	Substrat	Herstellung	Absorption α_s (/)	Emission ε(100 °C) (/)	Stabilität (°C) Vakuum	Stabilität (°C) Luft	Produkt
$Ni\text{-}Al_2O_3$	Mo-Ni-SS	RF Sputtern	0.94	0.07		350–400	
SiO_2-AR					500		
$Co\text{-}Al_2O_3$			0.94	0.04			
$Mo\text{-}Al_2O_3$	Ni-Al	RF Sputtern	0.96	0.16 (350)	350–500		Solel
$W\text{-}Al_2O_3$	Stahl	RF Sputtern	0.97–0.98	0.1–0.07			Solel
$W\text{-}Al_2O_3$		CVD	0.85	(400)	500		
$Pt\text{-}Al_2O_3$	Cu	RF Sputtern		0.04		600	
$Al_2O_3\text{-}Pt\text{-}Al_2O_3$			0.90–0.98	0.08		600	
$Mo\text{-}Al_2O_3$	Cu	DC Sputtern	0.96	0.06 (350)	500		
SS-AlN			0.95	0.10 (350)	350–500		Turbo
Mo-AlN			0.92–0.94	0.08–0.1	500		Sun
WAlN				(350)	500		
Quasikristalle			0.90	0.025	500	400	
Multi-Layer Cermet	Cu, Si		0.86–0.92	0.031–0.05	550		
Si_3N_4/Si-Ge/Ag	SS, Al	CVD	0.89	0.0389 (300) 0.0545 (500)		650 (He)	
$NI\text{-}SiO_2$	Al, Cu	Reaktives DC	0.90–0.96	0.03–0.14		400–800	
Cr-SiO		Sputtern				(Ar)	
$Al\text{-}AlN_x\text{-}AlN$	SS	Reaktives DC Sputtern	0.97	0.10	500		
CuO	Cu, SS	Elektroplattieren	0.91	0.18		< 400	
$Ag/CuO/Rh_2O_3/$, CeO_2	SS	Organ.-metall.	0.90	0.10	700	500	
$CeO_2//Ag/Pt/CuO$, $Rh//Rh_2O_3//Ag/Pt$		Sprühen	0.86–0.88	0.1	775	550	
$CeO_2//CuO/CoO$, $Mn_2O_3//Pt$			0.88–0.92	0.06–0.12	700	500	

Tab. 4.21 (Fortsetzung)

Material	Substrat	Herstellung	Absorption α_s (/)	Emission ε(100 °C) (/)	Stabilität (°C) Vakuum	Stabilität (°C) Luft	Produkt
Schwarzkobalt							
Co_3O_4/Co			0.96–0.92	0.71–0.017		400–650	
Ni-Co_3O_4/Co			0.95	0.10			
Schwarzmolybdän, Mo-MoO_2		CVD	0.94	0.3 (500)	500	350	
Schwarzwolfram, W-WO_x		CVD	0.83	0.15	800		
Au-TiO_2	SS	Sol-Gel	0.85	0.01 (400)	> 500		
Au-MgO	Mo, SS	RF Sputtern	0.90–0.93	0.04–0.1		400	
ZrC_xN_y	Al		0.85	0.074 (325)	600	125	
Al_2O_3/ ZrC_xN_y/Ag			0.91	0.05 (325)	700	175	
ZrO_x/ZrC_x/Zr	SS		0.90	0.05 (20)	700		
TiN	Cu, Al	DC reaktives		0.14–0.4		500	
$Ti_{1-x}Al_xN$		Sputtern	0.80			750–900	
M_bO_c + M'Fe_2O_4	Ni-Mo	Streichen, Plasma	> 0.90	> 0.45		700	
	Legierung					1060	
VB_2, NbB_2,TaB_2	Glas	DC reaktives	0.99	0.95–0.97	2300–3040		
TiB_2,ZrB_2, LaB_6		Sputtern			(Schmelzen)		
WSi_2,$TiSi_2$							
Si_3N_4,AR-ZrB_2	ZrB_2	CVD	0.88–0.93	0.08–0.01		500	
C-Textured Cu	Cu		0.9	0.04 (20)	400		
Textured Ni	Ni		0.92 ± 0.2	0.09 ± 0.02		< 300	
Textured SS			0.93 ± 0.02	0.22 ± 0.02	> 440		
Teextured Cr	SS		0.8–0.9	0.1–0.3		> 500	
W-Whisker, Mo	Cr		0.98	> 0.26	550	> 600	
Rh, Pt, W, HfC, Au							
NiO_x, CoO_3						800	

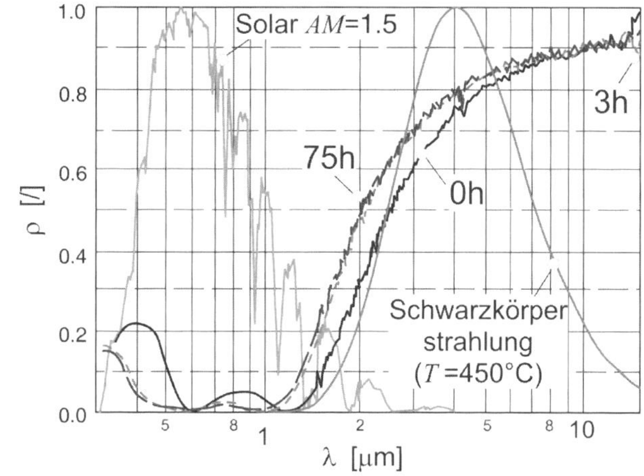

Abb. 4.100 **a** Optische Eigenschaften einer aus IR-Spiegel SiN_y-Barriere, CrO_x-Cermet und SiO_x-Deckschicht beschichteten Absorberschicht ungeheizt und nach dem ersten spektralen Shift nach Heizen von 3 h und 75 h bei 500 °C an Luft. Hierbei folgenden Integralwerte: 0 h $\alpha_s = 0.92$, $\varepsilon(450\,°C) = 0.21$, 3 h $\alpha_s = 0.94$, $\varepsilon(450\,°C) = 0.18$, 75 h $\alpha_s = 0.94$, $\varepsilon(450\,°C) = 0.18$. (Hildebrandt 2009)

einer Stunde bei 500 °C festgestellt wird, tritt mit einer SiO_x-Barriere in gleichem Maße erst nach 60 h auf (Hildebrandt 2009); aber bereits nach 4 h sind erste Einbußen der IR-Reflexion zu beobachten. Eine zusätzliche sehr dünne Metallschicht aus NiCr erhöht die Haftung des Silbers im Schichtstapel und mit einem Cermet aus $NiCrO_x$ und einer weiteren SiN_y-Barriereschicht kann die Stabilität auf 180 h bei 500 °C ausgeweitet werden. Mit einer Politur kann die Stabilität des Absorberschichtsystems aus genannten Barriere- und Haftschichten und einem Cermet aus $NiCrO_x$ auf knapp 500 h bei 500 °C weiter verbessert werden. Dennoch tritt auch hier eine punktuelle Diffusion von Silber an die Oberfläche auf.

Alle bisher verfügbaren Arbeiten zeigen, dass selbst mit effizienten IR-Spiegeln aus Silber die erreichbaren Stabilitäten an Luft für ein solarthermisches Kraftwerk, bei dem Lebensdauern von 20 Jahren angestrebt werden, nicht ausreichend sind. Deswegen werden oft andere Materialien mit geringerer IR-Reflexion untersucht. Durch die hohe Oberflächengüte des elektrolytisch polierten Edelstahls besitzt dieser selbst bereits eine hohe IR-Reflexion. Dies ermöglicht das Herstellen eines Absorbers ohne gesputterten IR-Spiegel. In Kombination mit einem Cermet aus CrO_x und einer AR-Schicht aus SiO_x können Schichtsysteme hergestellt werden, die 3000 h bei 500 °C stabil sind. Mit einer zusätzlichen SiN_y-Barriere zwischen Stahlsubstrat und Cermet wurde eine Absorption von 94 % bei einer Emission von 15 % bzw. 18 % (bezogen auf einen Planckstrahler bei 380° C bzw. 450 °C) nachgewiesen. Ein derartiges Schichtsystem wurde knapp 1000 h bei 500 °C an Luft getempert und behielt seine optischen Eigenschaften weitestgehend bei, wie die Abb. 4.100 zeigt.

Auch der Einsatz anderer unedler Metalle als IR-Spiegel wie Nickelchrom und Chrom, sowie der Edelmetalle Gold und Platin wurde vielfach untersucht. Chrom und Gold erweisen sich als ungeeignet. Bei Chrom führt die Diffusion von Eisen aus dem Stahlsubstrat in den Infrarotspiegel zu einer langsamen Verringerung der IR-Reflexion. Chrom ist darüber hinaus für die Hochtemperaturanwendung ein zu schlechter IR-Reflektor. Bei Gold findet ebenfalls ein Diffusionsprozess statt, der eine schnelle und starke Degradation bewirkt.

Dagegen zeigen sich Absorber bestehend aus einem IR-Spiegel aus Platin, einem Cermet aus CrO_x und einer AR-Schicht aus SiO_x nach mehr als 2400 h bei 500 °C stabil. Geringe Änderungen finden eventuell im Cermet statt, aber aufgrund der hohen Materialkosten sind vollständige Platintargets für den Sputterprozess wenig ökonomisch. Dadurch werden während des Sputterns Fremdatome in die Schicht eingebaut, und die IR-Reflexion erreicht nicht dieselben hohen Werte wie die einer reinen Platinschicht. Wie mit einem Chrom-IR-Spiegel diffundiert auch mit einem Nickelchrom-IR-Spiegel Eisen aus dem Stahl in den metallischen IR-Spiegel. Nickel und auch Eisen diffundieren außerdem aus dem IR-Spiegel in das Cermet aus Chromoxid, was eine sinkende Absorption zur Folge hat. Mit dem Einbetten des NiCr-IR-Spiegels in Barriereschichten aus Siliziumnitrid kann diese Degradation verlangsamt werden. Somit können an Luft stabile Absorberschichten für die Hochtemperaturanwendung hergestellt werden. Der erreichbare Emissionsgrad hängt dabei von der Entscheidung für oder gegen die Verwendung von Platin als IR-Spiegel und damit von wirtschaftlichen Gesichtspunkten ab.

4.6.6 Degradationsmechanismen selektiver Absorberschichten

Viele Solarabsorber verlieren im Laufe ihrer Lebenszeit ihre Leistungsfähigkeit. In diesem Abschnitt soll ein kurzer Überblick über die möglichen Prozesse gegeben werden, die bei Absorberschichten an Luft bzw. im Vakuum zur Degradation führen können.

Betriebstemperaturen der Absorber, die die Temperatur während der Schichtherstellung der Absorber übersteigen, haben Ordnungsvorgänge zur Folge, die zunächst einen Abbau der Störstellen in der Schicht bewirken. Da eine höhere Ordnung erzielt wird, sind diese Vorgänge irreversibel. Die hohen Temperaturen von 500 °C im Kraftwerksbereich stellen eine besondere Herausforderung dar, da die Reaktionsgeschwindigkeiten vieler Reaktionen mit zunehmender Temperatur stark ansteigen.

An Luft ist der Hauptdegradationsmechanismus die Oxidation der Materialien. Zusätzlich spielen Diffusionsprozesse innerhalb der Schicht eine Rolle, die auch im Vakuum zu einer Degradation führen können.

Stets finden zudem Redox-Reaktionen im Cermet statt, die aber meist nach dem ersten Heizen zum Erliegen kommen. Im Vakuum kann insbesondere die Reduktion von Oxiden oder Nitriden zur Degradation führen. Ein zu großer Unterschied zwischen den thermischen Ausdehnungskoeffizienten der einzelnen Schichten und dem Substrat mit resultierenden großen Druck- oder Zugspannungen kann schließlich zum Abplatzen der Schichten bei hohen Temperaturen führen.

Die Absorberrohre in Fresnel-Kraftwerken stehen in direktem Kontakt mit der Umgebung. Daher können auch Verschmutzung der Absorber durch Staub mit nachfolgendem Einbrennen auf den heißen Oberflächen oder nächtliche Kondensation auf den Rohren zu einer Verschlechterung der optischen Eigenschaften führen. Bei Parabolrinnensystemen befinden sich die Absorberrohre über die Glasrohre im direkten Infrarotstrahlungsaustausch mit dem kalten Himmel, so dass auch hier die mögliche Kondensation berücksichtigt werden muss.

- Diffusionsprozesse
  Prinzipiell gibt es verschiedene Arten von Diffusionsprozessen. Es sei die Volumendiffusion erwähnt, die über Zwischengitterplätze oder Einfach- und Doppelleerstellen erfolgen kann. Sie spielt jedoch nur eine untergeordnete Rolle, wenn das betrachtete Material Gitterbaufehler wie Korngrenzen oder Versetzungen aufweist. Entlang dieser Störungen findet eine um mehrere Größenordnungen schnellere Diffusion statt, die auch als Kurzschlussdiffusion (short circuit diffusion) bezeichnet wird (Heumann 1992). Gesputterte Schichten können außerdem eine hohe Porosität aufweisen. Dort kann die Diffusion, z. B. von Sauerstoff aus der Luft in die Schicht, verstärkt stattfinden.
  Diffusionsprozesse können zwischen dem Stahlsubstrat und der Absorberschicht oder auch zwischen den einzelnen Schichten ablaufen. Zudem kann Diffusion auch innerhalb des Cermets zwischen den einzelnen Cermetstapeln auftreten und zum Abbau des Gradienten führen. Letzteres tritt bei Metallcarbiden im Vakuum auf, wobei sich mit zunehmender Temperatur und Heizdauer die Absorption der homogenen Cermetschichten annähert. Außerdem ändert sich auch die Größe und Form der Metallpartikel. Insbesondere bei Metallsubtraten werden Diffusionsbarrieren erforderlich. Auf Edelstahl sind die Schichten bis ca. 400 °C stabil, während auf noch höher legierten Stählen (Nicral, In100) die Degradation erst ab 700 °C einsetzt.
- Oxidation durch Luftsauerstoff
  Bei Hochtemperaturanwendung der Absorberschichten an Luft stellt vor allem der darin enthaltene Sauerstoff eine Quelle für Degradationsprozesse dar. Bezogen auf die Absorberschichten bedeutet das insbesondere die Oxidation der Metallpartikel im Cermet oder des metallischen IR-Spiegels.
- Redox-Reaktionen und Clusterbildung im Cermet
  Cermets bestehen aus einer metallischen Komponente in einer dielektrischen Matrix. Während des reaktiven Sputtervorgangs wird z. B. bei einem Mo/Al_2O_3-Cermet durchaus auch das metallische Molybdän teilweise oxidiert. Ebenso liegt das Aluminium nicht vollständig oxidiert vor. Während des ersten Temperns bei erhöhter Temperatur finden Redox-Reaktionen statt, die das System in Richtung des chemischen Gleichgewichts verschieben; dies bedeutet, das oxidierte Molybdän wird reduziert und gibt den Sauerstoff an das metallische Aluminium ab. Außerdem ändert sich auch die Größe und Form der Metallpartikel. Die Änderung der chemischen Zusammensetzung sowie die Änderung der Teilchenform und -größe bewirken eine starke spektrale Verschiebung in den Reflexionsspektren eines Absorbers in den ersten Stunden des Heizens bei hohen Temperaturen. Diese als „erster spektraler Shift" bezeichnete Verschiebung tritt im Wellenlängenbereich von 300 nm bis ca. 5 µm auf und beeinflusst dadurch die Lage der Interferenzen und die der Selektivitätskante maßgeblich. Nach einer gewissen Zeit sind die Umordnungsprozesse abgeschlossen und können und müssen dadurch mit in die Optimierung der optischen Eigenschaften einbezogen werden.

Literatur

Almeco-TiNOX GmbH (2011) TiNOX energy. Solar. 80993 München, Triebstraße 3. Bayern, Deutschland

Anders H (1967) Thin films in optics. Focal, London

Antonaia A, Esposito S, Nobile G, Aprea S, Addonizio ML (2005) Spectrally selective surface coating of the receiver tube of a solar concentrator, and the method for the manufacture thereof. Int. Patent WO/2005/121389

Baehr HD, Stephan K (2008) Wärme- und Stoffübertragung (6 Aufl.). Springer, Berlin

Bayer AG (2011) Material Science, http://plastics.bayer.com/plastics/emea/de/produkt/makrolon

Becker EW, Ehrfeld W, Münchmeyer D, Betz H, Heuberger A, Pongratz S (1982) Production of separation-nozzle systems for uranium enrichment by a combination of X-ray lithography and galvanoplastics. Naturwissenschaften 69(11):520–523

Berdahl P, Martin M (1984) Summary of results from the spectral and angular sky radiation measurement program. Sol Energy 33 (3–4):241–252

Bläsi B (2000) Holographisch hergestellte Antireflexoberflächen für solare und visuelle Anwendungen. Albert-Ludwigs-Universität Freiburg i. Br, Breisgau

Bläsi B, Aufderheide K, Abott S (2002). Entspiegeln mit mottenaugenstrukturen. Kunststoffe, Jahrgang 92:50–53

Blickensderfer R, Keardorff DK, Lincoln RL (1977) Spectral reflectance of TiNx and ZrNx films as selective solar absorbers. Sol Energy 19:429–432

Chain EE, Carver GE, Seraphin BO (1980) Highly reflecting molybdenum thin films having significant solar absorptance. Thin Solid Films 72 (1):59–64

Craighead HG (1983) Highly absorbing coatings using graded refractive indices and textured surfaces. Thin film tech 401:356–362

Demtröder W (2004) Experimentalphysik 2 (2 Auf). Springer, Berlin

DIN 7730 (2005) Ergonomie der thermischen Umgebung – analytische Bestimmung und Interpretation der thermischen Behaglichkeit durch Berechnung des PMV- und des PPD-Indexes und Kriterien der lokalen thermischen Behaglichkeit (B. Verlag, Hrsg)

DIN (2011) EN 410:2011: Glas im Bauwesen – Bestimmung der lichttechnischen und strahlungsphysikalischen Kenngrößen von Verglasungen. Beuth Verlag, Berlin

DIN (2010) EN ISO 10077-1 Wärmetechnisches Verhalten von Fenstern, Türen und Abschlüssen – Berechnung des Wärmedurchgangskoeffizienten – Teil 1: Allgemeines

Duffie JA, Beckman WA (1991) Solar engineering of thermal processes. Wiley-Interscience, New York

Ebert H-P (2009) Vakuuimsolationspaneelen ZAE Bayern Am Hubland 97074. Würzburg, Germany

Energieeinsparverordnung – EnEV (2009) Verordnung über energiesparenden Wärmeschutz und energiesparende Anlagentechnik bei Gebäuden. Bundesgesetzblatt, Berlin (April, BGBl. I S. 954)

Fan JC (1978) Selective-black absorbers using sputtered cermet films. Thin Solid Films 54:139–148

Fließbach T (2008) Elektrodynamik: Lehrbuch zur theoretischen Physik II (5 Auf Ausg) Spektrum Akademischer Verlag, Berlin

Gäbler D (2005) Entspiegelung von Silizium-Photodioden nach dem Vorbild der Nanooptik von Mottenaugen. Diplomarbeit TU Ilmenau, Illmenau

Gombert A, Rommel M (1997) Breitbandige Antireflexbeschichtungen. (F. Sonnenenergie, Hrsg.) Sol Gebäudetechniken 81–86

Gombert A, Glaubitt W, Rose K, Dreibholz J, Bläsi B, Heinzel A et al (1999) Subwavelength-structured antireflective surfaces on glass. Thin Solid Films, 351(1):73–78

Graedel TE (1992) Corrosion mechanisms for silver exposed to the atmosphere. J Electrochem Soc 139 (7):1962–1970

Grimm S, Pröbster M (2003) Polysulfidkleb- und dichtstoffe: Problemlöser für schwierige fälle. Adhäsion 10, S 18 ff
Gurev HS (1977) Thin Film CrOx selective absorbers stable above 500 °C. Proc. of the 1977 Annual Meeting, Solar Heating an Cooling Systems, 1, S 5–5–5–7
Gurev HS, Hahn RE, Masterson KD (1977) High temperature stable, spectrally selective solar absorbers for thermochemical hydrogen production. Int. J Hydrogen Energy 2 (3):259–267
Hänel D (2004) Molekulare Gasdynamik. Springer Verlag, Berlin
Hausner R (2005) Vermessung der transparenten Wärmedämmung am Demonstrationsobjekt Graz Maria Trost. Abschlussbericht, Institut für Nachhaltige Technologien, AEE- INTEC Arbeitsgemeinschaft erneuerbare Energie, Gleisdorf, Österreich
Hecht E (2005). Optik (4 Auf Ausg). Oldenbourg Wissenschaftsverlag, München
Heumann T (1992) Diffusion in Metallen, Grundlagen, Theorie, Vorgänge in Reinmetallen und Legierungen. Springer, Berlin
Hofegger C (2011) Fenster-Türen-Sonnenschutz-Kunststoffenster Ideal 6000. Gerstlgasse 23, A-1210 Wien, Österreich
Hollingsworth Smith P, Gurev HS (1977) Silicon dioxid as a high temperature stabilizer for silver films. Thin Solid Films, 45:159–168
Huber J, Müller G, Oberländer S (1996) Das Niedrigenergiehaus. Ein Handbuch. Mit Planungsregeln zum Passivhaus. Kohlhammer, Stuttgart
Jarmer T, Serwaty J, Knote C (2005) Grundlagen und Praxis radiometrischer Erkundung; Abschnitt: Fernerkundliche Erfassung photosynthetisch aktiver Pigmente und weiterer Blattinhaltsstoffe. Universität Trier, Trier
Jaworske DA (1997) Reflectivity of silver and silver-coated substrates from 25 °C to 800 °C. IECEC-97 Proc. 32nd Intersociety Energy Conversion Engineering Conference 1:407–411
Kaganer MG (1969) Thermal insulation in cryogenic engineering. Israel Program for Scientific Translations, S 212–220
Karweger A (2008) Solararchitektur und Solares Bauen: Tagungsband zum zweiten Energie Forum. Economic Forum, München
Kennedy, CE (2002) Review of mid- to high-temperature solar selective absorber materials. Technical Report, National Renewable Energy Laboratory, Golden Colorado
Kennedy CE, Price H (2005) Progress in development of high-temperature solar- selective coating. (N. R. (NREL), Hrsg) Proc. ISEC-2005 2005 International Solar Energy Conference, S Paper- ID NREL/CP-520-36997
Kerschberger A (1994) Transparente Wärmedämmung zur Gebäudeheizung. If Bauökonomie (Hrsg) Universität Stuttgart-Bauök-Papiere
Kiraly J (1987) Architektur mit der Sonne. 1 × 1 der passiven Sonnenheizsysteme. Bd. 1: Entwurfs-, Planungs-und Berechnungsgrundlagen. C.F.Müller, Karlsruhe
Kokoropoulos P, Salam E, Daniels F (1959) Selective radiation coatings. Preparation and high temperature stability. Sol Energy 3 (4):19–23
Lafait J, Berthier S, Sella C, Vien TK (1986) Pt-Al_2O_3 selective absorbercoatings for photothermal conversion up to 600 C. Vacuum 36(1–3):125–127
Lanxner M, Elgat Z (1990) Solar selective absorber coating for high service temperatures, produced by plasma sputtering, SPIE- Proc. Optical Materials Technology for Energy Efficiency and Solar Energy Conversion IX, S 240–249 editors Grandqvist C G and Lampert C.Vol.1272
Marthi O (2010) Optik – Skript zur Vorlesung Grundlagen der Physik III a für das Diplom Physik. Lehrmaterial, Universität Ulm. Fakultät für Naturwissenschaften. URL: http://vts.uni-ulm.de/doc.asp?id=7485
McLeod A (2001) Thin Film Optical Filters. Adam Hilger Ltd, Bristol
McNaught AD, Wilkinson A (1997) IUPAC. Compendium of Chemical Terminology (2 ed). Blackwell Scientific Publications, Oxford

Miller WH, Möller AR, Bernhard CG (1966) The corneal nipple array. CG. Bernhard, Functional organization of the compound eye (S 21–33). Pergamon Press, Oxford

Nolting W (2009). Grundkurs Theoretische Physik 7: Viel-Teilchen-Theorie. Springer Verlag, Berlin

Powell RW (1965) Correlation of metallic thermal and electrical conductivities for both solid and liquid phases. Int. J. Heat Mass Transfer 8(7):1033–1045

Powell CF, Oxley JH, Blocher JM, Klerer J (1966) Vapor deposition. J. Electrochem. Soc Vol 113(10): 266C–269C, doi:10.1149/1.2423765

Pulker HK (1999) Coatings on glass (2nd Ed Ausg). Elsevier Science B.V, Amsterdam

Österreichische Normungsinstitut für Normung e. V (ON) (1999) OENORM B 8110-3- Wärmeschutz im Hochbau - Wärmespeicherung und Sonneneinflüsse. Beuth Verlag, Berlin

Randich E, Pettit R B (1981) Solar selective properties and high temperature stability of CVD ZrB2. Sol. Energy Mater 5(4):425–435

Sämann N, Raulf M, Nabbefeld-Arnold E, Korff M (2006) Europäisches Projekt-Solabs. techforum. Thyssen-Krupp

Sakka S (2005) Applications of Sol-Gel technology. In S. Sakka, Handbook of Sol-Gel Science and Technologie (Bd. III, S 599–760). Kluwer Academic Publishers, Boston

Sathiaraj TS, Thangaraj R, Al Sharbaty H, Agnihotri OP (1991) Optical properties of selectively absorbing r.f. sputtered Ni-Al_2O_3 composite films. Thin Solid Films, 195:33–42

Schaube H, Werner H (1986) Wärmeübergangskoeffizient unter natürlichen Klimabedingungen. F-I f Bauphysik, (Hrsg) IBP-Mitteilung, Jg 13(109):2–4

Schmid J (1978) Transparente Wärmedämmung. C.F. Müller, Hamburg

Schön JH, Binder G, Bucher E (1994) Performance and stability of some new high-temperature selective absorber systems based on metal/ dielectric multilayers. Sol Energy Mater Sol Cells, 33:403–416

Sella C, Bichri A, Martin J C, Lafait J, Driss-Khodja K, Berthier S (1989) Adjustable optical properties of coatings based on cermet thin films near the percolation threshold. Physica A 157(1):555–560

Seraphin BO (1976) Chemical vapor deposition of thin semiconductor films for solar energy conversionstar, open. Thin Solid Films 39:87–94

Siemens Concentrated Solar Power, Ltd. (2011) Siemens UVAC 2010. http://www.energy.siemens.com/hq/pool/hq/power-generation/renewables, Siemens AG, Energy Sector, Freyeslebenstrasse 1, 91058 Erlangen, Germany

Smakula A (1957) Acta crystallographica, 10:735–863

Sorge W, IfB GmbH (2009) Vakuumdämmung im Bauwesen. ZAE Würzburg, Nürnberg

Stegmeier T, Linke M, Planck H (2009) Bionics in textiles: flexible and translucent thermalinsulations for solar thermal applications. Phil Trans R Soc A, 367:1749–1758

Sutherland W (1893) The viscosity of gases and molecular force. Philos Mag, 36:507–531

Thiemann S (2000) Das Prinzip Fernerkundung. Scientific Technical Report 00/04, GeoForschungs Zentrum Potsdam, Potsdam

Thornton JA, Penfold A, Lamb JL (1980) Sputter-deposited Al_2O_3/Mo/ Al_2O_3 selective absorber coatings. Thin Solid Films 72:101–109

Thornton JA, Lamb JL (1982) Thermal stability studies of sputter-deposited multilayer selective absorber coatings. Thin Solid Films, 96(2):175–183

VDI (2005) VDI-Wärmeatlas-Berechnungsblätter für den Wärmeübergang (10 Auf Ausg). D D V, (Hrsg) Springer-Verlag GmbH, Berlin

Vien TK, Sella C, Lafait J, Berthier S (1985) Pt-Al_2O_3 selective cermet coatings on superalloy substrates for photothermal conversion up to 600 °C. Thin Solid Films, 126, S 17–22

Wakao N, Vortmeyer D (1971). Pressure dependency of effective thermal conductivity of packed beds. Chem Eng Sci 26 (10):1753–1765

Wanshou Industry Zone, Yanguan Town, Haining City, Zhejiang, China (2011) Steel compact nr. pressurized water solar- model number: ONS-N03, abrufbar unter http://de.chinasolarwaterheaters.net/69266/

WELL spol. s.r.o (2011) Isolierfenster- euro78 NATUR, plzeňská 1015, produktkatalog; Třemošná, 330 11, Tschechsche Republik http://www.well-fenster.de

Wikipedia (2011) Lambertsches gesetz. http://de.wikipedia.org/wiki/Lambertsches_Gesetz

Willey R (2002) Practical design and production of thin films (2 Auf Ausg). Marcel Dekker Inc, Basel

Zhang QC (2000) Recent progress in high-temperature solar selective coatings. (5 I. Societies, Hrsg) Sol Energy Mater Sol Cells 62:63–74

Zhang QC, Shen YG (2004) High performance W-AlN cermet solar coatings designed by modelling calculations and deposited by DC magnetron sputtering. Sol Energy Mater Sol Cells 87:25–37

Zhao S (2007) Spectrally selective solar absorbing coatings prepared by dc magnetron sputtering. Acta Universitatis Upsaliensis, Uppsala Schweden

5 Impuls- und Energietransport in solarthermischen Systemen

Die Abschn. 3.3–3.5 behandelten bereits die Berechnung des Kollektorwirkungsgrades und der darin auftretenden Verluste. Dort wurde auf die detaillierte Diskussion der einzelnen passiven wie insbesondere auch aktiven Verlustmechanismen verzichtet. Die Erarbeitung der passiven Mechanismen zur Aufnahme solarer Einstrahlung im vierten Kapitel erlaubt nun einen neuen und fundierteren Einblick in die Beurteilung der konstruktiven Gestaltung sowie der anlagenbaulichen Realisation solarthermischer Systeme. Die darin gewonnen Erkenntnisse zeigen, dass durch die physikalischen Prozesse ein hoher Anteil der solaren Einstrahlung in Wärme umgesetzt werden kann. Begrenzungen ergeben sich hauptsächlich durch konstruktive Rahmenbedingungen sowie materialspezifische Begrenzungen. Bei adäquater Material- und Temperaturwahl sowie konstruktiver Gestaltung lassen sich im passiven Bereich ca. 80 % an Energieumsetzung erreichen. Der Gesamtwirkungsgrad solarthermischer Systeme liegt jedoch deutlich unterhalb dieser Werte. Woran liegt dies? Eine Ursache ist der konvektive Transport des ein- oder mehrphasigen Wärmeträgers in den Rohrleitungen sowie in den im Solarsystem auftretenden Komponenten wie Pumpen, Ventile, Rohrleitungen und/oder Speicher, die alle verlustbehaftet sind und damit zu einer Verringerung des Wirkungsgrads führen.

Die im Kollektor mit Hilfe der Absorption „eingefangene Wärme“ muss also konvektiv beispielsweise mit Hilfe einer Pumpe zum Verbraucher transportiert werden. Dieser konvektive Impuls- und Energietransport kann aber auch zum Stillstand eines Kollektors führen, weshalb sich der Abschn. 5.1 diesem Phänomen als Ausgangspunkt widmet, da er viele Aspekte der nachfolgenden Abschnitte beinhaltet.

Es existiert eine umfangreiche Fachliteratur zum konvektiven Impuls- und Energietransport. Stellvertretend seien hier lediglich der VDI-Wärmeatlas (VDI 2005) sowie die Übersichtswerke von Kakac et al. (1985, 1987) genannt. Ziel ist dieses Abschnittes ist es die Grundgedanken des Ein- und Mehrphasigen Impuls- und Energietransports zu erarbeiten und die für ingenieurtechnische Überschlagsrechnungen wichtigsten Korrelationen anzugeben.

R. Stieglitz, V. Heinzel, *Thermische Solarenergie*,
DOI 10.1007/978-3-642-29475-4_5, © Springer-Verlag Berlin Heidelberg 2012

Abb. 5.1 Stillstandstemperatur $T_{A,S}$ in (°C) als Funktion der Einstrahlungsstärke i_{glob} (W/m²) auf die Absorberfläche und verschiedenen Gesamtwärmeübergangsfaktoren k^*_{ges} nach Gl. (5.1) für eine Außentemperatur von 20 °C und einen Konversionsfaktor von $\eta_0 = 0.85$

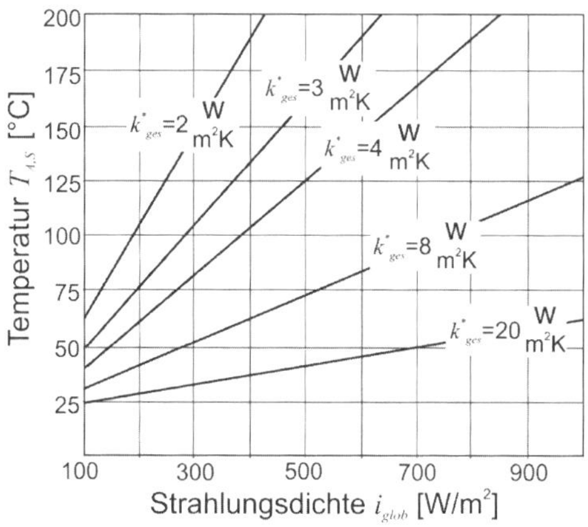

5.1 Kollektorstillstand

Als *Stillstand* einer Solaranlage wird der Zustand bezeichnet, in dem im Solarkreis keine erzwungene Zirkulation mehr stattfindet und damit dem Absorber keine Wärme entzogen werden kann. Ein Stillstand tritt auf, wenn einerseits keine Wärmeabfuhr mehr erfolgen kann, da der Speicher seine Maximaltemperatur erreicht hat und deshalb die Regelung die Pumpe abschalten muss, oder andererseits die Pumpe oder die Regelung ausfallen.

Der erste Fall kann durch zusätzliche Wärmeabfuhr oder durch eine optimierte Regelung verhindert werden. Bei Pumpen oder Reglerausfall (z. B. durch Stromausfall oder defekten Fühler) kann bei zwangsdurchströmten Systemen der Stillstand so nicht vermieden werden. Generell ist der Stillstand bei heutigen effizienten Kollektoren mit Verdampfung des Fluids im Absorber verbunden.

Beim Stillstand der Anlage steigt die Temperatur des Kollektors solange, bis die Verluste ebenso groß sind wie die Gewinne, das heißt der Wirkungsgrad fällt auf null ($\eta = 0$). Im einfachsten Fall der Wirkungsgradbeziehung (Gl. 3.2 oder Gl. 6.10) kann damit die Absorberstillstandstemperatur $T_{A,S}$ berechnet werden; sie lautet entsprechend:

$$T_{A,S} = \frac{\eta_0}{k^*_{ges}} \cdot i_{glob} + T_U. \qquad (5.1)$$

In der Abb. 5.1 ist die Absorberstillstandstemperatur als Funktion der Strahlungsintensität i_{glob} für verschiedene Gesamtwärmeübergangskoeffizienten k^*_{ges} nach Gl. (5.1) für eine Außentemperatur von 20 °C und einem Konversionsfaktor von $\eta_0 = 0.85$ aufgetragen. Die Grafik zeigt deutlich, dass die Qualität des Wärmeübergangskoeffizienten eine entscheidende Rolle bei der Höhe der Stillstandtemperatur einnimmt. Ein hoher Wärmeübergangskoeffizient k^*_{ges} beispielsweise durch eine defekte Wärmeisolation oder konstruktiv bedingte Wärmebrücken führt bereits bei geringen Einstrahlungsleistungen i_{glob} zu einer niedrigen Stillstandstemperatur.

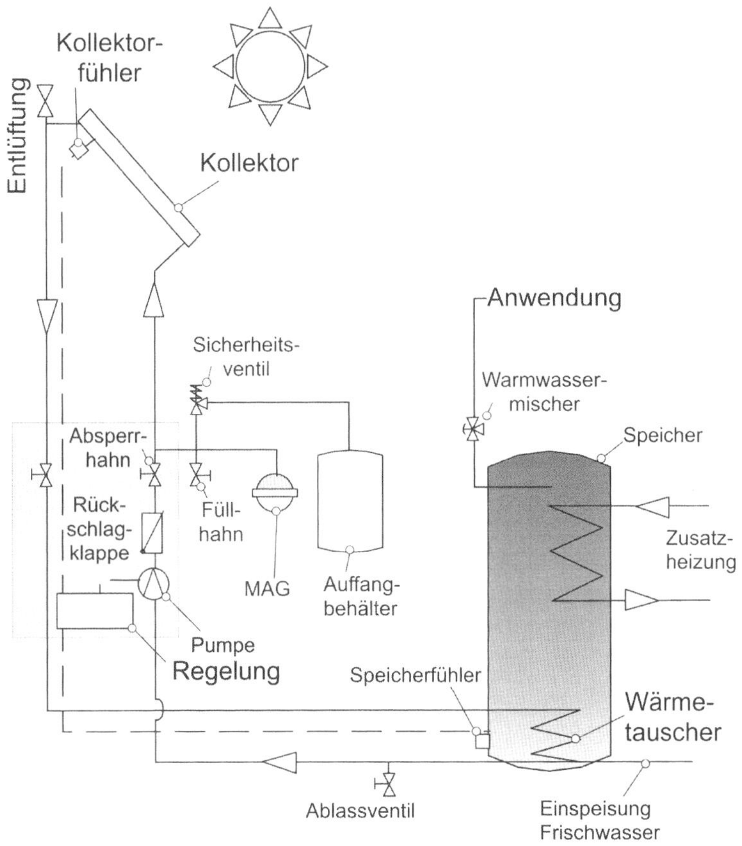

Abb. 5.2 Schematischer Aufbau einer einfachen Sollarkollektoranlage

Im Regelfall ist die technische Ausführung moderner Solarkollektoren so gut, dass ein Kollektorstillstand zumeist mit einer Verdampfung des Kühlmediums verknüpft ist. Die Abläufe während einer Stillstandssituation mit Verdampfung lassen sich nach (Lustig 2002) in fünf zeitlich aufeinanderfolgende Phasen unterteilen. Da sich das Stillstandsszenario auf die gesamte solarthermische Anlage auswirkt, zeigt die Abb. 5.2 ein typisches Anlagenschema einer einfachen Solarkreisanlage.

Neben dem durch die Sonneneinstrahlung verursachten Phasenwechsel des Wärmeträgerfluids ändert sich zeitlich auch der Systemdruck, der damit wiederum auf die Siedetemperatur und den mit Dampf gefüllten Rohrleitungsraum rückwirkt. Die Abb. 5.3 zeigt qualitativ den Verlauf des Systemdrucks und den Dampf-/Fluidanteil der fünf unterschiedlichen Phasen eines Kollektorstillstandes; Details sind beispielsweise (Dimitrova 2006) oder (Scheuren 2008) zu entnehmen.

Phase 1: Flüssigkeitsausdehnung Nach Abschalten der Kollektorkreispumpe, steigen die Kollektortemperaturen rasch gleichmäßig so lange an, bis im oberen Bereich des Kol-

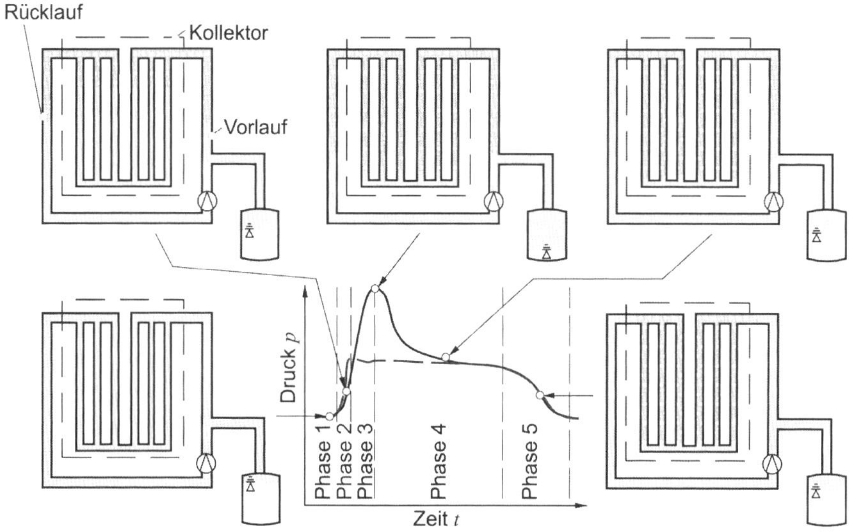

Abb. 5.3 Schematische Darstellung der Dampfverteilung in einem Kollektorkreis während der fünf verschiedenen Phasen eines Kollektorstillstands. Bild unten Mitte: Verlauf des Systemdrucks p als Funktion der Zeit t in den unterschiedlichen Kollektorstillstandsphasen; darin stellt die durchgezogene Linie das Verhalten eines schlecht entleerbaren Systems dar, das gestrichelte das eines gut entleerbaren Systems

lektors an einer Stelle des Absorbermaterials der Verdampfungsvorgang beginnt. Bis zu diesem Zeitpunkt ist der Anstieg des Systemdrucks nur gering und entspricht der temperaturbedingten Volumenausdehnung der Flüssigkeit im Rohrleitungsnetz.

Phase 2: Leerschieben des Kollektors Die Verdampfung beginnt bei einer Siedetemperatur, die sich aus dem lokal an dieser Stelle des Kollektors herrschenden Druck ergibt. Da zu diesem Zeitpunkt (direkt nach Beendigung des Normalbetriebszustandes) der Systemdruck noch niedrig ist, ist auch die Siedetemperatur niedriger als im weiteren Verlauf des Anlagenstillstands. Eine kleine Menge Medium verdampft und schiebt einen größeren Teil des flüssigen Kollektorinhalts solange aus den Absorberrohren bis schließlich auch die Vor- und Rücklaufleitungen mit Sattdampf gefüllt sind. Dadurch ergibt sich ein relativ rascher Druckanstieg, da große Mengen Flüssigkeit in das Ausdehnungsgefäß geschoben werden. Der Systemdruck wächst in dieser Phase schnell an und damit steigt auch die Siedetemperatur im System. Die Dauer dieser Phase beträgt nur einige Minuten. Die Temperaturen der Vor- und Rücklaufleitungen im Technikraum und der Zulaufleitung zum Ausdehnungsgefäß sind zuerst niedrig (nach Pumpenstillstand abgekühlt) und steigen später durch das Einschieben des heißen Kollektorinhalts an. Sie erreichen jedoch aufgrund der Abkühlverluste in den Leitungen nicht die Werte der Kollektortemperaturen. Sind die Leitungen kurz und haben geringe Abkühlverluste, so kann es zu hohen Temperaturbelastungen am Ausdehnungsgefäß und an anderen Systemkomponenten kommen, insbesondere wenn bei hoch gewähltem Systemdruck das Verdampfen erst bei höheren Temperaturen beginnt. Lange und ungedämmte Leitungen zum Ausdehnungsgefäß senken diese Temperaturbelastung deutlich. Ebenso kann eine hängende Anbringung des Membranausdehnungsgefäßes die Überhitzung der Gefäßmembran verhindern.

Phase 3: Sieden im Kollektor – Phase mit Sattdampf Dies ist eine Phase mit verlangsamendem Druckanstieg. Ein kleinerer, jedoch nicht unbedeutender Teil des Kollektorinhaltes ist in den Absorber- und Sammelrohren noch in flüssiger Form vorhanden. In dieser Phase wird an allen Stellen am Absorber entweder flüssiges Medium oder Sattdampf im thermischen Gleichgewicht mit der Flüssigkeit beobachtet. Die Vor- und Rücklaufleitungen werden zunehmend nach unten in Richtung Membranausdehnungsgefäß mit etwa gleichem Flüssigkeitsniveau leergedrückt (kommunizierende Gefäße) und der Wärmetauscher kann vom Dampf erreicht werden. Dies kann auch auf der Sekundärseite des Wärmetauschers zur Dampfbildung führen. Der Anlagendruck erreicht seinen Maximalwert, woraus auch die höchste Siedetemperatur resultiert. Die abgeführte Leistung ergibt sich aus dem Kollektorwirkungsgrad bei hohen Temperaturen unter Berücksichtigung der in den Rohren und dem Absorber gespeicherten Energie. Nach dem Prinzip des Wärmerohres wird hierbei sehr effektiv Energie bei nahezu konstanter Temperatur von der Wärmequelle zu allen Wärmesenken transportiert, wobei hier der Dampf wieder kondensiert und als Flüssigkeit nach unten abläuft. Die Temperaturunterschiede zwischen Wärmequelle (Kollektor) und Wärmesenke (z. B. Wärmetauscher) sind dabei niedrig (Größenordnung wenige Grad Kelvin), da nur geringe Druckunterschiede (Strömungsdruckverluste des Dampfes) bestehen. Es sind jedoch auch Konzentrationsunterschiede im System Wasser-Glykol zu beachten (fraktionierte Destillation). Die maximale Temperaturbelastung der vom Dampf erreichten Anlagenkomponenten hängt somit über die Sattdampftemperatur vom maximalen Anlagendruck ab. Am Beginn dieser Phase können die Temperaturen der Vor- und Rücklaufleitungen im Technikraum und der Zulaufleitung zum Ausdehnungsgefäß sinken, da der Dampfbereich sich jetzt wesentlich langsamer vergrößert und die mit Flüssigkeit gefüllten Leitungen abkühlen. Zu einem sprunghaften Temperaturanstieg bis zur Siedetemperatur kommt es erst, wenn Dampf an diesen Stellen auftritt.

Phase 4: Sieden im Kollektor – Phase mit Sattdampf und überhitztem Dampf Im oberen Kollektorbereich beginnt die Flüssigkeit vollständig zu verdampfen. Diese Bereiche überhitzen und die Absorbertemperatur steigt. Dadurch sinkt der Kollektorwirkungsgrad weiter und die mit Dampf abzutransportierende Energiemenge sinkt, weil weniger Energie in die von Dampf gefüllten Anlagenbereiche transportiert wird, so dass auch die „Verlustfläche" der Anlage sinken kann. Das Dampfvolumen sinkt auch bei gleich bleibender solarer Einstrahlung rasch. Der Anlagendruck sinkt (und damit auch die Sattdampftemperatur), und Flüssigkeit wird aus dem Ausdehnungsgefäß langsam in die Rücklaufleitung geschoben. Die Rückschlagklappe verhindert letzteres vorlaufseitig. Mit größer werdenden Überhitzungsbereichen im Kollektor sinkt der Anlagendruck weiter und das Flüssigkeitsniveau des Rücklaufes erreicht den Kollektorzulauf. Auch der Vorlauf füllt sich langsam durch Kondensat. Die Überhitzungsphase kann an wolkenlosen Tagen einige Stunden dauern und endet erst bei sinkender solarer Einstrahlung.

Phase 5: Wiederbefüllen des Kollektors Über die Rücklaufleitung wird der Kollektor wieder befüllt, wobei hier die Temperaturen rasch absinken. Das Ausdehnungsgefäß (MAG) drückt dabei die Flüssigkeit zurück in den Kollektor. Je nach Position der Rückschlagklappe geschieht das über die Vor- und Rücklaufleitung, oder nur über die Rücklaufleitung. Im letzten Fall wird die Vorlaufleitung zeitlich verzögert über den Kollektor befüllt.

Messungen und numerische Betrachtungen zeigen, dass der Kollektorstillstand wesentlich von der Anordnung des Rohrleitungsnetzes und der kollektorinternen Verrohrung abhängt. Erfolgt die geometrische Anordnung der Hydraulikomponenten so, dass sie sich durch Schwerkraft einfach selbst entleeren und keine mit Fluid gefüllten Taschen bilden, die dem Dampfdurchtritt einen erhöhten Widerstand bieten, so verringern sich die maximalen Anlagenbelastungen erheblich, wie die Abb. 5.3 qualitativ zeigt. Methoden wie auch Einflussparameter zur Verringerung oder gar Vermeidung eines Kollektorstillstandes diskutiert der Abschn. 6.4.4.

Diese qualitative Beschreibung eines Kollektorstillstandes in den unterschiedlichen Phasen erfordert daher eine Modellierung der lokalen thermohydraulischen Wärmetransportvorgänge sowohl im einphasigen wie im mehrphasigen Fluidbereich wie auch einer übergeordneten Beschreibung der Wechselwirkung der individuellen Komponenten untereinander.

5.2 Einphasiger konvektiver Impuls- und Wärmetransport

Im Zusammenhang mit den Kollektoren wurde zuvor oft vom konvektiven Impuls- Wärme- und Stoffübergang gesprochen, ohne näher auf dessen spezifischen Charakteristika einzugehen. Insbesondere in den Rohrleitungen des Solarkreisleitungsnetzes und bei höheren Temperaturen spielt aber der konvektive Wärmeübergang eine ausgezeichnete Rolle und entscheidet maßgeblich über den Wirkungsgrad und die Funktionsfähigkeit der Anlage.

Prinzipiell ist bei konvektiven Transportprozessen zwischen Zwangs-, Misch- und auftriebsbehafteter Konvektion zu unterscheiden. Diese untergliedert sich weiter in ein- bzw. zweiphasige Transportvorgänge, wie zum Beispiel Wasser- und Dampfströmungen. Der Transport kann zeitlich konstant oder zeitlich veränderlich also instationär erfolgen. Darüber hinaus kann die Strömung laminar oder turbulent sein.

Ziel dieses Abschnittes ist es, zunächst die Erhaltungsgleichungen des Strömungs- und Wärmetransports abzuleiten und mit deren Hilfe charakteristische Kennzahlen zu ermitteln, die eine Klassifizierung der unterschiedlichen Strömungsformen ermöglicht. Basierend auf diesen Kenngrößen erfolgt eine Diskussion zuerst des laminaren und anschließend des turbulenten Wärmetransports. Da letzterer zumeist analytisch nicht zugänglich ist, werden Ansätze und Verfahren diskutiert, die eine numerische Berechnung erlauben. Dies wird anhand einiger Beispiele skizziert. Bei der Berechnung ist es entscheidend, ob das Modell den im Problem auftretenden physikalischen Effekten in geeigneter Weise Rechnung trägt, was im letzten Abschnitt beleuchtet werden soll.

Zunächst aber soll in diesem Zusammenhang mit einer heuristischen Betrachtung begonnen werden.

In einem strömenden Fluid ist die makroskopische Bewegung von Fluidpaketen der mikroskopischen Zufallsbewegungen der einzelnen Atome und Moleküle überlagert. In einem Temperaturfeld tragen beide Bewegungen zum Wärmetransport bei. Bei geringer Dichte und/oder kleinen Strömungsgeschwindigkeiten sowie bei guten Wärmeleiteigenschaften des Fluids dominiert die Wärmeleitung den konvektiven Wärmetransport. Mit zunehmender Wärmekapazität des strömenden Fluids übersteigt der Wärmetransport durch die makroskopische Fluidbewegung die molekularen Prozesse der Wärmeleitung, bis diese schließlich vollständig vernachlässigt werden können. Häufig wird unter einem konvektiven Wärmeübergang nur der Wärmetransport durch ein bewegtes Fluid verstanden.

Meist interessiert der Wärmeübergang zwischen einem strömenden Fluid und einer festen Wand, wenn beide unterschiedliche Temperaturen besitzen. Durch die Wechselwirkung des an der Wand vorbei strömenden Fluids entsteht im Fluid eine dünne wandnahe Grenzschicht, die sogenannte „hydrodynamische" Grenzschicht, in der die Geschwindigkeit von Null an der Wand, künftig mit $y=0$ notiert, bis fast zu dem Wert der ungestörten Strömung ansteigt. Bei Strömungen in Rohren ist letztere die Geschwindigkeit in der Kernströmung u_0. Die Dicke dieser viskosen Grenzschicht wird mit δ_v bezeichnet. Ebenso ändert sich die Fluidtemperatur über die wandnahe Zone, die als thermische Grenzschicht bezeichnet wird, ausgehend von der Wandtemperatur $T=T_W$ bei $y=0$ bis fast zur Temperatur $T=T_0$ in einem größeren Abstand von der Wand. Die wandnormale Dicke dieser thermischen Grenzschicht wird mit δ_{th} gekennzeichnet. Bei Rohrströmungen wird an Stelle T_0 die über den Rohrquerschnitt gemittelte Temperatur T_F verwendet. Die wandnormale Erstreckung der hydrodynamischen und thermischen Grenzschicht kann sich erheblich voneinander unterscheiden.

Ursache der Fluidbewegung kann eine erzwungene Strömung durch einen äußeren Antrieb etwa eine Pumpe, Wind etc. sein. Außer der erzwungenen Konvektion gibt es die durch Auftriebskräfte erzeugte freie Konvektion oder Naturkonvektion. Die Auftriebskräfte entstehen durch Dichteunterschiede als Folge von Temperaturdifferenzen, unterschiedlicher Phasenverteilung, z. B. Dampfgehalte, oder voneinander abweichender Konzentrationen beispielsweise in Lösungen. In der Praxis treten häufig Überlagerungen beider Konvektionsformen auf. Wenn die Auftriebsströmung das Fluid senkrecht zur Richtung der Hauptströmung bewegt, kann die freie Konvektion beträchtliche Anteile am gesamten konvektiven Wärmeübergang ausmachen. Der konvektive Wärmetransport muss nicht auf den Transport von fühlbarer Wärme beschränkt bleiben. Bei einer Dampfbildung oder Kondensation kommt der Transport von Latentwärme hinzu. Die Entstehung von Dampfblasen an einer Wand erzeugt zusätzliche Fluidbewegungen. Diese durchmischen die

Grenzschicht und erhöhen den Wärmeübergang. Sehr hohe Wärmeübergänge entstehen daher bei der Kondensation etwa von Wasser an kalten Wänden.

Unabhängig von der Art der Konvektion wird für die Wärmestromdichte an der Wand eine Beziehung der folgenden Form verwendet:

$$\dot{q}_W = \alpha(T_W - T_F) \quad \text{bzw.} \quad \dot{q}_W = \alpha(T_W - T_0); \tag{5.2}$$

mit einem Wärmeübergangskoeffizienten α. Betrachtungen über den Wärmeübergang sind mit Gl. (5.2) auf die Bestimmung des Wärmeübergangskoeffizienten übergegangen. Unmittelbar an der Wand geht die Geschwindigkeit des Fluids wegen der Haftbedingung gegen Null. Ein Wärmetransport ist dort nur durch Wärmeleitung möglich. An der Stelle gilt dann das Fouriersche Wärmeleitgesetz:

$$\dot{q} = -\lambda \left(\frac{dT}{dy} \right)_W, \tag{5.3}$$

und damit folgt für den Wärmeübergangskoeffizienten α:

$$\alpha = -\frac{\lambda}{(T_W - T_F)} \cdot \left(\frac{dT}{dy} \right)_W. \tag{5.4}$$

α wird demnach durch die Steigung des Temperaturprofils an der Wand und der Differenz zwischen den Wand- und Fluidtemperaturen bestimmt.

Zur Berechnung des Wärmeübergangskoeffizienten ist somit die Kenntnis des Temperaturfeldes im Fluid erforderlich. Dieses wird durch das Geschwindigkeitsfeld beeinflusst.

Der Wärmeübergangskoeffizient k ist im Kap. 3 und bisher zunächst im Sinne einer Definition vorgestellt worden. Gleiches gilt für die Bedeutung der Grenzschicht bezüglich des Wärmeübergangs von einer Wand an das Fluid. Es ist die Aufgabe des folgenden Abschnittes, auf Methoden hinzuarbeiten, mit denen konvektive Wärmeübergänge berechnet werden können. Ähnlich dem Wärmetransport gestaltet sich der Transport von Masse in einem Konzentrationsfeld. In einem bewegten Fluid wird sich der Diffusion ein konvektiver Massentransport überlagern. Die Verdampfung oder Kondensation an einer Oberfläche kommen dabei der Wärmeabgabe oder -aufnahme von einer Wand an ein strömendes Fluid nahe und werden ebenfalls von der Grenzschicht abhängen.

Doch zunächst sollen ein paar Größenordnungsbetrachtungen durchgeführt werden. Die unterschiedlichen Fluidtypen wie beispielsweise Luft, Öl, Wasser oder flüssige Metalle weisen vollständig unterschiedlich Wärmeleitfähigkeiten auf. Flüssige Metalle haben eine sehr gute thermische Leitfähigkeit λ(W/(mK)) und eine vergleichsweise geringe spezifische Wärmekapazität c_p (J/(kgK)). Öle wiederum verfügen über eine hohe kinematische Viskosität ν (m^2/s) im Vergleich zu Wasser oder Luft. Die thermische Leitfähigkeit λ kann zusammen mit der Dichte ρ und der Wärmekapazität c_p zur Temperaturleitzahl (oder thermischen Diffusivität) a (m^2/s) zusammengefasst werden. Diese thermische Diffusivität hat

Tab. 5.1 Typische Prandtl-Zahlen unterschiedlicher Fluides (Dubbel et al. 2007)

Temperatur	Quecksilber	Luft	Wasser	Motorenöl
0 °C	0.0288	0.72	13.6	$4.7 \cdot 10^4$
20 °C	0.0249	0.71	7.02	$1.0 \cdot 10^4$
100 °C	0.0162	0.70	1.74	$2.6 \cdot 10^2$

die gleiche SI-Einheit wie die Viskosität ν. Das Verhältnis ν/a ergibt eine dimensionslose Kennzahl, die sogenannte Prandtl-Zahl *Pr*. Die physikalische Bedeutung der Prandtl-Zahl ist, dass sie den Transportkoeffizienten des Geschwindigkeitsfeldes gegenüber dem des Temperaturfeldes wichtet und so beschreibt die Prandtl Zahl das Verhältnis des Momententransports gegenüber dem des thermischen Transports. Sie ist wie folgt definiert:

$$Pr = \frac{\rho \nu c_p}{\lambda} = \frac{\nu}{a} \quad \text{mit} \quad a = \frac{\lambda}{\rho c_\text{p}}. \tag{5.5}$$

Während Öl typischerweise Prandtl-Zahlen der Größenordnung $O(10^2 - 10^6)$ haben und „konventionelle Medien" wie Luft oder Wasser einen Wert um eins aufweisen, so liegt die Prandtl-Zahl flüssiger Metalle bei $Pr = 10^{-3} - 10^{-2}$. Die Tab. 5.1 zeigt die Prandtl-Zahl einiger Newtonscher Medien bei verschiedenen Temperaturen. Dabei zeigt sich, dass es kein Newtonsches Fluid im Prandtl-Zahl Bereich zwischen $0.05 < Pr < 0.5$ gibt.

Vor diesem Hintergrund soll die Strömung eines Newtonschen Fluids mit der Temperatur T_0 über eine halbunendliche Platte der konstanten Temperatur T_W betrachtet werden, wie sie in den Skizzen 5.4 für verschiedene Fluide unterschiedlicher Prandtl-Zahl wie $Pr \ll 1$, $Pr \sim 1$ und $Pr \gg 1$ aufgetragen ist. Der Fall (a) entspricht flüssigen Metallen, die eine gute molekulare Wärmeleitfähigkeit und eine niedrige Viskosität haben, daher gilt $Pr \ll 1$. Die Dicke der viskosen Grenzschicht δ_v ist vernachlässigbar klein gegenüber der Dicke der thermischen Grenzschicht δ_{th}. Bei Wasser oder Luft haben beide ungefähr die gleiche Größenordnung, während bei Ölen die viskose Grenzschicht deutlich dicker als die thermische ist.

5.2.1 Erhaltungsgleichungen

Betrachtet man eine einphasige Einkomponentenströmung in einen geschlossenen Kontrollvolumen, so muss der das Kontrollvolumen verlassende Massenstrom dem in diesen eintretenden entsprechen. Ein zweidimensionales Volumenelement der Abmessungen dx und dy zeigt die Abb. 5.5. Die Fluidmasse strömt in das Element und verlässt es wieder ausschließlich in Folge der Strömung des Fluids. Ein Transport dieser Art wird als konvektiv oder advektiv bezeichnet. Für Massenströme, die über die Grenzen des Elementes gehen, muss der Satz der Erhaltung der Masse gelten. Dieser besagt, dass die Summe der Massenströme über die Volumengrenzen gleich der Dichteänderung im Volumenelement

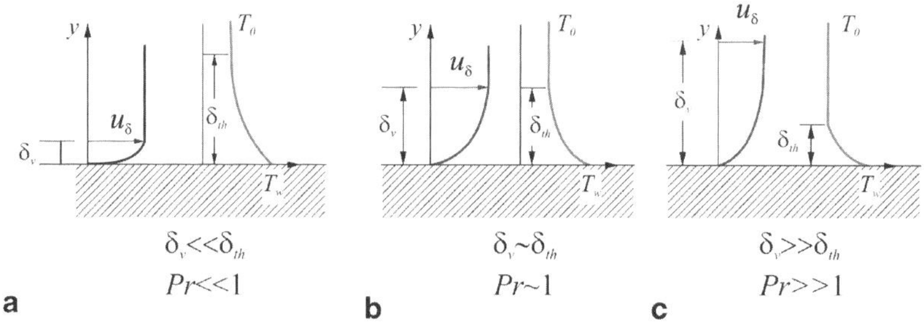

Abb. 5.4 Einfluss der Prandtl-Zahl auf die Größe der thermischen und viskosen Grenzschicht in einer zweidimensionalen Strömung mit der konstanten Wandtemperatur T_W

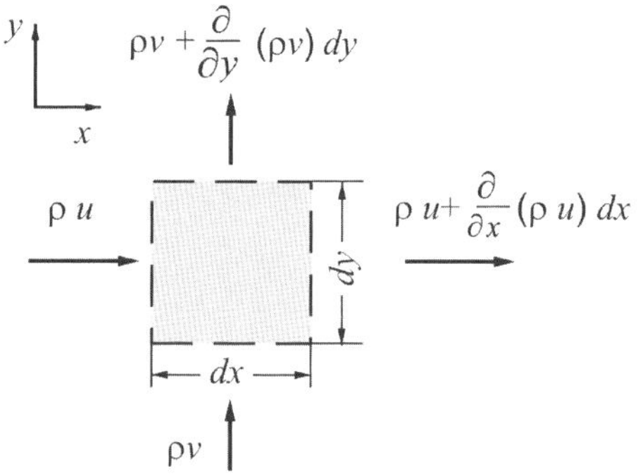

Abb. 5.5 Schemaskizze zur Ableitung der Massenerhaltungsgleichung

oder bei inkompressiblen Fluiden gleich Null ist. Mit den Massenströmen, die in Abb. 5.5 angegeben sind, lässt sich für den vereinfachten, zweidimensionalen Fall eine Massenbilanz aufzustellen:

$$(\rho u)dy + (\rho v)dx - \left[\rho u + \frac{\partial(\rho u)}{\partial x}dx\right]dy - \left[\rho v + \frac{\partial(\rho v)}{\partial y}dy\right]dx = 0. \tag{5.6}$$

Nach Umstellung fallen einige Terme weg und die Division mit *dxdy* ergibt:

$$\frac{\partial(\rho u)}{\partial x} + \frac{\partial(\rho v)}{\partial y} = 0. \tag{5.7}$$

Für ein inkompressibles Medium lautet die Massenerhaltungs-oder Kontinuitätsgleichung:

$$\nabla \cdot \vec{u} = 0 \quad \text{oder} \quad \frac{\partial u}{\partial x} + \frac{\rho v}{\partial y} + \frac{\partial w}{\partial z} = 0, \tag{5.8}$$

worin $\vec{u}$ der Geschwindigkeitsvektor ist, der sich aus den Geschwindigkeitskomponenten (u, v, w) in x, y und z-Richtung zusammensetzt.

Das dynamische Verhalten einer Fluidbewegung wird durch die Impulserhaltungsgleichungen beschrieben. In analoger Weise wie bei der Massenerhaltung können auch bei der Impulserhaltung Kräftebilanzen auf ein Volumenelement ausgewertet werden. Die Ableitung erfolgt analog zur Massenerhaltungsgleichung und liefert als Ergebnis.

$$\begin{aligned}
\rho\left(\frac{\partial u}{\partial t}+u\frac{\partial u}{\partial x}+v\frac{\partial u}{\partial y}+w\frac{\partial u}{\partial z}\right)&=\rho f_x+\frac{\partial\sigma_{xx}}{\partial x}+\frac{\partial\tau_{yx}}{\partial y}+\frac{\partial\tau_{zx}}{\partial z}\\
\rho\left(\frac{\partial v}{\partial t}+u\frac{\partial v}{\partial x}+v\frac{\partial v}{\partial y}+w\frac{\partial v}{\partial z}\right)&=\rho f_y+\frac{\partial\tau_{xy}}{\partial x}+\frac{\partial\sigma_{yy}}{\partial y}+\frac{\partial\tau_{zy}}{\partial z},\\
\rho\left(\frac{\partial w}{\partial t}+u\frac{\partial w}{\partial x}+v\frac{\partial w}{\partial y}+w\frac{\partial w}{\partial z}\right)&=\rho f_z+\frac{\partial\tau_{xz}}{\partial x}+\frac{\partial\tau_{yz}}{\partial y}+\frac{\partial\sigma_{zz}}{\partial z}
\end{aligned}\tag{5.9}$$

in der $f=(f_x,f_y,f_z)$ die Volumenkräfte, die durch Schwerkraft, elektrische oder magnetische Felder hervorgerufen werden, darstellen. σ beschreibt die Spannung normal zur Oberfläche und τ die Schubspannungen tangential zu den Seiten eines beliebigen Kontrollvolumens. Mit Hilfe unzähliger Experimente konnte mit hoher Genauigkeit gezeigt werden, dass Spannung und Dehnung in Newtonschen Fluiden linear voneinander abhängen. Auf dieser Basis kann man für Newtonsche Fluid folgende Gleichungen ableiten (Lamb 1993) oder (Schlichting und Gersten 2000).

$$\begin{aligned}
&\sigma_{xx}=-p+2\mu\frac{\partial u}{\partial x}-\frac{2}{3}\mu\nabla\cdot\vec{u};\\
&\sigma_{yy}=-p+2\mu\frac{\partial v}{\partial y}-\frac{2}{3}\mu\nabla\cdot\vec{u};\\
&\sigma_{zz}=-p+2\mu\frac{\partial w}{\partial z}-\frac{2}{3}\mu\nabla\cdot\vec{u};\\
&\tau_{xy}=\tau_{yx}=\mu\left(\frac{\partial v}{\partial x}+\frac{\partial u}{\partial y}\right);\quad \tau_{xz}=\tau_{zx}=\mu\left(\frac{\partial w}{\partial x}+\frac{\partial u}{\partial z}\right);\quad \tau_{yz}=\tau_{zy}=\mu\left(\frac{\partial w}{\partial y}+\frac{\partial v}{\partial z}\right),
\end{aligned}\tag{5.10}$$

in der $\mu=\rho\cdot v$ die spezifische dynamische Viskosität des Fluids ist und p der Druck.

Setzt man die Gl. (5.10) in (5.9) ein, erhält man die vollständige Impulserhaltungsgleichung, die als Navier-Stokes Gleichung in der Literatur bekannt ist. Nahezu alle analytischen Untersuchungen viskoser Fluidströmungen basieren auf ihnen. Sie sind genereller Natur in dem Sinn, dass sie auch für kompressible Newtonsche Fluide variabler Viskosität wie zum Beispiel Gase gelten. Bei konstanter Dichte und Viskosität (inkompressibles Fluid und kleine Temperaturunterschiede) vereinfachen sich die Navier-Stokes-Gleichungen zu:

$$\rho\left(\frac{\partial u}{\partial t}+u\frac{\partial u}{\partial x}+v\frac{\partial u}{\partial y}+w\frac{\partial u}{\partial z}\right)=\rho f_x-\frac{\partial p}{\partial x}+\mu\left(\frac{\partial^2 u}{\partial x^2}+\frac{\partial^2 u}{\partial y^2}+\frac{\partial^2 u}{\partial z^2}\right);$$

$$\rho\left(\frac{\partial v}{\partial t}+u\frac{\partial v}{\partial x}+v\frac{\partial v}{\partial y}+w\frac{\partial v}{\partial z}\right)=\rho f_y-\frac{\partial p}{\partial y}+\mu\left(\frac{\partial^2 v}{\partial x^2}+\frac{\partial^2 v}{\partial y^2}+\frac{\partial^2 v}{\partial z^2}\right);$$

$$\rho\left(\frac{\partial w}{\partial t}+u\frac{\partial w}{\partial x}+v\frac{\partial w}{\partial y}+w\frac{\partial w}{\partial z}\right)=\rho f_z-\frac{\partial p}{\partial z}+\mu\left(\frac{\partial^2 w}{\partial x^2}+\frac{\partial^2 w}{\partial y^2}+\frac{\partial^2 w}{\partial z^2}\right) \tag{5.11}$$

$$\text{oder}\quad \underbrace{\frac{d\vec{u}}{dt}}_{\text{Trägheitskraft}} = \underbrace{f}_{\text{Schwerkraft, Auftrieb, Kapillarkraft,}} - \underbrace{\frac{1}{\rho}\nabla p}_{\text{Druckkraft}} + \underbrace{\nu\nabla^2\vec{u}}_{\text{Reibungskraft}}$$

in der $\nabla^2=\nabla\cdot\nabla$ der Laplace Operator ist, der durch die Beziehung $\nabla^2=(\partial^2/\partial x^2+\partial^2/\partial y^2+\partial^2/\partial z^2)$ gegeben ist.

Jedes fluiddynamische Problem, das die Bestimmung der Geschwindigkeit und der Druckverteilung als Funktion der Raumkoordinaten und Zeit beinhaltet, erfordert die simultane Lösung der Kontinuitätsgleichung und der Navier-Stokes-Gleichungen unter Berücksichtigung der speziellen Anfangs- und Randbedingungen. Obwohl dieses Gleichungssystem in den meisten Fällen zu komplex für eine analytische Lösung ist, kann es in vielen Fällen numerisch gelöst werden. Dennoch gibt es ein paar spezifische Fälle, in der die Natur der Strömung dergestalt ist, dass sie erheblich vereinfacht und damit einer analytischen Lösung zugeführt werden kann.

Ein ähnliches Vorgehen kann bei der Ableitung der Energieerhaltungsgleichung angewendet werden. Die Ableitung beinhaltet den ersten Hauptsatz der Thermodynamik, der die thermische Energie mit der am System verrichteten Arbeit und der totalen inneren Energie innerhalb des Kontrollvolumens verknüpft. Die vollständige Ableitung der Energieerhaltungsgleichung ist in den Textbüchern von (Keenan 1970; Van Wylen und Sonntag 1986) oder (Jischa 1982) ausführlich beschrieben. Die Energieerhaltungsgleichung lautet damit:

$$\rho\frac{dU}{dt}=\nabla\cdot(\lambda\nabla T)+\sigma_{xx}\frac{\partial u}{\partial x}+\sigma_{yy}\frac{\partial v}{\partial y}+\sigma_{zz}\frac{\partial w}{\partial z}+\tau_{xy}\left(\frac{\partial v}{\partial x}+\frac{\partial u}{\partial y}\right)+\tau_{yz}\left(\frac{\partial w}{\partial y}+\frac{\partial v}{\partial z}\right)+\tau_{xz}\left(\frac{\partial u}{\partial z}+\frac{\partial w}{\partial x}\right) \tag{5.12}$$

in der λ die thermische Leitfähigkeit des Fluids, U die innere Energie und T die Temperatur darstellt.

Die innere Energie U ist mit der Fluidenthalpie i in folgender Weise verbunden: $i=U+p/\rho$. Der Operator d/dt beschreibt die totale Ableitung. Wenn die Beziehungen für die Spannung und die Dehnung auf ein Fluidelement (Gl. (5.10)) in die Gl. (5.12) eingesetzt werden, erhält man die vereinfachte Gleichung:

$$\rho \frac{dU}{dt} = \nabla \cdot (\lambda \nabla T) - p\nabla \cdot \vec{u} + \mu\Phi \quad \text{mit}$$
$$\Phi = 2\left[\left(\frac{\partial u}{\partial x}\right)^2 + \left(\frac{\partial v}{\partial y}\right)^2 + \left(\frac{\partial w}{\partial z}\right)^2\right] + \left(\frac{\partial v}{\partial x} + \frac{\partial u}{\partial y}\right)^2 + \left(\frac{\partial w}{\partial y} + \frac{\partial v}{\partial z}\right)^2 + \left(\frac{\partial u}{\partial z} + \frac{\partial w}{\partial x}\right)^2 - \frac{2}{3}(\nabla \cdot \vec{u})^2 \tag{5.13}$$

Darin ist Φ die Dissipationsfunktion. Der erste Term auf der rechten Seite beschreibt die Nettorate der Wärmeleitung in einem Fluidelement pro Kontrollvolumen, der zweite die reversible Arbeit, die am Kontrollvolumen verrichtet wird, und der letzte Term gibt die Menge an, bei der viskose Kräfte irreversible Arbeit in Form viskoser Dissipation oder viskoser Erwärmung am Kontrollvolumen verrichten.

Nimmt man ein inkompressibles Fluid an, bei dem für die Energie folgender Ansatz $dU = c_p \cdot dT$ gilt, so ergibt sich die Form der Energiegleichung zu:

$$\rho c_p \frac{dT}{dt} = \nabla (\lambda \nabla T) + \mu\Phi \quad \text{mit}$$
$$\Phi = 2\left[\left(\frac{\partial u}{\partial x}\right)^2 + \left(\frac{\partial v}{\partial y}\right)^2 + \left(\frac{\partial w}{\partial z}\right)^2\right] + \left(\frac{\partial v}{\partial x} + \frac{\partial u}{\partial y}\right)^2 + \left(\frac{\partial w}{\partial y} + \frac{\partial v}{\partial z}\right)^2 + \left(\frac{\partial u}{\partial z} + \frac{\partial w}{\partial x}\right)^2. \tag{5.14}$$

Wenn die thermische Leitfähigkeit λ konstant ist, vereinfacht sich die Gleichung weiter und man erhält:

$$\underbrace{\frac{dT}{dt}}_{\text{Konvektion}} = \underbrace{\frac{\lambda}{\rho c_p}\nabla^2 T}_{\text{Wärmeleitung}} + \underbrace{\frac{\mu}{\rho c_p}\Phi}_{\text{innere Reibung}} . \tag{5.15}$$

Die Kontinuitätsgleichung, die Navier-Stokes Gleichungen und die Energieerhaltungsgleichung ergeben zusammen einen vollständigen Satz zur Beschreibung jeder Strömung innerhalb eines betrachteten Kontrollvolumens. Aber sie bereiten auch im mathematischen Sinne eine nahezu unüberbrückbare Schwierigkeit bei der Vielzahl simultan zu lösender Gleichungen und der Gegenwart nichtlinearer Terme wie beispielsweise $u\partial u/\partial x$.

Wegen der Nichtlinearitäten ist das Superpositionsprinzip der technischen Mechanik nicht anwendbar und daher können komplexe Strömungen nicht aus mehreren einfachen Strömungen zusammengesetzt werden wie beispielsweise bei Potentialströmungen (Truckenbrodt und Schlichting 2001). Exakte Lösungen existieren für einige einfache Fälle, in denen nichtlineare Effekte klein (Näherungslösungen) oder null sind.

Diese Lösungsklasse tritt bei kriechenden Strömungen auf und ist in der Schmierfilmtheorie von Bedeutung. In den meisten ingenieurtechnischen Anwendungen sind die nichtlinearen Terme oftmals größer als die anderen der Navier-Stokes-Gleichungen. Eine wichtige Kenngröße hierin ist die hydraulische Reynolds-Zahl, eine dimensionslose Größe, die das Verhältnis der Trägheitskräfte gegenüber den viskosen Kräften in einem Problem wichtet und in der Gl. (5.16) dargestellt ist. Das Produkt aus der bereits bekannten Prandtl-Zahl *Pr* mit der Reynolds-Zahl *Re* ergibt schließlich die Peclet-Zahl *Pe* (Gl. 5.16b). Sie beschreibt demnach das Verhältnis des konvektiven Wärmetransports gegenüber dem durch Wärmeleitung.

$$Re = \frac{u_0\, d}{\nu} \quad \text{und} \quad Pe = Re Pr = \frac{u_0\, d}{a}. \tag{5.16}$$

Entsprechend der Definition der Reynolds-Zahl sind kriechende Strömungen durch kleine Reynolds-Zahlen gekennzeichnet, während in den meisten technischen Problemen Reynolds Zahlen weit über eins auftreten.

Zuletzt sollten zwei Beobachtungen angemerkt werden. Zum ersten sind Geschwindigkeits- und Temperaturfelder immer gekoppelt, wenn das Fluid über eine temperaturabhängige Dichte und/oder Viskosität verfügt. Zum zweiten sind Temperaturfelder Geschwindigkeitsfeldern ähnlich, sofern gewisse Bedingungen erfüllt sind. Wenn der Druckgradient null ist ($\nabla p = 0$) sowie $\Phi = 0$ und $f = 0$ und wenn zusätzlich die Prandtl-Zahl eins ist ($Pr = 1$), dann ist diese Ähnlichkeit erfüllt (; dies erfordert auch eine Ähnlichkeit der Randbedingungen).

5.2.2 Ähnlichkeitsgesetze der Strömungsmechanik

Zum Abschluss des vorangegangen Abschnittes wurden die Reynolds-, die Peclet- und die Prandtl-Zahl als dimensionslose Parameter eingeführt. Dabei wurde festgestellt, dass die Größenordnung dieser dimensionslosen Parameter oder Kennzahlen unterschiedliche Transportphänomene des Impuls- und Energietransports voneinander trennt. Damit sichert die Gleichheit dimensionsloser Kennzahlen die Umrechnung geometrisch ähnlicher Problemen ineinander. Darin liegt die wichtigste Anwendung der Kennzahlen. Sie ist die Grundlage jeden Modellversuchs, in dem mit Hilfe von Messungen an verkleinerten/vergrößerten Modellen auch mit unterschiedlichen Fluiden Aussagen über die spätere Anwendungsausführung im Groß- oder Kleinmaßstab getroffen werden können.

Im Abschn. 4.3.2 (Instationäre Wärmeleitung in einem Kontinuum) wurde durch Entdimensionierung bereits auf heuristischem Weg die Fourier-Zahl *Fo* und die Biot-Zahl *Bi* als dimensionslose Kenngrößen abgeleitet. Doch wie gelangt man systematisch zur Ableitung von Kenngrößen und Ähnlichkeitsgesetzen?

Im Prinzip gibt es vier unterschiedliche Verfahren, die im Folgenden kurz skizziert werden. Als weiterführende Literatur sei auf (Zierep 1991) verwiesen.

- π-Theorem von Buckingham

In jedem technischen System treten Kräfte, Energie, Zeit und eine oder mehrere charakteristische Längen auf. Es gibt also eine Anzahl von n verschiedene Größen Q_k, für die es einen Zusammenhang $f(Q_1,\ldots, Q_n)=0$ gibt. Jede dieser Größen Q_i ist dimensionsbehaftet also ihre physikalische Größe lässt sich in SI-Einheiten in Form von kg, m, s und Grad K darstellen. Diese Basisgrößen $A_1,\ldots, A_m$ lassen sich nicht durch Potenzprodukte der übrigen darstellen. Damit kann man jede der Größen Q_i als Potenzprodukt der Basisgrößen A_i ermitteln. Es ergibt sich die Frage: Wie viele dimensionslose Größen π der Form $\pi = Q_1^{i_1} \cdot Q_2^{i_2} \cdot \ldots \cdot Q_n^{i_n}$ gibt es? Ein Vergleich der Exponenten der Basisgrößen ergibt ein homogenes, lineares Gleichungssystem von m Gleichungen für n unbekannte i_1, i_2 bis i_n. Die Lösbarkeit des Gleichungssystems ist damit auf den Rang r einer Dimensionsmatrix zurückgeführt.

Das π-Theorem von Buckingham besagt nun: Wenn es n Größen $Q_1, \ldots, Q_n$ und zwischen ihnen eine Relation besteht, dann gibt es genau $(n-r)$ dimensionslose - Kennzahlen, wobei $r \leq m \leq n$ der Rang der Dimensionsmatrix ist. Es gibt dann auch eine Beziehung $f(\pi_1, \pi_2\ldots, \pi_{n-r})=0$, die das Problem löst. Dies ist eine relativ mathematische Betrachtung der Ableitung von Ähnlichkeitsparametern und es stellt sich dem Anwender oft die Frage: Wie sind die freien Unbekannten zu wählen, dass man sinnvolle π-Kennzahlen bekommt? Es gibt hier keine Vorschrift und lediglich die Erfahrung hilft die physikalisch sinnvollen Kenngrößen herauszufiltern.

- Verhältnisse aus Erhaltungsgleichungen

Bei der Verhältnisbildung auf Basis der Erhaltungsgleichungen handelt es sich um ein vom Prinzip her heuristisches Verfahren. Den Ausgangspunkt bilden hierbei die jeweiligen Erhaltungsgleichungen der betrachteten Fragestellung. Beispielsweise liefert die Impulserhaltung Gl. (5.11) eine Kräftebilanz an einem Kontrollvolumen des Fluids.

Wie in der vektoriellen Schreibweise der Gl. (5.11) dargestellt, beschreiben die individuellen Terme den Anteil einer Kraft an der Bilanz. Diese differentielle Darstellung kann durch charakteristische Größen der Strömung, der Geometrie und des Fluids ausgedrückt werden, indem man die mittlere Strömungsgeschwindigkeit u_0, eine charakteristische Abmessung l und eine Referenztemperatur auswählt. Damit ergibt sich:

$$F_T \sim u\frac{\partial u}{\partial x} \sim \frac{u_0^2}{l}\ ;\ F_D \sim \frac{1}{\rho}\frac{\partial p}{\partial x} \sim \frac{p}{\rho \cdot l}\ ;\ F_R \sim \nu\frac{\partial^2 u}{\partial x^2} \sim \nu\frac{u}{l^2}\ und\, F_S \sim g, \tag{5.17}$$

in der F_T die Trägheitskraft, F_D die Druckkraft, F_R die Reibungskraft und F_S die Schwerkraft darstellen. Aus dem Verhältnis von Trägheitskraft zu Reibungskraft, also F_T/F_R, ergibt sich damit die Reynolds-Zahl. Ein ähnliches Vorgehen kann auch für die Energieerhaltungsgleichung (Gl. (5.15)) durchgeführt werden. Die Tab. 5.2 zeigt eine Auswahl der mit diesem Verfahren zu gewinnenden Kennzahlen (π-Größen).

Tab. 5.2 Typische aus Kräfte- und Energieverhältnissen hervorgehende Kennzahlen

Kräfteverhältnisse	Energieverhältnisse
Euler-Zahl $Eu = \frac{Druck}{Trägheit} = \frac{p}{\rho u_0^2}$	Peclet-Zahl $Pe = \frac{Konvektion}{Wärmleitung} = \frac{u_0 l}{a}$
Reynolds-Zahl $Re = \frac{Trägheit}{Reibung} = \frac{u_0 l p}{\nu}$	Eckert-Zahl $Ec = \frac{Reibung}{Konvektion} = \frac{u_0^2}{c_p \Delta T}$
Froude-Zahl $Fr = \frac{Trägheit}{Schwerkraft} = \frac{u_0^2}{gl}$	Damköhler-Zahl $Da = \frac{Reaktionswärme}{Konvektion} = \frac{Q}{c_p \Delta T}$
Weber-Zahl $Wb = \frac{Trägheit}{Kapillarkraft} = \frac{\rho u_0^2 l}{\sigma}$	Fourier-Zahl $Fo = \frac{l^2}{at}$
Grashof-Zahl $Gr = \frac{Auftrieb \cdot Trägheit}{(Reibung)^2} = \frac{gl^3 \alpha \Delta T}{\nu^2}$	
Strouhal-Zahl $Str = \frac{l}{u_0 t}$	
Zusammengesetzte Kennzahlen	
Stokes-Zahl $Sto = Eu \cdot Re = \frac{p}{\mu} \frac{l}{u_0}$	Prandtl-Zahl $Pr = \frac{Pe}{Re} = \frac{\nu}{a}$
	Rayleigh-Zahl $Ra = Pr \cdot Gr = \frac{g \alpha l^3 \Delta T}{\nu a}$

Alle aufgeführten Kennzahlen wird man niemals gleichzeitig benutzen; vielmehr besteht die Kunst darin, sich auf die wichtigsten Parameter der Fragestellung zu beschränken. Man sollte dennoch beachten, dass eine vollständige Übertragbarkeit nur dann gegeben ist, wenn außer den Kennzahlen auch Randbedingungen im Sinne der Physik und des Materials gegeben sind.

In den Beziehungen der Tab. 5.2 gibt p den Druck, ρ die Dichte, ν die kinematische Zähigkeit, g die Schwerkraft, σ die Oberflächenspannung, α den Volumenausdehnungskoeffizienten, μ die dynamische Viskosität und t die Zeit an. l bzw. u_0 bezeichnen eine charakteristische Länge und eine Geschwindigkeit; ΔT ist eine charakteristische Temperaturdifferenz, a die Temperaturleitzahl, c_p die Wärmekapazität und Q eine Wärmequelle oder – senke.

- Methode der Differentialgleichungen
  Dieses Verfahren liefert die bestmögliche Ähnlichkeitsaussage, da unmittelbar von den das jeweilige Problem beschreibenden Differentialgleichungen ausgegangen wird. Man erhält ebenso die Skalierungsgesetzmäßigkeiten für die einzelnen Einflussgrößen. Die Methode setzt sich aus mehreren aufeinanderfolgenden Schritten zusammen.
  - Aufstellung der Differentialgleichungen und Randbedingungen.
  - Entdimensionierung aller auftretenden Größen mit Hilfe angepasster Parameter, beispielsweise einer charakteristischen Länge l, Geschwindigkeit u_0, ……

- Zusammenfassung der eingehenden Parameter zu dimensionslosen Parametergruppen ergibt die Kennzahlen und als Ergebnis die Ähnlichkeitsgesetze.
- Größenordnungsapproximation der dimensionslosen Differentialgleich führt zur Reduktion der Problemstellung, da nur noch Terme der führenden Ordnung betrachtet werden, und liefert damit den Lösungsansatz zur Behandlung der Fragestellung.

Im Abschn. 5.2.4 Grenzschichtgleichungen wird dieses Verfahren explizit angewendet, so dass hier nicht weiter darauf eingegangen wird.

- Ähnlichkeiten durch Transformation der Variablen

Der konvektive Transport von Impuls und Energie wird in der Regel durch einen Satz partieller Differentialgleichungen und den zugehörigen Rand- und Anfangsbedingungen beschrieben. Mit Hilfe der Methode der Transformation der Variablen werden Transformationen der unabhängigen und abhängigen Variablen so gesucht, dass sich die Zahl der unabhängigen Variablen um eine verringert. Durch die entstehende Zusammenfassung der Variablen kommt es zu einer Ähnlichkeitsaussage so, dass unterschiedliche Felder beispielsweise Temperatur oder Strömungsgeschwindigkeiten ineinander umgerechnet werden können. Die Anwendbarkeit der Methode der Transformation der Variablen ist dann gegeben, wenn die Lösungsfunktion kontinuierlich ist, also keine der unabhängigen Variablen einen ausgezeichneten Wert annimmt.

Dieses Verfahren wurde bereits im Abschn. 4.3.2 unbewusst angewendet und erlaubt die Umrechnung verschiedener Temperaturfelder bei unterschiedlicher Wärmeleitzahl und Zeiten ineinander. Weitere in der Strömungsmechanik bekannte Anwendungsbeispiele der Methode der Transformation der Variablen sind das 1. Stokessche Problem für die Platte, Ähnliche Lösungen der Grenzschichtgleichungen, Wärmeübertragung an der beheizten vertikalen Platte, und viele andere mehr.

5.2.3 Laminarer Impulsaustausch

Der laminare Impulsaustausch einer stationären, zweidimensionalen Strömung eines inkompressiblen Fluids einer konstanten kinematischen Viskosität ν wird durch folgende Gleichungen beschrieben:

$$\begin{aligned} &\frac{\partial u}{\partial x} + \frac{\partial v}{\partial y} = 0, \\ &u\frac{\partial u}{\partial x} + v\frac{\partial u}{\partial y} = -\frac{1}{\rho}\frac{\partial p}{\partial x} + \nu\left(\frac{\partial^2 u}{\partial x^2} + \frac{\partial^2 u}{\partial y^2}\right); \\ &u\frac{\partial v}{\partial x} + v\frac{\partial v}{\partial y} = -\frac{1}{\rho}\frac{\partial p}{\partial y} + \mu\left(\frac{\partial^2 v}{\partial x^2} + \frac{\partial^2 v}{\partial y^2}\right) \end{aligned} \tag{5.18}$$

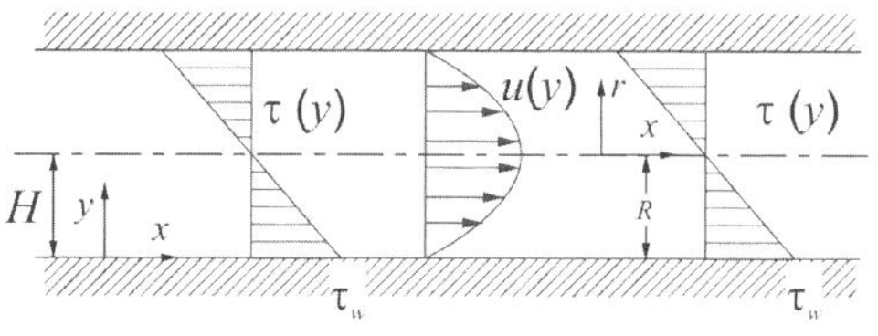

Abb. 5.6 Schubspannung und Geschwindigkeitsverteilung einer vollausgebildeten Kanalströmung in einem ebenen Kanal oder Rohr

Dies ist ein System nichtlinearer Differentialgleichungen elliptischen Typs. Eine einheitliche Lösung existiert nicht und es gibt wenige exakte Lösungen unter ziemlich einschränkenden Randbedingungen. Glücklicherweise lassen sich die meisten laminaren Austauschprozesse erheblich vereinfachen. Bei großen Reynolds-Zahlen erfolgen nahezu alle Austauschprozesse in einer dünnen Schicht, der sogenannten Grenzschicht. Die Grenzschichtvereinfachungen beschränken sich nicht auf Strömungen über feste Wände, ebenso können freie Jets oder Nachläufe hinter einem Körper Grenzschichtcharakter aufweisen.

Kanal- oder Rohrströmung Zunächst betrachtet man eine stationäre, ebene und eine voll entwickelte Strömung in einem Kanal wie es die Abb. 5.6 zeigt. In diesem Zusammenhang bedeutet voll ausgebildet, dass sich die Geschwindigkeitskomponente u in x-Richtung nicht ändert; damit ist $\partial u/\partial x = 0$. Aus Kontinuitätsgründen ergibt sich $\partial v/\partial y = 0$. Dies bedeutet letztendlich, dass die v-Komponente der Geschwindigkeit konstant ist. Unter Ausschluss einer Absaugung oder eines Einblasens über die Wand erhält man sofort, dass die Quergeschwindigkeit $v = 0$ ist. Damit verschwinden die konvektiven Terme in Gl. (5.18) auf der linken Seite und in der Kräftebilanz verbleibt lediglich der Ausdruck $\partial p/\partial y = 0$. Damit hängt der Druck p nur von der Strömungsrichtung x ab und es ergibt sich:

$$\frac{dp}{dx} = \mu \frac{d^2 u}{dy^2} = \frac{d\tau}{dy}. \tag{5.19}$$

Da u nur eine Funktion der wandnormalen Richtung y ist, kann die partielle Ableitung ∂ durch die einfache Ableitung d ersetzt werden. Vom Spannungstensor bleibt lediglich $\tau = \mu \partial u/\partial y$ übrig. Eine Integration führt wegen der Symmetrie, die $\tau(y = H) = 0$ erfordert, unmittelbar auf einen linearen Zusammenhang für die Schubspannung. Man erhält:

$$\tau_w = -\frac{dp}{dx} H. \tag{5.20}$$

Diese Gleichung verknüpft die Wandschubspannung mit dem Druckgradienten und es ergibt sich in dimensionsloser Form der Zusammenhang:

$$\frac{\tau(y)}{\tau_w} = 1 - \frac{y}{H}. \tag{5.21}$$

Mit $\tau = \mu \partial u / \partial y$ und einer weiteren Integration erhält man die Geschwindigkeitsverteilung. Setzt man $u(y = H) = u_{max}$ ergibt sich:

$$u_{\max} = \frac{\tau_w H}{2\mu} = -\frac{dp}{dx}\frac{H^2}{2\mu} = \frac{\Delta p H^2}{2\mu L}, \tag{5.22}$$

in der $\Delta p/L = -dp/dx$ der Druckverlust entlang des Kanals der Länge L ist. Für die dimensionslose Geschwindigkeitsverteilung lautet das Resultat:

$$\frac{u}{u_{\max}} = \frac{y}{H}\left(2 - \frac{y}{H}\right), \tag{5.23}$$

das dem klassischen in Abb. 5.6 dargestellten parabolischen Hagen-Poiseuille Profil entspricht.

Dasselbe Ergebnis erhält man für eine laminare voll eingelaufene Rohrströmung unter Anwendung des analogen Formalismus ergibt sich dafür:

$$\begin{aligned} \frac{\tau(r)}{\tau_w} &= \frac{r}{R}; \quad u(r) = \frac{\Delta p}{4\mu L}(R^2 - r^2); \\ u_{\max} &= \frac{\Delta p R^2}{4\mu L}; \frac{u}{u_{\max}} = 1 - \left(\frac{r}{R}\right)^2, \end{aligned} \tag{5.24}$$

wobei R in diesem Zusammenhang den Rohrradius darstellt. Der Faktor ½ erklärt sich daraus, dass in einer Rohrströmung im Vergleich zur Plattenströmung das Verhältnis der Kanalquerschnittsflächen, auf die der Druck wirkt, zweimal so groß ist wie die Oberfläche an der die viskosen Kräfte wirken, um dem Druck zu kompensieren. Der Durchfluss V in einer Rohrströmung errechnet sich zu:

$$V = \int_{r=0}^{r=R} 2\pi r u(r) dr = \frac{\pi \Delta p R^4}{8\mu L}. \tag{5.25}$$

Es ist wichtig zu bemerken, dass die Abhängigkeiten $V \sim \Delta p/L$ und $V \sim R^4$ auftreten. Für den gleichen angelegten Druckgradienten führt eine Vergrößerung des Durchmessers um 10 % zu einem Anstieg des Durchsatzes um 46 %. Sofern man eine mittlere Geschwindigkeit u_0 unter Anwendung $u_0 = V/A$ definiert, erhält man $u_0 = ½ u_{max}$. Für ingenieurtechnische Zwecke ist der Druckverlust ein entscheidender Parameter. Nutzt man $V = u_0 \cdot \pi \cdot R^2$ und für den Durchmesser $D = 2R$, erhält man für den Druckverlust über einen Kanallänge L:

$$\Delta p = \frac{\rho}{2} u_0^2 \frac{L}{D} \frac{64}{Re}. \tag{5.26}$$

Abb. 5.7 Koordinatensystem und beobachtete Geschwindigkeitsverteilung in einer Grenzschicht

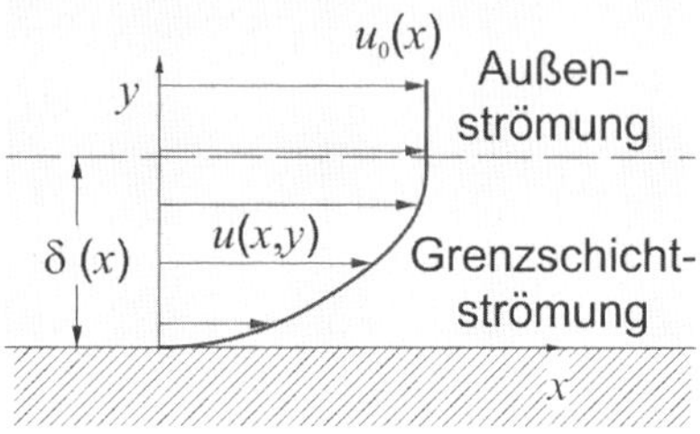

Definiert man einen Druckverlustbeiwert c_L in der Art $\Delta p = (\rho/2)(L/D)u_0^{\,2}$ ergibt sich als Reibungsgesetz einer Rohrströmung:

$$c_L = \frac{64}{Re}. \tag{5.27}$$

Darin ist *Re* die hydraulische Reynolds-Zahl definiert als $Re = u_0 D/\nu$. Damit hängt der Druckverlust in einer laminaren Rohrströmung linear von der Geschwindigkeit ab. Die Reynolds-Zahl ist in allen Impulsaustauschprozessen die einzige Variable.

5.2.4 Grenzschichtgleichungen

Basis für die nachfolgende Ableitung soll der Gleichungssatz (5.18) sein. Die Abb. 5.7 zeigt das benutzte lokale Koordinatensystem und eine beobachtete Geschwindigkeitsverteilung. Die Dicke der Grenzschicht sei *a priori* unbekannt. Dennoch kann unter Nutzung folgender Normierungen eine Abschätzung über ihre wandnormale Erstreckung gewonnen werden.

Zuerst sollen folgende dimensionslose Variablen eingeführt werden:

$$x' = \frac{x}{L}; \quad y = \frac{y}{\delta(x)}; \quad u' = \frac{u}{u_0}; \quad p' = \frac{p}{\rho_0 u_0^2}. \tag{5.28}$$

dabei wurden die Skalierungen so gewählt, dass alle Verhältnisse von der Größenordnung eins sind O(1). In einem nächsten Schritt wird die Länge *L* und die mittlere Strömungsgeschwindigkeit u_0 der Außenströmung als Referenzgröße herangezogen. Damit ergibt sich:

$$v' = \frac{v}{u_0}; \quad \rho' = \frac{\rho}{\rho_0} = 1\ (\text{, da } \rho = \text{konst.}). \tag{5.29}$$

Führt man diese Variablen in die Kontinuitätsgleichung ein, so erhält man:

$$\frac{v}{u_0} \sim \frac{\delta}{L}. \tag{5.30}$$

da u', x' and y' alle von der Größenordnung O(1) sind.

Führt man die Skalierung in die Navier-Stokes Gl. (5.18)a für die x-Richtung ein, so erhält man als Ergebnis, dass die Reynolds-Zahl als Bestimmungsparameter erscheint, die eine viskose Strömung charakterisiert. Kehrt man zur Abschätzung zurück und postuliert, dass die viskosen Terme von der gleichen Größenordnung wie die Trägheitsterme und die Druckkräfte sind, ergibt sich unmittelbar, dass die Dicke der Grenzschicht wie folgt skaliert:

$$\frac{\delta}{L} \sim \frac{1}{\sqrt{Re}}. \tag{5.31}$$

Ein ähnliches Einsetzen der dimensionslosen Skalierung in Gl. (5.18)c (in y-Richtung) führt darauf, dass für $Re \gg 1$ die Ableitung des Drucks in y-Richtung verschwindet. Dies bedeutet, dass der Druck senkrecht zur Wand innerhalb der Grenzschicht konstant ist und damit von der reibungsfreien Außenströmung aufgeprägt wird. Damit ist der Druck p in der Grenzschicht keine unbekannte Größe sondern eine Randbedingung. All diese Größenordnungsabschätzungen führten zu den Grenzschichtgleichungen, die 1904 von Ludwig Prandtl erstmals veröffentlicht wurden.

$$\begin{aligned} \frac{\partial u}{\partial x} + \frac{\partial v}{\partial y} &= 0, \\ u\frac{\partial u}{\partial x} + v\frac{\partial u}{\partial y} &= -\frac{1}{\rho}\frac{dp(x)}{dx} + v\frac{\partial^2 u}{\partial y^2}. \end{aligned} \tag{5.32}$$

Es gibt zwei Gleichungen, um die Unbekannten u, $v=f(x, y)$ zu bestimmen. Wegen der Bernoulli-Gleichung $p(x)+\rho/2 \cdot u_0^2(x)=$konst. sind der Druck und der Geschwindigkeitsgradient der Außenströmung gekoppelt. Die Randbedingungen an das Gleichungssystem lauten:

$$\begin{aligned} y = 0: &\quad u = v = 0, \\ y = \delta: &\quad u = u_0(x). \end{aligned} \tag{5.33}$$

Das Gleichungssystem der Grenzschichtgleichungen ist damit parabolisch und ist ein typisches Anfangs-Randwertproblem. Wegen der Vereinfachung der viskosen Terme beschränkt sich die viskose Dissipation aktiv nur auf die y-Richtung. Es gibt keine stromauf gerichtete Information und alle Strömungsgrößen können geradewegs nach vorne also stromab berechnet werden. Dies ist eine erheblich Vereinfachung im Vergleich zu den elliptischen Navier-Stokes-Gleichungen, in denen eine simultane Berechnung in allen Strömungsgebieten erforderlich ist. Es gibt einige exakte und auch Näherungslösungen der Grenzschichtgleichungen, die in (Schlichting und Gersten 2000) oder (Jischa 1982) beschrieben werden.

Das Hauptziel des laminaren Impulsaustauschs ist die Bestimmung des lokalen $c_L(x)$-Wertes und/oder des globalen Reibungskoeffizienten c_W. In vielen Textbüchern werden diese Werte in folgender Form angegeben.

$$c_L(x) = f\left(Re_x^m\right) \quad \text{und} \quad c_W = f\left(Re_L^n\right). \tag{5.34}$$

worin Re_x die lokale Reynolds-Zahl ist und Re_L die Reynolds-Zahl gebildet mit der charakteristischen Dimension des Kanals/Körpers.

Für eine Kanalströmung ist $n = -1$ und dort ändert sich der Reibungskoeffizient in Strömungsrichtung bei voll entwickelten Strömungen nicht. Dies unterscheidet sie von der Grenzschichtströmung entlang einer Platte, da dort die Grenzschichtdicke entlang der Platte in Strömungsrichtung x anwächst während der lokale Reibungskoeffizient mit x fällt. In diesem Fall ergibt sich für den lokalen Reibungskoeffizienten der Exponent $m = -1/2$ und der Gesamtreibungskoeffizient hat den Exponenten $n = -1/2$. Entscheidend in diesem Zusammenhang ist, dass die einzige auftretende dimensionslose Größe die Reynolds-Zahl ist. Bei voll entwickelten Strömungen kann die Trägheitskraft durch den treibenden Druckgradienten ersetzt werden.

Folgende Lösungsansätze zur Berechnung laminarer Strömungen können unterschieden werden:

- *Analytische Lösungen der Navier-Stokes Gleichungen* können nur für wenige spezielle Fälle angegeben werden.
- *Numerische Lösungen der Navier-Stokes Gleichungen* sind extrem zeitaufwändig, da ein System nichtlinearer partieller Differentialgleichungen elliptischen Typs gelöst werden müssen. Dies ist ein Randwertproblem und keine konsekutiven Methoden wie für parabolische partielle Differentialgleichungen können angewendet werden. Für einige technisch interessante Fälle wie Rohreinlaufströmung oder Strömungen nahe einer Vorderkante wurden umfangreiche Berechnungen durchgeführt und dokumentiert. In der Ingenieurpraxis sind diese aber von geringer Bedeutung. Für den Grenzfall $Re \to \infty$ mutieren die Navier-Stokes Gleichungen in die Grenzschichtgleichungen. In den praxisrelevanten Fällen ist die Reynolds-Zahl zumeist groß genug, um die Grenzschichtgleichungen anzuwenden. Eine Ausnahme ist das Plattenvorderkantenproblem, für das als Voraussetzung $d\delta/dx \ll 1$ und $\partial^2/\partial x^2 \ll \partial^2/\partial y^2$ nicht erfüllt ist.
- *Exakte Lösungen der Grenzschichtgleichungen* existieren nur für wenige Fälle. Die Terminologie exakt bezeichnet hier, dass es nicht eine analytische aber eine beliebig exakte numerische Lösung einer gewöhnlichen Differentialgleichung gibt. Für die Klasse der selbstähnlichen Lösungen ändert sich die Form des individuellen Geschwindigkeitsprofils in Strömungsrichtung nicht und es kann durch eine geeignete Koordinatentransformation auf ein ähnliches Profil zurückgeführt werden.

  Für beliebige Außenströmungen ändert sich das Geschwindigkeitsprofil in Strömungsrichtung und es gibt keine selbstähnlichen Lösungen. In solchen Fällen müssen die Grenzschichtgleichungen numerisch gelöst werden. Dies kann auf drei Wegen erfolgen:

- *Numerische Lösungen der Grenzschichtgleichungen* gibt es für eine Vielzahl von Problemen- Mit Hilfe von Differenzenverfahren können die parabolischen Grenzschichtgleichungen numerisch als Anfangswertproblem integriert werden. Aus Stabilitätsgründen sind implizite Verfahren gegenüber expliziten vorzuziehen, obwohl sie einen höheren Aufwand erfordern. Die Probleme, die bei der Nutzung der individuellen Verfahren auftreten sind im Detail in (Cebeci und Bradshaw 1977) beschrieben.
- *Integrale Verfahren zur Lösung der Grenzschichtgleichungen* sind einfach handhabbar und werden in der Praxis oft benutzt. Bekannte Methoden sind das Pohlhausen und v. Karman-Schema. Der Rechen- und Speicheraufwand ist gering. Auch die Lösung zweier gekoppelter nichtlinearer Differentialgleichungen ist nicht schwierig. Integralmethoden werden weiterhin benutzt, insbesondere zur Berechnung turbulenter Grenzschichten. Eine extensive Diskussion der verschiedenen numerischen Lösungsansätze ist in (Walz 1966) zu finden. Trotz vieler unbestreitbarer Vorteile der Integralverfahren habe sie den zentralen Nachteil; dass die Qualität der Resultate von den Annahmen des gewählten Profils abhängt. Der Nutzer muss daher über eine gute Kenntnis der Lösung verfügen, um ein adäquates Anfangsprofil vorzugeben.
- *Empirische Lösungen* werden vor allem dort angewendet, wo komplexe Geometrien keine direkte numerische Lösung erlauben.

Zuletzt sollen der Vollständigkeit halber noch zwei Probleme angesprochen werden.

- Dies sind höhere Ordnungen der Grenzschichttheorie, wie Störungsansätze, die sogenannten gekoppelten asymptotischen Expansionen, die eine Weiterentwicklung des Prandtlschen Grenzschichtkonzeptes sind. Einen Überblick über die unterschiedlichen Modelle geben die Bücher von (van Dyke 1975) oder (Cole 1968).
- Ein anderer nicht berücksichtigter Aspekt sind dreidimensionale Grenzschichten. Lösungsansätze hierfür werden in (Schlichting und Gersten 2000) oder (White 1991) beschrieben.

5.2.5 Laminarer Energieaustausch

In einem strömenden Fluid werden Energie und Impuls ausgetauscht, wenn

- thermische Energie dem System zu- oder abgeführt wird;
- die kinetische Energie der Strömung von der Größenordnung der inneren Energie ist, so dass durch Dissipation (innere Reibung) die Fluidtemperatur ansteigt.

Im Fall (a) unterscheidet man zwischen Zwangs-, Misch- und auftriebsbehafteter Konvektion. In zwangskonvektiven Systemen wird die Strömung durch eine externe Quelle zum Beispiel einen durch eine Pumpe erzeugten Druckgradienten angetrieben, während bei der freien oder Naturkonvektion Dichteunterschiede (, die aus den Temperaturdifferenzen resultieren,) die treibende Kräfte der Strömung sind.

Beschränkt man sich auf stationäre, einphasige Strömungen Newtonscher Fluide, erhält man als zu lösenden Gleichungssatz für laminare Strömungen mit Energietransport folgendes System:

$$\frac{\partial u}{\partial x}+\frac{\partial v}{\partial y}=0;\ \rho\left(u\frac{\partial u}{\partial x}+v\frac{\partial u}{\partial y}\right)=-\frac{\partial p}{\partial x}+\mu\left(\frac{\partial^2 u}{\partial x^2}+\frac{\partial^2 u}{\partial y^2}\right)+\rho g_x;$$
$$\rho\left(u\frac{\partial v}{\partial x}+v\frac{\partial v}{\partial y}\right)=-\frac{\partial p}{\partial y}+\mu\left(\frac{\partial^2 v}{\partial x^2}+\frac{\partial^2 v}{\partial y^2}\right)+\rho g_y;$$
$$\rho c_p\left(u\frac{\partial T}{\partial x}+v\frac{\partial T}{\partial y}\right)=\lambda\left(\frac{\partial^2 T}{\partial x^2}+\frac{\partial^2 T}{\partial y^2}\right)+u\frac{\partial p}{\partial x}+v\frac{\partial p}{\partial y}+\Phi, \tag{5.35}$$

in dem λ die spezifische Wärmeleitung als konstant angenommen wird und g der Schwerefeldvektor in der Form $g=(g_x, g_y)$ ist. Φ ist die Dissipationsfunktion, die in Gl. (5.13)b formuliert wurde.

In diesem Abschnitt werden lediglich stationäre, inkompressible laminare Strömungen eines Newtonschen Fluides mit konstanten Stoffeigenschaften betrachtet. Alle Formen von Volumenkräften wie Phasenwechsel, Massentransport und chemische Reaktionen werden hier ausgelassen. Eine sehr vollständige Darstellung laminarer Wärmetransportkorrelationen und der dafür erforderlichen Methoden ist in (Shah und London 1978) zu finden. Es gibt vier unterschiedliche Arten laminarer Kanalströmungen:

- voll entwickelte,
- hydrodynamisch entwickelnde,
- thermisch entwickelnde und
- simultan entwickelnde

Strömungen. Die letztgenannte Form besagt, dass sich die Strömung zur selben Zeit hydrodynamisch und thermisch entwickelt.

Die Abb. 5.8a skizziert die Unterscheidungsmerkmale der einzelnen Strömungsformen. Sie stellt eine Strömung eines Fluids mit konstanten Geschwindigkeit u_0 und der Temperatur T_0 dar, die in einen Kanal eines beliebigen Querschnitt bei $x=0$ einströmt.

Nimmt man an, dass die Kanaltemperatur auf der Fluideintrittstemperatur T_0 gehalten wird und es keine Wärmeerzeugung oder –dissipation im Fluid gibt, so erfährt das Fluid keine Temperaturänderung. In diesem Fall einer isothermen Strömung führt die Viskosität zur Ausbreitung einer Grenzschicht beginnend bei $x=0$. Die viskose Grenzschicht entwickelt sich nach der Prandtl'schen Grenzschichttheorie und ihre Dicke δ_v wächst proportional mit der Lauflänge entsprechend $Re_x^{-1/2}$. Die Grenzschicht teilt das Strömungsfeld in zwei Bereiche; eine viskose wandnahe Region und einen reibungsfreien Bereich um die Kanalmitte.

Bei $x=l_{hy}$ haben die viskosen Grenzschichten den ganzen Kanalquerschnitt erfasst. Die Lauflänge $0\leq x\leq l_{hy}$ wird als hydrodynamischer Einlaufbereich bezeichnet. Im Einlaufbe-

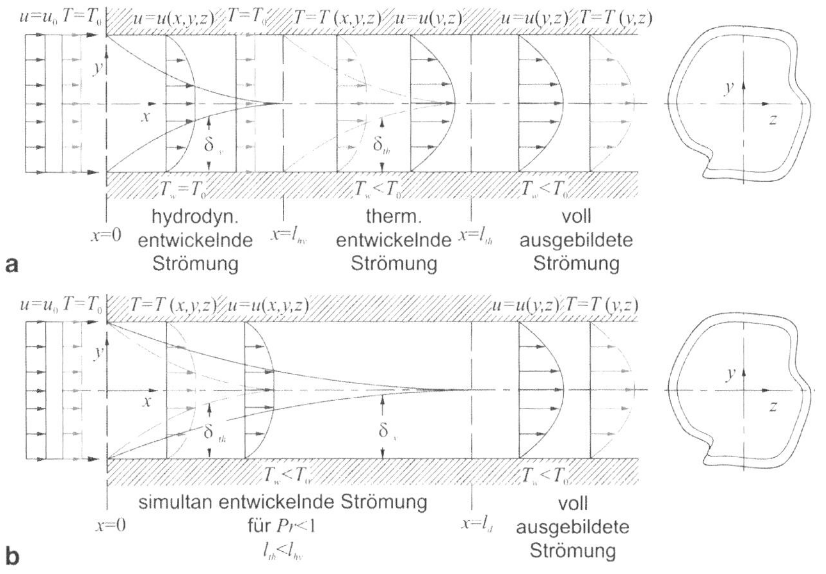

Abb. 5.8 Klassifizierung einer laminaren Kanalströmung bei einer Randbedingung mit konstanter Wandtemperatur T_w. **a** Hydrodynamisch entwickelnde Strömung gefolgt von thermisch entwickelnder (und hydraulisch eingelaufener) Strömung. **b** Simultan entwickelnde Strömung in Flüssigmetallen ($Pr \ll 1$). Durchgezogene Linien geben Geschwindigkeitsprofile an, während gestrichelte Linien Temperaturprofile skizzieren

reich hängt die Geschwindigkeit von allen drei Raumkoordinaten ab, während für $x > l_{hy}$ die Geschwindigkeitsverteilung unabhängig von der axialen Koordinate x ist.

Nach Erreichen des eingelaufenen Zustandes soll angenommen werden, dass die Kanalwandtemperatur auf einen konstanten Wert gegenüber der Eintrittstemperatur abgesenkt wird $T_w < T_0$. In diesem Fall diffundieren die thermischen Effekte graduell von der Kanalwand in den Kern beginnend bei $x = l_{hy}$. Die Größe der thermischen Diffusion wird durch die Dicke der thermischen Grenzschicht δ_{th} bestimmt, die entlang der axialen Koordinate x anwächst.

Eine Ähnlichkeitsanalyse basierend auf dem Grenzschichtapproximationsansatz zeigt, dass die thermische Grenzschicht entsprechend $\delta_{th}(x) \sim (Re \cdot Pr)^{-1/2}$ dicker wird. Die Anwendung der Grenzschichtapproximation auf den thermischen Fall zeigt ebenso, dass die thermische Grenzschicht das Strömungsfeld in zwei Teile aufteilt; eine von den Wärmeffekten beeinflusste Zone nahe der Wand und ein unbeeinflusstes Gebiet im Strömungskern. Ein Ergebnis der Dimensionsanalyse ist auch das Verhältnis der Dicken der thermischen und der viskosen Grenzschicht, das wie folgt skaliert:

$$\frac{\delta_{th}}{\delta_v} \sim \frac{1}{\sqrt{Pr}}. \tag{5.36}$$

Bei $x = l_{th}$ erstreckt sich der Einfluss der thermischen Effekte über den gesamten Kanalquerschnitt und stromab dieser Stelle wird die Strömung als eingelaufen bezeichnet. Entsprechend heißt der Bereich $l_{hy} \leq x \leq l_{th}$ thermischer Einlaufbereich. Dort verändert sich die Temperatur in allen drei Raumkoordinaten.

Eine simultan einlaufende Strömung zeigt die Abb. 5.8b für eine Prandtl-Zahl $Pr \ll 1$. Für diesen Fall breiten sich die viskosen und die thermischen Grenzschichten von der Kanalwand in die Kanalmitte beginnend bei $x = 0$ aus. Der entscheidende Parameter ist hierbei die Prandtl-Zahl. Die kinematische Viskosität ν beschreibt darin die Ausbreitung des Impulsflusses (Geschwindigkeit) in der gleichen Weise wie die thermische Diffusivität a die Ausbreitung des Energietransports (Temperatur) wiedergibt. Gilt $Pr = 1$, so breiten sich viskose und thermische Effekte mit derselben Rate aus. Die Gleichheit der Diffusion stellt aber nicht sicher, dass die viskose und die thermische Grenzschicht in der Kanalströmung an einer bestimmten axialen Position x die gleiche Dicke haben. Der Grund für dieses Paradoxon ist, dass für $Pr = 1$ die Anwendung der partiellen Differentialgleichung für Impuls und Energie nicht analog sind.

Wie in Abb. 5.8b dargestellt, breiten sich im Bereich $0 \leq x \leq l_d$ gleichzeitig viskose und thermische Effekte in Richtung Kanalmitte aus. Entsprechend wird auch in diesem Fall dieser Bereich als Einlaufbereich bezeichnet. Offensichtlich hängt die Länge l_d auch hier von der Prandtl Zahl ab und Geschwindigkeit wie auch Temperatur von allen drei Raumkoordinaten ab. Lediglich für $x > l_d$ also im eingelaufenen Bereich werden beide axial invariant und hängen nur noch von y und z ab, das heißt, es gilt: $u = u(x, y)$ und $T = T(x, y)$.

5.2.6 Strömungs- und Wärmeübergangsparameter

Die Strömungscharakteristik aller Kanalströmungen wird in Form hydraulischer Parameter angegeben. Bei einer hydraulisch einlaufenden Strömung ist die axiale Einlauflänge x^+ wie folgt definiert:

$$x^+ = \frac{1}{Re} \frac{x}{d_h}, \tag{5.37}$$

in der d_h der hydraulische Durchmesser ist, der sich aus $d_h = 4A/U$ ergibt, in dem A die Kanalquerschnittsfläche und U der benetzte Umfang ist. Die hydraulische Einlauflänge l_{hy} wird als die Länge bezeichnet, die die Strömung benötigt, um 99 % der eingelaufenen maximalen Geschwindigkeit zu erreichen. Die dimensionslose hydraulische Einlauflänge, wie sie zumeist in Textbüchern angegeben wird, ist damit über den Ausdruck $l_{hy}^+ = l_{hy}/(d_h \cdot Re)$ gegeben.

Die mittlere Fluidtemperatur oft auch Mischungstemperatur T_m ist durch folgenden Ausdruck definiert:

$$T_m = \frac{1}{A u_0} \int_A u T \, dA, \tag{5.38}$$

und damit ergibt sich der umfangsgemittelte, aber lokale axiale Wärmeübergangskoeffizient α_x zu:

$$q_{w,x} = \alpha_x (T_{w,m} - T_m), \tag{5.39}$$

worin $T_{w,m}$ die mittlere Wandtemperatur ist und T_m die mittlere Fluidtemperatur (aus Gl. (5.38)) darstellt.

Der Wärmestrom q_w und die Temperaturdifferenz $(T_{w,m} - T_m)$ sind richtungsabhängige und damit vektorielle Größen. In der Notation der Gl. (5.39) weist die Richtung des Wärmestroms von der Wand in Richtung Fluid und konsistent damit fällt die Temperatur von der Wand in Richtung Fluid. Im Gegensatz dazu, wenn q_w den Wärmestrom von Fluid in Wandrichtung weist, gilt für die Differenz $(T_m - T_{w,m})$. Den über dem Laufweg der Strömung x gemittelten Wärmeübergangskoeffizient α_m erhält man aus der Integration von $x=0$ nach x in nachstehender Form:

$$\alpha_m = \frac{1}{x} \int_{x=0}^{x=x} \alpha_x dx. \tag{5.40}$$

Das Verhältnis des konvektiven Wärmeübergangs α zum Wärmeübergang durch molekulare Wärmeleitung λ/d_h wird als Nusselt-Zahl Nu beschrieben. Die umfangsgemittelte aber lokale axiale Nusselt-Zahl Nu_x ist definiert durch:

$$Nu_x = \frac{\alpha_x d_h}{\lambda} = \frac{q_{w,x}\, d_h}{\lambda (T_{w,m} - T_m)}. \tag{5.41}$$

Damit beschreibt die Nusselt-Zahl nichts anderes als den dimensionslosen Temperaturgradienten an der Wand. Die Nusselt-Zahl kann auch als das Verhältnis zweier Längen aufgefasst werden, nämlich das der charakteristischen Kanalabmessung zur lokalen Dicke der thermischen Grenzschicht. Die mittlere Nusselt-Zahl Nu_m basierend auf α_m im thermischen Einlaufbereich ergibt sich demnach zu:

$$Nu_m = \frac{1}{x} \int_0^x Nu_x dx = \frac{\alpha_m d_h}{\lambda} = \frac{q_{w,m}\, d_h}{\lambda (\Delta T)_m}. \tag{5.42}$$

Der Ausdruck für $(\Delta T)_m$ könnte problematisch zu ermitteln sein, da er von den thermischen Randbedingungen abhängt. Die dimensionslose axiale Länge x^* wird definiert durch:

$$x^* = \frac{1}{Pe} \frac{x}{d_h} = \frac{1}{Re Pr} \frac{x}{d_h}. \tag{5.43}$$

Als thermische Einlauflänge l_{th} wird die axiale Länge definiert, die erforderlich ist um eine lokale Nusselt-Zahl Nu_x zu erreichen, die dem 1.05 fachen Wert der Nusselt-Zahl einer eingelaufenen Strömung entspricht. Die dimensionslose thermische Einlauflänge ist demnach durch folgenden Ausdruck gegeben $l_{th}^* = l_{th}/(d_h \cdot Pe)$. Oft wird auch die Stanton-Zahl

St benutzt. Sie beschreibt das Verhältnis des Wärmestroms, der von der Wand abgeführt wird zur Enthalpiedifferenz der Außenströmung. Entsprechend ist die Stanton-Zahl wie folgt definiert:

$$St = \frac{\alpha}{\rho c_p u_0} = \frac{q_w}{\rho c_p u_0 \Delta T} = \frac{Nu}{Re Pr}. \tag{5.44}$$

5.2.7 Thermische Randbedingungen

Zur Beschreibung des Energietransports ist die exakte Beschreibung der thermischen Wandbedingungen unerlässlich; eine systematische Beschreibung ist in (Shah und London 1978) zu finden. Hier sollen nur die gängigsten Bedingungen angesprochen werden:

- Axiale und am Umfang konstante Wandtemperatur T_w, die zumeist in Kondensatoren und Verdampfern auftritt:

$$T_w = \text{konst.} \tag{5.45}$$

- Konvektive Randbedingung mit axial konstanter Wandtemperatur und endlichem thermischen wandnormalen Widerstand. Ist im Prinzip gleich wie Fall a) außer dass der thermische Widerstand der Wand endlich ist, was beispielsweise zu einer Stromaufbeheizung des Fluids führen kann. Sie lautet:

$$\begin{gathered} T_{w0} = T_{w0}(y, z); T_w = T_w(x, y, z); \\ \lambda \left(\frac{\partial T}{\partial n} \right)_w = \alpha_0 (T_{w0} - T_w); \frac{1}{\alpha_0} = \frac{t_w}{\lambda_w} + \frac{1}{\alpha_e}. \end{gathered} \tag{5.46}$$

  Hier ist T_{w0} die Temperatur auf der Außenseite des Heizers/Kühlers, T_w die Temperatur an der Fluid/Wandgrenzfläche, α_0 der Wärmeübergangskoeffizient an der Fluid/Wandgrenzfläche, λ_w die Wärmeleitfähigkeit der Wand, t_w ihre Dicke, n der wandnormale Einheitsvektor und α_e der Wärmeübergangskoeffizient am Eintritt, an dem der Wärmeübergang beginnt.
- Konstanter Wärmestrom mit umfangsseitig konstanter Wandtemperatur und axial konstantem Wandwärmestrom. Diese Bedingung ist typisch für elektrische Widerstandsheizer, nukleare Erwärmung und Wärmetauscher. Es muss betont werden, dass diese Bedingung nur dann eingesetzt werden darf, wenn die Wandmaterialien sehr gut wärmeleitend sind, also $\lambda_w \gg \lambda$ oder die Wand sehr viel dünner ist als die charakteristischen Kanalabmessungen. Dann lautet die Bedingung:

$$q_w = q_w(y, z); T_w = T_w(x). \tag{5.47}$$

- Konstanter axialer und umfangsseitiger Wärmestrom, der dem vorigen Fall entspricht, aber eine Randbedingung bezeichnet, in der das Wandmaterial eine niedrige thermische Leitfähigkeit hat und die Wanddicke konstant ist.

$$q_w = \text{konst.} \tag{5.48}$$

- Konvektive Randbedingung mit axial konstantem Wärmestrom und endlichem wandnormalen thermischen Widerstand. Auch diese Bedingung entspricht nahezu dem Fall der Gl. (5.46) mit Ausnahme des endlichen wandnormalen thermischen Widerstands. Zudem wird angenommen, dass die Wärmeleitung am Kanalumfang vernachlässigbar klein ist; damit gilt:

$$q_w = q_w(y,z); \lambda\left(\frac{\partial T}{\partial n}\right)_w = \alpha_0(T_{w0} - T_w). \tag{5.49}$$

- Wärmeleitungsrandbedingung mit axial konstantem Wärmestrom und endlicher Wärmeleitung am Kanalwandumfang (s = Umfangskoordinate), was letztlich eine Erweiterung der Gl. (5.48) darstellt. Sie wird durch folgende Randbedingung beschrieben:

$$q_w = q_w(y,z); \frac{q_w}{\lambda} - \left(\frac{\partial T}{\partial n}\right)_w + \frac{\lambda_w t_w}{\lambda}\left(\frac{\partial^2 T}{\partial s^2}\right) = 0. \tag{5.50}$$

Diese Liste der Randbedingungen kann sowohl auf laminare wie turbulente Strömungen angewendet werden und verdeutlicht die Notwendigkeit einer detaillierten Beschreibung bei der Nachrechnung von Experimenten und dem Entwurf eines wärmetechnischen Systems. Unabhängig von der richtigen Wahl der Randbedingungen in der Simulation sagt dies nichts über die Qualität der Experimente aus, die auch im laminaren Fall beispielsweise durch Auftriebseffekte beeinflusst werden können.

5.2.8 Laminare Wärmeübertragung in Rohren

Das qualitative Verhalten des laminaren Impulsaustauschs als Funktion der individuellen Anfangs- und Randbedingungen lässt sich am übersichtlichen am technisch relevantesten Fall einer Rohrströmung darstellen. Es ist zweckmäßig, die vier verschiedenen Strömungsformen aus Abb. 5.8 unter Beachtung der jeweiligen thermischen Randbedingungen zu unterscheiden.

- Voll entwickelte (eingelaufene) Strömung

Im Fall einer konstanten Wandtemperatur ($T_w = konst.$) kann die Temperaturverteilung in Kreisrohren exakt angegeben werden, sofern die Strömung nicht-dissipativ, keine Energiequellen oder eine axiale Wärmeleitung aufweist. Der Ausdruck für die mittlere Fluidtemperatur („mean fluid bulk temperature“) wird durch folgende asymptotische Formel für $x^* > 0.0335$ ausgedrückt (Bhatti 1985):

$$\frac{T_w - T_m}{T_w - T_e} = 0.819048 \exp\left(-2\lambda_0^2 x^*\right) \quad \text{mit} \quad \lambda_0 = 2.70436442. \tag{5.51}$$

Es sollte angemerkt werden, dass obwohl die lokale Temperatur T gleichzeitig eine Funktion der radialen und axialen Koordinate ist, die mittlere Fluidtemperatur T_m aber nur von der axialen Koordinate abhängt (die dimensionslose Temperatur $(T_w - T)/(T_w - T_m)$ ist nur eine Funktion des Radius). Die Nusselt-Zahl einer voll eingelaufenen Strömung ergibt sich zu:

$$Nu = \frac{\lambda_0^2}{2} = 3.6568. \tag{5.52}$$

Für eingelaufene Strömungen und konstanter Wandtemperatur ist damit die Nusselt-Zahl eine Konstante und unabhängig von der Prandtl-Zahl. Ist aber die Peclet-Zahl Pe kleiner als 10, ist der Einfluss der axialen Wärmeleitung nicht vernachlässigbar und es ergibt sich folgender asymptotischer Ausdruck (Michelsen und Villadsen 1974):

$$Nu = \begin{cases} 4.180654 - 0.18346 \cdot Pe & \text{für} \quad Pe < 1.5 \\ 3.656794 + 4.4870/Pe^2 & \text{für} \quad Pe > 5.0 \end{cases}. \tag{5.53}$$

Bei einem konstanten Wandwärmestrom ($q_w = konst.$) kann die Temperaturverteilung in Kreisrohren für nicht dissipative Systeme, ohne Energiequellen und axiale Wärmeleitung ebenfalls analytisch abgeleitet werden: Es ergibt sich in diesem Fall:

$$\frac{T_w - T}{T_w - T_m} = 6\left[1 - \left(\frac{r}{R}\right)^2\right]\left[\frac{3 - (r/R)^2}{11}\right]; \; \lambda\left(\frac{T_w - T_m}{q_w d_h}\right) = \frac{11}{48} = \frac{1}{Nu} = \frac{\lambda}{\alpha d_h} \tag{5.54}$$

Die Nusselt Zahl für den Fall mit konstantem Wärmestrom ist ca. 20 % größer als die bei konstanter Wandtemperatur. Die qualitative Form der mittleren Fluidtemperaturverteilung für beide Randbedingungen als Funktion der axialen Koordinate x zeigt die Abb. 5.9.

Bei der Randbedingung einer konvektiv beheizten/gekühlten Wand wird an angenommen, dass die Temperatur entlang des Kanals in axialer Richtung konstant ist aber ein endlicher wandnormaler Wärmewiderstand existiert. Dieser thermische Widerstand kann in einen externen konvektiven Wärmeübergangskoeffizienten α_e eingebettet werden, der in einer dimensionslosen Biot-Zahl seinen Ausdruck findet. Die Biot-Zahl Bi ist definiert durch $Bi = \alpha_e \cdot d_h/\lambda$ (s. hierzu auch Kap. 4.3.2.1). Die Biot-Zahl kann daher auch den Einfluss des thermischen Wandwiderstands berücksichtigen. In diesem Fall ist die Biot-Zahl umgekehrt proportional zum Gesamtwärmewiderstand R_w, also $Bi = 1/R_w$. Der Gesamtwärmewiderstand ergibt sich aus $R_w = (\lambda \cdot t_w)/(\lambda_w \cdot d_h) + \lambda/(\alpha_e \cdot d_h)$. Der Grenzfall einer konstanten Wandtemperatur entspricht damit $Bi \rightarrow \infty$ und der andere Grenzfall konstanter Wandwärmestrom impliziert $Bi = 0$. Daher kann die Biot Zahl als Verhältnis des thermischen Wandwiderstands zu dem des Fluids aufgefasst werden. Bei einem Konstanten α_e

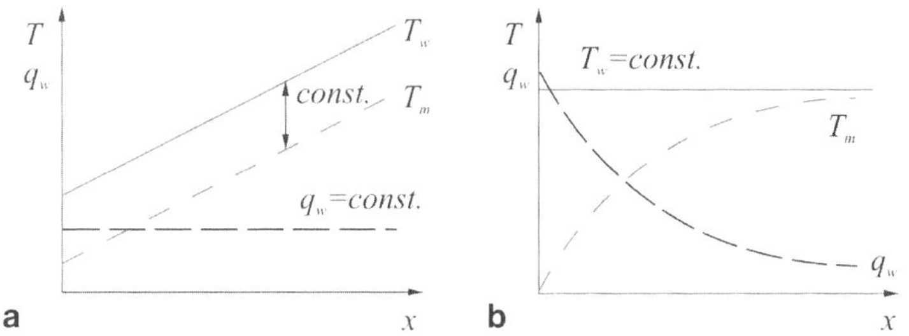

Abb. 5.9 Qualitative Verteilung der mittleren Fluidtemperatur T_m, der Wandtemperatur T_w und des Wandwärmestroms q_w als Funktion der axialen Koordinate x bei **a** konst. Wandwärmestrom und **b** konst. Wandtemperatur

(Hickmann 1974) ergibt sich eine asymptotische Lösung für die Nusselt Zahl und die globale mittlere Nusselt-Zahl $Nu_{o,m}$ lautet:

$$Nu = \frac{\frac{48}{11} + Bi}{1 + \frac{59}{220}Bi}; \frac{1}{Nu_{o,m}} = \frac{1}{Nu} + \frac{1}{Bi} \quad \text{mit} \quad Nu_{o,m} = \frac{\alpha_0 d_h}{\lambda} = \frac{q_w d_h}{\lambda(T - T_m)}. \tag{5.55}$$

$Nu_{o,m}$ ist bezüglich einer umfangsseitigen Änderung der Biot-Zahl nach unempfindlich (Sparrow et al. 1978).

- Hydraulisch einlaufende Strömung
  Das Problem des hydraulischen Einlaufs ist vielfältig untersucht und abhängig von der Reynolds-Zahl existieren unterschiedliche Lösungen, die wie folgt kategorisiert werden können:
  - Lösungen unter Nutzung der Grenzschichtgleichungen für $Re > 400$;
  - Lösungen der Navier-Stokes Gleichungen für $Re < 400$;
  - Lösungen für kriechende Strömungen für $Re \to 0$.
  - Lösungen vom Grenzschichttyp sind in (Shah und London 1978) detailliert beschrieben. Technisch genutzt wird zumeist die Lösung von Horbeck. Danach ergibt sich die dimensionslose hydraulische Einlauflänge l_{hy}^+ und der dimensionslose Druckgradient Δp^*:

$$l_{hy}^+ = 0.0565; \quad \Delta p^* = 13.74\sqrt{x^+} + \frac{1.25 + 64x^+ - 13.74\sqrt{x^+}}{1 + 2.1 \cdot 10^{-4}(x^+)^{-2}}. \tag{5.56}$$

Nahe des Eintritts der Strömung in den Kanal sind sowohl die axiale Diffusion des Impulses wie auch die radiale Druckvariation von Bedeutung. Eine adäquate Berücksichtigung dieser Aspekte führt inhärent zur Einbindung der Reynolds-Zahl und erfordert eine genaue Kenntnis des Geschwindigkeitsprofils am Eintritt. Mit Hilfe moderner fluiddynamischer Rechenprogramme (computational fluid dynamic codes-CFD) lässt sich eine beliebig exakte Lösung dieser Probleme erzielen. Unter Annahme einer konstanten

Geschwindigkeit fern des Einlaufs erhält (Chen 1973) eine sehr genaue Beziehung für die Einlauflänge.

$$l_{hy}^{+} = 0.056 + \frac{0.6}{Re(1 + 0.035Re)}. \tag{5.57}$$

- Thermisch einlaufende Strömung

Im Falle einer konstanten Wandtemperatur ($T_w = konst.$) und unter Vernachlässigung viskoser Dissipation, axialer Fluidwärmeleitung und sonstiger Energiequellen/ -senken ergibt sich eine Lösung für die lokale Nusselt-Zahl Nu_x:

$$Nu_x = \begin{cases} 1.077 \cdot (x^*)^{-\frac{1}{3}} - 0.7 & \text{für} \quad x^* \leq 0.1 \\ 3.657 + 6.874 \cdot (10^3 x^*)^{-0.488} \exp(-57.2\ x^*) & \text{für} \quad x^* \geq 0.1 \end{cases}. \tag{5.58}$$

Nach (Hausen 1943) lautet die Beziehung für die mittlere Nusselt-Zahl Nu_m im gesamten Bereich von x^*:

$$Nu_m = 3.66 + \frac{0.0668}{x^{*1/3}(0.04 + x^{*2/3})}. \tag{5.59}$$

Der Fehler der analytischen Beziehung ist von der Größenordnung von 2 % gegenüber einer vollen numerischen Lösung. Der Einfluss der axialen Wärmeleitung ist für $Pe > 50$ vernachlässigbar (Hennecke 1968), aber die thermische Einlauflänge l_{th}^* wächst erheblich an, von 0.033 für $Pe \rightarrow \infty$ zu 0.5 für $Pe = 1$. Die dimensionslose Temperaturverteilung T^* als Funktion von r/R und x^* zeigt die Abb. 5.10. Die mittlere lokale Nusselt-Zahl Nu_x sowie die mittlere Nusselt-Zahl Nu_m sind in der Abb. 5.11 dargestellt.

Analog lässt sich die thermische Einlauflänge für einen konstantem Wandwärmestrom ($q_w = const.$) lösen. Die mittlere lokale Nusselt-Zahl Nu_x und die mittlere Nusselt-Zahl Nu_m kann mit Hilfe von Approximationen abgeleitet werden:

$$Nu_x = \begin{cases} 1.302 \cdot (x^*)^{-1/3} - 1.0 & \text{für } x^* \leq 5 \cdot 10^{-5} \\ 1.302 \cdot (x^*)^{-1/3} - 0.5 & \text{für } 5 \cdot 10^{-5} \leq x^* \leq 1.5 \cdot 10^{-3} \\ 4.364 + 8.68 \cdot (10^3 x^*)^{-0.56} \exp(-41 x^*) & \text{für } x^* \geq 1.5 \cdot 10^{-3} \end{cases}. \tag{5.60}$$

$$Nu_m = \begin{cases} 1.953 \cdot (x^*)^{-1/3} & \text{für } x^* \leq 0.03 \\ 4.364 + 0.0722/x^* & \text{für } x^* \geq 0.03 \end{cases}. \tag{5.61}$$

Der Näherungsfehler beträgt ca. ±2 % gegenüber der exakten Lösung. Auch hier ist die axiale Wärmeleitung für $Pe > 10$ vernachlässigbar, sofern $x^* > 0.005$. Dies ist weniger als beim Fall der konstanten Wandtemperatur. Die thermische Einlauflänge l_{th}^* beträgt

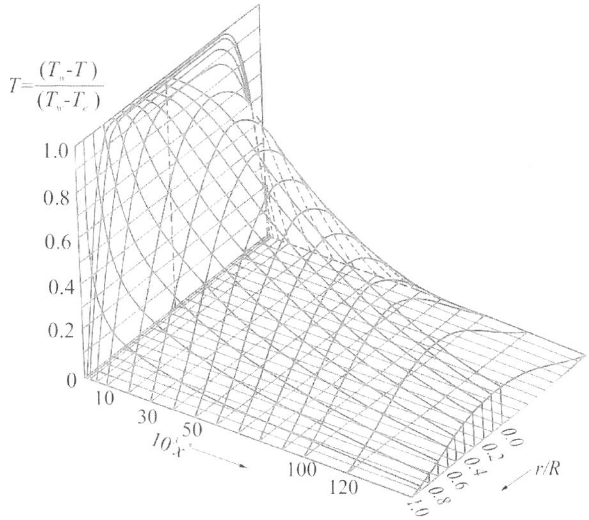

Abb. 5.10 Dimensionslose Temperaturverteilung einer laminaren thermischen Rohreinlaufströmung als Funktion der dimensionslosen Länge x^* für T_w = konstant (**a**) aus (Grigull und Tratz 1965)

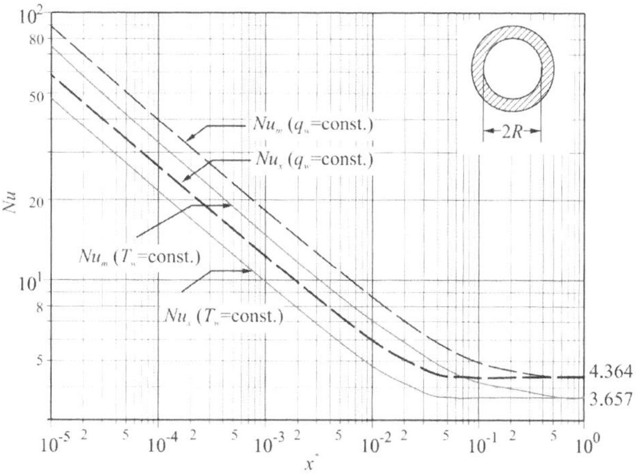

Abb. 5.11 Lokale und mittlere Nusselt Zahl Nu_x und Nu_m als Funktion der dimensionslosen Einlauflänge x^* für eine hydraulisch eingelaufene und thermisch einlaufende Rohrströmung für T_w = konstant und q_w = konstant

0.0430527. Die Temperaturverteilung ergibt sich aus Abb. 5.12 und die Nusselt-Zahlen sind der Abb. 5.11 zu entnehmen.

Für die konvektive geheizte/gekühlte Wandrandbedingung kann ebenfalls unter Nutzung einer Reihenentwicklung eine Lösung ermittelt werden, die die Biot-Zahl beinhaltet (Hsu 1968). Die lokalen Nusselt-Zahlen als Funktion des dimensionslosen Abstandes x^* für unterschiedliche Biot-Zahlen zeigt die Abb. 5.13.

- Simultan einlaufende Strömung

Wenn die Strömung nicht hydraulisch eingelaufen ist, so hängt die Wärmeübertragungslösung unmittelbar von der Prandtl Zahl ab.

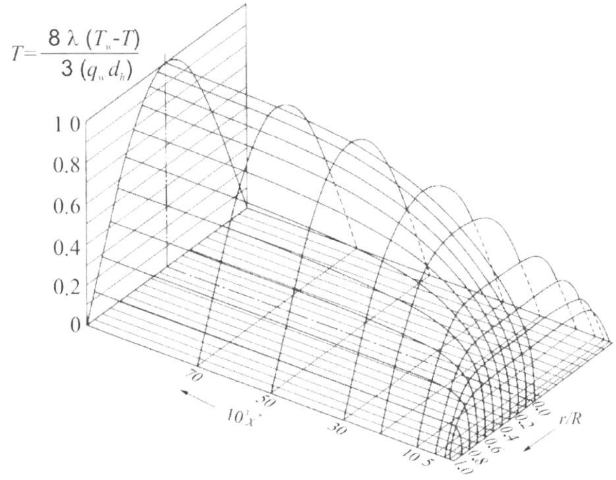

Abb. 5.12 Dimensionslose Temperaturverteilung einer laminaren thermischen Rohreinlaufströmung als Funktion der dimensionslosen Länge x^* für q_w = konstant (**b**) aus (Grigull und Tratz 1965)

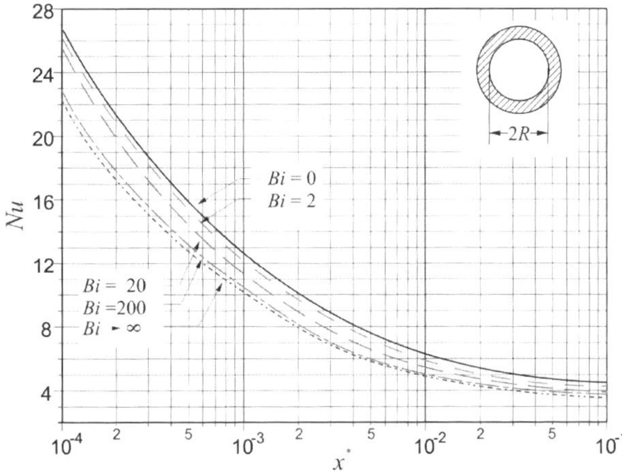

Abb. 5.13 Lokale Nusselt-Zahl Nu_x als Funktion der dimensionslosen Einlauflänge x^* einer hydraulisch eingelaufenen und thermisch einlaufenden laminaren Rohrströmung für gemischt konvektive thermische Randbedingungen ausgedrückt mit Hilfe der Biot-Zahl *Bi*

Konstante Wandtemperatur (T_w = konstant) Für $Pr \to \propto$ ist die Strömung hydraulisch bereits voll entwickelt bevor sich ein Temperaturprofil ausbildet. Im Fall eines gut molekular leitenden Fluids, nimmt man den idealisierten Grenzfall $Pr = 0$ an, bildet sich das Temperaturprofil deutlich schneller aus als das Geschwindigkeitsprofil, so dass sich in diesem Fall während der Ausbildung des Temperaturfeldes das Geschwindigkeitsfeld nur wenig ändert. Das nicht modifizierte Geschwindigkeitsprofil mit seiner kleinen Grenzschicht hat eine hohe Geschwindigkeit in Wandnähe, die unmittelbar zu einem deutlich erhöhten Wärmetransport und damit zu großen Nusselt-Zahlen führt. Für die idealisierten Fälle $Pr = 0$ und $Pr \to \propto$ lassen sich analytische Lösungen finden, während bei den anderen Prandtl-Zahlen Reihenentwicklungen, die Bessel-Funktionen beinhalten, erforderlich sind. Die

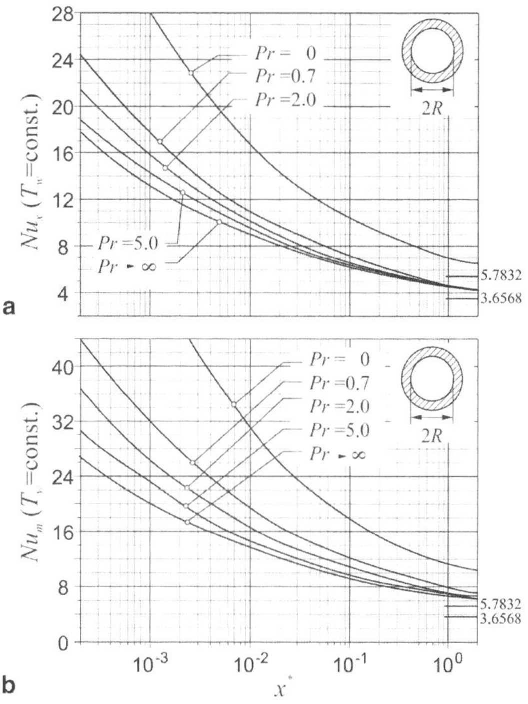

Abb. 5.14 Lokale und mittlere Nusselt-Zahlen Nu_x (**a**) und Nu_m (**b**) als Funktion der dimensionslosen Einlauflänge x^* für simultan einlaufende laminare Rohrströmungen mit T_w = konstant und für verschiedene Fluide

mittleren und lokalen Nusselt-Zahlen Nu_x und Nu_m als Funktion der dimensionslosen Einlauflänge x^* für unterschiedliche Prandtl-Zahlen zeigen die Abb. 5.14a und b.

Zu beachten ist, dass für $Pr = 0$ die lokale und die mittlere Nusselt-Zahl den Wert 5.7832 als Grenzwert haben, während die übrigen den Wert 3.6568 als Grenzwert besitzen. Die thermische Einlauflänge für diesen Strömungstyp beträgt:

$$l_{th}^* = \begin{cases} 0.028 & \text{für } Pr = 0 \\ 0.037 & \text{für } Pr = 0.7 \\ 0.033 & \text{für } Pr \to \infty \end{cases} . \tag{5.62}$$

Konstanter Wandwärmestrom ($\mathbf{q_w}$ = konstant) Ein ähnlicher Ansatz lässt sich für diese Konfiguration verwenden. Bei diesem Fall strebt aber der Grenzwert für die lokale mittlere Nusselt-Zahl und das idealiserte Fluid mit $Pr = 0$ für große x^* auf den Wert 8 zu, was ca. 40 % mehr ist als bei konstanter Wandtemperatur. Die Abhängigkeit der lokalen Nusselt-Zahl als Funktion der Einlauflänge zeigt die Abb. 5.15.

Nicht nur der Wärmeübergang ist bei konstantem Wandwärmestrom größer, sondern auch die thermische Einlauflänge wächst an. Sie beträgt bei gut molekular leitenden Flui-

Abb. 5.15 Lokale Nusselt Zahlen Nu_x als Funktion der dimensionslosen Einlauflänge x^* für simultan einlaufende Rohrströmungen unterschiedlicher Fluide bei der thermischen Randbedingung q_w = konstant

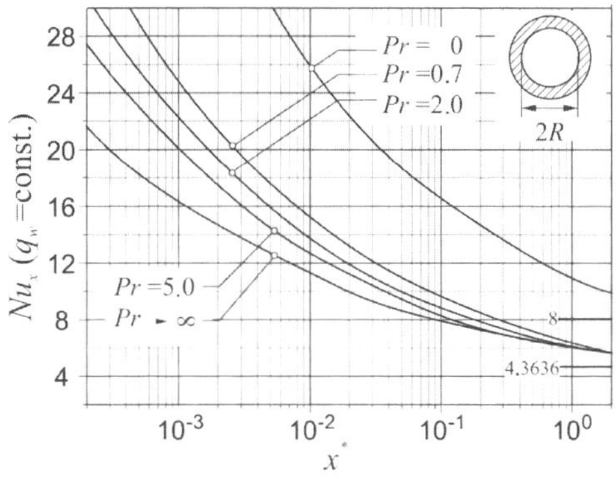

den ca. 50 % mehr als bei konstanter Wandtemperatur. (Shah und London 1978) schlagen folgende Werte vor:

$$l^*_{th} = \begin{cases} 0.042 & \text{für } Pr = 0 \\ 0.053 & \text{für } Pr = 0.7\ . \\ 0.043 & \text{für } Pr \to \infty \end{cases} \tag{5.63}$$

Hauptgegenstand der laminaren Wärmeübertragung waren die unterschiedlichen thermischen Randbedingungen, die zu erheblich unterschiedlichen Nusselt-Zahlen in Abhängigkeit der jeweiligen hydrodynamischen Zulaufbedingungen führen. Der Einfluss der Fluideigenschaften in dimensionsloser Form spielt also eine entscheidende Rolle bei Einlaufströmungen. Der wesentliche Punkt bei der laminaren Wärmeübertragung richtet sich auf die von der Wand abführbare Wärme als Funktion der Geometrie und der Randbedingungen. Der Wandwärmestrom hingegen, der durch das Fourier-Gesetz gegeben ist ($q_w = -\lambda(\partial T/\partial n)_w$), hängt lediglich von der molekularen Wärmeleitung des Fluids und dem Temperaturgradienten an der Wand ab.

Obwohl der laminare Wärmetransport ein rein molekularer Transportvorgang ist, spielt das Strömungsfeld eine zentrale Rolle. Für den konvektiven Transport innerer Energie oder Enthalpie ist die Strömung verantwortlich; sie beeinflusst den Temperaturgradienten. Offensichtlich kann der Wärmeübergang durch eine Vergrößerung der Strömungsgeschwindigkeit verbessert werden. Die höhere kinetische Energie erlaubt es, konvektiv eine größere Energiemenge abzuführen. Bei inkompressiblen Strömungen wird dieser Vorgang nur durch eine charakteristische Kennzahl beschrieben. Bei zwangskonvektiven Systemen ist dies die Reynolds-Zahl, während in auftriebsbehafteten Strömungen die Grashof-Zahl auftritt. In beiden charakteristischen Zahlen tritt die molekulare Viskosität ν auf, die für den Impulstransport verantwortlich ist. Beim Wärmeaustausch in einem Fluid spielt das Verhältnis des molekularen Viskosität ν zur molekularen Wärmeleitfähigkeit $a = \lambda(\rho \cdot c_p)$, und damit die Prandtl-Zahl die entscheidende Rolle. Im Gegensatz zur Reynolds- oder Grashof-Zahl ist sie eine reine Materialkonstante und hängt nur von den Fluideigenschaften ab.

Die Normierung des Wandwärmestroms mit einer geeigneten Temperaturdifferenz wird als Wärmeübergangskoeffizient $\alpha = q_w/\Delta T$ bezeichnet.

Der Wärmeübergangskoeffizient kann auf unterschiedliche Weise entdimensioniert werden. Die Stanton-Zahl ist das Verhältnis des Wandwärmestroms zur Enthalpiedifferenz und beinhaltet keine Wärmeleitung. Öfter wird die Nusselt-Zahl verwendet, in der der Wärmeübergangskoeffizient mit einer charakteristischen Länge multipliziert und gegenüber der molekularen Wärmeleitung gewichtet wird.

Bei reiner Zwangskonvektion können die Ergebnisse alle in folgender Form dargestellt werden:

$$\frac{Nu_x}{\sqrt{Re_x}} = f(Pr^n) \quad \text{mit} \quad 0 < n < 1. \tag{5.64}$$

- Der Ausdruck $Nu_x/\sqrt{Re_x}$ wächst mit größer werdender Prandtl Zahl. Dies bedeutet nicht, dass der Wärmeübergang ebenso mit wachsender Prandtl-Zahl wächst, weil die Nusselt-Zahl selbst die molekulare Wärmeleitung beinhaltet.
- Für voll eingelaufene Strömungen ist die Nusselt-Zahl konstant. Die Konstante hängt nur von den thermischen Randbedingungen ab.

Die Prandtl-Zahl beeinflusst nur den Wärmeübergang in einlaufenden Strömungen. Zur Ableitung der Wärmeübergangsbeziehungen gibt es mehrere Möglichkeiten:

- Analytische Lösungen der Erhaltungsgleichungen (nur in einfachen Fällen mit drastischen Einschränkungen möglich).
- Numerische Lösung der Erhaltungsgleichungen (sehr rechenintensiv).
- Exakte Lösungen der Grenzschichtgleichungen. (Ähnlichkeitslösungen, Reihenapproximationen). Numerische Lösungen der Grenzschichtgleichungen (erfordern mathematischen Aufwand, aber lassen sich mit kommerziellen CFD Programmen leicht anwenden).
- Approximative Lösungen unter Nutzung von Integralverfahren mit geringerer Genauigkeit als numerische Verfahren.
- Analogien zwischen Wärme und Impulstransport sind nur für $Pr = 1$ anwendbar und Ergebnis der exakten Lösung.
- Empirische Korrelationen müssen bei komplexen Geometrien verwendet werden.

5.2.9 Turbulenter Impulsaustausch

In den meisten technischen Anwendungen ist die Strömung turbulent. 1883 zeigte Osborne Reynolds mit seinem Experiment, dass eine laminare Strömung oberhalb einer gewissen Geschwindigkeit in eine turbulente Strömung umschlägt. Dieser kritische Schwellwert beim Umschlag (Transition) wird durch die kritische Reynolds Zahl beschrieben. Er fand im Experiment, dass der Umschlag laminar turbulent in einem Rohr bei $Re_{krit} \approx 2.300$ stattfindet und nahm an, dass dieser Übergang ein Stabilitätsproblem ist. Für die Entwicklung sind im Wesentlichen zwei Fragen von Bedeutung:

- Wie entwickelt sich die Turbulenz aus der laminaren Strömung? Dies ist ein Stabilitätsproblem, das zuerst von Tollmien 1929 mit Hilfe eines Störungsansatzes gelöst wurde. Es gibt eine Unzahl von Fachliteratur hierüber beispielsweise (Schlichting und Gersten 2000), (Lin 1961), (Betchov und Criminale 1967) und (White 1991).
- Wie zeichnet sich die Turbulenz in einer turbulenten Strömung ab? Warum bleibt eine turbulente Strömung turbulent? Der Schlüssel zur Beantwortung dieser Frage liegt in der Art der Turbulenzproduktion.

Turbulente Strömungen sind immer instationär, dreidimensional und stochastisch. Aus Experimenten weiß man, dass der Übergang laminar zu turbulent von folgenden Erscheinungen begleitet ist:

- Anwachsen des Druckverlustes;
- Anwachsen der Grenzschichtdicke.

Beide werden durch turbulente Diffusion verursacht. Auf Grund der intensiven makroskopischen Schwankungsbewegungen wird das turbulente Geschwindigkeitsprofil „fülliger“ und die turbulente Grenzschicht wird im Vergleich zur laminaren Strömung dicker. Alle Variablen im turbulenten Strömungsfeld hängen von den Raumkoordinaten x, y und z und der Zeit t ab. Die Unbekannten einer turbulenten isothermen Strömung sind damit u, v, w und p, die alle Funktionen der drei Raumkoordinaten und der Zeit sind.

Betrachtet man eine statistisch stationäre Strömung, lassen sich die Strömungsvariablen in einen zeitlich gemittelten Wert und einem zusätzlichen Fluktuationswert um diesen Mittelwert aufteilen. Diese Art der Betrachtung, die als Reynolds-Dekomposition bezeichnet wird, liefert für die Geschwindigkeit in x-Richtung den Zusammenhang:

$$u_i(x_i, t) = \overline{u_i(x_i)} + u_i^{'}(t, x_i). \tag{5.65}$$

Die zeitgemittelte Geschwindigkeit wird durch folgende Gleichung beschrieben:

$$\overline{u_i(x_i)} = \frac{1}{\Delta t} \int\limits_{t}^{t+\Delta t} u_i(x_i, t) dt, \tag{5.66}$$

in der das Zeitintervall Δt, über das integriert wird, groß genug sein muss, um die Fähigkeit aufrecht zu erhalten, mögliche zeitliche Veränderungen der Strömung im Kontrollraum zu erfassen. Per Definition ist das zeitliche Mittel der Schwankungen null, aber der Mittelwert ihrer Quadrate ist von null verschieden. Die Turbulenzintensität oder Root Mean Square (RMS) ist in folgender Weise gegeben:

$$\varphi = \sqrt{\overline{u_i'^2}} = \sqrt{\overline{u'^2 + v'^2 + w'^2}}. \tag{5.67}$$

Die relative Intensität der Geschwindigkeitsschwankungen, die als Turbulenzgrad *Tu*, definiert ist lautet demnach:

$$Tu = \frac{\sqrt{\overline{u_i'^2}}}{|\overline{u_i}|}. \tag{5.68}$$

Nach (Jischa 1982) beträgt die Turbulenzintensität ungefähr 1 % stromab eines Feinsiebes, ca. 10 % nahe einer Wand und mehr als 10 % in einem freien Jet. Generell können turbulente Strömungen in drei Klassen aufgeteilt werden:

- *Isotrope Turbulenz:* Die statistischen Daten des Strömungsfeldes im ganzen Strömungsfeld sind unabhängig von der Richtung $(\overline{u'^2} = \overline{v'^2} = \overline{w'^2})$. Sie sind invariant bezüglich der Translation und Rotation des Koordinatensystems.
- *Homogene Turbulenz:* Alle statistischen Eigenschaften hängen lediglich von der Richtung und nicht vom Ort ab. Sie sind invariant bezüglich der translatorischen Bewegung.
- *Anisotrope oder Scherturbulenz:* Diese Art ist von praktischem Interesse in technischen Anwendungen, da sie in Grenzschichten, freien Jets und Kanalströmungen, etc. auftritt.

Reynolds-Gleichungen Die intstationären Navier-Stokes Gleichungen sind für alle turbulenten Strömungen eines Kontinuums gültig, aber die Komplexität sowie die zufällige Natur der turbulenten Austauschprozesse erlaubt keine exakte Lösung dieser Gleichungen. Die meisten heutigen Verfahren zur Beschreibung turbulenter Strömungen beruhen auf den zeitgemittelten Navier-Stokes Gleichungen. Diese Gleichungen werden als Reynolds-Gleichungen bezeichnet.

Die zeitliche Mittelung der Bewegungsgleichungen generiert neue Terme, die als scheinbare Spannungsgradienten oder Wärmeflussgrößen, die im Zusammenhang mit der Turbulenz auftreten, interpretiert werden können. Diese neuen Größen müssen in Bezug zur Hauptströmung mit Hilfe geeigneter Turbulenzmodelle gesetzt werden. Dieser Modellierungsansatz beinhaltet weitere Annahmen und Näherungen. Daher folgt die Lösung eines turbulenten Strömungsproblems mit Hilfe der Reynolds-Gleichungen nicht vollständig einer in sich geschlossen auf Basisphysik abgesicherten Grundlagen, da die getroffenen zusätzlichen Annahmen einerseits nahe zum Gleichungssystem getroffen werden müssen und zum anderen zwar begründete, aber vereinfachte Verknüpfungen herstellt. Die nachstehenden auf der Reynolds-Mittelung basierenden Gleichungen gelten für eine Strömung eines inkompressiblen Newtonschen Fluids:

Die Anwendung der Reynolds-Dekomposition (Gl. (5.65)) liefert für die Kontinuitätsgleichung das Ergebnis:

$$\frac{\partial \overline{u_i}}{\partial x_i} = 0 = \frac{\partial \overline{u}}{\partial x} + \frac{\partial \overline{v}}{\partial y} + \frac{\partial \overline{w}}{\partial z}, \tag{5.69}$$

Und entsprechend ergibt sich für die Reynolds gemittelte Impulsgleichung:

$$\rho \overline{u_j} \frac{\partial \overline{u_i}}{\partial x_j} = -\frac{\partial \overline{p}}{\partial x_i} + \frac{\partial}{\partial x_j}\left(\mu \frac{\partial \overline{u_i}}{\partial x_j} - \rho \overline{u_i^{'} u_j^{'}}\right). \tag{5.70}$$

In Gl. (5.70) erscheint der scheinbare oder virtuelle Reynoldssche Schubspannungstensor $\tau_{tur} = -\rho \overline{u_i^{'} u_j^{'}}$, der deutlich vom molekularen Spannungstensor, der durch $\tau_{ij} = \mu(\partial \overline{u_j}/\partial x_i + \partial \overline{u_i}/\partial x_j)$ gegeben ist, abweicht. Es ist wichtig festzustellen, dass der zusätzliche Reynoldssche Spannungstensor nur in Bezug auf die zeitlich gemittelte Strömung auftritt. Die Bewegungsgleichung für die instantanen Größen beinhaltet keinen zusätzlichen Turbulenzterm.

Der Übergang von den zeitabhängigen Bewegungsgleichungen zu den Reynolds-Gleichungen macht die Problemstellung der Turbulenzmodellierung offensichtlich. Der „Preis" der zeitlichen Mittelung ist die Einführung des unbekannten Reynoldsschen Spannungstensors, der durch die nicht-linearen konvektiven Terme der Navier-Stokes-Gleichungen entsteht. Die Hauptaufgabe der Lösung des Turbulenzproblems besteht darin, diesen Reynoldsschen Spannungstensor mit den zeitlich gemittelten Größen des Geschwindigkeitsfeldes mit Hilfe geeigneter Turbulenzmodelle zu verknüpfen.

Das Verfahren zur Lösung dieses unbekannten Schubspannungstensors beruht auf der Nutzung von Bilanzgleichungen. Wie jede andere Transportgröße müssen diese einer allgemeinen Form genügen. Die Typen der Bilanzgleichungen, die oft auch als Transportgleichungen bezeichnet werden, sind die Basis nahezu aller neueren Schließungsansätze. Den Ausgangspunkt für die Formulierung der Transportgleichungen ist die Ableitung der Navier-Stokes-Gleichung für die Momentanwerte. Unter Befolgung einer strikten mathematischen Ableitung lauten die Transportgleichungen für den Reynoldsschen Spannungstensor (Rotta 1972):

$$\begin{aligned}
&\underbrace{\overline{v_k}\frac{\partial}{\partial x_k}(\overline{v_i^{'} v_j^{'}})}_{C} + \underbrace{\overline{v_i^{'} v_k^{'}}\frac{\partial \overline{v_j^{'}}}{\partial x_k} + \overline{v_j^{'} v_k^{'}}\frac{\partial \overline{v_i^{'}}}{\partial x_k}}_{P} + \underbrace{2\nu \overline{\frac{\partial v_i^{'}}{\partial x_k}\frac{\partial v_j^{'}}{\partial x_k}}}_{DS} - \\
&\underbrace{\overline{\frac{p^{'}}{\rho}\left(\frac{\partial v_i^{'}}{\partial x_j} + \frac{\partial v_j^{'}}{\partial x_i}\right)}}_{PSC} + \underbrace{\frac{\partial}{\partial x_k}\left[\overline{v_i^{'} v_j^{'} v_k^{'}} - \nu \frac{\partial}{\partial x_k}\left(\overline{v_i^{'} v_j^{'}}\right) + \overline{\frac{p^{'}}{\rho}(\delta_{kj} v_i^{'} + \delta_{ki} v_j^{'})}\right]}_{D} = 0.
\end{aligned} \tag{5.71}$$

Darin beschreibt *C* die konvektive Änderung und *P* die Turbulenzproduktion, die das Produkt des Reynoldsschen Spannungstensors mit den Geschwindigkeitsgradienten der zeitlich gemittelten Geschwindigkeit ist. *DS* repräsentiert die turbulente Dissipation, die im Wesentlichen einen negativen Produktionsterm darstellt, *PSC* ist die Druck-Scher-Korrelation, die ähnlich wie die Diffusion D zu einer Reorganisation der Strömung beiträgt. Der Produktionsterm ist einer der Wichtigsten, da er beschreibt, dass lediglich in Strömungen mit einem Geschwindigkeitsgradienten (Scherströmung) die Turbulenz aufrechterhalten werden kann.

Der Geschwindigkeitsgradient der zeitlich gemittelten Geschwindigkeit ist damit der Turbulenzgenerator und die hierfür notwendige Energie wird der Hauptströmung entzogen. Die Tensorgleichung besteht aus neun Komponenten. Einen wichtigen Fall der Transportgleichung erhält man durch die formelle Reduktion $i=j$, für die man die Transportgleichung der turbulenten kinetischen Energie k erhält. Definiert man k als $k = 1/2 \cdot \overline{v_j'^2} = 1/2(\overline{u'^2} + \overline{v'^2} + \overline{w'^2})$, so hat die Transportgleichung der turbulenten kinetischen Energie folgendes Aussehen:

$$\underbrace{\overline{v_k}\frac{\partial k}{\partial x_k}}_{C} + \underbrace{\overline{v_j' v_k'}\frac{\partial \overline{v_j'}}{\partial x_k}}_{P} + \varepsilon + \underbrace{\frac{\partial}{\partial x_k}\left[\overline{\left(k + \frac{p'}{\rho}\right) v_k'} - \nu\frac{\partial k}{\partial x_k} - \nu\frac{\partial}{\partial x_j}\left(\overline{v_j' v_k'}\right)\right]}_{D} = 0, \tag{5.72}$$

in der ε die Dissipation der Turbulenz ist. Die turbulente Energie ist keine gemittelte Größe und die turbulente Dissipation ε wird durch folgende Gleichung beschrieben:

$$\varepsilon = \nu \overline{\frac{\partial v_j'}{\partial x_k}\left(\frac{\partial v_j'}{\partial x_k} + \frac{\partial v_k'}{\partial x_j}\right)}. \tag{5.73}$$

Die Transportgleichungen spielen eine wesentliche Rolle bei der Entwicklung moderner turbulenter Strömungsberechnungsmodellierung und –verfahren. Obwohl der Reynoldssche Spannungstensor mit Hilfe der Transportgleichungen formuliert werden kann, lösen diese Gleichungen nicht das Schließungsproblem, da sie selbst erneut unbekannte Korrelationen beinhalten. Für diese Korrelationen müssen neue Transportgleichungen formuliert werden, in denen ihrerseits wiederum unbekannte Korrelationen auftreten. Die Ordnung der erhaltenen Tensoren wächst mit jedem Schritt um den Faktor eins.

Um zusammenzufassen, das Schließungsproblem kann nicht direkt gelöst werden. Es existieren immer mehr Unbekannte als verfügbare Gleichungen. Die einzige Lösungsmöglichkeit besteht in der Nutzung semiempirischer Schließungsannahmen, die im einfachsten Fall direkt auf die Reynolds-Gleichungen angewendet werden können, wie beispielsweise der Prandtlsche Mischungswegansatz.

Grundgedanken der Turbulenzmodellierung des Impulsaustauschs Verschiedene Ansätze zur Schließung des Turbulenzproblems wurden durch eine Reihe von Modellen beschrieben, dessen einfachstes der Prandtlsche Mischungsweganansatz ist. Dieses Modell und seine Variationen zeigten vernünftige Ergebnisse für ebene zweidimensionale Strömungen (Van Driest 1956). Für den allgemeineren Fall der dreidimensionalen Strömungen werden aber höheren Ordnungen der Turbulenzmodelle benötigt. Diese benutzen eine oder mehrere partielle Differentialgleichungen, die aus den modifizierten Navier-Stokes-Gleichungen für die turbulente kinetische Energie k, der Dissipation der Energie ε und den Komponenten des turbulenten Spannungstensors τ_{ij} bestehen.

Turbulenzmodelle, die eine partielle Differentialgleichung für die turbulente kinetische Energie in Verbindung mit einem algebraischen Ausdruck für die turbulente Längenskala (z. B. Prandtlscher-Mischungsweg l) nutzen, werden als Eingleichungsmodelle oder k-l-Modelle bezeichnet.

Andere Modelle, die partielle Differentialgleichungen für die kinetische Energie und deren Dissipation verwenden, werden entsprechend Zweigleichungsmodelle genannt. Das bekannteste Modell ist das k-ε-Modell, eingeführt von (Harlow und Nakayama 1968) und später von (Jones und Launder 1972) sowie (Launder und Spalding 1974) modifiziert. Es ist in technischen Anwendungen das meist genutzte Modell und in nahezu allen kommerziellen fluiddynamischen Rechenprogrammen (CFD-Codes) implementiert. Viele Anwendungen des k-ε Modells verwenden analytische Wandfunktionen, um die wandnahe Strömung zu behandeln. Im alternativen Fall müssen Zusatzterme zur k- und ε- Gleichung eingeführt werden, um die Anwendbarkeit auf die Behandlung der viskosen Unterschicht auszuweiten (Chien 1982).

In diesem Zusammenhang wird die viskosen Unterschicht oft als Bereich niedriger turbulenter Reynolds-Zahl ($k^{1/2}l/\nu$) bezeichnet. Dieses innere Modell ist essentiell bei komplexen turbulenten Strömungen wie bei der Strömungsablösung oder abrupten Eigenschaftsänderungen. Die Unsicherheiten bei der Modellierung derartiger Modelle der inneren Region bei komplexen Strömungen schränkt den Anwendbarkeitsrahmen des k-ε-Modells signifikant ein.

Die k-ε-Modelle wurden so modifiziert, dass sie auch die viskose Unterschicht erfassen. Die notwendigen Erweiterungen werden als „low Reynolds number" k-ε-Modelle bezeichnet (Rodi 1993). Diese zusätzlichen Erweiterungen des k-ε-Modells zur Erfassung von Auftriebseffekten oder Stromlinienänderungen erfordern Zweigleichungsmodelle. Die am meisten genutzte Modelle sind die von (Ng und Spalding 1972) und (Wilcox und Traci 1976). Alle derartigen Modelle beinhalten eine Formulierung der turbulenten kinetischen Energie und unterscheiden sich wesentlich in der Behandlung des Gradienten der Diffusion. Der hervorstechendste Unterschied ist aber die Wahl der abhängigen Variablen für die zweite Transportmodellgleichung, aus der die charakteristische Längenskala ermittelt wird. Oftmals koexistieren Zweigleichungsmodelle nebeneinander, wie beim „shear stress turbulence model" (SST). Das SST-Modell kombiniert die Vorteile des k-ε Modells mit denen des k-ω Modells, in dem ω die Wirbelstärke ist. Der Hauptvorteil des SST-Modells ist, dass im wandnahen Bereich beim k-ω-Modell eine analytische Lösung für die viskose Unterschicht bekannt ist (Wilcox 1986). Die Verknüpfung des wandnahen k-ω-Modells zum k-ε-Modell, das den restlichen Kernströmungsbereich behandelt, erfolgt mit Hilfe von Übergangsfunktionen.

Komplizierte Mehrgleichungsverfahren erfordern die Lösung partieller Differentialgleichungen aller Komponenten des turbulenten Schubspannungstensors. Eine Zusammenfassung der Beschreibung der Turbulenzmodelle mit einer Vielzahl von Details kann den Werken von (Reynolds 1976) und (Arpaci und Larsen 1984) entnommen werden.

In diesem Zusammenhang sollen lediglich die wesentlichen Grundgedanken des sogenannten Reynolds Stress Modells (RSM) aufgezeigt werden. Als RSM-Modelle werden solche bezeichnet, die nicht annehmen, dass die turbulente Schubspannung proportional zur Dehnungsrate ist. Für eine zweidimensionale, inkompressible Strömung bedeutet dies:

$$-\rho\overline{u'v'} \neq \mu_t\left(\frac{\partial u}{\partial y} + \frac{\partial v}{\partial x}\right), \tag{5.74}$$

μ_t ist darin die turbulente Viskosität, gegeben durch $\mu_t \sim k^2/\varepsilon$. Die am meisten bekannten Reynolds Stress Modelle sind die von (Hanjalic und Launder 1972), (Launder et al. 1975) und (Donaldson 1972). RSM Modelle erfordern zumindest die Lösung dreier zusätzlicher partieller Differentialgleichungen (PDE) im Vergleich zum k-ε-Modell. Darüber hinaus benötigen auch RSM-Modelle immer noch Näherungen und Annahmen, für die es gegenwärtig noch keine experimentelle geschlossene Bestätigung gibt. Eine Vereinfachung der RSM Modellierung, die als algebraisches Spannungs- oder Flussmodell ASM bekannt ist, ist im Detail bei (Rodi 1981) beschrieben. Im ASM Modell wird angenommen, dass der Transport der Reynoldsschen Spannungen proportional zum Transport der kinetischen Energie ist. Bei Grenzschichtströmungen ohne Auftriebseffekte resultiert aus dem ASM-Ansatz folgende Beziehung für die turbulente Schubspannung:

$$\overline{u'v'} = C_\mu \frac{k^2}{\varepsilon}\frac{\partial u}{\partial y}. \tag{5.75}$$

Dies ist identisch mit dem Ergebnis des k-ε Modells. Aber im ASM ist C_μ eine Funktion des Verhältnisses von Turbulenzproduktion zur Dissipation der turbulenten kinetischen Energie und damit keine Konstante mehr.

Turbulente Grenzschichtgleichungen Viele technische Strömungen haben Grenzschichtcharakter. Die laminaren Grenzschichtgleichungen können nicht auf den turbulenten Fall übertragen werden, da die Schwankungsgeschwindigkeiten v_k' schnell in Raum und Zeit sind und somit deren Ableitungen nicht gegenüber den anderen Termen vernachlässigt werden können, obwohl deren absoluter Wert eine Größenordnung kleiner ist als die der Mittelwerte. Deshalb müssen die Grenzschichtgleichungen direkt innerhalb der Reynolds-Gleichungen und der Transportgleichungen abgeleitet werden. Das Verfahren entspricht aber dem im laminaren Fall; Details sind in den Büchern von (Burmeister 1993) oder (Anderson et al. 1984) zu finden. In zweidimensionalen Fall lauten die turbulenten Grenzschichtgleichungen:

$$\frac{\partial \overline{u}}{\partial x} + \frac{\partial \overline{v}}{\partial y} = 0, \quad \rho\left(\overline{u}\frac{\partial \overline{u}}{\partial x} + \overline{v}\frac{\partial \overline{u}}{\partial y}\right) = -\frac{dp_\delta}{dx} + \frac{\partial}{\partial y}\left(\mu\frac{\partial \overline{u}}{\partial y} - \rho\overline{u'v'}\right). \tag{5.76}$$

Darin ist p_δ der Druck am Rand der Grenzschicht zur Kernströmung hin.

Ein ähnliches Verfahren kann für die Transportgleichungen verwendet werden und man erhält die Transportgleichungen für die Schubspannung und die turbulente kinetische Energie (Jischa 1982). Sie lauten für eine zweidimensionale Strömung:

$$\underbrace{\overline{u}\frac{\partial\left(\overline{u'v'}\right)}{\partial x}+\overline{v}\frac{\partial\left(\overline{u'v'}\right)}{\partial y}}_{C}+\underbrace{\overline{v'^2}\frac{\partial\overline{u}}{\partial y}}_{P}+\underbrace{2\nu\left[\overline{\frac{\partial u'}{\partial x}\frac{\partial v'}{\partial x}}+\overline{\frac{\partial u'}{\partial y}\frac{\partial v'}{\partial y}}+\overline{\frac{\partial u'}{\partial z}\frac{\partial v'}{\partial z}}\right]}_{DS}$$
$$\underbrace{-\overline{\frac{p'}{\rho}\left(\frac{\partial u'}{\partial y}+\frac{\partial v'}{\partial x}\right)}}_{PSC}+\underbrace{\frac{\partial}{\partial y}\left[\overline{u'v'^2}-\nu\frac{\partial}{\partial y}\left(\overline{u'v'}\right)+\frac{\overline{p'u'}}{\rho}\right]}_{D}=0 \tag{5.77}$$
$$\underbrace{\overline{u}\frac{\partial k}{\partial x}+\overline{v}\frac{\partial k}{\partial y}}_{C}+\underbrace{\overline{u'v'}\frac{\partial\overline{u}}{\partial y}}_{P}+\varepsilon+\underbrace{\frac{\partial}{\partial y}\left[\overline{\left(k+\frac{p'}{\rho}\right)v'}-\nu\frac{\partial k}{\partial y}-\nu\frac{\partial\overline{v'^2}}{\partial y}\right]}_{D}=0$$

Die meisten Terme der beiden Transportgleichungen außer den lokalen Druckschwankungen können experimentell ermittelt werden. Glücklicherweise erscheinen Druckschwankungen nicht in der Gleichung für die kinetische Energie. Begrenzen Kanalwände die Strömung, verschwinden mit Annäherung an die Wand die Geschwindigkeitsschwankungen und damit auch die Reynoldsschen Schubspannungen. Es ergibt sich:

$$\lim_{y\to 0}\mu\frac{\partial\overline{u}}{\partial y}=\tau_w. \tag{5.78}$$

Nimmt man eine eingelaufene, zweidimensionale, turbulente Strömung an, so hängen in Wandnähe alle statistischen Größen nur von der y-Koordinate ab. Da die Ableitung der Geschwindigkeit in axiale Richtung null ist, führt die Kontinuitätsgleichung auf das Ergebnis, dass die mittlere Geschwindigkeit in y-Richtung ebenfalls null ist. In diesem speziellen Fall sind die konvektiven Terme und der Druck in der Reynolds-Gleichung null und es verbleibt:

$$0=\frac{\partial}{\partial y}\left(\mu\frac{\partial\overline{u}}{\partial y}-\rho\overline{u'v'}\right). \tag{5.79}$$

Mit der Randbedingung an der Wand ergibt sich:

$$\frac{\tau_w}{\rho}=\nu\frac{\partial\overline{u}}{\partial y}-\overline{u'v'}. \tag{5.80}$$

Offensichtlich treten nur die Parameter ν und τ_w/ρ auf und man kann eine Schubspannungsgeschwindigkeit u_τ definieren, die folgendermaßen lautet:

$$u_\tau = \sqrt{\frac{\tau_w}{\rho}} = u_0\sqrt{\frac{f}{2}}. \tag{5.81}$$

Darin ist f der dimensionslose Reibungskoeffizient, der entsprechend mit $f=2\tau_w/(\rho \cdot u_0^2)$ normiert ist. Definiert man die dimensionslosen Koordinaten u^+ und y^+ in der Art

$$u^+ = \frac{\overline{u}}{u_\tau}, \quad y^+ = \frac{y u_\tau}{\nu}; \tag{5.82}$$

kann man die Geschwindigkeitsverteilung in Wandnähe in einer universellen Darstellung der Form $u^+=f(y^+)$ angeben. Die Lösung für f in unmittelbarer Wandnähe ist damit sofort gegeben, da die Geschwindigkeitsschwankungen in Wandnähe null sind und an der Wand die Haftbedingung gilt, so dass $u^+=y^+$. Dies beschreibt die sogenannte viskose Unterschicht, in der die molekularen Schubspannungen erheblich über denen der Reynolds-Spannungen liegen. Mit wachsendem Wandabstand steigen die Reynolds-Spannungen an und gleichzeitig wird der molekulare Anteil vernachlässigbar. Dies führt zu einem logarithmischen Ausdruck für die dimensionslose Geschwindigkeit in der Form:

$$u^+ = \frac{1}{C_1} \ln y^+ + C_2, \tag{5.83}$$

der ursprünglich von Prandtl 1932 bestimmt wurde.

Zwischen der viskosen Unterschicht und der vollturbulenten Grenzschicht gibt es eine Übergangsschicht, für die unterschiedliche zumeist aber logarithmische Funktionen verwendet werden. Van Kármán gibt so für die Geschwindigkeitsverteilung in der Grenzschicht an:

- Viskose Unterschicht: $u^+ = y^+$; für $y^+ \leq 5$;
- Übergangsschicht: $u^+ = 5 \ln y^+ - 3{,}05$; für $5 < y^+ \leq 30$;
- Vollturbulente Grenzschicht: $u^+ = 2.5 \ln y^+ + 5{,}5$; für $y^+ > 30$.

Beim Übergang aus der anisotrop turbulenten Grenzschicht in den Bereich isotroper Turbulenz der Kernströmung gilt das logarithmische Gesetz nicht mehr. Es geht über in ein Nachlaufgesetz, dass in Rohr- oder Kanalströmungen auch als Mittengesetz bezeichnet wird.

Einen Überblick über die unterschiedlichen Definitionen zwischen den viskosen Unterschichten und der entwickelten Grenzschicht liefern (Shah und London 1978) oder (Schlichting und Gersten 2000). Die Existenz und Form der laminaren Unterschicht, der Übergangsschicht und deren Anbindung an die logarithmisch skalierende turbulente Grenzschicht konnte experimentell auch bei hohen Reynolds-Zahlen nachgewiesen wer-

Abb. 5.16 Gemessene dimensionslose Wandgeschwindigkeit u^+ einer Rohrströmung (**a**) als Funktion des dimensionslosen Wandabstands y^+ in Blei-Wismut bei $Re = 8 \cdot 10^4$ aus (Schulenberg und Stieglitz 2010) im Vergleich mit der exakten Lösung nach (Reichhardt 1951)

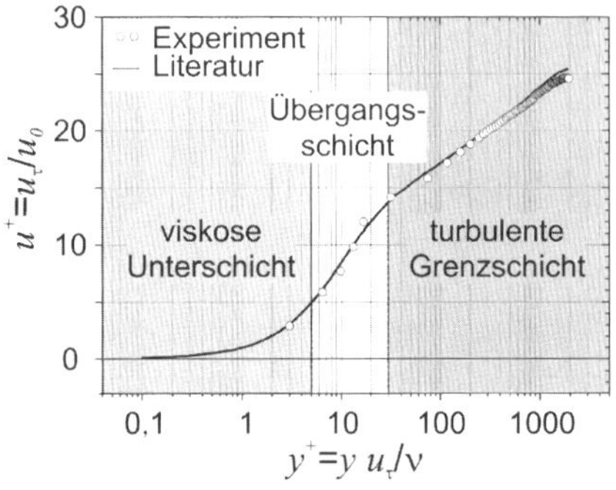

den. Schulenberg und Stieglitz (2010) zeigen experimentelle Ergebnisse (Abb. 5.16) einer Ultraschall-Doppler Geschwindigkeitsmessung der dimensionslosen turbulenten Wandgeschwindigkeit u^+ als Funktion des dimensionslosen Wandabstands y^+ in einer Blei-Wismut-Rohrströmung bei einer Reynolds-Zahl $Re = 80.000$ im Vergleich mit der exakten Lösung nach Reichhardt (1951).

Die Transition der anisotropen turbulenten Grenzschicht in eine isotrope Kernströmung führt dazu, dass die logarithmischen Funktionen ihre Anwendbarkeit verlieren. Innerhalb dieses Bereiches werden Nachlaufgesetze eingeführt. Hierüber gibt es eine Unzahl von Artikeln, die sich zumeist nur durch die Wahl der Konstanten des Nachlaufprofils unterscheiden. Eine gute Übersicht geben hier die Arbeiten von (Zagarola und Smits 1998), (Barenblatt und Chorin 1998) und (Guo und Julien 2003).

5.2.10 Turbulenter Energieaustausch

Ein ähnlicher Formalismus wie beim Impulsaustausch kann auch zur Ableitung der turbulenten Gleichungen des Energieaustauschs verwendet werden. Die Energiegleichung einer stationären inkompressiblen Strömung lautet schließlich:

$$\rho c_p \left(v_k \frac{\partial T}{\partial x_k} \right) = \lambda \frac{\partial^2 T}{\partial x_k^2} \quad \text{oder} \quad \rho c_p \left(u \frac{\partial T}{\partial x} + v \frac{\partial T}{\partial y} + w \frac{\partial T}{\partial z} \right) = \lambda \left(\frac{\partial^2 T}{\partial x^2} + \frac{\partial^2 T}{\partial y^2} + \frac{\partial^2 T}{\partial z^2} \right), \tag{5.84}$$

Reynolds- Gleichungen des turbulenten Energieaustauschs Ähnlich wie beim Geschwindigkeitsfeld wird auch beim Temperaturfeld im turbulenten Energieaustausch nach Reynolds die aktuelle Temperatur T_i in eine fluktuierende Komponente und einen zeitlich gemittelten Wert aufgeteilt. Die zeitlich gemittelte Komponente der Temperatur darf nicht mit der mittleren Temperatur T_m verwechselt werden. Die erste ist eine lokale Temperatur an einem diskreten Punkt, während letztere eine strömungsgemittelte Größe über dem Kanalquerschnitt darstellt. Der Reynoldssche Ansatz liefert für den turbulenten Energieaustausch folgendes Ergebnis:

$$\rho c_p \left(\overline{v_k} \frac{\partial \overline{T}}{\partial x_k} \right) = \lambda \frac{\partial^2 \overline{T}}{\partial x_k^2} - \underbrace{\rho c_p \frac{\partial}{\partial x_k} (\overline{v_k^{'} T^{'}})}_{RH}, \tag{5.85}$$

in der der Term *RH* einen virtuellen Wärmeflussvektor darstellt, der durch den Reynolds-Ansatz entsteht. Er beschreibt damit einen makroskopischen Energieaustausch, der durch die Schwankungskomponenten entsteht. Im Gegensatz zum Reynoldsschen Schubspannungstensor ist der turbulente Wärmestrom eine vektorielle Größe, da die Transportgröße der Energie ein Skalar (Temperatur) ist, während beim Impuls bereits eine Vektorgröße vorliegt. Ebenso müssen für den turbulenten Wärmestrom Transportgleichungen abgeleitet werden. Im Gegensatz zum Impulstransport ist der turbulente Energieaustausch in den meisten Fällen ein passiver Transportprozess; Ausnahmen bilden hier auftriebsbehaftete Strömungen. Wie auch beim Impulstransport lassen sich Grenzschichtgleichungen auch für den Energietransport ableiten. Sie lauten für eine zweidimensionale, stationäre, inkompressible Strömung:

$$\rho c_p \left(\overline{u} \frac{\partial \overline{T}}{\partial x} + \overline{v} \frac{\partial \overline{T}}{\partial y} \right) = - \frac{\partial}{\partial y} \left(-\lambda \frac{\partial \overline{T}}{\partial y} + \rho c_p \overline{v^{'} T^{'}} \right). \tag{5.86}$$

5.2.11 Analogie zwischen Wärme- und Impulstransportparametern

In Analogie zwischen dem Newtonschen Reibungsgesetz für die laminare Schubspannung τ lässt sich ein Gesetz für die virtuelle turbulente Schubspannung τ_{tur} ableiten. Es lautet:

$$\tau = -\mu \frac{\partial \overline{u}}{\partial y} \quad und \quad \tau_{tur} = -\mu_t \frac{\partial \overline{u}}{\partial y}, \tag{5.87}$$

worin μ_t eine virtuelle durch die Turbulenz hervorgerufene Viskosität darstellt, die als Wirbelviskosität bezeichnet wird. Hierbei ist anzumerken, dass die Wirbelviskosität nicht eine Eigenschaft des Fluids ist wie die dynamische Viskosität μ, sondern von den zeitgemittelten Strömungsgrößen abhängt. In ähnlicher Weise wie die molekulare Impulsdiffusion ν wird die molekulare Wirbeldiffusion ε_M oft zur Charakterisierung einer turbulenten Strömung herangezogen. ν und ε_M sind definiert als:

$$\nu = \frac{\mu}{\rho} \quad \text{und} \quad \varepsilon_M = \frac{\mu_t}{\rho}. \tag{5.88}$$

In Analogie mit dem Fourierschen Gesetz der Wärmeleitung kann auch eine Gesetzmäßigkeit für die turbulente Wärmeleitung q_{tur} formuliert werden. Beide lauten:

$$q = -\lambda \frac{\partial \overline{T}}{\partial y} \quad \text{und} \quad q_{tur} = \lambda_{tur} \frac{\partial \overline{T}}{\partial y}, \tag{5.89}$$

in dem λ_{tur} eine scheinbare (Wirbel-) Wärmeleitfähigkeit darstellt, die ebenfalls keine Fluideigenschaft ist. Sie hängt auch von den zeitgemittelten Strömungsgrößen und der mittleren Temperatur ab. In Analogie mit der molekularen thermischen Diffusivität a, wird eine Wärmewirbeldiffusivität ε_H definiert:

$$a = \frac{\lambda}{\rho c_p} \quad \text{und} \quad \varepsilon_H = \frac{\lambda_{tur}}{\rho c_p}. \tag{5.90}$$

Damit kann komplementär zur molekularen Prandtl-Zahl Pr eine turbulente Prandtl-Zahl Pr_t eingeführt werden:

$$Pr = \frac{\nu}{a} \quad \text{und} \quad Pr_t = \frac{\varepsilon_M}{\varepsilon_H}. \tag{5.91}$$

Experimente zur Messung der turbulenten Prandtl-Zahl Pr_t in Rohren zeigten, dass die turbulente Prandtl-Zahl von der Reynolds Zahl Re, der molekularen Prandtl Zahl Pr und dem Wandabstand (y/R) abhängt. Exakt lautet die Bestimmungsdefinition der turbulenten Prandtl-Zahl Pr_t damit:

$$Pr_t = f\left(Re, Pr, \frac{y}{R}\right) = \frac{\overline{u'v'}\,\frac{\partial T}{\partial y}}{\overline{v'T'}\,\frac{\partial u}{\partial y}}. \tag{5.92}$$

Eckert und Drake (1972) sammelten Messergebnisse der turbulenten Prandtl-Zahl für unterschiedliche Fluide einschließlich der Flüssigmetalle. Sie schreiben: „Die experimentellen Schwierigkeiten zur Erfassung von Pr_t sind offensichtlich so groß, dass es keine befriedigende Kohärenz der Ergebnisse für kleine Prandtl-Zahlen gibt".

Wenn man eine zweidimensionale, turbulente, eingelaufene Rohrströmung annimmt, so lässt sich die ergebende Wandschubspannung τ und der Wärmestrom q unter Nutzung der turbulenten Austauschgrößen in folgender Weise ausdrücken:

$$\frac{\tau}{\rho} = (\nu + \varepsilon_M)\frac{d\overline{u}}{dy} \quad \text{und} \quad \frac{q}{\rho c_p} = -(\kappa + \varepsilon_H)\frac{d\overline{T}}{dy}. \tag{5.93}$$

5.2.12 Verfahren und Modellierungsansätze zur numerischen Berechnung

Die Reynolds-Analogie wird in den meisten technischen Anwendungen verwendet. In diesem Zusammenhang muss ausdrücklich darauf hingewiesen werden, dass bei Strömungen mit Rezirkulation, Ablösung, Scherströmungen, freien Jets eine starke Anisotropie des Turbulenzfeldes vorliegt. Dort ist die Gültigkeit des k-ε Modells und die Anwendbarkeit der hier vorgestellten Reynolds-Analogie problematisch. Dies kann vom Anwender auch nicht dadurch verbessert werden, dass eine höhere räumliche Auflösung des Rechengitters gewählt wird. Vielmehr muss vor Beginn der Rechnung durch Erfahrungswerte und mit

Hilfe analytischer Überlegungen die Anwendbarkeit der gewählten viskosen und thermischen Wandfunktionen und Randbedingungen überprüft werden.

In eingelaufenen Strömungen gilt $v \ll \varepsilon_M$ und $a \ll \varepsilon_H$ außer in unmittelbarer Wandnähe. Wenn man annimmt, dass das Verhältnis des turbulenten Wärmetransports zum turbulenten Impulstransport konstant ist, im Extremfall $\varepsilon_H = \varepsilon_M$ führt dies unmittelbar zum Ergebnis $Pr_t = 1$. Diese Annahme wird als Reynolds-Analogie bezeichnet:

$$c_p d\overline{T} = -\frac{q}{\tau} d\overline{u}. \tag{5.94}$$

Die Gleichung kann einfach integriert werden, sofern die Haftbedingung an der Wand, die Wandtemperatur T_w und $\overline{T}(y = 0)$ bekannt sind. Wenn für die Anbindung des Strömungs- und Temperaturfeldes an die Außenströmung folgende Annahmen getroffen werden, $\overline{u} = u_0$ und $\overline{T} = T_m$, die in folgender Weise definiert sind:

$$c_p \int_{T_w}^{T_m} d\overline{T} = -\frac{q}{\tau} \int_0^{u_0} d\overline{u} \quad \text{oder} \quad c_p(T_w - T_m) = \frac{q_w}{\tau_w} u_0, \tag{5.95}$$

liefert die Reynolds-Analogie in einer Rohrströmung folgende analytische Ergebnisse für den Reibungsbeiwert c_λ und die Stanton Zahl St:

$$c_\lambda = 8 \frac{\tau_w}{\rho u_0^2} \quad \text{und} \quad St = \frac{Nu}{Re Pr} = \frac{c_\lambda}{8}. \tag{5.96}$$

Die Reynolds-Analogie führt zu relativ guten Ergebnissen bei molekularen Prandtl-Zahlen mit $Pr > 0.71$, sofern die Anisotropie des Strömungsfeldes klein ist. Daher ist sie meist als Standardeinstellung in kommerziellen Rechencodes implementiert, die das k-ε-Modell beinhalten. Dennoch muss betont werden, dass ein k-ε-Modell die Größe der turbulenten Dissipation von einem Tensor auf eine Konstante reduziert (Frage der Anisotropie) und die Reynolds-Analogie eine zusätzliche Einschränkung mit der Annahme $\varepsilon_H \sim \varepsilon_M$ darstellt.

Dieses Problem ist seit 1947 (Martinelli 1947) bekannt und wird kritisch von mehreren Autoren (Kays 1994) oder (Carteciano und Grötzbach 2003) diskutiert. Zur Lösung des Schließungsproblems der turbulenten Wärmeströme *RH* in Gl. (5.85) lassen sich verschiedene Ansätze wählen, die mehrere Textbücher füllen. Nachstehend sollen lediglich die Grundgedanken der Lösungsansätze des Schließungsproblems für die turbulenten Wärmeströme sowie die Ordnung der Verfahren angerissen werden.

- *Semiempirische oder empirische Lösungsverfahren nullter und erster Ordnung.* Alle derartigen Modelle erlauben keinen Einblick in turbulente Austauschmechanismen zwischen Temperatur und Geschwindigkeitsschwankungen und sind nur nach genauer Prüfung des gültigen Parameterbereichs, der Reynolds-Zahlen und Prandtl-Zahlen und für Pr_t um eins einsetzbar.

- *Turbulente Prandtl-Zahlen aus analytischen Lösungen* sind schwierig zu behandeln und beschränken sich im Wesentlichen auf einfache Geometrien. Sie liefern wichtige Informationen über das wandnahen Verhalten und die thermischen Wandfunktionen. Sie beinhalten im Gegensatz zu den Transportgleichungsmodellen das zeitliche Verhalten der Schwankungsgrößen und damit ihr spektrales Verhalten, was einen Vergleich mit Ergebnissen einer direkten numerischen Simulationen erlaubt. Unglücklicherweise erfordern derartige Verfahren für ingenieurtechnische Anwendungen einen erheblichen Aufwand und Eingriff in kommerzielle CFD-Auslegungswerkzeuge.
- *Modellierung turbulenter Wärmeströme mit Hilfe von Transportgleichungen* erfordern einen erfahrenen CFD Anwender, der das gestellte Strömungsproblem in Bezug auf die potenziell auftretenden Phänomene analysiert und hierzu geeignete thermische und viskose Wandfunktionen wählt. In stark anisotropen Strömungen können Wärmeübergangsrechnungen unter Nutzung des k-ε-Turbulenz-modells und einer turbulenten Prandtl-zahl $Pr_t = 0.9$ (Reynolds-Analogie) zu unphysikalischen Ergebnissen wie einem negativen Wandwärmestrom führen. In solchen Fällen ist eine Modellierung der turbulenten Wärmströme mit Hilfe von Transportgleichungen unerlässlich. Dennoch führt ein solches Verfahren immer zur Trippelkorrelationen, die „a priori" nicht bekannt sind und entweder mit Hilfe experimenteller Benchmarkexperimente oder mit Hilfe „Direkter numerischer Simulation" (DNS) ermittelt werden müssen.
- *Direkte numerische Simulation (DNS)* der zeitabhängigen Navier-Stokes Gleichungen sind im Prinzip eine exakte Lösung des Problems. Obwohl sich die Speicherressourcen und die Rechengeschwindigkeiten erheblich gesteigert haben, bleibt ihre Anwendung bisher auf wenige zumeist akademische Fälle beschränkt. Die in jüngerer Zeit durchgeführten DNS- Studien konzentrierten sich auf den Einfluss der Prandtl-Zahl im Falle isotroper Turbulenz (Kasagi und Ohtsubo 1992), wandnaher Strömungen (Kawamura et al. 1999) oder (Piller et al. 2002) und auftriebsbehafteter Strömungen (Otic et al. 2005). Alle beinhalten sowohl Ergebnisse für die zeitabhängigen wie die mittleren Werte des Temperatur- und Geschwindigkeitsfeldes abhängig von den Randbedingungen. Daher ist die DNS eines der wenigen Werkzeuge, die es erlaubt, die in den Transportgleichungsverfahren gewählten Ansätze und Konstanten zu validieren. Dies ist insbesondere deshalb von Bedeutung, da die experimentelle Bestimmung dieser Größen in Absenz geeigneter Messverfahren kaum möglich ist. Heutige Messverfahren sind nicht in der Lage, mehrere Feldgrößen simultan mit hinreichender Zeit- und Ortsauflösung zu erfassen.

Abgesehen von der experimentell schwer ermittelbaren turbulenten Prandtl-Zahl ist die Annahme eines konstanten Pr_t-Wertes bei vielen Strömungen insbesondere für flüssige Metalle problematisch. In der Abb. 5.17 ist die gemessene mittlere turbulente Prandtl-Zahl Pr_m einer Rundrohrströmung als Funktion der molekularen Prandtl-Zahl (mehrere Fluide) für zwei unterschiedliche Reynolds-Zahlen dargestellt (Stieglitz 2007). Der Grafik ist deutlich zu entnehmen, dass für $Pr < 1$ die Unsicherheiten erheblich sind.

Alle experimentell ermittelten Beobachtungen lassen folgende Schlüsse bezüglich der mittleren turbulenten Prandtl-Zahl Pr_m zu:

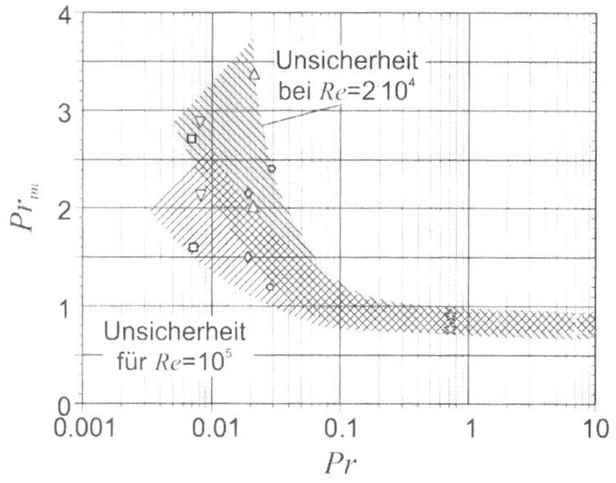

Abb. 5.17 Gemessene mittlere turbulente Prandtl-Zahl Pr_m einer Rohrströmung als Funktion der molekularen Prandtl-Zahl Pr (mehrere Fluide) für zwei unterschiedliche Reynolds-Zahlen (Stieglitz 2007)

- Für $Pr \geq 1$ (Luft Wasser und Öl, etc.) variiert die turbulente Prandtl-Zahl nur wenig und ist nahezu unabhängig von der Reynolds-Zahl und der molekularen Prandtl-Zahl.
- Der Einfluss der turbulenten Prandtl-Zahl und der Reynolds-Zahl wächst gleichzeitig mit fallender molekularer Prandtl-Zahl *und* fallender Reynolds-Zahl.
- Die turbulente Prandtl-Zahl steigt mit fallender Prandtl-Zahl und fallender Reynolds-Zahl.

5.2.13 Anwendung lokaler fluiddynamischer Berechnungen im Kollektor

Innerhalb einer solarthermischen Anlage treten unterschiedliche Längenskalen auf. Beispielsweise beträgt der Durchmesser der Rohre im und zum Kollektor nur wenige Millimeter, während die aktiven Längen von der Größenordnung Meter sind. Auch die Temperatur- und Geschwindigkeitsgradienten entlang des Rohrleitungsnetzes außerhalb des Kollektors sind oft klein. Dies erlaubt es, Abschnitte des Solarkreislaufs in quasi-eindimensionaler Weise zu behandeln. Mit dieser Vereinfachung werden detaillierte zeitabhängige Wechselwirkungsbetrachtungen mit vertretbarem rechnerischen Aufwand möglich und es können Parameterstudien als Funktion der Randbedingungen wie Einstrahlung, Isolation, Speichervolumen, Pumpenkennlinie, Rohrleitungsführung und vieler anderer Aspekte mehr schnell durchgeführt werden.

Auf den Kollektor selbst trifft diese Vereinfachung nicht mehr zu. Wie man sich einfach überlegen kann, treten hier erhebliche Temperaturgradienten auf kleinstem Raum auf, die eine lokale Betrachtung erfordern. Daher spielen lokale Verfahren eine essentielle Rolle bei der Auslegung der Komponenten, in denen mehrere nichtlineare Impuls- und Wärmetransportprobleme simultan auftreten. Auf Grund des hierfür erforderlichen hohen Rechenaufwandes beschränkt sich die Anwendung dieser Methoden auf die für die Leistungsfähigkeit des Kollektorsystems wesentlichen Komponenten wie den Solarkollektor, den Wärmetauscher des Solarsystems zur Sekundärseite und eventuell den Wärmespeicher.

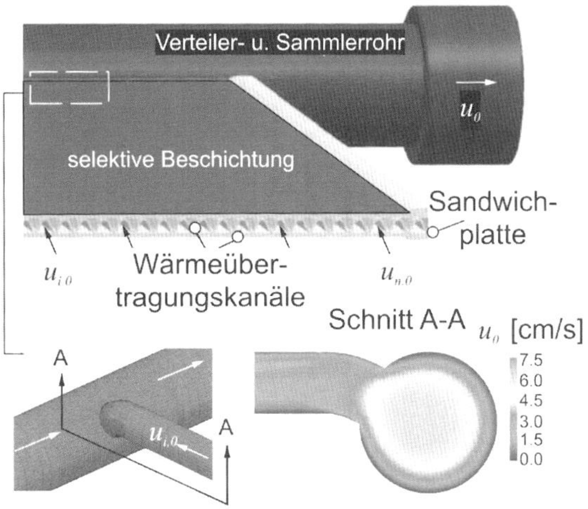

Abb. 5.18 Schemaskizze eines wassergekühlten Flachkollektors; generiertes Gitter für die Strömungssimulation in den Sammler (unten links) und berechnete Isotachen der mittleren Geschwindigkeit u_0 aus Zörner (2010)

Die wesentliche Aufgabe der lokalen rechnerischen Strömungs- und Energietransfersimulationen ist die Identifikation

- lokaler kritischer Positionen, in denen Heiß- oder Kaltstellen auftreten, da sie einer besonderen thermischen Belastung ausgesetzt sind oder die begrenzenden Materialtemperaturen einzelner Komponenten innerhalb des Kollektors (Absorber, Dichtungen, Folien, Verschraubungen, etc...) überschreiten;
- eventueller Wärmebrücken, die zu einer Senkung des effektiven Wirkungsgrades des Kollektors führen;
- des lokalen eventuell zeitabhängigen Temperaturanstiegs innerhalb des Kollektorkastens oder die Ausbildung einer auftriebsbehafteten Konvektion in Kollektoren mit Luft- oder Gasfüllung;
- der Strömungsverteilung in den Unterkanälen.

Zur Illustration der Vielzahl von Kollektorströmungssimulationen werden zwei Beispiele kurz skizziert. Das in der Abb. 5.18 aufgeführte Beispiel zeigt eine Strömungsrechnung für den Einlauf der Einzelkanäle eines Wasserflachkollektors in das zentrale Sammlerrohr. Mit Hilfe eines Gittergenerators wird ein geometrieangepasstes Gitter so konstruiert, dass die Maschenreynolds-Zahl keine allzu großen Werte annimmt, um noch lokale Effekte wie potenzielle Rezirkulationen zu erfassen. Ziel der Strömungssimulation ist es, durch ein geeignetes Design der Einkanalzuläufe in den Sammler eine möglichst gleiche Durchsatzverteilung in jedem Unterkanal des Kollektors bei simultan kleinen Druckverlusten über einen möglichst großen Volumenstrombereich zu erreichen. Ein typisches Ergebnis der mittleren Strömungsverteilung zeigt die Abb. 5.18 (rechts unten), in der die Isotachen des Strömungsfeldes dargestellt sind.

Das zweite Beispiel zeigt ebenfalls einen mit Wasser betriebenen solaren Flachkollektor, dessen Kollektorkasten mit Luft gefüllt ist. Die beiden oberen Isothermenbilder in

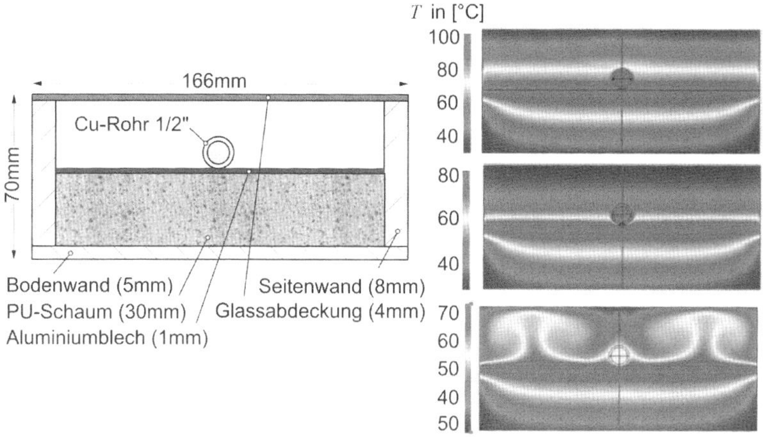

Abb. 5.19 Strömungssimulation eines wassergekühlten Kollektors mit Luftfüllung im Kollektorkasten (links). Berechnete Isothermen im Kollektormittelschnitt (rechts); oben bei $i_{glob} = 545$ W/m^2 kein Wassermassenstrom, (mitte) Wassermassenstrom 1.36 g/s und $i_{glob} = 480$ W/m^2 und unten $i_{glob} = 545$ W/m^2 Wassermassenstrom 1.36 g/s (Selmi et al. 2008)

Abb. 5.19 zeigen berechnete zweidimensionale Temperaturverteilungen bei einer Sonneneinstrahlung von 545 W/m^2. Im obersten Bild ist die Temperaturverteilung für den Ausfall einer Wasserpumpe dargestellt. Bei einem Pumpenausfall steigen die Temperaturen im Absorber und im Absorberrohr schnell an. Läuft die Pumpe mit einem Massenstrom von 1.36 g/s bei dieser solaren Einstrahlungsleistungsdichte, so ergibt sich der unterste Graph in Abb. 5.19. Bei dieser Einstrahlungsleistung bildet sich im luftgefüllten Kollektor eine Konvektionsströmung aus, die zu erhöhten Wärmeverlusten an der oberen Glasabdeckung führt. Bei einer solaren Einstrahlungsleistung von 480 W/m^2 ergibt sich bei gleichem Wassermassenstrom durch die Kollektorrohre keine Konvektionsströmung innerhalb des Kastens; die Temperaturschichtung der Luft im Kollektorkasten bleibt stabil geschichtet und damit ist der Wirkungsgrad des Kollektors am höchsten. Das Beispiel zeigt, dass sich ohne eine Modellierung der Auftriebseffekte in der Impuls- und auch Energiegleichung ein nicht der realen Physik entsprechendes Temperaturfeld eingestellt hätte. Ob und in welcher Art auftriebsbehaftete Konvektion eine Rolle spielt, beleuchtet das nachfolgende Unterkapitel.

Im Ergebnis führen lokale fluiddynamische Berechnungen der Temperatur- und Strömungsverteilung innerhalb des Kollektorkastens nur dann zu einem gesicherten Ergebnis, sofern nach Festlegung der beteiligten Medien beziehungsweise der Abmessungen die Strömungsform durch die Bildung geeigneter Kennzahlen identifiziert und mit Hilfe analytischer Überlegungen und Korrelationen die Größenordnung der im betrachteten Kontrollvolumen auftretenden Prozesse analysiert worden ist. Lediglich dann können adäquate Modell- und Berechnungsansätze ausgewählt und verwendet werden und damit die

Physik korrekt abgebildet werden. Eine Vernachlässigung der Auftriebseffekte im zweiten Beispiel würde zu einer fehlerhaften Voraussage der Temperaturverteilung führen.

5.2.14 Entscheidung Zwang-, Misch- oder auftriebsbehaftete Konvektion

Die vorangegangenen Beispiele zeigten, dass mehrere Wärmeübergangsformen wie beispielsweise Zwangskonvektion und auftriebsbehaftete Strömungen simultan auftreten können. Zur Abschätzung, in welchem Bereich einer Strömung man sich befindet, empfehlen sich heuristischen Überlegungen. Eine Zwangskonvektion liegt vor, wenn die Auftriebsgeschwindigkeit deutlich kleiner als die der zwangskonvektiven Bewegung ist. Umgekehrt liegt eine auftriebsbehaftete Strömung vor, wenn die Auftriebsgeschwindigkeit deutlich größer ist als die durch einen äußeren Druckgradienten erzeugte mittlere Strömungsgeschwindigkeit u_0. Bei auftriebsbehafteten Strömungen kann damit die mittlere Geschwindigkeit nicht mehr die ausgezeichnete Rolle spielen, da die Dichteunterschiede durch die Temperaturdifferenz zwischen der Wand T_w und der Kernströmung T_0 die Strömung erzeugen. Diese Dichteunterschiede, die die Strömung bei Auftrieb antreiben, bedingen einen Volumenausdehnungskoeffizienten β, der wie folgt definiert ist:

$$\beta = \rho - \rho_0 = -\frac{1}{\rho}\left(\frac{\partial \rho}{\partial T}\right), \tag{5.97}$$

in dem ρ_0 die Dichte der Kernströmung und ρ die lokale Fluiddichte ist.

Als Folge ergibt sich bei auftriebsbehafteten Strömungen eine neue Kennzahl, die sogenannte Grashof-Zahl, die das Verhältnis der auf ein Fluidelement wirkenden Auftriebskraft zur hemmenden Zähigkeitskraft beschreibt. Da in den meisten Fällen (Wärmestrom durch Strahlung auf den Absorber) nicht die Wandtemperatur sondern der Wärmestrom vorgegeben ist, kann die Wandtemperatur mit Hilfe des Fourierschen Gesetzes in eine Relation, die den Wandwärmestrom q_W enthält, umgewandelt werden.

$$Gr = \frac{g \cdot \beta \cdot (T_W - T_0) \cdot L^3}{\nu^2} = \frac{g \cdot \beta \cdot q_W \cdot L^4}{\lambda \nu^2}, \tag{5.98}$$

ν ist darin die kinematische Viskosität und g die Schwerkraftbeschleunigung. Damit hängt bei freier Konvektion die Nusselt-Zahl nicht mehr nur von der Reynolds- und der Prandtl-Zahl ab sondern auch von der Grashof-Zahl also $Nu = Nu(Gr, Pr)$ (Polifke und Kopitz 2005).

Eine erste Abschätzung des Übergangs von Zwangskonvektion zu Mischkonvektion liefert folgende Beziehung (Müller und Ehrhard 1999):

$$\frac{\sqrt{Gr}}{Re} < 1. \tag{5.99}$$

Dieses Verhältnis betrachtet über die Grashof-Zahl den naturkonvektiven Auftriebseinfluss auf die Strömung. Der Einfluss der erzwungenen Strömung wird dabei mit der Reynolds-Zahl *Re* charakterisiert. Dominiert in dem Verhältnis *Re*, und wird es kleiner eins, so kann der Auftriebseinfluss vernachlässigt werden. Steigt bedingt durch einen höheren Wärmestrom oder durch die gegebenen Abmessungen (s. Potenz von *L*!) die Grashof-Zahl *Gr*, so muss man die durch Dichteunterschiede hervorgerufenen Auftriebseffekte mit berücksichtigen. Es kommt zu einer Überlagerung von Natur- und Zwangskonvektion, der so genannten Mischkonvektion.

Nach diesem Kriterium ist es jedoch nicht möglich, eine Abschätzung zu treffen ob nun Mischkonvektion oder reine Naturkonvektion vorliegt. Um genauer zwischen Natur-, Misch- und Zwangskonvektion unterscheiden zu können, hilft das folgende auf der Basis von Experimenten ermittelte Kriterium weiter (Müller und Ehrhard 1999).

$$\frac{Ra^{1/3}}{Re^{4/5} \cdot Pr^{2/5}} = c^*. \tag{5.100}$$

Die darin enthaltene Rayleigh-Zahl $Ra = Gr\,Pr$ wird aus dem Produkt von Grashof-Zahl *Gr* und Prandtl-Zahl *Pr* gebildet und stellt ebenfalls eine charakteristische Kennzahl für naturkonvektive Effekte dar. Die Rayleigh-Zahl ist eine Erweiterung der Grashof- Zahl und beinhaltet neben den molekularen viskosen Fluideigenschaften auch die molekularen thermischen Eigenschaften. Der Exponent der Rayleigh-Zahl in der Bedingung für c^* ergibt sich aus einer Grenzschichtbetrachtung der thermischen Grenzschicht einer auftriebsbehafteten Strömung, deren Dicke mit $Ra^{-1/3}$ skaliert. Bei der reinen Zwangskonvektion skaliert die Dicke der turbulenten thermischen Grenzschicht mit $(Re^{-4/5}Pr^{-2/5})$ (Aicher und Martin 1997). Dadurch gibt der Parameter c^* bei gegebenen *Ra*, *Re* und *Pr* Auskunft über den Mechanismus der Wärmeübertragung von der Wand über die Grenzschicht hinweg in den Strömungskern. (Aicher und Martin 1997) definieren folgende Bereiche; für $c^* < 0.2$ dominiert die Zwangskonvektion, während für $c^* > 0.4$ die Wärmeübertragung durch naturkonvektive Effekte dominant ist. Durch eine Auftragung des Verhältnisses der gemessenen Nusselt-Zahl *Nu* zu der Nusselt-Zahl Nu_{FT}, die sich bei reiner zwangskonvektiver Wärmeübertragung unter den gleichen Randbedingungen ergibt, erhält man die Möglichkeit, Messergebnisse in Natur-, Misch- und Zwangskonvektion zu klassifizieren.

Um die Größenordnung der durch Dichteunterschiede verursachten Auftriebsgeschwindigkeiten gegenüber der durch externe Druckkräfte (Pumpen) erzeugten zwangskonvektiven mittleren Strömungsgeschwindigkeit abschätzen zu können, gibt es eine große Bandbreite an Literatur. Vor der Durchführung einer CFD gestützten Simulation des Strömungsfeldes empfiehlt es sich, mit Hilfe analytischer Beziehungen die auftriebsinduzierten Geschwindigkeiten abzuschätzen und die Grashof- beziehungsweise Rayleigh-Zahlen zu ermitteln.

Obwohl die Geometrien der Kollektorströmung komplexe geometrische Konfigurationen aufweisen können, können diese oftmals auf die Geometrie einer Punkt- oder Linien-

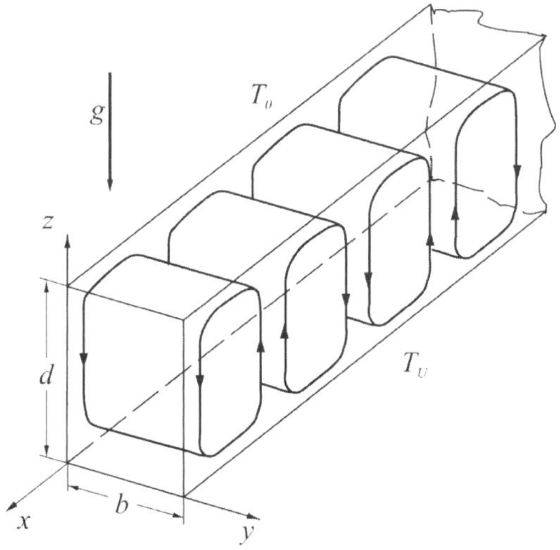

Abb. 5.20 Aufbau einer Rayleigh-Benard Zelle, schematisches Strömungsmuster einer quasi-zweidimensionalen Auftriebsströmung

quelle bzw. eine vertikale und horizontale Platte beschränkt werden. Analytische Beziehungen zur Ermittlung der in diesem Zusammenhang erreichbaren Auftriebsgeschwindigkeiten finden sich in (Müller und Ehrhard 1999) oder (Kakac et al. 1985).

Ein weiterer Aspekt der Methodik der analytischen Durchdringung sollte nicht vergessen werden. Bei auftriebsbehafteten Strömungen gibt es eine Vielzahl von Strömungsformen. Bei niedrigen Heizleistungen existiert Wärmeleitung und erst noch Überschreiten einer bestimmten Temperaturdifferenz kommt es zu einem Dichteunterschied, in dem der Auftrieb den viskosen Widerstand überwindet, es setzt laminare Konvektion ein, die sich durch eine geordnete zellulare Struktur auszeichnet.

Als einfachster Fall soll die in Abb. 5.20 dargestellte Rayleigh-Benard-Zelle betrachtet werden, in der ein Fluid von unten beheizt und von oben gekühlt wird. Ist dort die Fluidhöhe (d) in Richtung des Schwerevektors g kleiner als die in der x-y-Ebene auftretenden Dimensionen ($x \gg d$, $y \gg d$), lässt sich eine kritische Rayleigh-Zahl Ra_{krit} für den Übergang vom Wärmeleitungszustand zur laminaren Konvektion ermitteln. Die kritische Rayleigh-Zahl beträgt $Ra_{krit} = 1708$ bei sehr gut thermisch leitenden Wänden (Biot-Zahl $Bi \gg 1$), die im Regelfall bei den Absorberrohren aus Kupfer in Niedertemperatursystemen auftreten. Die laminare Konvektion ist im Wesentlichen zweidimensional. Bei Hochtemperatursystemen, in denen Edelstahlrohre mit einer kleineren molekularen Wärmeleitfähigkeit genutzt werden, muss der Biot-Zahl Effekt berücksichtigt werden. Hierbei treten größere Wandtemperaturen auf und damit sinkt die kritische Rayleigh –Zahl, im adiabaten Fall ($Bi \to 0$) bis auf $Ra_{kri} \approx 1296$.

Der laminaren Konvektion mit ihrem hauptsächlich zweidimensionalen zellularen Muster schließt sich der Bereich der dreidimensionalen Konvektion an. Diese Transition hängt nun zusätzlich zur Rayleigh-Zahl auch noch von der Prandtl-Zahl ab. Mit weiter wachsender Rayleigh-Zahl schließt sich an die noch strukturierte dreidimensionale Kon-

Tab. 5.3 Bereiche der Strömungsformen als Funktion der Rayleigh–Zahl *Ra* und der damit berechenbaren Nusselt-Zahlen *Nu* als Funktion der molekularen Prandtl-Zahl *Pr* aus (Müller und Ehrhard 1999)

$0<Ra<1.7\cdot 10^3$		$Nu=1$
$Pr<0.05$	$0.1<Pr\leq 100$	$0.65<Pr\leq 1.5$
$1.7\cdot 10^3<Ra<7\cdot 10^3$	$1.7\cdot 10^3<Ra<3.5\cdot 10^3$	
$Nu=0.59\cdot Ra^{0.072}$	$Nu=0.0024\cdot Ra^{0.82}$	
$10^4<Ra<4\cdot 10^4$	$3.5\cdot 10^3<Ra<10^5$	
$Nu=0.062\cdot Ra^{0.31}$	$Nu=0.23\cdot Ra^{1/4}$	
$4\cdot 10^4<Ra<2.5\cdot 10^5$	$10^5<Ra<10^9$	$10^7<Ra<10^{14}$
$Nu=0.2\cdot Ra^{1/5}$	$(\delta_{th}/d)\sim Ra^{-1/3}$	$(\delta_{th}/d)\sim Ra^{-2/7}$
	$Nu=0.1\ Ra^{0.31}\ Pr^{0.084}$	$Nu=0.23\ Ra^{0.282}$

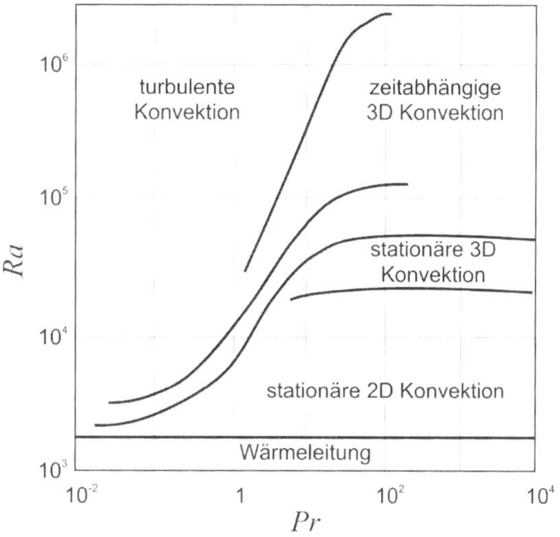

Abb. 5.21 Strömungskarte der Konvektionsformen in einer Rayleigh-Benard Zelle in Abhängigkeit von Rayleigh-Zahl *Ra* und der Prandtl-Zahl *Pr* nach (Müller und Ehrhard 1999)

vektion eine stochastische dreidimensionale Konvektion an, in der keine ausgezeichneten Strömungsstrukturen mehr erkennbar sind.

Erste Strömungskarten der Strömungsform, in der die Strömungsgebietsgrenzen in eine Karte der Rayleigh-Zahl als Funktion der molekularen Prandtl-Zahl eingetragen sind, wurden für die Rayleigh-Benard-Zelle entwickelt. Entsprechend zu diesen Karten wurden Nusselt-Zahl Korrelationen als Funktion der Prandtl-Zahl und der Rayleigh-Zahl abgelegt, die auf den Arbeiten (O'Toole und Silveston 1961), (Castaing et al. 1989) sowie (Kek und Müller 1993) beruhen. Die Tab. 5.3 gibt die gängigen Nusselt-Zahl Beziehungen und deren Rayleigh-Zahl Gültigkeitsbereich für verschiedene Fluide (Prandtl-Zahl) wieder und die Abb. 5.21 zeigt die Strömungsformenkarte einer Rayleigh-Benard-Zelle als Funktion von *Pr* und *Ra*.

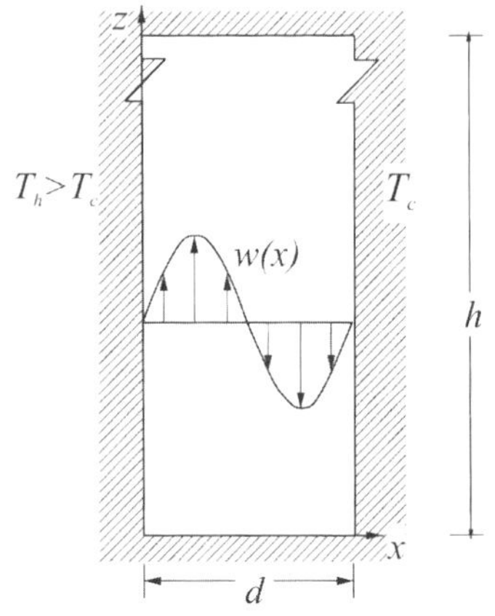

Abb. 5.22 Schemaskizze eines vertikalen Spaltes, der links mit T = T_h beheizt und rechts mit $T = T_c$ gekühlt wird

Für den vertikalen Spalt der Höhe h und der lateralen Dicke d, in der die eine vertikale Seite beheizt ($T = T_h$) und die andere respektive gekühlt ($T = T_c$) ist, ergibt sich eine andere Strömungsdynamik als im Fall der Rayleigh-Benard-Zelle (vergleiche Abb. 5.22). Bereits kleinste Temperaturdifferenzen führen zur Ausbildung einer großen laminaren Konvektionszelle, die Grenzschichtcharakter hat. In der Grenzschicht findet eine Aufwärts- an der heißen Seite und dementsprechend eine Abwärtsbewegung an der kalten Seite statt, während der Kern sich nahezu im Ruhezustand befindet. Diese Ruhe im Kern führt zu einem linearen Temperaturabfall über dem Kern, der durch molekulare Wärmeleitung gekennzeichnet ist. Dieser Bereich tritt zwischen $10^5 \leq Ra \leq 10^8$ auf.

Bei weiterer Temperaturerhöhung ergibt sich auch eine zellulare Struktur im Kern. Es handelt sich um gleichsinnig drehende Wirbel, deren Achsen horizontal im Spalt liegen und einen festen Abstand haben. Abhängig von den Fluideigenschaften kann die Zellularstruktur stationär oder zeitabhängig sein. Für $Pr \ll 1$ sind sie zumeist stationär während $Pr \gg 1$ zu instationären Wellen führt.

Eine erneute weitere Steigerung der Temperaturdifferenz $\Delta T = (T_h - T_c)$ führt in der Folge zu gegenläufig rotierenden Sekundärwirbeln, die an den Stellen zwischen den großen Wirbeln entstehen, an denen die maximale Scherung auftritt.

Erhöht man die Temperaturdifferenz noch weiter stellt sich ein Zustand ein, der durch die Ausbildung turbulenter Grenzschichten an beiden Plattenseiten bestimmt wird. Die Wechselwirkung zwischen den Grenzschichten beider Seiten ist nur noch gering. Im Kernbereich der Strömung ist die Strömung nahezu ideal durchmischt und damit fast isotherm.

Im Gegensatz zur Benard-Zelle treten beim vertikalen Spalt inhärent zwei Längenskalen auf, die durch das Aspektverhältnis $\in = (h/d)$ charakterisiert werden. Analog zur Benard-Zelle lassen sich Strömungskarten erstellen, die von der Rayleigh-Zahl Ra, der Prandtl-Zahl Pr und dem Aspektverhältnis $\in$ abhängen und damit dreidimensional sind. Eine solche Darstellung illustriert die Abb. 5.23. Sie zeigt die Ergebnisse der Übergänge für zwei verschiedene Annahmen. Die durchgezogenen Grenzlinien zeigen die Grenzen für die Annahme, dass der Auftrieb nur in der Impulserhaltung berücksichtigt wird (so-

Tab. 5.4 Nusselt-Zahl Beziehungen beim Wärmeübergang in einem vertikalen Spalt als Funktion der Rayleigh-Zahl *Ra*, des Aspektverhältnisses ∈ und der Prandtl-Zahl *Pr* (Müller und Ehrhard 1999)

$Ra \leq 10^5$	$10^3 \leq Ra \leq 10^5$	$10^7 \leq Ra \cdot \in^{-3} \leq 5 \cdot 10^9$
$Nu = 1$	$Nu \sim \in^{1/4} \cdot Ra^{1/4}$	$Nu_{mean} = 0.36\, Pr^{0.051} \cdot \in^{0.36} Ra^{1/4}$
	$10^3 \leq Ra \leq 5 \cdot 10^5 \cdot Pr = 0.7$	$5 \cdot 10^9 \leq Ra \cdot \in^{-3} \leq 10^{11}$
	$Nu_1 = 0.0605 \cdot Ra^{1/3}$	$Nu_{mean} = 0.096\, Pr^{0.051} \cdot \in^{0.1} Ra^{0.3}$
	$Nu_2 = \left[1 + \left(\frac{0.104 \cdot Ra^{0.239}}{1 + \left(\frac{6310}{Ra}\right)^{1.36}}\right)^3\right]^{\frac{1}{3}}$	
	$Nu_3 = 0.242 \cdot (Ra \cdot \in)^{0.272}$	
	$Nu_{mean} = \mathrm{Max}(Nu_1, Nu_2, Nu_3)$	

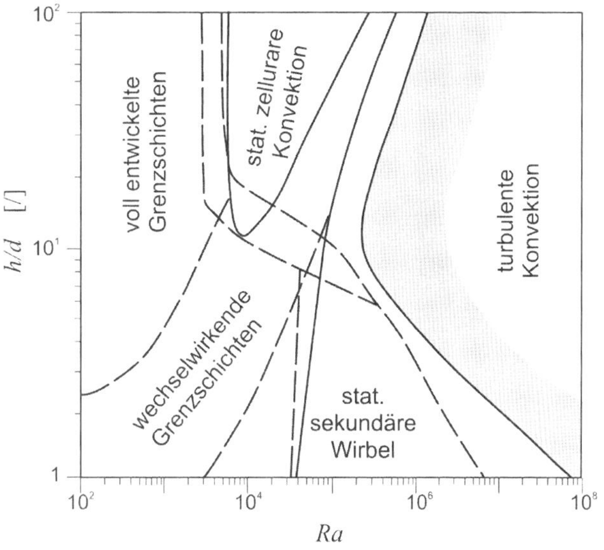

Abb. 5.23 Strömungskarte einer auftriebsbehafteten Strömung in einem vertikalen Spalt für Luft $Pr = 0.71$ (Chenoweth und Paolucci 1986), in der das Aspektverhältnis ∈ als Funktion der Rayleigh-Zahl *Ra* dargestellt ist. (—) ideale Boussineq Approximation; (- - -) ohne Boussinesq Approximation

genannter Boussinesq -Ansatz). Bei Berücksichtigung der Auftriebseffekte auch in der Energiegleichung ergeben sich die anderen Grenzlinien, die aber erheblich weitreichendere Modellierungsansätze erfordern.

Die Tab. 5.4 gibt einige Nusselt-Zahl Beziehungen für den vertikalen Spalt an, die in der Literatur angegeben werden.

Aus der Betrachtung der Strömung in geschlossenen Kavitäten wird deutlich, dass eine analytische Betrachtung des Strömungsproblems vor der Erstellung eines numerischen Berechnungsmodells zwingend erforderlich ist, damit mit deren Hilfe die Auswahl korrekter Turbulenzmodelle und Schließungsansätze getroffen werden kann.

Tab. 5.5 Gleichungstypen und einfließende Korrekturfaktoren/Exponenten bei den unterschiedlichen einphasigen Wärmeübertragungsarten

Wärmeübertragungsart	Kennzahlgleichungstyp	Einfließende Korrekturfaktoren und Exponenten
Erzwungene Konvektion	$Nu = f(Re, Pr)$	$Nu = C \cdot Re^m \cdot Pr^n \cdot K_p$
Freie Konvektion	$Nu = f(Gr, Pr)$	$Nu = C \cdot (Gr \cdot Pr)^n \cdot K_p$
Mischkonvektion	$Nu = f(Re, Gr, Pr)$	$Nu = C \cdot Re^m \cdot Pr^n \cdot Gr^k K_p$

5.2.15 Ingenieurtechnisch oft verwendete einphasige Wärmeübergangsbeziehungen

Die ingenieurtechnische Auslegung von Komponenten bedingt oftmals eine Abschätzung des erreichbaren Wärmeübergangs. In diesem Abschnitt sind einige der wichtigsten einphasigen Korrelationen zusammengestellt; ein vollständiges problemadaptiertes Kompendium findet sich im VDI-Wärmeatlas (VDI 2005). Entsprechend der zuvor behandelten Abschnitte lassen sich die Wärmeübergangsbeziehungen in verschiedene Gleichungstypen einteilen, die die Tab. 5.5 zeigt. In die problemspezifischen Nusselt-Zahl Korrelationen fließen zusätzlich noch Korrekturfaktoren, Exponenten und Konstanten ein, die sich aus der Geometrie, den temperaturabhängigen thermophysikalischen Stoffeigenschaften des Fluids und aus den Grenzschichtbetrachtungen ergeben.

Bei jeder Nutzung von Wärmeübergangskorrelationen müssen Korrekturfaktoren K_p benutzt werden, die folgenden Aspekten Rechnung tragen:

- Temperatureinfluss auf die Stoffwerte (K_T),
- sich entwickelnde oder einlaufende Strömungen (K_l),
- Geometrieeinflüsse (K_{dh}),
- Konvektionseinflüsse (K_C),
- kombinierte Einflüsse (K_p).

Die Anwendung der Korrekturfaktoren ist bei jeder Rechnung mit Kennzahlgleichungen zu überprüfen. Im Weiteren muss die Bezugstemperatur T_B für die Stoffwerte beachtet werden, da sich daraus die Korrekturfaktoren K_T ergeben, die den Zähigkeitseinfluss infolge von Temperaturgradienten berücksichtigen. Für Gase und flüssige Metalle gilt für T_B:

$$T_B = \frac{T_f + T_w}{2}, \tag{5.101}$$

in dem T_f die Temperatur des Fluids und T_w die der Wand ist. Bei allen anderen Flüssigkeiten wird $T_B = T_w$ angesetzt.

Da sich die Fluidtemperaturen durch den Wärmeübergang ändern, hat sich bei der Ermittlung des T_F-Wertes für die individuellen Strömungsprobleme eine Nomenklatur durchgesetzt, die die Tab. 5.6 aufführt. Nach der Berechnung der Fluidtemperatur und der Bezugstemperatur lassen sich die Korrekturfakturen des Temperatureinflusses (K_T)

Tab. 5.6 Berechnungsgrundlage der Fluidtemperatur T_f bei Nutzung von Wärmeübergangskorrelationen

Strömungskonfiguration	Fluidtemperatur T_f
Durchströmte Rohre, Kanäle, Bündel	$T_f = \frac{T_{f,ein}+T_{f,aus}}{2}$
Grenzschichten, Körperumströmung	$T_f = T_\infty$
Kurze Rohre, Einlaufströmungen	$T_f = T_{ein}$
Kondensation, Verdampfung homogener Fluide	$T_f = T_S$ oder $T_f = \frac{T_W+T_S}{2}$

Tab. 5.7 Temperaturkorrekturfaktorberechnung K_T für unterschiedliche Wärmeübertragungsarten und Fluide

	Flüssigkeiten	Gase
Durchströmung	$K_T = (Pr/Pr_w)^{0.11}$	$K_T = 1$
Umströmung	$K_T = (Pr/Pr_w)^{0.25}$	$K_T = (T_f/T_w)^{0.12}$
Freie Konvektion	$K_T = (Pr/Pr_w)^{0.25}$	$K_T = 1$

Tab. 5.8 Abhängigkeit der hydraulischen (l_{hy}) und thermischen (l_{th}) Einlauflängen von der Geometrie und der thermischen Randbedingung

Geometrie	$l_{hy}/(d_h \cdot Re)$	$l_{th}/(d_h \cdot Re \cdot Pr)$	
		$T_w = \text{const}$	$q_w = \text{const.}$
Kreisrohr	0.065	0.055	0.07
Ebener Kanal	0.01	0.014	0.02
Ringkanal	0.01–0.015	0.05	0.06

bei den unterschiedlichen Wärmeübertragungsarten ermitteln, die die Tab. 5.7 darstellt. Hierbei sind die molekularen Prandtl-Zahlen Pr bei der Fluidtemperatur T_f und der Wert an der Wand Pr_w bei der Wandtemperatur T_w zu verwenden. Bei fehlenden Angaben wird ein Wert von $K_T = 1$ angesetzt.

Die hydraulischen (l_{hy}) und thermischen (l_{th}) Einlauflängen laminarer Strömungen hängen von der Geometrie und der thermischen Randbedingung ab. Die Tab. 5.8 gibt dafür eine Abschätzung an. Der Korrekturfaktor sich entwickelnder oder einlaufender Strömungen (K_l) ergibt sich bei laminaren Strömungen zu $K_l = [1 + (d/L)^{2/3}]$.

Freie Konvektion Die Wärmeübergangskorrelation bei freier Konvektion lässt sich mit Hilfe der allgemeinen Gleichung nach Michejew berechnen:

$$Nu = C \cdot Ra^n \cdot \varepsilon_F \cdot K(Pr), \tag{5.102}$$

in der ε_F der in der Tab. 5.9 angegebene Formfaktor ist. Bei der Bildung der Rayleigh-Zahl ist auf die korrekte Wahl der charakteristischen Länge L zu achten. Bei vertikalen ebenen Platten, beispielsweise Heizkörpern entspricht die charakteristische Länge L der Plattenhöhe. Der Umschlag von laminarer zu turbulenter Wärmeübertragung erfolgt bei $Ra_L \approx 10^{12}$.

Tab. 5.9 Größenordnung der Einflussparameter und Gültigkeitsbereich in der Wärmeübertragung bei freier Konvektion

$Ra_L = Gr_L \cdot Pr$	C	n	Geometrie, charakt. Länge L, Formfaktor ε_F
$< 10^{-3}$	0.45	0	$\varepsilon_F = 1$
$10^{-3} < Ra_L < 5 \cdot 10^2$	1.18	1/8	
$5 \cdot 10^2 < Ra_L < 2 \cdot 10^7$	0.54	1/4	
$2 \cdot 10^7 < Ra_L < 10^{13}$	0.135	1/3	

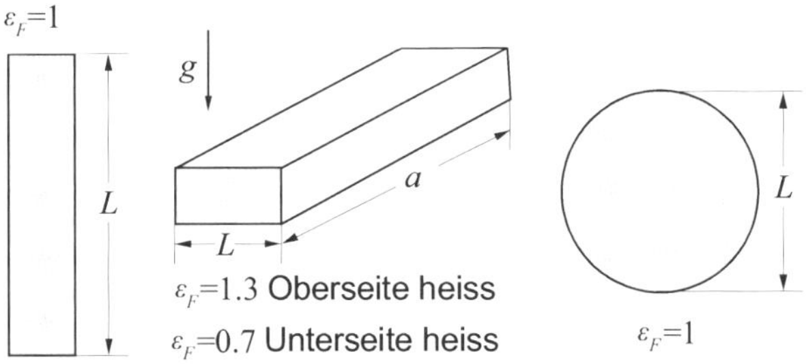

Die örtlichen und die über die Plattenlänge L gemittelten Nusselt Zahlen Nu_x bzw. Nu_L hängen von den thermischen Randbedingungen (T_W = konst. oder q_W = konst.) ab und ergeben sich bei laminarer Strömung zu:

$$Nu_x = 0.508 \cdot \left(\frac{Gr_x \cdot Pr^2}{0.952 + Pr}\right)^{\frac{1}{4}}; \quad Nu_L = \frac{4}{3} \cdot Nu_{x=L} \quad \text{für} \quad T_w = konst.$$
$$Nu_x = 0.616 \cdot \left(\frac{Gr_x \cdot Pr^2}{0.8 + Pr}\right)^{\frac{1}{5}}; \quad Nu_L = \frac{5}{4} \cdot Nu_{x=L} \quad \text{für} \quad q_w = konst. \tag{5.103}$$

Der mittlere Wärmeübergang an senkrecht stehenden Flächen bei turbulenter Konvektion ($Ra_L > 10^{12}$) und konstanter Wandtemperatur (T_w = konst.) beträgt:

$$Nu_L = \left[0.825 + 0.387 \cdot (Ra_L \cdot K(Pr))^{\frac{1}{6}}\right]^2 \text{ mit } K(\text{Pr}) = \left[1 + \left(\frac{0.492}{\text{Pr}}\right)^{\frac{9}{16}}\right]^{-\frac{16}{9}}. \tag{5.104}$$

Für Gase ist $K(Pr)$ konstant und beträgt $K(Pr) = 0.348$.

Bei waagrechten Flächen endlicher Größe, beispielsweise einem Rechteck der Kantenlänge a und b, wird die charakteristische Länge L wie folgt ermittelt:

$$L = \frac{a \cdot b}{2 \cdot (a + b)}. \tag{5.105}$$

Für diesen Fall ist im Weiteren zu unterscheiden, in welcher Richtung der Wärmetransport von der Platte erfolgt.

- Wärmeabgabe auf der Plattenoberseite oder Kühlung der Unterseite (Fußbodenheizung oder Kühldecke. Für T_w = konst. ergibt sich:

$$\begin{aligned} &\text{laminare Strömung:} && Nu_L = 0.54 \cdot Ra^{\frac{1}{4}} && \text{für} \quad 2 \cdot 10^4 < Ra < 8 \cdot 10^6; \\ &\text{turbulente Strömung:} && Nu_L = 0.15 \cdot Ra^{\frac{1}{3}} && \text{für} \quad 8 \cdot 10^6 < Ra < 10^{11}. \end{aligned} \tag{5.106}$$

und für q_w = konst.

$$\begin{aligned} &\text{laminare Strömung:} && Nu_L = 0.13 \cdot Ra^{\frac{1}{3}} && \text{für} \quad Ra < 2 \cdot 10^8; \\ &\text{turbulente Strömung:} && Nu_L = 0.16 \cdot Ra^{\frac{1}{3}} && \text{für} \quad 2 \cdot 10^8 < Ra < 10^{11}. \end{aligned} \tag{5.107}$$

- Bei einer Wärmesenke auf der Plattenoberseite oder Beheizung der Plattenunterseite liegen lediglich für laminare Strömungen Relationen vor; es ist:

$$\begin{aligned} &T_w = \text{konst.:} && Nu_L = 0.27 \cdot Ra^{\frac{1}{4}} && \text{für} \quad 10^5 < Ra < 10^{11} \\ &q_w = \text{konst.:} && Nu_L = 0.58 \cdot Ra^{\frac{1}{5}} && \text{für} \quad 10^6 < Ra < 10^{11}. \end{aligned} \tag{5.108}$$

Im Fall eines waagerechten Rohrs entspricht die charakteristische Länge L dem Außendurchmesser d und beim vertikalen Rohr der Rohrlänge. Für den Gesamtbereich der Reynolds-Zahlen gibt es für das angeströmte Rohr, eine einfache Näherungsgleichung:

$$Nu_d = \left[0.4 \cdot \mathrm{Re}_d^{\frac{1}{2}} + 0.06 \cdot \mathrm{Re}_d^{\frac{2}{3}}\right] \cdot \mathrm{Pr}^{\frac{2}{5}} \cdot K(T), \tag{5.109}$$

in der $K(T)$ der Tab. 5.7 zu entnehmen ist.

Erzwungene Konvektion

- Ebene Platte

  Bis zu einer mit der Lauflänge x gebildeten Reynolds-Zahl von $Re_{x,\,krit} \approx 2 \cdot 10^5$ ist die Grenzschichtströmung laminar, oberhalb wird sie als turbulent angenommen. Der örtliche Wärmeübergang (Nu_x) und der über die Plattenlänge L gemittelte Wärmeübergang (Nu_L) berechnen sich bei isothermer Oberfläche (T_W = const.) zu:

$$\begin{aligned} &Nu_x = 0.332 \cdot Re_x^{0.5} \cdot Pr^{\frac{1}{3}}; \quad Nu_L = 0.0664 \cdot Re_L^{0.5} \cdot Pr^{\frac{1}{3}} \qquad \text{für } Re_x < 2 \cdot 10^5; \\ &Nu_x = 0.0296 \cdot Re_x^{0.8} \cdot Pr^{0.43}; \\ &Nu_L = \frac{0.037 \cdot Re_L^{0.8} \cdot Pr}{1 + 2.443 \cdot Re_L^{-0.1} \cdot (Pr^{2/3} - 1)} \quad \text{für } Re_x > 2 \cdot 10^5. \end{aligned} \tag{5.110}$$

und der über die Plattenlänge L gemittelte Wärmeübergang (Nu_L) ist

$$Nu_L = 0.664 \cdot \sqrt{Re_L} \cdot Pr^{\frac{1}{3}} \quad \text{für} \quad 0.6 < Pr < 10. \tag{5.111}$$

Tab. 5.10 Exponenten des Wärmeübergangs an einem quer angeströmten Zylinder konstanter Wandtemperatur in verschiedenen Reynolds-Zahlbereichen

Re_d	Strömungsform	C	m	n
$1 < Re_d < 40$	Kriechend	0.76	0.4	0.37
$40 < Re_d < 10^3$	Laminar	0.152	0.5	0.37
$10^3 < Re_d < 2 \cdot 10^5$	Transition	0.26	0.6	0.37
$2 \cdot 10^5 < Re_d < 4 \cdot 10^7$	Turbulent	0.023	0.8	0.4

- Längs angeströmter Zylinder

  Die Werte Nu_x und der mittlere Wärmeübergang (Nu_L) ergeben sich für $Re_{x,\,krit} < 2 \cdot 10^5$ zu:

$$Nu_x = 0.332 \cdot Re_x^{0.5} \cdot Pr^{\frac{1}{3}} \cdot \left[1 + \frac{4.6}{Re_x^{0.5}} \left(\frac{x}{d}\right)\right] \quad ;$$
$$Nu_L = 0.664 \cdot Re_L^{0.5} \cdot Pr^{\frac{1}{3}} \cdot \left[1 + \frac{2.3}{Re_L^{0.5}} \left(\frac{L}{d}\right)\right] \tag{5.112}$$

  Bei turbulenter Anströmung erweitert sich die Korrelation (Gl. (5.112)) multiplikativ um einen Geometriefaktor K_{zyl}:

$$K_{zyl} = \left[1 + 0.37 \cdot \frac{2 \cdot L}{d \cdot Re^{0.2}}\right]^{0.14} \tag{5.113}$$

- Quer angeströmte Zylinder

  Der mittlere Wärmeübergang (Nu_L) an quer angeströmten Zylindern mit $T_w = \text{const.}$ berechnet sich nach der Grundgleichung (5.114), wobei sich abhängig von der auf den Durchmesser bezogenen Reynolds-Zahl Bereich Re_d die in der Tab. 5.10 dargestellten Exponenten ergeben.

$$Nu_d = C \cdot Re_d^m \cdot Pr^n. \tag{5.114}$$

  Für die thermische Bedingung $q_w = \text{konst.}$ findet sich in der Literatur folgende Beziehung, die im Bereich $10^{-2} < Re_d < 10^5$ gültig ist:

$$Nu_d = 0.42 \cdot Pr^{0.2} + 0.57 \cdot Re_d^{0.5} \cdot Pr^{1/3}. \tag{5.115}$$

- Turbulente Rohrströmung

  Die laminaren Gesetzmäßigkeiten für die Rohrströmung wurden im Abschn. 5.2.8 Laminare Wärmeübertragung in Rohren behandelt. Für turbulente Rohrströmungen in glatten Rohren spielt die thermische Randbedingung eine untergeordnete Rolle und in der Regel wird folgende Nusselt-Zahl Korrelation verwendet:

$$Nu_d = \frac{\frac{\xi}{8} \cdot (Re_d - 1000) \cdot Pr}{1 + 12.7 \cdot \sqrt{\frac{\xi}{8}} \cdot (Pr^{2/3} - 1)} \cdot K_L \quad \text{mit} \quad \xi = (1.82 \cdot \lg Re_d - 1.64)^{-2}, \tag{5.116}$$

  in der ξ der hydraulische Widerstandsbeiwert des Rohrs ist.

5.3 Mehrphasiger Impuls- und Energieaustausch

Im Zusammenhang mit der Stillstandstemperatur eines Kollektors wurde festgestellt, dass es beim Stillstand zur Verdampfung eines Teils des Kühlmediums kommen kann, der in der Folge zu einem erheblichen Druck- und Temperaturanstieg im System führt. Die Existenz einer zweiphasigen Strömung verändert die bisher behandelte Thermohydraulik substantiell und erfordert daher Grundkenntnisse der Zweiphasenströmung.

Die einfachste und allen geläufige Form der Zweiphasenströmung stellt sich beim Sieden ein. Ausgehend vom Sieden soll versucht werden, einige für die weitere Beschreibung wichtige Modellvorstellungen aufzuzeigen, wie sie auch für die Betriebszustände, die in Solarkollektoren anzutreffen sind, gültig sind. Weitere Details sind den Büchern und Artikeln von (Huhn und Wolf 1975), (Collier und Thome 1996), (Incropera und DeWitt 2001) sowie (VDI 2005) zu entnehmen, da sie den Umfang dieses Skripts sprengen würden. Empirische Beziehungen der Druckverluste und der Wärmeübergänge bei der Zweiphasenströmung sind der Arbeit von (Streicher 1991) und der darin aufgeführten Literatur zu entnehmen. (Heinzel 1998) geht neben der Vermittlung der Grundlagen auch auf die Zweiphasenproblematik im Solarkollektor ein, wobei das Augenmerk auf der Entwicklung direktverdampfender Siedewasserkollektoren gerichtet ist. Beim Stillstand eines Kollektors oder mehrerer Kollektoren treten prinzipiell dieselben Vorgänge auf, in nahezu allen Fällen ist bei der Transition von ein -zu zweiphasigen Strömungen vom Auftreten von Strömungsinstabilitäten auszugehen, die im letzten Abschnitt angesprochen werden.

Auch bei der systemanalytischen Auslegung und Ausführung von Kollektorsystemen müssen Zweiphasenströmungseinflüsse in geeigneter Weise berücksichtigt werden, um potenzielle Stillstandsszenarien oder deren Dauer in Abhängigkeit von den Randbedingungen vorherzusagen. Die Auslegung großskaliger Solarsysteme oder gar thermischer Solarkraftwerke erfordert zwingend die Berücksichtigung derartiger Stillstandsfälle, da sowohl deren Dauer als auch die damit verbundenen Szenarien die Leistungsfähigkeit der Anlage und damit die Wirtschaftlichkeit beeinflussen. Hierzu müssen die individuellen Strömungsformen, die in einem Kollektor oder einem Segment auftreten können, bekannt sein. Beispielsweise kann es bei falscher Kollektorfeldverschaltung sogar zu Rückströmungen kommen, die dazu führt, dass keine verwertbare Leistung mehr zur Verfügung steht. Aus diesem Grund soll im Folgenden ein Überblick über die möglichen Strömungsformen in einem Absorberrohr gegeben werden.

5.3.1 Wärmeübergang beim Sieden

Entsteht an einer beheizten Wand, an der eine Flüssigkeit entlang strömt, eine Dampfblase, so wird die Blase beim ihrem Ablösen von der Wand nicht nur die Latentwärme (Verdampfungswärme) abtransportieren, sondern durch ihre Wechselwirkung mit dem Fluid eine Vermischung und damit Rührwirkung auslösen. Diese Vermischung stört die Strömungsgrenzschicht führt aber zu einer Verbesserung des Wärmeübergangs.

Die Entstehung einer Blase setzt eine Überhitzung der Flüssigkeit voraus, deren Dynamik im Weiteren betrachtet wird.

5.3.1.1 Homogenes Sieden

Auf eine Dampfblase des Radius r in einer Flüssigkeit wirkt neben dem äußeren Druck in der Flüssigkeit p_l ein durch die Oberflächenspannung σ hervorgerufener zusätzlicher Druck, so dass der Dampfblasendruck p_g durch

$$p_g = p_l + \frac{2\sigma}{r} \tag{5.117}$$

gegeben ist. Zusätzlich ist der Dampfdruck in einer Blase, die eine konkav gekrümmte Oberfläche aufweist, kleiner als der Druck über einer ebenen Fläche p_∞ der gleichen Flüssigkeit mit der gleichen Temperatur T. Hierbei kann man folgende Beziehung herleiten:

$$p_g = p_\infty \exp\left(\frac{-2\sigma v_l M}{rRT}\right) \approx p_\infty \left(1 - \frac{2\sigma v_l}{p_\infty r v_g}\right), \tag{5.118}$$

in der R die universelle Gaskonstante ($R = 8.314$ J/(mol K)), M die Molekularmasse (g/mol) und v_g beziehungsweise v_l das spezifisches Volumen von Dampf respektive der Flüssigkeit darstellen. Ein Einsetzen der Gl. (5.117) in Beziehung (5.118) liefert

$$p_\infty - p_l = \frac{2\sigma}{r}\left(1 + \frac{v_l}{v_g}\right). \tag{5.119}$$

Um die Überhitzung durch die Druckdifferenz ($p_\infty - p_l$) zu berechnen, kann die Clausius-Clapeyron Gleichung benutzt werden. Diese erhält man, wenn ein abgeschlossenes adiabates System betrachtet wird, in dem sich Dampf und Flüssigkeit befinden, die sich im thermodynamischen Gleichgewicht befinden. Der Gleichgewichtszustand eines abgeschlossenen Systems ist nach dem 2. Hauptsatz der Thermodynamik durch das Maximum seiner Entropie gekennzeichnet. Unter den Nebenbedingungen, dass die innere Energie U und das Volumen V konstant sind, ist:

$$dS = 0 \quad (U = \text{const.}, V = \text{const.}). \tag{5.120}$$

Die Entropie des Zweiphasensystems setzt sich additiv aus den Entropien der beiden Phasen zusammen, deren Zustandsgrößen mit dem Index „g" bzw. „l" für die Gasphase (Dampf) und die flüssige Phase gekennzeichnet sind. Damit ergibt sich für die Entropie:

$$S = S_l + S_g = m_l \cdot s_l(u_l, v_l) + m_g \cdot s_g(u_g, v_g), \tag{5.121}$$

in den die kleinen Buchstaben m, s, u und v die spezifischen molaren Anteile, Entropien, inneren Energien und Volumenanteile der Dampfphase bzw. Flüssigkeitsphase darstellen. Setzt man die Beziehungen für die thermodynamischen Größen ein und bildet das Differential, so erhält man für dS:

$$dS = m_l\left(\frac{1}{T_l}-\frac{1}{T_g}\right)du_l + m_l\left(\frac{p_l}{T_l}-\frac{p_g}{T_g}\right)dv_l + \frac{1}{T_g}[u_g - u_l + p_g(v_g - v_l) - T_g(s_g - s_l)]dm_l. \tag{5.122}$$

Im thermodynamischen Gleichgewicht ist $dS=0$. Da die Differentiale du_l, dv_l und dm_l voneinander unabhängig sind, muss der Wert jeder der drei Klammern Null annehmen. Damit erhält man folgende Bedingung für das Zweiphasengleichgewicht:

$$T_l = T_g = T; \quad p_l = p_g = p \quad \text{und} \quad u_g + pv_g - Ts_g = u_l + pv_l - Ts_l. \tag{5.123}$$

Im Ergebnis können zwei Phasen also nur im Gleichgewicht stehen, wenn sie dieselbe Temperatur und denselben Druck haben. Zudem müssen ihre spezifischen freien Enthalpien h oder Gibbs-Funktionen g übereinstimmen. Es gilt also:

$$g = u + pv - Ts = h - Ts. \tag{5.124}$$

Eine Differentiation der Gibbs-Funktion liefert:

$$dg = -sdT + vdp, \tag{5.125}$$

an die die Randbedingung $dg_l(T,p) = dg_g(T,p)$ gestellt wird. Daraus folgt:

$$-s_l dT + v_l dp = -s_g dT + v_g dp. \tag{5.126}$$

Das Ergebnis ist die Clapeyron Beziehung:

$$\frac{dp}{dT} = \frac{s_g - s_l}{v_g - v_l}. \tag{5.127}$$

Führt man statt der Entropiedifferenz $(s_g - s_l)$ eine Enthalpiedifferenz $(h_g - h_l)$ ein, so erhält man unter Nutzung $(h_g - h_l) = T.\ (s_g - s_l)$ eine die Clausius- Clapeyron Gleichung in der Form:

$$T\frac{dp}{dT} = \frac{h_g - h_l}{v_g - v_l} \quad \text{oder} \quad \frac{dp_S}{dT} = \frac{\Delta h}{T_S(v_g - v_l)}, \tag{5.128}$$

in der p_S den Sattdampfdruck, T_S die Sattdampftemperatur und Δh die Verdampfungsenthalpie bezeichnen. Mit Hilfe der Clausius- Clapeyron Gleichung kann die Phasengrenzlinie zwischen der flüssigen und gasförmigen Phase, die sogenannte Siedepunktskurve, errechnet werden. Die Gl. (5.128) kann unter folgenden Randbedingungen weiter vereinfacht werden:

- das spezifische Volumen der Flüssigkeit ist klein, d. h. $(v_l/v_g) \ll 1$, und
- bei kleinen Temperaturänderungen kann der gesättigte Dampf als ideales Gas behandelt werden, also $(p \cdot v_g) = (R/M) \cdot T$ angesetzt werden, sowie für
- die Verdampfungsenthalpie soll $\Delta h(T) = const.$ gelten.

Unter diesen Annahmen erhält man zunächst folgendes Resultat:

$$\frac{dp}{p} = \frac{M}{RT^2}\Delta h dT. \tag{5.129}$$

Eine Integration des Drucks von p_l bis p_∞ und von Sättigungstemperatur (T_S) bis zur Dampfblasentemperatur (T_d) führt auf:

$$\ln\left(\frac{p_\infty}{p_l}\right) = -\frac{M}{R}\left(\frac{1}{T_d} - \frac{1}{T_S}\right)\Delta h = \frac{M}{RT_d T_S}(T_d - T_S)\Delta h, \tag{5.130}$$

unter Einbeziehung der Oberflächenspannung ergibt sich:

$$(T_d - T_S) = \frac{RT_s T_d}{M\Delta h}\ln\left[1 + \frac{2\sigma}{r p_l}\left(1 + \frac{v'}{v''}\right)\right]. \tag{5.131}$$

Die Annahmen $(v_l/v_g) \ll 1$ und $[2\sigma/(r \cdot p_l)] \ll 1$ vereinfachen die Gl. (5.131) durch Nutzung der Reihenentwicklung für $\ln(1+x)$ unter Vernachlässigung Terme höherer Ordnung weiter zu:

$$(T_d - T_S) = \Delta T_S = \frac{RT_S^2}{M\Delta h}\left(\frac{2\sigma}{r p_l}\right). \tag{5.132}$$

$(\ln(1+x) = x - x^2/2 + x^3/3 - x^4/4 + \ldots\ldots)$. Der Differenzdruck zwischen Blase und Fluid muss damit durch eine entsprechende Überhitzungstemperatur kompensiert werden, damit eine Blase mit stabiler Größe erhalten bleibt. Wegen der reziproken Abhängigkeit der Drucks p_l vom Blasenradius ($\sim 1/r$) setzt eine Blasenbildung in einer homogenen Flüssigkeit erst bei der deutlich höheren, der spontanen oder homogenen Keimbildungstemperatur ein.

In diesem Zusammenhang ist es sinnvoll, zunächst einen Blick auf Phasen- und Zustandsdiagramme zu werfen, wie es schematisch die Abb. 5.24 zeigt. Innerhalb eines derartigen vom spezifischen Volumen v, dem Druck p und der Temperatur T aufgespannten Raums gibt es Kurven, sogenannte Phasengrenzlinien, die unterschiedliche Aggregatszustände voneinander abgrenzen. Bei den von Ihnen eingeschlossenen Flächen stehen mehrere Phasen im thermodynamischen Gleichgewicht. Die einzelnen Phasengrenzlinien heißen

- Siedelinie, die zwischen der Tripellinie und dem kritischen Punkt die Phasengrenze flüssig zu gasförmig angibt.
- Sublimationskurve, die zwischen dem Nullpunkt und der Tripellinie den festen vom gasförmigen Zustand trennt, und
- die Taupunktslinie, die oft auch als die Kondensationskurve bezeichnet wird.

Die Siedepunkts- und Sublimationslinie können zur Dampfdruckkurve zusammengefasst werden. Der kritische Punkt besitzt keinen Freiheitsgrad, während alle anderen Linien einen Freiheitsgrad entweder Temperatur oder Druck aufweisen. Innerhalb der Phasenräume existieren zwei Freiheitsgrade und zwar Druck und Temperatur (Abb. 5.24).

Abb. 5.24 Dreidimensionale schematische Darstellung eines Phasendiagramms

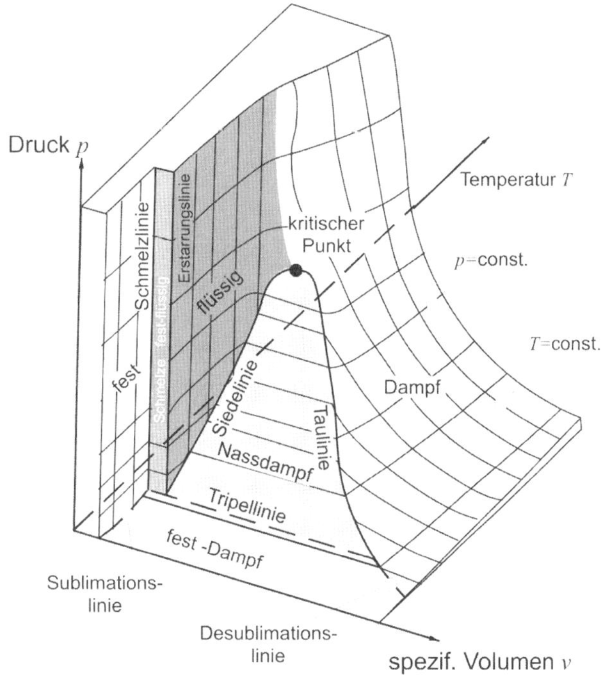

Die Tab. 5.11 gibt Siedetemperaturen bei Normaldruck, Temperaturen und Druck des Tripelpunkts sowie der kritischen Punkte einiger ausgewählter Stoffe an. Mit zunehmender Massenzahl nimmt der kritische Druck und die kritische Temperatur zu. Eine ähnliche Zunahme beider Größen ist mit zunehmender Oberflächenwechselwirkung der Moleküle zu beobachten.

Die Abb. 5.25 zeigt beispielhaft ein p-v-Diagramm des Kohlendioxids (CO_2). Links des kritischen Punktes grenzt die Siedelinie das Gebiet das Gebiet der unterkühlten, gesättigten Flüssigkeiten vom Zweiphasengebiet ab. Rechts des kritischen Punkt trennt die Taupunktslinie das Zweiphasengebiet von der Sattdampfregion ab. Oberhalb des kritischen Punktes gibt es keinen Phasenübergang mehr. Punkte innerhalb der Grenzlinie entsprechen stabilen Zuständen mit einem Gemisch aus Sattdampf und gesättigter Flüssigkeit. Das Massenverhältnisse von Dampf und Flüssigkeit eines Zustandes wird durch das Verhältnis der Abstände auf der Linie AE zu den Grenzlinien der gesättigten Flüssigkeit bzw. des Sattdampfes beschrieben.

Für ein ideales Gas ist die Isotherme charakterisiert durch die Stabilitätsbedingung $(\partial p/\partial v)_{T=\mathrm{const}} < 0$. Im p-v-Diagramm zeichnet sich der kritische Punkt als Wendepunkt der kritischen Isothermen aus. Mit Annäherung an die Grenzlinie weicht der Zustand eines Gases zunehmend vom idealen Gas ab. Dieses Verhalten des realen Gases wird durch die van der Waals-Gleichung beschrieben:

$$\left(p + \frac{a}{T^n v^2}\right)(v - b) = RT, \tag{5.133}$$

Tab. 5.11 Daten einiger ausgewählter Stoffe zur Siedetemperatur bei Normaltemperatur und Lage des Tripelpunkts wie auch des kritischen Punkts

	Stoff	Siedetemp. bei 1 bar in (K)	Tripelpunkt (°C)	(bar)	Krit. Punkt (°C)	(bar)
Ar	Argon	87.30	−189.34	0.67	−122.25	48.70
$C_{10}H_8$	Naphtalin	491.15	80.00	0.01	475.25	40.50
C_2H_2	Acetylen	189.35	−80.55	1.28	35.18	61.39
C_2H_5OH	Ethanol	351.40	−123	<0.01	243.05	63.80
C_3H_8	Propan	231.05	−187.70	3.3^*10^{-9}	96.80	42.56
C_4H_{10}	Butan	272.64	−138.29	6.74^*10^{-6}	152.01	37.96
C_6H_6	Benzol	353.25	5.40	0.05	288.95	48.90
CH_4	Methan	111.15	−182.47	0.12	−82.60	45.95
CO	Kohlenmonoxid	81.60	−205.02	0.15	−140.25	34.98
CO_2	Kohlendioxid	194.65	−56.57	5.19	31.05	73.83
D_2	Deuterium	23.70	−254.43	0.17	−234.85	16.60
H_2	Wasserstoff	20.38	−259.35	0.07	−239.91	12.96
H_2O	Wasser	373.15	0.01	0.01	373.95	220.60
He	Helium	4.21	–	–	−267.95	2.28
Hg	Quecksilber	629.88	−38.83	0.0	1476.85	1720
Kr	Krypton	119.90	−158.25	0.73	−63.75	54.90
Luft	Luft	78.80	−213.15		−140.63	37.20
N_2	Stickstoff	77.40	−210.00	0.13	−146.95	33.90
N_2O	Distickstoffmonoxid	184.69	−90.81	0.88	−90.81	0.22
Ne	Neon	27.10	−248.59	0.43	−228.65	27.20
NH_3	Ammoniak	240.20	−77.74	0.06	132.35	113.50
O_2	Sauerstoff	90.20	−218.79	0.00	−118.85	50.40
SO_2	Schwefeldioxid	263.15	−75.55	0.02	157.50	78.80
Xe	Xenon	165.10	−111.75	0.82	16.65	58.90

in der a und b Konstanten darstellen und n der Berthelot-oder van-der-Waals-Exponent ist. Zum äußeren Druck p tritt hier der Binnendruck $a/(T^n \cdot v^2)$, der auf den Anziehungskräften der Moleküle untereinander beruht. Vom Volumen ist das Kovolumen b abzuziehen, denn die Moleküle mit ihrem endlichen Radius beanspruchen ein gewisses Volumen, das nicht mehr zur freien Bewegung zur Verfügung steht. Innerhalb des Zweiphasenübergangsgebietes in der Abb. 5.25 nimmt die van-der-Waals-Beziehung einen Kurvenzug an, der der Linie durch die Punkte ABCDE entspricht.

Bei $T < T_{kritisch}$ dagegen stellt man auf den ersten Blick ein unphysikalisches Verhalten fest. Der Druck verringert sich bei Kompression. Diese Schwachstelle der van-der-Waals-Gleichung korrigiert man durch die sogenannte Maxwell-Konstruktion. Dabei wird eine

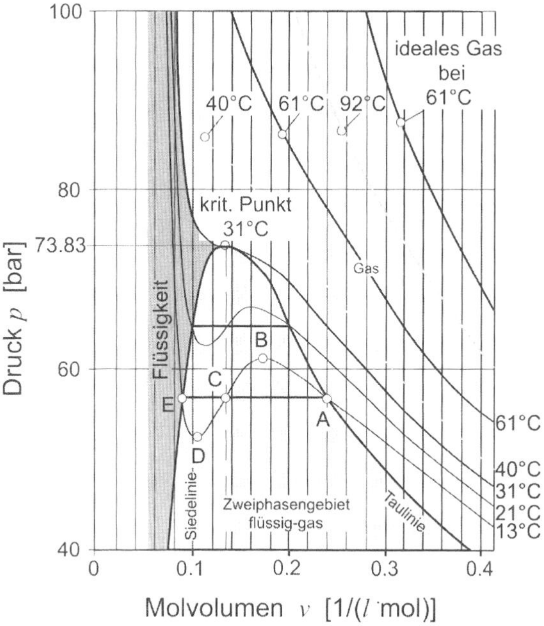

Abb. 5.25 Ausschnitt aus dem p-v-Diagramm des Kohlendioxids (CO_2)

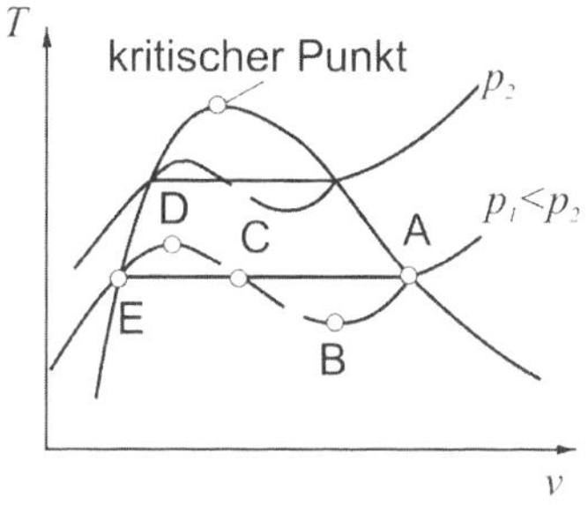

Abb. 5.26 Schemaskizze eines T-v-Diagramms zur Erläuterung des Überhitzens und Unterkühlens

waagrechte Gerade so platziert, dass die von der Gerade und dem Graphen eingeschlossenen Flächen gleich groß sind. Diese Waagrechte beschreibt den Phasenübergang. Eine weitere Kompression führt nun zum Übertritt von Gasteilchen in die flüssige Phase. Der Druck bleibt dabei konstant und entspricht dem Dampfdruck. Ist der Phasenübergang abgeschlossen, führt eine weitere Kompression zu extremen Druckanstieg, was man bei Kompression von Flüssigkeiten auch erwartet. Ablesbar ist auch der Wert des Eigenvolumens b, der nicht unterschritten werden kann.

In technischen Systemen erfolgen Zustandsänderungen zumeist isobar, deshalb soll zur Erläuterung auch das in der Abb. 5.26 schematisch dargestellte T-v-Diagramm verwendet werden. Betrachtet man die Isobare p_1, so befindet sich zwischen E und A das Zweiphasengebiet, in dem sich alle Zustände zwischen E und A additiv aus zwei Phasen zusammensetzen. Mit der van-der-Waals-Gleichung gibt es jetzt weitere Punkte, bzw. Linien DE, BD und AB.

Der Zustand auf der Linie ED kann auch von Wasser angenommen werden, obwohl hinsichtlich der Stabilitätsbedingung $(\partial p/\partial v)_{T=\text{const}}<0$ ist. Er wird als metastabil bezeichnet und als Folge kann man Flüssigkeiten überhitzen. Von E kommend wird das Fluid als unterkühlte Flüssigkeit langsam erwärmt und sollte bei E eigentlich sieden. Stattdessen erhält man eine sogenannte überhitzte Flüssigkeit, zwischen E und D. Diese ist instabil. Tritt eine beliebige Störung auf, springt die überhitzte Flüssigkeit von einem Punkt zwischen ED auf einen Punkt der Linie AE. Dies bedeutet, dass sich die Flüssigkeit plötzlich in zwei Phasen verwandelt.

Das entsprechende umgekehrte Phänomen, das sogenannte Unterkühlen, kennt man aus der Meteorologie den Zweig AB. Von rechts kommend aus dem überhitzten Dampfgebiet sollte der Dampf bei A anfangen zu kondensieren, z. B. in Wolken. Macht er aber nicht. Er bleibt unterkühlter Dampf. Gibt es eine Störung beispielsweise durch einen Düsenjet bildet die Wolke plötzlich Tröpfchen. Diese Unterkühlung spielt in der Meteorologie eine große Rolle und kann einige Grad Celsius betragen.

An den Punkten B und D weisen van der Waals-Kurven ein Maximum bzw. ein Minimum. Dort gilt $(\partial p/\partial v)_{T=\text{const}}.=0$. Dazwischen liegt ein instabiler Bereich, in dem $(\partial p/\partial v)_{T=\text{const}}>0$ ist. In diesem Gebiet kann es keine metastabile Zustände geben sie können und können nicht auftreten. Letzteres sieht man wiederum besser im p-v-Diagramm. Zwischen B und D würde eine kleine Expansion zu einem Druckanstieg und damit zu einer weiteren Expansion führen.

Im p-v-Diagramm muss die Fläche und den Punkten CDE unter der Gleichgewichtslinie AE gleich der Fläche und ABC über der Gleichgewichtslinie entsprechen.

Mit dem Verständnis der Phasendiagramme kann man die Grenze gegen Überhitzung definieren, da an den Minima die Bedingungen

$$(\partial p/\partial v)_{T=const.} = 0 \quad \text{und} \quad (\partial^2 p/\partial v^2)_{T=const.} > 0 \tag{5.134}$$

erfüllt sein müssen.

Mit den Bedingungen am kritischen Punkt $(\partial p/\partial v)_{T=Tkrit}=0$ und $(\partial^2 p/\partial v^2)_{T=Tkrit}>0$ können die Konstanten in der van der Waals-Gleichung bestimmt werden. Es ergibt sich $a=3$ und $b=3$. Eine Normierung der Zustandsgrößen mit den Werten am kritischen Punkt in der Art $\pi=p/p_{krit}$, $\theta=T/T_{krit}$ und $\phi=v/v_{krit}$ überführt die Gl. (5.133) in:

$$\left(\pi + \frac{3}{\theta^n \varphi^2}\right)(\varphi - 3) = \frac{8}{3}T. \tag{5.135}$$

Für den Exponenten n schlagen van der Waals $n=0$ und Berthelot $n=1$ vor. Entlang der Überhitzungsgrenze einer Flüssigkeit muss nach Gl. (5.133) $(\partial\pi/\partial\phi)_{\theta=\text{const}}=0$ gelten, so dass folgender Ausdruck für die reduzierte Temperatur die spontane Keimbildung „*sK*" entsteht:

$$\theta_{sK}{}^{n+1} = \frac{(3\varphi - 1)^2}{4\varphi^3}. \tag{5.136}$$

Abb. 5.27 Vergleich der Überhitzungsgrenze nach Gl. (5.136) mit dem Exponenten von van-der-Waals mit $n=0$ und Berthelot mit $n=1$ sowie gemessenen Werten aus (Eberhart und Schnyders 1973)

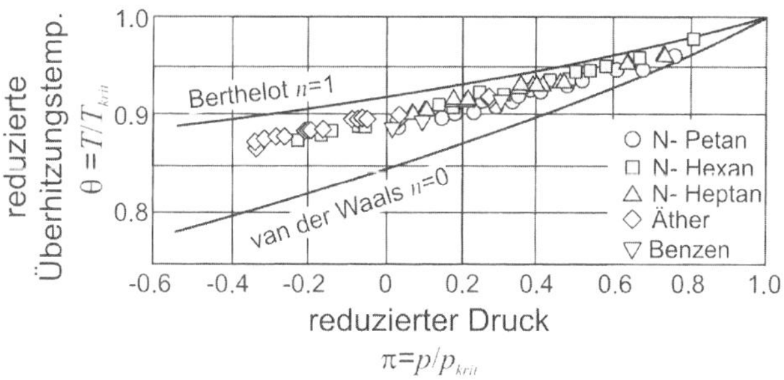

(Eberhart und Schnyders 1973) veröffentlichten einen Vergleich gemessener Überhitzungsgrenzen mit errechneten Werten (vergl. Abb. 5.27). Die beste Anpassung der Messwerte würde sich mit $n=1/2$ ergeben. In Gl. (5.136) eingesetzt, ergibt dies die modifizierte Berthelot-Gleichung. (Der negative reduzierte Druck in Abb. 5.27 entspricht Bedingungen, bei denen die Flüssigkeit externen Kräften ausgesetzt ist.) Der atmosphärische Druck wird mit 0.1 MPa klein gegenüber dem kritischen Druck von Wasser mit 22.5 MPa angesetzt, so dass der reduzierte Druck $\pi \rightarrow 0$ geht. Für $\pi = 0$ folgt aus den Gl. (5.135) und (5.136) $\phi = 2/3$. Setzt man dieses Ergebnis in die Relation (5.136) ein, so erhält man für die spontane Keimbildungstemperatur:

$$\theta_{sK} = \left(\frac{27}{32}\right)^{1/(n+1)}. \tag{5.137}$$

Somit nimmt die reduzierte Temperatur der Überhitzungsgrenze je nach van-der-Waals, Berthelot-oder der modifizierten Berthelot-Gleichung den Wert 0.844, 0.893 und 0.919 an.

Collier und Thome (1996) geben für Wasser unter atmosphärischer Bedingung als Temperatur für die homogene Keimbildung einen Wert von $T_{sK} = 320.7$ °C an. Diese Werte übersteigen das für Siedewasserkollektoren angestrebte Temperaturniveau im Betrieb erheblich. Lediglich bei Störfällen, bei Ausfall der Wärmesenke und voller Einstrahlung, können solche Stillstandstemperaturen erreicht werden. Bei Anwesenheit von Gasen nimmt die Überhitzung schnell ab, da der Partialdruck p_p von eingeschlossenen Gasen die Dampfblase stabilisiert. In einem solchen Fall modifiziert sich Gl. (5.117) zu:

$$p_g - p_p = p_l + \frac{2\sigma}{r}. \tag{5.138}$$

Die Überhitzung ergibt sich damit zu:

$$T_{\ddot{U}} - T_{St} = \frac{R T_S^2}{M \Delta h} \frac{2\sigma}{r p_l} \ln\left[1 + \left(\frac{2\sigma}{r p_l}\right)\left(1 + \frac{v_l}{v_g}\right) - \frac{p_p}{p_l}\right]. \tag{5.139}$$

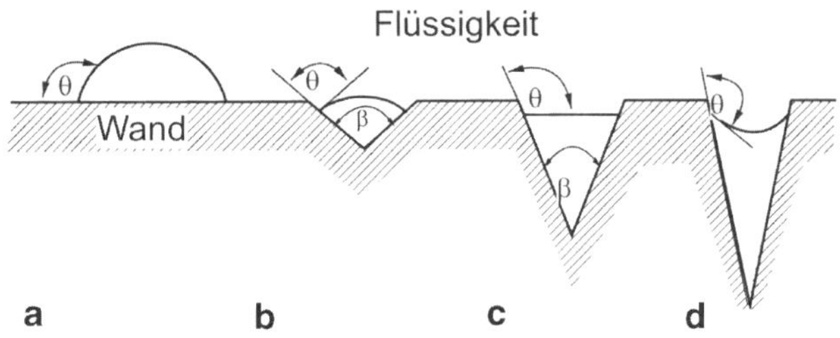

Abb. 5.28 Randwinkel und Krümmung der Flüssigkeits-/Dampf-Grenzfläche an ebenen Flächen (**a**) und unterschiedlich geformten Kavitäten (**b**–**d**)

5.3.1.2 Sieden an technischen Oberflächen

In technischen Systemen insbesondere in Solarkollektoren zur Dampferzeugung, die täglich mindestens einmal be- und entlüftet werden, ist stets mit in Wasser gelösten Gasen zu rechnen. Neben diesen im Wasser mitgetragenen Gasblasen bieten gasgefüllte Poren in der Rohrwand zusätzliche Siedekeime an. Bei letzterem spielt das Benetzungsverhalten des Wassers an der Rohrwand und damit der Kontaktwinkel eine ausgezeichnete Rolle. Die freie Bildungsenthalpie $\Delta G(r)$ eines Siedekeims wird um den Faktor ϕ an einer ebenen Grenzfläche verringert, der in folgender Weise vom Benetzungswinkel θ abhängt (Bankoff 1957):

$$\phi = \frac{(2 + 2\cos\theta + \cos\theta\sin^2\theta)}{4}. \tag{5.140}$$

Im Grenzfall $\theta = 0°$, der eine vollständige Benetzung bedeutet, wird $\phi = 1$ und die Bildungsenthalpie ändert sich nicht. Ohne jegliche Benetzung strebt θ gegen 180° und mit $\phi = 0$ ist keine Überhitzung erforderlich. In Wandporen, die sich mit einem Winkel β zur Flüssigkeit hin öffnen, wächst der effektive Kontaktwinkel θ, wie es die Abb. 5.28 darstellt. Bei einer flachen Kavität oder bei Poren wirkt sich dies gering aus. Mit spitzer zulaufenden Vertiefungen kann der effektive Kontaktwinkel jedoch 180° erreichen und die erforderliche Überhitzung geht gegen 0. Im Fall schlechter Benetzung und kleinem β kann sich die Krümmung der Flüssigkeitsoberfläche in der Kerbe umkehren und die Bildungsenthalpie wird negativ. Damit wird unterkühltes Sieden möglich. In den in späteren Abschnitten beschriebenen Strömungsformen ist daher immer dann auf den Benetzungseffekt zu achten, wenn das Blasensieden am Rohrrand die Strömung wesentlich beeinflusst.

5.3.2 Behältersieden

Es wird technisch zwischen Behältersieden (Sieden in freier Strömung) und Strömungssieden in Rohren unterschieden. Sehr gut lässt sich das Behältersieden anhand der Nukijama-Kurve, die in der Abb. 5.29 für Wasser bei 0.1 MPa in Form einer Auftragung der Wärmestromdichte über der Differenz zwischen Wand- und Sattdampftemperatur dargestellt ist, erläutern. Wenn man die Siedekurve benutzt, kann man beim Sieden fünf Bereiche unterscheiden.

Da eine Flüssigkeit bei Erreichen der Sättigungstemperatur nicht unmittelbar seine Phase wechselt, wenn es nicht schon in Kontakt mit Dampf steht, bilden sich keine

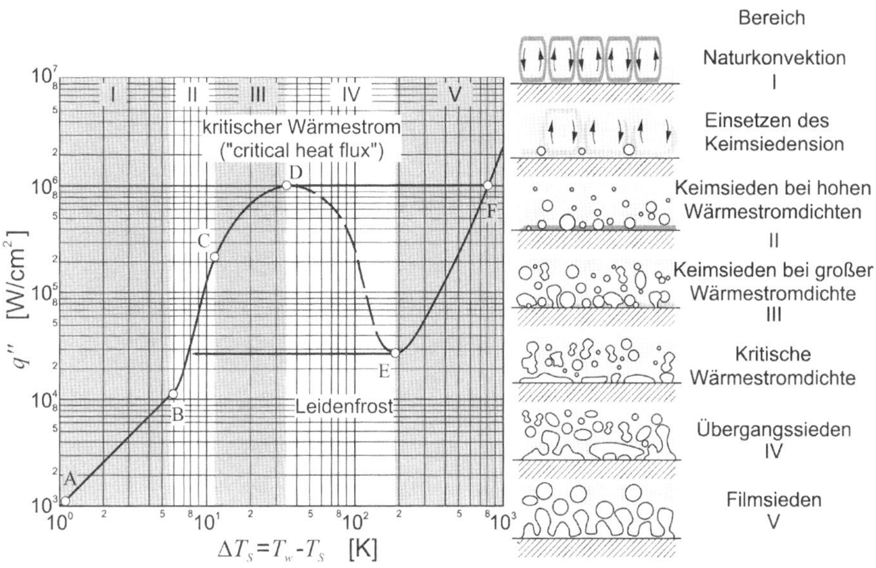

Abb. 5.29 Siedekurven beim Behältersieden für Wasser bei Atmosphärendruck (links). Verschiedene Stufen des Behältersiedens nach (Collier undThome 1996) (rechts)

Dampfblasen im Bereich I aus. Es setzt durch die Dichteunterschiede getrieben lediglich Naturkonvektion ein, der kontinuierlich kälteres Fluid in Richtung der Wand liefert; damit erhöht sich der Wärmeübergang von A-B.

Sobald sich das Fluid über der Sättigungstemperatur befindet, bilden sich kleine Dampfblasen an Oberflächenporen oder Kavitäten, die man als Nukleationskeime bezeichnet. Die Bildung der Dampfblasen gibt den Übergang in die Region II, dem des Keimsiedens („nucleate boiling") am Punkt B (B = ONB „onset of nucleate boiling") an. Das Keimsieden ist mit einem steilen Anstieg des Wärmeübergangskoeffizienten verbunden; selbst ein kleiner Anstieg der Heizertemperatur ist mit einem deutlichen höheren Wärmestrom verknüpft. Zuerst entstehen Dampfblasen, wachsen und verlassen langsam die Wand. Es besteht ein hinreichender Abstand zwischen den Blasen, weshalb der Bereich II als Einzelblasensieden („individual bubble regime") bezeichnet wird.

Erhöht man die Temperatur weiter, verkürzt sich in Wandnähe der Abstand zwischen den Blasen und eine Blase hat kaum die Wand verlassen bevor die nächste entsteht. Dies setzt sich solange fort bis sich die Blasen zu kontinuierlichen von der Wand aufsteigenden Dampfsäulen zusammenschließen. Dies bezeichnet den Übergang zur Region III, der als Pfropfen- oder Kolbenkeimsieden („high-heat-flux nucleate boiling regime") bezeichnet wird. Dieser Prozess kann sich nicht unendlich fortsetzen.

Mit weiter steigenden Temperaturen werden Dampfblasen so schnell erzeugt, dass sie den Zutritt des Fluids zur beheizten Wand unterbinden. Der Wärmestrom, an dem diese Siedekrise auftritt, wird kritischer Wärmestrom („critical heat flux" = CHF) genannt. Er bezeichnet den Beginn des Bereichs IV, dem Übergangssieden („transitional boiling"). In diesem Bereich sind Großteile der Wand von einem Dampffilm bedeckt und Flüssigkeit gelangt lediglich intermittierend an die beheizte Wand. Er ist gekennzeichnet durch einen rapiden Abfall des Wärmeübergangskoeffizienten bei steigender Wandtemperatur.

Das Übergangssieden ist äußerst instabil und die gestrichelte Linie in Abb. 5.29 lässt sich technisch kaum erzielen, da zumeist nicht die Oberflächentemperatur geregelt wird. Im Regelfall wird die Heizleistung an der Wand geregelt. Bei Überschreiten des kritischen Wärmestroms springt die Temperatur der Wand schlagartig auf einen höheren Wert (F) und es setzt unmittelbar Filmsieden (Bereich V) ein. Dies wird durch den Pfeil angedeutet. Dieser plötzliche Temperaturanstieg hat oft erhebliche Folgen für den Heizer. Beim Filmsieden liegt auf der Wand ein homogener Dampffilm und die Wandtemperatur ist so hoch, dass die Wärmeleitung durch den Dampffilm groß genug ist, um auf der anderen Seite Flüssigkeit zu verdampfen.

Die kleinste Wandtemperatur, an der ein geschlossener Dampffilm die Wand bedeckt, heißt Leidenfrosttemperatur. Wenn die Wandtemperatur nach Eintritt in das Filmsiedegebiet (Bereich V) kontinuierlich abgesenkt wird, wird dieses Hysteresephänomen deutlich sichtbar. Die Wandüberhitzung folgt der Linie von E nach D und der geschlossene Dampffilm bleibt solange stabil bis die Leidenfrosttemperatur erreicht ist. Dann bricht der Dampffilm schlagartig zusammen. Dieser Zusammenbruch führt zu einer abrupten Transition vom Filmsieden zurück in den Bereich II des Keimsiedens entlang des Pfeils.

In Solarkollektoren wird der Übergang vom Keimsieden zum Filmsieden nur bei begrenztem und stagnierendem Flüssigkeitsangebot auftreten. Eine vergleichende Betrachtung der Zahlenwerte der Wärmestromdichten mit Flächenleistungen der solaren Einstrahlung unter 1000 W/m^2 zeigt schnell, dass in einem Behälter auch ohne konvektiven Wärmeübergang die Vorteile des erhöhten Wärmeübergangs beim Sieden mangels Wärmestromdichte nicht genutzt werden. Lediglich eine erhebliche Konzentration der solaren Einstrahlung mit Spiegeln erlaubt eine Verbesserung des Wirkungsgrades durch Sieden. Dieser kann durch verbesserte Wärmeleitung in der Absorberplatine zu den Wärmeabfuhrrohren weiter erhöht werden.

Für den Bereich des Behälter-Blasensiedens (Blasensieden in freier Strömung) gilt:

$$\frac{\alpha}{\alpha_0} = c_W \cdot F(p^*) \cdot \left(\frac{q''}{q_0''}\right)^n. \tag{5.141}$$

α_0 ist hierbei ein Bezugswert bei $q'' = 20$ kW/m^2 und $p^* = p/p_{krit} = 0.1$, der möglichst experimentell bestimmt werden sollte. Der Einfluss der Rauigkeit wird durch $c_W = (R_a/R_{a0})^{0.133}$ berücksichtigt, in der für die Bezugsrauigkeit R_{a0} der Wert $R_{a0} = 0.4$ µm angesetzt wird. Für die Druckkorrektur $F(p^*)$ von $p^* = 0.1$ auf p^* können für Flüssigkeiten außer flüssigen Metallen, die eine hohe Oberflächenspannung haben, folgende Relationen verwendet werden:

$$\begin{aligned} F(p^*) &= 1.2 \cdot p^{*0.27} + \left[2.5 + \tfrac{1}{1-p^*}\right] \cdot p^* \quad \text{(Fluide außer Wasser)} \\ F(p^*) &= 1.73 \cdot p^{*0.27} + \left[6.1 + \tfrac{0.68}{1-p^{*2}}\right] \cdot p^{*2} \quad \text{(Wasser).} \end{aligned} \tag{5.142}$$

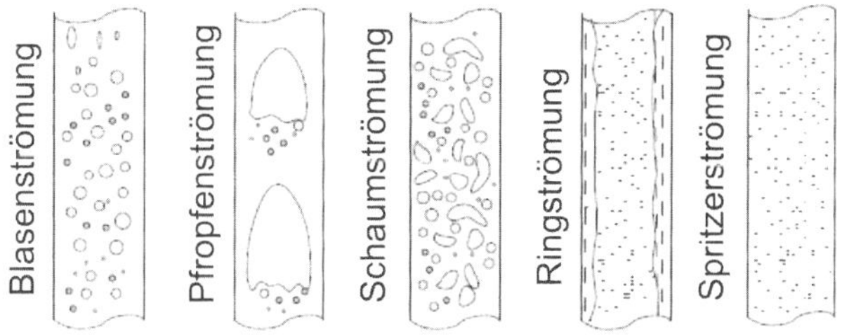

Abb. 5.30 Strömungsformen in nicht beheizten vertikalen Rohren aus (Huhn und Wolf 1975)

Für den Exponenten n gelten dann folgende Beziehungen:

$$n\left(p^*\right) = 0.9 - 0.3 \cdot p^{*0.3} \quad \text{(Fluide außer Wasser)}$$
$$\text{und} \quad n\left(p^*\right) = 0.9 - 0.3 \cdot p^{*0.15} \quad \text{(Wasser)}. \tag{5.143}$$

Falls für α_0 kein experimenteller Wert bekannt ist, kann man ihn mittels Beziehungen, die sich auf den Blasenabreißdurchmesser und den Benetzungswinkel stützen, abschätzen. Details hierzu sind in (Collier und Thome 1996) und dem VDI-Atlas (VDI 2005) zu finden. Der Bereich des Blasensiedens endet bei der kritischen Wärmestromdichte q''_{krit}, die für Wasser durch die Beziehung:

$$q''_{krit} = 0.14 \cdot \Delta h \cdot \sqrt{\rho_l} \cdot [\sigma \cdot (\rho_l - \rho_g) \cdot g], \tag{5.144}$$

gegeben ist, in der ρ_l die Dichte der Flüssigkeit und ρ_g die des Dampfes ist.

5.3.3 Erscheinungsformen des Rohrsiedens

Bei einer Zweiphasenströmung treten entsprechend des Volumenanteils der Gas- und Flüssigkeitsphase verschiedene Strömungsformen auf. Ihre Kenntnis ist von grundsätzlicher Bedeutung, da die verschiedenen Vorgänge bei der Zweiphasenströmung in den meisten Fällen nur bei ausreichender Vorstellung der Verteilung der beiden Phasen genauer berechnet werden können. Zum besseren Verständnis der Zweiphasenströmungen werden Strömungsbereiche definiert, die durch bestimmte Merkmale gekennzeichnet sind.

Strömungsformen in adiabaten Systemen Für eine aufwärts gerichtete Zweiphasenströmung in einem senkrechten Rohr lassen sich grob die in Abb. 5.30 dargestellten Strömungsbereiche angeben. Qualitativ können die einzelnen Strömungsformen wie folgt beschrieben werden:

- *Blasenströmung:* Die Gasphase liegt verteilt in vielen Blasen in einem kontinuierlichen Flüssigkeitsstrom vor. Diese Strömungsform tritt bei kleinen Gasvolumenanteilen auf.
- *Pfropfenströmung:* Das Gas strömt als Pfropfen, die nahezu den gesamten Rohrquerschnitt ausfüllen. Zwischen den Pfropfen befindet sich Flüssigkeit, die kleine Blasen enthalten kann.

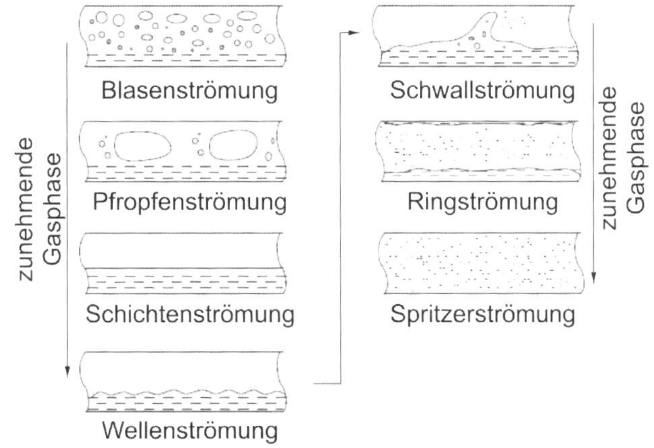

Abb. 5.31 Strömungsformen in nicht beheizten horizontalen (oder gering geneigten) Rohren aus (Huhn und Wolf 1975)

- *Schaumströmung:* Diese Strömungsform stellt einen Übergang zwischen Pfropfen- und Ringströmung dar. Sie entsteht, wenn die Turbulenz bei der Pfropfenströmung beispielsweise durch Vergrößerung der Massenstromdichte erhöht wird. Die Schaumströmung besteht aus unregelmäßigen großen und vielen kleinen Blasen und ist auffallend instabil. Sie tritt meist bei größeren Rohrdurchmessern und höherem Druck auf.
- *Ringströmung:* Bei der Ringströmung bewegt sich an der Wand ein Flüssigkeitsfilm. Das Gas strömt mit wesentlich höherer Geschwindigkeit im Kern. Ein Teil der Flüssigkeit wird in Form von Tropfen im Gaskern transportiert. Von der Ringströmung wird oft die Schwallströmung, bei der der Flüssigkeitsfilm unregelmäßig und pulsierend strömt, und die Ring-Tropfen-Strömung, bei der der Gaskern mit sehr vielen Flüssigkeitstropfen beladen ist und die sich bei größeren Gasgeschwindigkeiten einstellt, unterschieden.
- *Spritzerströmung:* Bei der Spritzerströmung wird die gesamte Flüssigkeit in Form von Tropfen vom Gas transportiert. Sie tritt nur bei hohen Gasgeschwindigkeiten und geringen Flüssigkeitsvolumenanteilen auf. Sie wird meist bei der Verdampfung unter höherem Druck beobachtet.

Bei der Strömung von Zweiphasengemischen in einem waagrechten oder nur wenig geneigtem Rohr treten andere Strömungsformen auf, da infolge der Schwerkraft und Dichte die Flüssigkeit vorwiegend in der unteren Rohrhälfte und das Gas zum größten Teil in der oberen strömt. Die Strömungsformen in einem waagrechten und in einem senkrechten Rohr weichen umso mehr voneinander ab, je größer der Einfluss der Schwerkraft gegenüber dem der Reibungskräfte auf die Strömung ist. Besonders bei geringen Geschwindigkeiten bilden sich im waagrechten Rohr Strömungsformen aus, die im senkrechten Rohr nicht beobachtet werden. Die Strömungsformen im waagrechten Rohr können in die Bereiche der Blasen-, Pfropfen-, Schichten-, Wellen-, Schwall-, Ring- und Spritzerströmung eingeteilt werden. Die Abb. 5.31 skizziert diese Strömungsformen qualitativ.

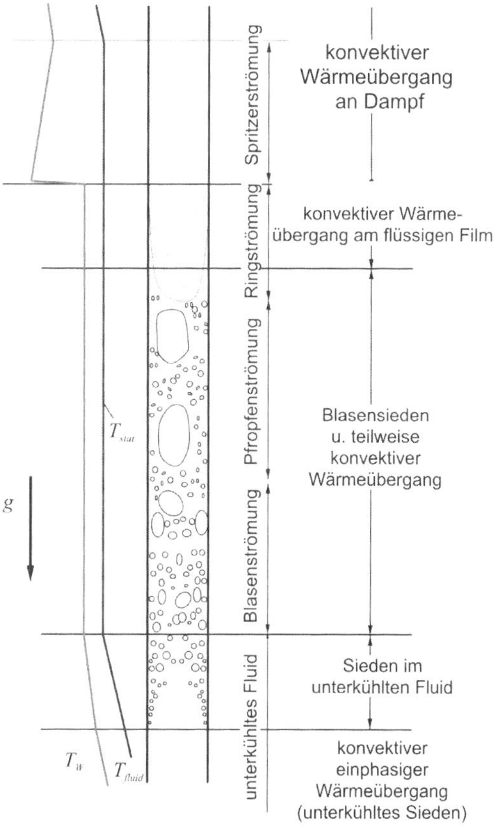

Abb. 5.32 Schemaskizze der auftretenden Strömungsformen, Wärmeübergangsbereiche und Verlauf der Wandtemperatur T_W und der Fluidtemperatur T_{fluid} bei der Verdampfung im senkrechten Rohr aus (Huhn und Wolf 1975)

Strömungsformen bei nichtadiabaten Systemen Die *Schichtenströmung* tritt bei sehr kleinen Geschwindigkeiten auf. Bei ihr sind die beiden Phasen vollständig getrennt. Wird die Gasgeschwindigkeit gesteigert, bilden sich zuerst Wellen auf der Flüssigkeitsoberfläche (Wellenströmung) und später unregelmäßige Schwälle (Schwallströmung). Bei noch höherer Gasgeschwindigkeit entsteht die *Ringströmung*, bei der im waagrechten Rohr infolge der Schwerkraft der Flüssigkeitsfilm an der oberen Rohrhälfte meist dünner ist als an der unteren.

Ein typisches Beispiel für eine vollständige Verdampfung einer Flüssigkeit bei nicht zu hohem Druck in einem senkrechten Rohr sowie den dabei nacheinander auftretenden Strömungsbereichen zeigt die Abb. 5.32. In das Rohr tritt unterkühlte Flüssigkeit ein. Wenn die wandnahe Flüssigkeitsschicht infolge der äußeren Beheizung genügend überhitzt ist, bilden sich an der Wand Blasen, die bei einer bestimmten Größe abreißen und in den Strömungskern wandern. Dieser ist anfangs unterkühlt und die Blasen kondensieren wieder (Bereich des Siedens in unterkühlter Flüssigkeit). Hat die gesamte Flüssigkeit die Siedetemperatur erreicht, bewegen sich in der Strömung Blasenketten aus kleinen Blasen. Mit ansteigender Blasenzahl verbinden sich die Blasen, und es entstehen größere Blasen (sog. *Blasenströmung*). Diese können bei weiterer Wärmezufuhr zu langen Pfropfen zu-

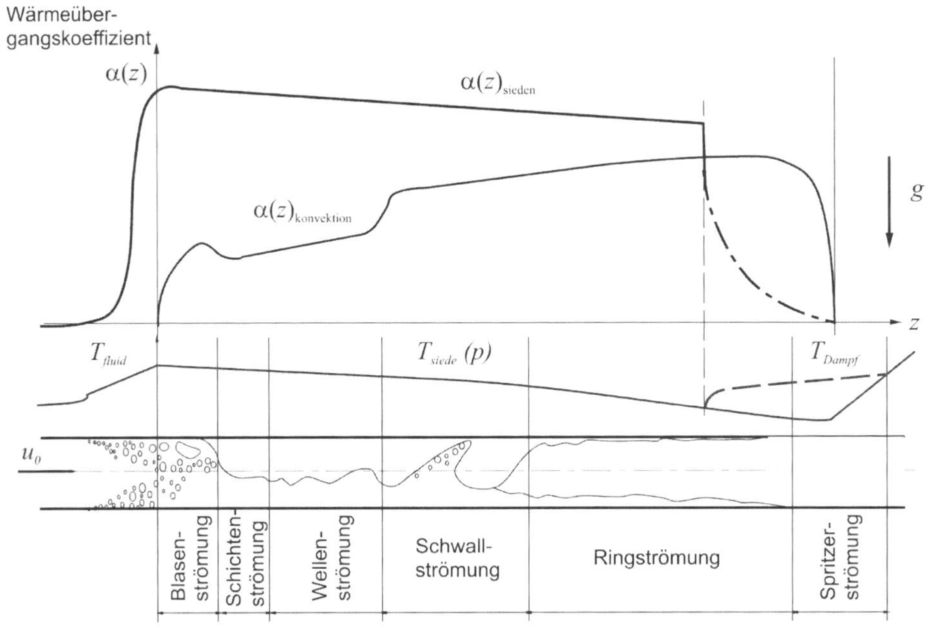

Abb. 5.33 Schemaskizze der auftretenden Strömungsformen und Wärmeübergangsbereiche. Qualitativer Verlauf der Fluidtemperatur T_{fluid} sowie der Wärmeübergangskoeffizienten bei der Verdampfung in einem horizontalen Rohr

sammenwachsen (Bereich der *Pfropfenströmung*) oder sehr große unregelmäßige Blasen bilden, wobei außerdem noch viele kleine Blasen vorhanden sind (Bereich der *Schaumströmung*). Bei zunehmender Verdampfung reißen die Flüssigkeitswände zwischen den Pfropfen bzw. großen Blasen auf und es stellt sich eine *Ringströmung* ein. Aus dem Flüssigkeitsfilm werden durch den schnell strömenden Dampf Tropfen herausgerissen und vom Dampfkern abtransportiert. Durch die Verdampfung wird der Flüssigkeitsfilm immer dünner. Bei sehr kleiner Filmdicke beginnt er aufzureißen und verschwindet danach vollständig. Es liegt eine *Spritzerströmung* vor. Wenn alle Flüssigkeitstropfen verdampft sind, wird der Dampf überhitzt.

Bei der *vollständigen Kondensation* (Wärmeabfuhr aus dem Rohr) tritt überhitzter oder gesättigter Dampf in das Rohr ein. Durch die Dampfkondensation an der Rohrwand bildet sich ein Flüssigkeitsfilm und es entsteht eine *Ringströmung*. Mit wachsender Filmdicke werden aus dem Film Tropfen herausgerissen. Bei weiterer Kondensation bilden sich auf dem Film Schwälle, die zusammenwachsen und den gesamten Rohrquerschnitt ausfüllen. Bei der sich danach einstellenden *Blasenströmung* werden die Blasen durch die Wärmeabfuhr kleiner und verschwinden schließlich. Kondensiert der Dampf im waagrechten Rohr, so treten bei größeren Flüssigkeitsvolumenanteilen vor allem die Wellen- und Schichtenströmung auf.

In vereinfachter Form sind die Übergänge zwischen den einzelnen Strömungszuständen in einem horizontalen Rohr in der Abb. 5.33 dargestellt. Darüber entsprechend sind die Wärmeübergänge qualitativ angegeben. Die Vorgänge im horizontalen Rohr, wie sie beispielsweise in Fresnelkollektor- oder Parabolrinnenkollektorsystemen auftreten, unterscheiden sich von denen im vertikalen Rohr, wie sie typischerweise in einem Niedertemperaturkollektor auftreten.

Ausgehend vom reinen einphasigen, konvektiven Wärmeübergang α_{konv} steigt der Wärmeübergang im zweiphasigen Bereich mit Beginn des Blasensiedens deutlich an. Auch der konvektive Anteil wächst mit dem Dampfgehalt. Im Bereich von Schichten- oder Wellenströmungen können erhebliche Verschlechterungen mit großen Unterschieden am Rohrumfang auftreten. Bei Schwall- oder Ringströmungen kommt es erneut zu einem besseren Wärmeübergang, da eine ausreichende oder ausreichend häufige Benetzung am gesamten Rohrumfang einsetzt. In der Ringströmung ist das Rohr am gesamten Umfang mit Wasser benetzt. Die Verdampfung erfolgt an der Filmoberfläche. Trocknet der Wasserfilm aus, geht der Wärmeübergang auf einen Zustand über, in dem nur Dampf existiert.

Den jeweiligen Strömungsformen kommen, wie Abb. 5.33 verdeutlicht, große Bedeutung beim Wärmeübergang und dem Druckverlust zu. Um ihr Auftreten vorhersagen zu können, werden sie in Form sogenannter Strömungsformenkarten dargestellt, in denen die verschiedenen Strömungsformen Bereichen von Strömungs- und Stoffparametern zugeordnet sind.

5.3.4 Kenngrößen der Zweiphasenströmung

Zweiphasenströmungen von Gas und Flüssigkeit zeichnen sich durch eine zeitlich und örtlich veränderliche Phasengrenze und Wechselwirkungskräften zwischen beiden Phasen aus. Daraus ergibt sich sowohl für den Impuls- und Wärmetransport eine erschwerte analytische Zugänglichkeit. Verlässliche analytische Modelle benötigen eine genaue Untersuchung der einzelnen Teilvorgänge, die bei der Zweiphasenströmung auftreten und oft in vielfältiger Weise voneinander abhängen. Durch die in den letzten Jahren gestiegene Rechenleistung ist es heute möglich, mit Hilfe numerischer Rechenprogramme die analytischen Modelle, die aus komplexen, teilweise mehrfach unbestimmten Gleichungssystemen bestehen, zu lösen. Bei einer makroskopischen Beschreibung der Vorgänge im Zweiphasengebiet werden heute zumeist noch vereinfachte teilempirische Modelle verwendet. Hierzu ist die Kenntnis der vielen zu berücksichtigenden Einflussgrößen vonnöten. Die wichtigsten der Parameter sind:

- der Massenstrom $\dot{M}_g$ des Gases,
- der Massenstrom $\dot{M}_l$ der Flüssigkeit,
- die Dichte ρ_g des Gases,
- die Dichte ρ_l der Flüssigkeit,
- die dynamische Zähigkeit η_g des Gases,
- die dynamische Zähigkeit η_l der Flüssigkeit,
- die Oberflächenspannung σ,

- der Rohrinnendurchmesser d,
- die Neigung β des Rohres und
- die Fallbeschleunigung g.

Hinzu kommen Eintrittseffekte, Einflüsse der Kanalgeometrie, Beschaffenheit der Kanalwände und viele weitere mehr. In den nachfolgenden Ableitungen bezeichnet der Index „g" die gasförmige Phase und „l" (liquid) die flüssige Phase. u_m ist die mittlere Geschwindigkeit und ν die kinematische Viskosität.

Ebenso wie bei der einphasigen Strömung können die Einflussgrößen zu einem Satz unabhängiger, dimensionsloser Kennzahlen zusammengefasst werden. Es sind dies zum einen Kräfteverhältnisse, wie die Reynolds-Zahl *Re*, die Froude-Zahl *Fr* und die Weber-Zahl *Wb*, die wie folgt definiert sind:

$$Re = \frac{u_m \cdot d}{\nu}; \quad Fr = \frac{u_m^2 \cdot d}{g \cdot d}; \quad Wb = \frac{u_m^2 \cdot \rho_l \cdot d}{\sigma}. \tag{5.145}$$

Hierbei kann die Froude-Zahl als Verhältnis der Trägheitskräfte gegenüber der Schwerkraft aufgefasst werden und die Weber-Zahl als Verhältnis der Trägheitskräfte gegenüber den Oberflächenspannungskräften.

Eine weitere Klasse der dimensionslosen Kennzahlen bilden molekulare Verhältnisse, wie das Dichteverhältnis der beiden Phasen ρ und das Zähigkeitsverhältnis E beider Phasen

$$\rho = \frac{\rho_g}{\rho_l} \quad \text{und} \quad E = \frac{\eta_g}{\eta_l}. \tag{5.146}$$

Zuletzt ist der Anteil des Gesamtmassenstroms $\dot{x}$ und die mittlere Geschwindigkeit u_m von Bedeutung:

$$\dot{x} = \frac{\dot{M}_g}{\dot{M}_l + \dot{M}_g} \quad \text{und} \quad u_m = \frac{\dot{M}_g}{\rho_g \cdot A_C} + \frac{\dot{M}_l}{\rho_l \cdot A_C}. \tag{5.147}$$

worin A_C den gesamten von beiden Phasen durchsetzten Strömungsquerschnitt darstellt.

Die Bildung einer kinematischen Zähigkeit aus den Werten ν_g und ν_l der beiden Phasen ist schwierig und wird später diskutiert. Es könnte in gleicher Weise auch ein anderer Satz von dimensionslosen Kombinationen aus den genannten zehn Einflussgrößen gebildet werden. Die Zahl der Variablen verringert sich jedoch stets entsprechend des Buckinghamschen π-Theorems auf sieben. Werden zusätzlich Wärmeübertragungsvorgänge betrachtet, kommen noch vier weitere Einflussgrößen hinzu. Es sind dies die spezifischen Wärmekapazitäten und die Wärmeleitungskoeffizienten der beiden Phasen, aus denen sich die Prandtl-Zahlen für das Gas und die Flüssigkeit als zwei weitere dimensionslose Kenngrößen ergeben.

Zur weiteren Betrachtung der Modelle und der Strömungsformenkarten sind zusätzliche Definitionen erforderlich. Im Folgenden werden alle zeitbezogenen Größen mit einem Punkt versehen. Außerdem werden spezifische, das bedeutet auf die Fläche oder Masse bezogenen Größen, klein geschrieben. Die aus der Einphasenströmung bekannten Bilanzgleichungen lassen sich für die Zweiphasenströmung sowohl mit den Größen der einzelnen Phasen als auch mit mittleren Größen der beiden Phasen bilden. Der gesamte Strömungsquerschnitt A_C wird zu einem Teil vom Gas und zum anderen Teil von der Flüssigkeit besetzt.

$$A_C = A_g + A_l. \tag{5.148}$$

Der Massenstrom bzw. der Volumenstrom der Zweiphasenströmung summiert sich aus den Summen der Ströme der einzelnen Phasen nach:

$$\dot{M} = \dot{M}_g + \dot{M}_l \quad \text{und} \quad \dot{V} = \dot{V}_g + \dot{V}_l. \tag{5.149}$$

Der Anteil des Gasmassenstroms ergibt sich in Gl. (5.147a). Entsprechend gilt für den Anteil des Gasvolumenstroms $\dot{\varepsilon}$ am gesamten Volumenstrom:

$$\dot{\varepsilon} = \frac{\dot{V}_g}{\dot{V}_g + \dot{V}_l}. \tag{5.150}$$

Für die Flüssigkeitsphase betragen die Anteile nach Gl. (5.149) somit $(1 - \dot{x})$ und $(1 - \dot{\varepsilon})$. Analog zu den Gl. (5.149) und (5.150) werden die Volumina und Massen V, M bzw. der Gasanteile ε und x bestimmt:

$$M = M_g + M_l; \quad V = V_g + V_l; \quad \varepsilon = \frac{V_g}{V_g + V} \quad \text{und} \quad x = \frac{M_g}{M_g + M_l}. \tag{5.151}$$

Im Allgemeinen unterscheiden sich die Werte $\dot{x}$ und x bzw. $\dot{\varepsilon}$ und ε, da sich die beiden Phasen mit unterschiedlicher Geschwindigkeit im Kanal bewegen. Zur Veranschaulichung stelle man sich den Grenzfall vor, dass durch eine ruhende Flüssigkeitssäule Gasblasen nach oben aufsteigen. Dort ist $\dot{x} = 1$ bzw. $\dot{\varepsilon} = 1$ aber $x < 1$ bzw. $\varepsilon < 1$. Die mittlere Dichte in einem Volumenelement ergibt sich zu:

$$\rho_m = \frac{M}{V} = \varepsilon \cdot \rho_g + (1 - \varepsilon) \cdot \rho_l. \tag{5.152}$$

Sie wird aus der jeweiligen Dichte der einzelnen Phase multipliziert mit ihren Volumenanteilen ermittelt. Die mittlere Dichte der Strömung $\dot{\rho}_m$ kann mit

$$\dot{\rho}_m = \frac{\dot{M}}{\dot{V}} = \dot{\varepsilon} \cdot \rho_g + (1 - \dot{\varepsilon}) \cdot \rho_l \tag{5.153}$$

bestimmt werden. Aus dem Volumenstrom $\dot{V}_j$ der betrachteten Phase j und der von ihr besetzten Querschnittsfläche A_j des Strömungskanals kann die jeweilige mittlere axiale Geschwindigkeit der Phase j errechnet werden. Sie lautet:

$$u_g = \frac{\dot{V}_g}{A_g} \quad \text{und} \quad u_l = \frac{\dot{V}_l}{A_l}. \tag{5.154}$$

Die mittlere Geschwindigkeit des Zweiphasengemisches u_m im Strömungskanal wird aus

$$u_m = \frac{\dot{V}}{A_C} = \dot{\varepsilon} \cdot u_g + (1 - \dot{\varepsilon}) \cdot u_l \tag{5.155}$$

berechnet. Wenn der Massenstrom des Gemisches auf die von ihm durchströmte Querschnittsfläche bezogen wird, ergibt sich die Massenstromdichte $\dot{m}$ des Gemischs zu:

$$\dot{m} = \frac{\dot{M}}{A_C} = u_m \cdot \rho_m. \tag{5.156}$$

Ebenso lässt sich die spezifische Volumenstromdichte $\dot{v}$ des Gemisches in folgender Weise definieren:

$$\dot{v} = \frac{\dot{V}}{A_C} = u_m. \tag{5.157}$$

Sie entspricht der mittleren Geschwindigkeit nach Gl. (5.155). Bei der Bildung der Kennzahlen der Zweiphasenströmung wird häufig mit einer Geschwindigkeit w_j gerechnet, die sich ergibt, wenn die Phase j allein im Kanal strömt.

$$w_g = \frac{\dot{V}_g}{A_C} = u_g \cdot \varepsilon \quad \text{und} \quad w_l = \frac{\dot{V}_l}{A_C} = u_l \cdot (1 - \varepsilon). \tag{5.158}$$

w_j wird auch *Leerrohrgeschwindigkeit* der Phase j genannt. Wenn diese Leerrohrgeschwindigkeiten in die Reynolds-Zahlen Re_j für beide Phasen eingeführt werden, erhält man folgende Gleichungen:

$$Re_g = \frac{w_g \cdot d}{\nu_g} = \frac{\dot{x} \cdot \dot{m} \cdot d}{\eta_g} \quad \text{und} \quad Re_l = \frac{w_l \cdot d}{\nu_l} = \frac{(1 - \dot{x}) \cdot \dot{m} \cdot d}{\eta_l}. \tag{5.159}$$

Entsprechend ergibt sich für die Froude-Zahlen Fr_j der beiden Phasen:

$$Fr_g = \frac{w_g^2}{g} = \frac{\dot{x}^2 \cdot \dot{m}^2}{\rho_g^2 \cdot g \cdot d} \quad \text{und} \quad Fr_l = \frac{w_l^2}{g} = \frac{(1 - \dot{x}^2) \cdot \dot{m}^2}{\rho_l^2 \cdot g \cdot d}. \tag{5.160}$$

Was die in den Gleichungen angegeben Stoffwerte betrifft, existieren für Wasser umfangreiche Tabellenwerke (VDI 2005), sowie Stoffwertebibliotheken (Parry et al. 2000). Für die Berechnungen werden diese im gesamten Zweiphasengebiet in Abhängigkeit der Temperatur und des Drucks als bekannt angenommen.

5.3.5 Homogenes Modell der Zweiphasenströmung

Beim homogenen Modell wird angenommen, dass im Strömungskanal ein homogenes Fluid strömt. Aus den Eigenschaften der beiden Phasen werden Mittelwerte gebildet. Diese werden über dem gesamten Strömungsquerschnitt als konstant angesetzt. Die Schwierigkeit stellt die Bildung geeigneter Mittelwerten dar. Weiterhin müssen folgende Annahmen getroffen werden:

- Die Flüssigkeits- und die Gasgeschwindigkeit sind gleich.
- Es herrscht thermodynamisches Gleichgewicht zwischen den Phasen.

Der Druckverlust wird über geeignete Reibungsbeiwerte für die Zweiphasenströmung bestimmt. Haben Flüssigkeit und Dampf die gleiche Geschwindigkeit, berechnet sich die Dichte $\rho_h = \rho_m$ des homogenen Gemisches zu:

$$\rho_h = \rho_m = \dot{\varepsilon} \cdot \rho_g + (1 - \dot{\varepsilon}) \cdot \rho_l; \qquad \frac{1}{\rho_h} = \frac{\dot{x}}{\rho_g} + \frac{(1 - \dot{x})}{\rho_l}. \tag{5.161}$$

Mit der Gl. (5.122) ergibt sich für die mittlere Geschwindigkeit $u_h = \dot{m}/\rho_h$. Für die homogene dynamische Zähigkeit η_h gibt es eine Reihe von Mittelwertbildungen. Die nachstehende Randbedingung muss dabei berücksichtigt werden

$$\dot{x} = 0: \quad \eta_h = \eta_l; \qquad \dot{x} = 1: \quad \eta_h = \eta_g. \tag{5.162}$$

Folgende Zusammenhänge zur Berechnung der Viskosität des homogenen Fluids sind in (Collier und Thome 1996) beschrieben.

$$\frac{1}{\eta_h} = \frac{\dot{x}}{\eta_g} + \frac{(1 - \dot{x})}{\eta_l}; \quad \eta_h = \dot{x}\eta_g + (1 - \dot{x})\eta_l; \quad \eta_h = \rho_h[\dot{x} w_g \eta_g + (1 - \dot{x}) w_l \eta_l]. \tag{5.163}$$

Diese Mittelwertbildungen können zu sehr unterschiedlichen Ergebnissen führen. Da die Berechnung mittlerer Zähigkeiten schon bei Flüssigkeitsgemischen auf große Schwierigkeiten stößt, ist die Bildung von Mittelwerten für Gas/Flüssigkeits-Gemische sehr fragwürdig. So zeigen auch Ergebnisse für den Druckverlust, die mit verschiedenen Definitionen für η_h berechnet werden, zum Teil erhebliche Abweichungen voneinander. Beim homogenen Modell lassen sich die Kontinuitäts-, Impuls- und Energiegleichungen für eine Zweiphasenströmung wie für eine Einphasenströmung leicht aufstellen.

Für eine betrachtete differenziell kleine Länge *dl* des Kanalabschnittes soll die Systemgrenze von der Kanalwand und den Ein- und Austrittsquerschnitten des Kanalabschnitts gebildet werden, wie in der Abb. 5.34 dargestellt.

Mit den Annahmen einer stationären Strömung, einer konstanten Schubspannung über dem Kanalumfang und bei einer Rechnung mit mittleren Werten für die Geschwindigkeit und die Dichte über den Kanalquerschnitt lauten die Gleichungen zur Massen-, Im-

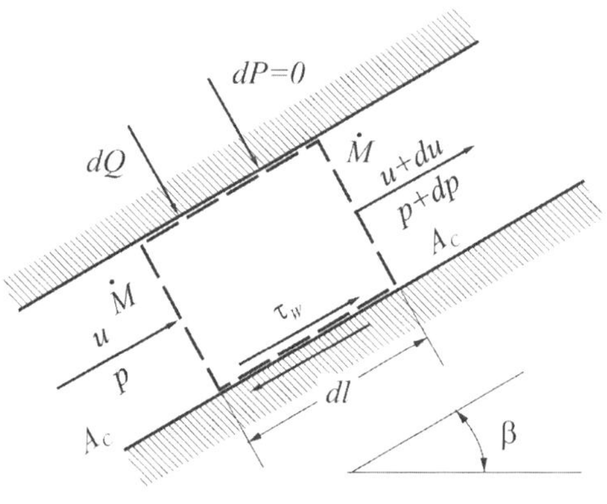

Abb. 5.34 Kontrollvolumen einer nicht-adiabaten Zweiphasenströmung im geneigten Kanal unter Annahme des homogenen Zweiphasenströmungsmodells

puls- und Energieerhaltung für den eindimensionalen Fall in einem Kanal mit konstantem Querschnitt wie folgt:

$$\begin{aligned} &\dot{M} \cdot \rho_h \cdot u_h \cdot A_C = const. && \text{Kontinuität,} \\ &\dot{M} du_h = A_C dp - U \tau_W dl - \rho_h g \sin(\beta) A_C dl && \text{Impuls,} \\ &\frac{d\dot{Q}}{dl} + \frac{dP}{dl} = \dot{M} \frac{d}{dl} \left(h + \frac{u_h^2}{2} + gl \sin(\beta) \right) && \text{Energie,} \end{aligned} \quad (5.164)$$

in der P die zugeführte mechanische Leistung und $\dot{Q}$ die zugeführte Wärmeleistung sind.

5.3.6 Schlupfmodell

Beim Schlupfmodell wird von der Vorstellung ausgegangen, dass beiden Phasen getrennt nebeneinander im Kanal strömen und unterschiedliche Geschwindigkeiten besitzen. Für jede Phase wird mit mittleren Werten der Geschwindigkeit und konstanten Stoffwerten gerechnet. Die Bilanzgleichungen für Masse, Impuls und Energie lauten (unter den Annahmen (stationäre, eindimensionale Strömung, konstante Schubspannung über dem Kanalumfang, konstanter Kanalquerschnitt)):

$$\begin{aligned} &\dot{M} = \dot{M}_g + \dot{M}_l = \rho_g u_g \varepsilon A_C + \cdot \rho_g u_g (1-\varepsilon) A_C && \text{Kontinuität;} \\ &\dot{M} \cdot d[\dot{x} u_g + (1-\dot{x}) u_l] = -A_C dp - U \tau_W dl - [\varepsilon \rho_g (1-\varepsilon) \rho_l] g \sin(\beta) A_C dl && \text{Impuls} \\ &\frac{dQ}{dl} + \frac{dP}{dl} = \dot{M} \frac{d}{dl} \left[\dot{x} h_g + (1-\dot{x}) h_l + \dot{x}^2 \frac{u_g^2}{2} + \frac{(1-\dot{x})}{2} u_l^2 + gl \sin(\beta) \right] && \text{Energie} \end{aligned} \quad (5.165)$$

Die Abb. 5.35 skizziert die Vorstellung des Schlupfmodells.

Die Kontinuitäts-, Impuls- und Energiegleichung können auch für jede Phase getrennt aufgestellt werden und anschließend gleichzeitig gelöst werden, wobei die Übergangsbe-

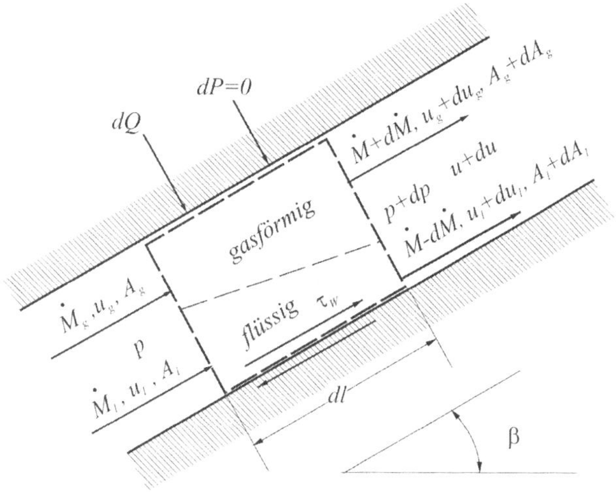

Abb. 5.35 Schemaskizze zu einem Kontrollvolumen bei einer nichtadiabaten Zweiphasenströmung in einem geneigten Kanal bei Verwendung des Schlupfmodells

dingungen zwischen den beiden Phasen beachtet werden müssen. Aus der Kontinuitätsgleichung ergibt sich, dass Flüssigkeit und Gas entsprechend ihrer Volumenströme und Geschwindigkeiten einen bestimmten Anteil des Strömungsquerschnitts einnehmen. Für die flüssige und die Gasphase erhält man:

$$A_l = (1 - \varepsilon) \cdot A_C; \quad A_g = \varepsilon \cdot A_C; \quad A_C = A_g + A_l. \tag{5.166}$$

Der Gasvolumenanteil ε muss aus gesonderten Untersuchungen ermittelt werden. Dieses Modell wird besonders bei der Ring- und Pfropfenströmung angewendet. Da bei der Ringströmung die Flüssigkeitstropfen im Gaskern wesentlich schneller strömen als der Flüssigkeitsfilm an der Wand, treten besonders bei hohen Beladungen durch die Bildung einer mittleren Geschwindigkeit für die Flüssigkeit große Fehler auf. Deshalb wird in diesem Fall der Flüssigkeitstransport im Film und Kern oft getrennt betrachtet.

5.3.7 Druckverlustberechnung in Ein- u. Mehrphasenströmungen

Der Druckverlust der Strömung eines einphasigen Mediums setzt sich additiv aus vier Komponenten zusammen (Streicher 1991):

- *Reibungsdruckverlust* Δp_R, hervorgerufen durch die Wandreibung und abhängig von der Strömungsform (laminar, turbulent).
- *Hydrostatische Druckänderung* Δp_H, bewirkt durch den Höhenunterschied, die Dichte des Mediums und die Schwerkraft.
- *Beschleunigungsdruckverlust* Δp_B, der durch die Beschleunigung des Mediums infolge Dichteänderung oder Änderung des Massenflusses von einem Rohrteil zum nächsten entsteht. Die Dichteänderung kann durch einen Druckverlust oder, in viel stärkerem

Maß, bei Verdampfung und Kondensation auftreten. Bei instationären Vorgängen kommt noch die Beschleunigung über die Zeit bei konstanter Dichte hinzu.

- *Druckverlust durch Einzelwiderstände* Δp_B, wie Umlenkungen, Einschnürungen, Messgeräte, Armaturen und andere Einbauten.

Bei der Berechnung des Druckverlusts in einer Zweiphasenströmung wird auf die bekannten Beziehungen zur Druckverlustberechnung der Einphasenströmung zurückgegriffen. Diese sollen zunächst dargestellt werden.

- Einphasiger Druckverlust
  - Reibungsdruckverlust Δp_R
    Der Reibungsdruckverlust in einem Rohr errechnet sich gemäß:

$$\Delta p_R = \lambda \cdot \frac{l}{D} \cdot \frac{\dot{m}^2}{2\rho} = \xi \cdot \frac{\dot{m}^2}{2\rho} = \xi \cdot \frac{v \cdot \dot{m}^2}{2}. \tag{5.167}$$

Der Widerstandsbeiwert λ (oft auch Rohrreibungszahl genannt) ist nach dem Prandtl-Colebrook-Diagramm von der Reynolds-Zahl der Rohrinnenströmung und der Rohrrauigkeit abhängig. Für laminare Strömungen mit einer Reynolds-Zahl $Re \leq 2320$ errechnet sich der Widerstandsbeiwert nach

$$\lambda = \frac{64}{Re}. \tag{5.168}$$

Bei Reynolds-Zahlen $Re > 2320$ liegt eine turbulente Strömung vor. Der Widerstandsbeiwert wird für technisch glatte Oberflächen nach der Blasius-Gleichung (5.169)a geschätzt und das Ergebnis anschließend in die Gleichung für das Übergangsgebiet nach Colebrook und White (5.169)b auf der rechten Seite eingesetzt. Das Ergebnis wird noch einmal in diese Formel eingesetzt. Danach liegt zumeist eine sehr gute Konvergenz vor.

$$\lambda = \frac{0.3164}{\sqrt[4]{Re}}; \qquad \frac{1}{\sqrt{\lambda}} = -2\log_{10}\left[\frac{2.51}{Re\sqrt{\lambda}} + \frac{k/d}{3.71}\right], \tag{5.169}$$

k bezeichnet die Rohrrauigkeit.

  - Druckänderung aufgrund der Höhe Δp_H.
    Die Druckänderung aufgrund der Änderung der geodätischen Höhe ergibt sich aus Gl. (5.170), in der β der Steigungswinkel gegenüber der Horizontalen ist.

$$\Delta p_H = g \cdot \sin\beta \cdot \rho \cdot \Delta x = \rho \cdot g \cdot \Delta H. \tag{5.170}$$

  - Druckänderung durch Beschleunigung Δp_B
    Der Beschleunigungsdruckverlust über eine Strecke ergibt sich aus der Trägheitsgleichung. Die Beschleunigung du/dt der Masse $dM = A\,\Delta x\,\rho$ ist gleich dem Kraftunterschied, also der Änderung des Produktes $(A \cdot p)$.

$$\frac{\partial(A \cdot p)}{\partial x}\Delta x = -A\Delta x \cdot \rho\frac{du}{dt} \quad \text{mit} \quad \frac{du}{dt} = \frac{\partial u}{\partial t} + \frac{\partial u}{\partial x} \cdot \frac{\partial x}{\partial t} = \frac{\partial u}{\partial t} + u \cdot \frac{\partial u}{\partial x}. \tag{5.171}$$

Das Einsetzen der rechten Seite in die linke liefert:

$$p \cdot \frac{\partial A}{\partial x} + A \cdot \frac{\partial p}{\partial x} = -A \cdot \rho\frac{\partial u}{\partial t} - A \cdot \rho \cdot u \cdot \frac{\partial u}{\partial x}. \tag{5.172}$$

Für ein Rohr mit unveränderlicher Querschnittsfläche, wie sie auch bei einem Absorberrohr gegeben ist, fällt der Term mit $\partial A/\partial x$ heraus und der Beschleunigungsdruckverlust setzt sich aus zwei Komponenten, der Beschleunigung über den Weg und der Beschleunigung über die Zeit zusammen.

$$\frac{\partial p}{\partial x} = \rho\frac{\partial u}{\partial t} + \rho \cdot u \cdot \frac{\partial u}{\partial x} = \Delta p_{B0} + \Delta p_{B1}. \tag{5.173}$$

Die Beschleunigung über den Weg ergibt sich mit $\dot{m} = \rho \cdot u$ und nach örtlicher Diskretisierung in die Knoten i und $i+1$:

$$\Delta p_{B1} = \frac{(\dot{m}_i^2 - \dot{m}_{i+1}^2)}{2\rho}. \tag{5.174}$$

Bei der Beschleunigung über die Zeit erhält man nach der zeitlichen Diskretisierung:

$$\Delta p_{B0} = \frac{\Delta x}{\Delta t}(\dot{m}_{i,t} + \dot{m}_{i,(t-1)}). \tag{5.175}$$

– Druckverlust durch Einzelwiderstände Δp_E
Bei hydraulischen Problemen besteht die Hauptaufgabe in der Ermittlung des Druckverlustes der durchströmten Leitungselemente. Neben der ausgebildeten Rohrströmung ergeben sich Zusatzdruckverluste durch den Rohreinlauf (vergleiche Kap. 5.2.3), Krümmer, Diffusoren, Blenden und anderen Rohrleitungseinbauten. In all diesen Segmenten ändert sich der Impuls der Strömung beim Durchlaufen und es treten als Folge Richtungsänderungen, Sekundärströmungen, Ablösungen oder Geschwindigkeitsausgleiche auf, die alle verlustbehaftet sind.
In solarthermischen Rohrleitungsnetzen sind infolge der geringen Leistungsdichte viele Rohrverbindungen erforderlich, so dass in diesem Zusammenhang auf die häufigsten Geometrien eingegangen wird. Eine Formelsammlung findet sich unter anderem in (VDI 2005) oder (Zierep und Bühler 1991).
Unstetige Kanalquerschnittsänderungen treten beispielsweise an Verteilen und Sammlern oder bei Durchführungen auf. Bei unstetigen Querschnittsänderungen, wie Carnot-Diffusoren oder Rohrverengungen ergeben sich Druckverlustkoeffizienten ζ, wie sie in der Abb. 5.36 dargestellt sind. Von zentraler Bedeutung ist, dass die Druckverlustbeiwerte bei dieser Art der Verengung richtungsabhängig sind.

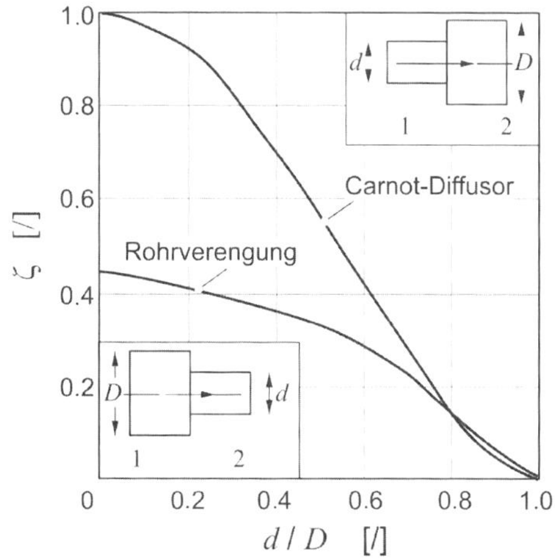

Abb. 5.36 Dimensionslose Druckverlustkoeffizienten ζ bei einer unstetigen Rohrquerschnittsverengung

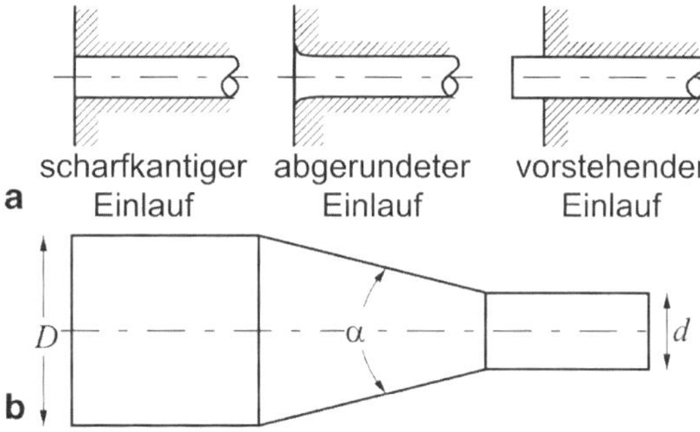

Abb. 5.37 **a** Schematische Darstellung gängiger Rohreinlaufgeometrien. **b** Skizze einer stetigen Rohrquerschnittsänderung mit konstantem Winkel α

Tab. 5.12 Druckverlustbeiwert verschiedener Rohreinlaufgeometrien (aus Abb. 5.37a)

Rohreinlauf	Druckverlustbeiwert ζ [/]
Scharfkantig	0.45
Abgerundet	~ 0
Vorstehend	~ 1

Ein Sonderfall der unstetigen Querschnittverengung ist der Rohreinlauf; abhängig von der Form der Einlaufform (vergl. Abb. 5.37) ergeben sich die in der Tab. 5.12 dargestellten Verlustbeiwerte. Bei stetigen Querschnittsänderungen der Rohrleitungsgeometrie unter dem Winkel α (Abb. 5.37b) ergibt sich folgender Zusammenhang zwischen Druckverlustbeiwert ζ und Rohrdurchmesserverhältnissen d/D:

$$\xi = k(\alpha) \cdot \left(1 - \frac{d}{D}\right)^2, \tag{5.176}$$

Tab. 5.13 Experimentell ermittelte Verlustfaktoren $k(\alpha)$ einer stetigen Rohrquerschnittsänderung als Funktion des Öffnungswinkels α (aus Abb. 5.37b)

α [°]	5	7.5	10	15	20	40	180
k [/]	0.13	0.14	0.16	0.27	0.43	1.0	1.0

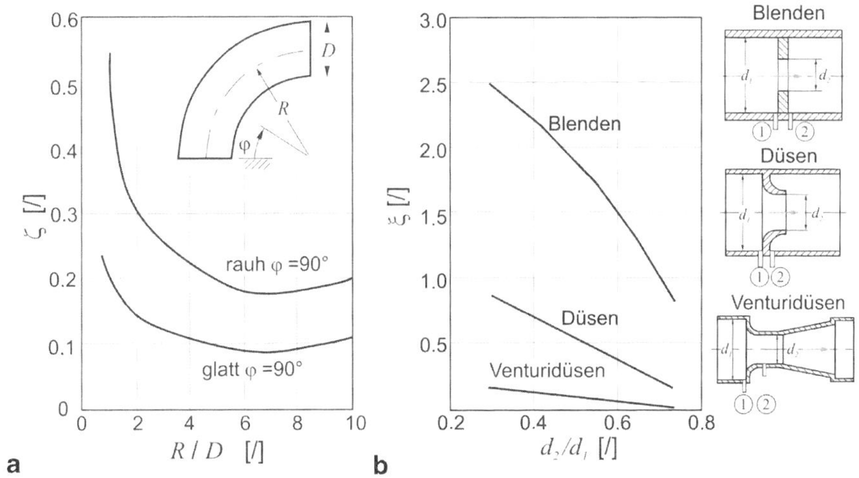

Abb. 5.38 **a** Druckverlustbeiwerte ζ eines Kreisrohrkrümmers mit glatter und rauer Oberfläche als Funktion des Radius zu Durchmesserverhältnisses (R/D). **b** Druckverlustbeiwerte ζ von Blenden, Düsen und Venturirohren als Funktion von d_2/d_1 (DIN EN ISO 5167 2004)

in der der Faktor k aus experimentellen Daten gewonnen wird und die in der Tab. 5.13 angenommenen Werte annimmt. Im Gegensatz zur unstetigen Querschnittsänderung ergibt sich hier keine Richtungsabhängigkeit. Bei Öffnungswinkeln $40 < \alpha < 180°$ können k-Werte größer als 1 auftreten, wobei dann ein Carnot-Diffusor vorzuziehen ist.

Bei Kreisrohrkrümmern hängt der Druckverlustkoeffizient ζ_{Kr} vom Biegeradien- zu Durchmesserverhältnis (R/D), vom Krümmungswinkel φ und der Oberflächenbeschaffenheit der Rohrinnenseite ab. In hydraulisch glatten Rohren ergibt sich folgende Formel für ζ_{Kr}, die für einen Winkel von φ = 90° auch die Abb. 5.38a zeigt:

$$
\begin{aligned}
f(D/r) &= 0.986859 - 0.658175 \cdot (D/R) + 0.0207726 \cdot (D/R)^2 - \\
&\qquad 0.027718 \cdot (D/R)^3 + 0.001274 \cdot (D/R)^4, \\
k(\varphi) &= 0.06364 + 0.01149 \cdot \varphi - 1.3167 \cdot 10^{-5} \cdot \varphi^2 \\
\xi_{Kr} &= k(\varphi) \cdot f(D/R).
\end{aligned}
\tag{5.177}
$$

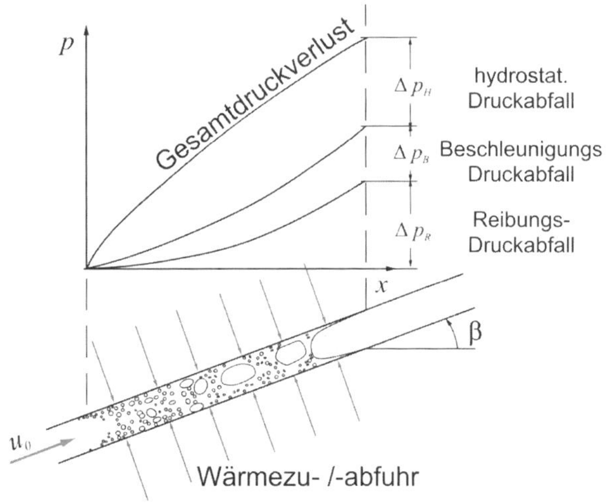

Abb. 5.39 Komponenten des Druckverlustes bei Verdampfung in einem geneigten Rohr

Der Druckverlust aufgrund eines Krümmers berechnet sich damit zu:

$$\Delta p_{Kr} = \xi_{Kr} \cdot \frac{\dot{m}^2}{2\rho} = \xi_{Kr} \cdot \frac{16}{\pi^2 d^4} \frac{\dot{M}^2}{2\rho}. \tag{5.178}$$

Bei rauen Rohren steigt der Druckverlust signifikant an, wie die Kurve in Abb. 5.38a illustriert. Oft werden Normblenden, Normdüsen oder Venturirohre zur Durchflussmessung eingesetzt, deren Form in (DIN EN ISO 5167 2004) beschrieben sind. Diese erzeugen ebenfalls einen Druckverlust, den die Abb. 5.38b für die unterschiedlichen Bauarten angibt.
Der gesamte von Massenstrom $\dot{m}$ abhängige Druckverlust ergibt sich aus der Summe der Einzeldruckverluste von Reibung, Beschleunigung und allen Einbauelementen zu.

$$\Delta p_{tot} = \Delta p_R + \Delta p_{B0} + \Delta p_{B1} + \Delta p_{Kr}. \tag{5.179}$$

- *Zweiphasiger Druckverlust*
  Der Druckverlust bei Verdampfung teilt sich ebenfalls in die vier oben genannten Komponenten auf.
  Die Vorhersagegenauigkeit der Rohrleitungsdruckverluste in Zweiphasenströmungen ist weitaus geringer als bei der Einphasenströmung. Eine gute Übereinstimmung liegt schon bei einem Fehler von ± 30 % vor. Ein Grund dafür ist, dass bei der Messung des Druckabfalls eine Unterscheidung zwischen Beschleunigungs- und Reibungsdruckverlust nicht möglich ist. Die Abb. 5.39 zeigt qualitativ die drei Druckverlustkomponenten für ein geneigtes Verdampferrohr mit Wärmezufuhr.
  - Reibungsdruckverlust Δp_R
    Die Berechnung des Reibungsdruckverlustes bei Zweiphasenströmung ist erheblich komplexer, als die der einphasigen Strömung. Bei Verwendung des Schlupfmodells

muss die örtliche Verteilung der beiden Phasen mitberücksichtigt werden (z. B. der Unterschied zwischen Ringströmung, Blasen- oder Pfropfenströmung). Beim homogenen Modell verlagert sich das Problem auf die Bestimmung der Viskosität des homogenen Zweiphasengemisches. Für beide Modelle hat sich in der Praxis die Einführung eines Zweiphasenreibungsfaktors etabliert. Im Folgenden sollen zwei gut in Systemberechnungsprogramme implementierbare Berechnungsgleichungen für den Reibungsdruckverlust vorgestellt werden. Bei der Beziehung nach Owens und Beattie wird eine Unterscheidung in den Bereich vor der Filmverdampfungsgrenze, wo die Reibung durch die Benetzung der Wand mit flüssigem Medium primär von flüssigen Stoffwerten abhängt, und dem Bereich nach der Filmverdampfungsgrenze, wo dampfförmige Stoffwerte zum Tragen kommen, vorgenommen. Die Filmverdampfungsgrenze X_{DO} kann folgendermaßen ermittelt werden (Collier 1988):

$$X_{DO} = \frac{1}{\left[\frac{\dot{m}}{2441} \cdot \left(\frac{\rho_g}{\rho_l}\right)^{-0.5} \cdot \left(\frac{\eta_l}{\eta_g}\right)^{-0.1}\right]^{1.11} + 1}. \tag{5.180}$$

Der Lockhart-Martinelli-Parameter X_{DO} ergibt sich unter der Annahme, dass der Dampf und die Flüssigkeit turbulent strömen zu:

$$X_{DO} = \left[\left(\frac{\dot{x}}{1-\dot{x}}\right)^{0.9} \left(\frac{\rho_l}{\rho_g}\right)^{0.5} \left(\frac{\eta_g}{\eta_l}\right)^{0.1}\right]^{-1}. \tag{5.181}$$

Damit ergeben sich folgende Zweiphasenreibungsfaktoren Φ nach Owens und Beattie in Abhängigkeit von X_{DO}:

$$\begin{aligned} \Phi &= 1 + \dot{x} \cdot \left(\frac{\rho_l}{\rho_g} - 1\right) \quad \text{für} \quad X < X_{DO}; \\ \Phi &= \left(\frac{\eta_g}{\eta_l}\right)^{0.2} \cdot \left(\frac{\rho_g}{\rho_l}\right)^{0.8} \cdot \left[1 + \dot{x} \cdot \left(\frac{\rho_l}{\rho_g} - 1\right)\right]^{1.8} \quad \text{für} \quad X \geq X_{DO}. \end{aligned} \tag{5.182}$$

Letztlich lässt sich damit die Reibungsdruckverlust in folgender Weise ermitteln:

$$\Delta p_R = \Phi \cdot \lambda \cdot \frac{\Delta x}{d} \cdot \frac{\dot{m}}{2\rho_l}, \tag{5.183}$$

wobei λ der für die Einphasenströmung ermittelte Widerstandsbeiwert ist.
Eine weitere empfohlene auf unzähligen Messdaten in Wasser-Dampf-Strömungen beruhende Berechnungsformel des Reibungsdruckverlustes ist die von Friedel (Friedel 1979).

$$\Phi^2 = A_1 + \frac{3.24 \cdot A_2 \cdot A_3}{Fr^{0.045} \cdot We^{0.035}} \quad \text{mit}$$
$$A_1 = \left(1 - \dot{x}^2\right) + \dot{x}^2 \left(\frac{\rho_l \lambda_g}{\rho_g \lambda_l}\right); \quad A_2 = \dot{x}^{0.78}(1 - \dot{x})^{0.224} \quad \text{und} \tag{5.184}$$
$$A_3 = \left(\frac{\rho_l}{\rho_g}\right)^{0.91} \left(\frac{\eta_g}{\eta_l}\right)^{0.19} \left(1 - \frac{\eta_g}{\eta_l}\right)^{0.7}.$$

Darin treten die in folgender Weise definierten Froude *Fr* und Weber-Zahlen *Wb* auf:

$$Fr = \frac{\dot{m}^2}{g \cdot d \cdot \rho_h^2}; \quad Wb = \frac{\dot{m}^2 \cdot d}{\rho_h \cdot \sigma}, \tag{5.185}$$

in der σ die spezifische Oberflächenspannung ist. Im Weiteren sind λ_l und λ_g die Widerstandsbeiwerte für reine Flüssigkeits- bzw. Gasströmung gebildet mit der Gesamtmassenstromdichte $\dot{m}$. d ist der Innendurchmesser (bei nicht kreisrunden Kanalgeometrien, der hydraulische Durchmesser $d_h = 4A/U$). ρ_h stellt die homogene Dichte dar. Die oben aufgeführte Beschreibung ist für vertikale Aufwärtsströmung und horizontale Strömung gültig. Eine geringfügig unterschiedliche Beschreibung zur vertikalen Abwärtsströmung wurde von Friedel (Friedel 1979) vorgestellt. Für niedrigen Druck und geringe Massenstromdichte, wie sie bei Flachkollektoren auftreten, sind die Differenz zwischen dem Friedel-Modell und dem homogenen gering. Die Filmverdampfungsgrenze liegt bei einer Dampfqualität von etwa 10 % vor. Alle Modelle zeigen einen starken Einfluss der Dampfproduktion auf den Reibungsdruckverlust im Verdampferrohr. Beispielsweise ist bei einer Dampfqualität von 50 % der Reibungsdruckverlust im Verhältnis zur einphasigen Strömung bei gleicher Massenstromdichte um den Faktor 20–30 größer.

– Druckänderung aufgrund der Höhe Δp_H
  Beim zweiphasigen geodätischen Druckverlust wird ebenfalls in den Bereich vor und nach der Filmverdampfungsgrenze unterschieden. Vor der Filmverdampfungsgrenze kann der hydrostatische Druckverlust unter Berücksichtigung des Schlupfs berechnet werden (Koehler und Kastner 1988):

$$\Delta p_H = g \int_0^{\Delta H} \rho dH = g \cdot \sin\beta \int_0^{\Delta \dot{x}} \rho dl = g \cdot \sin\beta \int_0^{\Delta \dot{x}} [\varepsilon \rho_g + (1 - \varepsilon)\rho_l] dl, \tag{5.186}$$

in der der Gasvolumenanteil ε in folgender Art ermittelt werden kann:

$$\varepsilon = \frac{\dot{x}}{\rho_g} \cdot \frac{1}{C\left[\frac{\dot{x}}{\rho_g} + \frac{(1-\dot{x})}{\rho_l}\right] + \frac{u_{rel}}{\dot{m}}}; \; C = 1 + 0.12\,(1 - \dot{x});$$
$$u_{rel} = 1.18\left[\rho g\left(\rho_l - \rho_g\right)^{0.25} \frac{(1 - \dot{x})}{\sqrt{\rho_l}}\right], \tag{5.187}$$

worin u_{rel} die Relativgeschwindigkeit beider Phasen ist. Nach Überschreiten der Filmverdampfungsgrenze wird wegen der fehlenden Wandbenetzung mit einem homogenen Massenfluss unter Verwendung der Gl. (5.170) gerechnet. Dabei wird die homogene Dichte ρ_h nach Gl. (5.161) verwendet.

– Druckänderung durch Beschleunigung Δp_B

Für die Druckänderung durch Beschleunigung bei Verdampfung ist es ausreichend, den statischen Beschleunigungsdruckverlust Δp_{B1} bei der Verdampfung mit dem homogenem Modell als mit dem Schlupfmodell zu ermitteln (Koehler und Kastner 1988). Für einen instationären Vorgang ergibt sich ein unterschiedlicher Massenfluss in den Knoten i und $i+1$.

$$\Delta p_{B1} = \dot{m}_{i+1}^2 \left(\frac{\dot{x}_{i+1}}{\rho_{g,i+1}} + \frac{1-\dot{x}_{i+1}}{\rho_{l,i+1}} \right) - \dot{m}_i^2 \left(\frac{\dot{x}_i}{\rho_{g,i}} + \frac{1-\dot{x}_i}{\rho_{l,i}} \right). \tag{5.188}$$

Die Druckänderung über die Beschleunigung Δp_{B0} nach der Zeit ergibt sich wie bei einphasiger Strömung (vergl. Gl. (5.175)).

Bei der Berechnung des Druckverlustes infolge von Kondensationsvorgängen wird ähnlich wie bei der Verdampfung verfahren. Durch die während der gesamten Kondensation bestehende Wandbenetzung wird der hydrostatische Druckverlust allerdings nach dem Schlupfmodell ermittelt. Der Reibungsdruckverlust Δp_R errechnet sich nach dem VDI-Wärmeatlas (VDI 2005) zu:

$$\Delta p_R = 4 \cdot \tau_g \frac{\Delta \dot{x}}{d}; \quad \tau_g = \frac{\lambda}{8} \cdot \rho_g \cdot u_g^2 \quad \text{mit} \quad u_g = \frac{\dot{m} \cdot \dot{x}}{\rho_g}. \tag{5.189}$$

Darin ist τ_g die Schubspannung zwischen Gas und Flüssigkeit, die vom Reibungsbeiwert λ, der Gasgeschwindigkeit u_g und der Gasdichte ρ_g abhängt. Der Reibungsbeiwert λ muss um den Zweiphasenmultiplikator Φ ergänzt werden und setzt sich aus einem Reibungsbeitrag des laminaren Anteils $\lambda_{1,lam}$ und turbulenten Anteils $\lambda_{1,tur}$ in folgender Art zusammen.

$$\begin{aligned} &\lambda = (\lambda_{1,lam}^3 + \lambda_{1,tur}^3)^{\frac{1}{3}} \cdot \Phi^2 \quad \Phi = 1 + 2.85 \cdot \dot{x}^{0.523} \quad \text{mit} \\ &\lambda_{1,lam} = \frac{64}{Re_g}; \quad \lambda_{1,tur} = \frac{0.184}{Re_g^{0.2}} \quad \text{und} \quad Re_g = \frac{u_g \cdot d}{\nu_g}. \end{aligned} \tag{5.190}$$

5.3.8 Strömungsformenkarten

Strömungsformenkarten sind der Versuch, die verschiedenen Strömungsformen in einem Diagramm zu klassifizieren. Hierzu ist eine Charakterisierung der Strömungsform nötig, die unter Umständen starker individueller Interpretation unterliegt. Häufig existieren zwischen den Strömungsformen fließende Übergänge, sodass keine klare Abgrenzungslinie zu einzelnen Strömungsarten gefunden werden kann. Seit der genaueren Untersuchung

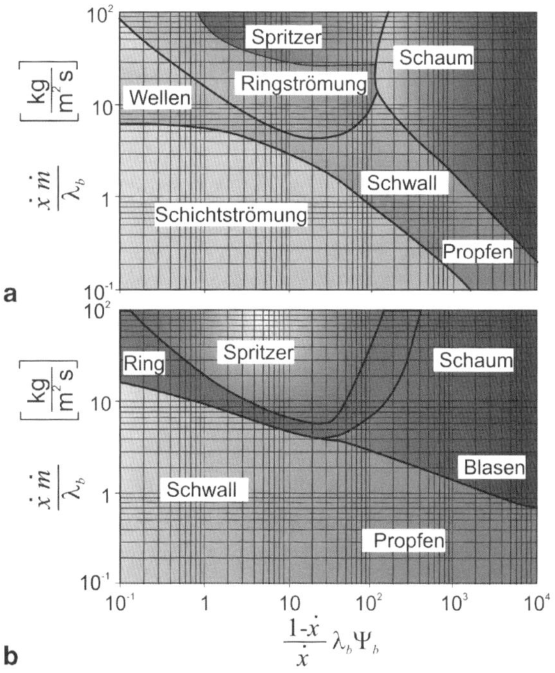

Abb. 5.40 Diagramm zur Bestimmung der Strömungsform für adiabate Strömung im waagrechten (oben) und vertikalen (unten) Rohr nach Baker

der Zweiphasenströmung entstand daher eine Vielzahl verschiedener Karten zur Vorhersage der Strömungsform. Im Wesentlichen werden dabei Bereiche in einer zweidimensionalen Auftragung verschiedenen Strömungsformen zugeordnet. Eine in der Petrochemie eingesetzte und auf unterschiedliche Stoffpaare übertragene Strömungsformenkarte ist die von Baker (Baker 1954), die Abb. 5.40 skizziert. Sie beruht auf umfangreichen Versuchen mit Luft/Wasser-Gemischen bei Atmosphärendruck und in Rohren des Durchmessers $25 < d < 100$ mm. Zur Anwendung auf andere Stoffsysteme und andere Druckbereiche wurde von Baker die als Parameter verwendeten Gas- bzw. Flüssigkeitsmassenstromdichten erweitert. Dabei werden Verhältniszahlen aus den Stoffeigenschaften des vorliegenden Stoffpaares mit denen von Luft- bzw. Wasser bei Atmosphärendruck und 20° C gebildet:

$$\lambda_b = \left[\frac{\rho_g}{\rho_{Luft}} \cdot \frac{\rho_l}{\rho_{H2O}}\right]^2 \qquad \psi_b = \left(\frac{\sigma_{H2O}}{\sigma_l}\right) \cdot \left[\frac{\eta_l}{\eta_{H2O}} \cdot \left(\frac{\rho_{H2O}}{\rho_l}\right)^2\right]^{\frac{1}{3}}. \qquad (5.191)$$

Mit den Strömungskarten erhält man für überschlägige Berechnungen meist zufriedenstellende Ergebnisse. Bei höherem Druck ergeben sich jedoch größere Abweichungen. Verschiedene Forscher versuchten das Baker-Diagramm zu verbessern und auch auf eine nicht-adiabate Strömung zu übertragen, wobei bisher keine befriedigende Lösung erreicht wurde. Durch diese Art der Darstellung ist man auf zwei, der x- und der y-Achse zugehörige, unabhängige Variablen beschränkt. Zumeist werden für diese die Leerrohrge-

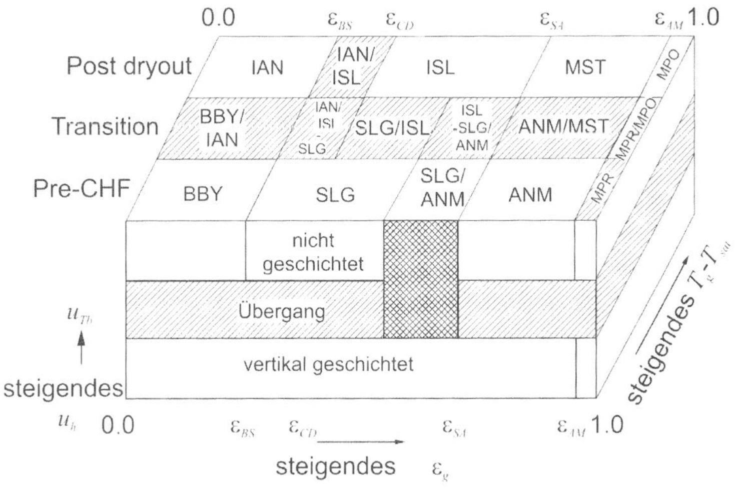

Abb. 5.41 Schema der 3D Strömungsformenkarte für ein senkrechtes Rohr aus dem Simulationsprogramm RELAP (RELAP Code Development Team 1995). Schraffierte Flächen bedeuten Übergangsbereiche. IAN-invertierte Ringströmung, *ISL* invertierte Pfropfenströmung, *BBY* Blasen, *SLG* Propfen, *ANM* Ringströmung, *MST* Spritzerströmung, *MPR* Spritzerströmung Pre-CHF, *MPO* Spritzerströmung-Post-CHF

schwindigkeiten der Flüssigkeit und des Gases, oder verallgemeinerte Parameter, die diese enthalten, gewählt. (Hewitt und Roberts 1969) verwenden als Achsenparameter die Impulsstromdichten ($\rho_j u_j^2$) der beiden Phasen. Jedoch kann diese Karte nur als grobe Einschätzung der Strömungsform dienen, da die Auftragung über der Impulsstromdichte nicht geeignet ist, um den Einfluss der physikalischen Fluideigenschaften und des Kanaldurchmessers widerzuspiegeln.

Der Gedanke ist daher, die Übergänge von einer Strömungsform in die andere zu untersuchen, und diese möglichst für einen großen Anwendungsbereich zu beschreiben. Der Verlauf der Übergangslinien wird in diesem Fall in Abhängigkeit von anderen wichtigen Strömungsparametern wie den Flüssigkeits- und Dampfmassenstromdichten, der Fluideigenschaften, dem Rohrdurchmesser und der Neigung des Rohres beschrieben. Für einen Satz dieser Größen kann dann eine Strömungsformenkarte erzeugt werden. (Taitel und Duckler 1976) haben ein solches Modell zur Vorausberechnung der Strömungsformen entwickelt, das schon früh mit einigen Modifikationen in Programmen zur Sicherheitsberechnungen von Kernkraftwerken Verwendung fand. Dabei wurden die Übergangslinien der Strömungsformen durch Übergangsbereiche erweitert, wie es in der Abb. 5.41 durch Verwendung schraffierter Flächen dargestellt ist. Es existieren in dieser Formulierung Abhängigkeiten zu der homogenen Geschwindigkeit u_h, der Gasvolumenanteile ε und der Dampfüberhitzung $T_g - T_{sat}$. Weiterhin wird zwischen geschichteter (stratified) und ungeschichteter (unstratified) Strömung unterschieden (abhängig von der homogenen Geschwindigkeit). Grenzen hierbei sind die Taylor Blasengeschwindigkeit u_{Tb} und ein minimaler Gasvolumenanteil in dem betrachteten Knoten sowie in den darunter und darüber liegenden Knoten. Liegt ungeschichtete Strömung vor, wird in diesem Modell zwischen Bereichen verschiedener Wärmestromdichten (bzw. der Temperaturdifferenz $T_g - T_{sat}$) unterschieden. Unterhalb der kritischen Wärmestromdichte (Pre-CHF) treten die in Abb. 5.32 dargestellten Strömungsformen auf. Oberhalb der Filmverdampfungsgrenze (Post-dryout) kann es zu einer Strömungsumkehr kommen (z. B. inverted annular, inverted slug). Die Übergangsfunktionen zu den verschiedenen Strömungsformen sind ausführlich beispielsweise im Programmmanual (RELAP Code Development Team 1995) oder ähnlichen Werken beschrieben. Entscheidend für den Benutzer derartiger Simulationsprogramme ist die Prüfung, ob und inwieweit die implementierten Modelle und insbesondere deren Begrenzungen dem jeweiligen Anwendungsfall genügen.

5.3.9 Wärmeübergang beim Phasenwechsel

Die Berechnung des Wärmeübergangs in Verdampferrohren hängt von einer Vielzahl von Einflussgrößen ab. In der Hauptsache sind dies die Massenstromdichte $\dot{m}$, die Wärmestromdichte $\dot{q}$, der Anteil des Dampfmassenstroms $\dot{x}$, der Siededruck p_{sat} sowie die Stoffeigenschaften der flüssigen und gasförmigen Phase des Wärmeträgers. Durch das Auftreten einer Zweiphasenströmung gibt es unterschiedliche zuvor beschriebene Strömungsformen mit unterschiedlicher Benetzung der Rohrwand.

Zur Berechnung des Wärmeübergangs benötigt man daher die Kenntnis der aktuellen Strömungsform im betrachteten Rohrsegment. Weiterhin ist zwischen einem senkrechten und einem waagrechten Rohr zu unterscheiden. Die Ermittlung der Strömungsform mit Hilfe von Strömungsformenkarten ist für Handrechnungen für Abschätzungen sinnvoll, in der Simulation jedoch müssen die Übergänge der Strömungsformen in funktionale Abhängigkeiten gebracht werden. Dies führt bei aufwändigen Modellen zu einer wenig anschaulichen Anhäufung einer Vielzahl von Gleichungen. Aus diesem Grund wird hier auf die Beschreibung der Berechnung des Wärmeübergangs unter Verwendung der Strömungsformenkarten verzichtet.

Für den Wärmeübergang (außer bei unterkühltem Sieden) in waagrechten Rohren verwendet (Streicher 1991) zur Berechnung von Wärmeübergängen in Wärmepumpenkreisläufen eine Unterteilung der Strömungsformen, wie sie die Tab. 5.14 zeigt. Der Wärmeübergangskoeffizient für die unterschiedlichen Bereiche wird dabei als Mischung aus dem Wärmeübergang für die gesättigte Einphasenströmung α_l und dem Wärmeübergangskoeffizient beim Blasensieden α_B berechnet. Für den Bereich der Blasenströmung (Index I) wird für den mittleren Wärmeübergangskoeffizienten α_I, bei $\dot{x} > 0$ folgende Beziehung angenommen:

$$\alpha_I = \sqrt{(\alpha_l^2 + \alpha_B^2)} \quad \text{mit} \quad Nu_l = \frac{\alpha_l \cdot d_{hg}}{\lambda_l} = 0.023 \cdot \mathrm{Re}_l^{0.8} \cdot \mathrm{Pr}_l^{0.4}, \tag{5.192}$$

Tab. 5.14 Grenzwerte des Anteils am Dampfvolumenstrom für den Übergang von einer zur anderen Strömungsform (Streicher 1991)

Froude-Zahl Fr	Grenzwert $\dot{\varepsilon}_{grenz}$	Übergang von
Beliebig	$\dot{\varepsilon}_{grenz} = 0.38$	Blasenströmung → Wellenströmung
$0.06 \leq Fr \leq 0.1$	$\dot{\varepsilon}_{grenz} - 1.09 + 0.16 \ln Fr$	
$Fr \leq 0.06$	$\dot{\varepsilon}_{grenz} = 0.38$	Wellenströmung → Schichtenströmung
$Fr \geq 0.1$	$\dot{\varepsilon}_{grenz} = 0.52 - 0.085 \ln Fr$	Wellenströmung → Wellen-Ringströmung
$Fr \leq 0.1$	$\dot{\varepsilon}_{grenz} = 0.60 - 0.087 \ln Fr$	Schichtenströmung → Ringströmung
$Fr \geq 0.1$	$\dot{\varepsilon}_{grenz} = 0.80$	Wellenströmung → Ringströmung

worin die Reynolds- (Re_l) und Prandtl-Zahlen (Pr_l) in folgender Weise gebildet werden.

$$Re_l = \frac{u_l \cdot d_{hg} \cdot \rho_l}{\eta_l} \quad \text{und} \quad Pr_l = \frac{\eta_l \cdot c_{p,l}}{\lambda_l}. \tag{5.193}$$

Die tatsächliche mittlere Strömungsgeschwindigkeit u_l errechnet sich dann aus Gl. (5.194a) während für den hydraulischen Durchmesser d_{hg} die Beziehung (5.194b) verwendet wird.

$$u_l = \frac{\dot{m} \cdot (1 - \dot{x}_m)}{\rho_l \cdot (1 - \dot{\varepsilon}_m)}; \quad d_{hg} = d_h \cdot \sqrt{1 - \dot{\varepsilon}_m}. \tag{5.194}$$

Der Anteil am Dampfvolumenstrom $\dot{\varepsilon}$ ergibt sich aus:

$$\dot{\varepsilon} = \beta - 2.55 \cdot \beta \cdot (1 - \beta)^{0.36} \cdot (Fr \cdot Ga)^{-0.11} \quad \text{mit} \quad \beta = \frac{1}{1 + \left(\frac{1-\dot{x}}{\dot{x}}\right) \cdot \frac{\rho_g}{\rho_l}}, \tag{5.195}$$

in der die Galilei-Zahl Ga erscheint, die in folgender Weise definiert ist:

$$Ga = \frac{g \cdot l_0^3 \cdot \rho_l^2}{\eta_l^2}. \tag{5.196}$$

In der Galilei-Zahl erscheint die Laplace-Konstante l_0, die ein Verhältnis der Oberflächenspannungskräfte gegenüber Schwerkraft und Dichteunterschieden darstellt. Die Laplace-Konstante ergibt sich aus folgender Beziehung:

$$l_0 = \sqrt{\frac{\sigma}{g \cdot (\rho_l - \rho_g)}}. \tag{5.197}$$

Den Wärmeübergang für das Blasensieden α_B in der Nähe des Umgebungsdrucks erhält man durch eine empirische Zahlenwertgleichung der Art:

$$\alpha_B = 1.95 \cdot q_i^{0.72} \cdot p^{0.24}, \tag{5.198}$$

wobei der Wärmübergangskoeffizient α_B in (W/(m^{2}K)), der Wärmstrom q_i in (W/m^2) und der Druck p in (bar) einzusetzen sind. Mit einem Gültigkeitsbereich von: 10^4 (W/m^2) $< q_i < 10^6$ (W/m^2) und 0.5 (bar) $< p <$ 20 (bar) ist die vorige Gleichung gut für die Übertragung auf ein Solarabsorberrohr geeignet, bei kraftwerkstechnischen Anwendungen hingegen sind andere Beziehungen erforderlich. Im Bereich der Wellenströmung (Index *II*) und der Schichtenströmung (Index *III*) gilt für die Berechnung des Wärmeübergangskoeffizienten $\alpha_{II} = \alpha_{III}$ die Beziehung:

$$\alpha_{II} = \alpha_{III} = 0.58 \cdot \dot{x}_m^{-0.194} \cdot \sqrt{\alpha_l^2 + \alpha_B^2}, \tag{5.199}$$

wobei $\dot{x}_m$ die mittlere Dampfziffer im betrachteten Bereich darstellt. Für den Wärmeübergangskoeffizienten im Bereich der Wellen-Ringströmung (Index *IV*) gilt:

$$\alpha_{IV} = \sqrt{\alpha_l^2 + \alpha_B^2}, \tag{5.200}$$

während sich bei der Ringströmung (Index *V*) der Wärmeübergangskoeffizient α_V aus

$$\alpha_V = \sqrt{\alpha_l^2 + (1 + 36.5 \cdot 10^{-9} \cdot K_D^{1.5}) \cdot \alpha_B^2} \quad \text{mit} \quad K_D = \frac{\dot{m} \cdot \Delta h_g \cdot \dot{x}_m}{\dot{q}_i \cdot \dot{\varepsilon}_m \cdot \frac{\rho_g}{\rho_l}}, \tag{5.201}$$

ergibt. Δh_g in Gl. (5.201) bezeichnet die Verdampfungsenthalpie. Mit den Gleichungen ist es möglich, den Wärmeübergangskoeffizienten von der Wand an das Fluid in ausreichender Genauigkeit für die in einem thermischen Solarkollektor auftretenden Randbedingungen zu ermitteln. Allerdings sind intermittierende Strömungsformen wie die Schwallströmung oder die Pfropfenströmung nicht berücksichtigt. Für diese müssen gegebenenfalls getrennte Strömungsstabilitätsbetrachtungen angestellt, deren Grundlagen beispielsweise (Heinzel 1998) entnommen werden können.

5.3.10 Instabilitäten der Zweiphasenströmung

Bei Zweiphasenströmungen können Instabilitäten auftreten. Die Betrachtungen im Folgenden beziehen sich auf beheizte Kanäle – einzelne oder mehrere parallele Kanäle – mit zunehmendem Dampfgehalt in Strömungsrichtung. Den Kanälen ist gemeinsam von außen eine Druckdifferenz aufgeprägt. Transienten können Änderungen des Massendurchsatzes, des Druckes oder des Druckverlustes innerhalb des Kanals, der Dichte oder Änderungen der Strömungsformen und demzufolge des Wärmeübergangs betreffen.

Der Abb. 5.32 konnte entnommen werden, dass die Zweiphasenströmung – außer bei Schichtenströmungen – einen besseren Wärmeübergang als die Einphasenströmung bei gleichem Massendurchsatz bietet. Dem gegenüber stehen ein höherer Druckverlust und das Auftreten von Strömungsinstabilitäten. Die Instabilitäten können aperiodischer oder periodischer Natur sein. Werden parallele Kanäle mit Strömungsverhältnissen in der Nähe von Übergängen zu Instabilitäten betrieben, kann durch die Kommunikation der parallelen Kanäle untereinander und in Wechselwirkung mit dem Wärmeübergang und der

Dampfbildungsrate aus an sich aperiodischen Vorgängen ein periodisches Oszillieren erwachsen.

Aperiodische Instabilitäten entstehen vor allem dann, wenn bei gleichen äußeren Bedingungen mehrere Strömungszustände stabil sind. Auslöser für Instabilitäten sind Übergänge einer Strömungsform zu einer anderen aus dem sich unter anderem ein unterschiedlicher Druckverlust ergibt. Hat ein solcher Übergang im Siederohr eines Kollektors eine verminderte Dampfabgaberate und Wärmeübergang zur Folge, wird die Dampfnutzung beeinträchtigt bzw. der solare Wirkungsgrad auf Grund seiner Temperaturabhängigkeit verschlechtert. Die Siederohrwand kann so weit überhitzt werden, dass beispielsweise die selektive Beschichtung des Absorbers Schaden nimmt.

Periodische Oszillationen können Schwingungsanregungen zur Folge haben, gegen die der Kollektor mit seinen Komponenten abzusichern ist. Aus den vorausgegangenen Abschnitten und später vorgestellten Experimenten geht hervor, dass Oszillationen des Massendurchsatzes zu einer Verbesserung des Wärmeüberganges führen können und in der Anwendung von Vorteil sein können. Voraussetzung für ein vorteilhaftes Verhalten ist, dass die Oszillationen nicht ungedämpft zu unzulässig hohen Amplituden anwachsen.

Es wird allgemein zwischen statischen und dynamischen Instabilitäten unterschieden, je nachdem, ob es genügt das Problem mit statischen Gleichungen zu beschreiben, bzw. den Beginn oder das Auftreten der Instabilität vorherzusagen.

Nach Ledinegg kann eine aperiodische Instabilität in einem Strömungskanal mit einem konstanten Wärmestrom auftreten, wenn eine unterkühlte Flüssigkeit eintritt und teilweise verdampft wird. Die Entstehung der Instabilität setzt weiterhin voraus, dass der statische Druckverlust mit abnehmendem Massendurchsatz G zunimmt, das heißt, wenn

$$\frac{\partial(\Delta p)}{\partial G} < 0, \tag{5.202}$$

wird. Der Druckverlust setzt sich hierbei zusammen aus dem Reibungsdruckverlust (R), der hydrostatischen Druckänderung (H) und dem Beschleunigungsterm (B) infolge des wachsenden Dampfvolumenanteils:

$$\frac{dp}{dz} = \left(\frac{dp}{dz}\right)_{\mathrm{R}} + \left(\frac{dp}{dz}\right)_{\mathrm{H}} + \left(\frac{dp}{dz}\right)_{\mathrm{B}}, \tag{5.203}$$

Der Reibungsdruckverlust bei turbulenter Strömung ist proportional zum Quadrat des Massendurchsatzes, d. h. $\Delta p \sim G^2$. Er dominiert bei großen Massendurchsätzen oder kleinen Wärmeleistungen und beeinflusst dementsprechend den Gesamtdruckverlust. In einem bestimmten Bereich kann der Beschleunigungsdruckverlust bei steigender Heizleistung oder abnehmendem Durchsatz so zunehmen, dass ein Übergang zu einem neuen stabilen Zustand mit kleinerem Gesamtmassendurchsatz und großem Dampfvolumenanteil am Kanalaustritt erfolgt. Die Abb. 5.42 illustriert diesen Übergang bei einer Durchsatzänderung von 2 nach 1. Bei unterkühlter Zuströmung wächst außerdem mit abnehmendem Durchsatz die Kanalstrecke mit $\dot{x} > 0$.

Abb. 5.42 Instabilität der Zweiphasenströmung im beheizten Kanal bei abnehmendem Massenstrom oder größerer Wärmeleistung beim Übergang 2 → 1 aus (Smidt 1989)

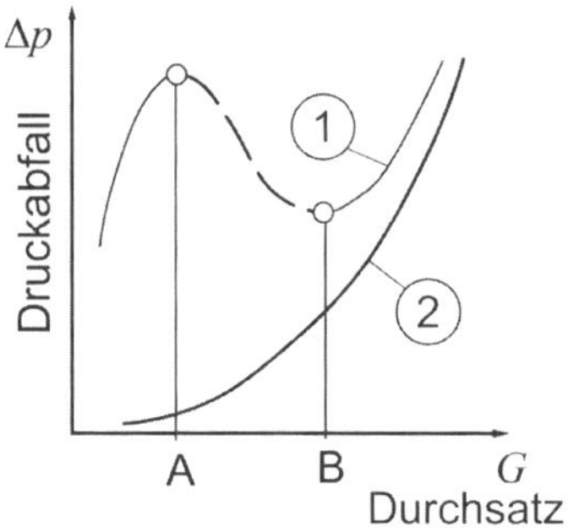

Abb. 5.43 Instabilität der Zweiphasenströmung im beheizten Kanal bei zunehmender Eintrittsunterkühlung nach (Huhn und Wolf 1975)

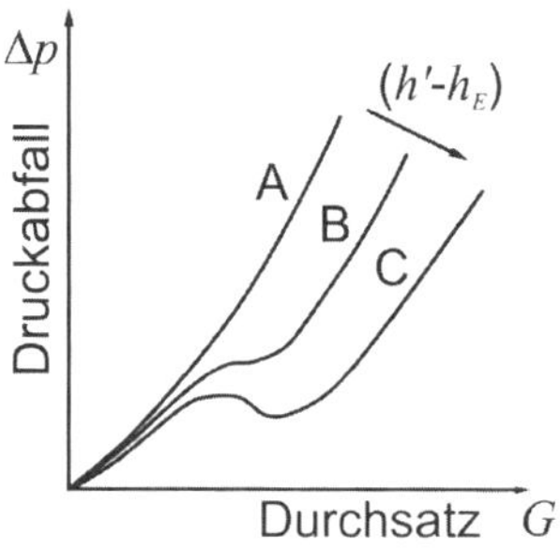

Den Einfluss der Unterkühlung, der durch die Enthalpiedifferenz (h'-h_E) gegeben ist, in dem h_E die Eintrittsenthalpie ist, zeigt die Abb. 5.43. Die Instabilität entsteht mit abnehmender Massenstromdichte und Überschreitung einer kritischen Unterkühlung der Flüssigkeit am Kanaleintritt. Bei mehreren parallelen Kanälen und von außen vorgegebenem gleich großem Druckverlust für alle Kanäle, z. B. bei Dampfkesseln oder in Solarkollektoren, können sich Dampfblockaden mit stark reduzierter Wärmeabfuhr ausbilden.

Mit dem Ledinegg-Kriterium kann abgeschätzt werden, ob bei der Verdampfung einer Flüssigkeit, die unterkühlt in das Verdampferrohr eintritt, aperiodische Instabilitäten des zuvor beschriebenen Typs auftreten. Das Kriterium beachtet den Reibungs- und Beschleunigungsdruckverlust. Der Reibungsbeiwert λ_R wird entsprechend einem homogenen Modell der Zweiphasenströmung angesetzt und Wärmestromdichte an der Rohrwand wird stationär sowie über die gesamte Rohrlänge als konstant angenommen. Dies liefert die Enthalpiedifferenz (h'-h_E), um die am Rohreintritt die Flüssigkeit höchstens unterkühlt sein darf:

$$(h' - h_E) \leq \frac{K_1 \cdot K_2}{1 + K_1 - \sqrt{\frac{3}{2} K_1 \cdot \left(\frac{K_1}{2} + 1\right)}} \\ \text{mit} K_1 = \frac{\lambda_R L}{2d} \text{und } K_2 = h_r \frac{\rho_d}{\rho_f}, \tag{5.204}$$

in dem L die Rohrlänge, d den Rohrdurchmesser, ρ_g und ρ_l die Dampfdichte bzw. Fluiddichte und h' die Verdampfungsenthalpie darstellen. Danach wird die Instabilität durch abnehmende Unterkühlung oder mit zunehmendem Reibungsdruckverlust beispielsweise durch Verwendung einer Blende am Rohreintritt vermieden. (Pederson und May 1982) beschreiben eine Formel, die den Reibungsdruckverlust aufgeteilt nach Ein- bzw. Austrittszonen sowie der Rohrstrecke behandelt. Sie gehen von der vereinfachten Beziehung für den Gesamtdruckverlust aus. Die Untersuchungen wurden speziell für Solaranlagen mit Parabolrinnenkollektoren aufgestellt.

5.3.11 Kondensation in Rohrleitungen

Im Zusammenhang mit dem eingangs dieses Kapitels angesprochenen Kollektorstillstand kommt es zu einer Dampferzeugung im Kollektorabsorber. Die potenzielle Reichweite dieses Dampfs im Rohrleitungsnetz bestimmt wesentlich die Regelung der Anlage, deren zeitliche Verfügbarkeit sowie die Dimensionierung der Komponenten des Solarkreislauf. Im Gegensatz zu solarthermischen Kraftwerken ist die Dampfbildung in Niedertemperatursystemen unerwünscht.

Bei einem Kollektorstillstand wird der entstehende Dampf vom Kollektor in die Anschlussleitungen gedrückt. Da dort die Temperatur niedriger ist, kann er dort kondensieren. Die Dampfproduktionsleistung unter anderem auch durch die thermische Verluste der Rohrleitungen bestimmt, so dass eine Betrachtung des Wärmetransports vom Inneren der dampfgefüllten Rohrleitungen in Richtung der Umgebung notwendig ist. Dies erfordert eine Betrachtung der Kondensationsvorgänge in der Rohrleitung. Darüber hinaus muss die Restflüssigkeitsmenge im Kollektor, der Anteil des Dampfs und der Flüssigkeit in den individuellen Rohrleitungsabschnitten bekannt sein. Auf eine detaillierte Betrachtung der Kondensation in geneigten Rohren, wie sie in realen solarthermischen Anlagen auftritt, wird hier verzichtet (Details u. a. in (Schulenberg 1969)). Lediglich die grundlegenden physikalischen Abläufe in einem vertikalen Rohr werden nachfolgend skizziert. Auch die bei der Kondensatunterkühlung und der Dampfüberhitzung auftretenden Phänomene werden nicht berücksichtigt.

Obwohl in thermischen Niedertemperatursolaranlagen als Wärmeträger zumeist binäres Gemisch aus Wasser und Propylenglykol verwendet wird, gehen die meisten technischen Betrachtungen von einer reinen Wasserdampfströmung in den Rohrleitungen aus. Experimentelle Untersuchungen zeigen, dass es in frühen Stagnationsphasen zur fraktionierten Verdampfung des Fluids kommt (Rommel et al. 2007). Der im Kollektor stattfindende Phasenwechsel lässt zunächst eine Wasserdampfströmung in den Rohrleitungen entstehen, wobei die maximale Dampfreichweite fast ausschließlich in dieser frühen Stillstandsphase erreicht wird. Erst bei starker Aufkonzentration des Wärmeträgers im Kollektorfeld und bei vergleichsweise geringen Dampfproduktionsleistungen nimmt der Glykolanteil in der Dampfströmung zu. Ein weiterer Vorteil der Berechnungen von

Tab. 5.15 Typische Dimensionierung der Solarkreisverrohrung, in denen die Abmaße der Rohre in Abhängigkeit vom Volumenstrom so gewählt wurde, dass sich eine vergleichbare Strömungsgeschwindigkeit des Fluids u_0 von etwa $u_0 = 0.35$ m/s ergibt (Remmers 2001)

A_{kol} (m²)	d_i (m) High-Flow 30 l/(m² h)	d_i (m) Low-Flow 15 l/(m² h)	d_i (m) High-Flow 15 l/(m² h)
20	0.025	0.016	0.016
30	0.032	0.020	0.020
50	0.039	0.025	0.025
80	0.050	0.032	0.032
130	0.072	0.039	0.032
160	0.072	0.050	0.039
200	0.085	0.050	0.050
250	0.085	0.072	0.050
300	0.103	0.072	0.072
400	0.103	0.085	0.072
u_0 (m/s)	0.33	0.37	0.35
A_{kol}/A_i	$3.95 \cdot 10^4$	$8.94 \cdot 10^4$	$1.09 \cdot 10^5$

Wasserdampfströmungen ist, dass die notwendigen Stoffwerte für Wasser im Gegensatz zu Wasser-Propylenglykol-Mischungen sehr genau bekannt sind.

Die Beschreibung der Kondensation innerhalb des Rohrs erfordert die Kenntnis des Strömungszustands. Da Strömungs- und Temperaturfelder schon bei geringer Komplexität der Fragestellung analytisch kaum mehr zugänglich sind, werden zumeist mittels der Ähnlichkeitstheorie auch hier dimensionslose Kennzahlen ermittelt. Eine anschauliche Einführung der in diesem Abschnitt verwendeten Kennzahlen findet sich in (Baehr und Stephan 2008).

5.3.11.1 Strömungsgeschwindigkeiten des Dampfes bei Stagnation

Zunächst muss die Geschwindigkeit der Dampfströmung im Stagnationsfall ermittelt werden. Die direkte experimentelle Messung erfordert einen erheblichen messtechnischen Aufwand. Allerdings kann bei bekannter Dampfproduktionsleistung die Eintrittsgeschwindigkeit des Dampfes vom Kollektor in die Rohrleitungen mit Hilfe der Gl. (5.205) abgeschätzt werden.

$$u_{g,ein} = \frac{P_g}{\Delta h_V A_i} = \frac{P_g^* A_{kollektor}}{\Delta h_V A_i}. \tag{5.205}$$

Darin ist der Strömungsquerschnitt A_i durch den Rohrinnendurchmesser d_i gegeben. Sowohl die Dampfproduktionsleistung P_g als auch d_i hängen von der Kollektoraperturfläche A_{koll} ab. Die Tab. 5.15 zeigt typische erforderliche Rohrgrößen bei unterschiedlichen Kollektorflächen A_{koll} und Anlagentypen (Low-Flow oder High-Flow Anlagen, vergl. Kap. 6.4 Aufbau solarthermischer Niedertemperaturanlagen). Legt man beispielsweise die Werte einer Low-flow-Anlage 15 l/(m²·h) zu Grunde, ergeben sich am Eintritt in die Rohrleitung die in der Tab. 5.16 angegebenen Dampfströmungsgeschwindigkeiten $u_{g,ein}$ und Dampf-

Tab. 5.16 Spezifische Dampfproduktionsleistung (Bezugsfläche = Kollektoraperturfläche) einer typischen Low-Flow Anlage 15 l/(m^2·h) und daraus resultierender Dampfströmungsgeschwindigkeit und Dampfmassenstrom am Kollektoraustritt

P_g^* (W/m^2)	$u_{D,\,ein}$ (m/s)	$\dot{M}_{D,ein}$ (kg/(m^2 s))
20	0.38	0.8
50	0.96	2.1
100	1.92	4.2
200	3.83	8.3
300	5.75	12.5
400	7.66	16.7

massenstromdichtem $\dot{M}_{g,ein}$ in Abhängigkeit der spezifischen Dampfproduktionsleistung P_g^*. Die Tab. 5.16 zeigt, dass die Dampfgeschwindigkeit am Eintritt der Rohrleitung $u_{g,\,ein}$ nur von der spezifischen Dampfproduktionsleistung abhängt. Der resultierende Dampfmassenstrom aber ist zusätzlich eine Funktion des Rohrleitungsquerschnitts d_i, der wiederum von der Kollektorfläche abhängig ist. Zusätzlich muss beachtet werden, dass bei Stagnation in den meisten Fällen eine Dampfausbreitung sowohl über die Vorlauf- als auch über die Rücklaufleitungen erfolgt, wodurch sich die in der Tab. 5.16 aufgeführten Strömungswerte halbieren. Die größten Dampfproduktionsleistungen wurden bisher an einem Vakuumröhrenkollektor am Fraunhofer ISE gemessen und betrugen circa 400 W/m^2 (Rommel et al. 2007).

5.3.11.2 Kondensation im vertikalen Rohr

Bei Kontakt von Sattdampf mit einer Oberfläche, deren Temperatur unterhalb der Sättigungstemperatur des Dampfes liegt, kommt es zur Verflüssigung des Dampfes. Die Flüssigkeit schlägt sich auf der Oberfläche nieder und dient als Entstehungsort weiteren Kondensats. Dieser Niederschlag kann in Form von einzelnen Tropfen oder als geschlossener Flüssigkeitsfilm erfolgen.

Das Auftreten von Tropfenkondensation wird entscheidend durch Verunreinigungen auf der kalten Oberfläche beschleunigt, in die die Benetzbarkeit der Kühlfläche und die Oberflächenspannung des Kondensats eingehen. Allerdings spielt die Tropfenkondensation in solarthermischen Systemen nur eine untergeordnete Rolle.

Bei der Filmkondensation existieren eine laminare und eine turbulente Form, die zu unterschiedlich großen Wärmeübergangskoeffizienten führen und von der Lauflänge z abhängen wie die Abb. 5.44 skizziert.

Die hier dargestellten Herleitungen gelten zunächst für Zweiphasenströmungen an einer senkrechten Wand. Eine Übertragung der Ergebnisse auf Vorgänge innerhalb senkrechter Rohren ist möglich, wenn der Durchmesser des Rohrs groß gegenüber der Filmdicke des Kondensats ist. Für die Filmbreite b gilt dann $b = \pi d$, wobei d der Rohrdurchmesser ist. Bei um den Winkel α gegen die Vertikale geneigten Rohre ist die Fallbeschleunigung g durch (g·cos α) zu ersetzen.

Abb. 5.44 Schematische Form der Filmkondensation an einer vertikalen, kalten Oberfläche und Skizze der dabei auftretenden Temperatur- und Geschwindigkeitsverteilung

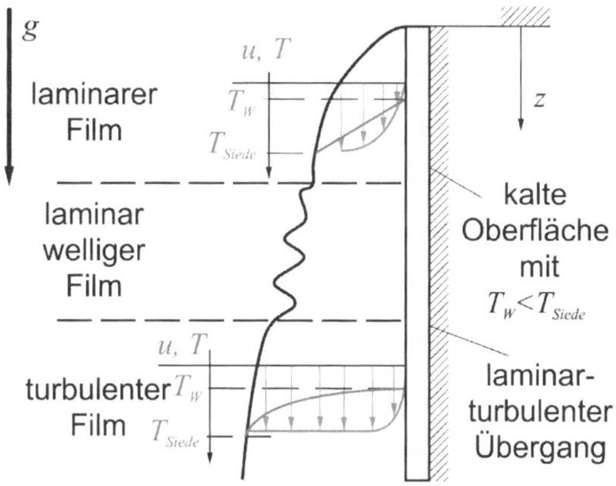

- Laminare Filmkondensation

Kondensiert Dampf an einer vertikalen kalten Oberfläche bildet sich ein Flüssigkeitsfilm aus, der schwerkraftgetrieben nach unten fließt. Wenn die Dampfgeschwindigkeit in der Umgebung des Kondensats gering und der Flüssigkeitsfilm dünn ist, ist die Strömung im Kondensat laminar. Der einfachste Fall einer laminaren Filmströmung bei isothermer Wandoberfläche wird durch die Nusseltsche Wasserhauttheorie beschrieben. Die Wärmeabfuhr erfolgt hauptsächlich durch Wärmeleitung von der Kondensatoberfläche zur Wand hin und der konvektive Wärmeübergang innerhalb des Films kann vernachlässigt werden. Unter Annahme eines Newtonschen Fluides, einer konstanten Wandtemperatur T_W, der Sattdampftemperatur T_{Siede} und einer temperaturunabhängigen dynamischen Viskosität η_L ergibt sich der abfließende Kondensatmassenstrom $\dot{M}_l$ zu:

$$\dot{M}_l = u_l \rho_l b \delta = \frac{\rho_l(\rho_l - \rho_D)gb}{3\eta_l}\delta^3, \qquad (5.206)$$

in der u_l die mittlere Filmgeschwindigkeit und ρ die Dichte darstellen. Die Indizes „*l*" und „*g*" beziehen sich auf die flüssige und die dampfförmige Phase. Der Massenstrom des Kondensats ist eine Funktion der wandnormalen Filmdicke δ. Es ist:

$$\frac{d\dot{M}_l}{d\delta} = \frac{\rho_l(\rho_l - \rho_D)gb}{\eta_l}\delta^2. \qquad (5.207)$$

Die Ausbildung eines Kondensatmassenstroms $d\dot{M}_l$ erfordert die Bereitstellung einer Kondensationsleistung $d\dot{Q}$.

$$d\dot{Q} = \Delta h_V d\dot{M}. \qquad (5.208)$$

Wenn der Wärmestrom nur durch Wärmeleitung im Kondensatfilm erfolgt, die Wärmeleitfähigkeit des Kondensats λ_l konstant ist, und die Filmdicke am oberen Rand beginnt (, es sei $\delta(x) = 0$), so erhält man:

$$d\dot{Q} = \frac{\lambda_l}{\delta} b(T_{Siede} - T_W)dz. \tag{5.209}$$

Die Auswertung liefert einen Zusammenhang zwischen der Filmdicke δ und der Lauflänge z in Schwerefeldrichtung:

$$\delta = \left[\frac{4\lambda_l \eta_l \left(T_{Siede} - T_W\right)}{\rho_l \left(\rho_l - \rho_g\right) g \Delta h_V} \cdot z \right]^{\frac{1}{4}}. \tag{5.210}$$

Bei Annahme eines linearen Temperaturverlaufs im Kondensat kann man den örtlichen Wärmeübergangskoeffizienten $\alpha(z)$ angeben:

$$\alpha\left(z\right) = \frac{\lambda_l}{\delta} = \left[\frac{\rho_l \left(\rho_l - \rho_g\right) g \Delta h_V \lambda_l^3}{4\eta_l \left(T_{Siede} - T_W\right)} \frac{1}{z} \right]^{\frac{1}{4}} \tag{5.211}$$

und nach Integration über eine Wand der Höhe H erhält man für den mittleren Wärmeübergangskoeffizienten α_m:

$$\alpha_m = 0{,}943 \left[\frac{\rho_l \left(\rho_l - \rho_g\right) g \Delta h_V \lambda_l^3}{\eta_l \left(T_{Siede} - T_W\right)} \frac{1}{H} \right]^{\frac{1}{4}}. \tag{5.212}$$

- Laminare Filmkondensation mit Wellenbildung

Mit zunehmender Lauflänge z des Kondensationsfilms nimmt seine Dicke und Strömungsgeschwindigkeit zu. Auch wenn innerhalb des Films noch immer eine laminare Strömung vorliegt, bilden sich an der Oberfläche Wellen aus, die den Wärmeübergang verbessern. Er liegt ca. 10 bis 25 % über dem der Nusseltschen Wasserhauttheorie. Es gibt unterschiedliche Modelle, die diese Wellenbildung bei der Bestimmung des Wärmeüberganges berücksichtigen. (Baehr und Stephan 2008) geben kritische Reynolds-Zahlen an, ab der Wellen auf dem Kondensat zu beobachten sind. Die charakteristische Länge l_0 des Problems ist durch die Dicke δ des Kondensatfilms eindeutig bestimmt. Die Reynolds-Zahl ergibt sich aus der mittleren Strömungsgeschwindigkeit u_0 des Kondensats:

$$Re = \frac{u_0 \rho_l \delta}{\eta_l} \quad \text{mit} \quad \dot{M}_l = u_0 A \rho_l = u_0 b \delta \rho_l \tag{5.213}$$

und die kritischen Reynolds-Zahl von Re_{krit} berechnet sich aus:

$$Re_{krit} = 0.392\left[\left(\frac{\sigma}{\rho_l g}\right)^{\frac{1}{2}}\left(\frac{g}{\nu_l^2}\right)^{\frac{1}{3}}\right]^{\frac{3}{4}}, \tag{5.214}$$

in der ν_l die kinematische Zähigkeit des Kondensats ist und σ seine Oberflächenspannung. Nach (Baehr und Stephan 2008) sind Oberflächenwellen im folgenden Reynolds-Zahl Bereich zu beobachten:

$$256 Pr^{0.44} \leq Re \leq 400, \tag{5.215}$$

worin Pr die molekulare Prandtl-Zahl ist. Innerhalb dieser Lauflängen ist der Wärmeübergang gegenüber der glatten Laminarströmung verbessert und sie schlagen für den mittleren Wärmeübergangskoeffizienten α_m in diesem Bereich einen Multiplikationsfaktor von 1.15 gegenüber der Gl. (5.212) vor. Der VDI-Wärmeatlas (VDI 2005) empfiehlt einen den Ansatz, der die Welligkeit mit einem Multiplikationsfaktor f_{well} berücksichtigt und in Abhängigkeit von der Reynolds-Zahl nach Gl. (5.216) bestimmt wird.

$$f_{well} = \begin{cases} 1 & \text{für } Re < 1 \\ Re^{0.04} & \text{für } Re \geq 1 \end{cases}. \tag{5.216}$$

- Turbulente Filmkondensation

Bei weiter zunehmender Lauflänge schlägt die Strömung in eine turbulente Kondensatströmung um. Es gibt unterschiedliche Angaben, ab welcher Reynolds-Zahl der Übergang erfolgt. Neben der Reynolds-Zahl geht in die Wärmeübergangsbeziehungen auch die molekulare Prandtl-Zahl ein. Gebräuchlich ist folgende Beziehung:

$$Nu = \frac{\alpha(\nu_l^2/g)^{\frac{1}{3}}}{\lambda_l} = 0.0325 Re^{1/4} Pr^{1/2}$$

mit

$$Re = \left[89 + 0.024 Pr^{1/2}\left(\frac{Pr}{Pr_w}\right)^{1/4}(\xi - 2300)\right] \quad \text{und} \quad \zeta = \frac{c_{p,l}(T_{Siede} - T_w)}{\Delta h_V}\frac{1}{Pr}\frac{z}{(\nu_l^2/g)^{\frac{1}{3}}}, \tag{5.217}$$

in der $c_{p,\,l}$ die Wärmekapazität des Kondensats ist. Der Ansatz gilt für $1 \leq Pr \leq 25$ und $400 \leq Re \leq 7 \cdot 10^5$. Die Stoffwerte sind bei Sättigungstemperatur einzusetzen und Pr_w ist mit der Wandtemperatur T_w zu bilden. Zur praktischen Handhabung wird der Wärmeübergang in den einzelnen Bereichen der Kondensatströmung an einer senkrechten Oberfläche wie folgt zusammengefasst:

$$\alpha = \sqrt[4]{(f_{well} \cdot \alpha_{lam})^4 + \alpha_{turb}{}^4}. \tag{5.218}$$

f_{well} wird nach Gl. (5.216) berechnet, der Wärmeübergangskoeffizient der laminaren Filmströmung nach (5.211) und der der turbulenten Filmströmung nach (5.217).

- Einfluss der Strömungsgeschwindigkeit des Dampfes

Die bisherigen Beschreibungen galten für die Kondensation von Dampf mit geringer Strömungsgeschwindigkeit oder ruhenden Dampf. Während des Kollektorstillstands kommt es allerdings zur Dampfströmung innerhalb des Rohres. Der Einfluss einer Wasserdampfströmung auf den Kondensatfilm an einer senkrechten Oberfläche kann bis zu einer Dampfgeschwindigkeit von 5 m/s vernachlässigt werden (Huhn und Wolf 1975). Die Kondensatfilmströmung hängt dann lediglich von der Schwerkraft ab und es gelten die angesprochenen Wärmeübergangsbeziehungen für ruhenden Dampf.

Nur bei sehr hohen Dampfproduktionsleistungen treten erhebliche Strömungsgeschwindigkeiten auf, in denen der strömende Dampf eine Schubspannung τ_δ auf den Kondensatfilm ausübt, der von dem Widerstandsbeiwert ζ abhängt:

$$\tau_\delta = \zeta \cdot \frac{\rho_g \cdot u_g^2}{4}. \tag{5.219}$$

Bei einer laminaren Strömung des Dampfes ($Re<2320$) ist der Widerstandsbeiwert λ unabhängig von der Rohrwandrauigkeit und es gilt $\lambda=64/Re$ (vergleiche Gl. (5.168)). Auch im turbulenten Bereich verhält sich die Dampfströmung wie ein konventionelles Newtonsches Fluid, so dass bezüglich des Druckverlustes die im Abschn. 5.3.7 erarbeiteten Beziehungen gelten. Die Schubspannung τ_δ beeinflusst die mittlere Kondensatströmungsgeschwindigkeit u_0 und den Kondensatmassenstrom, der durch eine Ebene senkrecht zur Wand abfließt. Für beide ergeben sich folgende Beziehungen:

$$\begin{aligned} u_0 &= \frac{(\rho_l - \rho_g)g}{3\eta_L}\delta^2 \pm \frac{\tau_\delta \delta}{2\eta_L} \\ \dot{M}_l &= u_0 \rho_l b\delta = \frac{(\rho_l - \rho_g)gb}{3\eta_L}\delta^3 \pm \frac{\rho_l \tau_\delta \delta^2 b}{2\eta_L}. \end{aligned} \tag{5.220}$$

Das positive Vorzeichen gilt für abwärts strömenden Dampf, das negative entsprechend für die aufwärts gerichtete Dampfströmung. Im Bereich der laminaren Filmströmung ergibt sich der Wärmeübergang direkt aus der Filmdicke über den Zusammenhang $\alpha=\lambda_l/\delta$.

5.3.11.3 Kondensation im waagerechten Rohr

Während in vertikalen Rohren das Kondensat als Film von der Wand abfließt, können in einem waagerechten Rohr – abhängig von der Strömungsgeschwindigkeit des Dampfes und dem Flüssigkeitsanteil im Rohrquerschnitt – verschiedene Strömungsformen auftreten, die denen bei der Beheizung (vergleiche Abschn. 5.3.3 Erscheinungsformen des Rohrsiedens, Abb. 5.32) gleichen. Bei geringen Strömungsgeschwindigkeiten überwiegt der Einfluss der Schwerkraft und es bildet sich abhängig vom Flüssigkeitsanteil eine Schichten-, Pfropfen- oder Schwallströmung aus. Bei hohen Strömungsgeschwindigkeiten kommt es zur Ring- oder Blasenströmung, die auch bei großen Dampfgeschwindigkeiten in vertikalen Rohren dann vorkommen kann, wenn die Dampfschubspannung groß gegenüber der Schleppwirkung der Schwerkraft ist. Eine Schichtenströmung bildet sich aus, sofern

$$u_g = \frac{x\dot{M}}{A[gd\rho_g(\rho_l - \rho_g)]} \leq 1. \tag{5.221}$$

erfüllt ist, in der x den Dampfgehalt darstellt. Bei Stagnation treten am Eintritt in die Rohrleitungen typischerweise Dampfgeschwindigkeiten von etwa 2 m/s auf. Nimmt man einen Leitungsquerschnitt von $d_i = 0.016$ m an, ergibt sich nach (5.221) ein Wert von $u_g = 0.233$ m/s und eine Reynolds-Zahl von $Re = 4610$, so dass sich zumeist eine Schichtenströmung einstellt. Bei den Berechnungen ist darauf zu achten, dass die Strömungsgeschwindigkeit mit der Laufweite innerhalb des Rohrs immer mehr abnimmt. Daher beschränkt sich die nachfolgende Betrachtung nur noch auf diese Art der Zweiphasenströmung in waagerechten Rohren.

In Schichtenströmungen fließt das Kondensat von der Rohrwand nach unten hin ab und sammelt sich am Boden des Rohrs. Unter Berücksichtigung des Druckabfalls in Strömungsrichtung des Dampfes füllt das Kondensat bei langen Rohren an deren Ende den gesamten Querschnitt aus. Der Wärmeübergang bei dieser Art der Strömung ist maßgeblich von der Dicke des Bodenkondensats abhängig und berechnet sich nach:

$$\alpha = F(\gamma)\left(\frac{\rho_l(\rho_l - \rho_g)\, g\Delta h_V \lambda_l^3}{d\eta_l\,(T_{Siede} - T_W)}\right)^{\frac{1}{4}}. \tag{5.222}$$

Je dünner der Bodenkondensatfilm ist, desto größer wird der Faktor F und der Wärmeübergang auf die Rohrwand verbessert sich. Für F existieren Tabellenwerte. Der Benetzungswinkel γ ist messtechnisch kaum zu ermitteln. Baehr und Stephan (2008) schlagen zur Berechnung der Wärmeübergangskoeffizienten empirische Gleichungen vor, die den Einfluss der Dampfströmung auf den turbulenten Kondensatfilm mit berücksichtigen. Für den örtlichen Wärmeübergang geben diese folgende Korrelation an:

$$\begin{gathered} Nu = 0.023 Re^{0.8} Pr^{0.4}\left[(1-x)^{0.8} + \frac{3.8(1-x)^{0.04}x^{0.76}}{p^{0.38}}\right] \\ \text{mit} \\ Nu = \frac{\alpha d}{\lambda_l};\quad Re = \frac{u_m d}{\nu_L};\quad u_m = \frac{4\dot{M}}{\rho_L \pi d^2};\quad Pr = \frac{\nu_l}{a_l}\quad \text{und}\quad p^+ = \frac{p}{p_{krit}}. \end{gathered} \tag{5.223}$$

Der kritische Druck p_{krit} von Wasser beträgt 22.12 MPa. Allerdings herrscht in der Literatur Unstimmigkeit über den Gültigkeitsbereich dieser Relation. Nach Baehr und Stephan (2008) ist das Berechnungsverfahren gültig für Dampfgeschwindigkeiten zwischen 3 und 300 m/s und Massenstromdichten zwischen 10.8 kg/(m^{2}s) bis 210.6 kg/(m^{2}s) anwendbar, während Collier und Thome (1996) den Gültigkeitsbereich auf Massenstromdichten oberhalb von 200 kg/(m^{2}s) eingrenzen. Für langsame Dampfströmungen empfehlen letztere einen anderen Zusammenhang:

$$Nu = C Re^n Pr^{1/3} \text{ mit } Re_e = \frac{\dot{M}_e d}{\eta_L} \quad \text{und} \quad \dot{M}_e = \left[(1-x) + x\left(\frac{\rho_l}{\rho_g}\right)^{1/2}\right]. \qquad (5.224)$$

Die Größen C und n werden je nach Strömungsform berechnet. Für $Re_e < 5 \cdot 10^4$ ist $C = 0.0265$ und $n = 0.8$ und für $Re_e > 5 \cdot 10^4$ beträgt $C = 5.03$ und $n = 1/3$. Da die bei Stagnation austretenden Dampfproduktionsleistungen bei den meisten Hausanlagen zu Dampfströmungsgeschwindigkeiten im Bereich von 2 m/s und Massenstromdichten von 4 kg/(m^{2}s) führen, ist für diese Fälle das Bestimmungsverfahren nach Gl. (5.224) eher geeignet.

Literatur

Aicher T, Martin H (1997) New correlations for mixed turbulent natural and forced convection heat transfer in vertical tubes. Int J Heat Mass Transf 40(15):3617–3626 (Elsevier, Hrsg.)

Anderson DA, Tannehill JC, Pletcher RH (1984) Computational fluid mechanics and heat transfer. Hemisphere Publishing Co., New York

Arpaci VS, Larsen PS (1984) Convection heat transfer. Prentice Hall, Inc., Englewood Cliffs

Baehr HD, Stephan K (2008) Wärme- und Stoffübertragung, 6. Aufl. Ausg. Springer, Berlin

Baker O (1954) Design of pipe lines for simultaneous flow of oil and gas. Oil Gas J 53:185–195

Bankoff SG (1957) Ebullition from solid surfaces in the presence of a pre-existing gaseous phase. Trans ASME 79:735 ff

Barenblatt GI, Chorin AJ (1998) Turbulence: an old challenge and new perspectives. Meccanica 33(5):445–468

Betchov R, Criminale OW (1967) Stability of parallel flows. Academic, New York

Bhatti MS (1985) Fully developed temperature distribution in a circular duct tube with uniform wall temperature. Owens-Corning Fiberglas cooperation, Granvile

Burmeister LC (1993) Convective heat transfer, 2. Aufl. Ausg. Wiley-Interscience

Carteciano LN, Grötzbach G (2003) Validation of turbulence models in the computer code FLUTAN for a free hot sodium jet in different buoyancy flow regimes. Forschungszentrum Technik und Umwelt, Karlsruhe

Castaing B, Gunaratne G, Heslot F, Kadanoff L, Libchaber A, Thomae S et al (1989) Scaling of hard thermal turbulence in Raleigh-Benard convection. J Fluid Mech 204:1 ff

Cebeci T, Bradshaw P (1977) Momentum transfer in boundary layers. McGraw-Hill Inc.

Chen RY (1973) Flow in the entrance region at low reynolds number. J Fluid Eng 95:153–158

Chien KY (1982) Prediction of channel and boundary-layer flows with a low-reynolds-number turbulence mode. AIAA J 20(1):33–38

Cole JD (1968) Perturbation methods in applied mathematics. Blaisdell Publishing Co., Toronto

Collier JG (1988) Evaporators. In: Kakac S, Bergles AE, Oliviera Fernendes E, Sciences NA (Hrsg) Two-phase flow heat exchangers. Springer, S 683–706

Collier JG, Thome JR (1996) Convective boiling and condensation, 3. Aufl. Ausg. Oxford University Press

Dimitrova KG (2006) Thermische Effekte im Kollektorfeld solarthermischer Anlagen. Dissertation, Techn. Universität, Fak. Maschinenbau, Chemnitz
DIN EN ISO 5167 (2004) Durchflussmessung von Fluiden mit Drosselgeräten in voll durchströmten Leitungen mit Kreisquerschnitt. Beuth Verlag GmbH
Donaldson C (1972) Calculation of turbulent shear flows for atmospheric and vortex motions. AIAA J 10:4–12
Eberhart JG, Schnyders H (1973) Application of the mechanical stability condition to the prediction of the limit of superheat für normal alkanes, ether and water. J Phys Chem 77(23):2730
Eckert ER, Drake RM (1972) Analysis of heat and mass transfer. Mc Graw-Hill, New York
Friedel L (1979) Improved friction drop correlations for horizontal and vertical two-phase pipe flow. European Two-phase Flow Group Meeting. Paper E2
Grigull U, Tratz H (1965) Thermischer Einlauf in ausgebildeter laminarer Rohrströmung. Int J Heat Mass Transf 8:669–678
Guo J, Julien PY (2003) Modified log-wake law for turbulent flow in smooth pipes. J Hydraul Res 41(5):493–501
Hanjalic K, Launder BE (1972) A reynolds stress model of turbulence and its application to asymmetric shear flows. J Fluid Mech 52:609–638
Harlow FH, Nakayama PI (1968) Transport of turbulence energy decay rate. Los Alamos Science Lab. University of California, USA
Hausen H (1943) Darstellung des Wärmeübergangs in Rohren durch verallgemeinerte Potenzbeziehungen. VDI-Zeitung, Suppl. Verfahrenstechnik, Ausgabe 4. S 91–98
Heinzel V (1998) Solare Prozeßwärmeerzeugung -Siedewasserkollektoren. Universität, Karlsruhe
Hennecke DK (1968) Heat transfer by hagen-poiseulle flow in the thermal development region. Wärme-und Stoffübertragung 1:177–184
Hewitt GF, Roberts DN (1969) Studies of two-phase flow patterns by simultaneous x-ray and flash photography. HMSO. UKAEA, London
Hickmann HJ (1974) An asymptotic study of the Nusselt-Graetz problem, Part 1: large x behaviour. Int J Heat Mass Transf 96:354–358
Hornbeck RW (1964) Laminar flow in the entrance region of a pipe. Appl Sci Res A13:224–232
Hsu CJ (1968) Exact solution to entry region of laminar heat transfer with axial conduction. Chem Eng Sci 23:457–468
Huhn J, Wolf J (1975) Zweiphasenströmung – gasförmig/ flüssig. VEB Fachbuchverlag, Leipzig
Incropera FP, DeWitt DP (2001) Fundamentals of heat and mass transfer, 5. Aufl. Ausg. Wiley
Jischa M (1982) Konvektiver Impuls-,Wärme- und Stoffaustausch. Friedr. Vieweg & Sohn. Verlagsgesellschaft mbH, Braunschweig
Jones WP, Launder BE (1972) The prediction of laminarization with a two-equation model of turbulence. Int J Heat Mass Transf 15(2):301–314
Kakac S, Aung W, Viskanta R (1985) Natural convection-fundamentals and applications. Hemisphere Publishing Corporation, Washington
Kakac S, Shah R, Aung W (1987) Handbook of single phase convective heat transfer. Wiley, New York, (A. W. Publication, Hrsg.)
Kasagi N, Ohtsubo Y (1992) Direct numerical simulation of low Prandtl number thermal field in a turbulent channel flow. In: F Durst et al. (Hrsg) Turbulent shear flows, Bd. 8. Springer, Berlin, S 97–119
Kawamura H, Abe H, Matsuo Y (1999) DNS of turbulent heat transfer in channel flow with respect to Reynolds and Prandtl number effects. Int J Heat Fluid Flow 20(3):196–207
Kays WM (1994) Turbulent Prandtl number. Where are we? J Heat Transf Trans ASME 116:284–296
Keenan JH (1970) Thermodynamics, 14. Aufl. Ausg. MIT Press
Kek V, Müller U (1993) Low Prandtl number convection in layers heated from below. Int J Heat Mass Transf 36(11):2795–2804

Koehler W, Kastner W (1988) Two-phase pressure drop in boiler tubes. In: Kakac S, Bergles AE, Oliviera Fernendes E (Hrsg) Two-phase flow heat exchangers. NATO ASI Series E: Applied Sciences. Springer, London, S 575–594
Lamb H (1993) Hydrodynamics, 6. Aufl. Ausg. Cambridge University Press, Cambridge
Launder BE, Reece G, Rodi W (1975) Progress in the development of a Reynolds-stress turbulence closure. J Fluid Mech 68(3):537–566
Launder BE, Spalding DB (1974) The numerical computation of turbulent flows. Comp Meth Appl Mech Eng 3:269–289
Lin CC (1961) The theory of hydrodynamic stability. Cambridge University Press
Lustig K (2002) Experimentelle Untersuchungen zum Stillstandsverhalten thermischer Solaranlagen. Dissertation, Universität Karlsruhe, Fak. Maschinenbau, Karlsruhe
Martinelli RC (1947) Heat transfer to molten metals. Trans ASME 69:947 ff
Michelsen ML, Villadsen J (1974) The Graetz problem with axial conduction. Int J Heat Mass Transf 17:1391–1402
Müller U, Ehrhard P (1999) Freie Konvektion und Wärmeübertragung. Müller-Verlag, Heidelberg
Ng KH, Spalding DB (1972) Turbulence model for boundary layers near walls. Phys Fluid 15:20–30
Otic I, Grötzbach G, Wörner M (2005) Analysis and modelling of the temperature variance equation in turbulent natural variance equation in turbulent natural. J Fluid Mech 525:237–261 (C. U. Press, Hrsg.)
O'Toole JL, Silveston PL (1961) Correlation of convective heat transfer in confined horizontal layers. Chem Eng Prog Symp Ser 67:81 ff
Parry WT, Gallagher Bellows JC, Harvey AH (2000) ASME International Steam Tables for Industrial Use. American Society of Mechanical Engineers (ASME)
Pederson RJ, May EK (1982) Flow instability during direct steam generation in a line-focus solar collector system. Solar Energy Research Institute Report
Piller M, Nobile E, Hanratty TJ (2002) DNS study of turbulent transport at low Prandtl numbers in a channel flow. J. Fluid Mech 458:419–441
Polifke W, Kopitz J (2005) Wärmeübertragung: Grundlagen, analytische und numerische Methoden. Pearson Studium
Reichhardt H (1951) Vollständige Darstellung der turbulenten Geschwindigkeitsverteilung in glatten Leitungen. Z Angew Math Mech 31(7):208 ff
RELAP Code Development Team (1995) RELAP5/MOD3 Code Manual Volume I-IV: Code structure, system models, and solution methods. Idaho National Engineering Laboratory, Lockheed Idaho Technologies Company, Idaho
Remmers K-H (2001) Große Solaranlagen: Einstieg in Planung und Praxis, 2. Aufl. Solarpraxis AG
Reynolds WC (1976) Computation of turbulent flows. Ann Rev Fluid Mech 8:183–208
Rodi W (1981) Progress in turbulence modelling for incompressible flows. AIAA J Paper 81-0045
Rodi W (1993) Turbulence models and their application: a state of the art review. Monograph International Association for Hydraulic Research (IAHR). A.A. Balkema, The Netherlands
Rommel M, Siems T, Schüle K, Mehnert S, Thoma C (2007) Entwicklung von Techniken zur Beherrschung des Stillstandsbetriebs. Freiburg. www.solarkombianlagen-xl.info
Rotta JC (1972) Turbulente Strömungen. Teubner, Stuttgart
Scheuren J (2008) Untersuchungen zum Stagnationsverhalten solarthermischer Kollektorfelder. Universität Kassel, Fachbereich Maschinenbau
Schlichting H, Gersten K (2000) Boundary-Layer theory, 8. Aufl. Ausg. Springer, Berlin
Schulenberg FJ (1969) Wärmeübergang und Druckänderung bei der Kondensation von strömendem Dampf in geneigten Rohren. Dissertation, Universität Stuttgart
Schulenberg T, Stieglitz R (2010) Flow measurement techniques in heavy liquid metals. Nucl Eng Des 240:2077–2087

Selmi M, Al-Khawaja M, Marafia A (2008) Validation of CFD simulation for flat plate solar energy collector. Renew Energy 33:383–387
Shah RK, London AL (1978) Laminar flow forced convection in ducts: a source book for compact heat exchanger analytical data (Bde. Advances in heat transfer., Supplement 1). Academic, New York
Sparrow EM, Patankar SV, Shahrestani H (1978) Laminar heat transfer in a pipe subjected to circumferentially varying external heat transfer coefficients. Num. Heat Transf 1:117–127
Stieglitz R (2007) Low Prandtl number thermal hydraulics. In: Nuclear Energy Agency NEA-OECD (Hrsg) Handbook on lead-bismuth eutectic alloy and lead properties, materials, compatibility, thermalhydraulics and technologies. NEA-OECD, S 399–478
Streicher W (1991) Simulation des instationären Verhaltens von Kompressionswärmepumpen. Universität Graz, Fakultät für Maschinenbau
Taitel Y, Duckler AA (1976) A model for predicting flow regime transitions in horizon- tal and near horizontal gas-liquid flow. AIChE J 22(1):47–55
Truckenbrodt E, Schlichting H (2001) Grundlagen aus der Strömungsmechanik- Aerodynamik des Tragflügels 1. Springer, Berlin
Van Driest ER (1956) On turbulent flow near a wall. J Aeron Sci 23:1007–1011
van Dyke M (1975) Perturbation methods in fluid mechanics/Annotated edition/. Parabolic Press, Stanford
Van Wylen GJ, Sonntag RE (1986) Fundamentals of classical thermodynamics. Wiley
VDI (2005) VDI-Wärmeatlas-Berechnungsblätter für den Wärmeübergang, 10. Aufl. Ausg. Springer-Verlag GmbH, (D. D. V, Hrsg)
Walz A (1966) Strömungs- und Temperaturgrenzschichten. Braun, Karlsruhe
White FM (1991) Viscous fluid flow, 2. Aufl. Ausg. McGraw-Hill Science/Engineering/Math
Wilcox DC (1986) Multiscale model for turbulent flows. (A. I. Astronautics, Hrsg.) Proc. 24th AIAA Aerospace Sciences Meeting, S 1311–1320
Wilcox DC, Traci RM (1976) A complete model of turbulence. NASA
Zagarola MV, Smits AJ (1998) Mean flow scaling of turbulent pipe flow. J Fluid Mech 373:33–79
Zierep J (1991) Ähnlichkeitsgesetze und Modellregeln der Strömungslehre, 3. Aufl. Ausg. Braun, Karlsruhe
Zierep J, Bühler K (1991) Strömungsmechanik. Springer, Berlin
Zörner W (2010) Strömungssimulation von Absorberkonzepten in thermischen Kollektoren. Fachhochsule Ingolstadt, KOMPETENZZENTRUM SOLARTECHNIK

6 Solarthermische Niedertemperatursysteme

Thermische Solarsysteme bieten eine nahezu unüberschaubare Anzahl von Nutzungsmöglichkeiten, die von der Bereitstellung von Wärme über die direkte Umsetzung in elektrische Leistung beispielweise in einem Aufwindkraftwerk oder über die klassische elektrische Leistungserzeugung mit Hilfe konzentrierender Solarthermie durch Dampferzeugung oder Gasturbinenprozesse reicht.

All diesen Anwendungen gemein ist die Verknüpfung des solaren Gewinnungsvorgangs im Absorber mit den für den jeweiligen Nutzungszweck erforderlichen Anlagenkomponenten. Es ist schwierig eine exakte Grenze zwischen Nieder- und Hochtemperatursolarthermie zu ziehen, so dass in diesem Zusammenhang ein Wert von 400 °C, wie er bei den selektiven Absorbern als Grenze verwendet wurde, angesetzt wird (vgl. Kap. 4.6 Selektive Absorber). Im Kap. 6.2 erfolgt eine Klassifizierung unterschiedlicher Niedertemperaturkollektortypen und eine Analyse der Bauausführung der einzelnen Typen.

Da das Gesamtsystem Kollektor, Pumpe Leitungsnetz und viele andere Komponenten durch die zeitlich veränderliche Ressource der solaren Einstrahlung nicht konstant vorliegt, müssen zeitabhängige Systembetrachtungen durchgeführt werden, ohne die eine effiziente Auslegung nicht möglich ist. Ansätze und Verfahren zur Berechnung des Gesamtsystems werden im Abschn. 6.3 am Beispiel der solarthermischen Niedertemperatursysteme vorgestellt.

Ausgeführte Niedertemperatur-(NT) Solarthermieanlagen erfordern eine Vielzahl spezifischer Anlagenkomponenten, die auf unterschiedliche Weise miteinander verknüpft werden können. Das Kap. 6.4 widmet sich den Anlagenkonzepten, der Spezifika der Bauteile, der Planung und Dimensionierung sowie gezielter Aufbau- und Betriebsstrategien, die eine hohe Verfügbarkeit gewährleisten.

R. Stieglitz, V. Heinzel, *Thermische Solarenergie*,
DOI 10.1007/978-3-642-29475-4_6, © Springer-Verlag Berlin Heidelberg 2012

6.1 Berechnung solarthermischer Niedertemperatursysteme

Niedertemperatursysteme (NT-Systeme) sind im Gegensatz zu konzentrierenden Solarhochtemperaturanlagen in der Lage, auch die diffuse Komponente der Globalstrahlung zu nutzen, die in unseren Breiten mehr als 50 % der Gesamtstrahlung ausmacht. Hierbei werden für den Niedertemperaturbereich Mediennutztemperaturen um ca. 100 °C angesetzt.

Konzentrierende Systeme finden demnach vor allem dort Anwendung, wo der Anteil der direkten Strahlung besonders hoch ist (südliche Länder und äquatoriale Lagen). Diese Systeme sind in der Regel technisch aufwändiger und meist mit einer Vorrichtung versehen, um sie dem Sonnenstand nachzuführen. Konzentrierende Kollektoren werden vornehmlich in solarthermischen Kraftwerken eingesetzt, die im Kap. 7 angesprochen werden sollen.

Nach der Einführung aller optischen und wärmetechnischen physikalischen Vorgänge in einem Solarkollektor soll hier erneut der Aspekt des Kollektorwirkungsgrads aufgegriffen werden. Die gesamte nutzbare Leistungsdichte $\dot{q}_{Nutz}$ eines Kollektors setzt sich aus mehreren Komponenten in folgender Art zusammen:

$$\begin{aligned}\dot{q}_{Nutz} = {} & \underbrace{(\tau \cdot \alpha)_{SS} \cdot i_{glob}}_{\text{absorbierte Leistung}} + \underbrace{(\tau \cdot \alpha)_U \cdot \sigma \cdot T_U^4}_{\text{absorbierte Himmelstrahlung}} + \underbrace{(\alpha \cdot \epsilon) \cdot \sigma \cdot T_{Abdeckung}^4}_{\text{Strahlung Abdeckung}} \\ & - \underbrace{(\epsilon \cdot \tau) \cdot \sigma \cdot T_A^4}_{\text{Strahlung Absorber} \rightarrow \text{Himmel}} - \underbrace{k_{konv} \cdot (T_A - T_U)}_{\text{konvektive Verluste Umrandung}} - \underbrace{\frac{\lambda}{s}(T_A - T_U)}_{\text{Warmeleitungsverluste}}, \qquad (6.1)\end{aligned}$$

worin $(\tau \cdot \alpha)$ das effektive Transmissions-Absorptionsprodukt ist, $(\alpha \cdot \varepsilon)$ das effektive Absorptions-Emissionsprodukt und $(\varepsilon \cdot \tau)$ das entsprechende Emissions-Transmissionsprodukt bezeichnet. T_U ist die Umgebungstemperatur und T_A die des Absorbers; k_{konv} beschreibt die konvektiven Wärmeverlustkoeffizienten und λ/s den Wärmeverlustkoeffizienten durch Wärmeleitung.

Das Produkt $(\varepsilon \cdot \tau)$ ist bei der Absorbertemperatur T_A und der Temperatur der Abdeckung zu ermitteln. Es ergibt sich zu (Duffie und Beckman 1991):

$$(\varepsilon \cdot \tau) = \frac{\varepsilon_A(T_A) \cdot \tau(T_A)}{1 - \rho_{Abdeckung}(T_{Abdeckung}) \cdot \rho_A(T_A)}. \qquad (6.2)$$

Die Gl. (6.2) zeigt, dass sich lediglich im stationären Zustand ein konstantes effektives Transmissions-Emissionsprodukt ergibt. Bei sich änderndem Sonnenstand (Einfallswinkel θ_1) variieren auch die Absorber- und Abdeckungstemperaturen zeitlich. Durch die zeitlich veränderlichen Temperaturen ergeben sich bei größeren Flächen zusätzlich örtlich veränderliche Werte der Absorption, Reflexion und Transmission. Diese Orts- und Zeitabhängigkeit macht eine analytischen Lösung oft nicht mehr möglich und erfordert numerische Methoden.

Das Absorptions-Emissionsprodukt $(\alpha_A \cdot \varepsilon_{Abdeckung})$ der Abdeckung und des Absorbers ist definiert als:

$$(\alpha \cdot \varepsilon) = \frac{\alpha_A(T_A) \cdot \varepsilon(T_{Abdeckung})}{1 - \rho_{Abdeckung}(T_{Abdeckung}) \cdot \rho_A(T_A)}. \qquad (6.3)$$

Auch hier ist zu beachten, dass das Produkt von mehreren Variablen abhängt und nicht konstant ist. Meist kann jedoch dieser Anteil vernachlässigt werden.

Zuletzt ergibt sich für das Transmissions-Absorptionsprodukt ($\tau_{Abdeckung} \cdot \alpha_A$) des Komplexes Abdeckung-Absorber im *s*olaren Sonnenspektrum („*SS*") vereinfacht folgende Beziehung:

$$(\tau \cdot \alpha)_{SS} = \tau_{Abdeckung}\,(T_{Abdeckung}) \cdot \alpha_A(T_A). \tag{6.4}$$

Oft werden die konvektiven und konduktiven Wärmeverluste zusammengefasst, obwohl dies im Falle der konvektiven Verluste wegen der zum Teil erheblichen räumlichen und zeitlichen Variation, die durch die Umgebungsrandbedingungen bestimmt werden, problematisch ist. Damit erhält man für den Gesamtwärmeübergangskoeffizienten k_{ges} folgenden Zusammenhang:

$$k_{ges} = k_{konv} + \frac{\lambda}{s}, \tag{6.5}$$

in der *s* die Dicke der Abdeckung ist.

Der Wirkungsgrad η des Kollektors ist durch Verhältnis der Nutzleistungsdichte dividiert durch die Einstrahlungsintensität gegeben und ergibt sich damit zu:

$$\eta = (\tau_{Abdeckung}\,\alpha_A) + \frac{1}{i_{glob}} \left[(\tau\alpha)_U\,\sigma T_U^4 + (\alpha\varepsilon)_{Abdeckung}\,\sigma T_{Abdeckung}^4 - (\varepsilon\tau)\sigma T_A^4 - k_{ges}(T_A - T_U)\right]. \tag{6.6}$$

Die Gl. (6.6) ist eine allgemeine Gleichung für nicht konzentrierende Kollektoren. Sie lässt sich aber auch in erster Näherung für CPC Kollektoren mit kleinen Konzentrationsverhältnissen ($k<2$) verwenden (Lustig 2002).

Nimmt man weiterhin an, dass die Abdeckung im gesamten Solarspektrum für alle Wellenlängen λ nicht absorbiert, das heißt $\alpha_{Abdeckung}(\lambda)=0$, so ergibt sich mit Hilfe des Kirchhoffschen Gesetzes ($\alpha(\lambda)=\varepsilon(\lambda)$) folgendes Resultat:

$$(\alpha \cdot \varepsilon) \cdot \sigma \cdot T_{Abdeckung}^4 = 0. \tag{6.7}$$

Bezüglich der Variation der optischen Parameter ist der Temperaturunterschied zwischen Absorber und Umgebung so gering, dass man mit guter Näherung annehmen kann, dass für den zweiten und vierten Term aus Gl. (6.6) für den gleichen Wellenlängenbereich folgende Beziehung gelten kann.

$$(\tau \cdot \alpha)_U \cong (\varepsilon \cdot \tau)_A \tag{6.8}$$

Damit vereinfacht sich die Gl. (6.6) weiter und es verbleibt:

$$\eta = (\tau \cdot \alpha)_{SS} - \frac{1}{i_{glob}} \left[(\varepsilon \cdot \tau) \cdot \sigma \cdot \left(T_A^4 - T_U^4\right) + k_{ges}(T_A - T_U)\right]. \tag{6.9}$$

Entwickelt man den Term $T_A{}^4$ in eine Taylor-Reihe, so ergibt sich unter Vernachlässigung der Terme der Ordnung $(T_A - T_U)^3$ und höherer Potenzen eine noch weiter vereinfachte Gleichung für den Kollektorwirkungsgrad, die im einfachsten Fall:

$$\eta = (\tau \cdot \alpha)_{SS} - \frac{k_{ges}^*}{i_{glob}}(T_A - T_U) \tag{6.10}$$

lautet, wobei sich der Gesamtwärmedurchgangskoeffizient k_{ges}^* in folgender Weise zusammensetzt:

$$\begin{aligned} k_{ges}^* &= k_{1,A} + k_{2,A}\,(T_A - T_U) \qquad \text{mit} \\ k_{1,A} &= k_{ges} + 4\ (\varepsilon\tau)\,\sigma \cdot T_U^3 \qquad \text{und} \\ k_{2,A} &= 6\ (\varepsilon\tau)\,\sigma \cdot T_U^2. \end{aligned} \tag{6.11}$$

Dabei stellen $k_{1,A}$ und $k_{2,A}$ die Verlustkoeffizienten bezogen auf die mittlere Absorbertemperatur dar. Sie können mit Hilfe einer Wirkungsgradmessung experimentell bestimmt werden.

Bei der experimentellen Ermittlung des Wirkungsgrades wird die mittlere Fluidtemperatur genutzt, die sich aus dem arithmetischen Mittel von Ein- und Austrittstemperaturen aus dem Absorber errechnet und nicht die nur schwer zu erfassende mittlere Absorbertemperatur. Generell ist die mittlere Fluidtemperatur aber niedriger als die mittlere Absorbertemperatur, da der Wärmeübergang vom Absorber auf das Fluid eine treibende Temperaturdifferenz benötigt. Diesem Umstand wird durch die Einführung des Kollektorwirkungsgradfaktors F' Rechnung getragen. Unter Berücksichtigung dieses Aspekts ergibt sich anstelle der Gl. (6.9) folgender Zusammenhang:

$$\eta = F' \cdot \left[(\tau \cdot \alpha)_{SS} - k_{ges} \cdot \frac{\left(\bar{T}_f - T_U\right)}{i_{glob}} \right]. \tag{6.12}$$

Der Kollektorwirkungsgradfaktor F' beschreibt die Güte des Wärmetransports vom Absorber auf das Fluid. Daraus wird unmittelbar ersichtlich, dass die Art der Anbringung der Absorberfinne an das Rohr durch Lötung, Schweißung oder Klemmung einen nachhaltigen Einfluss auf den Wirkungsgrad hat. Der Absorberwirkungsgradfaktor F' stellt letztlich das Verhältnis aus tatsächlicher Leistung bei nicht idealem Wärmeübergang vom Absorber auf das Fluid und der Nutzleistung bei idealem Übergang ($T_A = T_f$ oder eine gegen unendlich strebende Nusselt-Zahl $Nu \rightarrow \infty$) dar. In diesem Sinne ist F' wie folgt definiert:

$$F' = \frac{k_{konv}}{k_{konv} + k_A}. \tag{6.13}$$

Das effektive Transmissions-Absorptionsprodukt $(\tau_{Abdeckung} \cdot \alpha_A)$ wird oftmals als Konversionsfaktor η_0 bezeichnet. Der Konversionsfaktor gibt an, welcher Anteil der auf die Kollektoroberfläche auftreffende Strahlung tatsächlich absorbiert wird. Er gibt damit den relativen Gewinn bezogen auf die eingestrahlte Leistung an.

In Diagrammen wird der Wirkungsgrad von Kollektoren entweder über der Temperaturdifferenz zwischen Absorber und Umgebung $(T_A - T_U)$ oder aber auch über der reduzierten Variablen $\Phi = k_{ges}(T_A - T_U)/i_{glob}$ aufgetragen.

Für Niedertemperaturkollektoren liegt Φ zwischen 0 und 0.2. In Datenblättern wird oft ein punktueller Wirkungsgrad η_Φ angegeben. Zum Beispiel ist $\eta_{0.05}$ der Wirkungsgrad des Kollektors für $\Phi = 0.05$. Dies entspricht dem Betriebszustand bei dem die Konvektions- und Strahlungsverluste 5 % der auf die Kollektoroberfläche eingestrahlten Energie ausmachen.

Verfeinerte Kollektormodelle berücksichtigen zusätzliche Verluste aufgrund der Wärmekapazität des Absorbers und des Wärmetransportmediums. Diese Modelle weisen einen linearen Zusammenhang zwischen dem Wirkungsgrad η und der Temperaturdifferenz $(T_A - T_U)$ auf. Messungen des Wirkungsgrades von Kollektoren ergeben jedoch, dass der Wirkungsgrad mit zunehmender Temperaturdifferenz überproportional abnimmt. Eine Ursache dafür ist das überproportionale Anwachsen der Strahlungsverluste, die mit der vierten Potenz der Absorbertemperatur ansteigen. Für Kollektoren, die bei hohen Temperaturen betrieben werden, wird dieser Effekt durch einen zusätzlichen quadratischen Term $(T_A - T_U)^2$ berücksichtigt. Damit ergibt sich eine modifizierte Wirkungsgradgleichung in folgender Weise:

$$\eta = \eta_0 - \frac{1}{i_{glob}}[k^*_{ges} \cdot (T_A - T_U) + k_1 \cdot (T_A - T_U)^2]. \tag{6.14}$$

Der Faktor k_1 ist um etwa zwei Größenordnungen kleiner als der lineare Wärmeübergangskoeffizient und hat daher erst bei hohen Temperaturdifferenzen zwischen mittlerer Absorbertemperatur und Umgebungstemperatur einen signifikanten Einfluss auf den Wirkungsgrad. Die Wärmeübergangszahlen k^*_{ges} und k_1 sind zudem von klimatischen Faktoren wie Luftfeuchte und vor allem von den Windverhältnissen abhängig.

6.2 Niedertemperaturkollektorvarianten

Bei den solaren Niedertemperaturkollektorsystemen haben sich im Wesentlichen drei Hauptsystemgruppen etabliert, die die Abb. 6.1 darstellt. Es handelt sich dabei um:

- Röhrenabsorber werden für die solare Schwimmbadbeheizung verwendet.
- Flachkollektoren finden in der solaren Brauchwassererwärmung Anwendung.
- Vakuumkollektoren werden ebenfalls für die Brauchwassererwärmung aber auch wegen des hohen Wirkungsgrades zur Heizungsunterstützung eingesetzt.

Im Folgenden werden Aufbau und Eigenschaften dieser drei Typen kurz beschrieben. Wie der Abb. 6.1 zu entnehmen ist, gibt es Vielzahl von Unterarten von Kollektorausführungen, die auf spezifische Einsatzarten und -orte speziell abgestimmt sind. Hier beschränkt sich die Darstellung auf die wesentlichen Merkmale und Charakteristika der am häufigsten anzutreffenden Systeme.

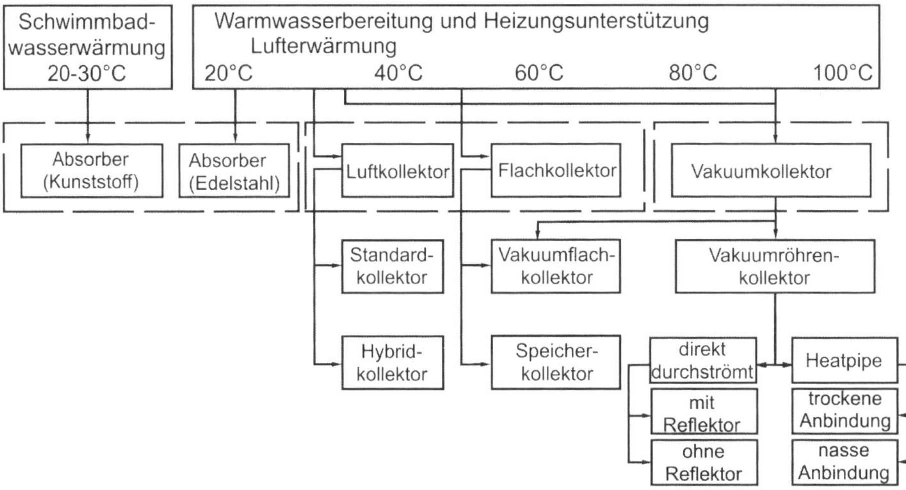

Abb. 6.1 Klassifizierung von Niedertemperaturkollektorsystemen in Hauptgruppen und Darstellung der Vielzahl unterschiedlicher Systeme bei deren typischen Einsatztemperaturen

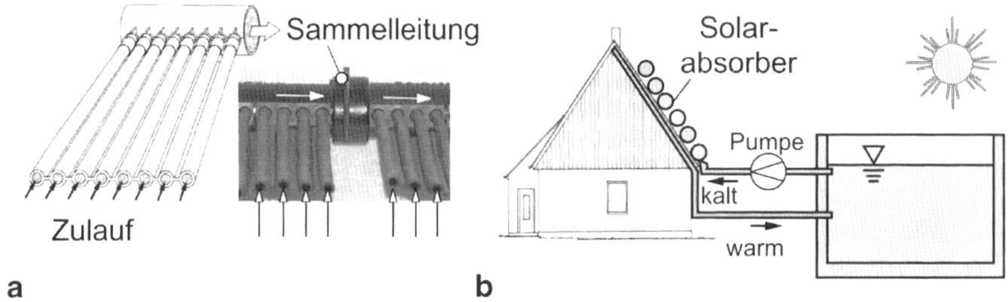

Abb. 6.2 **a** Beispiel eines Schlauchmattenröhrenabsorbers, **b** Zweipunktregelung eines Röhrenabsorbersystems zur Schwimmbadheizung

Zum Vergleich einzelner Kollektortypen wie auch des Qualitätsstandards solarthermischer Produkte (von den Kollektoren bis hin zu vorgefertigten thermischen Solaranlagen) hat sich in Europaweit ein vereinheitlichtes Zertifizierungsverfahren etabliert, das in den DIN Europanormen 12975 und 12976 (DIN EN 12975 2011) (DIN EN 12976 2006) festgehalten ist.

6.2.1 Röhrenabsorber

Der Röhrenabsorber manchmal auch als Solarabsorber bezeichnet besteht im einfachsten Fall aus schwarzem UV- beständigem flexiblen Kunststoffrohr, das auf einer geeigneten meist horizontalen Fläche ausgelegt wird. Bei etwas aufwendigeren Systemen sind die Rohre zu Matten zusammengefasst (vgl. Abb. 6.2a). Neuerdings werden auch glaslose

Flachkollektoren mit metallischen Absorbern als komplette Fassadenelemente oder Dachelemente eingesetzt (Gombert et al. 2007). Die wesentlichen Eigenschaften von Röhrenabsorbern sind:

- Sehr einfacher Aufbau und daher geringer Preis,
- leichte Installation. Sie können einfach auf ebenen Flächen verlegt werden.
- Geringer Wirkungsgrad wegen hoher Wärmeverluste, da keinerlei Vorkehrungen zur Wärmeisolierung getroffen werden, Wärmeübergangszahl $k^*_{ges} \approx 20\ \mathrm{W/(m^2K)}$ und $k_1 \approx 0.1\mathrm{W/(m^2K)}$, der Konversionsfaktor η_0 liegt im Bereich zwischen 0.8–0.95.
- Anwendung dort, wo die erforderliche Wassertemperatur nur wenig über der Umgebungstemperatur liegt, so dass keine großen Wärmeverluste auftreten. Dies trifft auf die solare Schwimmbaderwärmung zu.
- Kein Winterbetrieb möglich, aber daher keine Frostschutzmaßnahmen erforderlich.

Die Abb. 6.2a zeigt den Aufbau eines einfachen Röhrenabsorbers, der als Multischlauchabsorber aus flexiblen, schwarz eingefärbtem Kunststoff mit Zwischenstegen besteht. Die Flexibilität der Einzelelemente erlaubt ein einfaches Verlegen und Dekommissionieren auf beliebigen Unterlagen. Niedrige Systemdrücke gewährleisten den Einsatz konventioneller Rohrverbindungssysteme der Installationstechnik. In der Regel ist bei dieser Art der Anwendung nur eine Temperaturerhöhung von wenigen Grad erforderlich. Geschwärzte mit Wasser durchflossene Rohre aus Polyethylen (PE), Polypropylen (PP) oder stabileren Äthylen-Propyläen-Dien-Monomeren (EPDM) werden auf einer großen Fläche ausgelegt. Bei Schwimmbadanwendungen beträgt die Absorberfläche ca. 50–80 % der Beckenoberfläche. Die einfache Ausführung benötigt lediglich eine Zweipunktreglung zu einer effizienten Arbeitsweise. Oberhalb einer bestimmten Temperaturdifferenz zwischen Becken- und Absorbertemperatur wird eine Pumpe eingeschaltet, die das Wasser durch den Absorber erneut in das Becken leitet, wie die Abb. 6.2b veranschaulicht.

6.2.2 Flachkollektor

Beim Flachkollektor, der in der Abb. 6.3 dargestellt ist, werden gegenüber dem Röhrenabsorber zusätzliche Maßnahmen zur Reduktion der Wärmeverluste getroffen. Die der solaren Einstrahlung zugewandte Glasabdeckung ist zur Nutzung des Treibhauseffektes speziell ausgearbeitet. Sie besteht aus entspiegeltem Glas. Obwohl beim Lichtdurchtritt durch die Scheibe die Intensität verringert wird und damit das Produkt aus $(\alpha \cdot \tau)$ kleiner ist als bei der Schlauchmatte, ist die Leistungsfähigkeit des Flachkollektors größer. Durch gezielte Wärmeisolation der Kollektorrückseite verringern sich die Wärmeverluste zur Umgebung mit zunehmender Temperaturdifferenz erheblich. Als Folge lassen sich erheblich höhere Arbeitstemperaturen als beim Röhrenabsorber erreichen.

Flachkollektoren eignen sich vor allem für die Warmwasserbereitung und zur Heizungsunterstützung bei Niedertemperaturheizungen. Flachkollektoren weisen folgende Eigenschaften auf:

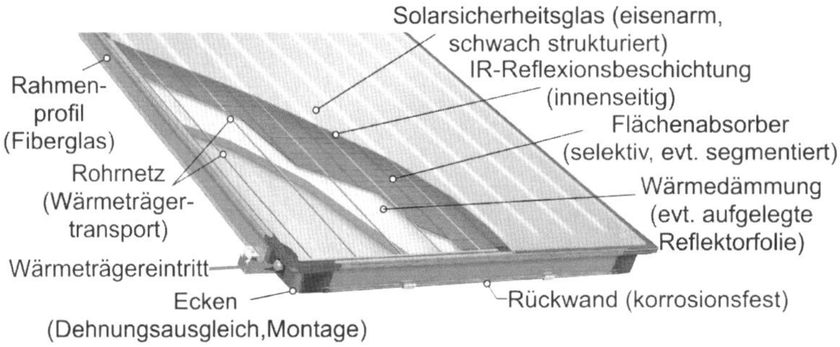

Abb. 6.3 Schematischer Aufbau eines Flachkollektors

- Geringe Wärmeverluste durch Glasabdeckung und Gehäuseisolation (Wärmeverlustfaktor $k^*_{ges} = 3 - 7.5\ \mathrm{W/(m^2K)}$ und $k_1 = 0.002 - 0.03\ \mathrm{W/(m^2K)}$. Konversionsfaktor $\eta_0 = 0.75 - 0.88$.
- Die höheren optischen Verluste infolge der Glasabdeckung werden durch selektive Absorberbeschichtungen kompensiert, die im sichtbaren Wellenlängenbereich einen hohen Absorptionskoeffizienten und im Infraroten einen niedrigen Emissionskoeffizienten aufweisen. Die heute gebräuchlichsten Beschichtungen sind die im Abschn. 4.6.4 angesprochenen TiNOX-Verbindungen.

Bis Mitte der 90 Jahre wurden vor allem Schichten aus Schwarzchrom/Schwarznickel und anderen hoch absorbierenden und niedrigemittierenden Materialen galvanisch auf metallische Substrate aufgebracht, wobei insbesondere die in den Bädern benutzten Chemikalien problematisch hinsichtlich ihrer Umweltverträglichkeit sind. Ab Mitte der neunziger Jahre wurden höchst effiziente, relativ unempfindliche und haltbare Beschichtungen auf Titanbasis entwickelt, die zwar eine etwas geringere Absorption als Schwarzchrom ($\alpha \approx 0.95$) aufweisen aber gleichzeitig über deutlich geringere Emissionswerte ($0.03 \leq \varepsilon \leq 0.05$) verfügen und damit deutlich effizienter sind. Darüber hinaus ist Beschichtungsherstellung umweltfreundlicher und im Materialverbrauch ökonomischer, da das Material aufgedampft wird. Dabei entstehen weniger Abfallprodukte als in der Galvanik. Bekannte Markennamen dieses Typs sind TINOX (Deutschland) und Black-Crystal (USA).

Bei den meisten Flachkollektoren werden die Glasscheiben entspiegelt, um die Reflexionsverluste an der Glasabdeckung zu reduzieren und damit den Konversionsfaktor η_0 zu erhöhen. Mit Hilfe kostengünstiger beidseitiger Sol-Gel-Beschichtungen kann die Transmission von Solarglas von $\tau \approx 0.92$ auf bis zu 0.98 gesteigert werden. Die Kosten liegen zwischen 300–400 € pro Quadratmeter.

Die Aufstellung und Verrohrung ist aufwändiger als bei Röhrenabsorbern. In der Regel ist eine Ausrichtung nach Süden und eine Aufständerung auf $\beta = 30°–50°$ in unseren Breiten zur Effizienzsteigerung anzustreben. Wegen des besseren Wirkungsgrades ist ein Betrieb in der Übergangszeit und im Winter sinnvoll. Letztere erfordert geeignete Frostschutzmaßnahmen.

Ein Wirkungsgradkennlinienfeld eines Flachkollektors (mit $k^*_{ges} = 3.8\ \mathrm{W/(m^2K)}$, $k_l = 0.03\ \mathrm{W/(m^2K)}$) in Abhängigkeit der Temperaturdifferenz bei verschiedenen Einstrah-

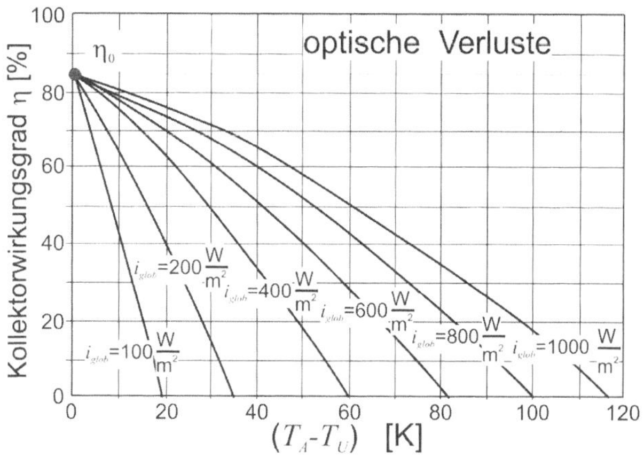

Abb. 6.4 Wirkungsgrad η eines Flachkollektors ($k^*_{ges} = 3.8$ W/(m²K) $k_1 = 0.03$ W/(m² K)) in Abhängigkeit der Temperaturdifferenz bei verschiedenen Einstrahlungsintensitäten

lungsintensitäten stellt die Abb. 6.4 dar. Der Kollektor erreicht bei hoher Einstrahlung auch bei Temperaturdifferenzen bis 70 K noch akzeptable Wirkungsgrade. Man erkennt deutlich das Abweichen der Kennlinien bei hohen Temperaturdifferenzen von der Geraden, die auf die zunehmenden Strahlungsverluste ($k_1 \approx 0.03$ W/(m² K)) zurückzuführen sind.

Flachkollektoren sind wegen ihres guten Wirkungsgrads im Niedertemperaturbereich und des guten Preis-Leistungsverhältnisses die am häufigsten eingesetzten Kollektoren im Bereich der Warmwasserbereitung und Heizungsunterstützung.

Eine wichtige Rolle spielt die Verbindung des selektiven Absorbers mit den das Wärmeübertragungsfluid führenden Absorberrohren. Hier bieten sich mehrere unterschiedliche Fügetechniken an, wie die Abb. 6.5a-c zeigen. Die Absorberstreifen können entweder mit dem Rohr verrollt werden (Abb. 6.5a), mittels einer Schweiß- oder Lötverbindung an das Rohr gefügt (Abb. 6.5b) oder gewalzt werden (Abb. 6.5c).

Die wärmetechnische Ankopplung des Absorberstreifens an das Absorberrohr beeinflusst den Absorberwirkungsgradfaktor F'. Entscheidend ist hierbei die effektive Wärmeübertragungsfläche und damit die Übertragung an das Fluid, die ihrerseits wieder vom

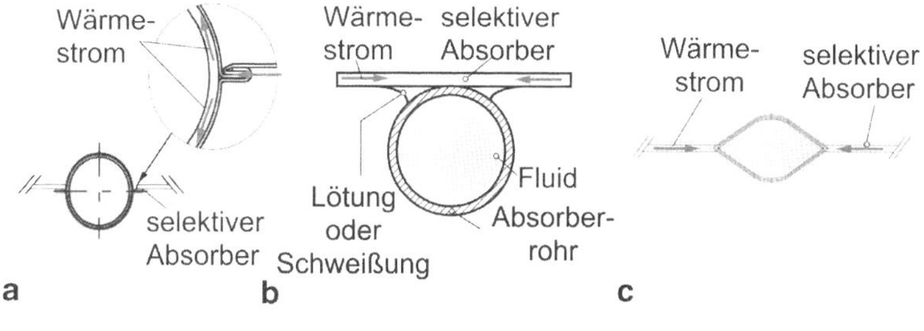

Abb. 6.5 a Absorberstreifen aus eingerolltem Kupferrohr. **b** Absorberstreifen mit Löt- oder Schweißnahtverbindung mit dem Absorberrohr. **c** Absorberstreifen mit eingewalztem Absorberrohr

Tab. 6.1 Absorberwirkungsgradfaktor F' dreier Fügeverfahren des Absorberstreifens mit dem Absorberrohr bei verschiedenen Durchflüssen

Fügeverfahren Absorber und Rohr	F' 20 l/min	F' 40 l/min	F' 80 l/min
Einrollverfahren	0.89	0.91	0.92
Löten/Schweißen	0.87	0.91	0.93
Walzen	0.88	0.89	0.92

Durchfluss abhängt. Die Tab. 6.1 listet für die drei gezeigten Fügeverbindungen die Absorberwirkungsgradfaktoren F' als Funktion des Durchflusses. Weitere Fügemöglichkeiten sind Pressungen oder Aufblasverfahren, in denen Teile im Blech ausgespart bleiben und mit Trennmitteln behandelt werden, damit sie sich nicht miteinander verbinden können. Anschließend werden diese Bereiche aufgeblasen, so dass sich dort feine Kanäle bilden können.

Wird Wasser als Wärmetransportmedium verwendet, muss beim Ganzjahresbetrieb eines Kollektors in Mitteleuropa ein geeigneter Frostschutz vorgesehen werden. Dazu wird der Kollektorkreislauf vom Brauchwasserkreislauf getrennt (geschlossener Kollektorkreislauf). Diese Trennung wird als Zweikreissystem bezeichnet. Dem Kollektorkreislauf wird ein geeignetes Frostschutzmittel (typisches Mischungsverhältnis 40–50 % Frostschutzmittel, 50–60 % Wasser) beigegeben. Verwendung finden unter anderem organische Verbindungen wie das giftige Äthylenglykol und das unbedenklichere Propylenglykol. Die Zugabe des Frostschutzmittels reduziert die spezifische Wärmekapazität des Fluides um bis zu 20 %.

Einen weiteren wichtigen Aspekt beim Kollektoraufbau stellt die interne Verrohrung dar. Hier ergeben sich potentiell mehrere Möglichkeiten. Die Anordnung der Strömungskanäle im Absorber kann seriell (Abb. 6.6a), parallel (Abb. 6.6b) oder in einer verzweigten Struktur (Abb. 6.6c) erfolgen. Bei einer seriellen Strömungsführung in einem Mäander stellen sich bei hohen Durchflüssen durch den langen Strömungsweg hohe Druckverluste ein, die eine leistungsstarke Pumpe erfordern. Zudem ergeben sich im Kollektorkasten, sowie zwischen Kühlmittelein- und -austritt große Temperaturdifferenzen. Bei der parallelen Schaltung der Strömungskanäle ist die Temperaturverteilung im Kollektor gleichmäßiger. Es muss jedoch sichergestellt werden, dass sich in den Unterkanälen annähernd gleiche Durchsätze einstellen, damit es lokal durch Verdampfen des Wärmeträgerfluids nicht zu einem Kollektorstillstand kommt.

Bei Flachkollektoren mit ihren relativ geringen Nutztemperaturunterschieden wird dies über geeignete Druckverlustverhältnisse zwischen den Verteiler und Absorberrohren sichergestellt. Bei Vakuumröhrenkollektoren mit höherer Nutzwärme werden hierbei aufwendigere numerische Berechnungen erforderlich. Dies gilt ebenso für die Verzweigungssysteme, wie sie biologischen Vorbildern entnommen sind und in Abb. 6.6c dargestellt sind (Hermann 2005).

Auf die Wärmeabfuhr aus dem Kollektor und dem dafür erforderlichen Fluiddurchsatz wurde detailliert im Kap. 5 eingegangen. Bei der Durchströmung der Kanäle können laminare oder turbulente Strömungsformen gewählt werden während bei der Wärmeüber-

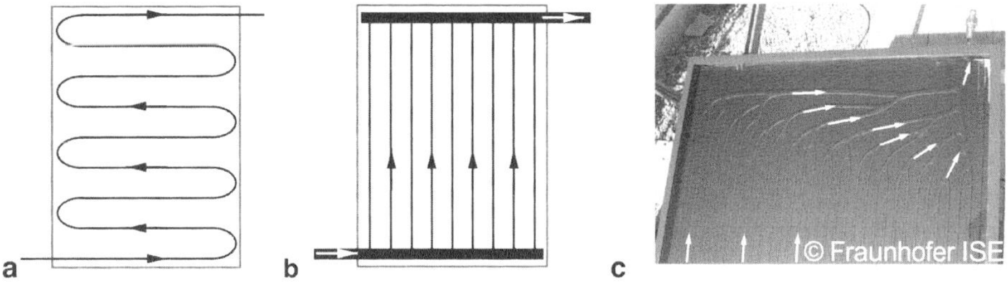

Abb. 6.6 Rohrleitungs- und Verteileranordnung in Flachkollektoren in einer seriellen Schaltung (**a**), parallel (**b**) und einer biologischen Vorbildern entnommenen Art (**c**). (ISE 2012)

tragung die Art der thermischen Randbedingungen sowie die Wahl des Mediums eine essentielle Rolle spielen.

Bei den Wärmeverlusten auf der Kollektoroberseite ist zu prüfen, ob der Wärmetransport von der Glasplatte (Wärmeverlust) zwangskonvektiv oder durch Dichteunterschiede infolge unterschiedlicher Temperaturen (Naturkonvektion) erfolgt. Welches Berechnungsverfahren und welche Methode hierbei zu wählen ist, hängt von den Randbedingungen ab. Beispielsweise liegt auf der Kollektorrückseite zumeist eine Kombination aus Wärmeleitung- und naturkonvektiven Verlusten vor. Wesentlich komplexer ist die thermohydraulische Berechnung der Temperaturverteilung innerhalb des Kollektorkastens. Hier treten gleichberechtigt Wärmestrahlung, Konvektion und Wärmeleitung auf, so dass hier zumeist numerische Verfahren verwendet werden, die als thermische Randbedingungen die Werte auf den Rändern ansetzen müssen sowie den Impulsfluss aus und in den Kollektorkasten.

6.2.3 Vakuumkollektor

Vakuumkollektoren unterscheiden sich von Flachkollektoren durch eine nahezu optimale Wärmeisolation innerhalb des Kollektorkastens. Die Absorberstreifen befinden sich innerhalb eines evakuierten Glaskolbens. Damit werden Konvektionsverluste praktisch völlig ausgeschlossen. Lediglich die Wärmestrahlung tritt als Verlustfaktor auf. Diese wird durch eine selektive Beschichtung der Absorberstreifen minimiert. Die Wärmeübertragung an den Anlagenkreis erfolgt entweder direkt oder mit Hilfe des Heat-Pipe Systems.

Bei direkt durchströmten Vakuumröhren gibt es zwei unterschiedliche Typen, den koaxialen Vakuumröhrenkollektor und den U-Rohr-Kollektor.

In der koaxialen Ausführung ist der Absorber direkt mit einem koaxialen Wärmetauscherrohr verbunden, das vom Wärmeträgermedium direkt durchflossen wird, weshalb er oft auch als Finnenabsorber bezeichnet wird. Das Wärmeträgermedium nimmt über das Wärmetauscherrohr die Wärme vom Absorber auf. Das Wärmetauscherrohr mündet in die Sammelleitung. Abweichungen von der Südrichtung können durch axiales Drehen (maximal ca. 25°) der Vakuumröhren kompensiert werden. Die kritische obere Seite, den sogenannten Kopf, einer solchen Kollektorröhre zeigt die Abb. 6.7. Dort treten in Folge

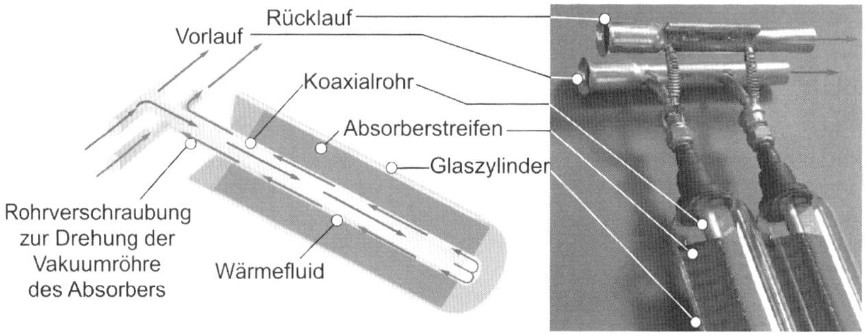

Abb. 6.7 Schematischer Aufbau einer Vakuumröhre mit direkter Anbindung an den Anlagenkreis mit einer koaxialen Strömungsführung (*links*) und technische Umsetzung (*rechts*)

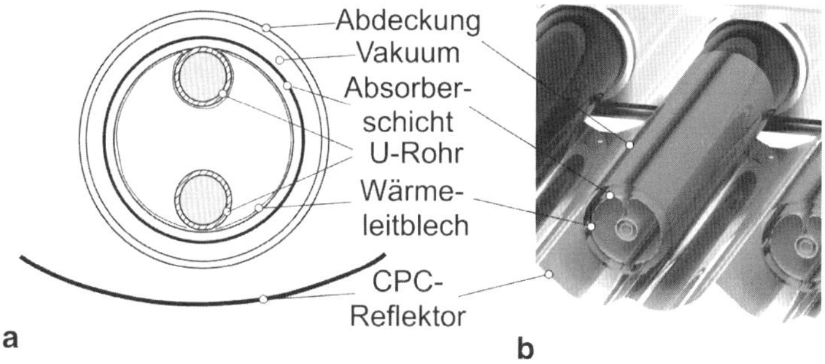

Abb. 6.8 **a** Schematische Darstellung eines direkt durchströmten U-Rohr-Kollektors. **b** Verbesserung der Leistungsaufnahme von Vakuumkollektoren durch rückwärtiges Anbringen von CPC-Spiegeln

der unterschiedlichen Temperaturen relative Dehnungen auf, die durch geeignete konstruktive Maßnahmen ein Versagen bei jedem potentiell denkbaren Betriebszustand ausschließen müssen.

Im U-Rohr Vakuumkollektor werden zwei ineinander liegende Glasröhren miteinander verschweißt und evakuiert. Der Absorber ist auf die innere Glasröhre aufgedampft und über Wärmeleitbleche und darin eingelegte Absorberröhrchen wird die aufgenommene Wärme an den Wärmeträger abgegeben. Dies skizziert die Abb. 6.8. Damit auch an den rückseitigen Teilen des Absorbers die einfallende Strahlung verwertet werden kann, werden dort CPC-Spiegel eingesetzt. Der koaxiale Typ hat sich am Markt gegenüber den U-Rohren auf Grund seines besseren Stillstandsverhaltens durchgesetzt. Im Stillstand erreichen das Absorberblech und die Rohre hohe Temperaturen. Läuft nach einem Stillstand einseitig in einem der beiden U-Rohrschenkel bevorzugt Kühlmittel zurück, – was sich kaum vermeiden lässt – dann wird dieser Schenkel innerhalb kürzester Zeit stark abgekühlt. Die Abkühlung kann innerhalb einiger Sekunden mehr als 100 °C betragen. Durch die Befestigung am Absorberblech wird das Rohr versteift. Die einzige Möglichkeit

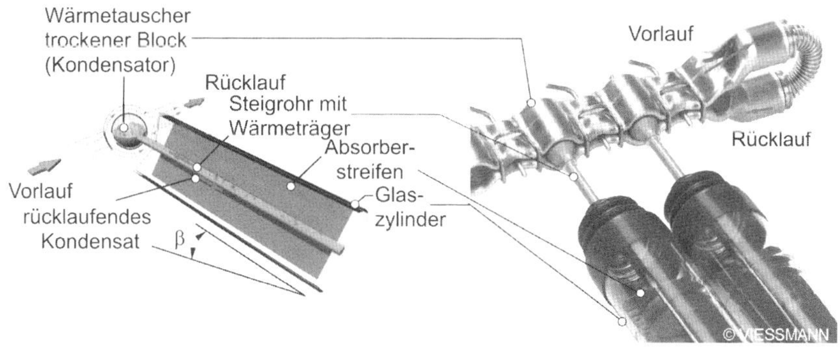

Abb. 6.9 Schematische Darstellung und techn. Ausführung einer Vakuumröhre mit trockener Anbindung nach dem Heat-Pipe-Prinzip

resultierende thermische Spannungen abzubauen verbleibt in dem Rohrstück zwischen Absorberblech und der Durchdringung des Vakuumrohrs. Vielfach genügen nur wenige solcher Situationen bis die ohnehin kritische vakuumdichte Verbindung Glasrohr/Metallrohr versagt. Zusätzlich weist der U-Rohr Typ eine geringere Quadratmeterleistung auf.

Weiter verbreitet als die direkt durchströmten Vakuumkollektorarten sind Vakuumkollektoren nach dem Heat-Pipe-Prinzip, deren Funktionsweise die Abb. 6.9 zeigt. Hierbei beinhalten die beidseitig geschlossenen Wärmerohre in den Glasröhren eine schnell verdampfende Flüssigkeit, zumeist Methanol oder andere Alkoholarten.

Durch die vom Absorber auf die Flüssigkeit im Wärmerohr übertragene Wärme verdampft diese Flüssigkeit und steigt in Folge der geringeren Dichte nach oben. Deshalb erfordert der Heat-Pipe Kollektor einen um einen bestimmten Winkel β geneigten Einbau. Am oberen Ende befindet sich ein Wärmetauscher. Hier kondensiert der Dampf und gibt die Verdampfungswärme an den Sekundärkreis ab. Dieser Sekundärkreis ist an das Wärmezirkulationssystem des Solarkreislaufs angeschlossen. Die Vorteile des Heat-Pipe-Systems sind eine höhere Wartungsfreundlichkeit, da sich defekte Rohre in einem Kollektor einzeln austauschen lassen, ohne dass das Transportmedium abgelassen werden muss. Da die Anbindung des Wärmetauschers an den Sekundärkreis „trocken“ erfolgt, können bei größeren Anlagen eine bessere Südausrichtung der einzelnen Rohre möglich gemacht werden, in dem die Absorberrohre speziell ausgerichtet werden. Darüber hinaus erfordert dieser Typus eine erheblich kleinere Pumpenleistung, da die Druckverluste der Umlenkungen jeder Einzelröhre entfallen. Ein weiterer Vorteil der Heat-Pipe ist die Eigensicherung. Auch wenn die Sonne sehr stark scheint, kann die Solaranlage nicht überhitzen.

Ein Nachteil der Heat-Pipe gegenüber dem Koaxialsystem ist der höhere Preis, der sich im Wesentlichen durch den komplexeren Aufbau ergibt. Die Abb. 6.10a zeigt die technische Ausführung eines Heat-Pipe Röhrenkollektors. Die Leistungsfähigkeit der Vakuumröhren kann weiter verbessert werden, wenn die Absorberstreifen beidseitig die solare Einstrahlung aufnehmen können. Die kann durch spiegelnde Elemente innerhalb der Kollektorröhre erfolgen oder durch Anbringung von CPC Spiegeln außerhalb, wie die Abb. 6.10b zeigt.

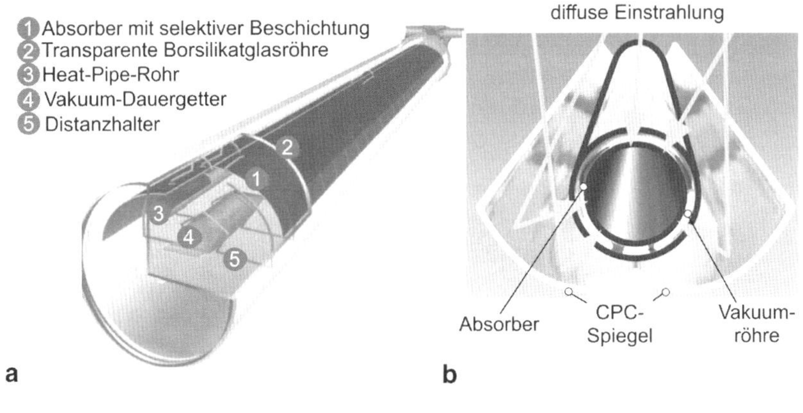

Abb. 6.10 (**a**) Vakuumröhrenkollektor nach dem Heat-Pipe Prinzip. Erhöhung der Ertragsleistung eines Vakuumröhrenkollektors durch Spiegel, die innerhalb der Röhre oder außerhalb (**b**) der Röhre angebracht werden können

Im Außenbereich können wie auch bei den direkt durchströmten Vakuumkollektoren CPC Spiegel verwendet werden, die üblicherweise hochglanzpoliert und mit einer schmutzabweisenden Schicht versehen sind. Im Regelfall sind sie aus Edelstahl oder Aluminium gefertigt. Pro Kollektormodul sind jeweils zwei CPC Spiegel erforderlich. Bei der Außenanwendung muss die Sturmsicherheit sichergestellt sein; als Auslegungsgröße werden maximale Windgeschwindigkeiten von ca. 100 km/h angesetzt. In beiden Fällen sind auch bei schrägem Lichteinfall die Ertragsteigerung und der optische Wirkungsgrad größer als beim senkrechten Lichteinfall, da die Bedeckung deutlich größer ist. Vakuumkollektoren weisen folgende Eigenschaften auf:

- Der Wärmeverlustfaktor k^*_{ges} liegt im Bereich 0.5–2.5 W/(m^{2}K), der strahlungsrelevante Wert k_l beträgt zwischen 0.002–0.02 W/(m^{2}K). Der Konversionsfaktor beträgt ca. $\eta_0 \approx 0.65–0.85$.
- Durch die hervorragende Wärmeisolation des Vakuums in der Größenordnung 10^{-4}–10^{-5} mbar bei einer Kollektortemperatur von 150 °C und einer Umgebungstemperatur von 20 °C erreichen Vakuumkollektoren auch bei sehr hohen Betriebstemperaturen bzw. geringer Einstrahlung einen hohen Wirkungsgrad.
- Durch die aufwendige Bauweise liegt allerdings der Quadratmeterpreis relativ hoch.

Systeme mit Direktanbindung sind meist an der Verschraubung drehbar. Die Einstrahlungsebene kann daher unterschiedlich von der Installationsebene gewählt werden. Dadurch ist man in der Ausrichtung nicht ausschließlich von der Ausrichtung der Montagefläche, das in der Regel ein Hausdach ist, abhängig.

Die optischen Verluste sind bei Vakuumkollektoren vergleichbar bzw. geringfügig größer als bei Flachkollektoren (einfachverglast, gewölbte Oberfläche). Der Konversionsfaktor η_0 liegt im Bereich zwischen 0.65–0.85.

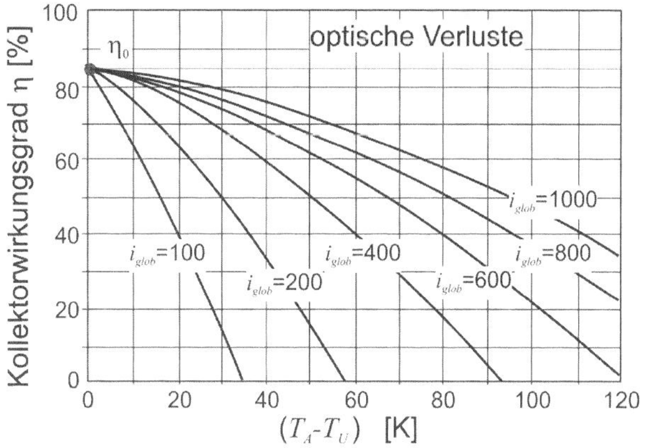

Abb. 6.11 Wirkungsgradverlauf η eines Vakuumröhrenkollektors in Abhängigkeit von der solaren Einstrahlungsintensität i_{glob} in W/m² für einen Kollektor mit $k^*_{ges} = 1.8$ W/(m²K) und $k_1 = 0.02$ W/(m²K)

Wie das Kennlinienfeld eines typischen Vakuumröhrenkollektors in Abb. 6.11 zeigt, erreichen Vakuumkollektoren auch bei hoher Einstrahlung und hohen Temperaturen (um 100 °C) noch Wirkungsgrade um 50 %. Sie werden vorzugsweise zur Heizungsunterstützung bei Altbauten (Hochtemperaturheizung) und zur Erzeugung von Prozesswärme verwendet. Wegen ihres höheren Wirkungsgrads im Vergleich zu Flachkollektoren sind sie ebenfalls eine Option falls nicht ausreichend Fläche für ein Flachkollektorfeld zur Verfügung steht. Ein Nachteil der Vakuumröhrenkollektoren gegenüber Flachkollektoren ist ihr deutlich höherer Preis.

Der Trend bei den Vakuumröhrenkollektoren geht zu Systemen mit rückwärtigen CPC Spiegeln und zum Einsatz langzeitbeständigerer Materialien, wie zum Beispiel Ganzglaskollektoren. Die eingesetzten CPC-Konzentratoren reduzieren insbesondere die Flächenkosten. Moderne Kollektoren erreichen Stillstandstemperaturen von ca. 300 °C. Der Entwicklungsfokus der Röhrenkollektoren richtet sich hauptsächlich auf preisgünstigere Systeme bei gleichzeitig höherer Zuverlässigkeit.

Vakuum-Röhren-Kollektoren können zu Versuchszwecken auch einfach mit Klebeverbindungen hergestellt werden. Die Klebenaht zeigt die Abb. 6.12. Eine ausreichende Breite der Klebenaht kann nur am Umfang erreicht werden. Dazu muss der Metallflansch mit einem Wärmeausdehnungskoeffizienten von $> 10^{-5}$ (1/K) und im Betrieb höheren Temperaturen als das Glasrohr dieses von außen umfassen. Der Kleber muss bis zu Temperaturen von etwa 200 °C im Dauerbetrieb elastisch bleiben, um thermische Ausdehnungsdifferenzen langfristig ausgleichen zu können. Der verwendete Kleber ist im Verarbeitungszustand so hochviskos, dass er durch Unterdruck in die Naht eingezogen werden kann. Durch eine zweite Klebeschicht werden Undichtigkeiten aus der ersten Klebenaht beseitigt. Der Kleber sollte möglichst das Ende des Glasrohrs nicht überdecken (im oberen Bild der Abb. 6.12 gegenteilig dargestellt). Im Glasrohr wird solare Strahlung nicht nur absorbiert sondern auch gestreut. Alle Streustrahlung mit einem Streuwinkel in Richtung der Glasrohrwand hat kaum eine Chance das Glasrohr in das optisch dünnere Medium der umgebenden Luft zu verlassen. Es wird daher zum Ende des Glasrohrs geleitet. Es tritt dort aus und heizt ein angrenzendes Medium, hier den Kleber, auf.

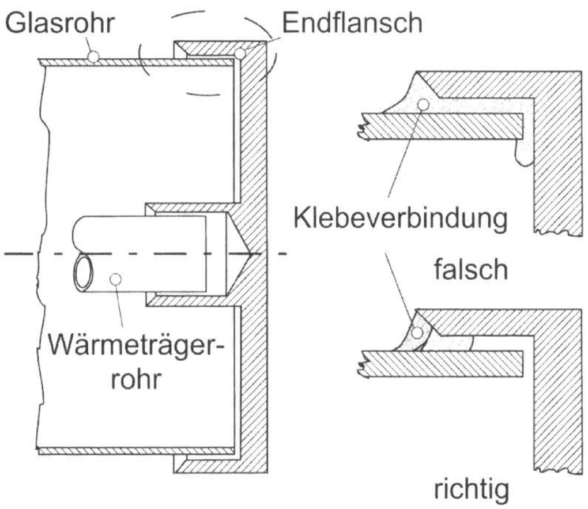

Abb. 6.12 Klebungsoptionen des Glashüllrohrs bei einem Vakuumröhrenkollektor

Die Qualität des Vakuums im Glasrohr lässt sich einfach überprüfen. Bei einem ausreichend geringen Innendruck, einem „guten Vakuum", gibt es weder Wärmeleitung noch Konvektion im freien Raum um den Absorber. Der Absorber ist selektiv beschichtet und verhält sich im Bereich der Wärmestrahlung annähernd wie ein Lambertscher Streuer. Die Temperatur ist nahezu überall am Glasrohrumfang gleich. Steigt der Druck, entsteht Wärmeleitung und die Glasrohrtemperatur ist an der Stelle mit dem geringsten Abstand zum Absorber am Höchsten. Bei einer Temperaturspitze am Zenit Glasrohrs also oben ist der Gasinnendruck ausreichend hoch, dass sich eine Naturkonvektion ausbilden kann. Wie in der Abb. 6.10 dargestellt, werden in Vakuumröhren Getter eingebaut. Steigt der Innendruck durch Diffusion oder ein Leck im Glasrohr, so absorbiert der Getter den Sauer- und Stickstoff. Das kann bei Betriebstemperatur erfolgen oder der Getter wird durch eine Induktionsheizung aufgeheizt. Übersteigt die Leckrate das Absorptionsvermögen des Getters, ist dies an dessen Farbveränderung – meist weiß – zu erkennen.

6.2.4 Weitere Kollektorvarianten

Es gibt weitere Kollektorvarianten, wie den Vakuumflachkollektor, der ein Zwitter zwischen dem Flachkollektor und Vakuumröhrenkollektor ist, und den Speicherkollektor, der die Funktion des Kollektors und Speichers vereint. Letzterer kommt vereinzelt in südlichen, frostfreien Ländern zum Einsatz. In unseren Breiten findet bei Trocknungsprozessen oder in der Hausklimatisierung der Luftkollektor häufiger Verwendung.

- Vakuumflachkollektor

Der Vakuumflachkollektor, den die Abb. 6.13 darstellt, ist eine Mischung aus Vakuumkollektor und Flachkollektor, der weniger aufwändig konstruiert und damit billiger ist als ein Vakuumröhrenkollektor. Er erreicht allerdings nicht den Wirkungsgrad der Vakuumröhrenkollektoren und eignet sich hauptsächlich zur Brauchwassererwärmung und zur Heizungsunterstützung.

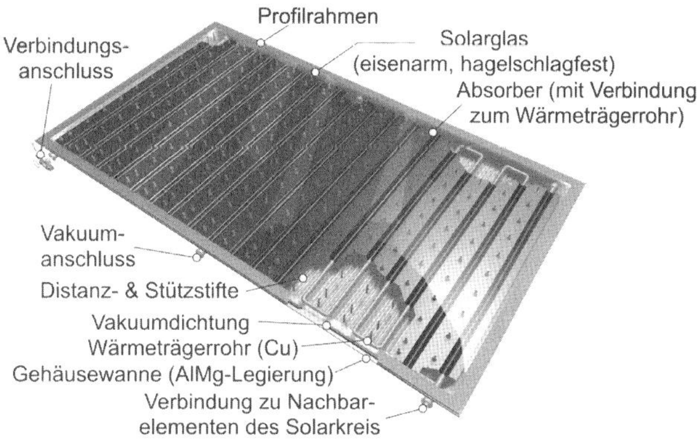

Abb. 6.13 Schnitt durch einen Vakuumflachkollektor der Fa. Thermosolar Modell TS400. (Thermosolar 2012)

Der Absorber befindet sich in einer speziell abgedichteten Wanne. Zur Reduktion der Wärmeverluste im Kollektorkasten wird dieser durch eine extern anschließbare Vakuumpumpe evakuiert. Um die infolge der Druckdifferenz auftretenden Kräfte auf die Glasfläche zu reduzieren, sind elastische Stützelemente zwischen Wanne und Glas in definierten Abständen angebracht. Wegen der Außenanbringung wird zumeist ein eisenarmes, aber hagelschlagfestes Sicherheitssolarglas verwendet. Trotz dieser Maßnahmen lässt sich nicht die Vakuumgüte einer Vakuumröhre erreichen. Gegenüber Vakuumröhren, in denen ein Vakuum von 10^{-4}–10^{-5} mbar herrscht, werden hier Werte von 10^{-1} bis 1 mbar erzielt. Der Grund liegt in der Diffusionsdichtheit der großen Dichtflächen. Wegen dieser Undichtigkeiten muss der Vakuumflachkollektor regelmäßig abgepumpt werden. Allerdings hat sich die Qualität der Dichtungen erheblich verbessert, so dass gegenüber dem vor wenigen Jahren üblichen Intervallen von einmal jährlich jetzt bis zu fünf und mehr Jahren als Intervall von den Herstellern garantiert werden.

Der Wärmeübergangskoeffizient beträgt ca. $k^*_{ges} = 2-3\ \mathrm{W/(m^2K)}$. Durch das Einfüllen von Kryptongas in den evakuierten Kollektor, kann eine Leistungssteigerung von in etwa 10 % erreicht werden. Der Vakuumflachkollektor hat sich bisher aufgrund der umständlichen Handhabung und des Preises nicht durchgesetzt. Eigentlich handelt es sich um einen Unterdruckkollektor, bei dem die Konvektion zwischen Absorberplatine und Glasabdeckung gegenüber der Wärmeleitung im Luftraum keine Rolle mehr spielt. Die konvektive Wärmeleitung entfällt erst bei einem um Größenordnungen kleineren Druck; eine Pumpe für derartig niedrige Drücke ist aber wesentlich teurer als für nur wenige Hektopascal und lohnt daher nicht. Typische Eckdaten eines Vakuumflachkollektors sind $\eta_0 \approx 0.79$–0.83, $k^*_{ges} \approx 2.2-4.5\ \mathrm{W/(m^2K)}$ und in einem Temperaturbereich von 20–120 °C.

- Speicherkollektor

Beim Speicherkollektor (engl. „solar trap" oder „solar batch collector") bilden Kollektor und Warmwasserspeicher eine Einheit (Abb. 6.14). Er stellt in sich bereits eine komplette Solaranlage dar.

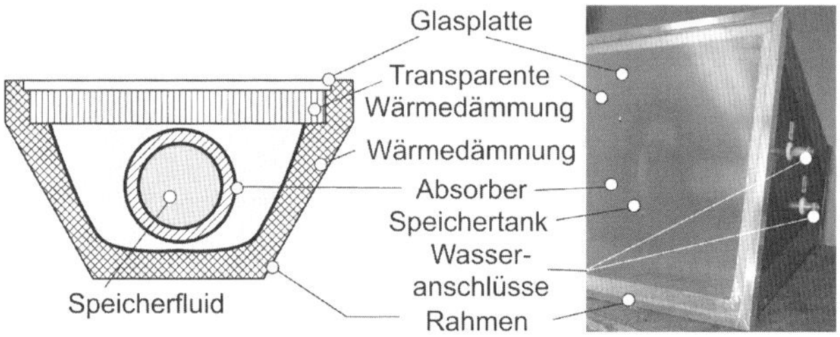

Abb. 6.14 a Schematischer Aufbau (*Schnitt-links*) und Komponenten (*Umsetzung-rechts*) eines Speicherkollektors

Da der Wärmespeicher integriert ist, werden besonders hohe Anforderungen an den Wärmeschutz gestellt. Die Vorderabdeckung besteht in der Regel aus einer transparenten Wärmedämmung (TWD). Hier werden zumeist Aerogranulate oder Polycarbonat in Waben- oder Kapillarstruktur verwendet. Auf der Rückseite werden oft Reflektorfolien angebracht, um den Kollektor möglichst schnell zu erwärmen; sie konzentrieren die Solarstrahlung auf den Speicher. Der Speicherkollektor ist nur dann sinnvoll, wenn das Speichermedium über eine hohe Wärmekapazität verfügt, da das Volumen begrenzt ist. Die Beschichtung des Absorbers sollte selektiv sein. Zur weiteren Reduktion der Wärmeverluste ist eine gute Wärmedämmung auf der Rückseite vorzusehen. Das relativ hohe Gewicht macht eine Dachintegration oft aufwändig. Darüber hinaus sind geeignete Frostschutzmaßnahmen zu treffen, bis hin zur eventuellen Außerbetriebnahme im Winter in unseren Breiten. Das kritische Element wie auch bei den Vakuumkollektoren ist das Anschlussstück von der Verlegung bis zum Kollektoreintritt. Es ist nicht einfach so zu isolieren wie der Kollektor selbst. Als Lösung wird in Mitteleuropa ein kleiner Bypassfluss bei Frost in die Dachrinne geleitet. Meist wird dieser Kollektortyp jedoch in frostfreien Regionen eingesetzt. Der Wirkungsgrad ist vergleichbar mit dem konventioneller Flachkollektoren. Der Konversionsfaktor ist in der Regel bescheiden und liegt bei etwa $\eta_0 \approx 0.55$. Der Wärmeverlustkoeffizienten entspricht dem des Vakuumflachkollektors mit k^*_{ges} um 2.5 W/(m^{2}K) der typische Temperaturbereich ist aber mit $T \approx 20$ bis 70 °C niedriger.

- Luftkollektor

Luftkollektoren verwenden als Wärmeträger Luft, ansonsten entspricht ihr prinzipieller Aufbau dem eines Flachkollektors, wie die Abb. 6.15a skizziert. Der oberflächenstrukturierte Absorber wird in eine Metallwanne eingelegt und gibt die von der Sonne eingestrahlte Wärmeenergie an die darunter strömende Luft weiter. Aber es können auch Kugelhaufen bestehend beispielsweise aus Lavasteinen oder Keramikschaum genutzt werden, die sich durch die solare Einstrahlung erwärmen und die Wärme an die Luft weitergeben. Dies zeigt die Abb. 6.15b. Mögliche Anwendungen sind Trocknungsanlagen und Schwimmhallen, die auch im Sommer einen hohen Lüftungswärmebedarf haben.

Die Oberseite des Luftkollektors bildet eine Glasabdeckung, die den Kollektor vor Umwelteinflüssen (Regen, Hagel etc.) schützt. Moderne Luftkollektoren erreichen in Bezug auf die Wärmeübertragung Wirkungsgrade $\eta = 50–70$ %. Der Kollektor kann überall dort montiert werden, wo er der Sonne im Laufe des Tages zugewandt ist. Meist bietet sich die Montage auf dem Hausdach an. Im Vergleich zu wassergekühlten Flachkollektoren ist ein

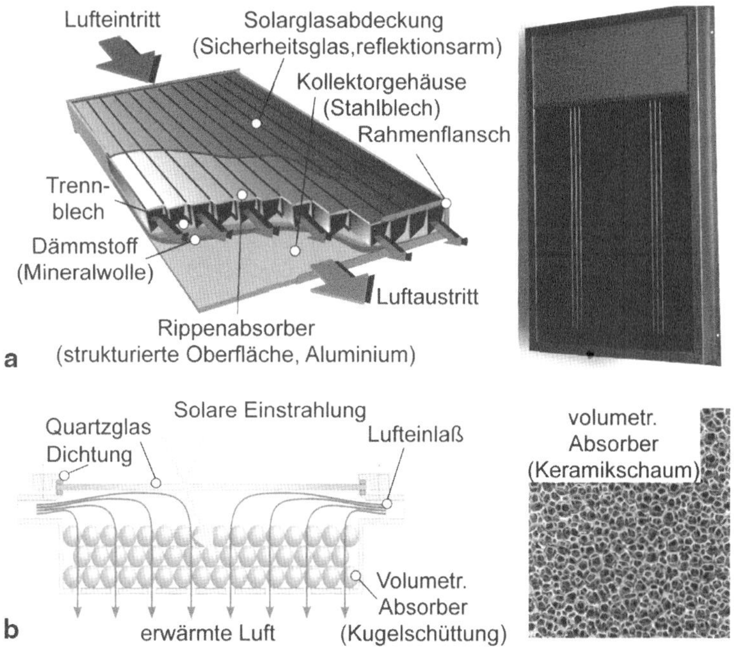

Abb. 6.15 **a** Schemaskizze eines Luftflachkollektors klassischer Bauart, **b** Luftkollektor mit eingebautem Wärmespeicher aus Kugeln oder rechts abgebildetem Keramikschaum

Luftkollektor größer, die volumetrisch abführbare Leistungsdichte bei Luft ist geringer. Der Wärmetauscher überträgt die Wärme entweder direkt oder auf einen Solarspeicher – somit ist auch dieser Wärmetauscher beim Einsatz von Luftkollektoren größer. Nachdem auch die Luftkanäle einen großen Querschnitt haben, wird bei einer Solarthermieanlage mit Luftkollektor also im Verhältnis mehr Bauvolumen benötigt. Da Luft an sich so gut wie keine Energie (über längere Zeit) speichern kann, gibt es zwei Verfahren, die Wärme nutzbar zu machen.

- Verfahren 1
  Die im Kollektor erwärmte Luft kann mithilfe eines Ventilators direkt in das Gebäude eingeblasen werden. Dies ist eine einfache und unkomplizierte Variante zum Heizen und Lüften mit der Sonne für die unterschiedlichsten Gebäude (Ferienhäuser, Wohnhäuser, Hallengebäude etc.), vgl. hierzu Abb. 6.16, sofern die Luftklappe geöffnet ist. Auch eine Kombination von Luftkollektoren mit Luftheizanlagen ist möglich. In Hallengebäuden sind Luftheizungen weit verbreitet, da gerade hierfür die Einbindung von Luftkollektoren sehr interessant ist.
- Verfahren 2
  Alternativ gibt die stark erhitzte Luft zunächst die nicht benötigte Wärme über einen Wärmetauscher an ein Speichermedium ab (Abb. 6.16 Klappe zu). Hier bietet sich wegen der hohen Speicherkapazität zunächst ein gedämmter Wasserspeicher an. Danach

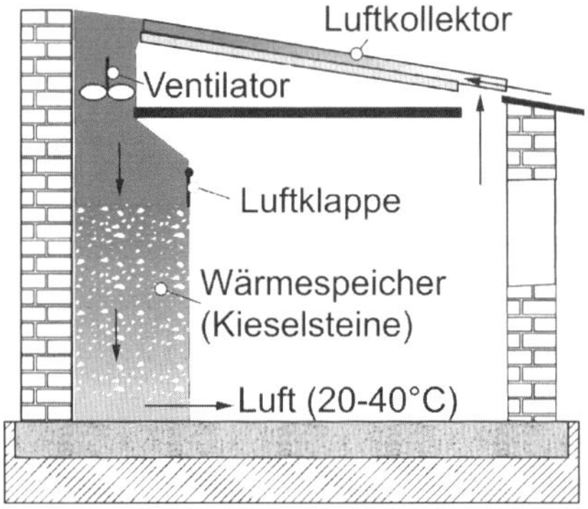

Abb. 6.16 Variable Luftkollektorheizung, die mit und ohne Wärmespeicher arbeitet

wird die abgekühlte Luft wie beim Verfahren eins in die Räume geblasen. Statt eines Wasserspeichers kann auch ein gedämmter Steinspeicher benutzt werden. Auch hier wird die Luft nach der Abgabe eines Teils der Wärme anschließend in das Gebäude geblasen. Eine weitere Möglichkeit stellen so genannte Hypokausten (erwärmter Boden) und Murokausten (erwärmte Wand) dar, die bei optimaler Auslegung ein Speichervolumen von ein bis drei Tagen bieten können. Im Vergleich zu Wasserkollektoren sind Luftkollektoren derzeit noch nicht sehr verbreitet. Luftkollektoren werden aber auch in Deutschland zunehmend interessanter, da sie eine einfache und unkomplizierte Heizmöglichkeit ohne Verbrauch fossiler Energieträger darstellen. Zusätzlich bringen die Kollektoren frische gefilterte Luft ins Gebäude und ermöglichen so eine Lüftung mit Energiegewinn.

In Landwirtschaft und Industrie werden Luftkollektoren schon seit mehreren Jahren erfolgreich zur Trocknung von Heu, Getreide, Kräutern oder anderer Biomasse eingesetzt. Auch hier wird der Heiz- und Lüftungseffekt der Anlage ausgenutzt. Der Deutsche Alpenverein (DAV) setzt beispielsweise Solar-Luft-Kollektoren zum Heizen und Lüften von Berghütten, aber auch zum Trocknen und Kompostieren von Reststoffen aus dem Hüttenbetrieb ein. Nach dem Erneuerbare Energien-Gesetz (EEG) wird die Installation einer solarthermischen Anlage in Deutschland staatlich gefördert. Diese Förderung kann jeder Privatanwender auch bei Inbetriebnahme einer Luftkollektoranlage in Anspruch nehmen.

Nachteilig ist, dass keine dünnen Wasserrohre, sondern dickere Luftkanäle in den Häusern eingebaut werden müssen. Dies kann in Neubauten bereits bei der Konstruktion berücksichtigt werden, bei Altbauten sind jedoch individuelle Lösungen gefragt.

Von Vorteil ist, dass Luft nicht sieden und die Kollektoren beschädigen kann. Außerdem können Luftkollektoren und -leitungen nicht einfrieren. Leckagen im Lüftungsrohrsystem sind weniger schädigend als Wasserschäden. Im Winter, wenn von der Sonne weniger Wärme eingefangen wird, kann die Luft – sobald sie Zimmertemperatur hat – direkt in die Räume geleitet werden. Luftkollektoren fangen schon geringe Sonnenwärme ein und sind deshalb reaktionsschneller als Wasserkollektoren, die mehr Sonneneinstrahlung benötigen und deshalb nicht so schnell reagieren können.

Zur Einordnung der Leistungsfähigkeit von Luftkollektoren kann man folgende typische Anhaltswerte angeben, Konversionsfaktor $\eta_0 \approx 0.75$–0.9, $k^*_{ges} \approx 8-30\ \mathrm{W(m^2K)}$ in einem Temperaturbereich von 20–50 °C.

Luftkollektoren können zusammen mit Photovoltaikmodulen betrieben werden und heißen dann Hybridkollektoren. Sie eignen sich, wenn die solar erwärmte Luft möglichst ganzjährig zur Belüftung oder zur Luftvorwärmung genutzt werden kann. Sie können große Luftmengen auf relativ niedrigem Temperaturniveau bereitstellen. Die Motivation zum Einsatz der Hybride ist der geringe Wirkungsgrad der Photovoltaikmodule, die die einfallende Strahlungsenergie in einer Größenordnung von 20 % in elektrische Energie umwandeln. Der größte Anteil der Energie wird in Wärme umgesetzt, die aber die Leistungsfähigkeit des Moduls bei der Stromproduktion reduziert. Hierzu werden die Zellen durch eine gezielte Hinterlüftung gekühlt. Bei den Hybridkollektoren erfolgt dies zumeist aktiv mit Hilfe von Ventilatoren, wobei die warme Luft zusätzlich energetisch genutzt werden kann.

6.3 Systemsimulation solarthermischer Systeme

Zur Berechnung des Systemverhaltens komplexer Kreislaufsysteme wurden in den letzten Jahrzehnten verschiedene Systemsimulationsprogramme insbesondere in der Chemie- und Verfahrenstechnik wie auch der Kraftwerkstechnik entwickelt. Aber selbst mit modernen Rechnern ist eine vollständige dreidimensionale Abbildung eines Rohrleitungsnetzwerks kaum für einen stationären Betriebszustand zu leisten. Instationäre Effekte, wie sie sich durch zeitliche Veränderungen der Wärmequellen (zum Beispiel Sonnenstand, Wolken oder auch Ausfall aktiver Komponenten wie Pumpen, Ventile etc.) zusätzlich ergeben, führen zu einer weiteren deutlich erhöhten Komplexität, da in solchen Fällen beispielsweise die Strömungsrichtung innerhalb des Kreislaufs mit Verzweigungen nicht mehr vorgegeben sind.

In den Systemsimulationsprogrammen erfolgt daher eine vereinfachte Betrachtung des Gesamtsystems, in dem man sich in erster Linie Skalenseparationsmethoden zunutze macht. Am einfachsten lässt sich der Grundgedanke der Skalenseparation am Beispiel eines Rohres erläutern. Rohrleitungen verfügen in der Regel über ein Längen zu Durchmesserverhältnis L/D, das deutlich größer als eins ist. Ausgehend von den Einlauflängen kann man die Strömung schließlich im isothermen Fall in verschiedene Untersegmente aufzuteilen, wie das Segment der einlaufenden Strömung und der eingelaufenen Strömung. An den Enden der Rohrleitung treten beispielsweise Krümmer oder Sammler und Verteiler auf. Hat man die einzelnen Segmente identifiziert, so können aus Standardwerken wie dem VDI-Wärmeatlas für die einzelnen Abschnitte die jeweiligen Druckverlust- beziehungsweise Wärmeübergangsbeziehungen angewendet werden. Dadurch dass $L/D \gg 1$ gilt, kann die Berechnung dieser Segmente auf eine eindimensionale Betrachtung unter dem Aspekt der Impuls- und Energieerhaltung reduziert werden, da der Einfluss der Mehrdimensionalität von untergeordneter Bedeutung ist. Hierzu wird das System in sogenannte Knoten unterteilt.

Somit lässt sich das gesamte Leitungsnetz entweder in eindimensionale Abschnitte aufteilen oder bei sehr komplexen Abschnitten, in denen eine dreidimensionale Berechnung zwingend erforderlich ist, wird das Ergebnis der eindimensionalen Rechnung als Randbedingung an eine detaillierte dreidimensionale fluiddynamische Simulation übergeben.

In den folgenden Teilen werden die Grundgedanken einer Systemsimulation vorgestellt, die zumeist finite Differenzenverfahren verwenden, um die Systemdynamik zeitaufgelöst darstellen zu können.

6.3.1 Energiefluss bei Plug-flow-Modellierung

Aktuelle Systemprogramme verwenden zur Berechnung der Modelle die finite Differenzentechnik oft mit Hilfe von Eulerverfahren, die innerhalb der Komponenten implementiert werden. Um eine hohe Flexibilität zu erreichen, nutzen Systemprogramme eine verteilte unabhängige Berechnung einzelner Komponenten (*UNITS*) und stellen nicht wie beispielsweise fluiddynamische Rechenprogramme große Gleichungsmatrizen auf. Der Vorteil der verteilten Berechnung liegt in der individuell auf das Anlagenschema bezogenen Berechnungsabfolge der *UNITS*. Dadurch wird beispielsweise die Abbildung des Totzeitverhaltens von Rohrleitungsnetzen wie auch eine effiziente Massenstrombilanzierung möglich, da es sich um nichtlineare Systeme handelt.

Gerade bei verzweigten Rohrleitungssystemen bieten konventionelle Löser wenig effiziente Möglichkeiten zur Fehlerkontrolle. Die Plug-Flow Technik eignet sich zur Modellierung von Schichtspeichern, um die Temperaturschichtung möglichst exakt abzubilden. Hierbei wird der Speicher in Abhängigkeit des Eintrags in homogene isotherme Zonen eingeteilt und zeitlich verschoben. Die Segmente können unterschiedlich groß werden und sich gegebenenfalls durch Vermischung vergrößern. Um den Fluidstrom durch die Leitungselemente abzubilden, wird unter Zugrundelegung einer hohen Zeitauflösung ein Plug folgendermaßen definiert:

$$\Delta Q_{Plug} = \dot{M} \cdot c_p(T_{Plug} - T_{ref}) \cdot h \quad \text{mit} \quad T_{ref} = 0\,°\text{C}. \tag{6.15}$$

Die Referenztemperatur T_{ref} wird mit 0 °C definiert, um keine unnötigen Rechenoperationen auszulösen. Die Rechenschrittweite h legt also den Betrag der Energie des Plugs fest, der zwischen den hydraulischen *UNITS* ausgetauscht wird. Eine hydraulische *UNIT* benötigt also mindestens zwei Eingabegrößen (*INPUTS*) zur Beschreibung des Wärmestroms, also ΔQ_{Plug} und $\dot{M}$.

$$inp[i_{unit}][1] = \Delta Q_{Plug}; \quad inp[i_{unit}][2] = \dot{M}. \tag{6.16}$$

Dabei kennzeichnet der Index i_{unit} die eindeutige *UNIT* im Simulationsskript, der zweite Index gibt die Kanalbezeichnung des Eingangs an. Meist wird zur Schnittstellenbeschreibung lediglich Temperatur und Massenstrom verwendet, um den Eintrittswärmestrom einer *UNIT* erneut zu berechnen (Klein und Beckmann 2000). Dieser Berechnungsschritt entfällt bei der Beschreibung durch die Plug-Flow Modellierung. Es gibt noch weitere wesentliche Vorteile der Methode:

- Die Energie kann als diskretes Profil im Totzeitregister abgelegt werden.
- Zweigwärmeströme in Knotenpunkten werden direkt durch die *Plugs* bilanziert.

Während von der diskreten Temperaturprofiltechnik in dem Rohrleitungsmodul oft Gebrauch gemacht wird, um die Totzeiteffekte abzubilden, findet das Plug auch direkte Verwendung in der diskreten Knotenpunktgleichung:

$$M \cdot c_p \cdot \frac{dT_{knoten}}{dt} = \sum_{i=1}^{\bar{n}} \dot{Q}_i;$$
$$M \cdot c_p \cdot (T_{knoten,i} - T_{knoten,k-1}) \approx \Delta Q_{plug,ein} - \Delta Q_{plug,aus} - k \cdot A \cdot (T_{knoten,k} - T_U) \cdot h. \tag{6.17}$$

In Systemprogramm erfolgt nun noch eine Integration bzw. eine Summation über die gesamte Simulationszeit, um die aktuelle Knotentemperatur zu berechnen.

$$Q_{knoten} = Q_{knoten,intial} + \sum_{i=1}^{n}\left(\sum_{t=0}^{t} \dot{Q}_{i,t} \cdot h\right) + \sum_{j=1}^{2}\left(\sum_{t=0}^{k} \dot{Q}_{j,t} \cdot h\right);$$
$$\sum_{t=0}^{k} \dot{Q}_{i,t} \cdot h = \sum_{t=0}^{k-1} \dot{Q}_{i,t} + \dot{Q}_{i,k} \cdot h \qquad i \equiv \text{Zweigindex}; \tag{6.18}$$
$$\sum_{t=0}^{k} \dot{Q}_{j,t} \cdot h = \sum_{t=0}^{k-1} \dot{Q}_{Plug,j,t} + \Delta Q_{Plug,j,k} \qquad j \equiv \text{Plugindex mit } 1 \equiv ein \text{ und } 2 \equiv \text{aus}.$$

Die Gl. (6.18a) gibt die Energieerhaltung eines Knotenpunktes wieder, indem sich der Ladezustand aus der Anfangsenergie und der zu- bzw. abgeführten Energie ergibt. Die Bilanzierung erfolgt über den gesamten Simulationszeitraum, um den numerischen Näherungsfehler zu minimieren. Die Beziehung (6.18b) zeigt den Weg der Berechnung dieser Zweigenergien. Im aktuellen Zeitschritt $t=k$ wird lediglich $\dot{Q}_{i,k} \cdot h$ berechnet und einem im Speicher abgelegten Summenwert (eine Feldgröße) hinzu addiert. Bei einem Zweigwärmestrom (Gl. (6.18)c) wird über den *Plug Flow* Mechanismus das *Plug* direkt übergeben und summiert, ohne eine Multiplikationsoperation zu verwenden. Weiterhin bedeutet dies, dass die Zweigenergie, die als *Plug Flow* aus einer *UNIT* abgegeben wird, genau der folgenden *UNIT* als Zweigeintrittsenergie zur Verfügung steht. Damit bleiben die numerischen Fehler (, die bei der Multiplikation und Division einer diskretisierten Fließkommazahl entstehen,) gering. Die Knotenpunkttemperatur berechnet sich schließlich bei bekannter Wärmekapazität direkt aus dem Ladezustand Q_{knoten}, sofern ein linearer Zusammenhang zwischen der Enthalpie und Temperatur gegeben ist, wie in Gl. (6.19) angegeben:

$$T_{knoten} = \frac{Q_{knoten}}{M \cdot c_p}. \tag{6.19}$$

Während der Ladezustand in einem Systemprogramm meist mit einer Variablen gekennzeichnet ist, wird das Feld der Knotenpunkttemperaturen $T_{Knoten}[i_{knoten}]$ in einem Feld verwaltet.

6.3.2 Fehleranalyse in Systemsimulationen

Die Komplexität der Solarsysteme macht es gerade bei modular aufgebauten Simulationswerkzeugen notwendig, Vorkehrungen zur automatischen Fehlererkennung zu verwenden. Hier unterscheiden sich die Softwarekonzepte oft. Der größte Zeitaufwand bei Durchführung einer Systemsimulation einer Solaranlage, die auf modularen Konzepten beruhen, entfällt zumeist nicht auf den Entwurf des Systems, da es hierfür eine Vielzahl grafischer Benutzeroberflächen gibt, die bereits viele validierte Segmente und Komponenten beinhalten. Einen deutlich höheren Aufwand erfordern die Fehleranalyse und deren Lokalisierung, insbesondere wenn komplexe Aufbauten mit potentiellen Zweiphasenströmungen auftreten. Zumeist finden zwei fundamentale Verfahren Anwendung, die eine schnelle Fehlererkennung (z. B. durch Simulationsabbruch) gestatten:

- Massenstrombilanzierung
- Systemenergiebilanzierung

Die Massenstrombilanzierung überprüft auch in verzweigten hydraulischen Netzen die korrekte Rückführung des Massenstroms auf die Pumpe. Grundlage dazu ist die Einschränkung auf die Betrachtung geschlossener Systeme. Die Systemenergiebilanzierung umfasst die Auswertung der reservierten Ausgangsgrößen jeder *UNIT*, wo Gesamtsystemverluste, Gewinne und innere Energie der Kapazitäten übergeben werden. Hintergrund dieser Betrachtung ist der Bezug auf eine fest definierte Systemgrenze, die zwischen „Wärmeströmen im System" und „Wärmeströmen an die Systemumgebung" unterscheidet.

- Massenstrombilanzierung

Bei einer vollständigen Solarsystemberechnung wird jeder geschlossene hydraulische Kreis separat berechnet, indem ausgehend von der Pumpe jede darauffolgende Komponente mit einem bereits aktualisierten *OUTPUT*-Vektor berechnet wird. Konvergenzprobleme, die durch die Anordnung von *UNITS* entstehen, werden somit prinzipiell umgangen. Die Ermittlung der hydraulischen Abfolge erfolgt mit Hilfe eines Unterprogramms. Sie gewährleistet speziell auch bei verzweigten Rohrleitungssystemen die Aktualität der

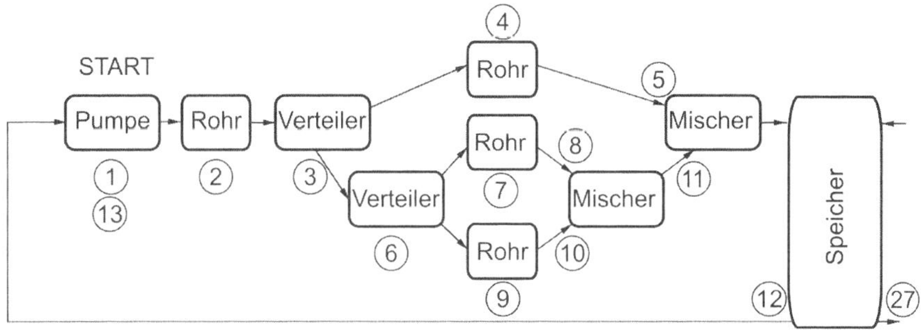

Abb. 6.17 Verzweigungskonventionen: Das hydraulische Netz wird während des Simulationsschrittes, ausgehend von der Pumpe, gemäß den eingetragenen Ziffern, ausgeführt. Dabei wird eine Verzweigung am Verteiler solange verfolgt, bis ein Austrittsmassenstrom eines Mischers nicht mehr eindeutig bestimmt werden kann. (Lustig 2002)

Eingangsgrößen (*INPUT*). Teilt sich der Massenstrom beispielsweise an einem T-Stück auf (sogenannter ‚*flow_diverter*'), so muss er am zugehörigen Mischer (‚*mixer*') wieder zusammengeführt werden. Das paarweise Auftreten von Verteilern und Mischern, die in jeder Brauchwasser- oder Heizungsanlage auftreten, sind essentielle Bestandteile von Systemprogrammen.

Die Aufteilung des Massenstroms erfolgt durch eine Steuergröße (‚*control*') am Verteiler, die entweder fest vorgegeben oder vom *Controller* geliefert wird. Innerhalb eines Zweiges darf ein erneutes Verzweigen erfolgen. Die Abb. 6.17 zeigt schematisch eine Abfolge (eingekreiste Ziffern), die durch das Ablaufunterprogramm festgelegt wird. Am Verzweigungselement wählt die Prozedur zunächst willkürlich die obere Verbindung *(4)*, bis die Auswertung des Mischers *(5)* ergibt, dass für die Berechnung des Austrittsmassenstroms noch die Aktualisierung des zweiten Eingangs erfolgen muss. Folglich wird die Bearbeitung bei Ziffer (*6*) fortgesetzt, um den zweiten Zweig zu vervollständigen. Vergleichbar mit der Klammerrechnung in der Mathematik muss der „Inhalt" jedes Zweiges zunächst erfüllt werden, bevor die Austrittsgröße des Mischers bestimmt werden kann. Letztendlich muss der Massenstrom, der durch die Pumpe aufgeprägt wurde, im gleichen Zeitschritt t_k auch wieder am Eingang der Pumpe erscheinen, andernfalls wird die Massenstrombilanz die Simulation an dieser Stelle abbrechen.

$$\left|\left(\dot{M}_{aus,k} - \dot{M}_{ein,k}\right)\right| \geq \varepsilon_{\dot{M}} \Rightarrow \text{Abbruch Massenstrombilanz,} \tag{6.20}$$

worin $\varepsilon_{\dot{M}}$ der maximal zulässige parametrisierbare Fehler des Massenstroms ist.

Totzeiten im Massenstrom einer Komponente oder eines Zweiges beispielsweise das Auffüllen eines Behälters können in der Systemsimulation ebenfalls zum Abbruch führen. Ein solches Verhalten kann vermieden werden, wenn eine Gesamtmassenbilanz des Systems durchgeführt wird.

- Systemenergiebilanzierung

Zur weiteren Fehlerkontrolle, die zur Simulation komplexer Netzwerke unerlässlich ist, ist die Einbindung der Systemenergiebilanzierung eine wichtige Funktion: Dabei erfolgt eine Trennung der internen und externen System-Energieströme und die externen Energieströme werden über einen Ausgabevektor (*OUTPUT* Vektor- „*out*") nach außen gegeben. Hierfür werden mit Hilfe reservierter Felder, die den Systemgewinn, -verlust und die gespeicherte Energie angeben, spezielle Bereiche reserviert, die es erlauben eine globale Bilanzierung durchzuführen.

$$\begin{aligned} out_{aktuell}\,[i_{unit}]\,[l] &\equiv \Delta Q_{gewinn}; out_{aktuell}\,[i_{unit}]\,[l+1] \\ &\equiv \Delta Q_{verlust}; out_{aktuell}\,[i_{unit}]\,[l+2] \equiv Q_{Kapazit\ddot{a}t} \end{aligned} \tag{6.21}$$

Die gespeicherte Energie $Q_{Kapazität}$ entspricht dem Wärmeinhalt (Ladung) aller thermischen Kapazitäten, die sich in der Komponente befinden (z. B. Pufferwasser) und bezieht sich auf die bereits definierte Referenztemperatur von $T_{ref} = 0\ °C$.

Systemgewinne ΔQ_{gewinn} und -verluste $\Delta Q_{verlust}$ werden ebenfalls als Energie im momentanen Zeitschritt angegeben und beziehen sich auf diejenigen Wärmeströme, die nicht innerhalb des UNIT-Verbundes fließen. So ist beispielsweise der Wärmestrom eines Kollektors an das folgende Rohrelement ein „systeminterner" Wärmestrom, während der Verlustwärmestrom des Kollektors an die Umgebung als „systemextern" deklariert werden muss. Eine übergeordnete Prozedur prüft nach Ablauf jedes Simulationszeitschrittes h die Systemenergie, indem Gewinne, Verluste und gespeicherte Energie bilanziert werden.

$$\left| Q_{sys,init} + \sum_{i=1}^{unit-\max} \left(\sum_{t=0}^{k} \left(\Delta Q_{gewinn,i,t} - \Delta Q_{verlust,i,t} \right) \right) - \sum_{i=1}^{unit-\max} Q_{kapazit\ddot{a}t,i} \right| \geq \varepsilon_{Q_{sys}}$$
$$\Rightarrow \text{Abbruch Systemenergiebilanz.} \tag{6.22}$$

Die Gl. (6.22) stellt die Energiebilanzgleichung des thermischen Systems mit *unit–max* Komponenten dar. Bei der Initialisierung zum Zeitschritt $t = 0$ wird von jeder *UNIT* die Initialisierungsenergie, die in den thermischen Kapazitäten steckt, ausgegeben. Nach Ablauf des Simulationszeitschrittes $t = 0$ wird die Systeminitialisierungsenergie $Q_{sys,\,init}$ aus der Summe aller Komponenten gebildet. Diese Energie bleibt über den gesamten Simulationszeitraum konstant und wird stets mit dem momentanen Systemzustand $\Sigma Q_{kapazität,\,i}$ und mit der kumulierten Gewinn- und Verlustenergie Q_{gewinn} und $Q_{verlust}$ verglichen. Sollte sich dabei ein Fehler größer als der parametrierten Fehler $\varepsilon_{Q_{sys}}$ ergeben, so wird die Simulation an dieser Stelle abgebrochen.

Ist beispielsweise eine Rohrleitungskomponente am Ausgang fehlerhaft verknüpft, so spricht die Systemenergiebilanz an, weil das abgegebene *Plug* $\Delta Q_{plug,\,out}$ nicht als Systemverlust $\Delta Q_{verlust}$ deklariert wird. Voraussetzung dieser Konvention ist, dass dabei nur geschlossene hydraulische Kreise betrachtet werden, die eine klar definierte Systemgrenze besitzen. Daher wird beispielsweise der Zapfkreis des Brauchwassers geschlossen, indem ein Rücklaufthermostat und eine Pumpe integriert werden. Am Thermostat kann bei dieser Betrachtungsweise die Bilanzierung des Lastverhaltens erfolgen.

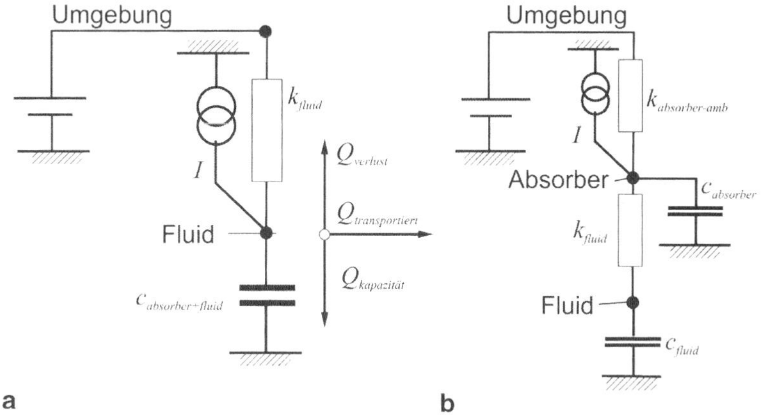

Abb. 6.18 Schemaskizze eines elektrischen Ersatzschaltbildes in einem Einknotenmodell (**a**) und einem Zweiknotenmodells (**b**). I = solare Einstrahlleistung (Lustig 2002)

6.3.3 Solarkollektormodellierung

Viele in Simulationsprogrammen verwendete Kollektormodelle beruhen auf dem Einknotenmodelle. Oft werden hierzu elektrische Ersatzschaltbilder verwendet, wie es schematisch die Abb. 6.18a zeigt. Die Solarstrahlung ist in diesem Ersatzschaltbild als Stromquelle dargestellt. Spannungen bzw. Spannungsabfälle entsprechen dabei Temperaturen bzw. Temperaturdifferenzen. Ströme entsprechen Wärmeströmen. Die elektrische Kapazität entspricht der Wärmekapazität. Letztere ist in dieser Darstellung eine aus Absorber und Fluidkapazität zusammengefasste Größe. Dies betrifft auch den Verlustwiderstand k_{fluid}, der einen Effektivwert aus dem Wärmeübergang zwischen Absorber und Umgebung und dem vom Absorber auf das Fluid darstellt.

Die Abb. 6.18b zeigt ein detaillierteres Modell, das den Kollektor in zwei Knoten unterteilt. Der Absorberknoten ist über den thermischen Leitwert $k_{abs\text{-}amb}$ an die Umgebung gekoppelt. Weiterhin existiert eine getrennte thermische Absorberkapazität. Der zweite Widerstand stellt den thermischen Leitwert vom Absorber auf das Fluid dar. Dieser ist maßgeblich abhängig vom Absorberdesign und den Strömungsbedingungen im Absorberrohr. Das Verhältnis der beiden Widerstände mündet in den Absorberwirkungsgradfaktor F' mit $F' = k_{fluid}/(k_{fluid} + k_{absorber\text{-}amb})$, der bereits im Abschnitt Flachkollektor (Kap. 6.2.2) eingeführt worden ist.

Bei der dynamischen Beschreibung des Kollektors findet die thermische Kapazität des Kollektors Berücksichtigung. Man unterscheidet auch hier die 1, 2 und 3-Knotenmodelle, die den Kollektor in vertikale Ebenen gliedern. Beim 1-Knotenmodell (vgl. Abb. 6.18a) geht man von einer homogenen Temperaturverteilung in Absorber und Fluid aus:

$$M \cdot c_{Kollektor} \cdot \frac{d\bar{T}_{fluid}}{dt} = A \cdot \left(\eta_0 \cdot i_{glob} - k\left(\bar{T}_{fluid} - T_U\right)\right). \tag{6.23}$$

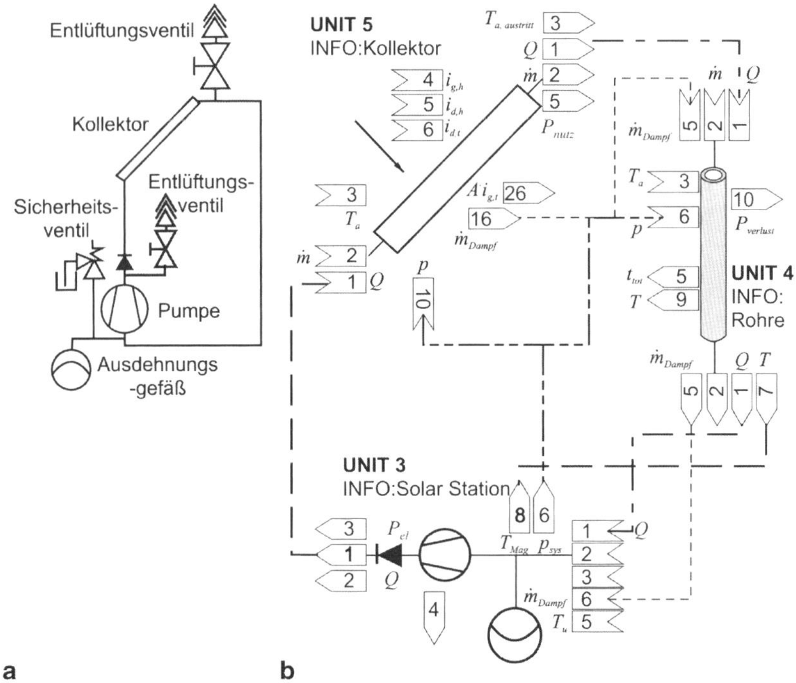

Abb. 6.19 **a** Vereinfachtes Fließschaubild eines solarthermischen Kreislaufs, **b** Abbildung des Flussbildes aus **a** in einem Systemsimulationsprogramm mit Bestimmung der Teilbereiche und der Übergabeparameter

Die Gl. (6.23) beschreibt das thermische Verhalten des Kollektors über der mittleren Fluidtemperatur $\bar{T}_{fluid}$, wobei die Trägheitseffekte durch die verzögerte Erwärmung und Abkühlung Berücksichtigung finden.

Eine genauere Beschreibung lässt beispielsweise die Untergliederung nach Abb. 6.18b zu. Bei einer derartigen Beschreibung wird das System durch zwei Zustandsgleichungen beschrieben, die durch die Gln. 6.24 wiedergegeben werden:

$$\begin{aligned} M \cdot c_{Absorber} \cdot \frac{dT_{absorber}}{dt} &= A \cdot \left(\eta_0 \cdot i_{glob} - k_{Abs \to Umgebung} \left(T_{absorber} - T_U\right)\right) \\ M \cdot c_{fluid} \cdot \frac{dT_{fluid}}{dt} &= A \cdot k_{fluid} \left(T_{absorber} - T_{fluid}\right) + \dot{M} \cdot c_p \cdot \left(T_{ein} - T_{fluid}\right) \end{aligned} \quad . \tag{6.24}$$

Die Diskretisierung des Kollektors in Fluidlaufrichtung erlaubt die Beschreibung des Temperaturverhaltens auch bei geringen Strömungsgeschwindigkeiten, weil ein nichtlinearer Anstieg der Temperatur abgebildet werden kann. Man spricht in diesem Zusammenhang von $n \times m$-Modellen. Die Abb. 6.19a zeigt auf der linken Seite ein Schemabild eines einfachen Testsystems eines solarthermischen Kreislaufs und seiner wesentlichen Komponenten. Die Abb. 6.19b zeigt den Transfer des Systems in ein Systemsimulationsprogramm.

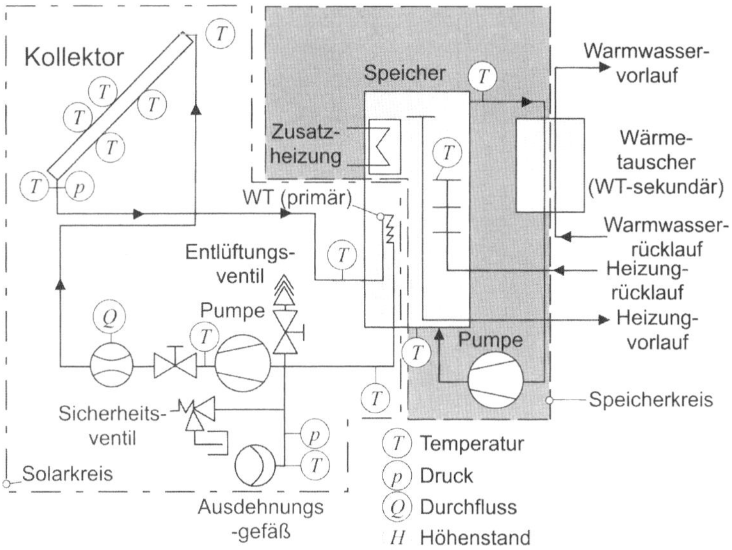

Abb. 6.20 Blockschaltbild eines konventionellen Flachkollektorsystems in Zweikreisausführung

Mit Hilfe der Systemsimulation, in dem die Komponenten und die zugehörigen physikalischen Modelle eingebettet sind, ist man nun in der Lage das Zeitverhalten der Anlage als Funktion der Eingabegrößen zu ermitteln.

Im Regelfall ist der solarthermische Kreislauf deutlich komplexer und beinhaltet einen Speicher, Zusatzheizungen, Wärmetauscher und viele andere Komponenten und Regeleinrichtungen mehr. Die Abb. 6.20 zeigt ein Blockschaltbild eines konventionellen Systems, wie es zur solaren Brauchwassererwärmung im Niedertemperaturbereich verwendet wird. Es besteht aus einem geschlossenen zumeist mit einer Wasser-Glykolmischung betriebenen Solarkreis, in dem sich der Kollektor als Wärmequelle befindet und der die Wärme über einen Wärmetauscher in den Brauchwasserspeicher des Hauses einspeist. Im Bedarfsfall kann dieses Speicherwasser mit Hilfe einer fossilen oder elektrischen Zusatzheizung auf einen vom Benutzer vorgegebenen Sollwert erwärmt werden und somit direkt zur Raumheizung verwendet werden. Die Trinkwassererwärmung erfolgt über einen Wärmetauscher, der in den Brauchwasserkreislauf integriert ist. Zur adäquaten Steuerung und Regelung ist eine bestimmte Anzahl von Höhenstands-, Druck- und Temperaturmessstellen erforderlich, die die Betriebssicherheit und Funktionstüchtigkeit der Anlage bei nominalen Bedingungen wie auch beim Ausfall zentraler Komponenten gewährleisten.

Insbesondere nahe der Maximalbelastung des Kollektors ist eine einfache eindimensionale Betrachtung des Kollektors und des Kreislaufnetzes nicht mehr zielführend und es wird eine feinere lokale Betrachtung insbesondere im Bereich des Absorbers erforderlich, um die Entstehung zweiphasiger Fluidzustände und deren Propagation im Rohrleitungsnetz zu erfassen, die letztlich zum Stillstand führen.

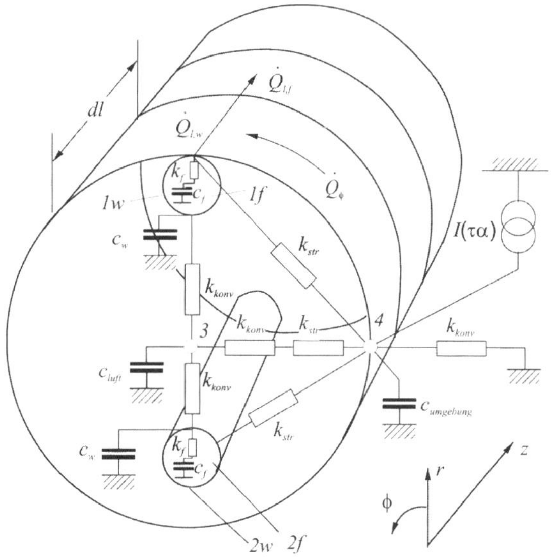

Abb. 6.21 Mehrknotenmodell zur Beschreibung des inneren Wärmeübertragungsvorgänge in einem Vakuumröhrenkollektorsegment. (Lustig 2002)

In einem solchen Fall muss entweder innerhalb eines Segmentes (Unit) eine CFD Berechnung durchgeführt werden, die oftmals die zur Verfügung stehenden Rechnerressourcen und –zeit sprengt oder es werden Mehrknotenmodelle in der Unit eingebracht, die die inneren Wärmübergangsvorgänge im Kollektor lokal beschreiben können. Die Abb. 6.21 zeigt ein solches Mehrknotenmodell, das neben der axialen Wärmeleitung im Fluid und den Strukturen die Prozesse in Umfangsrichtung mit den zugehörigen Massen (-, die im elektrischen Sinne durch Kapazitäten dargestellt werden und eine Zeitverzögerung bedeuten,-) mit den entsprechenden Wechselwirkungen erfasst.

Es muss betont werden, dass Mehrknotenmodelle bei ihrer Implementierung eine fundierte Kenntnis der einzusetzenden Modelle und Gültigkeitsbereiche der Korrelationen erfordern. Im Gegenzug erlauben sie jedoch eine Vielzahl von Parametervariationen bei Nutzung eines konventionellen Personal-Computers und die Identifikation potenzieller Schwachstellen im Aufbau und Platzierung der Komponenten wie auch eventueller Schwachstellen des Aufbaus des Kollektorfelds und vieles andere mehr. Mit Hilfe von Mehrknotenmodelle können zusätzlich auch lokale Größen oder zeitliche Gradienten aufgelöst werden, die gegenwärtig noch(!) nicht mit Hilfe der numerischen fluiddynamischen Programme abgebildet werden können.

Das Ergebnis einer Mehrknotenberechnung zeigt die Abb. 6.22 in einem Vergleich gemessener und berechneter Temperaturen des Niedertemperaturkreislaufs einer Hausanlage (aus Abb. 6.20) an zwei diskreten Punkten für mehrere aufeinanderfolgende Sommertage. Aus den Graphen ist deutlich zu erkennen, dass es im gezeigten Sommer mehrfach zu einem Kollektorstillstand gekennzeichnet durch schnelle Gradienten gekommen ist. Die mit Hilfe des Mehrknotenmodells gewonnen Ergebnisse der Systemsimulation zeigen eine gute zeitliche Übereinstimmung mit den Messergebnissen auf der Primärseite. Deutlich zu

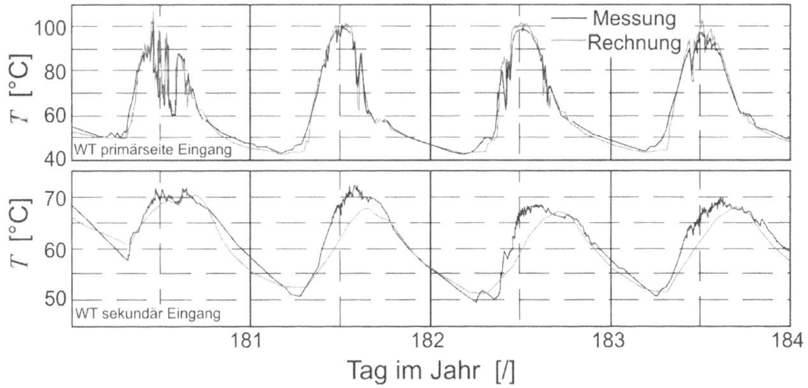

Abb. 6.22 Vergleich von Messung und Systemsimulation der Temperaturen am Brauchwasserspeicherein- und -austritt der Anlage aus Abb. 6.20 an mehreren aufeinander folgenden Sommertagen. (Lustig 2002)

sehen ist, dass primärseitig das System gut wiedergegeben wird, während auf der Sekundärseite zwar die Größenordnung der Temperaturänderung richtig beschrieben wird aber das Zeitverhalten mit einigem Versatz. Es zeigt sich hier, dass auch bei Knotenmodellen der Anwender sehr gute Kenntnisse der Strömung im Wärmetauscher haben muss, um das Zeitverhalten mit hoher Genauigkeit vorhersagen zu können.

6.4 Aufbau solarthermischer Niedertemperatursysteme

Die bisherigen Betrachtungen fokussierten sich hauptsächlich auf den Kollektor als zentrales Element einer solartechnischen Anlage, in der die zu verwertende Energie aus dem Solarstrahlungsangebot in thermische Energie umgewandelt wurde. Niedertemperatursolaranalgen lassen sich nach mehreren Kriterien unterscheiden.

- Art des Kollektortyps. Die Wahl des Kollektortyps bestimmt die Art des Einsatzzweckes; beispielsweise sind Luftkollektoren nur wenig zur Trinkwassererwärmung geeignet.
- Einsatzzweck. Hier kommen im Regelfall Systeme zur Trinkwassererwärmung oder zur Unterstützung der Raumheizung zum Einsatz.
- Speichertechnik konzentriert sich meist auf die Optimierung der Temperaturschichtung im Speicher und die Umsetzung von Entnahmestrategien, die eine Störung der Schichtung vermeiden. Das Ziel ist eine gleichbleibend hohe Temperatur im oberen Speicherbereich, in dem die Wärme entnommen wird, und eine im Vergleich zur Kollektortemperatur niedrige Temperatur im unteren Speicherbereich, an der die Wärme aus den Kollektoren zugeführt wird. Die Art der Ausführung und Dimensionierung ist Gegenstand des Abschn. 8.6.

- Anlagentechnologie. Die Anlagentechnologie klassifiziert folgende Typen:
  - Thermosiphon- oder Schwerkraftanlagen und
  - Zwangsumlaufsysteme.

Oft werden in der Anlagentechnik die Zwangsumlaufsysteme weiter unterteilt in High-Flow und Low Flow Systeme.

Die Messgröße zur Unterscheidung zwischen „High Flow" und „Low Flow" ist der Durchlaufvolumenstrom des Wärmeträgermediums bezogen auf die Kollektorfläche. Sie wird von den Herstellern in Liter pro Stunde und Quadratmeter angegeben. Als Low Flow Anlagen werden Systeme zwischen 5–25 $l/(h \cdot m^2)$ bezeichnet während bei den High Flow Zwangsumlaufsystemen spezifische Durchflüsse von mehr als 30 $l/(h \cdot m^2)$ zugeordnet werden. Der Begriff Low Flow kann damit sowohl einen sehr langsamen Umlauf im Solarkreis als auch den schnellen Durchlauf bei einem insgesamt sehr geringen Volumen im Solarkreis bezeichnen. Die meisten heute eingesetzten kleineren Anlagen sind High-Flow-Systeme, die mit normalen Heizungspumpen betrieben werden. Sie sind in der Lage, hohe Wärmemengen auf niedrigem bis mittlerem Temperaturniveau aus dem Kollektor abzuführen. Es gibt darüber hinaus auch sogenannte Matched-Flow-Systeme, in denen die Pumpenleistung in einem weiten Bereich geregelt wird. Sie sind aber derzeit Ausnahme, so dass in diesem Zusammenhang nicht auf sie eingegangen wird. Sie müssen technisch wie eine High-Flow-Anlage und damit teurer ausgerüstet werden, so dass ihr Vorteil gegenüber dieser nur gering ist.

6.4.1 Thermosiphonanlagen

Schwerkraftanlagen arbeiten ganz ohne Pumpstation. Ihr Kreislauf wird allein durch die Erwärmung in den Kollektoren angetrieben. Das im Kollektor erhitzte Wasser steigt durch seine geringere Dichte nach oben und sammelt sich im typischerweise oberhalb des Kollektors angebrachten Speicher. Beim Abkühlen sinkt es im Speicher nach unten und fließt durch das Rücklaufrohr wieder dem Kollektor zu.

Die im Mittelmeerraum verbreitet eingesetzten Thermosiphonanlagen haben häufig einen offenen Kreislauf. Dies bedeutet, dass die Kollektoren direkt vom Trinkwasser durchflossen werden, das dann als Warmwasser (Brauchwasser) aus dem Speicher abgeführt wird. Die Abb. 6.23 skizziert schematisch ein derartiges Konzept, das oft auch als Einkreiskonzept bezeichnet wird. Es sind prinzipiell auch Zweikreisanlagen möglich, in denen der Thermosiphonkreislauf über einen Wärmetauscher, der sich im Speicherbehälter befindet Wärme an den Verbraucherkreislauf abgibt. Eine Skizze beider möglicher Konzepte gibt die Abb. 6.24 wieder.

Der Volumenstrom $\dot{V}$ durch den Kollektor stellt sich durch die von der solaren Wärmeeinstrahlung i_{glob} im Kollektor (, vermindert um den Konversionsfaktor η_0 Gl. (6.14),) selbst erzeugte temperaturabhängige Dichteänderung des Wärmeträgerfluids ein. Er wird durch folgende Parameter beeinflusst:

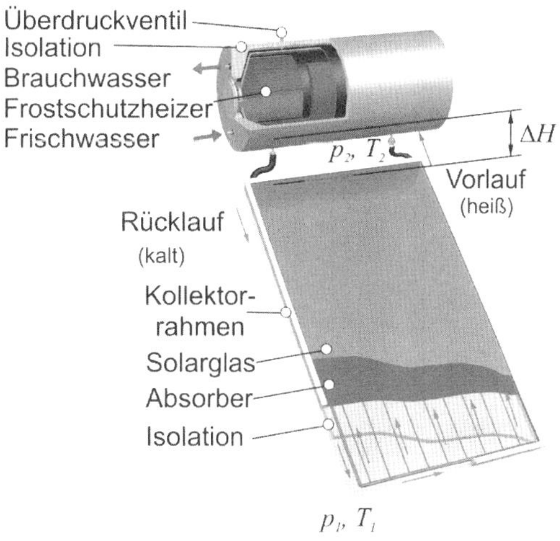

Abb. 6.23 Schemaskizze einer offenen Thermosiphonanlage zur Trinkwassererwärmung

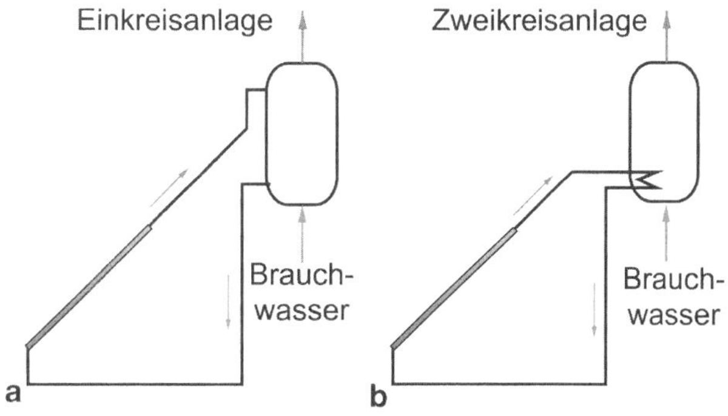

Abb. 6.24 Aufbau einer Ein- (**a**) bzw. Zweikreisausführung einer Thermosiphonanlage

- Höhendifferenz ΔH des Speichers über dem Kollektoraustritt,
- Temperaturdifferenz $\Delta T = (T_2 - T_1)$ zwischen Solarkollektoraustritt und dem Wärmespeichereintritt,
- Hydrodynamischer Widerstand Δp des gesamten Thermosiphonkreislaufs.

Schließt man Mehrphasenströmung aus und nimmt eine endliche Höhen- (ΔH) und Temperaturdifferenz (ΔT) an, so ist der Volumenstrom einer Thermosiphonanlage durch die Druckverluste in den Leitungen limitiert. Daraus folgt, dass bei Thermosiphonaufbauten große Rohrdurchmesser, kurze Leitungslängen sowie nur wenige und impulsverlustarme Formteile wie Krümmer und Verzweigungen verwendet werden sollten. Zur einfachen Berechnung einer Thermosiphonanlage wird die Temperaturabhängigkeit der Dichte des Wassers $\rho(T)$ in folgender Weise angenommen:

$$\rho(T) = \rho_0 \cdot \left[1 - \gamma (T - T_0)\right] = \rho_0 \cdot (1 - \gamma \Delta T), \tag{6.25}$$

worin γ der thermische Raumausdehnungskoeffizient ist und ρ_0 die spezifische Dichte des Wassers bei der Referenztemperatur T_0 darstellt. Bei großen Temperaturdifferenzen ist ein

Tab. 6.2 Temperaturabhängigkeit des volumetrischen Raumausdehnungskoeffizienten γ von Wasser bei Normdruck. ($p = 1013$ mbar)

Temperatur (°C)	γ [10^{-3}/K]
20	0.209
40	0.386
60	0.522
80	0.640

linearer Zusammenhang nicht mehr gegeben, so dass für diesen Fall die Dichte in der Weise:

$$\rho(T) = \rho_0 \cdot \exp\left(- \int_{T=T_0}^{T=T} \gamma(T)\, dT \right), \tag{6.26}$$

berechnet wird. Da Thermosiphonanlagen im Wesentlichen bei niedrigen Drücken und Temperaturen (< 100 °C) betrieben werden, können die Werte für Wasser der Tab. 6.2 entnommen werden.

Der Volumenstrom in einer ausgeführten Anlage regelt sich selbstständig. Er entsteht durch das Gleichgewicht der Druckdifferenz $\Delta p_{Auftrieb}$, die durch die dichtedifferenzgetriebene Auftriebsströmung durch die solare Einstrahlung entsteht, und dem Druckverlust $\Delta p_{Leitung}$, der durch die Strömung im Leitungsnetz entsteht; im Gleichgewichtsfall ist also $\Delta p_{Auftrieb} = \Delta p_{Leitung}$. Die Druckdifferenz, die sich aus dem Auftrieb ergibt, also $\Delta p_{Auftrieb}$ lässt sich bei kleinen Temperaturdifferenzen berechnen. Es ergibt sich nach Abb. 6.23 und unter Verwendung von Gl. (6.25):

$$\Delta p_{Auftrieb} = g \cdot H \cdot (\rho_2 - \rho_1) = g \cdot H \cdot \rho_1 \cdot (T_2 - T_1), \tag{6.27}$$

in der g die Erdbeschleunigung mit $g = 9.81$ m/s^2 ist.

Die Druckverluste des Kreislaufs ergeben sich aus der Summe der Druckverluste der Rohrleitungen, der Beschleunigung und der Krümmer und Einbauten entsprechend der Gl. (5.179) (Abschn. 5.3.7. Druckverlustberechnung in Ein- und Mehrphasenströmungen). In Kreislaufsystemen entfällt der Druckverlust durch Höhenänderung, da dieser lediglich von ΔH abhängt und vom Durchmesser unabhängig ist. Das Linienintegral entlang des Kreislaufs vom Ausgangs- zum Endpunkt liefert für $\Delta H = 0$.

Mit Hilfe der Kollektordaten (Fläche A, Konversionsfaktor η_0 und Kollektorwirkungsgradfaktor F') erhält man mit der Gl. (6.12) bei gegebener Einstrahlungsleistung i_{glob} eine mittlere Fluidtemperatur und damit die Fluidaustrittstemperatur. Aus dieser ergibt sich die Auftriebsdruckdifferenz, der wiederum in die Rohrleitungsdruckdifferenz eingeht. Durch mehrfache Iteration erhält man schließlich den sich einstellenden Massenstrom. Als guten Anfangsschätzwert für den sich einstellenden Volumenstrom nimmt man eine Temperaturdifferenz von wenigen Grad Kelvin und einen mittleren Gesamtkollektorwirkungsgrad η an und setzt diese in die einfachste Form der Wirkungsgradgleichung ein, so dass:

$$\Delta T = \frac{i_{glob} \cdot A \cdot \eta}{\rho_1 \cdot \dot{V} \cdot c_p}, \tag{6.28}$$

ist. Obwohl der Aufbau einer Schwerkraftanlage wegen des Verzichts auf Pumpen relativ wenig Installationsaufwand erfordert (, die Anlage erfordert jedoch höhere Ansprüche an die Planung), erreicht man damit wegen der trägeren Reaktionszeit im Vergleich zu Anlagen mit Zwangsumlauf im allgemeinen schlechtere Wirkungsgrade. In Mitteleuropa werden daher nahezu fast ausschließlich Systeme nach dem Zwangsumlaufsprinzip eingesetzt. Dennoch sollten die Vorteile einer Thermosiphonanlage klar angemerkt werden. Neben den geringen Anschaffungskosten erlauben sie eine einfache Montage auch im Selbstaufbau (Baukastensystem), einen stromlosen Betrieb; sie haben nur geringe oder keine Wartungskosten, eine problemlose vollständige Entleerung des Kollektors ist einfach möglich und sie benötigen nur einen geringen Platzbedarf zur Einlagerung.

6.4.2 Zwangsumlaufsysteme, Komponenten des Solarkreises

Ein fundamentales Unterscheidungskriterium der Zwangsumlaufsysteme ist die Art, wie der Kollektorkreis mit dem Nutzkreis verknüpft ist. In diesem Zusammenhang spricht man von einem:

- offenen Kreislauf, wenn der Kollektorkreis und der Verbraucherkreis direkt über das gleiche Medium miteinander in Verbindung stehen, wie in der Thermosiphonanlage (vgl. Abb. 6.23, Abb. 6.24);
- geschlossenen Kreislauf, wenn die Medien des Kollektorkreises und Verbraucherkreises durch einen Wärmetauscher voneinander getrennt sind.

Bei Anlagen, die für den Ganzjahresbetrieb in Mittel- und Nordeuropa vorgesehen sind, ist auf Grund der Frostgefahr in den Wintermonaten, nur eine Anlagenvariante mit dem geschlossenen Kreislauf möglich, da der Winterbetrieb einen Frostschutzmittelzusatz im Kollektorkreis verlangt. In Zwangsumlaufsystemen ist im Gegensatz zu den Naturumlaufsystemen eine Zirkulationspumpe in den Kreislauf integriert, die das Wärmeträgermedium umwälzt. Die Pumpe ist erforderlich, weil sich der Kollektor zumeist am höchsten Punkt der Anlage befindet und der Speicher im beheizten Raumsystem oft im untersten Bereich des Gebäudes positioniert ist. Eine Zirkulation durch Dichteunterschied ist daher nicht möglich. In der Praxis werden in Mitteleuropa aus folgenden Gründen zumeist Zwangsumlaufsysteme installiert:

- Höhere Effizienz als Naturumlaufsysteme bei simultan niedrigeren Umgebungstemperaturen.
- Geringe Platzverfügbarkeit der Speicher an Stellen, die höher liegen als der Kollektor.
- Meist Integration einer Nachheizung in den Speicher oder Verwendung des Speichers als zentrales Element des gesamten Gebäudeheizsystems. Beide Aspekte erfordern Unterbringung des ganzen Systems in einem Raum.

Eine Klassifizierung der Niedertemperatursolarsysteme erfolgt anhand des spezifischen Volumenstromes pro Quadratmeter Kollektorfläche und dementsprechend gibt es High Flow ($> \approx 30$ l/(h · m^2)) und Low Flow Systeme (≈ 5–25 l/(h · m^2)).

High Flow Anlagen eignen sich vor allem für kleine Kollektorflächen bis zu 25 m^2. Ihr Temperaturhub pro Durchlauf des Wärmeträgermediums durch den Solarkreis beträgt nur wenige Grad Kelvin. Low Flow Systeme hingegen werden in der Regel bei Kollektorflächen von mehr als 10–15 m^2 eingesetzt. Der technologische Vorteil von Low Flow Systemen beruht darauf, dass in ihnen höhere Temperaturdifferenzen zwischen Kollektor und Speicher entstehen und auch im Betrieb bestehen bleiben. Dadurch sinkt der Kollektorwirkungsgrad etwas, gleichzeitig können sie aber bei geringerer Sonneneinstrahlung Wärme auf höherem Temperaturniveau bereitstellen. Daher ist selbst bei mittlerer Einstrahlung eine Nachheizung oft nicht mehr erforderlich und im Jahresmittel wird ein etwas höherer Deckungsgrad erreicht. Gegenüber High Flow Systemen gleicher Fläche erlauben sie eine preisgünstigere Verrohrung, kleinere Wärmeübertrager und die Verwendung schwächerer Pumpen. Wegen dieser Vorteile werden Großanlagen üblicherweise in Form von Low Flow Systemen betrieben. Anlagen mit sehr engen Rohrquerschnitten können nur als Low-Flow-Anlagen betrieben werden, da der Strömungswiderstand sonst zu sehr zunimmt. Innerhalb des Absorbers sind enge Rohrquerschnitte erwünscht, damit der Kollektor selber eine geringe Wärmekapazität hat und sich schnell aufheizt und somit schnell Wärmeenergie verfügbar wird.

Selbst ein einfaches Zwangsumlaufsystem besteht aus einer Vielzahl von Rohrleitungen, Komponenten und Messfühlern, die aufeinander abgestimmt sein müssen, um eine verbraucherorientierte Regelung zu ermöglichen. Die Abb. 6.25 zeigt schematisch den Aufbau einer typischen Niedertemperatursolaranlage zur Brauch- und Heizwassererzeugung mit den zugehörigen Komponenten. Wie aus der Grafik hervorgeht, ist der Speicher eines der zentralen Elemente, mit dem der Wärmeerzeugungsprozess (solar mit oder ohne fossile Zusatzfeuerung) mit dem Verbraucher verknüpft wird. Gleichzeitig gleicht er Schwankungen der Wärmebereitstellung aus. Abhängig vom Lastprofil, Volumen und einer Vielzahl anderer Aspekte bieten sich mehrere Speicheroptionsarten an, auf die im Abschn. 8.6 Niedertemperaturspeicher eingegangen werden soll. Die Funktionsweise der individuellen Komponenten wird in den nachfolgenden Abschnitten erläutert.

Essenziell ist für den Betrieb der Anlage ist die Verknüpfung des Speichers mit dem Kollektor. Sie erfolgt bei einem einfachen System ohne externen Wärmetauscher über die Solarrohrgruppe. Den Aufbau einer einfachen Solargruppe und ihrer Komponenten illustriert die Abb. 6.26.

6.4.2.1 Entlüftungsventile

Luft oder Gase sind in Kühl-, Heizungs- und Solarsystemen der häufigste Grund für Fehlfunktionen. Zumeist sind nicht fachgerecht verbaute bzw. falsch betriebene Einbauten wie Luftabscheider, Schlammfänger oder Ähnliches die Ursache der Fehlfunktion, die es zu identifizieren gilt. Technisch gesehen gibt es keine dichte Anlage, da Gase über Dichtelemente (wie O-Ringe, Stopfbuchsen) diffundieren oder eingesaugt werden. Die Gründe

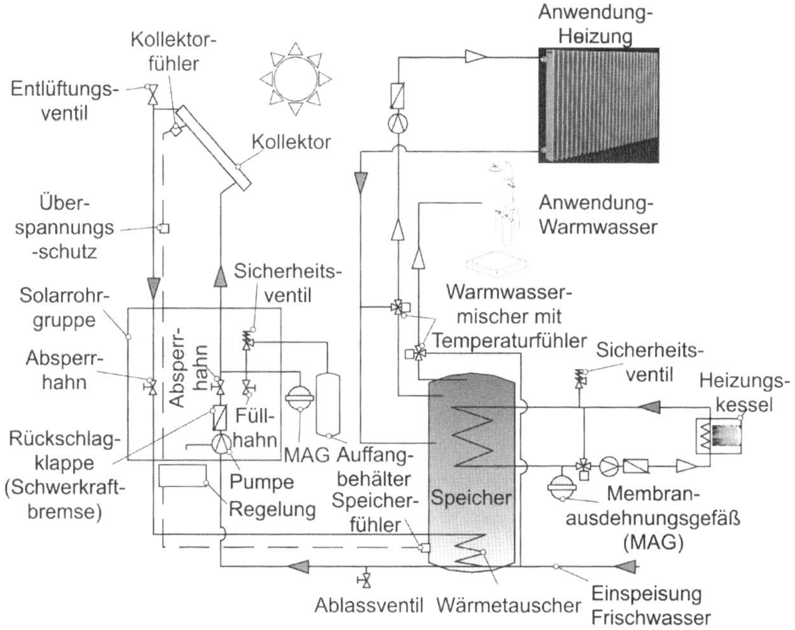

Abb. 6.25 Schemaskizze eines Zwangsumlaufsolarkreises mit den zugehörigen Komponenten zur Brauchwassererwärmung mit fossiler Zusatzfeuerung

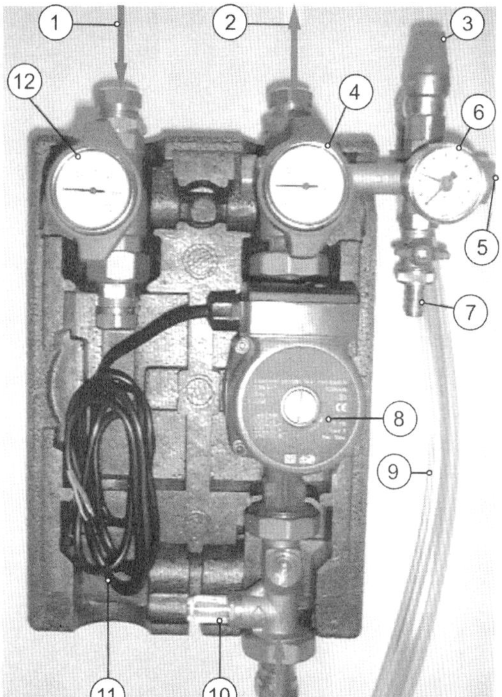

Abb. 6.26 Bauelemente einer einfachen Solarrohrgruppe, die den Kollektor mit dem Speicher verbindet. Einfachster Fall eines Zwangsumlaufsystems ohne externen Wärmetauscher. *1* Vorlauf, *2* Rücklauf, *3* Sicherheitsventil, *4* Thermometer mit Absperrventil, *5* Anschluss Membranausdehnungsgefäß (MAG), *6* Manometer, *7* Füllventil, *8* Pumpe, *9* Abblaseschlauch, *10* Durchflussmengenbegrenzer, *11* elektr. Pumpenanschluss, *12* Absperrventil und Thermometer Vorlauf

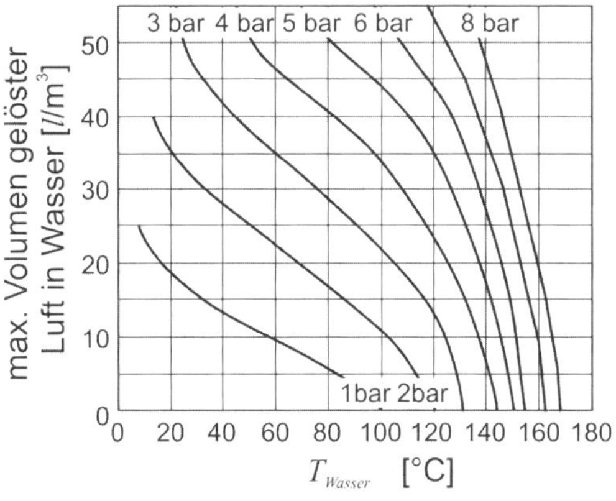

Abb. 6.27 Maximale Menge gelöster Luft in unbehandeltem Wasser als Funktion der Temperatur bei verschiedenen Drücken

sind vielfältig und reichen von der Alterung der Dichtelemente, ungünstiger Anlagendruckverhältnisse oder fehlerhafte Behandlung des Anlagenfluids.

Am häufigsten tritt Luft in der Anlage auf, wobei Druck und Temperatur die Luftmenge bestimmen, die im Wasser gelöst sein kann. Das Henry-Gesetz beschreibt dieses Löslichkeitsverhalten flüchtiger Gase in Flüssigkeiten und gibt an, dass die im Fluid gelöste Konzentration des Gases c_g direkt proportional zum Partialdruck des Gases p über der Flüssigkeit ist. Die Proportionalitätskonstante ist die Henry-Konstante $k_{H,\,pc}$.

$$p = k_{H,pC} \cdot c, \tag{6.29}$$

Die Abb. 6.27 zeigt die Konsequenzen des Henry Gesetzes. Wird mit Luft gesättigtes Wasser bei konstantem Druck von 2 bar von 20 °C auf 80 °C Celsius erwärmt, so wird eine Luftmenge von 18 Litern pro Kubikmeter Wasser in der Anlage abgeschieden. Nach dem Henry-Gesetz steigt die Menge der freigesetzten Luft mit steigender Temperatur und kleiner werdendem Druck.

Gase können durch verschiedene Ursachen im Fluid gelöst sein. Als Entstehungsprozesse kommen folgende Abläufe in Frage:

- Mikroblasenbildung an thermisch hochbelasteten Oberflächen der Wärmeerzeuger (Heizungskessel, Kollektorabsorber) oder durch Kavitation (in Rohrverengungen, Armaturen, Abzweigen).
- Wasserstoff- und Methangasbildung. Wasserstoffbildung erfolgt im Stahlleitungsrohrnetzen nach der „Schikorr"-Reaktion, kann aber auch in Zusammenhang mit Schwefelwasserstoffbildung in Rohrleitungen mit Kupferwerkstoffen (z. B. Rohrbündel von Wärmeübertragern, kupfergelötete Platten-wärmetauschern) auftreten. Methangase entstehen durch biologische Zersetzung organischen Materials (Fette, Öle, Schmutzteile, ….) unter Luftabschluss bei nichtbehandeltem Füllwasser.
- Gasbildung durch Elektrolyse läuft inhärent in jedem System ab, in dem verschiedene Metalle vorhanden sind. Infolge der Unterschiede der Metalle in der elektrochemischen Spannungsreihe kommt es einem Stromfluss, die zur Erzeugung von Wasserstoff führen kann.

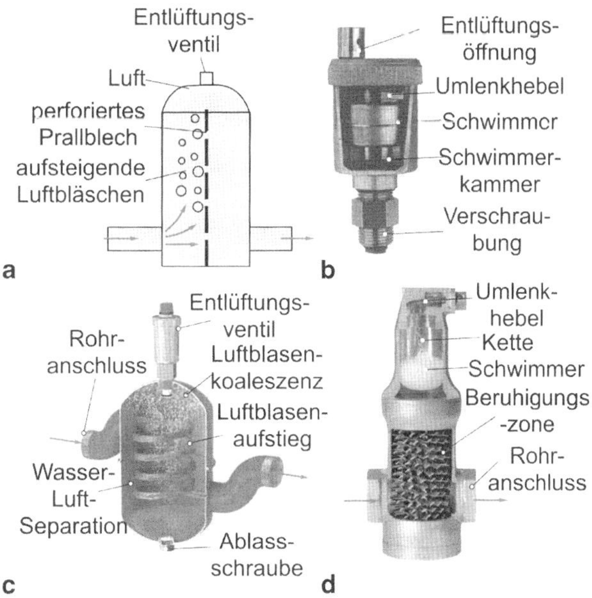

Abb. 6.28 Entlüftungsoptionen eines Solarkreises mit Hilfe eines Prallblechabscheiders (**a**), eines automatischen Schwimmerentlüftungstopfs, Voss 2012 (**b**), eines Zyklonabscheiders (**c**) und eines Absorptionsluftabscheiders, Mescoli Caldaie 2012 (**d**)

Die Entlüftungsventile müssen deshalb immer so angebracht werden, dass die Gase möglichst vollständig entfernt werden können, da jedes Gaspolster wie ein kleines Ausdehnungsgefäß wirkt und damit den Nullpunkt der Anlage (Druckniveau) verschieben kann. Luft führt darüber hinaus zur Korrosion von Bauteilen. Deshalb befindet sich am höchstgelegenen Punkt eines Solarkreises ein Entlüftungsventil. Es existieren mehrere technische Optionen zur Entlüftung der Rohrleitungen.

- In Prallblechabscheidern (vgl. Abb. 6.28a) befindet sich ein perforiertes Prallblech. Da die Strömungsgeschwindigkeit am Abscheidereintritt absinkt und das eintretende Medium gegen das Blech strömt, steigen die mitgeführten Luftblasen am Blech auf und sammeln sich an der obersten Stelle, an der sich das Entlüftungsventil befindet.
- Automatische Entlüftungstöpfe (vgl. Abb. 6.28b) besitzen einen Schwimmer, der das Entlüftungsventil betätigt. Im gefüllten Zustand ist der Topf mit Flüssigkeit gefüllt und der Schwimmer befindet sich in der höchsten Position, so dass das Entlüftungsventil geschlossen bleibt. Füllt sich der Schwimmerbehälter mit Luft (-also sinkt der Wasserstand-), öffnet sich das Entlüftungsventil und die Luft kann entweichen. Als Folge steigt der Wasserstand an und das Entlüftungsventil schließt selbsttätig. Beim Einsatz in einem Solarkreis ergibt sich folgendes Problem: Bei einer Dampfbildung im Kollektor steigt der Dampf auf und entweicht über den automatischen Entlüftungstopf. Bei starker Dampfbildung kann ein Zweiphasengemisch austreten. Dabei geht Frostschutzmittel verloren. Nach dem Abkühlen kann der Anlagendruck unter den vorgegebenen Mindestwert fallen. Daher ist der Einsatz dieser Entlüfter nur mit einem vorgesetzten

– abgesperrten – Kugelhahn möglich, wodurch sie aber ihre automatische Entlüftungsfunktion verlieren.

- Bei zentral im Heizraum eingesetzten Entlüftungen finden Zyklonluftabscheider Verwendung, vgl. Abb. 6.28c. In ihnen wird durch die tangential an der Abscheiderwand angebrachten Rohranschlüsse das strömende Fluid in eine Drehbewegung versetzt. Infolge der Rotation des Fluids wird das schwerere Medium gegen die Wand gedrückt, während sich das leichtere Medium Luft (im Fluid enthalten) in der Mitte des Gefäßes sammelt. Die Entlüftung kann von Hand oder mit Hilfe eines aufgeschraubten automatischen Schwimmentlüfters (Abb. 6.28b) aus der Anlage entfernt werden. Ein weiterer Vorteil eines Zyklonabscheiders besteht darin, dass man bei Montagen am obersten Anlagenpunkt beispielsweise in ausgebauten Dachböden keine Entlüfter setzen muss.
- Als Durchlaufluftabscheider kann alternativ ein Absorptionsluftabscheider eingebaut werden. In seinem Inneren lehnen sich die im Wasser enthaltenen Mikrobläschen an einer Füllung aus Drahtgeflecht, Metallgranulat oder anderen Festkörpern an. Die von außen aufgeprägte Druckdifferenz reicht nicht aus, die Bläschen durch die engen Maschen zu transportieren. Die gefilterten Mikrobläschen steigen in dieser beruhigten Zone nach oben in den Luftsammelraum und können ebenfalls über einen Schwimmentlüfter aus der Anlage entfernt werden.

6.4.2.2 Sicherheitsventile

Wie alle druckführenden wärmeerzeugenden Kreislaufsysteme müssen auch Solaranlagen mit einem Sicherheitsventil versehen sein (DIN EN 12828 2011). Diese Sicherheitsventile dienen grundsätzlich zur Absicherung von geschlossenen Heizungsanlagen gegen Drucküberschreitung und unterliegen ebenfalls einer Normung. Das Sicherheitsventil bietet eine zusätzliche Absicherung, falls es im Kollektorkreis zu einer Störung kommt und trotz Ausdehnungsgefäß der Druck im System weiter ansteigt. Das Sicherheitsventil spricht an, sobald ein bestimmter Druck überschritten wird. In der Folge bläst die Anlage aus dem Sicherheitsventil Dampf oder Flüssigkeit ab. Der damit verbundene Verlust an Frostschutzmittel muss in jedem Fall ausgeglichen werden. Wie für das Ausdehnungsgefäß gilt auch für das Sicherheitsventil, dass es keinesfalls zwischen zwei Absperrventilen oder Rückschlagklappen angeordnet sein darf. Der Ansprechdruck des Sicherheitsventils richtet sich nach dem kleinsten zulässigen Druck des Kreislaufnetzes; üblicherweise werden Ansprechdrücke von 3 bis 6 bar eingesetzt. Das Sicherheitsventil ist an eine Abblaseleitung angeschlossen, die in einen temperatur- und Glykol beständigen Auffangbehälter mündet, der das gesamte Volumen des Solarkreises aufnehmen kann. Als Richtlinie zur Dimensionierung des Eintrittsquerschnitts eines Sicherheitsventils in Abhängigkeit von der Kollektorfläche können die in Tab. 6.3 angegebenen Werte herangezogen werden; eine technische Ausführung zeigt die Abb. 6.29.

6.4.2.3 Rückflussventile

In die Solarrohrgruppe ist im Regelfall ein Rückflussverhinderer (Rückschlagventil oder Rückschlagklappe) eingebaut, die nur in einer Richtung durchflossen werden

Tab. 6.3 Empfohlener Eintrittsquerschnitt des Sicherheitsventils in Abhängigkeit der Kollektorfläche. (Brandstetter 2008)

Eintrittsquerschnitt	Kollektorfläche (m^2)
DN15	50
DN20	100
DN25	200
DN32	350
DN40	600

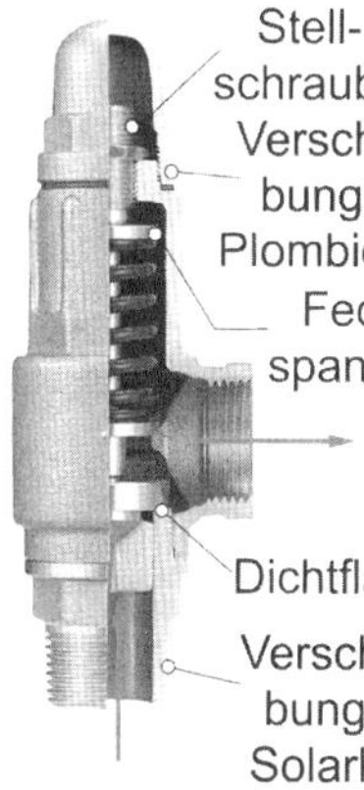

Abb. 6.29 Technische Ausführung eines Sicherheitsventils als Eckventil (New-Flow 2012)

kann. Das Element blockiert die Strömung in die entgegengesetzte Richtung. Je nach Konstruktion erfolgt die Sperre durch ein Ventil oder mit Hilfe einer Klappe. Auf dem Markt haben sich unterschiedliche Bauarten etabliert, wie Systeme mit einer formschlüssigen Dichtung (Linienpressung, vgl. Abb. 6.30a, b) oder solche mit Flächenpressung (Abb. 6.30c, d).

Der zu wählende Ventiltyp hängt von der Einbaulage (horizontal, vertikal) ab. Essentiell in Solarkreisläufen ist die Glykol- und Temperaturbeständigkeit der Dichtfläche und Einbauten. Gut bekannt ist die Selbstentladung des Speichers über die beiden Kollektorleitungen beispielsweise in der Nacht durch Naturzirkulation. Deshalb wird als „Schwerkraftbremse" ein Rückschlagventil eingebaut, das entweder als Flanschbauteil oder Einsatz in das Rohrleitungsnetz eingebaut wird, vgl. Abb. 6.31a, b. Das Rückschlagventil ist in Fließrichtung vor dem hängend montierten Ausdehnungsgefäß positioniert, wie es die Abb. 6.25 zeigt. Das Membranausdehnungsgefäß (MAG) kann dadurch den flüssigen Wärmeträger, der durch ein Ausdampfen im Kollektor ausgetrieben wird, von beiden Kollektorseiten her aufnehmen. Würde das Rückschlagventil oberhalb des Expansionsgefäßes montiert, so könnte dieses nur Wärmeträger von der Kollektoraustrittsseite her aufnehmen. Dies verzögert aber den Ausdampfvorgang (Abb. 6.31).

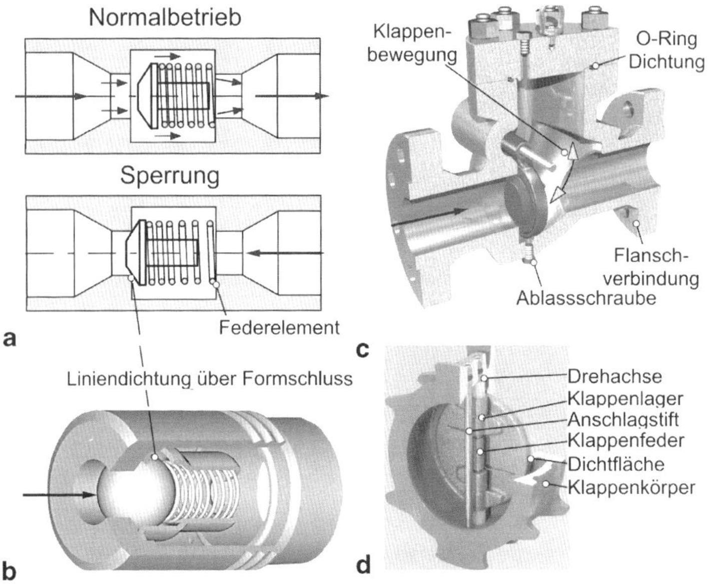

Abb. 6.30 **a** Prinzipielle Funktionsweise eines Rückschlagventils, **b** Rückschlagventil zum horizontalen und vertikalen Einbau mit einem Kugelelement, **c** Rückschlagklappe zum horizontalen Einbau mit Flanschverbindung und **d** Einsatzausführung mit Flächendichtung

Abb. 6.31 Schwerkraftbremse als Rückflussverhinderer für thermische Solaranlagen; **a** Flanschausführung (Val-Matic 2012) und **b** als Rohrleitungseinsatz

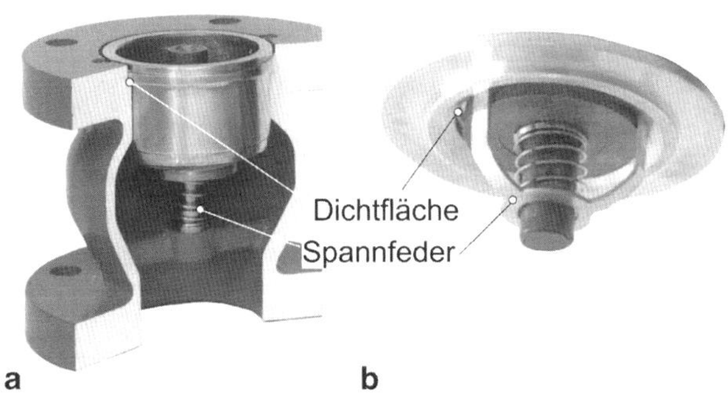

6.4.2.4 Wärmeträgerfluid

Die Aufgabe des Wärmeträgerfluids ist es, die im Solarabsorber aufgefangene Wärme aufzunehmen und sie zum Wärmetauscher zu transportieren, in dem die Energie an den Endverbraucher weitergegeben wird.

Als Wärmeträgermedium eignet sich am besten reines Wasser, da es nahezu unbegrenzt verfügbar, umweltfreundlich, ungiftig und billig ist und einer der höchsten spezifischen Wärmekapazitäten ($c_p(T = 50\ °C) = 4170\ J/(kgK)$) aufweist. Ein ganzjähriger Betrieb einer solarthermischen Anlage in Mitteleuropa oder Nordamerika erfordert die Zumischung eines Frostschutzmittels zur Vermeidung von Frostschäden. Die meisten Anlagen verwenden Wasser-Glykolgemische entweder unter Verwendung von Propylenglykol oder Äthylenglykol. Die Beimischung dieser organischen Stoffe reduziert die Wärmekapazität des Wärmeträgers. Ein Gemisch aus 60 % Wasser und 40 % Propylenglykol verfügt lediglich über eine spezifische Wärmekapazität $c_p(T = 50\ °C)$ von 3810 J/(kgK). Viel bedeutender ist, dass die spezifische Zähigkeit der Glykolgemische erheblich über der reinen Wassers liegt und neben erhöhten Druckverlusten auch den Einsatz spezieller Pumpen erfordert. Dieser Aspekt wird im Abschn. 6.4.2.5 Solarpumpe (im Kollektorkreis) ausführlicher diskutiert.

Der zentrale positive Gesichtspunkt der Beimengung von Glykol ist, dass neben der Herabsenkung des Gefrierpunktes (-bei einem Gemisch aus 60 % Wasser und 40 % 1.2 Propylenglykol ca. bei $T = -28\ °C$) auch beim potenziellen Einfrieren keine großen Eiskristalle gebildet werden. Vielmehr entsteht ein zäher Eisbrei, der auch bei noch tieferen Temperaturen keine Sprengwirkung mehr hat, da sich die Kristalle gegeneinander verschieben können. Die Frostsicherheit kann beispielsweise mit Hilfe eines Frostschutzmeters (Aräometer zur Dichtemessung) oder eines Refraktometers (optische Konzentrationsmessung gelöster Feststoffe) erfolgen.

Heute verwendete Frostschutzmittel auf Propylenglykol-Basis erfüllen zusätzlich auch die Aufgabe des Korrosionsschutzes durch beigemengte korrosionshemmende Stoffe, sogenannte Korrosionsinhibitoren. Das Wärmeträgergemisch ist daher eine Wirkstoffkombination aus Inhibitoren, Stabilisatoren und alkalisierenden Komponenten, die im Wesentlichen ein Absinken des pH-Wertes und damit der Korrosion der Solarkreiskomponenten entgegenwirken soll. Zusätzlich wird die Degradation bei der thermischen Belastung des Wärmeträgers insbesondere bei Temperaturen über 130 °C verlangsamt. Die Degradation des Glykols basiert hauptsächlich auf den Mechanismen der Oxidation und der thermischen Zersetzung.

Der Oxidationsprozess der Glykole führt zur Bildung organischer Säuren, die ein Absinken des pH-Wertes bewirken und somit korrosiv wirken. Durch die dem Wirkstoffgemisch beigefügten alkalisierenden Bestandteile werden die Säuren neutralisiert. Die Neutralisation führt damit zu einem Verbrauch der alkalischen Basen. Die im Gemisch verbleibende Basenmenge wird durch die sogenannte Reservealkalität beschrieben und ist damit ein Maß für den im Wärmeträger verbliebenen Korrosionsschutz. Über den pH-Wert kann daher geprüft werden, ob das Wärmeträgermedium korrosiv wirkt oder noch verwendet werden kann. Der pH-Wert sollte über 7.5 betragen. Die pH-Wertmessung kann z. B. chemisch (mit Indikatorpapier) erfolgen, oder mit einem potentiometrischen Verfahren (pH-Meter – ein Gerät mit einer Elektrode, die in die Flüssigkeit gehalten wird).

Zur thermischen Zersetzung des Wärmeträgers führen hohe Temperaturen wie sie beispielsweise beim Kollektorstillstand auftreten. Ab ca. 160 °C zersetzen sich die alkalisierenden Komponenten und der Zersetzungsprozess steigert sich rasant mit der Fluidtemperatur. In der Folge entstehen im Wärmeträger teerartige, polymere Zersetzungsprodukte, die nicht mehr im Gemisch löslich sind und damit zu Verklebungen innerhalb des Solarkreises oder zur Sedimentation führen können.

Die Kombination hohe Temperaturen und Sauerstoffzutritt zum Solarsystem beschleunigt auch den Alterungs- oder Degradationsprozess des Wärmeträgers um ein Vielfaches,

Abb. 6.32 Photographien eines mit polymeren Zersetzungsprodukten des Wärmeträgers zugesetzten inneren Koaxialrohrs einer Vakuumröhre. (Scheuren 2008)

wie es die Abb. 6.32 illustriert. Sie zeigt mit polymeren Zersetzungsprodukten verstopfte innere Koaxialrohre, die binnen weniger Tage stattfand. Ausgangspunkt des Szenarios war eine Umbaumaßnahme eines Kollektorkreises, bei dem der Wärmeträger zwar aus den Rohrleitungen abgelassen, aber nicht vollständig aus den Vakuumröhren entfernt wurde. Zusätzlich blieben die Kollektoren unbedeckt. Die Sauerstoffpräsenz im Zusammenspiel mit den hohen Temperaturen infolge mangelnder Kühlung zersetzte den Wärmeträger in den Vakuumröhren vollständig. Ein Austausch der Vakuumröhren blieb unvermeidlich.

Detaillierte Beschreibungen der bei der Degradation des Wärmeträgers auftretenden chemischen und physikalischen Prozesse finden sich in (Henderson et al. 1981), (Rossiter 1985) und (Wedel und Bezzel 2000), in der letztgenannten Quelle auch unter Berücksichtigung unterschiedlicher Wasser-Glykolgemische mit und ohne Inhibitoren.

6.4.2.5 Solarpumpe (im Kollektorkreis)

In Solaranlagen muss das Wärmeträgermedium durch das hydraulische Rohrleitungsnetz gepumpt werden, damit die im Kollektor aufgenommene Energie transportiert wird. Da es sich um ein geschlossenes System handelt, werden dabei keine geodätischen Höhen überwunden. Die Umwälzpumpe muss nur die Strömungswiderstände der Leitungen, die durch die hydraulischen Widerstände der Einbauten (Rohre, Verzeigungen, Krümmer, etc.), deren Länge und der Viskosität des Fluids gegeben sind durch die Aufwendung von Pumpenleistung überwinden. Bei solarthermischen Anwendungen beträgt das typische Wasser-Glykol Mischungsverhältnis 3:2 (60:40 %). Zur Basisauslegung der Pumpe müssen zunächst die Druckverluste ermittelt werden. Im Solarkreis setzen sich die Druckverluste aus folgenden Bestandteilen

- Kollektorfeld,
- Rohrleitungen für Vor- und Rücklauf, Armaturen und Verschraubungen und
- Wärmetauscher

zusammen. Als einfachste Zielgröße kann man zunächst eine Verteilung der Druckverluste im Verhältnis 1:1:1 anzunehmen. Zur Primärauslegung sollten für den maximalen Druckabfall in Kollektorfeldern die in der Tab. 6.4 angegebenen Werte nicht überschritten werden.

Tab. 6.4 Anhaltswerte für den zulässigen Druckabfall in Solarkollektorfeldern

Kollektorfeldgröße (m^2)	0–6	6–30	30–100
Zulässiger Druckabfall (mbar = 10^2 Pa)	50–100	100–200	200–400

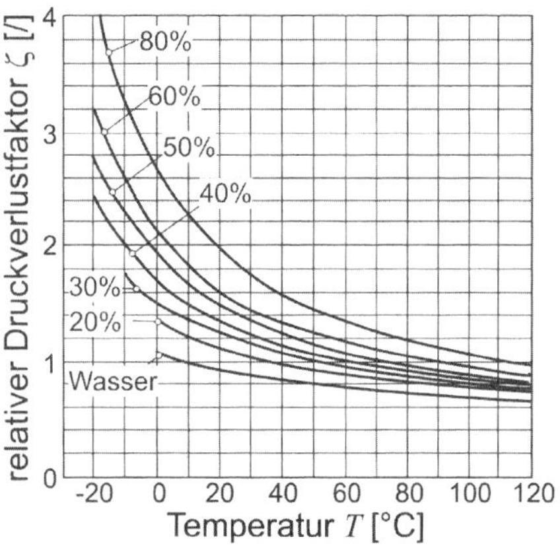

Abb. 6.33 Relativer Druckverlustfaktor ζ in Abhängigkeit von der Temperatur und Konzentration (in % Volumenanteil des Frostschutzmittels) einer Wasser-Propylenglykol Mischung (Datenblätter-Tyforop Chemie GmbH 2011)

Das als Frostschutz eingesetzte Gemisch hat im Vergleich zu reinem Wasser eine erheblich höhere kinematische Viskosität. Verfügt Wasser bei 20 °C über kinematische Viskosität von $\nu = 10^{-6}$ m²/s, so hat das Gemisch einen Wert von $\nu = 1.19 \cdot 10^{-5}$ m²/s. Da es aber ebenso ein Newtonsches Medium ist wie Wasser, vergrößert sich durch die höhere Viskosität der Druckverlust erheblich. Das Rohrleitungsnetz sollte daher einen möglichst kleinen Strömungswiderstand aufweisen und die Strömungsgeschwindigkeit des Mediums sollte niedrig gehalten werden. In der Regel strebt man in technischen Anlagen Werte zwischen 0.5 m/s und maximal 1 m/s an. Die höheren Druckverluste bedingen auch eine größere Strömungsgeräuschentwicklung. Mit steigendem Anteil des Frostschutzmittels und sinkender Temperatur wächst die Viskosität schnell an. Die daraus resultierende Änderung des Druckverlustfaktors ζ in runden Rohrleitungen ist für verschiedene Propylen -Wasser-Gemische als Funktion der Temperatur im Vergleich zu Wasser in Abb. 6.33 dargestellt. Die Auslegung der erforderlichen Pumpenleistung muss daher auf die niedrigste Betriebstemperatur des Wärmeträgers erfolgen. Als Zielgröße des Druckabfalls in den Rohrleitungen zuzüglich aller Armaturen mit Ausnahme der Wärmetauscher) sollten Werte von maximal 100 mbar (entsprechen einem Meter Wassersäule) angestrebt werden. Sehr kleine Rohrquerschnitte führen zu geringen Wärmeverlusten und Materialkosten, aber zu hohen Pumpenleistungen und umgekehrt. Verluste, die aus Verschraubungen und Armaturen resultieren, können unter Zuhilfenahme relativer Druckverlustfaktoren in Abhängigkeit von Nomogrammen auf eine äquivalente Leitungslänge umgerechnet werden. Details hierzu können beispielsweise dem VDI-Wärmeatlas (VDI 2005) entnommen werden.

Der Druckabfall eines Wärmetauschers ist im Regelfall den Datenblättern des Herstellers zu entnehmen. Im Gegensatz zu fertig eingebauten Rohrschlangenwärmetauschern, kann bei Plattenwärmetauschern der Druckverlust und die Leistung individuell angepasst werden, wobei der Druckverlust 100 mbar auf keinen Fall übersteigen sollte.

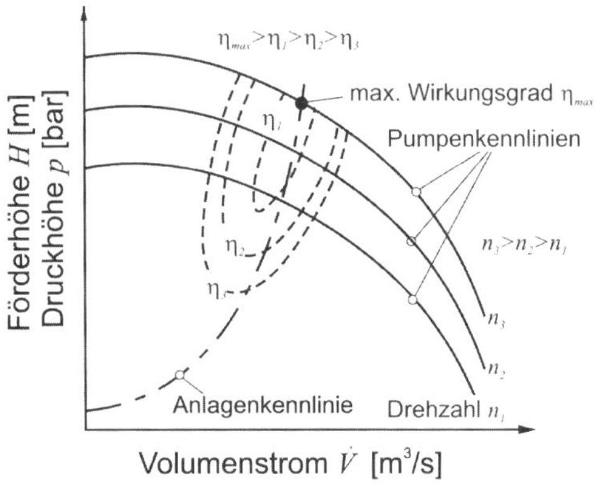

Abb. 6.34 Schematische Darstellung der Pumpenkennlinie (sogenanntes Muscheldiagramm) einer Kreiselpumpe als Funktion des Durchsatzes. Im idealen Auslegungsfall schneidet sich die Anlagenkennlinie mit dem optimalen Pumpenbetriebspunkt

Durch Addition der Druckverluste der oben genannten Komponenten ergibt sich der Gesamtdruckverlust der Anlage. Die Kurve des Gesamtdruckverlusts als Funktion des Wärmeträgervolumenstroms wird als Anlagenkennlinie bezeichnet. Passend zur Anlagenkennlinie muss eine entsprechende Pumpe ausgewählt werden, wobei immer eine Pumpe anzustreben ist, die auf der höchsten Drehzahl betrieben werden kann und nur so wenig wie möglich gedrosselt werden muss. Der Schnittpunkt zwischen einer Anlagenlinie und einer Pumpenlinie bei einer gegebenen Drehzahl ist der Betriebspunkt. Vor der Pumpenauslegung muss der Betriebspunkt der Anlage, das heißt der Volumenstrom in der Anlage und der dazugehörige Druckverlust im Auslegungspunkt bekannt sein. Liegt also der Betriebspunkt der Anlage fest, sollte im Idealfall die Pumpenlinie diesen Punkt schneiden. Dies bedeutet die Pumpe liefert exakt den gewünschten Volumenstrom und die erforderliche Druckhöhe bei ihrem besten Wirkungsgrad, wie dies die Abb. 6.34 darstellt. Im Allgemeinen soll die Auslegung der Pumpen so erfolgen, dass der Betriebspunkt im oberen Drittel der Förderleistung und möglichst nahe der Höchstdrehzahl liegt, da in diesem Bereich Kreiselpumpen ihren besten Wirkungsgrad haben.

In der Praxis liegt jedoch der Betriebspunkt nur sehr selten auf der Pumpenlinie. Ihn genau zu treffen ist – außer bei frequenz-drehzahlgeregelten Pumpen – meist nicht möglich. Daher wird oft der Durchsatz mit einem Drosselventil auf den richtigen Betriebspunkt gedrosselt. Diese Art der Pumpenauslegung hat aber folgende Nachteile:

- Erhöhte Leistungsaufnahme (mehr als der Betriebspunkt erfordert).
- Zusätzlich eingebautes Drosselventil.

Bei frequenzgeregelten Pumpen hingegen misst eine Elektronik den Volumenstrom, den Differenzdruck oder die Differenztemperatur vor und nach der Pumpe und passt so die Pumpenleistung an, wodurch sich auch die Kennlinie verschiebt. Diese Anpassung erfolgt stufenlos zwischen der höchsten und der niedrigsten Pumpenleistung. Der Unterschied zu nicht drehzahlgeregelten Pumpen ist, dass die Leistungsaufnahme der Pumpe der tatsächlich notwendigen Leistung entspricht, wodurch eine zusätzliche Energieeinsparung von bis zu 40 % im Volllastbetrieb und bis zu 90 % im Teillastbereich möglich ist (Deutsche Energieagentur (DENA) 2008). Der Einsatz einer frequenzgeregelten Pumpe ist auf jeden Fall empfehlenswert, da trotz der etwas höheren Anschaffungskosten die Pumpe während ihrer Gesamt-Lebensdauer erheblich weniger Energie benötigt.

Oft reicht die solare Einstrahlung nicht aus, um die Anlage auf dem optimalen Betriebspunkt halten. Hier muss dann regelungstechnisch eingegriffen werden. Hierbei gibt es mehrere Optionen:

- *Zweipunkt-Regelung.* Sie ist gleichbedeutend mit einem An- und Ausschalten der Pumpe. Die Vorteile dieser Regelung sind, dass fast keine zusätzlichen Investitionskosten anfallen und die Pumpe immer in ihrem Auslegungspunkt betrieben wird. Nachteilig wirkt sich dabei aus, dass Pumpe, Motor und Stromnetz durch die Schaltvorgänge belastet werden und dass immer mit vollem Volumenstrom und damit auch hohen Reibungsverlusten gefahren wird. Gleichzeigt bedeutet sie bei Solaranlagen eine permanente thermische Wechselbelastung des Kollektors.
- Bei der *Drosselregelung* wird der Förderstrom durch ein Regelventil in der Rohrleitung gedrosselt. Diese Art der Regelung ist sehr weit verbreitet bei Kreiselpumpen kleiner und mittlerer Leistungsgröße. Sie ist apparativ sehr einfach umzusetzen. Da sich beim Drosseln des Ventils der Rohrleitungswiderstand erhöht, steigt der Gegendruck an der Pumpe und es stellt sich entsprechend der Pumpenkennlinie ein neuer Förderstrom ein. Im Kennliniendiagramm der Pumpe in Abb. 6.34 stellt sich das so dar, dass die Rohrleitungskennlinie mit zunehmender Drosselung immer steiler wird und der Schnittpunkt beider Kennlinien sich nach links in Richtung kleinerer Förderströme verschiebt. Die Drosselregelung verursacht aus zwei Gründen zusätzliche Energieverluste. Zum einen wird am Regelventil hydraulische Energie in Wärme umgewandelt. Zum anderen entfernt sich der Betriebspunkt bei der Drosselung vom Auslegungspunkt der Pumpe und des Motors und führt so in der Regel zu einer Verschlechterung der Wirkungsgrade.
- Eine *Drehzahlregelung* beeinflusst die hydraulische Leistung der Pumpe und damit die Pumpenkennlinie. Bei einer Verdrängerpumpe ist der Förderstrom direkt proportional zu Drehzahl oder Hubfrequenz. Bei einer Kreiselpumpe hängt die abgegebene hydraulische Leistung von der Umfangsgeschwindigkeit des Laufrades ab. In Abhängigkeit vom Rohrleitungswiderstand stellt sich dann ein Förderstrom ein. So lassen sich bei Kreiselpumpen durch Drehzahlvariation Druck und Volumenstrom regeln, bei Verdrängerpumpen lediglich der Volumenstrom. Die Pumpenkennlinie verschiebt sich parallel nach links-unten im $\dot{V}$-H-Diagramm. Bei thermischen Solarsystemen, die nur Reibungsverluste haben und keine statische Druckdifferenz überwinden müssen, bewegt sich der Schnittpunkt der Kennlinien und damit der Betriebspunkt bei Variation der Drehzahl entlang einer Linie konstanten Wirkungsgrades. Ist die Pumpe so ausgelegt, dass sie bei Volllast im Bestpunkt arbeitet, kann sie durch Drehzahlregelung

auch bei Teillast mit optimalem Wirkungsgrad gefahren werden. In diesen Fällen kann eine Drehzahlregelung im Teillastbetrieb einen erheblichen Teil der Energiekosten einsparen. Diese Anpassungsfähigkeit des Volumenstroms erlaubt eine optimale Ausnutzung des Kollektors. So kann auch bei geringer Einstrahlung und sehr kleinem Volumenstrom Energie in den Speicher eingebracht werden bzw. kann der Speicher mit der optimalen Temperatur geladen werden. Die Form der Pumpenkennlinie hat ebenfalls einen Einfluss. Bei steilen Kennlinien, wie sie in axialen und halbaxialen Pumpen typischerweise anzutreffen sind, sind die Einsparungen größer als bei flachen (z. B. Radialpumpen).

Insbesondere die Eigenschaften des Wärmeträgermediums verdeutlichen, dass sich Solarpumpen von konventionellen Heizungspumpen unterscheiden. Während Heizungsumwälzpumpen für höhere Volumenströme und geringe Förderhöhen konzipiert sind, erfordern Solaranlagen kleine Volumenströme bei höheren durch das Fördermedium des Glykol-Wasser-Gemisches hervorgerufenen Druckverlusten. Heizungspumpen arbeiten daher in Solarkreisen lediglich mit Wirkungsgraden zwischen 2 und 7 %.

Für solare Anwendungen werden zumeist Trockenläuferpumpen (Inline-Pumpen) oder als Nassläufer ausgeführte Kreiselpumpen verwendet. Trockenläuferpumpen verfügen über eine höhere Temperaturbeständigkeit bei zugleich größerer Förderhöhe; sie sind aber teurer als Nassläuferpumpen. Bei letztgenannter Bauweise müssen sowohl Laufrad und Gehäuse Glykol- und temperaturbeständig sein (Laufrad, Gehäuse).

Neben Kreiselpumpen werden unter anderem auch Zahnradpumpen speziell für Low-Flow-Systeme eingesetzt. Derartige Pumpen erlauben sehr große Förderhöhen bei einem sehr geringen Massenstrom. Für ein Kollektorfeld mit vielen, in Serie geschalteten Kollektoren ist diese Pumpe besonders geeignet, da das Verhältnis Druckhöhe zu Volumenstrom um ein Vielfaches größer ist als bei Kreiselpumpen.

Eine neue Generation der Kreiselpumpen sind die sog. EC-Pumpen (bürstenloser elektronisch kommutierter Synchronmotor, *EC* = *E*lectronic *C*ommutated). Sie unterschieden sich lediglich in der elektrischen Antriebsart des Motors von den konventionellen Asynchronmotoren (AC-Antrieb), während die Laufräder zur Förderung identisch sind. In einem EC Antrieb besitzt der bürstenlose elektronisch kommutierte Synchronmotor einen Permanentmagnetrotor und benötigt daher für seine Magnetisierung keine Energie. Das Drehmoment wird durch die wechselnde Stromzufuhr der Spulenpaare im Stator erzeugt. Die ansteuernde Elektronik ermittelt dabei die Rotorposition über Sensoren oder durch die Analyse der induzierten Spannung. Diese elektronische Kommutierung und damit die Rotordrehzahl sind stufenlos regelbar. Damit lassen sich bis zu 70 % der Antriebsenergie sparen. Gleichzeitig ermöglicht diese Art des Antriebs ein verbessertes Teillastverhalten. Im Gegensatz zu AC Motoren lassen sich Motorwirkungsgrade von bis zu 80 % auch bei geringen Leistungen bis 100 W realisieren. Zum Vergleich *EC* Systemen verfügen konventionelle Antriebe bei niedrigen elektrischen Leistungsaufnahmen in der gleichen Leistungsklasse lediglich über Wirkungsgrade von 50 % (Meier 2009).

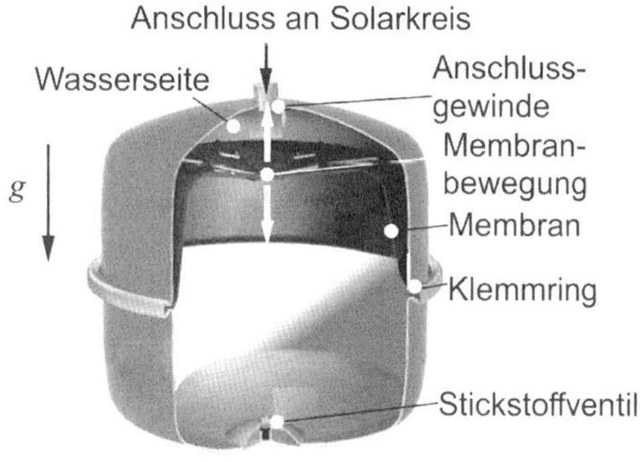

Abb. 6.35 Schnitt durch ein Membranausdehnungsgefäß (MAG) einer typischen solartechnischen Anlage

6.4.2.6 Membranausdehnungsgefäß (MAG)

Da jedes Fluid eine von der Temperatur abhängige Dichte besitzt, benötigt jedes geschlossene, flüssigkeitsgefüllte Rohr- und Behältersystem ein Ausdehnungsgefäß, das diese Dichteänderung in geeigneter Weise ausgleicht. Die Dimensionierung des Ausdehnungsgefäßes für einen Kollektorkreis mit selektiven Absorbern unterscheidet sich von der Dimensionierung für konventionelle Hydraulikkreise, in denen der dampfförmige Zustand des Wärmeträgermediums nicht vorkommt. Auf die korrekte Dimensionierung wird am Ende dieses Abschnitts eingegangen. Heute sind vorwiegend Membranausdehnungsgefäße (MAG) im Einsatz, die der DIN Norm EN 13831 (DIN EN 13831 2007) entsprechen. Beim MAG handelt es um einen geschlossenen Metallbehälter in dessen Mitte eine dehnbare Membran (, für die die (DIN 4807-2 1997) erfüllt sein muss,) zwei Medien Gas und Solarfluid trennt. Zumeist wird für den Gasanteil unter Vordruck stehender Stickstoff verwendet. Für Heizungsanwendungen und Solaranlagen werden unterschiedliche Ausdehnungsgefäße verwendet, da in Solaranlagen die Membran zusätzlich auch gegen Glykol beständig sein muss. Die Abb. 6.35 zeigt einen Schnitt durch ein in der Solartechnik typisches Membranausdehnungsgefäß in seiner korrekten Einbauform mit dem Gasraum nach unten. Das Membranausdehnungsgefäß (MAG) hat hauptsächlich drei Funktionen zu erfüllen:

- Aufnahme des Flüssigkeitsvolumens, das durch Volumendehnung des Fluids infolge des solaren Wärmeeintrags entsteht.
- Aufnahme des Flüssigkeitsvolumens durch eine eventuelle Dampfbildung im Kollektor bei Stillstandsvorgängen.
- Aufnahme der Flüssigkeitsvorlage.

Im MAG sollte immer ein Mindestmenge an Flüssigkeitsinhalt vorhanden sein, damit die Membran nicht am oberen Rand anliegt und somit in der Lage ist, einen Druck zu halten. Ist lediglich nur noch diese Flüssigkeitsvorlage im Gefäß, so muss durch das Ausdehnungsgefäß ein solcher Vordruck erzeugt werden, dass an der obersten Stelle der Anlage kein Unterdruck entsteht. Beim Ausdampfen der Kollektoren im Stillstand, muss die Flüssigkeitsvorlage auch die aus dem Kollektor verdrängte heiße Flüssigkeit (typischerweise

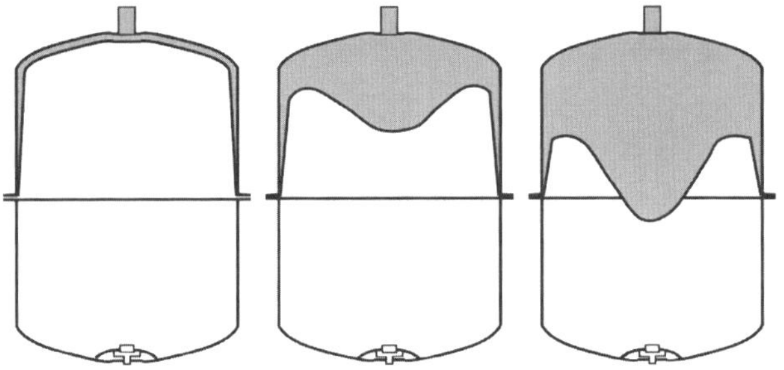

Abb. 6.36 Lage der Membran in einem Membranausdehnungsgefäß bei kalter Anlage (*links*), bei Betriebsdruck (*mitte*) und bei maximalem Druck (*rechts*)

bis 130 °C) auf die maximal zulässige Temperatur der Membran (von in der Regel 90 °C) abpuffern. Die verschiedenen Stellungen der Membran bei unterschiedlicher Last zeigt die Abb. 6.36.

Der auf der Unterseite des MAG vorzugebende Gasvordruck hat die Aufgabe, das Ausdehnungsvolumen der Wärmeträgerflüssigkeit bei Abkühlung in die Anlage zurückzudrücken und auch das Ausdehnungsgefäß gegen Überfüllung zu schützen. Fehlt der Druck oder ist er zu klein, so nimmt das Expansionsgefäß schon bei geringen Anlagentemperaturen so viel Wasser auf, dass in der Aufheizphase kein Platz mehr für die Volumendehnung des Solarfluids vorhanden ist. Bei einem geschlossenen System dampft der Kollektorinhalt bei Stillstand aus und das MAG muss auch das gesamte Dampfvolumen aufnehmen können. Andernfalls würde der Systemdruck über den Ansprechdruck des Sicherheitsventils ansteigen und die Anlage würde viel Flüssigkeit verlieren.

Oft zeigen Berechnungsmethoden für das Volumen des Membranausdehnungsgefäßes ein zu optimistisches weil zu kleines Volumen, da ein möglicher Kollektorstillstand nur teilweise oder gar nicht berücksichtigt wird. Zur richtigen Dimensionierung muss zunächst die Flüssigkeitsaufnahme des MAG durch die volumetrische Ausdehnung des Wärmeträgerfluids ermittelt werden, die sich überschlägig nach

$$V_e = V_{ges} \cdot \beta, \tag{6.30}$$

berechnen lässt. Darin ist V_e das Ausdehnungsvolumen, V_{ges} das Gesamtvolumen an Wärmeträgerfluid im primären Solarkreis und β der Volumenausdehnungskoeffizient des Wärmeträgerfluids (s. Gl. (5.97), typischer von der Größenordnung $\beta \approx 0.9$ bei Wasser-Glykolgemischen). Für das aufzunehmende Volumen aufgrund von Dampfbildung im Kollektor beim Stillstand wird in der Regel ein Aufschlag von 10 % angenommen, so dass

$$V_D = 1.1 \cdot V_A, \tag{6.31}$$

gilt, in dem V_D das Dampfvolumen und V_A das Fluidvolumen aller Absorberrohre/-flächen darstellt. Als Flüssigkeitsvorlagevolumen V_v im MAG wird ca. 1 % des Gesamtfluidvolumens der Anlage angenommen (Braun und Marko 1996):

$$V_v = 0.01 \cdot V_{ges}. \tag{6.32}$$

Damit ergibt sich das minimale erforderliche Behältervolumen $V_{n,\,min}$ zu:

$$V_{n,min} > \frac{V_v + V_e + V_D}{N} = \frac{0.1 \cdot V_{ges} + 1.1 \cdot V_A}{N}, \tag{6.33}$$

in der N der vom Hersteller angegebene Nutzeffekt ist. Der Nutzeffekt gibt an, welches Volumen des gesamten Ausdehnungsgefäßes tatsächlich genutzt werden kann, ohne dass die Membran „überdehnt" wird, Schaden erleidet und dadurch seine Lebensdauer reduziert wird. In der Regel sollte der Nutzeffekt den Wert $N = 0.5$ nicht überschreiten, da sonst eventuell die Gefäßmembran überdehnt wird. Der Nutzeffekt lässt sich in folgender Weise überschlagen:

$$N = \frac{p_e - p_0}{p_e + 1}. \tag{6.34}$$

Hierbei ist für den Druck der Überdruck in der Maßeinheit bar anzusetzen. p_e bezeichnet den Anlagenenddruck, der sich aus Sicherheitsventildruck minus Schließdruck ergibt (= Ansprechdruck-20 %), und p_0 den Gefäßvordruck. Der Vordruck im Ausdehnungsgefäß sollte mindestens der statischen Anlagenhöhe entsprechen. Er sorgt dafür, dass der Anlagendruck auch im oberen Bereich des Kollektors noch ausreichend ist und dass keine Luft in die Anlage gesaugt wird, wenn sich das Wärmeträgermedium abkühlt. Bei einer Anlagenhöhe von $H = 20$ m bedeutet dies einen Gefäßvordruck p_0 von $p_0 = 2$ bar. Rechenbeispiel: Spricht das Sicherheitsventil bei 4 bar an und beträgt der Vordruck 1.3 bar; es ergibt sich ein Nutzeffekt von $N = 0.45$.

Das Membranausdehnungsgefäß sollte grundsätzlich hängend montiert werden mit dem Gaspolster nach der Unterseite. Bei stehender Montage würde folgender Effekt auftreten: Strömt heißes Wasser am Ausdehnungsgefäß vorbei, so steigt dieses heiße Wasser auch in das Ausdehnungsgefäß auf, da es leichter ist als das im Gefäß befindliche kalte Wasser. Da das MAG nicht wärmegedämmt ist, verliert es zum einen viel Wärme und zum anderen kann bei Kollektoranlagen beim Anfahren ein heißer Wärmeträgerpfropfen in das MAG eintreten (Kollektor im Stillstand aufgeheizt), der zur Zerstörung der Membran führen kann. MAG müssen mit dem Kollektor nicht absperrbar verbunden sein (DIN EN 12828 2011). Eine gegen unbeabsichtigtes Schließen gesicherte Absperrarmatur zu Revisionszwecken ist jedoch erlaubt.

6.4.2.7 Wärmetauscher

Insbesondere Zwangsumlaufanlagen erfordern Wärmeübertrager (oder Wärmetauscher – WT), da die thermische Energie aus dem Kollektor effizient zwischen dem Primärwärmeübertragungsmedium (Wasser-Glykol-Mischung) und dem sekundären Medium dem Brauchwasser übertragen werden muss. Bei Solaranlagen ist die Funktion des Wärmetauschers von essentieller Bedeutung, da die Temperaturen, bei denen die Wärme übertragen wird, einen beträchtlichen Einfluss auf den Betriebszustand und den Wirkungsgrad des Kollektors haben.

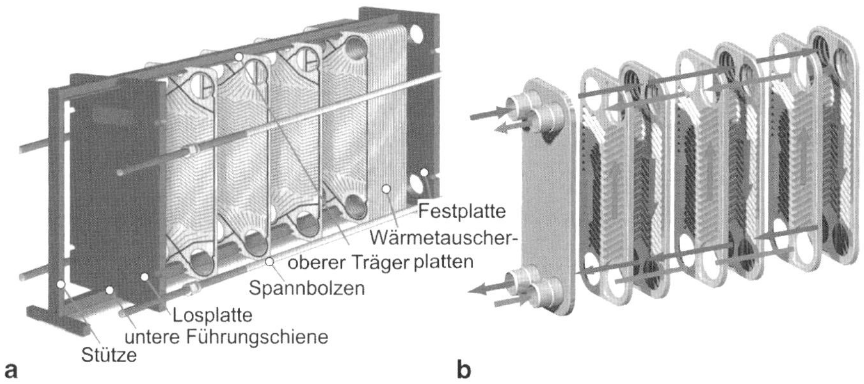

Abb. 6.37 **a** Mechanischer Aufbau eines Plattenwärmtauschers. **b** Strömungsführung in einen Plattenwärmetauscher nach dem Gegenstromprinzip

Das Auslegungsziel des Wärmetauschers ist es, die vom Kollektor gelieferte Leistung mit möglichst geringen Temperaturdifferenzen an den Flüssigkeitskreislauf des Wärmespeichers abzugeben. Die prinzipielle Vorgehensweise bei der Dimensionierung von Wärmetauschern ist beispielsweise dem VDI Atlas (VDI 2005) Abschnitt *Ca ff* zu entnehmen. Die Grundzüge der Wärmetauscherauslegung werden im Anhang A Berechnung von Wärmübertragern detaillierter skizziert. Sie sind deshalb von Bedeutung, da sie die Betriebscharakteristik des Wärmetauschers festlegen. In solaren Niedertemperaturanlagen gibt es im Regelfall zwei Typen von Wärmetauschern, den Plattenwärmetauscher (PWT) und den Rohrschlangenwärmeübertragern.

- Plattenwärmetauscher (PWT)

Bei Plattenwärmetauschern wird ein Paket dünner, profilierter Edelstahlplatten zwischen zwei Trägerplatten mittels Spannbolzen in Position gepresst. Den mechanischen Aufbau eines Plattenwärmetauschers zeigt die Abb. 6.37a. Im nahezu allen erhältlichen technischen PWT's erfolgt die Wärmeübertragung im Gegenstrom der beiden Fluide (vgl. Abb. 6.37b). Die Abdichtung der Platten gegeneinander wird entweder durch Elastomerdichtungen oder mit Hilfe einer Lötung realisiert. Der mechanische Aufbau der gedichteten PWT gestattet durch die leichte Zerlegbarkeit eine einfache Reinigung und durch Hinzufügen oder Entfernen von Platten bei Bedarf eine einfache, nachträgliche Leistungsanpassung. Forderungen dieser Art können, wenn überhaupt, bei Rohrbündelwärmeübertragern nur umständlich oder gar nicht erfüllt werden. Die Eintritts- und Austrittsanschlüsse sind normalerweise auf der Gestellplatte in einer Ebene angeordnet, was den Einbau gegenüber bei Rohrbündelwärmeübertragern erheblich vereinfacht. Durch die Kombination mechanisch hochfester Edelstahlbleche und elastischer sowie thermisch belastbarer Dichtungen entsteht ein Plattenpaket, das gegen Vibrationen, pulsierende Drücke und thermische Wechselbeanspruchung äußerst widerstandsfähig ist. Plattenwärmetauscher lassen sich nicht in einen Speicher integrieren.

Durch die technischen Merkmale sind Plattenwärmetauscher die richtige Wahl, wenn die Auslegung eine schnelle Wassererwärmung erfordert oder die Anlage starken zyklischen thermischen und mechanischen Belastungen ausgesetzt ist. Der Einbau von Plattenwärmetauschern ist bei Low-Flow-Systemen mit einer Warmwasserspeicherschichtung mittels eines Steigrohres unerlässlich.

Wie alle Wärmeübertrager sind auch solare Wärmeübertrager im Betrieb einer gewissen Verschmutzung ausgesetzt. Flüssigkeiten, wie beispielsweise hartes Leitungswasser (Brauchwasser der Sekundärseite) und das Wärmeträgerfluid zeigen oft unerwünschte Ablagerungen, insbesondere auf den Heizflächen der Sekundärseite (zu beheizenden Seite). Die Ablagerungen hängen in erster Linie vom Verschmutzungsgrad des Wassers und von der Heizflächentemperatur ab. Ablagerungen und Verschmutzungen an Heizflächen sind unerwünscht, da sie den thermischen Wirkungsgrad der Wärmeübertrager drastisch verschlechtern. Auch diesbezüglich weisen Plattenwärmetauscher gegenüber Rohrbündeln Vorteile auf.

Bei PWT werden durch die erzwungene, turbulente Strömung in den Plattenkanälen Verschmutzungen und Ablagerungen wirkungsvoll verzögert. Die Folge der geringeren Heizflächentemperaturen ist die Reduzierung von Ablagerungen auf der Sekundärseite der Heizflächen. Hierdurch werden längere Standzeiten und damit geringere Wartungs- und Betriebskosten erzielt als bei Rohrbündeln. Sollten die Heizflächen dennoch verschmutzt sein, so lassen sie sich bei PWT's mit erheblich geringerem Aufwand warten und reinigen. Die Hauptargumente, die für einen Plattenwärmeübertrager sprechen, sind deren hohe Effizienz und damit die kompakte Bauweise gegenüber konventionellen Rohrschlangen und Bündeln. Typische Verhältnisse von Plattenwärmetauscher zu Rohrbündeln sind bei gleicher thermischer Leistung bezüglich der Abmessung 1:7, des Gewichts 1:6, des Wärmeträgerinhalts 1:10.

Grundsätzlich erfolgt die Auslegung bezüglich der erforderlichen Wärmeleistung. Diese wird über die Kollektorfläche und den Durchfluss durch die Kollektoren ermittelt. Der Wärmetauscher sollte bei der stärksten Sonneneinstrahlung die volle Leistung des Kollektors an den Speicher abgeben können.

Externe Plattenwärmetauscher werden meist zur schnellen Brauchwassererwärmung eingesetzt, sofern es die solare Einstrahlung zulässt. Die Einbindung in den Solarkreislauf findet oft im Bypass zur konventionellen Führung mit Hilfe geeigneter Temperaturfühler statt. Da die Wärmebereitstellung und damit die Beladung des Speichers oft über größere Zeitskalen abläuft, ist die Zeitcharakteristik des Wärmeübertragers, die eher für einen PWT spricht, von untergeordneter Bedeutung. Deshalb erfolgt in vielen konventionellen solarthermischen Niedertemperatursystemen die Speicherbeladung mit Hilfe eines Rohrschlangenwärmeübertragers.

- Rohrschlangenwärmetauscher

Rohrschlangenwärmeübertrager können als Glattrohr- (Abb. 6.38a) oder als Rippenrohrwärmetauscher (Abb. 6.38b) ausgeführt sein und verfügen typischerweise über Wärmeübertragungswerte α von 200–500 W/(m^{2}K).

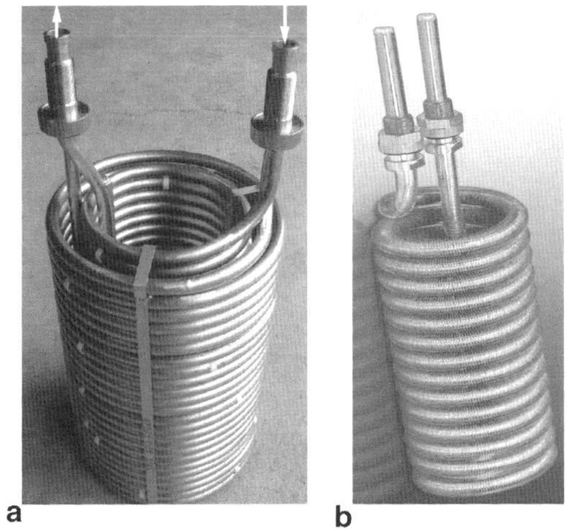

Abb. 6.38 **a** Doppelschleifiger Edelstahlglattrohrwärmetauscher aus einer verfahrenstechnischen Anlage. **b** Kupferrippenrohrwärmetauscher. (Wieland-Werke 2011)

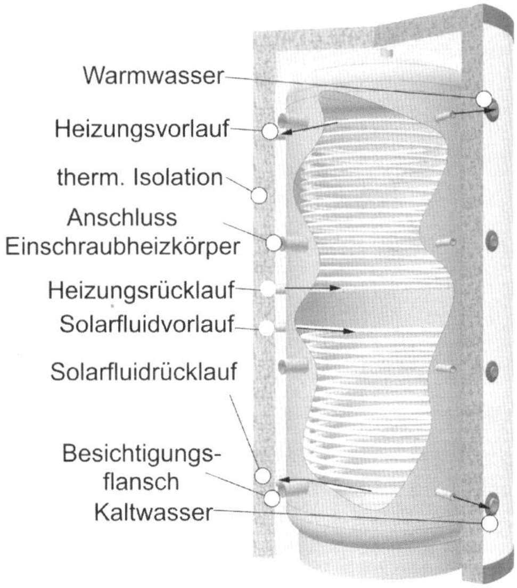

Abb. 6.39 Integration von Schlangenwärmetauschern in solaren Warmwasserniedertemperaturspeicher

Der Glattrohrwärmetauscher besitzt eine größere Wärmetauscherleistung je Quadratmeter Tauscherfläche, für die jedoch verglichen mit dem Rippenrohrwärmetauscher ein Vielfaches an Rohrlänge nötig ist. Als Material wird meist Kupfer wegen seiner sehr guten spezifischen Wärmeleitfähigkeit verwendet. Vorteile dieses Wärmetauschertyps sind seine relativ einfache Bauart und sein geringerer Druckverlust im Vergleich zum Plattenwärmetauscher. Damit sind die Anforderungen an die Solarpumpe erheblich niedriger. Sie lassen sich mit geringem Aufwand in den Speicher integrieren, wie die Abb. 6.39 illustriert. Damit entfällt ein zusätzlicher Platz- und Installationsbedarf. Interne Wärmetauscher sind

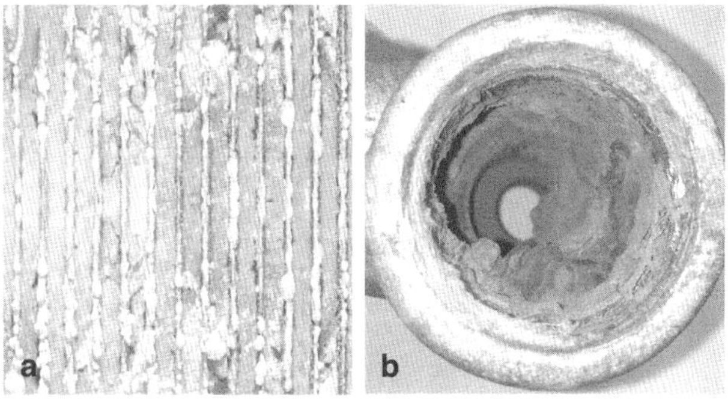

Abb. 6.40 **a** Nahaufnahme der Verkalkung auf der Außenseite eines Rippenrohrwärmetauschers. **b** Kalkablagerung in einem Brauchwasserrohr aus Stahl

jedoch meist nur als Zubehör für den jeweiligen Speicher zu kaufen und sind daher von der Geometrie an dessen Abmessungen gebunden, wobei externe Wärmetauscher in beliebiger Größe und Leistung unabhängig vom Speicher gewählt werden können. Für die Auslegung eines in den Solarwasserspeicher integrierten Wärmetauschers können bei einer mittleren logarithmischen Temperaturdifferenz von 10 °K folgende Faustformeln angesetzt werden

- Glattrohr-WT: ca. 0.2 m^2 Wärmetauscheroberfläche pro m^2 Kollektorfläche
- Rippenrohr-WT: ca. 0.3–0.4 m^2 Wärmetauscheroberfläche pro m^2 Kollektorfläche

Grundlagen zur Auslegung der Wärmeübertragungsleistung sind beispielsweise in Berechnungsfaltblättern der Hersteller beziehungsweise dem VDI Wärmeatlas (VDI 2005) zu entnehmen. Die Leistungsdimensionierung selbst ist eine Frage der Kollektorfläche und des Wärmebedarfs des Verbrauchers und wird im Zusammenhang mit dem Abschn. 6.4.3.2 Wärmebedarfsermittlung und Solarer Deckungsgrad diskutiert.

Durch Kalkablagerungen kann die wirksame Übertragungsfläche von Wärmetauschern signifikant reduziert werden. Schon eine Schichtdicke von 2 mm verringert die Wärmeübertragungsleistung eines Wärmetauschers um 20 %, bei 5 mm Stärke schon um mehr als 40 %. Bei einem Dauerbetrieb mit Brauchwasser über 60 °C ist mit massiven Verkalkungserscheinungen vor allem bei großen Wasserhärtegraden zu rechnen, die im Extremfall das gesamte Rohr beziehungsweise den Wärmeübertragungsbereich zusetzen. Abhängig von der kalkführenden Fluidseite kann die Verkalkung auf der Rohrinnenseite wie auch auf der Außenseite erfolgen, wie die Abb. 6.40a zeigt. Bei einem Dauerbetrieb über 60 °C ist die Verwendung von Rippenrohrwärmetauschern problematisch, da sich der Kalk zwischen den Rippen ansammelt. Bei Glattrohrwärmetauschern wird der Kalk durch die Wärmedehnung des Rohres größtenteils abgesprengt. Wird die Rohrschlange vom Trinkwasser durchflossen, so kann sich durch die Kalkablagerungen im ungünstigsten Fall der Querschnitt so stark verengen, dass kein Wasser mehr durchfließen kann (Vergl. Abb. 6.40b). Bei durchflossenen Brauchwasserrohren ist somit eine regelmäßige Überprüfung und gegebenenfalls eine Reinigung vorzusehen.

6.4.2.8 Rohrleitungsbau

Die Verbindung zwischen Kollektoren, Solarwärmetauscher und Komponenten erfolgt nahezu ausschließlich mit Rohrleitungen. Die Druckverluste im Rohrleitungsnetz legen zusammen mit der Charakteristik der Kollektoren und deren Verschaltung die Pumpencharakteristik fest. Darüber hinaus müssen die Verrohrung und die Rohrverbindungen folgenden Anforderungen genügen:

- Temperaturbeständigkeit bis in den Frostbereich (meist bis in der Größenordnung −20–35 °C) und mindestens 250 °C als höchste potenzielle Stillstandstemperatur im Sommer.
- Druckfestigkeit bis zum maximalen Betriebsdruck der Anlage (oft bis 6 bar).
- Langzeitkompatibilität mit dem eingesetzten Frostschutzmittel.
- Einfache und flexible Verbindung.

Im Kollektorkreis finden unterschiedliche Rohre beispielsweise aus Kupfer, Stahl, Edelstahl und wie auch Edelstahlwellrohre Verwendung. Kunststoffrohre sind wegen ihrer mangelnden Temperaturbeständigkeit nicht geeignet. Im Kleinanlagenbau hat sich das Kupferrohr in Verbindung mit Weich- und Hartlöten als gängiger Verbindungstechnik durchgesetzt. Flexible Edelstahlwellrohre werden wegen der relativ großen Temperaturschwankungen und der damit verbundenen Wärmedehnungen oft zur Verschaltung der Kollektoren auf dem Dach verwendet. Stahlrohre sind verhältnismäßig aufwändig in der Verarbeitung (schweißen, biegen, trennen, Gewinde schneiden, dichten) und werden aufgrund der mit der Dimension stark zunehmenden Kosten für Kupferrohre ab einer Dimension von DN 28 bei größeren Solaranlagen eingesetzt. Bei der Verbindung unterschiedlicher Metallrohrleitungen ist infolge der auftretenden elektrochemischen Potenzialdifferenzen der Korrosionsaspekt zu berücksichtigen.

Die Solarkreisverrohrung und die Armaturen müssen durchgehend isoliert sein. Als Material muss im Solarkreis eine temperaturbeständige Dämmung eingesetzt werden, zumeist Schäume, die bis ca. 150–170 °C beständig sind. Außenliegende Rohrleitungen sollten darüber hinaus UV-, witterungsbeständig sowie wasserdicht sein. Neben der klassischen separat verlegten Kombination Rohr, Wärmedämmung und Elektrokabel gibt es großtechnisch verfügbar auch vorgefertigte Rohrleitungseinheiten sogenannte Zwillingsrohre oder „Twin Tubes“ (Abb. 6.41). Sie bestehen aus Kupferrohr bzw. Edelstahlwellschläuchen inklusive Wärmedämmung und Kollektorfühlerkabel und sind von der Rolle für die Installation des Solarvor- und -rücklaufs erhältlich. Die Vorteile flexibler Wellrohre bestehen in:

- einfache Verbaubarkeit des fertigen Rohr in einem Stück und damit keine Lötverbindung (weniger Undichtigkeitsquellen),
- kleine Biegeradien ohne Knicken,
- integrierte Isolation und Kollektorfühlerleitung,
- Korrosionsbeständigkeit.

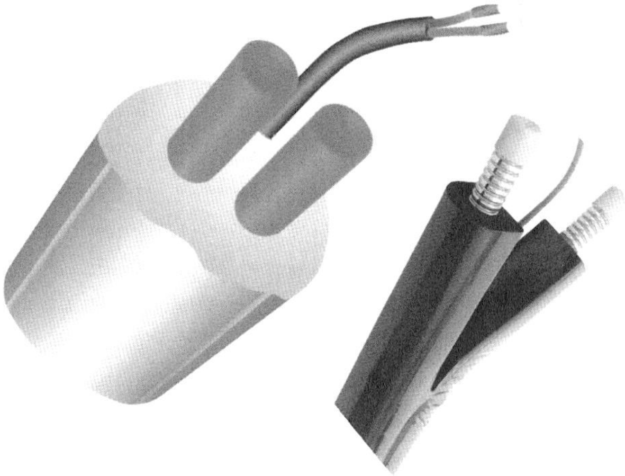

Abb. 6.41 Schemaskizze eines flexiblen Zwillingsrohrs mit Isolation und integriertem Instrumentierungskabel und technische Ausführung (*rechts*)

Nachteilig bei dieser Bauweise sind:

- ein größerer Druckverlust und
- ein höherer spezifischer Materialpreis pro Meter.

Infolge der zeitlich veränderlichen Wärmebereitstellung spielt die relative Längung der Rohrleitungen durch die unterschiedlichen Temperaturen bei der Installation eine Rolle. Die Wärmedehnung hängt wesentlich vom Wärmedehnungskoeffizienten des Materials α ab, der beispielsweise bei Stahl $\alpha \approx 1.1 \cdot 10^{-5}$ (K^{-1}) und bei Kupfer schon $\alpha \approx 1.6 \cdot 10^{-5}$ (K^{-1}) beträgt. Die durch die Dehnung hervorgerufene Spannung muss vom Rohr aufgenommen werden ohne die zulässigen Materialfestigkeitsparameter zu überschreiten. Der Spannungsausgleich erfolgt technisch über Dehnungsausgleicher oder sogenannte Dehnungskompensatoren. Dabei werden für das Rohr fixierende Schellen als Fest- und Gleitpunkte gewählt, damit die Kompensationselemente ihre Aufgabe erfüllen können. Wegen ihrer einfachen Fertigung werden oft Rohrschleifenkompensatoren (Abb. 6.42a) verwendet. In Fällen, in denen der Einbau von Schleifenkompensatoren infolge der Platzlimitierung ausgeschlossen ist, finden Dehnungskompensatoren mit integrierten Dehnungsbälgen Verwendung. Die Abb. 6.42b zeigt solche Axialkompensatoren mit integrierten Bälgen in einer Schraub- beziehungsweise Lötversion.

6.4.3 Planung, Dimensionierung und Konzeption von Niedertemperatursolarsystemen

6.4.3.1 Bestandserfassung und Vorgehensweise

Bei der Auslegung solarer Niedertemperaturanlagen ist zunächst zu prüfen, welchen Zweck das solarthermische System zu erfüllen hat; dient es der Brauchwassererwärmung oder zur Brauchwasserbereitung mit einer Heizungsunterstützung.

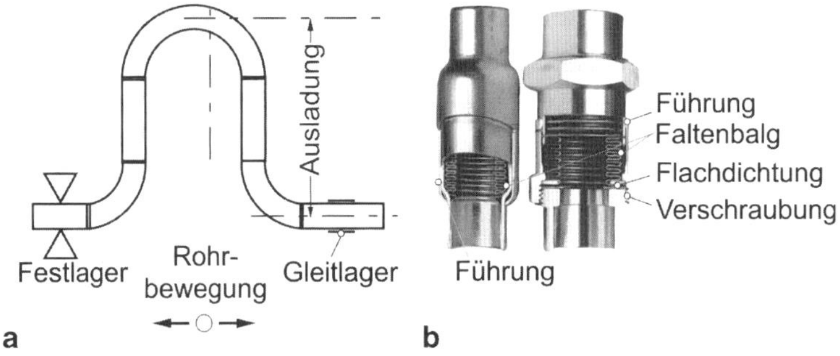

Abb. 6.42 **a** Prinzip eines Rohrschleifenkompensators. **b** Photographie von Axialkompensatoren mit innenliegenden Kompensator und Schutzrohr, (*links*) Lötversion aus Kupfer und (*rechts*) Schraubversion aus Messing/Stahl

- Brauchwassererwärmung
  In diesem Konzept erfolgt die Auslegung von Sonnenkollektoranlagen nach den im Sommer auftretenden Verbräuchen, um eine möglichst große Auslastung zu erreichen. In der Übergangszeit und in den Wintermonaten reicht das Energieangebot aber noch zum Vorwärmen des Brauchwassers; das heißt, das kalte Wasser muss vom Heizkessel bzw. von der elektrischen Heizpatrone nur um eine geringe Temperaturdifferenz nachgeheizt werden. Daher ist der Energieeinspareffekt auch im Winter beträchtlich.
- Brauchwasserbereitung mit Heizungsunterstützung
  Im diesem Systemkonzept, das oft auch als teilsolare Raumheizung bezeichnet wird, speist eine größer dimensionierte Kollektoranlage Wärme in die entsprechend ausgelegten Energiespeicher, die in der Lage sind, Wärme über einige Stunden (Nacht) bzw. einige Tage zu speichern. Die solar beigestellte Energie kann zur Unterstützung der Raumwärmeversorgung genutzt werden. Hierbei sind folgende Voraussetzungen zusätzlich zu stellen:
  - Ein entsprechender Mindestwärmedämmstandard des Gebäudes.
  - Existenz passiver Solartechnologien (hochwertige Fenster, Wintergärten und Atrien).
  - Vorteilhaft ist auch die Kopplung mit einem Niedertemperatur-Wärmeabgabesystem wie einer Flächenheizung (Fußboden- bzw. Wandheizung) oder großzügig ausgelegten Radiatoren.

Die Realisation eines solarthermischen Wohnungsbauprojektes sollte drei Stufen durchlaufen. Bevor die eigentliche Detailplanung stattfinden kann, sollte insbesondere bei vorhandenen Wohnobjekten eine möglichst detailgetreue Erfassung der gegebenen Bedingungen erfolgen. Innerhalb der drei Stufen gilt es mehrere Unterpunkte die zu beachten:

- Planung
  - Allgemeine Anforderungen an das Dach,
  - Bestandsaufnahme des Warmwassersystems,

  - Leitungsführung, Aufstellungsort der Speicher,
  - Vorplanung der Kollektorfläche,
  - Anschluss und Abstimmung des konventionellen Systems mit dem Solarsystem.
- Dimensionierung
  - Wärmebedarf,
  - solarer Deckungsanteil,
  - Standort und Kollektorfläche,
  - Systemkonzeptfindung anhand der festgelegten Randbedingungen.
- Genehmigung und technische Umsetzung

Die Planung erfasst im Wesentlichen den Istzustand und erfordert eine weitere Präzisierung.

Allgemeine Anforderungen an das Dach

Da Kollektorfelder im Regelfall für Lebensdauern von ca. 20 Jahren projektiert werden, spielen Dächer eine wichtige Rolle. Dazu zählt ob deren Statik die Aufnahme von Kollektoren zulässt, die Dachabdeckung neu oder neu saniert ist. Ist eine hinreichend große Dachfläche vorhanden, die das Kollektorfeld aufnehmen kann, ohne dass sich die Kollektoren gegenseitig verschatten? Ist die verschattungsfreie Montagefläche für die Kollektoren hinreichend groß und in der richtigen Sonnenausrichtung? Bei Zweifeln sollte eine Verschattungsanalyse durchgeführt werden. Ist die Dachfläche zergliedert, so dass die Kollektoren weit verstreut angeordnet werden müssen? Die zur Verfügung stehende Dachfläche muss nicht exakt nach Süden ausgerichtet sein, Abweichungen von ±45° zeigen nur marginale Einbußen. Die Dachneigungen der Steildächer betragen zwischen 25° und 55°. Weist das Dach eine geringere Neigung als 25° auf, kann eine Aufständerung der Kollektoren in Betracht gezogen werden. Bei Vorwärmanlagen reicht auch eine Neigung von 20° aus. Steilere Neigungswinkel begünstigen die Energieausbeute im Winter (für Anlagen zur Heizungsunterstützung) und flachere Neigungswinkel erhöhen die Energieausbeute im Sommer (für Anlagen zur Warmwasserbereitung).

Bestandsaufnahme des Warmwassersystems

Dieser Aspekt ist besonders wichtig bei bestehenden Systemen. Für die Kesselanlage ist die Restlaufzeit zu klären, eventuell ist ein neuer Kessel günstiger als eine kostenintensive Anpassung. Auch der Zustand der anderen potenziell in das Solarsystem zu integrierenden Komponenten ist auf die Restlaufzeit (Degradation durch Korrosion, Alterung der Isolation, etc.) zu prüfen. Oft lassen sich alte Trinkwasserspeicher als Pufferspeicher nutzen. Mit Hilfe einer Nachtmessung lässt sich die Verlustleistung experimentell ermitteln.

Leitungsführung, Aufstellungsort der Speicher

Kann eine möglichst kurze Verrohrung ohne aufwändige Baumaßnahmen durchgeführt werden? Wo kann der Solarspeicher aufgestellt werden und/oder bedarf es baulicher Maßnahmen zur Aufnahme der Belastungen? Muss der Solarspeicher in mehrere Standspeicher aufgeteilt werden? Bei Neubauten sollten in der Planung die Lage der Leitungsschächte, die Abmessungen der Technikräume und die Einbringwege berücksichtigt werden.

Vorplanung der Kollektorfläche

Es sollten möglichst großmodulige Elemente auf geschlossenen Flächen installiert werden, damit die spezifischen Kosten im Rahmen bleiben; dem kann die anvisierte Montagesituation, die Dachstatik oder Anforderungen des Denkmalschutzes entgegenstehen.

Anschluss und Abstimmung des konventionellen Systems mit dem Solarsystem

Für das weitere Vorgehen sind Informationen über das konventionelle Warmwassersystem des Objekts unerlässlich. Vielfach wird diese Abfolge ignoriert. Es macht keinen Sinn, eine Solaranlage, die letztlich dem konventionellen System vorgeschaltet wird, für sich alleine weiterzuentwickeln. Folgende Angaben muss der Fachplaner ermitteln.

Welcher Bereitschaftsspeicher wird für das Warmwasser benötigt und ist für dieses Speichervolumen noch ausreichend Platz verfügbar? Welche Spitzenlasten werden erwartet (Stundenspitzen, Zapfspitzen)? Hierbei ist zu prüfen, ob diese Aussagen durch Erfahrungswerte aus dem Regelwerk/der Fachliteratur oder der Erfahrung an vergleichbaren Objekten hinreichend gesichert sind. Auch der Aspekt des langfristigen Nutzungsprofils ist Aufmerksamkeit zu schenken, insbesondere bei kleineren Objekten wie Reihen- oder Doppelhäusern. Dies beinhaltet zu einem großen Teil auch das konventionelle System mit der wesentlichen Fragestellung: Welche Kesselleistung steht zur Warmwasserbereitung zur Verfügung? Die verfügbare Kesselleistung ist nicht gleichbedeutend mit der Nennleistung des Kessels. Sie entspricht der Leistung, die der Wärmetauscher der Nachheizung an den Bereitschaftsspeicher abgeben kann.

Im Anschluss an die Erfassung der genannten Daten kann eine erste Vorauswahl der Systemvarianten erfolgen, die angesichts der Bedarfssituation, der Größe der Anlage, der Spitzenlasten, des bestehenden Warmwassersystems und der verfügbaren Kesselleistung technisch sinnvoll sind. Neben diesem Aspekt spielt vor allem die Effizienz und das technische Risiko eine große Rolle.

Nach Durcharbeitung dieser Punkte lässt sich bereits eine einfache Vorplanung der benötigten Kollektorfläche und des Speichervolumens für den jeweils gewünschten Anlagentyp (abhängig von der Höhe des gewünschten solaren Deckungsanteils) mit Hilfe kommerziell verfügbarer Dimensionierungsprogrammen (T*SOL, POLYSUN oder anderen) vornehmen und eine Kostenkurve ermittelt werden, die die schätzungsweise zu erwartenden Kosten wiedergibt.

6.4.3.2 Wärmebedarfsermittlung und Solarer Deckungsgrad

Die Sonneneinstrahlung ist gegenläufig zum Energiebedarf eines Hauses, so dass hinsichtlich der klimatischen Bedingungen die Bundesrepublik relativ ungünstige Randbedingungen bietet. In der Jahreszeit, in der der maximale Wärmebedarf besteht, ist das solare Strahlungsangebot am geringsten und umgekehrt. Im kaufmännischen Sinn sind daher Angebot und Nachfrage antizyklisch, wie die Abb. 6.43 illustriert.

Daher kann insbesondere am Anfang und am Ende der Heizperiode (September, Oktober und März, April, Mai) der (geringe) Heizenergiebedarf über die Sonneneinstrahlung

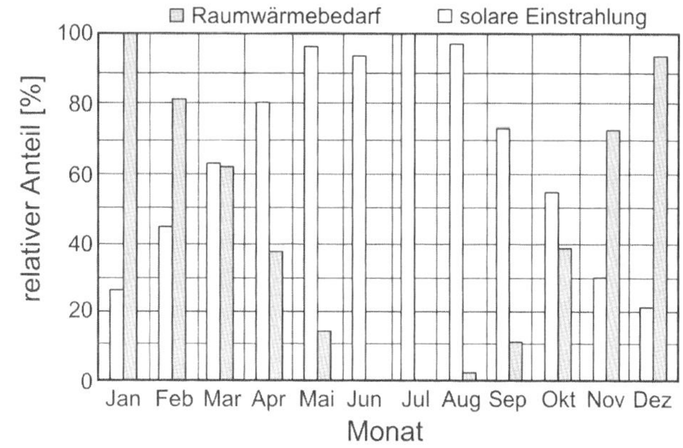

Abb. 6.43 Jahreszeitlicher Verlauf des relativen solaren Strahlungsenergieangebots und des relativen Raumwärmebedarfs in Deutschland

gedeckt werden. Dies wird im Wohnbau seit langem durch passive Nutzung der Sonnenenergie ausgenützt. Durch den Einsatz von Sonnenkollektoren kann der solare Heizungsanteil weiter gesteigert werden.

Der Brauchwasserbedarf ist über das ganze Jahr annähernd konstant. In bestehenden Wohngebäuden wird der Jahreswärmeverbrauch zur Brauchwassererwärmung auf etwa 20 % des Wärmeverbrauchs geschätzt. Von diesen Anteil entfällt etwa ein Viertel auf den direkten Verbrauch und ungefähr dreiviertel machen die Wärmeverluste aus, die sich durch die Bereitstellung und Transport des Warmwassers ergeben. In Gebäuden, die nach Wärmeschutzverordnung (WSchV) errichtet wurden, beträgt der Anteil des Wärmeverbrauchs für Brauchwasser am Gesamtprimärenergieverbrauch rund 30 % und 45 % bei Niedrigenergiehäusern (NEH). Mit der EnEV (Energieeinsparverordnung - EnEV 2009) werden Werte von 50 % angestrebt. Im Durchschnitt werden in Deutschland (Stand 2009) ca. 50 *l* Warmwasser pro Kopf und Tag verbraucht. In einem Einfamilienhaus einer vierköpfigen Familie entspricht dies unter Annahme der Annahme einer Aufheizspanne von 40 °C (Brauchwasserentnahme $T=45$ °C und Zulauf 5 °C) einem Jahresenergieverbrauch von 3.390 kWh/a. Bei einem Kesselwirkungsgrad von 90 % und einem unteren Heizwert von Heizöl von 39.5 MJ/kg bedeutet dies einen Ölverbrauch von ca. 320 *l* pro Jahr.

Ein Blick auf die regionale Einstrahlungskarte der Bundesrepublik (vgl. Abschn. 2.3.11, Abb. 2.46) zeigt, dass eine solar gestützte Brauchwassererwärmung nur einen geringen Platzbedarf für die Kollektorfläche benötigt. Die Tab. 6.5 zeigt typische Werte des Brauchwasserbedarfs eines Einfamilienhauses und des entsprechenden Speichervolumens bei Annahme einer 70 %-igen solarthermischen Bedarfsdeckung. Wenn man ein optimale Südausrichtung der Kollektoren unter einem Neigungswinkel von $\beta=45°$ annimmt, so werden lediglich Bruttokollektorflächen in der Größenordnung einiger Quadratmeter benötigt. Bei ungünstiger Ausrichtung der Kollektoren kann der solare Minderertrag durch eine Vergrößerung der Kollektorfläche kompensiert werden.

Eine größere Rolle als der Brauchwasserbedarf spielt der Heizwärmebedarf. Die Ermittlung des Wärmebedarfs ist in Deutschland durch die DIN Normen (DIN V 4701-10/

Tab. 6.5 Typische Brauchwasserbedarfswerte eines Einfamilienhauses und damit korrelierende Brauchwasserspeichervolumina und Bruttokollektorfläche bei Annahme einer 70 %-igen Deckung durch Solarthermie, einer optimalen Südausrichtung des Kollektors unter einem Winkel $\beta = 45°$

Täglicher Brauchwasserbedarf (l/Tag mit ca. 50 °C)	Volumen des Brauchwasserspeichers (l)	Bruttokollektorfläche eines Flachkollektors (m^2)
– 100	200	4
– 200	400	6
– 300	500–750	8–12
– 400	750–1000	12–16

A1:2006–12 2006) (DIN V 4701-10 Beiblatt 1 2007) sowie DIN EN 832 (DIN EN 832: 2003–06 2003) geregelt. Der Heizwärmebedarf von Gebäuden unterliegt einer Vielzahl äußerer Einflussfaktoren:

- klimatische Verhältnisse;
  - jahreszeitlicher Verlauf der Außentemperatur,
  - Windeinwirkung,
  - Sonneneinstrahlung,
- Gebäudekonzept;
  - Wärmedämmung,
  - Fensterflächenanteil,
  - Geschossanzahl,
  - Lage des Gebäudes innerhalb der Bebauung,
- Nutzungsbedingungen (werden vom Nutzerverhalten vorgegeben);
  - Verlauf der gewünschten Raumtemperatur,
  - Art der Nutzung,
  - Anzahl der Nutzer,
  - Lüftungsverhalten.

Die Berechnung des Norm-Wärmebedarfs Q_N eines Gebäudes setzt sich additiv aus dem Norm-Transmissionswärmebedarf Q_T und dem Norm-Lüftungswärmebedarf Q_L zusammen. Dabei ist der Norm-Transmissionswärmebedarf die Summe der Wärmeströme, die der Raum durch Wärmeleitung über Wände, Fenster, Türen, Decke und Boden abgibt. Der Anteil des Lüftungswärmebedarfs errechnet sich aus dem Energiebedarf für das Aufheizen der eindringenden Außenluft auf das Raumtemperaturniveau. Werden die Ergebnisse jedes einzelnen zu beheizenden Raumes addiert, ergibt sich der Normwärmebedarf des gesamten Gebäudes, für das die Heizungsanlage auszulegen ist. Ihre ausreichende Bemessung wird dadurch gewährleistet, dass bei der Berechnung des Norm-Wärmebedarfs angemessen niedrige Außentemperaturen (−14 °C in der DIN 4701) und zugehörige Windgeschwindigkeiten sowie hinreichend sichere Stoffwerte für die Wärmeleitfähigkeiten der Baustoffe zugrunde gelegt werden.

Der Norm-Wärmebedarf eines Standardhauses vor der Wärmeschutzverordnung (WärmeschutzV1994 1994) erfordert circa dreimal so viel Primärenergie wie für die Brauchwassererwärmung nötig wäre. Um eine solare Volldeckung von Brauchwasser und Heizung über den Winter zu erzielen, müssten entweder sehr große und äußerst gut gedämmte Speicher oder eine sehr große Kollektorfläche bzw. eine Mischung beider Varianten realisiert werden. Über die passive Nutzung können im Winter bei den meisten Häusern nicht einmal die Lüftungswärmeverluste ausgeglichen werden. Der solare Deckungsgrad η_{SD} ist hierbei definiert als:

$$\eta_{SD} = 1 - \frac{\sum_{i=1}^{n} Q_{Zusatzheizung}}{Energiebedarf}. \tag{6.35}$$

Sämtliche Wärmeverluste der Speicher und Rohrleitungen werden bei dieser Deckungsgraddefinition der Solaranlage zugerechnet. Leider ist sowohl in der Literatur wie auch in den kommerziellen Simulationsprogrammen zur Auslegung thermischer Solaranlagen die Definition des solaren Deckungsgrads nicht einheitlich geregelt. Aus diesem Grund sind lediglich Ergebnisse basierend auf Energiebilanzen miteinander vergleichbar. In der Literatur finden sich eine Reihe weiterer Deckungsgraddefinitionen, so dass bei einem Vergleich verschiedener Anlagen immer die Energieflüsse und nicht die Kennzahlen verwendet werden sollten.

Trotz der uneinheitlichen Definition des solaren Deckungsgrads η_{SD} lassen sich die verschiedenen Anlagentypen grob in drei Klassen aufteilen:

- Vorwärmanlagen mit $0.25 < \eta_{SD} < 0.35$
- Kosten-Nutzen optimierte Anlagen mit $0.35 < \eta_{SD} < 0.5$
- Anlagen mit optimierter Primäreinsparung mit $\eta_{SD} > 0.5$

Vorwärmanlagen ($0.25 < \eta_{SD} < 0.35$)

Vorwärmanlagen zielen darauf ab bei geringen Gestehungskosten möglichst niedrige Kosten für die solar erzeugte Wärme zu erreichen. Dieser Ansatz kann neben der Steigerung der Systemeffizienz und der Reduktion der Systemkosten am einfachsten durch kleinere Anlagendimensionen erreicht werden, die kleinere solare Deckungsanteile und dadurch höhere spezifische Erträge erzielen. Die Hydraulikkonzepte werden so gewählt, dass Wärmeverteilverluste von der Solaranlage nicht gedeckt werden können und somit vom konventionellen Nachheizsystem erwärmt werden. Dies bringt hinsichtlich günstiger Rücklauftemperaturen Vorteile für die Solaranlage, da als Last für das Solarsystem nur der Warmwasserverbrauch (Kaltwassertemperaturen zwischen 10 und 15 °C) zur Verfügung steht und die Zirkulationslast mit ungünstigen hohen Rücklauftemperaturen (50 bis 55 °C) von der Nachheizung gedeckt wird. Der Nachteil dieses Systemtyps besteht darin, dass der solare Deckungsanteil am Gesamtenergiebedarf zur Warmwassererwärmung und Verteilung sehr klein wird und insgesamt wenig an Primärenergie substituiert wird.

Kosten-Nutzen optimierte Anlagen ($0.35 < \eta_{SD} < 0.5$)

Mit wachsender Größe der Kollektoranlage fallen die Systemkosten je Quadratmeter Kollektorfläche. Gleichzeitig sinkt aber auch der spezifische Ertrag (pro Quadratmeter Kollektorfläche). Das Ziel einer auf Kosten-Nutzen optimierten Anlage besteht darin, den Minimalwert zwischen beiden gegenläufigen Effekten zu erfassen. In die Ermittlung dieses „Optimalwerts" gehen aber auch Preisentwicklungen des eingesparten Primärenergieträgers, wie auch Kostenentwicklungen zum Betrieb, Wartung und Lebenserwartung der thermischen Solaranlage ein, die je nach Ansatz das Optimum erheblich verschieben können. Es empfiehlt sich daher, mehrere optimistische wie auch konservative Szenarien durchzuspielen, um eine „wirkliche" für den Betreiber optimale Anlage zu konzipieren.

Anlagen mit optimierter Primäreinsparung ($\eta_{SD} > 0.5$)

Ziel einer derartigen Anlagendimensionierung ist eine möglichst hohe Primärenergieträgereinsparung. Eine Dimensionierung über 65 % solaren Deckungsgrads bedingt aber Standzeiten der Kollektoranlage in den Monaten mit hoher Einstrahlung, die einen geringeren spezifischen Kollektorertrag mit sich bringt. Sie erfordert eine detaillierte Dimensionierung der Kollektoranlage so, dass Stillstandszeiten vermieden und somit möglichst wenige am besten keine Überschüsse erzeugt werden. Dies bedeutet zwar geringere solare Deckungsanteile, aber dafür höhere spezifische Kollektorerträge; damit wird die Anlage „wirtschaftlicher". Einfach ist der Zusammenhang mit dem zugrunde gelegten Warmwasserbedarf zu erkennen. Wird für die Dimensionierung der Solaranlage der Warmwasserverbrauch höher angenommen als er in der Praxis auftritt, so sinken die spezifischen Erträge der Solaranlage, der Deckungsanteil wird aber größer und umgekehrt. Zu optimistische Verbrauchsabschätzungen können die Erträge der Solaranlage erheblich reduzieren und somit auch die Rentabilität negativ beeinflussen.

6.4.3.3 Grundlegende Dimensionierung

Die Dimensionierung des konventionellen Anlagenteils, das heißt der konventionellen Nachheizung und des Bereitschaftsspeichers, erfolgt vollkommen unabhängig von der Dimensionierung des Kollektorfeldes. Die Nachheizleistung und die Größe des Bereitschaftsspeichers bilden eine Einheit und müssen genau aufeinander abgestimmt werden. Für die Dimensionierung des Bereitschaftsspeichers ist das auftretende Tagesverbrauchsprofil maßgeblich und daher wie bei einem konventionellen System ohne Kollektoranlage zu dimensionieren. Der Bereitschaftsspeicher stellt zusammen mit der Nachheizung die Versorgungssicherheit des Objektes dar und muss so ausgelegt sein, dass die maximal auftretende Stundenspitze (maximale Spitzenzapfung) abgedeckt werden kann. Eine der Grundregeln einer effizienten Speicherauslegung ist, dass der Bereitschaftsspeicher so klein wie möglich aber so groß wie nötig dimensioniert werden sollte. Zur Berechnung des erforderlichen effektiven Speichervolumens und der erforderlichen Nachheizleistung stehen allgemein anerkannte Verfahren zur Verfügung:

- Bedarfskennzahl-Methode (DIN 4708 1994),
- Gleichzeitigkeitsfaktormethode (Dell et al. 2010).

Mit Hilfe von Dimensionierungsdiagrammen, wie dem in der Abb. 6.44 für Mehrfamilienhäuser dargestellten Grafik, können die Kollektor- und Speicherabmessungen für verschiedene Typen von solaren Warmwasserbereitungsanlagen ausgelegt werden. Die nach dem Diagramm ausgelegte Kollektorfläche entspricht der benötigten Kollektorfläche bei Südausrichtung des Kollektors unter einem Neigungswinkel zur Horizontalen von $\beta = 40°$. Weichen Ausrichtung und Neigung der für das Kollektorfeld geplanten Fläche von denen des Dimensionierungsdiagramms ab, so ist muss die Größe des Kollektorfeldes um einen bestimmten Faktor korrigiert werden. Nach Festlegung der wichtigsten Komponentengrößen (Kollektor und Speicher) kann anhand des Diagramms zur Systemkonzeptfindung bereits das für das jeweilige Objekt passende Anlagenschema gefunden werden.

Zunächst ein Beispiel:

- Ausgangspunkt

Gegeben sei ein kompakter Neubau mit 50 Wohneinheiten für 125 Personen und ein durchschnittliches Verbraucherprofil mit 30 *l* pro Person und Tag. Am Standort betrage die mittlere jährliche Einstrahlung 1020 kWh/m^2 und die Dachausrichtung ist 30° Süd-West. Die Dachneigung ist $\beta = 40°$ und eine Dachintegration der Kollektoren ist möglich. Geplant ist ein zentrales Haustechniksystem mit neuem Technikraum und einer Zirkulationsleitung von ca. 250 m Länge. Die verfügbare Dachfläche ist 25×6 m und der höchster Montagepunkt liegt 25 m. Gesucht ist eine Anlage mit einem Kosten-Nutzen-Optimum.

- Vorgehensweise

Bei Kenntnis der Personenanzahl und des Verbrauchsprofils ergibt sich der Punkt 1 in der Abb. 6.44. Auf der rechten Skala kann dann das Speichervolumen 1, des sogenannten Bereitschaftsspeichers abgelesen werden. Durch Ziehen einer Parallelen zur Abszisse (x-Achse) erhält man für den gegebenen Standort den Punkt 2 in der Abb. 6.44. Mit Hilfe einer Parallelen zur Ordinate durch den Punkt 2 erhält man für den gewünschten solaren Deckungsgrad (hier Kosten-Nutzen-Optimum) den Punkt 3. Zieht man nun durch den markierten Schnittpunkt eine weitere horizontale Linie zum rechten Rand des Diagramms, kann die benötigte Kollektorfläche sowie das dazugehörige Pufferspeichervolumen (Speicher 2) abgelesen werden. Die aus dem Diagramm abgelesene Kollektorfläche bezieht sich auf die aktive Kollektorfläche (Netto-, Einstrahl- oder Aperturfläche), die vom Kollektorhersteller angegeben wird und zur Angabe über die Leistungsfähigkeit der Solaranlage benötigt wird. Durch den Einsatz eines Kollektors mit besseren Leistungsmerkmalen kann der Deckungsanteil minimal gesteigert werden. Die Aperturfläche entspricht nicht der effektiven vom Kollektor eingenommenen Fläche. Da in der Vorplanungsphase meist der Kollektor und seine Abmaße noch nicht bekannt sind, kann überschlägig folgende Formel angewandt werden:

$$A_{Brutto} = 1.15 \cdot A, \tag{6.36}$$

in der A_{Brutto} die Bruttokollektorfläche ist und A die Aperturfläche. Weicht die für die Kollektoren zur Verfügung stehende Fläche von der im Dimensionierungsdiagramm angenommenen Südausrichtung und dem Neigungswinkel von $\beta = 40°$ ab, muss die Kollektor-

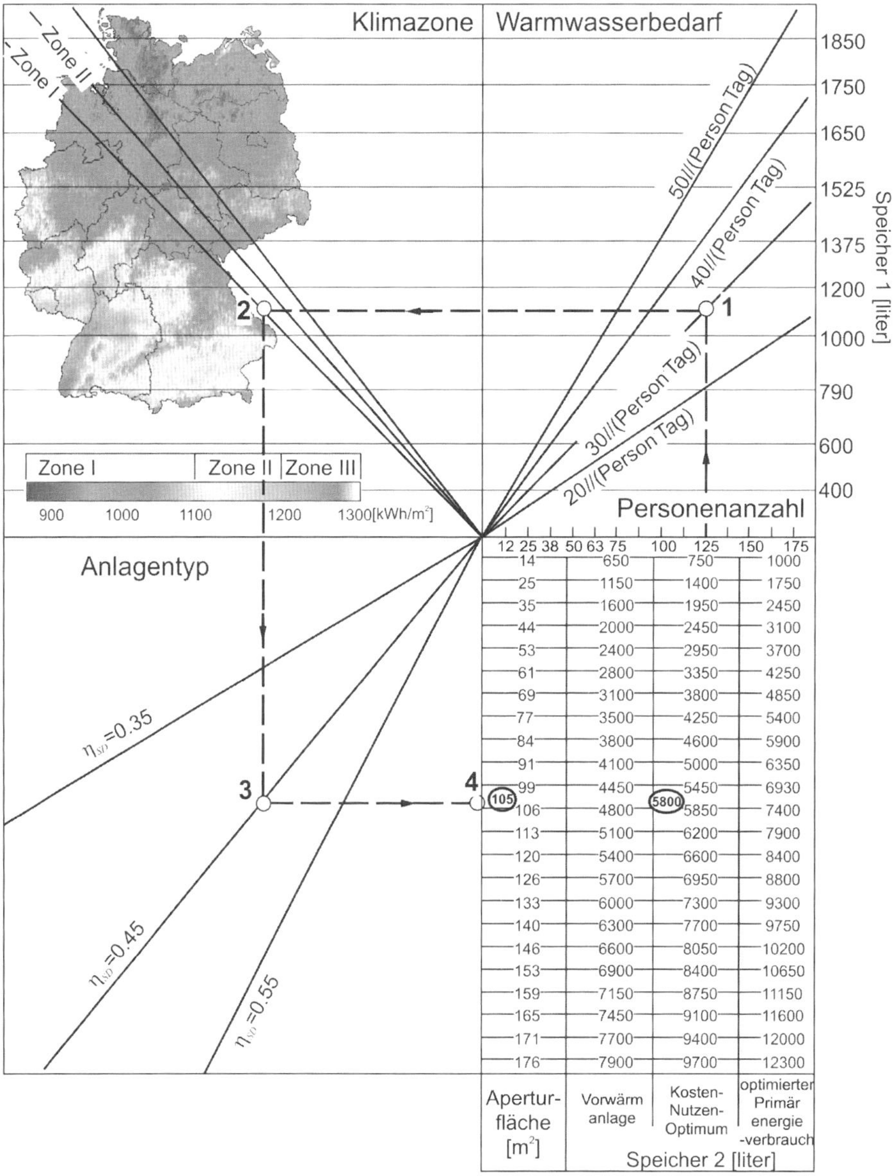

Aperturfläche [m²]	Vorwärmanlage	Kosten-Nutzen-Optimum	optimierter Primärenergieverbrauch
14	650	750	1000
25	1150	1400	1750
35	1600	1950	2450
44	2000	2450	3100
53	2400	2950	3700
61	2800	3350	4250
69	3100	3800	4850
77	3500	4250	5400
84	3800	4600	5900
91	4100	5000	6350
99	4450	5450	6930
106	4800	5850	7400
113	5100	6200	7900
120	5400	6600	8400
126	5700	6950	8800
133	6000	7300	9300
140	6300	7700	9750
146	6600	8050	10200
153	6900	8400	10650
159	7150	8750	11150
165	7450	9100	11600
171	7700	9400	12000
176	7900	9700	12300

Abb. 6.44 Dimensionierungsdiagramm für Mehrfamilienhäuser zur graphischen Ermittlung der Volumina des Bereitschaftsspeichers (*Speicher 1*) und des Pufferspeichervolumens (*Speicher 2*). (modifiziert nach Dell et al. 2010)

fläche korrigiert werden. Der Aperturfläche A wird dann multiplikativ ein Korrekturfaktur δ zugeschlagen, so dass sich die korrigierte Aperturfläche A_{kor} aus $A_{kor} = (\delta \cdot A)$ ergibt. Typische Korrekturfakturen δ sind der Tab. 6.6 zu entnehmen.

Tab. 6.6 Korrekturfaktoren zur Ermittlung der korrigierten Aperturfläche A_{kor} bei nicht exakter Südausrichtung eines Dachs für verschiedene Dachneigungswinkel β und Azimutwinkel γ

Dachneigung β (°)	Abweichung von der Südrichtung γ (°)				
	45	30	0	–30	–45
20	1.05	1.05	1.05	1.05	1.05
25	1.05	1.05	1.05	1.05	1.05
30	1.05	1.05	1	1.05	1.05
35	1.05	1.05	1	1.05	1.1
40	1.05	1.05	1	1.05	1.1
45	1.05	1.05	1	1.05	1.1
50	1.1	1.05	1	1.1	1.15
55	1.1	1.1	1.05	1.1	1.15
60	1.15	1.1	1.1	1.15	1.2

6.4.3.4 Systemkonzeptfindung und Integration in Kreisläufe

Unter Kenntnis der für das vorliegende Gebäude optimalen erforderlichen Kollektorfläche (Aperturfläche) lässt sich mit Hilfe der Systemkonzeptfindung innerhalb der am häufigsten eingesetzten Systemkonzepte das auswählen, das den Gegebenheiten und Kundenwünschen am meisten entspricht. Dieses Konzept kann in der Ausschreibung vorgeschlagen werden und dient als Anhaltspunkt für den Anbieter der Anlage. Prinzipiell stehen sechs unterschiedliche Systemkonzepte A bis F zur Wahl, auf deren individuelle Vor- und Nachteile, deren Anwendung und Aufbauschema sowie deren effizienten Betriebsart näher im Abschn. 6.4.5 eingegangen wird. Es sind dies:

- System A, bestehend aus einem zentralen Speicher (Trink- oder Brauchwasser);
- System B, das ein zentrales Tank-in-Tank System ist.
- System C ist ein Boilerbatteriekonzept und besteht aus zwei Speichern.
- System D verfügt über einen zentralen Puffer- und Bereitschaftsspeicher im Ladespeicherprinzip mit Nachheizung im Pufferspeicher.
- System E besteht aus einem Zweileiternetz mit zentralem Pufferspeicher und dezentraler Brachwassererwärmung und das
- System F ist ein dezentrales System ohne Pufferspeicher.

Für die Auswahl des jeweiligen Systemkonzeptes ist der Gebäudetyp wichtig, ob es sich um

- ein kompaktes oder ein
- langgestrecktes Gebäude

handelt. Langgestreckte Gebäude erfordern ein anderes Profil der hydraulischen Versorgung, so dass sich gegenüber kompakten Gebäuden andere Systemkonzepte ergeben. Aus dieser Klassifizierung ergeben sich zwei Auswahltabellen, die in der Abb. 6.45 und der Abb. 6.46 dargestellt sind. Das Ergebnis der Auswahltabelle ist ein Systemgrundkonzept

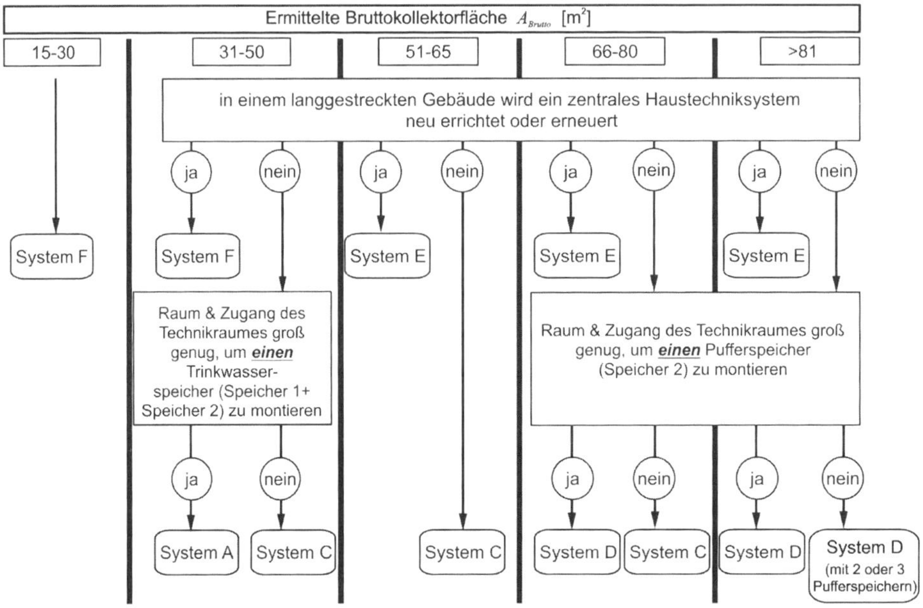

Abb. 6.45 Systemkonzeptfindung einer Niedertemperaturanlage für langgestreckte Gebäude nach. (Dell et al. 2010)

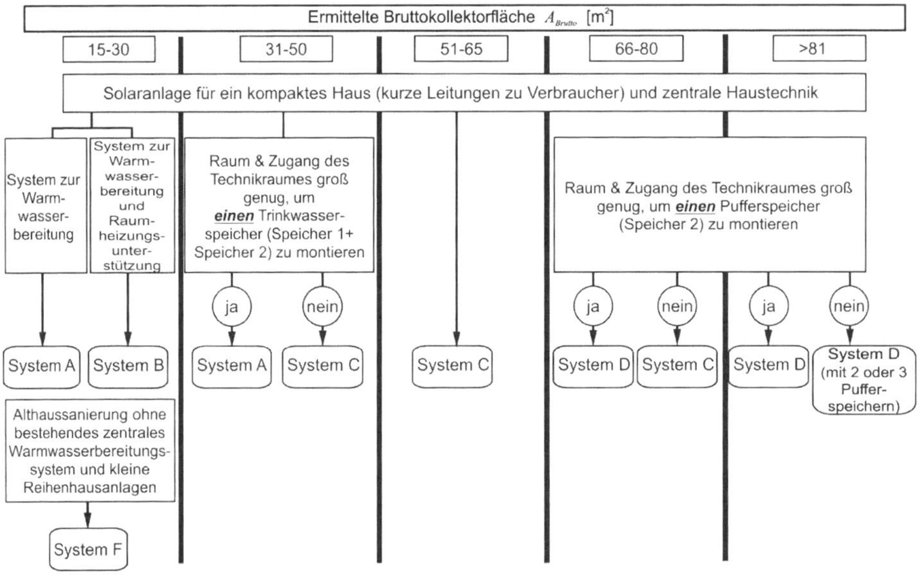

Abb. 6.46 Systemkonzeptfindung einer Niedertemperaturanlage für kompakte Gebäude nach (Dell et al. 2010)

(hier aufgegliedert in A bis F), das um die spezifischen örtlichen Gegebenheiten ergänzt werden muss. Im Weiteren erfolgt nach Kenntnis der erforderlichen Kollektorfläche eine weitere Unterteilung in die einzelnen Spalten. Nach Auswahl einer Spalte folgt man den Pfeilen innerhalb der Spalte und der Beschreibungen in den grauen Feldern, bis man am unteren Ende der Spalte den Vorschlag für das passende Systemkonzept gefunden hat. Zwischen den Spalten darf nicht mehr gewechselt werden.

Da die Gebäudestruktur und das Haustechniksystem bei jeder Anlage verschieden sind, müssen auch die vorgeschlagenen Systemkonzepte an die jeweilige Situation angepasst werden. Die Beschreibungen betreffen die Struktur, das Rohrleitungsnetz, die Lage der Komponenten und das Haustechniksystem. Als Auswahlkriterium für das am besten geeignete Systemkonzept wird zwischen einem zentralen Haustechniksystem und einem dezentralen Haustechniksystem unterschieden.

- Bei einem kompakten Gebäude sollte die Haustechnik der Solaranlage zentral organisiert sein; dies gilt vor allem für kleinere Bauobjekte.
- Bei lang gestreckten Baukörpern kann die Verwendung dezentraler Solaranlagen für einzelne Wohneinheiten sinnvoll sein.
- Prinzipiell sollte die Speicheraufstellung so erfolgen, dass möglichst kurze Wege zu den Verbrauchern erreicht werden.

6.4.4 Verringerung und Vermeidung von Stillstandssituationen

Das Stagnationsverhalten einer Solaranlage gewinnt durch die immer leistungsfähigeren Absorber und effizienten Systemkomponenten immer mehr Bedeutung. Eine wichtige Rolle spielt neben der Kollektorverschaltung die Rohrleitungsführung und die Armaturenanordnung. Ein Stagnationsszenario wie im Abschn. 5.1 beschrieben, wird nur noch sehr selten durch den Ausfall der Regelung oder der Pumpe verursacht. Je höher der Deckungsanteil der Anlage ist, desto größer ist das Überangebot an Energie, der in den Sommermonaten zum Stillstand führt. In diesem Fall ist die Kollektorfläche bezüglich der Sommereinstrahlung überdimensioniert. Die Stillstandsdauer kann in derartigen Systemen mehrere 100 Stunden im Jahr betragen (Lustig 2002). Es gibt zwei unterschiedliche Konzepte zur Vermeidung von Stillstandsproblemen in Kollektoren.

Es sind dies zum ersten sogenannte eigensichere Systeme, in denen ein Stillstand keine zusätzliche Belastung für die Systemkomponenten bedeutet. Zu den eigensicheren thermischen Solarsystemen werden folgende gezählt:

- Drain Back Systeme,
- Optimierte Kollektorfeldverschaltung,
- Wärmeabfuhr durch gezielte Kondensation,
- Heat-Pipe Kollektoren,
- Systemdruckerhöhung.

Das zweite Konzept zur Vermeidung eines Kollektorstillstands geht von einem vollständigen Ausschluss potenzieller Verdampfungssituationen im Kollektor aus. Es basiert auf ausgeklügelten Regelungsstrategien des Solarkreislaufes. Die Strategien können mit Hilfe von Systemsimulationen, die im Abschn. 6.3 behandelt wurden, für die jeweilige Anlage im Detail (auch vor deren technischer Umsetzung) numerisch abgebildet werden. Alle *regelungsgestützen Systeme* werden als *aktive* Systeme bezeichnet, da potenzielle Stillstandsvorgänge mit Hilfe eines aktiven Regelungseingriffs in Pumpe, Wärmetauscher etc. gezielt ausgeschlossen oder minimiert werden.

Beim Kollektorstillstand erreicht der Speicher die Maximaltemperatur und es wird keine Nutzwärme entzogen. Aufgrund der Regelung schaltet sich die Pumpe aus. Um unerwünschte Effekte wie übermäßige Temperatur- und Druckbelastungen der Komponenten zu vermindern, muss in erster Linie die Restflüssigkeitsmenge reduziert werden. Dies hängt hauptsächlich von der Konstruktion der Anlage und der Positionierung der Komponenten ab. Auch in aktiv geregelten thermischen Solarsystemen führen die in den folgenden Abschnitten diskutierten Maßnahmen zu geringeren Folgen eines Kollektorstillstands. Zusätzlich reduzieren folgende Maßnahmen die Dauer des Stillstands:

- Lange Rohrleitungen zum Membranausdehnungsgefäß bedeuten größere Abkühlverluste und senken die Temperaturbelastung;
- eine Erhöhung des Betriebsdrucks verringert die Verdampfungsrate im Kollektorkreis.

Nachfolgend werden die Grundgedanken der eigensicheren Systeme zum weitestgehenden Ausschluss von Kollektorstillstandssituationen vorgestellt, sowie die Grundgedanken der Regelungsstrategien erläutert.

6.4.4.1 Drain-Back Systeme

Das Drain Back Konzept erfordert, dass jede Rohrleitung beginnend vom höchsten Punkt der Anlage fallend in Richtung eines Vorratsvolumens verlegt ist. Damit kann sich das gesamte Fluidvolumen durch Schwerkraft vollständig in das Vorratsvolumen entleeren. Im Gegenzug strömt Gas zumeist Luft aus dem Vorratsvolumen in den Kollektorbereich. Die Kollektorkreisläufe können geschlossen oder zur Atmosphäre hin offen sein. Geschlossene Kreisläufe sind weit verbreitet; sie sind in Metall ausgeführt und daher auch für Drücke über 3 bar geeignet. Da nach einiger Zeit der im Kreislauf ursprünglich vorhandene Sauerstoff verbraucht ist, kommt es anschließend zu keiner weiteren Korrosion. Offene Kreisläufe werden gewöhnlich mit Kunststoffrohren ausgeführt und brauchen nur auf den hydrostatischen Druck bei Betriebstemperatur ausgelegt werden. Besonders zu beachtende Punkte bei der Ausführung von Drain-Back Systemen sind:

- Rohrgefälle von 1.5–3 cm/m (minimal 1 cm/m). Bei ungeeigneten Befestigungen der Rohre können Wärmedehnungen im Laufe der Zeit zu Flüssigkeitssäcken führen. Ein Gefälle ist auch für Rohrverschraubungen und Verbindungsleitungen zwischen den Kollektoren erforderlich. Insbesondere bei übereinander in Serie geschalteten Kollektoren muss darauf geachtet werden. Bei parallelgeschalteten Kollektoren ist die Art der Kollektoranschlüsse maßgebend für die Verlegung der Vor- und Rücklaufleitungen.

- Der Querschnitt der Vorlaufleitung ist besonders zu beachten. Einerseits muss über diese Leitung der Kollektor belüftet werden und andererseits muss beim Anlaufen des Systems über diese Leitung die Luft durch das Wasser mitgerissen werden. In der Regel erfordert das einen kleineren Querschnitt als bei der Rücklaufleitung.
- Systeme mit geschlossenem Kreislauf, in dem sich Komponenten aus Stahl befinden, erzeugen nach einiger Zeit Korrosionsprodukte (Eisenoxide), die sich ablagern und beispielsweise im Kollektor Verstopfungen hervorrufen können. Hier sind Filter vorzusehen. Offene Systeme erfordern den Einsatz rostfreier Materialien (meist Edelstähle) in Pumpen. Neben Kupfer oder Messing sind unter anderem auch Kunststoffe für das Rohrleitungsnetz geeignet.
- Die Solarkreispumpe muss nicht nur den Strömungswiderstand im Normalbetrieb aufbringen können, sie muss auch den Höhenunterschied zur Füllung des Kollektors überwinden können. Um parallelgeschaltete Kollektoren problemlos füllen zu können, ist ein Volumenstrom von etwa 40–80 l/(m^{2}h) notwendig (High Flow Anlage). Die hohen Füllvolumenströme sind nach einigen Minuten reduzierbar. Eine geringe Höhendifferenz zwischen Kollektor und Vorratsbehälter führt auch zu kleineren Pumpenförderhöhen.

Die Anforderungsliste der Drain-Back-Systeme verdeutlicht, dass die Montage und Konzeption speziell geschultes Personal erfordert (Hausner et al. 2003).

Ursprünglich wurden Drain-Back Systeme entwickelt, um ein frostsicheres Anlagenkonzept ohne spezielle Wärmeträgermedien sondern lediglich unter Nutzung von Wasser als Fluid bereitzustellen. Der Solarkreislauf lässt sich dadurch wie eine herkömmliche Heizungsanlage an die Wasserversorgung anschließen. Darüber hinaus ist keine spezielle Solarpumpe erforderlich. Damit in Frostperioden keine Lecks durch Eis im Kollektor oder in den Rohrleitungen entstehen, werden die gesamten Rohrleitungen im Solarkreis so verlegt, dass sie sich beim Ausschalten der Solarkreispumpe in Richtung des tiefsten Punkts (meist Keller) vollständig entleeren können und ein dort befindliches Luftvolumen in den Kollektor steigt. Mit den vermehrt beobachteten Auftreten von Stillstandsproblemen in Solaranlagen durch verdampfendes Medium gewinnen Drain-Back Systeme erneut an Interesse, da der Kollektor im Stillstand mit Luft gefüllt ist und keine Verdampfungsvorgänge stattfinden.

Die Abb. 6.47 zeigt die für kleine Anlagen häufigsten Varianten von Drain Back Anordnungen. Allen Systemen gleich ist ein Luftvolumen, das sich während des Betriebes der Pumpe in einem Leerraum des Kreislaufs befindet. Bei ausgeschalteter Pumpe wandert dieses Luftpolster durch die Leitung nach oben in den Kollektor, während die Flüssigkeit nach unten entleert wird (englisch: „drain"). Die Systeme unterscheiden sich jedoch bezüglich des Ortes, in dem sich das Luftpolster während des Pumpenbetriebs befindet.

Eine einfache Umsetzung des Drain-Back Konzepts zeigt die Abb. 6.47a. Hier befindet sich das ‚Leervolumen' direkt im Pufferspeicher. Die Nutzenergie wird über einen im

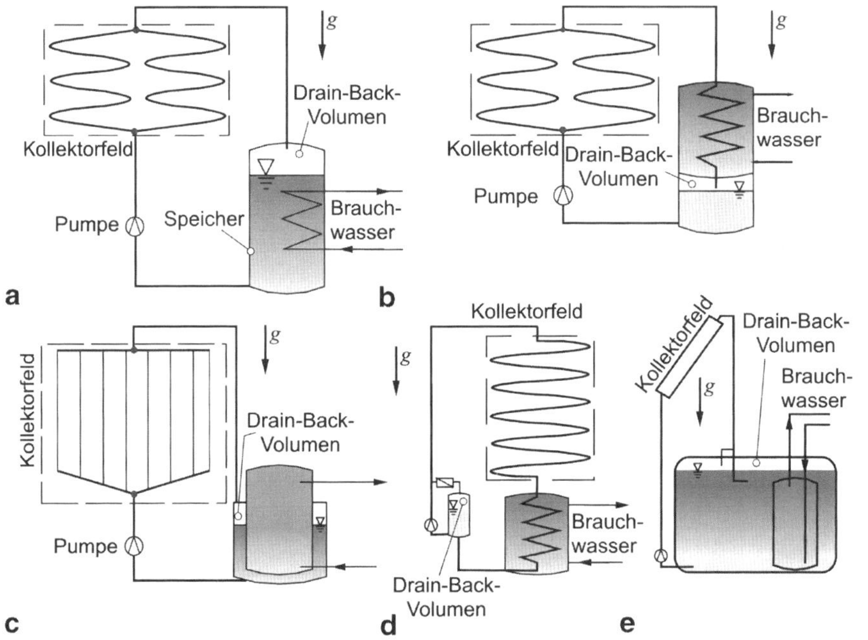

Abb. 6.47 a–e Schemaskizzen der Rohrleitungsführungen unterschiedlicher Drain Back Systeme, deren Speicher sich unter oder auf dem Kollektorniveau befinden. Erläuterungen hierzu im Text

Speicher befindlichen Wärmetauscher an das Brauchwasser transferiert. Die Kollektorunterkante muss dabei geodätisch höher als die Speicheroberkante angeordnet sein. Bei Verwendung einer Kreiselpumpe darf der Höhenunterschied zwischen Kollektoroberkante und Pumpe deren maximale Förderhöhe nicht überschreiten.

Abbildung 6.47b zeigt ein Schema mit Verwendung eines Brauchwasserspeichers. Hier ist das Luftvolumen als zusätzlicher Tankbereich am unteren Ende des Speichers angebracht. Dies erlaubt eine Anordnung der Kollektorunterkante unterhalb des Flüssigkeitsstandes der Speicheroberkante. Ein derartiges Konzept findet beispielsweise Verwendung bei in Dachgeschossen installierten Anlagen.

Das in Abb. 6.47c illustrierte Konzept beschreibt eine ähnliche Umsetzung mit Hilfe eines Mantelwärmetauschers, der gleichzeitig das ‚Leervolumen' bereitstellt. Im Unterschied zu den in den Abb. 6.47a und b dargestellten Systemen, die einen Serpentinenkollektor verwenden wird in der Graphik c ein Kollektor mit paralleler Verrohrung verwendet. Da bei diesem Kollektortyp bei nicht waagrechter Installation Restflüssigkeit im Kollektor verbleiben könnte, ist das untere Verteilerrohr V-förmig ausgeführt.

Bei Systemen, bei denen die Höhendifferenz zwischen Kollektor und Pumpe größer ist als die Förderhöhe der Pumpe, empfiehlt sich die in Abb. 6.47d dargestellte Variante. Durch die Verwendung einer Verdrängerpumpe kann hier eine größere Druckdifferenz aufgebaut werden. Gleichzeitig muss, da die Pumpen im Stillstand in beide Flussrichtun-

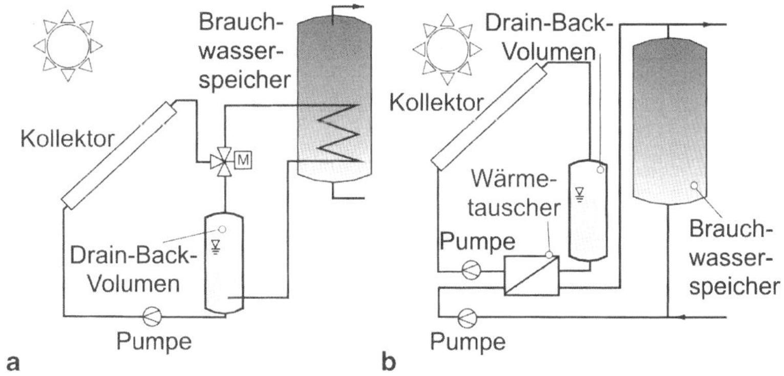

Abb. 6.48 Schema von Drain-Back Systemen, deren Speicher sich auf dem Kollektorniveau (**b**) oder teilweise darüber (**a**) befindet

gen sperren, über einen Bypass dafür gesorgt werden, dass die Luft nach oben in den Kollektor wandern kann.

Drain Back Systeme haben an mehreren tausend Anlagen in den Niederlanden ihre Funktionstüchtigkeit nachgewiesen. Dort werden 80 bis 90 % der Anlagen nach diesem Konzept aufgebaut (Noij 2001). Zumeist handelt es sich dabei allerdings um kleinflächige nur mehrere Quadratmeter große Anlagen zur Brauchwassererwärmung. Auch Großanlagen mit einer Kollektorfläche von ca. 1000 m^2 wurden basierend auf diesem Funktionsprinzip in Betrieb genommen- es hat sich jedoch gezeigt, dass der Verrohrungs- und Installationsaufwand erheblich über dem der Anlagen konventioneller Bauart liegt.

Ist eine Anordnung des Speichers lediglich auf Kollektorniveau möglich, so bieten sich die in Abb. 6.48 schematisch dargestellten Varianten an. Hierbei findet insbesondere die in der Abb. 6.48b dargestellte Variante bei großen Kollektorflächen Verwendung (Weiss 2003), obwohl durch den zwischengeschalteten Sekundärkreislauf zusätzlich Investitionskosten für Pumpe, Wärmetauscher und Rohrleitungsbau anfallen.

6.4.4.2 Optimierte Kollektorfeldschaltung

Eine weitere Möglichkeit zur Vermeidung von Stillstandsproblemen ist die Optimierung der Kollektorverrohrung bzw. der Kollektorfeldverschaltung. Das Optimierungsziel ist ähnlich dem der Drain-Back Systeme und fokussiert sich hauptsächlich auf ein möglichst gutes Entleerungsverhalten der Kollektoren. Ein Kollektorfeld nach den Vorschriften eines Drain-Back Systems kombiniert mit ansonsten konventioneller Technik (Membranausdehnungsgefäß, Pumpe und Rückschlagklappe) zeigt im Wesentlichen keine oder nur eine geringe Stillstandproblematik, wenn keine stagnierenden Flüssigkeitsvolumina (sogenannte „Säcke" oder „Siphons") auftreten. Der Installations- und Verrohrungsaufwand kann bei einem konventionellen System mit gutem Entleerungsverhalten dem eines Drain-Back-Systems entsprechen. Vor allem bei größeren Anlagen wird dieser Aufwand oft nicht betrieben oder die Festlegung auf bestimmte Kollektortypen oder hydraulischen

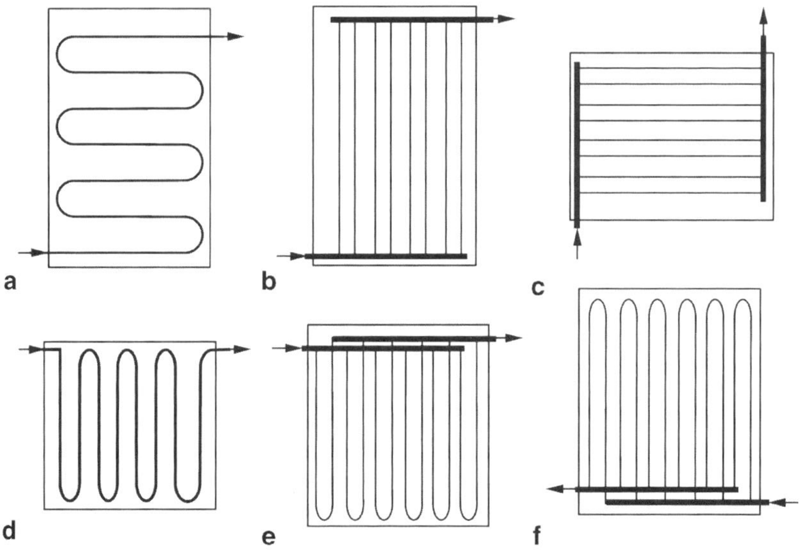

Abb. 6.49 Schemaskizzen unterschiedlicher kollektorinterner Verrohrungsarten

Kollektorfeldverschaltungen ist nicht gewünscht. In einigen Fällen lassen die baulichen Voraussetzungen eine Anlageninstallation ohne permanent gefüllte Flüssigkeitsvolumen nicht zu.

Das Drain-Back Konzept stellt damit das Optimum bezüglich des Entleerungsverhaltens des Kollektorfeldes dar. Bei einem mit Frostschutz gefülltem System sind die Anforderungen bezüglich des Entleerungsverhaltens geringer, da keine Gefahr des Einfrierens besteht. Weiterhin erfolgt die Entleerung nicht in Folge der Schwerkraft, sondern durch lokale Verdampfungsvorgänge im Kollektor. Bei der Entleerung im Überlastfall muss sowohl

- die kollektorinterne Leitungsführung wie auch
- die Verrohrung des externen die Komponenten verbindenden Leitungsnetzes

berücksichtigt werden.

Kollektorinterne Verrohrung

Voraussetzung für ein optimales Entleerungsverhalten ist, dass mindestens einer der beiden Kollektoranschlüsse auf der Unterseite des Kollektors herausgeführt wird. Rohrleitungsführungen wie der Serpentinentyp (vgl. Abb. 6.49a), der Harfentyp (vgl. Abb. 6.49b) oder die Ausführung in Abb. 6.49c zeigen nach Messungen (Scheuren 2008) einen Entleerungsfaktor von nahezu 100 %, wobei sich bei exakt horizontal ausgeführten Absorberrohren ein etwas schlechteres Entleerungsverhalten einstellt, da in den parallelen Rohren eine Schichtströmung auftritt, die den Abtransport des Fluids verlangsamt. Bei für Vakuumröhrenkollektoren typischen Verschaltungen (s. Abb. 6.49d und e) befinden sich

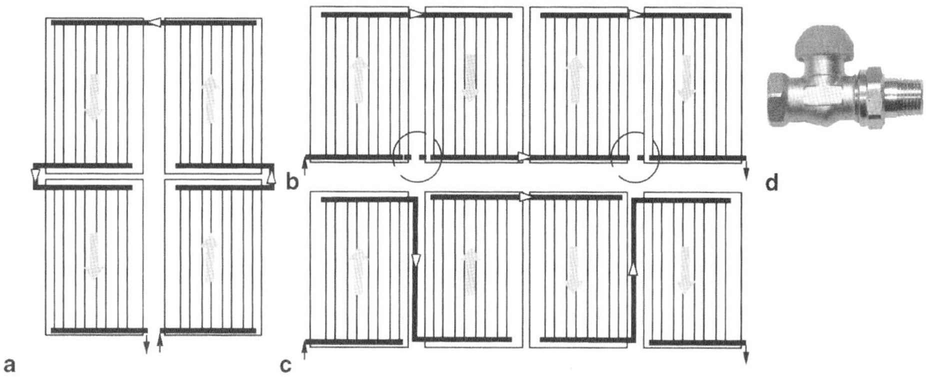

Abb. 6.50 Beispiele seriell geschalteter Kollektoren mit Tichelmannströmungsführung mit günstigem Entleerungsverhalten (**a**), ungünstigem Entleerungsverhalten (**b**) und verbessertem Entleerungsverhalten (**c**), (----) Einbauort von Thermostatventilen (**d**) zur Verbesserung des Entleerungsverhaltens

beide Kollektoranschlüsse am oberen Ende des Kollektors. Dadurch ist der Entleerungsfaktor bei diesen Varianten weitaus kleiner; er beträgt bei der Ausführung (e) etwa 30 % und bei der Option (d) circa 50 %. In den angesprochenen Messungen wurde ein tiefes Eindringen von Dampf in die nachgeschaltete Rohrleitung beobachtet. Weiterhin gelangt durch die oben liegenden Anschlüsse von den Rohrleitungen zurückfließendes Kondensat unmittelbar in überhitzte Bereiche des Kollektors. Als Folge daraus entstehen pulsierende Verdampfungsvorgänge, die eine zusätzliche Wechselbelastung des Kollektors darstellen. Ein verbessertes Verhalten zeigt eine Verrohrung nach der Variante (f), die die Abb. 6.49f illustriert.

Kollektorfeldverschaltungen

Kollektorfelder bestehen aus einer Verschaltung mehrerer einzelner Kollektoren. Meist erfolgt eine Verschaltung der Kollektoren nach dem sogenannten Tichelmann-Prinzip (Abb. 6.50a), das eine gleichmäßige Durchströmung jeden Kollektors sicherstellt. Entscheidend für das Entleerungsverhalten ist hier die Anordnung der einzelnen Kollektoren relativ zueinander. Ein singulär gut selbstentleerender Kollektor kann bei einer ungünstigen Feldverschaltung einen erheblich geringeren Entleerungsfaktor aufweisen. Auch bei der Anordnung von Kollektoren in Feldern sollte einer der beiden Anschlüsse an das Kollektorfeld nach unten weggeführt werden, um ein günstiges Entleerungsverhalten zu ermöglichen. Die Abb. 6.50 zeigt beispielhaft drei mögliche Feldverschaltungsvarianten eines Kollektors vom Harfentyp. Alle Bilder zeigen vier in Reihe geschaltete Kollektoren. Obwohl ein einzelner Kollektor dieses Typs einen Entleerungsfaktor von nahezu 100 % hat, kann abhängig von der Verschaltung im Feld das Gesamtentleerungsverhalten deutlich voneinander abweichen.

In der Verschaltungsvariante in Abb. 6.50a entleert sich das Feld optimal, da die Verdrängung der Flüssigkeit durch beide Anschlussleitungen erfolgen kann. Hierbei ist mit einem vorteilhaften Stillstandsverhalten der Anlage zu rechnen, da bei der ersten Verdampfung im oberen Kollektorbereich das gesamte Feld entleert wird. Die in Abb. 6.50b dargestellte Verschaltung zeichnet sich durch ein ungünstigeres Entleerungsverhalten aus, da hier die mittleren Kollektoren die Flüssigkeit nicht nach unten verdrängen können, sondern nur durch die beiden am Rand befindlichen Kollektoren nach oben. Daher ist dort ein länger andauerndes Leersieden des Feldes zu erwarten. Hinsichtlich des Entleerungsverhaltens stellt die Verschaltungsoption in Abb. 6.50c eine Verbesserung dar. Hier können alle Kollektoren intern bei der ersten Verdampfung die Restflüssigkeit nach unten verdrängen. Allerdings können die für diese Verschaltung erforderlichen nötigen Steigleitungen (vertikale Rohre) bei unzureichender thermischer Isolation zu Druckstößen im System führen, da sich in ihnen Kondensat bilden kann, das in überhitzte Bereiche des Kollektors zurückfließen kann. Zusätzlich können in den Leitung stehende Flüssigkeitspfropfen durch eine starke Beschleunigung während der Verdampfung beim Aufprall auf Krümmer oder T-Stücke zu Wasserschlägen führen.

Ein eigensicheres Stillstandsverhalten der Anordnung b kann mit Hilfe eines Thermostatventils erreicht werden, das bei einer bestimmten Temperatur öffnet und ein Entleeren über die gemeinsamen Sammelleitungen ermöglicht. Die Abb. 6.50d zeigt ein solches Thermostatventil und in der Abb. 6.50b sind die entsprechenden Einbauorte gestrichelt eingezeichnet. Die Thermostatoption erlaubt eine größere Flexibilität der Kollektorfeldverschaltung unter Berücksichtigung des Entleerungsverhaltens und stellt bei baulichen Einschränkungen (Dachform, freie Dachflächen, Verrohrung usw.) ein wichtiges Hilfsmittel dar.

Eine exakt horizontale Ausrichtung der Absorberrohre zeigt beim Entleeren keine (auf Gravitation beruhende) Vorzugsrichtung. Dadurch entsteht in einer Feldverschaltung ein ungünstiges Stillstandsverhalten, da in den oberen Absorberrohren hohe Dampfgeschwindigkeiten auftreten können. Dies erfolgt dann, wenn in der obersten Absorberröhre die Verdampfung beginnt und sich eine Schicht- oder Ringströmung einstellt. Am Ende der Absorberrohrleitung wird der Dampfstrom mit der Flüssigkeit in den darunterliegenden Rohrsegmenten gemischt. Bei diesem Vorgang kann es zu erheblicher Geräuschbildung durch Kavitation oder Wasserschlägen kommen. Für lang gestreckte Reihen seriell verschalteter Kollektoren kann die Dampfgeschwindigkeit soweit ansteigen, dass diese Geräusche und die damit verbundenen Druckspitzen bis in den Keller reichen können (Kimmel et al. 2001).

6.4.4.3 Wärmeabfuhr durch gezielte Kondensation

Bei konventionellen thermischen Solaranlagen stehen im Kreislauf keine Komponenten zur Verfügung, die im Falle eines Stillstands als signifikante Wärmesenke genutzt werden kann. Nachts ist es bedingt durch die Temperaturabsenkung außen zwar möglich eine Speicherentladung über das Kollektorfeld durchzuführen, aber dieses Verfahren ist nicht sehr effizient. Die Integration eines definierten Kühlkörpers stellt eine Maßnahme dar, den während der Stagnation entstehenden Dampf zu kondensieren, um eine Überhitzung des Speichers zu verhindern. Zur gezielten Dampfkondensation bieten sich drei Optionen an:

- Wärmeabgabe in Rohrleitungen,
- Vorschaltgefäße und
- Rippenrohrkühler,

die nachfolgend diskutiert werden sollen.

Wärmeabgabe in Rohrleitungen

Systemimmanent besteht immer ein Wärmeverlust über die Rohrleitungen des Solarkreises. Da die meisten Leitungen der Solaranlage wärmegedämmt sind, ist ihr Kühlvermögen eingeschränkt. Wenn also kein Stagnationskühler in den Solarkreis integriert ist, fungieren die gedämmten Rohrleitungen als natürlicher einziger „Kühlkörper". Der spezifische Wärmeverluststrom pro Meter Kühlleitungslänge Q_R^* ergibt sich aus:

$$Q_R^* = \frac{Q_R}{L} = k_{eff}(T_i - T_U) \quad \text{mit} \quad k_{eff} = \pi \left(\frac{1}{\alpha_i d_i} + \frac{1}{2\lambda_{Rohr}} \ln \frac{d_a}{d_i} + \frac{1}{2\lambda_{iso}} \ln \frac{d_{iso}}{d_a} + \frac{1}{\alpha_U d_{iso}} \right), \tag{6.37}$$

in dem k_{eff} der effektive Wärmeübergangskoeffizient des Rohrs mit der Dämmung ist, T_i die Rohrinnenwandtemperatur und T_U die Umgebungstemperatur darstellt. α_i beschreibt den Wärmeübergangskoeffizienten des Wärmeträgers (in flüssiger oder dampfartiger Form) an das Rohr und α_U den Wert vom Isolationsmaterial an die Umgebung. Die spezifischen Wärmeleitfähigkeiten der Rohrwand und der Isolation sind durch λ_{Rohr} und λ_{iso} gegeben und als geometrische Größen treten der Rohrinnendurchmesser d_i, der der Außenwand d_a sowie der Außendurchmesser der thermischen Isolation d_{iso} auf. Die Flächenbezugsgröße des inneren und äußeren Wärmeübergangskoeffizienten ist die Innen- bzw. Außenoberfläche der gedämmten Rohrleitung. Die Oberflächentemperaturen der inneren Rohrwand T_{Rohr} und der Außenseite der Wärmedämmung T_{iso} ergeben sich aus:

$$T_{Rohr} = T_i + \frac{Q_R^*}{\alpha_i \pi d_i} \quad \text{und} \quad T_{iso} = T_U + \frac{Q_R^*}{\alpha_U \pi d_{iso}}, \tag{6.38}$$

Ein experimentelles Verfahren zur Bestimmung der Rohrleitungsverluste bei Stagnation ist in (Eggert 2005) beschrieben. Dabei wird zunächst der Wärmeübergangskoeffizient des Zweiphasengemisches an das Rohr ermittelt. Die experimentelle Bestimmung der Rohrleitungsverluste wird mit flüssigem Solarfluid auf einem Temperaturniveau möglichst nahe des Siedepunktes durchgeführt. Dabei ist die Flüssigkeitsströmung in den Rohren turbulent. Der innere Wärmeübergangskoeffizient α_i berechnet sich für $Re > 10^4$ und $Pr > 0.5$ (VDI 2005, Abschnitt Ga) nach der Gnielinski-Korrelation:

$$Nu = \frac{(\xi/8) Re Pr}{1 + 12.7\sqrt{\xi/8}(Pr^{2/3} - 1)} \quad \text{mit} \quad \xi = (1.8 \log_{10} Re - 1.5)^{-2}. \tag{6.39}$$

Tab. 6.7 Längenspezifische Wärmeverluste dampfgefüllter Rohrleitungen bei einer Temperaturdifferenz $\Delta T = (T_i - T_U) = 115$ °K bei zwei Isolationsstärken $t_{iso} = 0.5d_a$ und $t_{iso} = d_a$ mit $\lambda_{iso} = 0.05$ W/(mK)

Rohrabmessung ($d_a \times t_w$ (mm × mm))	$Q_R^*(t_{iso} = 0.5d_a)$ (W/m)	$Q_R^*(t_{iso} = d_a)$ (W/m)
18×1	36.5	27.6
22×1	38.4	28.3
28×1.5	40.5	29.2
35×1.5	42.3	29.8
42×1.5	43.6	30.3
54×2	45.1	30.8
76.1×2	46.9	31.4
88.9×2	47.5	31.6
108×2.5	48.3	31.8

Im Bereich $Re > 2300$ und $1.5 < Pr < 500$ empfiehlt der (VDI 2005) folgende Relation für einphasige Strömungen:

$$Nu = 0.12\,(Re^{0.87} - 280)Pr^{0.4}. \tag{6.40}$$

Die Wärmeübergangskoeffizienten werden für das horizontale und vertikale Rohr ausgewertet. Bei der vertikalen Strömung kommt es durch die Verdickung des Kondensatfilms zunächst zu einer Abnahme des Wärmeübergangskoeffizienten bis sich durch den Umschlag von einer laminar welligen zu einer turbulenten Kondensatströmung der Wärmeübergang erneut verbessert. Die Kondensatfilmdicken beim laminar turbulenten Umschlag betragen ca. 0.2 mm. In einer horizontalen Rohrleitung wird der Kondensatfilm am Boden der Leitung mit zunehmender Lauflänge dicker und der Wärmeübergangskoeffizient geringer. Der kleinste Wärmeübergangskoeffizient ergibt sich bei reiner Flüssigkeitsströmung. Die mittleren Wärmeübergangskoeffizienten für ein vertikales Rohr betragen ca. 7500 W/(m^{2}K), die des horizontalen ca. 4000 W/(m^{2}K). Bei geneigten Rohren liegt der Wärmeübergangskoeffizient zwischen beiden Werten. Die Auswirkungen des inneren Wärmeübergangs auf die Gesamtwärmeverluste der Rohrleitungen sind sehr gering, da sie nicht den maßgeblichen Wärmewiderstand darstellen. Viel entscheidender ist ihre Bedeutung im Hinblick auf das im Rohr existente Dampfvolumen.

Der äußere Wärmeübergangskoeffizient α_U berechnet sich für ein waagerechtes, in ruhender Luft verlegtes Rohr unter Berücksichtigung von Strahlung und freier Konvektion wie folgt:

$$\alpha_U = 8 + 0.04\,(T_{iso} - T_U) \qquad [\mathrm{W/(m^2K)}]. \tag{6.41}$$

Die Näherungsformel ist für folgenden Bereich gültig 5 °K ≤ $(T_{iso} - T_U) \leq 100$ °K. Bei typischen Stagnationssimulationen wird eine Umgebungstemperatur T_U von 25 °C und eine Fluidtemperatur T_i von ca. von 140 °C angesetzt, die einer Wassersattdampftemperatur bei 3.6 bar entspricht. Die längenspezifischen Wärmeverluste über dampfgefüllte, gedämmte Rohrleitungen sind sehr gering wie die Tab. 6.7 zeigt.

Tab. 6.8 Längenspezifische Wärmeverluste dampfgefüllter, ungedämmter Rohrleitungen bei einer Temperaturdifferenz $\Delta T = (T_i - T_U) = 115$ °K und einer vertikalen bzw. horizontalen Rohranordnung

Rohrabmessung (d_a (mm))	Q_R^* vertikales Rohr (W/m)	Q_R^* horizontales Rohr (W/m)
10	51	74
20	103	133
30	154	189
50	257	295
70	360	397
100	515	546

Bei nicht thermisch isolierten Rohrleitungen setzt sich der äußere Wärmeübergang α_U aus einem Strahlungs- und einem Konvektionsanteil zusammen:

$$\alpha_U = \alpha_{U,str} + \alpha_{U,konv}. \tag{6.42}$$

In der einfachsten Form wird der Strahlungsaustausch zwischen Rohroberfläche und der Umgebung in folgender Weise beschrieben:

$$\alpha_{U,str} = \sigma \varepsilon \frac{T_{Rohr}^4 - T_U^4}{T_{Rohr} - T_U}, \tag{6.43}$$

in der die Temperaturen in Kelvin einzusetzen sind und σ die Stefan-Boltzmann-Konstante darstellt (vgl. Kap. 4.4 Wärmetransport durch Strahlung). Die Rohroberfläche wird zumeist als grauer und die Umgebung als schwarzer Strahler behandelt. Oxidiertes Kupfer hat bei einer Temperatur von 140 °C einen Emissionsgrad ε von etwa $\varepsilon \approx 0.73$ (Sprenger et al. 2011). Die konvektiven Wärmeübergangskoeffizienten $\alpha_{U,\,konv}$ können überschlägig mit Hilfe folgender Approximationen:

$$\begin{aligned} \alpha_{U,konv} &= 1.6\,(T_{Rohr} - T_U)^{0.3} && \text{vertikales Rohr} \\ \alpha_{U,konv} &= 1.23 \frac{(T_{Rohr} - T_U)^{0.25+0.1 d_a}}{d_a^{1/4}} && \text{horizontales Rohr,} \end{aligned} \tag{6.44}$$

ermittelt werden. Die längenspezifischen Wärmeverluste liegen erheblich über denen gedämmter Rohrleitungen, wie die in Tab. 6.8 aufgeführten Beispielrechnungen für vertikale und horizontale dampfgeführte Rohre zeigen. Eine Vermeidung eines Stillstands durch gezielte Kondensation in Rohrleitungen alleine ist also nicht praktikabel.

Vorschaltgefäße

Eine weitere Möglichkeit zur Begrenzung des Systemdrucks ist die Verwendung eines Vorschaltgefäßes vor dem Membranausdehnungsbehälter (MAG). Technisch ist eine Anordnung wie in Abb. 6.51b dargestellt vorzuziehen, da dort Dampfblasen von unten in das kalte Vorschaltgefäß eindringen können und sofort darin kondensieren. So bleibt das MAG vor Dampf geschützt, aber durch die unmittelbare Kondensation im Vorschaltgefäß kommt es zu Druckoszillationen.

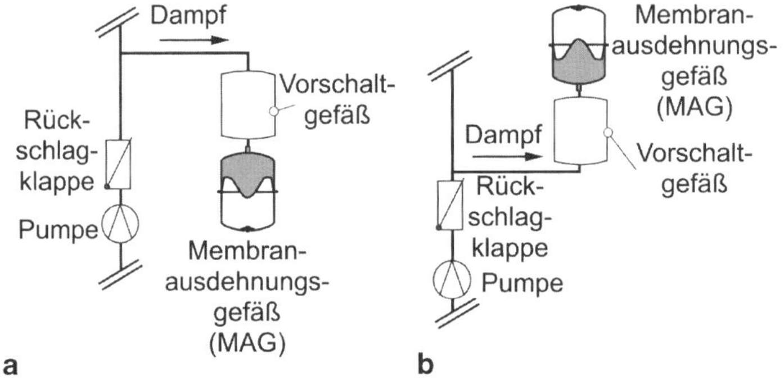

Abb. 6.51 Potenzielle Einbaukonfigurationen eines Vorschaltgefäßes zum Schutz des Membranausdehnungsgefäß (MAG) bei Stillstandsvorgängen

Tab. 6.9 Spezifische Kühlleistung dampfgefüllter Vorschaltgefäße unterschiedlicher Volumina bei einer Temperaturdifferenz $\Delta T = (T_i - T_U) = 115$ °K. Geometrieannahme: Höhe = Durchmesser. ($T_U = 25$ °C)

Volumen Vorschaltgefäß [l]	Kühlleistung [W/l]
5	51
10	40
15	35
20	32
50	23
80	20

Der Wärmetransport durch Strahlung und Konvektion berechnet sich in gleicher Weise wie bei Rohren. Die Oberfläche der meist aus Stahl gefertigten Gefäße ist fast immer mit Heizkörperlack überzogen ($\varepsilon = 0.925$). Zur Vereinfachung der Berechnung geht man von einer Zylindergeometrie mit abgerundeten Kanten aus. Die Nusselt-Zahl des konvektiven Wärmeübergangs zur Umgebung berechnet sich für einen frei umströmten Zylinder wie folgt:

$$Nu = [0.752 + 0387\,(Ra\,f_3\,(\mathrm{Pr})^{1/6})]^2 \quad \text{mit} \quad f_3\,(\mathrm{Pr}) = \left[1 + \left(\frac{0.559}{\mathrm{Pr}}\right)^{9/16}\right]^{-16/9}, \tag{6.45}$$

in dem *Ra* die Rayleigh -Zahl darstellt. Für Luft ($Pr = 0.7$) beträgt $f_3 \approx 0.325$. Die Tab. 6.9 zeigt spezifische Kühlleistungen dampfgefüllter Vorschaltgefäße unterschiedlicher Volumina. Der Tabelle kann entnommen werden, dass Vorschaltgefäße zur direkten Dampfdissipation wenig geeignet sind, da ihre spezifische Kühlleistung bezogen auf den Fluidinhalt geringer ist als bei gedämmten Rohrleitungen. Die Aufgabe des Vorschaltgefäßes ist der Schutz des MAG, indem es kaltes Solarfluid bevorratet, das bei Stagnation in das MAG gedrückt wird. Dieser kapazitive Puffer sorgt damit dafür, dass die Temperatur im MAG vergleichsweise niedrig bleibt, aber es erhöht die Menge des benötigten Solarfluids im Kollektorkreis.

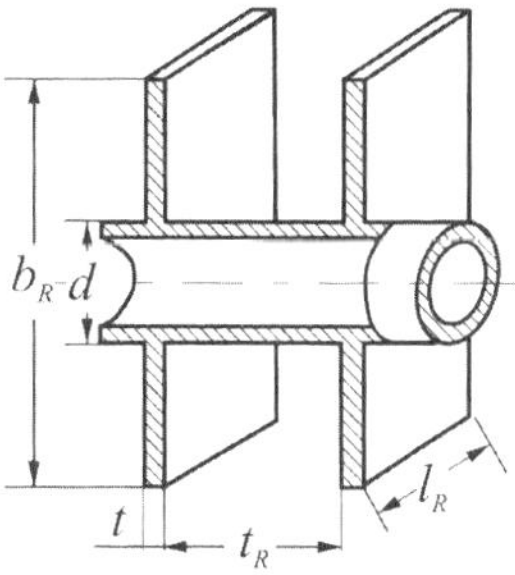

Abb. 6.52 Schemaskizze mit verwendeten Variablen zur Berechnung von Rippenrohrwärmetauschern

Rippenrohrkühler

Zuletzt bietet es sich an, die Dampfleistung über Rippenrohrkühler, die aus einem Rohr mit aufgepressten Aluminiumlamellen bestehen, an die Umgebung zu übertragen. Diese effiziente Art der Wärmeübertragung wird beispielsweise bei Heizleisten genutzt. Die Nusselt-Zahl bei freier Konvektion um ein glattes Rohr mit Rippen konstanter Dicke, konstantem lichten Abstand zwischen den Rippen b und dem Außendurchmesser d_a, die ein Maß für die Kühlleistung ist, berechnet sich wie folgt:

$$Nu = 0.24\left(Gr\ Pr\frac{b}{d}\right)^{1/3}, \tag{6.46}$$

in der die Nusselt-Zahl Nu und die Grashof-Zahl Gr in nachstehender Weise gebildet werden:

$$Nu = \frac{\alpha d_e}{\lambda} \quad \text{und} \quad Gr = \frac{g d_e \beta (T_{Rohr} - T_U)}{\nu^2} \quad \text{mit} \quad \beta = T_U^{-1} \quad \text{und} \quad d_e = d + h, \tag{6.47}$$

worin h die Rippenhöhe, d_e der effektive Durchmesser und λ die Wärmeleitfähigkeit der Luft ist. Die aus den Gln. (6.45) und (6.46) berechneten Wärmeübergangskoeffizienten müssen auf die gesamte umströmte Oberfläche bezogen werden. Zur Berechnung eines querangeströmten Rippenrohrwärmetauschers werden die in der Abb. 6.52 dargestellten Variablen verwendet. Zunächst wird der Rippenwirkungsgrad η_R ermittelt:

$$\eta_R = \frac{\tanh \chi}{\chi} \quad \text{mit} \quad \chi = \varphi\frac{d}{2}\sqrt{\frac{2\alpha_R}{\lambda_R \mathrm{t}}}, \tag{6.48}$$

wobei für Rechteckrippen folgender Geometriefaktor angesetzt wird:

$$\varphi = (\varphi' - 1)(1 + 0.35 \ln \varphi') \quad \text{und} \quad \varphi' = 1.28\frac{b_R}{d}\sqrt{\frac{l_R}{b_R} - 0.1} \quad \text{für} \quad l_R \geq b_R. \tag{6.49}$$

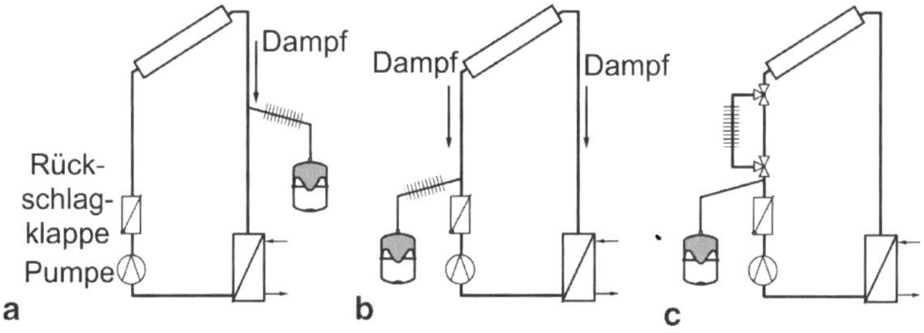

Abb. 6.53 Möglichkeiten zur Stillstandsvermeidung mit Hilfe einer Kühlerintegration in den Primärkreis einer thermischen Solaranlage

Der mittlere Wärmeübergangskoeffizient für Rohr und Rippe α_R wird für ein einzelnes, quer angeströmtes Rippenrohr nach folgender Beziehung ermittelt:

$$Nu = \frac{\alpha_R \lambda}{d} = 0.2 Re^{0.6} \left(\frac{A_{ges}}{A_{G0}} \right)^{-0.15} Pr^{1/3}, \tag{6.50}$$

wobei A_{G0} die Oberfläche des unberippten Rohrs ist und *Re* die mit dem Rohrdurchmesser gemittelte Reynolds-Zahl darstellt. Der scheinbare Wärmeübergangskoeffizient α_S und der vom Rippenrohr übertragene Wärmestrom $\dot{Q}$ lassen sich wie folgt berechnen:

$$\alpha_S = \alpha_R \left[1 - (1 - \eta_R) \frac{A_R}{A_{ges}} \right] \quad \text{und} \quad \dot{Q} = kA\Delta T \quad \text{mit}$$
$$\frac{1}{k} = \frac{1}{\alpha_S} + \frac{A_{ges}}{A_i} \left(\frac{1}{\alpha_i} + \frac{(d - d_i)}{2\lambda_{Rohr}} \right), \tag{6.51}$$

in der ΔT_m die mittlere logarithmische Temperaturdifferenz darstellt, A_i die innere Rohroberfläche und d_i den Rohrinnendurchmesser.

Zusätzlich zu den vorgestellten Wärmeabfuhrvarianten lassen sich eine Vielzahl weiterer aktiver Verfahren zur Kühlung denken wie beispielsweise zusätzliche Wasserkühler, Abgabe über die Heizung, Tischkühler, etc.... Neben der realisierbaren Kühlleistung der individuellen Verfahren spielt insbesondere der Ort zur Integration des Kühlers in den Primärkreis die zentrale Rolle. Ziel der Optimierung ist die Verringerung der potenziellen Stillstandszeit. Die Abb. 6.53 zeigt drei unterschiedliche Varianten.

Bei Variante (a) ist der Kühler in den im Normalbetrieb nicht durchströmten Abzweig zum MAG integriert. Durch die MAG-Positionierung im Vorlauf ist im Stagnationsfall eine Dampfausbreitung nur über diese Leitung möglich. Der Dampf bekommt eine eindeutige Richtung vorgegeben und die Pumpe ist effektiv vor hohen Temperaturen geschützt. Wenn nur eine Leitung für die Dampfausbreitung zur Verfügung steht, kann es unter Umständen zu einer Verschlechterung des Entleerungsverhaltens kommen. Die Bildung von Flüssigkeitssäcken ist möglich, die in der Variante (b) nicht entstehen würden.

Die Integration nach Abb. 6.53b zeigt eine klassische Komponentenanordnung mit einem zusätzlichen Stagnationskühler im MAG-Abzweig. Der Dampf besitzt in dieser Konfiguration keine Vorzugsrichtung. Entweder kondensiert der Dampf dort (interner Wärmeübertrager, Gefahr der Dampfbildung im Speicher) oder er breitet sich weiter bis zur Pumpe aus. Bei gängigen Solarstationen liegen der Abzweig zum MAG, die Rückschlagklappe und die Pumpe räumlich eng beieinander. Wenn Dampf den Abzweig erreicht, sind allein durch konduktive Wärmeleitung Pumpentemperaturen von über 110 °C möglich.

Die Möglichkeit (c) zeigt eine Betriebskühlung, die das Entstehen von Dampf verhindern soll. Steigt die Speichertemperatur oder die Kollektoraustrittstemperatur bei eingeschalteter Solarkreispumpe über einen Schwellwert, wird ein Stagnationskühler, der sich in einem parallelen Zweig zum Solarkreis befindet, zugeschaltet und durchströmt. Bei der Betriebskühlung ist die benötigte Kühlleistung und die abzuführende Wärmemenge bei weitem am höchsten und zugleich werden das Fluid und alle anderen Solarkreiskomponenten am geringsten belastet.

6.4.4.4 Heat-pipe Kollektoren

Heat-Pipe-Kollektoren, deren technische Ausführung im Abschn. 6.2.3 behandelt wurden, bestehen aus geschlossenen Wärmerohren, in deren Innerem sich eine leicht siedende Flüssigkeit und eine Absorberfinne befinden. Bei solarer Einstrahlung verdampft die Flüssigkeit im Rohr der Heat-Pipe; der Dampf strömt nach oben und kondensiert am Sammlerrohr, das vom Wärmeträgerfluid des Anlagenkreislaufs durchströmt wird. Das Kondensat fließt erneut nach unten und verdampft dort wieder. Im Stagnationsfall wird der Sammler nicht mehr durchströmt, wodurch die dort befindliche Flüssigkeit ebenfalls verdampft: Der Wärmetransport von der Röhre auf den Kondensator bricht zusammen, so dass das Dampfvolumen im Kollektorkreis auf den Sammlerbereich begrenzt bleibt.

6.4.4.5 Systemdruckerhöhung

Eine Strategie zur Belastungsminderung stellt die Wahl eines hohen Systemdrucks dar. Durch diese Maßnahme erhöhen sich die Siedetemperatur innerhalb des Kollektorfeldes und der Wirkungsgrad, gleichzeitig sinkt die Dampfproduktionsleistung. Durch die höhere Siedetemperatur steigt die Wärmebelastung und bei Verwendung von Kohlenwasserstoffen (Dichtungen, …) auch deren Alterung. Der Zielkonflikt lautet damit: benötigen die Solarkreiskomponenten oder das Solarfluid einen erhöhten Schutz.

6.4.4.6 Regelungsstrategien zur Stillstandsverminderung

Regelungsstrategien sind eine attraktive Methode zur Reduktion der Stillstandszeiten, da sie ohne bauliche Veränderung an der Anlage auskommen. Durch Programmierung eines geeigneten Regelalgorithmus, der an die Kennlinie der Solaranlage angepasst ist, wird zumeist die Solarpumpe angesteuert, was einen erhöhten Pumpenstrombedarf zur Folge hat. Oft werden in technischen Systemen drei Strategien verfolgt, die oft auch in Kombination angewendet werden.

- Kollektorkühlfunktion,
- Speichernachtauskühlung,
- Speicherdurchmischung,

Diese Kollektorkühlfunktion ist in die meisten gängigen Solarregler integriert. Die Regelaktionen erfolgen, sofern

a. die Speichertemperatur T_{Sp} kleiner als der erste Grenzwert der Speichertemperatur ist (T_{max1}) - Normalbetrieb.
b. die Speichertemperatur zwischen dem ersten Grenzwert der Speichertemperatur (T_{max1}) und der maximal zulässigen Speichertemperatur (T_{max2}) liegt - Kollektorkühlbetrieb.
c. die Speichertemperatur größer als die maximal zulässige Speichertemperatur (T_{max2}) ist - Abschaltung Übertemperatur des Speichers.

Im *Kollektorkühlbetrieb* wird die Solarpumpe angeschaltet, wenn sich die Kollektortemperaturen zwischen einem ersten Temperaturgrenzwert des Fluids im Kollektor ($T_{K,\ max1}$) und der maximal zulässigen Kollektorkühlfluidtemperatur ($T_{K,\ max2}$) befindet. Die Pumpe wird ausgeschaltet, sofern die Kollektortemperatur kleiner als der erste Temperaturgrenzwert minus eines Sicherheitstemperaturintervalls (meist 5–10 °K) liegt. Diese Art der Regelung sorgt dafür, dass ab der Überschreitung eines ersten Grenzwertes der Speichertemperatur die Solarkreispumpe im getakteten Betrieb gefahren wird. Durch die Aufnahme des Pumpenbetriebs nahe vor der ersten Verdampfung im Kollektorfeld, die durch die Temperatur ($T_{K,\ max2}$) gegeben ist, arbeiteten die Kollektoren bei einem niedrigen Wirkungsgrad. Das Erreichen der Speichermaximaltemperatur (T_{max2}) und damit das Eintreten des Stagnationsfalls werden dadurch um eine bestimmte Zeit verzögert. Kombiniert wird diese Strategie mit einer Rückkühlfunktion des Speichers, die dafür sorgt, dass der Speicher nachts unter die Temperatur (T_{max1}) abkühlt.

Die Anwendung der Kollektorkühlfunktion ist nur dann sinnvoll, wenn die überschüssige Speicherwärme auch abgeführt werden kann. Dazu wird das Kollektorfeld als Wärmesenke genutzt, was als *Speichernachtauskühlung* bezeichnet wird. Wenn die Kollektortemperatur deutlich messbar unter die der Speichertemperatur abfällt, was zumeist in den Nachstunden gegeben ist, erfolgt ein Betrieb der Primär- und eventuell auch der Sekundärkreispumpe mit Hilfe derer die Wärme über das Kollektorfeld an die Umgebung abgeführt wird. Der Pumpenbetrieb erfolgt in der Regel solange bis die Speichertemperatur auf einen einstellbaren Wert unterhalb der ersten Grenztemperatur des Speichers (T_{max1}) abfällt. Aufgrund der geringen Wärmeverluste von Vakuumröhrenkollektoren eignet es sich bei diesen Anlagen nur wenig. Schwierig ist die Regelung auch in Schichtenladespeichern oder Speichern mit internen Wärmeübertragern. In diesen Systemen wird vom Kollektorkreis kommendes kaltes Fluid stets in den unteren Speicherbereich geladen, ohne dass eine hinreichende Speicherdurchmischung erfolgt. Damit ist die Abkühlung des oberen Speicherbereichs minimal.

Auch ohne die Anwendung der Kollektorkühlfunktion und der Nachtauskühlung über das Kollektorfeld kann es sinnvoll sein eine *Speicherdurchmischung* durchzuführen. Bei diesem Verfahren bleibt der Energiegehalt des Speichers erhalten, aber die Exergie erniedrigt sich und als Konsequenz kann der Speicher mehr Wärme aufnehmen. Wie zuvor beschrieben ist eine Durchmischung nicht bei allen Speichersystemen ohne Modifikationen möglich.

6.4.5 Systemkonzepte solarthermischer Niedertemperaturanlagen

Es gibt ein breites Spektrum erfolgreich umgesetzter solarthermische Niedertemperatursysteme. Eine der zentralen Ursachen hierfür sind sowohl unterschiedliche, am Standort vorhandene Randbedingungen wie Platzbedarf, Baubestand und baurechtliche Gegebenheiten, gesellschaftspolitische Rahmenbedingungen wie Zuschüsse und Förderungen oder rein nutzerbezogene Anforderungen. Ausgehend vom Versuch einer Klassifizierung der unterschiedlichen hydraulischen Systemkonzepte nach ihren wesentlichen Merkmalen, werden die zentralen Konzeptfragen wie Ein- oder Mehrspeichersysteme und trink- sowie heizungswassergestützte Systeme hinsichtlich ihrer Vor- und Nachteile beleuchtet. Den Abschluss bildet eine Diskussion grundlegend unterschiedlicher solarthermischer Hydraulikkonzepte und deren optimaler Einsatzumgebung.

6.4.5.1 Klassifizierung der Systemkonzepte

Die Recherche über Hydraulikkonzepte thermischer Solaranlagen für Gebäude liefert eine Vielzahl technisch unterschiedlicher erfolgreich realisierter Hydraulikkonzepte. Sie lassen sich nach folgenden Gesichtspunkten ordnen:

- *Einspeichersysteme – Mehrspeichersysteme:* Vorteilhaft sind Speicherkonzepte, bei denen das Speichervolumen möglichst kompakt ist, denn daraus ergeben sich geringere Wärmeverluste (entscheidend hierbei ist das Volumen-Oberflächen-Verhältnis).
- *Systemgröße:* Die Systemgröße (Kollektorfläche und Speichervolumen) ergibt sich aus dem Verbrauch (Anzahl der zu versorgenden Wohneinheiten bzw. Anzahl der Personen) und aus dem angestrebten solaren Deckungsgrad η_{SD}.
- *Energieeinspeicherungsart:* Die Energiespeicherung kann entweder mit einem einfachen Stahl- bzw. Pufferspeicher (-Energiespeicherung erfolgt permanent im selben Medium) oder mittels eines Trinkwasserspeichers durchgeführt werden (-kontinuierlicher Austausch des Energiespeichermediums)
- *Trink- oder heizungswassergeführte Systeme:* Bei trinkwassergeführten Systemen wird die Solarenergie direkt oder nur mit einem Wärmetauscher an das in einem oder mehreren Boilern befindliche Trinkwasser übergeben. Das Trinkwasser ist selbst Speichermedium. Bei heizungswassergeführten Systemen wird die Solarenergie zunächst an das im Pufferspeicher befindliche Heizungswasser übertragen. Erst dann erfolgt ein Transfer über einen Sekundärwärmetauscher an das Trinkwasser.
- *Einbindung der Nachheizung:* Die Nachheizung kann an mehreren Stellen des Hydrauliksystems stattfinden, im Bereitschaftsspeicher, im Energiespeicher oder im Durchflussprinzip.

Zunächst erfolgt eine Diskussion Klassifizierung nach der Anzahl der Speicher, da dieser Aspekt hinsichtlich der Investitionskosten in Raumbedarf und Komponenten den größten Anteil ausmacht.

6.4.5.2 Zentrale Hydraulikoptionen – Speicheranzahl, Wasserführung

Eine Systematik zur Vorgehensweise bei der Systemkonzeptfindung wurde im Abschn. 6.4.3.4 aufgezeigt. Sie orientiert sich hauptsächlich an den räumlichen Gegebenheiten und/oder der vorhandenen Infrastruktur. Hierbei zeigen Einspeichersysteme viele Vorteile, zu denen unter anderem folgende zählen:

- geringere Wärmeabstrahlverluste durch Wegfall eines weiteren Speichers,
- geringer Platzbedarf – Kompaktheit,
- niedrigere Investitionen in Regelung, Komponentenanzahl, Verrohrung, Isolation etc.,
- hygienische Brauchwassererwärmung im Durchflussprinzip (Legionellenproblematik, allerdings nur bei Heizungswasserspeichern mit ext. Trinkwasserwärmetauscher).

Dem stehen aber einige Nachteile gegenüber:

- Die Brauchwasserbereitung erfolgt immer über zwei Wärmetauscher, einem für den Transfer vom Solarkreisfluid auf das Energiespeicherfluid und einem weiteren vom Energiespeicherfluid auf das Brauchwasser. Dies bedeutet einen Wirkungsgradverlust in zweifacher Hinsicht, denn es entstehen Wärmeverluste an jedem Wärmetauscher, die sich aber bei Verwendung eines Tank-in-Tank Systems verringern lassen. Dennoch sind die Rücklauftemperaturen zum Kollektorkreis höher.
- Der oberste Bereich des Energiespeichers muss ständig auf Brauchwassersolltemperatur gehalten werden.

Zweispeichersysteme unterscheiden sich von Einspeichersystemen darin, dass für die Brauchwassererwärmung ein eigener Speicher verwendet wird. Je nach Anlagengröße wird der Brauchwasserspeicher direkt von der Kollektoranlage oder aus dem Energiespeicher geladen. Ohne auf die spezifischen Charakteristika der Anlagen und deren Einsatzgebiete, die im folgenden Abschnitt angesprochen werden sollen, einzugehen, weisen Zweispeichersysteme folgende Vorteile auf:

- Brauchwasserbereitung und Heizungsunterstützung sind hydraulisch vollkommen voneinander getrennt. Dies führt zu einer deutlichen Reduktion der Wechselwirkung zwischen dem Heizungsspeicher und der Brauchwasserentnahme, die durch ständiges Zapfen von Brauchwasser bei Einspeichersystemen problematisch sein kann.
- Die Brauchwasserbereitung erfolgt bei direkt in das Solarsystem eingebundenen Brauchwasserspeichern nur über einen Wärmetauscher (Solarwärmetauscher). Dadurch ergeben sich niedrige Kollektorrücklauftemperaturen.

- Wird der Brauchwasserspeicher nur aus dem Heizungsspeicher geladen, so kann das Volumen auf den „Eintagesbedarf" reduziert werden.

Die Nachteile der Zweispeichersysteme bestehen in

- größeren Wärmeabstrahlverlusten durch den zweiten Behälter und zusätzliche Rohrleitungen und
- einem höheren Platzbedarf sowie
- gesteigerten Investitions- und Unterhaltskosten durch den zweiten Behälter, zusätzliche Mischer, Ventile, Fühler und Regeleinheiten und den damit verbundenen Wartungsaufwand.

Eine weitere prinzipielle Gestaltungsoption bei der Planung solarthermischer Anlagen ist die der Wasserführung. Hierbei kann zwischen trink- oder heizungswassergestützten Systemen unterschieden werden. Beide Systeme trink- wie heizungswassergestütze Systeme weisen Vor- und Nachteile auf.

Die Vorteile der trinkwassergestützten Hydraulikkonzepte beruhen darauf, dass durch die Verwendung eines Brauchwasserspeichers als Energiespeicher die Grädigkeit eines Wärmetauschers im Vergleich zu Systemen mit Pufferspeichern entfällt. Damit sinkt die mittlere Kollektortemperatur um eben diese Grädigkeit, was zu etwas höheren Solarerträgen führt. Unter der „Grädigkeit" versteht man den Temperaturverlust infolge des Wärmeaustausches bei externen Wärmetauschern, d. h., ca. 5 °C Temperaturunterschied zwischen der einströmenden heißen Flüssigkeit und der ausströmenden, erwärmten Flüssigkeit. Darüber hinaus lassen sich bei kleinen Anlagen geringere Systemkosten als bei Konzepten mit Pufferspeichern erreichen.

Nachteilig ist, dass Brauchwasserspeicher aufgrund der Innenbeschichtung oder der Verwendung von Edelstahl wesentlich höhere Investitionen als Pufferspeicher aus konventionellem, unbeschichteten Stahl erfordern. Werden als Solar- oder Nachheizwärmetauscher Plattentauscher verwendet, kann das bei Temperaturen über 60 °C zum Verkalken führen, die den Ertrag durch den reduzierten Durchfluss mindern und zu einer verkürzten Lebensdauer oder höheren Wartungskosten führen.

Erfahrungen mit Entkalkungsanlagen bei hohen Temperaturen sind rar. Zusätzlich bringen große Trinkwasserspeicher spezielle Anforderungen an die Wasserhygiene mit sich. Hält man sich bei der Auslegung und beim Betrieb der Warmwasserbereitungsanlage an die Legionellenverordnung, muss zusätzlich zum Bereitschaftsvolumen, das ständig auf 60 °C gehalten werden muss, auch der restliche Teil des Trinkwasserspeichers einmal täglich auf 60 °C aufgeheizt werden. Diese Forderung wirkt sich negativ auf die Leistungsfähigkeit der Solaranlage aus, da durch diese sogenannte Legionellenschaltung nur mehr begrenzt ein „kaltes" Temperaturniveau für die Solaranlage zur Verfügung steht (Arbeitsgemeinschaft Erneuerbare Energie – AEE 2000).

Der größte Vorteil von Hydraulikkonzepten mit Heizungswasser als Speichermedium liegt in den geringeren Kosten für Pufferspeichersysteme bei mittleren bis großen Anlagen im Vergleich zu Brauchwasserspeichern. Dies führt zu einer Reduktion des Systempreises. Da das Medium im Pufferspeicher nicht ausgetauscht wird, gibt es kein Verkalkungsproblem und der Energiespeicher kann bis an die Siedetemperatur erwärmt werden, was einen wesentlich besseren Speichernutzungsgrad bedeutet. Bei vergleichbaren Brauchwasserspeicherkonzepten müsste, um gleiche solare Deckungsanteile zu erhalten, das Speichervolumen durch den eingeschränkten Nutzungsbereich entsprechend vergrößert werden. Aufgrund des kleineren Trinkwasserspeichers (Bereitschaftsspeicher) ist ein der deutschen Legionellenverordnung entsprechender Betrieb einfach und ohne nennenswerte Ertragseinbußen der Solaranlage zu realisieren. Wird eine solche Anlage in ein bestehendes, zentrales Warmwasserbereitungssystem nachträglich integriert, dann kann der vorhandene Brauchwasserspeicher meist als Bereitschaftsspeicher weiterverwendet werden.

Nachteilig bei heizungswassergeführten Systemen ist, dass durch den erforderlichen zweiten Wärmetauscher die erforderliche Kollektortemperatur um die Grädigkeit des Wärmetauschers steigt. Dies führt zu geringfügig geringeren solaren Erträgen. Der Installationsaufwand ist bei diesem Systemtyp im Vergleich zu einem zentralen System mit Brauchwasserspeicher etwas größer, da zwei Wärmetauscher und zusätzliche Umwälzpumpen erforderlich sind. Dennoch sind bei mittleren bis großen Anlagen die Kosten geringer.

6.4.5.3 Hydraulische Systemkonzepte

Dieser Abschnitt beschreibt die einzelnen möglichen solaren Hyrauliksystemkonzepte und beleuchtet sie hinsichtlich ihres

- Prinzips und des typischen Anwendungsgebiets im Wohnungsbau,
- der Betriebsart des Kollektorkreises und der typischen Kollektorfläche,
- der systemimmanenten Vor- und Nachteile sowie der
- Speichergrößenauslegung.

Die Auflistung erhebt keinen Anspruch auf Vollständigkeit, da räumliche Gegebenheiten, spezifische Anforderungsprofile oder andere Sachzwänge eine abweichende oder modifizierte Systemlösung erforderlich machen können. Die Konzeptnummerierung entspricht der in Abb. 6.45 bzw. Abb. 6.46 gewählten Bezeichnungen der Hydraulikkonzepte.

- Konzept *A* mit zentralem Speicher (Trink- oder Heizungswasser)
  Das Konzept *A* kann sowohl in einer Trinkwasservariante (A_1, Abb. 6.54) oder einer Heizungswasservariante (A_2) realisiert werden.
  - Trinkwasserkonzept A_1
    Bei einer kleineren Anzahl zu versorgender Personen oder Wohneinheiten kann ein größerer Trinkwasserspeicher (Boiler) verwendet werden, der durch einen externen Wärmetauscher als Wärmeübertrager zwischen Solarkreis und Trinkwasser beladen wird. Ein Trinkwasserspeicher übernimmt sowohl die Spitzenlastversorgung als auch die Speicherung der solar eingebrachten Wärme. Beladen wird der Trinkwas-

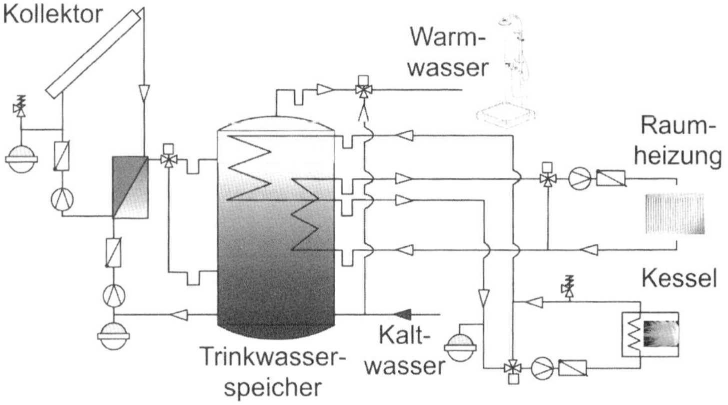

Abb. 6.54 Hydraulikskizze eines trinkwasserbasierten Zentralspeicherskonzepts A_1 mit externem Solar-Wärmetauscher und fossiler Zusatzfeuerung

serspeicher über ein externes Ventil, das über eine entsprechende Regelungstechnik gesteuert wird. Reicht das Strahlungsangebot der Sonne nicht aus, um das Wasser auf Solltemperatur zu bringen, wird der Bereitschaftsteil mit der konventionellen Heizung auf die nötige Bereitschaftstemperatur nacherwärmt. Diese Nachheizung erfolgt in Abhängigkeit vom vorhandenen Bereitschaftsvolumen, verfügbarer Kesselleistung sowie des Spitzenbedarfs entweder mit innenliegenden (wie in Abb. 6.54) oder mit externen Wärmetauschern. Werden größere Kollektoranlagen installiert, sind Hydraulikkonzepte mit Pufferspeicher, die Heizungswasser als Energiespeichermedium verwenden, vorzuziehen.

- Heizungswasserkonzept A_2
  Öfter anzutreffen ist bei kleineren Wohneinheiten ein System mit zentralem Heizungswasserspeicher, das die Abb. 6.55 zeigt. Gegenüber der Trinkwasservariante verringert sich der Kapitalaufwand weiter, da ein billigeres Tanksystem (kein Edelstahl oder laminierter Behälter) verwendet werden kann. Zur Vermeidung der Legionellenproblematik wird dann ein Durchlauferhitzer verwendet.

Beide Varianten A_1 und A_2 werden in der solaren Brauchwassererwärmung angewendet. Die Betriebsart des Kollektorkreises bei diesem Konzept kann sowohl im „High Flow" aber auch dem „Matched Flow" Modus erfolgen. Wird der Kollektorkreis als „Matched Flow" betrieben, muss eine Zwei-Kreis-Temperaturdifferenzsteuerung mit Drehzahlregelung eingebaut werden. Typischerweise wird dieses Konzept bei kleinen Anlagen mit Kollektorflächen unter 30 m^2 eingesetzt. Das System zeichnet sich durch einfachen und kompakten Aufbau und einer kostengünstigen Einbindung in ein bestehendes konventionelles Heiztechniksystem aus. Nachteilig ist, dass die Warmwasserverteilnetztemperatur hoch gehalten werden muss. Darüber hinaus gibt es bei trinkwasserbasierten Systemen mit externen Wärmetauschern oft Probleme wegen der Verkalkung des externen Wärmetau-

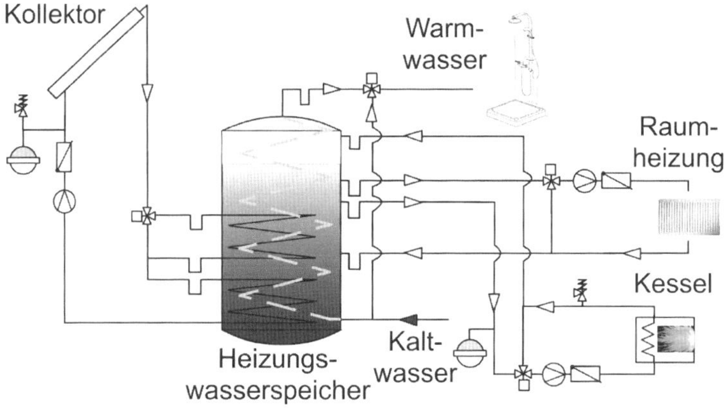

Abb. 6.55 Schemaskizze des Hydraulikkonzeptes A_2 mit zentralem Heizungswasserenergiespeicher und fossiler Nachfeuerung. Hier innenliegender Duplex solarer Energiespeicherwärmeübertrager

schers bei Temperaturen über 60 °C. Daraus folgt unmittelbar, dass die Vorlauftemperatur des Solarkreises niedrig gehalten werden muss. Ein weiterer Nachteil bei größeren Objekten ist, dass Trinkwasserspeicher nur bis zu bestimmten Volumina hergestellt werden, so erfordert die Errichtung großer Solaranlagen mehrere Speicher, die entweder seriell oder parallel geschaltet werden müssen, wie in der Konzeptvariante *C*. Da bei diesem System die Nachheizung im Trinkwasserspeicher erfolgt, ist das Gesamtspeichervolumen um das „Bereitschaftsvolumen" größer zu dimensionieren.

- Konzept *B* Zentrales Tank-in-Tank System

Das ursprünglich aus der Schweiz stammende oft eingesetzte Tank-in-Tank Speicherkonzept zählt zu den Kombisystemen. Die Einbindung des Solarsystems erfolgt in diesem Beispiel über einen externen Wärmetauscher (üblicherweise Plattenwärmetauscher) und über zwei Einspeiseanschlüsse am Energiespeicher. Die entsprechende Einspeiseebene wird in Abhängigkeit der Speichertemperaturen und der vorherrschenden Kollektorleistung bestimmt. Die Regelung erfolgt mit einem konventionellen 3-Wege-Ventil. Externe Wärmetauscher besitzen zwar eine große Leistungsfähigkeit, benötigen aber einen zweiten geregelten Pumpenkreis (Sekundärkreislauf) und werden daher erst bei größeren Kollektorflächen (>20 m²) eingesetzt. „Tank-in-Tank Konzept" bedeutet, dass im Energiespeicher ein Brauchwasserspeicher (aus Edelstahl oder mit emaillierter Innenoberfläche) integriert ist. Die Abb. 6.56 illustriert die Integration des Tank-in-Tank Konzeptes in ein häusliches Wärmeversorgungsschema. Die Versorgungssicherheit kann bei diesem Konzept durch eine Kombination aus bevorratetem Brauchwasser und Behälteroberfläche erreicht werden. Dies erfordert in jedem Fall aber ein entsprechend auf Temperatur gehaltenes Bereitschaftsvolumen im oberen Speicherbereich. Bei der Verwendung von integrierten Brauchwasserspeichern ist darauf zu achten, dass diese bis in den Speichersumpf geführt werden und dort der Kaltwasseranschluss erfolgt. Werden integrierte Brauchwasserspeicher ver-

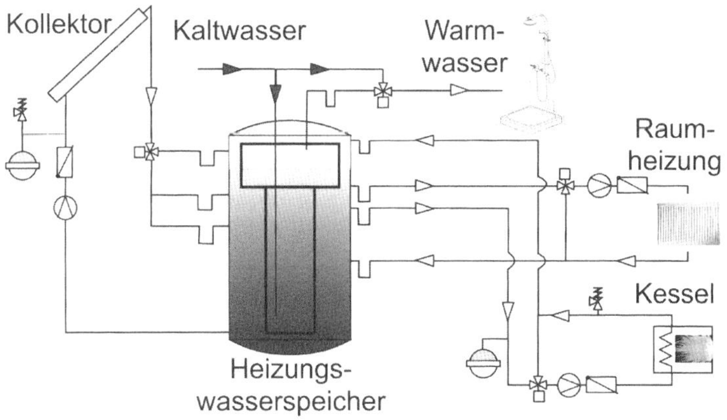

Abb. 6.56 Schemaskizze des Hydraulikkonzeptes *B* mit zentralem Heizungswasserenergiespeicher mit integriertem Trinkwasserspeicher (Tank-in-Tank-System) und fossiler Nachfeuerung

wendet, die nur bis ins obere Drittel des Energiespeichers reichen, kommt es beim Zapfen von Brauchwasser zu sehr starken Durchmischungen. Als Folge wird der Solaranlage im Zulauf Fluid mit einer Temperatur angeboten, das deutlich über dem Kaltwassertemperaturniveau liegt und die Effizienz des Solarsystems sinkt.

Vom geschilderten Prinzip her zählt das Tank-in-Tank System zu den heizungswassergeführten Einspeichersystemen. Es findet Verwendung bei der solaren Brauchwassererwärmung und der Heizungsunterstützung und wird im Regelfall im „High-Flow“ Modus betrieben. Das Konzept eignet sich für Kollektorflächen bis ca. 30 m^2, bei denen ausdrücklich eine solare Heizungsunterstützung erwünscht ist. Die Vorteile liegen im integrierten Behälterkonzept, der Wärmetauscher sowie die Pumpenkreise zwischen Pufferspeicher und Brauchwasserspeicher entfallen lässt. Somit ist es äußerst platzsparend und die Montagezeiten sind kurz. Wird der integrierte Brauchwasserspeicher mittels einer „Vorwärmstrecke“ bis in den unteren Teil des Pufferspeichers gezogen, kann eine gute Auskühlung des Puffermediums erreicht werden. Es ist einfach in die bestehende Haustechnik zu integrieren und erfordert nur wenige Regelgrößen. Daraus resultieren sehr wenige Störquellen und eine hohe Verfügbarkeit. Aber die Versorgungssicherheit bei Spitzenlast ist problematisch; muss beispielsweise ein größerer interner Brauchwasserbehälter als üblich gewählt werden, steigen die Kosten des Systems dramatisch an. Als weiterer Nachteil kann ein wesentlich größeres bei zu geringen solaren Erträgen von der konventionellen Heizung auf Temperatur gehaltenes Pufferspeichervolumen als beim vergleichbaren System mit Bereitschaftsspeicher gesehen werden. Dieses vergrößerte Nachheizvolumen wird für die Abdeckung der Spitzenlasten benötigt.

Beim Konzept mit dem integrierten Brauchwasserspeicher erfolgt der Wärmeübergang zwischen stehendem Pufferspeichermedium und dem im integrierten Boiler enthaltenen Trinkwasser. Da dieser Wärmeübergang in der Regel sehr schlecht ist, muss der Inhalt der Brauchwasserspeicher in einem entsprechenden Verhältnis zur Boileroberfläche gewählt

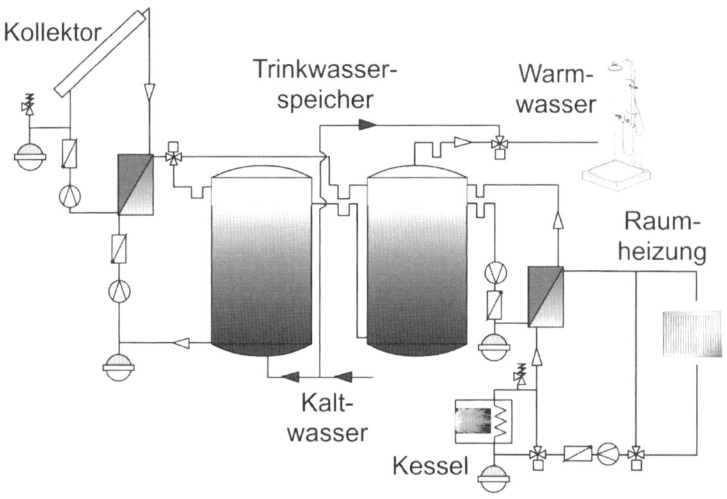

Abb. 6.57 Hydraulikflussplan des Boilerbatteriekonzeptes (*C*) mit zwei zentralen Trinkwasserspeichern und Einbindung einer Nachheizung über einen externen Wärmetauscher

werden, um den Spitzenbedarf abzudecken. Die Möglichkeiten zur Spitzenabdeckung liegen einerseits in der Bevorratung einer ausreichenden Menge warmen Trinkwassers, was sehr große Volumina bedeutet, und andererseits in einer großen Behälteroberfläche, um möglichst viel Medium im Durchflussprinzip zu bereiten. Integrierte Edelstahlbehälter zur Versorgungssicherheit bedeuten aber höhere Investitionskosten als ein vergleichbares Konzept mit Bereitschaftsspeicher.

- Konzept *C* Boilerbatteriekonzept

Kann das ermittelte erforderliche Speichervolumen nicht in Form eines Einzelspeichers untergebracht werden, so können auch mehrere Trinkwasserspeicher verwendet werden. Ein derartiges Konzept wird als „Boilerbatteriekonzept" bezeichnet und bezieht oft auch eine Nachheizung über einen externen Wärmetauscher im Bereitschaftsteil zur gesicherten Spitzenlastabdeckung ein. Die Abb. 6.57 zeigt ein Hydraulikschema eines Boilerbatteriekonzepts, bei dem es sich um ein trinkwassergeführtes Mehrspeichersystem zur solargestützten Brauchwassererwärmung handelt. Der Betrieb erfolgt typischerweise im „High Flow" oder im „Matched Flow" Modus. Wird der Kollektorkreis im Matched Flow betrieben, ist ebenfalls eine Zwei-Kreis-Temperaturdifferenzsteuerung mit Drehzahlregelung einzubauen.

Das Boilerbatteriekonzept eignet sich für Anlagen über 30 m^2 Kollektorfläche, bei denen zudem wenig Platz für die Aufstellung eines einzelnen Speichers vorhanden ist. Sofern keine Notwendigkeit besteht, unterschiedliche Verbraucher mit stark voneinander abweichenden Temperaturniveaus mit Solarenergie zu versorgen, sollte man bestrebt sein, das Speichervolumen in einem einzigen Behälter zusammenzufassen. Die Praxis zeigt aber, dass eine Aufteilung bis auf maximal vier Speicher noch praktikabel ist. Bei liegenden

Speichern ist eine Aufteilung mit Serienschaltung sogar zweckmäßig, da nur dann gesichert ist, dass für die Speisung des Kollektoreinlaufs ausreichend kaltes Volumen zur Verfügung steht. Bei einer größeren Zahl von Speicherbehältern steigen aber die Wärmeverluste wegen des ungünstigen Oberflächen-Volumenverhältnisses stark an. Zudem werden die Kosten für die Speicher selbst und auch für ihre Verrohrung untereinander größer. Die Speicher können seriell oder parallel verschaltet werden. Nach neuesten Messungen stellt sich bei einer Parallelschaltung der Speicher keine gleichmäßige Temperaturschichtung ein; daher ist eine serielle Verschaltung vorzuziehen. Beide Speicherschaltungen haben jedoch Vor- und Nachteile, die es im Einzelfall abzuwägen gilt.

Ein Vorteil des Boilerbatteriekonzeptes ist, dass es sich um ein Standardsystem in der Haustechnik handelt, das sich bei hinreichendem Platz einfach in eine bestehende Heiztechnik einbinden lässt. Es kann eine Temperaturschichtung in den Speichern erreicht werden und im Vergleich zu einem heizungswassergeführten Mehrspeichersystem treten geringere Wärmeverluste auf, da nur ein Wärmetauschvorgang nötig ist. Somit ist eine einfache Nachrüstung möglich. Als Nachteil sind höhere Speicherkosten zu nennen, die auf dem frischwasserfesten (korrosionsbeständigen) Boiler beruhen. Auch hier können beim externen Wärmetauscher Probleme durch Verkalkung bei Temperaturen über 60 °C entstehen. In der Konsequenz muss die Vorlauftemperatur des Solarkreises niedrig gehalten werden. Weiterhin erfordert das Konzept ein aufwändiges Speichermanagement über Motorventile. Auch sind die Einbauten kostenintensiver, da sie große Rohrdimensionen beim High Flow Betrieb benötigen, und es muss eine aufwändige thermische Desinfektion durchgeführt werden, da das ganze Volumen durchwärmt werden muss. Darüber hinaus sind die Gesamtspeicherwärmeverluste des Systems höher und daher ist bei diesem Konzept eine gute Speicherdämmung besonders wichtig. Da bei diesem System die Nachheizung im Trinkwasserspeicher erfolgt, ist das Gesamtspeichervolumen um einen „Bereitschaftsteil" größer zu dimensionieren.

- Konzept *D* zentraler Puffer- und Bereitschaftsspeicher im Ladespeicherprinzip.

Dieses Konzept verwendet einen zentralen Puffer- und Bereitschaftsspeicher im Ladespeicherprinzip und zusätzlich eine Nachheizung im Pufferspeicher. Es ist in der Abb. 6.58 dargestellt. Hier wird der kostengünstige Pufferspeicher um einen kleinen Bereitschaftsteil größer dimensioniert, der von der Nachheizung im Taktbetrieb aufgewärmt wird. Durch Vermischungen im Behälter (Umwälzungen, Wärmeleitung über Medium und Stahlmantel etc.) kann es hier zwar zu geringen Verschleppungen von Nachheizenergie in für die Solaranlage reservierte Bereiche kommen. Die Vorteile der geringeren Kosten aufgrund der direkten Einbindung der Nachheizung wiegen diese energetischen Nachteile aber zumeist auf. Wird zur Raumheizung ein nicht leistungsgeregeltes System beispielsweise ein Biomassekessel verwendet, der einen Pufferspeicher benötigt, kommt eigentlich nur eine solare Warmwasserbereitung mit Pufferspeicher in Frage. Vom Prinzip her handelt es sich bei diesem Konzept um ein heizungswassergeführtes Mehrspeichersystem, dessen Schwerpunkt die solare Brauchwassererwärmung ist.

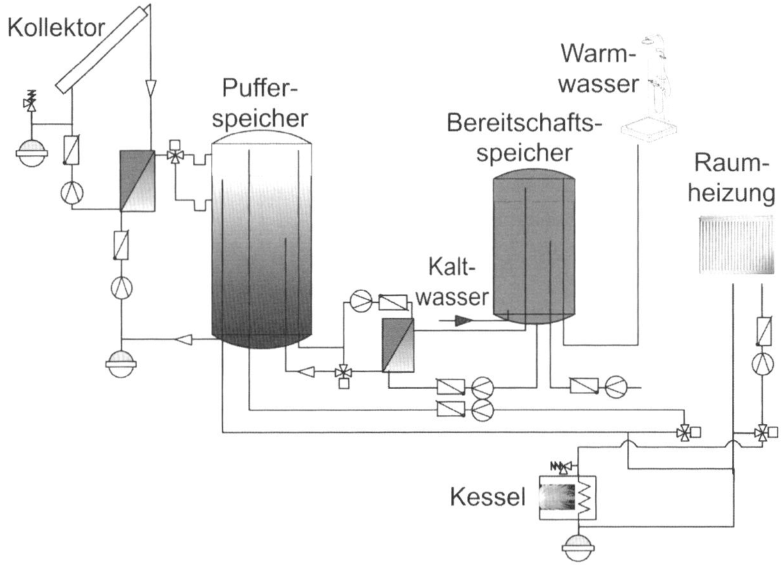

Abb. 6.58 Hydraulikflussplan des Konzeptes *D* bestehend aus einem zentralen Puffer- und Bereitschaftsspeicher im Ladespeicherprinzip mit Einbindung einer Nachheizung über einen externen Wärmetauscher

Die Betriebsart des Kollektorkreises erfolgt vorzugsweise im Matched Flow Modus, kann aber auch Low-Flow Modus betrieben werden. Wird der Kollektorkreis als Matched Flow betrieben, ist eine Zwei-Kreis-Temperaturdifferenzsteuerung mit Drehzahlregelung einzubauen. Das Konzept eignet sich für Anlagengrößen größer als 60 m^2 Kollektorfläche.

Bei großen Kollektorflächen von mehr als ca. 60 m^2 ist dieses Hydraulikkonzept meist kostengünstiger als eines mit mehreren Trinkwasserspeichern. Ein weiterer Vorteil gegenüber den trinkwassergeführten Systemen ist die Ausnutzung des Speichervolumens, das bis über 90 °C erwärmbar ist. Es ergeben sich niedrigere Speicherkosten, da der Pufferspeicher kein Trinkwasser enthält. Zusätzlich ist ein Speichermanagement über Schichtladelanzen im Pufferspeicher möglich, die keine mechanischen Verschleißteile haben. Eine thermische Desinfektion ist nur im kleineren Bereitschaftsspeicher nötig. Nachteilig ist, dass eine Wärmetauscherstufe mehr als bei trinkwassergeführten Systemen erforderlich ist, die einen Temperaturverlust bei der Beladung von etwa 5 °C bewirkt. Darüber hinaus ist der Installationsaufwand bei diesem Systemtyp im Vergleich zu einem zentralen System mit Trinkwasserspeicher größer, da zwei Wärmetauscher und zusätzliche Pumpen erforderlich sind. Dennoch rechnet sich dieses Konzept bei größeren Anlagen, da der zusätzliche Aufwand beim Bau schnell durch den Nutzen egalisiert wird. Das Hydraulikkonzept *D* ist nur schwer nachrüstbar und in bestehende Anlagen zu integrieren. Auch bei diesem Konzept kann das Speichervolumen, sofern die räumlichen Gegebenheiten dies erfordern, in mehrere Pufferspeicher aufgeteilt werden. Die Aufteilung auf zu viele kleine Speicher sollte jedoch vermieden werden. Bei beengten räumlichen Verhältnis-

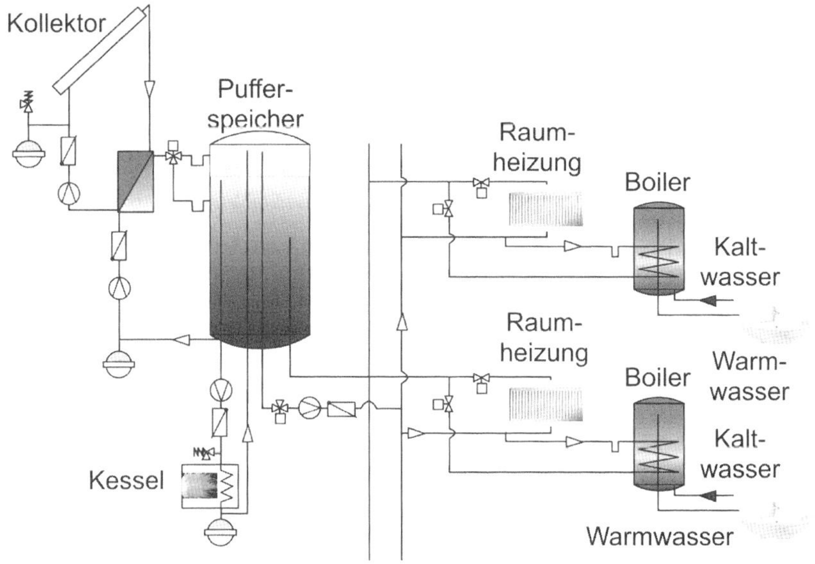

Abb. 6.59 Hydraulikflussplan des Konzeptes *E* in einem Zweileiternetz mit zentralem Pufferspeicher und dezentraler Brauchwassererwärmung

sen, besonders der Einbringwege (Türen, Treppen, Kippmaß), ist zu prüfen, ob anstelle mehrerer kleiner Pufferspeicher ein großer kellergeschweißter Speicher realisiert werden kann.

Hinsichtlich der Dimensionierung sollte das vom Kessel nachgeheizte Volumen rund 20 % des ermittelten Pufferspeichervolumens (Speicher 2) betragen und ein Wert von 30 % sollten keinesfalls überschritten werden. Das freie Speichervolumen, das nicht ständig auf Bereitschaft gehalten wird, sollte dem Speichervolumen „Speicher 2" (s. Abschn. 6.4.3.3) entsprechen. Das Gesamtvolumen des Pufferspeichers $V_{Puffer,\ ges}$ errechnet sich dann zu $V_{Puffer,\ ges} = V_{Speicher2} + 0.2 \cdot V_{Speicher2}$. Das Bereitschaftsspeichervolumen entspricht dem Volumen des Speichers 1. Der Kollektorkreismassenstrom sollte bei diesem System nicht allzu klein sein, da das System relativ schnell zur Überhitzung neigt. Sinnvolle Durchflusswerte liegen zwischen 15 $l/(m^2h)$ und 20 $l/(m^2h)$.

- Konzept *E* Zweileiternetz mit zentralem Pufferspeicher und dezentraler Brauchwassererwärmung

Das Hydraulikkonzept *E* verfügt über einen heizungswassergeführten zentralen Pufferspeicher und mehrere dezentrale Brauchwasserspeicher (vgl. Abb. 6.59). Es kann überall dort sinnvoll eingesetzt werden, wo geringe „Energieabnahmedichten" bezogen auf die Länge des Leitungsnetzes auftreten, wie beispielsweise in Reihenhäusern. Hier müsste ohne dezentrale Speicher in den Sommermonaten das gesamte Verteilnetz für die Warmwasserversorgung auf Temperatur gehalten werden, was zu beträchtlichen Netzverlusten führen würde.

Nach der eingeführten Klassifizierung handelt es sich um ein heizungswassergeführtes Mehrspeichersystem zur solargestützten Brauchwassererwärmung und Heizungsunterstützung. Der Betrieb kann nach dem „Low Flow Prinzip" erfolgen, wird aber meist im Matched Flow Modus betrieben. Der Matched Flow Betrieb des Kollektorkreises erfordert den Einbau einer Zwei-Kreis-Temperaturdifferenzsteuerung mit Drehzahlregelung. Ökonomisch sinnvoll ist das Konzept für Anlagengrößen über 50 m^2 Kollektorfläche mit teilsolarer Raumheizung. Seine Vorteile liegen in sehr kleinen Zirkulationsverlusten, geringem Installationsaufwand im Neubau und der einfachen Ausbaufähigkeit. Es handelt sich um das effizienteste Gesamtsystem mit niedrigen Leitungsverlusten. Eine thermische Desinfektion ist nur im Bereitschaftsspeicher nötig und es erlaubt eine einfache Energiezählung mit einem Wärmemengenzähler je Nutzer (oder je Wohneinheit). Ein weiterer Vorteil gegenüber trinkwassergeführten Systemen ist die Ausnutzung des Speichervolumens, das auf über 90 °C erwärmbar ist. Von Nachteil sind die höheren Gesamtspeicherkosten durch die dezentrale Boiler in den Wohnungen sowie ein aufwändiges Speichermanagement über Motorventile. Da bei diesem Konzept die Nachheizung im Pufferspeicher erfolgt, muss dieser um einen „Bereitschaftsteil" größer dimensioniert werden. Das Gesamtvolumen des Pufferspeichers V_{ges} errechnet sich zu $V_{ges} = V_{Speicher1} + V_{Speicher2}$, wobei das nachgeheizte Volumen im Pufferspeicher dem Speichervolumen des Speichers 1 entspricht. Die Boiler in den jeweiligen Wohnungen sind nach den Richtlinien für Warmwasserspeicher zu dimensionieren.

- Konzept *F* dezentrales System ohne Pufferspeicher

Bei diesem Hydraulikkonzept wird jeder Wohneinheit eine eigene, autarke Solaranlage zugeteilt. In jeder Wohneinheit steht ein Warmwasserspeicher, der durch eine eigene Steigleitung zum Kollektorfeld mit Solarenergie versorgt wird. Der Wärmetransport erfolgt in dem in der Abb. 6.60 dargestellten Konzept über einen internen Wärmetauscher an das Brauchwasser. Im Falle einer zu geringen Sonneneinstrahlung kann der Speicher wahlweise fossil oder elektrisch nachgeheizt werden.

Damit handelt es sich um ein trinkwassergeführtes Einspeichersystem zur solarunterstützten Brauchwassererwärmung ohne Heizungsunterstützung. Die Betriebsart erfolgt im „High Flow" Modus und ist für Anlagengrößen mit einer Gesamtkollektorfläche von weniger als 50 m^2 geeignet. Es findet vor allem bei Altbausanierungen ohne bestehendes, zentrales Warmwasserbereitungssystem, bei Dachgeschoßausbauten sowie bei kleinen Reihenhausanlagen Verwendung.

Vorteilhaft ist der einfache und übersichtliche Aufbau für Solaranlagen und die Tatsache, dass Einrichtungen für die Wärmeverbrauchsmessung entfallen, da jedem Verbraucher sein eigenes System zugeteilt ist. Der Verbraucher ist in der Lage, den Nutzen der Solaranlage gut zu kontrollieren und leicht den Einfluss seines persönlichen Verbrauchsprofils auf die Leistung der Solaranlage erkennen. Durch die kurzen Wege der Warmwasserleitungen zu den Entnahmestellen innerhalb der Wohnung benötigt dieses Konzept keine Zirkulationsleitung. Auch ist keine thermische Desinfektion im Bereitschaftsspeicher erforderlich, sofern dieser nicht größer als 500 l ist. Nachteilig ist der höhere Installations-

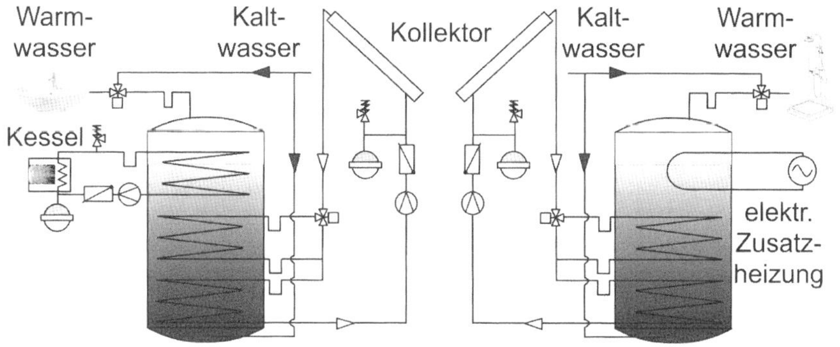

Abb. 6.60 Hydraulikflussplan des Konzeptes *F* eines dezentralen, trinkwassergeführten Systems ohne Pufferspeicher mit wahlweise elektrischer oder fossiler Nachheizung für langgestreckte größere Wohnkomplexe

und Platzaufwand, da in jeder Wohnung eine eigene Kollektorzu- und Kollektorrückleitung sowie sämtliche Komponenten der Solaranlage installiert werden müssen. Dadurch ergeben sich für den Gesamtkomplex höhere Anschaffungskosten. Darüber hinaus besitzen die kleineren Umwälzpumpen einen schlechteren Wirkungsgrad, der in Summe einen größeren Zusatzenergieverbrauch in Form von Strom im Vergleich zu einem zentralen System bedeutet. Die zahlreichen kleinen Warmwasserspeicher weisen im Vergleich zu einem großen, zentralen Speicher ein ungünstigeres Oberflächen-Volumen-Verhältnis auf, wodurch sich auch größere Speicherverluste ergeben. Damit sind die spezifischen Speicherkosten durch die dezentralen Boiler in den Wohnungen höher. Ein weiterer Nachteil ist eine schlechtere Ausnutzung des Kollektorfelds. Im Sommer stehen die Kollektoren der Wohnungen, die tagsüber einen geringen Wasserverbrauch haben, still, während bei Verbrauchern mit hohem Warmwasserbedarf nachgeheizt werden muss. Hinsichtlich der Speicher- und Systemkomponenten erfolgt die Dimensionierung wie bei Kleinanlagen für Einfamilienhäuser.

Literatur

Arbeitsgemeinschaft Erneuerbare Energie AEE (2000) Garantierte Wärmelieferung aus thermischen Solaranlagen im Wohnungsbau. Endbericht Contract No 4.1030/Z/97–014, Feldgasse 19, A 8200 Gleisdorf

Brandstetter F (2008) Ausbildungsskriptum Solarwärme. A-1210 Wien, Giefinggasse 2: Österreichisches Forschungs- und Prüfzentrum Arsenal GmbH

Braun P, Marko A (1996) Thermische Solarenergienutzung an Gebäuden. Springer, Berlin

Dell G, Nagl M, Egger C (2010) Solarguide- Handbuch zur Planung von therm. Solaranlagen für Mehrfamilienhäuser. O.Ö. Energiesparverband. Austrian Solar Innovation Center, ASiC

Deutsche Energieagentur (DENA) (2008) Informationsblätter zu Pumpensystemen-Energieeffizienz im Elektrizitätsbereich. Chausseestrasse 128a, 10115 Berlin: Deutsche Energie-Agentur GmbH

DIN V 4701-10/A1:2006–12 (2006) Energetische Bewertung heiz- und raumlufttechnischer Anlagen – Teil 10: Heizung, Trinkwassererwärmung, Lüftung. Beuth Verlag GmbH, Berlin
DIN V 4701-10 Beiblatt 1 (2007) Energetische Bewertung heiz- und raumlufttechnischer Anlagen – Teil 10: Heizung, Trinkwassererwärmung, Lüftung; Beiblatt 1: Anlagenbeispiele. Beuth Verlag GmbH, Berlin
DIN 4708 (1994) Teil 1: Zentrale Wassererwärmungsanlagen; Begriffe und Berechnungsgrundlagen; Teil 2: Zentrale Wassererwärmungsanlagen; Regeln zur Ermittlung des Wärmebedarfs zur Erwärmung von Trinkwasser in Wohngebäuden; Teil 3: Zentrale Wassererwärmungsanlagen. Beuth Verlag GmbH, Berlin
DIN 4807-2 (1997) Ausdehnungsgefäße; offene und geschlossene Ausdehnungsgefäße für wärmetechnische Anlagen, Auslegung, Anforderungen, Prüfung. Beuth Verlag GmbH, Berlin
DIN EN 832:2003–06 (2003) Wärmetechnisches Verhalten von Gebäuden – Berechnung des Heizenergiebedarfs - Wohngebäude (enthält Berichtigung AC:2002). Beuth Verlag GmbH, Berlin
DIN EN 12828 (2011) Heizungsanlagen in Gebäuden – Planung von Warmwasser-Heizungsanlagen; Deutsche Fassung prEN 12828:2011. Deutsches Institut für Normung e.V.
DIN EN 12975 (2011) Thermische Solaranlagen und ihre Bauteile – Kollektoren – Teil 1: Allgemeine Anforderungen; Thermische Solaranlagen und ihre Bauteile – Kollektoren – Teil 2: Prüfverfahren. Beuth Verlag GmbH, Berlin
DIN EN 12976 (2006) Thermische Solaranlagen und ihre Bauteile – Vorgefertigte Anlagen – Teil 1: Allgemeine Anforderungen; Thermische Solaranlagen und ihre Bauteile – Vorgefertigte Anlagen – Teil 2: Prüfverfahren. Beuth Verlag GmbH, Berlin
DIN EN 13831 (2007) Ausdehnungsgefäße mit eingebauter Membrane für den Einbau in Wassersystemen. Deutsches Institut für Normung. Beuth, Berlin
Duffie JA, Beckman WA (1991) Solar engineering of thermal processes. Wiley-Interscience, New York
Eggert D (2005) Experimentelle Untersuchungen zum Stagnationsverhalten solarthermischer Anlagen. Diplomarbeit, Fachhochschule Münster, Fachbereich Energie, Gebäude, Umwelt, Münster
Energieeinsparverordnung – EnEV (2009) Verordnung über energiesparenden Wärmeschutz und energiesparende Anlagentechnik bei Gebäuden. Berlin: Bundesgesetzblatt April 2009 (BGBl. I S. 954)
Gombert A, Reineke-Koch R, Fenske K, Hofmann T (2007) Optische Beschichtungen für Solarkollektoren- Technologien und Qualitätssicherung. www.fv-sonnenenergie.de (FVS Jahrestagung, 2007)
Hausner R, Fink C, Wagner W, Riva R, Hillerns F (2003) Entwicklung von thermischen Solarsystemen mit unproblematischem Stagnationsverhalten. Berichte aus Energie- und Umweltforschung 9/2003, Impulsprogramm Nachhaltig Wirtschaften. Bundesministerium für Verkehr, Innovation und Technologie Wien, Österreich
Henderson TR, Clark CR, Marshall TC, Hanson RL, Hobbs CH (1981) Heat degradation studies of solar heat transfer fluids. Solar Energy 27(2):121–128
Herrmann M (Apr. 2005) Entwicklung des FracTherm-Absorbers – Simulationen und Experimente. Proc.15th Symposium Thermische Solarenergie OTTI, S 94–99
Kimmel O, Streicher W, Heimrath R (2001) Messung und Analyse von Ursachen und Auswirkungen von Kondensationsschlägen beim Ausdampfen von großen thermischen Kollektorfeldern. Jubiläumsfonds der Österreichischen Nationalbank
Klein SA, Beckmann WA (2000) TRNSYS – A Transient System Simulation Program. University of Wisconsin-Madison, Solar Energy Laboratory
Meier F (2009) Stromsparende Pumpen für Heizungen und Solaranlagen. BINE Projektinfo
Lustig K (2002) Experimentelle Untersuchungen zum Stillstandsverhalten thermischer Solaranlagen. Dissertation, Universität Karlsruhe, Fak. Maschinenbau, Karlsruhe.

Mescoli Caldaie S.r.l. (2012) Deaerator and micro bubble separator-product information. www.mescolicaldaie.it
New-Flow Golden Mountain Enterprise (2012) Safety valve N9BP/N9-LBP-product information. http://www.new-flow.com/
Noij J (Apr 2001) Drain Back in Small Systems. (I.-S. H. 26, Hrsg) Proc. from Industry Workshop, S 21–23
Rossiter WJ (1985) An investigation of the degradation of aqueous ethylene glycol and propylene glycol solutions using ion chromatography. Solar Energy Materials 11:455–467
Scheuren J (2008) Untersuchungen zum Stagnationsverhalten solarthermischer Kollektorfelder. Dissertation, Universität, Fachbereich Maschinenbau, Kassel
Sprenger E, Recknagel H, Schramek E-R (2011) Taschenbuch Heizung + Klima, 2011/12. Oldenbourg Industrieverlag
Thermosolar (2012) Produktkatalog TS400. http://thermosolar.de/german/images/stories/kollektortechnik/TS400/
Tyforop Chemie GmbH (2011) Datenblätter gebrauchsfertiger, rückstandsfrei verdampfender Spezial-Wärmeträgerflüssigkeit für Solaranlagen mit hoher und höherer thermischer Belastung. Anton-Rée-Weg 7, D-20537 Hamburg
Val-Matic Valve & Manufacturing Corporation (2012) Silent check valves -product information. http://www.valmatic.com/
VDI (2005) VDI-Wärmeatlas-Berechnungsblätter für den Wärmeübergang (10 Auflage Ausg). (D. D. V, Hrsg) Springer-Verlag GmbH
Voss Entlüftungs-Armaturen GmbH (2012) PURG-O-MAT 150 Produktinformation. http://www.purgomat.de/home.html
WärmeschutzV1994 (1994) Verordnung über einen energiesparenden Wärmeschutz bei Gebäuden (Wärmeschutzverordnung). Bundesgesetzblatt BGBl, Berlin, S 2121
Wedel S, Bezzel E (2000) Heat transfer fluids for solar DHW systems (2 Auflage Ausg). Solar Energy Centre Denmark (D. T. Institute, Hrsg)
Weiss W (2003) Solar heating systems for houses: a design handbook for solar combisystems. James & James Ltd, London
Wieland-Werke AG (2011) Produktkatalog Standard-Wärmetauscher. 89079 Ulm Deutschland

Solarthermische Hochtemperatursysteme 7

Die Nutzung der Solarthermie zur elektrischen Stromerzeugung oder hochwertiger Prozesswärme erfordert neben langzeitstabilen Hochtemperaturabsorbern die Einbeziehung des Kraftwerksprozesses wie auch angepasster Speicherkonzepte mit der Zielsetzung einer hohen Verfügbarkeit bei überschaubarem Mitteleinsatz.

Ausgehend von einer Klassifizierung der Hochtemperatursysteme im Kap. 7.1 werden in den nachfolgenden Abschnitten verschiedene technisch realisierte Konzepte hinsichtlich ihres Aufbaus, ihrer Wirkungsweise und Leistungsfähigkeit diskutiert. Unabhängig von der Art der Konzentration der solaren Einstrahlung beeinflussen bei Hochtemperatursolarthermieanlagen die Verluste am Einzelspiegel und das Zusammenspiel der Spiegelfelder die Leistungsfähigkeit des Gesamtsystems. Die individuellen Einflussgrößen werden im Kap. 7.5 diskutiert.

Aufwindwindkraftwerke gehören ebenso wie Solarteiche („Solarponds") nicht zu den Hochtemperatursolarthermiesystemen erlauben aber einen direkten Transfer der Solarwärme in Strom. Aufgrund des Kraftwerkcharakters werden sie diesem Abschnitt zugeordnet. Der konzeptioneller Aufbau eines Aufwindkraftwerks, seine Funktionsweise und Komponenten werden im Kap. 7.6 behandelt, während der Abschn. 7.7 die Funktionsweise der Solarteiche beschreibt.

Die Anbindung der solar gewonnen Wärme mit einem nachgeschalteten Energiekonversionsprozess ist eine der zentralen Herausforderungen der solarthermischen Kraftwerkstechnik. Im Abschn. 7.8 werden verschiedene Energiekonversionsprozesse diskutiert und deren Leistungsfähigkeit im Zusammenhang mit dem ökonomischen Betrieb solarthermischen Kraftwerke beleuchtet.

R. Stieglitz, V. Heinzel, *Thermische Solarenergie*,
DOI 10.1007/978-3-642-29475-4_7, © Springer-Verlag Berlin Heidelberg 2012

7.1 Klassifizierung von Solarkraftwerken

Die solare Energieressource ist nicht wie die fossile auf wenige Länder beschränkt. Gerade die Länder im Sonnengürtel der Erde könnten neben der Deckung ihres eigenen, ständig wachsenden Eigenbedarfs sogar Solarstrom exportieren. Bei der solaren Stromerzeugung gibt es im Wesentlichen zwei Technologien:

- Die direkte Umwandlung von Solarstrahlung in elektrischen Strom unter Ausnutzung des fotoelektrischen Effektes in sogenannten Photovoltaik-Zellen (PV-Zellen).
- Die indirekte Umwandlung von Solarstrahlung durch die Erzeugung solarer Prozesswärme und ihrer Nutzung in Wärmekraftmaschinen (Solarthermische Kraftwerke).

Aufgrund ihrer beliebigen Skalierbarkeit erfuhr erstere in den letzten Jahren über anfängliche Nischenmärkte, wie netzunabhängige Kleinsysteme, eine erhebliche Kostendegression. Mit weiter wachsender installierter Leistung ist mit weiteren Kostensenkungen zu rechnen, so dass diese Technologie zunehmend auch für große Anlagen interessanter wird. Abhängig vom eingesetzten Material ergeben sich Wirkungsgrade zwischen 10 % und maximal 30 % bei senkrechtem Einfall.

Die Umwandlung und Nutzung solarer Wärme in Kraftmaschinen erfolgt mit Hilfe der Konzentration der solaren Einstrahlung. Diese Systeme werden in der Regel zur solaren Stromerzeugung, seltener aber zur Bereitstellung von Prozesswärme eingesetzt, da nur an wenigen Standorten eine Deckungsgleichheit von Angebot und Nachfrage gegeben ist. Bei solarthermischen Kraftwerken handelt es sich meist um konventionelle Kraftwerkstechnik, bei der der Brennstoff zur Befeuerung der Wärmekraftmaschine durch die Solarstrahlung substituiert wird. Die hohen Prozesstemperaturen, wie sie in Dampfprozessen mit ca. 300–600 °C vorliegen, erfordern inhärent eine Konzentration der Solarstrahlung. Anders als bei PV-Anlagen kann überschüssige Energie in thermischen Speichern (kapazitiv) zwischengespeichert werden. Eine Hybridisierung durch Zufeuerung mit fossilen oder nachwachsenden Rohstoffen kann direkt im gleichen Kraftwerk und nicht erst auf Netzebene erfolgen und erlaubt somit eine höhere Flexibilität im Netzverbund. Darüber hinaus werden auf Grund der konstanteren und damit planbaren Leistungsabnahme eine höhere Anlagenauslastung der konventionellen Kraftwerkskomponenten des solarthermischen Kraftwerks und damit eine Kostensenkung erreicht. Der Einsatz und Grad der Hybridisierung bezüglich der CO_2-Bilanz stellt somit ein Optimierungsproblem dar.

Seit 1984 wird in der Wüste von Kalifornien nicht nur die Machbarkeit sondern auch die Marktreife von Solarthermischen Kraftwerken demonstriert, denn die dortigen SEGS-Kraftwerke speisen mit einer maximalen Gesamtleistung von 354 MW_{el} in das öffentliche Stromnetz ein. Die Stromgestehungskosten dieser Anlagen konnten von anfänglich 0.27 US $ auf 0.12 bis 0.14 US $ gesenkt werden (Price et al. 2002). Die dort eingesetzten Parabolrinnenkollektoren erwärmen ein Wärmeträgeröl auf ca. 400 °C, das über einen Dampferzeuger den Prozessdampf für einen konventionellen Wasser-Dampf-Kreislauf liefert. Die Überhitzung des Dampfes und einen Teil der Kraftwerksleitung wurde durch eine Gaszusatzfeuerung erzeugt. Dadurch können die SEGS-kraftwerke monetär hoch vergütete und gesicherte Spitzenlast an das Netz abgeben. Weitere Besonderheiten am Standort Kalifornien sind Netzspitzenbelastungen im Sommer und bevorzugt zwischen 11 und 17 Uhr also gerade in der Zeit, in der die Sonne am meisten zur Verfügung steht. Weiterhin weist der Standort mit einer Jahreseinstrahlung von 2200 kWh pro m^2 und Jahr Direkteinstrahlung einen der weltweit höchsten Werte auf.

Nach Art der Konzentration der Solarstrahlung kann die Hochtemperatursolarthermie in linien- und punktkonzentrierende Systeme unterteilt werden. Da in den Linienkonzentratoren das Absorberrohr im Kollektorfeld umläuft, wird dieser Typ oft auch als Solarfarmkonzept bezeichnet; zu ihm zählen beispielsweise Fresnel- oder Parabolrinnenkraftwerke. Das neuere Konzept des Fresnelkollektors erreicht zwar nicht den Wirkungsgrad der Parabolrinne, durch die Verwendung einfacherer Komponenten lassen sich aber niedrigere Stromgestehungskosten verwirklichen (Bernhard et al. 2008). Zu den punktkonzentrierenden Systemen zählen Turmkraftwerke sowie Dish-Sterling-Systeme. In ihnen erfolgt die Konzentration der Solarstrahlung mittels Heliostaten auf einen Punkt im Turm, dem Receiver, und es lassen sich hohe Konzentrationsverhältnisse von bis $k \approx 1000$ erreichen. Die Heliostaten werden meist zweiachsig nachgeführt und die Receivertemperaturen erreichen bis zu 1200 °C. Bei diesen hohen Temperaturen ist die Wärmestrahlung der dominierende Verlustmechanismus. Durch die hohe Konzentration mit den geringen Receiverabmessungen spielen Dish-Sterling Maschinen allerdings eine untergeordnete Rolle bei der kraftwerkstechnischen Umsetzung und bei der Wahl des Absorbermaterials ist mit zunehmender Konzentration schließlich allein die höchstmögliche Absorption entscheidend. Nichtkonzentrierende Kraftwerkskonzepte sind beispielsweise das Aufwindkraftwerk oder der Solarteich („Solarpond"). Die Klassifizierung der solaren Energieerzeugungssysteme nach der Konzentrationsart illustriert die Abb. 7.1.

In den nachfolgenden Abschnitten werden zunächst die einzelnen Typen solarthermischer Kraftwerke mit deren spezifischen Eigenheiten aufgeführt. Bezüglich der anlagenbaulichen Ausführung unterscheidet man, ob verteilte Absorber oder ein zentraler Absorber eingesetzt werden. Im ersten Fall einer dezentralen Absorberanordnung spricht man von Solar-Farm-Kraftwerken, denen die Fresnel- oder Parabolrinnenkraftwerke zuzurechnen sind. Bei den letzteren handelt es sich um Solartürme. Der wesentliche Unterschied zwischen beiden Konzepten besteht in der Größe des Konzentrationsverhältnisses, das die maximalen Temperaturen auf dem Absorber bestimmt und damit die potenziell einsetzbaren Prozessarten festlegt, mit der die Kraftwerke betrieben werden können. Die erreichbaren Prozesstemperaturen bestimmen wesentlich die Art des konstruktiven Absorberaufbaus und die Materialwahl. Die Synchronisation der Spiegel und deren geometrische Anordnung lässt neue Einflussfaktoren entstehen, die abhängig vom Konzept auch die Speicherart festlegen, da die solare Quelle nicht rund um die Uhr zur Verfügung steht.

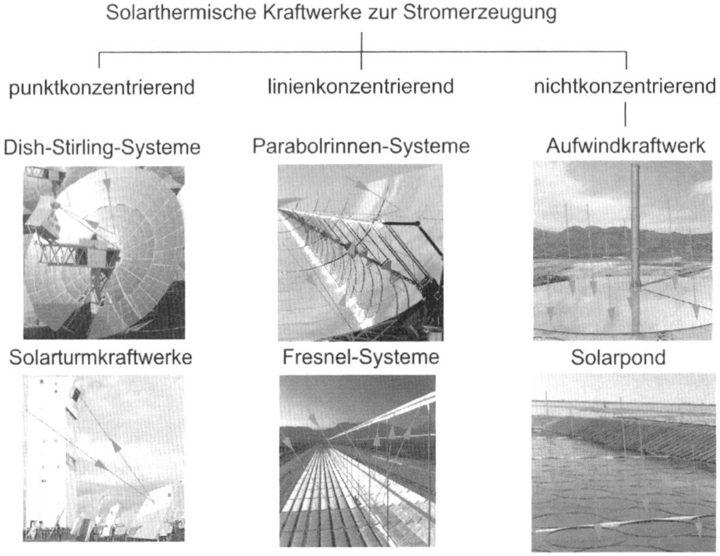

Abb. 7.1 Klassifizierung solarthermischer Kraftwerke zur Stromerzeugung nach Art der Konzentration der Solarstrahlung

7.2 Solarturmanlagen

Solarturmanlagen bestehen aus einem Spiegelfeld, in dem diese zumeist zweiachsig nachgeführt werden. Die Spiegel, die sogenannten Heliostaten, fokussieren die Solarstrahlung auf die Spitze eines Turmes. Hierfür werden sie mit Hilfe von Getrieben in zwei Drehachsen der Sonne nachgeführt. Die Heliostaten sind meist leicht gekrümmt und bei Turmkraftwerken beträgt die typische Größenordnung der einzelnen Heliostaten zwischen 50–150 m^2 (Romero et al. 2002) Die Steuerung erfolgt so, dass das reflektierte Sonnenlicht mehrerer Heliostaten sich im einem größeren Brennfleck auf einem Turm trifft. Die Limitierung ist dabei durch die mittlere vom Receiver ertragbare Leistungsdichte gegeben. Durch die für ein Kraftwerk großen Spiegelflächen machen die Anschaffungskosten der Heliostaten ca. 40–50 % der gesamten Investitionskosten eines Solarturmkraftwerkes aus, weshalb die Reduktion der Herstellungs- und Betriebskosten ein Fokus der Weiterentwicklung ist. Kostenreduzierend wirken sich unter anderem die Verbesserung des optischen Wirkungsgrads der Spiegel selbst, die Minimierung der Windlasten, eine Gewichtsverringerung bei gleicher Steifigkeit und eine Optimierung der Regelstrategie zur Erhöhung des Jahresertrags aus.

Die Abb. 7.2 zeigt die schematische Anordnung von Spiegeln und Heliostaten in einem Turmkraftwerk (Mitte) sowie einen typischen Heliostaten (linke Abbildung). Von 1982 bis 1988 wurde das Turmkraftwerk Solar-One mit einer Leistung von 10 MW_{el} im Netzverbund betrieben. Darüber hinaus konnte noch keine Markteinführung erfolgen, jedoch werden für große Systeme bis 200 MW_{el} geringe Stromgestehungskosten erwartet, sofern eine effiziente Kopplung mit Energiespeichern gelingt.

Abb. 7.2 Typische Abmessung eines Heliostaten eines Turmkraftwerks (Abengoa Solar 2010) und schematische Darstellung eines Solarturms zur Konzentration der Solarstrahlung (Mitte); rechts Photographie des Turms des PS 10 Kraftwerks

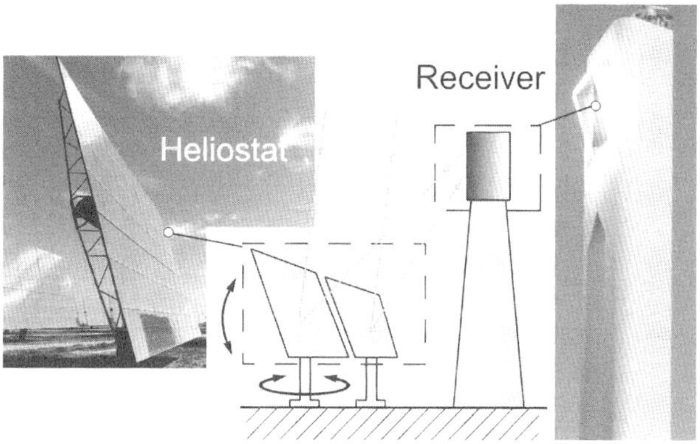

Durch die Konzentration und den damit verbundenen Wärmestromdichten von 0.3–1 MW/m^2, die den Receiver erreichen, entstehen hohe Materialtemperaturen, die besondere Anforderungen an die konstruktive Gestaltung der Receiver stellen. Darüber hinaus muss das Material nicht nur in der Lage sein, die hohe Spitzenleistung abzufangen, sondern auch schnelle Leistungszyklen im Minutenbereich ohne Zerstörung über eine lange Laufzeit zu ertragen. Diese entstehen im Gegensatz zu konventionellen Kraftwerken auch im Normalbetrieb, da die Quelle selbst instationär ist (Wolkenbildung, Regen, durch Wind bedingte Spiegelbewegung, etc.).

Bei der Receivergestaltung gibt es mehrere Optionen, die substantiell von nachgeschalteten Kraftwerksprozess abhängen.

- offene Luftreceiver,
- geschlossene Luft-/Heliumreceiver,
- direktverdampfende Einkreisreceiver,
- Salzschmelzen, Öl- oder Flüssigmetallreceiver,

sowie eine Unzahl von Hybriden. Lediglich Solarturmsysteme eignen sich auf Grund der erreichbaren hohen Temperaturen auch für einen Joule-Brayton-Prozess (Gasturbinen)-Prozess, da dessen Wirkungsgrad η wesentlich vom Verhältnis Turbinenaustritts- zu Turbineneintrittstemperatur abhängt (Becker et al. 2002) oder (Sugarmen et al. 2002).

- Offene Luftreceiver

Offene Luftreceiver sind eine anlagenbautechnisch einfache und sichere Ausführung eines Receiversystems, da auch ein möglicher Ausfall des Gebläses nicht sofort zu einer Zerstörung der Receivereinheit führt. Die Abb. 7.3a zeigt den schematischen Aufbau eines offenen Luftreceiversystems, in dem ein Dampferzeuger in den Turm integriert ist.

Die Receivereinheit besteht aus einer Absorbervorderseite, die direkt die Solarstrahlung empfängt. Der Absorber ist im Regelfall modular aufgebaut und besteht entweder aus einem metallischen oder keramischen Material, das entweder als Gestrick, Filz, Schaum

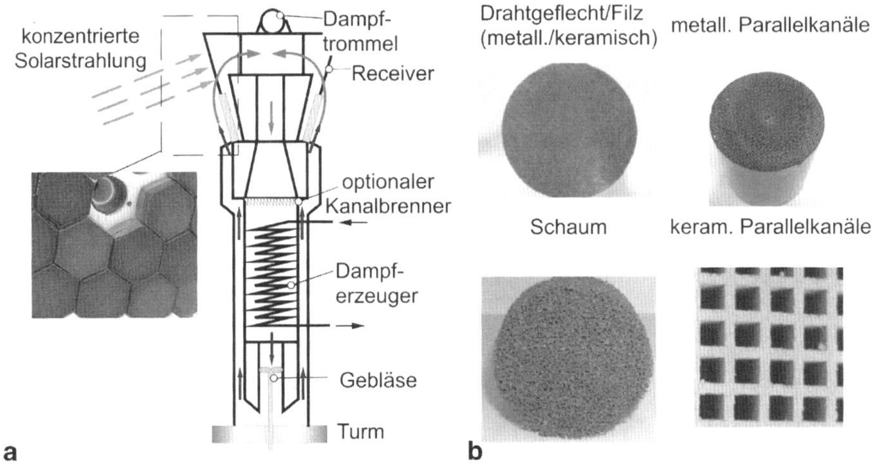

Abb. 7.3 **a** Schematischer Aufbau eines Solarturms mit offenem Luftreceiver. **b** Unterschiedliche Ausführung des Absorberaufbaus eines offenen Luftreceivers

oder geordneten Parallelkanalstrukturen aufgebaut ist, wie die Abb. 7.3b zeigt. Hierbei dringt die konzentrierte Strahlung in das Absorbermaterial ein und erzeugt Wärme. In der Fachliteratur wird dies als volumetrischer Luftreceiver bezeichnet. Mit Hilfe eines Gebläses wird Umgebungsluft von außen durch das Absorbermaterial angesaugt und der Luftstrom nimmt die im Absorber gespeicherte Wärme auf. Bei den offenen Luftreceivern bestimmt die Materialwahl die maximalen Turbineneintrittstemperaturen. Mit Inconel-Legierungen konnten schon bis ca. 950 °C und mit keramischen Siliziumkarbid bis zu 1000 °C in Experimenten realisiert werden (Avila-Marin 2011). Luft verfügt als Trägermaterial über folgende Vorteile; es ist ungiftig, nicht korrosiv, überall in jeder beliebigen Quantität verfügbar. Zusätzlich ist es unbrennbar und leicht zu handhaben. Nachteilig hingegen ist seine geringe Wärmekapazität. Ein weiterer Nachteil des Konzepts des offenen Luftreceivers ist seine geringe Leistungsdichte durch die Fixierung auf den niedrigen Prozessdruck. Dies erfordert hohe Luftmengenströme, die wiederum nur kleinere Temperaturunterschiede zulassen. Bestechende Vorteile sollten nicht übersehen werden. Bei einem modularen Aufbau der Absorbereinheit können einzelne Segmente ohne Druckabsenkung im System gewechselt werden. Dies erlaubt eine hohe Verfügbarkeit.

- Geschlossene Luft/Heliumreceiver

Geschlossene Luftreceiver ermöglichen deutlich höhere Anlagenwirkungsgrade als offene Luftreceiversysteme. Durch den höheren Druck im Luftzirkulationssystem sind größere Leistungsdichten übertragbar. Die erreichbaren Wärmeübertragungskoeffizienten können um den Faktor 100 ($\alpha > 10^4$ W/(m^{2}K)) über denen eines offenen Systems liegen. Der geschlossene (‚druckbeaufschlagte) Gasreceiver ist dem Solarfeld zugewandt und die bestrahlte Öffnung des Receivers wird durch ein Quarzglasfenster, dessen Temperatur-

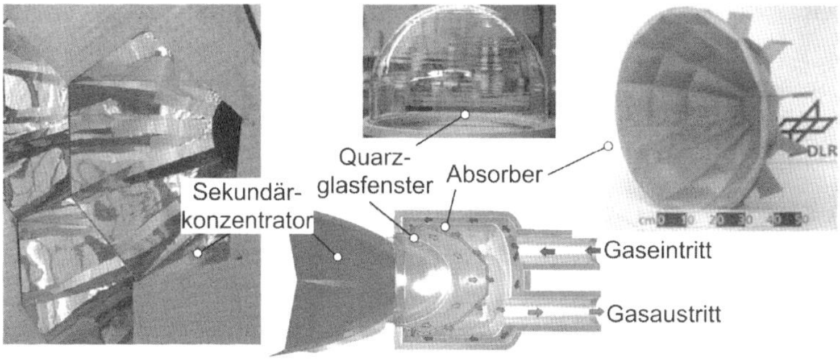

Abb. 7.4 Schemaskizze des Aufbaus eines Solarmoduls von einem Solarturm mit geschlossenem Gasreceiver und technische Ausführung der Einzelkomponenten. (Deutsches Zentrum für Luft- und Raumfahrt (DLR) 2008)

beständigkeit ca. 1400 °C beträgt, geschlossen. Das Gas (Luft oder Helium) ist gleichzeitig das Arbeitsmedium einer Gasturbine und wird unter Druck erhitzt. Bisher existieren Anlagen im Bereich bis ca. 250 kW, denkbar sind aber Systeme deutlich über 1 MW_{th}.

Der Receiver selbst ist im Regelfall modular aufgebaut. Ein Modul, das die Abb. 7.4 zeigt, besteht aus einem Sekundärkonzentrator, der im Regelfall spiegelnd ausgeführt ist, um ein hohes Maß der Bündelung zu erzielen und auch die Spiegelverluste gering zu halten. Die Strahlung wird von ihm auf das thermisch gut leitende Quarzglasfenster geleitet, dessen rückwärtige Seite von der Gasströmung gekühlt wird. Hinter dem Glasfenster und dem Gaskanal befindet sich der Absorber, der durch die Strahlung erwärmt wird. Um den Absorber nicht einseitig thermisch zu belasten, sind in ihn Schlitze eingearbeitet, durch die ein Teilstrom des Gases zur Kühlung der rückwärtigen Absorberseite geführt wird.

Bei Systemdrücken von 0.4–1.6 MPa sind Gastemperaturen von ca. 1000 °C erreichbar, die direkt einer Gasturbine zugeführt werden können. Mit der Abgastemperatur der Gasturbine von ca. 300–400 °C kann unter Umständen auch ein Dampfprozess (Clausius-Rankine) nachgeschaltet werden. Mit Hilfe eines solchen gekoppelten Prozesses lassen sich dann hohe Gesamtanlagenwirkungsgrade erzielen.

- Direktverdampfende Absorber

Direkte dampferzeugende Receiver für Turmkraftwerke sind bisher nur in wenigen Fällen technisch realisiert. Beispiele hierfür sind der Sierra Sun Tower in den USA und die Turmkraftwerke PS 10 und PS 20, die zumeist mit einem Sattdampfprozess arbeiten. Die Receivereinheiten bestehen aus parallel nebeneinander angeordneten Rohren, die jeweils ein Flächenelement bilden. Am oberen Ende jedes Flächenelementes wird die Strömung in einem kleinen Sammler zusammengeführt. Von dort führen die Rohre zu einem zentralen Dampfsammler, der sich auf der Turmspitze befindet, von wo der Dampf dem Dampfspeichersystem beziehungsweise der Dampfturbine zugeführt wird.

Die Abb. 7.5 zeigt eine Fotografie des Solarturms und das Systemschaltbild des Aufbaus. Bemerkenswert bei dieser Ausführung ist ein Dampfspeichersystem, mit Hilfe des-

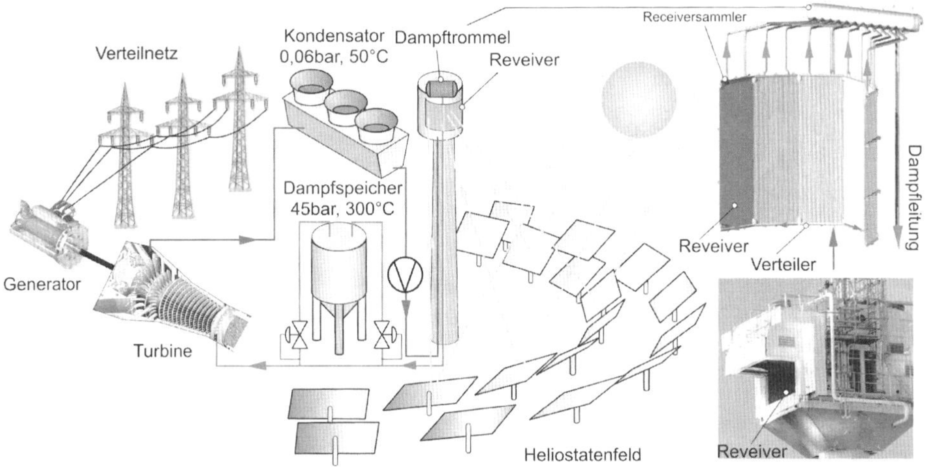

Abb. 7.5 Flussbild eines Solarturmkraftwerks mit Direktwasserverdampfung im (Eckdaten der Verdampfung aus dem PS 10 Kraftwerk). Schemaskizze der Strömungsführung in einem Receiver mit Direktverdampfung (rechts oben) und Photographie des direktverdampfenden Receivers des Sierra Sun Towers

sen kurzfristige Schwankungen der Einstrahlung ausgeglichen werden können und damit die Verfügbarkeit im Netzverbund gesteigert werden kann.

Obwohl die Wärmeabfuhr durch Wasser deutlich besser ist als die der Gase, stellt bei diesem Konzept die Wasserchemie bei extrem hohen Temperaturen eine große Herausforderung dar, so dass die Dampftemperaturen auf Grund der Wechselbelastungen des Receivermaterials in einen Bereich unterhalb der konventioneller Kraftwerke bei ca. 300–450 °C liegen. Ein kritischer Auslegungsunfall bei allen direktverdampfenden Solarkraftwerkstypen aber insbesondere bei Turmkraftwerken ist ein Pumpenversagen. Hierbei kann es zum Überschreiten kritischer Kontakttemperaturen kommen, die zu Dampfexplosionen führen können. Ein weiterer zu beachtender Aspekt ist die Wasserchemie bei ständig unterschiedlichen Temperaturen.

Eine weitere Herausforderung bei direktverdampfenden Systemen ist die Langzeitspeicherung über den Tagesgang der Sonneneinstrahlung hinaus. Aufgrund der hohen Prozessdrücke bei einem Dampfprozess wären zur Speicherung großer Energieinhalte entsprechend großvolumige Dampfkessel nötig, deren Abmessungen erheblich über dem gegenwärtig technisch verfügbarer Tankinhalte liegen. Zur Langzeitspeicherung werden daher Zwischenwärmeübertrager erforderlich, die eine technisch preiswertere Niederdruckeinspeicherung der thermischen Energie bei hohen Temperaturen erlaubt.

- Salzschmelzen-, Öl- oder Flüssigmetallreceiver

Wie bei Sattdampfsystemen besteht auch bei Salzschmelzen, Öl oder Flüssigmetallen die Absorbereinheit aus flächigen Elementen, beispielsweise aus parallelen nebeneinander geführten Rohren. Im Gegensatz zu den Direktverdampfungssystemen, die als Einkreissysteme ausführbar sind, erfordern diese Systeme einen Sekundärkreislauf und damit einen zusätzlichen Wärmetauscher. Es ergeben sich damit höhere Anlagenkosten und durch die Verluste im Wärmetauscher auch geringere Wirkungsgrade. Die Gestaltung der Receivereinheit ist einfacher, da die Wärmeübergänge in derartigen Systemen einphasig und bei niedrigeren Drücken als beispielsweise bei Wasser erfolgt. Mit Natrium und auch Salzschmelzen lassen sich bei vergleichsweise geringen Temperaturdifferenzen hohe Wärmeübergangskoeffizienten erzielen. Zudem sind die thermischen Wechselbelastungen des Strukturmaterials geringer, da die Salzschmelzen wie auch die Flüssigmetalle über eine gute thermische Leitfähigkeit verfügen. Dem stehen aber einige Nachteile gegenüber. Die thermische Stabilität der Salze ist begrenzt, die Nitritsalze (z. B. KNO_2) sind bis ca. 400 °C einsetzbar, die Nitratsalze (KNO_3) können bis 550 °C eingesetzt werden; Carbonate sind bis 850 °C prinzipiell einsetzbar aber deren Schmelzpunkt liegt deutlich über den vorgenannten. Bei den Nitrit- wie Nitratsalzen zeigt sich bei langen Hochtemperaturoperationszeiten eine Alterung in Form einer partiellen Zersetzung der Salze (Dissoziation) unter Sauerstoffentstehung, das sich negativ auf Leistungsfähigkeit der Gesamtanlage auswirkt. Insbesondere Nitratsalze sind brandfördernd und es müssen ähnlich wie bei Natrium entsprechende Sicherheitsmaßnahmen getroffen werden. Durch die Zersetzung der Nitrate können auch Nitrite entstehen. Beispielsweise Kaliumnitrit ist giftig und umweltgefährdend. Ein Trend geht daher in Richtung zu anderen „Hochleistungssalzen" (wie PWM-MgCl-KCl-NaCl), die einen niedrigen Schmelzpunkt haben. Bei diesen tritt ein Phasenwechsel in den gasförmigen Zustand bei ca. 380 °C auf; dies erlaubt dann auch eine Speicherung in Latentwärmespeichern. Eine weitere Herausforderung der Salze ist ihr Korrosionsverhalten insbesondere gegenüber Stählen, die eine spezielle Beschichtung erfordern. Bei Oxidation oder Wasserzutritt bei Undichtigkeiten im Leitungsnetz verändern sich die thermophysikalischen Eigenschaften der Salze. Positiv hingegen ist ihre gute Eignung als Speichermedium. Die Abbildung 7.6 zeigt ein Modul eines Flüssigsalzreceivers (links) sowie den gesamten Aufbau einer aus Einzelmodulen bestehenden Einheit (rechts).

Andere potenzielle Wärmeübertragungsmedien sind Öle und Flüssigmetalle. Hitec Thermoöle sind in der Lage dissoziationsfrei bis ca. 450 °C zu arbeiten, bevor es zu einem chemischen Aufbrechen („Cracken") kommt. Ihre thermische Leitfähigkeit ist jedoch begrenzt und relativ hohe Systemdrücke sind erforderlich, um zufriedenstellende Wärmeübertragungsleistungen realisieren zu können. Die Alterungsresistenz der Öle ist in den letzten Jahren deutlich gestiegen. Weitere Vorteile der Thermoöle gegenüber den Salzen und den Flüssigmetallen ist der vergleichsweise geringe technische und organisatorische Aufwand zur Förderung des Fluids, Befüllen und Entleeren der Anlagen bei Neustart und/oder Revisionszeiten. Thermoöle sind bei Umgebungstemperaturen flüssig, während sowohl flüssige Metalle wie Salze zur Verflüssigung ein beheizbares Rohrleitungsnetz erfordern. Für letztere entstehen sowohl bei der Errichtung der Anlage wie auch im täglichen Betrieb infolge der parasitären Heizleistung zusätzliche Kosten, die durch ihre höhere Leistungsfähigkeit ausgeglichen werden müssen.

Flüssigmetalle wie Natrium und Blei verfügen über hohe Siedepunkte wie ca. 880 °C bei Natrium und mehr als 1600 °C bei Blei oder Bleilegierungen. Bleilegierungen wie die eutektische Verbindung $Pb^{45}Bi^{55}$ schmelzen bereits bei 127 °C. Für Natrium gegenüber Blei

Abb. 7.6 Einzelmodul eines Flüssigsalzsolarreceivers mit oben montiertem Sammler (*rechts*) und zusammengebauter Receiverturm mit Verkleidung (*links*). (Pacheco 2002)

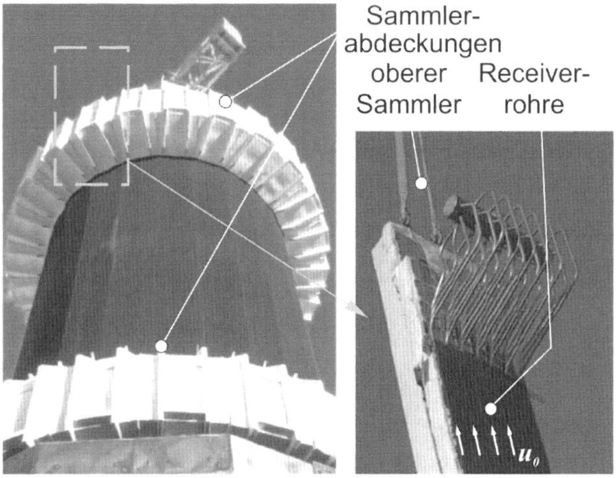

spricht die extrem gute thermische Leitfähigkeit, die zu niedrigen Absorbertemperaturen führt, die geringere spezifische Pumpleistung pro transportierter Wärmeeinheit, die lange Betriebserfahrung mit natriumgekühlten schnellen Reaktoren, der niedrige Schmelzpunkt (ca. 98 °C) und die gute Materialkompatibilität mit nahezu allen metallischen Strukturmaterialien. Nachteilig hingegen ist bei Natrium das Oxidationsverhalten an Luft. Bei Temperaturen oberhalb von 140 °C entzündet sich Natrium selbst an Luft und die dabei entstehende Reaktionswärme ist mit mehreren hundert Kilojoule pro Mol beträchtlich. Schwierig bei Blei ist dessen hohe spezifische Dichte von mehr als 10 Tonnen pro Kubikmeter, die bei Turmhöhen der Größenordnung 100 m, innendruckfeste Rohre von mehr als 10 MPa erfordert. Natrium hingegen ist leichter als Wasser.

Trotz der Vielfalt der möglichen Receiverkonzepte bei Solarturmsystemen hat sich bis zum heutigen Tag noch keines abschließend durchgesetzt. Die Tab. 7.1 zeigt bisher in Betrieb gegangene Solarturmanlagen, deren Primärwärmeübertragungsmedium und die entsprechenden Speicher. Auch bei der Wahl des primären Wärmeübertragungsmediums wie des Speicherkonzepts hat sich am Markt bisher kein Konzept als signifikant anderen überlegen gezeigt. Insbesondere im Hinblick auf eine ökomische Leistungsbereitstellung in einem Netzverbund erscheint die Errichtung von Demonstrationskraftwerken, die die unterschiedlichen Konzepte verfolgen, notwendig, da nur prototypische Betriebsbedingungen und -dauern zeigen können, welche Kostenstrukturen den Anlagenbetrieb bestimmen werden.

7.3 Parabolrinnenkraftwerke

In Parabolrinnenkraftwerken wird die Solarstrahlung mit Parabolspiegeln auf einen im Fokus angebrachten linienförmigen Receiver konzentriert. Dabei wird ein geometrischer Konzentrationsfaktor von ca. 30 bis über 100 erreicht; der EUROTROUGH-Kollektor der

Tab. 7.1 Leistungsvolumen bestehender und in Betrieb gegangener Solarturmanlagen mit den verwendeten Wärmeübertrager- und Speichermedien

Projektname	Land	Leistung MW_{el}	Wärmeübertragermedium	Speichermedium	Betriebsbeginn
SSPS	Spanien	0.5	Natrium	Natrium	1981
EURELIOS	Italien	1	Dampf	Nitratsalz/Wasser	1981
SUNSHINE	Japan	1	Dampf	Nitratsalz/Wasser	1981
Solar One	USA	10	Dampf	Öl/Gestein	1982
CESA-1	Spanien	1	Dampf	Nitratsalz	1983
MSEE	USA	1	Nitratsalz	Nitratsalz	1984
THEMIS	Frankreich	2.5	Hitec-Salz	Hitec-Salz	1984
SPP-5	Russland	5	Dampf	Wasser/Dampf	1986
TSA	Spanien	1	Luft	Keramik	1993
Solar two	USA	10	Nitratsalz	Nitratsalz	1996
Planta Solar 10 (PS 10)	Spanien	11	Dampf	Dampf	2007
Jülich Solar tower	Deutschland	1.5	Luft (primär) → Dampf	Keramik (Festbett)	2009
Sierra sun tower	USA	5	Dampf	Wasser/Dampf	2009
Planta Solar 20 (PS 20)	Spanien	20	Dampf	Dampf	2009

momentan im Bau befindlichen Anlagen in Spanien ANDASOL 1 und 2, wie auch der LS-3 Kollektor der SEGS-Anlagen in Kalifornien weisen einen Konzentrationsfaktor von 82 auf (LS-2: 71). Dem Konzentrationsfaktor ist neben der maximal möglichen theoretischen Konzentration durch die Genauigkeit der einachsigen Nachführung, der Justierung des Gesamtsystems, der Spiegelfehler (Abweichungen der optimalen Geometrie) und den damit verbundenen Kosten ein oberes Limit gesetzt.

Kernstück der Parabolrinnenkollektoren sind die Receiver (oder „Heat-Collection-Elements"), die sich im Fokus der Parabolrinnenspiegel befinden. Sie bestehen aus einem vom Wärmeträgermedium durchströmten Stahlrohr, das von einem Glashüllrohr umgeben ist; der Zwischenraum ist zur Verringerung der Wärmeverluste evakuiert. Von entscheidender Bedeutung ist die selektive Beschichtung des Stahlrohrs, die eine hohe Absorption der einfallenden konzentrierten Solarstrahlung gewährleistet. Gleichzeitig werden durch eine hohe Reflexion der Absorberschicht im IR die Abstrahlungsverluste an die Umgebung minimiert. Da das Glashüllrohr des Receivers auf ca. 10^{-4} mbar evakuiert ist und dadurch Verluste durch Wärmeleitung oder Konvektion vernachlässigbar sind, dominieren die Wärmeverluste durch Strahlung. Daher wird ein geringes Emissionsvermögen der Absorberschicht angestrebt.

Ein hoher Kraftwerkswirkungsgrad erfordert hohe Dampfturbineneintrittstemperaturen. Gegenwärtig beschränkt hauptsächlich die maximale Einsatztemperatur des Wärmeträgermediums im Primärkreislauf diese Temperatur. Ab etwa 320 °C disproportionieren

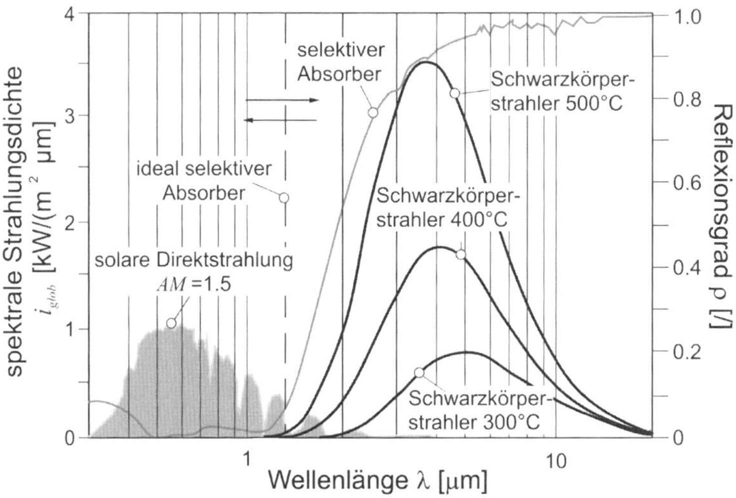

Abb. 7.7 Zunehmende Überlappung des Solarspektrums ($AM = 1.5$ direkt, nicht konzentriert) mit den Spektren eines Schwarzkörperstrahlers für Temperaturen zwischen 300 °C und 500 °C; zur Veranschaulichung ist zusätzlich ein typisches Absorberspektrum und ein optimaler selektiver Absorber dargestellt. (Hildebrandt 2009)

die meisten Thermoöle und bilden Ablagerungen. Unter Druck können sie bei eingeschränkter Lebensdauer bis ca. 400 °C betrieben werden. Mit der Direktverdampfung, in der das Thermoöl durch Wasser ersetzt wird, werden durch die Überhitzung des Dampfs im Kollektor höhere Dampftemperaturen ermöglicht. Der Einsatz von Wasser bedingt allerdings erneut hohe Drücke.

Problematisch ist, dass sich bei höheren Temperaturen die Spektren der Solarstrahlung und des Schwarzkörperstrahlers zunehmend überlagern, wie dies die Abb. 7.7 illustriert. Für eine Kollektortemperatur von 500 °C ist mit den bestehenden Schichten eine hohe Absorption nur auf Kosten höherer Emissionswerte möglich. Um gute Emissionswerte auch bei hohen Temperaturen beizubehalten, muss deshalb für den Infrarotspiegel des Absorbers zu anderen Materialien mit einer höheren IR-Reflexion übergegangen werden. Daher richtet sich ein Forschungsschwerpunkt auf die Entwicklung neuer Absorberschichtsysteme mit einer niedrigeren Emission bei einer gleichbleibend hohen Absorptionsgrad von $\alpha_A \sim 0.95$. Da Silber eine der höchsten Reflexionen aller Materialien im Infraroten besitzt, stellt es einen der primären Kandidaten für den Einsatz als IR-Spiegel dar. Bei Temperaturen über 500 °C ist aber die Diffusionsmobilität metallischer Elemente innerhalb der Strukturmaterialien deutlich erhöht und wächst exponentiell mit der Temperatur an. Bei gleichbleibend hohen Temperaturen führt dies zu einer abnehmenden Leistungsfähigkeit der Infrarotverspiegelung und damit zu erhöhten Wärmeverlusten. Hohe Absorbertemperaturen stellen damit an die Stabilität der Absorberschichten hohe Anforderungen. Selbst beim Einsatz im Vakuum, in dem keine Degradationen durch Oxidationsprozesse auftre-

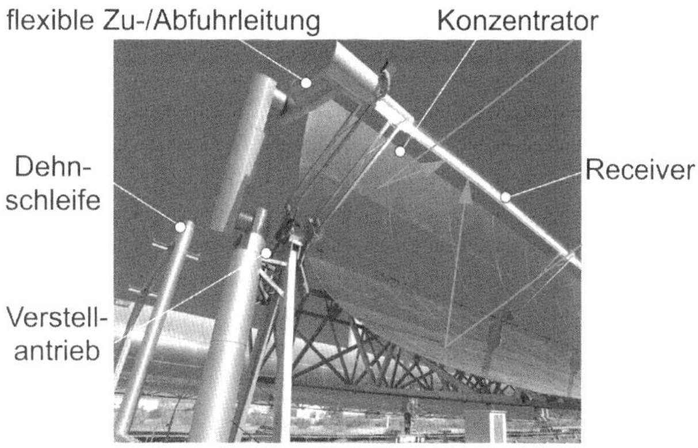

Abb. 7.8 Aufbau eines Parabolrinnenkollektors. (Foto, (Deutsches Zentrum für Luft- und Raumfahrt (DLR) 2008)

ten, ist die Entwicklung hochtemperaturstabiler Absorber eine große werkstofftechnische Herausforderung.

Die eindimensional, in Form einer Parabel gekrümmten Spiegel einer Parabolrinne konzentrieren das Sonnenlicht auf das in der Brennlinie befindliche Absorberrohr. Die Aperturweite des letzten in den SEGS-Kraftwerken eingesetzten Kollektortyps, dem LS-3, beträgt ca. 5.76 m. Das Absorberrohr mit einem Durchmesser von 7 cm ist zur Verringerung der Wärmeverluste von einer evakuierten Glasröhre ummantelt. In den SEGS-Kraftwerken konnte diese Technologie mit einer Gesamtleistung von 354 MW_{el} ihre Tauglichkeit für den großtechnischen Einsatz unter Beweis stellen. Die technische Verfügbarkeit der Anlagen liegt mittlerweile bei ca. 98 %. Die Rinnen werden mit Thermoöl bis zu einer Temperatur von 400 °C betrieben. Eine vielversprechende Weiterentwicklung der LS-3-Kollektoren ist der Eurotrough (Price et al. 2002), mit dem auch die Direktverdampfung erprobt wurde (Eck and Steinmann 2002). Bei der Entwicklung des LS-4-Kollektors wurde eine Aperturweite von 10.5 m erprobt, die sich auf Grund von zu großen Windlasten nicht durchsetzen konnte. Die Abb. 7.8 zeigt den Receiveraufbau eines Parabolrinnenkraftwerkes mit seinen zentralen Komponenten.

Ein wesentlicher technischer Aspekt aller linienfokussierenden Systeme ist die Verbindung des Rohrleitungsnetzes der Solarempfänger mit denen des Kraftwerks. Durch die Temperaturunterschiede beim Betrieb der Receiver ergibt sich eine differentielle Längung des meist metallischen Absorberrohrs gegenüber den Spiegeleinheiten und der Aufständerung. Da die Längen eines Strangs mehrere hundert Meter betragen können, wäre ein einzelner Kompensator sehr aufwändig. Daher erfolgt eine Kompensation der thermischen Dehnung mit Hilfe von Faltenbälgen an jedem Absorberelement. In solarthermischen Kraftwerksanlagen wurden Absorbersegmente sowohl mit außenliegenden wie auch innenliegenden Kompensatoren technisch umgesetzt, wie die Abb. 7.9a und b zeigen. Ähnliche Verbindungselemente werden auch bei direkt verdampfenden Systemen mit Prozessdrücken von bis zu 10 MPa und 550 °C entwickelt. Eine der Herausforderungen bei Betrieb mit Thermoölen ist die Wasserstofferzeugung durch thermische Zerset-

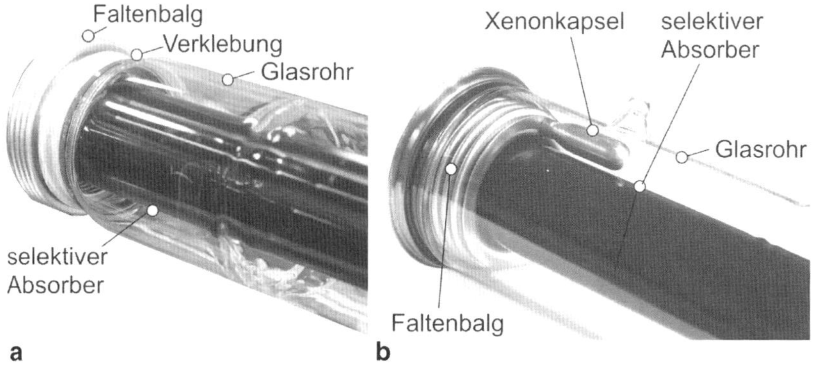

Abb. 7.9 **a** Parbolrinnenabsorberdesign (PTC) mit außenliegendem Kompensationselement (Siemens 2010). **b** Design mit innenliegendem Kompensator und integriertem Wasserstoffgetter wie Xenonkapsel. (Schott 2012)

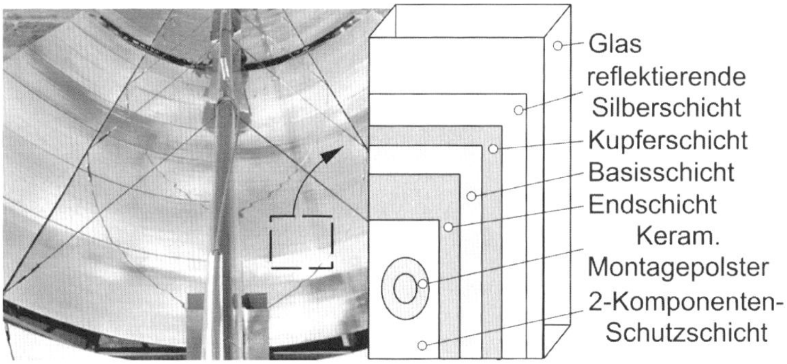

Abb. 7.10 Typischer Aufbau einer Reflexionsschicht für Parabolrinnen- oder Fresnel kollektor anwendungen

zung des Öls. Der entstandene Wasserstoff permeiert durch das Stahlrohr des Absorbers und verringert das Vakuum und steigert damit die Wärmeverluste. Zur Lösung dieses Problems setzen moderne Designs Getter ein, die an „kalten" Stellen des Absorbers eingebaut werden. Zur Verringerung der Wärmeverluste und Lebenszeiterhöhung werden auch mit Xenon gefüllte Behälter in die Absorberrohranschlussstücke integriert (vergleiche Abb. 7.9b).

Bei Parabolrinnen- wie auch Fresnelsystemen sind die Reflektoren, die die Solarstrahlung auf den Receiver fokussieren, mehrschichtig ausgeführt. Den Schichtenaufbau zeigt die Abb. 7.10. Als Substrat dient aus Festigkeitsgründen im Regelfall eine Stahlplatte, auf die eine Schutzschicht aufgebracht wird. Darüber befinden sich mehrere Einzelschichten, die oft nur mikrometerdick sind. Die Reflexion erzeugt eine Silberschicht, die zum Schutz vor Oxidation mit einer Glasschicht bedeckt ist. Typische damit erzielbare Werte des Re-

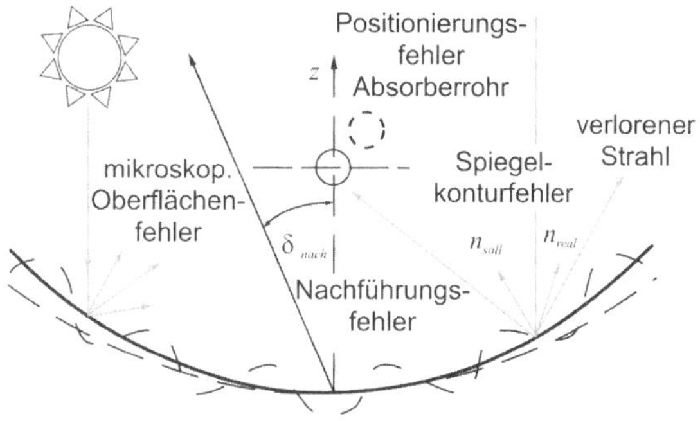

Abb. 7.11 Potenziell auftretende Spiegelkonturfehler bei linienfokussierenden Reflektorsystemen

flexionsgrades sind 90–95 %. Die Auslegungszeit der Spiegel und damit des Schichtverbundes beträgt in der Regel ca. 20 Jahre.

Ein weiterer Aspekt, der bei linienfokussierenden Systemen beachtet werden muss, sind die Verluste, die durch den Spiegel selbst entstehen (vergl. Abb. 7.11). Die Spiegel können durch falsche Justierung den Absorber nicht erreichen oder die Einstellung Absorber und Spiegel ist nicht aufeinander abgestimmt, was auch durch Umwelteinflüsse während des Betriebs entstehen kann. Auf der Spiegeloberfläche können Verunreinigungen oder fertigungsbedingte Fehler zu Fokussierungsverlusten führen. Aber auch die Nachführungseinrichtungen können zu einem inkorrekten Strahlverhalten führen. Ein letzter Aspekt, der insbesondere Parabolrinnen betrifft, ist die Frage der Spiegelkonturfläche. Auch wenn die Parabolrinnen in Segmenten gefertigt werden, kann es durch Transport, Montage oder bereits bei der Fertigung zu kleinsten Fehlern bei der Konturgestaltung kommen, die die Leistungsfähigkeit des Gesamtsystems beeinflussen. Da die Segmente deutlich größer sind als die eines Fresnelkollektors, wirken sich diese Fehler stärker aus. Letztlich ist dieser Fehleraspekt, der in Zusammenhang mit der Fertigung der relativ großen Elemente steht, zusammen mit der durch die Größe entstehenden zusätzlich erforderlichen Absicherung infolge von Windkräften einer der Gründe, weshalb Fresnelanlagen zunehmend häufiger betrachtet werden. Die Abb. 7.11 zeigt schematisch die durch die Reflektorfehleinstellung entstehenden Fehler, die detailliert im Abschnitt Spiegel und Spiegelfeldauslegung (6.5) nochmals quantitativ diskutiert werden.

Bei den gegenwärtig sich im Betrieb befindlichen linienfokussierenden Systemen nutzen die leistungsstärksten Kraftwerkseinheiten das Parabolrinnenkonzept. Die Tab. 7.2 zeigt eine Liste nach dem Parabolrinnenkonzept arbeitender solarthermischer Kraftwerke. Als primäres Wärmeübertragungsmedium scheint sich Öl durchgesetzt zu haben, mit denen Temperaturen im Dauerbetrieb von bis zu ca. 400 °C realisierbar sind. Bezüglich der Speichermedien zeichnen sich mehrere von der Einbindung in den Kraftwerkspark der Umgebung abhängige Konzepte ab. Zum Ausgleich kurzzeitiger Schwankungen (bis ca. 1/2 Stunde) oder bei Einbindung in ein Hybridkraftwerk zeigen Dampfspeicher einen guten Wirkungsgrad. Bei möglichst langer täglicher Nutzung solarer Einstrahlleistung haben sich flüssige Salzspeicher vor allem in den spanischen Kraftwerken durchgesetzt.

Tab. 7.2 Leistungsvolumen bestehender/in Betrieb gegangener Parabolrinnenkraftwerke mit den verwendeten Wärmeübertrager- und Speichermedien

Projektname	Land	Leistung MW_{el}	Wärmeüber-trager-medium	Speichermedium	Betriebs-beginn
Solar energy genera-ting systems (SEGS)	USA	354 9 Einheiten	Öl	Öl	1984–1991
Andasol	Spanien	100 MW 2 Einheiten	Öl	Salz 60 %$NaNO_3$/40 %KNO_3	2008–2009
Nevada solar one	USA	64	Öl (DOWTHERM)	Dampf	2007
Ibersol ciudad real	Spanien	50	Diphenyl/Diphenyloxid	keinen	2009
Alvarado I	Spanien	50	Diphenyl/Biphenyloxid	Salz 60 %$NaNO_3$/40 %KNO_3	2009
Yazd integrated solar combined cycle power station	Iran	17	Dampf	Wasser/Dampf	2009
Extresol I	Spanien	150 3 Einheiten	Diphenyl/Biphenyloxid	Salz 60 %$NaNO_3$/40 %KNO_3	2010
La Florida	Spanien	50	Diphenyl/Diphenyloxid	Salz 60 %$NaNO_3$/40 %KNO_3	2010
Archimede solar power	Italien	5	Salz 60 %$NaNO_3$/40 %KNO_3	Salz 60 %$NaNO_3$/40 %KNO_3	2010

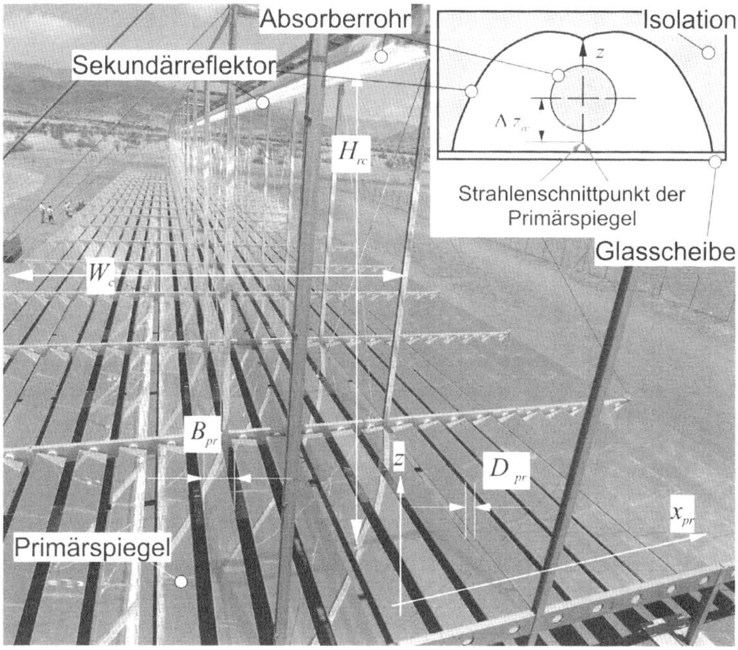

Abb. 7.12 Aufbau eines Fresnel-Kollektors und Schemaskizze zur Erläuterung des Zielpunktes (oben rechts)

7.4 Fresnelkraftwerke

Die Abb. 7.12 zeigt den Aufbau eines Fresnel-Kollektors, in dem mehrere Spiegelstreifen (Primärspiegel) je nach Sonnenstand so ausgerichtet werden, dass sie die Solarstrahlung auf den darüber befindlichen Receiver (Strahlungsempfänger) reflektieren.

Die Primärspiegel haben voneinander den Abstand D_{pr} und zentral über ihnen befindet sich mit dem Abstand H_{rc} der Receiver. Der Receiver besteht aus dem Absorberrohr, dem Sekundärreflektor und der dahinter liegenden Isolierung. Nach unten ist der Receiver durch eine Glasscheibe vor Wind und Staubeintrag geschützt. Die Nachführung der Primärspiegel ist abhängig vom horizontalen Abstand x_{pr} und dem vertikalen Abstand zwischen Primärspiegel und Zielpunkt ($H_{rc} + \Delta z_{rc}$) sowie vom Transversalwinkel $\theta_{\perp}$ (vergl. Abb. 7.13). Der Neigungswinkel ϕ_{pr} kann mit folgender Gleichung beschrieben werden:

$$\phi_{pr} = \frac{1}{2}\left[\theta_{\perp} - \arctan\left(\frac{x_{pr}}{H_{rc} + \Delta z_{rc}}\right)\right]. \tag{7.1}$$

Der Fresnel-Kollektor besitzt zwei charakteristische Ebenen. Zum einen die Transversalebene, die senkrecht zum Absorberrohr steht, und zum anderen die Longitudinalebene, die längs des Absorberrohres verläuft. Bei Fresnel-Kollektoren ist eine Nord-Süd-Aus-

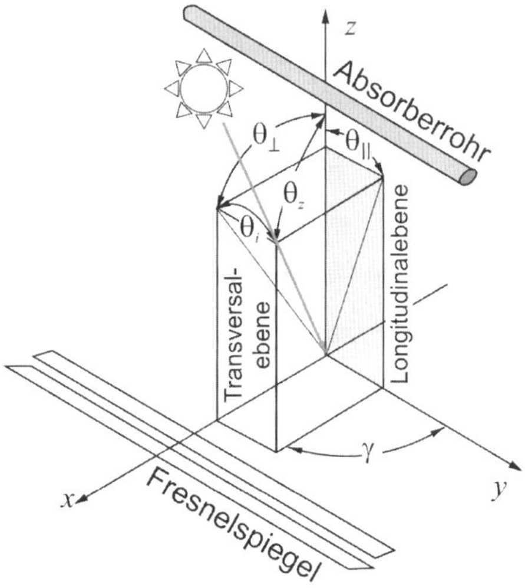

Abb. 7.13 Schemaskizze zur Winkeldefinition in einem Fresnelkollektor

richtung selbst bis in höhere nördliche Breiten wegen des größeren Ertrages vorzuziehen (Mertins 2006). Die Winkelbeziehungen am Fresnel-Kollektor (vergl. Abb. 7.13) sind folgendermaßen definiert:

- $\theta_\perp$ ist der Transversalwinkel und gibt den Winkel zwischen der senkrechten (z-) Achse und der Projektion des Sonnenstandes in die Transversalebene an;
- $\theta_{||}$ ist der Longitudinalwinkel. Er ist der Winkel zwischen der z-Achse und der Projektion des Sonnenstandes in die Longitudinalebene.
- θ_i ist der Einfallswinkel und gibt den Winkel zwischen dem Sonnenstand und der Transversalebene an.

Aus Gl. (7.1) wird ersichtlich, dass die Nachführung aller Spiegel mit derselben Winkelgeschwindigkeit erfolgen kann. Dies erlaubt eine Kopplung an einen gemeinsamen Stellmotor. Aus regelungstechnischer Sicht ist eine mechanische Kopplung aller Primärspiegel aber nicht sinnvoll, weil damit eine Leistungsanpassung durch das Defokussieren einzelner Primärspiegel nicht zu realisieren ist. Hinzu kommt, dass die Ausrichtung einzelner Primärspiegel mit der Zeit zunehmend vom Sollwert abweichen kann und eine nachträglich notwendige Kalibrierung bei einzeln angetriebenen Spiegeln einfacher zu realisieren ist. Für jeden Primärspiegel einen Stellmotor zu verwenden ist wiederum mit einem hohen Kostenaufwand verbunden. In technischen Anlagen werden daher mehrere Spiegel in kleineren Gruppen mit einer gemeinsamen Motorsteuerung zusammengefasst.

Bei einem Fresnel-Kollektor bleibt der Receiver ortsfest und empfängt die Strahlung grundsätzlich aus demselben Winkelbereich. Fresnelkraftwerke sind damit linienfokussierende Systeme. Das Absorberrohr ist im Gegensatz zum Parabolrinnenkollektor je nach Auslegung ortsfest in ca. 8 m Höhe angebracht. Die Spiegel sind in Bodennähe in einzelne, schmalere Spiegelreihen segmentiert, die elastisch in Parabelform gebogen auf einer

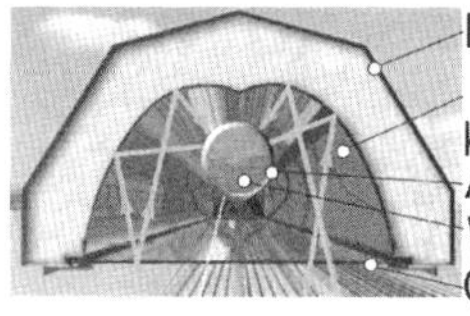

Abb. 7.14 Strahlengang und technische Ausführung eines Sekundärreceivers mit Wasserdirektverdampfung. (Novatec Solar 2010)

Unterkonstruktion montiert sind und separat der Sonne nachgeführt werden. Das Konzentrationsverhältnis k von Fresnelkollektoren ist in ähnlicher Weise wie das der Parabolrinnen als Verhältnis aus Kollektorapertur- zu Absorberaperturfläche definiert. Als Kollektorapertur wird vereinfacht die Spiegelfläche angenommen, obwohl sie für den Fresnelkollektor mit dem Sonnenstand variiert. Selbst für senkrechten Einfall der Solarstrahlung -und damit auch für jeden anderen Sonnenstand- ist sie durch die Ausrichtung der Spiegel auf den Receiver kleiner als die Spiegelfläche. Dies führt zumeist zu einer Überschätzung des Konzentrationsverhältnisses k (vergl. Abb. 7.12). Der Demonstrationskollektor auf der Plataforma Solar de Almería (PSA) erreicht so ein geometrisches Konzentrationsverhältnis von $k \approx 107$. Durch diese sonnenstandsvariable Konzentration erfordern Fresnelkollektoren eine höhere Spiegel- sowie eine höhere Nachführgenauigkeit zum Erreichen einer gleichmäßigen Leistungsfähigkeit. Durch Einsatz eines Sekundärkonzentrators wird der Bereich, auf den zu fokussieren ist, jedoch wieder vergrößert, wie die Abb. 7.14 illustriert. Der Sekundärkonzentrator ist auch wegen der Aufweitung der Brennlinie bei nicht senkrechtem Einfall der Solarstrahlung auf die parabelförmigen Spiegel erforderlich.

Der Receiver besteht neben den Absorberrohren und dem himmelseitig wärmegedämmten Sekundärkonzentrator zusätzlich aus einer Glasabdeckung (primärspiegelseitig). Der Zwischenraum ist luftgefüllt und nicht hermetisch abgedichtet, daher bestimmt die Konvektion die Wärmeverluste. Im Unterschied zum Parabolrinnenkollektor muss eine Absorberschicht für Fresnelkraftwerke eine hohe Stabilität an Luft aufweisen.

Eine möglichst hohe Selektivität der Absorberbeschichtung wird auch hier angestrebt, jedoch hat die Emission im Vergleich zur Absorption einen um den Faktor fünf geringeren Einfluss auf die Stromgestehungskosten (Morin 2009). Hauptgründe sind das höhere Konzentrationsverhältnis des Fresnelkollektors gegenüber dem der Parabolrinne und der unterschiedlichen Hauptwärmeverlustmechanismus der beiden Technologien. Während die Parabolrinne durch das evakuierte Glashüllrohr die Konvektionsverluste am heißen Absorberrohr unterdrückt und die Strahlungsverluste dominieren, ist beim Fresnelkollektor das heiße Absorberrohr nur durch eine Glasplatte und den Sekundärreceiver mit Wärmedämmung von der Umgebung abgeschirmt. Die Konvektionsverluste, die von der Emission unabhängig sind, spielen daher dort eine größere Rolle als bei der Parabolrinne. Die Abb. 7.15 zeigt die Beleuchtungsstärkeverteilung am Absorberrohr in Abhängigkeit verschiedener Transversalwinkel, die bei einer Nord-Süd-Ausrichtung des Kollektors über den Tagesgang und bei einer gegebenen Einstrahlungsintensität auftreten. Der Hauptteil der Strahlung kommt für alle Transversalwinkel von unten durch den Sekundärreceiver. Ein geringerer Teil erreicht aber auch seitlich das Absorberrohr. Als Folge sind in einem Fresnelabsorber die Leistungsdichten wie auch deren umfangsseitige Gradienten gerin-

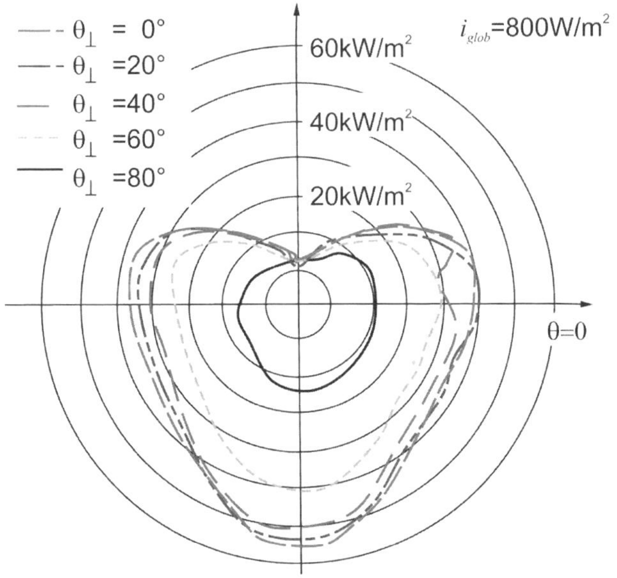

Abb. 7.15 Berechnete spezifische Beleuchtungsstärkedichteverteilung am Absorberrohr eines Fresnelkollektors (mit Außendurchmesser 15 cm) bei einer Einstrahlung von 800 W/m² für unterschiedliche Transversalwinkel (Tagesgang) und einem Einfallswinkel $\theta_i = 0$. (Mertins 2006)

ger als bei einer Parabolrinne. Zusätzlich kann mit Hilfe einer gezielten Zielpunktstrategie von Primär- und Sekundärreceiver die spezifische Wärmebelastung des Absorberrohrs optimiert beziehungsweise verringert werden.

Ausgehend von der umfangseitigen Leistungsdichteverteilung der Beleuchtungsstärke am Absorberrohr kann dessen Temperaturverteilung sowie die mittlere Aufheizspanne pro Absorberrohrlänge berechnet werden. Das primäre Ziel der Optimierungsrechnungen ist eine Minimierung der radialen und umfangsseitigen Temperaturdifferenzen, die letztlich zu einer verringerten thermisch induzierten Spannungsverteilung und damit zu einer höheren Lebenszeit führt.

Obwohl Fresnellinsen und -spiegel schon relativ lange bekannt sind und der Aufwand zur Errichtung und Installation deutlich geringer ist als bei Parabolrinnen, wurde dieses Konzept bisher nur wenig zur solarthermischen Energieerzeugung beachtet. In den letzten Jahren wurde einige in der Tab. 7.3 aufgeführten kleinere Demonstrationskraftwerke realisiert.

7.5 Spiegel und Spiegelfeldauslegung

Die erreichbare Konzentration der solaren Einstrahlung hängt sowohl von der aus Richtung der Sonne kommenden Einstrahlung wie auch von der Art der Abbildung (linien- oder punktförmig) ab. Der Primärspiegel bildet hierbei die solare Einstrahlung entweder direkt auf das Absorberrohr oder den Sekundärspiegel ab.

Im Rahmen der kraftwerkstechnischen Umsetzung müssen viele Spiegel, die im Regelfall zu Feldern zusammengefasst werden, synchronisiert und nachgeführt werden. Damit

Tab. 7.3 Leistungsvolumen bestehender/in Betrieb gegangener Fresnelkraftwerke mit den verwendeten Wärmeübertrager- und Speichermedien

Projektname	Land	Leistung MW_{el}	Wärmeübertragermedium	Speichermedium	Betriebsbeginn
Kimberlina solar thermal energy plant	USA	5	Überhitzter Dampf	keines	2008
Liddell power station solar steam generator	Australien	2	Überhitzter Dampf	Dampf	2008
Puerto Errado 1 (PE1)	Spanien	1.4	Wasser/Dampf	Geschichteter Salztank	2009

kommt es geometriebedingt im Zusammenspiel mit der solaren Einstrahlung zu Verschattungen und in der Folge zu einer Verringerung der idealen Leistungsfähigkeit. Darüber hinaus bewirkt auch die Anbringung des Receivers und Sekundärreflektors auf Ständern eine Abschattung, die nicht mehr zur Wärmeerzeugung zur Verfügung steht. Neben diesen geometrischen Aspekten führen optische und materialspezifische Defekte auf den Spiegeln zu einer weiteren Reduktion der übertragenen Leistung. Alle Effekte akkumulieren sich und verringern die Leistungsdichte auf dem Absorberrohr, das mit dem kraftwerkstechnischen System verbunden ist. Sie müssen daher in geeigneter Weise berücksichtigt werden. Im Regelfall werden die Verluste in folgende Gruppen aufgeteilt:

- Strahlungsdichteverteilung,
- geometrische Verluste am Einzelspiegel,
- geometrische Verluste im Spiegelverband (Kosinusverluste, Verschattungsverluste, Verdeckungsverluste, Reihenendverluste, Receiververschattung und Strukturverschattung),
- optische Fehler,
- materialspezifische Verluste,
- Transmissions- und Absorptionsverluste.

Ziel der nachfolgenden Abschnitte ist es, die einzelnen Verlustmechanismen näher zu erläutern und die Höhe der Verluste zu beziffern.

7.5.1 Strahlungsdichteverteilung der Sonne–Zirkumsolarstrahlung

Da die Sonne einen endlichen Abstand zur Erde ($R_{S\rightarrow E}$) hat, treffen die Sonnenstrahlen nicht parallel auf einen beliebigen Erdpunkt auf, vielmehr sind sie geringfügig divergent. Die geometrische Ausdehnung der Sonne erscheint auf der Erde im Mittel unter einem Winkel von ± 4.65 mrad ($\equiv \pm 0.266°$). Der Winkel variiert durch die elliptische Umlaufbahn der Erde zwischen ± 4.584 und ± 4.742 mrad. Wäre die Sonne ein Lambertscher Strahler, wäre die Strahldichteverteilung über diesen Winkelbereich konstant. Durch Absorptions- und Streuprozesse in der Photosphäre der Sonne ist ihr Rand etwas verdunkelt („limb darkening") und ihre Intensität fällt zum Rand hin etwa um das Zweieinhalbfache ab. Durch Streuung in der Erdatmosphäre wird die auf einem Punkt der Erde eingefangene Strahlung auch aus einem größeren Winkelbereich empfangen. In unmittelbarer Nähe zur physikalischen Sonnenscheibe fällt die Strahlung um Größenordnungen ab, liegt aber dennoch deutlich über der Diffusstrahlung der restlichen Himmelshalbkugel. Diese Strahlung wird als Zirkumsolarstrahlung bezeichnet. Die Strahldichteverteilung der Sonne $i_{SS}(\alpha_S)$ wird als Sunshape bezeichnet und ergibt sich zu (Walzl 1977):

$$i_{ss}(a_s) = b\left[1 - 0.5138 \cdot \left(\frac{\alpha_s}{4.65 mrad}\right)^4\right], \tag{7.2}$$

worin α_S die Winkelabweichung von der idealisierten Sonnenposition in (rad) ist. Der Faktor b in Gl. (7.2) kann, je nachdem ob man ein punkt- oder ein linienfokussierendes System betrachtet, in Abhängigkeit der Direktstrahlung i_{glob} angegeben werden:

$$b_{1D} = \frac{i_{glob}}{8.959 \cdot 10^{-6}} \cdot \frac{1}{sr} \quad \text{oder} \quad b_{2D} = \frac{i_{glob}}{8.344 \cdot 10^{-3}} \cdot \frac{1}{rad}, \tag{7.3}$$

wobei *sr* den Steradiant (Angabe zur Größe eines Raumwinkels) bezeichnet und rad das Bogenmaß ist. Bei sehr klarem Himmel und hohen Sonnenständen entspricht die Sunshape in guter Näherung Gl. (7.2). Verstärkt sich die Streuung durch hohe Wolkenschichten (Cirren), Aerosole oder Staubpartikel, kommt es zu einer leichten Trübung. Die Sunshape weitet sich über den physikalischen Rand der Sonnenscheibe aus. Die Strahlung, die über diesen Winkelbereich hinaus (>4.65 mrad) empfangen werden kann, wird Zirkumsolarstrahlung genannt. Die Zirkumsolarstrahlung kann durch den Zirkumsolaranteil (*CSR*) charakterisiert werden, der zumeist als Anteil an der gesamten, von der Sonne direkt empfangenen Strahlung ist in folgender Form

$$CSR = \frac{i_{CSR}}{i_{glob}} \tag{7.4}$$

beschrieben wird. Die Energieanteile lassen sich durch das Integral der Sunshape $i_{SS}(\alpha)$ über die entsprechenden Raumwinkelbereiche bestimmen:

Abb. 7.16 Strahldichteverteilung der Sonne (Sunshape) bei unterschiedlichen Zirkumsolaranteilen (CSR). (Neumann et al. 2002)

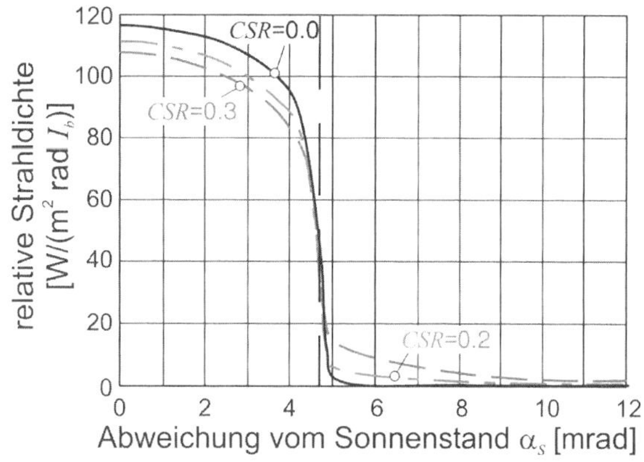

$$I_{glob} = 2\pi \int_{\alpha=0}^{\frac{\pi}{2}} i_{ss}(\alpha)\sin(\alpha)\cos(\alpha)d\alpha; \quad I_{CSR} = 2\pi \int_{\alpha=4.65mrad}^{\frac{\pi}{2}} i_{ss}(\alpha)\sin(\alpha)\cos(\alpha)d\alpha. \tag{7.5}$$

Direktstrahlungsmessgeräte, sogenannte Pyrheliometer, messen Strahlung in einem Winkelbereich von ±5° um die aktuelle Sonnenposition. Bei hohem *CSR* enthält die so gemessene Direktnormalstrahlung I_{glob} Strahlungsanteile, die von einem konzentrierenden System, dessen Akzeptanzwinkel in der Regel kleiner als ±5° ist, nicht mehr akzeptiert werden. Der Messwert kann also zu einer Überschätzung des Kollektorsystems führen. Für eine Ertragsabschätzung wäre die Kenntnis der tatsächlichen, momentanen Sunshape und ihr Einfluss auf die Leistung des Kollektors sinnvoll, leider aber existieren für die wenigsten Standorte detaillierte Daten hierüber, so dass hier meist Mittelungsannahmen getroffen werden. Zu unterschiedlichen Zeitpunkten gemessene Sunshapes mit gleichem Zirkumsolaranteil müssen sich nicht exakt entsprechen. Die Unterschiede und die Auswirkung auf die Leistungsfähigkeit sind meist gering. Die Abb. 7.16 zeigt drei Profile als Funktion der Abweichung vom Sonnenstand. Gut zu erkennen ist, dass bei höherem Zirkumsolaranteil die Strahldichten innerhalb der Sonnenscheibe deutlich absinken, da ein Teil der Strahlung in die Randbereiche verschoben ist.

Normalerweise treten hohe Direktstrahlungswerte mit niedrigem Zirkumsolaranteil auf. Für ein punktfokussierendes System gilt, dass bei einem Akzeptanzwinkel von θ_A=4.65 mrad die Verluste durch die Zirkumsolarstrahlung dem Zirkumsolaranteil *CSR* entsprechen. Bei einem linienfokussierenden System geht durch einen Akzeptanzwinkel von 4.65 mrad nicht alle Strahlung außerhalb dieses Winkels verloren, wie die Abb. 7.17a und b illustrieren. Für den Energieanteil innerhalb eines Akzeptanzwinkels θ_A gilt für linienfokussierende Systeme:

$$I = \int_{\alpha=-\theta_A}^{\theta_A} i_{SS}^{1D}(\alpha)d\alpha \tag{7.6}$$

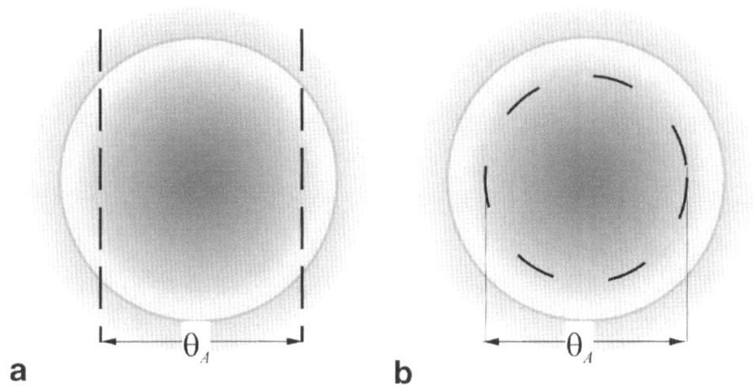

Abb. 7.17 Akzeptanzbereich für linien- (**a**) und punktfokussierende (**b**) Systeme. (Mertins 2006)

Bei einem Zirkumsolaranteil von 11.7 % wären bei einem punktfokussierenden 11.7 % und bei einem linienfokussierenden System aber nur 3.7 % verloren. Daher fällt bei gleichem Akzeptanzwinkel θ_A der Einfluss der Zirkumsolarstrahlung bei linienfokussierenden Systemen geringer aus als bei punktfokussierenden Systemen.

7.5.2 Geometrische Verluste am Einzelspiegel

Auf Grund der relativ geringen Leistungsdichte wird im Regelfall zunächst der Strahlengang an einem Einzelspiegel betrachtet. Er besteht aus dem Primärspiegel, dem Receiver und dem Sekundärreflektor.

- Primärspiegelfeld

Ein Primärspiegelfeld besteht im Fall einer Parabolrinne aus einem Stück, das im Wesentlichen aus Flachmaterial gefertigt ist. Bei Fresnelkollektoren ist es aus N_{pr} gleichen Primärspiegelstreifen einer vergleichbaren Materialzusammenstellung aufgebaut. Um eine Verkleinerung der Sonnenabbildung auf dem Receiver zu erreichen, werden die Primärspiegel gekrümmt. Da die Fokuslängen der Spiegel im Verhältnis zu ihrer Breite sehr groß sind, ist eine elastische Krümmung möglich. Je nach Brennweite und Spiegelbreite ergibt sich eine maximale Auslenkung in der Spiegelmitte von weniger als 1 mm.

Als einfachstes Beispiel einer Krümmung soll eine Parabel angenommen werden. Die Parabelkontur sei durch $y=ax^2$ gegeben. Aus diesem Ansatz resultiert eine Brennweite des Primärspiegels von $f_{pr}=1/(4a)$. Ein Brennpunkt (oder eine Brennlinie) ergibt sich bei parallel einfallendem Licht nur für parabelförmige Reflektoren und dort auch nur sofern die Einstrahlung parallel zur Parabelhauptachse erfolgt, wie die Abb. 7.18a skizziert. Weicht die Einstrahlung davon ab, so weitet sich der Brennpunkt zu einer Kaustik. Diese Aufweitung führt zu einem Abbildungsfehler und wird Astigmatismus genannt. Abbildung 7.18b illustriert dies für einen Einstrahlwinkel von $\theta_\perp=26°$.

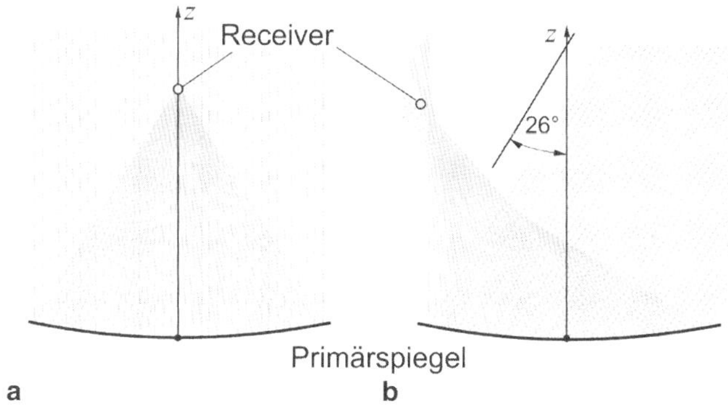

Abb. 7.18 Astigmatismus durch Abweichung der einfallenden Strahlung von der Hauptachse der Parabel. **a** Parallele Einstrahlung **b** Einstrahlung unter $\theta_{\perp}=26°$

Bei einem Fresnel-Kollektor weist nur der Primärspiegel, der in der direkten Flucht von Sonne und Receiver steht, annähernd die Bedingung für eine Brennlinie auf. Allerdings wird genau dieser vom Receiver verschattet. Alle anderen Spiegel weisen einen mehr oder weniger starken Astigmatismus auf. Je größer das Verhältnis aus Primärspiegelbreite und Zielapertur und je kleiner das Verhältnis der Primärspiegelbreite zur Fokuslänge, desto stärker ist auch die Fehlstrahlung (Spillage) durch den Astigmatismus.

- Receiver

Der Receiver dient als Strahlungsempfänger und hat die Aufgabe, möglichst viel der auf seine Eingangsapertur eingestrahlten Solarstrahlung in thermische Energie umzusetzen und diese mittels eines Wärmeträgermediums abzutransportieren. Die Wärmeverluste an die Umgebung sollten so gering wie möglich sein. Bei linienfokussierenden Kollektoren besteht der Receiver aus dem selektiv beschichteten Absorberrohr, dem Sekundärreflektor, der Abdeckscheibe und der Wärmedämmung (vergl. Abb. 7.14). Da der Receiver ortsfest bleibt, kann die konvektionsvermindernde Eigenschaft einer Temperaturschichtung ausgenutzt werden. Auf eine aufwändige, wie bei Parabolrinnen eingesetzte Vakuumtechnik kann verzichtet werden. Allerdings stellt Langzeitstabilität der selektiven Schicht unter Atmosphärenbedingungen (Oxidation) bei gleichzeitig hohen Temperaturen (Diffusion im Absorbermaterial) eine entwicklungstechnische Herausforderung dar.

Die Länge des Absorberrohres in bei Fresnelkraftwerken kann bis zu 1000 m betragen, weshalb es durch die hohen Betriebstemperaturen zu einer thermischen Ausdehnung von bis zu 6 m kommen kann. Diese Ausdehnung kann am Anfang eines Absorberstranges durch einen Ausgleichsbogen aufgenommen werden. Aber bei Fresnelsystemen entfallen viele der bei Parabolrinnensystemen notwendigen Ausgleichsbögen, die dort zusätzliche Kosten und Druckverlust erzeugen.

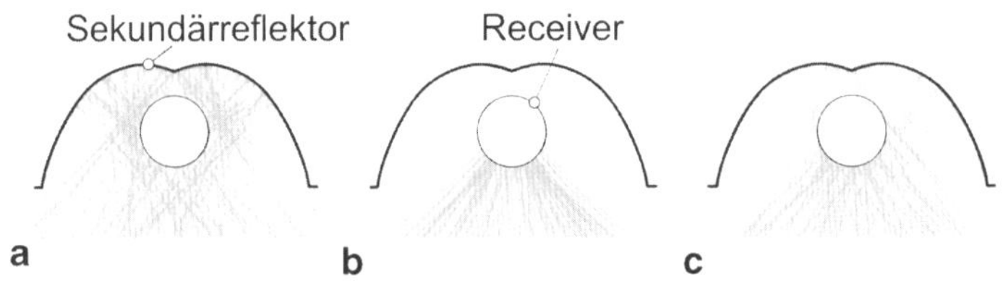

Abb. 7.19 Berechneter Strahlengang in einem Sekundärreflektor (Mertins 2006). **a** flache Primärspiegel, **b** Primärspielgel mit großer Brennweite f_{pr} (f_{pr} = 17 m), **c** Primärspiegel großer Brennweite (f_{pr} = 17 m) und optischer Fehler (σ_{opt} = 3.5 mrad) mit zusätzlicher Divergenz der Solarstrahlung (Sunshape)

- Sekundärreflektor

Der Sekundärreflektor vergrößert die Zielapertur des Primärspiegelfeldes. Vom Primärspiegelfeld reflektierte Strahlen, die nicht direkt auf das Absorberrohr treffen, können somit nutzbar gemacht werden. Der Receiver empfängt vom Primärspiegelfeld Strahlung aus einem Winkelbereich von etwa ±56°. Aufgrund dieses relativ großen Akzeptanzwinkels ist die zusätzliche, durch den Sekundärreflektor erreichte Konzentration eher gering. Nach Gl. (3.23) läge die maximal erreichbare Konzentration k_{max} bei $k_{max} \approx 1.2$. Die eigentliche Aufgabe des Sekundärreflektors ist demnach nicht die Konzentration der Strahlung, sondern deren Umlenkung, um Strahlen, die die Eingangsapertur des Receivers erreichen, auf den Absorber zu dirigieren. Durch die vergrößerte Zielapertur können mehr Primärspiegel installiert werden, wodurch Kosten und spezifischen Wärmeverluste weiter gesenkt werden können. Die Verwendung eines Sekundärreflektors bei einem Einrohrreceiver führt zu einer deutlichen Reduktion der Stromerzeugungskosten gegenüber einem Kollektorsystem ohne Sekundärreflektor (Mertins 2006).

Die Abb. 7.19 zeigt den berechneten Strahlengang eines Kollektorsystems mit Sekundärreflektor. Bei einer Beispielkonfiguration mit flachen ebenen Primärspiegeln wird ein Großteil der einfallenden Strahlung auf den Sekundärreflektor abgebildet. Die Abb. 7.19a zeigt eine Strahlengangrechnung für einen derartigen Fall. Werden die Primärspiegel zur Verkleinerung der Abbildung entsprechend gekrümmt, so geht die gesamte Strahlung direkt auf das Absorberrohr. Die Abb. 7.19b zeigt den berechneten Strahlengang eines solchen Falles. Kommen in der Realität optische Fehler des Primärspiegelfeldes sowie die Divergenz der Solarstrahlung (*Sunshape*) hinzu, so ist auch bei gekrümmten Primärspiegeln ein Sekundärreflektor notwendig, um nicht zu viel Strahlung zu verlieren. Dies zeigt die Abb. 7.19c.

7.5.3 Geometrischer Verluste am Spiegelverband

Bei Kosinus-Verlusten, die in der Abb. 7.20a schematisch dargestellt sind, reflektiert nur die senkrecht zur einfallenden Solarstrahlung projizierte Primärspiegelfläche. Daher ent-

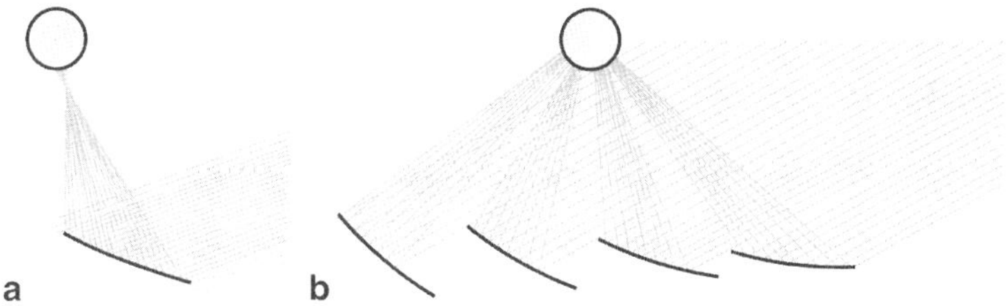

Abb. 7.20 Schematischer Strahlengang bei einem Fresnelkollektor: **a** Kosinus-Verluste, **b** Verschattungsverluste der Primärspiegelelemente

Abb. 7.21 Strahlengang bei Verdeckungsverlusten eines Fresnelkollektors

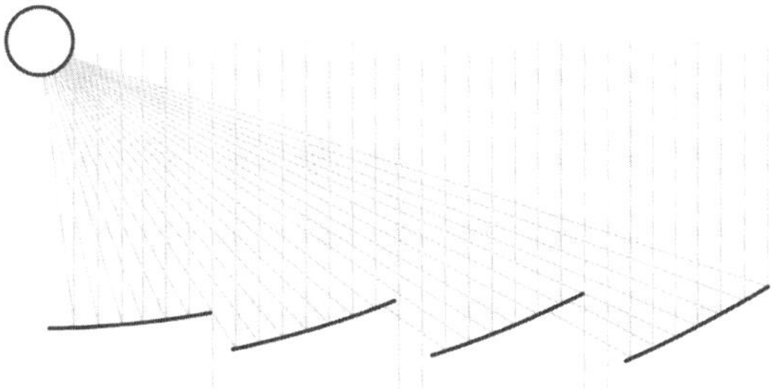

spricht der Anteil der auf die Spiegelfläche bezogenen Solarstrahlung dem Kosinus aus der Spiegelnormalen und der Einfallsrichtung. Je nach Sonnenstand sind die Kosinus-Verluste für die Primärspiegel am geringsten, die der direkten Verbindung aus Sonnenstand und Receiver am nächsten liegen. Dieser Spiegel erfährt nie einem senkrechten Einfall, da er vom Receiver selbst verschattet wird. Gerade bei größeren Transversalwinkeln $\theta_\perp$ kommt es, wie in Abb. 7.20b zu sehen ist, zu einer Verschattung (engl. „shading") benachbarter Primärspiegel, wodurch der verschattete Teil unwirksam bleibt. Der Abb. 7.20b kann entnommen werden, dass der Transversalwinkel, ab dem die Verschattung einsetzt, hauptsächlich von der geometrischen Anordnung von Primärspiegelfeld und Receiver abhängt. Ein größerer Abstand der Primärspiegel D_{pr} verschiebt den Beginn der Verschattung zu tieferen Sonnenständen.

Für kleine Transversalwinkel kann es gerade für die außen liegenden Primärspiegel dazu kommen, dass ein Teil ihrer Spiegelfläche Strahlung gegen die Rückseite des Nachbarspiegels reflektiert (vergl. Abb. 7.21). Eine Erhöhung des Receivers verringert den Neigungswinkel ϕ_{pr} (Gl. (7.1)), wodurch das gegenseitige Verdecken nahezu ganz vermieden werden kann. Die Verdeckungsverluste (engl. „blocking") nehmen mit vergrößerten Receiverabstand und weiter auseinandergezogenen Primärspiegeln ab und haben dann kaum noch einen Einfluss auf den optischen Wirkungsgrad.

Die Abb. 7.22 zeigt die Winkelabhängigkeit ($\theta_\perp$) der Kosinus-Verluste ohne Berücksichtigung der Verschattungs- und Verdeckungsverluste auf den geometrischen Wirkungsgrad $\eta_{opt,\,geo}$ in der Transversalebene. Da die Spiegelnormale die Winkelhalbierende aus

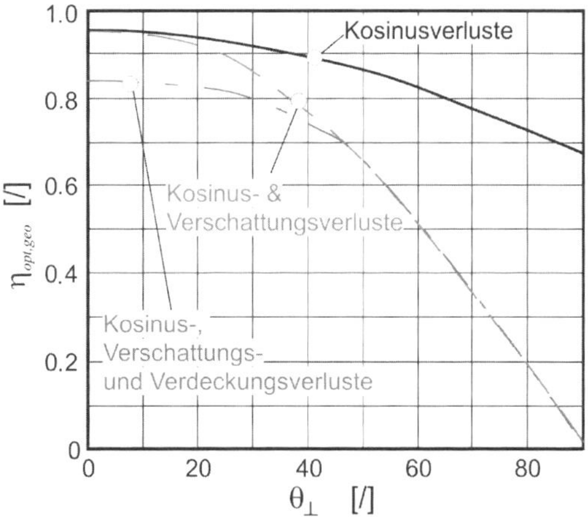

Abb. 7.22 Einfluss von Kosinus-, Verschattungs- und Verdeckungsverlusten auf den geometrischen Wirkungsgrad $\eta_{opt,\,geo}$ in Abhängigkeit des Transversalwinkels $\theta_\perp$ bei einer Kollektorgeometrie ($H_{rc}=9$ m, $D_{pr}=0.01$ m)

Einstrahlrichtung und Spiegel-Receiver-Richtung ist, gehen die Kosinusverluste auch bei flachen Sonnenständen nicht gegen Null.

Weicht der Sonnenstand von der Transversalebene um den Winkel θ_i ab, so wird ein Teil der vom Primärspiegelfeld zum Receiver reflektierten Solarstrahlung über die Enden des Receivers hinaus reflektiert und kann nicht mehr verwertet werden. Der nutzbare Anteil kann mit dem Verhältnis aus Receiverhöhe H_{rc} und Kollektorlänge L_c und dem Einfallswinkel θ_i abgeschätzt werden:

$$\eta_{end} = 1 - \tan(\theta_1) \cdot \frac{H_{rc}}{L_c} \cdot \qquad (7.7)$$

Dieser Effekt wird als Reihenendverlust bezeichnet. Reihenendverluste sind demzufolge umso höher, je kürzer der Absorber im Verhältnis zur Receiverhöhe ist. Bei einer Nord-Süd-Ausrichtung fallen die Reihenendverluste an Standorten höherer nördlicher Breite Φ größer aus. Zur Vermeidung könnte der Receiver über das Primärspiegelfeld hinaus verlängert werden. Aufwand und Nutzen müssen hier gegenübergestellt werden.

Der Receiver selbst wirft einen mit der Zeit wandernden Schatten auf das Primärspiegelfeld, wodurch diese verschatteten Bereiche keinen Beitrag liefern. Bei größeren Transversalwinkeln ($\theta_\perp > 60°$) läuft der Schatten des Receivers der Nachbarreihe in das Primärspiegelfeld. Dieser in Abb. 7.23a skizzierte Effekt heißt Receiververschattung. Die Strahlung, die auf einen Primärspiegel trifft und weiter zum Receiver reflektiert wird, durchläuft mindestens einmal die Konstruktionsebene der Receiveraufständerung, wie es die Abb. 7.23b skizziert. Der durch die Konstruktion verdeckte Anteil in dieser Ebene beträgt in der Größenordnung etwa 2 %, die sich aus dem Quotienten aus Stützweite und Breite der Stützen ergeben. Bei jedem Durchgang wird der Anteil, der als Minderungsfaktor bezeichnet wird, pauschal um 2 % verringert.

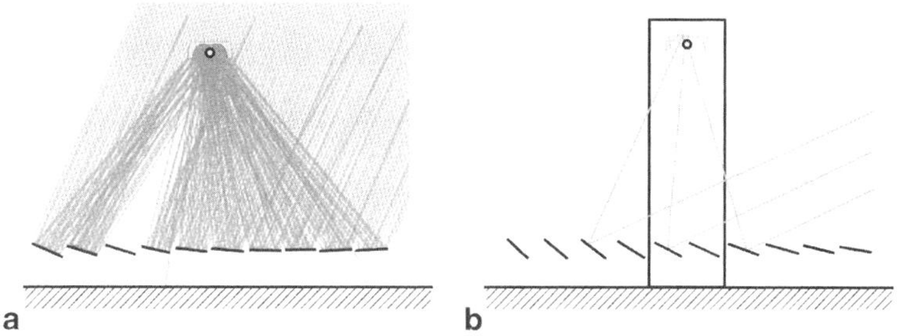

Abb. 7.23 a Effekt der Verschattungsverluste durch den Receiver auf die Strahlengangverteilung und b Verschattungsverluste durch die Receiveraufständerung

7.5.4 Optische, materialspezifische und Absorptionsverluste

Auf dem Weg der Lichtstrahlen von der Quelle über die geometrische Anordnung der Spiegel ergeben sich weitere Verluste bis die Solarstrahlung im Absorber in thermische Energie umgesetzt wird. Es sind dies:

- Optische Verluste an der Spiegeloberfläche,
- Materialspezifische Verluste sowie
- Transmissions- und Absorptionsverluste am Receiver,

die im Folgenden diskutiert werden.

- Optische Verluste

Nach den Gesetzen der geometrischen Optik entspricht der Ausfallswinkel eines reflektierten Strahls seinem Einfallswinkel (vergl. Kap. 4.5.1). Das Snelliussche Gesetz gilt an jedem Ort eines Reflektors. Die genaue Ausrichtung eines jeden Ortes eines Spiegels ist allerdings nicht mit vertretbarem Aufwand erfassbar. Die lokale Abweichung von einer idealisierten Form, die etwa durch die Krümmung und die Ausrichtung des Primärspiegels gegeben ist, kann mikroskopischen und makroskopischen Ursprungs sein. Die mikroskopischen Abweichungen ergeben sich durch Oberflächenrauigkeiten, die zu dem Abbildungsfehler führen. Diese durch Oberflächenrauigkeiten entstehenden Abweichungen werden in der Literatur als spekulare Reflexion bezeichnet. Zu den makroskopischen Abweichungen werden Nachführungenauigkeiten, Konturfertigungstoleranzen, Justierungsabweichungen aber auch Verformungen durch Gewicht oder Windeinflüsse gezählt.

Die lokale Ausrichtung eines Spiegels lässt sich also nur im Mittel durch die angestrebte Form beschreiben. Alle Abweichungen von dieser Form können unter Berücksichtigung einer großen Zahl betrachteter Strahlen statistisch behandelt werden. Damit kann für einen Ort am Reflektor nur eine Wahrscheinlichkeit angegeben werden, mit welcher Winkelabweichung von der idealen Richtung ein Strahl reflektiert wird. Messungen zeigen, dass die Verteilungsfunktionen der Abweichungen in guter Näherung einer *Gaußschen* Normalverteilung entsprechen (Pettit 1977). Jede der einzelnen Abweichungsarten kann als statistisch unabhängig betrachtet werden.

Unter den Begriff der optischen Fehler fallen alle durch Material, Konstruktion und die Nachführeinheit bzw. Justierung bedingten Abweichungen von der idealen Reflexion. Die Standardabweichung der optischen Abbildung σ_{opt} ergibt sich nach Gl. (3.34) in additiver Weise aus allen einzelnen Fehlerquellen ($\sigma_{specular}$, $\sigma_{Geometrie}$, $\sigma_{Nachführung}$, $\sigma_{Justierung}$). Gilt die Standardabweichung für die Abweichung der Oberflächennormalen von der Idealform, so ist diese doppelt zu zählen, da der reflektierte Strahl um den doppelten Betrag abgelenkt wird. Die Messung einzelner Fehleranteile erweist sich als sehr aufwändig, weshalb durch die Vermessung des gesamten Spiegelfeldes nur der gesamte optische Fehler ermittelt wird. Mit Hilfe der geometrischen Mittelung der optischen Abweichung und der solaren Einstrahlung ergibt sich mit Hilfe der Gl. (3.35) der gesamte Abbildungsfehler σ_{tot}. Wie in Kap. 3.5.7 diskutiert, führen bereits kleine Standardabweichungen σ_{tot} zu einer signifikanten Reduktion des optischen Wirkungsgrades. Bei Konzentrationsverhältnissen in der Größenordnung 100, wie sie bei Parabolrinnen oder Fresnelsysteme auftreten, kann der optische Wirkungsgrad η_{opt} schon bei Werten σ_{tot} im Bereich weniger Milirad unter 60 % sinken.

Für Fresnel-Kollektoren sind nach gegenwärtigem Kenntnisstand keine derartigen Messungen durchgeführt worden. Aus den Erfahrungen und Messungen an Parabolrinnen und Heliostatenfeldern lassen sich aber realistische Werte ableiten. Die Abweichungen zwischen gemessenen und gerechneten Flussdichteverteilungen betragen bei Heliostatenfeldern für Turmkraftwerke ca. 1.5–1.7 mrad (Weinrebe 2000). Da Heliostaten zweiachsig nachgeführt werden, ist bei einachsig nachgeführten Systemen wie Fresnel- oder Parabolrinnen von einer um den Faktor $1/\sqrt{2}$ niedrigeren Abweichung auszugehen. Mit vertretbarem fertigungstechnischen Kostenaufwand kann voraussichtlich eine optische Genauigkeit von besser als 6mrad bei einem einachsig nachgeführten Primärspiegelfeld erzielt werden.

- Materialspezifische Verluste
  An linear konzentrierenden Systemen treten folgende materialspezifischen Verluste auf:
  - Nicht-ideale Reflexion an Primärspiegeln und Sekundärreflektor und
  - Transmissionsverluste an der Abdeckscheibe des Receivers.

Der Reflexionskoeffizient ρ ist das Verhältnis aus einfallender zu direkt reflektierter Strahlung. ρ wird im Regelfall als zeitlich und über alle Wellenlängen des Solarspektrums gemittelte Konstante angegeben. Typische Werte liegen bei linearkonzentrierenden Systemen im Bereich von $\rho = 0.88–0.95$. Die Primärspiegel sind der Witterung ausgesetzt, so dass sich diese Werte aufgrund von Verschmutzungen mit zunehmender Betriebszeit kontinuierlich reduzieren. Als Reflexionsgrad der Primärspiegel ρ_{pr} wird für eisenarmes Glas meist ein Wert von $\rho \approx 0.92$ angenommen. Die Winkelabhängigkeit kann hier vernachlässigt werden. Die Reflexion des Sekundärreflektors ρ_{sr} beträgt im Regelfall 0.95 und ist höher als die der Primärspiegel. Da die Sekundärreflektorflächen erheblich kleiner als die der Primärspiegel sind, ist ein höherer Aufwand bei der Herstellung ökonomisch vertretbar.

- Transmissions- und Absorptionsverluste
  Die Lichtintensität wird bei der Transmission der Strahlen durch eine Glasabdeckung der Sekundärreflektor-Receiver-Einheit durch folgende Teilprozesse geschwächt
  - Reflexion an der Grenzfläche Luft/Glas,
  - Absorption im Glas und
  - Reflexion an der Grenzfläche Glas/Luft.

Die Anteile der Reflexion an den Grenzflächen zwischen Medien unterschiedlicher Brechungsindizes kann mit Hilfe der Fresnelschen Formeln bestimmt werden (Kap. 4.5.2). Entsprechendes gilt auch für die Absorption, in der das Lambert-Beer Gesetz verwendet wird. Durch eine Antireflexionsbeschichtung kann die Transmission verbessert werden. Für Auslegungsberechnungen wird im Regelfall ein breitbandig entspiegeltes Glas mit einer Transmission bei senkrechtem Einfall von $\tau_{rc} = 0.95$ angesetzt. Darüber hinaus muss auch die Winkelabhängigkeit berücksichtigt werden.

Die am Absorber einfallende Strahlung wird zu einem kleinen Teil (diffus) reflektiert. Als Absorptionswerte α_{abs} der selektiven Beschichtung des Absorberrohres wird bei Auslegungsrechnungen ein Wert von 0.94 unter Annahme eines senkrechten Einfalls angenommen. Liegen keine Daten zur Winkelabhängigkeit des Absorbers vom Lichteinfall vor, kann man davon ausgehen, dass sich die Absorption ab einem Einfallswinkel von etwa 60° bis zu 90° auf Null reduziert, da hier der Anteil der Reflexion stark zunimmt. Für kleinere Winkel wird der Anfangswert als Konstante angesetzt.

7.5.5 Berechnungsgrundlagen zur Ermittlung des Receiverertrags

Die optischen Eigenschaften eines linearfokussierender Kollektoren hängen von einer Vielzahl von Einflussgrößen ab. Zur Untersuchung des großen Parameterraums, der sich aus den vielfältigen Variationsmöglichkeiten ergibt, sind zeiteffiziente Algorithmen erforderlich, die alle wichtigen Randbedingungen, wie die optischen Fehler des Primärspiegelfeldes sowie die Winkelabhängigkeiten von der *Sunshape*, der Transmission der Abdeckscheibe und der Absorption geeignet wiedergeben. Prinzipiell bieten sich hierbei zwei Verfahren an:

- die Strahlverfolgung (engl.: raytracing) und
- die Faltungsmethode, die ein der statistischen Optik entlehntes Verfahren ist.

Beide Verfahren müssen zum selben Ergebnis kommen, so dass inhärent eine Validierung mit Hilfe einer komplementär durchzuführenden Rechnung gegeben ist.

- Strahlverfolgungsmethode

Bei der Strahlverfolgungsmethode wird eine ausreichend große Menge an Strahlen nach den Gesetzen der geometrischen Optik durch das System verfolgt und beim Auftreffen auf einen definierten Zielbereich registriert. Man unterscheidet hier zwischen einem Forward- und einem Backwardraytracing.

Das Backwardraytracing nutzt das Prinzip der Umkehrbarkeit des Strahlenganges aus und verfolgt die Strahlen vom Empfänger bis zur Quelle. Dieses Verfahren hat sich vor allem bei der Berechnung von realistischen Seheindrücken in Kunstlicht- oder Tageslichtsituationen etabliert. Vom Ausgangspunkt des Betrachters werden Strahlen in der Bildebene bis zu ihrer möglichen Quelle verfolgt. Dadurch reduziert sich der rechnerische Zeitaufwand erheblich, da nur die relevanten, also die den Empfänger erreichenden Strahlen verfolgt werden.

Das Verfahren des Forwardraytracings verfolgt die Strahlen von der Quelle bis zum Empfänger. Da der Empfänger eines Solarkollektors kein einzelner Punkt sondern eine Fläche beispielsweise ein Absorberrohr ist, bietet sich dieses Verfahren zur Berechnung von Kollektorsystemen an. Die Genauigkeit des Verfahrens hängt wesentlich von der Anzahl der gesendeten Strahlen ab. Eine ausreichend große Menge ist dann erreicht, wenn sich das Verhältnis aus gesendeten und am Empfänger gezählten Treffern relativ in gewissen vorgegebenen Grenzen nicht mehr ändert. Kommerzielle Programme sind mächtige Simulationswerkzeuge, die für eine große Bandbreite von optischen Fragestellungen (Objektive etc.) programmiert sind. Im Vergleich zu Programmen, die speziell auf das zu untersuchende Problem maßgeschneidert sind, ist ihr Rechenaufwand und damit ihre Ausführungszeit aber relativ hoch.

Mit Hilfe von Vereinfachungen lassen sich effiziente Raytracing-Programme zur Berechnung von linearfokussierende Kollektoren erstellen, deren Algorithmus im Folgenden kurz skizziert wird.

Durch die lineare Anordnung des Kollektors ist das Problem auf ein zweidimensionales reduzierbar. Der Weg eines einfallenden Lichtstrahls kann auf die Transversalebene projiziert werden und entspricht dort dem Verlauf der Strahlen, die sich nur im Einfallswinkel θ_i unterscheiden. Die Abweichung von der Transversalebene ($\theta_i > 0$) bewirkt lediglich eine Verlängerung des Weges zwischen zwei Reflexionen. In der Transversalebene lassen sich alle Systemkomponenten als Linien oder Kreise darstellen. Ihre Eigenschaften bewirken Reflexion, Transmission oder Absorption des auftreffenden Lichtstrahls. Die Auswahl des getroffenen Objektes erfolgt über den geringsten Abstand zwischen Ausgangspunkt und allen vorhandenen Schnittpunkten. Die Reflexion $\vec{l}'$ eines Lichtstrahls $\vec{l}$ an einem Spiegelelement mit dem Normalenvektor $\vec{n}$ kann durch folgende Beziehung beschrieben werden:

$$\vec{l}' = -\vec{l} + 2 \cdot (\vec{l} \cdot \vec{n})\vec{n}. \tag{7.8}$$

Durch die optischen Fehler entspricht der real reflektierte Strahl nicht dem ideal reflektierten. Dem Vektor $\vec{l}'$ muss also eine entsprechende stochastische Abweichung hinzugefügt werden. Diese kann in guter Näherung als standardnormalverteilt angenommen werden. Die Winkelabweichung α von der idealen Reflektion entspricht damit einer Standardnormalverteilung $\alpha \sim N(0,1)$ mit der Abweichung σ_{tot}. Die Richtung der idealen Reflexion kann mit dieser Abweichung als fehlerbehaftete Reflexion in folgender Weise dargestellt werden:

$$\vec{l}' = \begin{pmatrix} l'_x \\ l'_y \end{pmatrix} + \begin{pmatrix} -l'_y \\ l'_x \end{pmatrix} \tan\alpha . \tag{7.9}$$

Um die in Folge des längeren Weges verstärkte Aufweitung bei von der Transversalebene abweichenden Sonnenständen zu berücksichtigen, wird die Standardabweichung entsprechend mit $\sigma_{tot}'' = \sigma_{tot}/\cos\theta_i$ angepasst. Zur Erzeugung normalverteilter Zufallszahlen kann unter anderem das Box-Müller Verfahren verwendet werden (Box 1958).

Die einfallenden Strahlen werden nicht nur an den Spiegeln stochastisch abgelenkt, sondern werden von der Sonne in einem Winkelbereich mit unterschiedlichen Intensitäten empfangen. Diese Strahldichteverteilung der Sonne (*Sunshape*) kann ebenfalls als Wahrscheinlichkeitsdichteverteilung angesehen werden. Die *Sunshape* ist nicht durch eine analytische Funktion gegeben. Um diese Verteilung zu implementieren, wird aus der Wahrscheinlichkeitsdichteverteilung die Verteilungsfunktion berechnet. Aus einer gleichverteilten Zufallszahl wird mit der Umkehrfunktion der Verteilungsfunktion der Abweichungswinkel α ermittelt. Eine von der Statistik unabhängige Lösung erfordert eine hohe Anzahl von verfolgten Strahlen. Bei Optimierungen können noch kleine stochastische Abweichungen von der Lösung Probleme bei der Konvergenz bereiten.

- Faltungsmethode

Die Strahldichteverteilung der Sonne sowie die optischen Fehler werden bei diesem Verfahren als statistisch unabhängige Verteilungen aufgefasst. Die Verteilung der optischen Fehler σ_{opt} sowie der Sunshape i_{ss} lassen sich durch Faltung zu einer resultierenden Verteilung L_2 mittels eines Faltungsintegral zusammenfassen:

$$L_2(\alpha) = \int\limits_{\alpha^*=-\frac{\pi}{2}}^{\frac{\pi}{2}} \sigma_{opt}(\alpha - \alpha^*) \cdot i_{ss}(\alpha^*) d\alpha^* . \tag{7.10}$$

Diese Vorgehensweise wird bei der Analyse von Heliostatenfeldern für Turmkraftwerke verwendet (Walzl 1977). Auch die Abbildung des Heliostaten in die Bildebene des Absorbers bei einer idealisierten parallelen Einstrahlung wird als Wahrscheinlichkeitsdichteverteilung aufgefasst. Die Faltung der Verteilungen von Sonne, Heliostat und optischen Fehlern ergibt damit erneut eine Wahrscheinlichkeitsdichteverteilung in der Bildebene des Absorbers. Die ermittelte Funktion entspricht der Strahlungsflussdichteverteilung in

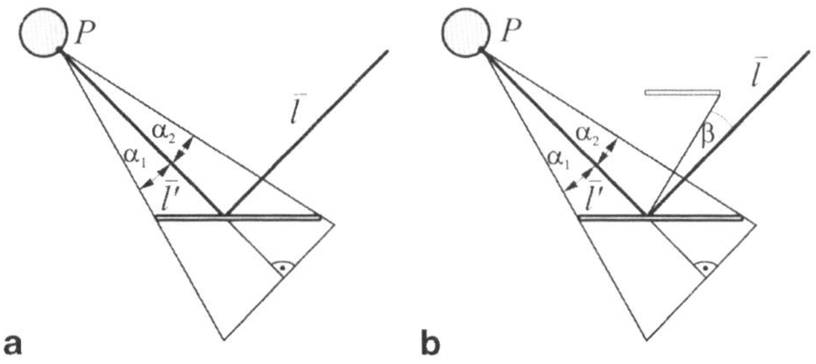

Abb. 7.24 Skizze zur Ermittlung des reflektierten Strahlungsanteils an einem Primärspiegelelement; **a** ohne Verschattung und **b** mit Verschattung

dieser Bildebene. Um den Rechenaufwand der Faltungsoperation gering zu halten, werden die Wahrscheinlichkeitsdichteverteilungen durch Gauß-Hermite-Polynome approximiert (Winter et al. 1991). Auf Grund der Orthogonalität der Polynome kann die Faltung mittels arithmetischer Operatoren aus den Momenten der Verteilung ermittelt werden. Verdeckungs- oder Verschattungsverluste gehen nicht explizit in die Faltung ein und werden lediglich anteilsmäßig berücksichtigt. Die Flussdichteverteilung erfolgt ortsabhängig. Bei Fresnelkollektoren muss zusätzlich die Winkelverteilung des Sekundärreflektors aus der räumlichen Beziehung von Heliostat und Absorber bestimmt werden.

Für linienfokussierende Systeme kann ein erheblich vereinfachtes Schema verwendet werden, bei dem auf die Verwendung der Gauß-Hermite-Polynome verzichtet werden kann und dessen Grundidee im Folgenden skizziert wird.

Von der Transversalebene ($\theta_i > 0$) abweichende Einfallswinkel ändern nur die Lauflängen (l) der reflektierten Strahlen, die Winkelverhältnisse bezüglich der Transversalebene bleiben aber erhalten. Die tatsächliche Lauflänge (l') ergibt sich dann aus:

$$l' = \frac{l}{\cos\theta_i}. \tag{7.11}$$

Zunächst wird der Primärspiegel in kleine Spiegelelemente diskretisiert. Im Weiteren wird der reflektierte Strahlungsanteil an einen Punkt P der Receiverapertur ermittelt (vergleiche Abb. 7.24a). Dieser hängt ausschließlich von den Winkeln α_1 und α_2 ab, unter denen das Spiegelelement vom Punkt P abweichend von der idealen Reflexion $\vec{i}'$ gesehen wird. Bei Vorzeichengleichheit von α_1 und α_2 sowie gleichzeitig größerem Betrag des Winkelbereichs der Strahldichteverteilung L_2 kann der Punkt P vom betrachteten Spiegelelement keine Strahlung empfangen. Bei unterschiedlichem Winkelvorzeichen aber ebenfalls größerem Betrag als der Winkelbereich von L_2 empfängt P die gesamte Bestrahlungsstärke der Quelle. Die Strahldichteverteilung $L_2(\alpha)$ beinhaltet sowohl die Quelle also die Sonne mit ihrer Verteilung (Sunshape) wie auch den optischen Fehler σ_{opt} der Primärspiegel und wird mit Hilfe der Gl. (7.11) berechnet. Die Faltung muss nur einmal ermittelt werden, da sich die Strahldichteverteilung am Ort des Spiegelelements nicht ändert.

Durch die geometrische Anordnung der Primärspiegel ist eine teilweise Verschattung des Spiegelelementes möglich (vergl. Kap. 7.5.3), die durch einen pauschalen Minderungsfaktor beschrieben werden kann. Um aber die Verteilung richtig wiederzugeben, muss

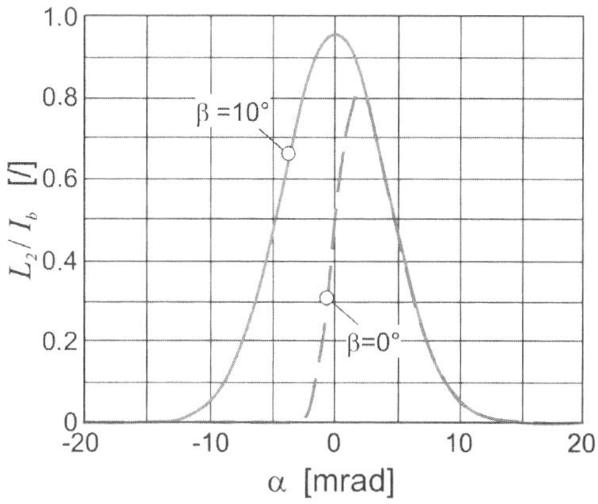

Abb. 7.25 Errechnete normierte Faltung $L_2(\alpha)$ für unverschattete ($\beta = 10°$) und teilweise verschattete ($\beta = 0°$) Primärspiegelelemente

in die Faltung der Verschattungswinkel β (vergl. Abb. 7.24b) einbezogen werden. Damit ergibt sich für die Strahldichteverteilung $L_2(\alpha)$:

$$L_2(\alpha) = \int_{-\frac{\pi}{2}}^{\frac{\pi}{2}} \begin{cases} \alpha^* < \beta & \sigma_{opt}(\alpha - \alpha^*)L(\alpha^*)d\alpha^* \\ \alpha^* > \beta & 0 \end{cases}, \tag{7.12}$$

das die Abb. 7.25 als Funktion des Winkels α für ein unverschattetes und ein verschattetes Primärspiegelelement darstellt.

Diese Strahldichteverteilung ändert sich im Prinzip nicht mit dem Ort des Spiegelelementes, weshalb es ausreichend ist, die Faltung nur einmal zu ermitteln. Der durch das Spiegelelement auf den Punkt P übertragene Strahlungsanteil lässt sich durch Integration der Faltung $L_2(\alpha)$ von α_1 nach α_2 in der Form:

$$E(\alpha_1, \alpha_2, \beta) = \int_{\alpha_1}^{\alpha_2} L_2(\alpha, \beta)d\alpha, \tag{7.13}$$

errechnen, wobei der reflektierte Strahlungsanteil die Fläche unterhalb der normierten Faltung L_2 in den Grenzen von α_1 und α_2 ist (vergl. Abb. 7.26). Gl. (7.13) gilt eigentlich nur für unendlich lange Primärspiegel, aber diese Beschränkung ist lediglich bei Betrachtung der Reihenendverluste relevant, die aber durch Gl. (7.7) gut angenähert werden kann. Die Betrachtung gilt auch für einen Sonnenstand außerhalb der Transversalebene ($\theta_i > 0$). Die Begrenzungswinkel $\alpha_{1,2}$ sind durch die Punkte der Spiegelelementgrenzen x_{pr} gegeben:

$$\alpha_{1,2} = \arccos\left(\frac{\left(\vec{P} - \vec{x}_{pr,1,2}\right) \cdot \vec{l}'}{|\left(\vec{P} - \vec{x}_{pr,1,2}\right)| \cdot \cos\theta_i}\right). \tag{7.14}$$

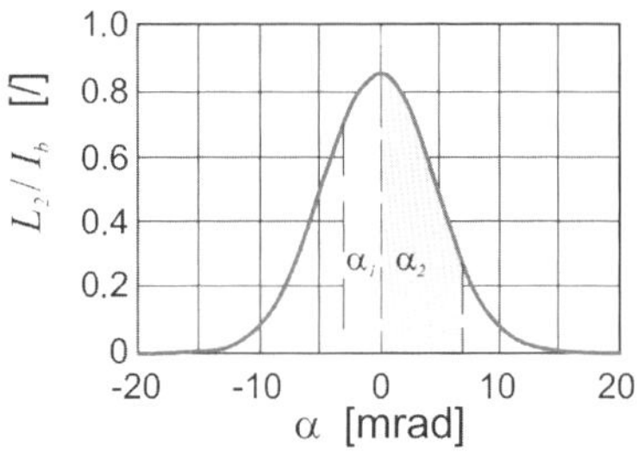

Abb. 7.26 Errechneter reflektierter Strahlungsanteil als Fläche unterhalb der normierten Faltung in den Grenzen von α_1 nach α_2

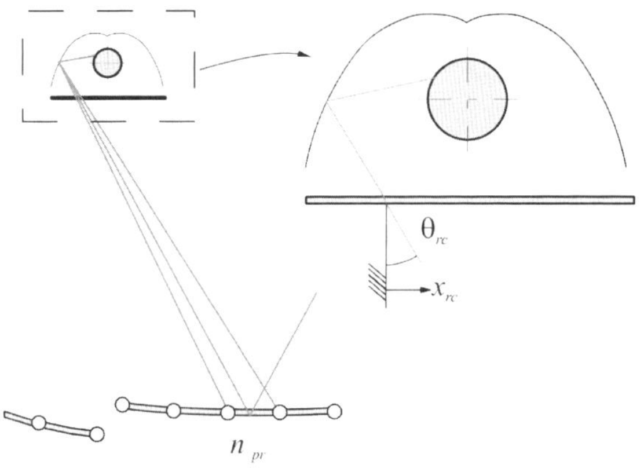

Abb. 7.27 Koordinatendefinition zum Akzeptanzbereich des Sekundarreflektors eines Fresnelkollektors

Die gesamte Beleuchtungsstärke $E(x_{rc})$ am Ort P des Receivers ergibt sich aus der Summation der Anteile aller Spiegelelemente n_{pr} mit:

$$E(x_{rc}) = I_b \cdot \sum_{1}^{n_{pr}} E(\alpha_1, \alpha_2, \beta). \tag{7.15}$$

Für Fresnelsysteme muss das Verfahren erweitert werden, da bisher nur der abgebildete Anteil an der Direktstrahlung eines Spiegelelementes auf einen Ort am Receiver bestimmt wurde. Für einen Fresnelkollektor ist aber die Strahlung am Absorber von Bedeutung, die nicht mit obigen Ergebnis identisch ist. Die Koordinaten eines auf die Apertur einfallenden Lichtstrahls sind durch den Winkel θ_{rc} und die Koordinate x_{rc} eindeutig bestimmt (vergl. Abb. 7.27). Ob der Strahl das Absorberrohr trifft, lässt sich mit Hilfe des Forward Raytracingverfahrens berechnen. Das Ergebnis kann in einer Matrix, die den Akzeptanzbereich $\Gamma_{rc}(x_{rc},\theta_{rc})$ des Sekundärreflektors wiedergibt, zusammengefasst werden. Die den Absorber erreichende Gesamtstrahlung E_{abs} ergibt sich aus der Summation über alle Receiverorte (x_{rc}) und jedes Primärspiegelelement (x_{pr}):

$$E_{abs} = \rho_{pr} \cdot \sum_{n_{xrc}} \sum_{n_{pr}} \cos(\theta_{rc})\; E(\alpha_1, \alpha_2, \beta)\; \Gamma_{rc}(x_{rc}, \theta_{rc})\; \tau_{rc}(\theta_{rc})\; \Delta x_{rc}, \tag{7.16}$$

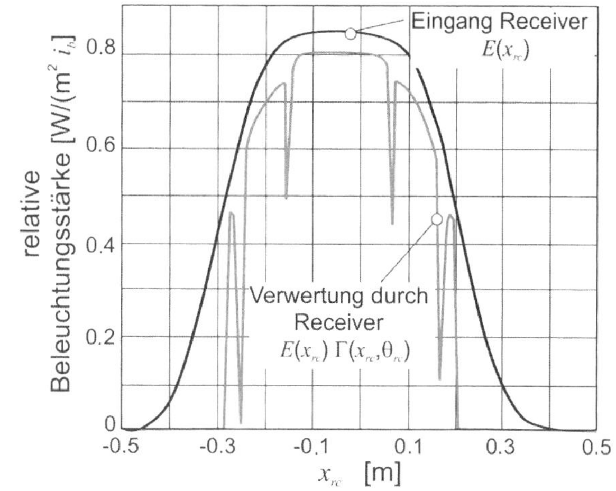

Abb. 7.28 Relative Beleuchtungsstärkeverteilung an der Eingangsapertur des Receivers $E(x_{rc})$ eines linearen Fresnelkollektors und ihre Verwertung durch den Receiver $E(x_{rc})$ $\Gamma_{rc}(x_{rc},\theta_{rc})$

in dem ρ_{pr} der Reflexionskoeffizient der Primärspiegel ist. Zur Vereinfachung wird angenommen, dass der Einstrahlwinkel auf ein Spiegelelement für die Schrittweite Δx_{rc} im Mittel θ_{rc} groß ist. Durch die Diskretisierung der Primärspiegel in n_{pr} Spiegelelemente beträgt ihre Breite nur wenige Zentimeter und als Folge sind die Fehler durch diese Mittelung bezüglich des mehrere Meter entfernten Receivers sehr klein. Durch diesen Ansatz ergeben sich ein für ein Strahlenbündel gemittelte Größen für den Transmissionskoeffizienten τ_{rc}, den Kosinus $\cos(\theta_{rc})$ und der Akzeptanzbereich des Receivers Γ_{rc}.

Ein typisches Ergebnis einer derartigen Rechnung zeigt die Abb. 7.28. Aufgetragen ist die relative Beleuchtungsstärke als Summe der Spiegelelemente eines Primärspiegels über den Ort x_{rc} und der Einfluss der Verwertung des Receivers, der ebenfalls eine Funktion von θ_{rc} und x_{rc} ist. In der Mitte trifft der Spiegel direkt das Absorberrohr. An den Rändern dieses Bereiches kommt es durch die winkelabhängige Absorption zu einer starken Abschwächung, da das Absorberrohr unter immer ungünstigeren Winkeln getroffen wird. Danach schließt sich der Bereich an, der über eine und dann über zwei Reflexionen das Ziel erreicht.

Ein weiteres für die Auslegung zentrales Ergebnis zeigt die Abb. 7.29a, in der der Akzeptanzbereich $\Gamma_{rc}(x_{rc},\theta_{rc})$ eines Sekundärreflektors als Funktion der Länge dargestellt ist. Die Solarstrahlung, die innerhalb der schwarz umrandeten Flächen die Eingangsapertur des Receivers erreicht, trifft direkt oder indirekt das Absorberrohr. Die Abb. 7.29b illustriert das Phasendiagramm der vom Primärspiegelfeld einfallenden Strahlung. Gut zu erkennen ist der durch den Receiver verschattete Bereich bei $\theta_{rc}=0$. Die äußeren Spiegel verschmieren, bedingt durch die größere Lauflänge, ihr Abbild über eine breitere Fläche. Um möglichst wenig Strahlung zu verschenken, sollten beide Bilder in eine möglichst gute Überdeckung gebracht werden.

Mit Hilfe der detaillierten Betrachtung des Primär- und Sekundärempfängersegments unter Berücksichtigung der einfallenden Solarstrahlung können Parametrisierungsrechnungen für eine Unzahl von Unabhängigen mit dem Ziel einer Optimierung des Jahres-

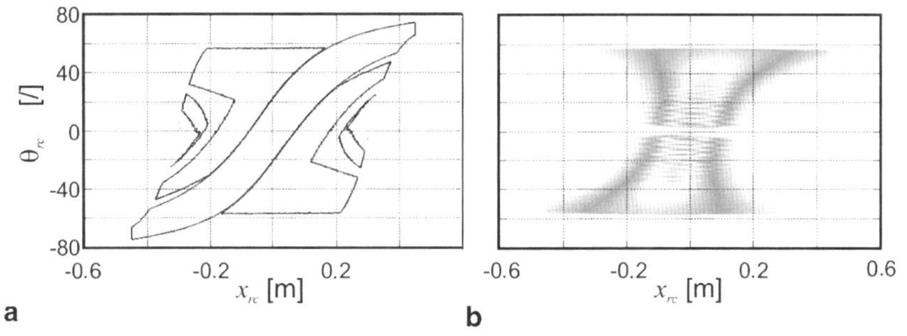

Abb. 7.29 Phasendiagramme des Akzeptanzbereichs des Sekundärreflektors Γ_{rc} **a** und der Strahlung **b** als Funktion der Transversalkoordinate x_{rc} und des Winkels θ_{rc} (Mertins 2006)

ertrags für einen spezifischen Standort durchgeführt werden. Die Optimierungsparameter sind:

- Geometrie- und Aspektverhältnisse,
- optische Verlustanteile,
- Primärspiegelbreite,
- Abstand Primärspiegel-Receiver,
- Primärspiegelausrichtung (alternierend, gleichgerichtet, ...),
- Zielpunktstrategie für den Absorber,
- Sunshape und Zirkumsolar,
- Beleuchtungsstärkeverteilung am Absorberrohr und seine mechanische Belastung,
- Solarfelddimensionierung,
- Orientierung,
- Kostensensitivitäten,
- Receiverkonzepte (Einrohr, Mehrrohr),
- Formoptimierung des Sekundärreflektors

und viele andere mehr.

Ein Optimierungsaspekt, der einer Vielzahl von Personen in der Dimension oft nicht bewusst wird, betrifft die optischen Verlustanteile; sie bewirken neben dem thermodynamischen Wirkungsgrad des Umwandlungsprozesses die größten Verluste.

Die Abb. 7.30a zeigt die Aufteilung der verschiedenen Anteile der Verlustmechanismen am optischen Wirkungsgrad $\eta_{opt,0}$ bei senkrechtem Einfall ($\theta = 0°$). Die Abbildung bezieht sich auf einen spezifischen optimierten Fresnelkollektorabsorber, aber die anteilsmäßige Verteilung anderer Varianten ist in der Größenordnung ähnlich. Prinzipiell ist zwischen dem optischen Wirkungsgrad $\eta_{opt,0}$ bei senkrechtem Einfall und dem Jahreswirkungsgrad $\eta_{opt,\,a}$ zu unterscheiden. Für den Fall senkrechter Einstrahlung sind die materialspezifischen Eigenschaften wie Absorption, Reflexion und Transmission von entscheidendem Einfluss. Der für die Abschätzung von Jahreserträgen viel wichtigere optische Jahreswir-

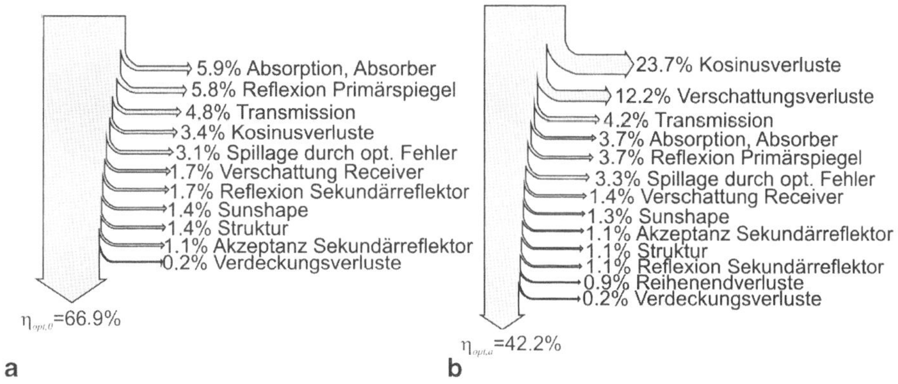

Abb. 7.30 Sankey-Diagramme für die optischen Verlustmechanismen bei senkrechtem Einfall $\eta_{opt,0}$ **a** und Jahresertrag $\eta_{opt,\,a}$ **b** eines optimierten Fresnelkollektors. (Mertins 2006)

kungsgrad $\eta_{opt,\,a}$ wird vor allem durch die geometriebedingten Verluste wie Kosinus- und Verschattungsverluste beeinflusst. Bei der typischen Optimierung zur Kraftwerksplanung werden Verluste durch Spillage und Sunshape von etwa 4.5 % angenommen. Bei der Feinoptimierung der Kollektorgeometrie lässt sich dieser Wert weiter verringern. Allerdings ist zu beachten, dass eine hauptsächliche Konzentration auf die Verringerung dieser Verluste sofort zu Lasten der Stromgestehungskosten geht, weil dazu Absorber- oder Turmhöhe sowie Spiegelanzahl reduziert werden müssten, um die Lauflängen der reflektierten Strahlen und damit die Spillage zu vermindern. Eine geringere Receiverhöhe erhöht, aufgrund der größeren Anstellwinkel der Primärspiegel, die Kosinusverluste. Eine geringere Spiegelanzahl erhöht die spezifischen Wärmeverluste und die spezifischen Kosten des Kollektors.

7.6 Aufwindkraftwerke

7.6.1 Funktionsprinzip eines Aufwindkraftwerks

Das Aufwindkraftwerk ist kein solarkonzentrierendes Hochtemperatursystem stellt aber eine der unzähligen Optionen dar, mit Hilfe derer die Solarthermie zur Umsetzung in elektrische Energie genutzt werden kann.

Das atmosphärenthermische Aufwindkraftwerk, das auch Thermikkraftwerk oder Sonnenkamin genannt wird, verbindet drei physikalische Prinzipien miteinander: den Treibhauseffekt, den Kaminzug und den Windantrieb. Es besteht im Wesentlichen aus drei Komponenten, einem Glasdachkollektor, einem Kamin und einer Windturbine. Die Abb. 7.31b illustriert das Funktionsprinzip. Aufwindkraftwerke zur elektrischen Stromerzeugung wurden bereits 1931 von Günther betrachtet (Günther 1931). Noch früher datiert der Vorschlag des Französischen Meteorologen Bernard Dubos aus dem Jahr 1929, den die Abb. 7.31a illustriert (Dubos 1954). Er schlug vor, an den Steilabstürzen der Atlas-

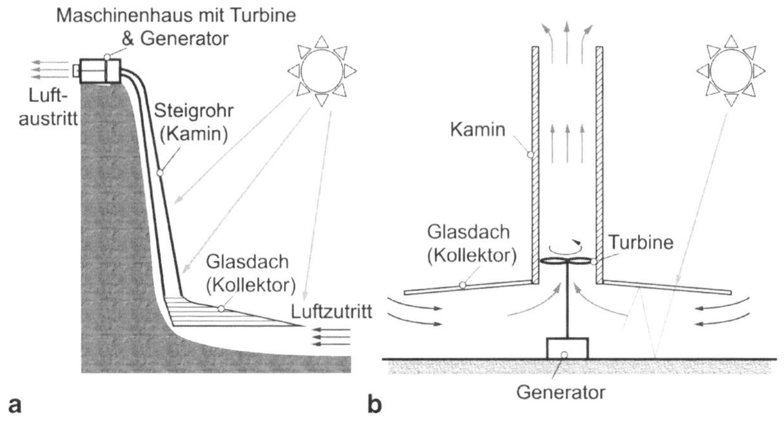

Abb. 7.31 **a** Funktionsprinzip des Aufwindkraftwerks nach Dubos 1929 (Dubos 1954) und **b** klassisches Aufwindkraftwerkskonzept. (Weinrebe 2004)

Kette oder dem Hoggar-Gebirge in Nordafrika 1000–1500 m hohe Steigrohre mit einem Durchmesser von 10 m zu installieren. Durch die aus wärmeisolierenden Leichtbeton gefertigten Röhren sollte die unter den Glasdächern erhitzte Luft nach oben steigen und dabei die Schaufeln von Windturbinen antreiben. Geplant war die erzeugte elektrische Energie in die lokale Infrastruktur und das europäische Stromnetz einzuspeisen.

Im Aufwindkraftwerk erwärmt die einfallende Sonnenstrahlung die Luft unter einem mit Glas oder Folie gedeckten Kollektordach, das sich kreisförmig um den in der Mitte stehenden Kamin ausbreitet. Die um ca. 15–20 °C erwärmte Luft strömt auf Grund der geringeren Dichte zum Kamin und steigt auf. Den eigentlichen Warmluftkollektor bildet das offene Glasdach zusammen mit dem darunter liegenden Boden, der einen hohen Absorptionskoeffizienten aufweisen sollte, um die Effizienz zu steigern. Das Glasdach ist luftdicht mit dem Kaminfuß verbunden und durch den Auftrieb entsteht ein Kaminsog, der warme Luft aus dem Kollektor nachsaugt und von außen kalte Luft zuströmen lässt. Damit wird ein kontinuierlicher Aufwind im Kamin gewährleistet. Die in der Luftströmung enthaltene kinetische Energie wird mit Hilfe druckgestufter Windturbinen in mechanische und über Generatoren in elektrische Energie umgewandelt.

Im Gegensatz zu konzentrierenden Hochtemperatursystemen lässt sich mit Aufwindkraftwerken ein kontinuierlicher 24-Stunden-Betrieb realisieren (Schlaich und Schiel 2001). Hierzu werden am Boden des Warmluftkollektors wassergefüllte Schläuche oder Säcke installiert, die sich während des Tages erwärmen und bei Nacht die gespeicherte Wärmeenergie wieder an die Luft weitergeben, wie es die Abb. 7.32 skizziert. Die hierzu verwendeten Wassercontainer müssen nur einmal gefüllt werden und es besteht kein weiterer Wasserbedarf, was ein erheblicher Vorteil gegenüber konzentrierenden Systemen darstellt, die konventionelle Kraftwerkstechnik verwenden. Dieses Verfahren ist insbesondere in wasserarmen, trockenen Gebieten wie Wüsten attraktiv.

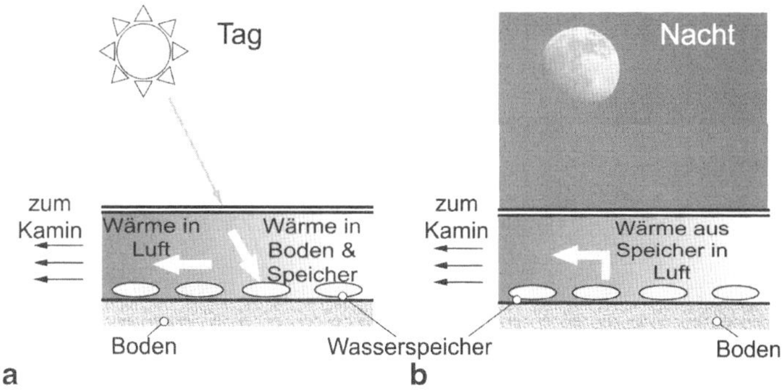

Abb. 7.32 Prinzip der Wärmespeicherung in einem Aufwindkraftwerk mit schematischer Darstellung der Wärmeflüsse im Tagbetrieb **a** und bei Nacht **b** (Kreetz 1997)

7.6.2 Leistung und Wirkungsgrad eines Aufwindkraftwerks

Die wesentlichen Zusammenhänge und Skalierungsgesetzmäßigkeiten von Aufwindkraftwerken werden im Folgenden abgeleitet, eine detailliertere Analyse ist in unter anderem in (Dos Santos et al. 2003) zu finden.

Die im Kollektor erwärmte Luft weist eine niedrigere Dichte als die der Umgebung auf. Die leichtere Luftsäule im Turm ist mit der umgebenden Atmosphäre am Turmfuß (Kollektorausgang) und an der Turmspitze verbunden. So erzeugt die Dichtedifferenz eine Auftriebsströmung, in deren Folge erneut Luft aus der Umgebung angesaugt wird, was als Kamineffekt bezeichnet wird. Die gesamte Druckdifferenz Δp_{ges} zwischen dem Turmgefäß und der Umgebung berechnet sich nach:

$$\Delta p_{ges} = g \cdot \int_{z=0}^{H_t} [\rho_U - \rho_t(z)] \cdot dz, \tag{7.17}$$

in der ρ_U und $\rho_t(z)$ die Dichte der Umgebung beziehungsweise der Luft im Turm in der Höhe z darstellen. H_t bezeichnet die Höhe des Turms und g die Erdbeschleunigung. Die Gesamtdruckdifferenz im Turm setzt sich additiv aus dem statischen Druck Δp_{stat}, dem dynamischen Druck Δp_{dyn} und den viskosen Reibungsdruckverlusten im Kamin Δp_{visk} zusammen, es ist:

$$\Delta p_{ges} = \Delta p_{stat} + \Delta p_{dyn} + \Delta p_{visk}. \tag{7.18}$$

Auf Grund der relativ geringen Strömungsgeschwindigkeiten (<20 m/s) und der großen Turmdurchmesser sind die viskosen Verluste der Strömung durch die Turmwände vernachlässigbar klein, es ist $\Delta p_{visk} \approx 0$. Die tatsächlich Aufteilung in die statische und die dynamische Komponente des Drucks hängt letztlich davon ab, wie viel Energie die Turbine der Strömung entzieht. Ohne Turbine stellt sich die maximale Strömungsgeschwindigkeit $v_{t,\,max}$ ein und die gesamte Druckdifferenz wird in kinetische Energie umgesetzt, das heißt die Strömung wird beschleunigt. Nimmt man an, dass die Temperaturprofile im Turm und der Umgebung parallel verlaufen (, dies entspricht einem konstanten Wärmeverlust entlang der Kaminhöhe), so lässt sich die Auftriebsströmungsgeschwindigkeit mit Hilfe einer temperaturmodifizierten Torricelli-Gleichung ausdrücken.

$$v_{t,max} = \sqrt{2 \cdot g \cdot H_t \cdot \frac{\Delta T}{T_U(z=0)}}, \tag{7.19}$$

worin ΔT die Temperaturdifferenz zwischen der Temperatur am Kollektoraustritt (mittlere Turmeintrittstemperatur) und der Umgebungstemperatur ist. $T_U(z=0)$ gibt die Umgebungstemperatur in Bodenhöhe an. Die im Kaminaufwind enthaltene Leistung P_{ges} ergibt sich aus:

$$P_{ges} = \dot{V} \cdot \Delta p_{ges} = \Delta p_{ges} \cdot A_t \cdot v_t, \tag{7.20}$$

mit A_t der Querschnittsfläche des Turms und v_t der mittleren Auftriebsgeschwindigkeit der Luft im Turm (Kamin). Wenn die gesamte Druckdifferenz in kinetische Energie umgesetzt wird, ergibt sich:

$$p_{ges} = \frac{1}{2}\dot{m} \cdot v_{t,\max}^2. \tag{7.21}$$

Da aber in der vom Aufwind bereitgestellten Druckdifferenz aus Gl. (7.17) an einer druckgestuften Turbine der statische Druck abgebaut wird und dieser einen technischen Wirkungsgrad η_{turb} hat, ist die real umsetzbare Leistung deutlich geringer.

Zur Ableitung der Skalierung wird zunächst eine Wirkungsgradbetrachtung durchgeführt. Die dem Leitungsnetz zugeführte Nettoleistung P_{el} des Aufwindkraftwerks setzt sich aus der an der Kollektorfläche bereitgestellten solaren Einstrahlungsleistung $\dot{Q}_{solar}$ und den Wirkungsgraden des Kollektors, des Turms, der Turbine und des Generators in folgender Weise zusammen:

$$P_{el} = \dot{Q}_{solar} \cdot \eta_{ges} = \dot{Q}_{solar} \cdot \eta_{kol} \cdot \eta_t \cdot \eta_{turb} \cdot \eta_{gen}, \tag{7.22}$$

wobei sich die Solareinstrahlungsleistung $\dot{Q}_{solar}$ aus dem Produkt der Globalstrahlungsdichte i_{glob} und der Kollektorfläche A_{kol} ergibt. Die Wirkungsgrade des Kollektors, des Turms, der Turbine sowie des Generators sind durch η_{kol}, η_t, η_{turb} und η_{gen} gegeben. Der Turmwirkungsgrad η_t ist eine neue Kenngröße und ergibt sich aus dem Quotienten der Aufwindleistung P_{ges} und Wärmeleistung des Turms $\dot{Q}$:

$$\eta_{turm} = \frac{p_{ges}}{\dot{Q}}. \tag{7.23}$$

Die Wärmeleistung des Turms ist durch $\dot{Q} = \dot{m} \cdot c_p \Delta T$ gegeben, in der ΔT die Temperaturdifferenz zwischen Turmeintritt und -austritt ist. Der maximale Turmwirkungsgrad ergibt durch Einsetzen der maximalen Strömungsgeschwindigkeit (Gl. (7.19)) in P_{ges} (Gl. (7.21)) und es folgt für den maximalen Turmwirkungsgrad η_t:

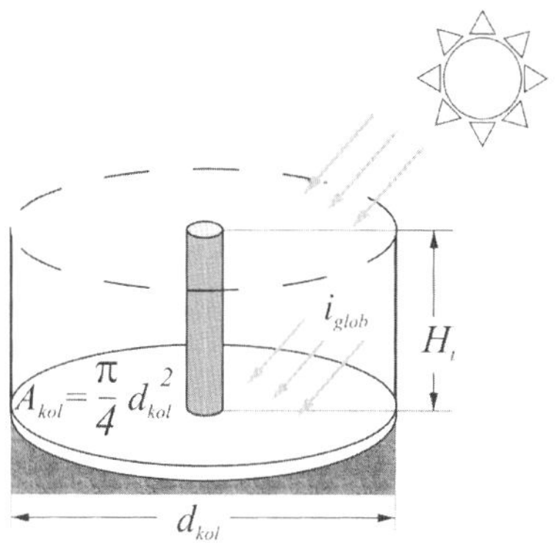

Abb. 7.33 Schemaskizze zur Erläuterung der Ausgangsleistung P_{el} eines Aufwindkraftwerkes, die proportional zur Kollektorfläche A_{kol} und zur Turmhöhe H_t ist

$$\eta_t = \frac{1/2 \cdot \dot{m} \cdot v_{t,\max}^2}{\dot{m} \cdot c_p \cdot \Delta T} = \frac{g \cdot H_t}{c_p \cdot T_U(z=0)}. \tag{7.24}$$

Damit steigt der Turmwirkungsgrad linear mit der Höhe des Turms an. Beispielsweise ergibt sich bei einer Turmhöhe H_t von 1000 Metern und einer Umgebungstemperatur von 20 °C (T=293.15 K) ein Turmwirkungsgrad von $\eta_t \approx 3.35$ % ($c_{p,\,Luft}=1$ kJ/(kgK)). Bei Annahme eines Kollektorwirkungsgrades $\eta_{kol}=0.7$, eines Turbinenwirkungsgrades $\eta_{turb}=0.8$ und eines idealen Generator ($\eta_{gen}=1$) ergibt sich ein Gesamtwirkungsgrad η_{ges} in der Größenordnung von ca. 1.88 %. Für ein 100 MW Kraftwerk wäre damit eine Fläche von 5.5 Quadratkilometern erforderlich.

Die Gl. (7.22) und (7.24) zeigen, dass die Leistung des Aufwindkraftwerks proportional zur Kollektorfläche und zur Turmhöhe ist. Damit ist die elektrische Ausgangsleistung P_{el} proportional zum Volumen des in Abb. 7.33 dargestellten Zylinders und der Turmhöhe H_t.

Als Folge lässt sich eine vorgegebene Leistung entweder mit einem hohen Turm in Kombination mit einem kleineren Kollektor oder mit einem großen Kollektor und kleineren Turm erzielen. Detaillierte Simulationsrechnungen, die unter anderem die Reibungsdruckverluste im Kollektor berücksichtigen, zeigen, dass gerade bei größeren Kollektordurchmessern die lineare Abhängigkeit zwischen der Leistung und dem Produkt $(A_{kol} \cdot H_t)$ nicht mehr gültig ist, wie die Kurven in Abb. 7.34 bei verschiedenen Turmhöhen als Funktion des Kollektordurchmessers d_{kol} dokumentieren. Dennoch liefert die Linearitätsannahme bei technisch realisierbaren Größenordnungen einen guten Schätzwert.

7.6.3 Komponenten des Aufwindkraftwerks

7.6.3.1 Kollektor und Speicher

Die Warmluft eines Aufwindkraftwerks wird in einem konventionellen Luftkollektor erzeugt, dessen sonnenzugewandte Seite aus einem transluzenten Glas- oder Kunststoffdach

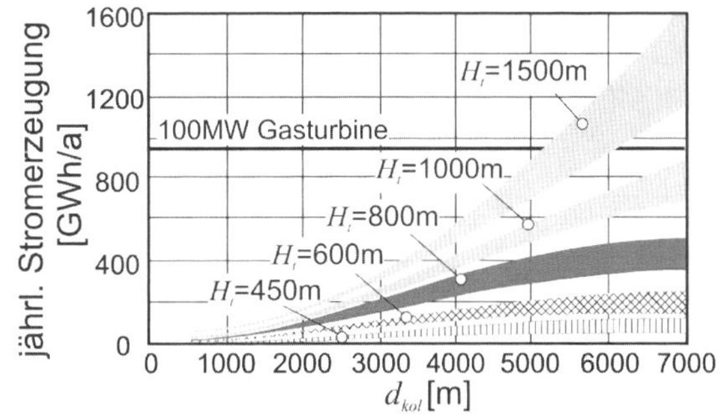

Abb. 7.34 Berechnete bereitstellbare Jahresstrommenge eines Aufwindkraftwerks als Funktion des Kollektordurchmessers d_{kol} bei verschiedenen Turmhöhen und der Annahme einer Globalstrahlungssumme eines Standortes von 2300 kWh/(m²a). (Weinrebe 2004)

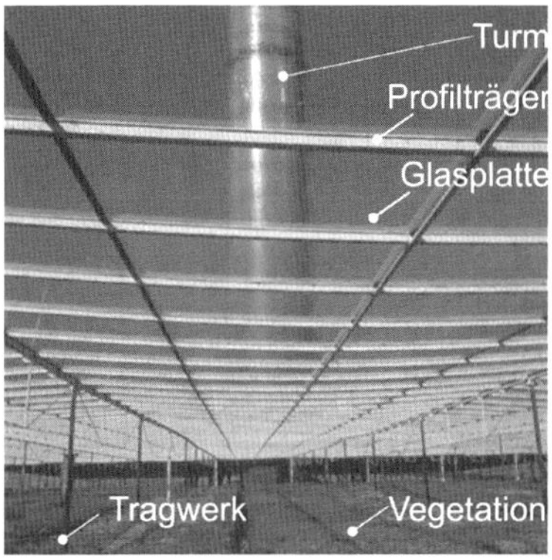

Abb. 7.35 Luftkollektor aus Glas des Prototyps in Manzanares, Spanien. (Weinrebe 2004)

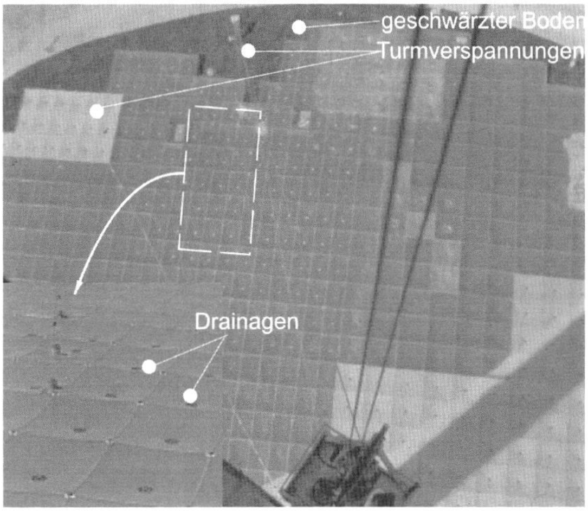

Abb. 7.36 Ausführung des Kollektordach eines Aufwindkraftwerks mit einer Kunststoffmembran

besteht, das sich je nach Leistung des Kraftwerks in zwei bis sechs Metern Höhe über dem Boden befindet. Neben der Transluzenz muss das Kollektordach langlebig und kostengünstig sein. Hierbei zeigte sich beim Prototypkraftwerk im spanischen Manzanares Glas (vergl. Abb. 7.35 und 7.36) als widerstandsfähigstes Material, das auch schweren Stürmen standhielt und sich darüber hinaus durch gelegentliche Regenschauer als selbstreinigend erwies. Das transluzente Dach ist durchlässig für die solare Einstrahlung, aber undurchlässig für die vom aufgeheizten Kollektorboden emittierte langwellige Wärmestrahlung. Dadurch erwärmt sich der Boden unter dem Dach erheblich und gibt diese Wärme an die radial von außen zum Turm hin strömende Luft ab.

Plastikmembranen sind zwar kostengünstiger, allerdings verspröden die Membranen im Lauf der Zeit und die Transparenz geht verloren. Zusätzlich sind Kunststoffe im infraroten Wellenlängenbereich transparent. Sie ermöglichen aber auf eine einfache Weise eine Drainage bei Regen oder Bildung von Kondenswasser und wurden beim Prototyp in Manzanares ebenfalls verwendet (Weinrebe 2004). Hierzu wurden die Plastikmembranen in Profile geklemmt und in der Mitte zum Boden mit einer Kunststoffplatte mit Drainageöffnung abgespannt (vergl. Abb. 7.36).

Die Höhe des Luftkollektors steigt zum Turm hin an. Dies stellt sicher, dass die Strömungsgeschwindigkeit nicht zu sehr ansteigt und damit die Reibungsverluste gering bleiben. Kleine Strömungsgeschwindigkeiten bedeuten auch niedrige Umlenkverluste in den Turm.

Der in Abb. 7.35 gezeigte Bewuchs unter der transparenten Abdeckung wurde nicht weiter verfolgt, da die Pflanzen Feuchtigkeit abgeben. Wasserdampf ist zwar bei gleichem Druck und Temperatur leichter als Luft und würde daher mehr Auftrieb erzeugen. Es muss jedoch mehr Wärme zur Verdampfung aufgewendet werden, so dass der Auftrieb der erwärmten trockenen Luft bei gleichem Wärmeeintrag größer ist.

Mit Hilfe wassergefüllter Speicher lassen sich solare Einstrahlungsschwankungen ausgleichen und darüber hinaus ein partieller Nachtbetrieb realisieren. Diese Speicher können Wasserschläuche oder -kissen sein, die auf dem Kollektorboden ausgelegt werden. Über die mittlere Höhe der Wassertiefe in den Speichervorlagen kann die Leistungscharakteristik des Wärmespeichers gesteuert werden, wie es die Abb. 7.37 zeigt. Große Wassertiefen bedeuten durch ihre große Wärmekapazität eine langsame Temperaturerhöhung während der Aufheizphase (vergl. Kapitel 4.3.3) aber lange Speicherlaufzeiten bei der Entspeicherung. Geringe Wassertiefen hingegen stellen kurzzeitig eine hohe relative Nutzleistung bereit, verfügen aber nur über eine geringe Speicherlaufzeit. Zumeist wird die Menge des Wassers in den Schläuchen so gewählt, dass sie einer mittleren Wassertiefe von 5 cm bis 20 cm entspricht. Da der Wärmeübergang zwischen Schläuchen und Wasser durch Naturkonvektion selbst bei minimalen Wasserströmungsgeschwindigkeiten wesentlich größer ist als zwischen der strahlungsabsorbierenden Erdbodenoberfläche und den darunter liegenden Bodenschichten, und da die Wärmekapazität des Wassers circa fünfmal höher ist als die des Erdbodens, speichert das Wasser in den Schläuchen einen Teil der Sonnenwärme und gibt sie erst nachts wieder ab, wenn die Lufttemperaturen im Kollektor niedriger sind. Dies erlaubt im Prinzip einen durchgängigen Anlagenbetrieb.

7.6.3.2 Turm (Kamin) des Aufwindkraftwerks

Der Turm (Kamin) ist die Wärmekraftmaschine des Aufwindkraftwerks. Der Auftrieb der im Kollektor erwärmten Luft ist in erster Näherung proportional zur im Kollektor erzielten Temperaturerhöhung ΔT der Luft (vergl. Gl. (7.17)) und dem Turmvolumen, das sich aus dem Produkt der Höhe und des Durchmessers ergibt. In einem großen Aufwindkraft-

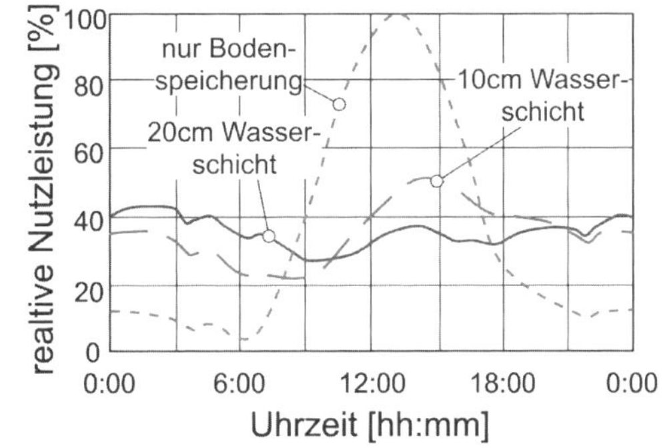

Abb. 7.37 Einfluss wärmespeichernder Wasserschläuchen unter dem Kollektordach auf den Tagesgang der Leistungsbereitstellung eines Aufwindkraftwerks. (Weinrebe 2004)

werk erhöht der Kollektor die Temperatur der Außenluft um bis zu 30 K und in der Folge ergeben sich im Kamin Aufwindgeschwindigkeiten der Größenordnung von 15 m/s, die auch eine Wartung während des Betriebs erlauben.

Bei der Errichtung hoher Türme oder Kamine bieten sich hauptsächlich zwei Bauweisen an: Stahlfachwerk oder Kabelnetzturm – mit Trapezblech oder Membranen verkleidet. Mehrere Analysen zeigten, dass für potenziell interessante Standorte die Stahlbetonröhre die langlebigste und kostengünstigste Lösung darstellt.

Vom Prinzip her ist der Turm eines Aufwindkraftwerke nichts anderes ein großer Naturzugkühlturm. Große Türme sind komplexe Bauwerke, in denen eine Vielzahl von Belastungen berücksichtigt werden müssen.

Die wesentlichen statischen Belastungen sind die durch das Eigengewicht hervorgerufenen Spannungsverteilungen, die thermischen Belastungen auf der Innenseite und die durch die solare Einstrahlung. Im Betrieb ist beispielsweise im Winter in Deutschland bei der Auslegung von Naturzugkaminen am Fuß eine rotationssymmetrische Temperaturdifferenz $\Delta T = -45$ K anzusetzen. Durch die solare Einstrahlung muss bei einem Stillstand des Turms eine nicht rotationssymmetrische effektive Temperaturdifferenz zwischen den Schalenoberflächen von $\Delta T = +25$ K angesetzt werden (Lenz and Meiswinkel 2005).

Den statischen Belastungen sind dynamische Belastungen überlagert, die durch die einwirkenden Windkräfte und seismische Bewegungen (Erschütterungen bis hin zu Erdbeben) entstehen. Sie erfordern eine dynamische Betrachtung des Turms im Zusammenhang mit seinem Untergrund (elastische oder starre Bettung, Fundamente, Lagerung) bei gegebenen Randbedingungen (Windlasten-, Erdbebenlasten). Grundlegende Arbeiten fanden hier insbesondere bei der Entwicklung großer Kühltürme für Kernkraftwerke in den 70 Jahren statt (Peters 1971, 1972). Nichtlineare Modelle zur Beschreibung des dynamischen Verhaltens bei seismischen und Windbelastungen sind unter anderen in (Stempniewski 1990; Lang 2003) und der dort angegebenen Literatur zu finden. Die Bemessungsgrundlagen zur Auslegung von Türmen bilden die einzelnen DIN Vorschriften (DIN 1045 2008) und deren Verweise. Die Abb. 7.38 zeigt typische Auslegungsabmessungen eines Naturzugturmes, wie sie auch bei thermischen Kraftwerken eingesetzt werden.

Dünne Röhren verformen sich unter Windlast zu einem ovalen Querschnitt insbesondere an den Sogflanken (vergl. Abb. 7.39a). Dadurch werden die Meridianspannungen sehr hoch und der Turm kann oval verformt werden. Der Ovalisierung kann ähnlich wie

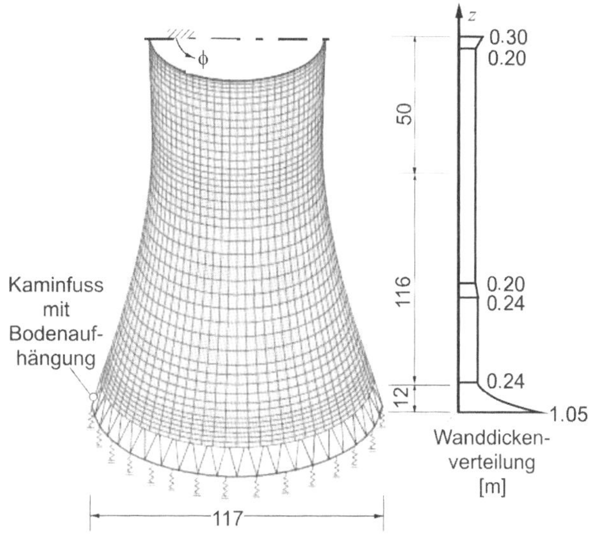

Abb. 7.38 Typische Abmessungen eines Naturzugkamins aus Stahlbeton und der Wanddickenverteilung (mit Angaben in Meter) für ein thermisches Kraftwerk

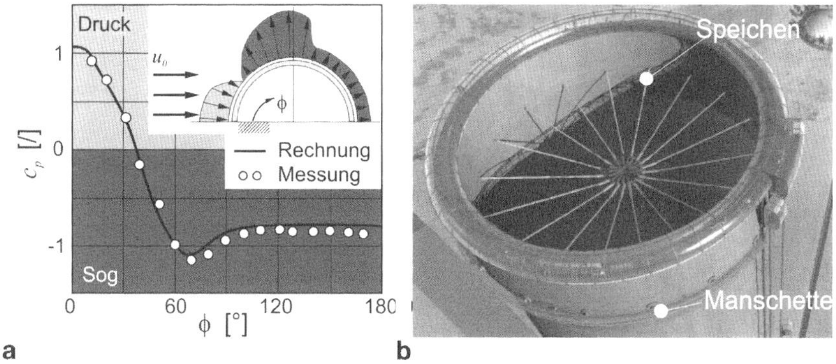

Abb. 7.39 **a** Berechnete Verteilung des Druckbeiwerts bei der Umströmung eines Kreiszylinders (Ma et al. 2000). **b** Speichenrad mit Speichen aus Litzenbündeln an der Turmspitze eines 5 MW-Aufwindkraft-werks. (Weinrebe 2004)

bei einer Fahrradfelge durch das Einsetzen von Speichen (vergl. Abb. 7.39b) effektiv entgegengewirkt werden. Speichen haben eine ähnliche Wirkung wie Schotte, setzen aber dem Aufwind einen kleineren Widerstand entgegen.

Eine elastische Vertikallagerung des Turmes auf dem Untergrund führt zu einer deutlichen Reduktion der Frequenz der Schwingungsbewegung eines hohen Turms und dort insbesondere der die Struktur am meisten verletzenden Umfangswellen. Durch eine seismische Anregung oder auch durch Windlasten können Schwingungen erzeugt werden, die zu Verformungen des Turms führen. Die Abb. 7.40 zeigt drei berechnete Eigenformen und Eigenfrequenzen des in Abb. 7.38 dargestellten Turms bei einer seismischen vertikalen

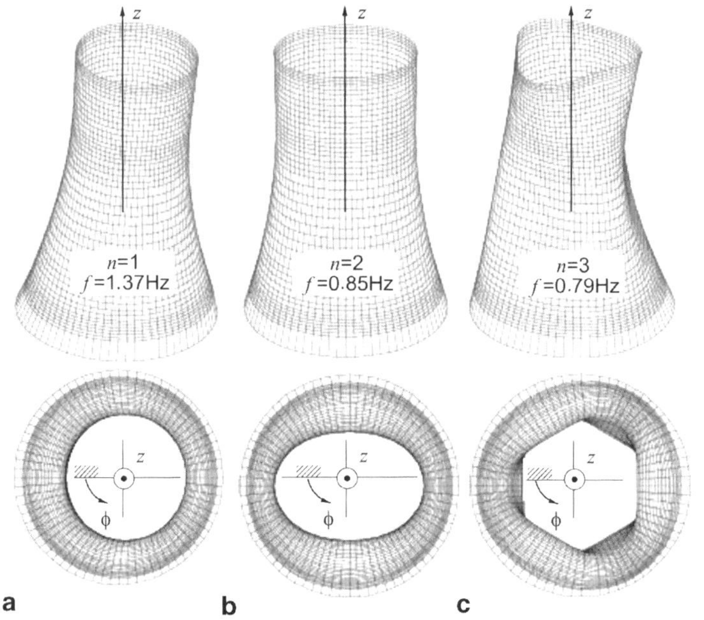

Abb. 7.40 Berechnete erste Eigenformen und Eigenfrequenzen eines Naturzugkamins in Grund- und Aufriss bei einer vertikalen seismischen Anregung (Erdbeben). (Lang 2003)

Anregung. Die Seiten- und Grundrissdarstellung illustriert, dass der Turm sich asymmetrisch verbiegt und auslenkt.

Statisch wie dynamisch initiierte Auslenkungen führen zu einer Verringerung der Steifigkeit der Basiskonstruktion und lokal können die Festigkeitsgrenzen des Stahlbetons überschritten werden. Die Überschreitung der Festigkeitsgrenzen bewirkt eine Rissbildung im Beton. Gegenwärtig begrenzt die Einhaltung der Regelwerke für statische und dynamische Belastungsszenarien die Höhe von Naturzugkühltürmen auf ungefähr 200 m.

7.6.3.3 Turbine

Mit Turbinen wird der Luftströmung mechanische Energie entzogen. Die Turbinen eines Aufwindkraftwerks arbeiten nicht geschwindigkeitsgestuft sondern zumeist als ummantelter, druckgestufter Windturbogeneratorsatz, bei dem ähnlich wie bei einem Wasserkraftwerk der statische Druck abgebaut wird.

Prinzipiell sind zwei Bauweisen einer Aufwindturbine denkbar, ein vollständig axialer Aufbau, der eher bei Anlagen mit großer Turmhöhe denkbar ist, oder ein axial radialer Aufbau. Die Abb. 7.41a und b zeigt beide Bauformen.

Zur Berechnung der Strömung in Strömungsmaschinen ist neben der Betrachtung aus dem raumfesten Absolutsystem die Betrachtung aus dem mit dem Laufrad rotierenden Relativsystem notwendig. Die Absolutgeschwindigkeit c setzt sich vektoradditiv aus der Umfangsgeschwindigkeit u und der in dem rotierenden Bezugssystem gemessenen Relativgeschwindigkeit w zusammen.

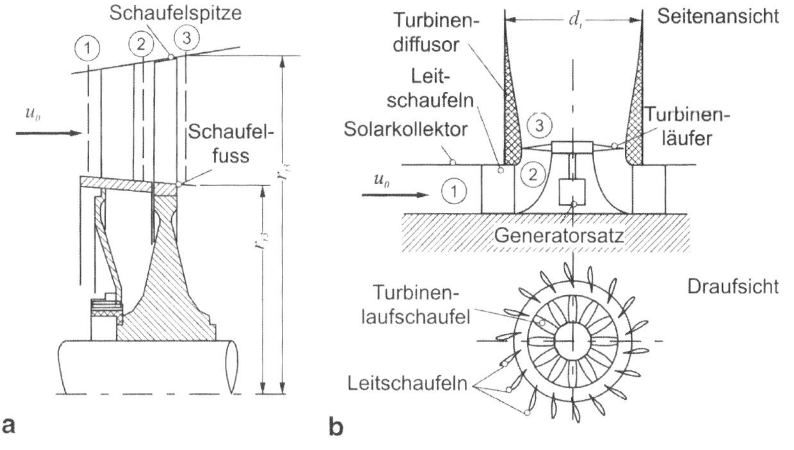

Abb. 7.41 Leit- und Laufradaufbau von Turbinen zur Stromgewinnung in Aufwindkraftwerken. **a** reine Axialturbine und **b** radial-axiale Anordnung der Turbine. Index „a" bezeichnet die Axialkomponente

$$\vec{c} = \vec{u} + \vec{w} \text{ oder ohne Vektorindikation } c = u + w. \tag{7.25}$$

Die Strömungsmaschinenhauptgleichung wird für stationäre Strömungen hergeleitet, was dem Vorbeistreichen der rotierenden Schaufeln an feststehenden Bauteilen wie den Statorschaufeln oder der Gehäusezunge nicht ganz gerecht wird, aber durch Paxiserfahrung bestätigt ist. Die Herleitung beinhaltet, dass die Strömung exakt der Schaufelkontur folgen soll, wobei die Schaufeln als unendlich dünn und in unendlicher Zahl vorhanden angenommen wird (sog. Schaufelkongruenz). Sämtliche Momente werden auf die Drehachse bezogen und zudem soll das Moment an den Endflächen null sein. Verluste durch Spaltströmungen bleiben ebenso unberücksichtigt wie Reibungseinflüsse. Die Ableitung erfolgt unter der in Abb. 7.42 dargestellten Nomenklatur der Geschwindigkeitsdreiecke der unterschiedlichen Turbinenbauformen.

Als Folge der Vereinfachungen liefert der Drehimpulssatz bezüglich des Drehmoments M folgendes Ergebnis:

$$M = \dot{m} \cdot (r_3 \cdot c_{3u} - r_2 \cdot c_{2u}), \tag{7.26}$$

wobei der Index „u" die Umfangskomponente angibt. Die Leistung P an der Welle ist das Produkt aus Drehmoment und Winkelgeschwindigkeit Ω:

$$P = M \cdot \Omega \tag{7.27}$$

Oft wird auch nur die spezifische Stufenarbeit Y angegeben, die sich aus dem Quotient aus Wellenleistung und Massenstrom $\dot{m}$ ergibt und man erhält als Ergebnis die Eulersche Strömungsmaschinenhauptgleichung mit:

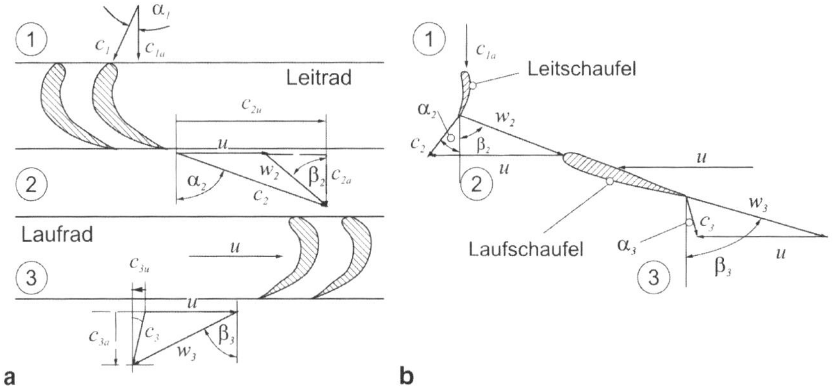

Abb. 7.42 Geschwindigkeitsdreiecke an Leit- und Laufrädern von Turbinen. **a** Axialturbine **b** Radial-Axial-Turbine. Index „*a*" bezeichnet die Axialkomponente

$$Y = \frac{P}{\dot{m}} = (u_2 \cdot c_{2u} - u_3 \cdot c_{3u}). \tag{7.28}$$

Diese Gleichung ist gültig für

- kompressible und inkompressible Strömungen,
- mit und ohne Reibung der Strömung im Schaufelgitter,

und damit auch für hydraulische wie thermische Strömungsmaschinen. Durch Umformung ist eine anschauliche Interpretation möglich; verschiedentlich wird auch in der Fachliteratur von der Anwendung des Cosinus-Satzes gesprochen. Das Resultat lautet:

$$Y = \underbrace{\frac{c_2^2 - c_3^2}{2}}_{1} + \underbrace{\frac{u_2^2 - u_3^2}{2}}_{2} - \underbrace{\frac{w_2^2 - w_3^2}{2}}_{3}. \tag{7.29}$$

Die Anteile lassen sich in folgender Weise interpretieren:

1. Änderung der spezifischen kinetischen Energie im Absolutsystem, die in der Turbine durch die Verzögerung der Strömung entsteht.
2. Differenz der spezifischen kinetischen Energie, die durch Änderung der Fliehkräfte am Ein- und Austritt zustande kommt.
3. Änderung der spezifischen kinetischen Energie im Relativsystem, die die spezifische Beschleunigungsarbeit der Strömung bei einer Turbine angibt.

Für die spezifische Stufenarbeit Y bei inkompressibler Strömung folgt aus der Bernoulli Gleichung mit Energiezufuhr und Verlusten bei Annahme gleicher geodätischer Höhe:

$$Y = \frac{\Delta p}{\rho} = \underbrace{\frac{c_3^2 - c_2^2}{2} + \underbrace{\frac{P_3 - P_2}{\rho}}_{\text{statische Druckänderung}}}_{\text{Totaldruckänderung}} + \frac{\Delta p_{Verlust}}{\rho}. \quad (7.30)$$

Bei kompressiblen Strömungen und der Annahme gleicher geodätischer Höhen entspricht die spezifische Stufenarbeit Y der Totalenthalpieänderung Δh_t in folgender Weise:

$$Y = \Delta h_t = \underbrace{\frac{c_3^2 - c_2^2}{2} + \underbrace{h_3 - h_2}_{\text{statischeEnthalpieänderung}}}_{\text{Totalenthalpieänderung}}. \quad (7.31)$$

Im Turbomaschinenbau erfolgt wie in der Fluiddynamik oftmals eine Charakterisierung mit Hilfe dimensionsloser Kennzahlen. Aus der Dimensionsanalyse ergibt sich aus dem dimensionslos gemachten Volumenstrom die Lieferzahl φ (*flow coefficient*) und aus dem dimensionslos gemachten Druck die Druckzahl (*load coefficient*) ψ zu (Traupel 2001):

$$\varphi = \frac{c_a}{u}, \psi = \frac{\Delta p/\rho}{u^2/2} = \frac{2 \cdot Y}{\pi^2 \cdot n^2 \cdot D^2}, \quad (7.32)$$

in der ρ die Dichte des Fluids, n die Drehzahl der Turbine und D ihr mittlerer Durchmesser ist.

Mit den abgeleiteten Kennzahlen lässt sich jetzt eine Turbine auslegen. In die Turbine strömt das Gas mit der Absolutgeschwindigkeit c_1, dem statischen Druck p_1 und der absoluten Temperatur T_1 in den Leitschaufelring ein. In der Leiteinrichtung tritt üblicherweise eine Expansion des Gases auf den Zustand p_2 und T_2 ein, wobei das Gas die Leitschaufelkanäle mit der Geschwindigkeit $c_2 > c_1$ unter dem Winkel α_2 verlässt. Das Rotorblatt sollte, um Stoßverluste zu vermeiden, dem Einlasswinkel β_2 entsprechen. Nach der Umlenkung und meist einer weiteren Expansion unterworfen verlässt das Gas die Laufschaufelkanäle mit p_3 und T_3 mit der Absolutgeschwindigkeit c_3 unter dem Winkel β_3 relativ zur Schaufel, absolut gesehen unter dem Winkel α_3. Der Winkel α_3 wird als Drallwinkel (*swirl angle*) bezeichnet. In einer einstufigen Turbine wie bei Aufwindkraftwerken wird der Versuch unternommen, das Gas drallfrei in die Stufe einströmen zu lassen, $\alpha_1 \approx 0°$, sowie das Gas auch drallfrei aus der Stufe ausströmen zu lassen, das heißt $\alpha_3 \approx 0$. Der Ausdruck $c_{2u} + c_{3u}$ stellt die spezifische Dralländerung des die Stufe durchströmenden Gases dar. Daraus ergibt sich das effektive Abtriebsmoment der Stufe selbst. Die spezifische Leistung erhält man über die Turbinenhauptgleichung:

$$Y = \vec{u} \cdot \vec{c}_2 - \vec{u} \cdot \vec{c}_3 = u \cdot (c_{2u} + c_{3u}) \quad (7.33)$$

Die Änderung der axialen Geschwindigkeitskomponente $(c_{2a}-c_{3a})$ bewirkt eine axiale Schubbelastung des Rotors, die durch die Druckdifferenz vor und hinter dem Rotor teilkompensiert wird.

In den weiteren Betrachtungen soll die axiale Geschwindigkeitskomponente in der Stufe als konstant betrachtet werden, das heißt $c_{1a}=c_{2a}=c_{3a}=c_a$. Damit lässt sich die spezifische Stufenarbeit auch in Form der Schaufelblattgeometrie angeben und als Resultat erhält man:

$$Y = u \cdot c_a \cdot (\tan \beta_2 + \tan \beta_3). \tag{7.34}$$

Der Wirkungsgrad der Turbine η_{turb} ergibt sich aus der real über der Turbine abfallenden Enthalpiedifferenz gegenüber der idealen Enthalpiedifferenz. Führt man eine Verlustenthalpie $\Delta H_{verlust}$ ein, so ergibt sich der Turbinenwirkungsgrad η_{turb} zu:

$$\eta_{turb} = \frac{\Delta H}{\Delta H + \Delta H_{verlust}} = \left(1 + \frac{\Delta H_{verlust}}{\Delta H}\right)^{-1}. \tag{7.35}$$

Bei geringen Enthalpieverlusten $(\Delta H_{verlust}/\Delta H << 1)$ kann die Gl. (7.35) in Form eines Totaldruckverlustes und einer mittleren Dichte dargestellt werden und es ergibt sich (Lewis et al. 1996):

$$\eta_{turb} = \left(1 + \frac{\Delta p_{turb,verlust}/\rho}{\Delta H}\right)^{-1}. \tag{7.36}$$

Der Totaldruckverlust in der Turbine $\Delta p_{turb,\ verlust}$ setzt sich aus den Verlusten am Stator (index „*s*“), dem Rotor („*r*“) und den Diffusor („*d*“) zusammen, deren Verlustkoeffizienten (ζ_i) sich aus den relativen Geschwindigkeitskomponenten und der Austrittsdichte wie folgt ergeben:

$$\zeta_s = \frac{\Delta p_s}{(1/2) \cdot \rho \cdot c_2^2};\ \zeta_r = \frac{\Delta p_r}{(1/2) \cdot \rho \cdot w_3^2} \quad \text{und} \quad \zeta_d = \frac{\Delta p_d}{(1/2) \cdot \rho \cdot c_3^2}. \tag{7.37}$$

Ersetzt man den Enthalpieabbau durch die Druckzahl ψ, so ergibt sich für den Turbinenwirkungsgrad:

$$\eta_{tur} = \left[1 + \underbrace{\left(\zeta_s \cdot \frac{c_2^2}{u^2} + \zeta_r \cdot \frac{w_2^2}{u^2} + \zeta_d \frac{c_2^2}{u^2}\right)/\psi}_{L}\right]^{-1} = (1+L)^{-1}. \tag{7.38}$$

in der L den massenstromspezifischen Anteil der Totalenergie darstellt, die am Turbinendiffusoraustritt nicht mehr zur Verfügung steht.

Eine weitere wichtige Größe bei der Auslegung von Turbinen ist der Reaktionsgrad r. Der kinematische Reaktionsgrad bezeichnet das Verhältnis der Enthalpie der in den Laufschaufeln einer Turbinenstufe (in Strömungsenergie und mechanische Arbeit) umgesetzt wird zum gesamten (isentropen) Enthalpiegefälle einer Turbinenstufe. In einer idealen axialen Turbinenschaufel bleibt die relative Totalenthalpie über dem Rotor erhalten. Sie ist durch $H_r = h_r + w^2/2$ gegeben. Damit ergibt sich die statische Enthalpiedifferenz über den Rotorschaufeln zu:

$$h_r = \frac{\left(w_3^2 - w_2^2\right)}{2} = \frac{\left(c_a^2 + w_{u3}^2 - c_a^2 - w_{u2}^2\right)}{2} = \frac{(w_{u3} - w_{u2})(w_{u3} + w_{u2})}{2}. \quad (7.39)$$

Nach der Eulerschen Turbinenhauptgleichung (1.28) beträgt die Totalenthalpiedifferenz über der Turbine:

$$\Delta H = u \cdot (c_{u2} - c_{u3}) = u \cdot (w_{u2} - w_{u3}), \quad (7.40)$$

Formuliert man den Reaktionsgrad r nun in Form relativer oder absoluter Geschwindigkeitskomponenten, so erhält man als Ergebnis:

$$r = -\frac{(w_{u2} + w_{u3})}{2 \cdot u} = 1 - \frac{(c_{u3} + c_{u2})}{2 \cdot u}. \quad (7.41)$$

Mit Hilfe der Druckzahl ψ, der Lieferzahl φ und des Reaktionsgrades r kann man den Verlustanteil L als Funktion dimensionsloser Größen darstellen. Es ergibt sich für L:

$$\begin{aligned} L = \left(\frac{1}{\psi}\right)\left[\phi^2 + \frac{\psi^2}{16} - \left(\frac{\psi}{2}\right)(1-r) + (1-r)^2\right] \\ \cdot \sum \zeta + (1-r)\zeta_s + \left[\frac{1}{2} + \frac{(2r-1)}{\psi}\right] \cdot \zeta_r, \end{aligned} \quad (7.42)$$

in der $\sum\zeta = (\zeta_s + \zeta_r + \zeta_d)$ die Summe der Stator-, Rotor- und Diffusorverluste ist. Die Wahl des Reaktionsgrades für eine gegebene Kombination der Druckzahl und der Lieferzahl bestimmt die Form der Geschwindigkeitsdreiecke und die relative Größe der Stator- und Rotoraustrittsgeschwindigkeiten. Dabei lassen sich die Turbinenverluste verringern, wenn man

- die individuellen Verluste im Stator, Rotor und Diffusor also ζ_s, ζ_r und ζ_d verkleinert oder
- ihre Einflusskoeffizienten minimiert, die Funktionen der Druck-, der Lieferzahl und des Reaktionsgrades sind.

In Solarkaminen gibt es keinen Druckrückgewinn im Turm aber einen Beschleunigungsdruckverlust. Daher ist der statische Druck am Turbinendiffusoraustritt von entscheidender Bedeutung. Der Strömungsquerschnitt der Turbine ist wegen der Nabe kleiner als der des Turms und der äußere Durchmesser muss kleiner als der des Turms sein, um einen technisch sinnvollen Krümmungsradius zu erhalten, der für alle Randbedingungen einen günstigen Strömungszulauf zum Turbineneintritt sichert. Minimale Verluste bei gegebe-

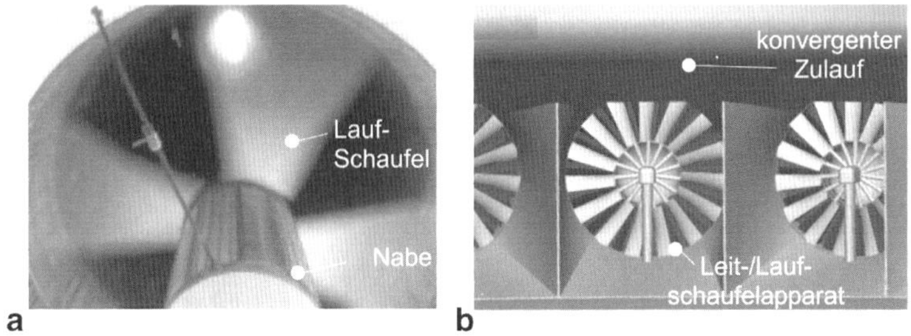

Abb. 7.43 **a** Turbine der Aufwindkraftwerk-Prototypanlage in Manzanares aus (Weinrebe 2004); **b** CAD-Zeichnung von umfangsseitig angeordneten, nebeneinander positionierten Axialturbinen aus (Fluri and von Backstrom 2008)

ner Druck- und Lieferzahl ergeben sich nach Gl. (7.42) bei einem Turbinenreaktionsgrad von $r > 0.5$. Per Definition kann der Reaktionsgrad r nicht über 1 steigen, da sonst ein Verdichter und keine Turbine mehr vorliegen würde. Dies bedeutet in jedem Fall eine druckgestufte Turbine. Bei der Auslegung einer Windturbine ist es sinnvoll, nach einer optimalen Druckzahl für einen gegebenen Reaktionsgrad und eine Lieferzahl zu suchen. Sind die Verlustkoeffizienten ζ_s, ζ_r und ζ_d unabhängig von der Druckzahl, kann man die Gl. (7.42) nach ψ differenzieren und das Ergebnis zu null setzen und man erhält die optimale Druckzahl. Dabei zeigt sich dass der optimale Reaktionsgrad der Turbine bei ca. $r \approx 0.8$ liegt und sich damit Turbinenwirkungsgrade mit $\eta_{turb} > 0.9$ realisieren lassen. Mit der Festlegung von r sind auch die Schaufelgeometrien festgelegt.

Die Wahl einer druckgestuften Turbine beinhaltet aber auch Nachteile. Überdruckstufen erfordern eine Abdichtung zwischen Laufschaufel und Gehäuse, da sie eine mehr oder weniger hohe Druckdifferenz vor und nach der Laufschaufel aufweisen. Ein weiterer Gesichtspunkt ist von mindestens ebenso großer Bedeutung. Auf Grund der solaren Einstrahlung ist die Aufwindleistung nicht planbar und Überdruckturbinen verhalten sich hinsichtlich des Teillastverhaltens deutlich problematischer als Gleichdruckturbinen. Diesem Nachteil kann durch eine Curtis-Stufe oder einen verstellbaren Leitschaufelapparat im Zulauf entgegengewirkt werden. Weitere Details zur Auslegung und zur effizienten Regelung sind den Artikeln (Fluri und von Backstrom 2008) und (Dos Santos et al. 2010) zu entnehmen. Es kann entweder eine Turbine zentral im Turm installiert sein oder mehrere am Umfang des Turmfußes angeordnete Axialläufer, wie die Abb. 7.43 illustrieren.

In den bisher realisierten Kraftwerken wie dem in Manzanares ist die Luftgeschwindigkeit vor und hinter der Turbine in etwa gleich. Die entzogene Leistung ist proportional zum Produkt aus dem Volumenstrom und dem Druckabfall an der Turbine. Im Hinblick auf eine maximale Energieausbeute ist es das Ziel der Turbinenregelung, dieses Produkt in allen Betriebszuständen zu maximieren. Über die Blattverstellung regelt die Turbine den Druckabfall und damit die Luftgeschwindigkeit und den Luftstrom in der Anlage. Stehen die Blätter senkrecht zur Anströmung, dreht sich die Turbine nicht. Stehen die Blätter parallel zur Strömung und lassen den Luftstrom ungestört durch, ist der Druckabfall an der

Turbine Null und es wird auch keine elektrische Leistung erzeugt. Zwischen diesen beiden Stellungen gibt es eine optimale Blattstellung. Die Leistungsausbeute ist dann maximal, wenn der Druckabfall an der Turbine rund 80 % der gesamten zur Verfügung stehenden Druckdifferenz beträgt.

7.6.3.4 Prototypen und Pläne

Bereits 1980 entstand eine Versuchsanlage mit 200 m Turmhöhe, mit etwas mehr als 10 m Turmdurchmesser und einem 45000 Quadratmeter großen Glasdach ($d_{kol} \approx 250$ m) im spanischen Manzanares, die 1982 ihren Betrieb aufnahm (vergl. Abb. 7.43a). Der Wirkungsgrad wurde mit 1–2 % angegeben und die erwärmte Luft erreichte Geschwindigkeiten von ca. 12 m/s. Der typische mittlere Temperaturanstieg im Kollektor betrug ca. 20 °K und die Nennleistung war auf 50 kW ausgelegt. 1987 war die Anlage für insgesamt 3197 Stunden in Betrieb, was einer mittleren täglichen Betriebszeit von fast 9 Stunden entsprach. Sobald die Strömungsgeschwindigkeit einen bestimmten Wert erreichte (≥ 2.5 m/s), startete die Anlage automatisch und die Leistung wurde ins Netz eingespeist. Der Boden war relativ schnell so hell geworden, dass eine Bitumenschicht aufgespritzt werden musste. 1987 wurde eine schwarze Folie aufgebracht, die eine Temperaturerhöhung um etwa 7 °C bewirkte und damit die Stromausbeute um etwa 30 % steigerte. Insgesamt wiesen sowohl Komponenten wie auch Gesamtsystem eine hohe Zuverlässigkeit nach bevor ein Orkan im Februar 1989 den Kamin zerstörte.

Große Realisierungschancen werden Ned's Corner Station im Norden von Australiens Bundesstaat Victoria eingeräumt, wo ein erstes großskaliges Aufwindkraftwerk mit einer Leistung von ca. 200 MW, die von 32 Turbinen erzeugt wird, entstehen soll. Bei der geplanten Mildura-Anlage mit Stahlbetonturmröhre und Stahl/Glas-Luftsolarkollektor (alternativ mit Kunststoffeindeckung) wird es sich dann um den weltweit größten Ingenieurbau handeln (vergl. Abb. 7.43b). Rund 30 Quadratkilometer Glas oder transparentes Plastik und $4 \cdot 10^5$ m^3 Beton müssen verbaut werden, um den ca. 1 km hohen und 130 m durchmessenden Kamin sowie die dazugehörige Dachkonstruktion (Durchmesser 6–7 Kilometer) zu errichten. Durch Auslegen von geschlossenen Wasserschläuchen unter dem Kollektordach lässt sich ein kontinuierlicher 24-Stunden-Betrieb garantieren. Auf bis zu 35 °C Grad über Umgebungstemperatur soll die Luft unter dem leicht zur Mitte ansteigenden Treibhausdach von der einstrahlenden Sonne aufgeheizt werden und mit bis zu 15 m/s im Kamin nach oben strömen. Beim Lufteintritt dort wird mit 70 °C gerechnet.

7.7 Solarpond

7.7.1 Physikalische Wirkungsweise des Solarponds

Bei Solarponds (salinity gradient ponds), die deutsch Solarteiche genannt werden, handelt es sich ebenfalls um nicht-konzentrierende Systeme. Sie nehmen eine Sonderstellung bei den solarthermischen Systemen ein, da sie simultan Kollektor und Wärmespeicher sind.

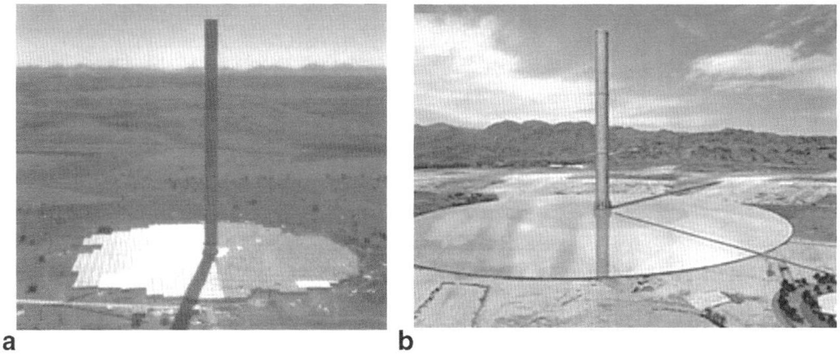

Abb. 7.44 **a** Photographie des 50 kW Aufwindkraftwerkprototyps in Manzanares, Spanien (Weinrebe 2004), **b** Computeranimation des 200 MW Aufwindkraftwerk, das im australischen Mildura geplant ist. (Kammas 2011)

Ein Solarteich ist ein flacher Salzsee, in dem Flüssigkeitslagen unterschiedlichen Salzgehaltes stabil übereinandergeschichtet sind. Der Salzgehalt des Fluids in der Bodenlage und damit seine spezifische Dichte ist deutlich größer als der der Oberflächenflüssigkeitsschicht. Dringt die Solarstrahlung in den Solarpond ein, so erfolgt eine dichteabhängige Absorption der Solarstrahlung in den einzelnen Fluidschichten, die zu einer Erwärmung insbesondere der tieferen Schichten innerhalb des Salzteichs führt. Dort können Temperaturen von über 80 °C erreicht werden. Die Dichteschichtung durch den Salzgehalt wirkt der Dichteverringerung durch die Erwärmung entgegen, so dass eine dichtegradienten-getriebene Konvektionsströmung nicht einsetzen kann. Damit bleibt die Wärmeenergie in der bodennahen Schicht des Teichs gespeichert und kann entweder mittels einer Pumpe oder einem direkt in den Boden des Solarteichs integrierten Wärmeübertragers über einen Turbinen-Generatorblock in Strom umgewandelt werden.

Bei hinreichender Größe ist ein 24 Stunden Betrieb im Prinzip möglich. Da die zur Verfügung stehenden Temperaturdifferenzen nur zwischen 30 K und 60 K erreichen, ist der thermodynamische Wirkungsgrad derartiger Anlagen vergleichsweise bescheiden. Darüber hinaus bedingen kleine zur Verfügung stehende Temperaturdifferenzen alternative Kreisprozesse zur Stromerzeugung, die Arbeitsmedien verwenden, die bereits bei niedrigen Temperaturen verdampfen. Als technisch Optionen bieten sich hier der Organic Rankine Kreislauf (ORC) und der KALINA Prozess an (vergl. Abschn. 7.8.6).

7.7.2 Mathematische Beschreibung des Solarteichs und der Randbedingungen

Ein Solarpond besteht hauptsächlich aus drei deutlich unterschiedlichen Zonen, einer sogenannten oberen konvektiven Zone (upper convective zone=UCZ), einer Wärmeleitzone (non convective zone=NCZ) und einer unteren konvektiven Zone (lower convective

Abb. 7.45 Schemaskizze zur Stratifikation, Wärmeverluste und Wärmebilanz in einem Solarteich und eingeführtes Koordinatensystem. UCZ = obere konvektive Zone, NCZ = stagnierende Zone und LCZ = untere konvektive Zone. Temperatur und Dichteprofil aus Messungen von (Leblanc et al. 2011)

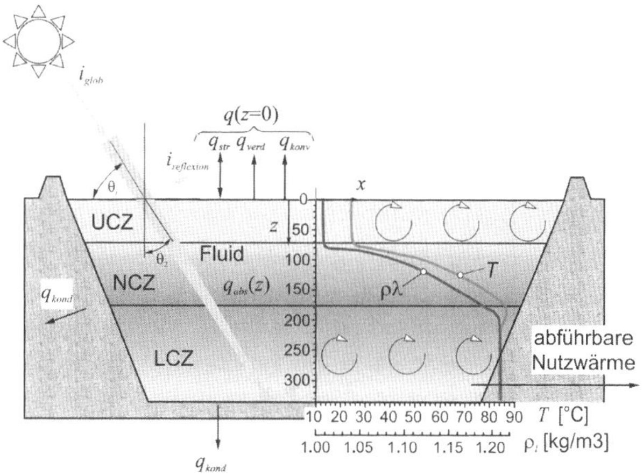

zone = LCZ), wie sie die Abb. 7.45 illustriert. Die obere relativ dünne konvektive Zone verfügt über eine nahezu konstante Dichte, die nahe der des Meereswassers ist, während in der nichtkonvektiven Zone die Dichte nahezu linear mit der Tiefe z zunimmt. Diese Übergangsschicht wird als Halokline oder Salzgehaltssprungschicht bezeichnet. In der unteren konvektiven Zone, die nach Messungen die größte Dicke einnimmt, ist die Dichte erneut nahezu konstant und entspricht nahezu der einer gesättigten Sole.

Die auf den Solarteich unter dem Einfallswinkel θ_i einfallende Sonnenstrahlung wird im Fluid absorbiert und zum größten Teil in der LCZ-Schicht eingespeichert und heizt diese auf. In der nichtkonvektive Zone erfolgt der Wärmetransport in erster Linie durch einen relativ langsamen Wärmeleitungsvorgang und somit wirkt diese Schicht wie eine thermische Isolation. Der Nutzen eines Solarteichs beschränkt sich damit auf die gespeicherte Energiemenge. Dem stehen die erforderlichen konstruktiven Aufwendungen sowie die Wartungs- und Betriebskosten gegenüber. Die thermische Leistungsfähigkeit ist letztlich eine Funktion

- der solaren Einstrahlung,
- der Wärmeverluste über alle Ränder an die Umgebung (Boden wie Atmosphäre),
- der inneren Wärmeverluste der unteren konvektiven Zone an die darüber liegenden Schichten,
- des Teichvolumens und damit der Speicherkapazität und schließlich
- der Effizienz des Wärmetauscherkomplexes an das Leistungskonversionssystem.

Alle Schichten eines Solarteiches unterliegen einer zeitlichen Dynamik und haben ihre eigenen zum Teil um Größenordnungen verschiedenen spezifischen Zeitkonstanten. Eine vollständige korrekte Analyse erfordert daher eine simultane Lösung der Massen-, Impuls- und Energieerhaltung. Die große Herausforderung ist die Kopplung des simultan erfolgenden Wärme- und Salztransports. Insbesondere die Durchmischung ist ein gekoppelter Prozess. Bei dem als doppelt-diffusiver Konvektion bezeichneten Phänomen wird die konvektive Bewegung durch einen Dichtegradienten getrieben, bei dem zwei Komponent mit unterschiedlichen Diffusivitäten koexistieren. Beide liefern einen entgegengesetzt gerichteten Beitrag zum vertikalen Dichtegradienten. Auf Grund der Komplexität der Fragestellung existieren bisher nur wenige Simulationen mit Berücksichtigung des doppelt-diffusiven Charakters der Salzschichtung, wie beispielsweise (Suarez 2010).

Zur Beschreibung des Problems werden die Erhaltungsgleichungen der Masse für Wasser und die Spezies (Salze), des Impulses und der Energieerhaltung mit der Gleichung für die Fluiddichte gekoppelt, bei der eine lineare Abhängigkeit von der Temperatur und dem Salzgehalt angenommen wird. Es ergibt sich:

$$\frac{\partial \rho}{\partial t} + \nabla \cdot (\rho \overrightarrow{u}) = 0, \tag{7.43}$$

$$\frac{\partial}{\partial t}(\rho c) + \nabla \cdot (\rho \overrightarrow{u} c) = \nabla \cdot (\rho k_2 \nabla c), \tag{7.44}$$

$$\frac{\partial}{\partial t}(\rho \vec{u}) + \nabla \cdot (\rho \vec{u}\vec{u}) = -\nabla p + \mu \Delta \vec{u} + \rho \vec{g}, \tag{7.45}$$

$$\rho c_p \frac{dT}{dt} = \nabla \cdot (k_T \nabla T) + \beta_T T \frac{dp}{dt} + \phi_h, \tag{7.46}$$

$$\rho(c, T) = \rho_0 \cdot [1 - \beta_T(T - T_0) + \beta_c(c - c_0)]. \tag{7.47}$$

Im Gleichungssatz ist c die Salzkonzentration, T die Temperatur, $\vec{u}$ der Geschwindigkeits- und $\vec{g}$ der Schwerevektor sowie ϕ_h die innere Wärmequelle durch die solare Einstrahlung. p beschreibt den Druck, β_T den thermischen Ausdehnungskoeffizienten und β_c den durch die Salzgehaltsänderung. Die thermischen und konzentrationsbedingten Diffusivitäten sind durch κ_T beziehungsweise κ_c gegeben und den Ausgangszustand beschreibt der Index „0". Zur Lösung des Problems müssen neben den Anfangsdaten, die thermophysikalischen Daten der beteiligten Stoffe bekannt sein und detaillierte Randbedingungen spezifiziert werden. Die Formulierung der Randbedingungen beinhaltet eine Vielzahl von zu berücksichtigenden Effekten und bestimmt letztlich die Qualität der Voraussage.

Die thermische Randbedingung am oberen Rand der Flüssigkeit zur Umgebung ist eine Wärmeflussbedingung. Der Nettowärmestrom $q(z = 0)$ setzt sich additiv aus der Abstrahlung aus dem Teich q_{str}, der Verdampfung q_{verd} des Fluids und der konduktiv-konvektiven Wärmeverluste (q_{kond}+q_{konv}) zusammen:

$$q(z = 0) = q_{str} + q_{verd} + (q_{kond} + q_{konv}), \tag{7.48}$$

wobei sich der Strahlungsaustausch q_{str} aus einem kurzwelligen Anteil, der durch die Reflexion des Sonnenlichts im Wasser auftritt, und einem langwelligen Anteil, der durch die

Wärmeabstrahlung in die Umgebung auf Grund der erhöhten Temperatur auftritt, zusammensetzt. Der vom Fluid reflektierte Anteil der solaren Einstrahlung ergibt sich aus

$$i_{reflexion} = (1 - \rho) \cdot i_{glob}, \tag{7.49}$$

wobei sich der Reflexionskoeffizient des Wassers mit Hilfe der Fresnelschen Formeln (vergl. Kap. 4.5.2) und unter Zuhilfenahme der Brechungsindizes für Luft und Wasser berechnen lässt. Bei der Berechnung ist darauf zu achten, dass die Reflexion vom Tagesgang des Einfallswinkels θ_i abhängt. Ein vereinfachtes Rechenschema geben (Wang and Akbarzadeh 1983) an. Im Regelfall kann der kurzwellige Anteil vernachlässigt werden, da er nur im geringen Maß zur abgestrahlten Leistungsdichte beiträgt.

Die langwellige Wärmestrahlung über die Luft-Flüssigkeitsgrenzfläche setzt sich aus zwei Strahlungsanteilen zusammen:

- der Wärmestrahlung aus der Atmosphäre/Umgebung auf das Wasser $q_{U \to l}$ und
- der Wärmeabstrahlung vom Wasser des Ponds in die Atmosphäre $q_{l \to U}$,

$q_{U \to l}$ kann mit Hilfe folgender Korrelation (Hendersson-Sellers 1986) angegeben werden:

$$q_{U \to l} = 0.97 \cdot \varepsilon_U \cdot \sigma \cdot T_U^4, \tag{7.50}$$

in der T_U die Umgebungstemperatur in Kelvin und ε_U die atmosphärische Emissivität ist, die wesentlich vom Bewölkungsanteil abhängig ist und sich in folgender Art approximieren lässt:

$$\varepsilon_U = \begin{cases} 0.84 - (0.100 - 9.973 \cdot 10^{-6} p_d)(1 - C) + 3.491 \cdot 10^{-5} p_d & \text{für} \quad 0 \leq C \leq 0.6 \\ 0.87 - (0.175 - 29.92 \cdot 10^{-6} p_d)(1 - C) + 2.693 \cdot 10^{-5} p_d & \text{für} \quad 0.6 < C \leq 1 \end{cases}. \tag{7.51}$$

C gibt in den vorangegangenen Gleichungen den Wolkenanteil am Himmel an. Der Dampfdruck p_d wird in Pascal eingesetzt und ebenfalls zumeist abgeschätzt, wobei meist folgender Zusammenhang verwendet wird:

$$p_d = x \cdot \underbrace{2.1718 \cdot 10^{10} \cdot \exp\left[\frac{4157}{T_U - 33.91}\right]}_{p_{d,sat}}, \tag{7.52}$$

in dem x die relative Luftfeuchte in Prozent ist und der verbleidende Ausdruck den Sättigungsdampfdruck $p_{d,sat}$ darstellt. Bei der Wärmeabstrahlung des Ponds an die umgebende Luft kann die Wasseroberfläche annähernd als schwarzer Strahler aufgefasst werden und für $q_{l \to U}$ ergibt sich (Rosenberry et al. 2007):

$$q_{l \to U} = 0.972 \cdot \sigma \cdot T^4(z = 0). \tag{7.53}$$

Der Verdampfungs- oder Latentwärmefluss über die Luft-Flüssigkeitsgrenzfläche beinhaltet sowohl einen zwangskonvektiven Anteil, der sich aus der Luftströmung über der Wasseroberfläche ergibt, wie auch einen freien Konvektionsanteil, der durch instabile atmosphärische Bedingungen entsteht. Letzterer wird durch Dichtedifferenzen zwischen der Wasseroberfläche und der Luft erzeugt. Beide Effekte werden geometrisch in folgender Weise gemittelt:

$$q_{verd} = -\sqrt{(q_{konv,verd}^2 + q_{frei,verd}^2)}. \tag{7.54}$$

Die Verdampfung durch den Wind wird mit folgender Beziehung approximiert:

$$q_{konv,verd} = 3.1 \cdot 10^{-2} \cdot u(z = -2m) \cdot [p_{d,sat}(z = 0) - p_d], \tag{7.55}$$

in der $u(z{=}-2\text{ m})$ die mittlere Windgeschwindigkeit in zwei Metern Höhe über dem Salzwasser ist, p_d aus Gl. (7.52) verwendet wird und für $p_{d,\,sat}(z{=}0)$ der Sättigungsdampfdruck an der Grenzfläche Luft-Wasser angesetzt wird, wobei an der Grenzfläche $T_l(z{=}0){=}T_U$ gilt. Als Verdampfungswärmestrom durch freie Konvektion wird folgende Relation verwendet:

$$q_{frei,verd} = \begin{cases} 2.7 \cdot 10^2 \cdot (T_{l,v} - T_{U,v})^{1/3} \cdot (p_{d,sat} - p_d) & \text{für} \quad T_{l,v} > T_{U,v} \\ 0 & \text{für} \quad T_{l,v} \le T_{U,v} \end{cases}, \tag{7.56}$$

in der virtuelle Umgebungs- und Wassertemperaturen $T_{U,\,v}$ und $T_{l,\,v}$ verwendet werden, die mit Hilfe folgender Gleichungen abgeschätzt werden:

$$T_{l,v} = \frac{T_l\,(z = 0)}{\left(1 - 0.378 \cdot \frac{p_{d,sat}(z=0)}{p_U}\right)} \quad \text{und} \quad T_{U,v} = \frac{T_U}{\left(1 - 0.378 \cdot \frac{p_d}{p_U}\right)}. \tag{7.57}$$

p_U ist darin der Umgebungsdruck in Pascal.

Die Konvektion q_{konv} führt nicht nur zur Verdampfung sondern auch zu einer konvektiven Wärmeabfuhr, die durch die Temperaturdifferenz zwischen der Wasseroberfläche und der Luft sowie der Windgeschwindigkeit getrieben wird. Es gibt eine Vielzahl von Korrelationen; viele Publikationen greifen auf folgende durch Experimente validierte Beziehung zurück (Losordo and Piedrahita 1991):

$$q_{konv} = -1.5701 \cdot u(z = -2m) \cdot (T_l(z = 0) - T_U). \tag{7.58}$$

Die Wärmeverluste an der Seite und am Boden hängen davon ab, wie viel der solaren Einstrahlung den Boden und die Ränder erreicht, da der größte Teil ja als Wärmequelle zur Aufheizung der Sole genutzt werden soll und ein weiterer Teil durch Abschattung auf Grund der jeweiligen Sonnenhöhe verloren geht. Die Wärmeverluste an den Grenzflächen zum Boden sind um die Wärmeverluste durch Wärmeleitung an das umgebende

Tab. 7.4 : Wellenlängenabhängige Beiträge zur Ermittlung des Transmissionskoeffizienten in Salzwasser. (Jefarzadeh 2004)

Wellenlängen λ (nm)	η	μ (1/m)
200–600	0.237	0.032
600–750	0.193	0.45
750–900	0.167	3
900–1200	0.179	35

Sediment, die durch das Fourier Gesetz gegeben sind, zu ergänzen. Für q_{kond} ergibt sich damit:

$$q_{kond} = q_{str,R} - (-\lambda \nabla T_R), \tag{7.59}$$

worin der Index „*R*" für die Berandungskoordinaten steht.

Die kurzwellige Solarstrahlung, die in den Wasserkörper eindringt, führt zur Erwärmung des salzhaltigen Fluids. Die Schwächung der Strahlung erfolgt nach dem Lambert Beer Gesetz negativ exponentiell mit der Eindringtiefe z in das Fluid (vergl. Kap. 4.5.3). Der Transmissionskoeffizient τ ist eine Funktion der Lichtwellenlänge λ, der Eindringtiefe z, des Brechungswinkels θ_2 und des Absorptionskoeffizienten μ. Da alle Koeffizienten voneinander abhängen, hat sich in der Literatur eine abschnittsweise Approximation des Transmissionskoeffizienten durchgesetzt (Rabl and Nielsen 1975):

$$\tau = \sum_{j=1}^{4} \eta_j \cdot \exp\left[\frac{\mu \cdot z}{\cos \theta_2}\right], \tag{7.60}$$

wobei die in Tab. 7.4 aufgeführten Werte verwendet werden. Über die Salzkonzentration kann damit die Absorption und die Leistungseinspeicherung in das Fluid gesteuert werden. Einen guten Überblick liefert hier der Artikel von (Wang and Seyed-Yagoobi 1994). Für den in das Fluid pro Fläche eingespeicherten Wärmefluss ergibt sich damit:

$$i_{dir} = (1 - \rho) \cdot \tau(z) \cdot i_{glob}(z = 0), \tag{7.61}$$

worin i_{dir} der direkte Strahlungsfluss in (W/m^2) ist. Durch Differentiation der Gl. (7.61) ergibt sich der volumetrische Wärmeeintrag zu

$$\phi_h = -\frac{\partial i_{dir}}{\partial z} = (1 - \rho) \cdot i_{dir}(z = 0) \cdot \frac{\partial \tau(z)}{\partial z}. \tag{7.62}$$

Neben den thermischen Randbedingungen müssen weitere kinematische Randbedingungen zur Lösung des Problems erfüllt werden.

An der Luft-Flüssigkeitsgrenzfläche erzeugt der Wind durch seine Geschwindigkeit $\vec{u}$ eine Schubspannung, die auf das Wasser als Kraft wirkt und in folgender Weise formuliert werden kann (Oertel 2010):

$$\vec{\tau} = \rho_U(z = 0) \cdot c_W \cdot |\vec{u}| \cdot \vec{u}, \tag{7.63}$$

in der c_W der Widerstandsbeiwert ist, der von der Oberflächenform (beispielsweise Wellen) abhängt.

Obwohl kein Salz das mit Wasser gefüllte Kontrollvolumen verlässt, führen Verdampfung sowie Salzabscheidungen an Boden und Wänden zu einem scheinbaren Salzfluss F_v, der in folgender Weise abgeschätzt werden kann (Delmore 1980):

$$F_v = c \cdot [a \cdot \rho \cdot -q_{verd} / \Delta h_{verd}] \rho_U(z = 0) \cdot c_W \cdot |\vec{u}| \cdot \vec{u}. \tag{7.64}$$

Darin ist a die Abscheidungsrate in (m/s), q_{verd} der Wärmestrom der Verdampfung und Δh_{verd} die Verdampfungsenthalpie.

Weitere Annahmen betreffen die Durchlässigkeit des Bodens, wobei zumeist ein undurchlässiger Boden angenommen wird, der technisch durch die Auslegung des Solarteichs mit Folien oder Linern realisiert wird. Damit ergibt sich an allen festen Grenzen des Solarteichs die Haftbedingung des Fluids an der Wand.

7.7.3 Stabilitätsüberlegungen und vertikale Grenzflächenbewegung in Solarteichen

Solarteiche sind nicht funktionsfähig ohne eine stabile nicht-konvektive Schicht. Mit Hilfe einer vereinfachten zweidimensionalen Betrachtung kann eine stationäre Stabilitätsgrenze ermittelt werden. Die Bedingung für die Dichte in der NCZ erfordert demnach mindestens einen konstanten Wert, um ein Umkippen durch Gravitation zu verhindern. Die Bedingung für den stationären Fall ist jedoch nicht hinreichend für eine dynamische Stabilität des Solarteichs, da im instationären Fall zusätzlich eine potenzielle Energie in Form einer destabilisierenden Temperaturverteilung auftritt, die durch eine nicht ausgeglichene innere Wärmefreisetzung der solaren Einstrahlung zustande kommt (Rebai et al. 2006).

Tritt eine große Differenz zwischen der Diffusion der Wärmeenergie und des Salzgehaltes auf (existiert also ein doppelt-diffusives System), dann muss der Gradient des Salzgehaltes in der nicht konvektiven Zone (NCZ) größer sein als der Gradient, der erforderlich ist, um die stationäre Stabilitätsbedingung zu erfüllen. Zur Erfüllung der dynamischen Stabilität ergibt sich folgende kritische Rayleigh-Zahl (Baines und Gill 1969):

$$Ra_{T,krit} = \left(\frac{\nu + \kappa_c}{\nu + \kappa_T}\right) \cdot Ra_c + \left(1 + \frac{\kappa_S}{\kappa_T}\right) \cdot \left(1 + \frac{\kappa_S}{\nu}\right) \cdot \frac{27}{4} \cdot \pi^4, \tag{7.65}$$

in der ν die kinematische Zähigkeit ist und die darin vorkommenden Rayleigh-Zahlen Ra_T und Ra_c geben das Verhältnis der Auftriebskräfte (entweder durch thermische „T" oder löslichkeitsinduzierte Expansion oder Kontraktion „c") zu den viskosen Widerstandskräften wieder. Sie sind wie folgt definiert:

$$Ra_T = \frac{g\beta_T \Delta T L_c^3}{\nu\kappa_T} \quad \text{und} \quad Ra_c = \frac{g\beta_c \Delta c L_c^3}{\nu\kappa_T}, \tag{7.66}$$

in der L_c die charakteristische Länge der betreffenden Schicht ist. Die Bedingung (7.65) gilt strenggenommen nur für den Grenzfall konstanter Gradienten der Temperatur und des Salzgehaltes in der Schicht, was in einem realen Solarteich selten gegeben ist. Mit Hilfe empirischer Daten konnte für vereinfachte Fälle gezeigt werden, dass die Ränder der inneren konvektiven Schichten gut mit Hilfe eines Potenzgesetzes wiedergegeben werden können:

$$G_c = 28 \cdot G_T^{0.63}, \tag{7.67}$$

worin G_c und G_T die Salzgehalt- und Temperaturgradienten nahe der Schichtgrenzen jeder Grenzfläche sind. Diese empirische Beziehung ist keine Stabilitätsgrenze, vielmehr beschreibt sie mögliche Temperatur- und Salzgehaltsgradienten nahe der Grenzflächen, für die die Existenz stationärer Grenzflächen gegeben ist. Diese als Grenzschichtgleichgewicht bezeichnete Bedingung erlaubt eine Voraussage des Verhaltens des Solarteichs bei einer Änderung des Temperatur- oder des Salzgehaltgradienten. Ist der Gradient des Salzgehaltes größer als der in Gl. (7.67) vorhergesagte Wert, so wächst beispielsweise die Dicke der nicht-konvektiven Schicht. Als Folge werden die angrenzenden konvektiven Schichten schrumpfen, um dieses Wachstum auszugleichen. Ist der Salzgehaltgradient geringer als der vorhergesagte, so erfolgt eine Verringerung des Gradienten also eine Verkleinerung der nichtkonvektiven Schicht. Dann vergrößern sich die angrenzenden konvektiven Flüssigkeitsschichten.

Festzuhalten ist in diesem Zusammenhang, dass auch der stationäre Betrieb einer „Low Tech" Technologie wie der Solarteiche eine detaillierte Kenntnis wechselwirkender Phänomene bedarf, um zumindest einen stationären Betrieb sicherzustellen.

7.7.4 Verfahren zur thermischen Ausspeicherung der Wärme

Zur energetischen Umwandlung der im Solarteich gespeicherte Wärme muss die Wärme dem Pond entzogen werden, wobei in den meisten Fällen die Wärmeentnahme nahe des oberen Randes der unteren konvektiven Zone (LCZ) erfolgt. Die Wärmeentnahme kann entweder direkt durch Abpumpen der salzhaltigen Lösung erfolgen, was als externes Verfahren bezeichnet wird und im Solarpond von El Paso erprobt wurde (Lu et al. 2004). Der andere Weg ist ein internes Verfahren, in dem das Wärmeträgerfluid durch in den Teich integrierte Wärmetauscher direkt erwärmt wird. Dieses Verfahren kam in der Demonstrationsanlage in Pyramid Hill in Australien zu Anwendung (Andrews und Akbarzadeh 2002). Beide Verfahren stellt schematisch die Abb. 7.46 dar und beide haben ihre Funktionalität im Experimentierbetrieb nachgewiesen.

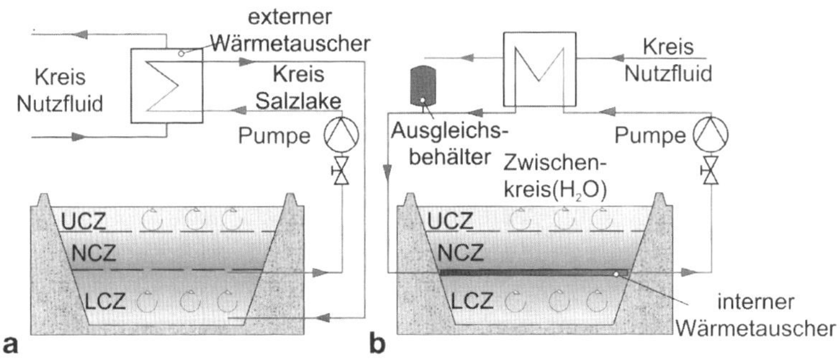

Abb. 7.46 Extraktionsverfahren zur Auslagerung der im Solarteich gespeicherten Wärmeenergie. **a** externes Verfahren und **b** internes Verfahren

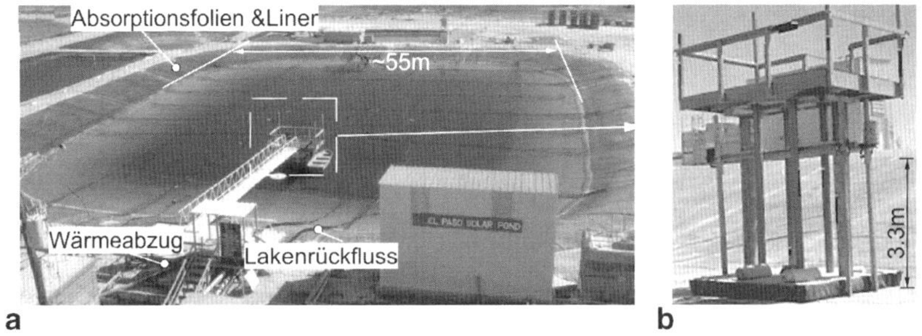

Abb. 7.47 **a** Aufbau und Abmessung des Versuchssolarponds in El Paso **b** Instrumentierungsturm der Anlage zur Überwachung des Höhenstands, der Temperatur, des Salzgehalts und der Trübung

- Externes Verfahren

Der in Abb. 7.47 dargestellte ca. 3000 m² große und etwa 3.3 m tiefe Solarpond in El Paso, der von 1985–2003 betrieben wurde, verwendete ausschließlich ein externes Verfahren zur Wärmeextraktion. Bei dieser Methode wird heiße gesättigte Lake am oberen Rand der LCZ (Wärmespeicherzone) dem Solarteich entzogen und einem externen Wärmetauscher zugeführt.

Zur Wärmeausspeicherung werden spezielle Sammler sogenannte Extraktionsdiffusoren (vergl. Abb. 7.48) eingesetzt, die die Salzgehaltsschichtung nur wenig stören dürfen. Diese Diffusoren sind höhenverstellbar installiert, damit die Entnahme jeweils an der Stelle mit der höchsten Temperatur der Speicherzone erfolgen kann. Der entsprechende Rückflussdiffusor wird unterhalb der Entnahmestelle angebracht. Dieses Verfahren erlaubt eine flexible Platzierung der Wärmeentnahme und der Rückführung mit den höchsten aktuell im Pond verfügbaren Wirkungsgraden. Darüber hinaus wird die kalte Salzlake direkt am Boden des Ponds wieder eingeführt, was zu einer Reduktion der Wärmeverluste an den Boden führt. Ein inhärenter Nachteil des externen Verfahrens ist die Korrosion der Rohr-

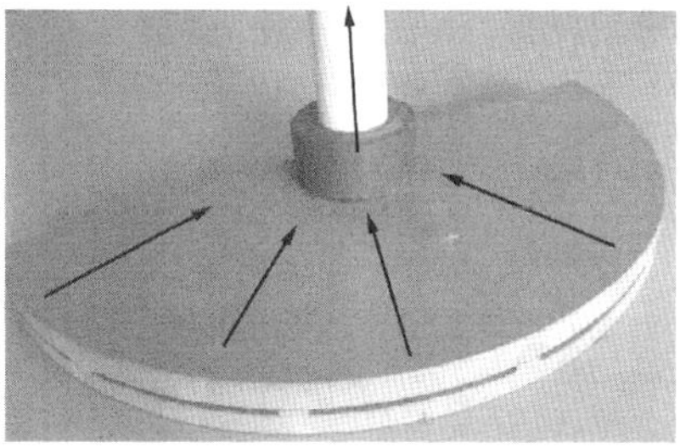

Abb. 7.48 Technisches Design von Diffusoren zur Lakenzu- und -abfuhr in Solarponds

Abb. 7.49 Solarpond im australischen Pyramid Hills

leitungen und des Wärmetauschers beim Einsatz metallischer Komponenten. Die in der Lake gelösten Eisenionen führten zur Algenbildung und letztlich zu einer unerwünschten Trübung des Ponds. Als Konsequenz wurden alle Komponenten innerhalb des Ponds mit einer Kunststoffschicht überzogen oder aus Kunststoffen gefertigt.

- Internes Verfahren

Im australischen Pyramid Hill wurde im Jahr 2000 ein ebenfalls ca. 3000 m^2 großer und ca. 2.2 m tiefer Solarteich in Betrieb genommen, der zur Inlandssalzgewinnung genutzt wurde (vergl. Abb. 7.49). Dort erfolgt der Wärmetransfer im Teich selbst. Hierzu wird durch nahe des Teichbodens eingelassene Rohre, die als Wärmetauscher agieren, Frischwasser gepumpt. Dieses erwärmte Frischwasser gibt in einem zweiten externen Wärmetauscher die Wärme an das Wärmeträgerfluid des Nutzkreises ab, das es der jeweiligen Anwendung zuführt.

Auch hier spielt die Korrosion eine ausgezeichnete Rolle. Die Verwendung von Kunststoffen ist zwar möglich, sie verfügen aber nur über eine geringe Wärmeleitfähigkeit und erfordern daher große Wärmeübertragungsflächen. Ein weiterer Nachteil ist ihre geringe Dichte. Da sowohl Wasser wie auch die in Frage kommenden Kunststoffe eine kleinere Dichte als die heiße Salzlake ($\rho_l \approx 1.2–1.3$ kg/l) haben, ist eine Stützkonstruktion innerhalb des Teichs erforderlich, um die Wärmeübertragungsrohre in der gewünschten Position zu halten. Neben dem bei diesem Konzept erforderlichen zweiten Wärmetauscher kann auch die Höhe, in der die Wärme dem Solarpond entzogen wird, nicht gesteuert werden, so dass die Flexibilität gegenüber dem externen Verfahren eingeschränkt ist.

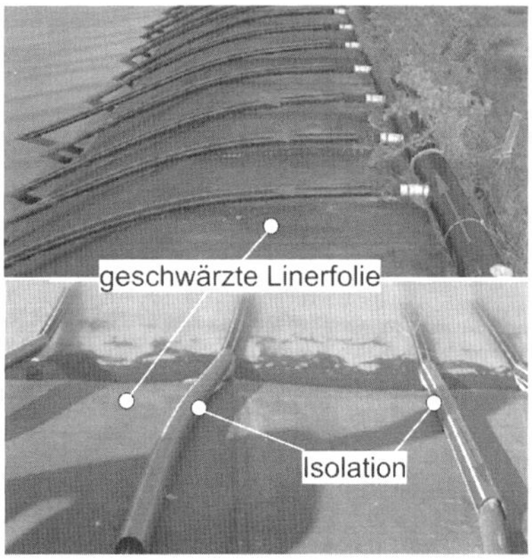

Abbi. 7.50 Rohrleitungsführung bei interner Wärmeextraktion aus Solarteichen am Beispiel „Pyramid Hills". **a** Zulaufverteiler des kalten Wassers und **b** Rücklauf des heißen Wassers

7.7.5 Operative und technische Maßnahmen zum Betrieb eines Solarponds

Hinsichtlich der Wahl des Salzes gibt es mehrere Optionen, aber da die Funktionalität eines Solarponds auf der Einstellung eines Salzgradienten beruht, muss das/die Salz(e) mehrere Kriterien erfüllen

- Hinreichend große Löslichkeit mit Wasser. Nur eine hohe Löslichkeit erlaubt die Einstellung eines großen Gradienten und eines Schichtungsprofils.
- Transparenz gegenüber der solaren Einstrahlung. Trübe Gemische führen dazu, dass viel Feuchte aus dem Solarpond verdampft und die Wärme zum größten Teil an der Oberfläche freigesetzt wird.
- Niedrige Kosten und lokal hohe Verfügbarkeit zur Gewährleistung der Wettbewerbsfähigkeit.
- Geringe Auswirkung auf die Umwelt (Grundwasser, ……).

Zumeist werden in den bisher gebauten Solarteichen Kochsalzsolen (NaCl) oder Magnesiumchlorid-Laken ($MgCl_2$) oder Mischungen beider Komponenten verwendet. Letzteres nicht zuletzt deshalb, da Meereswasser inhärent beide Komponenten beinhaltet. Kochsalzlösungen haben den Vorteil, dass die gesättigte Lake immer noch nahezu transparent ist und damit tiefe Ponds mit einem hohen Speichervermögen zulässt. Magnesiumchlorid hat gegenüber Natriumchlorid lediglich den Vorteil einer höheren spezifischen Dichte ($\rho_l \approx 1300\ \mathrm{kg/m^3}$) und damit einer geringeren Anfälligkeit gegenüber Temperaturschwankungen.

Der Salzgehaltgradient ist eines der Kernelemente eines Solarponds und deshalb besteht die zentrale Aufgabe für den Betrieb einer derartigen Anlage im effizienten und effektiven Aufbau eines vorgegebenen Salzgehaltsprofils entlang der Teichhöhe.

Eines der gängigsten Verfahren der Konstruktion eines Salzgehaltgradienten ist die Injektion von Wasser. Hierbei wird der Solarteich teilweise mit einer gesättigten Salzlake gefüllt und dann wird Frisch- sowie Brackwasser in die Salzlösung sukzessiv in steigender Höhe so eingebracht, dass die konzentrierte Lake stufenweise verdünnt wird und somit ein Gradient erzeugt wird. Der kritische Parameter hierbei ist die densimetrische Froude-Zahl, die eine dimensionslose Größe ist und in diesem Zusammenhang das Verhältnis der kinetischen Energie und der Auftriebsenergie des injizierten Fluids wiedergibt. Sie errechnet sich aus:

$$Fr_{\Delta\rho} = \sqrt{\frac{\rho_l \cdot u_0^2}{g \cdot \Delta\rho \cdot d}}, \tag{7.68}$$

in der ρ_l die Dichte der umgebenden Salzlake, u_0 die mittlere Austrittgeschwindigkeit aus dem Diffusor, g die Gravitationskonstante und l die hydraulische Höhe des Austrittsdiffusors ist. $\Delta\rho$ ist die Dichtedifferenz zwischen dem injizierten und dem umgebenden Fluid. Aus einer Vielzahl von Experimenten wurde eine kritische Froude Zahl von $Fr_{\Delta\rho,krit} = 18$ ermittelt. Ist die Froude-Zahl kleiner als dieser Wert, steigt das Fluid auf und mischt sich über dem Diffusor. Für Froude Zahlen deutlich größer als $Fr_{\Delta\rho,krit}$ reißt das injizierte Fluid erhebliche Mengen von Fluid unterhalb der Diffusorschicht mit. Jeder der beiden Fälle führt zu einer wenig vorteilhaften Salzgradientenverteilung. Bei der sukzessiven Umverteilungsmethode wird zuletzt oben eine Schicht frischen Wassers eingebracht, womit dann der Pond gefüllt ist.

Ein anderes einfaches Verfahren ist das der natürlichen Diffusion, bei der der Teich zunächst zur Hälfte mit Salz und Wasser gefüllt wird, um eine konzentrierte Lake zu erzeugen. Der Rest des Ponds wird anschließend mit Frischwasser gefüllt. Diffusion erzeugt dann den erforderlichen Dichtegradienten, was für kleine Ponds praktikabel ist, aber bei größeren Systemen zu inakzeptabel langen Zeiten führt.

Ein weiteres Verfahren ist ein Stapelverfahren, bei dem der Pond mit mehreren Schichten von Salzlaken unterschiedlichen Salzgehalts nacheinander gefüllt wird. Bei einer Beschickung von oben erfolgt zunächst die Einstellung der Bodenschicht. Erfolgt eine Schichtstapelung von unten, so wird zuerst die nahezu salzfreie oberste Schicht eingefüllt und dann subsequent die Schichten höherer Dichte eingelassen.

Beim Betrieb des Solarponds muss der Salzgehaltgradient permanent aufrecht erhalten werden und damit müssen die Dichte- und Temperaturverteilung ständig erfasst werden, um Instabilitäten, die innerhalb der Zone des Dichtegradienten auftreten, zu korrigieren. Jede Desintegration dieser Gradientenzone beeinflusst die Effizienz des Teichs und stellt inhärent ein dynamisches Gleichgewicht zwischen konvektiver Bewegung und diffusiven Transportprozessen dar. Im Zusammenhang mit der Erfassung der natürlichen Bewegung der beiden internen Grenzflächen wird die Speicherzone ständig durch die Einstrahlung in konvektive Bewegung versetzt, während die obere konvektive Zone sowohl durch den Wind in Bewegung gesetzt wird aber auch durch Wasserverdampfung der Salzgehalt zunimmt. Es gibt somit kaum einen stationären Betriebszustand, wenn auch die täglichen Änderungen und damit die Gradienten klein sind.

Prinzipiell gibt es zwei Betriebsarten, den steigenden Wasserstand und den des fallenden Niveaus.

Beim steigenden Verfahren wird gesättigte Lake/Sole so zugeführt, dass der Gradient eine aufwärtsgerichtete Geschwindigkeit erfährt. Die Injektion führt dazu, dass der Salzgehaltgradient nahe der oberen Grenzschicht zur oberen konvektiven Zone steiler wird und damit die Gradientenerosion minimiert. Hierzu erfolgt das Einbringen der Lake am Boden des Solarponds, aber die sich einstellende aufwärtsgerichtete Geschwindigkeit trägt zum natürlichen durch Diffusion entstehenden Konzentrationsausgleich bei.

Das fallenden Pondverfahren beinhaltet eine Entnahme (Leistungsauskopplung) und eine Rekonzentration der Sole nahe der unteren Grenzschicht oder in der bodennahen Speicherzone. Es erfolgt keine Oberflächenspülung, vielmehr wird über einen in den Teich eingebrachten Salzspeicher sichergestellt, dass die diffundierte Salzmenge ersetzt wird.

Zum langfristigen Betrieb eines Solarteichs muss die Lake klar sein, damit die solare Einstrahlung zum Boden dringen kann. Algen und Bakterien können die Trübheit der Lake substanziell verändern. Eine chemische Überwachung der Sole ist daher unabdingbar, um Bakterien-, Algen- und Salz- und Säuregehalt zur Erzielung eines hohen Transmissionskoeffizienten sicherzustellen. Hierzu wird der Säuregehalt in den Schichten, wie auch die Temperatur und die Transparenz permanent überwacht. Neben der biologischen Aktivität kann aber auch Wind zum Eintrag von Partikeln in die obersten Schichten eines Solarteichs und damit zu einer Trübung der Lake führen. Daher wird der Teichrand im Regelfall erhöht angelegt. Dies hilft auch eine durch den Wind erzeugte erhöhte Konvektion in der obersten Schicht zu reduzieren. Durch Wind erzeugte Wellen erhöhen auch die Reflexion des Lichts an der Oberfläche. Zur Verringerung der Wellenamplituden werden erfolgreich Wellenunterdrückungsringe eingesetzt (vergl. Abb. 7.49).

7.8 Energiewandlungsprozesse

Mit Hilfe der bisher behandelten Spiegel- und Receiversysteme erfolgte eine Bündelung der direkten solaren Einstrahlungsleistung und eine Umsetzung in Wärmeenergie. Mit Ausnahme einer direkten energetischen Verwendung der thermischen Energie in einem nahe gelegenen angeschlossenen Verbraucher ist für eine globale Versorgung ein weiterer Transferprozess erforderlich, um die generierte Leistung über große Strecken mit geringen Verlusten zu transportieren.

In technischen Systemen erfolgt diese Umwandlung der thermischen Energie über mechanische in elektrische Energie in Kreisprozessen. Die Wahl des Kreisprozesses richtet sich wesentlich nach der im Receiver erzeugten Prozesstemperatur, dem eingesetzten Medium und dem jeweiligen Verbraucherprofil. Für hohe Prozesstemperaturen ($T > 600$ °C) und gasförmige Fluide bietet sich bei der elektrischen Umwandlung der Joule Brayton-Prozess (Gasturbinenprozess) an. Auf Grund der Energiedichtebereitstellung in linearfokussierenden Systemen und der damit verbundenen Transportverluste findet oft der klas-

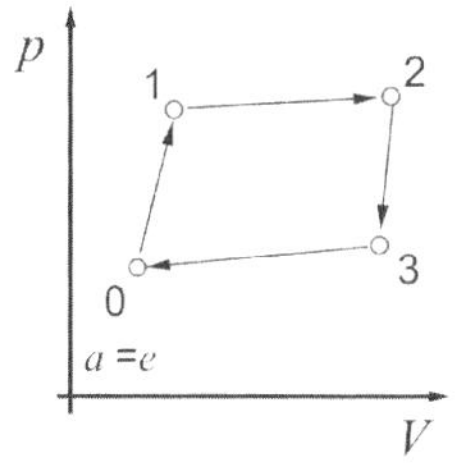

Abb. 7.51 Schemaskizze eines Kreislaufprozesses im p-V-Diagramm

sische Dampfprozess (Clausius-Rankine) Verwendung. In einigen Fällen können kombinierte Gas- und Dampfprozesse sinnvoll sein.

In jedem Fall bedarf die kraftwerkstechnische Nutzung der Solarthermie den Einsatz von Speichersystemen, um die nur temporär vorhandene Strahlungsleistung auf kurzen Zeitskalen zu glätten beziehungsweise über längere Zeiträume zu strecken. Letzteres bedeutet eine Entwicklung spezieller auf das Profil des Kraftwerks wie auch des Verbrauchsprofils im angeschlossenen Netz adaptiertes Speicherkonzept in Form von Mittel- oder Langzeitspeichern.

Beide sowohl Kreisprozesse als auch Speichersystemfragen können nur eingeschränkt getrennt betrachtet werden, da die Übertragungsvorgänge oft nur in einem limitierten Temperaturfenster effizient ablaufen können. Die nächsten Abschnitte versuchen, die Grundlagen der Erzeugungsprozesse aufzuzeigen und mit den Anforderungen an Speicher zu verknüpfen.

7.8.1 Energiewandelnde Kreisprozesse

Kreisprozesse sind ein wesentlicher Kern der technischen Thermodynamik. Sie beschreiben einen Vorgang, der aus mehreren Prozessschritten besteht, in dem der Endzustand dem Anfangszustand entspricht. In diesem Vorgang durchläuft das Arbeitsfluid die verschiedenen thermodynamischen Zustände periodisch. Prinzipiell gibt es bei der Betrachtung eine fluidbezogene Sichtweise (Dampf- oder Gasturbinenprozess) oder periodische Zustandsänderungen in einem Kontrollraum (Otto- oder Dieselmotor).

Eine zentrale Forderung der gleichen thermodynamischen Zustandsgrößen nach Durchlauf eines Zyklus bedeutet $T_a = T_e$, $p_a = p_e$, $U_a = U_e$ und $S_a = S_e$, wobei T, p, U und S die Temperatur, der Druck, die innere Energie und die Enthalpie sein sollen. Die Prozessgrößen ändern sich jedoch nach einem Umlauf und damit die Wärme und als Folge die Arbeit. Die Abb. 7.51 zeigt einen beliebigen Kreisprozess im p-V-Diagramm.

Betrachtet man nun ein geschlossenes Gesamtsystem, so lautet der 1. Hauptsatz der Thermodynamik:

$$dU = dQ + dW, \tag{7.69}$$

in dem Q die Wärmeenergie und W die verrichtete Arbeit darstellen.

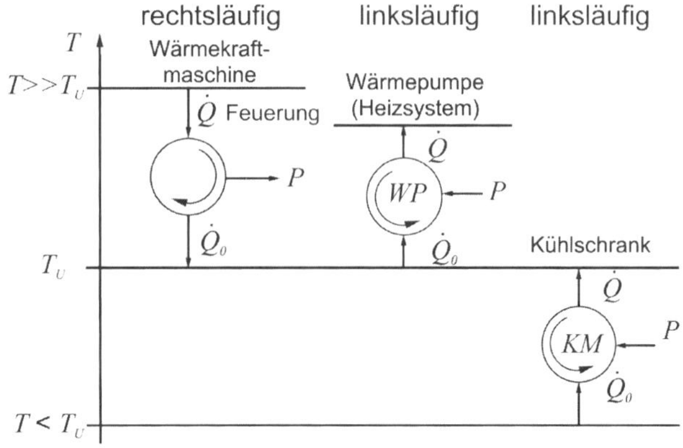

Abb. 7.52 Unterscheidung in rechtsläufige Kreisprozesse (Wärmekraftmaschinen) und linksläufige Prozesse unter Nutzung von Arbeit um das Temperaturniveau zu ändern

In einem geschlossenen System ändert sich die Masse nicht, also beträgt die Massenänderung $dm = 0$. Durchläuft man den Kreisprozess vom Ausgangszustand und kehrt an ihn zurück, so ändert sich am Ausgangspunkt die innere Energie nicht; es ist:

$$\oint dU = 0. \tag{7.70}$$

Daraus folgt ein fundamentales Ergebnis der Kreisprozesse, das besagt: Im Kreisprozess wird in der Summe so viel Wärme frei wie Arbeit geleistet wird und es gilt damit:

$$\oint dQ + \oint dW = 0 \quad \text{oder} \quad \sum dQ + \sum dW = 0. \tag{7.71}$$

Daraus lässt sich die Art des Kreisprozesses analysieren. Wird dem System netto Wärmeenergie zugeführt, also ist $\oint dQ > 0$, so besagt Gl. (7.71), dass die Nettoarbeit negativ sein muss. Aus dem System wird also Arbeit herausgeliefert. Damit handelt es sich um einen rechtsläufigen Kreisprozess (Abb. 7.52). Zu den rechtsläufigen also Arbeit abgebenden Kreisprozessen zählen alle Wärmekraftmaschinenprozesse. Dem entsprechend werden alle Arbeit verbrauchenden Prozesse ($\oint dW > 0$) als linksläufige Prozesse bezeichnet. Der Nutzen kann im Gegensatz zu den rechtsläufigen Prozessen in einem Wärmegewinn liegen, beispielsweise einer Wärmepumpe, oder in einem Wärmeentzug wie in einer Kältemaschine.

Das Verhältnis aus Aufwand zu Nutzen wird als Wirkungsgrad bezeichnet. In rechtsläufigen Systemen ist der Wirkungsgrad einheitlich als thermischer Wirkungsgrad η_{th} gegeben, der wie folgt definiert ist:

$$\eta_{th} = \frac{|P|}{\dot{Q}}. \tag{7.72}$$

Dem gegenüber ist in linksläufigen Prozessen lediglich der Aufwand also die zugeführte mechanische Leistung P eindeutig gegeben, während der Nutzen bei der Wärmepumpe $\dot{Q}$ bei der Kältemaschine aber $\dot{Q}_0$ (vergleiche Kap. 9) ist. Beschränkt man sich auf rechtsläufige Wärmekraftprozesse, so wird in großtechnischen Kreisprozessen oft die Arbeit und

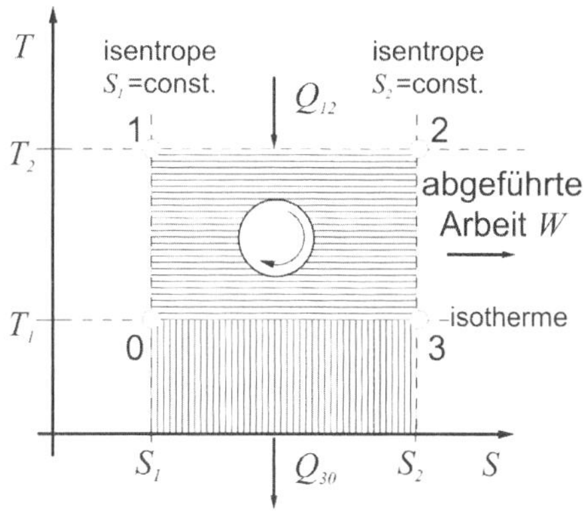

Abb. 7.53 Abbildung des Carnot-Kreisprozesses im *T*-*S*-Diagramm

damit der Nutzen in mehreren Teilschritten zu- bzw. abgeführt, um eine Wirkungsgradsteigerung zu erzielen. Ähnliches gilt für den Aufwand. Generell ist die egoistische Vorzeichenregel zu beachten, das heißt dem System zugeführte Energie wird als positiv angesetzt während abgeführte Energie mit einem negativen Vorzeichen belegt wird.

Für Kreisprozesse mit einem durchlaufenden Massenstrom ergibt sich für den thermischen Wirkungsgrad folgende Definition:

$$\eta_{th} = \frac{|P|}{\dot{Q}} = \frac{-\sum\limits_{Prozesse\,ij} \dot{m} \cdot w_{t,ij}}{\sum\limits_{Prozesse\,ij} \dot{m} \cdot q_{t,ij}} = \frac{-\sum\limits_{Prozesse\,ij} w_{t,ij}}{\sum\limits_{Prozesse\,ij} q_{t,ij}}, \tag{7.73}$$

worin $w_{t,ij}$ die spezifische Arbeitsabgabe beim Übergang vom Zustand i nach j ist und $q_{t,ij}$ dementsprechend die spezifische Wärmezufuhr beim Übergang des Prozessschrittes i nach j darstellt.

7.8.2 Carnot Prozess, Auswirkung irreversibler Vorgänge

Die Bedeutung des rein theoretischen Carnot-Kreisprozess besteht darin, dass er den höchsten thermischen Wirkungsgrad und damit das Optimum angibt, das von keinem speziellen Kreisprozess, bei dem sich das Arbeitsmedium zwischen denselben Temperaturen bewegt, übertroffen werden kann. Damit gibt der aus den Arbeitstemperaturen ermittelte Carnotsche-Wirkungsgrad η_c an, welcher Anteil der zugeführten Wärme maximal in mechanische Arbeit umgewandelt werden kann. Der Carnot-Prozess besteht aus zwei isothermen und zwei isentropen Zustandsänderungen und bildet im Temperatur-Entropie-(T-S) Diagramm, das die Abb. 7.53 zeigt, ein Rechteck. Der Prozessablauf lautet wie folgt:

- Vom Zustand 0 nach 1 erfolgt eine isentrope Kompression und der Stoff wird verlustfrei vom Temperaturniveau T_1 auf das Niveau T_2 angehoben; es ist $\Delta Q_{01}=0$.
- Im Kontakt mit dem heißen Temperaturreservoir T_2 expandiert das Medium bei konstanter Temperatur T_2 vom Zustand 1 nach 2. Die dabei zugeführte Wärmemenge Q_{12} ist:

$$Q_{12} = \int_1^2 T dS = T_2(S_2 - S_1) > 0.$$

- Beim Übergang von 2 nach 3 expandiert das Fluid isentrop unter Verrichtung mechanischer Arbeit; damit ist $\Delta Q_{23}=0$. Die Temperatur fällt auf das Temperaturniveau T_1.
- Im Kontakt mit dem kalten Reservoir wird dem Arbeitsfluid die Wärme Q_{30} entzogen. Die entzogene Wärme ist durch das Integral

$$Q_{30} = \int_3^0 T dS = T_1(S_1 - S_2) < 0.$$

gegeben und damit kleiner als Null.

Da nach dem Durchlaufen des Kreisprozesses alle Zustandsgrößen im System, also auch die innere Energie, ihren Ausgangswert wieder erreichen, ist $\Delta U=0$. Die nutzbare Arbeit berechnet sich damit aus $|W|=Q_{12}+Q_{30}=(T_2-T_1)\,(S_2-S_1)$. Den Carnot-Wirkungsgrad η_c erhält man damit aus:

$$\eta_c = \frac{|W|}{\dot{Q}_{12}} = \frac{(T_2 - T_1)}{T_2} = 1 - \frac{T_1}{T_2}. \tag{7.74}$$

In allen vier Phasen des Carnot-Prozesses wird mechanische Energie umgewandelt. Die insgesamt gewonnene mechanische Energie nach Durchlaufen des Zyklus ist aber lediglich von der zu- und abgeführten Wärmemenge abhängig. Die gewonnene mechanische Arbeit entspricht der von den Punkten 0123 eingeschlossenen Fläche. Der Carnot-Wirkungsgrad ist immer kleiner als 1. Physikalisch bedeutet dies; es existiert keine reale Maschine, die lediglich einem Reservoir Wärme entzieht und diese vollständig in Arbeit umsetzt.

Die Abb. 7.54 veranschaulicht, dass in allen vier Phasen des Carnot-Prozesses mechanische Arbeit umgesetzt wird. In der Grafik wird ein ideales Gas angenommen, um die spezifischen Volumenänderungsarbeiten, die für die Zustandsänderungen erforderlich sind, darzustellen. Für ein ideales Gas gelten folgende Gleichungen:

$$p \cdot V = n \cdot R \cdot T = N \cdot k_B \cdot T, \tag{7.75}$$

in der p den Druck, V das Volumen, n die Stoffmenge, R die universelle Gaskonstante ($R=8.314$ J/(mol K)), T die Temperatur, N die Teilchenanzahl und k_B die Boltzmann-Konstante ($k_B=1.38\cdot10^{-23}$ J/K) darstellen.

Abb. 7.54 Carnot-Prozesses eines idealen Gases im p-V-Diagramm

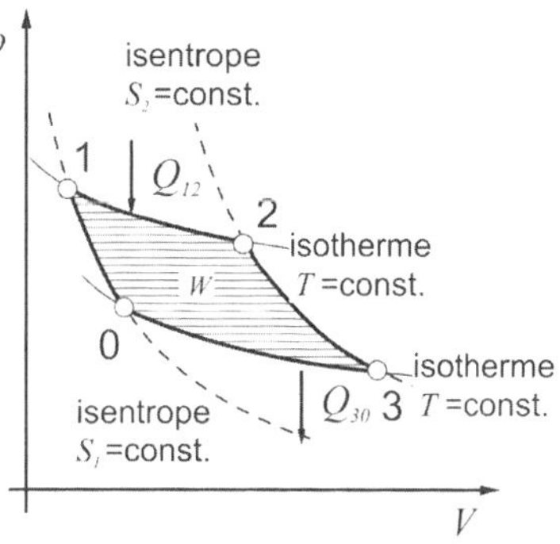

Die spezifischen Wärmekapazitäten eines idealen Gases bei konstantem Volumen c_V und bei konstantem Druck c_p und damit der Isentropenkoeffizient κ sind durch folgende Relationen gegeben:

$$c_V = \frac{f}{2} N \cdot k_B; \quad c_P = \left(\frac{f}{2} + 1\right) \cdot N \cdot k_B; \quad \kappa = \frac{c_p}{c_V} = \frac{f+2}{f} \tag{7.76}$$

in der f der Freiheitsgrad des Gases ist. Der Freiheitsgrad monoatomarer Gase wie Helium beträgt 5, während zweiatomige Gase wie Luft einen Freiheitsgrad von 7 besitzen. Die isentrope Zustandsänderung eines idealen Gases lässt sich über

$$p \cdot V^{\kappa} = const., \tag{7.77}$$

berechnen und die Entropieänderung ΔS eines idealen Gases wird durch den Ausdruck

$$\Delta S = (S_2 - S_1) = c_V \ \mathrm{In} \left(\frac{T_2}{T_1}\right) + N \cdot k_B \cdot \mathrm{In} \left(\frac{V_2}{V_1}\right), \tag{7.78}$$

bestimmt. Damit kann man die individuellen Arbeiten w_{ij} innerhalb des Carnot-Prozesses ermitteln:

- Von 0 nach 1 erfolgt eine isentrope Kompression. Die hierfür erforderliche spezifische Arbeit w_{01} ist $w_{01}=c_V \cdot (T_2-T_1)$.
- Für die isotherme Expansion von 1 nach 2 ergibt sich $w_{12}=R \cdot T_2 \cdot \ln(p_1/p_2)$.
- Die isentrope Expansion von 2 nach 3 liefert die Arbeit $w_{23}=c_V \cdot (T_2-T_1)$.
- Schließlich muss für die isotherme Kompression von 3 nach 0 folgende Arbeit aufgewendet werden $w_{30}=R \cdot T_1 \cdot \ln(p_0/p_3)$.

Die gesamte aus dem Prozess abführbare Arbeit w_{ges} ergibt sich damit zu:

$$w_{ges} = w_{01} + w_{30} - w_{12} - w_{23}. \tag{7.79}$$

Zur Auflösung des Druckverhältnisses (p_0/p_3) wird die Isentropengleichung (Gl. (7.77)) in folgender Weise modifiziert:

$$\left(\frac{T_1}{T_2}\right) = \left(\frac{p_1}{p_2}\right)^{\frac{\kappa-1}{\kappa}}; \qquad (7.80)$$

und man erhält für w_{ges}:

$$w_{ges} = R \cdot (T_2 - T_1) \cdot \ln\left(\frac{p_2}{p_1}\right) < 0, \qquad (7.81)$$

ein Ergebnis, das offensichtlich kleiner als Null ist und somit Nutzarbeit aus dem System abgeführt wird. Damit kann erneut der Carnot-Wirkungsgrad η_c wie folgt bestimmt werden:

$$\eta_c = \frac{w_{ges}}{q_{12}} = \frac{R \cdot (T_2 - T_1) \cdot \ln\left(\frac{p_2}{p_1}\right)}{R \cdot T_2 \cdot \ln\left(\frac{p_2}{p_1}\right)} = 1 - \frac{T_1}{T_2}, \qquad (7.82)$$

das natürlich dem der Gl. (7.74) entsprechen muss. Einige fundamentale Ergebnisse des idealisierten Carnot-Prozesses sollten nochmals festgehalten werden:

- Der Wirkungsgrad hängt nur von zwei Temperaturniveaus T_2 und T_1 ab.
- Die geleistete Arbeit wird umso größer, wenn die maximale Temperatur T_2 möglichst groß und die minimale Temperatur T_1 (, die zumeist durch die Umgebungstemperatur T_u limitiert ist,) so gering wie möglich ist.
- Lediglich die Reversibilität des Prozesses sichert den maximal erreichbaren Carnot-Wirkungsgrad η_c.

In der Realität wird der Carnot Wirkungsgrad im Wesentlichen aus vier Gründen nicht erreicht.

- Die Wärmeübertragung ist nur mit Hilfe eines Temperaturgefälles möglich (vergl. erstes Fourier-Gesetz Gl. (4.3)). Dies bedeutet, dass die kälteste Temperatur im Kreisprozess höher ist als die der Wärmesenke und dass die höchste Temperatur des Kreisprozesses niedriger ist als die der Wärmequelle. Als Ergebnis folgt unmittelbar ein kleinerer thermischer Wirkungsgrad als der des Carnot-Prozesses.
- Technische Kompressions- und Expansionsvorgänge sind irreversibel. Bei technischen Volumenänderungsarbeiten treten Spaltverluste wie auch Reibung auf, die beide dissipativer Natur sind. Dadurch verringert sich der Flächeninhalt der Nutzarbeit in Abb. 7.53 und in der Folge der Wirkungsgrad.
- Die Prozessschritte benötigen einen physikalischen Übergang von einer Komponente in die andere. Bei den Übergängen entstehen Verluste wie Druck- und Wärmeverluste, die rein dissipativer Natur sind, und ebenfalls den Wirkungsgrad mindern.

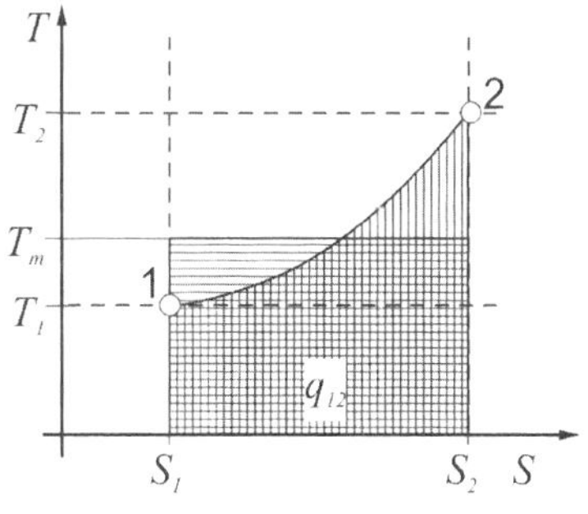

Abb. 7.55 Schemaskizze zur Berechnung der effektiven Mitteltemperatur

- Eine isotherme Wärmeübertragung (, das heißt T=konst.,) ist nur schwer erzielbar, denn innerhalb des Transportmediums tritt auf der Übertragungsseite ein Temperaturgradient auf.

Um verschiedene Kreisprozesse vergleichbar zu machen, wird oft eine thermodynamische Mitteltemperatur oder effektive Mitteltemperatur T_m eingeführt. Diese ist so definiert, dass die übertragenen Wärmen $q_{12\,m}$ und q_{12}, die in der Abb. 7.55 skizziert sind, identisch sind.

$$q_{12m} = T_m \cdot (S_2 - S_1) = q_{12} = \int_1^2 T(S)dS. \tag{7.83}$$

Bei einer isobaren Zustandsänderung (p=konst.) liefert die Entropieänderung von 1 nach 2 folgendes Resultat:

$$(S_2 - S_1) = \int_1^2 dS = \int_1^2 \frac{c_p}{T} dT = c_p \ln\left(\frac{T_2}{T_1}\right), \tag{7.84}$$

Entsprechend ergibt sich für das Integral in Gl. (7.83):

$$\int_1^2 T(S)dS = \int_1^2 T \cdot \frac{c_p}{T} dT = c_p(T_2 - T_1), \tag{7.85}$$

und damit erhält man bei der Auflösung der Gl. (7.83) nach der thermodynamischen Mitteltemperatur T_m den Zusammenhang:

$$T_m = \frac{(T_2 - T_1)}{\ln\left(\frac{T_2}{T_1}\right)}. \tag{7.86}$$

Ein weiteres zentrales Ergebnis bei der Betrachtung der Berechnung der thermodynamischen Mitteltemperatur ist, dass es zur Erzielung eines hohen Wirkungsgrades vorteilhaft ist, wenn sich die Temperatur nur wenig ändert, was technisch äußert komplex ist.

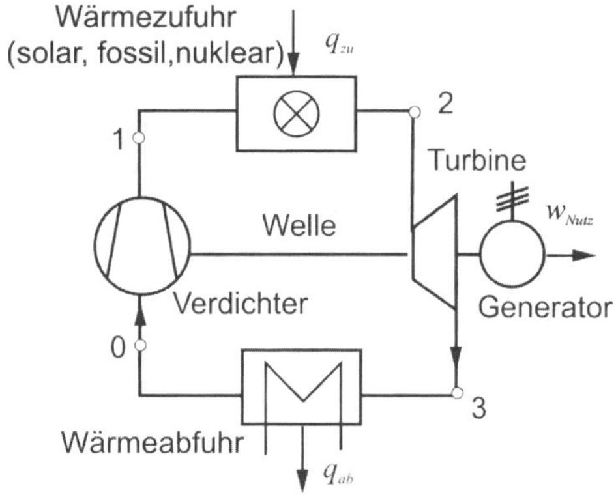

Abb. 7.56 Mechanische Umsetzung eines einfachen Joule-Brayton-Prozess in einer einwelligen Anlage

7.8.3 Joule-Brayton-Prozess (Gasturbinenprozess)

Der Joule-Brayton Kreisprozess ist ein rechtslaufender Kreisprozess, der einen in Gasturbinen und Strahltriebwerken ablaufenden Vorgang beschreibt. Die Abb. 7.56 zeigt schematisch den Aufbau und die Komponenten eines geschlossenen, einwelligen Joule-Brayton-Prozesses. Im Idealfall bestehen die vier Arbeitstakte aus einer

- isentropen Verdichtung ($dp>0$) mit einer Verringerung des Volumens ($dv<0$) und möglichst ohne Wärmezufuhr ($dq=0$) in einem Verdichter von 0 nach 1;
- einer isobaren ($dp=0$) Wärmezufuhr ($dq>0$) in der Brennkammer einhergehend mit einer Volumenvergrößerung ($dv>0$) von 1 nach 2;
- einer wärmeverlustfreien ($dq=0$), isentropen Expansion ($dp<0$) mit einer weiteren Volumenvergrößerung ($dv>0$) in der Turbine von 2 nach 3, die den Generator antreibt, und schließlich
- einer isobaren ($dp=0$) Wärmeabfuhr ($dq<0$) in einem Kühler von 3 nach 0, der zu einer Volumenverringerung ($dv<0$) führt.

Die Prozessführung des idealen Joule-Brayton Prozess stellt sich im h-s und im p-V Diagramm wie in der Abb. 7.57a, b illustriert dar. Der dem Generator zuführbare Nutzarbeitsanteil w_{nutz} ergibt sich aus der von den Punkten 0-1-2-3 umschlossenen Fläche, der grau hinterlegt ist. Die Fläche unterhalb der Kurve $p=p_0$ geht unnutzbar verloren. Aus dem Diagramm wird unmittelbar ersichtlich, dass möglichst hohe Wirkungsgrade nur mit hohen Drücken und hohen Temperaturen erzielbar sind. Der thermische Wirkungsgrad η_{th}, der als Verhältnis von Nutzen zu Aufwand bei einer Wärmekraftmaschine definiert wurde, ergibt sich zu:

$$\eta_{th} = \frac{w_{Nutz}}{q_{zu}} = \frac{q_{zu} - q_{ab}}{q_{zu}} = \frac{(h_2 - h_1) - (h_3 - h_0)}{(h_2 - h_1)}. \tag{7.87}$$

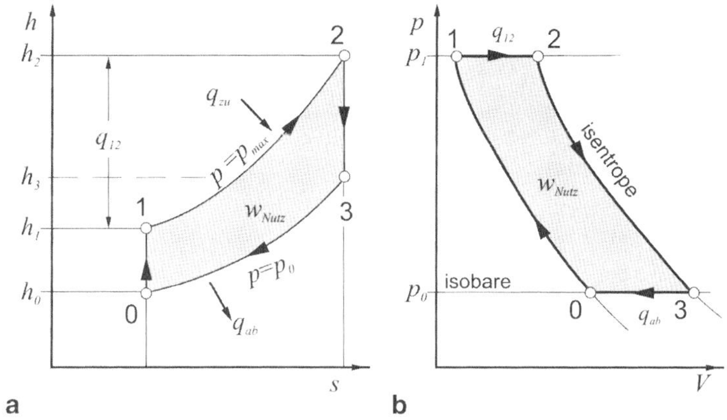

Abb. 7.57 Darstellung des Joule-Brayton Prozesses im *h-s* **a** und *p-V*-Diagramm **b**

Bei einem idealen Gas ist die spezifische Enthalpie h lediglich eine Funktion der Temperatur T und unabhängig vom Druck p, so dass gilt; $h = c_p \cdot T$. Damit ist η_{th}:

$$\eta_{th} = 1 - \frac{T_3 - T_0}{T_2 - T_1} = 1 - \frac{T_0}{T_1} = 1 - \left(\frac{p_0}{p_1}\right)^{\frac{\kappa-1}{\kappa}}, \tag{7.88}$$

in der κ der Isentropenkoeffizient ist (vergl. Gl. (7.80)). Daraus ergeben sich unmittelbar zwei Schlussfolgerungen:

- Je größer der Isentropenkoeffizient κ ist, desto größer ist bei gegebenem Druckverhältnis der erreichbare thermische Wirkungsgrad. Daher kann der Joule-Brayton-Prozess am effektivsten mit Helium ($\kappa = 5/3$) betrieben werden.
- Je höher das Druckverhältnis p_1/p_0 ist, desto größere Wirkungsgrade lassen sich erzielen. Mit einem einfachen Joule-Brayton Prozess sind mit Temperaturen von 1000 °C und Druckverhältnissen $p_{max}/p_0 \approx 30$ thermodynamische Wirkungsgrade von $\eta_{th} \approx 45$ % erzielbar.

Für eine durch den Werkstoff vorgegebene maximale Turbineneintrittstemperatur T_2 lässt sich eine optimale Temperatur $T_{1,opt}$ nach der Kompression ermitteln, bei der der Kreisprozess die größtmögliche Nutzarbeit abwirft. Diese lautet:

$$T_{1,opt} = \sqrt{T_0 \cdot T_2}. \tag{7.89}$$

Das Entwicklungsziel geht daher in Richtung einer Erhöhung der maximalen Turbineneintrittstemperatur T_2. Die Abb. 7.58 zeigt den thermischen Wirkungsgrad als Funktion des Druckverhältnisses bei verschiedenen Turbineneintrittstemperaturen T_2. Aus der

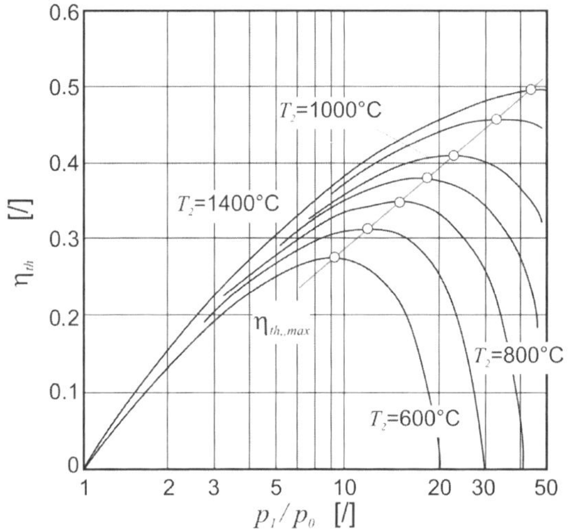

Abb. 7.58 Thermischer Wirkungsgrad η_{th} eines einfachen Joule-Brayton-Prozesses als Funktion des Druckverhältnisses p_1/p_0 bei verschiedenen Turbineneintrittstemperaturen

Grafik wird ersichtlich, dass es für eine gegebene Temperatur T_2 ein optimales Druckverhältnis gibt, bei dem ein maximaler thermischer Wirkungsgrad erzielt werden kann. Unter Nutzung der Abwärme der Expansionsmaschine kann mit Hilfe eines Rekuperators zur Vorwärmung des verdichteten Mediums der thermische Wirkungsgrad weiter verbessert werden. Dies ist dann möglich, wenn die Turbinenaustrittstemperatur T_3 oberhalb der Temperatur am Ausgang des Kompressors (T_1) liegt. Diese Wärmemenge muss dann nicht mehr von außen zugeführt werden. Allerdings ist diese Maßnahme nur für moderate Druckverhältnisse sinnvoll.

Die Abb. 7.59 zeigen die anlagentechnische Ausführung und die Darstellung im T-s-Diagramm. Der Wirkungsgrad berechnet sich dann folgendermaßen:

$$\eta_{th} = 1 - \left(\frac{T_{\min}}{T_{\max}}\right)\left(\frac{p_1}{p_0}\right)^{\frac{\kappa-1}{\kappa}}. \tag{7.90}$$

Mit Hilfe eines zweistufigen Gasturbinenprozesses kann der Wirkungsgrad noch weiter verbessert werden. Die Abb. 7.60a und b zeigt den zweistufigen Prozess im T-s-Diagramm und dem zugehörigen Blockschaltbild. Mit dem zweistufigen Prozess erhöht sich der apparative Aufwand nicht unerheblich. Im zweistufigen Prozess wird zunächst das Gas vom Grundzustand 0 auf den Druck p_1 nach 1* verdichtet. Bei diesem mittleren Druck ($p_1 > p_0$) wird das Gas auf den Zustand 1** gekühlt, was die Verdichterarbeit reduziert; anschließend erfolgt eine Verdichtung von p_1 auf p_{max} (1** → 1) Auf diesem Druckniveau erfolgt erneut die Wärmezugabe von 1→2. Anschließend erfolgt eine Entspannung in der Hochdruckturbine von 2 → 3*. Das Abgas der Hochdruckturbine wird erneut in der „Brennkammer“ erhitzt (3* → 3**), wo es der Niederdruckturbine zugeleitet und die Entspannung von 3**→3 unter Energieabgabe in der Turbine erfolgt. Dieser Zweistufenvor-

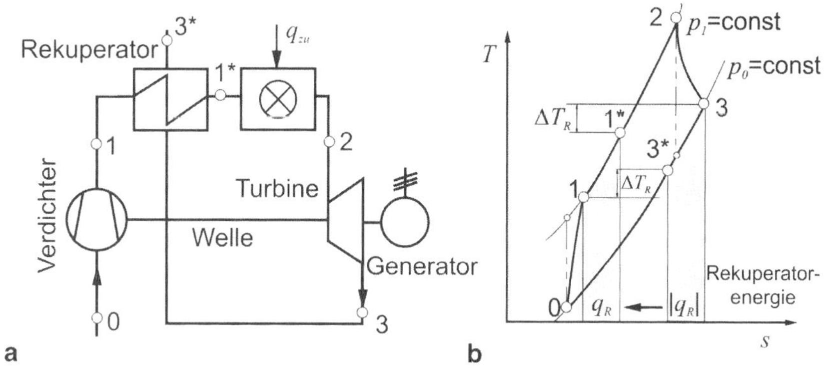

Abb. 7.59 Verbesserung des Wirkungsgrades des Joule-Brayton Prozesses durch regenerative Wärmeübertragung unter Nutzung eines Rekuperators im Abgasstrang **a** und entsprechende Darstellung im *T*-*s*-Diagramm **b**

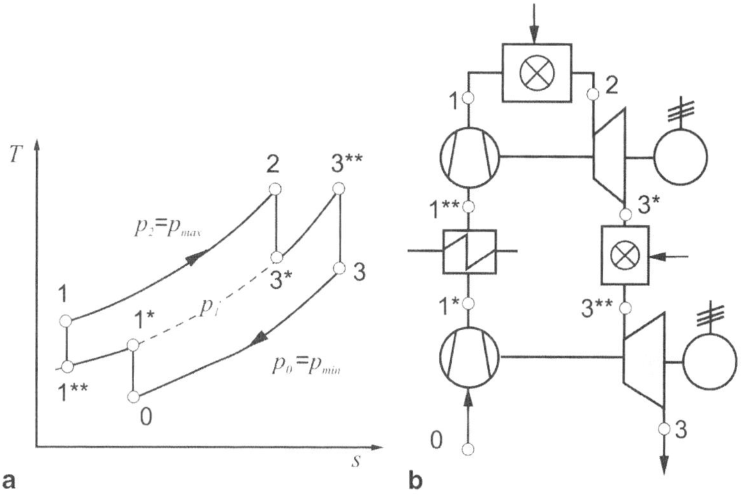

Abb. 7.60 Schematische Darstellung eines zweistufigen Joule-Brayton Prozesses im *T*-*s*-Diagramm **a** und des Anlagenflussbilds **b**

gang bewirkt letztlich die Erzeugung einer höheren mittleren Temperatur und damit einen höheren thermodynamischen Wirkungsgrad η_{th}. Es sollte nicht vergessen werden, dass bei mehrstufigen Anordnungen im Kreisprozess eine sehr große Enthalpiemenge im Vergleich zur Turbinenarbeit zirkuliert. Änderungen bei Zwischenkühlung und –erhitzung wirken sich damit nachhaltiger auf den thermodynamischen Wirkungsgrad aus als beim einfachen Joule-Brayton-Prozess.

Durch Einführung weiterer gestufter Verdichtungsvorgänge mit jeweiliger Wärmeabfuhr und einer entsprechenden mehrstufigen Expansion mit jeweiliger Wärmezufuhr und Regeneration kann der thermodynamische Wirkungsgrad

- durch die Regeneration zu überbrückender Temperaturbereiche vergrößert und
- durch die Wärmeabfuhr kann die Verdichtungsarbeit vermindert werden sowie
- durch die Wärmezufuhr in den Expansionsstufen kann die Entspannungsarbeit vergrößert werden.

Bei unendlich vielen Stufen der Kompression und Wärmeabfuhr geht der Prozess in eine isotherme Verdichtung über. Der Prozess wird dann durch den Ackeret-Keller oder Ericsson-Kreisprozess beschrieben, dessen Wirkungsgrad dem des Carnot Prozesses entspricht.

Hinsichtlich der Anwendung in solarthermischen Kraftwerken mit ihrem relativ stark durch die solare Einstrahlung gegebenen schwankenden Leistungsangebot sollten einige Aspekte nicht vergessen werden. Bei flexiblen Brennkammertemperaturen und mehr oder weniger fixen (durch die Trägheit der Verdichterwelle gegebenen) Druckverhältnis kann sich der Wirkungsgrad des thermodynamischen Kreisprozesses nicht unerheblich ändern. Eventuelle Zielpunktsoptimierungen im Hinblick auf den thermodynamischen Wirkungsgrad allein durch die Wahl mehrstufigen Verdichter- und Turbinenanordnungen können kontraproduktiv sein, da die an einem Betriebspunkt möglichen Wirkungsgradgewinne gegenüber dem hierfür erforderlichen apparativen Mehraufwand marginal sind. Bei schwankenden Bedingungen kann es relativ einfach möglich sein, dass sich der Wirkungsgrad gar verschlechtert.

Reine auf dem Joule-Brayton Prozess zur Energieerzeugung basierende solarthermische Kraftwerke existieren bisher nur im Labormaßstab. Bei offenen Receiverkonzepten würde die Energie bei etwa Atmosphärendruck zugeführt. Damit ist die direkte Verwertung in eine Joule-Brayton Prozess nicht sinnvoll. Bei druckgeladenen geschlossenen Receivern hingegen ist dies prinzipiell möglich. Zur solaren Gaserhitzung muss der Receiver unter Betriebsbedingungen arbeiten, die von der Gasturbine definiert werden. Bei einfachen luftgetriebenen Turbinen wurden Versuche bei Lufteintrittstemperaturen von 250–400 °C und einem Druck 0.7–1.5 MPa erfolgreich durchgeführt. Der thermische Wirkungsgrad ist aber mit ca. 20 % vergleichsweise gering (vergl. Abb. 7.58). Sollten sich volumetrische Druckreceiver mit Metallgewebeabsorbern, die schon erfolgreich bei Temperaturen von bis 845 °C getestet wurden (Pitz-Paal et al. 2002), in Langzeitversuchen bewähren, wäre man bei Nutzung von Helium getriebenen Turbinen in der Lage, thermische Wirkungsgrade in der Größenordnung von 40 % zu erzielen. Die Weiterentwicklung dieses Receivertypen macht prinzipiell eine Temperaturerhöhung bis auf 1100 °C möglich, sofern keramische Werkstoffe als Absorbermaterial genutzt werden können. Derartige Temperaturniveaus erlauben dann einen Einsatz als Kombi-Prozess (Gas- und Dampfzyklus GuD, siehe Abschnitt Kombinierte Prozesse 7.8.5) oder gar zur direkten Wasserstofferzeugung.

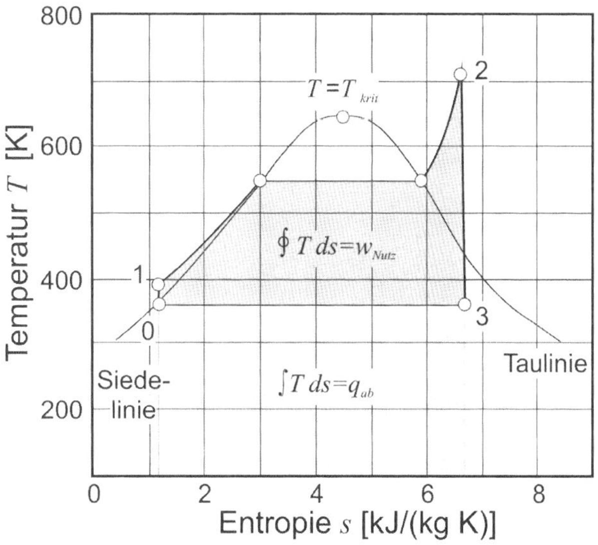

Abb. 7.61 Idealer Clausius-Rankine-Prozess im T-s-Diagramm. Kritischer Punkt T_{krit} bei 22 MPa und 646 K (373 °C)

7.8.4 Clausius-Rankine-Prozess (Dampfprozess)

Auch bei dem in Kohle- wie in Kernkraftwerken verwendeten Clausius-Rankine Prozess wird Wärme in Arbeit und anschließend elektrischen Strom gewandelt. Dem Arbeitsmittel des Kreisprozesses wird die Wärme bei hoher Temperatur übertragen. Es leistet in einer Maschine Arbeit und wird dann durch Abfuhr von Wärme bei niedriger Temperatur wieder in seinen Anfangszustand gebracht. Damit ist der Kreisprozess geschlossen. Das Arbeitsmedium des Clausius-Rankine-Prozesses ist Wasser bzw. Wasserdampf. Der idealisierte Clausius-Rankine-Prozess durchläuft folgende Zustandsänderungen:

- 0⟶1 Isentrope Druckerhöhung durch die Speisewasserpumpe,
- 1⟶2 Isobare Wärmezufuhr (Vorwärmung, Verdampfung und Dampfüberhitzung) im sogenannten Dampferzeuger,
- 2⟶3 Isentrope Dampfexpansion in der Turbine,
- 3⟶0 Isobare Wärmeabfuhr im Kondensator, in dem das Arbeitsmedium abkühlt und wieder in den flüssigen Zustand zurückkehrt.

Aus dem T-s-Diagramm, das Abb. 7.61 zeigt, lässt sich ablesen, dass der größte Teil der Wärmezufuhr für die Verdampfung aufgebracht wird. Vorteil des Dampfkraftprozesses gegenüber den Prozessen mit inerten Gasen ist die große spezifische Kreisprozessarbeit wegen der geringen Arbeit der Speisepumpe (kleines spezifisches Volumen der Flüssigkeit).

Die dem Prozess zu- oder abgeführte Wärme ist im T-s-Diagramm als Fläche ablesbar, da $ds = dq/T$ ist. Die Differenz aus zugeführter q_{zu} und abgeführter Wärme q_{ab} kann in

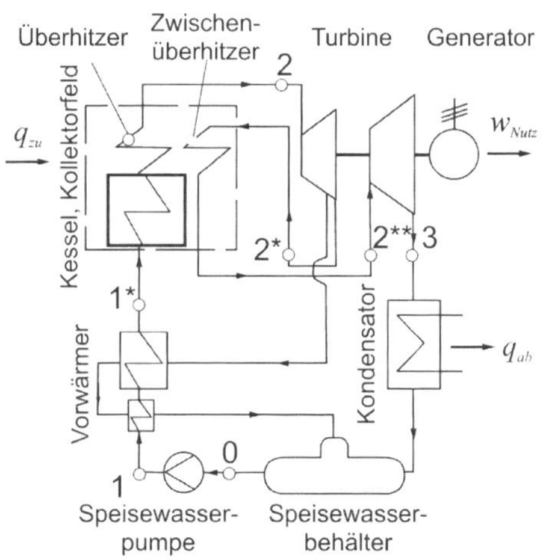

Abb. 7.62 Schemaskizze eines Clausius-Rankine-Prozesses mit Zwischenüberhitzung und Speisewasservorwärmung im Anlagenflussbild

nutzbare Arbeit w_{Nutz} umgewandelt werden. Aus dem T-s-Diagramm wird ersichtlich, dass der thermische Wirkungsgrad mit zunehmenden Temperaturen der Wärmezufuhr und abnehmenden Temperaturen der Wärmeabfuhr steigt. Hohe Prozesstemperaturen ermöglichen somit hohe Wirkungsgrade. Bei fossilbefeuerten Kraftwerken liegt die Begrenzung vor allem in der Temperaturbeständigkeit der eingesetzten Materialien (wie z. B. für den Überhitzer und die Turbinenschaufeln). Moderne fossile Kraftwerke werden mit Frischdampfparametern im überkritischen Bereich von über 24 MPa und 600 °C betrieben.

Zur weiteren Wirkungsgradsteigerung von realen Prozessen wird die mittlere Temperatur der Wärmezufuhr durch eine regenerative Speisewasservorwärmung und eine Zwischenüberhitzung erhöht. Die Speisewasservorwärmung wird durch Anzapfdampf aus den Turbinenstufen realisiert und wird deshalb als regenerativ bezeichnet, weil die Wärme aus dem Prozess selbst kommt und nicht von außen zugeführt wird. Bei der Zwischenüberhitzung wird der Dampf aus der Hochdruckstufe der Turbine erneut erhitzt. Dadurch wird, sofern die Entnahme richtig gewählt wird, ebenfalls die mittlere Temperatur der Wärmezufuhr angehoben. Außerdem wird durch die Zwischenüberhitzung bei der Expansion des Dampfes in der Turbine die Taupunktlinie erst bei tieferen Temperaturen unterschritten. Die Kombination einer höheren Mitteltemperatur und einer niedrigeren Endtemperatur liefert letztlich einen höheren thermodynamischen Wirkungsgrad. Den Aufbau des Prozesses mit Zwischenüberhitzung skizziert die Abb. 7.62.

Die Zwischenüberhitzung ergibt auch einen veränderten Ablauf im T-s Diagramm, dessen typischen Temperaturen, Dampfgehalte und Drücke die Abb. 7.63 darstellt. Bei der Entspannung des Dampfs in der Turbine unterhalb der Taupunktlinie steigt der Anteil von Wassertröpfchen, die sogenannte Endnässe. Zur Erhaltung der Integrität der Turbinenschaufeln sind Endnässen bis zu einem maximalen Massengehalt von etwa 13 % möglich. Diese Limitierung wird durch die Zwischenüberhitzung ebenfalls zu tieferen Temperaturen hin verschoben.

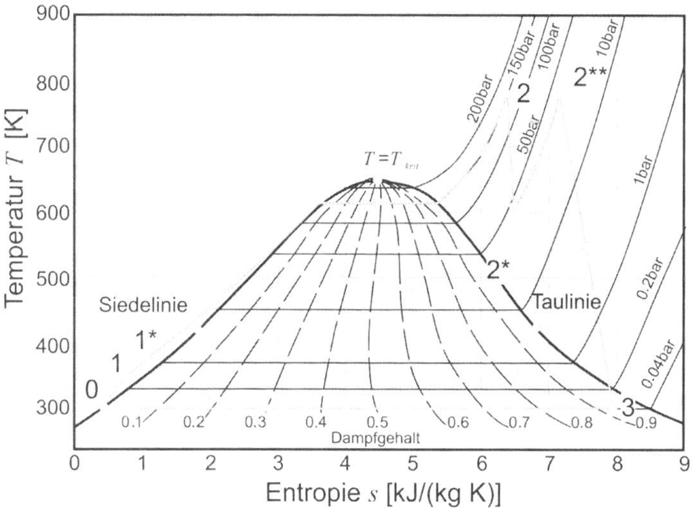

Abb. 7.63 T-s-Diagramm eines Clausius-Rankine-Prozess mit Zwischenüberhitzung und Speisewasservorwärmung mit typischen Temperaturen, Dampfgehalten und Drücken

Bei solarthermischen Kraftwerken wird die Auslegung des Dampfkreislaufes wesentlich durch die Eigenschaften des Kollektors mitbestimmt (Morin et al. 2004). Hohe Frischdampftemperaturen führen zwar zu besseren thermischen Wirkungsgraden des Kreisprozesses, aber die Wärmeverluste des Kollektors, sofern die Beschichtung des Absorbers diesen Temperaturen überhaupt standhält, nehmen ebenfalls zu. Insbesondere bei Fresnel- oder Parabolrinnenkraftwerken mit ihren großen spezifischen Absorberoberflächen steigen die Wärmeverluste schnell an. Als Konsequenz ist festzuhalten, dass hohe Absorbertemperaturen nicht zwangsläufig zu höheren Wirkungsgradergebnissen führen.

Der Kollektor kann die Wärme dem Verdampfer über ein Wärmeträgermedium zuführen oder selbst als Verdampfer eingesetzt werden. Bei den kalifornischen SEGS-Kraftwerken wird in den Parabolrinnen ein Thermoöl auf eine Temperatur von ca. 400 °C erhitzt, welches im Verdampfer den Frischdampf für die Turbine erzeugt. Die Verwendung eines von Wasser verschiedenen Wärmeträgermediums erfordert zum Betrieb der Dampfturbine einen zusätzlichen Wärmetauscher, der ebenfalls verlustbehaftet ist.

Eine direkte Verdampfung im Kollektor bietet durch den Wegfall des apparativen Aufwandes für den Wärmeträgerkreislaufs einen Kostenvorteil. Durch die Steigerung der durch das Thermoöl begrenzten oberen Prozesstemperatur können zusätzlich höhere thermische Wirkungsgrade des Kreisprozesses erzielt werden, die zusammengenommen auf ca. 25 % der Stromgestehungskosten abgeschätzt werden können (May and Murphy 1983). Deshalb ist die Direktverdampfung in Solarkollektoren Schwerpunkt zahlreicher Forschungsvorhaben. Auf der Plataforma Solar de Almeria (PSA) in Spanien wurden verschiedene Konzepte an einem 500 m langen Parabolrinnenkollektor getestet (Zarza et al. 2002). Über 4000 Betriebsstunden lang konnte die Machbarkeit der solaren Direktver-

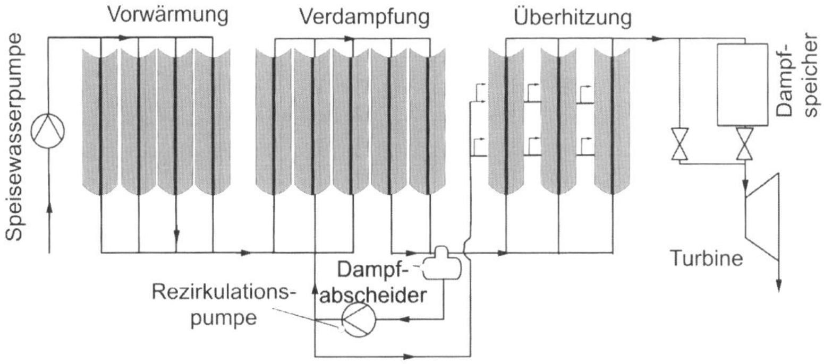

Abb. 7.64 Rezirkulationskonzept zur Effizienzsteigerung von Solarfarmkraftwerken (Fresnel -oder Parabolrinnentyp) mit sequentieller Erwärmung

dampfung gezeigt werden. Als geeignetste Betriebsführung wurde das Rezirkulationskonzept erkannt. Hier wird der Verdampferabschnitt stets mit einem Überschuss an Wasser betrieben, um auch zum jeweiligen Kollektorende hin einen guten Wärmeübergang zu gewährleisten. Der Überhitzerstrecke ist ein Wasserabscheider vorgeschaltet, der das nicht verdampfte Wasser erneut dem Verdampfer zuführt. Der zusätzliche Aufwand für den Wasserabscheider und die Rezirkulationspumpe erscheinen gerechtfertigt. Die Abb. 7.64 zeigt das verwendete Rezirkulationskonzept.

Prinzip bedingt bietet das Fresnel-Konzept Vorteile bei der Direktverdampfung gegenüber Parabolrinnenanlagen. Diese Aussage beruht auf folgenden Aspekten:

- Die stärkste Einstrahlung auf das Absorberrohr erfolgt verstärkt im unteren Kreissegment. Die Kühlung ist hier auch bei Schichtenströmung durch das schwerkraftbedingt unten strömende Wasser immer gewährleistet.
- Durch den Verzicht auf die Vakuumtechnik und die Glashüllrohre können die wegen der thermischen Ausdehnung notwendigen Ausgleichsbögen an das Ende eines bis zu 1000 m langen Kollektorstranges verlegt werden. Druckverluste und mechanische Belastung durch Dampfstöße werden auf diese Weise reduziert.
- Die Nachführung der Parabolrinne erfolgt zur Verminderung von zusätzlichen Drehmomenten um ihren Schwerpunkt. Da dieser nicht mit dem Mittelpunkt des Absorberrohres übereinstimmt, sind bewegliche Hochdruckanschlüsse notwendig, die ebenfalls Dampfstößen standhalten müssen.

Bei den meisten anlagenbautechnischen Ausführungen erfolgt eine definierte Dreiteilung des Verdampfungsvorganges (vergl. Abb. 7.64) in Vorwärmung, Verdampfung und Überhitzung. In der Vorwärmstrecke wird das Wasser bis auf Sättigungstemperatur (zumeist um ca. 275 °C bei 6 MPa) erwärmt. In der Verdampferstrecke erfolgt die Verdampfung bis zu einem Dampfmassengehalt von ca. 85 %. Durch einen Dampfabscheider wird das nicht verdampfte Wasser dieser Strecke wieder zugeführt. Durch diese Rezirkulation wird verhindert, dass es innerhalb der Verdampferstrecke zu einem Verdampfungsendpunkt kommt. An einem Verdampfungsendpunkt sinkt durch das Trockenlaufen der Rohrwand der Wärmeübergangskoeffizient beträchtlich, was zu starken Temperaturgradienten und damit Materialbelastungen führt. Durch tageszeitliche Einstrahlungsschwankungen kann ein Wandern des Verdampfungsendpunktes auftreten. Dies führt unter Umständen zu einer weiteren dynamischen Belastung des Absorberrohrsystems. Je niedriger der Dampfmassengehalt am Austritt gehalten wird, desto besser ist die Kühlung am Ende des Abschnitts, aber desto höher ist auch die Pumpenleistung der Rezirkulationspumpe.

Wie bei jeder kraftwerkstechnischen Nutzung von Kreisprozessen ist eine möglichst kontinuierliche Leistungsabgabe auch bei solarthermischen Anlagen anzustreben, um die Standzeiten des Systems zu erhöhen und eine gewisse Netzsicherheit zu gewährleisten. Darüber hinaus erfordert die Turbine im Regelfall einen Mindestmassenstrom, damit es in den Endstufen nicht zu einer Zerstörung durch Tropfenschlag kommt. Auf Grund des variablen Einstrahlungsangebots werden deshalb oft Speicher eingesetzt, wie in der Abb. 7.64 dargestellt. Sie agieren als thermischer Puffer und erlauben einen Ausgleich kurzzeitiger Schwankungen.

Hinsichtlich der Leistungsregelung von Dampfkraftwerken wird zwischen einer Gleit- und Festdruckfahrweise unterschieden. In Teillast fällt, bedingt durch den geringeren Massenstrom nach dem Kegelgesetz von Stodola, der Druckabfall in der Turbine geringer aus als bei der Nennleistung.

Bei der Gleitdruckfahrweise passt sich der Druck im Verdampfer dem Massenstrom entsprechend an. Bei der Festdruckfahrweise wird unabhängig vom Massenstrom mit einem konstanten Druck im Verdampfer gefahren. Der bei Teillast verringerte Dampfdruck am Turbineneintritt wird mittels einer Drosselung realisiert. Aufgrund der Exergieverluste bei der Drosselung wird in modernen Kraftwerken weitestgehend die Gleitdruckfahrweise angewandt. (Morin et al. 2004) aber weisen nach, dass es bei den für Solarkollektoren in Frage kommenden Betriebsparametern kaum Wirkungsgradunterschiede zwischen einer Gleit- und Festdruckfahrweise gibt.

Bei variierenden Druckverhältnissen einer Gleitdruckfahrweise im Kollektor kommt es zu variierenden Enthalpiedifferenzen zwischen Kollektorein- und Kollektoraustritt der einzelnen Abschnitte. Dadurch verändern sich auch bei fester Einteilung die erzielbaren Massenströme der einzelnen Abschnitte. Da aber der geringste Massenstrom den Gesamtmassenstrom bestimmt, muss zur Anpassung ein Teil der Spiegel defokussiert werden. Damit erhöhen sich die Anpassungsverluste durch Defokussierung bei Gleitdruckfahrweise. Daher wird zumeist ein Festdruckverfahren verwendet. Bei der Kühlung des Kondensators wird jeweils zwischen Luft- und Durchflusskühlung unterschieden.

Die Art des zu wählenden Dampfprozesses ist abhängig von der Anlagengröße und dem Anlagentyp. Einfache Dampfprozesse werden oft in kleineren linearfokussierenden Kraftwerken und Solartürmen eingesetzt, während aufwändige bei großen Solarfarmkraftwerken Verwendung finden.

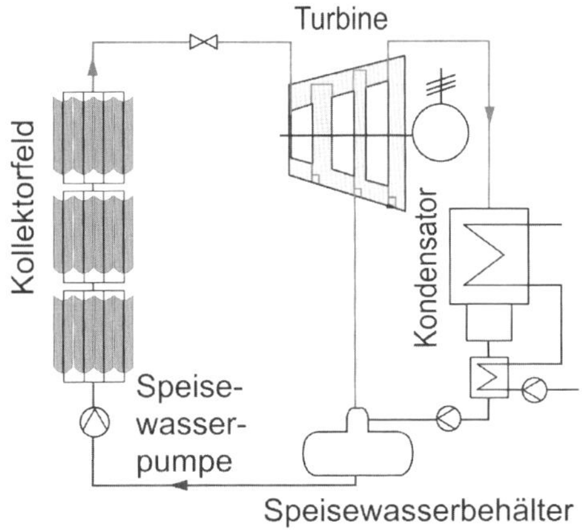

Abb. 7.65 Einfacher Dampf-Prozess mit Vorwärmung durch den Speisewasserbehälter

- Typischer Aufbau eines einfachen solaren Dampfprozess und Prozessparameter

Im einfachen Dampfprozess wird ein relativ großer Speisewasserbehälter verwendet. Die im rückgeführten Kondensat und im Zusatzspeisewasser gelösten Gase führen zu einer unerwünschten Korrosion im Dampfkreislauf. Durch die Aufwärmung des Speisewasserbehälters mittels Anzapfdampf aus der Turbine auf Siedetemperatur wird das Speisewasser thermisch entgast. Der Speisewasserbehälter ist damit im Prinzip ein Mischvorwärmer. Sofern kein Dampfspeicher vorhanden ist, ist er auch der einzige Behälter (vergl. Abb. 7.65). Die erzielbaren Frischdampfparameter ergeben sich aus der oberen Temperaturbegrenzung der selektiven Schicht des Absorberrohres und dem für den Prozess optimierten Druck. Bei Anwendungen direkt an der Luft in einem Fresnelsystem ergibt sich damit eine Dampftemperatur von ca. 450 °C und damit ein Druck um 6 MPa. Der thermische Wirkungsgrad im Auslegungspunkt liegt je nach Kühltemperatur und -art bei etwa 32 %. Parabolrinnen erlauben höhere Absorbertemperaturen von bis zu 550 °C und damit Drücke bis ca. 10 MPa. In Solartürmen sollten prinzipiell noch höhere Temperaturen möglich sein. Durch das fluktuierende Strahlungsangebot und den über den Tagesverlauf variierenden optischen Wirkungsgrad eines Kollektors, kann es zu einer Teilauslastung der Turbine kommen. In der Teillast verringert sich aber der thermische Wirkungsgrad. Der minimal zulässige Massenstrom der Turbine ist zumeist auf ca. 20 % des Nennmassenstromes begrenzt. Kann das Solarfeld einen höheren Massenstrom mit den geforderten Frischdampfparametern als den Nennmassenstrom liefern, so bestehen zwei Möglichkeiten. Erstens es kann ein thermischer Pufferspeicher gespeist werden (vergleiche Abb. 7.5b) oder die Leistungseinkopplung an das Fluid muss durch das Herausdrehen (Defokussieren) der Spiegeln angepasst werden. Die durch das Defokussieren verworfene Energiemenge wird mit dem Fachausdruck „Dumping" bezeichnet.

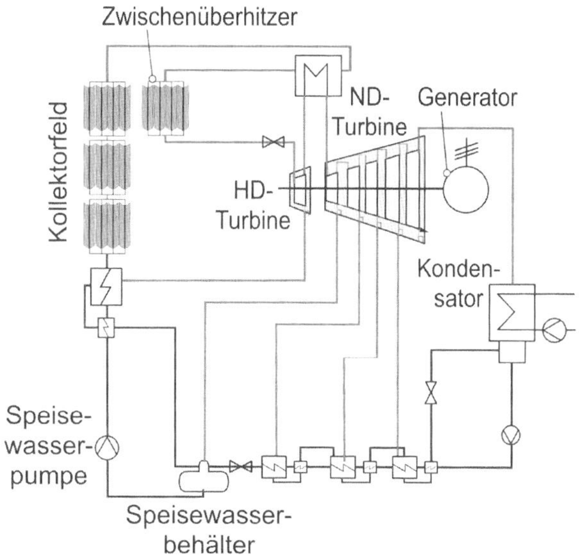

Abb. 7.66 Aufwändiger Prozess mit Zwischenüberhitzung und fünf Vorwärmern

- Typischer Aufbau eines aufwändigen solaren Dampfprozess und Prozessparameter

Der in der Abb. 7.66 dargestellte aufwändige Prozess ist mit mehreren Vorwärmern und Zwischenüberhitzung ausgestattet.

Die Zwischenüberhitzung des in der Hochdruck-Turbinenstufe entspannten Dampfes wird indirekt über einen Wärmetauscher mit dem Dampf aus dem Kollektor realisiert. Damit muss der schon etwas entspannte und damit eine geringere Dichte aufweisende Dampf nicht im Kollektor erhitzt werden, wo er durch die hohen Geschwindigkeiten relativ hohe Druckverluste erzeugen würde. Durch die größere Anzahl an Vorwärmern wird eine höhere Kollektoreintrittstemperatur erreicht. Damit und durch die Zwischenüberhitzung steigt die mittlere Temperatur der Wärmezufuhr. Diese erhöhte mittlere Temperatur steigert aber nicht nur den thermischen Wirkungsgrad des Kreisprozesses sondern auch die Wärmeverluste des Kollektors. Der thermische Wirkungsgrad des Kreisprozesses kann auf 37 % verbessert werden. Ob sich der erhöhte apparative Aufwand für die wirkungsgradsteigernden Maßnahmen bei einer leichten Verschlechterung des Kollektorwirkungsgrades noch lohnt, muss im Einzelfall analysiert werden.

7.8.5 Kombinierte Prozesse-GuD

Der Gasturbinenkreislauf kann bei hinreichend hoher zur Verfügung stehender Energiemenge mit einem Dampfprozess gekoppelt werden, so dass im Hochtemperaturteil der Joule-Brayton-Prozess genutzt wird, während die Abwärme einen Dampfprozess (Clausius-Rankine) antreibt. Dieses gekoppelte Verfahren wird Gas- und Dampfprozess GuD

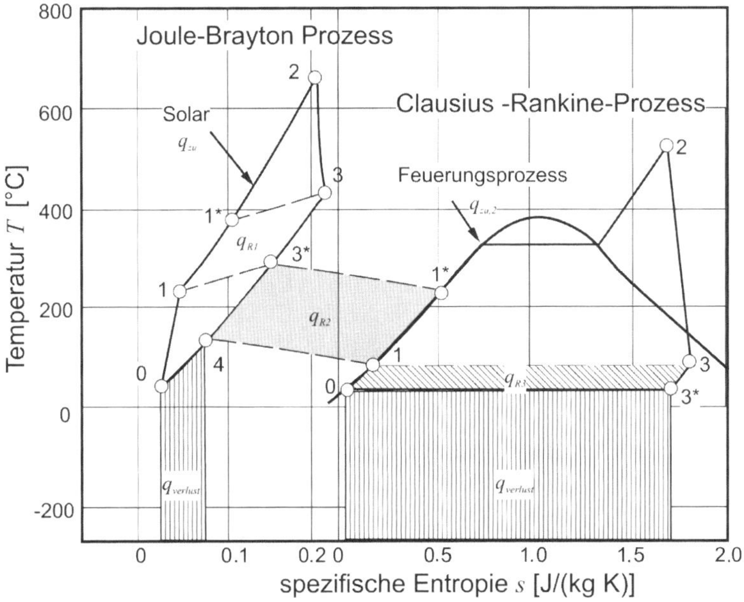

Abb. 7.67 Darstellung eines GuD Prozesses im *T*-*s*-Diagramm

genannt. Prinzipiell sind mit dem GuD Prozess Wirkungsgrade bis maximal 58 % zu erzielen. Die Abb. 7.67 zeigt ein *T*-*s*-Diagramm eines GuD Prozesses mit verschiedenen rekuperativen Prozessschritten. Selbst wenn die Abwärme (q_{R1}) aus dem Gasturbinenprozess zur Vorwärmung des verdichteten Gases verwendet wird, enthält das Abgas (Zustand 3*) noch eine weiterverwertbare Energiemenge. Mit Hilfe eines Wärmetauschers kann die Energiemenge q_{R2} an einen Dampfprozess übertragen werden, in dem das verdichtete Speisewasser vom Zustand 1 auf 1* angehoben wird. Die Enthalpieerhöhung von 1* auf 2, also die restliche Vorwärmung, Verdampfung und Überhitzung des Wassers erfordert jedoch im Regelfall eine zusätzliche fossile Feuerung. Nach der Entspannung des Dampfes in der Turbine kann ein Teil der Restdampfwärme (q_{R3}) erneut zur Speisewasservorwärmung eingesetzt werden. Die Verluste eines derartigen GuD Prozesses sind damit minimiert und beschränken sich auf die in der Abb. 7.67 dargestellten schraffierten Flächen.

Auf Grund der industriemäßig gut vorhandenen Komponenten sind die spezifischen Investitionskosten (Kosten pro kWh) relativ niedrig. Darüber hinaus sichert die Verfügbarkeit der Komponenten einen schnellen Aufbau. Ein weiterer Vorteil ist, dass die hohen spezifischen Betriebskosten der Gasturbine, die auf den Bezugskosten des fossilen Energieträgers Erdgas beruhen, im Falle einer solaren Quelle deutlich geringer ausfallen. Lediglich die Wärmezufuhr des Dampfprozesses benötigt noch eine auf fossilen Energieträgern basierende Feuerung. Insgesamt ist damit das GuD Prinzip gegenüber den konventionellen Systemen als schadstoffarm (aber nicht schadstofffrei) zu betrachten, da pro erzeugter Megawattstunde weniger Kohlendioxid in die Atmosphäre emittiert wird.

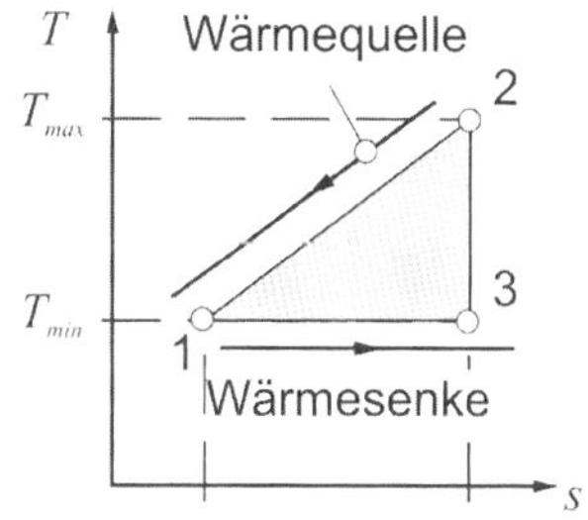

Abb. 7.68 Die Anpassung an einen Wärmeträger, der bei der Wärmeabgabe auskühlt, führt zu einem dreiecksförmigen Kreisprozess. Dreiecksvergleichsprozess nach. (Forster and Schmidt 2006)

Die Einkopplung von Solarenergie in Gasturbinensysteme, insbesondere in hocheffiziente Kombikraftwerke, bietet ein hohes Potenzial zur Kostenreduktion auch solarthermischer Stromerzeugung (Hoffschmidt et al. 2002). Durch die direkte Erhitzung des Arbeitsmediums Luft für die Gasturbine wird die eingekoppelte Solarenergie mit dem hohen Wirkungsgrad des Kombikraftwerkes genutzt. Dies bietet gegenüber der Nutzung in einem Dampfprozess alleine eine wesentlich bessere Ausnutzung der solar erzeugten Wärme. Bei gleichem Solaranteil kann daher die Konzentratorfläche entsprechend reduziert werden, was einer wesentlichen Verringerung der solaren Gesamtinvestitionskosten gleichkommt. Die Technik der solaren Lufterhitzung kann in einem breiten Leistungsbereich ab ca. 1 MW bis zu 100 MW eingesetzt werden. Der Solaranteil an der Energieerzeugung wird dabei über die maximale Receivertemperatur definiert.

7.8.6 Alternative Kreisprozesse, Organic Rankine Cycle (ORC), KALINA Prozess

Zur Erzielung eines guten thermischen Wirkungsgrads sollte ein Kreisprozesses einem Dreiecksprozess (vergl. Abb. 7.68) möglichst nahe kommen. Der aus der Kältetechnik kommende Prozess setzt sich aus der Prozessschritten:

- der isobaren Wärmezufuhr,
- einer isentropen Entspannung
- und einer isothermen Wärmeabfuhr

zusammen. Der Wirkungsgrad dieses Prozesses lässt sich ähnlich wie der des Carnot-Wirkungsgrads mit Hilfe der oberen und unteren Prozesstemperatur berechnen:

$$\eta_{th,Dreieck} = \frac{T_{\max} - T_{\min}}{T_{\max} + T_{\min}}. \qquad (7.91)$$

Bei einer oberen Prozesstemperatur von 150 °C und einer unteren Temperatur von 30 °C liegt der Wirkungsgrad des Dreiecksprozesses bei 26.48 % und damit unterhalb des Carnot-Wirkungsgrads mit 28.36 %. Er ist jedoch die realistischere Obergrenze für Prozesse bei einem vergleichsweise niedrigen Temperaturniveau des Wärmeenergie erzeugenden Verfahrens.

Ein Dreiecksprozess kann auch mit einem Clausius-Rankine Prozess bei hohen Drücken und Temperaturen (nahe dem kritischen Zustand mit 374 °C und 22.06 MPa) abgebildet werden (vergl. Abb. 7.61, Abb. 7.63). Im klassischen Wasser-Wasserdampf Kreisprozess werden zur Steigerung des Wirkungsgrades folgende Maßnahmen angewendet:

- Anhebung der Frischdampftemperatur durch Erhöhung des Verdampfungsdruckes,
- Anhebung der Frischdampftemperatur durch Überhitzung,
- Zwischenüberhitzung,
- Absenkung des Kondensatordruckes und
- Regenerative Speisewasservorwärmung.

Die ersten drei Möglichkeiten sind bei Kollektoranlagen entweder konstruktionsbedingt nur eingeschränkt oder mit Einbußen des solaren Wirkungsgrades verbunden. Der Kondensatordruck wird im Regelfall durch die Wärmeabgabe an die Umgebung am Standort vorgegebenen, insbesondere wenn die Anlage an einem sonnenreichen Standort mit hohen Temperaturen und Verdunstungskühlung betrieben wird. Wenn die Optimierung von solarem und Prozess-Wirkungsgrad zu tieferen Kollektor- oder Wärmeträgertemperaturen führt, sind andere Kreisprozesse wie der Organic Rankine Cycle (ORC) oder der Kalina-Prozess von Vorteil. Sie werden in Geothermieanlagen und erstere auch bei den Solarponds eingesetzt.

7.8.6.1 Rankine-Prozess mit organischem Arbeitsmittel-ORC

Der Rankine-Kreislauf mit organischem Arbeitsmittel (ORC=*O*rganic *R*ankine *C*ycle) gleicht bezüglich der Komponenten dem des klassischen Rankine-Kreislaufs. Der wesentliche Unterschied liegt in den Prozessparametern Druck und Temperatur, die erheblich unter denen eines Dampfkraftwerks liegen. Das Arbeitsmittel eines ORC wird so gewählt, dass seine thermodynamischen Eigenschaften optimal zur vorhandenen Wärmequelle passen; insbesondere bestimmt das Temperaturniveau der zur Verfügung stehenden Wärmequelle das in Frage kommende Fluid. Das Fluid sollte bei niedrigen Temperaturen verdampfen, ungiftig sein und keine klimaschädigende Wirkung haben. Zur Anwendung kommen unter anderem Fluide aus den Gruppen der Paraffine, Aromaten, heterozyklischen Verbindungen und Alkohole. Auch zeotrope Mischungen wie beispielsweise Ammoniak-Wasser oder auch Propan-Iso-Butan-Gemische versprechen durch nicht-isotherme Phasenübergänge bessere Anpassungsmöglichkeiten an die Wärmequelle. Die Verwendung organischer Arbeitsmittel erfordert gesonderte ingenieurtechnische Lösungen der Systemtechnik, wie

- den verwendeten Turbinen. Sie sind meist Sonderturbinen, da sich das Arbeitsfluid erheblich von Wasser bezüglich Molekulargewicht und geringerer spezifischer Wärmekapazität unterscheidet.

Tab. 7.5 Kritische Daten einiger für ORC Prozesse in Frage kommender Fluide aus. (NIST 2007) und (VDI 2005)

Fluidname	Summenformel	krit. Druck p_{krit} (MPa)	krit. Temperatur T_{krit} (°C)
Kohlendioxid (R744)	CO_2	7.39	30.98
Propan (R290)	C_3H_8	4.25	96.74
Fluormethan (R41)	CH_3F	5.90	44.13
Trifluorethan (R143a)	$C_2H_3F_3$	3.76	72.71
Tetrafluorethan (R134a)	$C_2H_2F_4$	4.06	101.03
Octafluorethan (RC318)	C_4F_8	2.78	115.23
n-Butan (R600)	C_4H_{10}	3.80	151.98
Isobutan (R600a)	C_4H_{10}	3.64	134.70
n-Pentan (R601)	C_5H_{12}	3.37	196.60
Isopentan (R610a)	C_5H_{12}	3.38	187.20
Ammoniak	NH_3	11.33	132.25
Wasser (R718)	H_2O	22.06	373.95

- der Chemie des Arbeitsfluids. Organische Arbeitsmittel sind oftmals korrosiv und erfordern eine Oberflächenbeschichtung der Komponenten.
- der Abdichtung des Rohrleitungsnetzes, die aufwändiger als bei Wasser ist.

Einige typische Arbeitsmittel von ORC Prozessen sind in der Tab. 7.5 zusammengestellt.

Wie der Tab. 7.5 zu entnehmen ist, liegen die kritischen Punkte der organischen Materialien bei niedrigeren Temperaturen und Drücken als die des Wassers. Zusätzlich sind auch die Verdampfungswärmen geringer. Damit passen die Kreisprozesse mit ORC relevanten Fluiden besser in das Dreiecksschema. Das Optimum stellt eine hohe dimensionslose Verdampfungstemperatur Q dar, die in folgender Weise gebildet wird:

$$Q = \frac{c_{p,ORC} \cdot T_S}{\Delta h_{V,ORC}}, \tag{7.92}$$

in der $c_{p,\,ORC}$ die spezifische Wärmekapazität des ORC Fluids ist, T_S dessen Verdampfungstemperatur und $\Delta h_{V,\,ORC}$ die Verdampfungswärme.

Die Abb. 7.69a zeigt die T-s-Diagramme einiger der in Tab. 7.5 dargestellten ORC Fluide im Vergleich mit Wasser (Abb. 7.69b). Einige der organischen Arbeitsmittel zeigen ein retrogrades Verhalten, wie beispielsweise Isobutan (R600a). Bei diesen Arbeitsmitteln verläuft die Entspannung nicht über die Taulinie, sondern sie bleibt stets außerhalb des Nassdampfgebietes. Die Überhitzung des Fluids nimmt durch eine Entspannung in der Turbine zu. In der Folge ist der Abdampf am Turbinenaustritt überhitzt und diese Wärme muss zunächst entlang der Isobaren abgeführt werden, bevor das Arbeitsmittel kondensiert.

Die Abb. 7.70 zeigt schematisch den Aufbau eines einfachen ORC Prozesses. Hierbei wird die im Receiver aufgenommene Wärme q_{zu} mit Hilfe eines Primärfluids zum Verdampfer gefördert. Um die Wärme optimal zu nutzen, erfolgt eine Vorwärmung des ORC Fluids in einem Vorwärmer. Im Sekundärkreislauf- dem eigentlichen ORC – durchläuft

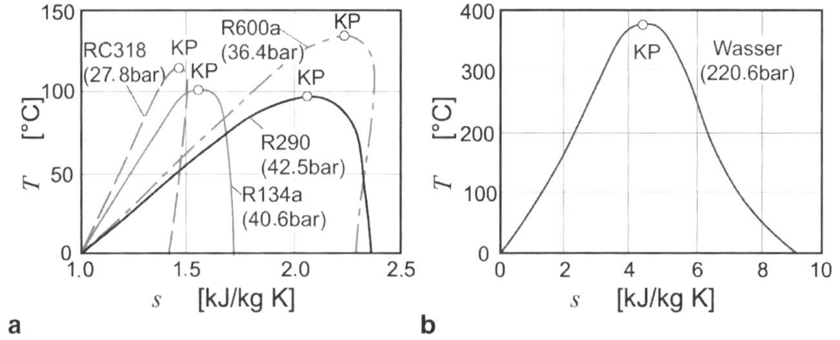

Abb. 7.69 Vergleich der T-s-Diagramme mit Nassdampfgebieten von vier organischen ORC Fluiden (**a**) aus der Tab. 7.5 mit den Werten für Wasser (**b**)

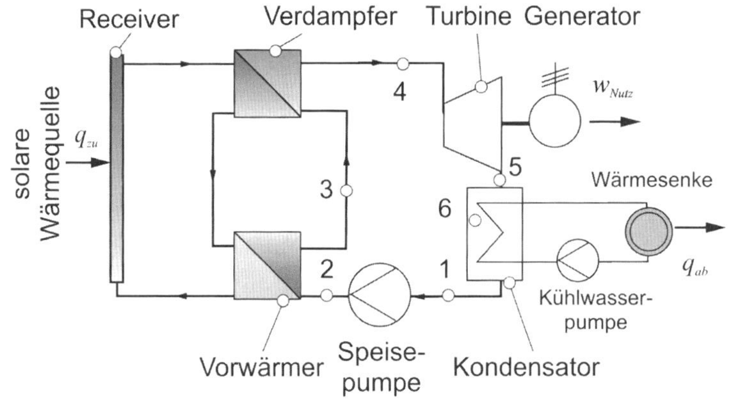

Abb. 7.70 Blockschaltbild eines einfachen Clausius-Rankine-Prozess mit organischem Arbeitsmittel (ORC)

das Arbeitsmittel nach der Druckerhöhung durch die Speisepumpe (1→2) den Vorwärmer (2→3) und im Anschluss daran den Verdampfer (3→4). Der Dampf wird in der Turbine entspannt (4→5). Am Austritt der Turbine liegt zumeist überhitzter Dampf (5) vor. Folglich muss ein Teil der Abwärme bei einer Temperatur oberhalb der Kondensationstemperatur abgeführt werden. Der Dampf wird im Kondensator entlang einer Isobaren enthitzt (5→6) und im Anschluss wieder verflüssigt (6→1). Im T-s-Diagramm bildet sich ein einfachen ORC Prozesses mit retrogradem Fluid wie in Abb. 7.71 dargestellt ab.

Der Wirkungsgrad eines ORC Prozesses kann in folgender Weise ermittelt werden:

$$\eta = \frac{q_{zu} - q_{ab}}{q_{zu}} = \frac{(h_4 - h_1) - (h_5 - h_1)}{(h_4 - h_1)}, \tag{7.93}$$

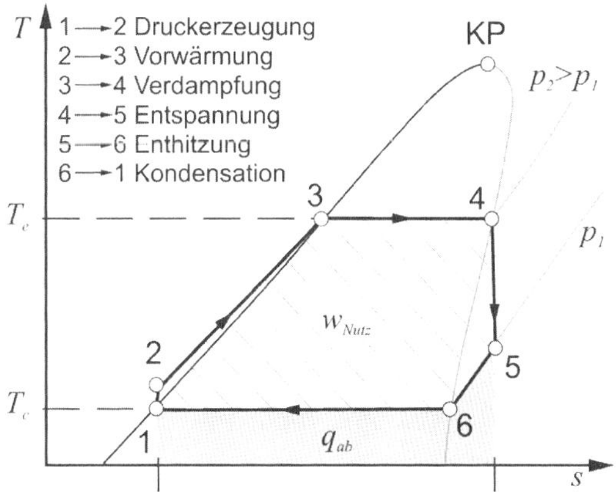

Abb. 7.71 T-s-Diagramm eines einfachen ORC Prozesses mit retrogradem Fluid

wenn man die Pumpleistung vereinfachend der Wärmezufuhr zugrechnet. q_{zu} und q_{ab} bezeichnen die zu- beziehungsweise abgeführte Wärme und h die spezifische Enthalpie des jeweiligen Zustands „i". Drückt man die Enthalpien in folgender Form aus:

$$(h_4 - h_1) = T_{m,zu}(s_4 - s_1) \text{ und } (h_5 - h_1) = T_{m,ab}(s_5 - s_1), \tag{7.94}$$

in der $T_{m,\,zu}$ die mittlere Temperatur der Energiezufuhr und $T_{m,\,ab}$ die der Wärmeabfuhr ist und nimmt zusätzlich an, dass die Entspannung in der Turbine isentrop ist ($\Delta s_{4\text{-}5}=0$), so ergibt sich für den Wirkungsgrad η folgende Beziehung:

$$\eta = \frac{T_{m,zu} - T_{m,ab}}{T_{m,zu}} = 1 - \frac{T_{m,ab}}{T_{m,zu}}. \tag{7.95}$$

Diese entspricht der Formulierung des Carnot Wirkungsgrads wie beim Wasser/Wasserdampf Kreislauf mit dem Unterschied, dass auch bei der Abwärme eine mittlere Temperatur eingesetzt werden muss. Diese kann in folgender Weise ermittelt werden:

$$T_{m,ab} = \frac{(T_5 s_5 - T_6 s_6) + (T_6 s_6 - T_1 s_1)}{s_5 - s_1} = \frac{T_5 s_5 - T_1 s_1}{s_5 - s_1}. \tag{7.96}$$

Damit kann auch $T_{m,\,zu}$ gefunden werden mit $q_{zu}=(T_{m,\,zu} \cdot \Delta s_{4-1})$ und $q_{ab}=(T_{m,\,ab} \cdot \Delta s_{5-1})$. Im Ergebnis erhält man:

$$T_{m,zu} = \frac{q_{zu}}{q_{ab}} T_{m,ab}. \tag{7.97}$$

Bei den in ORC Prozessen verwendeten Arbeitsmitteln wird basierend auf der Steigung der Taulinie im T-s-Diagramm zwischen trockenen (retrograden) und feuchten Fluiden unterschieden. Bei trockenen Arbeitsmitteln nimmt die Überhitzung während der Entspannung zu, wie das in der Abb. 7.72 dargestellte T-s-Diagramm zeigt. Der thermische Wirkungsgrad eines reversiblen Prozesses lässt sich im T-s-Diagramm als Flächenverhält-

Abb. 7.72 Schematische Darstellung eines ORC Prozesses mit Überhitzung bei einem retrograden Arbeitsmittel im T-s-Diagramm

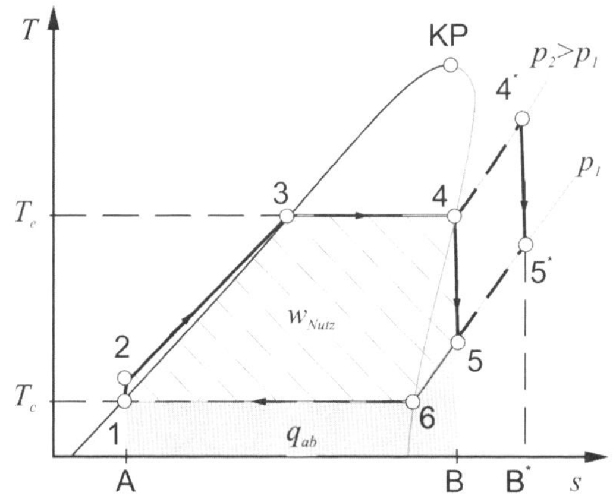

nis der Fläche ($w_{Nutz}+q_{ab}$) zur Fläche (q_{ab}) ablesen. Das Verhältnis der durch die Überhitzung hinzugewonnenen Fläche 4–4*-5*-5 zur Fläche B-4–4*-B* ist schlechter als das bei der Überhitzung des Wasser/Wasserdampf Kreisprozesses, das auf eine Reduktion der Endnässe am Ende der Entspannung in der Turbine abzielte. Die bei der Überhitzung zugeführte Wärme wird also mit einem geringeren thermischen Wirkungsgrad bezahlt. In der Folge leistet der Heißdampf-ORC-Prozess mit retrograden Fluiden zwar mehr Arbeit, liefert aber geringere thermische Wirkungsgrade als der des Sattdampfprozesses. In der Konsequenz ist für retrograde Fluide eine Überhitzung des Frischdampfes nicht sinnvoll. Eine Überhitzung des Frischdampfes retrograder Arbeitsmittel bewirkt keine Effizienzsteigerung.

Die Verschlechterung des Wirkungsgrads durch die bei retrograden Fluiden erforderliche Enthitzung von 5 nach 6 macht eine regenerative Vorwärmung des Arbeitsmittels besonders attraktiv. Denn ein Teil der bei der Enthitzung des dampfförmigen Arbeitsmittels anfallenden Wärme kann zur Vorwärmung des flüssigen Arbeitsmittels verwendet werden. Die Abb. 7.73 zeigt die regenerative Vorwärmung des Arbeitsmittels in einem Rekuperator im T-s-Diagramm.

Welches Fluid erweist sich als optimal? Bereits angesprochen wurde, dass das Verhältnis $c_{p,\,ORC}$ und Verdampfungsenthalpie $\Delta h_{V,\,ORC}$ möglichst groß sein sollte. Je weiter sich der obere Prozessdruck p_2 dem kritischen Druck p_{krit} annähert, desto geringer wird die Verdampfungsenthalpie und desto größer wird die spezifische Wärmekapazität des flüssigen Arbeitsmittels. Simultan nähert sich der Prozess im T-s-Diagramm der Dreiecksform. Für einen ORC Prozess ist es also günstig, wenn die kritische Temperatur des auszuwählenden Arbeitsmittels etwas über der oberen Prozesstemperatur liegt. Die Forderung nach einer möglichst hohen Verdampfungsenthalpie alleine ist nicht zielführend, da der rechteckige Carnot-Prozess bei der optimalen dreieckigen Charakteristik von Wärmequelle und Wärmesenke für retrograde Fluide wenig geeignet ist. Das Arbeitsmittel soll es erlauben, bei gegebenen Temperaturrandbedingungen ein möglichst großes Druckverhältnis p_2/p_1 zu realisieren. Die Steigung der Dampfdruckkurve des in der Abb. 7.74 dargestellten

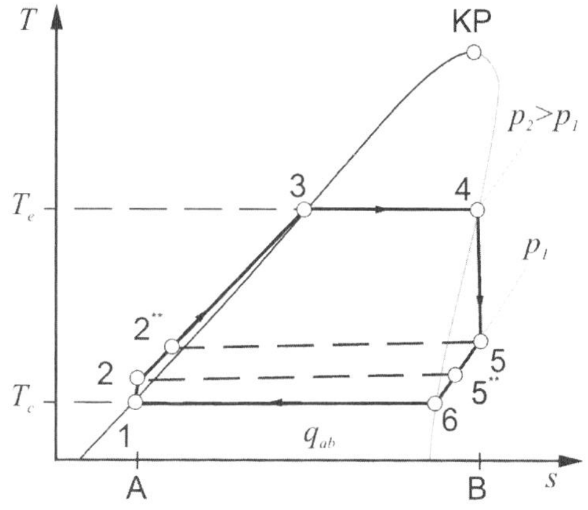

Abb. 7.73 ORC Prozesses mit regenerativer Vorwärmung des Fluids im *T*-*s*-Diagramm

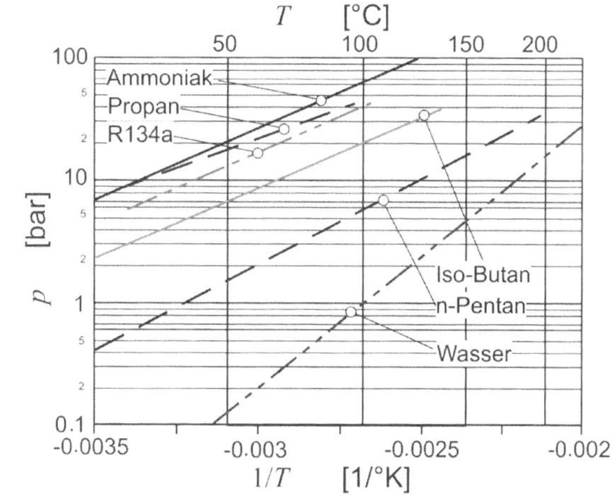

Abb. 7.74 Darstellung der Dampfdruckkurven als Funktion der negativen reziproken absoluten Temperatur (Raoult Diagramm) für einige Fluide aus. (Kohler 2005)

Raoult-Diagramms ist nach der Clausius-Clapeyron-Gleichung proportional zur Verdampfungsenthalpie $\Delta h_{V,\,ORC}$ (Traupel 1971). Mit Hilfe des Diagramms kann der Temperatur direkt die Drucklage des jeweiligen Arbeitsmittels zugewiesen werden. Damit versprechen Arbeitsmittel mit großer Verdampfungsenthalpie Vorteile, deren Ursache ein größeres zu erwartendes Druckverhältnis der Turbine ist und nicht eine mögliche Carnotisierung des Prozesses.

7.8.6.2 Kalina Prozess

Beim Kalina Prozess, der 1982 von Alexander Kalina vorgeschlagen (Kalina 1982) wurde, wird wie bei den ORC-Prozessen das warme Fluid nicht direkt genutzt, sondern es erfolgt ein Wärmetransfer an ein anderes Arbeitsmedium in einem Wärmeübertrager. Das Kalina Verfahren verwendet ein Ammoniak/Wasser Gemisch. Das zeotrope Gemisch verdampft über einen weiten Temperaturbereich und entspricht damit der Forderung nach einem Kreisprozess mit Dreiecksform. Dabei steht der Desorber mit der Freisetzung eines an

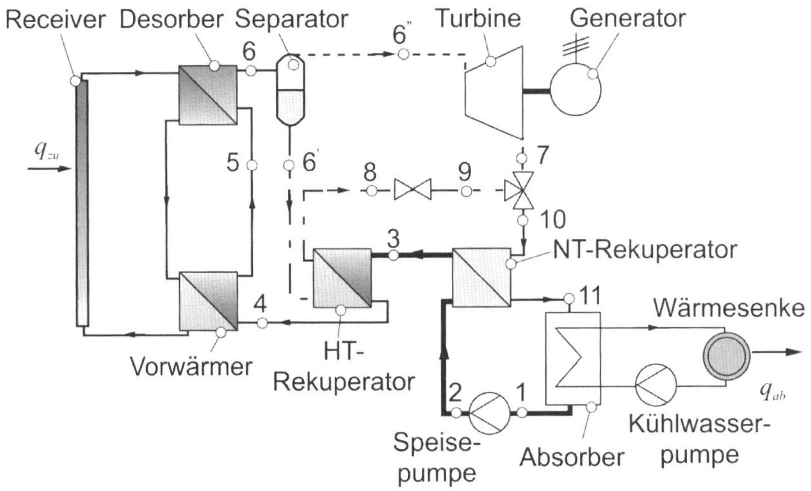

Abb. 7.75 KALINA Grundkreislauf. HT=Hochtemperatur, NT=Niedertemperatur, flüssige Grundlösung, ___ flüssige und gasförmige Grundlösung, (- - - -) ammoniakreiche Lösung, (-o-o-o-o-) ammoniakarme Lösung

Ammoniak reichen Gases an der Stelle eines Verdampfers und die Absorption dieses in der Turbine entspannten Gases in einer an Ammoniak armen Lösung entspricht dem Kondensator. Je nach Betriebsdrücken und Konzentrationsdifferenzen können unterschiedliche Kreisprozesse aufgebaut werden. Bekannt sind der KSC5 geeignet für separate Feuerungen oder Abwärme aus Industrieanlagen als Wärmequelle, der KSC6 als Kombinationsprozess mit einem vorgeschalteten Wasser/Dampf-Prozess oder der KSC11 zum Betrieb mit geothermischer Wärmeversorgung. (Wagar et al. 2010) beschreiben Prozesse mit 6 Entspannungen zur Kombination mit Solaranlagen. Den schematischen Aufbau einer Kalina-Anlage zeigt die Abb. 7.75.

Die Abb. 7.76 zeigt die Siede- und Taulinien der Ammoniak-Wasser-Mischung für einen hohen und einen niedrigen Druck (p_2 und p_1), die für das Verständnis der Zustandsänderungen insbesondere derer mit Konzentrations- und damit verbundenen Temperaturwechsel unerlässlich ist. Am Absorberaustritt (1) befindet sich die Grundlösung direkt auf der Siedelinie des unteren Prozessdruckes. Die Speisepumpe verdichtet die flüssige Grundlösung von p_1 auf p_2 ($1 \rightarrow 2$), in der sie unterkühlt ist. Mit der im Niedertemperatur-Rekuperator freiwerdenden Absorptionswärme ($10 \rightarrow 11$) wird die Lösung vorgewärmt ($2 \rightarrow 3$) und in einem Hochtemperaturrekuperator weiter erwärmt ($3 \rightarrow 4$). Die Grundlösung besitzt jetzt Dampfanteile. Der HT-Rekuperator bezieht die Wärme aus der warmen, ammoniakarmen Lösung, die sich von 6' nach 8 bewegt. Lediglich im Vorwärmer ($4 \rightarrow 5$) und im Desorber ($5 \rightarrow 6$) erfolgt die Zufuhr äußerer Wärme durch ein Primärfluid, beispielsweise einen Solarkollektor. Im Vorwärmer wird die Grundlösung zur Siedelinie erwärmt (5) und anschließend im Desorber teilweise verdampft (6). Am Desorberaus-

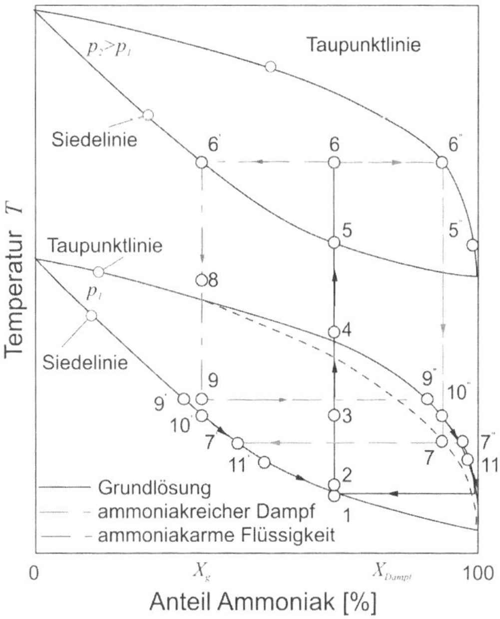

Abb. 7.76 Darstellung des Kalina-Kreislaufs im Siedediagramm der Ammoniak-Wasser-Mischung nach (Kohler 2005)

tritt (6) liegen zwei Phasen vor, die im Separator in einen ammoniakarmen (6') und einen ammoniakreichen Dampf (6") getrennt werden. Der ammoniakreiche Dampf wird in der Turbine bis auf p_1 bis zur maximal zulässigen Endnässe am Turbinenaustritt (gestrichelte Linie unterhalb der Taulinie) entspannt (6"→7). Die separierte ammoniakarme Flüssigkeit wärmt im HT-Rekuperator die Grundlösung vor und wird in einer Drossel entspannt (6'→7"→8). Die Drosselung führt über die Taulinie ins Zweiphasengebiet (Gleichgewichtspunkte 9' und 9"). Der ammoniakarme wie -reiche Fluidstrom befindet sich jetzt auf gleichem Druck. Beide werden gemischt (10, Gleichgewichtspunkte 10' und 10"). Die Absorptionswärme wird zum Teil innerhalb des Prozesses zur regenerativen Vorwärmung der Grundlösung genutzt (10→11) und der nicht nutzbare Teil wird im Absorber an die Umgebung abgeführt (11→1).

Die Abb. 7.77 zeigt einen Vergleich eines klassischen Rankine-Kreislaufs mit einem Kalina-Kreislauf im *T-s* Diagramm. Der Vorteil des Kalina-Prozesses liegt in den günstigeren Wärmeübertragungsverhältnissen bei Verdampfung und Kondensation, da die Zustandsänderungen im Gegensatz zum Rankine-Prozess nicht isotherm erfolgen. Hingegen werden gezielt die Eigenschaften von Gemischen genutzt, durch Konzentrationsänderungen Temperaturänderungen zu bewirken. Dies erfolgt durch Konzentrationsänderung der Einzelphasen von Wasser und Ammoniak bei konstanter Gesamtkonzentration und konstantem Druck. Dabei verdampft das Gemisch unter stetig ansteigenden Temperaturen bzw. kondensiert unter kontinuierlich sinkenden Temperaturen. Im Wesentlichen führen zwei Effekte zu einem gegenüber dem Rankine-Prozess verbesserten Wirkungsgrad:

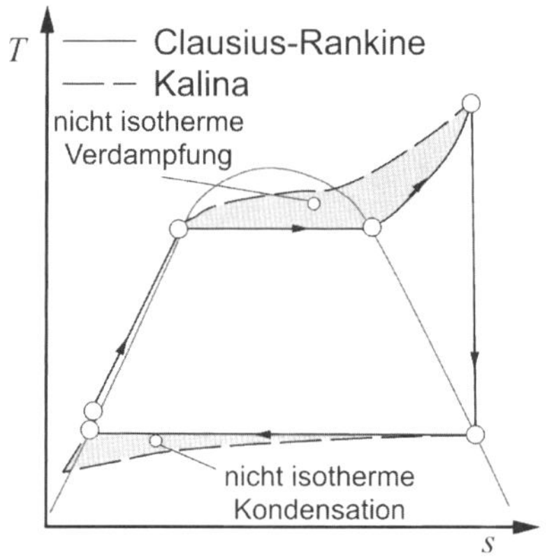

Abb. 7.77 Vergleich von Rankine- und Kalina-Kreisprozess im T-s Diagramm nach

- Durch die nicht isotherme Verdampfung bzw. Kondensation werden die Temperaturdifferenzen in den Wärmeübertragen und damit die Verluste bei der Wärmeübertragung geringer.
- Die mittlere Temperatur der Wärmeübertragung (obere Prozesstemperatur) wird angehoben und die mittlere Temperatur der Kondensation (untere Prozesstemperatur) abgesenkt.

Aber der Vorteil kleiner Temperaturdifferenzen bei der Wärmeübertragung (hohe Nusselt-Zahlen) bedeutet inhärent große Wärmeübertragungsflächen. Darüber hinaus ist der Wärmeübergang bei Diffusions- und Absorptionsvorgängen klein. Technische Herausforderungen birgt auch die chemische Stabilität des Ammoniak oder anderer Lösungsmittel, die einen erheblichen technischen und monetären Aufwand bedeuten.

7.8.7 Kopplung Spiegelfeld- Energiekonversion, fossil-solare Hybridkraftwerke

Zur effizienten Auslegung eines solarthermischen Kraftwerkes müssen die Vorgänge des Spiegelfeldes und der Konzentration mit den daran beteiligten Verlustprozessen mit dem gewählten Energieerzeugungsprozess verknüpft werden. Nach Ermittlung des zur Verfügung stehenden Kollektorfeldes kann der Kraftwerksprozess in die Optimierung einbezogen werden. Die am Standort verfügbare Medienversorgung beispielsweise eine Wasserdurchflusskühlung oder nur eine Luftkühlung des Kondensators hat einen wesentlichen auf den Kraftwerkswirkungsgrad. Sie bestimmt damit nicht nur den Optimierungsprozess wesentlich sondern erlaubt auch Vergleiche verschiedener optional möglicher Standorte.

Doch zunächst kann man einige Vorüberlegungen anstellen. Im Abschn. 3.5.3 wurde der Wirkungsgrad eines konzentrierenden Systems als Funktion der Absorbertemperatur T_A bestimmt (vergl. Abb. 3.18). Demnach steigt der ermittelte Absorberwirkungsgrad mit wachsendem Konzentrationsverhältnis k und größer werdender spezifischer Einstrah-

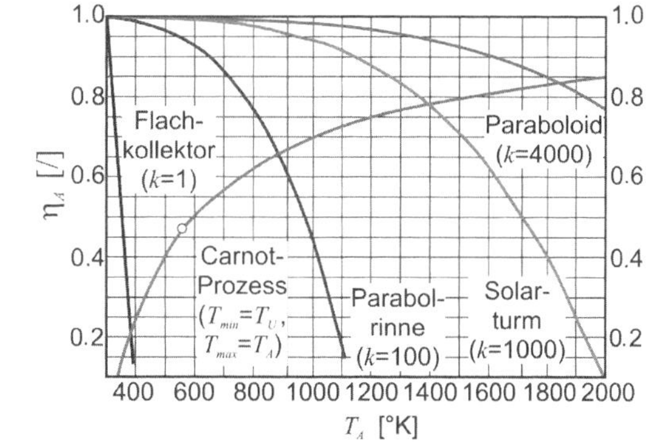

Abb. 7.78 Absorberwirkungsgrad η_A und Carnot-Wirkungsgrad η_c verschiedener solarthermischer Anlagenkonzepte als Funktion der Absorbertemperatur T_A

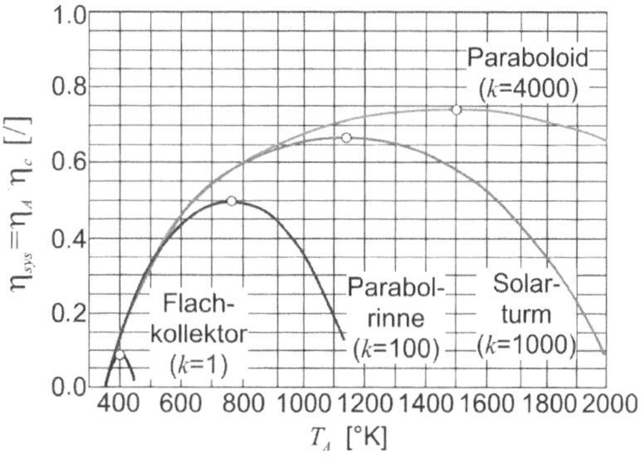

Abb. 7.79 Systemwirkungsgrad η_{sys} aus dem Produkt Absorberwirkungsgrad η_A und maximaler Carnot-Wirkungsgrad η_c verschiedener solarthermischer Anlagenkonzepte als Funktion der Absorbertemperatur T_A

lungsintensität i an, wie die Abb. 7.78 zeigt und bei gleicher Absorbertemperatur T_A wächst der Absorberwirkungsgrad η_A mit steigendem Konzentrationsverhältnis, da die Verluste überproportional abnehmen. Für den Carnot Wirkungsgrads gilt ähnliches. Mit steigender maximaler Prozesstemperatur und gleichbleibender minimaler Temperatur wächst der Carnot-Wirkungsgrad an. Ein maximaler Wert ergibt sich, wenn die maximale Prozesstemperatur der des Absorbers entspricht, d. h. $T_{max} = T_A$ und gleichzeitig T_{min} den Wert der Umgebungstemperatur T_U annimmt. Die Abb. 7.78 zeigt diesen Verlauf als Funktion der Absorbertemperatur.

Verknüpft man den Absorberwirkungsgrad η_A mit dem thermischen Wirkungsgrad des Carnot-Prozesses η_c unter optimalen Bedingungen, so ergibt sich die in Abb. 7.79 dargestellte Kurvenschaar für den Systemwirkungsgrad η_{sys}, die für ein spezifisches Konzentrationsverhältnis k ein Maximum aufweist. Rechnerisch ergibt sich η_{sys} in folgender Weise:

$$n_{sys} = \eta_A \cdot \eta_c = \underbrace{\left(\frac{Q_{ein} - Q_{verlust}}{Q_{ein}}\right)}_{\eta_A} \cdot \underbrace{\left(1 - \frac{T_{\min}}{T_{\max}}\right)}_{\eta_c} = \alpha - \frac{\sigma \varepsilon \left(T_A^4 - T_U^4\right)}{k \cdot i} \cdot \left(1 - \frac{T_{\min}}{T_{\max}}\right), \tag{7.98}$$

Abb. 7.80 Wirkungsgradverlauf des thermodynamischer Wirkungsgrad eines Joule Brayton Prozesses ($\eta_{th,}$ --) und Systemwirkungsgrad η_{sys} bei Kopplung mit dem Kollektorwirkungsgrad η_A als Funktion der maximalen Wärmeträgertemperatur

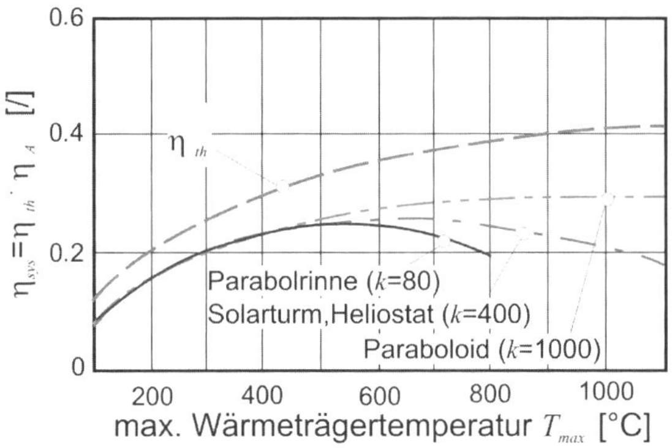

in der Q_{ein} die eingestrahlte Wärmeleistung ist und $Q_{verlust}$ der Wärmeverlust des Absorbers. α gibt den effektiven Absorptionskoeffizienten des Absorbers an.

Eine zentrale Erkenntnis der Abbildung ist, dass es für jedes Anlagenkonzept einen durch das Konzentrationsverhältnis gegebenen maximalen Systemwirkungsgrad gibt. Eine weitere Steigerung der Absorbertemperatur führt dann zu keiner Wirkungsgradsteigerung mehr.

Im Realfall sind die erzielbaren thermodynamischen Wirkungsgrade der Kreisprozesse niedriger als der des idealen Carnot-Kreislaufs. Verknüpft man den Absorberwirkungsgrad mit dem thermodynamischen Wirkungsgrad beispielsweise eines Joule-Brayton-Kreisprozesses, so erhält man qualitativ den in der Abb. 7.80 dargestellten Systemwirkungsgrad η_{sys} als Funktion der Temperatur des Wärmeträgers bei verschiedenen Konzentrationsverhältnissen k. Die darin erreichbaren Werte liegen erheblich unterhalb derer der idealisierten Betrachtung, da sowohl die maximale Wärmeträgertemperatur unter der maximalen Absorbertemperatur liegt und auch die niedrigste Prozesstemperatur deutlich größer als T_U ist. Aber selbst diese Suggestion, dass Systemwirkungsgrade η_{sys} von $\eta_{sys} \approx 20–30\ \%$ erreichbar sind, sind eher akademischer Natur. Denn wie aus der Optimierung im Abschn. 7.5 ausgearbeitet worden ist, beträgt der optische Wirkungsgrad η_{opt} selbst bei senkrechtem Einfall zwischen 50 und 70 %. Diese müssen multiplikativ mit dem Systemwirkungsgrad gekoppelt werden.

Weitere Wirkungsgradverringerungen entstehen durch thermische Verluste im Rohrleitungsnetz. Diese sind bei Turmanlagen relativ klein, betragen aber bei Parabol- und Fresnelsystemen mit ihren mehreren kilometerlangen Leitungen oft mehr als 10 %. Da der maximale Auslegungspunkt in Solarkraftwerksanlagen zumeist so gewählt wird, dass selbst bei einer mittleren Einstrahlung die Nennleistung erreicht wird, entstehen zusätzliche Verluste durch das sogenannte Dumping. Weitere Verluste sind unter anderem die Wandlungsverluste im Generator (zumeist kleiner als 1 %), Leistungsaufnahme der Stellmotoren zur Spiegelsteuerung und viele andere mehr. Da alle am Gesamtprozess teilnehmenden Wirkungsgrade multiplikativ miteinander verknüpft sind, liegen in der Realität die Gesamtwirkungsgrade solarthermischer Systeme η_{ges} in der Größenordnung von etwa 20 %.

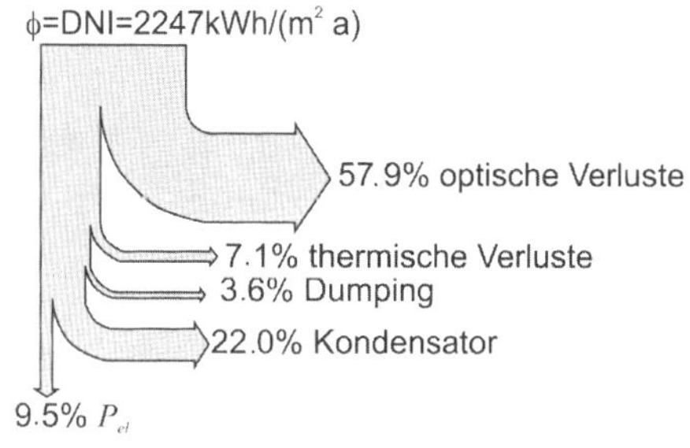

Abb. 7.81 Sankey-Diagramm zur Verlustkette eines solarthermischen Kraftwerks im portugiesischem Faro. (Mertins 2006)

Im Regelfall werden alle Verlustprozesse in einem sogenannten Sankey-Diagramm aufgeführt. Das in der Abb. 7.81 dargestellte Sankey-Diagramm zeigt die Verlustkette, ausgehend von der Direktnormalstrahlung (DNI) bis zum elektrischen Ertrag (P_{el}) für ein Fresnelkraftwerk in portugiesischem Faro, das mit einem einfachen Dampfprozess arbeitet. Von der dort jährlich eingestrahlten Direktnormalstrahlung gehen fast 58 % durch optische Verluste verloren, während die thermischen Verluste mit 7 % deutlich geringer ausfallen. Einen kleinen Anteil haben die Verluste (knapp 4 %), die durch die Begrenzung des Aufnahmevermögens der Turbine entstehen (Dumping). Bedingt durch den thermischen Wirkungsgrad des Kraftwerksprozesses von etwa 32 %, bezogen auf die vom Solarfeld erzeugte thermische Leistung, gehen nochmal 22 % im Kondensator der Kraftwerkskühlung verloren. Wenn möglich ist eine Durchflusskühlung dem Luftkondensator vorzuziehen. Die großen notwendigen Wassermengen der Durchflusskühlung aus Meer oder Fluss sind aber gerade an sonneneinstrahlungsreichen Standorten nicht notwendigerweise vorhanden.

Die meisten Solarkraftwerksysteme nutzen einen Clausius-Rankine-Prozess als Energiekonversionsverfahren, da neben bewährten Speichertechnologien auch auf Komponenten aus dem konventionellen Kraftwerksbau zurückgegriffen werden kann. Dies gewährleistet neben der Planungs- und Preissicherheit auch eine hinreichende Betriebssicherheit.

Bei der Entwicklung einer solarthermischen Kraftwerksanlage stellt sich oft die Frage, ob ein einfacher oder ein aufwändiger Dampfprozess gewählt werden soll. Vergleicht man beide, so liegt die Wirkungsgradverbesserung des aufwändigen Prozesses lediglich bei wenigen Prozent, obwohl am Auslegungspunkt der thermische Wirkungsgrad im Mittel um ca. 15 % höher ist. Der Kollektor erzeugt beim aufwändigen Prozess eine höhere Mitteltemperatur, allerdings steigen die Wärmeverluste erheblich schneller an. Die höhere Mitteltemperatur resultiert zum einen aus der Zwischenüberhitzung und zum anderen aus der durch die größere Anzahl an Vorwärmern bedingten höheren Eintrittstemperatur ins Solarfeld. Die erhöhten Wärmeverluste wirken sich insbesondere beim Solarfarm-Kraftwerkskonzept, wie Parabolrinnen- oder Fresnelkraftwerken, wegen ihrer großen Leitungslängen stark aus. (Mertins 2006) wies bei einem optimierten Fresnelkraftwerk einen um ca. 37 % größeren Wärmeverlust bei Wahl eines aufwändigen Dampfprozesses nach, der durch eine höhere Kollektorfeldeintrittstemperatur (226 °C gegenüber 150 °C) zustande kam. Ebenso kann es durch den zweiten Überhitzer zu weiteren Verlusten kommen, die durch die Anpassung insbesondere bei niedrigen Dampfmassenströmen also ge-

Tab. 7.6 Kostenanteile der individuellen Anlagensegmente solarthermischer Kraftwerkstypen. (Tellez 2006; Martinez 2006)

Kosten	Solarfarm (%)	Solarturm (%)
Solarfeld-Heliostaten	45	36
Kraftwerksblock	13	15
Wärmetransportkette	7 (Absorberverrohrung, ...)	18 (Turm, Receiver, ...)
Bau (Land, Aufstellung, ...)	3	2
Anlagenperipherie	7	7
Service, Instandhaltung	7	5
Speicher	3	3
Sonstige Kosten	15	14

ringer solarer Einstrahlungsleistung entstehen. Durch den höheren apparativen Aufwand des aufwändigen Prozesses verteuert sich der Kraftwerksblock im Regelfall nur um wenige Prozent.

7.8.8 Kostenstrukturen und Optionen solarthermischer Kraftwerke

Insgesamt unterscheiden sich die Kostenstrukturen zwischen Kraftwerken eines Solarfarm- oder eines Solarturmkonzeptes nur in wenigen Aspekten, wie die Tab. 7.6 skizziert. Die Angaben beziehen sich jeweils auf eine Anlage der Größenordnung von 50 MW mit einem thermischen Speicher von ca. 3 Stunden. Wesentliche Unterschiede bei der Kostenstruktur zwischen beiden Kraftwerkstypen treten beim Spiegelfeld und bei der Wärmetransportkette auf. Wegen des geringeren Konzentrationsverhältnisses eines Solarfarmkonzeptes machen die Heliostaten und deren Instandhaltung einen größeren Anteil aus als beim Turmkonzept. Freilich entfallen bei den Solarfarmen die Kosten eines Turms und der relativ teuren Receivereinheit.

Der Anteil des Kraftwerksblockes an der Gesamtinvestition beträgt im Durchschnitt etwa 15–20 % der Gesamtinvestitionskosten, abhängig von der Größe der projektierten Anlage. Eine Verteuerung durch Wahl eines aufwändigen Dampfprozesses schlägt sich damit in etwa gleicher Größenordnung auf die Stromgestehungskosten (*LEC*≡*L*evelized *E*lectricity *C*osts) durch. Da aber die spezifischen Kollektorpreise in den letzten Jahren deutlich gefallen sind, kann es sinnvoller sein, das Solarfeld größer auszulegen anstatt einen aufwändigen Dampfprozess zu wählen. Insgesamt zeigt sich, dass der Dampfkreislauf nicht unabhängig von den Eigenschaften des Kollektorfeldes optimiert werden sollte. Insbesondere bei den Solarfarmkraftwerken erweist es sich oft als zweckmäßig, einen einfachen bei der solaren Wechselbelastung weniger anfälligen Prozess zu verwenden. Je günstiger also der Kollektor, desto stärker fällt auch eine Verteuerung des Kraftwerksblockes aus, da das Geld für die Verbesserung des Prozesses auch in eine Vergrößerung des Solarfeldes investiert werden kann.

Bei Solarturmkonzepten entfällt die Sensitivität bezüglich der thermischen Leitungsverluste weitgehend. Damit ist dort der aufwändige Dampfprozess bezüglich des Gesamtwirkungsgrades grundsätzlich attraktiver.

Von zentraler Bedeutung bei der Auslegungsoptimierung eines solarthermischen Kraftwerks ist die Kopplung der Kollektorfeldeigenschaften mit denen des Energiekonversionsprozesses. Dies erfordert die Berücksichtigung der täglich auftretenden Wechsellastfälle, unter denen ein effizienter Kraftwerksbetrieb gewährleistet werden muss. Hocheffiziente Einzelsysteme können hier am Auslegungspunkt zwar einen höheren Wirkungsgrad aufweisen, aber integral über das Lastjahr nur einen geringen im Einzelfall sogar gar keinen Vorteil aufweisen.

In der Stromerzeugungsbranche spielen die Gestehungskosten die zentrale Rolle. Die Stromgestehungskosten werden durch die Umlegung der gesamten jährlichen Kosten (*GK*=Grundkosten) auf den jährlichen elektrischen Ertrag berechnet.

$$LEC = \frac{GK}{\int\limits_{t=0}^{t=365Tage} P_{el}\, dt}. \tag{7.99}$$

Gegenwärtig ist nicht erkennbar, welches solarthermische Kraftwerkskonzept einem anderen überlegen ist, so dass in einer Vielzahl von Projekten spezifische Fragestellungen evaluiert und wissenschaftlich technischen Lösungen zugeführt werden. In diesem Sinne befindet sich die kraftwerkstechnische Solarthermie im teil- oder vorkommerziellen Erprobungsstadium.

Unter diesem Aspekt könnte auch die technische Option eines hybriden Kraftwerks eine Zukunftsoption darstellen. Unter Hybridkraftwerken soll hier eine Mischform aus solarthermischem Kraftwerk und einer konventionellen fossil befeuerten Anlage verstanden werden. Damit entfällt zwar das Argument einer CO_2-freien Energiegestehung, aber die pro Megawattstunde entstehende Kohlendioxidfreisetzung reduziert sich gegenüber rein fossilen Kraftwerken erheblich. Der Vorteil solarthermischer Kraftwerke ist, dass sie schon auf der unmittelbaren Prozessebene mit fossilen Brennstoffen hybridisiert werden können. Bei der Hybridisierung wird zwischen zwei Typen unterschieden:

- solare Unterstützung konventioneller Kraftwerke
- fossile Unterstützung von Solarkraftwerken.

Erstere wäre zum Beispiel eine Einspeisung solarer Prozesswärme in die Speisewasservorwärmung von Kohlekraftwerken oder ihre Integration in GuD-Kraftwerke (Marko 1995). Die fossile Unterstützung von Solarkraftwerken wäre ein mit einem gasbetriebenen Kanalbrenner unterstütztes solarthermisches Kraftwerk, wie es im Zusammenhang mit Solarturmanlagen in der Abb. 7.3 angesprochen wurde. Bei der Anbindung eines Kollektorfeldes an ein Kohlekraftwerk wird bei entsprechender Einstrahlung ein Teil der Leistung der regenerativen Speisewasservorwärmung durch Solarenergie ersetzt, so dass weniger Dampf aus den Turbinenstufen abgezapft werden muss. Dieser kann zur zusätzlichen Stromerzeugung genutzt werden. Da die maximale thermische Leistung, die solar eingespeist werden kann, im Vergleich zur Leistung des Kohlekessels klein ist, fällt der Solaranteil mit wenigen Prozent gering aus (Bockamp et al. 2003). Da aber der fossile Wirkungsgrad des Kraftwerkes durch die solare Einspeisung nicht beeinflusst wird und kaum technische Probleme zu erwarten sind, ist diese Variante der Hybridisierung eine gute Möglichkeit zur Markteinführung von konzentrierenden Solarkollektoren. Durch den Wegfall der Investition in den Kraftwerksteil verringert sich das finanzielle Risiko gegenüber rein solaren Varianten (Solar-Only) erheblich (Morin et al. 2004). GuD-Kraftwerke nutzen Gas erst in einer Gasturbine und verwerten die Abhitze der Verbrennungsgase zur Beheizung eines Dampfkreislaufes. Durch diese Kombination werden fossile Kraftwerke möglich, die thermische Wirkungsgrade von bis zu 58 % erreichen. Das Konzept des „*integrated solar combined cycle system*" (ISCCS) versucht, diese modernste und effektivste Kraftwerkstechnik mit solarer Prozesswärme zu verbinden. Um größere Mengen solar erzeugten Dampfes eines Parabolrinnen- oder Fresnel-Kollektorfeldes in der nachgeschalteten Dampfturbine zu verwerten, muss entweder die Gasturbine in Teillast gehen oder die Dampfturbine überdimensioniert werden. Ersteres ist mit erheblichen Wirkungsgradeinbußen verbunden, so dass bei solarer Zusatzleistung die Gasturbine das eingesetzte Gas schlechter verstromt und der solare Zusatznutzen deutlich reduziert wird. Durch die Überdimensionierung der Dampfturbine läuft diese bei mangelnder Einstrahlung ebenfalls in Teillast und erreicht auch etwas geringere Wirkungsgrade als eine rein auf fossilen Betrieb optimierte Anlage. Das vor allem nachts zusätzlich verfeuerte Gas muss tagsüber bei solarer Einstrahlung also erst kompensiert werden, bis das Solarfeld einen tatsächlichen Beitrag liefert. Je größer die Überdimensionierung der Dampfturbine, desto höher kann zwar der Solaranteil ausfallen; aufgrund des schlechteren Teillastverhaltens jedoch mit verringertem solarem Wirkungsgrad. Eine falsche Auslegung eines ISCCS kann also dazu führen, dass durch die solare Einspeisung auf ein Jahr gesehen mehr Gas für die Kilowattstunde verbraucht wird als in einem Referenzkraftwerk ohne solare Unterstützung. Eine der künftigen technischen Herausforderungen ist es, Kraftwerkstechnik, Speicher und fluktuierendes Solarfeldangebot effizient aufeinander abzustimmen.

Auch bei der ISCCS-Variante fallen die Solaranteile demnach sinnvollerweise gering aus. Bezogen auf das Gesamtrisiko der Integration erscheint die Speisewasservorwärmung in bestehenden Kohlekraftwerken zur Markteinführung sinnvoller. Anders verhält es sich, falls es gelingt, die hohen Temperaturen von Turmkraftwerken direkt in die Gasturbine einzuspeisen (Kribus et al. 1998), oder über entsprechende Speicherkonzepte die Teillastzeiten der Dampfturbine möglichst gering zu halten. Eine Möglichkeit, eine Hybridisierung mit einem hohen Solaranteil zu erreichen, ist ein zum Solarfeld parallel geschalteter, gasbefeuerter Verdampfer. Da das Gas bestenfalls mit dem thermischen Wirkungsgrad des dem Kollektorfeld nachgeschalteten Dampf-Prozesses umgesetzt werden kann und dieser verglichen mit den Werten eines GuD-Kraftwerkes um fast 50 % geringer ausfällt, sollte der Brenner nur unterstützend eingesetzt werden. Eine sinnvolle Betriebsstrategie ist, den parallelen, fossil befeuerten Verdampfer nur zu verwenden, wenn das Solarfeld

Dampf liefern kann, dieser aber nicht ausreicht, die Turbine unter Volllast zu betreiben. Dadurch werden kleine Schwankungen in der Einstrahlung ausgeglichen und der Nennmassenstrom der Turbine wird öfter erreicht. Durch die fossile Zufeuerung wird der solare Wirkungsgrad erhöht, weil Teillaststunden verringert werden. Je nach Dimensionierung des Brenners und des Solarfeldes kann der *LEC* deutlich gesenkt werden. Allerdings kann es langfristig nicht sinnvoll sein, einen fossilen Energieträger mit einem vergleichsweise schlechten Wirkungsgrad zu verfeuern, um den Stromgestehungspreis (*LEC*) von solaren Kraftwerken zu reduzieren. Wenn das Gas allerdings in kleinen Mengen eingesetzt dazu dienen kann, das technische Risiko durch das Auffangen von Leistungsschwankungen des Kollektors zu minimieren, und damit vorwiegend solar betriebene Kraftwerke überhaupt erst möglich macht, so ist diese Variante sehr interessant.

Inwieweit solarthermische Energie zu „wettbewerbsfähigen“ Preisen erzeugt werden kann, soll in diesem Zusammenhang nicht diskutiert werden. Lediglich einige Anmerkungen grundsätzlicher Natur sollten verdeutlicht werden.

Solarthermische Kraftwerke erfordern wie alle Kraftwerkstypen Investitions- und Betriebsgrundkosten, die durch den Aufbau, Betrieb und Dekommissionierung entstehen. Bei solarthermischen Systemen entfallen lediglich die Betriebsstoffkosten, allerdings sind bedingt durch den permanenten Wechsellastbetrieb die Standzeiten gegenüber konventionellen Systemen verkürzt.

Ein viel wichtigerer Aspekt sollte ebenfalls nicht vergessen werden. Der Energiebedarf einer Gesellschaft richtet sich nach deren Bedarfsprofil in Grund-, Mittel- und Spitzenlast, die durch die Erwerbszweige wie auch die privaten Haushalte bestimmt wird. Das zeitliche Anforderungsprofil bestimmt damit nachhaltig den Energiepreis. Energie ist ein Grundversorgungsgut einer modernen Industrie- und Informationsgesellschaft. Damit erfordert sie eine zu jedem Zeitpunkt gewährleistete Gestehungssicherheit. Bei einer absehbaren Verringerung fossiler Ressourcen und damit deren steigender Preise pro Kilowattstunde erzeugter Energie können regenerative Energien und auch die Solarthermie einen wettbewerbsfähigen Beitrag leisten, sofern sie dem Anforderungsprofil des Kunden genügen, der den Preis zu erbringen hat. Der Versorgungssicherheitsaspekt erfordert die Entwicklung und Verbesserung großvolumiger Energiespeicher sowie die Einbettung regenerativer Energien in einen Energiemix.

Literatur

Abengoa Solar A (2010) Concentrating solar power-heliostats. Spanien

Andrews J, Akbarzadeh A (2002) Solar pond project: stage 1 – solar ponds for industrial process heating. renewable energy commercialisation program. (Australian Greenhouse Office, RMIT, Melbourne)

Avila-Marin AL (2011) Volumetric receivers in solar thermal power plants with central receiver system technology: a review. Solar Energy 85:891–910

Baines PG, Gill AE (1969) On thermohaline convection with linear gradient. J Fluid Mech 37:289–306

Bernhard R, Laabs H, Lalaing J, Eck M, Eickhoff M, Pottler K (2008) Linear fresnel collector demonstration on the PSA Part I—Design: construction and quality control. Proc. 14th Biennial SolarPACES Concentrating Solar

Bockamp S, Griestop T, Ewert M, Lerchenmüller H, Häberle A, Dersch J (2003) Solar thermal power generation. Proc. PowerGen Europe

Box ME (1958) A note on the generation of random normal deviates. Annals Math Stat 29:610 ff

Delmore VR (1980) Numerical simulation of thermohaline convection in the upper ocean. J Fluid Mechanics 96:803–826

Deutsches Zentrum für Luft- und Raumfahrt (DLR) (2008) Solarstrahlungsempfänger (Solarreceiver) auf dem Turmkraftwerk in Almería. (S. Institut für Technische Thermodynamik, Hrsg.)

DIN 1045 (2008) Tragwerke aus Beton, Stahlbeton und Spannbeton, Teil 1–3. DIN Deutsches Institut für Normung e. V. Beuth Verlag: Berlin

Dos Santos Bernardes MA, Voß A, Weinrebe G (2003) Thermal and technical analyses of solar chimneys. Sol Energy 75:511–524

Dos Santos Bernardes MA, von Backström TW (2010) Evaluation of operational control strategies applicable to solar chimney power plants. Sol Energy 84(2):277–288

Dubos F (1954) Harnessing the winds. In Ley W Engineers dream, Viking Press

Eck M, Steinmann WD (2002) Direct steam generation in parabolic troughs: first results of the diss project. ASME J Sol Energy Engng 124:134–139

Fluri TP, von Backström TW (2008) Performance analysis of the power conversion unit of a solar chimney power plant. Sol Energy 82(11):999–1008

Förster H, Schmidt K-P (2006) Kreisprozesse für die maximale Nutzung von Wärmeangeboten im Temperaturbereich von 80 bis 250 °C in Industrie, Geothermie und Solarwirtschaft. 1924:289–303

Günther H (1931). In hundert Jahren – Die künftige Energieversorgung der Welt. (F. V. Gesellschaft der Naturfreunde, Hrsg.) Stuttgart: Kosmos

Hendersson-Sellers B (1986) Calculating the surface energy balance for lake and reservoir modeling: A review. Rev Geophys 24:625–649

Hildebrandt C (2009) Hochtemperaturstabile Absorberschichten für linear konzentrierende solarthermische Kraftwerke. Dissertation, Universität Stuttgart, Institut für Thermodynamik und Wärmetechnik, Stuttgart

Hoffschmidt B, Fernandez V, Pitz-Paal R, Romero M, Stobbe M, Téllez F (2002) The development strategy of the HitRec volumetric receiver technology: upscaling from 200 kW_{th} via 3 MW_{th} up to 10 MW_{el}. Pro. 11th SolarPACES international symposium on concentrated solar power and chemical energy technologies

Kalina AI (1982) Patentnr. U.S. Patent No. 4,346,561. USA

Kammas A (2011) The Book of Synergy. Warthausen Germany: Frank Media

Köhler S (2005) Geothermisch angetriebene Dampfkraftprozesse Analyse und Prozessvergleich binärer Kraftwerke. Dissertation, Berlin

Kreetz H (1997) Theoretische Untersuchungen und Auslegung eines temporären Wasserspeichers für das Aufwindkraftwerk. TU, Berlin

Kribus A, Zaibel R, Carey D, Segal A, Karni J (1998) A solar-driven combined cycle power plant. Sol Energy 62(2):121–129

Lang C (2003) Beitrag zur Theorie, Numerik und Anwendung nichtlinearer Algorithmen zur statischen und dynamischen Analyse von Stahlbetonrotationsschalen. Dissertation, Universität Kaiserslautern, Fachgebiet Baustatik, Kaiserslautern

Leblanc J, Akbarzadeh A, Andrews J, Lu H, Golding P (2011) Heat extraction methods from salinity-gradient solar ponds and introduction of a novel system of heat extraction for improved efficiency. Sol Energy 3103–3142

Lenz J, Meiswinkel R (2005) Die VGB-Richtlinie „Bautechnik bei Kühltürmen“ und ihre Anpassung an dien eue DIN 1045/DIN 1055. Beton- und Stahlbeton 100(1):12–19

Lewis RI, Lewin DR, Seider WD, Seader JD (1996) Turbomachinery performance analysis. John Wiley and Sons Inc

Losordo T, Piedrahita R (1991) Modeling temperature variation and thermal stratification in shallow water aquaculture ponds. Ecol Model 54(3–4):189–226

Lu H, Swift AH, Hein HD, Walton JC (2004) Advancements in salinity gradient solar pond technology based on sixteen years of operational experience. ASME J Sol Energy Engng 126:759–767

Ma X, Karamos GS, Karniadakis GE (2000) Dynamics and low-dimensionality of a turbulent near wake. J Fluid Mech 410:29–65

Marko A (1995) Integrierte Konzepte zum Einsatz der Solarenergie in der Kraftwerkstechnik. Düsseldorf: Fortschritt-Berichte VDI, Reihe 6: Energieerzeugung

Martinez D (2006) Plataforma Solar de Almería: The European Solar Thermal Test Centre. CERN Acad. Training. Toward Sustainable Energy Systems? Geneva

May EK, Murphy LM (1983) Performance benefits of the direct generation of steam in line-focus solar collectors. ASME J Sol Energy Engng 105:126–133

Mertins M (2006) Technische und wirtschaftliche Analyse von horizontalen Fresnel-Kollektoren. Dissertation Universität Karlsruhe, Fakultät Maschinenbau

Morin G, Lerchenmüller H, Mertins M, Ewert M, Fruth M, Bockamp S (2004) Plug-in strategy for market introduction of fresnel-collectors. Proc. 12th International Symposium SolarPaces

Morin G, Neuhäuser A, Platzer W, Sauerborn A (2009) Solarthermische Kraftwerke für den mittleren Leistungsbereich Machbarkeitsstudie unter Einbeziehung neuer Kraftwerkskomponenten und Versorgungsstrategien. Bundesministerium für Umwelt, Naturschutz und Reaktorsicherheit (BMU) Förderkennzeichen: 03UM0085, Fraunhofer ISE, Freiburg

Neumann A, Witzke A, Scott J, Schmitt G (2002) Representative terrestrial solar brightness profiles. ASME J Sol Energy Engng 124:198–204

NIST (2007) Reference fluid thermodynamic and transport properties. Boulder Colorado, USA: National Institute of Standards and Technology

Novatec Solar (2010) PE 1 – World‘s first fresnel solar power plant in commercial operation. 76133 Karlsruhe, Germany: www.novatecsolar.com.

Oertel H (2010) Prandtl-essentials of fluid mechanics. Springer

Pacheco JE (2002). Final test and evaluation results from the solar two project. solar thermal technology. Sandia National Laboratories, Albuquerque, NM, USA

Peters HL (1971) Numerische Lösung der Grundgleichungen des Spannungs- und Verformungszustandes allgemeiner Flächentragwerke im Rahmen einer linearen Theorie – Scheibe – Platte – Schale. Bochum: Ruhr-Universität Bochum

Peters HL (1972) Beitrag zur Dynamik allgemeiner Flächentragwerke. Bochum: Ruhr-Universität Bochum

Pettit RB (1977) Characterization of the reflected beam profile of solar mirror materials. Sol Energy 19(6):733–741

Pitz-Paal R, Buck R, Hoffschmidt B (2002) Solarturmkraftwerkssysteme. FVS Themen 2002

Price H, Lüpfert E, Kearney D, Zarza E, Cohen G, Gee R (2002) Advances in parabolic trough solar power technolog. ASME J Sol Energy Eng 124:109–125

Rabl A, Nielsen C (1975) Solar ponds for space heating. Solar Energy 17(1):1–12

Rebai LK, Mojtabi AK, Safi MJ, Mohamad AA (2006) A linear stability study of the gradient zone of a solar pond. Transactions ASME J Sol Energy Eng 128(3):383–393

Romero M, Buck R, Pacheco JE (2002) An update on solar central receiver systems, projects, and technologies. Int J Sol Energy Engng 124:109–125

Rosenberry DO, Winter TC, Buso DC, Likens GE (2007) Comparison of 15 evaporation methods applied to a small mountain lake in the northeastern USA. J Hydrol 340(3–4):149–166

Schlaich J, Schiel W (2001) Solar Chimneys. In Meyers RA Encyclopedia of physical science and technology, 3rd edn Ausg. Academic Press, London
Schott AG (2012) Hattenbergstr. 10, D-55122 Mainz. Kontakt: www.schott.com
Siemens AG – Energy Sector (2010) Kontakt: http://www.energy.siemens.com
Stempniewski L (1990) Flüssigkeitsgefüllte Stahlbetonbehälter unter Erdbebeneinwirkung. Karlsruhe Universität Karlsruhe
Suarez F, Tyler S, Childress AE (2010) A fully coupled, transient double-diffusive convective model for salt-gradient solar ponds. Internat. J Heat Mass Transfe 53:1718–1730
Sugarmen C, Ring R, Buck R, Uhlig R, Beuter M, Marcos MJ (2002) Solar-hybrid gas turbine. Proc. 11th SolarPACES International Symposium 101–108
Tellez M (2006) Concentrating solar power technologies and concentrating solar power technologies and innovations. In CERN academic training. towards sustainable energy systems? CERN (Hrsg.). Geneva
Traupel W (1971) Die Grundlagen der Thermodynamik. Karlsruhe: G. Braun Verlag
Traupel W (2001) Thermische Turbomaschinen; Erster Band. Thermodynamisch-strömungstechnische Berechnung. Küsnacht Schweiz: Springer Verlag
VDI (2005) VDI-Wärmeatlas-Berechnungsblätter für den Wärmeübergang (10. Auflage Ausg.). (D. D. V, Hrsg.) Springer-Verlag GmbH
Wagar WR, Zamfirescu C, Dincer I (2010) Thermodynamic performance assessment of an ammonia—water Rankine cycle for power and heat production. Energy Convers Manage 52(12):2501–2509
Walzl MD (1977) A solar flux density calculation for a solar tower comcentrator using a two-dimensional hermite function expansion. Sol Energy 19:239–253
Wang YF, Akbarzadeh AA (1983) A parametric study on solar ponds. Solar Energy 30:555–562
Wang J, Seyed-Yagoobi J (1994) Effects of water turbidity and salt concentration levels on penetration of solar radiation under water. Sol Energy 52:429–438
Weinrebe G (2000) Technische, ökologische und ökonomische Analyse von solarthermischen Turkraftwerken. IER, Universität Stuttgart
Weinrebe G (2004) Das Aufwindkraftwerk-Wasserkraftwerk der Küste. Nova Acta Leopoldina NF 91, Nr 339:117–141
Winter CJ, Sizman RL, Vant-Hull LL (1991) Solar power plants: Fundamentals, technology, systems, economics. Springer Verlag, Berlin
Zarza E, Valenzuela L, Leon J, Weyers H-D, Eickhoff M, Eck M (2002) The DISS project: direct steam generation in parabolic troughs. operation and maintenance experience and update on project status. Proceedings of Solar Forum ASME J Sol Energy Engng 124:126–133

8 Energiespeicher

8.1 Energieinhalt und Anforderungen an Speicher

Im Bereich der solaren Nutzung von Energie fällt ein Großteil der Energiemenge zu Tages- und Jahreszeiten an, in der sie nicht genutzt werden kann. Dementsprechend werden zum Ausgleich Kurz- und Langzeitspeicher benötigt. Man verwendet Hoch- und Mitteltemperaturspeicher für solarthermische Kraftwerke, Niedertemperaturwärmespeicher für Gebäude und elektrische Speicher für Photovoltaikanlagen. Für die Speicherauswahl sind Energieform, Energie- und Leistungsdichte, Zykluswirkungsgrad und –dauer, Selbstentladungsrate, Systemlebensdauer, Zuverlässigkeit und Kosten wesentliche Größen, die die Wirtschaftlichkeit erheblich beeinflussen.

Um sich ein Bild von der Größenordnung der erforderlichen Speicherkapazität machen zu können, ohne sich auf einen individuellen Anwendungszweck zu fokussieren, ist es sinnvoll den Energieinhalt verfügbarer Primärenergieträger als potenzielle Speicher zu betrachten. Die Abb. 8.1 gibt den spezifischen Energieinhalt E mehrerer direkter Energieträger in (kWh/kg) an. Die Grafik macht zunächst keine Unterscheidung bezüglich der Art der Energiebindung der Träger, sei sie chemischer, mechanischer oder volumetrischer Natur. Der Abbildung ist zu entnehmen, dass die spezifischen Energieinhalte der Primärenergieträger Wasserstoff wie auch die fossilen auf Kohlenwasserstoffen beruhenden Träger die größten spezifischen Energiedichten aufweisen. Der in chemischen Redoxsystemen wie Batterien gespeicherte Energieinhalt ist verglichen mit den fossilen Trägern gering und im Wesentlichen durch die elektrochemische Spannungsreihe der jeweiligen Stoffpaare limitiert. Auch Pumpspeicher und Druckluftspeicher weisen eine niedrige Energiedichte auf, so dass eine Speicherung signifikanter Energiemengen durch solare Erzeugung entweder einen erheblichen apparativen Aufwand bedeutet und/oder einen hinreichenden Platzbedarf (und damit auch der gesellschaftliche Akzeptanz) erfordert, der sich auch in den erforderlichen Investitionskosten niederschlägt.

Die Speicherfrage hat zentrale Bedeutung für die künftige Nutzung der Solarthermie als potenzieller Ersatz für fossile Primärenergieträger. Der Grundgedanke bei leistungs-

R. Stieglitz, V. Heinzel, *Thermische Solarenergie*,
DOI 10.1007/978-3-642-29475-4_8, © Springer-Verlag Berlin Heidelberg 2012

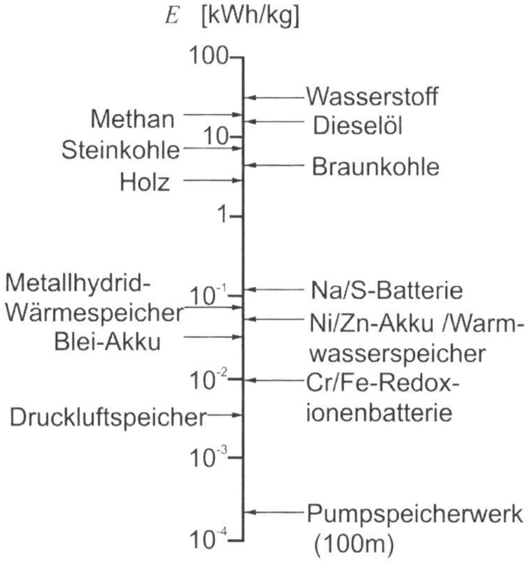

Abb. 8.1 Spezifische Energiedichte E (kWh/kg) verfügbarer Primärenergieträger

erzeugenden Systemen besteht darin, einen zur elektrischen Energieerzeugung geeigneten Speicher während der Hochangebotsstunden zu beladen. Die Speicherung erlaubt eine zeitliche Ausdehnung der solaren Stromproduktion vom Tag in den Abend hinein, sowie eine zeitliche Überbrückung des Durchzugs eventuell eines Wolkenfeldes und dient damit der Erhöhung der Verfügbarkeit und der Vergleichmäßigung des Kraftwerkbetriebes (mit den damit verbundenen höheren Standzeiten für Turbine und Generator). Bei der industriellen Nutzung muss eine gesicherte an den Arbeitsrhythmus angepasste Energieversorgung mit ca. 9 h pro Tag und eine 5 Tage Woche gewährleistet sein. Andernfalls ist eine Ersatzwärmeversorgung bereitzustellen und die solare Wärmeversorgung kann nur entsprechend einem Brennstoffersparnisbetrieb, dem niedrigsten Tarif, vergütet werden.

Auch bei der lediglich thermischen Nutzung der Solarthermie sind einige Grundregeln zu effizienten Nutzung zu beachten, die im Abschn. 8.6 diskutiert werden, aber der apparative Aufwand ist im Vergleich zu den Hochtemperatursystemen auf Grund der geringeren zirkulierenden Energiemengen erheblich geringer.

Als Energiespeicher für den Hochtemperatur- und Mitteltemperaturbereich bieten sich mehrere Optionen an. Wärmespeicher nutzen entweder die

- fühlbare, sensitive bzw. spezifische Wärme eines Stoffes entweder in Form eines direkten oder eines indirekten Speichers,
- und/oder die Latentwärme, die bei Phasenänderungen wie beim Schmelzen, Verdampfen oder Kristallstrukturänderungen auftreten.
- Reaktionsspeicher verwenden die Wärme, die von chemische Reaktionen, Dissoziationsvorgänge oder Adsorptionsvorgänge freigesetzt werden.

Neben der Speicherdichte und damit dem Speichervolumen ist eine weitere Fragestellung mindestens ebenso entscheidend für die Einbindung eines Kraftwerks in den Netzverbund:

In welchen Zeitskalen kann das Kraftwerk Leistung bereitstellen?

In diesem Zusammenhang muss darauf hingewiesen werden, dass insbesondere im elektrischen Netzverbund der Kunde eine Leistung, die über einen bestimmten Zeitraum genutzt wird, anfordert und nicht eine Arbeit. Das reine Energievolumen oder die erzeugte Energiemenge in Kilowattstunden spielt eine weniger große Rolle, vielmehr ist entscheidend, in welchem Zeitrahmen kann die Leistung eingespeist werden und über welche Länge. Daher unterscheidet man drei Klassen von Speichertypen:

- Kurzzeitspeicher im Bereich von Sekunden bis zu mehreren Minuten,
- Mittellastspeicher zur Überbrückung von einigen Minuten bis zu Stunden und
- Langzeitspeicher, die eine Bereitstellung bis hin zu mehreren Tagen erlauben.

Festzuhalten ist, dass Speicherart und zeitliche Speichernutzung eng mit dem Nutzeranforderungen verknüpft sein müssen.

Eine thermische Langzeitspeicherung kann im Niedertemperaturbereich zur lokalen Wärmeversorgung mit hohem Wirkungsgrad betrieben werden, während im Hochtemperaturbereich der Wirkungsgrad durch die hohen Speicherverluste eine ökonomische Nutzung als wenig angemessen erscheinen lassen.

Prinzipiell lassen sich mit Hilfe der in solarthermischen Kraftwerken erzeugten elektrischen Leistung auch elektrochemische Speicher wie Batterien laden oder Speichermedien wie Wasserstoff oder Kohlenwasserstoffe wie Methan herstellen. Da diese Option allen Kraftwerkstypen offen steht und nicht solarthermiespezifisch ist, wird in diesem Zusammenhang nicht darauf eingegangen.

Neben der Speicherart und der zeitlichen Bereitstellungsfähigkeit müssen die Speichermedien mehreren weiteren Aspekten genügen. Es sind dies:

- Hohe Speicherkapazität. In einem Speicher sollte bei ökomischen Abmessungen eine möglichst hohe Energiemenge gespeichert werden, um die Verluste gering halten zu können. Gleichzeitig sollten sie eine anforderungsspezifische Überbrückungsdauer mit hohem Wirkungsgrad gewährleisten.
- Gute Wärmeleitfähigkeit, damit eine schnelle und effiziente Übertragung sowohl beim Beladen (Einspeicherung der Wärme) wie auch beim Entladen (Ausspeichern) bei vertretbarem apparativen Aufwand gegeben ist.
- Verfügbarkeit und Kosten zur Sicherstellung der Wettbewerbsfähigkeit.
- Ladezyklenstabilität, Materialverträglichkeit. Oftmals kann durch das Solarangebot der Speicher nur teilweise beladen werden oder es folgen mehrfach volle Beladungen kurz hintereinander. Das Transferfluid muss dabei bei unterschiedlichen Lastszenarien seine thermophysikalischen Eigenschaften ohne Degradation beibehalten und gleichzeitig über das gesamte Temperaturspektrum mit den eingesetzten Strukturmaterialien der Komponenten (-wie Pumpe, Wärmetauscher, Tankfüllmaterial) kompatibel sein. Denn Korrosion oder Schichtbildung verändern signifikant das Speichervermögen wie auch die zeitliche Speichercharakteristik.

8.2 Auslegungsverhältnis solarthermischer Kraftwerke

Auf Grund des zeitlich stark schwankenden Leistungsangebots muss für einen wirtschaftlichen Betrieb wesentlich auf die Auslegung eines solarthermischen Kraftwerks Einfluss genommen werden. Insbesondere das Auslegungsverhältnis S_V, das der Quotient aus der thermischen Leistung des Solarfeldes zum Zeitpunkt der Auslegung $P_{th,SF,0}$ und der thermischer Nennleistung des Kraftwerksblocks $P_{th,KW}$ ist, muss deutlich größer als eins sein.

$$S_V = \frac{P_{th,SF,0}}{P_{th,KW}}. \tag{8.1}$$

Die Abb. 8.2 zeigt schematisch das Verhältnis Solarleistung zu Kraftwerksnennleistung als Funktion der Tageszeit am Sommerbeginn (21. Juni) und am Winterbeginn (21. Dez.). Ein Wert von S_V von eins bedeutet eine Äquivalenz von Solar und Kraftwerkleistung und ist bei konventionellen Kraftwerken durch die Verfügbarkeit der Erzeugungsquelle anzustreben, um einen optimalen Betrieb der aufeinander abgestimmten Komponenten zu erhalten.

Wird aber für ein solarthermisches Kraftwerk ein $S_V = 1$ zum Auslegungszeitpunkt 21. Juni gewählt, so ist keine Speicherungskapazität seitens des Kraftwerks vorhanden, um einen thermischen oder anderen Speicher zu beladen. Als Konsequenz ist die zeitliche Nutzung des Maschinenparks gering. Lediglich ein S_V-Verhältnis deutlich größer als eins erlaubt eine Beladung des Speichers mit einer Entladung im Sommer in die Abendstunden hinein. Die elektrische Verwertung ist nur bis zu einer gewissen Mindesttemperatur möglich, die einen Dampfprozess erlaubt. Die Nutzung ist am Abend nur bis zur Entladung bis zu dieser Mindesttemperatur begrenzt. Auch bei guter Isolierung werden bei diesem Temperaturniveau über Nacht Verluste auftreten. Diese müssen am nächsten Morgen, wenn die Sonne noch mit geringer Leistung einstrahlt, ausgeglichen werden, bevor ein Leistungsbetrieb aufgenommen werden kann.

Zu große S_V aber sind ebenfalls nicht wünschenswert, da eine Überladung des Speichers über dessen Kapazitätsgrenze aus mehreren Aspekten (unter anderem Material, Wärmeverluste) nicht wünschenswert ist. Bei Kraftwerken mit direkt verdampfenden Kollektorsystemen müssen in einem derartigen Fall entweder die Spiegel defokussiert oder die erzeugte Wärmemenge ohne Nutzung in die Umgebung abgegeben werden. Diese dabei verworfene Energiemenge wird als Dumping bezeichnet (vergl. Abschn. 7.7.4).

Aber auch die Wahl eines großen Auslegungsverhältnisses S_V verhindert nicht, dass im Winter auf Grund des geringeren Angebots die Anlage lediglich über einen kurzen Zeitraum eine hinreichende Energiemenge zur Stromerzeugung bei Nennleistung zur Verfügung stellen kann, wie die Abb. 8.2b illustriert. Die Speicherreserve fällt auf Grund der solar bereitgestellten geringeren Energiemenge erheblich kleiner aus oder entfällt gar, wie die Abb. 8.2b darstellt. Für diesen Zeitraum muss ein anderer Träger zur Gewährleistung der energetischen bzw. elektrischen Versorgungssicherheit bereitgestellt werden.

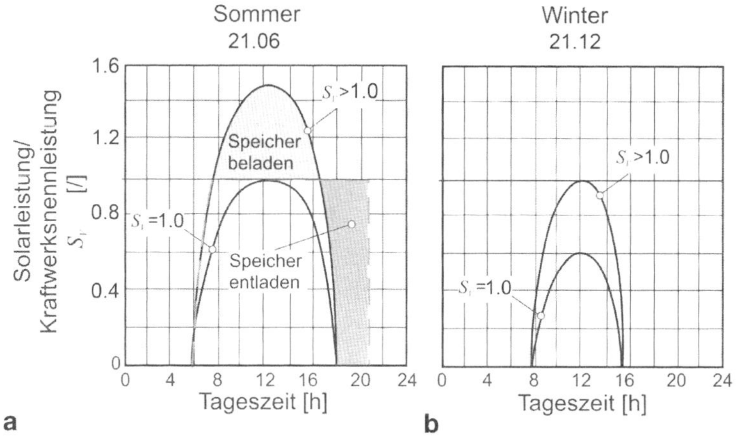

Abb. 8.2 Verhältnis Solarleistung- zu Kraftwerksnennleistung als Funktion der Tageszeit im Sommer bzw. Winter bei unterschiedlichen Auslegungsverhältnissen S_V. **a** Auslegung mit $S_V = 1.5$ am 21. Juni. erlaubt Speicherbe- und -entladung führt aber im Winter, **b** lediglich am Mittag zum Erreichen der Nennleistung

8.3 Direkte thermische Speicher

Als direkte Speicher werden solche bezeichnet, in denen das Speichermedium direkt die thermische Energie der Solarstrahlung aufnimmt. Dies setzt inhärent ein flüssiges oder gasförmiges Trägermedium voraus.

Für eine große Speicherkapazität und -dauer sollten daher die auf das Volumen bezogene spezifische Wärmekapazität sowie das Speichervolumen möglichst groß sein, denn der Wärmeinhalt skaliert mit dem Volumen des Speichers. Die thermischen Verluste des Speichers aber sind proportional zu dessen Oberfläche. Durch die Nutzung einer effizienten Wärmedämmung lässt sich die nutzbare Dauer der Wärmespeicherung erheblich steigern.

8.3.1 Flüssige Speichermedien

Die Tab. 8.1 zeigt eine Liste flüssiger Energiespeichermedien, deren typische Einsatztemperaturen, spezifische Wärmeleitfähigkeiten und Wärmekapazitäten. Darüber hinaus sind die volumenspezifischen Wärmekapazitäten sowie die Medienkosten pro Kilogramm und pro Kilowattstunde thermischer Energie aufgeführt (Stand 2011). Die Tab. 8.1 zeigt, dass Nitratsalze und Mineralöle ein vorteilhaftes Preisverhältnis pro erzeugte thermische Kilowattstunde aufweisen. Als Vergleich ist in der Tabelle auch Wasser dargestellt, das als

Tab. 8.1 Thermophysikalische Daten einiger potenzieller einphasiger Speichermedien sowie deren volumenspezifischer Wärmekapazität, gewichtsspezifischer Kosten und Kosten pro thermisch erzeugter Kilowattstunden (Barlev et al. 2011)

Speichermedium	T_{min}	T_{max}	ρ	λ	c_p	$(c_p \cdot \rho)$	Kosten/kg	Kosten/kWh_{th}
	(°C)	(°C)	(kg/m³)	W/(mK)	(J/(kgK))	(kWh/(m³K))	US $/kg	US $/$kWh_{th}$
Wasser	50	140	1000	0.67	4180	1.161	10^{-4}	
Mineralöl	200	300	770	0.12	2600	0.556	0.3	4.2
Synthetiköl	250	350	900	0.11	2300	0.575	3.0	43.0
Silikonöl	300	400	900	0.10	2100	0.525	5.0	80.0
Nitritsalze	250	450	1825	0.57	1500	0.760	1.0	12.0
Nitratsalze	265	565	1870	0.52	1600	0.831	0.5	3.7
Carbonatsalze	450	850	2100	2.0	1800	1.050	2.4	11.0
Natrium	140	550	850	71	1300	0.307	2.0	21.0

Hochtemperaturspeicher auf Grund der erforderlichen hohen Drücke trotz des niedrigen Medienpreises wenig konkurrenzfähig ist.

Salze weisen im Vergleich mit den Ölen auch ein höheres nutzbares Temperaturband auf, das sie unter energetischen Aspekten interessant macht. Gleichzeitig verfügen sie über eine signifikant höhere Wärmeleitfähigkeit als Öle und auch als Wasser. Sie erlauben damit eine schnelle und flexible Betriebsdynamik. Aber ähnlich wie bei den Ölen ist ihre thermische Stabilität begrenzt. Bei den Salzen kommt es zu einer Dissoziation, beispielsweise zersetzen sich Nitratsalze oberhalb einer bestimmten Temperatur zunächst partiell (Kaliumnitrat KNO_3 in $KNO_2 + O_2$ ab 400 °C) und schließlich bei weiter wachsenden Temperaturen vollständig. Das entstehende Produkt Sauerstoff ist brandfördernd, so dass zum einen entsprechende Sicherheitsanalysen sowie anlagentechnische und bauliche Vorkehrungen getroffen werden müssen, um einen sicheren Betrieb des Speichers nachweisen zu können. Der Einsatz von Salzen erfordert aufwändige Studien zur Materialkompatibilität. Einige Salze zersetzen sich reversibel, so dass bei ihnen auch die Latentwärmenutzung eine zusätzliche Speicheroption bietet. Es ergibt sich damit eine erhöhte volumetrische Energiespeicherdichte (vergleiche Kap. 8.4 Latentwärmespeicher und Tab. 8.3). Nachteilig wiederum bei Salzen ist ihre relativ hohe Schmelztemperatur, die je nach Wahl der Salzmischung zwischen 100 °C und mehreren hundert Grad Celsius liegt. Damit müssen spezielle Vorkehrungen getroffen werden, damit das Fluid zu keinem Zeitpunkt des Anlagenbetriebs in den Leitungen und Armaturen einfrieren kann.

Öle zersetzen sich oberhalb einer bestimmten Temperatur zumeist irreversibel. In Folge ändern sich dadurch ihre thermischen Eigenschaften zum Teil erheblich. Wurden in den ersten solarthermischen Kraftwerken (SEGS- vergl. Tab. 8.2) noch Mineralöle eingesetzt, so wurden zur Steigerung der Temperatur und damit des Wirkungsgrads der Speicher und letztlich des Kraftwerks spezielle Öle entwickelt, die einen Einsatz bei höheren Temperaturen mit geringerer Dissoziationsrate erlauben. Ein Beispiel hierfür sind Biphenyl-

Diphenyloxidmischungen. Nichtsdestotrotz ergeben sich bei Kohlenwasserstoffverbindungen Limitierungen bei höheren Temperaturen, die sich in einem hohen Dampfdruck des Fluids äußern. Als Konsequenz ist ein Einsatz großer, nahezu bei Umgebungsdruck betriebener thermischer Speichertanks, wie sie bei Lagerung von Mineralölen Anwendung finden, nur eingeschränkt oder gar nicht möglich. Die thermische Speicherung großer Energiemengen würde wie bei Wasser die Herstellung großer, druckhaltender Speichertanks erforderlich machen, die nur teuer und mit eingeschränktem Volumen hergestellt werden können.

Beide flüssigen thermischen Speicheroptionen Salze und Öl konnten ihre Funktionalität in Solarkraftwerksprojekten schon praktisch nachweisen, wenngleich ihr Speichervermögen aufgrund der großen erforderlichen Volumina auf wenige Stunden begrenzt ist.

Prinzipiell bieten flüssige Metalle wie Natrium und auch Blei insbesondere bezüglich der Ladezyklenbeständigkeit, der Lastzyklenzeiten (hohe Wärmeleitfähigkeit) und des breiten einsetzbaren Temperaturbandes exzellente Voraussetzungen als Hochtemperaturspeicher. Bei Blei sind jedoch die spezifischen Beschaffungskosten, die Materialverträglichkeit und auch mechanische Belastung des Untergrundes für einen Speicher (durch das hohe spezifische Gewicht des Bleis) und die entsprechend großen Abmessungen ein wesentlicher Hinderungsgrund für eine technische Umsetzung. Sowohl hinsichtlich der Kosten als auch der anderen Eigenschaften zeigt sich Natrium hier als ein deutlich attraktiveres Fluid. Die technische Herausforderung bei Natrium ist, dass bei der Reaktion an Luft eine hohe Reaktionswärme freigesetzt wird. Somit konzentriert sich bei Nutzung von Natrium die ingenieurtechnische Fragestellung auf ein hinreichend sicheres Betriebs- und Anlagenkonzept, das bei potenziellen Schadensfällen, sei es durch äußere Einwirkung (Erdbeben, Flut, etc.) wie auch dem Versagen technischer Komponenten (Lecks, Leitungsbruch) in geeigneter Weise durch intelligentes Engineering Rechnung getragen wird. Ein weiteres Problem ist der Schmelzpunkt bei 98 °C für Natrium und 328 °C für Blei. Da der Phasenübergang mit einer Dichteänderung einhergeht, müssen alle Leitungen und Behälter mit einer Begleitheizung versehen sein, um ein Einfrieren zu verhindern. Der energetische Aufwand geht negativ in die Energiebilanz der Anlage ein. Dies gilt auch für einige Salze.

Die Art des thermischen Speichers hängt von der Art der Bereitstellung der thermischen Energie ab. Die Abb. 8.3 zeigt den Temperaturbereich, in dem verschiedene flüssige thermische Wärmeträger eingesetzt werden können.

8.3.2 Speicherkapazität

Der energetische Wärmeinhalt Q eines beliebigen inkompressiblen Kontinuums berechnet sich zu:

$$Q = \int_{T=T_1}^{T=T_2} M \cdot c_p dT = M \cdot c_p \cdot \Delta T, \tag{8.2}$$

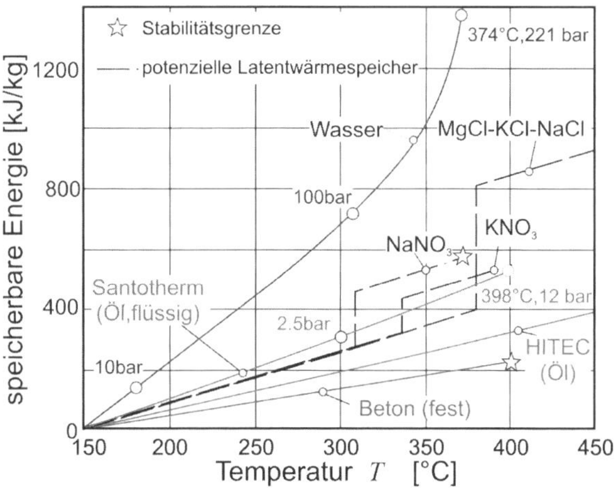

Abb. 8.3 Spezifische thermische Energieinhalte verschiedener flüssiger Speichermedien im Vergleich mit Beton als Feststoffspeicher

in der M die Masse, c_p die spezifische Wärmekapazität des Speichermediums und ΔT eine charakteristische Temperaturdifferenz zu einer zunächst beliebig wählbaren Referenztemperatur darstellt. Die Isolationsverluste eines thermischen Speichers lassen sich aus der folgenden Gleichung bestimmen:

$$M \cdot \frac{d(c_p \cdot (T - T_U))}{dt} = -k \cdot A \cdot (T - T_U) = \frac{F \cdot \lambda}{\Delta x}, \tag{8.3}$$

darin ist das Produkt $(k \cdot A)$ der Wärmefluss aus dem Speicher, T die Speichertemperatur, T_U die Umgebungstemperatur, F die wärmeabgebende Fläche, λ die Wärmeleitfähigkeit der Isolation und Δx die Dicke der Isolationsschicht. Die Lösung der Gleichung lautet:

$$T - T_U = (T - T_U)_{t=0} \exp\left(-\frac{k \cdot A}{M \cdot c_p} \cdot t\right), \tag{8.4}$$

in der $(T-T_U)_{t=0}$ die anfänglich vorhandene Temperaturdifferenz des Speichers gegenüber der konstant gehaltenen Umgebungstemperatur T_U bezeichnet. Der exponentielle Abfall der Temperaturdifferenz ist allen einphasigen Wärmespeichern gemein und lässt sich in gleicher Weise auch auf Niedertemperaturspeicher zur Brauchwasservorhaltung anwenden. Die Halbwertzeit dieses Speichers, das heißt die Zeit, in der durch Isolationsverluste die vorhandene Temperaturdifferenz auf den halben Wert abfällt, ist durch folgenden Zusammenhang gegeben:

$$t_H = \frac{M \cdot c_p}{k \cdot A} \ln 2. \tag{8.5}$$

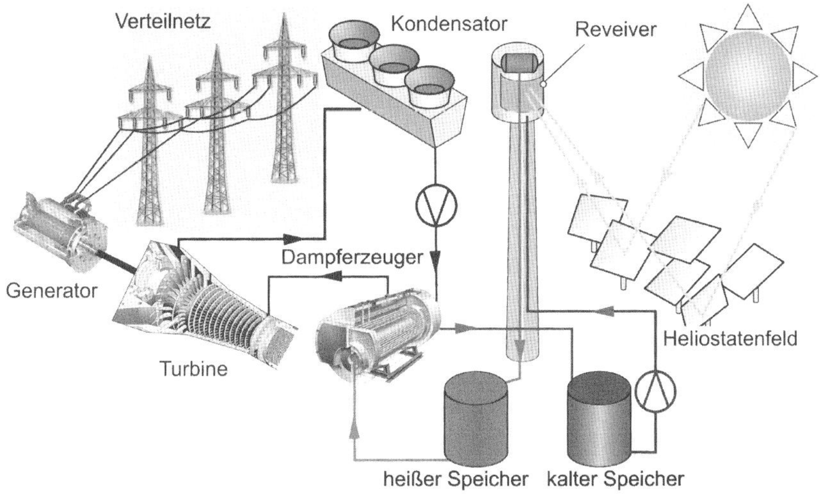

Abb. 8.4 Anlagenschema eines Solarkraftwerks mit einem direkten thermischen Zweitank-Flüssigkeitsspeicher im Speicherbetrieb

8.3.3 Arten flüssiger thermischer Energiespeichersysteme

Die thermischen Energiespeichersysteme lassen sich grob in drei Gruppen unterteilen:

- Zweitank Direktspeicher,
- Zweitank Indirektspeicher,
- Eintank Thermokline.

Die Abb. 8.4 und 8.5 zeigen ein Anlagenkonzept eines solchen direkten thermischen Speichers nach dem Zweitank Direktspeicherprinzip.

Dieses Konzept, in dem sowohl die Fluidoptionen Salzschmelzen und Mineralöl realisiert wurden, wurde im Kraftwerk Barstow Kalifornien (SEGS-1) mit einer elektrischen Leistung von 14 MW_{el} mit einer Mineralölbasisversion bei einem T_{min}/T_{max} 240/307 °C mit einer Speicherkapazität von 115 MWh_{th} erfolgreich betrieben. In der zweiten Ausbaustufe (SEGS 2-Solar Two) wurde als Wärmeträgerfluid eine Mischung aus $NaNO_3$ (60 %) und KNO_3 (40 %) verwendet, die einem Schmelzpunkt von 221 °C hat und eine Betriebstemperaturspanne von 290 bis 565 °C erlaubt. Das Tankvolumen des thermischen Speichers betrug zwei Mal 875 m^3 und entsprach einem Energieinhalt von 115 MWh_{th}. Bei der Ausspeicherung der Wärmeenergie über einen externen Dampferzeuger konnte damit die Turbine ca. 3 h bei Nennlast betrieben werden.

In den vergangenen Jahren wurde ein Konzept eines indirekten Zweitankspeichersystems entwickelt, in dem geschmolzenes Salz als Speichermedium fungiert und vom Wärmeübertragungsfluid (Öl oder Wasser), das im Kreislauf eines Solarkraftwerks zir-

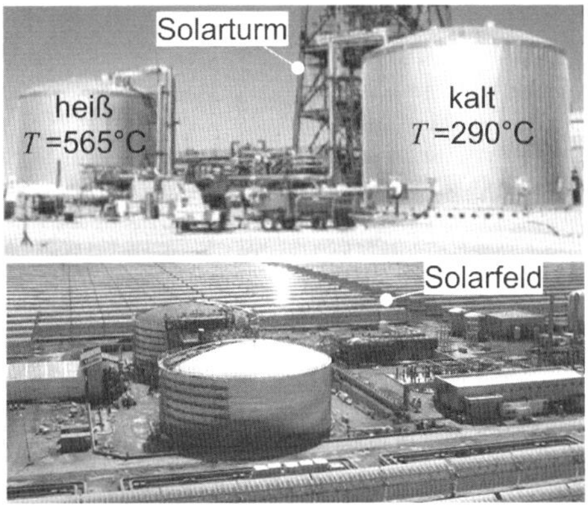

Abb. 8.5 Realisierte thermische Salzschmelzenspeicher für solarthermische Kraftwerke. **a** SEGS-2-Solarturmkraftwerk (National Renewable Energy Laboratory 2000) **b** Parabolrinnenkraftwerk Andasol (Solar Millennium AG 2008)

kuliert, über einen Wärmetauscher erhitzt wird (vergl. Abb. 8.6). Die Beladung des thermischen Energiespeichers erfolgt durch die Übertragung des Wärmeträgers aus dem Solarfeld oder -turm über einen Wärmetauscher an das Salz. Das kalte flüssige Salz wird hierzu aus dem kalten Speicherbehälter gefördert und im Gegenstrom durch den Wärmetauscher transportiert und erwärmt sich dabei. Das erwärmte Salz wird schließlich im heißen Tank eingespeichert. Bei Anforderung der Speicherenergie wird das System in umgekehrter Richtung betrieben. Das Salz erwärmt das Wärmeübertragungsfluid, das den Dampferzeuger speist, mit dessen Dampf eine Turbine den Strom erzeugt. Man bezeichnet dieses Konzept als indirekt, da es zwei verschiedene Fluide für Speicherung und direkten Anlagenbetrieb im Solarfeld nutzt.

Mehrere Parabolrinnenkraftwerke in Spanien nutzen dieses Speicherkonzept, da es mehrere Vorteile kombiniert. Zum einen gibt es hinreichend Erfahrung mit Thermoöl betriebenen Anlagen, eine gute Verfügbarkeit der Komponenten und die erforderlichen Salzspeicher benötigen keinen speziellen Bauaufwand hinsichtlich der Druckfestigkeit. Demgegenüber steht der zusätzliche apparative Aufwand für Wärmetauscher und Pumpen mit der damit verbundenen Regelungstechnik. Der Kostenaufwand der Speicherung bei diesem Konzept beruht auf dem Einsatz der Wärmetauscher und der relativ geringen Temperaturdifferenzen zwischen dem kalten und dem heißen Fluid in das Speichersystem. Daher konzentriert sich gegenwärtig die Entwicklung hauptsächlich auf die Reduktion der Komponenten mit dem Ziel der Verringerung der Kosten der Energiespeicherung (Kelly und Kearney 2006).

Eine weitere Option ist die Speicherung in einer Einzeltankthermokline, in der in einem Einzeltank sowohl das heiße wie auch das kalte Fluid gespeichert wird. In einer Thermokline ist das heiße Speicherfluid oben und das kalte unten angeordnet. In der Zone dazwischen ergibt sich ein Bereich, in der die Temperatur von der hohen auf die niedrigere übergeht. Dieser Temperatursprung wird als Thermokline bezeichnet. Dieser Ausdruck wird meist im Zusammenhang mit der Temperaturschichtung in Ozeanen verwendet.

Die Abb. 8.7 zeigt die schematische Einbindung einer Einspeicherthermokline in ein solarthermisches Kraftwerk. Ein Thermoklinenspeicher hat den wesentlichen Vorteil, dass

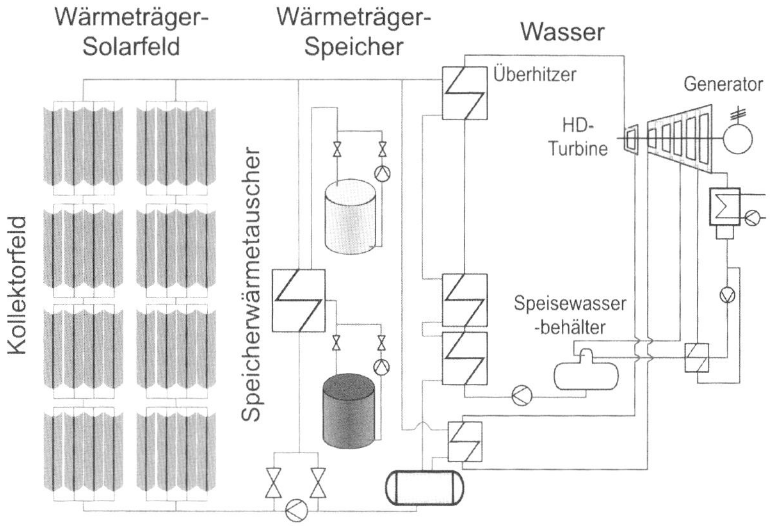

Abb. 8.6 Anlagenschema eines Konzepts mit indirektem, thermischen Zweitank-Flüssigkeitsspeicher

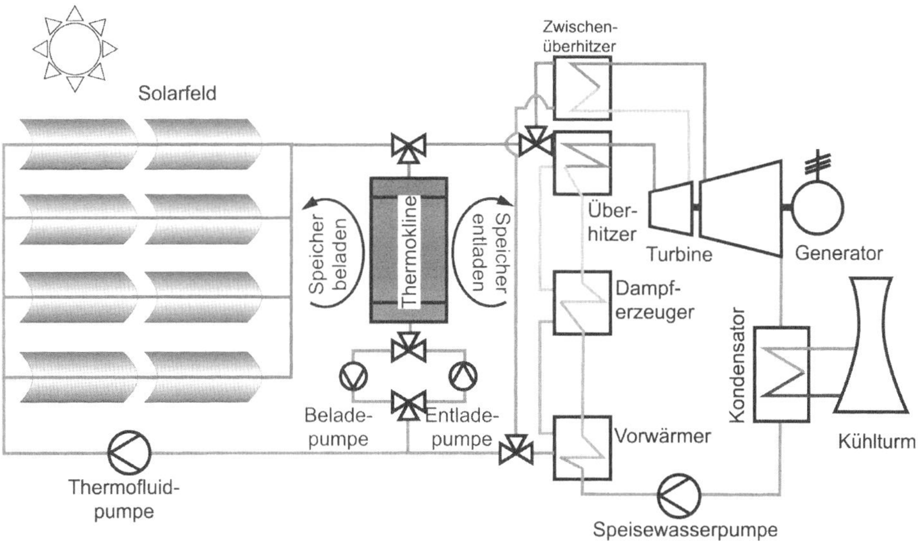

Abb. 8.7 Einbindung eines Eintank Thermoklinenspeichers in den Energieerzeugungsvorgang eines solarthermischen Kraftwerks mit der Ein- und Entspeicherung thermischer Energie

der größte Anteil des Speicherfluids durch ein preislich günstigeres Füllmaterial mit hoher spezifischer Wärmekapazität (beispielsweise Sand oder Gestein, vergl. Abb. 8.8a) ersetzt werden kann, wie in einem Testspeicher mit einem Leistungsvermögen von 25 MWh nachgewiesen werden konnte (Brosseau et al. 2004). Die Autoren konnten die prinzipielle

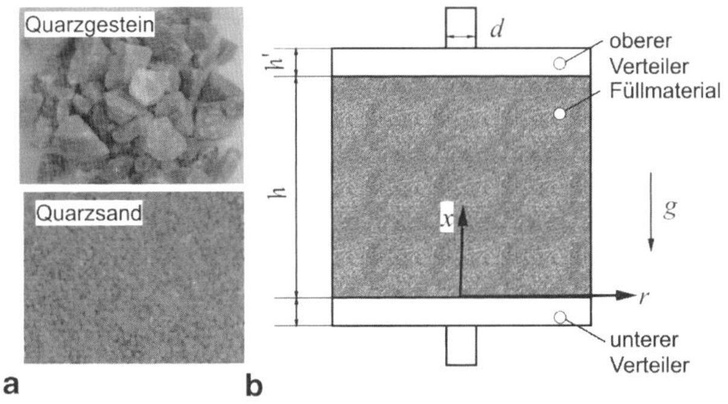

Abb. 8.8 **a** Quartz oder Sand als Thermospeichermaterial eines Ein tank- Thermoklinenspeichers (Brosseau et al. 2004). **b** Schemaskizze zur Berechnung des erforderlichen Speichervolumens und -abmessungen eines Thermoklinenspeichers

Leistungsfähigkeit nachweisen, stellten aber fest, dass sich mit zunehmender Betriebsdauer Ablagerungen auf dem Füllmaterial wie auch Ausscheidungen im Salz bilden.

Bei einem Thermoklinenspeicher des Durchmessers D, der mit einem porösen Bett eines Quarzgesteins der Höhe h gefüllt ist, ergibt sich an Behälterboden und -decke eine isotherme Schicht, in der kein Füllmaterial eingesetzt wird (Abb. 8.8b). Diese Verteilungsbereiche sind deshalb notwendig, um gleichmäßige Ein- und Ausströmbedingungen am Ein-/Ausgang des Speichers sicherzustellen, damit eine gute thermische Stratifikation im Speicher erreicht werden kann. Das Thermofluid (zumeist geschmolzenes Salz) durchströmt das Füllstoffbett von oben nach unten im Beladungshalbzyklus und heizt das Füllmaterial auf. Im Entladungszyklus fördert die Entladungspumpe das Fluid in die entgegengesetzte Richtung durch das Speicherbett und die Wärme wird in den Kraftwerkszyklus eingespeist. Mit fortlaufender Entladung nimmt die Höhe des heißen Bereichs des Speichers kontinuierlich ab.

Lediglich ein Teil der im Speicher bevorrateten thermischen Energie bei hohen Temperaturen kann als Nutzenergie in dem Sinne zurückgewonnen werden, dass er zur elektrischen Energieerzeugung herangezogen werden kann. Das Verhältnis der Hochtemperaturenergieausspeicherung zur eingespeicherten Menge wird als Effizienzverhältnis (*efficiency metric*) bezeichnet. Eine hohe Entladungseffizienz ergibt sich bei geringer Entladungsleistung und gleichzeitig hoher thermischer Energie. Da sich die Entladungsleistung aus dem Produkt des Durchflusses, die proportional zur Reynolds-Zahl Re ist, und dem konvektiv konduktiven Wärmeübergang, der durch die molekulare Prandtl-Zahl Pr gegeben ist, zusammensetzt, nimmt die Entladungseffizienz mit einem großen Produkt ($Re \cdot Pr$) rapide ab (Yang und Garimella 2010).

Abhängig von den Thermofluidkosten ergeben sich bei Thermoklinenspeichern erheblich kleinere Kosten pro kWh gespeicherte Energie gegenüber Zweitank Speichersystemen. Aber zur Aufrechterhaltung der Speicherkapazität einer Thermokline muss zu jedem Zeitpunkt sichergestellt sein, dass eine Temperatursprungschicht innerhalb des Tanks gegeben ist. Breitet sich der Temperatursprung über den gesamten Tank aus, so ist der Wirkungsgrad des Speichers mehr als bescheiden.

Im Folgenden soll anhand einfacher analytischer Überlegungen versucht werden, die erforderlichen Abmessungen einer Einspeicherthermokline zu ermitteln, die in der Lage ist, eine bestimmte Hochtemperaturenergiemenge bei verschiedenen Entnahmeleistungen und -zeiten zu ermitteln.

Zunächst schätzt man den Speicherdurchmesser D sowie die mittlere Größe des thermischen Füllmaterials d_s. Die mittlere Querschnittsfläche des Speichers A ergibt sich zu $A = \pi \cdot D^2$, womit sich unmittelbar die Leistungsdichte (P/A) und die Energiedichte (Q/A) des Speichers errechnen lässt. Die dimensionslose Entladeleistung $(Re \cdot Pr)$ wie die nutzbare thermische Energie $(H \cdot \eta)$ sind durch die Gl. (8.6) und (8.7) gegeben:

$$\frac{P}{A} = u_m \cdot \rho_{l,kalt} \cdot c_{p,l,kalt} \cdot (T_{heiss} - T_{kalt}) = \lambda_l \cdot \frac{(T_{heiss} - T_{kalt})}{d_s} \cdot Re \cdot Pr, \tag{8.6}$$

in der der Index „l" für flüssig steht und λ die spezifische Wärmeleitfähigkeit des Thermofluids ist.

$$\begin{aligned}\frac{Q}{A} &= [\varepsilon \cdot \rho_l \cdot c_{p,l} + (1 - \varepsilon) \cdot \rho_s \cdot c_{p,s}] \cdot (T_{heiss} - T_{kalt}) \cdot h \cdot \eta \\ &= [\varepsilon \cdot \rho_l \cdot c_{p,l} + (1 - \varepsilon) \cdot \rho_s \cdot c_{p,s}] \cdot (T_{heiss} - T_{kalt}) \cdot d_s \cdot H \cdot \eta,\end{aligned} \tag{8.7}$$

worin ε die Porosität des Betts ist. H gibt die gesuchte Höhe des Thermoklinenspeichers an und η die Entladungseffizienz. In nächsten Schritt nimmt man einen Wert $H = H\eta$ an und berechnet eine Reynolds-Zahl Re aus dem Produkt $(Re \cdot Pr)$. Mit den Werten der Reynolds-Zahl und der Höhe H lässt sich mit folgender Gleichung eine Speichereffizienz η ermitteln (Yang und Garimella 2010):

$$\begin{aligned}\eta &= 1 - 0.1807\ Re^{0.1801} \cdot (H/100)^m \quad \text{mit} \\ m &= 2.34 \cdot 10^{-3} \cdot Re^{-0.6151} + 5.5 \cdot 10^{-4}\ Re - 0.485.\end{aligned} \tag{8.8}$$

Damit ergibt sich eine neue Speicherhöhe H durch Division mit $(H\eta)$ für die Effizienz η. Die letzten Schritte sind sooft zu wiederholen bis die relative Änderung der neuen Speicherhöhe und der vorangegangenen einen gewissen zuvor festgelegten Grenzwert unterschreitet. Die dimensionsbehaftete Höhe des Thermoklinentanks h ergibt sich schließlich aus $h = d_s \cdot H$.

8.3.4 Thermische Speicher mit festem Speichermedium

Als Festkörperspeicher werden und wurden vielfach Fels- oder Gesteinsbette benutzt, sofern eine günstige Erschließung aufgrund der Gesteinsart möglich ist. Zum Teil kann hierfür auch Luft als Wärmeträgerfluid verwendet werden. Die Tab. 8.2 skizziert das Leistungsvermögen einiger massiver Speicherarten. Der Tabelle ist zu entnehmen, dass feste

Tab. 8.2 Thermophysikalische. Daten einiger potenzieller massiver fester Speichermedien sowie deren volumenspezifische Wärmekapazität, gewichtsspezifische Kosten und Kosten pro thermisch erzeugter Kilowattstunden. (Stand 2008)

Speichermedium	T_{min}	T_{max}	ρ	λ	c_p	$(c_p.\rho)$	Kosten/kg	Kosten/kWh_{th}
	(°C)	(°C)	(kg/m³)	W/(mK)	(J/(kgK))	(kWh/(m³K))	US $/kg	US $/$kWh_{th}$
Wasser	50	140	1000	0.67	4180	1.161	10^{-4}	
Sandstein	200	300	1700	1.0	1300	0.614	0.15	4.2
Faserverstärkter Beton	200	400	2200	1.5	850	0.519	0.05	1.0
Kochsalz (fest)	200	500	2160	7.0	850	0.510	0.15	1.5
Gusseisen	200	400	7200	37.0	560	1.120	1.00	32.0
Gussstahl	200	700	7800	40	600	1.300	5.00	60.0
Siliziumziegel	200	700	1820	1.5	1000	0.505	1.00	7.0
Magnesiumziegel	200	1200	3000	5.0	1150	0.958	2.00	6.0

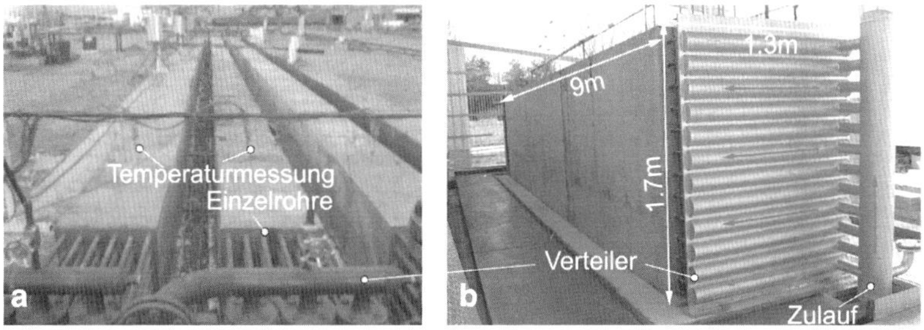

Abb. 8.9 Beton- Feststoffspeicher **a** Testspeicher PSA, Almeria 4 Module mit je 25 kW, 80 kWh Testbetrieb 2004/2005 **b** Testspeicher DLR, Stuttgart 100 kW, 400 kWh Testbetrieb 2006 (Laing und Tamme 2008)

Wärmeträgermedien eine ähnliche Wärmekapazität wie flüssige Trägermedien aufweisen. Sofern jedoch keine lokalen Speichermöglichkeiten in Form „nahezu kostenfreier" Ressourcen vorliegen, bedeuten auch feste Speicher eine Infrastruktur für den Medientransport von und zum Speicher. Ignoriert werden sollten keinesfalls auch Umweltaspekte. Eine Einlagerung von erheblichen Energiemengen in direkten terrestrischen Speichern kann signifikante Auswirkungen auf die lokale Bodenstruktur wie auch deren Wasserhaushalt haben. Die Vorteile von Feststoffspeichern sind:

- Hohe thermische Langzeitstabilität über ein weites Temperaturspektrum,
- thermische Ausdehnungen ähnlich dem von Rohrregistern,
- gute Handhabung bei der Herstellung (Modularität, Serienfertigung),
- niedrige Mobilität,

- geringe Kosten und eine
- gute Verfügbarkeit der Komponenten zum Medientransport.

Die Abb. 8.9a, b zeigen Betonfeststoffspeicher wie sie zu Testzwecken für solarthermische Anlagen erfolgreich benutzt wurden. Basierend auf diesen Experimenten wurden Basis-Speichermodule mit einem thermischen Speichervolumen von 4 MWh_{th} entwickelt. Die entsprechenden Speicherblöcke, die mit Bohrungen zum Medientransport versehen sind haben dann ein Gewicht von ca. 400 t (Laing und Tamme 2008).

8.4 Latentwärmespeicher

Bei Nutzung sensitiver Wärme steigt die Speichertemperatur mit der gespeicherten Energie, während Latentwärmespeicher bei konstanter Temperatur größere Wärmemengen aufnehmen können. Da der Wirkungsgrad von Solarkollektoren mit steigender Temperatur abnimmt, bieten hier Latentwärmespeicher Vorteile. Die Latentwärmemenge (oder –enthalpie) $\Delta h_{schmelz}$, die Speichermaterialien bei einer Phasenänderung (fest→flüssig unter relativ kleiner Volumen- und Druckänderung oder von flüssig→dampfförmig) aufnehmen können, sind relativ groß. Die Speicherkapazität Q dieser Stoffe kann in folgender Weise berechnet werden:

$$Q = m \cdot \eta_{Konversion} \cdot (c_{p,fest} \cdot (T_{\min} - T_{Schmelz}) + \Delta h_{Schmelz} + c_{p,flüssig} \cdot (T_{\max} - T_{Schmelz})). \tag{8.9}$$

Die Tab. 8.3 gibt die spezifischen Daten einiger, sogenannter „*P*hase *C*hange *M*aterials" PCM („Phasenwechselmaterialien") an. PCM Stoffe zeichnen sich dadurch aus, dass deren latente Schmelzwärme, Lösungswärme oder Absorptionswärme erheblich größer ist als die Wärme, die sie aufgrund ihrer normalen spezifischen Wärmekapazität (ohne den Phasenumwandlungseffekt) speichern können. Die Ausnutzung des Phasenübergangs fest-flüssig ist dabei das am häufigsten genutzte Prinzip. Beim Aufladen des Inhalts kommerzieller Latentwärmespeicher werden meist spezielle Salze (vor allem Nitrat oder Chlorsalze) oder Paraffine als Speichermedium geschmolzen, die dazu sehr viel Wärmeenergie (Schmelzwärme) aufnehmen. Da dieser Vorgang reversibel ist, gibt das Speichermedium genau diese Wärmemenge beim Erstarren wieder ab. Der Vorteil dieser Wärmespeichertechnik beruht darauf, in einem durch die Schmelztemperatur des eingesetzten Speichermaterials genau festgelegten Temperaturbereich möglichst viel Wärmeenergie in möglichst wenig Masse zu speichern. Ein weiterer Vorteil ist die Temperaturkonstanz beim Phasenwechsel. Dies ist insbesondere bei der Dampfproduktion für Kraftwerksanwendungen von Vorteil. Die Nutzung eines Phasenübergangs ist dabei wesentlich effektiver als das bloße Erwärmen des Mediums. Für technische Anwendungen flüssigkristalliner Latentwärmespeicher ist in der Regel eine Rekristallisation kurz unterhalb der Schmelztemperatur erwünscht. Dafür müssen dem Material geeignete Keimbildner zugesetzt werden, die eine Unterkühlung der Schmelze verhindern. Moderne Latentwärmespeichermaterialien auf Salz- oder Paraffin-

Tab. 8.3 Thermophysikal. Daten einiger Latentspeichermedien sowie deren volumenspezifische Wärmekapazität und gewichtsspezifischen Kosten. (Stand 2008)

Speichermedium	T_{melt}	T_{siede}	ρ	Δh_{scmelz}/ Δh_{siede}	λ	c_p	$(c_p.\rho)$	Kosten/ kg
	(°C)	(°C)	(kg/m³)	(kJ/kg)	(W/(mK))	(J/(kgK))	((kWh/ (m³ K)	US $/kg
Wasser	0	100	1000	333 2257	0.67	4180	1.161	10^{-4}
Natriumnitrat $NaNO_3$	306	380	2260	182.3 –	0.50	1365	0.857	0.20
Kaliumnitrat KNO_3	334	750 (Zersetzung)	2110	267 –	0.50	1560	0.914	0.30
Kaliumhydroxid KOH	360	1320	2040	150 –	0.50	850	0.482	24
Salzkeramik, ($NaCO_3$-$BaCO_3$/ MgO	500–850	–	2600	420 –	5.00	3000	2.160	17
Kochsalz NaCl	801	1465	2170	7035 6604	5.00	854	0.514	1.2
Natriumcarbonat Na_2CO_3	851	1600	2530	520	5.00	276	0.194	2.6

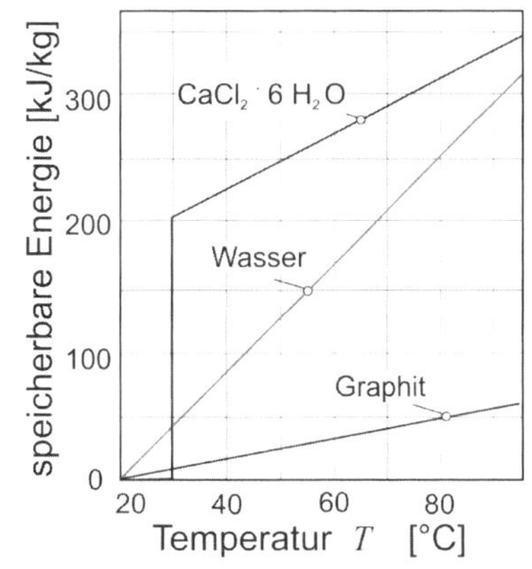

Abb. 8.10 Speicherbare Energieinhalte eines Phasenwechselmaterials aus dem Niedertemperaturbereich im Vergleich mit Wasser und Graphit

basis haben für verschiedene Anwendungen entwickelte physikalische Eigenschaften und sind für nahezu alle Temperaturbereiche erhältlich.

Bei Einsatz von Latentwärmespeichern zur Solarwärmespeicherung im Niedertemperaturbereich der Heizenergie für den Winter sind die Investitionen zwar höher, das System jedoch deutlich platzsparender und wegen der Ausnutzung der Latentwärme gleichmäßiger als die Nutzung von Wassertanks oder Kies. Vor der Anwendung eines Latentwärmespeichers in einem klassisch beheizten Haus ist vorrangig die Gebäudedämmung zur Minderung des Wärmebedarfes zu verbessern.

Der Phasenwechsel flüssig-gasförmig wird im technischen Maßstab in Heißdampfspeichern genutzt. Der relativen großen gewichtsspezifischen Speicherkapazität von Wasser steht der Aufwand für große Speichervolumen und hohe Drücke entgegen. Die Abb. 8.10 zeigt die speicherbare Energie als Funktion der Temperatur eines Phasenwechselmaterials aus dem Niedrigtemperaturbereich im Vergleich mit Wasser und dem Feststoff Graphit. Einen Vergleich der bei höheren Temperaturen einsetzbaren Phasenwechselmaterialien mit flüssigen thermischen Speichermedien zeigte die Abb. 8.3. Darin sind auch thermischen Stabilitätsgrenzen der Phasenwechselmaterialien angegeben.

8.5 Reaktionsspeicher

Als Reaktionsspeicher werden Stoffpaarungen bezeichnet, in denen eine reversible chemische Reaktion oder physikalische Oberflächenreaktion erfolgt. Der zentrale Begriff eines Reaktionsspeichers liegt auf der Reversibilität des Vorgangs. Durch die Zufuhr der thermischen Energie aus der Solarstrahlung wird eine Dissoziation oder Wandlung der Edukte auf chemischen oder oberflächenphysikalischem Weg erzeugt, die mit Hilfe verfahrenstechnischer Trennverfahren eine separate Speicherung der erhaltenen Produkte ermöglicht. Bei einem Energiebedarf können die beiden Produkte erneut in Kontakt gebracht werden und die aus der Reaktion resultierende Energiemenge thermisch verwertet werden. Die Klasse der Reaktionsspeicher lassen sich in drei verschiedene Gruppen aufteilen:

- katalytische Reaktionen,
- thermische Dissoziationsreaktionen,
- Adsorptionsvorgänge,

wobei die ersten beiden Klassen den chemischen Reaktionsspeichern zuzuordnen sind, während die letztere einen physikalischen Prozess beschreibt.

8.5.1 Katalytische Reaktionen

Bei den katalytischen Reaktionsspeichern handelt es sich um chemische Gleichgewichtsreaktionen, die vollständig reversibel sind. Durch die chemische Reaktion zweier Edukte unter Wärmezufuhr (beispielsweise einer solaren Quelle) werden zwei Produkte gebildet. Dies erfolgt im Beladevorgang des Speichers. Beim Entladen werden die Stoffe zur Reaktion gebracht und die Energie wird freigesetzt. Die chemische Reaktionsgrundformel hierzu lautet.

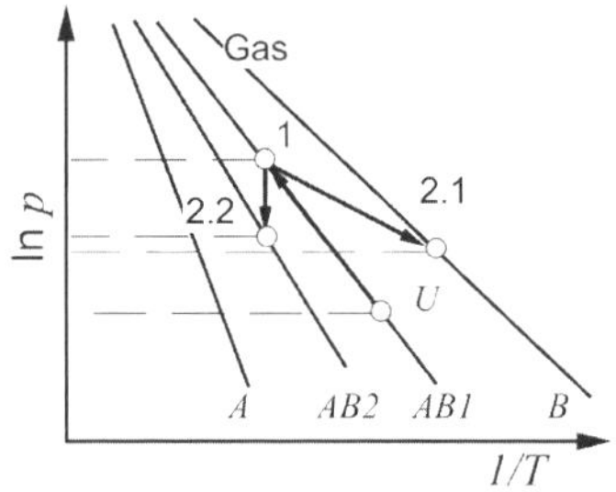

Abb. 8.11 van't Hoff Diagramm für die thermische Dissoziation eines Gases *B* aus der flüssigen Lösung *AB*

$$A + B + \Delta H_R \underset{\substack{Katalysator\\Entladen}}{\overset{\substack{Beladen\\Katalysator}}{\rightleftarrows}} C + D. \tag{8.10}$$

Ein Beispiel ist die Reaktion von Methan (CH_4) und Kohlendioxid (CO_2) zu Kohlenmonoxid und Wasserstoff unter Wärmezugabe Gl. (8.11). Beide Medien können nach einer verfahrenstechnischen Separation getrennt gelagert und damit gespeichert werden. Die bei der Reaktion freigesetzte Wärme beträgt 250 kJ/mol Methan.

$$CH_4 + CO_2 + 250\,kJ \underset{\substack{Katalysator\\Entladen}}{\overset{\substack{Beladen\\Katalysator}}{\rightleftarrows}} 2CO + 2H_2. \tag{8.11}$$

8.5.2 Thermische Dissoziationsreaktionen

In thermischen Dissoziationsspeichern wird eine Produktmischung *AB* unter Wärmezufuhr bei einem hohen Druck p_1 im Ladevorgang in zwei Stoffe *A* und *B* aufgespalten, die dann getrennt in einem Speicher eingelagert und bei Bedarf „verfeuert" werden. Auch hierbei handelt es sich um eine chemische Reaktion mit folgendem Formeltypus:

$$AB_{fest/flüssig} + \Delta H_R \underset{\substack{Entladen\\p_2, T_2}}{\overset{\substack{Beladen\\p_1, T_1}}{\rightleftarrows}} A_{fest/flüssig} + B_{gas/flüssig}. \tag{8.12}$$

Ein Beispiel für einen solchen Reaktionstyp ist die Umwandlung von Calciumhydroxid ($Ca(OH)_2$) unter Wärme zu Calciumoxid CaO und Wasserdampf nach folgender Reaktion:

$$Ca(OH)_{2\,fest} + 105\,kJ \rightleftarrows CaO_{fest} + 2H_2O_{gas}. \tag{8.13}$$

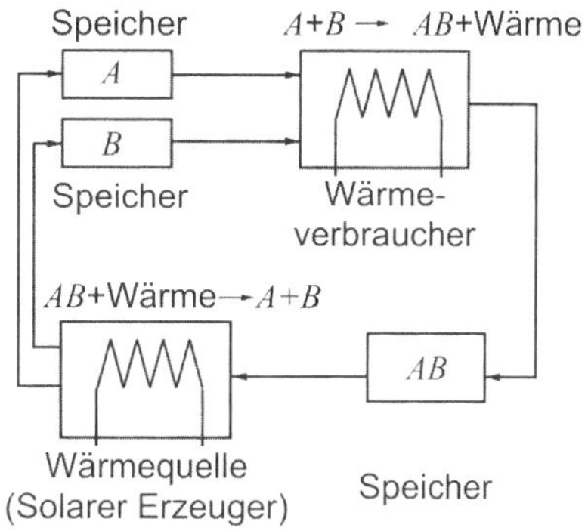

Abb. 8.12 Anlagenschema eines thermischen Dissoziationsspeichers

Die verfahrenstechnische Trennung stellt bei dieser Reaktion keine große Herausforderung dar, da bei Stoffe in einem unterschiedlichem Aggregatszustand vorliegen.

Die Dissoziation eines Gases B aus einer flüssigen Lösung AB wird im van´t Hoff -Diagramm dargestellt, in dem der Druck p über dem Inversen der Temperatur T aufgetragen wird (vergl. Abb. 8.11).

Beim der Entladung des Speichers fällt der Druck und es erfolgt ein Phasenwechsel unter Energiefreisetzung. Ein Anlagenschema zum Betrieb eines Dissoziationsspeichers zeigt die Abb. 8.12.

8.5.3 Adsorptionsvorgänge

Unter Sorption im physikalischen Sinne wird das Aufnehmen eines Stoffes in einen Körper verstanden, wobei die Beschaffenheit des Stoffes und des Körpers zunächst nicht festgelegt ist. Die Sorptionstechnik unterscheidet zwischen der

- Absorption und der
- Adsorption.

Die Absorption bezeichnet einen Vorgang, bei dem ein Stoff eine Flüssigkeit oder einen festen Stoff vollkommen durchdringt und beide Stoffe zusammen eine homogene Mischphase bilden. Sie wird unter anderem auch bei solar gestützten Absorptionskältemaschinen genutzt (vergleiche Kap. 9.6.3). Unter Adsorption versteht man die Anlagerung von Gasen, Dämpfen oder auch gelösten Stoffen (den Adsorptiven) an einer festen Stoffoberfläche (dem Adsorbens) oder der Grenzfläche bei Flüssigkeiten.

Das Verständnis, weshalb sich Fluide in der Nähe einer Oberfläche anreichern, entwickelte sich zu Beginn des 20. Jahrhundert. Die äußersten Atome eines Feststoffes besitzen aufgrund ihrer Randlage andere Eigenschaften – die durch ungesättigte atomare Bindungskräfte hervorgerufen werden – als die Atome im Inneren. Als aktive Zentren können sie mit Gas- und auch Flüssigkeitsmolekülen in Wechselwirkung treten. Nach der

Tab. 8.4 Vergleich der charakteristischen Eigenschaften von Physisorption und Chemisorption (Glaser 2005)

	Physisorption	Chemisorption
Adsorbentien	Alle Feststoffe	Spezifische Feststoffe
Adsorptive	Alle Gase/Flüssigkeiten	Nur chemisch reaktive Gase/Flüssigkeiten
Temperaturbereich	Niedrige Temperaturen < 100 °C	Hohe Temperaturen > 100 °C
Adsorptionswärme	Niedrig (Kondensationswärme) 10–70 kJ/mol	Hoch (Reaktionswärme) ca. 200 kJ/mol
Aktivierungsenergie	Gering	Hoch
Belegung	Mehrfachschichtung möglich	Monoschicht
Bindungsverhältnisse	Van der Waals-Kräfte	Chemische Bindungskräfte

resultierenden Bindungsstärke zwischen dem adsorbierten Molekül und dem Feststoff unterscheidet man zwischen der Physisorption und der Chemisorption.

Bei der Chemisorption werden Stoffe durch chemische Bindungen an der Oberfläche eines Feststoffes gebunden. Die Chemisorption kann erhebliche Konsequenzen für den adsorbierten Stoff haben. Durch Brechen und Knüpfen chemischer Bindungen können sich andere Stoffe bilden und ein desorbierter Stoff (Desorbat) kann ein Produkt einer chemischen Reaktion sein. Bei der Chemisorption können hohe Reaktionswärmen von bis zu 200 kJ/mol auftreten, was ein Kriterium zur Unterscheidung zwischen Physisorption und Chemisorption sein kann. Zur Regeneration des Adsorbens ist ein höherer energetischer Aufwand als bei der Physisorption nötig. Die Chemisorption ist daher oft keine Gleichgewichtsreaktion und findet unter Umständen nur bei hohen Temperaturen statt und führt häufig nicht zu einer Anreicherung von Stoffen auf der Oberfläche.

Die Physisorption beruht auf elektrostatischen Anziehungskräften, die die Moleküle an der Oberfläche des Feststoffes halten. Die Oberfläche wird dabei chemisch nicht verändert. Die Physisorption hat daher den Charakter einer Kondensation. Die bei einer Physisorption freiwerdende Energie hat die gleiche Größenordnung wie die Kondensationsenthalpie und beträgt zwischen 10 und 70 kJ/mol. Da diese Energie zum Aufbrechen chemischer Bindungen nicht ausreicht, behalten auch die Moleküle weitgehend ihre Eigenschaften. Die physikalische Adsorption umfasst grundsätzlich auch den umgekehrten Prozess, die Desorption, da ein System immer ein Gleichgewicht zwischen dem Adsorbieren und Desorbieren eines Stoffes anstrebt. Die Oberfläche, auf der die Adsorption stattfindet, kann die Oberfläche eines Feststoffes oder die Oberfläche einer Flüssigkeit sein. Allgemein werden Oberflächen als Grenzflächen bezeichnet. Die Phase, aus dem der Stoff an die Grenzfläche gelangt, kann eine Gasphase oder eine Flüssigkeit (Lösung) sein. Die Teilchen gelangen durch ihre ungerichtete, thermisch getriebene Molekularbewegung zur Grenzfläche. In den folgenden Abschnitten wird jedoch hauptsächlich die Adsorption von Gasen an feste Grenzflächen beschrieben. Die Physisorption ist neben der Absorption ein alltäglicher Prozess und findet an fast allen Oberflächen statt, die Gasen (Luft) oder Flüssigkeiten (Wasser) ausgesetzt sind.

Bei der *physikalischen Adsorption* eines Stoffes auf einer Oberfläche haftet der adsorbierte Stoff (Adsorbat) durch van-der-Waal'sche Kräfte an der Oberfläche ähnlich der Ad-

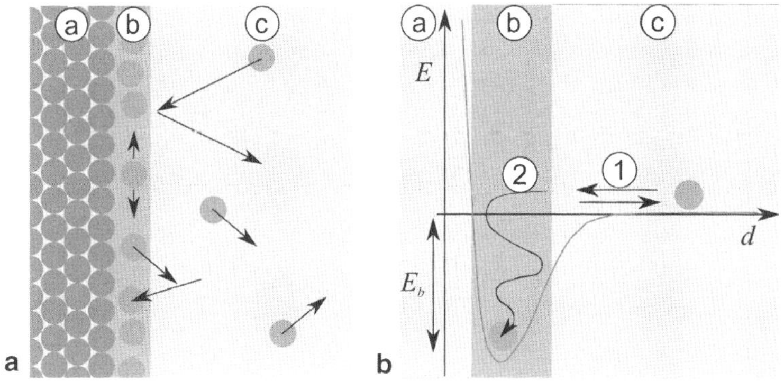

Abb. 8.13 **a** Schemaskizze zur Adsorption an Oberflächen Adsorbens *a*, Adsorbat an der Grenzfläche *b* Gasphase bzw. Lösung mit Adsorptiv *c*. **b** Energieflussbild bei der Adsorption. *d* Abstand, *E* Energie, E_b Adsorptionsenergie, *1* Reflexion und *2* Adsorption

häsion. Die Adsorption ist damit ein exothermer Vorgang, bei dem sowohl die Kondensationsenthalpie Δh_C als auch die Bindungsenthalpie Δh_{bin} freigesetzt wird.

$$\Delta h_{Ad} = \Delta h_C + \Delta h_{bin}. \tag{8.14}$$

Der Anteil der Kondensationsenthalpie liegt je nach Beladung im Bereich von 50–100 %. Man wählt deshalb ein Adsorptiv mit möglichst hoher relativer Verdampfungs- bzw. Kondensationsenthalpie, weil dadurch die Effizienz des thermodynamischen Kreisprozesses größer ist. Die Tab. 8.4 gibt einen Überblick über die charakteristischen Eigenschaften der Physisorption und der Chemisorption.

Die Adsorptionsenergie der Physisorption macht sie als solares Speichermedium attraktiv. Chemische Bindungen innerhalb eines adsorbierten Teilchens bleiben bestehen, werden jedoch polarisiert. Für diese Gleichgewichtsreaktion kann man eine Reaktionsgleichung zwischen dem Stoff, der adsorbiert wird (Adsorbat oder Adsorptiv), der Oberfläche des Festkörpers (Adsorbens) und dem Adsorbat aufstellen:

$$A_{(gas)} + O \underset{\longleftarrow}{\overset{\longrightarrow}{}} A_{(ads)} \tag{8.15}$$

worin $A_{(gas)}$ die Teilchen in der Gasphase bzw. in Lösung (Adsorptiv), $A_{(ads)}$ die Teilchen auf der Oberfläche (Adsorbat) und O die freien Oberflächenplätze des Adsorbens sind. Treffen Teilchen, wie in der Abb. 8.13a dargestellt, auf die Oberfläche, werden diese entweder reflektiert oder adsorbiert. Adsorption tritt auf, wenn die Teilchen ihre kinetische Energie und die Adsorptionsenergie (E_b) abgeben können, die in Form von Wärme frei wird (s. Abb. 8.13b). Die Reaktion ist also exotherm. Die Adsorption ist reversibel, da die Teilchen mit ähnlich viel Energie die Oberfläche wieder verlassen können und die Reaktion meist nicht durch Übergangszustände gehemmt wird. Die Aktivierungsenergie (E_a) der Reaktion entspricht der Adsorptionsenergie (E_b). Adsorbierte Teilchen haben keinen fixen

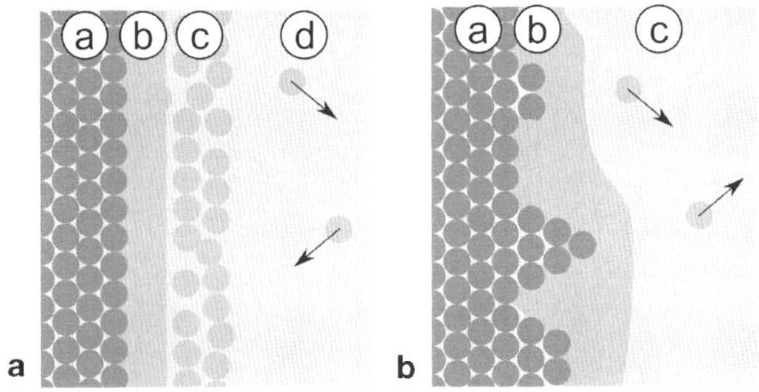

Abb. 8.14 **a** Schemaskizze zur mehrlagigen Adsorption an Oberflächen Adsorbens *a*, Adsorbat an der Grenzfläche *b* Gasphase bzw. Lösung mit Adsorptiv *c*. **b** Adsorption an rauen Oberflächen

Bindungsort an der Oberfläche, verweilen nicht an der Stelle, wo sie adsorbiert wurden, sondern bewegen sich frei entlang der Oberfläche. Die Lage des Gleichgewichts hängt von den Eigenschaften und Größe der Oberfläche, den Eigenschaften und Druck (bzw. Konzentration) des Adsorptivs, sowie von der Temperatur ab. Bei 300 °C und normalen Drücken liegt das Gleichgewicht oft ganz auf der linken Seite. Liegt das Gleichgewicht ganz auf der rechten Seite, bilden die Teilchen aus der Gasphase im Idealfall eine monomolekulare Schicht auf der Oberfläche aus.

Praktisch können sich nach der Bildung der Monolage weitere Lagen bilden, wie es die Abb. 8.14a skizziert. Streng genommen zählt man nur die Bildung der ersten Schicht zur Adsorption, da nur hier Wechselwirkungen zwischen Oberfläche und Adsorptiv wirken. In den anderen Lagen bestehen nur Wechselwirkungen zwischen den Adsorbaten. Bei der mehrlagigen Anordnung handelt es physikalisch eher um eine Kondensation der Adsorptive. Die Kondensationswärme (Bindungsenergie der Adsorbate untereinander) ist in der Regel deutlich geringer, als die Adsorptionsenergie eines Adsorbats zum Adsorbens.

In der Regel haben die Oberflächen der Adsorbentien keine ideal ebene Struktur, sondern haben zahlreiche Defekte bzw. Gitterfehler. Diese Defekte bilden Stellen, an denen das Adsorbat besonders fest gebunden ist, wie es die Abb. 8.14b darstellt. Die Mobilität des Adsorbats erlaubt die Besetzung dieser Stellen unabhängig von der Stelle, wo das Adsorptiv adsorbiert wurde. Die Leistungsfähigkeit eines Adsorbens steigt daher mit der Zahl seiner Defekte.

Aus diesem Grund ist die weitgehend amorph aufgebaute Aktivkohle im Vergleich zum Graphit ein besonders leistungsstarkes Adsorbens. Andere, leistungsstarke Stoffe wie Zeolithe sind nicht amorph, verfügen aber über ein sehr enges Kanalsystem. Sie haben eine sogenannte innere Oberfläche, in der nur wenige Moleküle (Adsorptive) nebeneinander Platz finden. Bei derartigen Stoffen lassen sich Adsorption und Kondensation kaum noch unterscheiden. Zur Adsorption gibt eine vielfältige Fachliteratur, da dieser Effekt neben dem Einsatz in solarthermischen Systemen auch eine wichtige Rolle bei der Klimatisierung und vor allem bei der Katalyse eine ausgezeichnete Rolle spielt. Empfehlenswert sind beispielsweise (Bathen und Breitbach 2001; Schwieger und Toufar 2007) und (Bruch et al. 2007).

Oft werden in der technischen Literatur die durch Adsorptionsvorgänge gesteuerten Speicher als thermochemische Wärmespeicher bezeichnet. Sie speichern Wärme durch endotherme Reaktionen und geben sie durch exotherme Reaktionen wieder ab. Das bekannteste Beispiel eines thermochemischen Wärmespeichers ist der sogenannte Sorptionsspeicher: Ein Tank enthält Granulat aus Kieselgel (oder Silicagel), das hygroskopisch, stark porös ist und deshalb eine große innere Oberfläche hat (ein Gramm hat eine innere Oberfläche von etwa 600 m^2). Silicagele haben die Eigenschaft, Wasserdampf anzuziehen und an ihrer Oberfläche anzulagern (Adsorption), wobei Wärme frei wird. Umgekehrt muss zum Trocknen von Silicagelen (Desorption) Wärmeenergie aufgewendet werden. Technisch wird das Silicagel in Granulatform in einem Kessel gelagert, in dem sich ein Wärmeübertrager befindet. Unter Energieaufwand wird im Sommer das Silicagel getrocknet und es steht unter einer hohen inneren Spannung. Im Winter wird der Kessel ein wenig belüftet und Schritt für Schritt auf den Wasserdampfpartialdruck der Umgebung gebracht. Die entstehende Wärme kann zur Raumerwärmung genutzt werden.

Der Vorteil thermochemischer Wärmespeicher gegenüber konventionellen Wärmespeichern in Form eines Wassertanks liegt in ihrer höheren Speicherdichte. Theoretisch sind Werte von 200–300 kWh pro Kubikmeter erreichbar gegenüber nur etwa 60 kWh/m^3 bei Wasser. Praktisch wurden in den besten Pilotanlagen bisher aber nur etwa 130 kWh/m^3 realisiert. Ein wesentlicher Vorteil ist, dass die gespeicherte Energie über lange Zeiträume verlustfrei gespeichert werden kann. Neben Silicagelen können auch Metallhydride oder Zeolithe als Wärmespeicher verwendet werden, die jedoch höhere Betriebstemperaturen benötigen.

Eine weitere Methode ist die solarthermische Reduktion von Metalloxiden zum Metall und Sauerstoff. Das Metall, etwa Zink, kann problemlos gelagert und transportiert werden. In einem zweiten Schritt reagiert das Metall mit Wasser zum Metalloxid unter Freisetzung von Wasserstoff, der wiederum zur Energiegewinnung verbrannt werden kann. Ein in der Entwicklung befindliches Verfahren ist das sogenannte Solzinc-Verfahren. Sorptionsspeicher können auf eine entsprechende Arbeitstemperatur hin getrimmt werden. Bei Metallhydriden betragen die typischen Temperaturen ca. 280–500 °C, bei Silicagel ungefähr 40–100 °C und bei den Zeolithen in einem Bereich von ca. 130–300 °C.

In solaren Kältemaschinen und bei der Klimatisierung stellen Adsorptionsverfahren eine interessante Alternative dar. Wichtig für die technische Nutzung eines Adsorptionsverfahrens ist darin die Kenntnis des zeitlichen Verlaufs der Adsorption bis zur Gleichgewichtslage. Bei der Adsorption an porösen Stoffen wird dieser Vorgang einerseits durch die Diffusionsgeschwindigkeit des Adsorptivs und andererseits durch die Wärmeabfuhr der freiwerdenden Sorptionswärme durch das Adsorbens (Wärmeübergangskoeffizient) bestimmt. Zu Beginn der Adsorption, wenn sich das Adsorbens im unbeladenen Zustand befindet, verläuft der Adsorptionsvorgang schnell. Mit zunehmender Beladung verlangsamt sich dieser Prozess und kommt schließlich zum Erliegen, wenn sich ein Gleichgewichtszustand ein sogenanntes Adsorptionsgleichgewicht eingestellt hat. Dieser Gleichgewichtszustand ist durch die drei Zustandsgrößen

Tab. 8.5 Thermomagnetische Eigenschaften einiger ausgewählter Adsorptive

Adsorptiv	Chemische Summenformel	Siedetemperatur, bei $p = 1013$ mbar, (°C)	Dipolmoment $m = e\,l$ ($3.3 \cdot 10^{-30}$ Cb · m)	Verdampfungsenthalpie (kJ/kg)
Ammoniak	NH_3	–34	1.47	1368
Methanol	CH_3OH	65	1.67	1102
Ethanol	C_2H_5OH	79	1.7	842
Wasser	H_2O	100	1.87	2258

- Druck p (bei Gasen)
- Temperatur T und
- adsorbierte Masse m_{ads} bzw. relative Beladung x_i

definiert, die von den adsorbierten Komponenten und dem verwendeten Adsorbens abhängig sind. Die Adsorption wird bei hohem Partialdruck und geringer Temperatur begünstigt, während zur Desorption eine Temperaturerhöhung durch Wärmezufuhr und/oder eine Reduzierung des Partialdrucks erforderlich ist. Als Adsorptive eignen sich aufgrund der starken molekularen Bindungskräfte vor allem polare Gase. Je größer das Dipolmoment der Gasmoleküle ist, desto höher ist die im Sorptionsprozess erreichte Energiedichte. Die Tab. 8.5 gibt thermophysikalische Eigenschaften ausgewählter Adsorptive an.

- Silicagele können große Mengen Wasser/Wasserdampf adsorptiv binden. Silicagele sind hochporöse, glasartige Substanzen, die in einem thermischen Verfahren aus einer kolloidalen Silicat-Suspension ($SiO_2 + H_2O$) hergestellt werden, wobei die Aktivierung durch das Entfernen des Wassers bei hohen Temperaturen erfolgt. Das Material besteht hauptsächlich aus SiO_2 und hat aufgrund des Herstellungsverfahrens eine innere Oberfläche von 500 bis 800 m^2/g. Das nutzbare Adsorptionsvolumen beträgt zwischen 25 und 30 % des gesamten Silicagelvolumens.
- Zeolithe heißt die Gruppe wasserhaltiger Metall-Alumosilikate. In der Natur kommen ca. 40 verschiedene Zeolith-Arten vor, die meist durch vulkanische Aktivitäten entstanden sind und starke Verunreinigungen aufweisen. Sie sind deshalb für kältetechnische Anwendungen meist ungeeignet. Synthetisch hergestellte Zeolithe bestehen hauptsächlich aus Aluminiumoxid (Al_2O_3) und haben eine innere Oberfläche von ca. 800 bis 1200 m^2/g. Sie werden durch Ionenaustausch oder durch die Dotierung mit hygroskopischen Salzen modifiziert (hydrophile Oberfläche) und damit in ihrer Energiespeicherfähigkeit wesentlich verbessert. Zeolithe benötigen für die Desorption höhere Temperaturen (>100 °C) als Silicagele und liefern deshalb auch höhere Temperaturen im Entladungsprozess. Sie sind daher auch als thermochemische Speicher in Heizungssystemen mit höheren Vorlauftemperaturen verwendbar.
- In der chemischen Industrie werden als Adsorbens oft hydrophobe Aktivkohle oder Aktivkoks verwendet, die aus Holz, Kohle oder auch aus Petrolkoks hergestellt werden. Nach der Formung der einzelnen Teile wird das Material zunächst bei niedrigen

Tab. 8.6 Chemische Zusammensetzung und spezifische Oberfläche einiger Adsorbentien

Adsorbens	Chem. Summenformel	Oberfläche (m^2/g)
Aluminiumoxid	Al_2O_3	100–400
Adsorberharze	z. B. Styrol	100–800
Silicagel	SiO_2	500–800
Kohlenstoffmolekularsieb	C (als Anthrazit)	500–1000
Zeolithe	Al_2O_3, SiO_2	800–1200
Aktivkohle	C	800–2000

Temperaturen karbonisiert und abschließend bei hohen Temperaturen aktiviert. Damit wird dem Kohlenstoff jegliche Feuchtigkeit entzogen, so dass eine hochporöse Substanz mit einem weiten Porenspektrum entsteht.

Die Tab. 8.6 stellt die chemische Zusammensetzung und die spezifische Oberfläche einiger wichtiger Adsorbentien dar.

8.6 Niedertemperaturspeicher

Die Niedertemperaturspeicher im Zusammenhang mit der Solarthermie beziehen sich zumeist auf die Bereitstellung von Wärme zur Heiz- oder Warmwasserbereitung. Hierbei wird im Kollektor vom Wärmeträgerfluid aufgenommene solare Energie zumeist in Wasserspeichern, die automatisch be- und entladen werden, gespeichert. Wasserspeicher werden, je nach Speicherdauer, in Lang- oder Kurzzeitspeicher unterteilt. Zur Trink- oder Brauchwasseraufbereitung werden üblicherweise Kurzzeitspeicher eingesetzt. Die Aufgabe des Warmwasserspeichers ist es, für eine bestimmte Zeitspanne die zeitlichen Unterschiede zwischen nutzbarer Sonnenenergie und Warmwasserbedarf zu überbrücken, beispielsweise kann auf einen Tag mit hoher solarer Einstrahlung ein Regentag folgen. Die Sonnenenergie kann dann sinnvoll genutzt werden, wenn diese zeitlichen Unterschiede zwischen Sonnenenergieangebot und Wärmebedarf durch einen Puffer ausgeglichen werden. Reicht die solare Einstrahlung nicht aus, um die gewünschte Warmwassertemperatur zu erreichen (wie z. B. im Winterhalbjahr), muss die Möglichkeit einer konventionellen Nachheizung gegeben sein. Durch Energieumsetzung in einem Biomasse-, Öl- oder Gaskessel wird die Differenzenergie ausgeglichen. Mit dieser Technik werden ein ständiges Ein- und Ausschalten (Takten) und die damit verbundenen Verluste der konventionellen Kesselanlage vermieden. Im Winterhalbjahr ist die Kesselanlage zur Raumheizung des Gebäudes meist durchgehend in Betrieb und die Erwärmung des Warmwassers erfolgt parallel. Die wichtigsten Voraussetzungen, die nötig sind, damit ein Solar-Warmwasserspeicher den hohen Anforderungen gerecht wird, werden nachfolgend beschrieben.

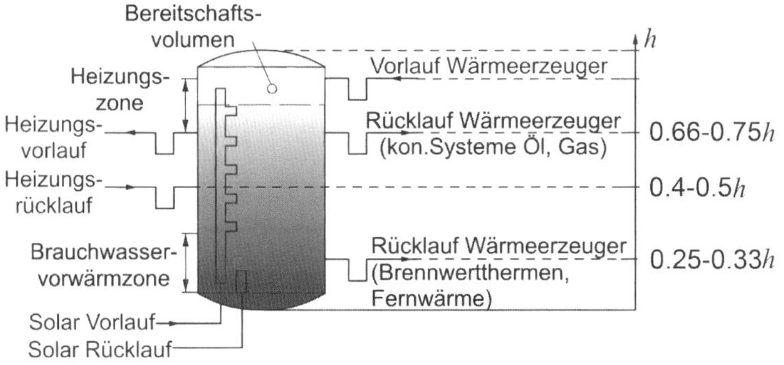

Abb. 8.15 Schematische Darstellung der Temperaturzonen und der Positionierung der hydraulischen Anschlussstellen bei der Einbindung von Wärmeerzeugern in einen Energiespeicher

Unabhängig vom Speichersystem und vom Speicherfluid treten in Energiespeichern Schichtungen auf, wie es die Abb. 8.15 illustriert. Im einfachsten Fall kann man sich den Energiespeicher in drei unterschiedliche Temperaturebenen geteilt vorstellen,

- der Brauchwarmwasserzone (Bereitschaftsvolumen im obersten Teil),
- der Heizungszone und
- der Brauchwasservorwärmzone (unterstes Viertel bis Drittel des Speichers),
  die im Betrieb möglichst getrennt bleiben sollten.

Die Brauchwasserbereitung benötigt bei Niedertemperaturheizungssystemen das höchste Temperaturniveau. Dieses muss ständig, egal ob integrierter Brauchwasserspeicher oder externer Wärmetauscher, im obersten Speicherbereich für eine garantierte Warmwasserversorgung zur Verfügung stehen. Dieses Volumen wird Bereitschaftsvolumen genannt. Das Kaltwasser hat die niedrigste Temperatur im System und wird daher ganz unten im Speicher zugeführt. Dazwischen liegt der für Heizzwecke zur Verfügung stehende Bereich. Die Einbindung des konventionellen Wärmeerzeugers muss so erfolgen, dass das heiße Medium in den Bereich Brauchwasserbereitung eintritt, um vorrangig diesen Bedarf zu decken. Der Anschluss des Heizungsvorlaufs muss so ausgeführt werden, dass für Heizzwecke nie die für die Brauchwasserbereitung vorgesehene Zone herangezogen werden muss.

Die Temperatur des Heizungsrücklaufs liegt immer über der Kaltwassertemperatur, so dass der Heizungsrücklauf oberhalb der Brauchwasservorwärmzone zum Wärmeerzeuger zurückgeführt wird. Damit steht die Brauchwasservorwärmzone der Solaranlage zur Verfügung und bringt günstige tiefe Kollektorrücklauftemperaturen.

Die Einbindung des konventionellen Wärmeerzeugers in das Hydraulikschema sollte so erfolgen, dass das Gesamtsystem optimiert wird, also ein möglichst geringer Nachheizenergiebedarf erzielt wird. Wärmeerzeuger, deren Effizienz nicht durch die Rücklauftemperatur beeinträchtigt werden (beispielsweise automatische Biomasseheizungen, Ölkessel,

Anwendung	Speichergrundtyp	Wärmeübertragung Speicherausführung	Bivalenzoption (Nachheizung)
Trinkwasser 	Brauch- oder Trinkwasserspeicher	intern / extern: ○ Durchlaufprinzip; ○ Rohrschlange im Speicher; ○ Wärmetauscher und Pumpe	direkt / indirekt: ○ Elektr. Heizung im Speicher; ○ externe Nachheizung im Durchlaufprinzip; ○ Elektr. Heizung im Speicher
Trinkwasser + Heizung 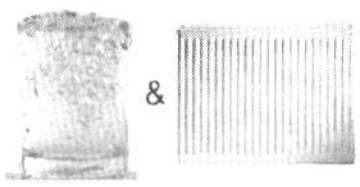	Pufferspeicher	intern: ○ Tank-in-Tank System; extern: ○ Anschluss an Pufferspeicher und Pumpe; ○ Separater Speicher und Pumpe	direkt: ○ Elektr. Heizung im Speicher; ○ Befeuerung mit Gas /Öl; indirekt: ○ interne mit Wärmeübertrager im Speicher (gespeist durch andere Wärmequelle); ○ externe Nachheizung im Durchlaufprinzip
Heizung 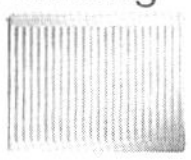		intern / extern: Durchlaufprinzip; ○ Rohrschlange im Speicher; ○ Wärmetauscher und Pumpe	direkt: ○ Elektr. Heizung im Speicher; ○ Befeuerung mit Gas /Öl; indirekt: ○ interne mit Wärmeübertrager im Speicher (gespeist durch andere Wärmequelle); ○ externe Nachheizung im Durchlaufprinzip

Abb. 8.16 Klassifizierung von Wasserwärmespeichern für die Anwendung im Siedlungswesen

Gaskessel ohne Brennwertnutzung) werden im oberen Viertel bzw. Drittel des Energiespeichers eingebunden. Bei Wärmerzeugern, die möglichst tiefe Rücklauftemperaturen benötigen (Gasbrennwertgeräte oder Fernwärme), muss die Höhe des Rücklaufanschlusses in das untere Speicherdrittel verschoben werden, so dass entweder der Brennwerteffekt optimal genutzt wird oder bei Fernwärmeeinbindungen die Netzverluste möglichst gering ausfallen. In jedem Fall sind die Fühlerpositionen und Rücklaufanschlüsse so positionieren, dass eine Erwärmung des unteren Speicherteils durch den konventionellen Wärmerzeuger nicht möglich ist, da sonst lediglich Entropie im Speicher durch Störung der Schichtung erzeugt wird.

8.6.1 Niedertemperaturspeicherarten

Im Bereich der Niedertemperaturspeicher gibt es eine Unzahl von Systemgestaltungsoptionen. Ausgehend vom Anwendungsprofil wird zunächst der Grundtyp des Speichers ausgewählt. Danach erfolgt eine weitere Differenzierung in eine interne oder eine externe Art der Wärmeübertragung in den Speicher. Schlussendlich ist sofern eine Nachheizung gewünscht wird, was als Bivalenzoption bezeichnet wird, zu entscheiden, ob diese direkt oder indirekt erfolgen soll. Die Abb. 8.16 zeigt ohne Anspruch auf Vollständigkeit den möglichen Entscheidungsweg. Das Zentralelement einer Solaranlage zur Trinkwarmwasserbereitung ist der Trinkwarmwasser- oder Brauchwasserspeicher, bei gleichzeitiger Heizungsunterstützung ist es der Pufferspeicher. Von beiden Basistypen gibt es unzählige

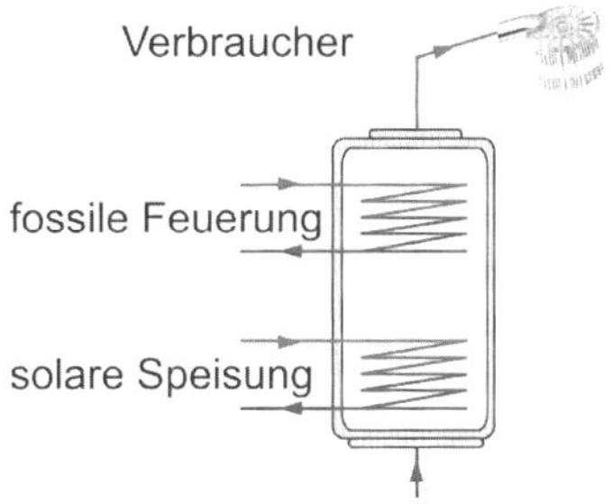

Abb. 8.17 Anordnung des Solarwärmetauschers in einem Trink- Brauchwasserspeicher

Ausführungen. Auf Grund der hohen Verfügbarkeit stellt Wasser die präferierte Option als Speichermedium im Siedlungswesen dar.

Daneben zeichnet sich Wasser durch eine besonders hohe spezifische gewichts- und volumenbezogene Wärme aus. In flüssiger Form kann es gleichzeitig als Wärmeträger zum Be- und Entladen des Speichers verwendet werden. Ohne Berücksichtigung von Isolationsverlusten und für eine Aufheizspanne des Speicherwassers von $\Delta T = 50$ °C werden mit $c_p = 4.187$ kJ/(kgK) für den Wärmebedarf eines Einfamilienhauses in etwa 26 MWh benötigt. Hierfür ist ein Wasserspeicher von 447 m^3 erforderlich. Dies entspricht dem Volumen eines Schwimmbeckens 25 × 10 × 1.80 m^3, oder eines Heizölvolumens von 2500 *l*. Ein Rechenbeispiel soll die Größenordnungen verdeutlichen. Zur Beheizung eines gut gedämmten Hauses mit einem Energiebedarf von 100 kWh/(m^2 · a) und 89 m^2 Wohnfläche werden 890 *l* Heizöl oder 890 m^3 Erdgas benötigt. Dies entspricht einem Jahreswärmebedarf von 32 GJ. Um diese Wärmemenge im Sommer durch Solarabsorber zu erzeugen, sind bei angenommenen 100 Sonnentagen und einem Ertrag von 4 kWh/(m^2 · d) etwa 23 m^2 Solarabsorberfläche erforderlich. Um die im Sommer solar erzeugte Wärmemenge von 32GJ für den Winter in Form eines Latentwärme Speichers zu bevorraten, wären ca. 200 m^3 Paraffin nötig. 200 m^3 entsprechen einem Tank von 8 m Höhe und ca. 5.6 m Durchmesser (Mit dem in den Tank passenden 200 m^3 Heizöl könnte das Haus allerdings 225 Jahre lang beheizt werden).

- Brauchwasserspeicher (Trinkwasser)

Bei Systemen mit direkter Erwärmung des Trinkwassers durch den Kollektorkreis kommen für das gesamte Volumen Trinkwasserspeicher zum Einsatz. In Pufferspeicherkonzepten dienen sie nur als Bereitschaftsspeicher für die Warmwasserversorgung. Trinkwasserspeicher müssen vor Korrosion durch den mit dem Trinkwasser kontinuierlich eintretenden Sauerstoff geschützt sein. Aus diesem Grund werden Edelstahlspeicher, Stahlspeicher mit Innenbeschichtungen aus Email oder Kunststoffbehälter eingesetzt. Edelstahlspeicher sind zwar korrosionsbeständiger und langlebiger, dafür merklich teurer als die anderen Varianten. Emaillierte Speicher müssen aus Korrosionsschutzgründen entweder mit einer Magnesium- oder Fremdstromanode (vergl. Abb. 8.18) ausgerüstet werden.

Je nach Konzeption der Gesamtanlage findet man verschiedene Arten von Trinkwasserspeichern. Vor allem bei Solaranlagen, die nur der Warmwasserbereitung dienen, ist ein Speicher mit zwei internen Wärmetauschern sehr verbreitet. Hierbei wird der Spei-

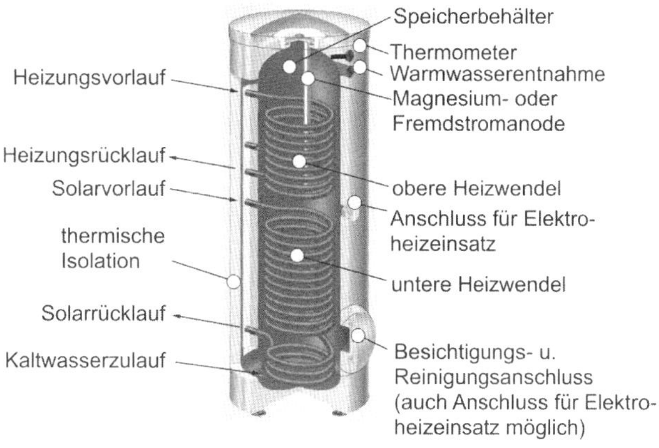

Abb. 8.18 Ausführung eines Brauchwasserspeichers mit Solaranbindung (Viessmann Werke GmbH und Co. KG 2011)

cher über den unteren Wärmetauscher vom Solarkreis versorgt, der obere Wärmetauscher, der über einen konventionellen Wärmeerzeuger versorgt wird, übernimmt bei Bedarf die Nachheizung des oberen Speicherbereiches, aus dem auch die Warmwasserentnahme erfolgt (Abb. 8.17). Bei manchen Speichern wird der obere Wärmetauscher durch eine elektrische Heizpatrone ersetzt. Die Aufteilung der Aufheizvolumina sollte folgendermaßen sein: Oberes Aufheizvolumen 40 % und unteres Aufheizvolumen 60 % des Speichervolumens. Im Ein- und Zweifamilienhausbereich sind Speicher mit 300–500 *l* Fassungsvermögen üblich.

Bei Brauchwasserspeichern, deren Volumen über 400 *l* liegt, sollte die Möglichkeit vorhanden sein, den Speicher einmal täglich auf 60 °C aufzuheizen, um Legionellenbildung zu vermeiden. Da der Energieaufwand für diese Art der Erwärmung relativ groß ist, werden im zunehmenden Maße nachgeschaltete Wärmetauscher, die nach dem Durchflussprinzip arbeiten, eingesetzt. Bei großen Solaranlagen werden Trinkwasserspeicher wegen der schwierigen Trinkwasserhygiene immer seltener eingesetzt. Hier kommen vor allem Anlagen mit einem Zwei-Speichersystem zum Einsatz, bei denen der Trinkwasserspeicher als Boiler vom Pufferspeicher erwärmt wird.

Das Einbringen der Energie in den Brauchwasserspeicher erfolgt über bereits vorinstallierte Rohrregister oder über Rippenrohrwärmetauscher, die über Flansche je nach Bedarf nachträglich eingebaut werden können. Effiziente Solarspeicher verfügen über ein Wärmeleitrohr, das auf unterschiedlichen Höhen Auslassstutzen besitzt. Das erwärmte Wasser steigt in dem Wärmeleitrohr so weit auf, bis es Temperaturgleichheit mit dem im Speicher vorhandenen Wasser hat. Auf diese Weise wird die Wärmeschichtung im Speicher beibehalten und die Konvektionsverluste innerhalb des Speichers werden reduziert.

Der Solarkreiswärmetauscher sollte im Speicher möglichst weit nach unten reichen, damit der Speicherinhalt bis zum Speicherboden erwärmt werden kann. Ein Anschluss des Nachheizungswärmetauschers im oberen Speicherbereich garantiert eine rasche Erwärmung des Bereitschaftsvolumens, ohne dem Solarkreis die Möglichkeit zu nehmen, auch geringe Sonnenenergiemengen wirksam in den kälteren Bereich des Speichers einlagern zu können. Die technische Realisation zeigt die Abb. 8.18. Speicher, die über zwei Wärme-

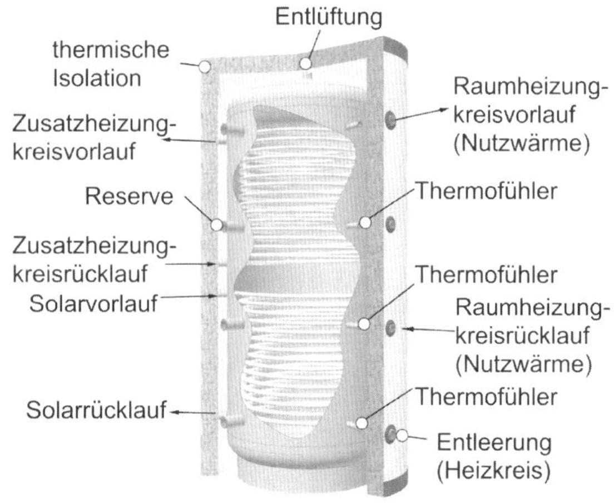

Abb. 8.19 Pufferspeicher für Heizungswarmwasser mit Zufeuerungsoption (Viessmann Werke GmbH und Co. KG 2011)

quelleneingänge verfügen (solare Speisung und konventionelle fossile Zufeuerung,) werden als bivalente Speicher bezeichnet.

Die Speichertemperatur sollte bei Trinkwasserspeichern sowohl seitens der solaren Beladung, als auch seitens der Nachheizung auf etwas mehr als 60 °C begrenzt werden, da bei höheren Temperaturen Kalk ausfällt. Dies hat zur Folge, dass die gelösten Kalziumverbindungen an den heißesten Stellen feste Ablagerungen bilden, die den Wärmedurchgang behindern. Außerdem setzt sich abbröckelnder Kalk nach und nach auf dem Speicherboden ab (Verschlammung).

- Pufferspeicher (Energiespeicher)

Pufferspeicher sind mit Heizungswasser gefüllt und erfüllen den Zweck einer längerfristigen Speicherung der solaren Wärme. Die in ihnen bevorratete Wärme kann wahlweise direkt ins Heizungssystem eingespeist (Heizungsunterstützung) oder über einen Wärmetauscher ans Trinkwasser übertragen werden. Sie bieten gegenüber Trinkwasserspeichern den Vorteil, dass sie wegen des nicht notwendigen Korrosionsschutzes billiger sind. Außerdem kann das bevorratete Heizungswasser auf bis zu 90 °C erwärmt werden – bei aufbereitetem Heizungswasser besteht keine Verkalkungsgefahr – wodurch im Speicher bei gleichem Volumen mehr Energie untergebracht werden kann. Bei geschlossenen Systemen mit Überdruck im Energiespeicherkreis finden meist Stahlspeicher aus St-37 Verwendung. Diese können problemlos ohne weiteren Korrosionsschutz eingesetzt werden, da das System nur einmal mit Wasser gefüllt wird und der Überdruck ein Eindringen von frischem Sauerstoff verhindert. Die Abb. 8.19 zeigt einen Pufferspeicher zur Heizungswarmwasserbereitstellung mit einer potenziellen externen fossilen Zusatzheizung. Bei dieser Kombinationsausführung ist prinzipiell auch ein Betrieb ohne solare Einstrahlung möglich.

In der Abb. 8.20 ist ein rein solar betriebener Schichtladespeicher dargestellt, der sich eher für Low Flow Anlagen als Langzeitspeicher eignet. Im Schichtladespeicher steigt das erwärmte Fluid, das eine geringere Dichte als das am Boden des Speichers aufweist, im Steigrohr bis zur der Stelle im Speicher nach oben, an der eine Temperaturkongruenz auf-

Abb. 8.20 Heizwasserpufferspeicher mit Schichtladeeinrichtung (Viessmann Werke GmbH und Co. KG 2011)

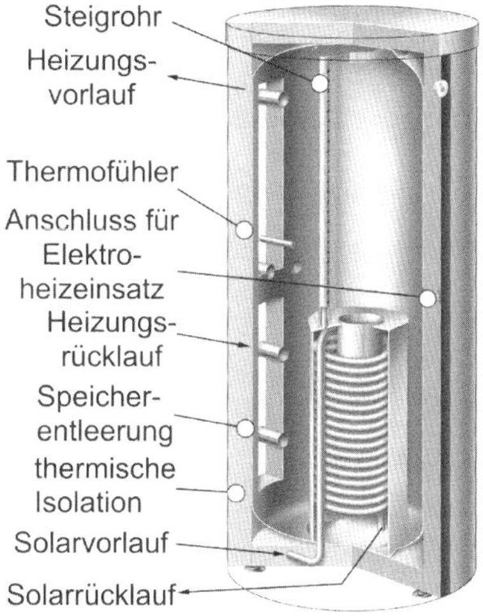

tritt. Es handelt sich dabei also um ein rein passives und damit ohne Fremdenergie betriebenes System.

Bei offenen/drucklosen Systemen kommen wegen der Korrosionsgefahr Speicher aus verschiedenen Kunststoffen zum Einsatz. Dort muss aber die Maximaltemperatur wegen der Belastungsgrenzen des Kunststoffes sicher begrenzt werden. Pufferspeicher werden oft mit einer vom Hersteller maßgeschneiderten Schaumstoffisolierung oder einer Hartschalenwärmedämmung aus Polystyrol, PUR-Schaum oder Melamin geliefert. Größere Speicher werden mehrschichtig mit Mineralwolle, die mit einer Blechummantelung abgeschlossen sind, oder mit schüttbaren Dämmmaterialien wärmeisoliert.

- Kombispeicher

Eine Kombination von Puffer- und Trinkwasserspeicher stellt der Kombispeicher dar. Kombispeicher sind in ihrem Grundaufbau Pufferspeicher für die Heizung, in deren oberem Bereich sich ein zweiter geschlossener Speicher für das Brauchwasser befindet. Systeme mit diesem Speicher werden auch als „Tank-in-Tank Systeme“ bezeichnet. Die Abb. 8.21 zeigt ein derartiges System. Die solare Speicherbeladung erfolgt über einen externen Wärmetauscher und eignet sich für mittlere bis große Kollektorflächen (ab ca. 20 m^2).

Neben der kompakten Bauweise des Kombispeichers beruht ein wesentlicher Vorteil dieses Speichertyps darauf, dass bei hinreichender Einstrahlung schnell die gewünschte Nutztemperatur bereitgestellt werden kann, da im oberen Teil des Kombispeichers permanent ein Bereitschaftsvolumen mit hoher Temperatur vorhanden ist. Mit Kombispeichern ist ein Betrieb der Solaranlage in allen Modi (low – flow, matched flow und high – flow, vergl. Kap. 6.4.2 Zwangsumlaufsysteme) möglich. Ein Nachteil der Kombispeicher ist die

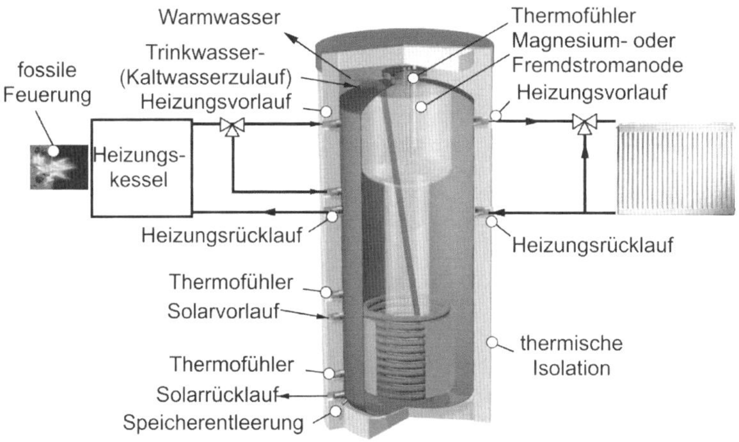

Abb. 8.21 Prinzipbild eines Tank in Tank Kombi-Speichers mit fossiler Zusatzheizung zur Bereitstellung von Warmwasser und Heizungswasser. (Wagner und Co. Solartechnik 2011)

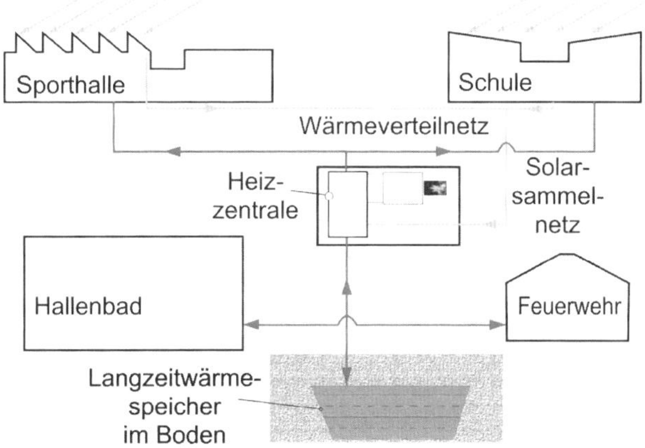

Abb. 8.22 Schemaskizze des Nahwärmenetzes und der Solarsiedlung am Beispiel der Gemeinde Eggenstein-Leopoldshafen. (Gemeinde Eggenstein Leopoldshafen 2010)

hydraulische Trennung des Solarkreises vom Speicherkreislauf durch einen externen Plattenwärmetauscher, der einen zweiten Pumpenkreislauf erfordert.

- Nahwärmespeicher

Ebenso wie im häuslichen Bereich lassen sich Energiespeicher auch für große Speichermengen realisieren; auch dort gilt das Prinzip der stabilen Schichtung. Im Verbund von solar unterstützten Nahwärmeversorgungssystemen werden saisonale Wärmespeicher vorgesehen. Es sollen sowohl Heizenergie als auch Brauchwassererwärmung für 100–500 Wohneinheiten mit einem solaren Deckungsgrad von mehr als 50 % bereitgestellt werden. Die Anlagen umfassen 6760 m^2 Kollektorfläche und Speichervolumina von 11000 m^3 bzw. 13000 m^3. Für einen norddeutschen Standort ergaben die Auslegungsrechnungen einen solaren Energieertrag pro Jahr von 260–280 $kWh/(m^2a)$ und einen solaren De-

Tab. 8.7 Eckdaten des Nahwärmenetzes und der Solarsiedlung am Beispiel der Gemeinde Eggenstein-Leopoldshafen. (Gemeinde Eggenstein Leopoldshafen 2010)

Bruttogeschossfläche (m^2)	12000
Solarkollektorfläche (m^2)	1600
Nahwärmenetz (m)	300
Langzeitwärmespeicher (m^3 Kies)	4500
Gas-Spitzenkessel (kW)	2×600
Wärmepumpe (kW)	60
Pufferspeicher (m^3)	30
Solarer Deckungsanteil (%)	35–40

ckungsgrad von 53 %, während in Süddeutschland 380 kWh/(m^2a) und 70 % erreichbar sind. Es werden teilweise in den Boden eingelassene Aquiferspeicher vorgesehen, die mit Wasser oder Wasser/Kies-Mischungen gefüllt sind. Die Gestehungskosten dieser Anlagen skalieren mit der Flächen- bzw. den erforderlichen Speichervolumina. Dennoch setzen sich auch auf kommunaler Ebene immer mehr Kombianlagen durch, mit Hilfe derer durch die Solarthermie zum Teil erheblich Deckungsgrade erzielt werden. Die Abb. 8.22 zeigt eine solche Kombianlage, die in der Gemeinde Eggenstein-Leopoldshafen errichtet worden ist und die viele Verbraucher mit unterschiedlichen Anforderungsprofilen verknüpft. In der Tab. 8.7 sind die Eckdaten des Kombikonzeptes aufgeführt.

- Sonstige Wärmespeicher

Andernorts werden Erdwärmespeicher gebaut. In Bohrlöcher werden Wärmetauscher eingebaut, die Wärme in den Boden einbringen bzw. wieder entnehmen. Aquiferspeicher und Erdsondenspeicher können in Bereiche unterteilt werden, um verschiedene Temperaturbereiche und -schichtungen zu erhalten. Solche Speicher können dann auch zusammen mit Wärmepumpen betrieben werden und dazu dienen, Wärme als auch Kälte zu speichern. Als Festkörperspeicher wurden vielfach Fels- oder Gesteinsbette benutzt, wenn eine günstige Erschließung aufgrund der Gesteinsart möglich ist. Zum Teil wird dabei Luft als Wärmeträger verwendet. Wegen der geringen Wärmeübertragungseigenschaften von Luft ergeben sich höhere Kollektortemperaturen mit entsprechenden Einbußen am Wirkungsgrad. Eine geeignete Temperaturschichtung im Speicher wird für den Betrieb eines solchen Systems vorausgesetzt. Bei Speicherung in Felskavernen entfällt der Speichertank. Grundwasserzu- und -abfluss sind jedoch auszuschließen.

8.6.2 Thermische Anforderungen an Wärmespeicher

Niedertemperaturspeicher dienen zumeist zur Brauchwassererwärmung und/oder zur Heizungsunterstützung.

Die erforderliche Wärmeenergie zur Erwärmung des Speichers setzt sich additiv aus der direkten Erwärmung des Nutz Fluids Q_{Nutz}, der Speicherverluste $Q_{Speicher}$ und der Zirkulationsverluste Q_{Zirk} zusammen:

Tab. 8.8 Erforderliche Dämmstärken für Warmwasser Leitungen bei verschiedenen Rohrdurchmessern aus Heizanlagenverordnung (2008)

Nennweite der Rohrleitung DN	Mindeststärke der therm. Isolation bei Dämmstoffwahl $\lambda = 0.035$ W/(mK) in (mm)
-DN 20	20
DN22–DN35	30
DN40–DN100	60
>DN100	100

$$Q_{ges} = Q_{Nutz} + Q_{Speicher} + Q_{Zirk}. \tag{8.16}$$

Die Speicherverluste sind sowohl von der Temperatur im Speicher als auch von der Umgebungstemperatur abhängig, die durch den Standort des Speichers vorgegeben ist. Die Speicherverluste, deren Grundlage die Europanorm EN 12977-3 ist (Europäische Norm EN 12977-3, 2008), werden folgenderweise berechnet:

$$Q_{Speicher} = k \cdot A \cdot \Delta T \cdot t, \tag{8.17}$$

in der k der produktabhängige Wärmedurchgangskoeffizient des Speichers (W/(m^2 K)), A dessen Oberfläche (m^2), ΔT die mittlere Temperaturdifferenz zwischen Speicherwasser und Umgebung (K) und t den betrachteten Zeitraum der Speicherverluste darstellt.

Damit das Warmwasser in jeder Wohnung zu jeder Zeit zur Verfügung steht, ist bei einer zentralen Haustechnik (zentrale Warmwasserbereitung im Heizraum) aufgrund der meist langen Leitungswege eine Zirkulationsleitung notwendig. In dieser Leitung wird das warme Wasser zu gewissen Stunden oder ganztägig umgewälzt. Die durch die Zirkulationsleitung verloren gehende Wärme Q_{Zirk} wird vielfach unterschätzt, da meist keine Messungen vorliegen. Bei bekannter Verrohrungsführung kann die Verlustleistung jedoch in guter Näherung abgeschätzt werden. Die Verlustleistung sehr gut gedämmter Zirkulationsrohre beträgt bei neuer Dämmung ca. 8 W/m bei Rohren im Gebäudeinneren oder an gut isolierten Außenwänden. Für weniger gut gedämmte Rohre sollten mindestens 10 W/m Rohr angenommen werden. Wand- und Deckendurchbrüche, die nach der Heizanlagenverordnung nur mit der halben Dämmdicke versehen sind, werden pauschal durch einen Aufschlag von 10 % berücksichtigt. Für die Verlustleistung gut isolierender Rohre ergibt sich damit

$$Q_{zirk} = 1.1 \cdot l_{zirk} \cdot 8 \; [\mathrm{W/m}], \tag{8.18}$$

worin l_{zirk} die Länge der Zirkulationsleitung (m) ist. Die Tab. 8.8 gibt die erforderliche Mindeststärke der Dämmung für verschiedene Rohrdurchmesser an, um die Heizanlagenverordnung (2008) zu erfüllen.

Die Dicke der Speicherdämmung hängt vom Verbraucher ab. Sie muss für den Auslegungszeitraum dem Wärmeverlust entgegenwirken und die gespeicherte Wärme so gut wie möglich aufrechterhalten. Die Dicke wird durch technische Notwendigkeit und wirtschaftliche Überlegungen begrenzt. Die Anforderungen an eine Speicherdämmung sind:

- Unbrennbarkeit (zumeist durch das Medium Wasser gegeben),
- möglichst geringe Wärmeleitfähigkeit,
- nur kleine oder am besten keine Luftspalte zwischen Dämmung und Speicherwand.

Zu einem leistungsfähigen Solarspeicher gehört eine gute Wärmedämmung. Sie sollte eine Wärmeleitfähigkeit λ in der Größenordnung $\lambda < 0.035$ W/(mK) aufweisen, den Speicherboden mit einbeziehen, überall gut anliegen, Flansche, Stopfen usw. überdecken und an den Rohranschlüssen lückenlos anschließen. Brauchwasserspeicher werden häufig werkseitig mit einer geschäumten Dämmhülle ausgestattet. Als Richtwert sollte ein Wert von 0.5 W/K bezogen auf einen Quadratmeter nicht überschritten werden. In der Regel reicht eine 15–20 cm dicke Dämmung. Die Anschlüsse an den Speicher sind so auszuführen, dass der Speicher aufgrund von Naturzirkulation nicht über Nacht entladen werden kann. Durch entsprechende Maßnahmen (Thermosiphon, Rückschlagventil) kann dem entgegengewirkt werden. Leitungsöffnungen für kaltes Wasser sind im unteren, kalten Speicherbereich vorzusehen; Anschlüsse für warmes Wasser sollten im oberen, warmen Speicherbereich angebracht werden. Da die Speicherdämmung besonders im obersten Teil des Speichers nicht unterbrochen werden soll, ist es ratsam, den Warmwasseranschluss intern (im Speicher selbst) bzw. extern (zwischen Speicherwand und Außenhaut der Dämmung) durch die Bodendämmung zu leiten. Bei der internen Ausführung kommt es zur Störung der Speicherschichtung und das Warmwasser in der Leitung wird abgekühlt.

8.6.3 Temperaturschichtung innerhalb des Speichers

Eine wichtige Frage bei der Speicherauslegung und -dimensionierung ist die Temperaturschichtung innerhalb des Speichers, denn im Wärmespeicher befindet sich gleichzeitig kaltes, warmes und heißes Wasser. Durch die unterschiedliche Dichte des Wassers bildet sich eine Temperaturschichtung aus. Eine möglichst kalte untere Zone gewährleistet, dass die Solaranlage selbst bei geringer Sonneneinstrahlung auf niedrigem Temperaturniveau noch mit gutem Wirkungsgrad arbeiten kann. Diese Temperaturschichtung ist umso ausgeprägter, je schlanker und höher der Speicher ist. Die Erhaltung der Wärmeschichtung ist für den Wirkungsgrad einer Solaranlage von großer Bedeutung.

Die Speicherschichtung wird durch die Schichtungskennzahl N ausgedrückt und beschreibt den Abbau der Temperaturschichtung. Sie macht sich beim Entladen bemerkbar. Ein hohes N bedeutet, dass viel Wasser mit hoher Temperatur gezapft werden kann, der Speicher reagiert mit sprungartigen Temperaturverläufen. Gutes Schichtungsverhalten heißt ebenso, dass Kaltwasser im untersten Teil des Speichers unverändert, im Idealfall also ca. 8–10 °C, kalt ist. Dadurch kann bei abnehmender Einstrahlung (gegen Abend) noch Wärme von der Sonne genutzt werden (wenn im Laufe des Tages Warmwasser gezapft wurde), da eine ausreichende Temperaturdifferenz für den Wärmedurchgang im Kollektor vorhanden ist. Als geringe Schichtungszahlen werden Werte für $N < 10$ bezeichnet, während man für N im Bereich von $20<N<30$ von einer „hohen“ oder „guten“ Schichtung spricht.

Hohe Schichtungskennzahlen sind besonders dann wichtig, wenn für die Umwälzung des Speichervolumens viel Zeit benötigt wird. Dies ist bei Low-Flow- Anlagen sowie bei großen Speichern und bei Langzeitspeichern der Fall. Prinzipiell ist bei der Beladung des Speichers darauf zu achten, dass es zu keiner Vermischung mit Wasser geringerer Temperatur kommt. Externe Wärmetauscher garantieren, geringe Massenströme vorausgesetzt, gutes Schichtungsverhalten mit kleinen Zonen der Vermischung. Brauchwasser mit Nutztemperatur steht bei entsprechender Temperaturspreizung im Kollektor schnell zur Verfügung. Höchste Schichtungskennzahlen N ergeben sich mit Schichtladevorrichtungen, in denen erwärmtes Wasser in jene Schicht des Speichers eingebracht wird, in der Temperaturgleichheit zwischen eintretendem Wasser und dem Speicher besteht. Dies erfolgt rein passiv in einem Steigrohr (vergl. Speicher in Abb. 8.20).

Damit ein Speicher die Wärmeschichtung erhalten kann, sind eine Reihe konstruktiver Maßnahmen erforderlich. Durch Einbauten wird die Strömung am Einlauf in den Speicher beruhigt, damit eine Vermischungen des eintretenden Kaltwassers mit bereits erwärmtem Wasser vermieden wird und damit die Schichtung nicht gestört wird. Da der Bereich der Vermischung kleiner ist als ohne Einlaufberuhigung, resultiert daraus auch eine höhere Schichtungskennzahl N. Wird das eintretende Kaltwasser nicht gebremst, so kühlt sich weiter oben befindliches Wasser ab und die entsprechenden Schichten müssen erneut aufgewärmt werden. Die untersten Speicherschichten werden durch die Verwirbelungen leicht erwärmt. Dadurch sinkt der Kollektorwirkungsgrad und bei abnehmender Einstrahlung schaltet der Solarkreis früher aus.

Das empfohlene Höhen-Durchmesser-Verhältnis beträgt 2:1–4:1. Liegespeicher sollen in Verbindung mit einer Solaranlage nicht eingesetzt werden. Um die Temperaturschichtung im Speicher aufrecht zu erhalten, sollte für den Kaltwassereintritt und der Warmwasserentnahmestelle folgende Regeln beachtet werden: Trinkwasserspeicher sollten auf jeden Fall über eine Prallplatte am Kaltwassereingang verfügen, um eine Verwirbelung des eintretenden Kaltwassers mit wärmerem Wasser aus höheren Schichten zu vermeiden. Ein besonderes Augenmerk ist auch auf die Zerstörung der Schichtung an der Warmwasserentnahme zu richten, die durch das Absinken des abgekühlten Wassers aus den Rohrleitungen zurück in den Speicher entsteht (Einrohrzirkulation). Um diese Wärmeverluste von bis zu 15 % der Gesamtspeicherkapazität zu verhindern, sollte der Warmwasserabgang mit einem 180°-Rohrbogen (Siphon) versehen werden. Auch bei allen anderen Rohranschlüssen des Speichers sollen Wärmebrücken möglichst vermieden werden. Wenn möglich sollten die Rohrdurchführungen im kalten – also im unteren – Bereich des Speichers verlaufen.

Zur Simulation der wärmetechnischen Speichereinbindung in das thermische Solarsystem sind mathematische Modelle zur Beschreibung der thermohydraulischen Effekte innerhalb des Speichers erforderlich. In ein solches Modell gehen bestimmte Annahmen ein, die eine Vereinfachung des tatsächlichen physikalischen Sachverhaltes darstellen. Entsprechend bildet das Modell das Verhalten des realen Speichers mehr oder weniger gut

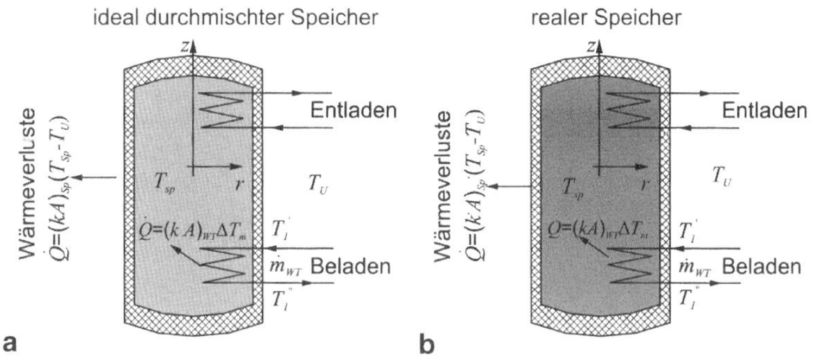

Abb. 8.23 Qualitativer Vergleich der Temperatur eines ideal durchmischten Speichers **a** und eines realen Speichers **b**

ab. Die Anforderungen an Modelle hängen ganz vom Anwendungsfall ab. Für Jahressimulationen ganzer Systeme genügt es, wenn das Modell bei gegebener Eintrittstemperatur in den Speicher die Austrittstemperatur korrekt wiedergibt. In der Regel ist es hinreichend, bei Wasserspeichern eine eindimensionale axiale Temperaturverteilung zu ermitteln. Die Kunst der Modellbildung besteht nicht darin, hohen mathematischen Aufwand zu treiben, sondern die wesentlichen physikalischen Vorgänge richtig zu beschreiben. Die Temperaturverteilung in Warmwasserspeichern mit Wärmeverlusten mit Hilfe der Gleichungen für die instationäre zweidimensionale Wärmeleitung zu berechnen ist zwar mathematisch anspruchsvoll, hat aber mit den tatsächlichen physikalischen Vorgängen nichts zu tun, da in Warmwasserspeichern zumeist eine auftriebsbehaftete Konvektion vorherrscht.

Zur Beschreibung der Temperaturschichtung in einem Speicher wird zunächst der einfachste Fall eines ideal durchmischten Speichers betrachtet. Als ideal durchmischt wird ein Speicher bezeichnet, in dem die Temperatur unabhängig vom Ort ist. Er unterscheidet sich damit bezüglich der Temperaturverteilung erheblich von einem realen Speicher, wie es die Abb. 8.23a skizziert.

Beim Beladen eines ideal durchmischten Warmwasserspeichers über den unten eingebauten Wärmetauscher liefert die Wärmebilanz am Speicher folgendes Ergebnis:

$$\frac{d\dot{Q}}{dt} = \dot{m}_{WT} \cdot c_p \cdot \left(T_1' - T_1''\right) - (k \cdot A)_{sp} \cdot \left(T_{sp} - T_U\right), \tag{8.19}$$

in der k der Wärmeübergangskoeffizient ist, T_{sp} die mittlere Speichertemperatur und T_U die der Umgebung. Ist die Umgebungstemperatur T_U konstant, die Stoffwerte ρ und c_p sowie der Wärmeübergangskoeffizient k unabhängig von der Temperatur und kann man die Wärmekapazität des Fluids im Wärmetauscher vernachlässigen, so existiert eine analytische Lösung. Die Wärmebilanz im Wärmetauscher liefert dann:

$$\dot{m}_{WT} \cdot c_p \cdot \left(T_1' - T_1''\right) = (k \cdot A)_{WT} \cdot \frac{\left(T_1' - T_1''\right)}{\ln\left(\dfrac{T_1' - T_{sp}}{T_1'' - T_{sp}}\right)}. \tag{8.20}$$

Das Umformen der Gl. (8.20) führt auf:

$$\ln\left(\frac{T_1' - T_{sp}}{T_1'' - T_{sp}}\right) = \frac{(k \cdot A)_{WT}}{\dot{m}_{WT} \cdot c_p}. \tag{8.21}$$

Definiert man einen Wärmeaustauscher-Wirkungsgrad, so erhält man folgendes Ergebnis:

$$\varepsilon = \left(\frac{T_1' - T_1''}{T_1' - T_{sp}}\right) = \frac{\text{übertragene Wärmeleistung}}{\text{maximal übertragbare Wärmeleistung}} = 1-\exp\left[-\frac{(k \cdot A)_{WT}}{\dot{m}_{WT} \cdot c_p}\right]. \tag{8.22}$$

Der Klammerausdruck in der Exponentialfunktion wird als Anzahl der Übertragungseinheiten „Number of Transfer Unit" (*NTU*) oder „Wärmekapazitätsstrom" oder „dimensionslose Übertragungsfläche" oder „dimensionslose Verweilzeit" bezeichnet, (vergl. Anhang A Berechnung von Wärmetauschern Gl. (A.7). Setzt man die Gl. (8.22) in (8.19) ein, so ergibt sich:

$$c_{p,sp} \cdot \frac{dT_{sp}}{dt} = \dot{m}_{WT} \cdot c_p \cdot \varepsilon \cdot (T_1' - T_{sp}) - (k \cdot A)_{sp} \cdot (T_{sp} - T_U). \tag{8.23}$$

Unter Vorgabe der Anfangsbedingung der Temperatur des Speichers $T_{sp,0}$ zum Zeit $t = 0$ erhält man die Lösung:

$$T_{sp}(t) = C_1 + (T_{sp,0} - T_U) \cdot \exp(-C_2 \cdot t) \quad \text{mit}$$

$$C_1 = \frac{\dot{m}_{WT} \cdot c_p \cdot \varepsilon \cdot T_1' + (k \cdot A)_{sp} \cdot T_U}{\dot{m}_{WT} \cdot c_p \cdot \varepsilon + (k \cdot A)_{sp}} \quad \text{und} \quad C_2 = \frac{\dot{m}_{WT} \cdot c_p \cdot \varepsilon + (k \cdot A)_{sp}}{c_{p,sp}}. \tag{8.24}$$

Für sehr große Zeiten ($t \to \infty$) strebt die Speichertemperatur T_{sp} gegen den Wert C_1. Sind die Wärmeverluste des Speichers zur Umgebung gering (d. h. $(k \cdot A)_{sp} = 0$), so nimmt der Speicher die Eintrittstemperatur des beladenden Wärmetauschers an, also $T_{sp} = T_1'$.

Bei realen Wärmetauschern mit Schichtungen wurden im Zusammenhang mit der solarthermischen Nutzung der Solar Storage Testing Group (SSTG) Modelle entwickelt (Marshall und Barragan 1988), in denen der Speicher in n Schichten unterteilt wird, wie es die Abb. 8.24 skizziert. Für jede Schicht wird eine Wärmebilanz in folgender Art,

$$m_{sp} \cdot c_{sp,j} \cdot \frac{dT_{sp,j}}{dt} = \underbrace{\dot{m}_{sp} \cdot c_{p,sp} \cdot (T_{sp,j+1} - T_{sp,j})}_{I} + \underbrace{\xi_1 \cdot (k \cdot A)_{WT,k} \cdot (T_{WT,k} - T_{sp,j})}_{II}$$

$$+ \underbrace{\xi_2 \cdot \lambda_{eff,sp} \cdot A_{sp} \cdot dx \cdot \frac{d^2 T_{sp}}{dx^2}}_{III} - \underbrace{(k \cdot A)_{sp,j} \cdot (T_{sp,j} - T_U)}_{IV} \tag{8.25}$$

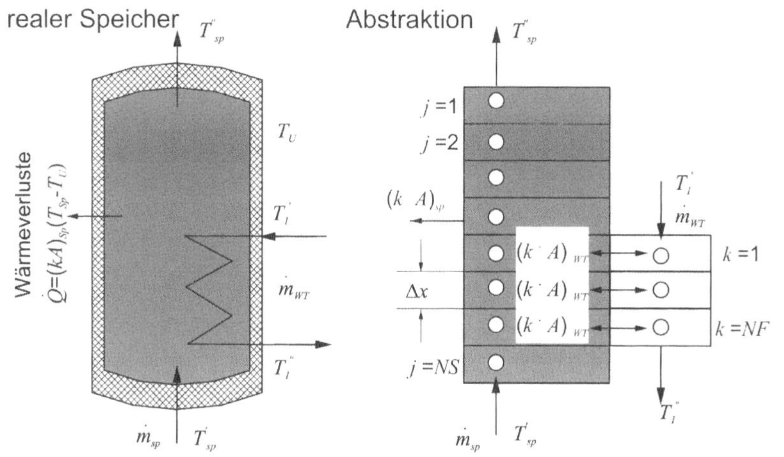

Abb. 8.24 Modell des Warmwasserspeichers mit Wärmezufuhr über Wärmeaustauscher und direkter Entladung in realer Konfiguration (*links*) und Abstraktion (*rechts*)

aufgestellt. In der Gl. (8.25) sind ξ_1 und ξ_2 Steuervariablen, λ_{eff} die effektive Wärmeleitfähigkeit des Speicherfluids und A_{sp} die Querschnittsfläche des Speichers. Die linke Seite der Gl. (8.25) beschreibt die Änderung des Wärmeinhalts des Schichtsegments der Dicke Δx. Der Term *I* gibt den Wärmetransport durch die direkte Entladung wieder, in dem $T_{sp,\, j+1} > T_{sp,\, j}$ ist, da keine Inversionslage der Temperaturschichtung angenommen wird. Wenn kein Wasser entnommen wird, also $\dot{m}_{sp} = 0$, verschwindet dieser Term. Der Term *II* tritt nur in Segmenten auf, die im Kontakt mit dem Wärmeaustauscher sind. Hierzu wird eine logische oder binäre Steuervariable ξ_1 eingeführt. Sofern das Speichersegment im Kontakt mit dem Wärmetauscher ist und der Massenstrom $\dot{m}_{sp} \neq 0$, ist $\xi_1 = 1$ ansonsten nimmt ξ_1 den Wert null an. Damit gibt der Term *II* den Wärmeeintrag aus dem *k*-ten Segment des Wärmetauschers in das *j*-te Segment des Speichers wieder. Der Term *III* berücksichtigt die Wärmeleitung zwischen den Schichten innerhalb des Speichers, wobei hier vereinfacht eine effektive Wärmeleitfähigkeit $\lambda_{ef,\, sp}$ verwendet wird, die nicht der molekularen Wärmeleitung λ des Fluids entspricht. $\lambda_{ef,\, sp}$ setzt sich additiv zum einen aus der Wärmeleitung des Fluids zusammen und einer zusätzlichen Wärmeleitfähigkeit, die sich aus der konvektiven Fluidbewegung beim Beladen des Speichers ergibt. Mit Hilfe von $\lambda_{ef,\, sp}$ lässt sich damit auch der Wärmetransport durch Konvektion beim Beladen simulieren, wenn es sehr groß gewählt wird. Dies führt bei numerischen Lösungen oft zu kleinen Zeitschrittweiten und damit langen Rechenzeiten. Daher wird bei der Be- und Entladung des Speichers ($\dot{m}_{sp} \neq 0$) der Wärmeleitungsterm oft vernachlässigt. Dieses Verfahren führt auch dazu eventuell entstehende Inversionslagen der Temperaturschichtung, die durch ein Mischen der Schichten nach jedem Zeitschritt auftreten, zu beseitigen. Der Term *IV* in Gl. (8.25) gibt die Wärmeverluste des Speichers an die Umgebung wieder.

Neben dem Speicher wird auch der Wärmetauscher in k-Segmente aufgeteilt, die in die entsprechenden Speicherschichten Wärme einspeisen. Die Bilanzgleichung für das k-te Wärmetauschersegment lautet:

$$m_{WT} \cdot c_{p,WT} \cdot \frac{dT_{WT,k}}{dt} = \underbrace{\dot{m}_{WT} \cdot c_{p,WT} \cdot (T_{WT,k-1} - T_{WT,k})}_{I} + \underbrace{(k \cdot A)_{WT,k} \cdot (T_{sp,j} - T_{WT,k})}_{II}$$

$$+ \underbrace{\lambda_{eff,WT} \cdot A_{WT} \cdot dx \cdot \frac{d^2 T_{WT,k}}{dx^2}}_{III} \tag{8.26}$$

Ihr Aufbau entspricht der Gleichung des Speichers (Gl. (8.25)) mit Ausnahme der Wärmeverluste zur Umgebung. Bei Mantelwärmetauschern, die mit der Umgebung in Kontakt stehen, müssen diese Wärmeverluste allerdings berücksichtigt werden. Die axiale Wärmeleitung im Wärmetauscher ist zumeist vernachlässigbar (Term $III \approx 0$), da der konvektive Transport den Wärmetransport hauptsächlich bestimmt. Wenn man die Kapazität des Wärmeträger Fluids vernachlässigt ($m_{WT} \cdot c_{p,WT} \ll m_{sp} \cdot c_{p,sp}$) und statt der mittleren logarithmischen Temperaturdifferenz die mittlere Temperaturdifferenz verwendet, so geht die Gl. (8.26) in die Gl. (8.20) über. Das System der $NS + NF$ gekoppelten partiellen Differentialgleichungen lässt sich numerisch mit geringem Aufwand lösen.

Literatur

Barlev D, Vidu R, Stroeve P (2011) Innovation in concentrated solar power. Sol Energy Mater Sol Cells, 95, 2703–2725

Bathen D, Breitbach M (2001) Adsorptionstechnik. Springer, Berlin

Brosseau DA, Hlava PF, Kelly MJ (2004) Testing thermocline filler materials and molten-salt heat transfer fluids for thermal energy storage systems used in parabolic trough solar power plants. Sandia National Laboratories, New Mexico

Bruch LW, Cole MW, Zaremba E (2007) Physical adsorption: Forces and Phenomena. Dover, Mineola

Europäische Norm EN12977-3 (2008) Thermische solaranlagen und ihre bauteile – kundenspezifisch gefertigte anlagen – Teil 3: Leistungsprüfung von Warmwasserspeichern für Solaranlagen. Wien, ON Österreichisches Normungsinstitut

Gemeinde Eggenstein Leopoldshafen (2010) Solares Nahwärmekonzept. Eggenstein-Leopoldshafen, Gde

Glaser H (2005) Beiträge zur Betriebsoptimierung solarthermisch betriebener Adsorptionskälteanlagen. Fakultät III – Prozesswissenschaften. Berlin, Technische Universität Berlin

Kelly B, Kearney D (2006) Thermal storage commercial plant design study for a 2-tank indirect molten salt system. Golden, National Renewable Energy Laboratory

Laing D, Tamme R (2008) Speichertechnik nicht nur für Solarenergie. Proc 4. Solartagung Rheinland-Pfalz „Klimaschutz durch Sonnenenergie“

Marshall R, Barragan FA (1988) Simulation study of the IEA system test procedure. Cardiff, University of Wales, Dept. of Mechanical Engineering and Energy studies

National Renewable Energy Laboratory (2000) Solar two demonstrates clean power for the future. 1000 Independence Avenue, S.W., Washington, DC 20585–0121: U.S., Department of Energy (DOE)

Schwieger W, Toufar H (2007) Anorganisch-poröse Materialien: Präparation, Verarbeitung und industrielle Herstellung. Berlin, Springer

Solar Millennium AG (2008) Die Parabolrinnen-Kraftwerke Andasol 1–3-Information. 91052 Erlangen, Germany, Solar Millennium AG

Viessmann Werke GmbH & Co KG (2011) Speicher-Wassererwärmer VITOCELL- Produktinformation. Viessmanstraße 1, 35108 Allendorf (Eder)

Wagner & Co. Solartechnik (2011) THERMO Kombispeicher-Produktinformation. Zimmermannstraße 12,35091 Cölbe

Yang Z, Garimella SV (2010) Thermal analysis of solar thermal energy storage in a molten-salt thermocline. Sol Energy, 84:974–985

Solare Klimatisierung 9

9.1 Kühlung und Klimatisierung

Die Klimatisierung zur Schaffung behaglicher Raumluftzustände ist ein zentrales Element der Gebäudetechnik in Büro- und Verwaltungsbauten. Wesentlich am erhöhten Energiebedarf zur Klimatisierung beteiligt ist die moderne Architektur durch Einsatz großer Glasflächen als Fassadenelemente und der verstärkte Einsatz der elektronischen Datenverarbeitung in den zu klimatisierenden Räumen. Auch die Verwendung von Baumaterialien mit geringer Wärmespeicherfähigkeit wirkt sich negativ auf die erforderliche Kühllast aus. Da in vielen Anwendungen die Abfuhr der Wärme über natürliche Lüftung nicht mehr möglich ist, erfolgt sie in Gebäuden mit Hilfe von Klimaanlagen, die als Luft-Wasser- oder Nur-Luft-System ausgeführt sind (DIN EN 13779, 2009). Die Bezeichnung einer Anlage als Klimaanlage ist nur dann gegeben, wenn die Luftbehandlungsfunktionen Heizen, Kühlen, Befeuchten und Entfeuchten in der Anlage durchgeführt werden können. Anlagen, die dieses Kriterium nicht erfüllen, werden als Teilklimaanlage oder als Lüftungsanlage bezeichnet. Neben dem Komfortanspruch der Nutzer an das klimatisierte Gebäude rückt der wirtschaftliche Betrieb und damit auch die ökologische Beurteilung der gebäudetechnischen Anlage immer weiter in den Vordergrund. Das Gesamtsystem kann jedoch nur dann die Erwartungen erfüllen, wenn in der Planung alle relevanten Teilsysteme, insbesondere die Bauphysik, berücksichtigt werden. Dabei ist es wichtig festzuhalten, dass die energetische Deckungsrate regenerativer Energien nicht hundert Prozent der im System eingesetzten Energien betragen muss. Eine Kombination regenerativer Systeme mit konventioneller Technik ist in jedem Fall zu prüfen.

Auch hier soll zwischen Kühlung und Klimatisierung unterschieden werden. Während bei der Kühlung lediglich eine Temperaturabsenkung erreicht wird, erfolgt bei der Klimatisierung sowohl eine Kontrolle der Temperatur wie auch der Feuchte. Für eine Bewertung und den Vergleich der unterschiedlichen solaren Klimatisierungssysteme ist es entscheidend, den vollständigen Klimatisierungsprozess -bestehend aus Konditionierung der Lufttemperatur *und* Luftfeuchte – zu betrachten. Sowohl Kühlung als auch Klimatisierung

R. Stieglitz, V. Heinzel, *Thermische Solarenergie*,

DOI 10.1007/978-3-642-29475-4_9, © Springer-Verlag Berlin Heidelberg 2012

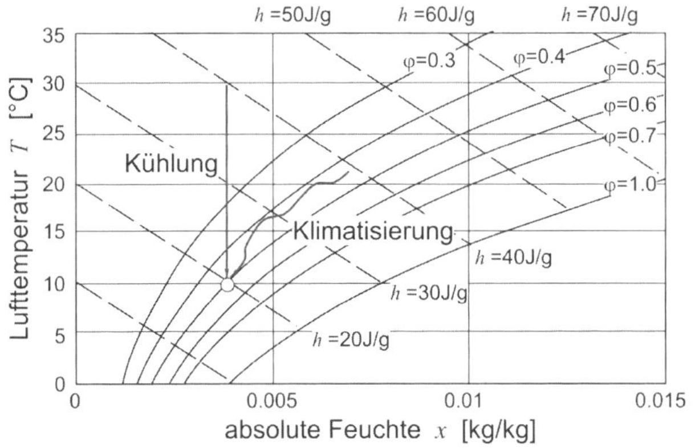

Abb. 9.1 Schematischer Verlauf eines Kühl- und Klimatisierungsvorgangs im *h*-*x*-Diagramm. (φ = relative Feuchte)

bewirken eine Änderung des Energiegehaltes der Luft, die über das thermodynamische Potential der Enthalpie H oder der spezifischen Enthalpie h ausgedrückt wird. Bei der reinen Kühlung bleibt die absolute Feuchte der Luft x, die in Kilogramm Wasser pro Kilogramm trockene Luft gemessen wird, konstant. Für die Kühlung ist daher:

$$\Delta H_{Luft} = \Delta H_{Luft}(T, x = konst.), \tag{9.1}$$

in der T die Temperatur in (°C) ist. Bei der Klimatisierung ändert sich neben der Temperatur auch die spezifische Feuchte x, so dass sich in diesem Fall gilt:

$$\Delta H_{Luft} = \Delta H_{Luft}(T, x). \tag{9.2}$$

Im *h*-*x*-Diagramm, das zur Darstellung des thermodynamischen Luftzustandes benutzt wird, ist dieser Unterschied deutlich zu erkennen. Ein Kühlprozess ist im Mollier -Diagramm (vergl. Abb. 9.1) durch einen senkrechten Verlauf im Diagramm gekennzeichnet, bei dem durch eine Temperaturabsenkung bei konstanter Feuchte eine Enthalpieerniedrigung stattfindet. Der Verlauf des Klimatisierungsvorgangs kann dagegen ein beliebiger Pfad im zweidimensionalen *T*-*x*-Raum sein, der nicht parallel zur Temperaturachse verläuft.

Die absolute Luftfeuchte x und relative Luftfeuchte φ sind über das Gesetz von Dalton verknüpft. In einem idealen Gas wird die Masse des in der Luft befindlichen Wasserdampfes m_W über den Partialdruck p_D, dem Volumen V, der Gaskonstante R_D sowie der Temperatur des Dampfes T durch folgende Gleichung bestimmt:

$$m_D = \frac{p_D \cdot V}{R_D \cdot T}. \tag{9.3}$$

Aus dem Gesetz von Dalton ergibt sich, dass die Summe aller Partialdrücke p_i bei idealen Gasen dem Gesamtdruck des Gemisches p_{Gesamt} entspricht. Bei feuchter Luft wird der Wasserdampfdruck vom Luftdruck abgezogen und der Restdruck unter den Gasen im Verhältnis ihrer Anteile an der trockenen Luft aufgeteilt. Damit kann mit Hilfe der Gl. (9.3) das Massenverhältnis x in ein Verhältnis der Partialdrücke des Wassers und der Luft umgeschrieben werden und es ergibt sich (mit $pV = mR_S T$ und $R_{L/D}$ = spezielle Gaskonstante von Luft bzw. Dampf):

$$x = \frac{m_D}{m_{Luft}} = \frac{R_L \cdot p_D}{R_D \cdot p_{Luft}} = \frac{R_L \cdot p_D}{R_D \cdot (p_{atm} - p_D)} = \frac{R_L}{R_D \cdot \left(\frac{p_{atm}}{p_D} - 1\right)}. \tag{9.4}$$

Mit der Definition der relativen Feuchte φ als das Verhältnis von Wasserdampfpartialdruck und Sättigungsdruck p_{sat} in der Form $\varphi = p_D / p_{sat}(T)$ kann der Dampfdruck in Gl. (9.4) durch die relative Feuchte eliminiert werden. Damit ist:

$$x = \frac{R_L}{R_D \cdot \left(\frac{p_{atm}}{\varphi \cdot p_{sat}(T)} - 1\right)}. \tag{9.5}$$

Neben der Temperatur wird zur Berechnung von x aus φ über die Gl. (9.5) der Sättigungsdruck $p_{sat}(T)$ bei der gegebenen Temperatur benötigt. Der Sättigungsdampfdruck für Wasserdampf kann mit Hilfe der Magnus-Formel berechnet werden (Grigull et al. 1990):

$$\begin{aligned} p_{sat}(T) = \exp\Big(-\frac{6094.46}{T} &+ 21.125 - 2.7245 \cdot 10^{-2} \cdot T \\ &+ 1.689 \cdot T^2 + 2.4576 \cdot \ln T\Big) \quad [Pas], \end{aligned} \tag{9.6}$$

in der die Temperatur T in Kelvin anzugeben ist und deren Gültigkeit zwischen −100 °C und +100 °C liegt.

Die Beliebigkeit des Prozessverlaufes im Klimatisierungspfad erlaubt eine Vielfalt möglicher Prozessführungen. Alle Teilprozesse lassen sich in zwei generelle Vorgänge einteilen, Feuchte- und Temperaturkonditionierung. Dies soll beispielhaft anhand zweier unterschiedlicher Klimatisierungsprozesse im h-x-Diagramm diskutiert werden, in der Umgebungsluft ($T = 32$ °C, $x = 12$ g/kg $\rightarrow \varphi = 0.4$) auf einen Raumluftzustand ($T = 26$ °C, $x = 10$ g/kg $\rightarrow \varphi = 0.47$) klimatisiert werden soll.

Im ersten Beispiel erfolgt die Kühlung und die Entfeuchtung lediglich über Kälte, wie es das h-x-Diagramm in der Abb. 9.2 zeigt. Zur Entfeuchtung über Kälte wird die Luft vom Ausgangszustand zunächst auf die zugehörige Sättigungstemperatur (oder Taupunktstemperatur $T = 17$ °C) abgekühlt. Anschließend erfolgt die Entfeuchtung und weitere Abkühlung entlang der Sättigungslinie ($\varphi = 1.0$) durch Kältezufuhr bis zur gewünschten Feuchte. Die angeforderte Raumtemperatur von $T = 26$ °C wird im letzten Schritt durch Erwärmung mit Hilfe einer Nachheizung erzielt.

Bei der sorptionsgestützten Klimatisierung, deren Prozessführung die Abb. 9.3 im h-x-Diagramm illustriert, erfolgt zunächst eine sorptive Entfeuchtung der Luft auf die gewünschte Feuchte x. Hierbei erwärmt sich die Luft durch die Sorption auf ca. 39.5 °C. Im

Abb. 9.2 Prozessführung einer rein kältegetriebenen Klimatisierung vom Zustand 1 auf den Zustand 2 im *h*-*x*-Diagramm

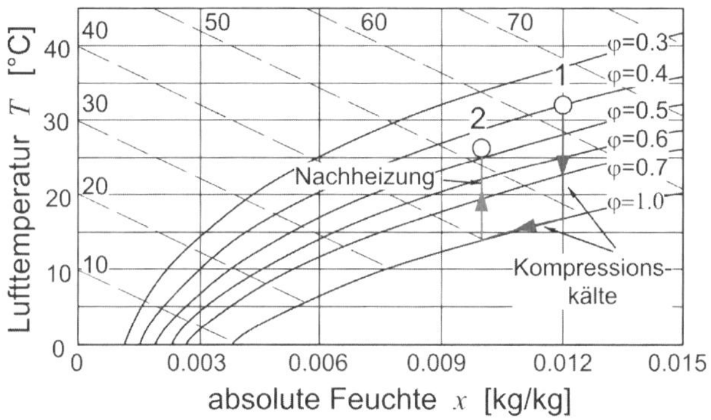

Abb. 9.3 Klimatisierung vom Zustand 1 auf den Zustand 2 aus der Abb. 9.2 mit Hilfe eines gemischten Kühlvorgangs

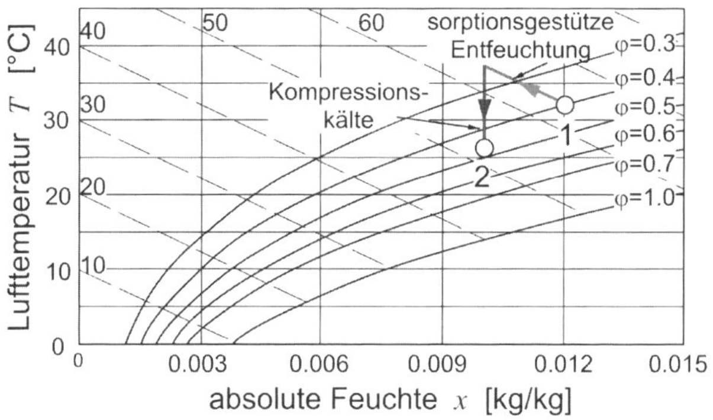

zweiten Prozessschritt erfolgt mit Hilfe eines Kälteprozesses die Abkühlung auf die gewünschte Endtemperatur (Abb. 9.3).

Beide Beispielprozesse erfordern Kühlenergie. Die benötigte Energie ergibt sich aus der Summe der Enthalpiedifferenzen der einzelnen Prozessschritte von 1 nach 2. Ein Vergleich der beiden Fälle aber zeigt, dass beim sorptionsgestützten Verfahren eine erheblich geringere Enthalpiedifferenz des Kälteprozesses (Kälteenthalpiedifferenz im Beispiel 1 24 kJ/kg und im Beispiel 2 14 kJ/kg) benötigt wird. Bei diesem Beispiel erweist es sich als ungünstig, mit Kälte zu entfeuchten.

Damit ist auch das Ziel einer effizienten Klimatisierung formuliert. Bei vorgegebenen Nutzungs- und klimatischen Randbedingungen muss eine Prozessführung so gestaltet werden, dass ein minimaler Energiebedarf ermittelt werden kann.

9.2 Bewertungsgrößen von Kälte- und Klimaprozessen

Die Bewertung technischer Prozesse ergibt sich aus dem Verhältnis der nutzbaren Leistung zur eingesetzten Leistung. Diese Effizienz wird als „Coefficient of Performance" (*COP*) bezeichnet und ist in folgender Weise definiert:

$$COP = \frac{\text{nutzbare Leistung}}{\text{aufgewendete Leistung}}. \tag{9.7}$$

Im Fall der Kältemaschinen ist die nutzbare Leistung die erzeugte Kälteleistung; dementsprechend wird der *COP* Wert einer Kältemaschine oft auch als Kältezahl bezeichnet. Zur Erzeugung der Kälteleistung kann entweder ein thermischer oder ein elektrischer Prozess herangezogen werden, so dass die Nutzleistung (Kälte) auf den Aufwendungsprozess bezogen wird; damit ist:

$$COP_{Kälte,elektr} = \frac{\dot{Q}_{Kälte}}{\dot{Q}_{elektr}} \quad \text{bzw.} \quad COP_{Kälte,therm} = \frac{\dot{Q}_{Kälte}}{\dot{Q}_{therm}}. \tag{9.8}$$

Im Falle eines thermisch getriebenen Kälteprozesses setzt sich die gesamte benötigte thermische Leistung $\dot{Q}_{therm}$ aus der Hilfs- ($\dot{Q}_{aux}$) und der Solarwärmeleistung ($\dot{Q}_{solar}$) zusammen:

$$\dot{Q}_{therm} = \dot{Q}_{aux} + \dot{Q}_{solar}. \tag{9.9}$$

Die unterschiedlichen Bezugsgrößen erschweren den unmittelbaren Vergleich zwischen thermisch und elektrisch getriebenen Verfahren, weshalb häufig auf einen auf den Primärenergieeinsatz bezogenen $COP_{primär}$ zurückgegriffen wird. Hierbei werden alle zur Bereitstellung der Antriebsenergie benötigten Energieträger und weitere Hilfsenergien wie beispielsweise die elektrische Energie für Ventilatoren, Pumpen sowie die Hilfswärme mit ihren spezifischen Umwandlungswirkungsgraden η_i einbezogen, so dass sich die auf den Primärenergieeinsatz bezogene Kältezahl $COP_{primär}$ in folgender Weise darstellen lässt:

$$COP_{primär} = \frac{\dot{Q}_{Kälte}}{\frac{P_{elektr}}{\eta_{elektr}} + \frac{\dot{Q}_{aux}}{\eta_{therm}} + \dot{Q}_{solar}}. \tag{9.10}$$

Der ideal reversibel ablaufende Kälteprozess kann als Umkehrung des Carnot-Wärme-Kraft Prozesses beschrieben werden (Baehr und Kabelac 2009). In diesem idealen Grenzfall kann der Wirkungsgrad des Kälteprozesses $\eta_{Kälte}$ über die Temperaturniveaus der Prozessschritte angegeben werden und lautet in diesem Fall:

$$\eta_{Kälte} = \frac{T_{Kälte}}{T_{Kondensator} - T_{Kälte}} = \frac{1}{\frac{T_{Kondensator}}{T_{Kälte}} - 1}, \tag{9.11}$$

in dem $T_{Kälte}$ die Temperatur der erzeugten Kälte und $T_{Kondensator}$ die Temperatur der Abwärme sind. Beide sind jeweils in Grad Kelvin einzusetzen.

Die Exergie bezeichnet bei der Klimatisierung den Energieanteil der Antriebsenergie, der im Prozess in Klimatisierungsleistung umgewandelt und letztendlich zur Abfuhr der Kühllast genutzt werden kann. Die Abb. 9.4 zeigen den Energiestrom eines Klimatisie-

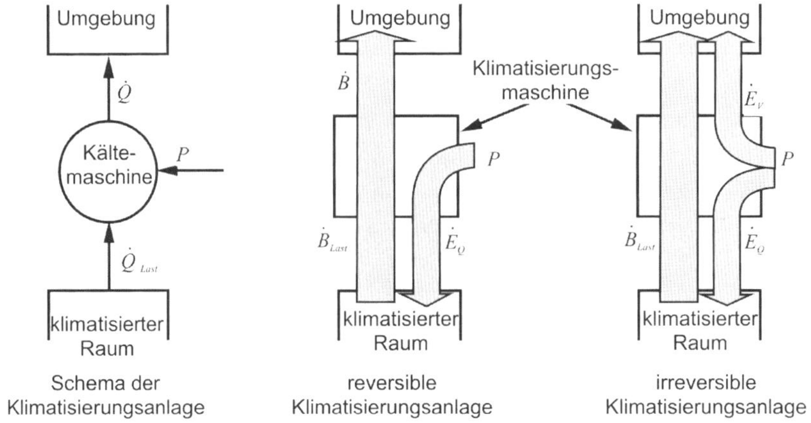

Abb. 9.4 a Energieflussschema einer Klimatisierung. Energieflüsse bei reversibel und irreversibel arbeitenden Klimatisierungsmaschinen. $\dot{E}$ bezeichnet den Exergiestrom und $\dot{B}$ den Anergiefluss (Baehr und Kabelac 2009)

rungsprozesses im Vergleich zwischen einem idealen (reversibel) und einem irreversibel verlaufenden Kühlprozess. Abbildung 9.4 verdeutlicht, dass die gesamte abgeführte Kühllast $\dot{Q}$ als Anergie an die Umgebung abgegeben wird und dass dafür der Exergiestrom $\dot{E}_Q$ benötigt wird. Bei irreversibel arbeitenden Klimatisierungsmaschinen ergibt sich ein Exergieverluststrom $\dot{E}_V$. Dieser hat zur Folge, dass der abzuführende Anergiestrom wie auch die Antriebsleistung P sich um den Exergieverluststrom $\dot{E}_V$ erhöhen. Reale Klimatisierungsprozesse verlaufen irreversibel und es ergibt sich inhärent eine höhere Leistungsaufnahme im Vergleich zum idealen Prozess. Die sich aus dieser Art der Betrachtung ergebende Kenngröße ist der exergetische Wirkungsgrad ζ:

$$\zeta = \frac{\text{nutzbarer Exergiestrom}}{\text{aufgewendeter Exergiestrom}} = \frac{\dot{E}_Q}{\dot{E}_Q + \dot{E}_V}. \tag{9.12}$$

9.3 Raumklima, Behaglichkeit und Kühllast

Der Raumluftzustand bestimmt das Befinden der sich darin aufhaltenden Menschen. Unter Beteiligung von Medizinern, Biologen, Sozialwissenschaftlern und Techniker wurden nationale Bestimmungen (DIN-Fachbericht 128 2003) oder auch internationale Regelwerke (ANSI/ASHRAE Standard 62.1 2007) entwickelt, die zwei Aspekte beinhalten:

- Einhaltung eines funktionalen Raumkomforts.
- Ermittlung der Lastparameter und damit der erforderlichen Kühllast.

Der Raumkomfort (oder das Behaglichkeitsempfinden) wird durch drei Klassen von Einflussparametern bestimmt, den die Tab. 9.1 zeigt. Die Regelwerke legen für die individuel-

Tab. 9.1 Einflussklassen und -parameter zur Bestimmung des Raumkomforts für die Auslegung einer Klimatisierungsanlage

Personen	Raum	Lufttechnische Anlage
Tätigkeitsart (administrative Arbeit, körperl. Produktionstätigkeit, ...)	Räumliche Randbedingungen (Fensterfläche und -ausrichtung, Raumgeometrie, Wandfarbe, ...)	Luftaustausch (Zirkulationsvolumen, ...)
Bekleidung (normale Kleidung, Schutzkleidung, ...)	Wärmequellen (Kommunikationselektronik, Produktionsmaschinen, ...)	Luftreinheitsanforderungen (Feuchte, Partikelgehalt, ...)
Nutzungsdauer (Aufenthalt, Frequentierung, ...)	Schadstoffquellen (Dämpfe, Stauberzeugung, ...)	Luftführung (Zu- und Abfuhr, verfügbarer Raum zur Konditionierung)
Personenanzahl		

len Einflussparameter Richtwerte oder Berechnungsverfahren fest, die sich hauptsächlich auf folgende Kriterien:

- Luftfeuchte,
- Lufttemperatur,
- Temperatur der Umschließungsflächen,
- Luftbewegung

fokussieren.

Die Luftfeuchte in einem als „behaglichen“ bezeichneten Raum darf eine maximale Feuchte von $x = 11.5$ g/kg, die einer relativen Feuchte von $\varphi = 65$ % entspricht, nicht überschreiten und die untere Grenze der relativen Feuchte beträgt $\varphi = 30$ %. Die thermische Behaglichkeit ist durch die operative Raumtemperatur T_{op} (oder „empfundene Temperatur“) gegeben, die sich zu gleichen Teilen aus der Raumlufttemperatur T_{Raum} und der Strahlungstemperatur $T_{Strahlung}$ zusammensetzt:

$$T_{op} = \frac{1}{2} \cdot (T_{Raum} + T_{Strahlung}). \tag{9.13}$$

Die Strahlungstemperatur ist die Summe der örtlichen Strahlungstemperaturen und beinhaltet neben der Wärmestrahlung der Wände auch die aller anderen Wärmequellen innerhalb des Raumes. Darüber hinaus ist der Sollwert der operativen Raumtemperatur $T_{op,\,soll}$ von der Außentemperatur abhängig. Gegenwärtig sind bezüglich der behaglichen operativen Raumtemperatur $T_{op,\,soll}$ folgende Werte festgelegt (vergl. Abb. 9.5):

$$T_{op,soll} = \begin{cases} 22\,°\mathrm{C} \leq T_{op} \leq 25\,°\mathrm{C} & T_U \leq 26\,°\mathrm{C} \\ \frac{T_U + 40\,°\mathrm{C}}{3} \leq T_{op} \leq \frac{T_U + 49\,°\mathrm{C}}{3} & 26 < T_U \leq 32\,°\mathrm{C} \end{cases}. \tag{9.14}$$

Neben der Feuchte und der Temperatur beeinflusst auch die Luftzirkulation den Behaglichkeitszustand. Die verschiedenen Normen legen Richtwerte für den Luftaustausch in Abhängigkeit der Raumart und -nutzung fest und beruhen auf einer hygienischen

Abb. 9.5 Behaglichkeitsbereich der operativen Temperatur $T_{op,\,soll}$ als Funktion der Außentemperatur T_U

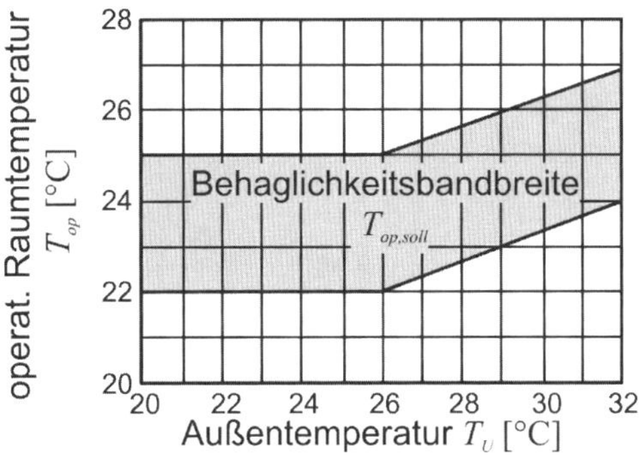

Tab. 9.2 Erforderlicher personen- und flächenbezogener Mindestaussenluftstrom der Luftzirkulation bei verschiedenen Raumnutzungsarten

Raumart	Anwendungsbeispiel	Außenluftstrom	
		Personenbezogen (m³/(h·Person))	Flächenorientiert (m³/(m²·h))
Arbeitsraum	Einzelbüro	40	4
	Großraumbüro	60	6
Versammlungsraum	Konzertsaal, Theater		
	Konferenzraum		10–20
Unterrichtsraum	Lesesaal, Klassen-zimmer, Seminarraum	20	12
	Hörsaal	30	15
Raum mit Publikumsverkehr	Verkaufsraum	20	3–12
	Gaststätte	30	8

Abb. 9.6 Behaglichkeitsbereich der Luftfeuchte und -temperatur im h-x-Diagramm

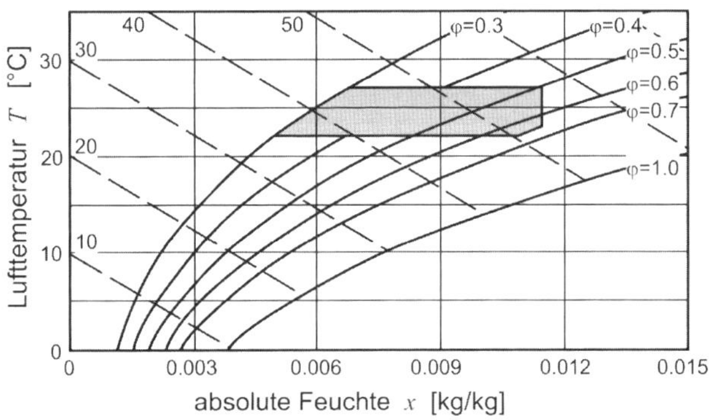

Betrachtung. Die in der Tab. 9.2 dargestellten Empfehlungswerte des minimal erforderlichen Außenluftstroms werden entweder in personen- oder flächenbezogener Form angegeben. Die Begrenzungen des Komfortbereichs durch Raumluftfeuchte und operative Temperatur illustriert der grau hinterlegte Bereich in Abb. 9.6 im h-x-Diagramm.

9.4 Bestimmung der Kühlleistung

Die Behaglichkeitsanforderungen des individuellen Objekts bestimmen die erforderliche Klimatisierungsleistung, die im Winter als Heizleistung dem Raum zugeführt und im Sommer als Kühlleistung abgeführt werden muss. Die Leistung setzt sich zum einen aus meteorologischen Rahmendaten der Umgebung, wie der Lufttemperatur T_U, der Luftfeuchte x und der solaren Einstrahlung i_{glob} zusammen und zum anderen aus Wärmeleistungen, die im Inneren auftreten. Letztere entstehen durch den Betrieb elektrischer Geräte, den Aufenthalt von Menschen und die Wärmeabstrahlung der Wände. Damit ergibt sich die erforderliche Kühl- oder Heizleistung $\dot{Q}_{Last}$ zu:

$$\dot{Q}_{Last} = \rho_L \cdot \dot{V} \cdot (h_U - h_{Raum}) + \dot{Q}_{solar} + \dot{Q}_{trans} + \sum_i \dot{Q}_{sens,i} + \sum_i \dot{Q}_{latent,i}, \quad (9.15)$$

in der ρ_L die Dichte der Luft, $\dot{V}$ der Volumenstrom der Zirkulation und h_U bzw. h_{Raum} die spezifischen Enthalpien der Umgebung und des Raumes sind. Ein Wert $\dot{Q}_{Last} > 0$ bedeutet eine Kühlleistung, während $\dot{Q}_{Last} < 0$ einer Heizleistung entspricht. $\dot{Q}_{solar}$ gibt den solaren Eintrag durch die Fenster wieder und $\dot{Q}_{trans}$ den Energieeintrag bzw. -verlust durch Transmission über die Außenbegrenzungen des Raumes. $\sum_i \dot{Q}_{sens,i}$ ist die Summe der sensiblen Wärmeeinträge wie elektrische Geräte, Beleuchtung, Personen und $\sum_i \dot{Q}_{latent,i}$ die Summe der inneren Leistung durch Verdampfung von Wasser.

Die erforderliche Kühlleistung korreliert umso stärker mit der solaren Einstrahlung je größer der Anteil der von außen in den Raum zugeführten Leistung an der Gesamtkühlleistung ist. Besteht eine große zeitliche Korrelation sind nur kleine Kältespeichervolumina erforderlich. Die Gl. (9.15) illustriert, dass sich der aktive Kühlleistungsbedarf am einfachsten durch die Reduktion der Gesamtkühlleistung senken lässt. Diese wiederum kann am Effizientesten mit baulichen Maßnahmen so realisiert werden, dass jeder Summand in der Gl. (9.15) so klein als möglich gehalten wird. Dazu trägt eine Reduktion der Außenzuluft auf das in der Tab. 9.2 angegebene Mindestmaß ebenso bei wie eine Minderung des solaren Energieeintrags durch gezielten Einsatz von Verschattungselementen und eine gute thermische Raumisolation bei. Auch die Verwendung energiesparender Geräte sowie eine optimale Nutzung des Tageslichtes halten die innere Leistungsfreisetzung und damit die erforderliche Kühlleistung niedrig. Diese Aspekte sind deshalb von Bedeutung, da eine aktive Klimatisierung neben Investitionskosten auch Betriebskosten bedingt, die hauptsächlich durch die Gesamtkühlleistung bestimmt werden.

9.5 Solare Kühlverfahren

Die solare Kühlung bietet die Möglichkeit, regenerative Energiequellen energetisch und in die Gebäudetechnik zu integrieren. Abhängig von der Art der Umwandlung der Strahlungsenergie und der Kälteerzeugung lässt sich Kälte prinzipiell auf verschiedenen Wegen

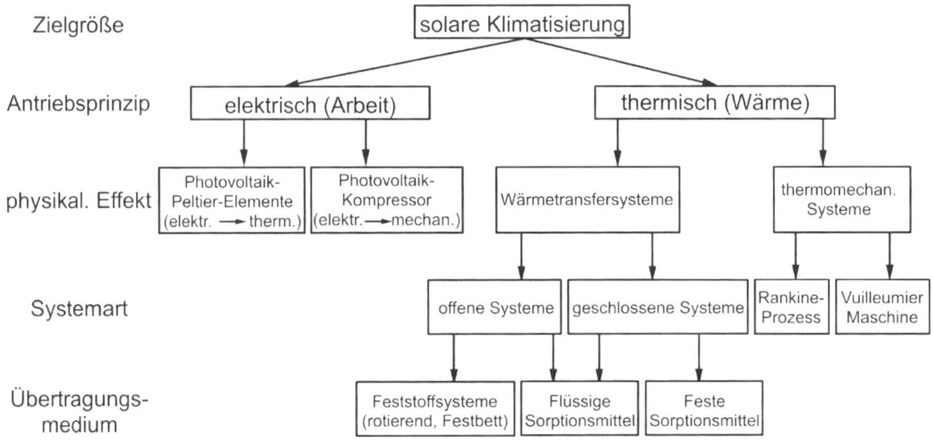

Abb. 9.7 Mögliche Verfahren der solaren Kühlung modifiziert nach (Henning 1996)

solar erzeugen. Die Solarstrahlung lässt sich mit Hilfe von Photovoltaikzellen direkt in elektrische Energie wandeln oder wird durch die Nutzung strahlungssuszeptibler Absorber in Wärme transferiert. Basierend auf diesen Antriebsprinzipien lassen sich durch Nutzung unterschiedlicher physikalischer Effekte mehrere Formen der Klimatisierung realisieren, die die Abb. 9.7 in einem Überblick darstellt. Bei den elektrisch getriebenen solaren Systemen handelt es sich um mit Photovoltaikmodulen versorgte elektrisch-thermische Wandler oder mechanische Kompressionskältemaschinen. Ein weiteres Unterscheidungskriterium der Abb. 9.7 ist die Art der Luftentfeuchtung. Arbeitet das System als Kältemaschine, wird die Luftentfeuchtung über eine Taupunktsunterschreitung realisiert, die durch das Auskondensieren von Wasserdampf erreicht wird. Diese Taupunktsunterschreitung bestimmt damit die niedrigste zu erreichende Temperatur. Bei einer Klimatisierung hingegen findet eine direkte Regelung der Luftfeuchte statt.

Ausschließlich kühlende Systeme zeichnen sich durch einen geschlossenen Kältemittelkreislauf aus. Hierunter lassen sich alle elektrischen Systeme und geschlossenen thermischen Verfahren zusammenfassen. Sie stellen ihre Kühlleistung in Form einer Wärmesenke für einen Wärmeträger bereit, der über eine Kühldecke oder als Kühlkreis genutzt werden kann.

Thermomechanische Ab- und Adsorptionskältemaschinen verfügen über einen geschlossenen Kältemittelkreislauf und stellen demnach Kälteleistung bereit. Sorptionsgestützten Klimatisierungssysteme (SGK-Systeme) werden ebenfalls thermisch angetrieben sind jedoch hinsichtlich des Kältemittelkreislaufes ein offenes System. In SGK-Anlagen wird damit nicht nur Kälte erzeugt sondern es erfolgt auch eine Klimatisierung. Ein weiterer Unterschied besteht darin, dass bei SGK-Systemen der Kühlprozess isobar (bei Umgebungsdruck) stattfindet, was hinsichtlich des technischen Aufwandes einen Vorteil gegenüber den geschlossenen Systemkonzepten bedeutet.

9.6 Kälte- und Klimatisierungsprozessführung

9.6.1 Ideale Kompressionskältemaschine, Carnot'scher Vergleichsprozess

Der Carnot'sche Links-Prozess stellt sich im *T*-*s*-Diagramm wie in Abb. 9.9 gezeigt mit 2 Isothermen und 2 Isentropen dar. Er wird am besten angenähert, wenn die Isentropen im Nassdampfgebiet bei Verdampfung bzw. bei Kondensation ablaufen.

Das daher vorwiegend verwendete Verfahren in der Wärmepumpen- und in der Klimakältetechnik ist das Kaltdampf-Kompressions-Verfahren. Ein Kältemittel verdampft dabei auf der kalten Seite unter Aufnahme einer möglichst großen Verdampfungswärme aus dem zu kühlenden Raum beispielsweise dem Kühlschrank. Nach der Verdichtung in einem Verdichter wird es auf der warmen Seite wieder verflüssigt. Die Verflüssigung erfolgt unter Abgabe der Kondensationswärme an die Umgebung, die Heizungsanlage oder an ein weiteres Rückkühlmittel. In einer Drossel wird es anschließend wieder auf den Verdampfungsdruck gebracht. Bei allen nach diesem Prinzip arbeitenden Anlagen wird die Abhängigkeit der Verdampfungs- und Verflüssigungs-Temperatur vom Druck ausgenutzt. Die Abb. 9.8 stellt vereinfacht die Prozessführung in einer Kältemaschine dar. Die einzelnen mit Zahlen in der Abb. 9.8 aufgeführten Komponenten sind:

- Verdampfer (1): Im Verdampfer verdampft das Kältemittel bei der Temperatur T_0 und dem Druck p_0 und nimmt die Wärme q_0 (Verdampfungswärme) aus dem zu kühlenden Raum auf, dessen Temperatur in der Folge maximal auf den Wert T_0 abnehmen kann.
- Verdichter (2): Im Verdichter wird der Kältemitteldampf vom Druck p_0 auf den Druck p_C erhöht. Dabei erhöht sich die Temperatur auf den Wert T_C.
- Verflüssiger (Kondensator, 3): Im Kondensator wird das Kältemittel bei der Temperatur T_C und dem Druck p_C verflüssigt und gibt dabei die Kondensationswärme (oder Verflüssigungswärme) q_C ab.
- Expansionsventil (4): Das Kältemittel wird vom hohen Druck p_C auf den niedrigeren Druck p_0 entspannt.

Im ideal linkslaufenden Kreisprozess stellt sich der Ablauf im Temperatur-Entropiediagramm (*T*-*s*) entsprechend der Abb. 9.9 dar. Er besteht aus zwei Isentropen und zwei Isothermen. Die einzelnen Arbeitsschritte sind hierbei:

- $1 \rightarrow 2$: isentrope Kompression des gasförmigen Kältemittels (im Realfall $\Delta s > 0$).
- $2 \rightarrow 3$: Isobare und isotherme Kondensation bei der Temperatur T_C, in dem die Wärme q_C an eine kältere Umgebung übertragen wird. (Im Realfall oft eine isobare Unterkühlung).
- $3 \rightarrow 4$: Isentrope Entspannung des Kältemittels vom Druck p_C auf den Druck p_0, die in der Praxis oft als enger Querschnitt ausgeführt ist. Im Realfall handelt es sich um eine

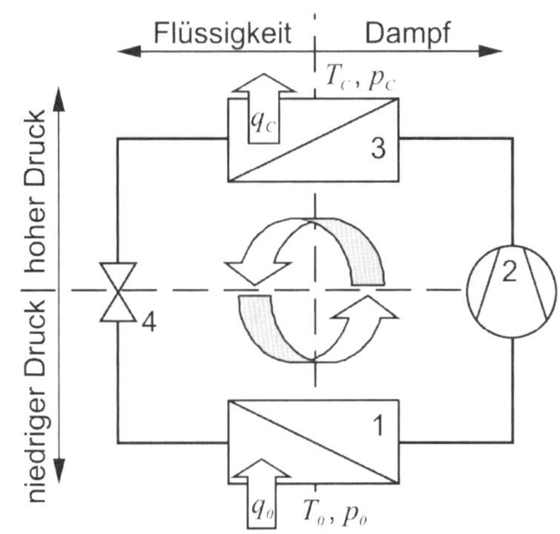

Abb. 9.8 Schematische Darstellung der Prozessführung in einer Kältemaschine, in der Zahlen die Komponenten darstellen (*1* Verdampfer; *2* Verdichter; *3* Verflüssiger und *4* Expansionsventil)

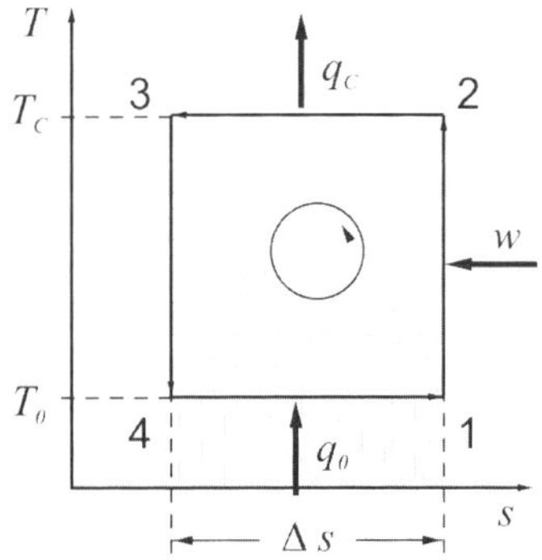

Abb. 9.9 Darstellung eines idealen linkslaufenden Carnot'schen Kreisprozesses (ideale Kältekompressionsmaschine) im *T*-*s*-Diagramm

adiabate Drosselung mit annähernd konstanter Enthalpie ($h \approx$ const.), in der oft schon eine Verdampfung im Zweiphasengebiet erfolgt.

- $4 \rightarrow 1$: Isobare und isotherme Verdampfung bei der Temperatur T_0 und dem Druck p_0, in der die Wärme q_0 aus dem zu kühlenden Raum an das Kältemittel übertragen wird.

Beim Kreisprozess entspricht die zugeführte Energie immer der abgeführten Energie und es gilt für den Carnot-Prozess:

$$q_0 + w = q_C. \tag{9.16}$$

Der Unterschied zwischen einer Wärmepumpe und einer Kältemaschine besteht nur in der Nutzung der Verflüssigungswärme (q_C) oder der Verdampfungswärme (q_0). In der Praxis werden linkslaufende Carnot-Prozesse im log *p*-*h* Diagramm dargestellt (vergl. Abb. 9.10). In diesem können q_0, w und q_C direkt als Strecken (Enthalpiedifferenzen) abgelesen werden. Darin erfolgt von:

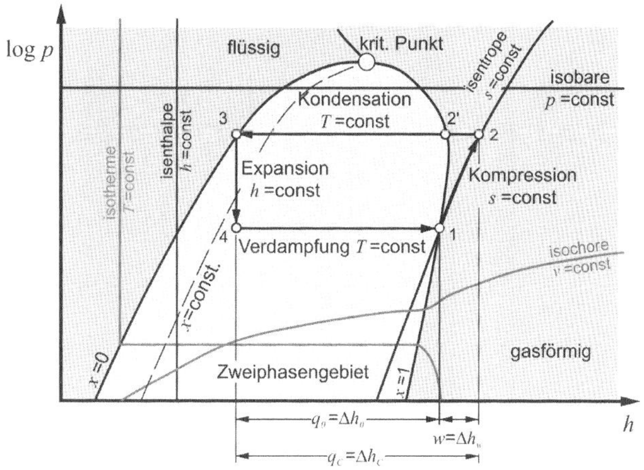

Abb. 9.10 Darstellung eines idealen linkslaufenden Carnot-Kälteprozesses im log *p*-*h* Diagramm

- 1 ⟶ 2 Isentrope Verdichtung mit Überhitzung. Die Überhitzungstemperatur liegt dabei weit über der Verflüssigungstemperatur.
- 2 ⟶ 2' eine Wärmeabgabe des überhitzten Kältemittels. Dabei wird die Überhitzungswärme an das zu erwärmende Medium abgegeben, wobei das Kältemittel immer noch gasförmig bleibt.
- 2' ⟶ 3 isobare Verflüssigung, in der eine Abgabe der Verflüssigungswärme an das zu erwärmende Medium erfolgt und
- 3 ⟶ 4 eine Entspannung bei konstanter Enthalpie. Das Kältemittel wird auf den Verdampfungsdruck entspannt. (Eine isentrope Entspannung würde eine Arbeitsmaschine d. h. etwa eine Turbine voraussetzen. Die Entspannung würde im log *p*-*h* Diagramm bei 4' etwas weiter links von 4 ankommen. Die gewonnene Arbeit würde dann dem Verdichter wieder zugeführt werden. Die Arbeit ist jedoch gering, so dass auf eine Turbine verzichtet wird. Der Linksprozess mit der isenthalpen Entspannung wird daher als „ideal" bezeichnet.)
- 4 ⟶ 1 eine isobare Verdampfung. Die Verdampfungsenergie wird dem zu kühlenden Medium entzogen.

Die Leistungen des Verdampfers ($\dot{Q}_0$) und des Verflüssigers ($\dot{Q}_C$), die thermischer Natur sind, und die mechanische zu erbringende Verdichterantriebsleistung (P) ergeben sich zu:

$$\dot{Q}_0 = \dot{m} \cdot (h_1 - h_4); \; \dot{Q}_C = \dot{m} \cdot (h_2 - h_3) \quad \text{und} \quad P = \dot{m} \cdot (h_2 - h_1), \tag{9.17}$$

in der $\dot{m}$ der Massenstrom des Kühlfluids durch die Kältemaschine ist.

Basierend auf der im Abschn. 9.2 Bewertungsgrößen von Kälte- und Klimaprozessen eingeführten Definition des Coefficient of Performance (*COP*) ergibt sich für die Kältemaschine folgender Zusammenhang:

$$COP = \frac{\dot{Q}_0}{P} = \frac{\dot{m} \cdot q_0}{\dot{m} \cdot w} = \frac{(h_1 - h_4)}{(h_2 - h_1)}. \tag{9.18}$$

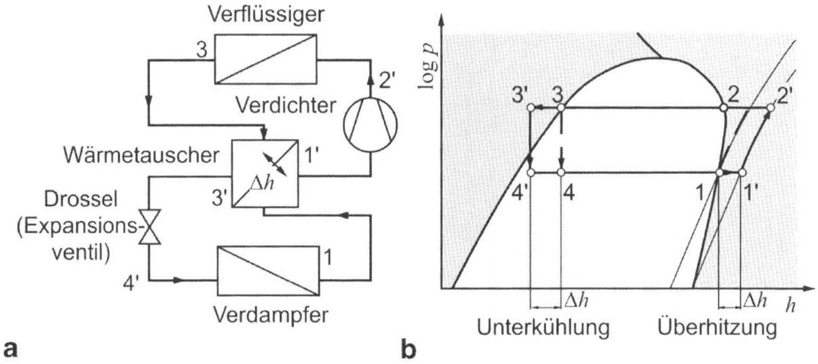

Abb. 9.11 Erhöhung der Verdampfer- und Verflüssigerleistung einer Kältemaschine bei gleicher Verdichterleistung durch Einsatz eines Wärmeübertragers. **a** Anlagenskizze **b** Darstellung im log *p*-*h* Diagramm

Die Kältezahl (oder der *COP*-Wert) kann damit größer als eins (!) sein. Im *T*-*s*-Diagramm entspricht ein großer *COP*-Wert einer kleinen Fläche innerhalb des linkslaufenden Kreisprozesses. Daraus folgt unmittelbar, dass die die Kältezahl umso größer (oder besser) wird, wenn das obere Temperaturniveau des Kältemittels niedrig und das untere Temperaturniveau möglichst hoch ist. Würde man allerdings den Prozess wie in Abb. 9.10 gezeigt ablaufen lassen, so könnte das verdampfte Kältemittel im Sattdampfzustand vom Verdichter angesaugt werden und damit auch Flüssigkeitstropfen, die dort zu Flüssigkeitsschlägen und in der Folge zu Schäden führen. Man wird deshalb in der Praxis eine ausreichende Überhitzung im Ansaugstutzen einstellen. Diese kann auf zwei Arten erreicht werden:

- Eine entsprechende Einstellung des Expansionsventils. Die Überhitzung erfolgt dann im Verdampfer und kann als Kälteleistung genutzt werden.
- Durch den Einbau eines Wärmetauschers. Das Kältemittel wird dabei auf der Verflüssigungsseite zusätzlich unterkühlt und die Wärme zur Überhitzung nach dem Verdampfer geführt. Da die Antriebsarbeit in etwa gleich groß bleibt, verbessert man damit die Leistungszahl (*COP*, Gl. (9.7)), da die Nutzkälteleistung vergrößert wird.

Durch den Einsatz des Wärmeübertragers kann bei der theoretisch gleichen Verdichterleistung sowohl die Verflüssigerleistung wie auch die Verdampferleistung erhöht werden, wie die Abb. 9.11 skizziert. Aber die Wärmeübertragerleistung kann nicht beliebig gewählt werden, da ein Verdichter auf Grund der Schmierung und der mechanischen Belastung nicht beliebig hohe Ansaug- wie auch Verdichteraustrittstemperaturen zulässt.

9.6.2 Reale Kompressionskältemaschine und Kältemittelwahl

Durch Wärmeaufnahme in die kalte Saugleitung, sowie durch die Verlustwärme des Verdichters und je nach Bauart auch des Verdichtermotors, erfolgt eine zusätzliche Überhit-

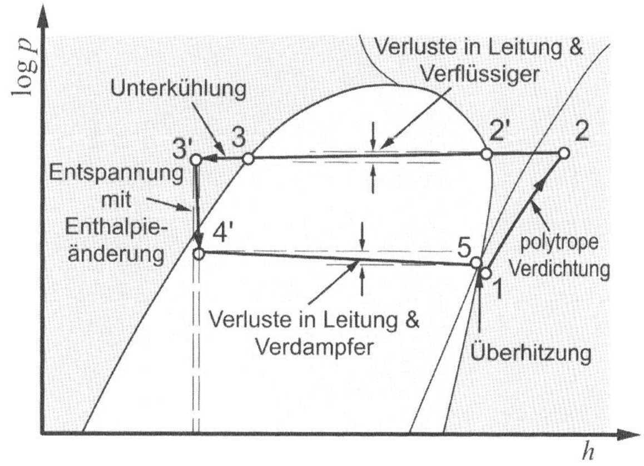

Abb. 9.12 Darstellung eines realen Kältemaschinenprozesses im log p-h Diagramm

zung, die sich als Verlust bemerkbar macht. Die technische Verdichtung erfolgt nicht isentrop, sondern polytrop. Darüber hinaus weisen sowohl die Leitungen, die Armaturen, der Verdampfer und auch der Verflüssiger einen hydraulischen Druckverlust auf, der durch innere Reibung als Wärmeleistung in das Fluid eingetragen wird und den Wirkungsgrad verringert. Im Verflüssiger treten zusätzlich noch Wärmeverluste an die Umgebung auf. Dadurch verschiebt sich der Prozessablauf und die Abb. 9.12 zeigt schematisch den Verlauf eines realen Prozesses ohne Wärmetauscher.

Da in einem Verdichter Wärmeverluste auftreten, trägt nicht die ganze durch den Verdichtermotor zugeführte Energie zur Verflüssigerleistung bei. Der Wärmeverlust ist hauptsächlich von der Verdichterbauart und der Betriebstemperatur abhängig. Bei gekapselten Verdichtern mit Motorkühlung durch den Kältemittelkreislauf wird ein Wirkungsgrad von ca. 90 % erreicht, während bei Verdichtern mit getrennter Motorkühlung Wirkungsgrade um 80 % erzielt werden.

Die wirkliche Energiebilanz muss durch den realen Prozess korrigiert werden. Aber selbst unter der Vernachlässigung von Verlusten und Nebenantrieben gilt für das Kaltdampf-Kompressionsprinzip immer noch Gl. (9.15).

Das Kältemittel einer Kompressionskältemaschine muss einige Randbedingungen erfüllen, von denen die Wahl einer geeigneten Dampfdruckkurve am bedeutendsten ist.

- Die Temperatur im Kondensator, der die Wärme (q_C) nach außen abgibt, sollte beim Kondensatordruck (p_C) etwas über der Umgebungstemperatur liegen, damit ein hinreichender Wärmeübergang gewährleistet ist.
- Der Kondensatordruck (p_C) mit der Verflüssigung sollte weniger als 20 bar betragen, damit eine preisgünstige technische Fertigung möglich ist.
- Die Temperatur im Verdampfer, der Wärme auf niedrigem Niveau aus dem Kühlraum entnimmt, sollte mindestens etwas unterhalb der gewünschten Kühlraumtemperatur liegen, damit die Wärme schnell und effizient entzogen werden kann.
- Der Verdampferdruck sollte geringfügig unter Atmosphärendruck liegen (<1 bar), so dass ein eventuelles Leck nicht zu einem sofortigen Austritt der Kühlflüssigkeit, die gesundheitsgefährdend sein kann, führt.

- Die Verdampfungsenthalpie soll hoch sein, da sie eine große Transportfähigkeit für die Wärme sicherstellt und damit nur ein kleiner Kühlflüssigkeitsmassenstrom benötigt wird. Dies reduziert auch erheblich die Kosten des Kompressors.

Darüber hinaus sind weitere betriebs-, umwelt-, sicherheits- und gesundheitstechnische Anforderungen an das Kühlmedium zu stellen wie:

- chemische Stabilität (Alterung, Degradation, Oxidation),
- Kompatibilität mit Struktur- (Rohre, Ventile, etc.) und Funktionsmaterialien (Dichtungen) sowie Medien (Pumpenöl),
- Verfügbarkeit und Preis,
- Minimale Entflamm- und Brennbarkeit,
- Geringe oder keine Toxizität
- Geringes oder kein Ozonabbau- wie Treibhauspotenzial.

9.6.3 Thermisch getriebene Kältemaschinen (Sorptionskältemaschinen)

In sorptionsgetriebenen Kältemaschinen entfällt der mechanische Verdichter. Das Sorptionssystem ersetzt den Kompressor dadurch, dass es bei niedrigen Verdampferdruck den Kältemitteldampf ab- oder adsorbiert und ihn durch die Desorption (Austreibung des Sorbates- Kältemittel) dem Kondensator bei einem höheren Kondensationsdruck zuführt. Die Desorption erfolgt durch Wärmezufuhr in das Sorbens (zumeist Salzlösungen). Dieser Effekt ist der eigentliche thermische Antrieb des Systems. Voraussetzung für den Prozess ist, dass die beiden Stoffe in dem verwendeten Temperaturintervall in jedem Verhältnis ineinander löslich sind. Das Sorptionssystem, das den Antriebsteil darstellt, wird auch als *thermischer Kompressor* bezeichnet. Die Abb. 9.13 zeigt den schematischen Aufbau einer geschlossen Absorptionskältemaschine. Im p-T-Diagramm stellt sich die Prozessführung wie in der Abb. 9.14 skizziert dar. Es gibt zwei Arten geschlossener Sorptionskältemaschinen:

- Absorptionsanlagen mit flüssigen Arbeitsstoffen
- Absorptionsanlagen mit festen Sorbentien.

9.6.3.1 Geschlossene Absorptionskältemaschinen mit flüssigen Arbeitsstoffen

Die Absorptions-Kältemaschine verknüpft folgende grundlegende Gedanken: Die zum Verdampfen einer Flüssigkeit erforderliche Temperatur nimmt mit sinkendem Druck ab und als Folge verdampft das Kältemittel bereits bei niedrigen Temperaturen durch den geringen Absolutdruck im Verdampfer (1). Die zur Verdampfung erforderliche Verdamp-

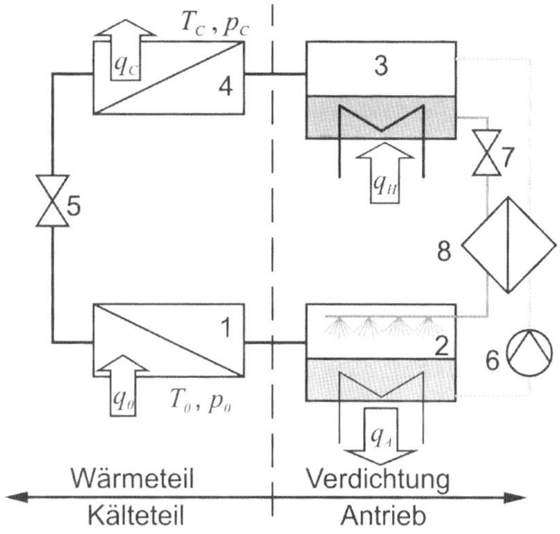

Abb. 9.13 Komponentenanordnung einer geschlossenen Absorptionskältemaschine. Verdampfer (*1*), Absorber (*2*), Austreiber oder Generator (*3*), Kondensator oder Verflüssiger (*4*), Expansionsventil (*5*), Pumpe (*6*), Drossel (*7*) und Wärmeübertrager (*8*). (—) an Kältemittel reiche Lösung bzw. (—) an Kältemittel arme Lösung

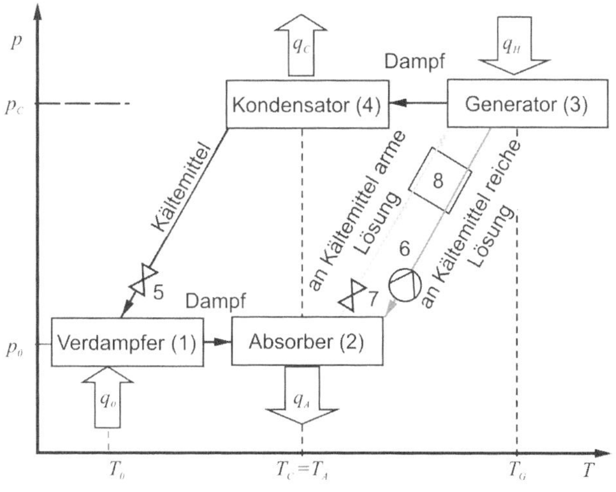

Abb. 9.14 Prozessführung und Medienfluss einer geschlossenen Absorptionskältemaschine im *p*-*T*-Diagramm mit Angabe der Aggregatzustände. (—) an Kältemittel reiche Lösung bzw. (—) an Kältemittel arme Lösung. Komponenten: Verdampfer (*1*), Absorber (*2*), Austreiber oder Generator (*3*), Kondensator oder Verflüssiger (*4*), Expansionsventil (*5*), Pumpe (*6*), Drossel (*7*) und Wärmeübertrager (*8*)

fungswärme (q_0) wird dem zu kühlenden Raum entnommen und stellt die nutzbare Kälte dar. Der Verdampfungsprozess würde stoppen, wenn der Sättigungsdruck des Kältemittels im Verdampfer erreicht würde.

Daher wird der Kältemitteldampf in einem zweiten Schritt kontinuierlich entzogen. Hier macht man sich die Eigenschaften bestimmter Lösungen zu Nutze, Kältemitteldampf zu binden (absorbieren). Dieser Schritt erfolgt im sogenannten Absorber (2). Die bei der Absorption frei werdende Absorptionswärme (q_A) wird an ein Kühlmedium abgegeben. Auch der Absorptionsprozess würde stoppen, wenn die Lösung mit dem Kältemittel gesättigt wäre. Die mit Kältemittel angereicherte Lösung wird als reiche Lösung bezeichnet.

Die reiche Lösung wird kontinuierlich vom Absorber (2) mittels einer Pumpe (6) auf den Verflüssigungsdruck (p_C) gebracht und in den Generator oder Austreiber (3) gefördert.

Im Generator (3) wird unter Zufuhr von Wärme (q_H), die von Solarkollektoren erzeugt wird oder als Abwärme aus thermischen Prozessen anfällt, das Kältemittel aus der Lösung verdampft (ausgetrieben). Dieser Vorgang erfolgt bei einem deutlich erhöhten Druck- (p_C) und Temperaturniveau (T_G).

Im Kondensator (4) wird das Kältemittel unter Wärmeabgabe (q_C) an ein Kühlmittel erneut verflüssigt. Hierzu ist eine Wärmeabfuhr durch Bereitstellung von Kühlleistung aus einem externen Kühlkreislauf beispielsweise eines Kühlturms erforderlich.

Aus dem Kondensator (4, Verflüssiger) wird das Kältemittel anschließend im Expansionsventil (5) auf den Verdampfungsdruck (p_0) entspannt. Im Verdampfer (1) nimmt es erneut Wärme aus dem zu kühlenden Raum auf.

Die regenerierte Lösung im Generator, die oft als arme Lösung bezeichnet wird, wird über eine Drossel (7) und einem Wärmetauscher (8), der die reiche Lösung vorwärmt, in einem geschlossenen Kreislauf wieder zurück zum Absorber (2) geführt. Dort wird sie verrieselt, damit die Oberfläche für die Absorption des Kältemittels möglichst groß wird.

Durch die Verbindung (den Phasenkontakt) des Kältemittels mit dem Sorptionsmaterial verschiebt sich die Dampfdruckkurve des Kältemittels. Dieser Effekt ermöglicht durch Zufuhr von Wärme eine (thermische) Kompression des Kältemitteldampfes. Der eingezeichnete Lösungsmittelkreislauf mit konzentrierter und verdünnter Lösung ist nötig, um einen kontinuierlichen Betrieb zu gewährleisten. Die Prozessführung im p-T-Diagramm und den Medienfluss zwischen den Bauteilen zeigt die Abb. 9.14.

Die Herausforderung bei der Auslegung einer Absorptionskältemaschine liegt zum einen an der Anpassung an die extern bereitgestellten Temperaturniveaus und zum anderen am gekoppelten Ablauf von Wärme- und Stofftransportvorgängen. Kühlwasser-, Heizmedien- und erforderliche Kälteträgertemperatur bestimmen die Parameter Kondensations- und Verdampfungsdruck sowie die Entgasungsbreite. Unter der Entgasungsbreite wird die Konzentrationsdifferenz von kältemittelreicher (ξ_r) und -armer Lösung (ξ_a) verstanden. Die thermodynamische Funktionsfähigkeit erfordert eine positive Entgasungsbreite, also $\Delta\xi = (\xi_r - \xi_a) > 0$. Eine kleine Entgasungsbreite benötigt aber einen hohen spezifischen Lösungsmittelumlauf, der sich auf Grund der Irreversibilität der einzelnen Wärmeübergänge negativ auf das Wärmeverhältnis auswirkt. Für den praktischen Anlagenbetrieb ist daher eine Annäherung der Lösungskonzentrationen bis an den thermodynamischen Grenzfall (unendlicher Lösungsumlauf) nicht sinnvoll. Der spezifische Lösungsumlauf (oder relative Massenstrom) von kältmittelreicher (μ_r) bzw. -armer Lösung (μ_a) bezogen auf den Kältemittelstrom ($\dot{m}_{KM}$) kann mit dem h-ξ-Diagramm für das jeweilige Kältemittel-Lösungsmittel-Gemisch grafisch bestimmt werden. Rechnerisch wird es mit Hilfe:

$$\mu_r = \frac{\dot{m}_r}{\dot{m}_{KM}} = \frac{\xi_d - \xi_a}{\xi_r - \xi_a} \quad \text{und} \quad \mu_a = \frac{\dot{m}_a}{\dot{m}_{KM}} = \mu_r - 1 = \frac{\xi_d - \xi_r}{\xi_r - \xi_a}, \tag{9.19}$$

Tab. 9.3 Typische Stoffpaare in kommerziell erhältlichen Absorptionskälteanlagen

Kältemittel	Lösungsmittel
Ammoniak R 717	Wasser
Wasser R 718	Lithiumbromid
R 22 (ab 2010 in der EU verboten)	Tetraethylenglykoldimethyläther

ermittelt. Zum Erreichen eines hohen Wärmeverhältnisses ist ein hoher Absorberwirkungsgrad (η_{ab}):

$$\eta_{ab} = \frac{\xi_r - \xi_a}{\xi_{r,theo} - \xi_a}, \tag{9.20}$$

erforderlich, in dem $\xi_{r,\,theo}$ die theoretische Sättigungskonzentration darstellt. Dazu müssen ausreichend große Phasengrenzflächen bereitgestellt werden. Da diese Flächen jedoch gleichzeitig Wärmeübergangsflächen sind, kann eine ungewollte, zu starke Unterkühlung der Lösung erfolgen (ein gewisses Maß an Unterkühlung wird als Triebkraft für den Absorptionsprozess benötigt). Dadurch wird mehr Wärme zum erneuten Aufheizen der Lösung im Wärmetauscher und im Generator (Austreiber) benötigt. Eine ausführliche Diskussion der individuellen Teilaspekte des Lösungsmitteldesigns und der Ausführung der technischen Komponenten ist unter anderem in (Herold et al. 1996) oder (Jungnickel et al. 2001) beschrieben.

Absorptionskältemaschinen werden dort eingesetzt, wo größere Energiemengen an Abwärme für den Austreiber zur Verfügung stehen. Vor dem Aufkommen der thermischen Solarenergie waren sie daher meist nur in Großanlagen zu finden. Es gibt aber auch Kleingeräte, die als Absorber betrieben werden, wie beispielsweise gasbetriebene Campingkühlschränke. Da bei Flüssigabsorptionskältemaschinen in beiden Kreisläufen Medien eingesetzt werden müssen, die aufeinander abgestimmt sind, benötigt man so genannte Stoffpaare; die gebräuchlichsten Stoffpaare listet die Tab. 9.3 auf.

Die Energiebilanz der Kälteanlage ergibt sich aus der Summe der ein- und ausgehenden Energiemengen:

$$\dot{Q}_0 + \dot{Q}_H + P = \dot{Q}_C + \dot{Q}_A + \dot{Q}_V, \tag{9.21}$$

in der $\dot{Q}_0$ die Verdampferleistung (Kälteleistung) ist, $\dot{Q}_H$ die Heizleistung, P die Pumpenantriebsleistung, $\dot{Q}_C$ die Kondensator- oder Verflüssigerleistung, $\dot{Q}_A$ die Absorberleistung und $\dot{Q}_V$ die Summe aller Wärmeverluste. Da ein Absorber mit Wärmeenergie betrieben wird, definiert man an Stelle der Leistungszahl zweckmäßigerweise ein Wärmeverhältnis ζ_K. Dieses Wärmeverhältnis kann als Maß für die Güte einer Absorptionskälteanlage aufgefasst werden und wird im englischen Sprachraum mit *EER* (*energy efficiency ratio*) bezeichnet. Für die reale Kältemaschine lautet dies:

$$\zeta_K = \frac{\dot{Q}_0}{\dot{Q}_H + P} = COP. \tag{9.22}$$

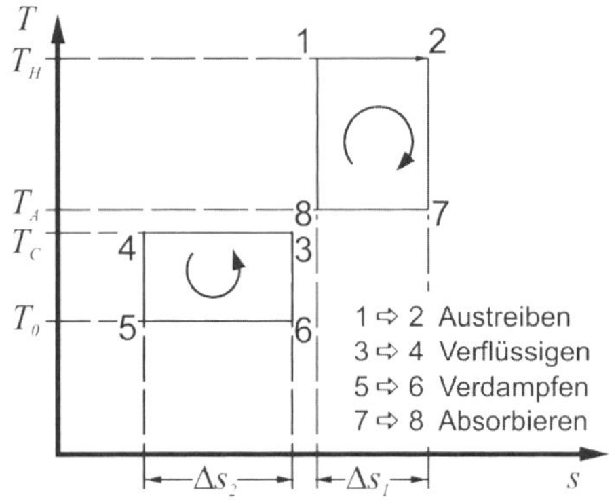

Abb. 9.15 Darstellung des Absorptionskältemaschinenprozesses im *T*-*s*-Diagramm

Der thermische *COP* einer Absorptionskälteanlage berechnet sich im idealen Grenzfall, für den die Pumpenleistung vernachlässigbar ($P=0$) ist und für die Temperaturen $T_C = T_A$ (keine Wärmeverluste) gilt, alleinig aus der Verdampfungswärme Δh_{Siede} des Kältemittels und der Lösungs- oder Bindungswärme Δh_{latent} in der Art:

$$\zeta_K = COP = \frac{\Delta h_{Siede}}{\Delta h_{Siede} + \Delta h_{latent}}. \tag{9.23}$$

In realen einstufigen Anlagen lassen sich Werte um $COP \approx 0.7$ realisieren.

Beim Absorptionskälteprozess handelt es sich thermodynamisch um zwei miteinander verschaltete Kreisläufe, einem rechts laufenden (Heizprozess) und einem links laufenden (Kühlprozess), wie es das *T*-*s*-Diagramm in Abb. 9.15 skizziert. Die vom rechtslaufenden Heizprozess, der die Antriebsenergie liefert, und die des linkslaufenden Kühlprozesses, der den Nutzanteil darstellt, eingeschlossenen Flächen sind im idealen Vergleichsprozess gleich groß, so dass gilt:

$$\Delta s_1 \cdot (T_H - T_A) = \Delta s_2 \cdot (T_C - T_0). \tag{9.24}$$

Wenn T_A und T_C gleich groß sind, kann das Carnot'sche Wärmeverhältnis ζ_{KC} wie folgt berechnet werden:

$$\zeta_{KC} = \frac{(T_H - T_C)}{T_H} \cdot \frac{T_0}{(T_C - T_0)}. \tag{9.25}$$

In der Praxis ist aber $T_A > T_C$ und das Carnot'sche Wärmeverhältnis ζ_{KC} ergibt sich zu:

$$\zeta_{KC} = \frac{(T_H - T_A)}{T_H} \cdot \frac{T_0}{(T_C - T_0)}. \tag{9.26}$$

Die Abb. 9.16 zeigt das ideale Carnot'sche Wärmeverhältnis ζ_{KC} einer Absorptionsmaschine. Das Wärmeverhältnis ist damit umso größer je höher die Temperaturdifferenz zwischen der Heizquelle (T_H) und dem Kondensator (T_C) ist. Es steigt ebenfalls mit abneh-

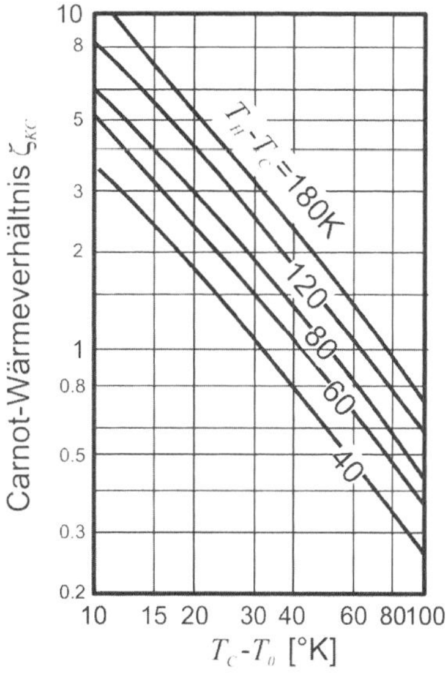

Abb. 9.16 Carnot'sches Wärmeverhältnis einer Absorptionskältemaschine als Funktion der Temperaturdifferenz von Kondensator und Verdampfer ($T_C - T_0$)

mender Differenz von ($T_C - T_0$). Der Gütegrad der Absorptionsmaschinen η_{CK} kann wie folgt bestimmt werden:

$$\eta_{CK} = \frac{\zeta_K}{\zeta_{KC}}, \tag{9.27}$$

und es eignet sich für den tatsächlichen Betrieb, da das wirkliche Wärmeverhältnis immer kleiner ist als dasjenige des Carnot-Prozesses.

Das Anlagenschema einer geschlossenen Absorptionskältemaschine (vergl. Abb. 9.17) macht deutlich, dass ein derartiger Apparat einen Generations- und einen Absorptionsprozess beinhaltet. Aus diesem Grund wird diese Verschaltung auch als „Single-Effect" Variante bezeichnet. Um die im Generator eingesetzte Antriebswärme möglichst effektiv zu nutzen, sind einige Varianten zu dieser Prozessführung entwickelt worden. Im sogenannten Double-Effect Prozess wird ein zweiter Generator zur Regenerationsunterstützung der verdünnten Lösung und ein zweiter Kondensator auf mittlerem Temperatur- und Druckniveau zwischengeschaltet. Die Kondensationswärme des Kondensators bei hoher Temperatur wird als Antriebswärme im zweiten Generator genutzt. Im idealen Grenzfall kann bei der Double-Effect-Maschine die Verdampfungswärme Δh_{Siede} einmal am ersten Generator und ein zweites Mal als Kondensationswärme vom Kondensator kommend im zweiten Generator genutzt werden, so dass sich als Grenzwert für den thermischen $COP = 2$ ergibt. Reale Maschinen realisieren in etwa Werte um ungefähr 1.2.

Eine weitere Verschaltung zur effizienten Ausnutzung der eingesetzten Regenerationswärme ist der in (Reimann 1984) beschriebene Dual-Loop-Prozess. Diese Variante besteht aus zwei getrennten Single-Effect-Maschinen, die untereinander Wärme aber nicht

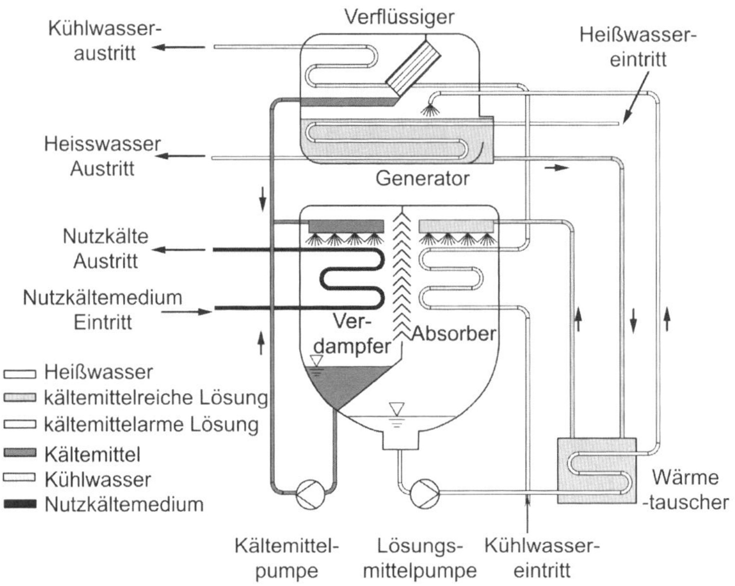

Abb. 9.17 Anlagenschema einer geschlossenen Absorptionskältemaschine mit flüssigem Arbeitsmittel

das Kältemittel austauschen. Vielmehr sind beide Stoffkreisläufe vollständig voneinander separiert. Die Sorptions- und Kondensationswärme des Sorptionssystems 1 wird als Antriebswärme für den Generator 2 des zweiten Sorptionssystems genutzt, während die Kondensationswärme des Systems 2 für die Verdampfung des Kältemittels im System 1 aufgewendet wird.

Eine gute Eignung zur Nutzung der Solarenergie weist auch das vom ZAE Bayern entwickelte als Single-Effect Double-Lift Schaltung bezeichnete Verfahren auf (Lamp und Ziegler 1998), (Schweigler et al. 1997). In ihm wird durch einen zusätzlichen Single-Effect Prozess über ein zweites Sorptionssystem erreicht, dass die zum Antrieb eingesetzte Wärme insgesamt an drei Generatoren bei unterschiedlichen Temperaturniveaus genutzt werden kann. Werden die drei Generatoren nacheinander von einem Wärmeträger in nach ihrem Temperaturniveau abfallender Reihenfolge durchströmt, so kühlt der Wärmeträger deutlich stärker aus als bei einer Single-Effect-Anlage. Diese Eigenschaft ist für die Integration von Solarkollektoren bedeutsam, da sich damit auch bei niedrigen Temperaturen ein hoher Wirkungsgrad erzielen lässt. Der *COP* dieses Anlagentypus liegt zwischen dem einer Single-Effect Anlage (mit oft um ≈ 0.7) und dem einer Double-Lift Anlage (um ≈ 0.4) und bestimmt sich je nach Aufteilung der zugeführten Wärme auf die drei Generatoren.

9.6.3.2 Geschlossene Adsorptionskältemaschinen mit festen Sorbentien

Im Gegensatz zur Absorptionskältemaschinen findet bei den Adsorptionskältemaschinen der Sorptionsprozess an einem Feststoff statt, so dass kein Kreislauf zwischen dem angereichertem und dem getrockneten Sorptionsmittel möglich ist. Für den kontinuierlichen Betrieb des Sorptionsprozesses müssen deshalb mindestens zwei Sorptionskammern betrieben werden, die im Wechsel das Kältemittel adsorbieren und selbst wieder regeneriert werden. Bei den Adsorptionsmaschinen wird zwischen reinen Adsorptions- und Trockenabsorptionsverfahren unterschieden.

Der Adsorption liegt eine Anlagerung der Kältemittelmoleküle an den inneren Oberflächen eines hochporösen Sorptionsmittels zugrunde. Da die Adsorption des Kältemittels eine Kondensation beinhaltet, wird sie von niedriger Temperatur und hohem Druck begünstigt, verringert das Volumen des Kältemittels und setzt Energie in Form von Wärme frei. Die Desorption beinhaltet das Verdampfen und hat somit den gegenteiligen Effekt. Dies führt bei gleichbleibendem Druck dazu, dass die Temperatur immer dem Siedepunkt des Kältemittels entspricht, vorausgesetzt, es ist noch Kältemittel in beiden Aggregatzuständen vorhanden. Damit ist die Grundvoraussetzung für eine Kältemaschine und für einen Wärmespeicher gegeben. Da sich das Kühlmittel an das Sorptionsmittel anlagern soll, eignen sich vor allem Stoffe, die sehr feinporös sind, also eine sehr große innere Oberfläche besitzen wie beispielsweise:

- Aktivkohle,
- Zeolith,
- Silicagel.

Bei der Trockenadsorption geht der Arbeitsstoff hingegen eine reversible chemische Bindung mit dem Feststoff ein (s. Abschn. 8.5.3 Adsorptionsvorgänge), beispielsweise die Reaktion von Ammoniak mit Salzen wie Calciumchlorid.

Nach dem Adsorptionsprinzip arbeitende Kältemaschinen wurden bereits zu Beginn des 20. Jahrhunderts hergestellt. Sie wurden aber nahezu vollständig von den Kompressionsanlagen verdrängt. In Ostasien werden aber seit Anfang der neunziger Jahre erneut Anlagen mit Wasser als Arbeitsstoff und Silicagel als Sorptionsmittel gefertigt (Gassel 2001).

Eine Adsorptionskältemaschine besteht aus zwei mit Sorptionsmittel gefüllten Arbeitskammern, einem Kondensator und einem Verdampfer (vergl. Abb. 9.18). Der Prozess selbst ist diskontinuierlich und geschlossen. Damit sind zur quasikontinuierlichen Kälteerzeugung mindestens zwei Sorptionsbehälter nötig, so dass in einem Kältemittel adsorbiert wird, während im anderen der Regenerationszyklus abläuft.

Eine der gängigsten Stoffpaare sind Silicagel als Sorbens und Wasser als Kältemittel. Ein Zyklus in einer Adsorptionskältemaschine, läuft in folgenden Arbeitstakten ab:

- Zunächst wird das an das Sorbens Silicagel angelagerte Kältemittel im Wärmeübertrager 2 unter Wärmezufuhr (q_H) im Generator ausgetrieben.
- Das Kühlmittel (Wasser) wird im Kondensator verflüssigt und die Kondensationswärme (q_C) an das Kühlwasser abgeführt.

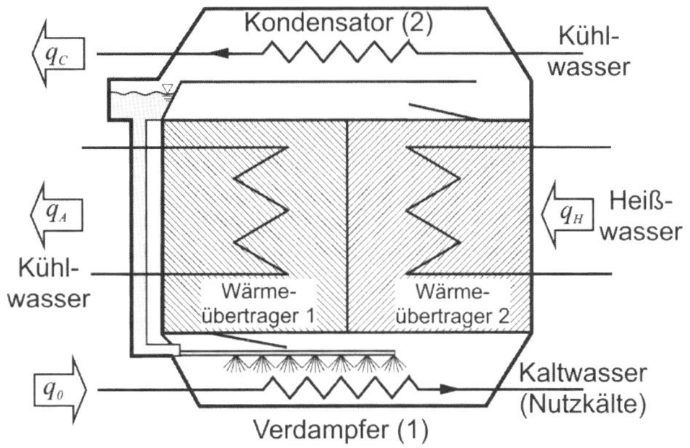

Abb. 9.18 Schematischer Aufbau einer Adsorptionskältemaschine

- Das Kondensat wird gesammelt, in den Verdampfer eingesprüht und bei Unterdruck verdampft. Im Verdampfer wird die Wärme (q_0) dem Kaltwasser entzogen und steht als Nutzkälte zur Verfügung.
- Im Wärmeübertrager 1 wird der Kältemitteldampf (Wasserdampf) adsorbiert und die bei der Adsorption entstehende Wärme (q_A) an das Kühlwasser abgeführt.

Durch einfaches Umlenken des Heiz- und Kühlwasserkreislaufs zwischen den Wärmeübertragern 1 und 2 werden die Funktionen Generator (Austreiber) und Adsorber am Ende eines Zyklus vertauscht und der Prozess beginnt von neuem. Typische Zyklen dauern um 400 Sekunden und zwischen zwei Arbeitszyklen liegt noch eine Umschaltphase von 20 Sekunden, so dass der Gesamtzyklus circa sieben Minuten umfasst (Gassel 1998). Während der Umschaltphase werden beide Kammern in Reihe durchströmt, so dass Wärme zurückgewonnen wird. Im idealen Fall wird hierbei nur die sensible Wärme für die Kammeraufheizung zurückgewonnen. Wenn jedoch nur ein geringer Temperaturhub erforderlich ist, beginnt die Adsorption bereits in der Umschaltphase, so dass nicht nur sensible Wärme, sondern auch Adsorptionsenthalpie zurückgewonnen wird. Ein solcher Betriebszustand kann bei der Versorgung von Kühldeckenanlagen auftreten. Die Adsorptionskältemaschine kann dann ein Kälteverhältnis *COP*, wie es in Gl. (9.8)b definiert ist, von über 0.7 erreichen.

Die Abb. 9.19 zeigt die idealisierte innere Funktionsweise der Kältemaschine im p-T-Diagramm. Die Isosteren verdeutlichen von rechts nach links ansteigender Beladungsgrade. Die linke Begrenzungslinie definiert das vollständig beladene, also gesättigte Sorptionsmittel und entspricht bei der Stoffpaarung mit Wasser als Kältemittel der Dampfdruckkurve des Wassers. Auf dieser Kurve liegen der Kondensator (2) und der Verdampfer (1). Die Adsorption wird bei Verdampferdruck und Kondensatortemperatur beendet, die den Punkt (3) festlegt. Nach der Adsorption werden beide Ventile geschlossen und das Sorptionsmittel bei gleichbleibender Konzentration soweit erwärmt, bis es den Kondensatordruck erreicht (4). Jetzt wird das Ventil zum Kondensator geöffnet und unter konstantem Druck und steigender Temperatur wird Wasser ausgetrieben, bis die Desorptions-

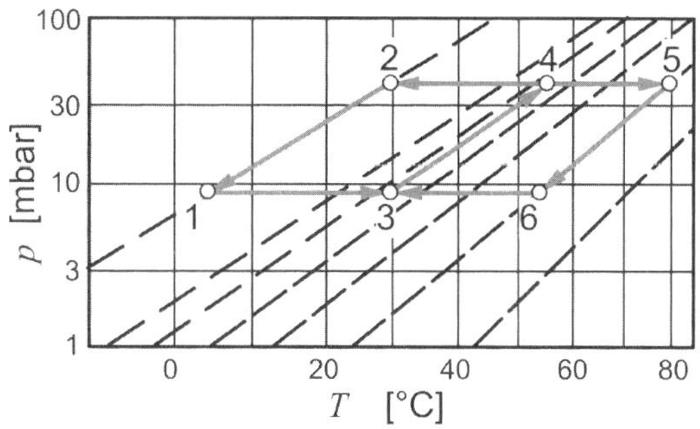

Abb. 9.19 Idealer Adsorptionskältemaschinenprozess im Isosteren-Diagramm (Isosteren = konstanter Bedeckungsgrad des Adsorbenten)

endtemperatur erreicht ist, die den Punkt (5) markiert. Anschließend schließt das Ventil und bei konstanter Konzentration erfolgt die Abkühlung bis auf den Verdampferdruck (6). An dieser Stelle wird das Ventil zum Verdampfer geöffnet und unter konstantem Druck und sinkender Temperatur erfolgt die Adsorption bis zur Adsorptionsendtemperatur (3). Allerdings ist der Verlauf in Abb. 9.19 eher theoretischer Natur und gilt nur für den reversiblen Prozesses. In der Realität sind folgende Aspekte zu berücksichtigen:

- Die äußeren Stoffströme (Heizwasser, Kaltwasser, Kühlwasser) besitzen zyklusvariable Spreizungen.
- Die wärmeübertragenden Flächen unterliegen Grädigkeiten, die von der Leistung abhängen.
- Der Stoffübergang zwischen Dampf und Sorptionsmittel ist eine Funktion der Konzentrationsdifferenz (und des Inertgasanteils).
- An Kammerklappen treten Druckverluste auf, die abhängig vom Volumenstrom sind.

Die größten technischer Probleme sind das Einfrieren des Verdampfers, das einen beträchtlichen Reparaturaufwand verursacht, und die Schwierigkeiten bezüglich der Unsicherheiten im spezifischen zyklischen Anlagenverhaltens, insbesondere im Teillastbereich und der daraus resultierenden Anforderungen an die Regelung. Bei der Planung von Adsorptionskälteanlagen ist daher vor allem die schwankende Kältetemperatur zu beachten. Zeitweise ist die Temperatur zu hoch und zeitweise zu niedrig. Wenn das Kältenetz nicht selber eine sehr große Kapazität aufweist, muss ein spezieller Kältespeicher installiert werden. Es ist zu beachten, dass nicht nur gespeichert, sondern auch tatsächlich gemischt wird. Ein weiteres Problem ist das in klassischen Klimakälteanlagen erforderliche dichte Heranfahren an den Gefrierpunkt. Wird eine mittlere Kältetemperatur von 6 °C benötigt, so kann zeitweise eine Temperatur von 4 °C auftreten. Wenn zu diesem Zeitpunkt der Volumenstrom abbricht, kann es zum Einfrierschaden kommen. Die Kältemaschine ist nur gegen die Abschaltung der Verbraucher bei gleichzeitig weiterlaufendem Kältekreis zuverlässig abgesichert. Am besten ist es, die Klimaanlage auf eine etwas höhere Kaltwassertemperatur auszulegen. Dies ist auch im Interesse einer großen Kälteleistung günstiger.

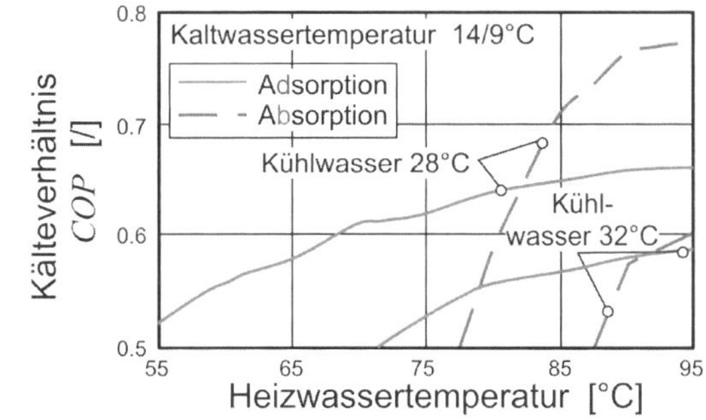

Abb. 9.20 Vergleich der erzielbaren Kälteverhältnisse (*COP*) von Adsorptions- und Absorptionskältemaschinen als Funktion der Heizwassertemperatur bei zwei verschiedenen Kühlwassertemperaturen (Gassel 2001)

Ein Vorteil der Adsorptionskältemaschinen ist nicht nur die niedrige Heiztemperatur sondern der breite Einsatzbereich. Die Adsorptionskältemaschine arbeitet auch unter Parametern zuverlässig, bei denen Absorptionskältemaschinen aufgrund echter Kristallisationsgefahr oder bedingt durch Regelungsprobleme, schon abgeschaltet haben. Sie eignet sich deshalb vor allem für Systeme mit niedrigen Vorlauftemperaturen (<90 °C) und damit insbesondere für Solaranlagen. Im Weiteren zeichnen sich Adsorptionsmaschinen durch einfache Bauweise, leichte Bedienbarkeit und hohe Zuverlässigkeit aus, da sie nur eine geringe Anzahl aktiver elektrischer Komponenten beinhalten. Insbesondere mit Silicagel arbeitende Verfahren eignen sich aufgrund der relativ niedrigen Regenerationstemperaturen gut zur Einbindung von Solarwärme. Die Gegenüberstellung der Kennlinien einer *Ad*sorptionskältemaschine und einer *Ab*sorptionskältemaschine in Abb. 9.20 verdeutlichen dies. Das erzeugte Kaltwasser mit Temperaturen von rund 12 °C eignet sich zum Einsatz in statischen Kühlelementen wie beispielsweise Kühldecken. Nachteile der Adsorptionskältemaschinen sind der hohen Preis und insbesondere die Größe und Masse der Anlagen. Dennoch sprechen einige Vorteile wie eine relativ einfache Bedienung und Wartungsarmut für einen verstärkten Einsatz solcher Anlagen (Franzke 1995).

Nach einem Abflauen des Interesses an solarer Kühlung in den achtziger Jahren des letzten Jahrhunderts wurden in den letzten Jahren wieder vermehrt Anlagen mit Demonstrations- und Forschungscharakter überwiegend in Europa errichtet. Dabei zeigt sich, dass alle drei in diesem Kapitel näher beschriebenen thermischen Verfahren zum Einsatz kommen. Im Rahmen der Task 25 – Solar Assisted Air Conditioning of Buildings des Solar Heating and Cooling – Programms der IEA wurde eine Datenbank solarunterstützter Kälteerzeugungsanlagen erstellt (Pilatowsky und Rivera 2001). Eine detaillierte Beschreibung der einzelnen Verfahren ist beispielsweise in (Gems 1995) und (Eicker 2001) zu finden.

9.6.3.3 Sorptionsgestütze Klimatisierung in offenen Systemen

Sorptionsgestützte offene Klimatisierungssysteme sind in den vergangenen Jahren in der Klima- und Kälteindustrie vermehrt in den Vordergrund getreten. Im englischen Sprachraum werden Anlagen dieses Typs im Kältesektor mit Begriff Desiccant Cooling System (DCS) bezeichnet und in der Klimatisierung als Desiccative and Evaporative Cooling (DEC) geführt. Vom Fachinstitut Gebäude Klima e. V. wurde 1996 im deutschen Sprach-

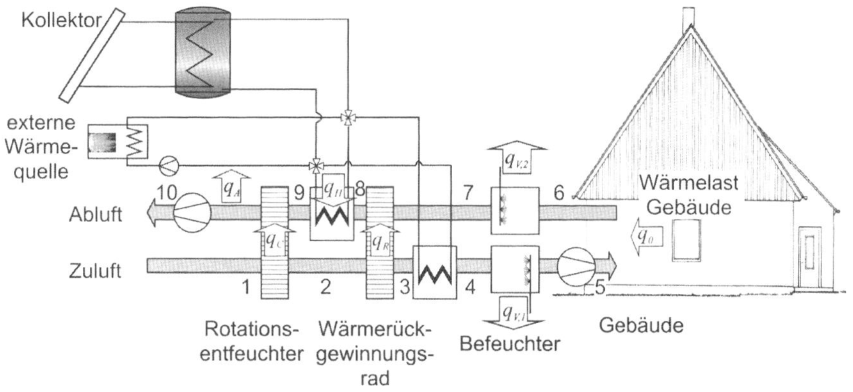

Abb. 9.21 Schema eines solar unterstützten Trocknungs- und Verdunstungskühlungsprozesses (SGK- Ventilationszyklus) unter Angabe der Komponenten und Wärmeflüsse, modifiziert nach (Henning 1996)

raum der Begriff „Sorptionsgestützte Klimatisierung" (SGK) eingeführt. SGK-Anlagen unterscheiden sich von thermisch getriebenen Ab- und Adsorptionskältemaschinen dadurch, dass sie ein offenes System darstellen. Sowohl das Kältemittel Wasser als auch das zu kühlende Medium Luft stehen einerseits mit der Umgebung und andererseits auch untereinander in Kontakt und gegenseitigen Austausch. Die Abb. 9.21 zeigt den Grundaufbau einer SGK-Anlage mit ihren wichtigsten Komponenten. Der Systemaufbau entspricht dem Pennington-Zyklus (Pennington 1955), der in der Literatur als Ventilation Cycle bezeichnet wird.

Es gibt zwei weitere Unterschiede zwischen SGK-Anlagen und Ab- bzw. Adsorptionskältemaschinen. SGK-Anlagen arbeiten bei konstantem Druckniveau auf Umgebungsdruck und damit ist keine Druckänderung zwischen Verdampfer und Kondensator erforderlich. Der zweite Unterschied besteht in der erzeugten Nutzleistung. Bei geschlossenen Systemen wird ein Kaltwassersatz bereitgestellt, der zur weiteren Anwendung genutzt werden kann. Eine SGK-Anlage konditioniert direkt die Temperatur und Feuchte der durchströmenden Luft, so dass das Gesamtsystem als vollständiges Klimatisierungsgerät betrachtet werden muss. Demgegenüber müssen Ab- und Adsorptionskälteanlagen mit ihrer produzierten Kälte zusätzlich ein Klimagerät antreiben, um die Raumluft vollständig zu konditionieren.

Thermodynamisch stellt sich die Klimatisierung der Luft in einer SGK-Anlage im *T*-*x*-Diagramm wie in der Abb. 9.22 dargestellt dar, wobei die Nummerierungen denen in der Abb. 9.21 entsprechen. Der Prozessverlauf (vergl. Tab. 9.4) verdeutlicht die Charakteristika eines SGK-Systems:

- die Kühllast des Raumes wird durch Ventilation mit konditionierter Umgebungsluft abgeführt;
- sensible Kühlung erfolgt ausschließlich durch Verdunstungskühlung und Wärmerückgewinnung;

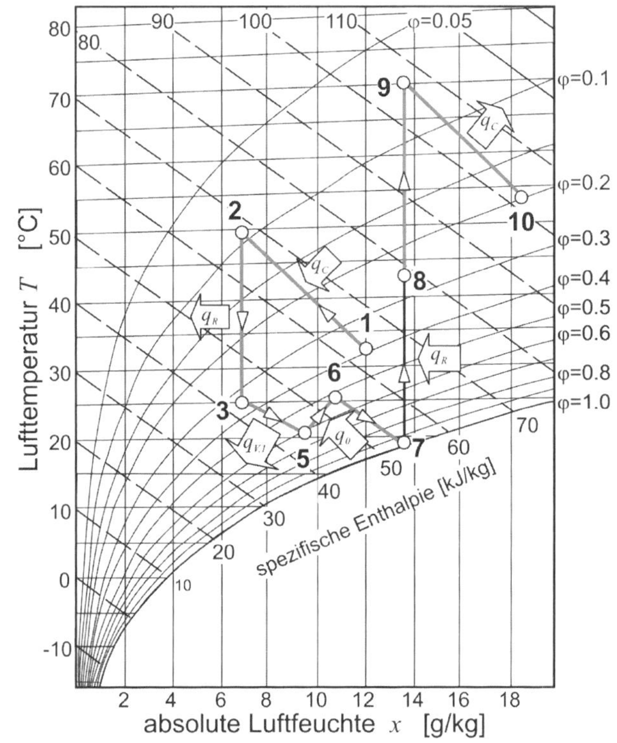

Abb. 9.22 Zustandsänderung der Luft bei einem SGK-Klimatisierungsvorgang (DEC, im Ventilationszyklus- „Ventilation Cycle") im *T*-*x*-Diagramm entsprechend der Nummerierung in Abb. 9.21

- Sorption erhöht das Verdunstungspotential und dient der Feuchtekontrolle;
- Kältemittel Wasser ist in direktem Kontakt mit der Raumluft;
- direkte Beeinflussung des Raumluftzustandes;
- die Zulufttemperatur ist durch den Taupunkt der befeuchteten Zuluft limitiert.

Wie bei anderen Klimatisierungsanlagen können die Komponenten eines SGK-Systems beliebig kombiniert und in einer anderen Anordnung zusammengestellt werden.

Eine Variante stellt der Rezirkulationsbetrieb dar („Recirculation Cycle") dar, der für das Kühlmedium einen geschlossenen Kreislauf darstellt. Hier wird die Raumzu- und -abluft in einem geschlossenen Kreis geführt und die Regeneration des Entfeuchtungsrotors mit Umgebungsluft durchgeführt. Den Aufbau des Recirculation Cycle illustriert die Abb. 9.23a. Der Vorteil gegenüber dem Ventilationszyklus besteht darin, dass die im Vergleich zur Umgebungsluft kühlere und oft auch trockenere Raumabluft ein größeres Kühlpotential enthält als die Umgebungsluft. Wie dem *T*-*x*-Diagramm eines typischen Betriebszustandes der Abb. 9.23b zu entnehmen ist, wird bei diesem Systemaufbau das niedrigere Kühlpotential der Umgebungsluft für die sensible Kühlung der Zuluft am Wärmerückgewinner eingesetzt. Dies kann als Nachteil gegenüber dem Ventilation Cycle angesehen werden.

Die jeweiligen Vorteile des Ventilation Cycles und des Recirculation Cycles vereint das Dunkle Cycle Konzept, dessen Aufbau die Abb. 9.24a zeigt. Hier wird sowohl das Kühl-

Tab. 9.4 Ablaufschritte der Prozessführung in einer SGK Anlage unter Angabe der in Abb. 9.21 aufgeführten Schritte und der jeweiligen Wärmequelle und -senke

Zustandsänderung	Prozessablauf	Wärmequelle/-senke
1 ⇨ 2	Außenluft wird angesaugt und im Rotationsentfeuchter getrocknet. Da dies nahezu adiabat abläuft, wird die Luft durch die freiwerdende Kondensationswärme des Wasserdampfes und die Bindungswärme am Sorptionsmittel erwärmt	q_C
2 ⇨ 3	Die entfeuchtete Zuluft wird im Gegenstrom zur Abluft aus dem Gebäude mit Hilfe des Wärmerückgewinnungsrads gekühlt	q_R
3 ⇨ 4	In einem Lufterhitzer, der nur im Heizfall genutzt wird, wird die Zuluft erwärmt. (Er ist im Kühlfall nicht aktiv.)	
4 ⇨ 5	Abkühlung der Zuluft unter Nutzung der Verdunstungskühlung durch einen Befeuchter. Regelbare Befeuchter bieten zusätzliche Kontrolle	$q_{V,1}$
5 ⇨ 6	Aufnahme der Kühllast des Raumes, in dem Wärme hervorgerufen durch innere und äußere Wärmequellen zu einer Lufttemperaturerhöhung im Gebäude führen und sich die Luft zusätzlich mit Wasserdampf anreichert	Q_0
6 ⇨ 7	Abfuhr der Abluft aus dem Gebäude und Befeuchtung so nah als möglich an den Sättigungspunkt, um das Kältepotenzial (Verdunstungskühlung) der Abluft maximal auszunutzen	$q_{V,2}$
7 ⇨ 8	Wärmeaufnahme der Abluft (aus der getrockneten Zuluft) über das Wärmerückgewinnungsrad ohne Feuchteänderung. Dabei Kälteübertragung an die Zuluft	q_R
8 ⇨ 9	Im Lufterhitzer wird der Abluft die eigentliche Antriebswärme zugeführt. Durch die Erwärmung auf die erforderliche Regenerationstemperatur verringert sich die relative Feuchte der Abluft	q_H
9 ⇨ 10	Die erwärmte Abluft durchströmt das Trocknungsrad und nimmt das im Sorptionsmaterial gebundene Wasser in Form von Dampf auf (Regeneration des Sorptionsmittels). Die warme Regenerationsluft desorbiert das Rad durch adiabate Feuchteaufnahme. Der Wasserdampf wird mit der Fortluft an die Umgebung abgeführt	q_A

potential der Abluft für die Zuluftkühlung als auch die niedrigere Kühltemperatur am Wärmeübertrager durch Befeuchtung der Abluft ausgenutzt, wie aus dem entsprechenden T-x-Diagramm der Abb. 9.24b hervorgeht. Allerdings ergibt sich ein komplexerer Systemaufbau durch einen zusätzlichen Wärmeübertrager, der einen höheren Kapitalaufwand erfordert.

Ein prinzipieller Nachteil der beiden Umluftbetriebsarten gegenüber dem Ventilation Cycle ist die geringe Versorgung mit Frischluft. Im Recirculation und im Dunkle Cycle dringt Frischluft in den zu klimatisierenden Raum nur anteilig ein. Aufgrund hoher Behaglichkeitsanforderungen kann dies zusätzliche meist aufwändige Luftaufbereitungen erfordern.

An dieser Stelle wird deutlich, dass die Auslegung geeigneter Klimatisierungssysteme die unterschiedlichen möglichen Umgebungsluftzustände und die zu erwartenden Raum-

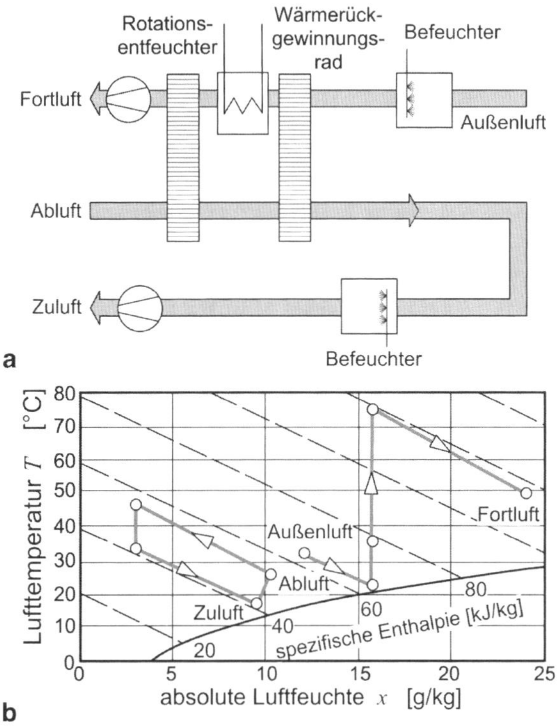

Abb. 9.23 Sorptionsgestützte Klimatisierung (SGK) im Recirculation Cycle. **a** Anordnung der Systemkomponenten und **b** Darstellung im *T*-*x*-Diagramm

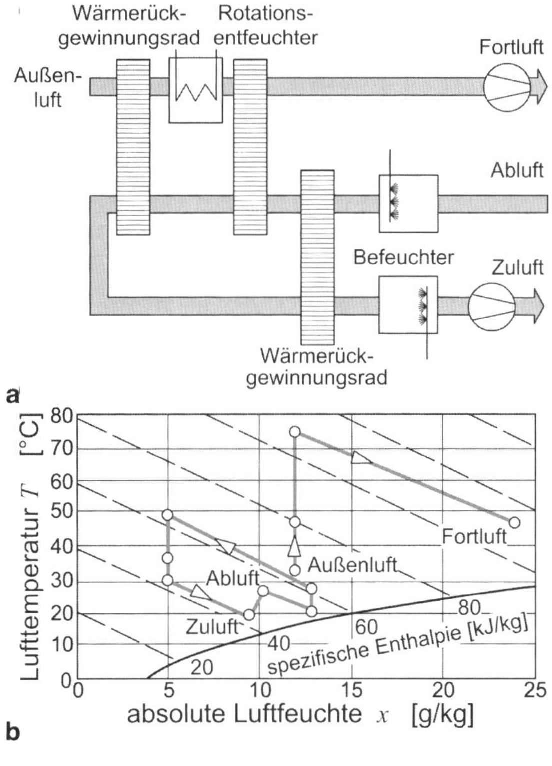

Abb. 9.24 Sorptionsgestützte Klimatisierung (SGK) im Dunkle Cycle. **a** Anordnung der Systemkomponenten und **b** Darstellung im *T*-*x*-Diagramm

kühllasten berücksichtigen müssen. In offenen Verfahren ist die entscheidende Zustandsänderung zur Verringerung der Zuluftenthalpie der Wärmeaustausch über das Wärmerückgewinnungsrad. Denn im idealen Fall ist die Summe der Enthalpieänderungen von Sorption und Verdunstung null ($\Delta h = 0$). Lediglich am Rad erfolgt eine signifikante Enthalpieänderung (vergl. Abb. 9.22). Unter Annahme dieses idealen Falls definiert sich die Kühlleistung über die Enthalpieänderung:

$$\dot{Q}_{Kälte} = \rho_{Luft} \cdot \dot{V} \cdot (h_1 - h_5) = \dot{m} \cdot (h_2 - h_3), \tag{9.28}$$

in der ρ_{Luft} die Dichte der Luft und $\dot{V}$ den das System durchsetzenden Volumenstrom darstellen. Zur Erhöhung der Kälteleistung wäre eine isotherme Sorption erheblich günstiger als eine isenthalpe, da sie bereits bei der Sorption (1 ⇨ 2) einen deutlichen Enthalpiesprung bewirkt (vergl. Abb. 9.22). Zur Bewertung der Leistung des SGK-Systems kann man einen *COP*-Wert bezüglich der Kälte- ($COP_{Kälte}$) wie auch der Klimaleistung (COP_{Klima}) wie folgt definieren:

$$\begin{aligned} COP_{Kälte} &= \frac{\dot{m}_{zuluft}}{\dot{m}_{reg}} \cdot \frac{(h_U - h_{zuluft})}{\Delta h_{reg}} = \frac{\dot{V}_{zuluft} \cdot \rho_{Luft}}{\dot{V}_{reg} \cdot \rho_{Luft}} \cdot \frac{(h_1 - h_5)}{(h_9 - h_8)} \\ COP_{Klima} &= \frac{\dot{m}_{zuluft}}{\dot{m}_{reg}} \cdot \frac{(h_{abluft} - h_{zuluft})}{\Delta h_{reg}} = \frac{\dot{V}_{zuluft} \cdot \rho_{Luft}}{\dot{V}_{reg} \cdot \rho_{Luft}} \cdot \frac{(h_6 - h_5)}{(h_9 - h_8)} \end{aligned} \tag{9.29}$$

in der der Index „*reg*" die Regenerationsluft bezeichnet und *U* für Umgebung steht. (Lavan et al. 1982) diskutieren die Grundlagen zur Berechnung von $COP_{Kälte}$ in offenen Klimatisierungssystemen und führen diese mit Hilfe der Einführung von Carnot-Temperaturen T^* auf die Berechnungsform für reversible Kältemaschinen zurück. Hierzu werden charakteristische Temperaturen für Verdampfer, Kondensator und Generator bestimmt und der SGK-Prozess auf eine Kältemaschine übertragen. Die Bestimmung der Carnot-Temperaturen bildet hierbei die Transformationsvorschrift. Nach diesem Verfahren ergibt sich folgender Zusammenhang:

$$COP_{Kälte} = \frac{1 - \frac{T_{Kondensator}}{T_{Generator}}}{\frac{T_{Kondensator}}{T_{Verdampfer}} - 1} \quad \text{mit} \quad T_{Kondensator} = \frac{\left(h_{fortluft} - h_{abluft}\right)}{\left(s_{fortluft} - s_{abluft}\right)},$$

$$\text{und} \quad T_{Generator} = \frac{\left(h_{reg,austritt} - h_{reg,eintritt}\right)}{\left(s_{reg,austritt} - s_{reg,eintritt}\right)}, \quad T_{Verdampfer} = \frac{\left(h_{zuluft} - h_U\right)}{\left(s_{zuluft} - s_U\right)} \tag{9.30}$$

in der *s* die spezifische Entropie darstellt.

Die in realen Anlagen bestimmten COP_{Klima}-Werte fallen zumeist mit Werten um 0.5 eher niedrig aus. Ursache ist die hohe Enthalpiedifferenz im Regenerationsluftstrom. Neben der benötigten Antriebswärme hängt der Wert von COP_{Klima} jedoch noch von weiteren Parametern ab. Studien zum Sorptionsverhalten zeigen Maximalwerte von 0.85–1.05, die bereits mit Silicagel als Sorbens erreicht werden können (Collier et al. 1986). Mit einem

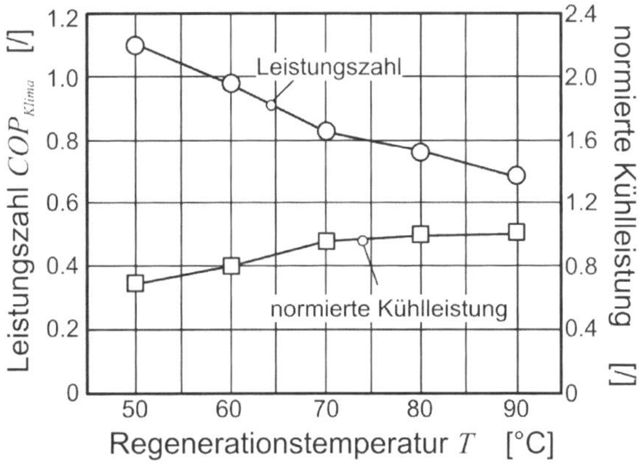

Abb. 9.25 Berechnete Leistungszahl COP_{Klima}- und Kühlleistung als Funktion der Regenerationstemperatur bei einer Umgebungstemperatur $T_U = 32$ °C und einer Luftfeuchte von $x = 12$ g/kg (Erpenbeck 1999)

idealen Sorptionsmaterial lassen sich Werte bis zu 1.4 realisieren. Neben den Sorptionsmaterialien und den Systemkomponenten wird die erzielbare Kühlleistung durch eine Kombination von passiver adiabater Kühlung (über die Befeuchter) und aktiver thermisch angetriebener Kühlung (sorptive Entfeuchtung) bestimmt. Da der passive Anteil bei der Bestimmung der Leistungszahlen nicht als Aufwand bilanziert wird, sind diese Leistungszahlen mit denen anderer Systeme nicht unmittelbar vergleichbar. Die Konsequenz daraus ist, dass bei der kombinierten Kühlung die $COP_{Kälte}$- und COP_{Klima}-Werte mit steigender Kühlleistung fallen, da mit steigender Leistung mehr Wärme investiert werden muss und zugleich der Anteil der passiven Kühlung sinkt. Die Abb. 9.25 illustriert dies anhand eines Berechnungsbeispiels.

9.7 Bewertung der Klimatisierung

Der Unterschied zwischen solar erzeugter Kälte und wärmetechnischer Nutzung der solaren Einstrahlung ist, dass bei der Kühlung die solar gewonnene Energie nicht direkt genutzt wird sondern vielmehr als Antrieb zur Energiewandlung dient. Soll nicht die Effizienz des Kühl- oder Klimatisierungssystems mittels des Coefficient of Performance *COP* bestimmt werden, sondern die Güte der Umsetzung der solarthermisch genutzten Wärme, so muss eine andere Größe definiert werden. Ausgehend von der Energie, die dem System zugeführt wird, wird der solare Anteil als nicht zu erwerbender Energieanteil („Fraction of Non-Purchased Energy-*FNP*) bewertet (Ileri 1997):

$$FNP = \frac{q_{Solar}}{q_{Gesamt}} \quad \text{mit} \quad q_{Gesamt} = q_{Antrieb} + w_{elektr}. \tag{9.31}$$

Wichtig in Gl. (9.31) ist, dass q_{solar} den Bruttowärmeertrag des Kollektors angibt und nicht die solare Wärme, die für den Antrieb des Systems benötigt wird.

Der *FNP* ist damit für solare Heizanwendungen eine naheliegende Größe zur Messung des solaren Nutzens, da beim Heizprozess die solare Wärme direkt verwendet wird. Die

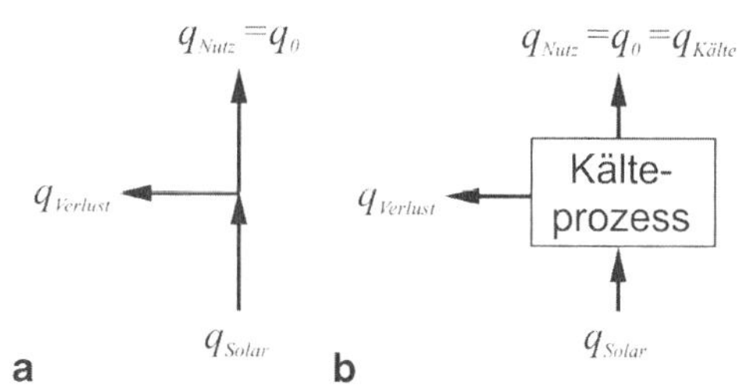

Abb. 9.26 Schematische Darstellung des Energieflusses bei solarer Nutzung in einem Heizsystem (**a**) und einer thermisch getriebenen Kälteanlage (**b**)

Einsparung am Primärenergieträger lässt sich damit einfach greifen. Bei einem thermisch angetriebenen Kälteprozess ist eine Modifikation des *FNP* erforderlich, weil die solar eingebrachte Wärme nicht direkt über deren Beitrag am Gesamtenergieeinsatz bestimmt ist, sondern über deren Anteil am Betrieb des thermodynamischen Kälteprozesses, wie es die Abb. 9.26 illustriert.

Sofern die Solarenergie aufgrund ihres thermischen Niveaus im Kälteprozess nur als Abfallwärme bilanziert würde, wäre der *FNP*-Wert konstant und unabhängig davon ob die Solarwärme vollständig, zum Teil oder gar nicht genutzt wird. Daher wird in einem Kühlprozess mit dem Solar Performance Coefficient (*SPC*) eine zweite Größe eingeführt, in der die Effizienz der solar genutzten Energie wie folgt definiert ist:

$$SPC = 1 - \frac{q_{aux}}{q_0}, \tag{9.32}$$

Der Quotient in Gl. (9.32) gibt an, wie viel spezifische Hilfswärme (q_{aux}) bezogen auf die Kühllast (q_0) bereitgestellt werden muss. Damit ist der *SPC* eine vom Betrag der verfügbaren Solarwärme unabhängige Größe. Der solare Nutzen tritt damit nur indirekt auf und dokumentiert sich darin, dass mit wachsender Effizienz der Solarnutzung q_{aux} sinkt und als Folge der *SPC*-Wert ansteigt. Beim Heizen ergibt sich im Idealfall (verlustfreie Nutzung der Wärme und Vernachlässigung der elektrischen Hilfsenergie) eine Identität von *FNP* und *SPC*:

$$FNP = \frac{q_{Solar}}{q_{gesamt}} = \frac{q_0 - q_{aux}}{q_0} = 1 - \frac{q_{aux}}{q_0} = SPC, \tag{9.33}$$

Der *SPC*-Wert entspricht einer anderen verbreiteten Kennzahl zur Beschreibung solar betriebener Anlagen, dem solaren Deckungsanteil (η_{SD}, vergleiche Abschn. 6.4.3.2 Wärmebedarfsermittlung & solarer Deckungsgrad), der im englischen Sprachraum als „Solar Fraction" (*SF*) auftaucht. Auch hier ist der solare Deckungsgrad (η_{SD}) in folgender Weise gegeben:

$$\eta_{SD} = \frac{\text{solar gedeckte Last}}{\text{gesamt zu deckende Last}} = 1 - \frac{\text{über Hilfsenergie gedeckte Last}}{\text{gesamt zu deckende Last}}, \tag{9.34}$$

Aus Gl. (9.34) wird die Identität von *SPC* und η_{SD} unmittelbar ersichtlich. Lediglich ihre Bestimmung gestaltet sich anders. Die Berechnung des solaren Deckungsgrades η_{SD} setzt die Kenntnis des genutzten Anteils der solaren Wärme voraus, während die Bestimmung des *SPC*-Wertes die Größe der Hilfswärme erfordert.

Zur Energieeinsparung bei der Gebäudeklimatisierung sind zwei grundlegende Forderungen zu erfüllen. Dies ist einerseits die Trennung von Kühlen und Entfeuchten und andererseits die Begrenzung des Luftwechsels auf hygienische Erfordernisse. Beide Forderungen sind nur durch die Kombination bisher bekannter Verfahren zu erfüllen, die in vielen Anwendungen einen kaum vertretbaren apparativen und damit Investitionsaufwand zur Folge hat.

Offene thermische Systeme (SGK) bieten die Vorteile einer energetisch günstigen Trennung von Entfeuchtung und Kühlung bei vergleichsweise niedrigen Antriebstemperaturen. Aber die gesamte Kühllast muss über den Luftwechsel abgeführt werden (Umluftkühlung), da eine Kühlung von flüssigen Medien (Kaltwassernetz) nicht möglich ist. Bei hohen Kühllasten führt diese Beschränkung zu Luftaustauschraten, die weit über dem hygienisch notwendigen Maß liegen und den Energieverbrauch für Ventilation maßgeblich erhöhen. Die für Komfortklimatisierungen zunehmend bevorzugte statische oder auch „stille Kühlung" kann nur in Kombination mit anderen Verfahren realisiert werden. Ein weiterer Nachteil ist, dass das zur Befeuchtung und damit Kühlung eingesetzte Wasser lufthygienischen Anforderungen genügen muss, dessen kostengünstige Bereitstellung besonders in südlichen Ländern problematisch sein kann. An Standorten mit hoher Luftfeuchte ist damit die Wirksamkeit der SGK beschränkt.

Die Verwendung flüssiger Sorptionsmittel (beispielsweise LiCl), in offenen Sorptionssystemen bietet als einziges Verfahren den Vorteil, dass die (Solar-)Energie durch Bevorraten konzentrierter Lösung verlustfrei und mit hoher Energiedichte gespeichert werden kann (Kessling et al. 1998). Zudem ist eine Verschleppung von Gerüchen aus der Ab- in die Zuluft im Gegensatz zur DEC mit festen Sorbentien ausgeschlossen. Aufgrund der thermodynamischen Gesetzmäßigkeiten ist der Einsatz offener Systeme grundsätzlich nur für Klimatisierungsanwendungen, nicht aber zur Erzeugung tiefer Temperaturen möglich. Die geschlossenen Verfahren der Wärmetransformation benötigen zum Erreichen gleicher *COPs* höhere Antriebstemperaturen, was standortabhängig den Einsatz effizienterer und damit teurerer Kollektoren erforderlich macht. Sie ermöglichen aber eine simultane Nutzung von Solarenergie zur Brauchwasserbereitung bzw. Heizungsunterstützung und erreichen damit eine höhere Effizienz des Gesamtsystems. Dagegen erlauben sie keine Trennung von Kühlung und Entfeuchtung. Eine Entfeuchtung kann nur durch das Unterschreiten des Taupunktes erreicht werden, was entsprechend tiefe Temperaturen erfordert. Andererseits eignet sich das von diesen Anlagen bereitgestellte Kaltwasser zum Einsatz in statischen Kühlelementen, wodurch sowohl eine als angenehmer empfundene „stille" Kühlung als auch eine Minimierung der Zuluftströme auf hygienische Erfordernisse realisiert werden können. Absorptionskälteanlagen sind zudem zur Bereitstellung von Lagerungs- und Gefrierkälte fähig, wobei höhere Antriebstemperaturen den Einsatz konzentrierender Kollektoren erfordern.

Ein weiterer Vorteil aller thermischen Verfahren besteht darin, dass sie neben solar erzeugter Wärme auch mit Abwärme aus technologischen Prozessen sowie mit Wärme aus Kraft-Wärme-Kopplungen angetrieben werden können. Besonders bei Klimatisierungsanwendungen ist die Wärmenutzung aus Kraft-Wärme-Kopplungen zur Kälteerzeugung sinnvoll, da im Sommer kein Heizungsbedarf besteht und die bei der Stromerzeugung anfallende Wärme als Überschuss zur Verfügung steht.

Alle thermischen Verfahren weisen einen vergleichsweise hohen Wasserverbrauch zur Rückkühlung auf, die in Regionen mit Wasserknappheit eine erhebliche Anwendungseinschränkung darstellen. In tropischen Regionen ist die Wirksamkeit der Verdunstungskühlung durch die hohe Luftfeuchte limitiert.

Insbesondere der elektrische Energiebedarf der derzeit dominierenden Kompressionskältetechnik zur Kälteerzeugung/Klimatisierung und die damit aufzuwendenden Kosten wird alternative Kälteverfahren künftig verstärkt etablieren, da sie eine erhöhte Einbindung solarer Energie ermöglichen. Hierbei bieten sich sowohl die Absorptions- und Adsorptionskältetechnik wie das SGK-Verfahren an. Es ist aktuell nicht abzusehen, welche Technologie in welchem Einsatzbereich die größte Verbreitung erlangen wird, da alle Verfahren spezifische Vor- und Nachteile besitzen, die gegeneinander abgewogen werden müssen. Entscheidend wird auch sein, in welchem Maße es gelingt, die Kosten der Anlagen zu senken sowie deren Zuverlässigkeit zu erhöhen. Die zugrundeliegenden physikalisch-technologischen Prinzipien sind seit langem bekannt und werden seit Jahrzehnten angewendet. Zumeist finden sie Verwendung in Anlagen mit großen Leistungen.

Für die Kopplung mit Solarenergie sind die Systeme technisch noch nicht ausgereift. Es sind daher Arbeiten zur Komponentenentwicklung sowie zur Systemintegration (z. B. Kopplung mit Speichern und Back-up-Systemen) notwendig. Im Bereich der SGK-Technologie besteht die Zielsetzung in der Erhöhung der Entfeuchtungsleistung und der Lebensdauer der Sorptionsräder, im Einsatz verbesserter Sorptionsmittel, in der Verbesserung der Wärmerückgewinnung und der Absorber beim Einsatz flüssiger Sorptionsmittel sowie in einer thermodynamischen Optimierung der Prozessführung.

Die Arbeiten im Bereich der Absorptionskältetechnik zielen auf die Entwicklung von Maschinen kleiner Kälteleistung. Dabei steht die Realisierung möglichst kleiner Temperaturdifferenzen zwischen inneren und äußeren Medien, die Verbesserung des Wärmeverhältnisses und des Teillastverhaltens, der Verzicht auf (Nass-)kühltürme sowie eine Verringerung von Baugröße und Kosten im Vordergrund. Außerdem sind einzelne Komponenten beispielsweise Pumpen für den kleinen Leistungsbereich bisher nicht oder nur eingeschränkt verfügbar. Bei den Diffusions-Absorptions-Kältemaschinen konzentrieren sich die Arbeiten auf die (Gasblasen-)Pumpentechnologie sowie auf die Erhöhung von Kälteleistung und Wärmeverhältnis. Die Tab. 9.5 zeigt ein Spektrum der Anforderungen und Betriebsbedingungen solarthermisch angetriebener Verfahren zur Klimatisierung.

Tab. 9.5 Anforderungen und Betriebsbedingungen einiger thermischer Verfahren zur solaren Kälteerzeugung bzw. Klimatisierung

Verfahren	Adsorptionskältemaschinen	Absorptionskältemaschinen	Sorptionsgestützte Klimatisierung (SGK)
Kältemittelkreislauf	Geschlossen	Geschlossen	Kältemittel in Atmosphärenkontakt
Verfahrensprinzip	Kaltwassererzeugung (Entfeuchtung über Taupunktunterschreitung möglich)	Kaltwassererzeugung (Entfeuchtung über Taupunktunterschreitung möglich)	Luftentfeuchtung (sorptiv) und Verdunstungskühlung
Sorptionsmitteltyp	Fest	Flüssig	Fest oder flüssig
Typische Stoffsysteme	Wasser-Silicagel, Ammoniak-Salz	H_2O-LiBr, Ammoniak- H_2O	Fest: H_2O-Silicagel, H_2O-LiCl-Zellulose Flüssig: H_2O-LiCl, H_2O-$CaCl_2$
Marktverfügbare Größen	50–430 kW	35 kW–5 MW	20–350 kW
Wärmeverhältnis *COP*	0.3–0.7	0.5–0.75 (SE) 1.1–1.2 (DE)	Fest: 0.5–1 Flüssig: > 1
Typische Antriebstemperaturen (°C)	60–95	65–95 (SE–DL) 80–110(SE) 130–160 (DE)	Fest: 45–95° Flüssig: 45–70
Solarkollektortechnik	FK, VRK	FK, VRK, PRK	FK, LK
Anmerkungen	Quasistationärer Betrieb durch 2 Kammern, große Masse und Volumen der Anlagen		Nicht für Kaltwassernetz geeignet, gute Speichermöglichkeit bei der Flüssigausführung (wg. velustfreier chem. Speicher)

SE Single-Effect, *DE* Double-Effect, *SE-DL* Single-Effect/Double-Lift, *FK* Flachkollektor, *VRK* Vakuumröhrenkollektor, *PRK* Parabolrinnenkollektor, *LK* Luftkollektor nach Daten aus (Lävemann 2002), (Henning 1996), (Sumathy et al. 2002)

Literatur

ANSI/ASHRAE Standard 62.1 (2007) Ventilation for acceptable indoor air quality. American Society of Heating, Refrigerating and Air-Conditioning Engineers, Inc., Atlanta

Baehr HD, Kabelac S (2009) Thermodynamik: Grundlagen und technische Anwendungen, (14 Aufl Ausg). Springer, Berlin

Collier RK, Cale TS, Lavan Z (1986) Advanced desiccant materials. Gas Research Institute, Chicago

DIN EN 13779 (2009) Lüftung von Nichtwohngebäuden – Allgemeine Grundlagen und Anforderungen für Lüftungs- und Klimaanlagen und Raumkühlsysteme. Beuth Verlag GmbH, Berlin

DIN-Fachbericht 128 (2003) Klima am Arbeitsplatz und in der Arbeitsumgebung -Grundlagen zur Klimaermittlung. DIN Deutsches Institut für Normung e. V. Beuth Verlag GmbH, Berlin

Eicker U (2001) Solares Kühlen – Einführung in die Technologie (V. d. Stuttgart, Hrsg). Tagungsband Erstes Symp – Solares Kühlen Prax 53:5–21

Erpenbeck T (1999) Sorptionsgestützte solare Klimatisierung – Experimentelle und theoretische Analyse von Potential und Systemverhalten. Universität Karlsruhe, Karlsruhe

Franzke U (1995) Chancen der solarunterstützten Klimatisierung. ISH Jahrb Gebäudetechnik 1995:71–76

Gassel A (1998) Die Adsorptionskälteanlage – Betriebserfahrungen und thermodynamische Berechnung. KI Luft- Kältetechnik 34(8):380–384

Gassel A (2001) Auslegung und Betriebserfahrungen mit geschlossenen Adsorptionskältemaschinen am Beispiel Dresden und Kamenz. (F. S.-H. Technik, Hrsg) Erstes Symp – Solares Kühlen Praxis 53:85–86

Gems B (1995) Photovoltaische und thermische solare Kühlung im Vergleich. Fortschr.-. Ber. VDI, Reihe 19 Wärmetechnik, Kältetechnik, Ausgabe 85. ISBN: 3183085194

Grigull U, Staub J, Schiebener P (1990) Steam Tables in SI-Units – Wasserdampftafeln. Springer-Verlagdima gmbh

Ileri A (1997) A discussion on performance parameters for solar-aided absorption cooling systems. Renew Energy 10(4):617–624

Jungnickel H, Agsten R, Kraus WE (2001) Grundlagen der Kältetechnik (3. stark bearb Aufl Ausg). Verlag Technik

Henning H-M (1996) Aktive solarthermische Systeme für die Gebäudeklimatisierung. In: Marko A, Braun P, Roth W (Hrsg) Thermische Solarenergienutzung an Gebäuden. Springer, Berlin

Herold KE, Radermacher R, Klein SA (1996) Absorption chillers and heat pumps. CRC Press, Boca Raton

Kessling W, Lävemann E, Peltzer M (1998) Energy storage in open cycle liquid desiccant cooling systems. Int J Refrig 21(2):150–156

Lamp P, Ziegler F (1998) European research on solar-assisted air conditioning. Int J Refrig 21(2):89–99

Lävemann E (2002) Betriebserfahrungen mit einer solar gestützten Flüssigsorptionsanlage in einem Bürogebäude in Amberg. Tagungsband 2.Symposium Solares Kühlen in der Praxis. Hochschule für Technik, Stuttgart

Lavan Z, Monnier JB, Worek WM (1982) Second law analysis of desiccant cooling systems. ASME J Solar Energy Engng 104:229–236

Pennington NA (1955) Humidity changer for air conditioning. Patentnr. U.S. Patent 1955. U.S. Patent No. 2 700 537

Pilatowsky I, Rivera W (2001) Survey of Solar Assisted Cooling. (T. Universidad Nacional Autonoma de Mexico, Hrsg) Joint report of IEA Solar Heating and Cooling

Reimann RC (1984) Advanced absorption heat pump cycles. Proc. DOE/ORNL Heat Pump Conf. Washington DC, 11th–13th December 1984, S 259–267

Schweigler C, Hellmann H-M, Preissner M, Demmel S, Ziegler F (1997) Operation and performance of a 350 kW (100 RT) single-effect/double lift absorption chiller. In: Treffinger P, Hertlein H (Hrsg) Solar sorptive cooling. 16./17.10: Workshop des Forschungsverbund Sonnenenergie, Köln, S 93–106

Sumathy K, Huang ZC, Li Z (2002) Solar absorption cooling with low grade heat source – a strategy of development in South China. Solar Energy 72(2):155–165

Anhang A
Berechnung von Wärmeübertragern

Wärmeübertrager sind essenzielle Bauteile jeden wärmetechnischen Systems. Es ist schwierig den Begriff Wärmeübertrager exakt zu fassen, da es sowohl bei der Erzeugung von Wärme, deren Transport und auch der Einspeicherung zu einem Wärmetransport kommt. In diesem Sinne ist auch ein Heizkessel, ein Solarabsorber, eine heißes Wasser führende Rohrleitung wie auch ein thermischer Speicher ein Wärmeübertrager. In diesem Kontext sollen als Wärmeübertrager kompakte technische Bauteile verstanden werden, mit Hilfe derer effizient Wärme zwischen zwei Kreisläufen ausgetauscht wird. Hierzu erfolgt zunächst eine Klassifizierung der Wärmetauscherarten. Im Anschluss daran werden allgemeine Gesetzmäßigkeiten von Wärmeübertrager abgeleitet, bevor die Betriebscharakteristiken diskutiert und am Beispiel von Gleich- und Gegenstromwärmeübertragern aufgezeigt werden.

A.1 Wärmetauscherarten und deren Klassifizierung

Es gibt eine Vielzahl verschiedener Wärmeübertragertypen, deren Auflistung in Bezug auf ihre Charakteristika und speziellen Eigenschaften diesen Rahmen sprengt. Grob lassen sie sich in drei Klassen einteilen, der Rohr-, der Platten- und der regenerativen Wärmeübertrager, den die Abb. A.1 zeigt.

Durch gezielte Gestaltung der Oberflächenstruktur der Wärmeübertragungsfläche lässt sich der Wärmeübergang zwischen den einzelnen Medien oft erheblich verbessern und ein Versuch der Katalogisierung wurde 2006 von Kneer (2006) Abb. A.2 unternommen.

A.2 Allgemeine Gesetzmäßigkeiten von Wärmetauschern

Der allgemeine Fall eines technischen Wärmetauschers kann durch das in der Abb. A.3 dargestellte Bild vereinfacht abgebildet werden.

Am Eintritt der einen Seite strömt das Medium „1“ mit der Temperatur T_1' und dem Massenstrom $\dot{m}_1$ in den Wärmeübertrager ein. Auf dem Weg des Mediums „1“ zum Austritt verändert sich durch die Wärmeabgabe an das Medium „2“ die Temperatur des

R. Stieglitz, V. Heinzel, *Thermische Solarenergie*,
DOI 10.1007/978-3-642-29475-4, © Springer-Verlag Berlin Heidelberg 2012

Abb. A.1 Klassifizierung von Wärmeübertragertypen

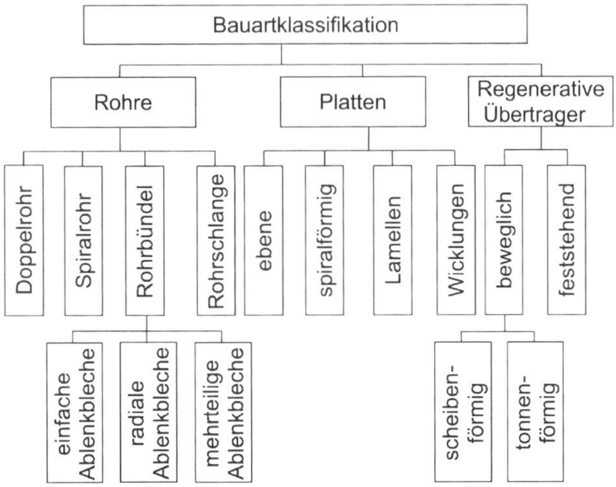

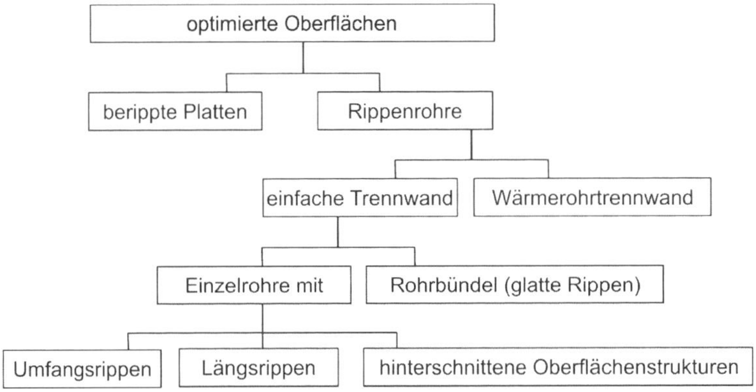

Abb. A.2 Einteilung von Wärmeübertragern mit optimierten Wärmübertragungsverhalten durch Verbesserung der Oberflächenstrukturen nach. (Kneer 2006)

Mediums „1“ zum Austritt auf den Wert T_1''. Die Wärmetransport erfolgt durch einen Transfer der Energie aus dem Fluid „1“ an die die Medien trennende Wand und von dort aus an das Fluid „2“. Die Größenordnung des Prozesses hängt vom Wärmeübergangskoeffizienten k der zur Verfügung stehenden Fläche A ab. Wärmetauscher können nach verschiedenen Prinzipien gestaltet werden. Die bekanntesten Bauformen sind Gleichstrom-, Gegenstrom- und Kreuzstromwärmetauscher. Je nach Konstruktion ergeben sich unterschiedliche örtliche Wärmedurchgangskoeffizienten und Temperaturverläufe. Durch Einführung eines von der Ausführung abhängigen mittleren Wärmedurchgangskoeffizienten k und einer mittleren Temperaturdifferenz ΔT_m kann man den Wärmestrom $\dot{Q}$ angeben:

$$\dot{Q} = k \cdot A \cdot \Delta T_m, \tag{A.1}$$

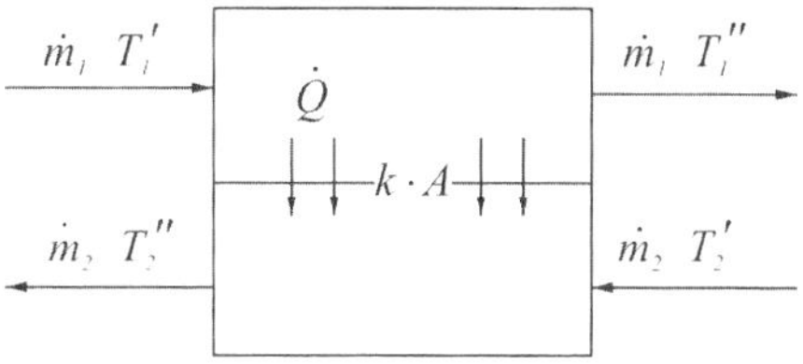

Abb. A.3 Abstrahiertes Modell eines Gegenstromwärmeübertragers

in der ΔT_m durch:

$$\Delta T_m = \frac{1}{A} \int_A (T_1 - T_2)\, dA, \tag{A.2}$$

definiert ist, wobei $T_1 - T_2 = f(A)$ eine lokale Temperaturdifferenz zwischen beiden Fluiden ist. Nimmt man an, dass der Wärmedurchgangskoeffizient k bekannt und unabhängig von der lokalen Temperaturdifferenz ist, kann man über die Wärmeübertragerlänge integrieren und die Lösung des Integrals liefert die folgenden Zusammenhänge der mittleren logarithmischen Temperaturdifferenz ΔT_m für einen Gleichstromwärmeübertrager bzw. Gegenstromwärmeübertrager:

$$\begin{aligned} \text{Gleichstrom:} \Delta T_m &= \frac{\left(T_1'' - T_2''\right) - \left(T_1' - T_2'\right)}{\ln\left[\dfrac{\left(T_1'' - T_2''\right)}{\left(T_1' - T_2'\right)}\right]}; \\ \text{Gleichstrom:} \Delta T_m &= \frac{\left(T_1'' - T_2'\right) - \left(T_1' - T_2''\right)}{\ln\left[\dfrac{\left(T_1'' - T_2'\right)}{\left(T_1' - T_2''\right)}\right]}, \end{aligned} \tag{A.3}$$

Vereinfacht wird in der Literatur auch folgende Schreibweise verwendet:

$$\Delta T_m = \frac{\Delta T_a - \Delta T_e}{\ln\left(\dfrac{\Delta T_a}{\Delta T_e}\right)}, \tag{A.4}$$

worin ΔT_e die Temperaturdifferenz der Eintrittsseite ist und ΔT_a die der Austrittseite. ΔT_e ist damit für den Gegenstromwärmetauscher $\Delta T_e = (T_1' - T_2'')$ und für den Gleichstromwärmetauscher $(T_1' - T_2')$ und ΔT_a für den Gegenstromwärmetauscher beträgt $\Delta T_a = (T_1'' - T_2')$ beziehungsweise für den Gleichstromwärmtauscher $\Delta T_a = (T_1'' - T_2'')$. Damit kann der übertragene Wärmestrom $\dot{Q}$ an drei Positionen erfasst werden (vergl. Abb. A.3), als Wärmestrom,

- der vom Medium „1" abgegeben wird $\dot{Q} = m_1 \cdot c_{p1} \cdot \left(T_1' - T_1''\right)$;
- der durch die Wärmetauscherfläche A hindurchtritt $\dot{Q} = k \cdot A \cdot \Delta T_m$;
- der vom Medium „2" aufgenommen wird $\dot{Q} = m_2 \cdot c_{p2} \cdot \left(T_2'' - T_2'\right)$.

Eine zentrale Größe ist hierbei die Wärmedurchgangszahl k. Sie ist durch den Begriff des Wärmewiderstandes R mit den Wärmeübergangskoeffizienten α_1 und α_2 sowie der spezifischen molekularen Wärmeleitfähigkeit λ gekoppelt:

$$R = \frac{1}{k \cdot A} = \frac{1}{\alpha_1 \cdot A_1} + \frac{l}{\lambda \cdot A} + \frac{1}{\alpha_2 \cdot A_2}. \qquad \text{(A.5)}$$

In Gl. (A.5) sind die größten Unbekannten die Bestimmung der Wärmeübergangszahlen α_i, da diese von den Strömungsgeschwindigkeiten der Fluide abhängig sind. Sie müssen zunächst angenommen werden. Nach Durchrechnung des Wärmetauschers ist eine Korrekturrechnung erforderlich. Da der Wärmestrom im stationären Zustand an allen drei Positionen gleich ist, lassen sich folgende Kopplungen ableiten:

$$\dot{m}_1 \cdot c_{p1} \cdot \left(T_1' - T_1''\right) = k \cdot A \cdot \Delta T_m = \dot{m}_2 \cdot c_{p2} \cdot \left(T_2'' - T_2'\right). \qquad \text{(A.6)}$$

Gleichung (A.6) gilt nur wenn keine Wärmeverluste auftreten, die Wärmeentwicklung im Fluid durch viskose Verluste vernachlässigt wird und keine Arbeit am Fluid verrichtet wird. Sie lässt sich umformen und die Quotienten als *NTU* (Anzahl der Übertragungseinheiten „Number of Transfer Unit", „Wärmekapazitätsstrom" oder „dimensionslose Übertragungsfläche" oder „dimensionslose Verweilzeit") in nachstehender Weise angeben:

$$NTU_1 = \frac{k \cdot A}{\dot{m}_1 \cdot c_{p1}} = \frac{\left(T_1' - T_1''\right)}{\Delta T_m} = \frac{\Delta T_1}{\Delta T_m}$$

bzw.

$$NTU_2 = \frac{k \cdot A}{\dot{m}_2 \cdot c_{p2}} = \frac{\left(T_2'' - T_2'\right)}{\Delta T_m} = \frac{\Delta T_2}{\Delta T_m}. \qquad \text{(A.7)}$$

Darin kann das Produkt $(k \cdot A)$ als Wärmeübertragungsvermögen und $\dot{m}_i \cdot c_{pi}$ als Energiespeichervermögen verstanden werden. Die Interpretation des Zählers ist dabei leicht zu verstehen, denn eine große Übertragungsfläche A und eine hohe Wärmedurchgangszahl k ergeben ein gutes Wärmeübertragungsvermögen. Damit ist gleichzeitig eine kleine Verweilzeit des wärmetransportierenden Fluids im Gerät verbunden. Der Quotient NTU_2/NTU_1 wird als Wärmekapazitätsstromverhältnis eingeführt ($R_2 = NTU_1/NTU_2$). Andererseits wird ein hoher Massendurchsatz bei gegebener Wärmetauscherfläche nur den Übergang eines Teils des Wärmestroms gestatten. Die Interpretation als Verweilzeit wird durch das Argument gestützt, dass der Massenstrom auch durch $\dot{m}_i = m_i/t$ dargestellt werden kann, und die Zeit t damit in den Zähler gelangt. Ferner kann die Darstellung in Form der *NTU*-Angabe als Maßgabe für die technische Realisierung angesehen werden, während der Quotient aus $\Delta T/\Delta T_m$ die thermische Aufgabe charakterisiert. Weiter ist es üblich, die Temperaturänderung des Wärmestromes durch Normierung auf die größte Temperaturdifferenz (am Eingang) einen Wert P_1 bzw. P_2 als Wirkungsgrad zu einzuführen, der in folgender Art definiert ist:

$$P_1 = \frac{\left(T_1' - T_1''\right)}{\left(T_1' - T_2'\right)} \quad \text{bzw.} \quad P_2 = \frac{\left(T_2'' - T_2'\right)}{\left(T_1' - T_2'\right)}. \tag{A.8}$$

Die Größe P_1 wird als Betriebscharakteristik bezeichnet. Im gleichen Sinne kann auch die mittlere Temperaturdifferenz ΔT_m normiert werden zu ΔT_m^+.

$$\Delta T_m^+ = \frac{\Delta T_m}{\left(T_1' - T_2'\right)}. \tag{A.9}$$

Bei der Ermittlung der maximal übertragbaren Wärmemengen muss die Stromführung beachtet werden. Dieses Skript beschränkt sich auf Gleich- oder Gegenstromwärmetauscher. Für die Temperaturdifferenz am Austritt der Wärmeübertragers gilt:

$$\begin{aligned}
&\text{Gleichstrom:} \quad \Delta T_{\min} = \left(T_1'' - T_2''\right) \geq 0; \\
&\text{Gegenstrom:} \quad \Delta T_{\min} = \begin{cases} \left(T_1'' - T_2''\right) \geq 0 & \text{für} \quad \dot{m}_1 c_{p1} < \dot{m}_2 c_{p2} \\ \left(T_1' - T_2''\right) \geq 0 & \text{für} \quad \dot{m}_2 c_{p2} < \dot{m}_1 c_{p1} \end{cases}.
\end{aligned} \tag{A.10}$$

Aus der Energiebilanz ergibt sich damit für die Temperatur am Austritt eines Gleichstrom-Wärmeübertragers:

$$\text{Gleichstrom:} \; T_2'' \leq \frac{\dfrac{\dot{m}_1 c_{p1}}{\dot{m}_2 c_{p2}} T_1' + T_2'}{\dfrac{\dot{m}_1 c_{p1}}{\dot{m}_2 c_{p2}} + 1}, \tag{A.11}$$

und für den speziellen Fall $\dot{m}_1 c_{p1} = \dot{m}_2 c_{p2}$:

$$\text{Gleichstrom:} \; T_2'' \leq \frac{T_1' + T_2'}{2}. \tag{A.12}$$

Den entsprechenden Verlauf der Temperatur im Fluid „1" und „2" eines Gleichstromwärmetauschers entlang der Achse skizziert die Abb. A.4.

Bei der Gegenstromführung hängt die entsprechende Grenzbedingung für die Fluidaustrittstemperatur T_2'' vom Verhältnis der Wärmekapazitätsströme ab (Abb. A.5). Vergleicht man für Gleich- und Gegenstromführung die maximal austauschbaren Wärmemengen;

$$\begin{aligned}
&\text{Gleichstrom:} \quad \dot{Q} \leq \dot{m}_1 \cdot c_{p1} \cdot \left(T_1' - T_2''\right) \\
&\text{Gegenstrom:} \quad \dot{Q} \leq \dot{m}_1 \cdot c_{p1} \cdot \left(T_1' - T_2'\right) \quad \text{für} \quad \dot{m}_1 c_{p1} \leq \dot{m}_2 c_{p2} \\
&\qquad\qquad\qquad \dot{Q} \leq \dot{m}_2 \cdot c_{p2} \cdot \left(T_1' - T_2'\right) \quad \text{für} \quad \dot{m}_2 c_{p2} \leq \dot{m}_1 c_{p1},
\end{aligned} \tag{A.13}$$

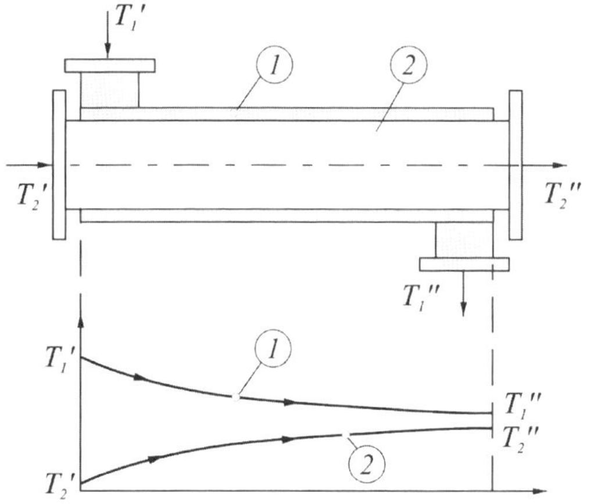

Abb. A.4 Qualitativer axialer Temperaturverlauf in einem Gleichstromwärmetauscher

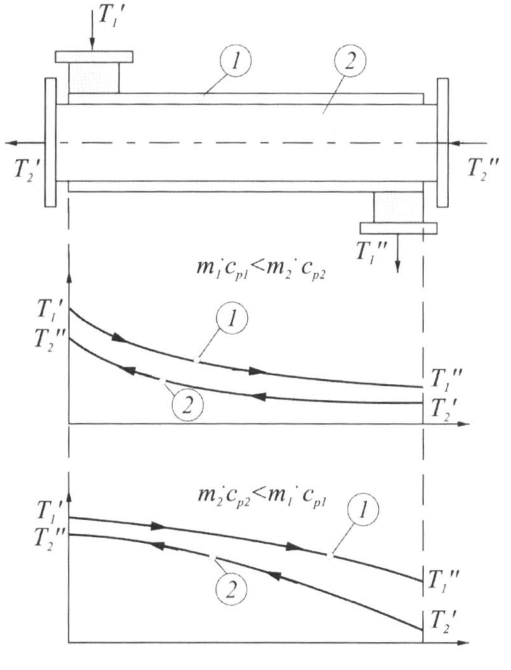

Abb. A.5 Qualitativer axialer Temperaturverlauf in einem Gegenstromwärmetauscher

so wird deutlich, dass ein Wärmeübertrager mit Gegenstromführung der Fluide mehr Wärme übertragen kann als der mit Gleichstromführung.

Die insgesamt im Wärmeübertrager vom Fluid 1 an Fluid 2 übertragene Wärmemenge ergibt sich aus der Integration der örtlichen Werte. Hierzu soll das in der Abb. A.6 dargestellte ebene System betrachtet werden. Für ein ebenes System ergibt sich vereinfachend unter Annahme einer mittleren Temperatur in jedem Spalt des Fluids 1 und 2 für den differentiellen Wärmestrom $d\dot{Q}$

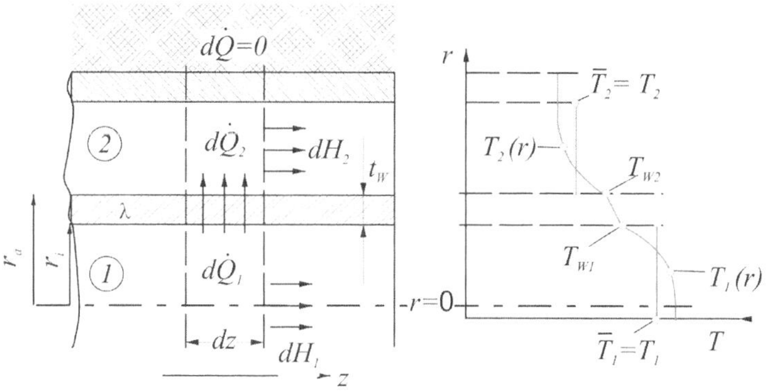

Abb. A.6 Schemaskizze zur Berechnung der lokalen Temperaturen in einem Wärmeübertrager

$$d\dot{Q} = \frac{1}{\dfrac{1}{\alpha_1} + \dfrac{t_W}{\lambda} + \dfrac{1}{\alpha_2}} \cdot \left(\bar{T}_1 - \bar{T}_2\right) 2\pi \cdot r_a dz = \frac{1}{\dfrac{1}{\alpha_1} + \dfrac{t_W}{\lambda} + \dfrac{1}{\alpha_2}} \cdot (T_1 - T_2)\, dA_a, \quad \text{(A.14)}$$

mit $2\pi \cdot r_a \cdot dz = 2\pi \cdot d_a \cdot dz = dA_a$. Dies lässt sich folgendermaßen zusammenfassen:

$$d\dot{Q} = k \cdot (T_1 - T_2)\, dA_a. \quad \text{(A.15)}$$

Für ein dickwandiges Rohr ($t_W/d_a \sim O(1)$) erhält man nachstehendes Ergebnis:

$$d\dot{Q} = \frac{1}{\dfrac{1}{\alpha_1} \cdot \dfrac{d_a}{d_i} + \dfrac{d_a}{2\lambda} \ln\left(\dfrac{d_a}{d_i}\right) + \dfrac{1}{\alpha_2}} \cdot (T_1 - T_2)\, dA_a = k \cdot (T_1 - T_2)\, dA_a. \quad \text{(A.16)}$$

Den jeweiligen Wärmeübergangskoeffizienten α_i bezieht man aus Kennzahlfunktionen des Typs $Nu = C \cdot Re^m \cdot Pr^n$. Die Bilanz des Wärmestroms an einem Kontrollvolumen des Fluids 1 liefert:

$$d\dot{Q}_1 = q_1'' \cdot \pi \cdot d_i \cdot dz = d\dot{H}_1 = \dot{m}_1 \cdot c_{p1} \cdot dT_1, \quad \text{(A.17)}$$

und respektive gilt für das Kontrollvolumen des Fluids 2:

$$d\dot{Q}_2 = q_2'' \cdot \pi \cdot d_i \cdot dz = d\dot{H}_2 = \dot{m}_2 \cdot c_{p2} \cdot dT_2. \quad \text{(A.18)}$$

Im stationären Zustand entspricht die Wärme, die das Fluid 1 verlässt, derjenigen, die in das Fluid 2 eindringt, so dass $d\dot{Q}_1 = -d\dot{Q}_2 = -d\dot{Q}$ ist; als Folge gilt:

$$d\dot{Q} = \dot{m}_2 \cdot c_{p2} \cdot dT_2 = -\dot{m}_1 \cdot c_{p1} \cdot dT_1 = k \cdot \pi \cdot d_a \cdot (T_1 - T_2) \cdot dz. \quad \text{(A.19)}$$

Daraus resultieren zwei Differentialgleichungen:

$$\frac{dT_1}{dz} = -\frac{k \cdot \pi \cdot d_a}{\dot{m}_1 \cdot c_{p1}} \cdot (T_1 - T_2)\,, \tag{A.20}$$

$$\frac{dT_2}{dz} = \frac{k \cdot \pi \cdot d_a}{\dot{m}_2 \cdot c_{p2}} \cdot (T_1 - T_2)\,. \tag{A.21}$$

Die Subtraktion der Gl. (A.20) von Gl. (A.21) führt auf:

$$\frac{d\,(T_1 - T_2)}{dz} = -k \cdot \pi \cdot d_a \cdot \left(\frac{1}{\dot{m}_1 \cdot c_{p1}} + \frac{1}{\dot{m}_2 \cdot c_{p2}}\right) \cdot (T_1 - T_2)\,. \tag{A.22}$$

Nimmt man an, dass der Wärmedurchgangskoeffizient k bekannt und zusätzlich unabhängig von der lokalen Temperaturdifferenz ist, kann zum Beispiel für einen Gleichstrom-Wärmeübertrager über die Wärmeübertragerlänge L integriert werden und man erhält:

$$\ln\left[\frac{\left(T_1'' - T_2''\right)}{\left(T_1' - T_2'\right)}\right] = -k \cdot \pi \cdot d_a \cdot \left(\frac{1}{\dot{m}_1 \cdot c_{p1}} + \frac{1}{\dot{m}_2 \cdot c_{p2}}\right) \cdot L\,. \tag{A.23}$$

Diese Beziehung lässt sich durch Einführung der Gesamtbilanz für die beiden Fluide

$$\dot{Q} = \dot{m}_2 \cdot c_{p2} \cdot \left(T_2'' - T_2'\right) = -\dot{m}_1 \cdot c_{p1} \cdot \left(T_1'' - T_1'\right) \tag{A.24}$$

umformen und man erhält für den übertragenen Wärmestrom $\dot{Q}$ folgendes Ergebnis:

$$\dot{Q} = -k \cdot A_a \cdot \left[\frac{\left(T_1'' - T_2''\right) - \left(T_1' - T_2'\right)}{\ln\left(\frac{\left(T_1'' - T_2''\right)}{\left(T_1' - T_2'\right)}\right)}\right]. \tag{A.25}$$

Vergleicht man diese Gleichung mit dem für eine konstante Temperaturdifferenz zwischen den Fluiden gültigen Ansatz:

$$\dot{Q} = k \cdot A_a \cdot \Delta T \quad \text{mit} \quad \Delta T = T_1 - T_2, \tag{A.26}$$

so lässt sich allgemein schreiben:

$$\dot{Q} = k \cdot A_a \cdot \Delta T_m\,. \tag{A.27}$$

Dabei ΔT_m ist die mittlere treibende Temperaturdifferenz. Im Sonderfall nahezu konstanter Fluidtemperaturen ist:

$$\Delta T_m = T_1 - T_2 \quad (\text{für} \quad T_1 \quad \text{und} \quad T_2 = const.), \tag{A.28}$$

bzw. wie oben abgeleitet im Fall eines Gleichstromwärmeübertragers:

$$\Delta T_m = \frac{\Delta T_a - \Delta T_e}{\ln\left(\dfrac{\Delta T_a}{\Delta T_e}\right)}. \tag{A.29}$$

Das Ergebnis entspricht der Gl. (A.4).

A.3 Kenngrößen und Betriebscharakteristik von Wärmeübertragern

Wärmeübertrager lassen sich ähnlich wie Strömungen mit Hilfe charakteristischer dimensionsloser Kennzahlen beschreiben. Wird die in einem Apparat ausgetauschte Wärmemenge auf die unter den gegebenen Eintrittsbedingungen der Fluide maximal austauschbare Wärmemenge bezogen, erhält man die sogenannte Betriebscharakteristik Φ, die in einigen Werken auch Übertragerwirkungs-, Erwärmungs- oder Abkühlgrad bezeichnet wird.

$$\Phi = \frac{\dot{Q}}{\dot{Q}_{\max}} = \frac{\left(T_1' - T_1''\right)}{\left(T_1' - T_2'\right)}. \tag{A.30}$$

Die Betriebscharakteristik Φ entspricht dem Wert P_1 wie er in Gl. (A.8) abgeleitet wurde. Die maximale Wärmemenge kann von einem unendlich großen Gegenstromwärmeübertrager übertragen werden, bei deren Ermittlung man zwei Fälle unterscheiden muss:

- Fall 1: Gegenstromübertrager mit $\dot{m}_1 \cdot c_{p1} < \dot{m}_2 \cdot c_{p2}$
  Für den Fall eines unendlich langen Gegenstromübertragers entspricht die Austritttemperatur des Fluids 1 $T_{1\infty}''$ nahezu der Eintrittstemperatur des Fluids 2 T_2'. Damit ergibt sich ein maximal übertragbarer Wärmestrom von:

  $$\dot{Q}_{\max} = \dot{m}_1 \cdot c_{p1} \cdot \left(T_1' - T_2'\right). \tag{A.31}$$

  Im Realfall endlich langer Übertrager ist der übertragene Wärmestrom geringer und man erhält qualitativ für diesen Fall den in der Abb. A.7 dargestellten Temperaturverlauf.
- Fall 2: Gegenstromübertrager mit $\dot{m}_1 \cdot c_{p1} > \dot{m}_2 \cdot c_{p2}$
  Bei einem großen Wärmekapazitätsstromverhältnis des Fluids 1 gegenüber dem Fluid 2 strebt die Austrittstemperatur des Fluids 2 $T_{2\infty}''$ für sehr lange Übertrager gegen die Eintrittstemperatur T_1'. Die maximal übertragbare Wärme ist damit:

  $$\dot{Q}_{\max} = \dot{m}_2 \cdot c_{p2} \cdot \left(T_1' - T_2'\right). \tag{A.32}$$

  Qualitativ stellt sich der Temperaturverlauf für diesen Fall wie in der Abb. A.8 skizziert dar.

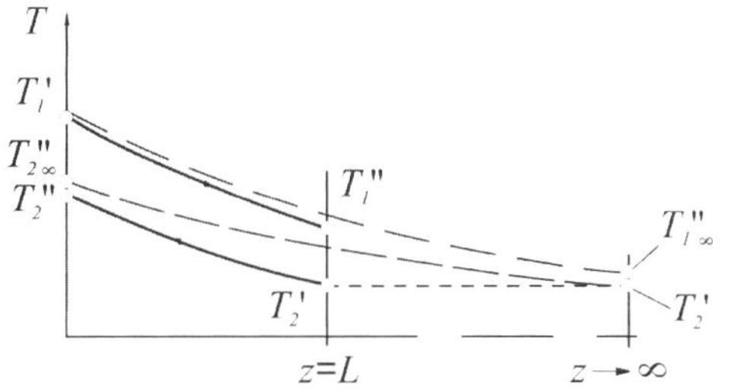

Abb. A.7 Qualitativer Temperaturverlauf eines Gegenstromwärmeübertragers mit $\dot{m}_1 \cdot c_{p1} < \dot{m}_2 \cdot c_{p2}$

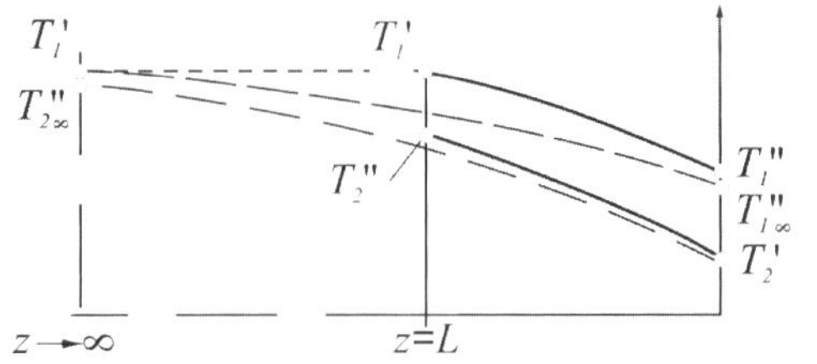

Abb. A.8 Qualitativer Temperaturverlauf eines Gegenstromwärmeübertragers mit $\dot{m}_1 \cdot c_{p1} > \dot{m}_2 \cdot c_{p2}$

Damit erhält man allgemein für den maximal übertragbaren Wärmestrom:

$$\dot{Q}_{\max} = \left(\dot{m} \cdot c_p\right)_{\min} \cdot \left(T_1' - T_2'\right), \tag{A.33}$$

und als Konsequenz folgt daraus für die Betriebscharakteristik Φ der Zusammenhang:

$$\Phi = \frac{\dot{Q}}{\dot{Q}_{\max}} = \frac{\dot{m}_1 \cdot c_{p1} \cdot \left(T_1' - T_1''\right)}{\left(\dot{m} \cdot c_p\right)_{\min} \cdot \left(T_1' - T_2'\right)} = \frac{\dot{m}_2 \cdot c_{p2} \cdot \left(T_2'' - T_2'\right)}{\left(\dot{m} \cdot c_p\right)_{\min} \cdot \left(T_1' - T_2'\right)}. \tag{A.34}$$

Vereinbart man nun, dass mit 1 das Fluid mit dem kleineren Wärmekapazitätsstrom bezeichnet wird, das heißt, dass das Verhältnis der Wärmekapazitätsströme im Bereich

$$0 < \frac{\dot{m}_1 \cdot c_{p1}}{\dot{m}_2 \cdot c_{p2}} < 1, \tag{A.35}$$

ist, so folgt für die Betriebscharakteristik Φ:

$$\Phi = \frac{\left(T_1' - T_1''\right)}{\left(T_1' - T_2'\right)} = P_1. \tag{A.36}$$

Die Betriebscharakteristik Φ ist von den Wärmeübertragungsverhältnissen, der Stromführung und den Wärmekapazitätsströmen abhängig. Diese Einflussgrößen können in Form zweier Kenngrößen zusammengefasst werden, so dass $\Phi = f(\kappa, \mu)$ ist Die erste charakterisiert das Verhältnis der Wärmeübertragung zum Wärmekapazitätsstrom und wird als Wärmeübertragungskenngröße κ bezeichnet,

$$\kappa = \frac{k \cdot A}{\dot{m}_i \cdot c_{pi}} = NTU_i, \tag{A.37}$$

und entspricht der Definition der Number of Transfer Units (*NTU*). Die zweite Kenngröße ist das Verhältnis der Wärmekapazitätsströme μ, das wie folgt definiert ist:

$$\mu = \frac{\dot{m}_1 \cdot c_{p1}}{\dot{m}_2 \cdot c_{p2}} \quad \text{mit} \quad 0 \leq \mu \leq 1. \tag{A.38}$$

- Kleine Wärmeübertrager ($\kappa \to 0$)
  Betrachtet man kleine Wärmeübertrager, so strebt die Wärmeübertragungskenngröße κ wegen der kleinen Fläche gegen Wert 0. Damit ändern sich die Fluidtemperaturen nur wenig und somit ergibt sich für den Wärmestrom:

  $$\dot{Q} = k \cdot A \cdot \Delta T_m \approx k \cdot A \cdot \Delta T_{Eintritt} = k \cdot A \cdot \left(T_1' - T_2'\right). \tag{A.39}$$

  Vergleicht man den durch die Übertragung weitergegebenen Wärmestrom (Gl. (A.39)) mit dem Wärmekapazitätsstrom,

  $$\dot{Q} = \Phi \cdot \dot{m}_1 \cdot c_{p1} \cdot \left(T_1' - T_2'\right), \tag{A.40}$$

  so ergibt sich unmittelbar:

  $$\Phi = \frac{k \cdot A}{\dot{m}_1 \cdot c_{p1}} \cdot \frac{\left(T_1' - T_2'\right)}{\left(T_1' - T_2'\right)} = \kappa. \tag{A.41}$$

  Dieses Ergebnis ist unabhängig von der Stromführung (, das heißt, es gilt für Gleich- wie Gegenstromübertrager). Die Ableitung der Betriebscharakteristik nach der Wärmeübertragungskenngröße κ liefert:

  $$\left(\frac{d\Phi}{d\kappa}\right)_{\kappa \to 0} = 1 = \frac{\Delta T_m}{\left(T_1' - T_2'\right)}. \tag{A.42}$$

  Trägt man für diesen Fall die Werte der Betriebscharakteristik Φ über der Wärmeübertragungskenngröße κ im Betriebscharakteristikdiagramm ein, so erhält man eine Ursprungsgerade der Steigung 1.
- Wärmekapazitätsstrom eines Stroms sehr viel größer als das des anderen ($\mu \to 0$)
  Im Folgenden wird angenommen, es sei $\dot{m}_1 \cdot c_{p1} \ll \dot{m}_2 \cdot c_{p2}$. Damit reduziert sich Gl. (A.22) zu:

$$\frac{d\,(T_1 - T_2)}{(T_1 - T_2)} = \cdot - \frac{k}{\dot{m}_1 \cdot c_{p1}} \cdot dA, \tag{A.43}$$

und gleichzeitig ändert sich auch die Temperatur des Fluids 2 nur wenig, so dass $T_2 \approx T_2' \approx T_2''$ ist. Ist darüber hinaus der Wärmedurchgangskoeffizient k konstant, so ergibt die Integration der Gl. (A.43):

$$\ln\left(\frac{T_1'' - T_2}{T_1' - T_2}\right) = -\kappa \quad \text{oder} \quad \left(\frac{T_1'' - T_2}{T_1' - T_2}\right) = \exp(-\kappa)\,. \tag{A.44}$$

Führt man die oben abgeleitete Beziehung für die Betriebscharakteristik Φ (Gl. (A.36)) ein, so erhält man folgendes Resultat

$$\Phi = 1 - \exp(-\kappa) \quad \text{für} \quad \mu \to 0, \tag{A.45}$$

das für alle Stromführungen gültig ist. Für sehr große Wärmeübertrager, bei denen die Wärmeübertragungskenngröße κ sehr groß wird ($\kappa \gg 1$), ergibt sich unmittelbar $\Phi = 1$.

In Fällen, bei denen außerdem der Wärmedurchgangskoeffizient nur von einem Übergangswiderstand bestimmt wird, wie es häufig bei Kondensator- und Verdampferrohren oder auch bei Gas/Flüssigkeits-Wärmeübertragern der Fall ist, kann weiter vereinfacht werden und es folgt:

$$\kappa = \frac{4L}{d} \cdot \frac{Nu}{Re \cdot Pr} \frac{k \cdot A}{\dot{m}_1 \cdot c_{p1}} \approx \frac{\alpha_i \cdot \pi \cdot d \cdot L}{\left(\rho \cdot u_m \cdot c_p\right) \cdot \frac{\pi}{4} \cdot d^2} = \frac{4 \cdot \alpha_i}{\left(\rho \cdot u_m \cdot c_p\right)} \cdot \frac{L}{d}. \tag{A.46}$$

Durch Einführung der Nusselt-Zahl Nu ($Nu = \alpha_i \cdot d/\lambda$), der hydraulischen Reynolds-Zahl Re ($Re = \rho \cdot u_m \cdot d/\eta$) und der molekularen Prandtl-Zahl Pr ($Pr = \eta \cdot c_p/\lambda$), lässt sich der Ausdruck für die Wärmeübertragungskenngröße weiter vereinfachen. Es ergibt sich:

$$\kappa = \frac{4 \cdot L}{d} \cdot \frac{Nu}{Re \cdot Pr} = \frac{4 \cdot L}{d} \cdot St. \tag{A.47}$$

St ist darin die Stanton-Zahl für den Wärmeübergang. Wendet man diesen Zusammenhang auf die Betriebscharakteristik an, so erhält man:

$$\Phi = 1 - \exp\left(-\frac{4 \cdot L}{d} \cdot St\right) \quad \text{für} \quad \mu \to 0 \quad \text{und} \quad k \approx \alpha_i\,. \tag{A.48}$$

Betrachtet man allgemeine Wärmeübertrager, so werden für eine gegebene Stromführung die experimentell oder numerisch gefundenen Werte der Betriebscharakteristik in sogenannten Betriebscharakteristikdiagrammen $\Phi = \Phi(\kappa, \mu)$ dargestellt. Ein derartiges Betriebscharakteristikdiagramm zeigt die Abb. A.9, in das die beiden für alle Stromführungen gültigen Sonderfälle für $\kappa \to 0$ und $\mu = 0$ eingezeichnet sind.

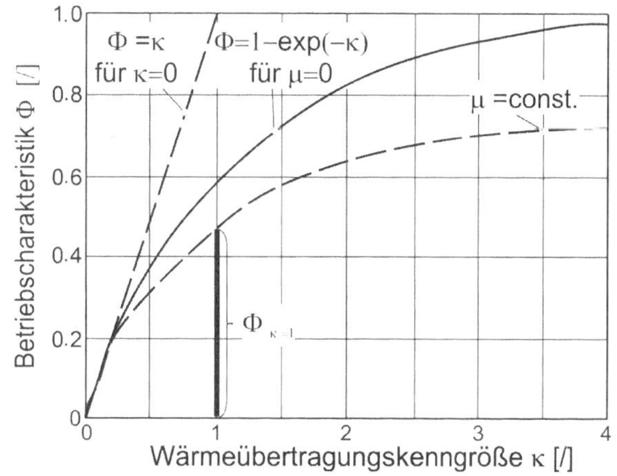

Abb. A.9 Typisches Betriebscharakteristikendiagramm als Funktion der Wärmeübertragungskenngröße bei gegebenem Wärmekapazitätsstromverhältnis μ

Der Verlauf der Linien konstanter Werte für das Verhältnis der Wärmekapazitätsströme $0 \leq \mu \leq 1$ ist abhängig von der Stromführung. Für einfache Stromführungen, zum Beispiel Gleich-, Gegen- oder Kreuzstromführung, kann der Betriebscharakteristikenverlauf theoretisch oder analytisch abgeleitet werden. Bei komplizierteren Stromführungen ist dieser Verlauf experimentell oder numerisch zu ermitteln. Liegt für einen Wärmeübertrager das Betriebscharakteristikdiagramm vor, lässt sich der Arbeitspunkt des Apparats eintragen und der Wert der Betriebscharakteristik bestimmen. Damit kann sehr einfach auch die ausgetauschte Wärmemenge zu:

$$\dot{Q} = \Phi \cdot \dot{Q}_{\max} = \Phi \cdot \dot{m}_1 \cdot c_{p1} \cdot \left(T_1' - T_2'\right), \tag{A.49}$$

ermittelt werden oder die mittlere treibende Temperaturdifferenz (aus Gl. (A.27)) abgelesen werden; sie ist:

$$\Delta T_m = \Phi_{\kappa=1} \cdot \left(T_1' - T_2'\right). \tag{A.50}$$

A.4 Betriebscharakteristik von Gleich- und Gegenstromwärmeübertragern

Nach der Aufstellung der differenziellen Bilanzgleichungen der Wärmeströme im Fluid „*1*“ und „*2*“ führt eine Integration des lokalen Wärmeübergangs vom Eintritt bis zum Element *dz* bei Annahme eines konstanten Wärmeübergangskoeffizienten *k* auf folgenden Zusammenhang (vergl. Abb. A.10):

$$\ln \frac{\left(T_1(z) - T_2(z)\right)}{\left(T_1' - T_2'\right)} = -k \cdot A_z \cdot \left(\frac{1}{\dot{m}_1 \cdot c_{p1}} + \frac{1}{\dot{m}_2 \cdot c_{p2}}\right). \tag{A.51}$$

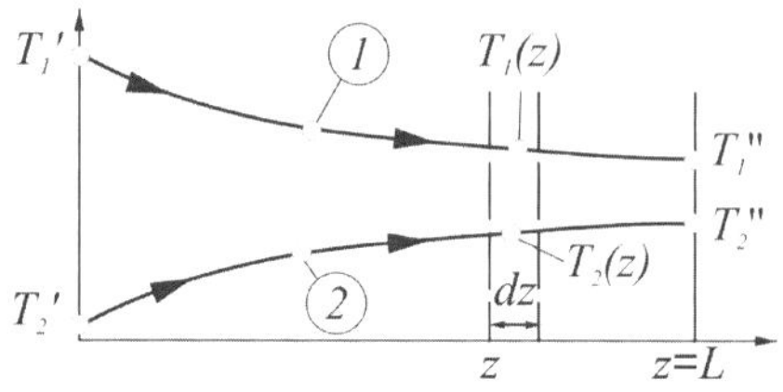

Abb. A.10 Schematischer Verlauf der Temperaturen in einem Gleichstromwärmeübertrager

Die Gl. (A.51) lässt sich weiter umformen und es ergibt sich:

$$\frac{(T_1(z) - T_2(z))}{\left(T_1' - T_2'\right)} = -\exp\left[-\kappa_z \cdot (1 + \mu)\right] \quad \text{mit} \quad \kappa_z = \frac{k \cdot A_z}{\dot{m}_1 \cdot c_{p1}}. \tag{A.52}$$

Führt man in diese Beziehung die Betriebscharakteristik an der Position z ein,

$$\Phi(z) = \frac{\left(T_1' - T_1(z)\right)}{\left(T_1' - T_2'\right)}, \tag{A.53}$$

und beachtet man, dass der bis zur Stelle z ausgetauschte Wärmestrom $\dot{Q}_z$

$$\dot{Q}_z = \dot{m}_1 \cdot c_{p1} \cdot \left(T_1' - T_1(z)\right) = -\dot{m}_2 \cdot c_{p2} \cdot \left(T_2' - T_2(z)\right), \tag{A.54}$$

beträgt, so erhält man nach einigen Umformungen die Betriebscharakteristik des Teilapparates mit:

$$\Phi(z) = \frac{1 - \exp\left[-\kappa_z \cdot (1 + \mu)\right]}{(1 + \mu)}. \tag{A.55}$$

Für die Betriebscharakteristik des Gesamtapparates eines Gleichstromwärmeübertragers ergibt sich:

$$\Phi = \frac{1 - \exp\left[-\kappa \cdot (1 + \mu)\right]}{(1 + \mu)}. \tag{A.56}$$

Auch die Betriebscharakteristik des Gleichstromwärmeübertragers Φ ist eine Funktion der Wärmeübertragungskenngröße κ und der des Wärmekapazitätsstromverhältnisses μ. Die Abb. A.11 zeigt die Betriebscharakteristik eines Gleichstromwärmetauschers als Funktion der Wärmeübertragungskenngröße bei verschiedenen Kapazitätsstromverhältnissen μ.

Auch hier lassen sich mehrere Sonderfälle diskutieren:

- $\mu \to 0$
  Bei verschwindendem Wärmekapazitätsstromverhältnis strebt die Betriebscharakteristik schnell gegen den Wert 1, d. h. Fluidstrom „1" hat am Ende des Übertragers nahezu

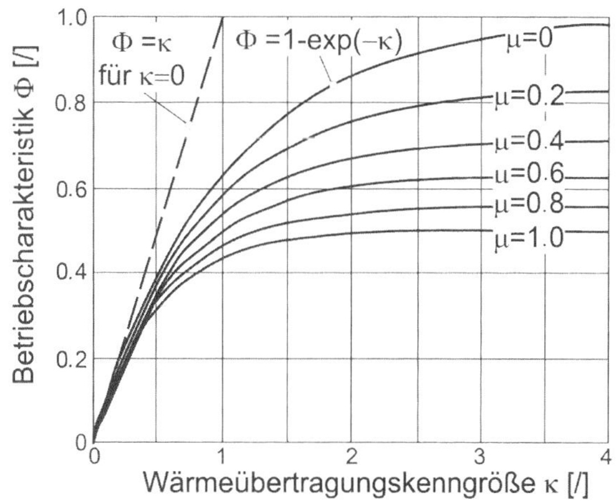

Abb. A.11 Betriebscharakteristik Φ eines Gleichstromwärmeübertragers als Funktion von κ bei verschiedenen μ

die Temperatur des Fluids „2", insbesondere dann, wenn der Wärmeübergang sehr gut ist. Es ist dann:

$$\Phi = 1 - \exp(-\kappa)\,. \tag{A.57}$$

- $\mu = 1$
  Bei Gleichstromwärmeübertragern mit $\mu = 1$, die technisch in solarthermischen Anwendungen häufiger anzutreffen sind, ergibt sich:

$$\Phi = \frac{1 - \exp(-2\kappa)}{2}. \tag{A.58}$$

  Ist in diesen Übertragern der Wärmeübergang sehr gut, das heißt $\kappa \to \infty$, so erhält man $\Phi = 0.5$. Mit anderen Worten, am Austritt des Wärmeübertragers hat sich die anfänglich vorhandene Temperaturdifferenz halbiert.
- $\kappa \to \infty$
  Ist der Wärmeübergang zwischen beiden Medien über die Grenzfläche hoch, so reduziert sich die Gl. (A.56) auf:

$$\Phi = \frac{1}{(1+\mu)}. \tag{A.59}$$

Dies bedeutet, dass bei einem hohen Wärmeübergang (große Nusselt-Zahlen) lediglich das Wärmekapazitätsstromverhältnis eine ausgezeichnete Rolle spielt.

Ein analoges Vorgehen liefert für den Gegenstromwärmetauscher das nachstehende Resultat:

$$\ln \frac{(T_1(z) - T_2(z))}{\left(T_1' - T_2'\right)} = -k \cdot A_z \cdot \left(\frac{1}{\dot{m}_1 \cdot c_{p1}} + \frac{1}{\dot{m}_2 \cdot c_{p2}}\right), \tag{A.60}$$

und nach mehreren Umformungen erhält man für die Temperatur des Gegenstromteilapparates an der Stelle z folgenden Ausdruck:

$$\frac{(T_1(z) - T_2(z))}{\left(T_1' - T_2''\right)} = -\exp\left[-\kappa_z \cdot (1-\mu)\right] \quad \text{mit} \quad \kappa_z = \frac{k \cdot A_z}{\dot{m}_1 \cdot c_{p1}}, \tag{A.61}$$

wobei auch hier ein konstanter Wärmedurchgangskoeffizient entlang von z angenommen wurde. Die Temperaturdifferenz des Gesamtapparats ist damit:

$$\frac{\left(T_1'' - T_2'\right)}{\left(T_1' - T_2''\right)} = -\exp\left[-\kappa_z \cdot (1-\mu)\right]. \tag{A.62}$$

Führt man in diese Beziehung die Betriebscharakteristik des Gesamtapparates ein, die durch

$$\Phi(z) = \frac{\left(T_1' - T_1''\right)}{\left(T_1' - T_2'\right)}, \tag{A.63}$$

gegeben ist, und beachtet man, dass

$$\left(T_2'' - T_2'\right) = \mu \cdot \left(T_1' - T_1''\right) \tag{A.64}$$

ist, so lautet das Endergebnis für den Gegenstromwärmtauscher:

$$\Phi(z) = \frac{1 - \exp\left[-\kappa_z \cdot (1-\mu)\right]}{1 - \mu \cdot \exp\left[-\kappa_z \cdot (1-\mu)\right]} \tag{A.65}$$

Auch hier lassen sich mehrere Grenzfälle diskutieren:

- $\mu \to 0$
  Bei verschwindendem Wärmekapazitätsstromverhältnis, reduziert sich der funktionale Zusammenhang der Betriebscharakteristik auf folgende Relation:

$$\Phi = 1 - \exp(-\kappa). \tag{A.66}$$

- $\kappa \to \infty$ (für alle μ)
  Ist der Wärmeübergang hervorragend, so spielt das Wärmekapazitätsverhältnis keine Rolle mehr und die Betriebscharakteristik hat den Wert $\Phi = 1$. Dies bedeutet die Temperatur am Austritt des Fluids „1“ hat den Wert der Eintrittstemperatur des Fluids 2 angenommen.
- $\mu \to 1$
  Entsprechen beide Wärmekapazitätsströme einander, so reduziert sich die Gl. (A.65) auf:

$$\Phi = \frac{\kappa}{(\kappa + 1)}. \tag{A.67}$$

Abb. A.12 Betriebscharakteristik Φ eines Gegenstromwärmeübertragers als Funktion von κ bei verschiedenen μ

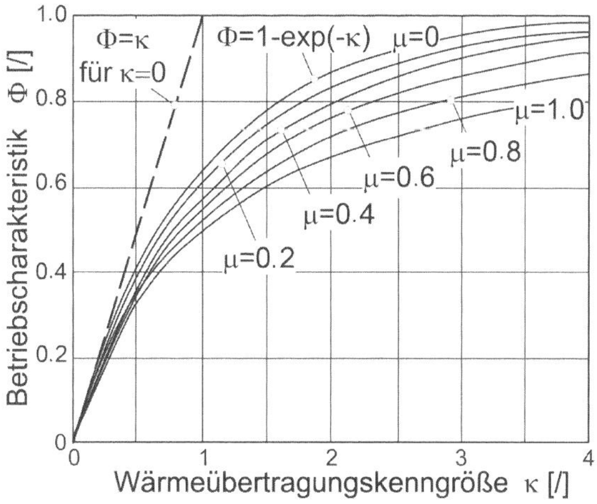

Gilt auch für die lokalen Größen der Zusammenhang $\Phi = \kappa_z/(\kappa + 1)$ ergibt sich ein linearer Temperaturverlauf über der Wärmeübertragerfläche

Die Abb. A.12 zeigt das Betriebscharakteristikdiagramm eines Gegenstromwärmetauschers als Funktion der Wärmeübertragungskenngröße bei verschiedenen Wärmekapazitätsströmen. Ein Vergleich der Betriebscharakteristiken des Gegenstromwärmetauschers (Abb. A.12) mit der eines Gleichstromwärmetauschers (Abb. A.11) zeigt, dass der Wärmeübergang im Gegenstromprinzip erheblich effizienter ist.

A.5 Auslegung von Wärmeübertragern mit Hilfe des VDI Atlas

Der VDI-Wärmeatlas verwendet eine geringfügig andere Berechnungsmethode zur Auslegung von Wärmeübertragern, die je nach Aufgabenstellung von der im vorangegangenen Abschnitt beschriebenen Methode Vor- oder Nachteile haben kann. Ausgangspunkt bei der VDI-Methode sind die beiden Energiebilanzgleichungen für die Fluide und der Ansatz für die Wärmeübertragung:

$$\dot{Q} = \dot{m}_1 \cdot c_{p1} \cdot \left(T_1'' - T_1'\right) = \dot{m}_2 \cdot c_{p2} \cdot \left(T_2' - T_2''\right) = k \cdot A \cdot \Delta T_m. \tag{A.68}$$

Es werden im Anschluss dimensionslose Temperaturänderungen der Stoffströme P_i in folgender Art definiert:

$$P_1 = \frac{\left(T_1' - T_1''\right)}{\left(T_1' - T_2'\right)} \quad \text{und} \quad P_2 = \frac{\left(T_2'' - T_2'\right)}{\left(T_1' - T_2'\right)}. \tag{A.69}$$

Ein Vergleich der Gl. (A.69) mit der Definition (A.36) zeigt, dass die Größe P_1 der Betriebscharakteristik Φ entspricht. Im Weiteren nutzt der VDI-Atlas die Anzahl der

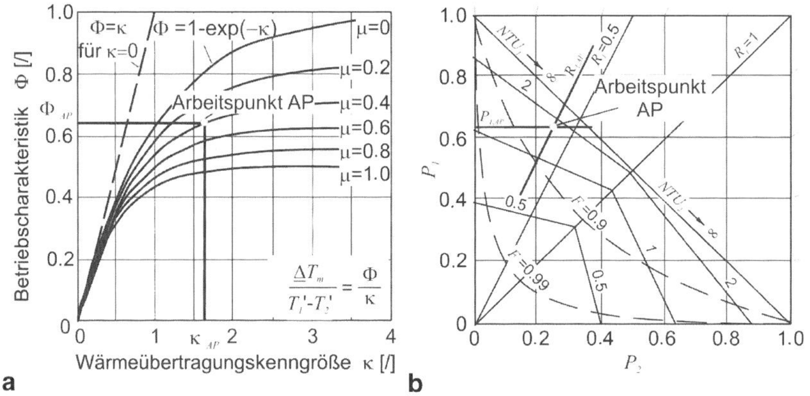

Abb. A.13 **a** Betriebscharakteristikdiagramm eines Gleichstromwärmeübertragers und entsprechendes P_1, P_2 -Diagramm aus (VDI 2005) (**b**)

Übertragungseinheiten (Number of Transfer Units) *NTU* als Eingangsgröße, die wie folgt definiert sind,

$$NTU_1 = \frac{k \cdot A}{\dot{m}_1 \cdot c_{p1}} \quad \text{und} \quad NTU_2 = \frac{k \cdot A}{\dot{m}_2 \cdot c_{p2}}, \tag{A.70}$$

sowie das Verhältnis der Wärmekapazitätsströme R_i in der Art:

$$R_1 = \frac{\dot{m}_1 \cdot c_{p1}}{\dot{m}_2 \cdot c_{p2}} \quad \text{und} \quad R_2 = \frac{\dot{m}_2 \cdot c_{p2}}{\dot{m}_1 \cdot c_{p1}}. \tag{A.71}$$

Die Größe R_1 entspricht dem zuvor beschriebenen Wärmekapazitätsstromverhältnis μ. Es wird eine dimensionslose mittlere Temperaturdifferenz Θ eingeführt:

$$\Theta = \frac{\Delta T_m}{\left(T_1' - T_2'\right)}, \tag{A.72}$$

und ein Korrekturfaktor *F* zur Ermittlung von ΔT_m wird wie folgt definiert:

$$\Delta T_m = F \cdot \Delta T_{\ln\, Gegenstrom} = \frac{P_1}{NTU_1} \cdot \left(T_1' - T_2'\right). \tag{A.73}$$

Mit diesen Kenngrößen ergeben sich folgende Zusammenhänge:

$$\frac{P_1}{P_2} = \frac{NTU_1}{NTU_2} = \frac{1}{R_1} = R_2 \quad \text{und} \quad \Theta = \frac{P_1}{NTU_1} = \frac{P_2}{NTU_2}. \tag{A.74}$$

Für das Beispiel eines einfachen Gleichstrom-Wärmeübertrages sind in der Abb. A.13a, b das Betriebscharakteristikdiagramm (Φ, κ-Diagramm) dem VDI-Diagramm (P_1, P_2 -Diagramm) mit einem eingetragenen Arbeitspunkt gegenübergestellt.

Literatur

Kneer R (2006) Wärmeübertrager und Dampferzeuger. Fakultät Maschinenbau, Vorlesungsskript, RWTH, Aachen

VDI (2005) VDI-Wärmeatlas-Berechnungsblätter für den Wärmeübergang, 10. Aufl. Ausg. Springer-Verlag GmbH, (D. D. V., Hrsg)

Sachverzeichnis

R. Stieglitz, V. Heinzel, *Thermische Solarenergie*,
DOI 10.1007/978-3-642-29475-4, © Springer-Verlag Berlin Heidelberg 2012

Printed by Printforce, the Netherlands